Web前端技术丛书

Web前端开发Debug技巧

—— 杨楚玄 著

清華大学出版社
北 京

内 容 简 介

掌握 Debug（调试和故障排除）技术是编程人员重要的能力之一。本书作者将多年积累的开发经验浓缩到本书精心设计的教案中，通过范例网站和程序代码讲解 HTML、DOM 和 CSS、JavaScript、性能分析、用户体验、错误处理等开发过程中遇到的问题的成因和解决方法，帮助读者从心态、通用方法切入 Debug 技巧，再深入至不同主题。相信读者在阅读本书之后，能够更好地掌握 Debug 工具，将学到的 Debug 技能应用到实际的开发和测试工作中，并大幅提升解决问题和开发的效率。

本书适用于前端初学者、前端工程师以及有经验的开发者。

图书在版编目（CIP）数据

Web 前端开发 Debug 技巧/杨楚玄著. —北京：清华大学出版社，2022.8
（Web 前端技术丛书）
ISBN 978-7-302-61410-4

Ⅰ. ①W… Ⅱ. ①杨… Ⅲ. ①网页制作工具—教材 Ⅳ. ①TP393.092.2

中国版本图书馆 CIP 数据核字（2022）第 136153 号

责任编辑： 赵　军
封面设计： 王　翔
责任校对： 闫秀华
责任印制： 丛怀宇

出版发行： 清华大学出版社
网　　址： http://www.tup.com.cn，http://www.wqbook.com
地　　址： 北京清华大学学研大厦 A 座　　**邮　　编：** 100084
社 总 机： 010-83470000　　**邮　　购：** 010-62786544
投稿与读者服务： 010-62776969，c-service@tup.tsinghua.edu.cn
质量反馈： 010-62772015，zhiliang@tup.tsinghua.edu.cn
印 装 者： 大厂回族自治县彩虹印刷有限公司
经　　销： 全国新华书店
开　　本： 185mm×235mm　　**印　　张：** 18　　**字　　数：** 484 千字
版　　次： 2022 年 9 月第 1 版　　**印　　次：** 2022 年 9 月第 1 次印刷
定　　价： 79.00 元

产品编号：096346-01

推荐序一

前端开发工程师一直是软件行业中稀少且重要的特殊角色，我们了解大部分程序员更喜欢从事后端开发的工作，因为相对而言需要了解的知识结构简单、范围较小，而前端程序员需要了解的知识结构复杂得多，除了需要具备后端程序员所必备的知识外，还需要掌握 HTML、CSS、JavaScript 等知识。更重要的是，前端开发的结果会直观地暴露在普通用户的面前，因而更容易发现问题，面临更多的挑战。我有幸合作过几个团队，有些团队在缺少专业前端程序员的情况下，会要求一些后端程序员参与部分前端开发的任务，结果是大部分后端程序员都畏难不前，表达自己是专业的后端，不会处理前端的事务，在我看来是对前端丰富的知识体系的需求和编程所具备的素质心怀恐惧。

前端开发工程师的压力在团队中是最大的，特别是在项目测试和上线过程中，大部分 Bug 或者体验都需要前端开发工程师去处理。前端的调试（Debug）涉及不同的代码层次与环境，受到不同的终端适配环境等众多因素的影响，如定位问题困难，路径繁杂，断点、日志等处理不直观。

第一次接触本书时，会让众多对前端开发心怀恐惧的工程师有种豁然开朗的感觉。本书中清晰地列出了 DOM 和 CSS、JavaScript、API、JavaScript 性能分析、页面加载流程分析、浏览器渲染性能分析等前端知识，同时对 Chrome 工具等做了详细说明。作者总结自己的经验，通过众多的实战范例给出了大部分 Bug 产生的原因及其解决办法，这些经验非常宝贵。

个人认为，本书能够让前端程序员更好地获取 Debug 经验，也能让普通后端程序员更快地转型前端开发。目前 Web 3 的开发需求爆发，在这个更多的后端程序开发人员进行技术转型的时期，本书将给这个行业和从业人员带来巨大的帮助。

深圳市多推网络科技有限公司 CEO
梁　波

推荐序二

我们常常形容经验丰富的人“吃过的盐比你吃过的米还多”，套用到软件开发来说，资深工程师往往是“除过的臭虫比你写过的程序代码还多”。

Debug 很考验开发者的经验，从一个人 Debug 的方式就能知道他对这个领域的熟悉程度。在碰到同样的问题时，新手和老手对问题切入的角度、直觉甚至是调试程序的选择都会有所不同，有时有经验的开发者往往也不知道为什么，就是直觉认为应该要这样解决问题。这本书除了可以看出楚玄对前端开发的精通程度外，更重要的是，只是直觉很难让他人学会，而楚玄成功地把 Debug 过程中常碰到的问题和技巧都整理出来了。

本书可以说是前端 Debug 完全手册，从 CSS 到 JavaScript，从手机、台式机再到无障碍网页的 Debug 方法都包含在内，除了详细介绍浏览器开发者工具中的各个功能，让读者能够更清楚程序在浏览器上执行的过程外，更珍贵的是楚玄根据自己丰富的经验整理了大量前端开发实践中常碰到的问题，再辅以范例程序，让读者能通过实际范例来了解问题、观察问题，进而解决问题。

相信读者读完本书后，会非常惊讶楚玄怎么有办法把这些常见的前端问题整理得这么清楚，经验往往是最难学到的，而楚玄在本书中帮读者都整理好了。

PJCHENder 网页开发咩脚版主

陈柏融

推荐序三

为什么你该阅读这本书？

根据最近的一项研究，验证或 Debug（调试和故障排除）占据了软件开发者 35%~50%的时间，若你身为一位开发者，提升 20%的 Debug 技能可以让你每年节省 3~5 周的时间，若你身为一位产品负责人或团队主管，提升团队成员的 Debug 技能将能显著提升团队的整体生产力，间接带来更多利润。

在 Appier，无论是在设计、质量、产品执行力还是招聘方面，我们都以高标准而感到自豪，在我们的团队成员中并不难找到世界一流的人才。楚玄和他的团队成员就是协助 Appier 在国际舞台上取得成功的团队，在 AI 和数据分析这个竞争异常激烈的软件开发领域中，利用流程和工具来最大化团队的工作效率是至关重要的，我们也鼓励合作、从做中学习和自发性的专业发展。楚玄的这本书很好地展示了来自他团队领导能力的主动性，希望为行业的发展做出贡献。

20 多年前，我在加利福尼亚州的硅谷开始了职业生涯，担任惠普打印机网卡的软件开发人员，这家公司仍然是历史上最成功、最赚钱的企业之一。在开发的前几个项目中，其中有一个是能够远程 Debug 和排查工业打印机故障的工具。我还记得进行转储、追踪出错的内存地址，通过函数回溯指令来识别根本原因的挑战，以及能够解释出错原因和提出预防方式的满足感，这些挑战为我的职业生涯提供了宝贵的经验和教训。

找到一个软件的缺陷，尤其是别人多年来都未能发现的缺陷，特别有成就感，逐步解释特定逻辑错误的过程就像在完成一个复杂的拼图，把拼图一片片放入正确的位置。

Debug 需要创造力、推理能力以及毅力，事实上所有我认识的优秀软件工程师都非常在乎软件质量，而他们同时也是优秀的 Debug 人员。在我刚入行时，其中一位我所仰慕的开发人员为其办公室中的 10~20 个网络设备建立了完整的回归测试以及调试、故障排查设备。软件开发者的生产力通常和他解决及识别问题的效率直接相关。

尽管 Debug 能力是一项关键技能，但是在大多数的大学课程中鲜少有关于 Debug 的课程，如果幸运的话，你可能会遇到愿意指导或分享技巧的资深工程师或同事，但大多时候，Debug 知识和实践往往来自个人在开发过程中的反复试验。

本书中涵盖的方法、技巧和应用场景都是实用的、经过“实战测试”的，被许多经验丰富的软件工程师用在每天的工作上。关于软件工程师工作的描述，我最喜欢的是：软件工程师是“问题解决者”。在软件开发的职业生涯中，我们可能被称为程序员、程序设计师、测试员、主管、技术领导，但我们终归是问题解决者，我们重复地处理业务或客户问题，分析最佳解决方式，提供可靠的方案来解决问题。许多提出的解决方案及解决问题所需的工具和知识都被整理于本书中。

合作及知识共享是 Appier 工程师文化不可或缺的一部分，建立和分享知识的信心是我们招聘和晋升标准中重要的一部分，我很荣幸能够支持楚玄将此最佳实践扩展给业内的软件开发专业人士。

Appier 工程资深副总

Robert S. Liu

推荐序四

“解决问题”被誉为21世纪职场的核心技能之一。作为一名工程师，你每天的工作就是解决问题。你能解决的问题有多困难、多复杂，你的薪资就会有多高，发展机会就会有多好。而Debug就是体现你解决问题的能力的一个重要环节。

无论你准备得有多好、写代码时有多小心，在开发过程中，一定会有Bug。能精准、有效率、有方法地Debug自己或别人的代码，不但能让你的职业生涯有更好的发展，更能让你早点下班，过幸福美满的生活。

我一般跟学生打的比喻是：学习React、CSS动画等技术工具就如同学习新的兵器或拳法，而练好Debug就等于修炼内功心法。许多人总是认为招数学得越多，打得越漂亮越好，但临阵对敌讲究的是内功有多扎实。

读到这里，相信你已经知道建立Debug能力的重要性。

那你为什么需要跟楚玄学呢？

我跟楚玄是在ALPHA Camp（AC）认识的。他是我们一位非常活跃的助教的朋友。通过那位助教介绍，他开始参与我们的助教工作。而我们第一次见面是在一次AC助教专属的桌游聚会。

我对楚玄的第一印象是“一位长得像古代书生的现代工程师”，文静、有礼、话不多（在我认识楚玄这两年多里，应该没有听他说超过10句话）。楚玄虽然平常不太爱讲话，但在“解释逻辑”时，表达力很强，能把电光火石间的思考环节讲得很清楚，因此能够带给我们学员震撼的aHa时刻。而当你真正认识楚玄后，你更会发现，在平静的外表下，他是一个自我要求很高，对程序十分投入的完美主义者。

两年前，楚玄开始了一个side project，本来只是觉得好玩，就花两个月用React刻了一个Windows XP出来（里面还有踩地雷可以玩），在GitHub上得到了4 000多颗星星。

后来我们AC的学生与助教组队参加铁人赛。楚玄一开始表现得很怕半途而废，结果他本人从开赛前就开始准备文章，更花时间编写和制作文章里的Demo范例，开赛后更是每天最后一个压线交稿（不是他，就是我），而交稿后继续修改到凌晨三四点，最后便拿到了铁人赛冠军。

楚玄从大三就开始在软件公司实习，一直到硕士毕业，在研究所毕业的时候，就已经累积了 4 年的实际开发经验。从研究所去 Verizon Media（Yahoo 当时的名字）实习的时候，更从众多实习生中赢得了 The Best Internship Award 大奖。

你可能听过"因为非常努力，才能看起来毫不费力"这句话，楚玄就是这句话最好的见证。

这本书的确是在教"你所不知道的必学前端 Debug 技巧"。但更重要的是，希望你能从楚玄的字里行间，与他精心设计的教案中，感受到他的思维与做事的态度。正如楚玄在本书中提到的：在学习技术与技巧前，更重要的是建立正确的心态。

创业家、教育家、工程师。在香港与加拿大长大。毕业于加拿大滑铁卢大学与美国 MIT。前 Yahoo!亚太区产品总监。在 2014 年创办 ALPHA Camp，以中国台湾地区和新加坡为教学据点，培育数字人才。校友遍及全球知名科技新创与五百大企业。

陈治平（Bernard Chan）

前　言

对于软件开发者来说，无论采用哪种程序设计语言，都需要花费大量时间在 Debug（调试和故障排除）上，初学者时常会因为无法有效地找出问题以及解决问题而感到挫败，而许多人花费大量精力学习新知识及熟悉技术，却忽略了重要的基础之一——Debug 技巧。

还记得第一次实习面试时，主考官问我："你都怎么 Debug 的？"我一时竟然只能想出一个答案：打开 DevTools 看 log。那时我的 Debug 原则就是"如果一个 console.log 找不出问题，就放入更多的 console.log"。虽然有时候会觉得自己很傻，但是由于大多时候都能解决问题，便持续使用这个套路。

被问倒后的我开始反省：既然天天都要 Debug，为何不加强自己的 Debug 技巧呢？掌握 Debug 技巧能够大幅地提升开发效率，而这正是贯穿本书的重点。

之所以写这本书，是因为我在 2021 年 9 月参加了以"你所不知道的各种前端 Debug 技巧"为主题的"iT 邦帮忙铁人赛"。早在几年前我就听说过铁人赛，不过理解仅限于参赛者必须连续 30 天不中断发文，想想自己偶尔也会撰写技术文章，应该没有什么困难，当时有一位朋友参加铁人赛却未能完赛，我甚至感到有些意外。直到实际参赛时，才发现自己实在太天真了，为了能够尽可能地涵盖更多细节及制作流畅易懂的范例，一个月来几乎每天都能看到日出，所幸后来顺利完赛。本书就是基于原本参赛的文章，将技巧讲解部分抽出，并分类为不同的主题，同时加入更多内容及范例，Chrome DevTools 用法则独立说明，以便提及更多细节。本书的整体架构经过修改后，变得更加通顺及容易理解，当然随之而来的又是另一段长期睡眠不足的日子。

本书能够顺利出版，首先得感谢当时邀请我参赛的 ALPHA Camp 团队，其中 Tim 身为当时的队长，多次拉我"入坑"，甚至在我犹豫不决时直接把我列入参赛名单，对于本书的润色及校稿也帮了大忙，雁婷的鼓励则是我完赛的关键，对于本书也提出了不少宝贵的建议；其次感谢博硕文化的编辑 Sammi，为了本书的质量，她跟我进行了多次的讨论以及修改，最终得以整理成册；最后感谢我的家人对于内容的建议，大幅提升了文字的可读性，以及无论听到多少次"快写完了"都依然坚定地支持着我。

本书将从心态、通用方法开始切入 Debug 技巧，再深入至不同主题，如 HTML、CSS、JavaScript、性能分析、用户体验、错误处理、工具等，并搭配范例程序代码进行说明，协助读者理解并应用到实际工作中。相信读者在阅读本书之后，能够更好地掌握 Debug 技巧并大幅提升开发效率。

为了方便读者学习，现将本书中范例程序的下载网址和参考网站的使用说明汇总在一个电子文档中，请读者扫描下方的二维码获取。若下载有问题，请把问题发送至电子邮箱 booksaga@126.com，邮件主题写“Web 前端开发 Debug 技巧”。

杨楚玄

2022 年 7 月

目　　录

第1章

热身运动

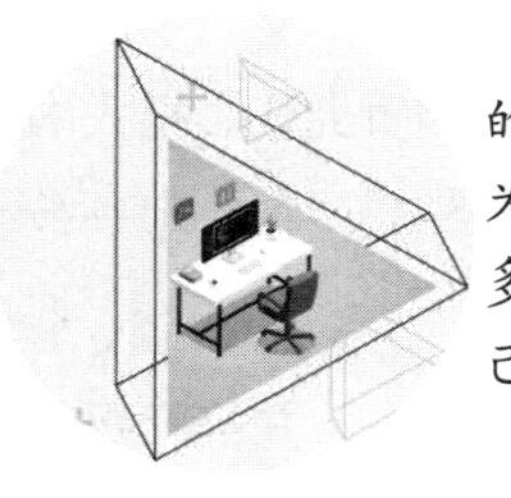

身为一位IT工程师，Debug几乎是每天必做的工作，无论是程序中简单的语法问题，还是造成公司巨额损失的应用服务中断，都需要立即解决。为了能够高效率地解决问题或避免这类问题的发生，许多人会把精力放在多次练习、进行技术研究、改进开发流程等，但少有人把时间花在提高自己的Debug技巧，而这正是本书着墨的重点。

本章介绍本书的结构、基本的Debug工具以及身为开发者必须具备的心态和习惯。

1.1　关于本书

作为一本关于前端Debug技巧的工具书，本书各个章节之间并没有直接的关联，读者可以在进行Debug时查阅相应的主题，从中学习以往不曾使用的技巧，或者作为参考比较自身经验与本书的优缺点。

本书的前两章主要说明解决问题的心态和通用技巧。第3~11章以前端开发中常遇到的场景为例来介绍对应的Debug技巧，并在章节间穿插实际操作的例子，协助读者进行练习以巩固学习成果，这样在以后遇到相似场景时，便能够及时运用学到的技巧。第12~17章则针对Chrome DevTools工具的主要面板进行更详细的说明，并讲述涉及的其他重要功能。

本书范例的程序代码可以根据本书电子文档中的说明和提供的网址下载。

在编写本书时，笔者使用的 Chrome 版本为 92。

1.2 适用读者

本书适合以下读者阅读：

- 前端初学者：开发时遇到问题却不知道如何解决，希望学习实践经验和Debug的诀窍。
- 前端工程师：希望提高解决问题的能力及提高开发的效率。
- 有经验的开发者：想要学习或更深入地理解前端开发知识和相关工具。

1.3 学习 Debug 技巧的地图

第3章和第4章介绍处理HTML、CSS、JavaScript相关问题的技巧，包含网页元素、样式的实时调整与检查；利用断点、单步执行对程序代码进行更精密的检查，并解释程序代码中容易造成错误、难以察觉问题的部分。

第5章介绍API相关问题的处理，包含流量信息分析及请求拦截、改写技巧，并解释缓存（即Cache）、CORS（Cross-Origin Resource Sharing跨域资源共享）、Cookies（存储在用户本地终端上的数据）等重要概念的细节。

第6~8章介绍浏览器的性能问题，解释如何利用性能检测工具分析程序代码、内存、渲染流程中的性能，以及对应问题的解决方式。

第9章介绍不同设备仿真的方式，以及如何排除移动设备上的问题，另外详尽解释了不同设备在浏览器上运行的差异，如设备像素比（Device Pixel Ratio，DPR）、滚轮、事件等。

第10章以用户体验为主，详尽地介绍无障碍网页和网站体验指标（Web Vitals）以及相关检测工具。

第11章介绍错误处理方式，包含错误抛出、拦截和异步错误处理等技巧与最佳实践。

第12~17章以Chrome DevTools为主，介绍设置和功能的细节，包含Elements、Console、Sources、Network、Performance面板。

1.4 REPL 和实时测试工具

确认JavaScript运行最方便的工具是REPL（Read-Eval-Print-Loop，交互式解释器），这个工具可以直接翻译为“读取输入-对输入内容求值-打印输出-重复此过程”，就是可以用一段一段的程序代码与当前的执行环境交互。这个工具也可以用来快速确认JavaScript内建API的用法或尝试编写简单的功能。用户熟知的Chrome DevTools Console其实就是一个REPL，在Console内输入程序代码，就相当于在Document中插入一个<script>元素，可以直接和页面中的变量交互，如图1-1所示。笔者就时常用Console来执行代码段，以示范或确认JavaScript的运行。除了Chrome的Console之外，上网搜索“REPL”关键词也会找到许多在线工具，如replit.com。

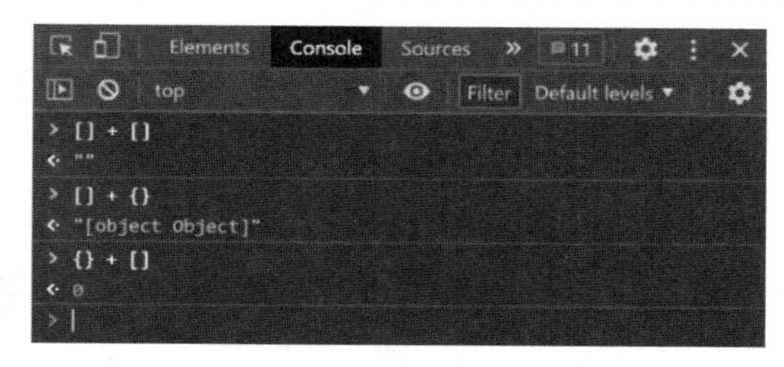

图 1-1　使用 Chrome DevTools Console 测试 JavaScript 功能

除了REPL外，如果需要安装软件包或更完整的前端开发环境，可以使用CodeSandbox。CodeSandbox内建了许多前端开发常见的工具，包含功能丰富的编辑器、排版、实时显示结果、自动测试等，与平时开发的体验相似，可以快速地建立环境及分享结果，其共同编辑功能甚至常常被拿来用在面试的现场编码环节。图1-2左下角的Dependencies可用来搜索、安装依赖软件包。

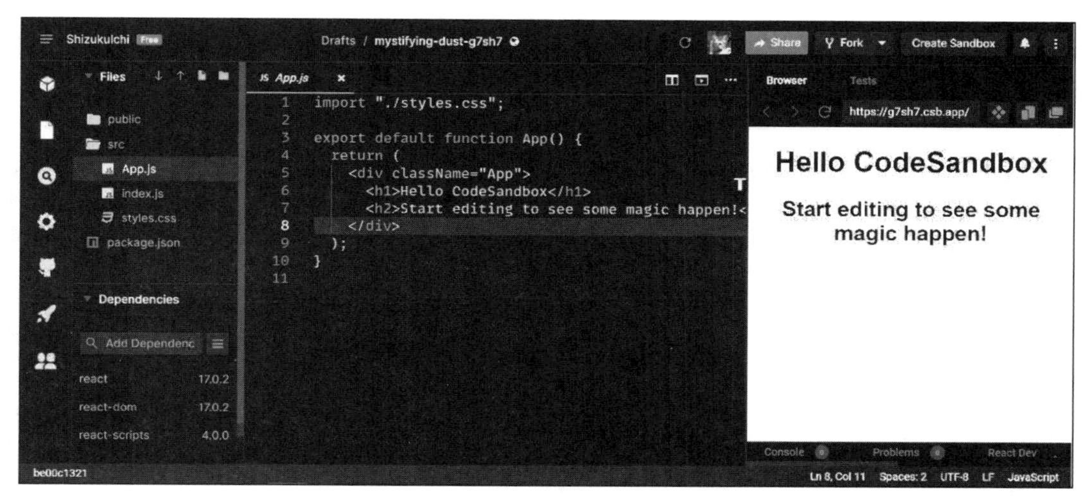

图 1-2　CodeSandbox 的 react 模板

1.5 前端开发 Debug 工具的选择

现今的主流浏览器（如Chrome、Firefox、Edge、Safari等）都内建了网页开发工具，协助开发者在该浏览器上解决开发问题，而笔者最常使用的是Chrome DevTools，其功能非常全面，尤其在JavaScript Debugging和性能分析上特别出色。

值得一提的是，Firefox DevTools在HTML和CSS Debugging部分的使用体验非常好，与Chrome DevTools相比，甚至都略胜一筹。某些场景会使用Firefox来Debug，但笔者认为在多种开发工具间来回切换不太方便，同时学习多种开发工具也需要更多时间，因此笔者选择以Chrome DevTools作为本书的主要Debug工具。

除了网页开发工具外，有些软件包会有专用的Debug工具，例如React和Redux各有其自己的DevTools。检测后端API时，可以搭配Postman、网页扩充软件包；分析网页性能时，有非常多种工具可以搭配且各有优势。

开发工具永远不嫌多，但重要的是，从众多工具中制定出一套适合自己的开发流程来提升开发效率。

1.6 Debug“心法”的建立

Debug并不完全是工程层面的事情，在开始讲解Debug技巧之前，首先提醒读者几点，可以把它们视为基本的心态或好习惯，能够有效地提升Debug的效率。

1.6.1 放大出错的影响

在Debug过程中，最忌讳的就是“应该没关系吧”这样的想法，或许你自己认为并不是一个问题，从表面上看可能也没有什么影响，但要考虑这次“偷懒”所产生的成本是否值得。即使是小问题，当更多新功能或其他问题叠加起来以后，通常需要加倍的时间才能解决，而这颗不定时炸弹可能在后续造成严重的后果，例如发布了新版本的网站后出现了一个Bug，紧急修复时发现与之前忽略的问题有关，需要再次花时间研究该问题的因果，此时你肯定会懊悔当初没有好好处理。

笔者想说明的是，开发过程中通常没有完美的方法，肯定会有取舍以及刻意略过的部分，最重要的是经过充分的考虑以及留好后手，千万不要抱着侥幸的心态略过问题，这不仅可能成为开发的坏习惯，也会丧失对细节问题理解的动力和毅力。

1.6.2　治标不治本

解决问题时，通常会有所谓的暂时解决方案，能够在短时间解决问题并着手更重要的事情，例如房间内有两个灯泡，某天一个灯泡突然坏了，若先把它涂成白色，大家可能不会察觉异状，继续使用这个房间。这种做法虽然快速解决了问题，但却埋藏了隐忧，哪天第二个灯泡突然坏了，在换完灯泡前，这个房间都无法使用，甚至装第一个灯泡时还需要手电筒辅助照明。再举一个网页开发的例子，假设今天突然来了一个需求，说某个卡片的背景颜色太暗了，为了快速解决，为卡片的背景色加上了50%的透明度，然而没有注意到虽然卡片下方是白色时没有问题，但是其他颜色就会因为透明度影响卡片的视觉效果，更好的做法是直接把卡片的背景色换成更亮的颜色。

解决问题最好的情况是，找到问题的根源并完全“根治”，尽可能避免后续出现问题，虽然实际处理时并不总是那么美好，但若每次都能多花一点时间了解问题，之后可能会发现少走了许多回头路。这不只是处理一个小Bug所获得的收益，有时甚至可以避免在网页上加入了一个新功能后，没几天又要被迫换掉重写的窘境。

1.6.3　集中精神并且适度休息

此点看似众所周知，但经常性的睡眠不足或长时间的疲劳轰炸，肯定会使注意力下降，进而影响开发效率和思考能力，“放松”是Debug过程中非常重要的一环。当你已经卡在某个问题几个小时，不妨试试放松一下心情，抛开紧张的情绪，离开键盘，稍微走动一下，活动活动身体，或是去买杯饮料，重新振作之后再次面对问题。你可能会想：“有买饮料的时间，我早就多解了好几个Bug”。但在许多情况下，紧张和疲劳不仅会让思考能力下降，甚至会让思维无法跳离“死循环”。笔者就有不少次在上厕所的过程中突然想到了问题的解法。

1.6.4　不要钻牛角尖

若发现无论如何都难以找到问题的突破口，上网搜索都只有无关的信息，除了前面提到的适度休息外，还可以冷静一下，想想是不是解决问题的方向错了，是不是程序中实际出错的部分和搜索的关键词并没有关联，例如是否为单纯手误而拼错程序代码，或是从错误的软件包中引用了同名的方法，因而让程序出现了意料之外的错误。

笔者曾经就因为不小心按到Tab键而触发了编辑器的自动对齐，无意间在程序代码中加入了一些字符，于是程序开始出现奇怪的问题，苦恼了一阵子都没有找到问题所在，在检查程序代码变动历史的过程中才发现是笔者的“胖手指”导致的小“惊喜”。

1.6.5　适时寻求协助

你是否有过向他人提问却许久才收到回复甚至没有收到回复的情况？你是否对发问带有恐惧，或根本没有发问的习惯？

提问是解决问题非常有效的方式，然而前提是要提出一个好问题。发问前可以先想想，当对方问道：“你查过吗？”时，我们是否能够从容应对。只要经过研究及准备，就可以鼓起勇气提问，相信大部分人都很乐于分享经验，协助解决问题，在技术相关社区、网站上发问，时常能快速获得响应。

时常可以看到有人在网络社区中抛出没头没尾的问题，网友只能依靠“隔空抓药”来回答，或是在留言区经过多个来回才有结果。提出明确的问题和足够的信息是提问的根本，如果对方需要思考多方面的可能性，或者根本无法理解问题本身，好一点的情况是根据经验或进一步询问更多信息来回答问题，但更多时候会无从下手，之后便不了了之。若能够附上完整的错误提示信息、执行环境、产生错误的步骤等，只要他人有相关经验或能够重现同样的错误，那么基本上都能解决问题。

1.6.6　心无旁骛

在Debug过程中不免发现程序中的其他问题，抑或是有其他事项干扰，此时要以最快速度决定问题的优先级，若问题不是非常重要，建议加入待办清单，并暂时当成没发生过，不要想着同时解决多个问题，通常这样只会分散你的注意力，降低解决问题的效率，“集中精神处理眼前的问题”才是当务之急。

此外，工作环境也是影响开发效率的一大因素，笔者就无法在周围十分嘈杂的情况下专心思考，若有类似的情况可以想办法解决，例如使用耳塞、耳机等降低干扰，若个人无法解决，也可以告知主管来协助解决问题。

第2章

通用技巧

对于刚接触前端开发或程序设计的人来说，Debug可能会是一场噩梦，只是完成想要的功能就已经焦头烂额，还要处理许多意想不到的问题，甚至不知道该如何下手。不过，随着开发经验的累积，每位工程师都会逐渐发展出一套自己熟悉的Debug方式并持续使用。

本章首先会提到许多开发上通用的Debug技巧，让开发者在Debug时可以从更多角度切入，更有效率地解决问题，接着介绍如何以一些方法来降低Bug发生的概率以及提高程序的可维护性。

2.1 专注于单一问题

在 Debug的过程中，不免会有一些干扰或“诱惑”，例如在修正A问题时，突然发现了B 问题，就有了顺便解决B问题的念头，然而B问题如果不影响A问题，更好的做法是先专注解决A问题，再回过头来看B问题。举一个简单的例子，假设你的计算器程序算出了错误的答案，Debug时突然发现在某些情况下，数字显示有些跑偏版面，虽然都是数字显示的Bug，但两者可以分为两个独立的问题，一是数字计算逻辑的正确性，另一个则是显示样式的调整。

尽量专注单一问题的主要原因在于人脑能够同时处理的信息量是有限的，想要一次解决多个问题，就意味着一次修改更多的程序代码、在更多程序代码区块间跳跃、在不同问题的思绪间来回切换。随着大脑负担的增加，出错或细节被忽略的机会也大大增加，况且修改程序代码常常不会一次到位，Debug的过程也会拉得更长，而不利于思考。

另外，一次解决一个问题也有利于版本控制信息的编写，比如“修正数字计算及显示问题”就可分为“修正数字计算逻辑”和“修正数字显示样式”两个信息，在他人检查程序代码或后续修改逻辑、显示样式时，能更快地锁定对应的程序代码。

2.2 关键词搜索

笔者在程序设计之路起步时，常常遇到某些问题难以找到相关的信息，或是不知道该使用什么样的关键词去搜索答案，因此在寻找解答上花费了许多时间，经过了一段时间后，明显发觉自己搜索能力提升了，能够更准确地使用关键词去搜索答案，于是能在更短的时间内找到有用的信息，让自己的开发和Debug过程更为顺畅。从中得到的一个关键经验是，以往总是期待输入关键词后能够直接得到答案，若第一时间无法找到答案就陷入僵局。

搜索时，除了从Stack Overflow上的博客文章寻找答案外，还可以从更多方面着手，像是在MDN文件、软件包官方网站的FAQ、Caveats区块或是其GitHub Issues中搜索，通常会有意外的收获。在求解问题的过程中，若有其他关键词或专有名词持续出现，花费时间理解后，或许可以帮助缩小问题的范围，有助于更准确地选择关键词。还需要注意搜索结果的最后更新时间，若是三年或更久以前的问题解答，则参考的优先级可以降低甚至忽略，因为有很大概率该信息已经过时或无效了。

另外，在许多情况下，问题的关键会藏在错误提示信息中，仔细阅读所有信息，追溯各个函数和相关软件包常是突破口。笔者印象深刻的一次是，软件包意外出错了，观察无果后把错误提示信息里出现的文件名、行号、内容拿去搜索，就幸运找到了问题的解决办法。

2.3 阅读文件、源代码及规范

开发者为了加快开发的速度，在开发过程中有时会简单地浏览软件包的使用方式后，就立刻开始尝试将它们用于程序代码中，但这常常会造成出错时要花更多的时间来解决。“阅读文件”通常是了解软件包最快的方式，在使用任何软件包之前，都应先了解其限制、优缺点、使用前提（如额外软件包、程序代码、设置等），若能先了解其原理，就能大幅减少出错时Debug所需的时间。最理想的情况是，能找到满足使用场景的范例程序代码来确保程序编写的正确性，若有超出文件内容的高度定制化需求或出现了预期之外的错误，则需要阅读软件包的源代码，尤其在确定使用该软件包时，更应该“投资”时间去理解其实现的细节，当软件包和项目程序代码或其他软件包产生冲突时，才能让问题更容易解决。

网页中用到的HTML、CSS、JavaScript都有其规范，相互作用下常常会有预期之外的运行结果或方式，与其每次都通过试错的方式来实现想要的效果，不如实际了解其规范和运行原理，这样一劳永逸不是更好吗？简单的例子如网页元素间的覆盖顺序、CSS规则的权重计算方式等。最大的优点是遇到相同的问题时能更快地解决，且能减少Bug产生的概率。

2.4　单方向寻找

修正Bug时，可以尝试以单方向逐步确认来找出Bug的根源，从出错的行号或显示错误用户界面的程序代码开始，以微调程序代码、插入console.log等方式自下而上（Bottom-Up）找出问题，例如函数可能传入了错误的参数，而以该错误参数显示出来的接口是“符合预期”的。确认函数正确执行后，才向上一层确认执行此函数的程序代码是否有问题，以此类推。另外，也可以从程序代码进入点自上而下（Top-Down）搜索Bug，优点是能理解完整的执行流程，降低受到副作用影响的风险，这是在对程序代码不熟悉时通常使用的方法。

2.5　降低变动条件

在Debug时，可以尝试消除程序代码来减少干扰，在能够重现相同Bug的条件下，逐步移除程序代码，直到只剩与该Bug相关的程序代码，要关注的程序代码越少，也就越容易找出问题发生的原因，在修正时也能避免和其他的程序代码互动，从而提高Debug的效率。

此方法适用于以下情况：

- 开发环境受限、发生无限循环等无法通过错误提示信息找出问题时。
- 无法得知程序代码中Bug的位置时。

2.6　使用版本控制

版本控制工具如同程序代码的时光机，以常见的工具Git为例，需要紧急修复Bug时，可以通过revert指令回到上一个可运行的版本，也可以通过diff、bisect指令来观察、搜索造成Bug的程序改动，甚至可以用blame指令来查看某一行程序代码的改动历史和作者。

最重要的是，Git在每次改动（Commit）时可以输入信息，最理想的情况是只靠浏览Commit信息就能大致了解改动的内容，这也是为什么许多项目会制定Commit信息格式，确保Commit信息提供足够的信息，在使用时光机的时候也能更有效率。

2.7　善用开发工具

前端开发除了网页开发工具外，还有许多工具能够有效提高开发和Debug的效率，有些软件包还会提供专用的开发工具。例如React DevTools、Redux DevTools都能在Debug时提供许多信息；串接API时常用Postman来测试和修改参数；在程序代码打包工具中，加入Hot module replacement保留程序状态和加速打包；利用Source map打印出完整的错误提示信息等。此外，还有许多浏览器扩充功能、桌面应用程序、网页服务及编辑器扩充功能等，从远程开发、响应式网页到编辑器的语法自动补齐和上色都有相关的工具，千万不要限制了自己的工具箱，虽然加入工具可能需要成本，但善用工具绝对能大幅减少开发及Debug的时间。

2.8　如何减少 Bug 及降低维护难度

Debug技巧的重要性在于，再厉害的工程师都无法写出无Bug的程序代码，但比起Debug，若能避免产生Bug，从根本上解决问题当然是更好的做法。前端技术变化快速，网页应用越来越复杂，再加上JavaScript富有弹性的特点，让程序代码越来越难维护，“如何减少Bug发生的概率”以及“能否编写出易于维护的程序代码”决定了工程师的专业程度，本节将针对这两个重点提出几个技巧。

2.8.1　静态分析程序代码

由于JavaScript没有类型限制，再加上网页程序代码的逻辑越来越复杂，因此许多项目会使用程序代码静态分析工具（如TypeScript、Flow、JSDoc）来检查类型，以降低发生Bug的概率。不过需要注意的是，即使使用这些工具，仍可能在实际执行时发生类型错误，例如串接API或和第三方软件包互动就无法完全保证类型，需要额外地检查来避免错误的发生：

```
function format(number) {
  if (typeof number === 'number') {
    return number.toFixed(2);
  }
  throw new Error('format(): Argument must be a number.');
}
```

除了类型检查外，许多前端项目都会使用ESLint分析程序代码中的潜在问题，如标记容易造成Bug的程序代码以及统一语法规范来增加可读性，主流前端框架之一的React就为其Hooks API编写了ESLint的扩充软件包（eslint-plugin-react-hooks），用于标记不符合Hooks规则的程序代码，Airbnb制定的语法规范也有对应的ESLint配置文件（eslint-config-airbnb），用于许多

JavaScript项目中。

2.8.2 制定语法规范

“语法规范”最大的用途在于降低多人合作时产生Bug的风险，而使用JavaScript应该遵守一些铁则。

1. 声明常数

- 数值恒定：除非变量可能被修改，否则使用const 声明。
- 重复出现：只要是使用两次以上的值就应该声明，否则可能在修改的时候漏掉其中一个。
- 可能替换：相同意义但可能替换的值（如URL、UI中的文字（支持多种文字）等）、固定不变的值应该注意是否声明为常数，同样的概念也适用于CSS（如字体大小、间距单位）。

2. 避免修改不属于自己的对象

除了自己声明的对象外，只要修改了就会产生副作用，而其他开发者或第三方程序代码就会受到副作用的影响而产生Bug，其中也包括覆写原生对象或函数（面向对象的程序设计）。

其他需要注意的是，避免声明全局变量，过分依赖类型转换、特定关键字等，语法规范除了依靠开发者自身的习惯外，也可以使用ESLint加以限制。

使用 ESLint 时，应避免过于极端的语法规范，应以团队共识为主，例如禁止使用 var、let，因为它们可能不适合所有项目。

2.8.3 统一语法格式

“统一语法格式”可以提升程序的可读性和降低程序的维护难度，让程序代码阅读起来更加流畅， 常见的格式设置如缩排长度、单双引号规则、结尾分号、断行条件等。除了ESLint之外，Prettier、EditorConfig也是常见的自动格式调整工具，让多人协作的程序代码更加统一也能消除格式选择的烦恼。

2.8.4 加入注释

在程序代码中加入注释是降低维护难度重要的一环，当然也要避免过多的注释影响可读性。编写注释时，可以想象为对一个完全没看过这段程序代码的人解释其用途，若程序代码来自网络，也可以附上来源，而加入注释的位置则可以参考以下几点：

- 函数：解释用途、使用条件、参数意义和返回值的类型。
- 非直觉的写法：解释为什么要这样编写，例如针对性能而优化的程序代码或复杂的算法。
- 黑科技：它们的共通点是容易在重构的时候被“修正”，最常见的例子是为了特定浏览器加入额外的CSS属性。

2.9 小 结

还有一些方法，例如在程序代码中加入测试、错误处理机制，还有遵循设计模式和程序设计方法，而它们的最终目的都是降低Bug发生的概率和程序维护的难度。总之，一份好的程序代码应该拥有以下几个特性：

- 容易理解：浏览即可了解程序代码的目的，甚至可以快速理解其实现的细节，即使程序代码的逻辑复杂，也不会令人感到疑惑。
- 容易改写：当需求或数据格式发生变动时，不需要全部重写。
- 容易扩充：能够在不修改原有程序代码的情况下加入其他功能。
- 容易测试：能够轻易验证程序的运行过程及正确性。
- 容易Debug：发现Bug时，能够快速找到出错的程序代码且易于修复。

第3章

DOM和CSS技巧

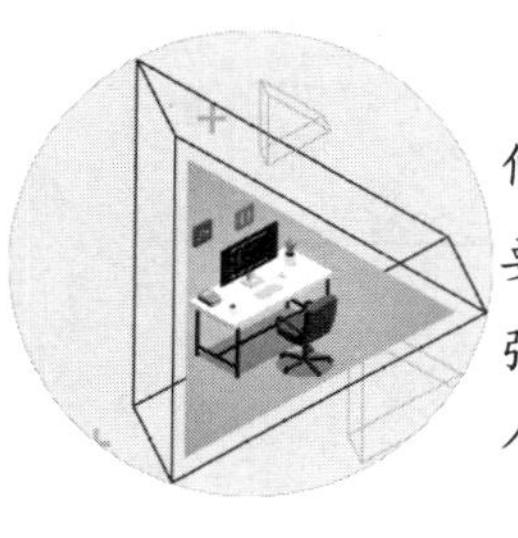

现代浏览器的网页开发工具都有DOM、CSS专用面板，供开发者检查、修改网页内容，最常用的功能莫过于观察以及修改特定元素的CSS，然而想要提高DOM、CSS的Debug效率，除了熟悉开发工具外，最根本的方式是加强对所有规则的理解，但这显然不是一件容易的事情，因此本章主要从两个方面切入：

- 厘清较不直觉的概念，以便解决或避免相关问题。
- 针对不同场景可以使用的Debug技巧。

注意，接下来若无特别注明工具，都以Chrome DevTools的Elements面板为主。关于Elements面板的详细介绍，请参考本书第13章。

3.1 基本原则

解决DOM、CSS问题时，大多数情况下都可以靠不断地修改程序代码，也就是不断试错来完成，不过这是非常低效的，而且当网页样式与状态有关（如Hover）或涉及JavaScript时，都会提高Debug的难度，甚至无法解决问题，这种情况就更不能依靠试错了。

解决DOM、CSS问题大致上可以分为以下步骤：

步骤01 观察问题成因。

步骤02 针对问题修改程序代码。

步骤03 执行新程序代码，并确认问题是否解决。

这3个步骤需要开发者在3种不同的界面中完成：

- 以网页开发工具选取Bug元素。
- 在程序代码编辑器中修改并存盘。

- 在浏览器中重新执行程序代码。

乍看之下没有问题，但实际上通常需要多次循环才能解决问题，且网页复杂时可能造成每次循环花费更多时间，例如需要在界面上进行多个操作才能重现Bug，或修改程序代码需要重新打包等，因此Debug时最重要的原则就是尽可能减少循环，利用网页开发工具实时调整网页内容，最终确认程序代码后一次完成修改，借此省去多次重现状态、选取元素、执行程序代码的时间。

在开发时，现代前端项目常会用到模块热替换（Hot Module Replacement，HMR）技术，在修改程序代码时实时取代网页内容，其目的和此处提到的重点非常相似，可以提高开发效率。

3.2 元素检查技巧

3.2.1 检查工具

想要观察DOM信息，基本的方式是在网页中右击元素，在弹出的快捷菜单中选择“检查”（Inspect），或者直接打开DevTools（开发者工具）的Elements面板，单击左上角的“检查”工具，可以更精确地选取元素和浏览基本信息（见图3-1），如Color（颜色）、Font（字体）、ACCESSIBILITY（无障碍）。

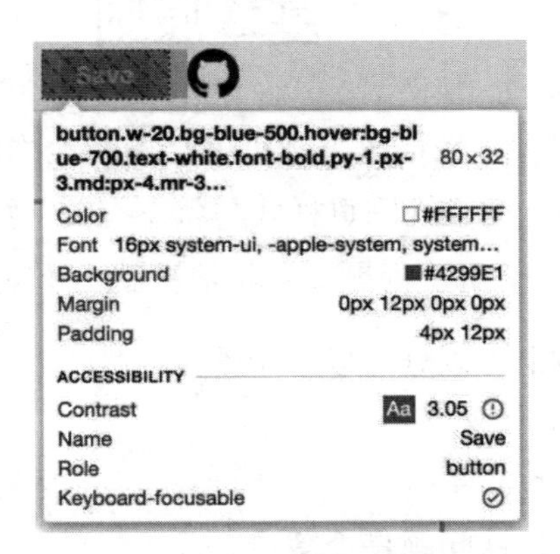

图 3-1　打开“检查”工具，将鼠标移动到元素上即可看到基本信息

3.2.2 状态锁定

网页中常会用Pseudo class来达到用户与页面互动时改变样式的效果，例如使用“:hover”

和“:active”，在鼠标经过或按住元素时改变元素的样式，但显然在鼠标按住元素的情况下，在Elements面板中调整元素样式是不可能的。

在Elements面板中找到目标元素，右击该元素后，展开Force state选项，选择想要锁定的状态即可，如图3-2所示。

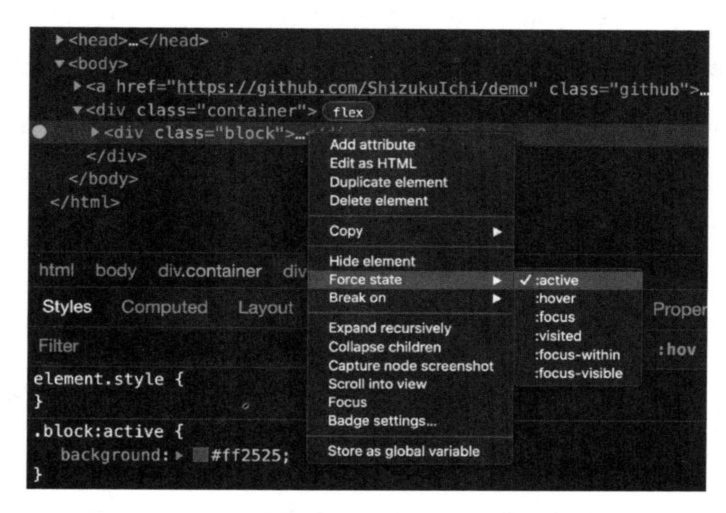

图 3-2　单击“:active”后，元素左边会出现小圆圈作为提示，下方可以看到“.block:active”中的样式已经作用在元素上

另外，在Styles分页上方有一个“:hov”按钮，单击后会展开状态切换菜单，通过菜单可以快速切换多种状态，如图3-3所示。

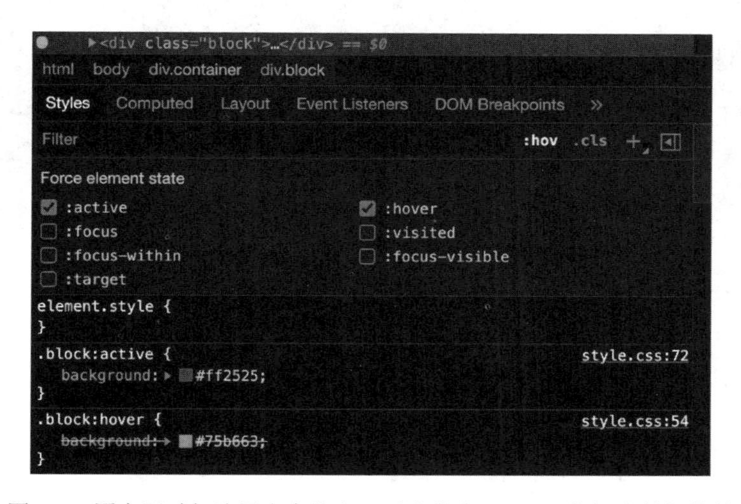

图 3-3　图中同时勾选了多个状态，再次单击“:hov”按钮来关闭菜单

如果无法找到目标元素在Elements面板的位置，可以使用“暂停执行”来锁定整个网页的状态。

3.2.3 暂停执行

在网页中，常会通过JavaScript的MouseEnter和MouseLeave事件来模拟Hover效果，此时锁定“:hover”状态就没有作用了，尤其当元素来自第三方软件包时，更无法利用修改程序代码来协助Debug。

这种情况可以通过以下步骤来暂停执行程序代码，使整个网页静止不动：

步骤01 打开 DevTools。

步骤02 操作网页让目标元素出现。

步骤03 按command+\键暂停。

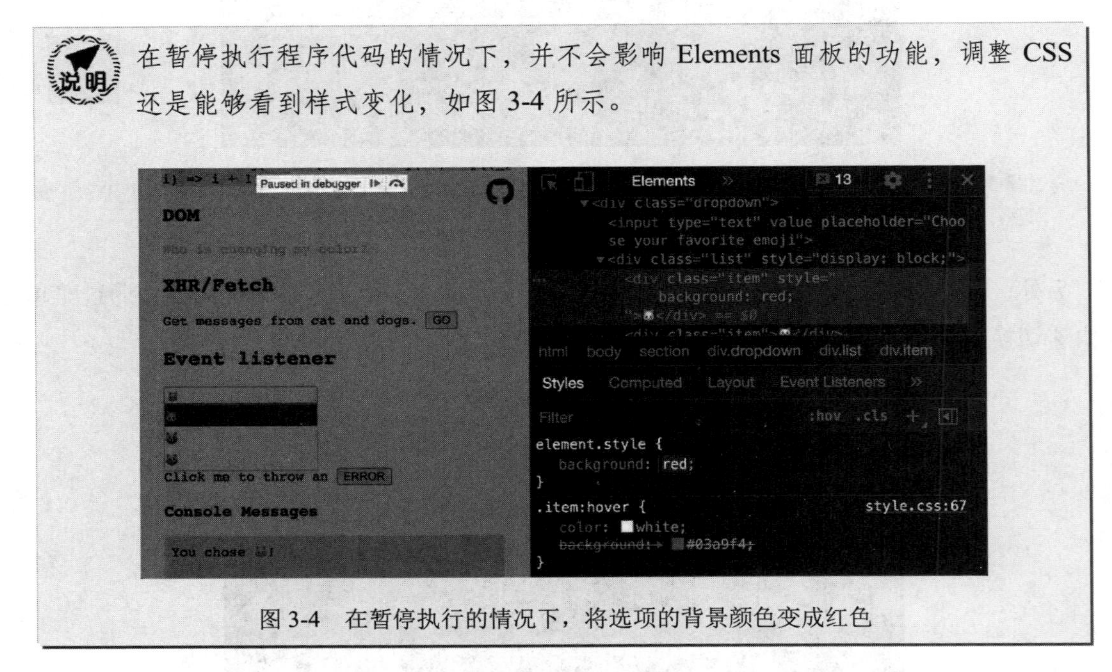

说明 在暂停执行程序代码的情况下，并不会影响 Elements 面板的功能，调整 CSS 还是能够看到样式变化，如图 3-4 所示。

图 3-4　在暂停执行的情况下，将选项的背景颜色变成红色

除了通过快捷键外，还能通过设置断点来触发特定事件，或是侦测到DOM变化时暂停执行程序代码。关于暂停、断点的详细介绍，请参考第15章。

说明 按下“+”键后，需要执行程序代码才会触发暂停。此外，暂停时元素会维持在暂停前的状态（如“:hover”）。

3.2.4 节点隐藏

如果目标元素被其他元素覆盖了，则可以先检查被覆盖元素上面的其他元素。在Elements面板中右击该元素后，选择Hide element隐藏覆盖节点，随后就可以顺利Debug目标元素了，如图3-5所示。

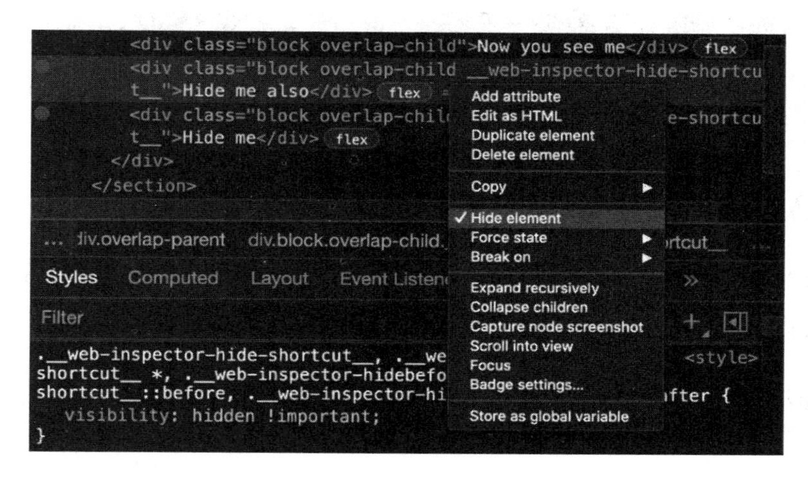

图 3-5 单击 Hide element 后，元素的左侧会出现灰色圆圈提示，且被加上 CSS“visibility: hidden !important;”

检查元素后，直接按H键，可以快速将它切换为隐藏状态，而不必打开右键的快捷菜单。

3.2.5 搜 索

如果无法检查元素或不知道元素的位置，那么在Elements面板中按command+F键后，可以用文字、CSS选择器、XPath选择器来搜索元素（见图3-6），常见的情况如元素不在界面中（display: none;）、隐藏、透明、无法选取（pointer-events: none;），或者元素来自第三方软件包、对DOM结构不熟悉等。

图 3-6 搜索时会以绿色背景突显匹配的元素

3.3 存取、修改 DOM

Elements面板除了显示当前网页内容的DOM结构外，还提供了不少DOM相关的额外功能，例如通过双击进入修改模式，根据双击的位置来修改元素的标签（见图3-7）、属性或文本。

```
▾<div class="container"> flex
   <div... class="block">Hello World!</div...> flex  == $0
 </div>
```

图 3-7 修改标签时会同时改变尾部的标签

3.3.1 插入节点

右击元素并选择Edit as HTML，可以修改节点的Outer HTML，当然也可以任意修改、加入、删除节点。

3.3.2 移动和删除节点

在Elements面板中，可以直接用鼠标拖曳改变节点的位置，使用键盘则可以通过command+C、command+X、command+V组合键来复制、剪切、粘贴节点，也可以通过Delete键和command+Z组合键来删除和复原（即撤销之前的操作）。

3.3.3 ==$0

检查元素时，元素右方会显示提示信息“==$0”，此时打开Console面板输入“$0”，会返回该节点，可以直接使用JavaScript与节点互动，如图3-8所示。

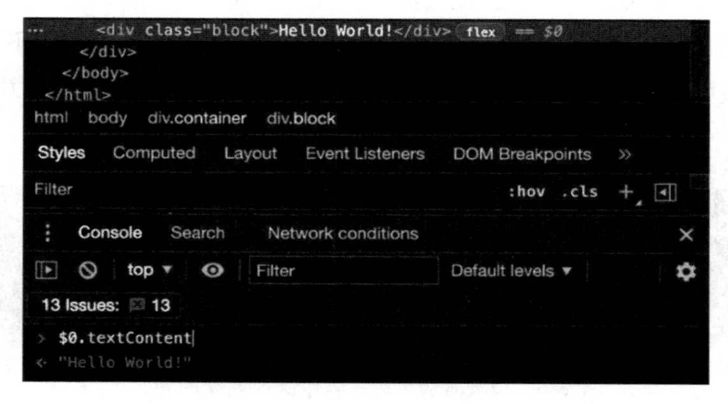

图 3-8 检查元素后，在 Console 面板输入“$0.textContent”来获取元素的文本内容

有了JavaScript，就能通过DOM API 进行更复杂的操作，例如插入多个文本节点、触发事件等。

在 Elements 面板中，按Esc键可以在下方展开 Console，方便操作元素。

3.4 CSS 基本观察技巧

在Styles分页中，会自动将规则以优先级自上而下排序显示。

3.4.1 属性简写

在编写CSS时，常常会使用简写属性（如margin、background、border等）来一次性加入多种属性，此时需要展开才能检查其中是否有属性被覆写了，如图3-9所示。

```
element.style {
  margin-left: 4px;
  padding-left: 4px;
}
.A8SBwf {
  margin: ▼ 6px;
    margin-top: 6px;
    margin-right: 6px;
    margin-bottom: 6px;
    margin-left: 6px;
  padding: ▶ 6px;
}
```

图 3-9　展开 margin 属性后，能看到简写所代表的 4 个属性

3.4.2 !important

一个属性出现多次时，只有最高优先级规则内的属性才会生效，不过在属性后加上“!important”就会打破限制，因此可能会看到低优先级规则覆写了高优先级规则内的属性，如图3-10所示。

```
.high {
  margin: ▶ 6px;
}
.low {
  margin: ▶ 6px !important;
}
```

图 3-10　下方优先级较低的规则覆写了上方规则内的 margin

3.4.3　检查计算后的属性

在Computed分页中列出了所有的CSS属性，可用来检查最终作用在元素上的属性值，例如使用了em、%等相对单位时，就会被计算为绝对单位px，如图3-11所示。

图 3-11　原本的属性值 100em 在 Computed 分页中显示为 477px

通常情况下，Computed分页会因为属性过多而导致难以观察，可以切换至Styles分页，右击想要查看的属性，再选择View computed value，如图3-12所示。

```
element.style {
  width: 100        Copy declaration
}                   Copy property
                    Copy value
.block {
                    Copy rule
  position:         Copy all declarations
  height: 10        View computed value
```

图 3-12　选择 View computed value 后，会跳转至 Computed 分页，并且只显示该属性，图 3-11 即为单击后的显示结果

3.4.4　默认 CSS 规则

根据用户设置、操作系统或浏览器的不同，可能有不同的默认CSS规则，而这些CSS的优先级比页面中的CSS还低，通常比较难注意到。例如来自浏览器的规则会以斜体显示，如图3-13所示。

```
body {                         user agent stylesheet
  display: block;
  margin: ▸ 8px;
}
```

图 3-13　来自浏览器的规则会以斜体显示

不同浏览器默认的 CSS 规则不同，前端开发常会通过一些手段来确保各个浏览器默认的 CSS 规则保持一致（如引入 normalize.css）。

3.4.5　继承属性

有些CSS属性会以继承的方式生效，其优先级比直接作用在该元素上的属性低，可以在Styles分页最下方或Computed分页内查看它们，如图3-14所示。

```
Inherited from div.drop-down__menu
.drop-down__menu {
  padding: ▸ 2px;
  line-height: 18px;
  display: grid;
  grid-template-columns: 16px auto auto 15px 0px;
}
```

图 3-14　除了可继承的 line-height 外，其余属性皆以暗色显示，此外单击上方的 div. drop-down menu 可以查看继承元素

3.5　CSS 高级检查技巧

大多数的排版问题依靠检查元素并查看Box model就可以解决，但若网页显示版面的“破版”是由多个元素和CSS规则相互作用造成的，或者受到程序运行方式较不明确的CSS的影响，就较难看出问题的成因。本节介绍在这类情况下可以采用的方式。

3.5.1　加入边界提示

无论开发或Debug，给所有元素都加上显眼的框线是一个常见的做法，于是可以清楚地显示出各个元素的边界：

```
* {
  box-shadow: 0 0 0 1px red;
  /* 或者 */
  outline: 1px solid red;
}
```

效果如图3-15所示。

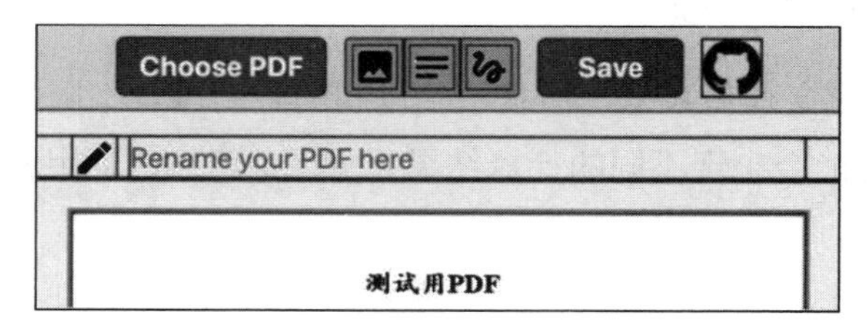

图 3-15　用“box-shadow: 0 0 0 1px red;”来加入边界提示的效果

"border: 1px solid red;"也有类似的效果，但会影响原本的排版，因此不建议使用。

3.5.2 定义的属性值和计算结果不同

即使预期中的CSS属性已经用在元素上，还是有可能出现属性值与计算结果不同的情况，例如图3-16所示的情况。

图 3-16　即使为元素加上"display: inline;"，Computed 分页中的属性值依然是 block

这种情况通常无法从网页开发工具中看出原因，需仰仗既有的知识和经验，不过大多时候都是由以下几点造成的：

1. 块格式化上下文

许多条件都会产生块格式化上下文，这也是造成计算结果不同的主要原因，以图3-16的例子来说，"display: inline;"无法作用是因为该元素的position为absolute。下面列出其他常见的条件：

- position是 fixed。
- display是 inline-系列。
- display是 table-系列。
- overflow是 scroll、auto、hidden。
- 父元素的display是 flex、grid。

2. 定义的属性值包含小数

虽然CSS属性可以定义任何数值，但基于二进制的限制以及不同浏览器实现方式的差异，当属性值为小数时，可能会出现不同的计算结果（见图3-17），使用相对单位计算px数值时，也有类似的问题。

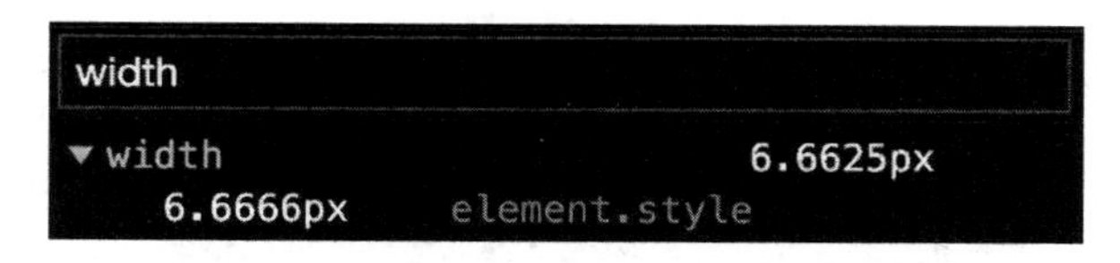

图 3-17 为元素加上“width: 6.6666px;”后，Computed 分页显示的属性值为 6.6625px

有时即使定义了整数属性值，在 Computed 分页仍可能看到小数，这和浏览器的实现细节有关，不影响显示结果。

3. 百分比的margin或padding

当margin或padding的值为百分比时，计算结果会以其容器的宽度为基底，下例child元素的margin-top是50px（100×50%=50px）。

```
.container {
  width: 100px;
  height: 200px;
}
.child {
  margin-top: 50%;
}
```

这个特性也时常被用于维持元素的宽高比，例如创建一个长宽为1:1的元素：

```
.ratio { width: 100%;
  padding-bottom: 100%;
}
```

4. 最大值和最小值

当元素的CSS含有width、max-width、min-width时，max-width和min-width会限制计算得到的width，此方式同样适用于height系列。

某些浏览器中已经支持 aspect-ratio 属性，能避免使用 padding“黑科技”来设置元素的长宽比。

值得一提的是，浏览器会按照width、max-width、min-width的顺序计算width，因此在max-width和width都小于min-width的情况下，计算得到的width会等于min-width，如图3-18所示。

```
▼ max-width                    4px
    4px    element.style
▼ min-width                    6px
    6px    element.style
  outline-width                0px
  stroke-width                 1px
▼ width                        6px
    4px    element.style
```

图 3-18　原本的 width 为 4px，而计算得到的 width 为 6px

3.5.3　实际显示大小与计算结果不符

计算的大小在某些情况下会和实际显示在网页中的大小有些许差异。

1. 显示大小必是整数

在Box model中，与尺寸相关的属性无论计算结果是什么，最终显示的大小必定是整数，可以把网页想象为每个px都是一个灯泡，而浏览器会根据计算结果来决定哪些灯泡该亮。

举个例子，在元素加上“width: 1.5px;”时，计算得到的width虽然是1.5px，但在大部分情况下，浏览器会四舍五入，决定显示两个灯泡，也就是说，显示在界面中的实际宽度会是2px。

然而，如果有两个紧邻的元素都加上了“width: 1.5px;”，两个元素的宽度总和是1.5px×2=3px，此时浏览器会让两个元素的实际显示宽度分别为1px和2px，因此在大多情况下建议以整数定义px值。

元素的实际显示大小可以通过 element.offsetWidth、element.offsetHeight 来取得。

2. 文字高度

即使定义“font-size:16px;”，实际显示的文字大小也不会是16px，而是根据font-size和字体本身的EM square来计算大小，如图3-19所示。

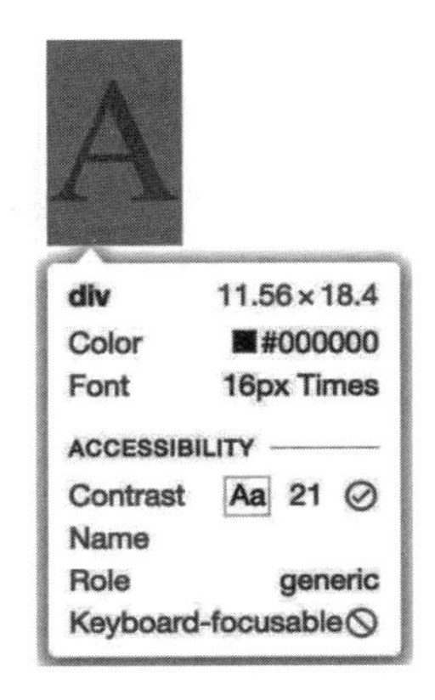

图 3-19　元素的 font-size 为 16px，且只有一个字母 A，而 Computed 长宽分别是 11.56px 和 18.4px

3.6　CSS 调整技巧

在检查元素后，就能在Elements面板中调整元素的CSS属性，不过除了添加、删除、修改属性外，还有许多实用的调整技巧。

3.6.1　添加规则

单击Styles分页右上角的+图标来添加规则，并自动产生可以选到该元素的CSS选择器，如图3-20所示。

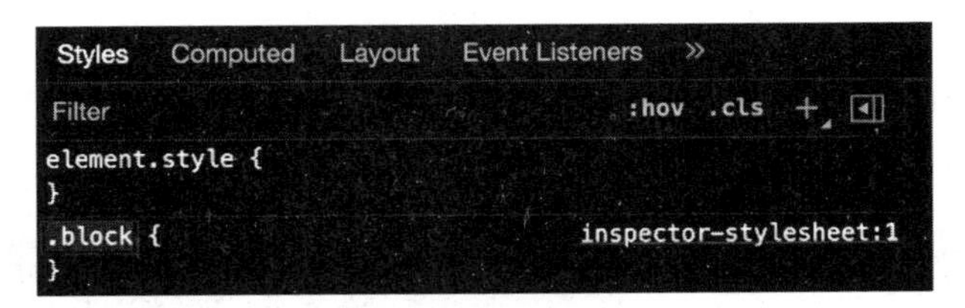

图 3-20　单击图标后，产生了选择器为“.block”的规则，并写入临时的 CSS 文件 inspector-stylesheet

3.6.2　加入 Pseudo 元素

在Styles分页中，单击CSS规则的选择器可以对其进行修改，而加上“::before”和“::after”就能创建Pseudo元素，如图3-21所示。

```
.block::before {                    inspector-stylesheet:1
  content: "Hello World!";
}
```

图 3-21　加入::before 元素

3.6.3　微调数值

在Styles中，只要属性值是数字，单击数字后，就能通过键盘的↑、↓键加减数值。

- option+↑↓键：±0.1。
- ↑↓键：±1。
- Shift+↑↓键：±10。
- command+↑↓键：±100。

3.6.4　快速切换 Class

当元素需要在不同条件下加入、删除特定Class时，可以检查元素并单击“.cls”按钮以展开Class切换菜单，如图3-22所示。

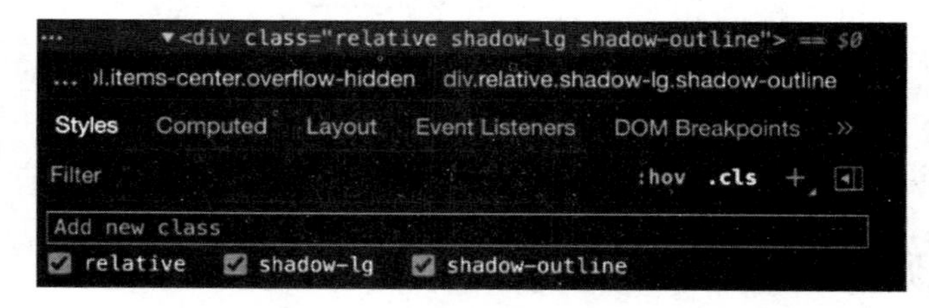

图 3-22　取消勾选 relative 复选框后，元素的 class 属性将变为 shadow-lg shadow-outline

3.6.5　同时加入多项属性

如果需要加入多项属性，复制后可以直接贴入Styles面板的规则中，或是单击规则所属的CSS文件名以启动CSS编辑器，如图3-23所示。

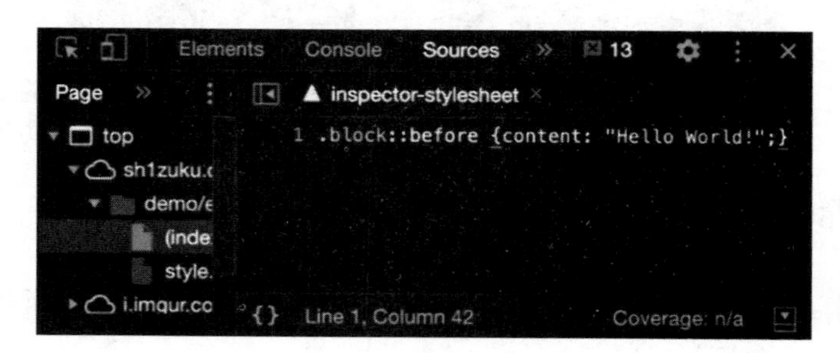

图 3-23　单击 inspector-stylesheet 后，可以在 Sources 分页中编辑 CSS 文件

3.7 inline 元素的问题

当元素的display属性为inline或inline-系列时，常常会造成预期之外的运行方式，因此在使用<span>、<a>、<img>等inline元素，或主动定义inline相关属性值时，需要多加注意。

3.7.1 display: inline;

当display属性值为inline时，以下属性的top、bottom只对元素本身有效果，不会影响其他元素的排版：

- padding。
- border。
- margin。

而以下属性虽然会计入Computed结果，但实际上没有任何效果：

- width。
- min-width。
- max-width。
- height。
- min-height。
- max-height。

在Firefox中，没有效果的属性会以灰色显示且在属性右方可以打开提示，如图3-24所示。

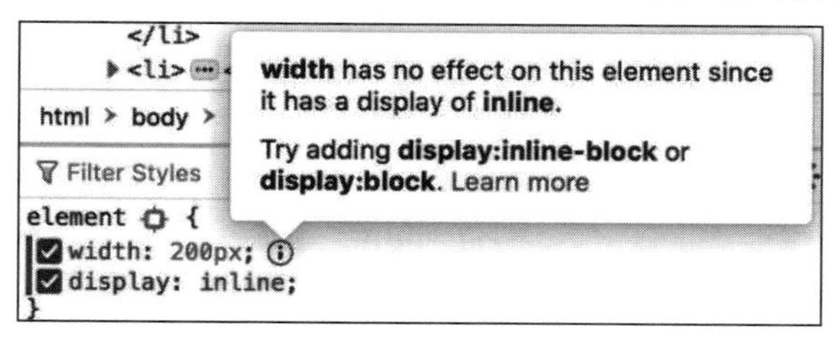

图 3-24 Firefox 显示属性无效的理由

3.7.2 inline 元素下方的空间

只要display属性值为inline或inline-系列的元素都会被视为文字元素，由于其源自于inline元素，因此需要保留p、j、y等字母在基线下的空间，如图3-25所示。

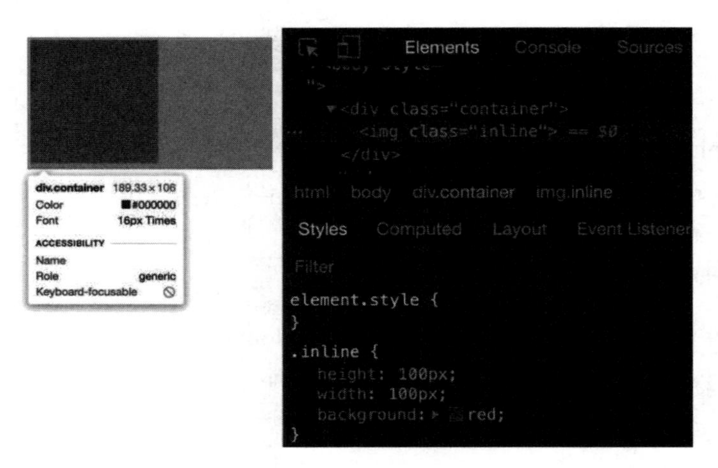

图 3-25 注意<img>的高度是 100px，但容器的高度却是 106px

若无论如何都要去除这个空间，则可以把容器的line-height设为0，再把inline元素的vertical-align设为bottom，来避免元素保留基线下的空间。

```
.container {
  line-height: 0;
}
.inline {
  vertical-align: bottom;
}
```

请参考范例网站：https://sh1zuku.glitch.me/demo/inline-bottom-space/。

3.7.3 inline 元素之间的空间

当两个以上的inline元素放在一起时，元素之间会出现非预期的间隔（见图3-26）：

```
<span>有</span>
<span>间隔</span>
```


图 3-26 “有”和“间”之间有一小段距离

但这其实是“预期中”的效果，毕竟还是有需要空白的时候，造成这个问题难以被察觉的主要原因在于，浏览器会将HTML中的换行也视为空白，多个连续空白和换行则会被视为单个空白，因此只要去除空白和换行或在中间加入注释就能解决这个问题。

```
<span>没有</span><span>间隔</span>
<span>没有</span><!--
```

```
--><span>间隔</span>
```

在Firefox中，空白会以一个whitespace标签提示，在鼠标经过时，还会显示出是由哪些文字组成的，如图3-27所示。

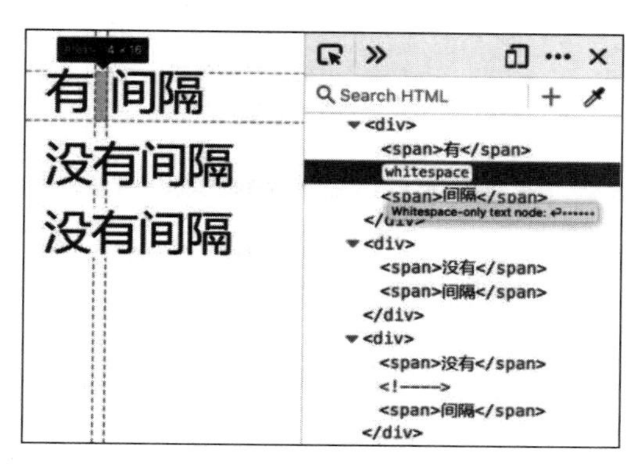

图 3-27　鼠标移至 whitespace 标签上时，显示该间隔由一个换行和 6 个空白组成

请参考范例网站：https://sh1zuku.glitch.me/demo/space-between-inlines/查看各个<div>的innerHTML。

若想要显示多个空白，则可以在 HTML 中放入多个 或使用<pre>。

3.8　找出元素的定位容器

当元素的position为absolute时，其top、right、width等排版相关属性会与定位容器有关，检查元素后，可以在Console内输入“$0.offsetParent”来找出定位容器。

值得一提的是，在Firefox中只要检查元素，就能得知元素的定位容器，如图3-28所示。

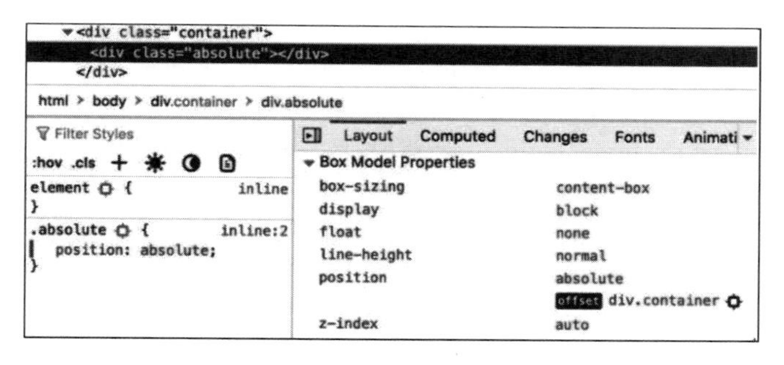

图 3-28　Firefox 会在 Layout 分页的 position 显示定位容器

3.9　Flex 和 Grid

若元素的display为flex或grid，检查元素时，可以使用Layout分页的可视化Debugger来检查排版，在Firefox中也有相似的工具，且对于Flex的解释更为清楚，如图3-29所示。

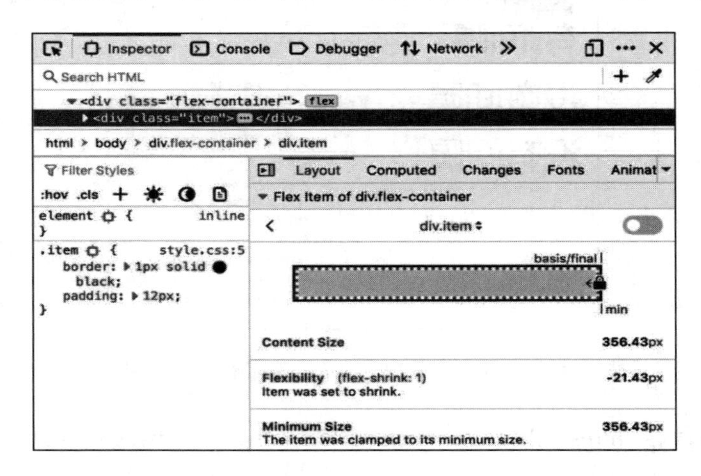

图 3-29　Firefox 的 Flex Debugger 会显示子元素的宽度的计算过程

Flex容器内子元素的min-width会被设为auto，而不是默认的0px，另外“min-width:auto;”会以元素内容的长度作为min-width值，容易造成排版结果是非预期的，如图3-30所示。

请参考范例网站：https://sh1zuku.glitch.me/demo/flex-min-width/，伸缩页面宽度来观察排版结果。

```
<div class="flex-container">
  <div class="item">
    <div class="truncate">
      This is a very long string and I really want to truncate it
    </div>
  </div>
  <div class="item zero-min-width">
    <div class="truncate">
      This is a very long string and I really want to truncate it
    </div>
  </div>
</div>
```

```
.flex-container {
  display: flex;
```

```
  flex-wrap: wrap;
}
.item {
border: 1px solid black;
padding: 12px;
}
.zero-min-width {
  min-width: 0;
}
.truncate {
white-space: nowrap; overflow: hidden;
text-overflow: ellipsis;
}
```

This is a very long string and I really wa

This is a very long string and I rea...

图 3-30　上方元素的 min-width 为 auto，宽度由内容决定，因此内容的“overflow: hidden;”没有作用，下方元素则加上了“min-width: 0;”

当容器的 flex-direction 为 column 时，子元素的 min-height 也会有相同的运行方式。

3.10　margin 问题

margin虽然随处可见，但也时常是问题的来源。元素的祖先、兄弟或子元素的margin都可能会影响页面的排版而造成非预期的结果。

3.10.1　margin 重叠

当兄弟、父子元素上下之间没有“隔板”时，它们的margin会重叠而不是相互推开，其源自以前的网页内容几乎都由文字构成，而标题、段落通常会以margin-top、margin-bottom生成间隔，此时重叠margin可以避免段落间出现过大的间距，如图3-31所示。

请参考范例网站：https://sh1zuku.glitch.me/demo/margin-collapsing/，3个元素之间的margin重叠方式。

```
<div>
  margin: 50px;
  <div>margin: 50px;</div>
</div>
<div>margin: 50px;</div>

div {
  margin: 50px;
  background: rgba(0, 0, 0, 0.1);
}
```

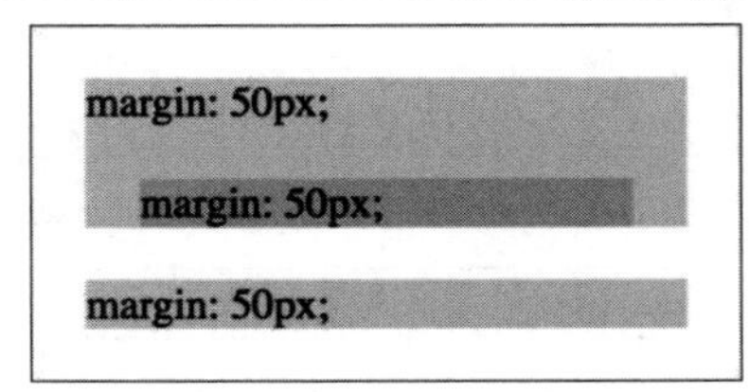

图 3-31　父子元素的 margin-bottom 以及兄弟元素之间的 margin 都产生重叠

想要避免margin重叠，最简单的方式就是在元素之间加入“隔板”或产生块格式化上下文效果，也可以采用以下几种常见的解决方式：

- 把display设为inline-系列。
- 在父元素加上border、padding来分隔与子元素之间的margin。
- 在margin重叠的元素间插入元素（注意，空内容如<div></div>不起作用）。

3.10.2　注意负数 margin

看到负数margin时，务必特别留意：

- 负数margin也会参与重叠。
- 可能会影响祖先元素的排版，甚至造成其他元素位置偏移。

负数margin虽然较难理解，也容易造成问题，但由于它能轻松实现某些版面效果，因此还是时常出现在CSS中，例如容器定义了padding，但某个子元素的背景需要占满容器宽度，如图3-32所示。有关细节请参考范例网站：https://sh1zuku.glitch.me/demo/negative-margin/。

```
<div class="parent">
  <div class="child">Child</div>
  <div class="child full-width">Full width child</div>
```

```
  <div class="child">Child</div>
</div>
.parent {
  padding: 12px;
  border: 1px solid black;
}
.child {
  background: lightgray;
}
.full-width {
  margin: 0 -12px;
  padding: 0 12px;
  background: gray;
}
```

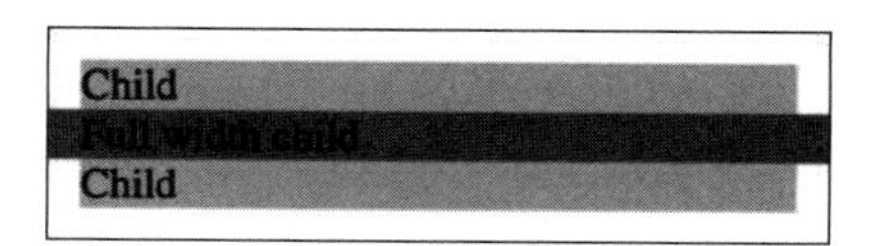

图 3-32 使用负数 margin 延伸子元素

3.11 Overflow 问题

当Overflow的运行不符合预期时，可以通过本节介绍的技巧来找出原因。

3.11.1 overflow 属性值

可以把overflow的值分为以下两组，设置overflow时，x、y方向必须是同一组，否则Computed结果都会是第二组：

- visible、clip。
- auto、scroll、hidden。

以下列的CSS为例，由于x、y方向的值不同组，Computed结果会不如预期（见图3-33）：

```
.container {
  overflow-x: hidden; overflow-y: visible;
}
```

图 3-33　虽然设置了“overflow-y: visible;”，但 Computed overflow-y 为 auto

属性值的限制和 Block formatting context 有关。

3.11.2　浏览器滚动条的运行方式

以macOS来说，若连上了鼠标，则滚动条会一直保持在网页中并占据一些空间；若没有连上鼠标，则滚动条不影响排版且只有在滚动或拖曳时才会出现。

插拔鼠标时，如果没有重新刷新页面，可能会出现滚动条还显示在屏幕中这类怪异的运行方式。

3.11.3　找出滚动容器

如果无法找出滚动条来自哪一个元素（滚动容器），可以先检查容器内任意一个元素，并在Console中执行以下函数来打印出滚动容器：

```
function getScrollParent(node) {
  if (!node) return null;
const isElement = node instanceof HTMLElement;
const overflowY = isElement && window.getComputedStyle(node).overflowY;
const isScrollable = ['auto', 'scroll'].includes(overflowY);
if (!node) {
  return null;
} else if (isScrollable && node.scrollHeight >= node.clientHeight) {
  return node;
}
return getScrollParent(node.parentNode) || document.body;
}
```

另外，在Firefox中检查元素后，可以在属于滚动容器的元素旁看到scroll标签，而造成溢出的元素旁会显示overflow标签，如图3-34所示。

```
▾<div class="gallery horizontal flex"> flex scroll
   <div class="item snap-align-start">A</div>
   <div class="item snap-align-center">B</div> overflow
   <div class="item snap-align-center">C</div> overflow
   <div class="item snap-align-end">D</div> overf This element is causing an element to overflow.
 </div>
```

图 3-34　overflow 标签代表该元素超出了滚动容器的边界

3.11.4　position: sticky;无效

造成“position: sticky;”无效的原因通常是误用了“overflow: hidden;”，把overflow设为hidden时，虽然不能滚动，但该元素还是会成为底下元素的滚动容器。简单来说，只要在原本预期的滚动容器和想要有Sticky效果的元素之间有任何一个元素的overflow是auto、scroll、hidden，就会出现问题。

可以使用3.11.3节的程序代码来找出这个意外的滚动容器，不过要微调第5行的程序代码：

```
const isScrollable = ['auto', 'scroll'].includes(overflowY);
// 修改第 5 行，将 hidden 也考虑进去
const isScrollable = ['auto', 'scroll', 'hidden'].includes(overflowY);
```

3.12　检查元素的覆盖顺序

当两个元素A、B的覆盖顺序不符合预期时，就必须从A、B的共同祖先元素开始，分别自上而下找出第一个创建Stacking context的元素，而找到的两个元素中其z-index较高者会覆盖在上方。

3.12.1　寻找堆叠上下文起点

寻找堆叠上下文（Stacking Context）起点时，可从被覆盖方开始，为元素加上极大值的z-index和“position: relative;”，再去掉该元素，如果修改了CSS后，依然保持被覆盖的状态，则复原并继续在父元素中寻找起点。

3.12.2　创建 Stacking context 的条件

一般而言，会选择使用z-index搭配非static的position来调整元素堆叠的顺序，但即使没有为元素加上z-index和position，元素间的堆叠顺序在某些情况下还是会受到影响：

- Flex、Grid容器的子元素不需要position，就能使用z-index。
- 元素的opacity低于1，如“opacity: 0.99;”。
- 元素的CSS包含“will-change: transform;”“will-change: opacity;”“backface- visibility: hidden;”。
- 元素的“transform: translate”有z方向值，如“transform: translateZ(…);”“transform: translate3d(…);”。

3.13 检查动画

检查含有Keyframes动画的元素后，在Styles分页最下方可以调整Keyframes的属性值，单击元素animation属性内的■图标可以启动贝塞尔曲线编辑器，如图3-35所示。

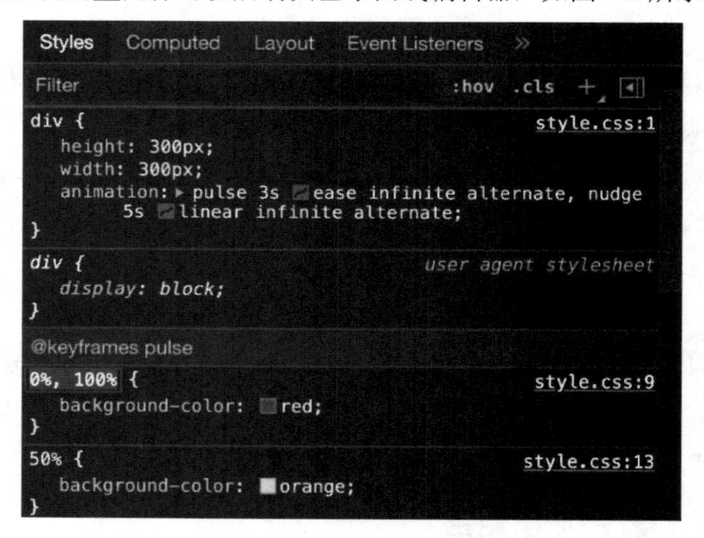

图3-35　Styles分页中，可以编辑Keyframes的图像帧选择器和属性

接下来以时间轴查看动画细节。打开Drawers内的Animations分页后，会开始记录页面中的动画，可以编辑动画或通过放慢、暂停的方式检查动画存在的问题。

步骤01　启动DevTools，按Esc键打开Drawer。

步骤02　单击Drawer左上角的■图标以打开Animations分页，如图3-36所示。

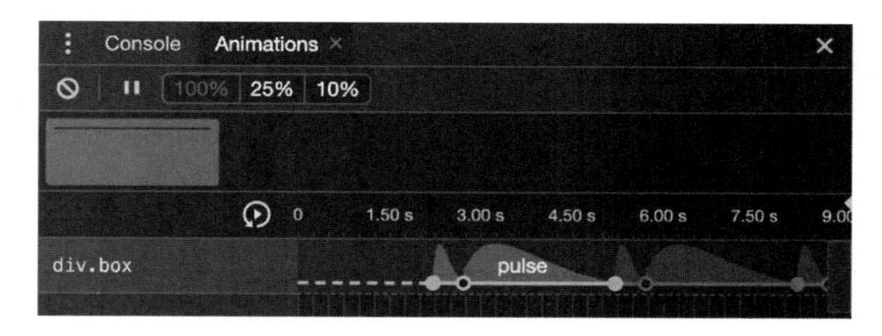

图 3-36 拖曳下方的圆点以编辑 Keyframes

另外，Firefox的Animations分页无法编辑动画，但会显示许多细节信息：

- 动画或属性是否可以通过GPU加速以及无法加速的原因，如图3-37所示。
- 动画在各个Keyframes的属性值。

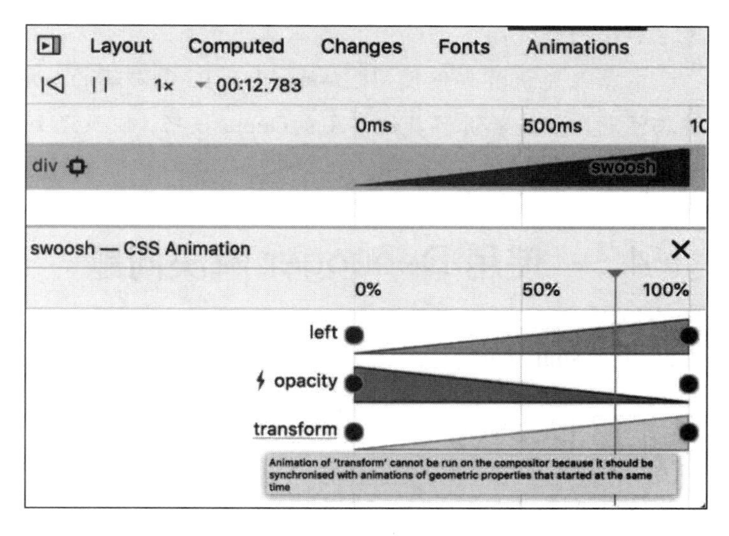

图 3-37 将鼠标移至 transform 属性时，显示了无法使用 GPU 提高性能的原因

第4章 JavaScript技巧

讲到Debug JavaScript，第一个想到的可能是console.log，其简单明了的优点让开发者在大多时候都会依靠它来查看和解决问题。然而，console.log并不是万能的，在某些场景下只使用console.log可能非常低效，此时就得使用JavaScript Debugger，一旦熟悉它的使用方式后，在许多场景下能够更快速地解决问题，而这部分内容是本章的重点。

本章会先讲解如何使用Chrome DevTools内建的JavaScript Debugger来解决问题，紧接着讲解其他实用的Debug技巧，以及遇到问题时可以尝试切入的方向。

4.1 使用 Debugger 解决问题

JavaScript Debugger位于Sources面板内，关于Sources面板的详细介绍，请参考本书第15章。

4.1.1 为什么要使用 Debugger

使用console.log 来Debug时，开发者必须猜想Bug在程序代码中的位置，并在对应的位置插入console.log后，重新执行程序代码来查看Console面板内打印出的结果。如果无法找出Bug的位置或原因，则修改打印出的变量或插入更多console.log，逐渐缩小搜索的范围。

相较于console.log，Debugger则是通过设置断点来找出Bug的位置，并在暂停程序代码后进行更细致的检查，如单步执行、监控变量值、实时修改程序代码等，在不熟悉程序代码架构或程序代码逻辑较复杂时，能够更快地找到导致问题的原因。

4.1.2 Debugger 的流程

Debugger的流程大致如下：

步骤01 重现问题：找出 Bug 的产生方式，如照着 A、B 顺序单击按钮就会出错。
步骤02 设置断点：确认产生方式后，选择适当的断点来快速找到 Bug 的位置。
步骤03 控制执行：暂停程序代码后，利用跳转、单步执行等方式控制程序代码的执行，观察执行流程。
步骤04 检查状态：在执行过程中，监控变量值、调用栈（Call Stack）的状态，或者执行额外的程序代码来检查变量值。
步骤05 实时修正：找出修正方式后，实时修正 Bug，并确认是否已解决问题。

接下来，将会按照上述流程解决范例网站（https://sh1zuku.glitch.me/demo/equality-checker/）中的问题。

4.1.3　重现问题

无论是用console.log还是Debugger，在开始Debug之前，最重要的都是确认重现Bug的方式，这不仅是Debug流程的第一步，也有助于参照过往的经验分析Bug产生的原因。

步骤01 打开范例网站（https://sh1zuku.glitch.me/demo/equality-checker/）。
步骤02 在 3 个输入框中按序填入 0.1、0.2、0.3。
步骤03 单击 Check 按钮，发现程序的运行与预期不符，如图 4-1 所示。

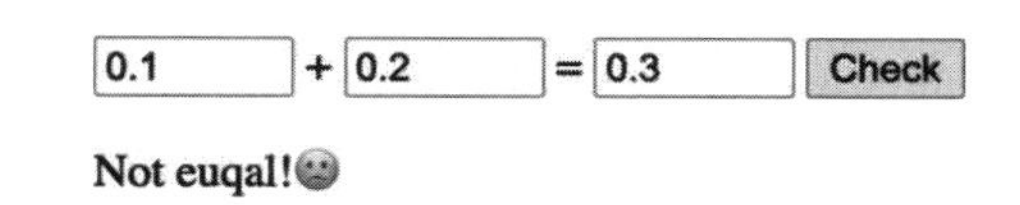

图 4-1　预期单击 Check 按钮后会看到“Equal!”

若将输入改为1、2、3，确实会看到“Equal!”，确认Bug的重现方式后，就可以进入下一步。

4.1.4　设置断点

“断点”的用途是在特定条件下让程序代码暂停执行，最理想的情况是停在Bug程序代码的旁边，好让我们能够理解Bug产生的原因。

断点有很多种，需要根据Bug的情况选择合适的断点，例如最常见的就是标记特定一行程序代码，执行到该行时暂停，其他如事件监听器、DOM、请求断点则有助于在不理解程序代码架构的情况下快速找到Bug的位置。

以这个范例来说，Bug是在单击按钮时产生的，可以推测在单击按钮时执行了某些程序代码，而Bug就在这段程序代码中，因此我们选择使用事件监听器断点，在单击该按钮时中断程序代码的执行，具体步骤如下：

步骤 01 启动 DevTools 后，切换至 Sources 面板，如图 4-2 所示。

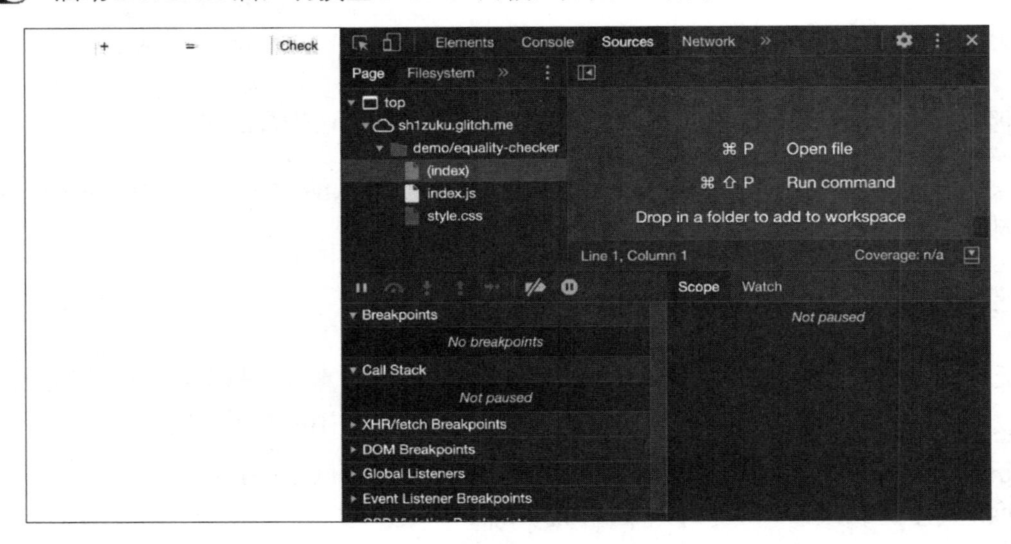

图 4-2 Sources 面板

步骤 02 展开 Debugger 中的 Event Listener Breakpoints 菜单，勾选 Mouse 下的 click 复选框，如图 4-3 所示。

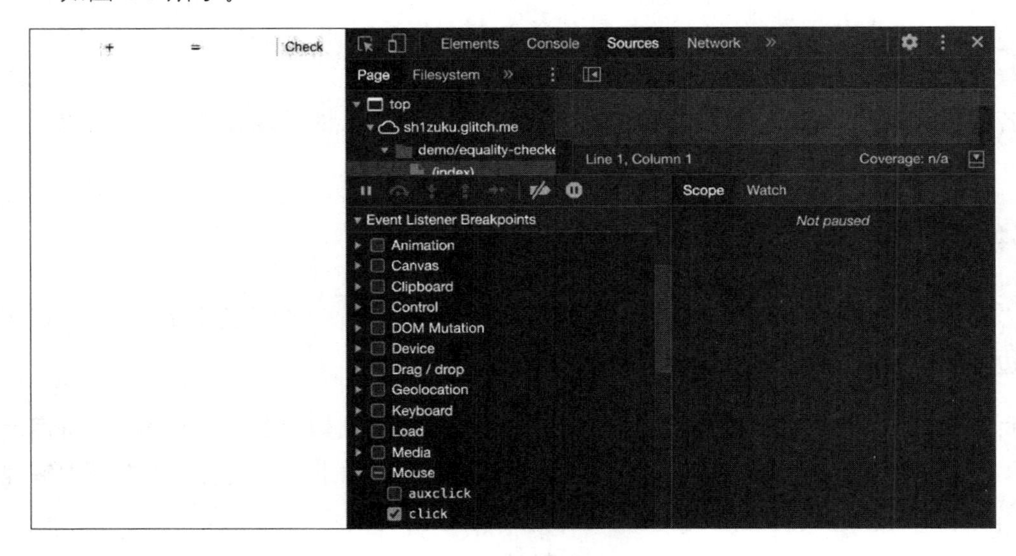

图 4-3 勾选 click 事件

步骤 03　试着重现 Bug，单击按钮时可以看到页面暂停了，而 Sources 面板中显示当前暂停在第 6 行，如图 4-4 所示。

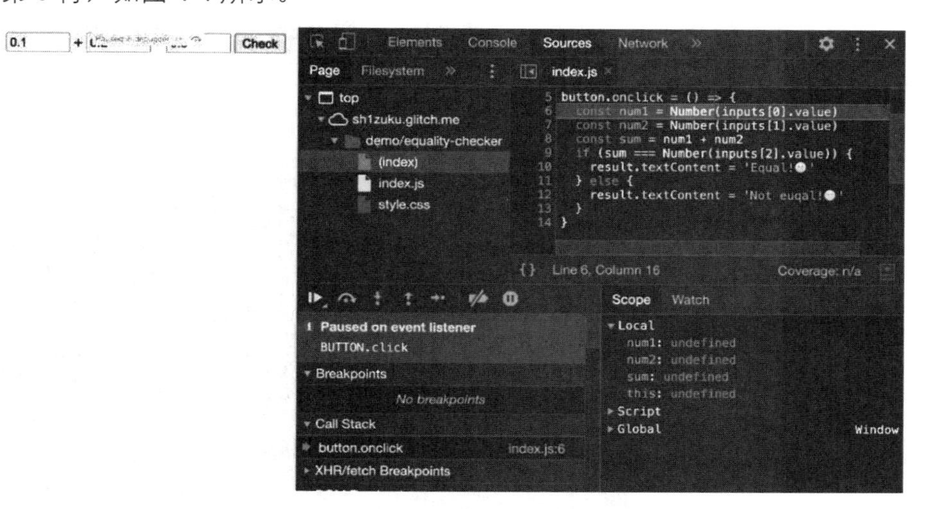

图 4-4　触发暂停

4.1.5　控制执行

控制程序代码执行的同时，还要确认程序代码的执行流程是否合乎预期，在对程序代码不甚了解的情况下，我们通常会使用“单步执行程序代码”来确认执行流程，而单击图标可以逐行执行程序代码，如图4-5所示。

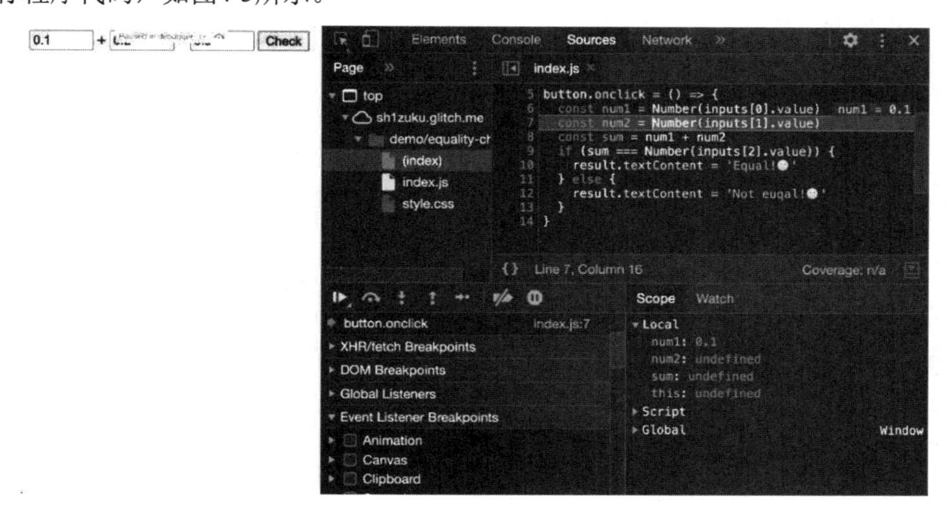

图 4-5　单击图标后执行第 6 行，并暂停在第 7 行

4.1.6　检查状态

暂停程序代码执行的状态下，通过右下角的Scope列表可以看到所有变量当前的值。执行完第8行程序代码时，我们发现变量sum的值与预期值不符，判断此为造成后续程序执行异常的原因，如图4-6所示。

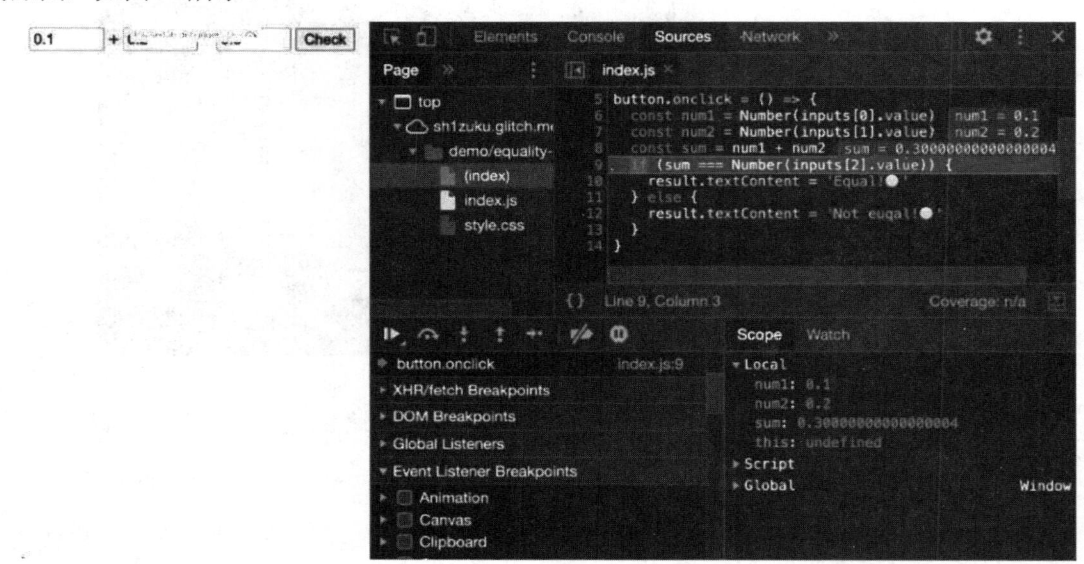

图 4-6　加总值为 0.30000000000000004，而不是预期中的 0.3，这是经典的浮点数精度问题

4.1.7　实时修正

厘清问题后，就可以着手修正，随后检查是否解决了问题：

步骤01　单击▶图标来恢复执行程序代码。

步骤02　更新第 9 行的程序代码，并存盘（按command+S键）。

步骤03　单击 Check 按钮，检查是否解决了问题。

此处，我们将第9行代码修改如下：

```
if (Math.abs(sum - Number(inputs[2].value)) < 0.0001) {
```

执行结果如图4-7所示。

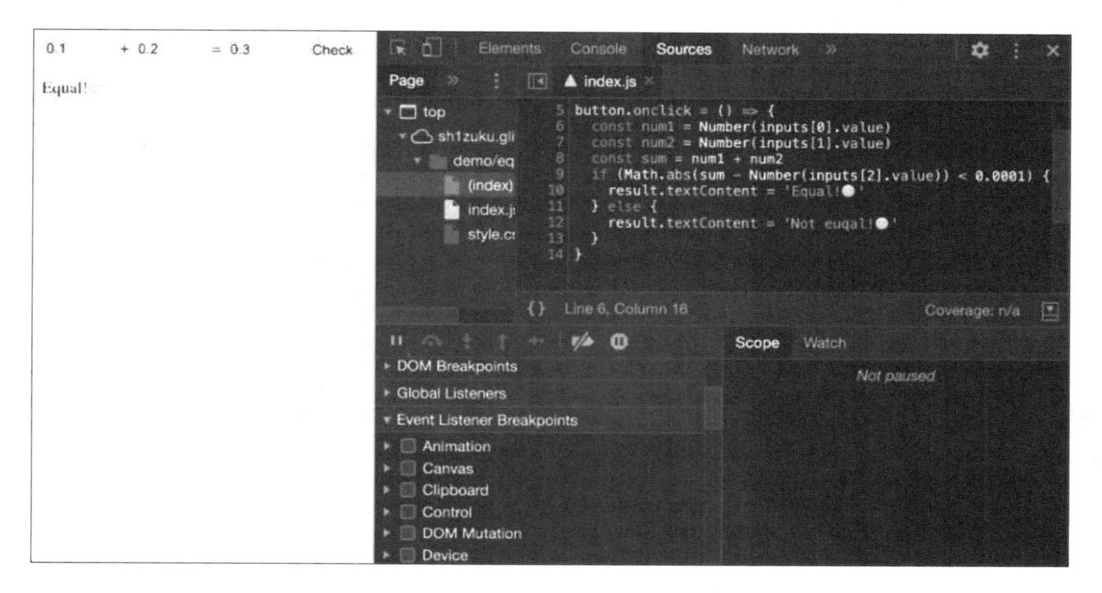

图 4-7 存盘并再次执行后结果为“Equal!”

再次执行后，出现了预想中的结果，不过注意当前的修正只作用于浏览器中，只要重新刷新网页就会恢复原状，因此需要实际修改网页的源代码才能真正解决问题。

4.1.8 熟悉 Sources 面板和 Debugger 的用法

在上述范例中，用到的功能只是冰山一角，问题通常也不会这么简单，只有熟悉工具的使用方法，才能实际应用到不同的场景中，进而更高效地解决问题。下次在程序代码中插入满满的console.log时，别忘了还有Debugger这个强大的工具可以使用。

注意，记得删除事件监听器断点，以免影响后续范例程序的操作。

4.2 使用 Source Map

4.2.1 原 因

如今前端开发总与框架脱离不了关系，也让许多在网页上执行的JavaScript都会预先经过处理，与开发时所看到的源代码有所不同，常见的处理工具包括：

- Compiler：如TypeScript，将一种程序设计语言转换为另一种程序设计语言，可能会有性能上的优化。

- Transpiler：如Babel，在不影响程序代码运行结果的情况下转换程序代码。不过，随着Babel和相关软件包的更新，也可以将它视为Compiler。
- Bundler：如Webpack、Rollup，打包程序代码和网页资源，以便进行开发或部署。
- Compressor：缩短变量名称、删除换行字符、删除未使用的程序代码等。

有了这些工具的帮忙，才能够直接在程序代码中使用浏览器尚未支持的JavaScript语法（如常用在React的JSX中），或者合并、压缩程序代码来提升网页性能等。

通常在Debug的时候，会借助错误提示信息、调用栈、行号等来找出问题，但源代码经过转换后，变量名称、行号等已经完全不同了，这时就要依靠Source map来映射转换前后程序代码的位置，这样在出错时才能对应到源代码来进行Debug。

4.2.2 原　理

程序代码的映射方式其实就是建立一张程序代码、源代码的字符位置对照表，大致步骤如下：

步骤01 源代码被打包成一行程序代码。

步骤02 将源代码中的每个字符串存为数组。

步骤03 记录程序代码和源代码中字符串、行、列的对应关系。

步骤04 使用 VLQ 和 Base64 对上一步的信息进行编码，并生成最终的对照表。

对照表的路径会被放入实际执行的程序代码中，而浏览器会自动侦测，并下载Source map，如图4-8所示。

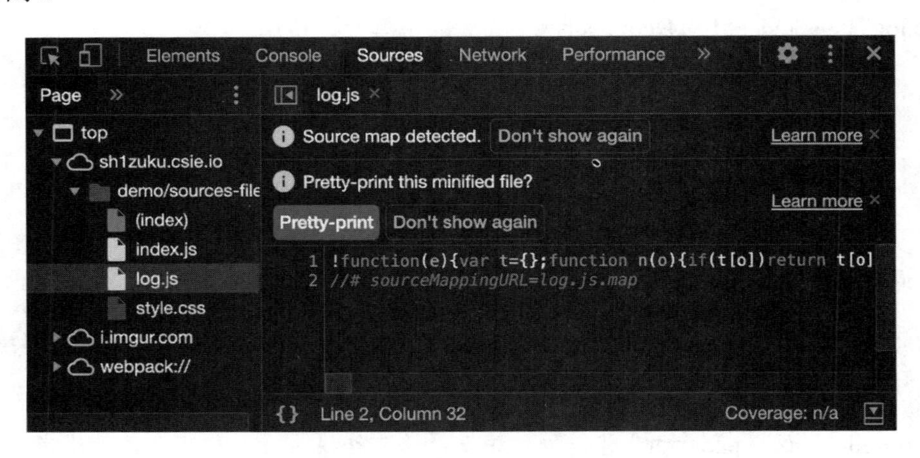

图 4-8　Source map 的路径被放入程序代码的第 2 行

有了对照表，当网页中的程序代码出错时，就能映射到源代码的位置，在源代码中设置断点，也能对应到程序代码中，如图4-9所示。

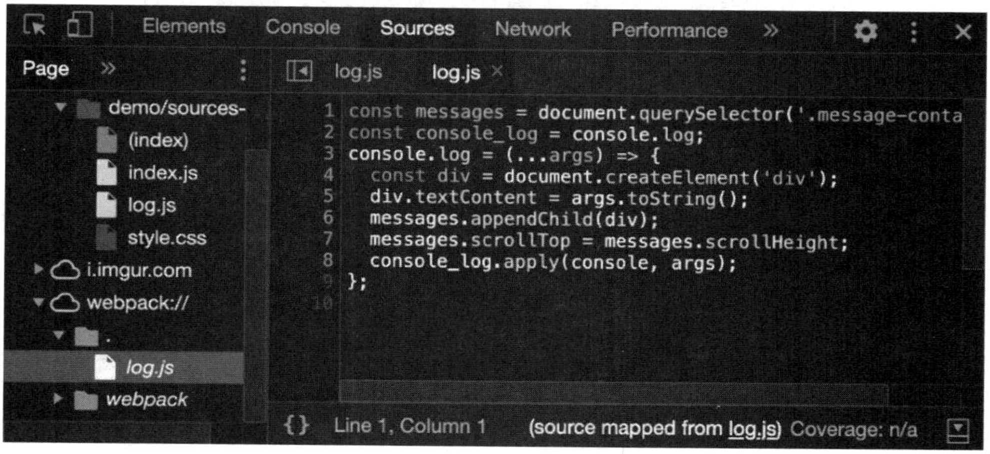

图 4-9 右下角提示这段源代码是 log.js 和其 Source map 的对照结果

4.3 Console 信息的可读性

在Debug时，常会在Console面板中打印出信息来确保变量值符合预期，或是通过其中的错误提示信息来理解问题和找到程序代码出错的位置，此时信息的可读性就变得非常重要。

4.3.1 保持简洁

Console面板中承载了各种来源的信息，包括源自开发者、第三方软件包、Worker、<iframe>以及浏览器自动产生的信息（如网络错误等），虽然这些信息旨在协助Debug，但也可能因此让开发者迷失在茫茫信息之海中。

1. 筛选信息

在Console面板上方的Filter字段中，输入字符串、正则表达式来筛选信息，可以减少用眼搜索过多信息的辛苦或滚动面板过多信息的干扰，如图4-10所示。

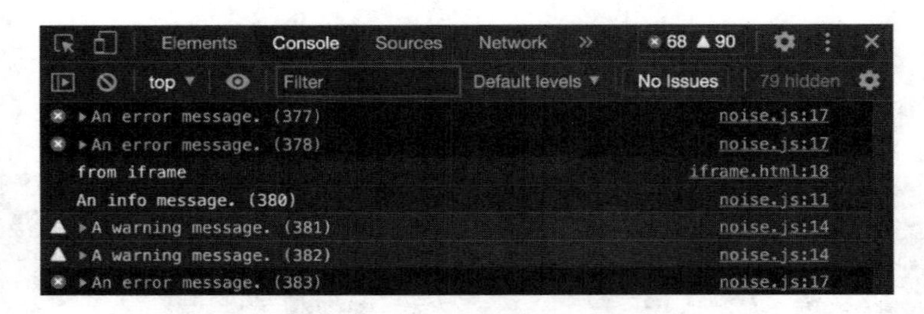

图 4-10 Console 中可能出现大量信息而干扰 Debug 过程

如果开发时所使用的工具或框架打印输出过多的信息，则可以通过减号来隐藏一些相关信息，如图4-11所示。

图 4-11 在 Filter 中以“-url:”开头，可以隐藏来自该 URL 的资源打印出的信息

2. 分类信息

Console面板内的信息可细分为4级（Level）（例如常用到的console.log就属于Info级）：

- Verbose。
- Info。
- Warning。
- Error。

单击Console面板左上角的■图标，可以打开侧栏，自动以信息分级和URL来区分信息，如图4-12所示。

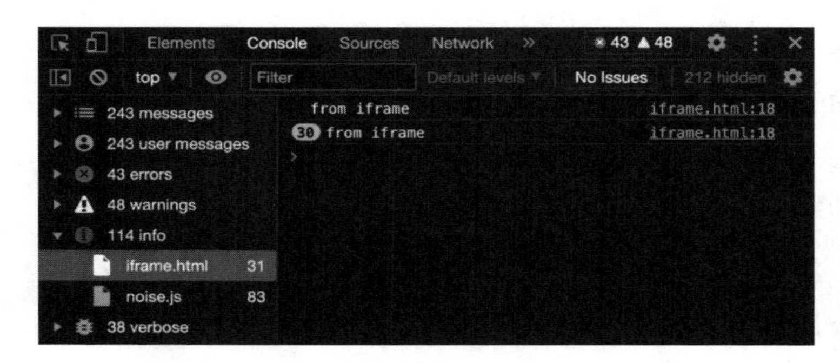

图 4-12 只显示分级为 Info 且来自 iframe.html 的信息

Console 面板还提供其他高级的信息筛选方式，请参考第 14 章的介绍。

4.3.2 更清晰的信息

除了筛选信息外，信息本身的内容也是影响可读性的关键因素之一，因此打印出信息时，首要考虑的应该是如何清楚、显眼地打印出所需的信息。

1. 加入特定前缀

使用console.log常见的错误是为了辨识出信息的位置而打印出许多---、===等字符串，徒然增加了信息量，反而影响了可读性。正确的做法是在信息的内容中加入特定前缀，以此来提高信息的辨识度，也方便进行信息的筛选。此外，若是Warning、Error信息，应该给出足够的解释，使得信息出现时，用户能够快速了解导致问题的原因，如图4-13所示。

```
▸Error: toLowerCase(): Argument must be a      index.js:10
string.
    at toLowerCase (index.js:3)
    at index.js:8
```

图 4-13 该错误提示信息在开头处加上函数名称，并解释发生错误的原因

2. 格式化内容

需要打印出数组中的对象时，与直接用console.log打印出再慢慢展开相比，console.table是更好的选择。现在来看以下范例：

```
const rows = [
{
  "name": "Frozen yoghurt",
  "calories": 159,
  "fat": 6,
  "carbs": 24,
  "protein": 4
},
{
  "name": "Ice cream sandwich",
  "calories": 237,
  "fat": 9,
  "carbs": 37,
  "protein": 4.3
},
{
  "name": "Eclair", "calories": 262,
  "fat": 16,
  "carbs": 24,
  "protein": 6
}
];
```

直接执行console.log(rows)会发生什么事情呢？结果如图4-14所示。

```
▶(3) [{…}, {…}, {…}]
```

图 4-14　用 console.log 打印出对象，并不会自动展开所有属性

这绝对不会是Debug时想要看到的东西，需要手动展开对象才能看到内容，若改为执行console.table(rows)，则会以表格来打印出对象内容，一次显示更多信息，如图4-15所示。

(index)	name	calories	fat	carbs	protein
0	"Frozen…	159	6	24	4
1	"Ice cr…	237	9	37	4.3
2	"Eclair"	262	16	24	6

图 4-15　console.table 以表格呈现了对象内容

除了显示得更为清楚外，console.table还可以解决另一个问题，下面来看一个范例。

- 首先声明一个对象animal。
- 用console.log打印出对象。

```
const animal = {
  name: 'mimi',
  type: 'cat',
  other: {
    emoji: '🐱',
    sound: 'meow'
  }
};
console.log(animal);
```

结果如图4-16所示。

```
▶{name: "mimi", type: "cat", other: {…}}
```

图 4-16　在 Console 内执行上述程序代码所看到的结果

打印出对象后，执行以下程序代码来修改对象的name属性：

```
animal.name = 'ami';
```

紧接着，单击刚才打印出的对象来展开对象属性，会发现展开前后的name值不同，如图4-17所示。

```
▼{name: "mimi", type: "cat", other: {…}} ⓘ
   name: "ami"
  ▶other: {emoji: "🐱", sound: "meow"}
   type: "cat"
  ▶[[Prototype]]: Object
<· undefined
> animal.name = 'ami';
```

图 4-17　原先打印出的 name 依然显示"mimi"，而展开后的 name 则显示"ami"

乍看之下，可能非常令人困惑，此现象是由于展开对象时，Console会再次读取对象的内容，而我们在展开对象前修改了name属性的值，Console只是如实地显示了修改后的内容。

若把鼠标移动到右上方的ⓘ图标上，则会出现提示文字："This value was evaluated upon first expanding. It may have changed since then."，说明Console会在第一次展开对象时读取对象当前的值，之后就不会再更新。

然而，通常开发者想看到的是对象当前的值被打印出来，而不是被展开的值，使用console.table就能避免因为对象显示不完整而需要手动展开的问题，如图4-18所示。

(index)	Value	emoji	sound
name	"mimi"		
type	"cat"		
other		"🐱"	"meow"

图 4-18　console.table 在执行时显示了完整的对象内容

此外，当对象内容较多时，JSON.stringify也是不错的选择，直接将对象转为JSON字符串全部显示出来：

```
console.log(JSON.stringify(animal, null, 2))
```

结果如图4-19所示。

```
{
  "name": "mimi",
  "type": "cat",
  "other": {
    "emoji": "🐱",
    "sound": "meow"
  }
}
```

图 4-19　使用 JSON.stringify 按照对象层级打印出来

4.4 使用 Logpoint 插入程序代码

使用Logpoint可以在不修改程序代码的情况下加入console.log，尝试在范例网站（https://sh1zuku.glitch.me/demo/source-map/）中设置 Logpoint。

步骤01 打开 Sources 面板中的 index.js。

步骤02 右击第 10 行的行号，并选择 Add logpoint...。

步骤03 输入"First argument: " + args[0]。

步骤04 单击页面中的 Greet 按钮来查看变化，如图 4-20 所示。

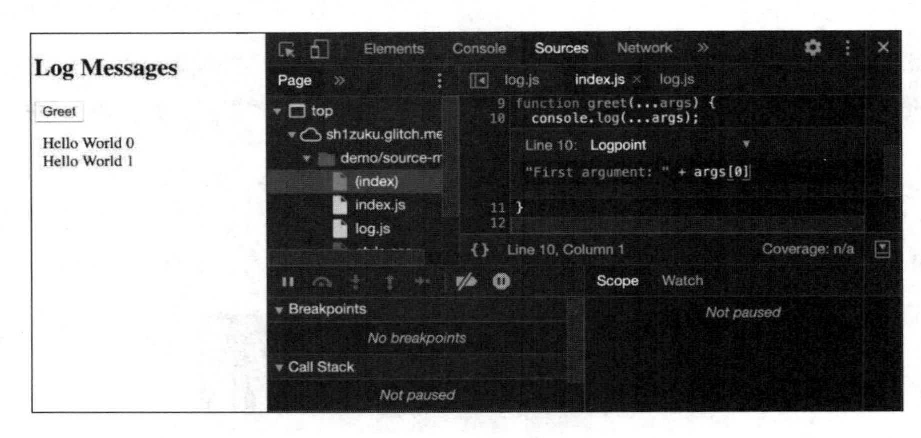

图 4-20 单击 Add logpoint...后会出现输入框，输入的内容等同于 console.log 的参数

设置Logpoint后，不需要重新刷新页面就会直接生效，重新刷新页面时也会保留，如图4-21所示。

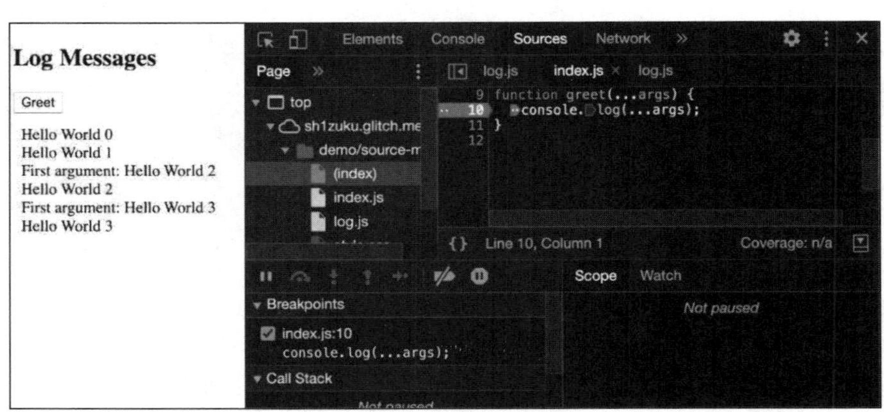

图 4-21 第 10 行设置 Logpoint 后会显示出粉红色背景来标记

值得一提的是，修改Source map所映射的源代码无法改变程序代码的运行结果，但使用Logpoint能在源代码中对应的位置插入程序代码。

步骤01 打开文件列表中的 webpack → . → log.js。

步骤02 在第 4 行加入 Logpoint，并输入 e.push('😃')（此文件为映射后的源代码，变量 args 在实际程序代码中的名称为 e）。

步骤03 单击页面中的 Greet 按钮来观察变化，如图 4-22 所示。

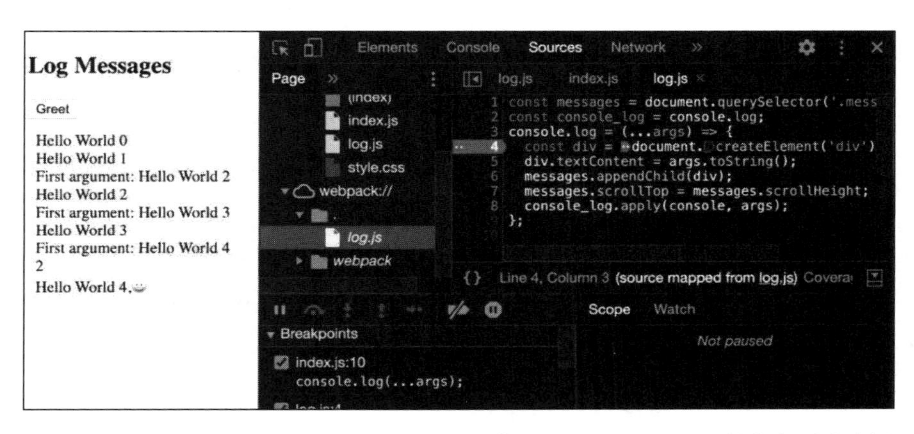

图 4-22　单击 Greet 按钮后，打印出的 2 来自 e.push('😃')的返回值，而下方的信息则成功插入了图注

4.5　追踪 Call stack

如果出问题的部分和其他软件包有关系，或者一个函数在多处被调用，有别于console.log只能得知当前程序代码执行的位置，使用console.trace能直接展开并打印出完整的Call stack：

```
function a() {
  console.trace();
}
function b() {
  a();
}
function c() {
  b();
}
b()
c()
```

结果如图4-23所示。

```
▼console.trace
 a              @ index.js:2
 b              @ index.js:5
 (anonymous) @ index.js:10
▼console.trace
 a              @ index.js:2
 b              @ index.js:5
 c              @ index.js:8
 (anonymous) @ index.js:11
```

图 4-23　上述程序代码在 Console 内的执行结果

当某个函数或行为是由第三方软件包触发时，也可以通过console.trace找出来源，例如 <video> 在播放时意外暂停，可以用以下程序代码找出原因：

```
video.addEventListener('pause', console.trace);
```

Warning、Error 级的信息也会带有 Call stack，不过默认为折叠状态。

4.6　事件监听器

在网页中，许多问题都和事件监听器（Event Listener）脱离不了关系，为了确认事件监听器是否正常工作，通常需要在网页中实际触发事件来观察交互的行为，或者直接修改事件监听器的程序代码，本节介绍一些常见的技巧。

4.6.1　模拟触发事件

想要测试单个事件行为，除了实际从网页中触发外，只要在Console内取得目标元素的Reference，就能通过DOM API来模拟触发事件。假设页面中有以下程序代码：

```
button.addEventListener('click', () => {
  window.open();
});
```

若要触发事件监听器，则可以在Console内输入以下程序代码来仿真用户单击按钮的效果：

```
button.click();
```

如果想要控制更多的细节，例如避免事件冒泡（Bubbles）触发其他事件监听器而影响Debug，或者要确认是否已取消事件的默认行为（preventDefault），则可以使用dispatchEvent：

```
const event = new MouseEvent('click', {
  cancelable: true,
  bubbles: false, //避免 Bubbles
```

```
});
// 是否成功通过 preventDefault 取消默认行为
const cancelled = !button.dispatchEvent(event);
```

考虑到信息安全和用户体验，浏览器中有些 API 无法直接靠 JavaScript 触发（如 window.open），不过在 Console 内执行则没有限制，详情请参考第 14 章（Console 设置、Evaluate triggers user activation）。

4.6.2 检查元素的事件监听器

检查元素后，有两种方式可以取得元素的事件监听器，一是在 Console 内输入 getEventListeners($0)取得所有事件监听器，二是按照以下步骤：

步骤01 打开 Elements 面板的 Event Listeners 分页。

步骤02 展开目标事件，并根据程序代码文件判断目标监听器。

步骤03 展开元素，右击 handler，并选择 Store function as global variable，如图 4-24 所示。

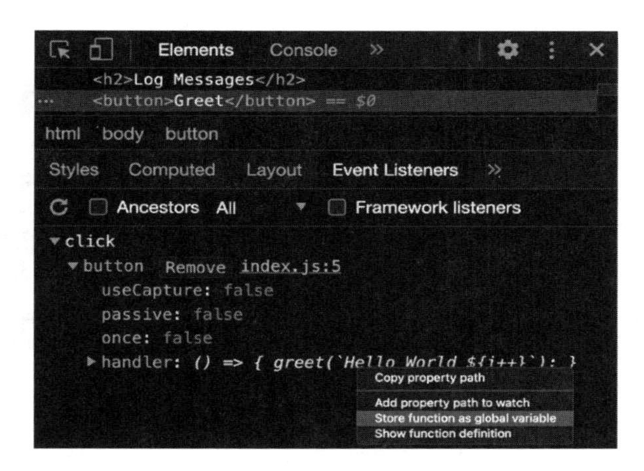

图 4-24　Event Listeners 分页列出了该元素已注册的所有事件监听器及其设置

除了内部函数之外，执行 console.log(fn)，会直接打印出该函数的源代码。

4.6.3 覆写函数

覆写函数在开发和测试中都很常见，而Debug时常加入console.log监控函数是否被执行过以及执行时的参数，在Console中可使用monitor来监控函数的执行。

```
monitor(handler)
// 输入unmonitor(handler)来解除
```

程序执行后，该函数被执行时会打印出函数名称和参数值，其效果相当于：

```
const originHandler = handler;
function handler(...args) {
  console.log(`function ${originHandler.name} called with arguments: ${args.join(', ')}`);
  originHandler.apply(this, args);
}
```

4.7　多执行环境的问题

网页中可能同时存在多个Context，例如<iframe>、浏览器扩充软件包、Service worker等，通过Console上方的Context菜单可以切换到任意一个Context，以便操作<iframe>内的元素和浏览器扩充软件包，或与Service worker互动等。

步骤 01 打开范例网站（https://sh1zuku.glitch.me/demo/context/）后，直接在 Console 内输入"foo"，会发现变量不存在，如图 4-25 所示。

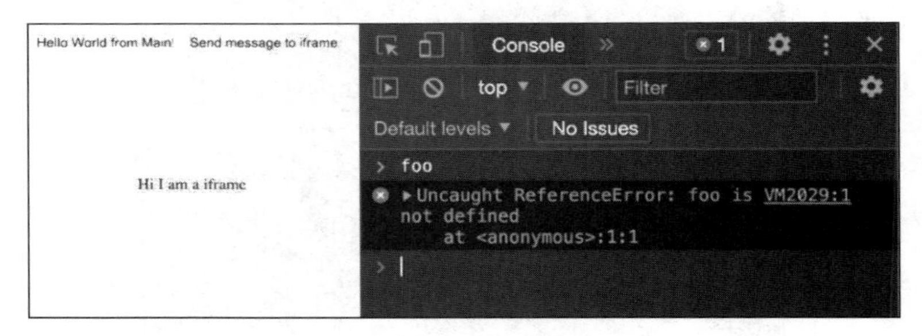

图 4-25　top Context 中未定义变量 foo

步骤 02 单击 Console 面板工具栏中的 top 来展开 Context 菜单，并将鼠标移至 iframe.html，会发现网页中对应的元素被突显出来，如图 4-26 所示。

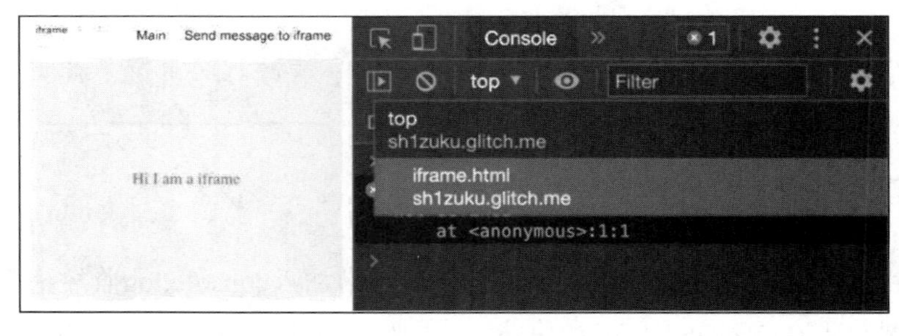

图 4-26　将鼠标移动至 Context 菜单中的 iframe.html，会显示元素的基本信息

步骤 03　单击 iframe.html 后，再次输入"foo"以打印出 iframe.html 内定义的变量 foo，如图 4-27 所示。

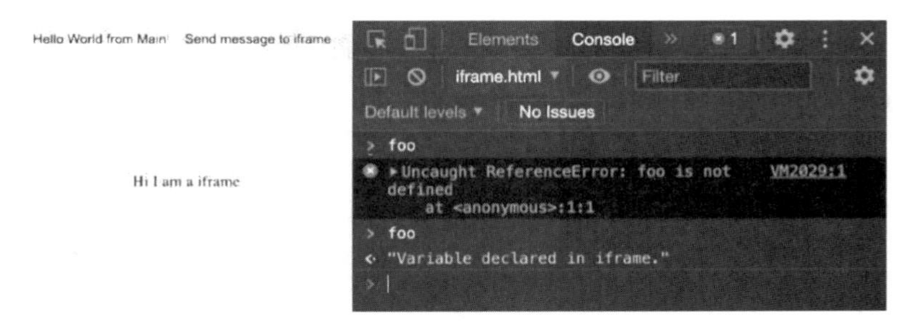

图 4-27　Context 菜单显示当前所处的 Context 为 iframe.html

4.8　异步问题

遇到异步相关问题时，通常会让Debug难度提升不少，为了降低阻碍，必须充分理解异步JavaScript的执行顺序。

确认执行顺序最简单的方式是在各个异步的程序代码区块中插入console.log，另外可以用Debugger的Step功能来单步执行异步程序代码。打开范例网站（https://sh1zuku.glitch.me/demo/step-async/）来实际操作一下。

步骤 01　打开 Sources 面板的 index.js。

步骤 02　单击第 9 行的行号来设置断点。

步骤 03　单击页面中的 Start 按钮来执行程序代码，如图 4-28 所示。

步骤 04　不断单击 Debugger 中的 Step，直到结束。

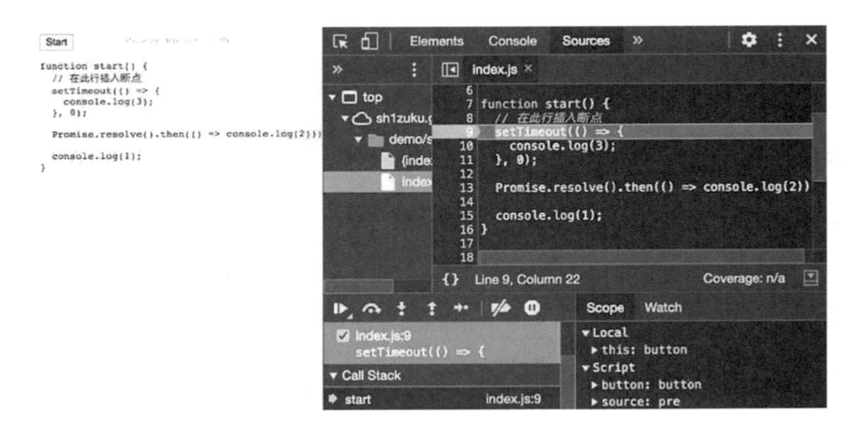

图 4-28　设置断点后，单击 Start 按钮来触发暂停

最终，该程序代码会按照1、2、3的顺序打印出信息。

在测试框架中，通常会有仿真定时器的功能，避免测试异步程序代码时花费过多时间，例如 Sinon.JS 的 fake-timers。

async/await语句虽然能提高异步程序语句的可读性，不过在使用上以及Debug时，可能会遇到一些问题，以下列程序代码为例，假设一个Task需要一秒完成，有三个Tasks需要执行：

```
function doTask() {
  return new Promise((resolve) => {
    setTimeout(() => {
      resolve();
    }, 1000);
  });
}
async function doTasks1() {
  await doTask();
  await doTask();
  await doTask();
}
async function doTasks2() {
  const promise1 = doTask();
  const promise2 = doTask();
  const promise3 = doTask();
  await promise1;
  await promise2;
  await promise3;
}
doTasks1().then(() => console.log('Tasks1 done!'));
doTasks2().then(() => console.log('Tasks2 done!'));
```

1. 非预期的等待

在范例程序代码中，“Tasks1 done!”会在三秒后打印出来，而“Tasks2 done!”则是一秒就打印出来了，发现问题了吗？除非Task之间有依赖关系，需要一个接着一个按序完成，否则大多时候doTasks2才是预期中的程序执行结果，然而这样的错误通常较难察觉，需要仔细检查程序代码的逻辑。

2. 单步执行

一般在Debugger中，以Step单步执行时，预期会按照执行顺序执行完所有的程序代码，但如果有async/await语句，就可能出现预期外的结果。

await的运行方式虽然是异步的，但Step必须逐行执行，这就导致过程中可能略过其他异步的程序代码。打开范例网站（https://sh1zuku.glitch.me/demo/step- await/）来实际操作一下。

步骤01　打开 Sources 面板的 index.js。

步骤02　单击第 8 行的行号来设置断点。

步骤03　不断单击 Step，直到结束，如图 4-29 所示。

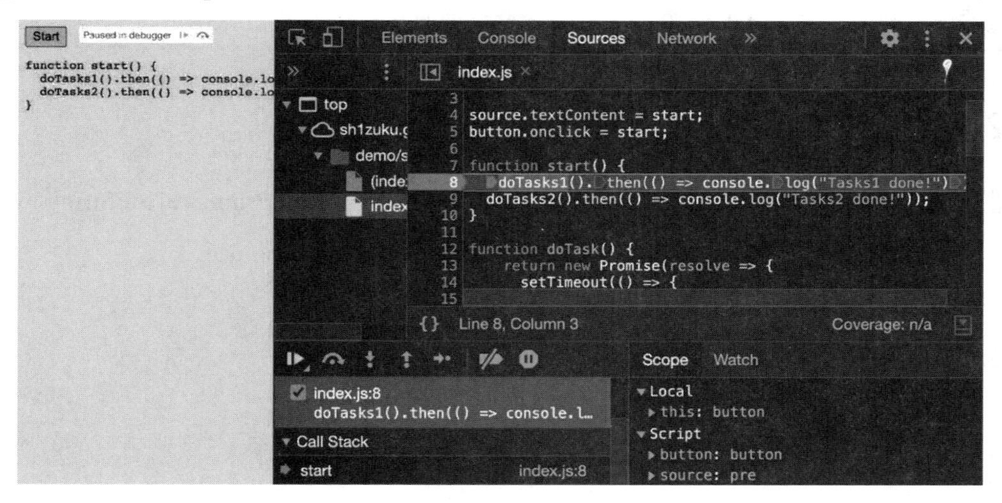

图 4-29　单击 Step 后，Debugger 会暂停在 doTasks1 函数内

在单步执行doTasks1的过程中，会发现doTasks2已经默默完成了，而Debugger完全不会进入doTasks2内的程序代码单步执行，直接在doTasks2里面设置断点才能暂停在doTasks2内部。

4.9　比较运算和强制类型转换

“比较”和“类型转换”是JavaScript中容易出错的部分，一般而言，在进行比较运算或进行条件判断时，会尽可能避免强制转换类型，此外还有一些值得注意的地方。

4.9.1　"0"

有时候，会以字符串存储数字意义的值，最常见的例子就是<input>的value，而 "0" 时常会被误认为false值。

```
const value = input.value; // "0"
if (value) {
  // 此处会执行
}
if (value == false) {
  // 此处也会执行
}
```

if的条件判断表达式结果为false时，不会执行if的程序代码区块，也适用于&&、||，包含false、0、-0、0n、空字符串、null、undefined、NaN。

4.9.2 类型转换被覆写

进行比较运算时，若触发了强制类型转换，可能会执行[@@toPrimitive]、toString、valueOf函数，若函数被覆写了，则可能会有意外的结果，例如：

```
const object = {
  i: 1,
  toString() {
    return this.i++;
  }
};
console.log(object == 1); // 第一次执行为 true
console.log(object == 1); // 第二次执行为 false
```

通常会以[@@属性名称]来表示Symbol属性。

4.9.3 && 和 ||

在条件判断表达式中常用到 && 和 || 运算符，但如果运算符两边的结果不是Boolean类型，在特定情况下可能会出现问题。

以React中常见的代码段为例，当数组非空时才显示内容，可能会这样编写程序语句：

```
function Component({ array }) {
  return array.length && <div>Hello world!</div>;
```

```
}
```

&&左侧的值为False时，会直接返回左侧值的结果，虽然在大部分的情况下不会造成问题，但以这个例子而言，因为Component返回了0，就让0被React渲染而显示在页面中，改为以下编写方式则可以解决问题：

```
function Component({ array }) {
  return array.length > 0 && <div>Hello world!</div>;
}
```

4.9.4 不同相等比较方式的差异

相等比较的方式有以下几种：

- ==。
- ===。
- Object.is。
- SameValueZero（JavaScript内部使用）。

它们之间存在略微的差异，尤其内部函数可能会有不同的比较方式：

```
NaN === NaN; // false
Object.is(NaN, NaN); // true
0 === -0; // true
Object.is(0, -0); // false
[NaN].includes(NaN); // true(使用 SameValueZero)
[NaN].indexOf(NaN); // -1(使用 ===)
```

除此之外，内建的判断函数（如isNaN和isFinite）也有不同的执行结果，千万不能混为一谈：

```
window.isNaN('a'); // true
Number.isNaN('a'); // false
window.isFinite('1'); // true
Number.isFinite('1'); // false
```

4.9.5 字符串和数字显示

'123' === 123的结果为false是显而易见的，但如果原本预期两者都是数字或字符串，在Debug时可能会因为先入为主的想法而无法看出原因，如图4-30所示。

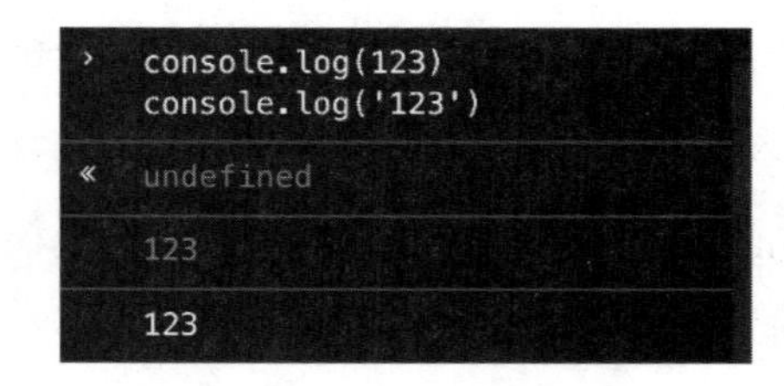

图 4-30　某些开发环境的 Console 难以区分打印出的是数字还是字符串

此外，当数组内容过多或进行远程Debug时，常会以字符串打印出所有内容之后，再进行搜索，若用toString则完全无法看出问题，使用JSON.stringify才能够打印出不同的结果，利用双引号来区分字符串和数字。

```
[1, 2, 3].toString(); // '1,2,3'
['1', '2', '3'].toString(); // '1,2,3'
JSON.stringify([1, 2, 3]); // '[1,2,3]'
JSON.stringify(['1', '2', '3']); // '["1","2","3"]'
```

4.9.6　对象属性值

由于对象属性的类型只能是字符串或Symbol，其他都会强制转换为字符串类型，以非字符串类型的值来存取对象属性时就会出现意料之外的结果，例如：

```
const myObject = {};
const foo = {};
const bar = {};
console.log(foo === bar); // false
myObject[foo] = 'Hello world!';
console.log(myObject[foo] === myObject[bar]); // true
```

foo和bar分别在声明时创建了全新的对象，因此拥有不同的Reference，然而第5行以foo为属性修改对象，由于foo的类型为对象，执行myObject[foo] = 'Hello world!'时，foo会先被转换为字符串，等同于执行了以下程序代码：

```
// foo.toString() === '[object Object]'
myObject['[object Object]'] = 'Hello world'
```

可以发现实际上修改的属性为 [object Object] 这个字符串，而读取时也是如此，因此无论使用哪一个对象作为属性存取myObject，都会得到刚才写入的 'Hello world!'。

```
console.log(foo.toString());  // '[object Object]'
console.log(bar.toString());  // '[object Object]'
console.log(myObject[bar]);   // 'Hello world!'
```

```
console.log(foo.toString() === bar.toString()); // true
console.log(myObject[foo] === myObject[bar]); // true
console.log(JSON.stringify(object));
/*
  {
    "[object Object]": "Hello world!"
  }
*/
```

Map 或 WeakMap 数据结构才能使用对象作为属性。

第5章

API技巧

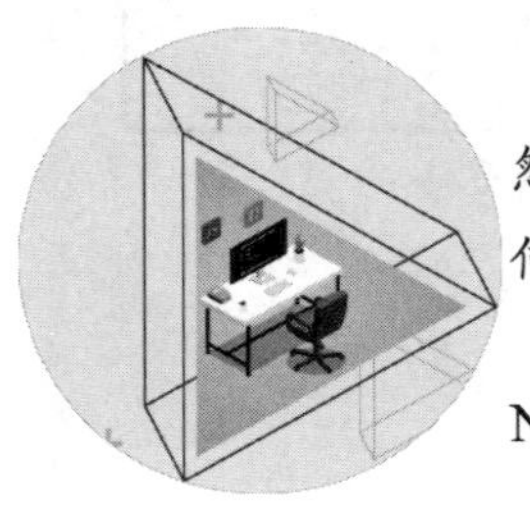

开发者如果熟悉网络相关知识，那么可以在开发时避免基本的错误，然而如何高效地分析错误原因并解决错误则是另一门学问。本章会讲解如何分析API相关问题，并说明常见问题的概念和对应的解决方式。

本章所使用的工具以Chrome DevTools中的Network面板为主。关于Network面板的详细介绍，请参考本书第16章。

5.1 分析问题的原因

“解决问题”的第一个步骤就是分析问题的原因，Chrome DevTools的Network面板提供了详细的请求信息，有助于拆解、缩小问题的范围。本节介绍使用Network面板分析问题常见的技巧。

5.1.1 Network 错误

在Network面板中正常的请求记录皆为白色，若为红色则代表请求出错，通过错误提示信息可以确认服务器是否收到请求（见图5-1），若请求还没送到服务器就出错了，那么就能把服务器问题排除在外，常见的例子如：

example.com	CORS error	fetch	VM276:1	0 B	667 ms
example.com	(blocked:mixed-content)	fetch	VM283:1	0 B	0 ms
failed-example.com	(failed)	fetch	VM298:1	0 B	135 ms

(failed) net::ERR_NAME_NOT_RESOLVED

图 5-1　将鼠标移至错误的请求上，而后就会显示出出错的代号或出错的原因

- (failed) net::ERR_NAME_NOT_RESOLVED：DNS Server有问题或该Domain不存在。
- (failed) net::ERR_NETWORK_CHANGED：连接过程中切换网络，可能和IPv6、VPN有关。

- (failed) net::ERR_INTERNET_DISCONNECTED：没有连上网络。
- (blocked:mixed-content)：浏览器阻挡Mixed content请求。

若确定服务器已经收到请求，此时需检查的是请求的标头（Headers）、参数是否符合服务器的需求，也可能是服务器给出了错误的响应，这就不是单纯修改前端程序代码能解决的问题了，例如：

- 4XX状态：未登录、无权限、参数错误等。
- 5XX状态：服务器出错、维修中等。
- CORS error：请求或响应不符合CORS 规范。
- (failed) net::ERR_CONNECTION_TIMED_OUT：服务器没有响应或时间过长。

RFC2616 规范定义了许多状态代码，但实际上返回的状态代码完全由服务器决定。

若不确定错误的原因，除了以错误提示信息作为关键词在网络上搜索相关信息外，也可以在网址栏输入“chrome://network-errors”，从中查询错误代号对应的信息和解决方式，如图5-2所示。

Network errors

- ERR_ACCESS_DENIED (-10)
- ERR_ADDRESS_INVALID (-108)
- ERR_ADDRESS_IN_USE (-147)
- ERR_ADDRESS_UNREACHABLE (-109)
- ERR_ADD_USER_CERT_FAILED (-503)
- ERR_ALPN_NEGOTIATION_FAILED (-122)
- ERR_BAD_SSL_CLIENT_AUTH_CERT (-117)
- ERR_BLOCKED_BY_ADMINISTRATOR (-22)
- ERR_BLOCKED_BY_CLIENT (-20)
- ERR_BLOCKED_BY_CSP (-30)
- ERR_BLOCKED_BY_RESPONSE (-27)
- ERR_BLOCKED_ENROLLMENT_CHECK_PENDING (-24)
- ERR_CACHE_AUTH_FAILURE_AFTER_READ (-410)
- ERR_CACHE_CHECKSUM_MISMATCH (-408)
- ERR_CACHE_CHECKSUM_READ_FAILURE (-407)
- ERR_CACHE_CREATE_FAILURE (-405)

图 5-2　chrome://network-errors 页面列出了所有错误代号

5.1.2　筛选和搜索

以肉眼从Network面板的请求列表中找出特定的请求非常低效，尤其当网页较为复杂，又有一堆广告且追踪码繁杂时，完全就是大海捞针。此时善用筛选和搜索功能就可以快速从请求记录中筛选出想要分析的目标。

1. 筛选请求

最简单的方式是直接使用字符串或正则表达式，以Name字段筛选请求，让列表中只留下分析目标，以减少干扰。此外，Network面板也提供了许多高级筛选方式，如Domain、请求方法、状态代码等，如图5-3所示。

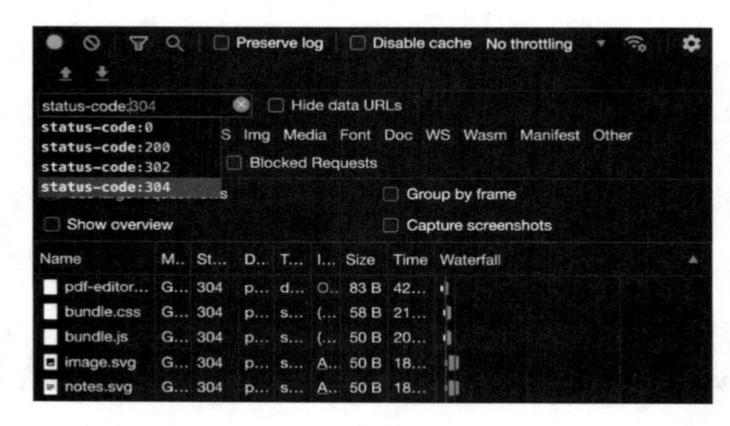

图 5-3　输入 status-code:304 来筛选状态代码为 304 的请求

2. 搜索

除了通过特定方式筛选请求外，也可以按command+F键，使用关键词在请求和响应的标头或内容中进行搜索，如图5-4所示。

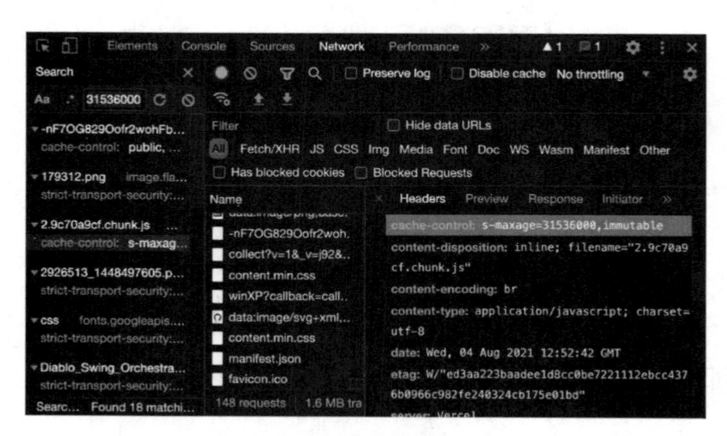

图 5-4　按command+F键展开搜索侧栏

5.1.3 更清晰的信息

根据需求调整Network面板的呈现方式，如一次显示更多信息或避免显示过多信息影响分析，常见的调整如下：

1. 自定义字段

右击请求记录列表的域名来添加额外字段，甚至可以显示特定的响应标头，方便一次比较多个请求中特定的信息，如图5-5所示。

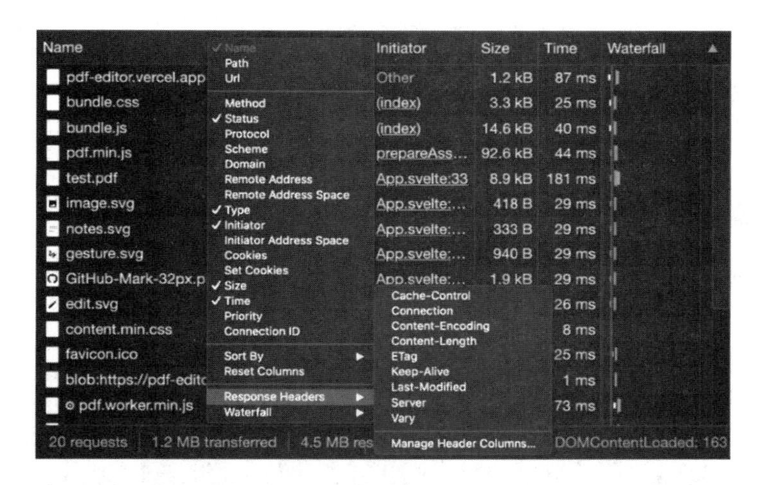

图 5-5　通过 Response Headers 菜单将特定响应标头加入请求记录列表的字段

2. 保留记录

检查缓存（也称为快取）、模拟特定场景、调整服务器的运行方式时，可以勾选工具栏中的Preserve log来保留记录，避免跳转时自动清除列表，用来比较前后两次请求的差异。

5.1.4 减少干扰

当请求出现非预期的运行方式，或者想要重现用户遇到的问题时，首先要去除开发环境和浏览器的干扰，才能有效缩小问题的范围。最简单的方式是启动无痕模式，但要注意可能和普通模式的运行方式略有不同。另一个常用的方式为清除浏览器缓存并重新刷新页面，步骤如下：

步骤01　打开 DevTools。

步骤02　单击“重新刷新页面”按钮。

步骤03　选择 Empty Cache and Hard Reload，如图 5-6 所示。

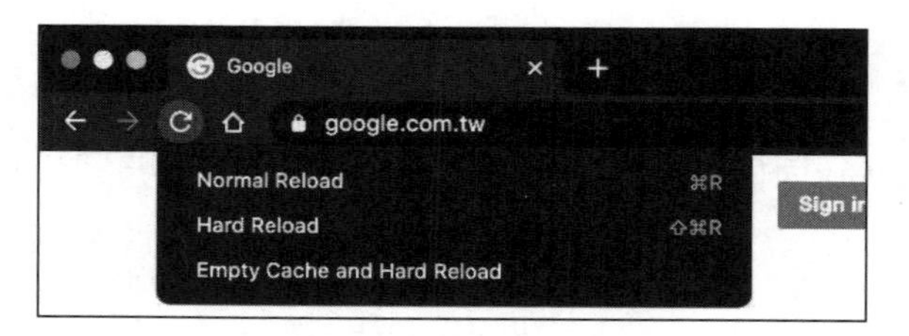

图 5-6 重新刷新页面

这些技巧也常用在模拟用户初次进入页面的场景，不过比起在开发环境中模拟，直接在真实网络环境、设备进行测试才最贴近用户实际浏览网站的感受。

1. 清除网站数据

在浏览网站的过程中，可能会存储Cookies、缓存等，它们都可能影响后续网站浏览和请求的运行方式，使用Clear site data可以清除该网站所有的数据。

步骤01 打开 DevTools 的 Application 面板。

步骤02 单击 Clear site data 按钮，如图 5-7 所示。

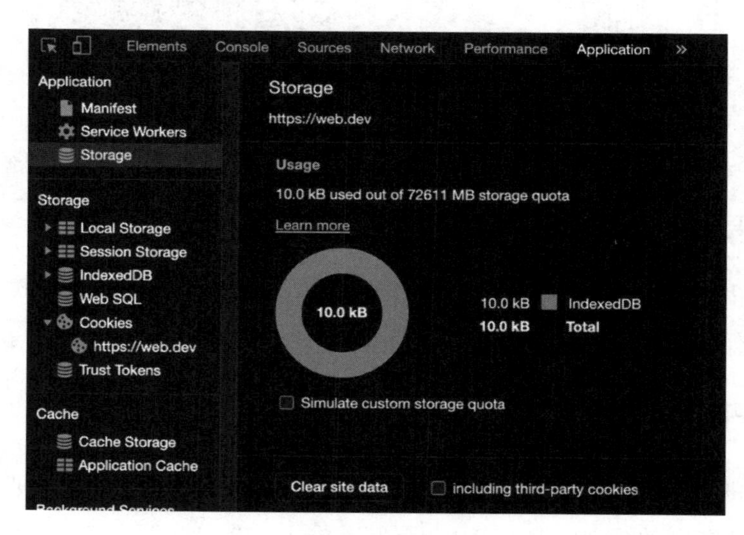

图 5-7 Clear site data 按钮位于图中最下方，勾选右侧的 including third-party cookies 后，单击按钮能同时清除第三方 Cookies

2. 网站之外的因素

除了网站本身外，请求的运行方式还可能受到以下因素影响：

- 存储在服务器、CDN的缓存：需要了解服务器端的设置，或通过CDN提供的API来清除非预期的缓存。
- 设备连接状态：DNS查询和建立连接的过程也占了请求时间的一环，浏览器会使用DNS解析缓存等机制来加速连接流程。
- HSTS：使用HSTS机制的网站会将所有HTTP请求自动转为HTTPS。

清除Chrome现有的连接和DNS解析缓存的步骤如下：

步骤 01　在网址栏输入"chrome://net-internals/#sockets"。

步骤 02　单击 Flush socket pools 来关闭现有的连接。

步骤 03　从左侧列表切换到 DNS，单击 Clear host cache 来清除 DNS 解析缓存。

清除HSTS机制步骤如下：

步骤 01　在网址栏输入"chrome://net-internals/#hsts"。

步骤 02　在最下方的 Delete domain security policies 中输入网站的 Domain。

步骤 03　单击 Delete 按钮。

5.1.5　模拟限制

单击工具栏中的图标，会在DevTools下方的Drawer打开Network conditions分页，其中最基本的就是Network throttling，其可以限制网速以仿真网络环境不佳的使用体验，同时也能放大加载性能的影响，有助于在优化加载性能时观察变化。

步骤 01　打开 DevTools，并按Esc键来打开 Drawer。

步骤 02　单击 Drawer 左上角的图标来打开 Network conditions 分页，如图 5-8 所示。

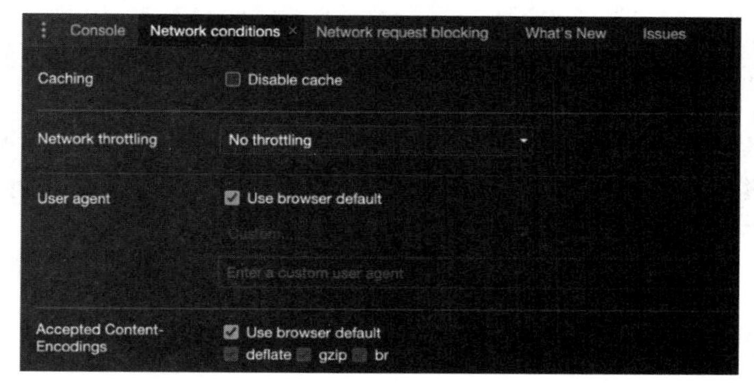

图 5-8　Network conditions 分页中可以调整请求相关的浏览器设置

1. 压缩限制

压缩网站资源可以大幅提升加载速度，而调整Network conditions分页中的Accepted Content-Encodings则可以模拟无法使用特定压缩格式的情况。

将鼠标移至请求记录的Size字段后，显示1.2MB的资源经压缩后，实际网络传输量为377kB，如图5-9所示。

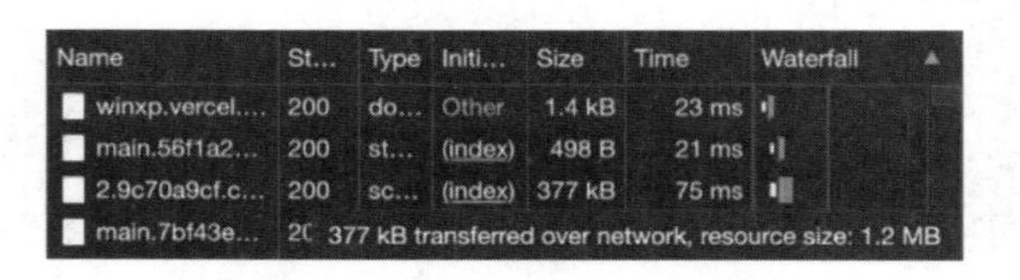

图 5-9　将鼠标移至请求记录的 Size 字段后显示结果

2. 阻挡资源

通过Network request blocking分页可以模拟无法获取特定资源的情况，便于测试备用资源（Fallback）。

步骤01　打开 DevTools，并按Esc键来打开 Drawer。

步骤02　单击 Drawer 左上角的⋮图标，打开 Network request blocking 分页，如图 5-10 所示。

Name	Status	Type	Init…	Size	Time	Waterfall
pdf-editor.vercel.…	200	docu…	Other	1.0 kB	19 ms	
bundle.css	200	style…	(in…	3.2 kB	20 ms	
bundle.js	200	script	(in…	14.5 kB	21 ms	
pdf.min.js	200	script	pre…	92.6 kB	39 ms	
GitHub-Mark-32…	200	png	Ap…	1.8 kB	19 ms	
image.svg	(blocked:devtools)		Ap…	0 B	0 ms	
notes.svg	(blocked:devtools)		Ap…	0 B	0 ms	
gesture.svg	(blocked:devtools)		Ap…	0 B	0 ms	
edit.svg	(blocked:devtools)		ind…	0 B	0 ms	

15 requests | 122 kB transferred | 1.2 MB resources | Finish: 258 ms | DOMContentLoaded: 76 ms

Console　Network request blocking ×　Issues　Rendering

Enable network request blocking

.svg　5 blocked

图 5-10　在 Network request blocking 分页中加入“.svg”后匹配到的请求都被阻挡

5.1.6 画面截图

无论以何种方式模拟用户使用场景，肉眼所见的网页加载过程才是影响用户体验的关键。在设置中勾选Capture screen shots选项后，加载过程中每一帧画面的变动都会被截取下来，借此可以观察显示上的问题，例如CSS、字体、图片等造成的版面跳动或是确认重要内容优先显示，进而调整资源的阅读顺序或依赖关系，如图5-11所示。

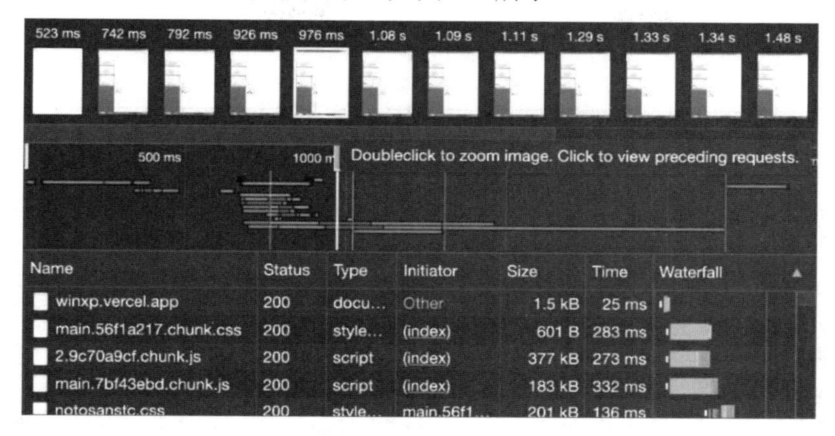

图 5-11　每一张图片上方都显示了截图的时间点，双击图片可以放大显示

5.1.7　请求过慢

优化请求时间值之前，需要先找出造成问题的主要原因，一般来说，会从Network面板中的Timing分页着手观察各个阶段所花费的时间。另外，时间也可能受到优先级或依赖关系的影响。

1. Timing分页

在发起请求时，首先要经过DNS lookup、TCP handshake、SSL negotiation等阶段才能建立连接并开始下载内容，Timing分页会显示各个阶段所花费的时间，如图5-12所示。

图 5-12　Timing 分页

根据花费时间较久的阶段不同，有不同的解决方式，例如：

- Queuing、Stalled：以HTTP2或Domain sharding解决浏览器连接上限，提高资源优先级。
- DNS Lookup：进行DNS Prefetch。
- Initial connection：进行Preconnect。
- Waiting（TTFB）：可以在本地端测试来判断问题在连接过程还是服务器本身，前者可用CDN 减少连接时间，后者则需要优化数据库存取，使用缓存等方式解决。

- Content Download：尽可能减少资源大小，通常使用CDN可以提升下载速度。

2. Initiator分页

若问题的主要原因是太慢发起请求，可以通过Initiator分页检查请求的依赖关系和发起原因（见图5-13），尽可能延后加载，渲染初始网页时非必要的资源，并减少必要资源的依赖关系。

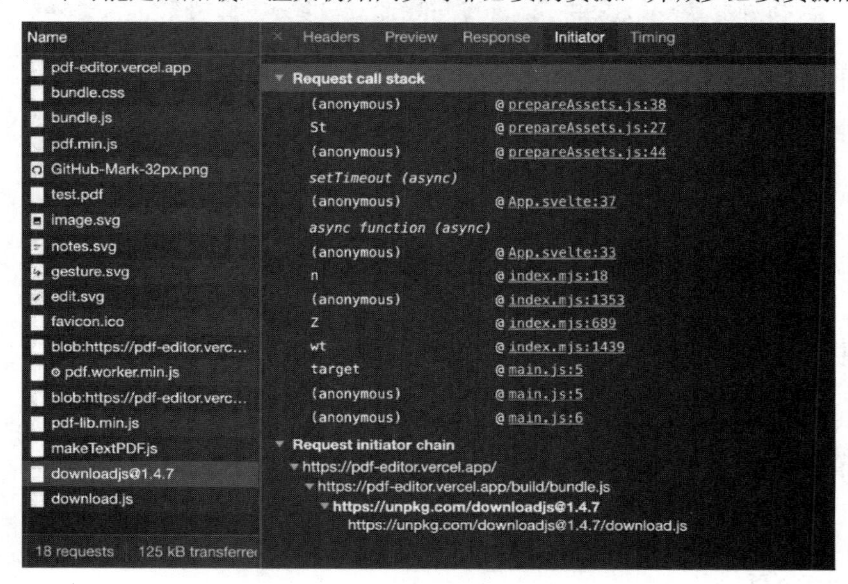

图 5-13　Request initiator chain 以层级呈现请求依赖关系，自上而下按序触发

关于请求依赖关系对初始网页渲染时间的影响，请参考第 7 章的介绍。

5.2　CORS 错误

依照“同源政策”（Same-Origin Policy）的定义，只要两个URL的Scheme、Host、Port都相同，就是同源（Same-Origin），否则就是跨域（Cross-Origin）。

网址各部分的定义如图5-14所示。

https://www.example.com:443

Scheme　Host　Port

图 5-14　网址各部分的定义

考虑到安全问题，浏览器会以同源政策限制网页对跨域资源（Cross-Origin Resource）的存取，例如XHR/Fetch、存取<iframe>、发送和接收Cookies、加载字体等。不过，通过CORS（Cross-Origin Resource Sharing，跨域资源共享）就能够在满足某些条件的情况下突破同源政策的限制。

CORS请求如果出错，通常都需要后端的配合才能解决，最常见的例子是服务器缺少响应或带有错误的Access-Control-Allow-Origin标头，如图5-15所示。

图 5-15　将鼠标移至请求上以显示出 CORS 错误的原因

当CORS请求可能造成副作用时，浏览器必须先进行预检（Preflight），通过后才会发出正式的请求。以Fetch为例，若需进行预检，从发出请求到收到响应，会经过以下步骤：

步骤01 发动含副作用的请求，按规范需要进行 Preflight。
步骤02 浏览器自动以 Options 方法发送 Preflight 请求到服务器。
步骤03 收到 Preflight 响应，检查标头。
步骤04 通过 Preflight 正式把请求送到服务器，如图 5-16 所示。
步骤05 收到响应后，同样要检查标头，通过后才能存取响应的内容。

Name	Method	Status	Type	Initiator	Size	Time	Waterfall
game/	GET + Preflight	200	fetch	VM127:1	381 B	13 ms	
game/	OPTIONS	204	preflight	Preflight	0 B	102 ms	

图 5-16　上方的请求直到下方的 Preflight 请求完成后才发送

5.3　Mixed Content

以HTTPS加载HTML后，后续加载的其他HTTP资源就被称为Mixed content（混合内容），它又分为两种：

- Passive mixed content：如<img>、<audio>、<video>，内容可能被篡改，但无法主动攻击被影响的用户。
- Active mixed content：如<script>、<link>、<iframe>、XHR/Fetch，能做到在浏览器中执行任意JavaScript、泄漏用户信息等危险的攻击时，在大部分的浏览器中都会阻止发送请求，如图5-17所示。

```
⚠ Mixed Content: The page at 'https://googlesamples.github.io/web-        jquery.js:5562
fundamentals/samples/discovery-and-distribution/avoid-mixed-content/image-gallery-
example.html' was loaded over HTTPS, but requested an insecure image
'http://googlesamples.github.io/web-fundamentals/samples/discovery-and-
distribution/avoid-mixed-content/puppy.jpg'. This content should also be served
over HTTPS.
```

图 5-17　当网站加载 Mixed content 并显示出来时，会在 Console 内出现警告

5.4　Cookies 无效

无法发送或取得Cookies可以分为两种情况：

- 完全没有发送Cookies：请求未包含Cookie标头，通常是由于CORS。
- 只发送某些Cookies：请求包含Cookie标头，但其中某些Cookies被浏览器阻挡了，最常见的原因为SameSite属性。

观察请求记录时，需注意若响应来自缓存，则不会显示 Cookie 信息，毕竟请求并没有实际送到服务器端。

5.4.1　CORS

发送Cross-Origin请求时必须加入Credentials设置，浏览器才会发送Cookies，同时CORS限制也会变得更加严格。以Fetch为例：

```
fetch('https://cross-origin.com', { credentials: 'include' });
```

如果浏览器中有存储cross-origin.com的Cookies，就会请求加入Cookie标头来发送Cookies。

服务器收到请求后，需要额外设置响应的标头，浏览器收到时才不会发生CORS错误，导致无法设置Cookies和存取响应内容：

- Access-Control-Allow-Origin必须和请求的Origin相符，且不能为“*”。
- Access-Control-Allow-Credentials必须是true。

5.4.2　Cookies 被阻挡

确认没有CORS问题后，可以在请求的Cookies分页内检查Cookies没有发送的原因。

步骤01　在请求列表中单击目标请求。

步骤02　切换到 Cookies 分页。

步骤 03 勾选 show filtered out request cookies 复选框。

步骤 04 将鼠标移至**i**图标上，如图 5-18 所示。

Name | × Headers Preview Response Initiator Timing Cookies

set

Request Cookies ☑ show filtered out request cookies

Name	Val...	Domain	P...	Ex...	Size	H..	S...	S...	S...	P..
StrictCookie	Co...	samesit...	/	Se...	43	✓		S...		M..
LaxCookie	Co...	samesit...	/	Se...	37	✓		Lax		M..
SecureNone...	Co...	samesit...	/	Se...	56	✓	✓	N...		M..
DefaultCookie	Co...	samesit...	/	Se...	52	✓				M..

Response Cookies

Name	Val...	Domain	P...	Ex...	S..	H..	S..	Same...	S..	P..
StrictCookie	Co...	samesit...	/	Se...	80	✓		strict		M..
LaxCookie	Co...	samesit...	/	Se...	71	✓		lax		M..
SecureNone...	Co...	samesit...	/	Se...	99	✓	✓	none		M..
DefaultCookie	Co...	samesit...	/	Se...	71	✓				M..
NoneCookie	Co...	samesit...	/	Se...	39	✓		i None		M..

This attempt to set a cookie via a Set-Cookie header was blocked because it had the "SameSite=None" attribute but did not have the "Secure" attribute, which is required in order to use "SameSite=None".

图 5-18 将鼠标移至图标上，就会显示出该 Cookie 被阻挡的原因

5.4.3 SameSite 属性

Chrome从84版开始正式启用SameSite属性，直接影响了Cross-site cookies：

- 未设置SameSite属性的Cookies都会变成SameSite=Lax，请求为Cross-site时无法发送。
- 想发送Cross-site cookies，必须设置SameSite=None; Secure。

Same-site的判定涉及Effective top-level domains（eTLDs），所有的eTLD都定义在Public Suffix List中，而Site是由eTLD加上一个前缀组成的，如图5-19所示。

图 5-19 由于 github.io 属于 eTLD，加上 example 前缀即为一个 Site（eTLD+1）

举例来说，github.io在Public Suffix List中，加上一个前缀（例如a.github.io）就是一个Site，因此a.github.io和b.github.io是两个不同的Site（Cross-Site）。

example.com 不在 Public Suffix List 中，但 com 在，因此 example.com 是一个 Site，a.example.com 和b.example.com都属于example.com（Same-site）。

Cross-site 和 Cross-origin 不同，即使 Port 和 Domain 不同，也可能是 Same-site。

5.5 缓存问题

“缓存”在网页性能优化中扮演了非常重要的角色，本节简要说明缓存机制中容易误用的部分以及解决缓存问题的技巧。

5.5.1 请求记录列表

一个请求该如何进行缓存是由浏览器和响应标头决定的。查看缓存问题时，会专注几个特定字段：Name、Status、Size、Cache-Control、Etag、Last-Modified，当Status是304或Size是memory cache、disk cache时，代表成功使用了缓存，如图5-20所示。

图 5-20 右击请求记录列表后，展开 Header Options 来加入缓存相关的字段

值得注意的是，某些请求的Status、Size颜色较淡，表示该请求并没有实际送出，而是直接使用了浏览器中存储的缓存，在请求标头中只会显示一些默认值和提示信息，如图5-21所示。

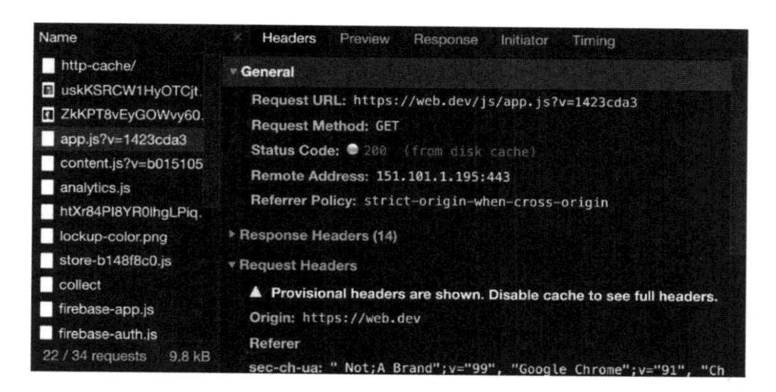

图 5-21　请求标头中显示出“Provisional headers are shown. Disable cache to see full headers.”

5.5.2　Prefetch 和 Preload

除了使用Cache-Control外，prefetch和preload也是常用的缓存技巧，不过两者在使用场景上有不少差异，误用时反而会浪费流量或影响网站的性能。

1. prefetch

```
<link rel="prefetch" href="style.css" as="style">
```

通常用于提前读取下一次跳转会用到的资源，它的优先级非常低，当浏览器不是立即需要下载的资源并进入闲置（Idle）状态时，才会开始执行prefetch，如图5-22所示。另外，无论该请求的缓存机制是什么，以prefetch下载的资源都会保留5分钟。

图 5-22　来自 prefetch 缓存的资源会在请求列表的 Size 字段显示出(prefetch cache)

2. preload

```
<link rel="preload" href="style.css" as="style">
```

当前页面马上会使用到的资源可以用preload来告知浏览器需要马上加载，例如影响阅读的字体、图片或是经过Code splitting的程序代码，其拥有最高的优先级，在Chrome中只要preload资源5秒内没有使用到，就会发出警告，如图5-23所示。

▲ The resource https://unruly-hot-wishbone.glitch.me/im unruly-hot-wishbone.glitch.me/:1 g/product-image.jpeg was preloaded using link preload but not used within a few seconds from the window's load event. Please make sure it has an appropriate `as` value and it is preloaded intentionally.

图 5-23　未使用的 preload 资源会在 Console 内显示警告

3. CORS模式

```
<link rel="preload" href="font.woff2" as="font" type="font/woff2" crossorigin>
```

preload资源时，需要注意CORS模式，如果preload使用的模式和后续请求不同，则无法使用该资源。以字体资源为例，根据规范加载字体资源时，必须使用Anonymous模式，因此preload时需加上crossorigin属性来启用Anonymous模式，否则即使下载了资源，还是无法使用缓存，最终造成发出两次请求。

5.5.3 基本缓存机制

经常变动的文件或网页的进入点通常不会使用缓存，可以在响应标头中放入Cache-Control: no-store来确保每次请求都会得到最新的资源，但是图片、JavaScript、CSS文件等资源通常会利用缓存来提升网站体验。一般而言，会使用以下两种方式来进行缓存：

（1）使用Hash或版本号

以Hash或版本号作为获取文件的方式，如index.d4d64.js、index.js?v=1423cda3可以确保用户拿到正确的文件，搭配较长的缓存保留时间设置，如Cache Control: max-age=31536000，浏览器建立缓存后，相同文件都不需要再次发送请求。

在前端开发中，常常会搭配 Build Tool（如 Webpack）来生成 Hash 文件名，适用于静态网站。

（2）利用服务器端验证

利用Cache-Control: max-age=0, must-revalidate搭配Etag和Last-Modified标头，在发送请求后，由服务器端决定是否使用缓存，这种方式的好处是服务器掌握了缓存的控制权，不过仍需实际发出请求，若连接速度慢，则需要另寻方式解决。

5.5.4 no-cache

Cache-Control:no-cache时常被误解为不建立缓存，然而实际的运行和Cache-Control: max-age=0, must-revalidate完全相同，表示浏览器建立缓存后，仍需向服务器端确认是否可以使用。若不希望浏览器建立缓存，正确的标头应为Cache-Control: no-store。

5.6　修改请求和响应

在前端开发中经常需要和API交互，想要提高开发效率，则理解请求、响应、HTTP等概念是前提条件，不过除了理解概念外，拦截请求和覆写响应在开发、Debug时都能提供不少帮助。

5.6.1　复制请求

在Network面板中可以复制请求的程序代码，借此来重现API错误或修改参数，并再次发送。

步骤01 打开 Network 面板。

步骤02 右击目标请求。

步骤03 单击 Copy 选项内的 Copy as Fetch，如图 5-24 所示。

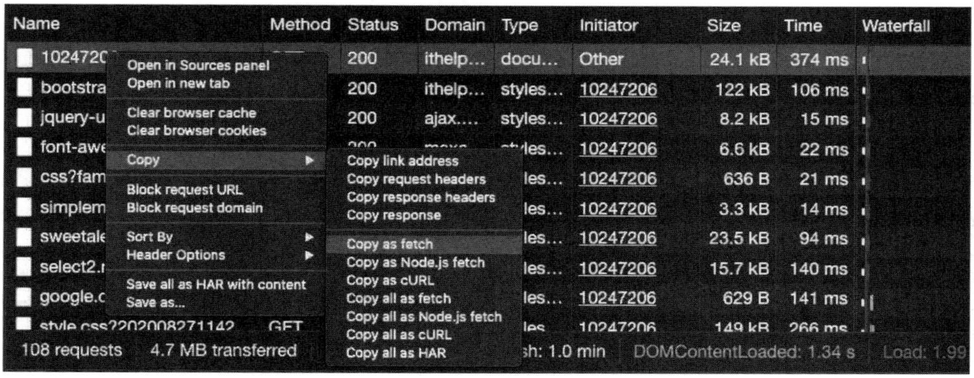

图 5-24　单击 Copy as fetch 来复制可以发出相同请求的程序代码

5.6.2　编辑、重发请求

在Debug时，通常需要重复测试才能解决问题，除了通过Chrome DevTools的Network面板来查看各个请求的信息或在网页中直接触发请求外，针对有问题的API编辑请求、重发请求可以更快找出问题，常见的工具如下：

- 在Firefox的Network面板右击请求，并选择Edit and Resend，可以编辑、重发请求，在测试缓存、Cookies时非常方便。
- 利用Postman记录请求信息后，可以在应用程序中编辑、重发并查看结果，如图5-25所示。

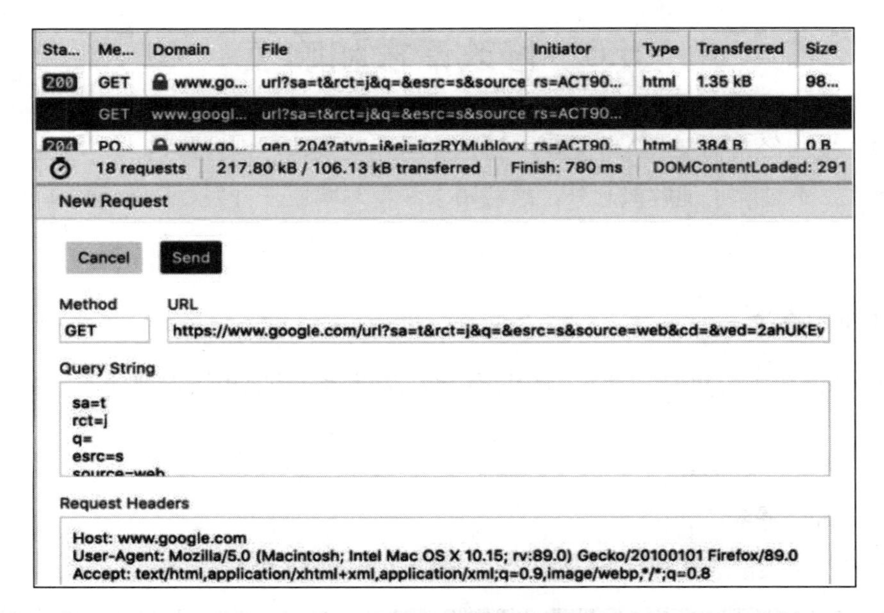

图 5-25 Firefox 内的编辑请求、重发功能

5.6.3 拦截请求

通常对正式环境的API发出POST请求，或在目标为第三方服务器的情况下，在测试时需要拦截请求或在请求发送之前进行修改，避免对服务器造成影响。此外，拦截请求后，通过修改响应内容、标头、Status来模拟错误，也有助于重现、处理错误。最简单的方式是使用浏览器扩充软件包，如Netify，它在安装和使用上都非常容易，也能满足大部分实际工作中的需求，如图5-26所示。

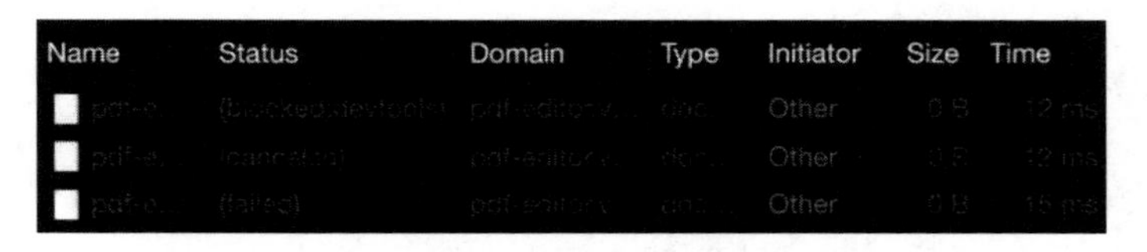

图 5-26 利用 Netify 模拟多种请求错误

5.6.4 模拟服务器

“模拟（Mock）服务器行为”常用于前后端分离的项目。由于开发时程不同，前端先行开发时，需要模拟前后端实际连接的场景才能测试功能的正确性。最快速且简明的方式是直接修改API相关程序代码来进行模拟，其缺点是实际连接时还需要再次修改程序代码，因此在某

些情况下，模拟服务器的运行会是更好的选择。常见的方式有以下几种：

（1）覆写请求

适合在开发新功能或只有少数API需要改变运行方式时使用。由于直接在浏览器内改变了请求的运行方式，因此在设置上较为简单且运行方式较为明了，几乎没有副作用（如CORS问题），以下是两个经常选择的软件包：

- MSW：利用Service worker改变请求的运行。
- Mirage JS：适用于含有数据操作等较复杂的服务器运行，缺点是Network列表中不会出现被覆写的请求。

（2）模拟服务器

建立前端开发专用的服务器来模拟实际的运行。相关工具通常都内建许多常用函数，可以快速打造服务器，优点是实际启动了服务器，可以直接使用已有的服务器端程序代码逻辑或搭配常见软件包，例如Node、Express、相关Middlewares等，不过相对地需要架设服务器环境是其缺点。最有名的工具为JSON Server，另外还有MockServer、Stoplight-Prism等。

（3）Proxy

利用Proxy在浏览器和服务器间建立中继站，以拦截或修改请求和响应，其优点在于不需要修改程序代码，但同时这也是缺点，难以集成到程序代码中。相关工具通常是独立的应用程序，在操作上简单明了，但相对而言定制化程度较低，常见的工具有Postman、Mockoon、Charles。

5.7　浏览器相关的问题

在Debug时，如果需要模拟特殊场景或受到开发环境的限制，可以使用一些技巧来改变浏览器或网页程序的运行。

有关浏览器的更多设置，可以参考第 12 章。

5.7.1　浏览器参数

除了浏览器的设置中列出的选项外，还可以通过参数改变浏览器的运行，以下是几个常用的参数：

```
    open -n -a "Google Chrome" --args --user-data-dir="/tmp/chrome_dev_test"
--disable-web- security
```

1. CORS

如果想要关闭浏览器的安全限制，可以在Terminal中以下面的指令打开一个新窗口，注意勿以这个窗口浏览其他网页。

- Windows的指令为chrome.exe --disable-site-isolation-trials --disable-web-security--user-data-dir="D:\tmp\chrome_dev_test"。
- 若没有指定--user-data-dir，则在完全关闭Chrome应用程序时，参数才会生效。

2. SameSite Cookies

从91版开始，Chrome强制让没有设置SameSite属性的Cookies必须采用secure属性，但开发环境可能没有HTTPS，且Domain又是localhost，故常造成Cookies无法使用，使用以下指令可以打开没有SameSite限制的新窗口：

```
    open -n -a "Google Chrome" --args -user-data-dir="/tmp/chrome_dev_test"
    --disable-features=SameSiteByDefaultCookies,CookiesWithout
SameSiteMustBeSecure
```

3. 自动打开DevTools

自动打开DevTools才能在Network面板中看到新分页的初始请求信息。

```
    open -n -a "Google Chrome" --args --user-data-dir="/tmp/chrome_dev_test"
    --auto-open-devtools-for-tabs
```

5.7.2　定制化设置

创建一个新的浏览器用户来存储Debug相关设置，例如自动打开DevTools、启动实验性功能、安装Debug相关的浏览器扩充软件包、存储书签等。

此外，也可以创建不同种类的浏览器用户来模拟实际用户的场景，例如低网速、低CPU性能的手机用户，或是安装了很多扩充软件包的用户等。

5.7.3 使用无痕模式

浏览器的扩充软件包不止可以任意执行JavaScript，还能存取Storage、拦截请求等，因此遇到非预期的运行方式但又没有头绪时，可以尝试启动无痕模式或关闭所有无关的扩充软件包来避免干扰，不过需注意无痕模式与普通模式的运行差异。

5.7.4 Puppeteer

使用Puppeteer除了可以进行自动化测试外，还能够以程序代码来拦截请求、覆写资源、改变页面的JavaScript运行等，适用于高度定制化浏览器。

第6章

JavaScript性能分析技巧

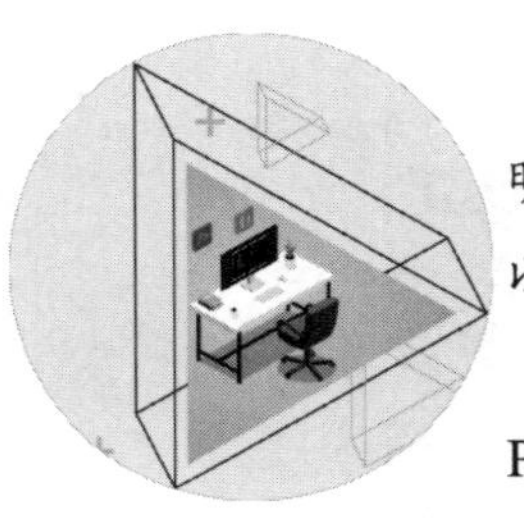

本章的重点是如何分析并解决网页中的JavaScript性能问题，首先会说明如何使用Performance面板记录分析网页执行过程中的性能瓶颈，接着会以内存占用量造成的性能问题为重点来说明如何定位和解决问题。

本章主要使用的工具为Chrome DevTools的Performance面板，关于Performance面板的详细介绍可参考第17章。

6.1 基本分析流程

当用户认为网站存在性能问题时，不外乎是使用过程中出现画面延迟、无反应的情况。由于浏览器的主线程同时只能做一件事且无法中断，因此性能问题大多是浏览器的主线程被一个任务占用过久，导致浏览器来不及在16ms内产生下一帧画面，此时用户就会感觉到卡顿，“找出这些运行时间较长的任务”是性能分析的第一步。

浏览器的画面刷新率为每秒 60 次（60FPS），也就是说，浏览器需要在1000/60ms 内产生一帧画面才不会影响用户体验。关于浏览器产生画面的详细流程，请参考第 8 章。

6.1.1 准　备

以Performance面板记录页面性能信息时，常会显示着密密麻麻的方块，这一个个方块称为Activity（活动），是性能信息的基本单位，如图6-1所示。为了尽可能提升“寻找问题”的效率，可以使用以下技巧：

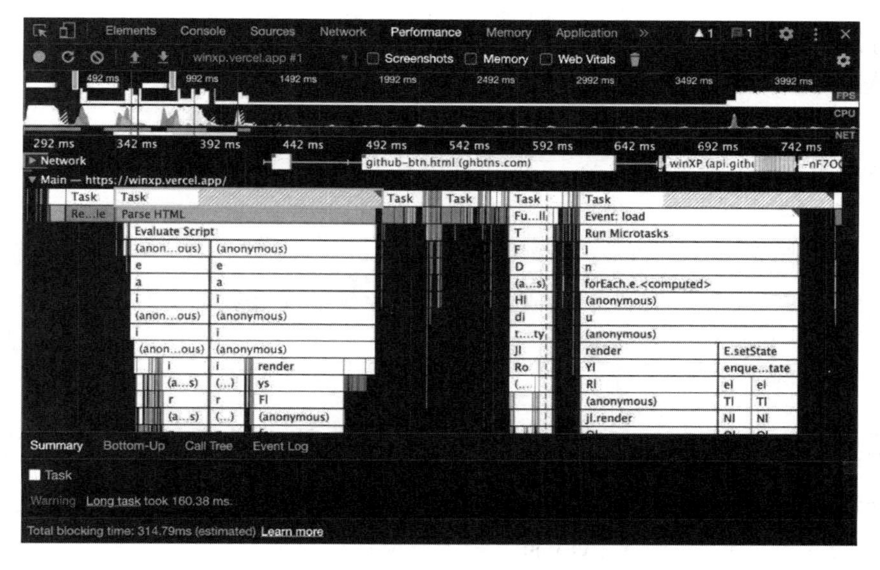

图 6-1　Performance 面板中以 Activity 为单位显示性能信息

（1）保持环境整洁

浏览器的缓存、扩充软件包都会给分析性能问题造成干扰，每次分析时应该使用“干净”的环境，例如打开无痕模式，或创建一个新的用户来确保没有安装额外软件包，或到Application面板中的Storage分页执行Clear site data来清除网站数据。

（2）锁定目标

在开始分析前，最好先订下明确的目标（如降低单击某按钮时造成的画面延迟）以及稳定的量化方式，有助于测量并比较优化的成效。在确定目标后，就能着手开始分析。

此外，记录浏览器执行过程的性能信息时，要尽可能缩短持续时间，且避免进行额外的操作（如单击、滚动等），以防触发额外的JavaScript运行或操作，从而影响分析结果。

请以无痕模式打开Demo网站（https://sh1zuku.glitch.me/demo/analyze-javascript-performance/），接下来将以此网站为范例来分析其中的性能问题。

6.1.2　记录 Activities

打开范例网站，单击Do tasks按钮后，会发现页面静止了一下才恢复正常，我们可以记录这期间的Activities来分析其中的原因：

步骤01 打开 DevTools，切换到 Performance 面板。

步骤02 单击左上角的●图标来开始记录。

步骤03 单击页面中的 Do tasks 按钮。

步骤04 当页面恢复正常后，再次单击●图标来停止记录。

在 Main 列表中可以看到一个任务的持续时间特别长，甚至在其右上角显示了红色的三角形，代表主线程当时被该任务持续占用了超过 50ms，极有可能影响用户体验，这就是性能分析的起点。

单击任意一个Activity，随后会在下方展开详细信息面板，其中有4个分页（见图6-2）：

- Summary：显示该Activity的持续时间，并将期间发生的其他Activities分类显示。
- Bottom-Up：将同一种Activity的运行时间加总。
- Call Tree：以触发关系自上而下显示Activities，最上方的称为Root activity，是下面各个Activities的起点。
- Event Log：以时间顺序显示Activities。

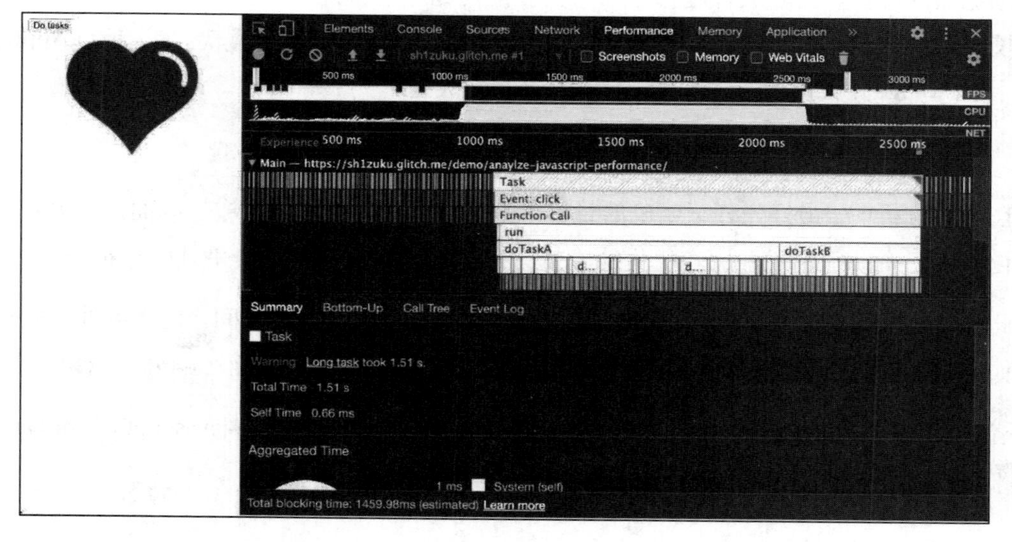

图 6-2　单击其中一个 Activity 后，下方显示了该 Activity 的详细信息

占用主线程超过 50ms 的工作会被加上红色三角形，称为 Long task，至于为什么是 50ms，请参考第 10 章关于 Web Vitals、TBT 的介绍。

6.1.3 自上而下找出瓶颈的根源

单击Call Tree分页，列表中会显示任务由哪些Activities组成，若Activity的类型为程序代码，则层层展开可以看到函数的Call stack，如图6-3所示。

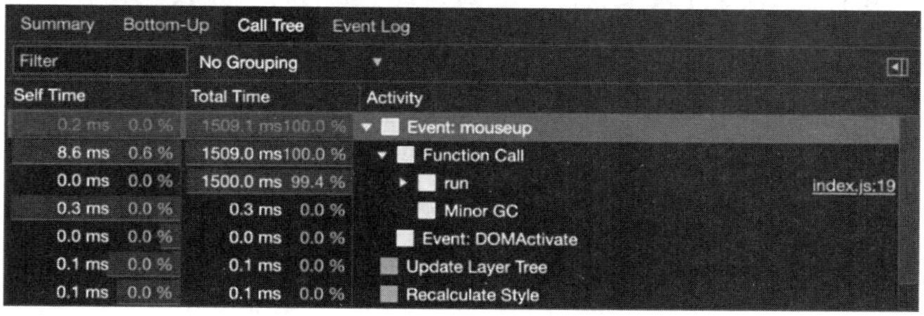

Summary Bottom-Up Call Tree Event Log

Filter No Grouping

Self Time		Total Time		Activity	
0.2 ms	0.0 %	1509.1 ms	100.0 %	▼ Event: mouseup	
8.6 ms	0.6 %	1509.0 ms	100.0 %	▼ Function Call	
0.0 ms	0.0 %	1500.0 ms	99.4 %	▶ run	index.js:19
0.3 ms	0.0 %	0.3 ms	0.0 %	Minor GC	
0.0 ms	0.0 %	0.0 ms	0.0 %	Event: DOMActivate	
0.1 ms	0.0 %	0.1 ms	0.0 %	Update Layer Tree	
0.1 ms	0.0 %	0.1 ms	0.0 %	Recalculate Style	

图 6-3 Call Tree 分页中显示了函数的 Call stack

此处观察的重点在于Self Time和Total Time。以JavaScript函数来说，Self Time指的是函数本身的运行时间，并不包含函数中执行其他函数的时间，而Total Time则代表函数本身以及底下所有函数运行时间的总和。因此，我们可以按Total Time由高到低来查看是否有Self Time较长的函数（百分比较高），若没有则展开Total Time较长的Activity，继续以相同方式来寻找性能瓶颈，如图6-4所示。

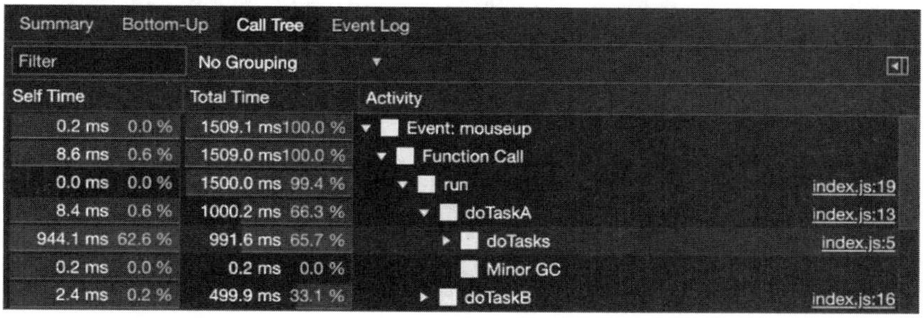

Summary Bottom-Up Call Tree Event Log

Filter No Grouping

Self Time		Total Time		Activity	
0.2 ms	0.0 %	1509.1 ms	100.0 %	▼ Event: mouseup	
8.6 ms	0.6 %	1509.0 ms	100.0 %	▼ Function Call	
0.0 ms	0.0 %	1500.0 ms	99.4 %	▼ run	index.js:19
8.4 ms	0.6 %	1000.2 ms	66.3 %	▼ doTaskA	index.js:13
944.1 ms	62.6 %	991.6 ms	65.7 %	▶ doTasks	index.js:5
0.2 ms	0.0 %	0.2 ms	0.0 %	Minor GC	
2.4 ms	0.2 %	499.9 ms	33.1 %	▶ doTaskB	index.js:16

图 6-4 持续展开 Total Time 较长的函数后，发现 doTasks 的 Self Time 百分比较高

此处我们发现了在整个工作约1500ms的运行时间中，doTasks函数本身就占了约1000ms（Self Time为944.1 ms），单击右方的行号链接至程序代码后，可以看到在第8、9行花费了非常多时间，这便是可以着手优化的部分，如图6-5所示。

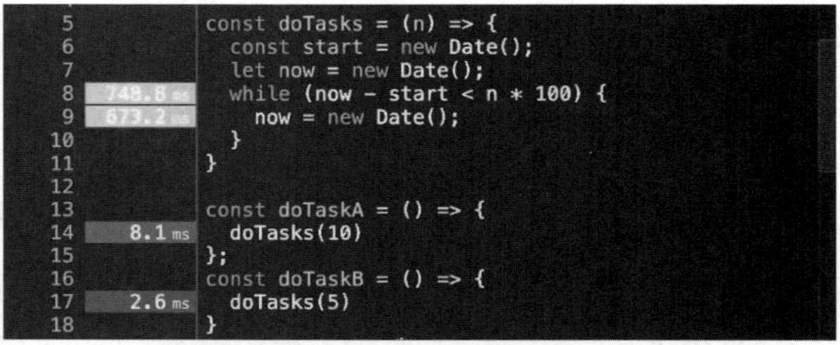

```
5                  const doTasks = (n) => {
6                    const start = new Date();
7                    let now = new Date();
8     748.8 ms       while (now - start < n * 100) {
9     673.2 ms         now = new Date();
10                   }
11                 }
12
13                 const doTaskA = () => {
14      8.1 ms       doTasks(10)
15                 };
16                 const doTaskB = () => {
17      2.6 ms       doTasks(5)
18                 }
```

图 6-5　记录性能期间第 8、9 行程序代码共执行了 1422ms

假设我们优化了doTasks的性能，试着把第8行的100改为10后存盘（command+S键），以此来仿真优化并再次记录性能，就会发现画面静止的时间明显少了许多，成功解决了性能问题，如图6-6所示。

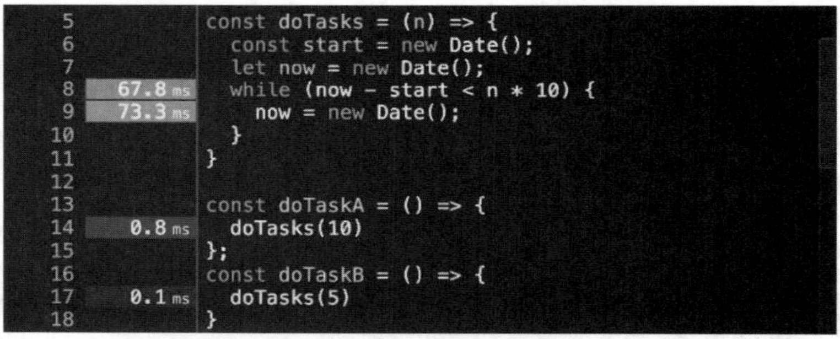

```
5                  const doTasks = (n) => {
6                    const start = new Date();
7                    let now = new Date();
8      67.8 ms       while (now - start < n * 10) {
9      73.3 ms         now = new Date();
10                   }
11                 }
12
13                 const doTaskA = () => {
14      0.8 ms       doTasks(10)
15                 };
16                 const doTaskB = () => {
17      0.1 ms       doTasks(5)
18                 }
```

图 6-6　再次测量后的时间下降为 141.1ms

6.1.4　自下而上查看运行时间较长的函数

另一种方式是通过Bottom-Up（自下而上）分页找出总运行时间较长的Activities，在此分页中会将同一种Activity（函数）的运行时间加总，因此分页中Self Time较长的函数通常是性能瓶颈的来源，可以从这些函数着手优化，如图6-7所示。

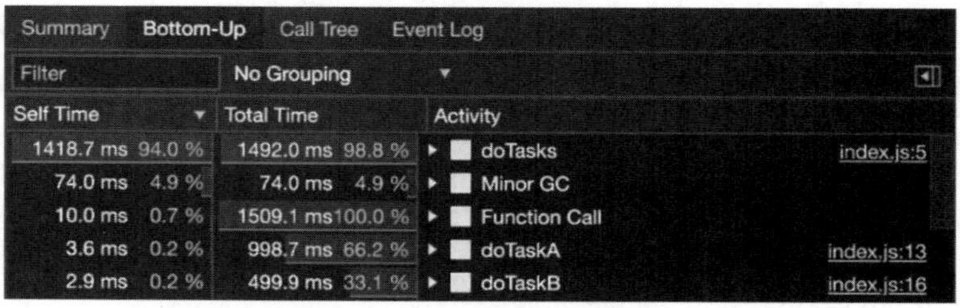

Summary　Bottom-Up　Call Tree　Event Log

Filter　No Grouping

Self Time		Total Time		Activity	
1418.7 ms	94.0 %	1492.0 ms	98.8 %	doTasks	index.js:5
74.0 ms	4.9 %	74.0 ms	4.9 %	Minor GC	
10.0 ms	0.7 %	1509.1 ms	100.0 %	Function Call	
3.6 ms	0.2 %	998.7 ms	66.2 %	doTaskA	index.js:13
2.9 ms	0.2 %	499.9 ms	33.1 %	doTaskB	index.js:16

图 6-7　在 Bottom-Up 分页中，显示 doTasks 为运行时间总和最高的函数

值得一提的是，总运行时间长也可能是因为执行次数多，若发现该函数单次出现的持续时间并不长，可以展开函数来查看该函数由谁触发，借此观察是否可以通过减少执行次数来降低总运行时间，如图6-8所示。

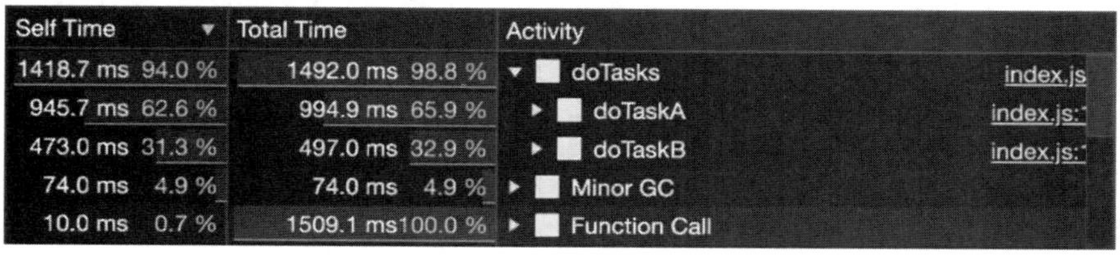

Self Time		Total Time		Activity	
1418.7 ms	94.0 %	1492.0 ms	98.8 %	▼ doTasks	index.js
945.7 ms	62.6 %	994.9 ms	65.9 %	▶ doTaskA	index.js:
473.0 ms	31.3 %	497.0 ms	32.9 %	▶ doTaskB	index.js:
74.0 ms	4.9 %	74.0 ms	4.9 %	▶ Minor GC	
10.0 ms	0.7 %	1509.1 ms	100.0 %	▶ Function Call	

图 6-8　展开 doTasks 后，可以看到该函数曾由 doTaskA、doTaskB 函数触发

6.2　内存占用量

“网页性能”除了受到JavaScript执行和浏览器绘制页面的时间影响之外，还与内存的占用量有关系，且内存的占用量造成的性能问题通常对用户的影响非常明显。网页性能随着使用时间拉长变得越来越差就是典型的例子，其原因是JavaScript使用垃圾回收（Garbage Collection，GC）机制来管理内存，但是垃圾回收是在主线程上进行的，会占用其他任务（如执行JavaScript或绘制画面）的时间，当内存占用量过多时，会让垃圾回收的执行频率上升，进而影响网页性能。

6.2.1　垃圾回收

“垃圾回收”可以简单理解为每次新建对象、DOM时，浏览器都会分配内存空间去存储这些对象。然而，当执行垃圾回收时，只要没有任何方式可以存取到某个对象，该对象所占用的内存就会被释放。

范例如下：

```
let a = {}; // 分配内存来存储 A 对象
let b = {}; // 分配内存来存储 B 对象
let c = a;
a = undefined;
b = undefined;
```

此时由于已经没有任何方式可以存取B对象，浏览器执行垃圾回收时，该对象占用的内存空间会被释放，而a虽然被修改为undefined，A对象还是能够通过c来存取，因此无法被释放。

6.2.2 常见原因

内存占用量问题通常是因为程序代码的写法而造成浏览器无法释放内存，随着时间内存的使用量不断累积最终影响性能，这也被称为内存泄漏（Memory Leak）。本小节介绍几个造成内存泄漏常见的例子。

1. 全局变量

全局变量在任何时候都能存取，因此会让该内存空间永远无法被释放，除了尽可能减少全局变量外，还需注意意外使用到的情况，不过在严格模式下基本可以避免这个问题。

```
function foo() {
  this.bar = 'bar';
  baz = 'baz'; // 意外存取到外部或全局变量
}
foo();
```

2. 未清除的Callback

先不考虑Callback函数本身用到的内存，如果Callback内存取了外部的变量，在清除Callback之前，该变量用到的内存空间都无法释放。下面举几个常见的例子。

- 定时器：setTimeout、setInterval。
- 事件监听器：尤其是注册在window、document、body上的事件监听器。
- Observer（观察者）：MutationObserver、IntersectionObserver。

在window上以匿名函数注册事件监听器而无法清除，就会导致data永远无法被释放。

```
const data = ['foo', 'bar'];
window.addEventListener('click', () => {
  console.log(data); // 存取 data，永远无法被释放
})
```

3. 存储DOM的变量

用JavaScript创建元素再插入DOM中是常见的做法，该元素拥有两种存取方式（两种方式都无法存取元素时，元素才会被释放）：

- JavaScript变量。
- 遍历DOM。

举一个相对不直观的例子，以下程序代码看似可以释放parent元素，但依然可以通过child

变量存取parent元素，导致parent元素无法被释放。

```
const child = document.createElement('DIV');
let parent = document.querySelector('#parent');
parent.append(child);
// 从页面中删除 parent 元素，并将 undefined 赋值给变量
parent.remove();
parent = undefined;
console.log(child.parentElement); // #parent
```

4. 闭包

在使用闭包时，需注意是否涵盖了不需要的变量，当闭包的返回值可以存取闭包内的变量时，会导致变量无法被释放：

```
function foo() {
  const data = [1, 2, 3];
  return () => {
    console.log(data);
  }
}
const logData = foo(); // 把内存空间分配给 data
logData(); // 打印出[1, 2, 3]，此函数被释放之前，都无法释放 data
```

6.2.3 征　兆

当内存用量出现问题时，会导致垃圾回收的执行频率上升，进而影响网页性能。因此，出现以下现象时需有所警觉：

- 性能逐渐变差：网页随着使用时间增加让性能变得越来越差，通常是内存泄漏的前兆。
- 整体网页性能都不如预期：大部分操作都会造成画面延迟，可能是垃圾回收过于频繁，除了内存占用量过多之外，设备内存空间过小也容易出现这种问题。

6.2.4 监测和分析

在检查内存泄漏问题的过程中，一个非常重要的步骤是单击Performance面板中的“垃圾回收”图标来主动执行垃圾回收，例如执行某个操作后马上执行垃圾回收，如果内存占用量没有恢复到操作前的量，可能就是内存泄漏的征兆。

接下来，针对范例网站（https://sh1zuku.glitch.me/demo/memory-leak/）通过3种方式分析内存泄漏的来源。范例页面如图6-9所示。

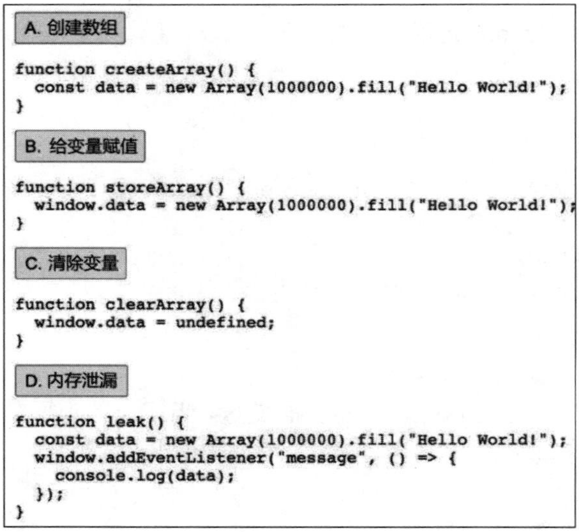

A. 创建数组

```
function createArray() {
  const data = new Array(1000000).fill("Hello World!");
}
```

B. 给变量赋值

```
function storeArray() {
  window.data = new Array(1000000).fill("Hello World!");
}
```

C. 清除变量

```
function clearArray() {
  window.data = undefined;
}
```

D. 内存泄漏

```
function leak() {
  const data = new Array(1000000).fill("Hello World!");
  window.addEventListener("message", () => {
    console.log(data);
  });
}
```

图 6-9 单击范例页面中的 A~D 按钮，分别会执行按钮下方的程序代码

1. Performance面板

勾选Memory后，性能记录中会多出一列内存占用量的折线图，若网站中存在内存泄漏问题，使用过程中整体折线就会有逐渐上升的趋势，当内存占用量上升至一定的量时，可能就会感受到网站频繁出现延迟。

在寻找内存泄漏的来源时，可以尝试从内存占用量增加处的任务着手，单击上升处的时间点，就会自动聚焦主线程中离该时间点最近的任务或函数，锁定目标功能或函数后，可以按照以下步骤进行更精细的检查：

步骤01 重新刷新页面，将内存占用量初始化，以减少其他影响。
步骤02 开始记录性能信息。
步骤03 在页面中使用目标功能，造成内存占用量上升。
步骤04 功能执行完毕后，单击图标来释放内存。
步骤05 重复步骤 03、04 数次。
步骤06 停止记录性能信息，观察折线的趋势。

若在重复步骤的过程中，内存整体的占用量逐渐上升，或每次释放内存时，各个折线没有恢复到前一步的高度，则大致上可以确定该功能存在内存泄漏问题。

打开范例页面，在记录性能信息时，多次单击页面中的D按钮和图标，停止记录后，会看到JS Heap呈上升趋势，单击折线图的上升处，可以在详细信息面板中看到造成内存泄漏的

函数，如图6-10所示。

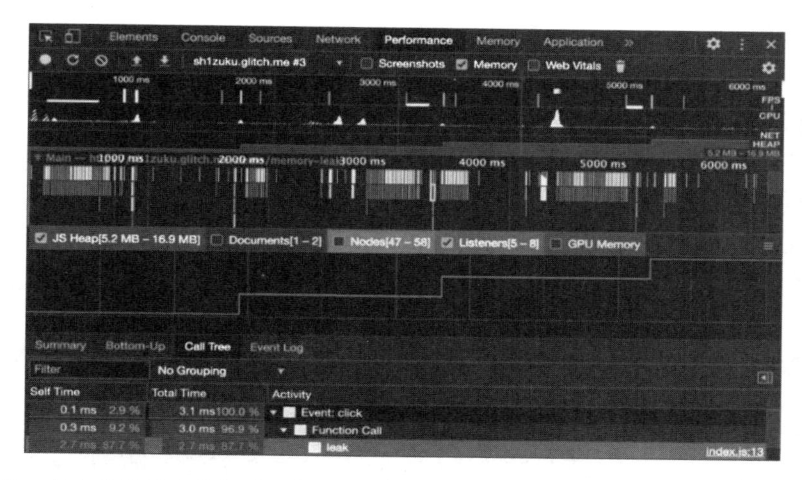

图 6-10 单击折线图上升处后，在 Call Tree 分页中展开 Call stack，就会看到 leak 函数

2. Performance monitor

Performance monitor可以实时监测性能信息，用于检查特定功能是否存在内存泄漏问题，实时反映内存用量的趋势。一般来说，会把重点放在JS heap size（JavaScript内存占用量）和DOM Nodes。

步骤01 打开 DevTools，并按Esc键打开 Drawer。

步骤02 单击左上角的⋮图标来打开 Performance monitor，如图 6-11 所示。

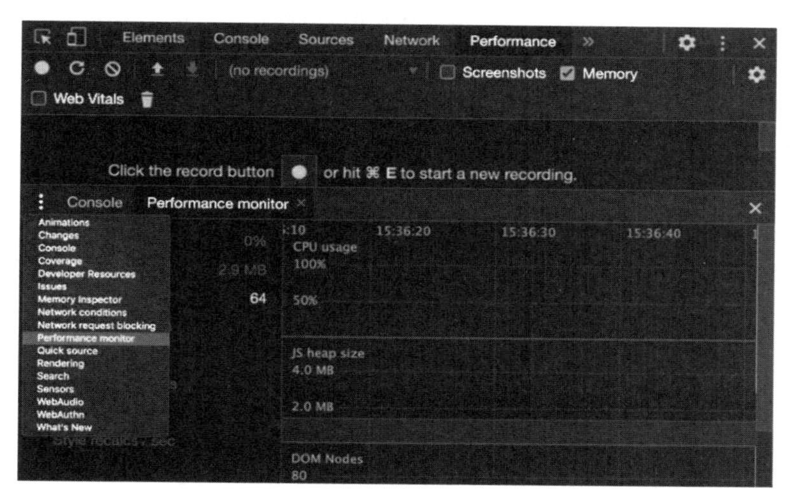

图 6-11 打开 Performance 面板搭配 Performance monitor，可以实时观测内存信息，并手动执行垃圾回收

打开范例页面后，打开Performance monitor，按照以下步骤单击页面中的按钮，并仔细观察内存占用量的变化：

步骤01 单击 A 按钮，创建新数组，内存占用量上升。
步骤02 单击■图标，无法存取数组，成功释放内存。
步骤03 单击 B 按钮，创建新数组，内存占用量上升。
步骤04 单击■图标，仍然可由 window.data 存取数组，无法释放内存。
步骤05 单击 C 按钮，虽然 window.data 为 undefined，但浏览器尚未释放内存。
步骤06 单击■图标，无法存取数组，成功释放内存。
步骤07 单击 D 按钮，创建新数组，内存占用量上升。
步骤08 单击■图标，由于触发 window 的 message 事件时，依然需要数组内容，故无法释放内存。

结果如图6-12所示。

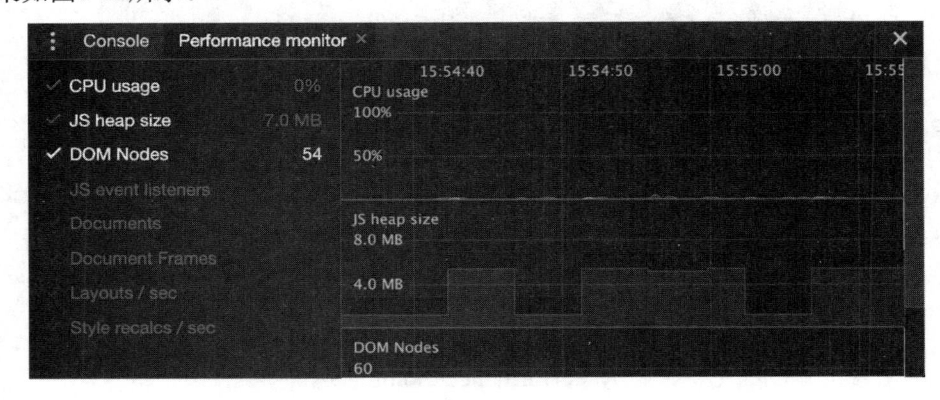

图 6-12 按照上述步骤单击按钮所产生的结果

多次单击 D 按钮会造成页面内存占用量不断上升且无法恢复，也就是内存泄漏。

3. Memory面板

在Memory面板中选择HEAP SNAPSHOTS，并单击左上角的●图标，可以记录当前页面中的详细内存信息，如图6-13所示。

可以用以下步骤来分析特定功能有无内存泄漏问题：

步骤01 重新刷新页面后，记录内存信息。
步骤02 执行目标功能后，记录内存信息。
步骤03 单击■图标并再次执行目标功能后，记录内存信息。

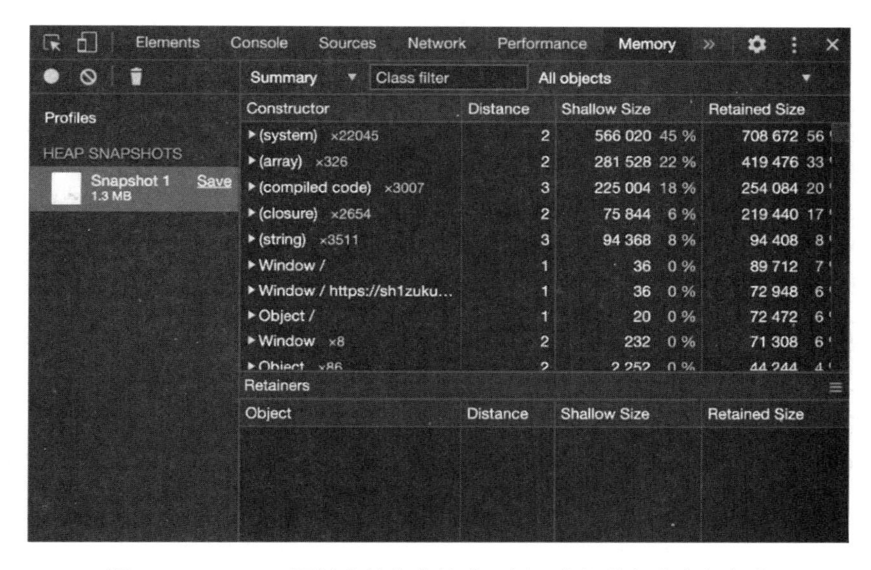

图 6-13　Memory 面板中的信息较难理解，大部分都为内部名称

执行完上述步骤后，可以观察步骤间列表的变化，主要观察内存占用量大的对象，若发现步骤01、02添加的对象仍在步骤03中，则表明该对象无法被回收。然而，Memory面板内的信息通常较难理解，因此在分析时可以着重寻找关键词，例如变量名称、对象的Constructor名称等。

打开范例页面后，以按钮D作为目标功能，按照上述步骤记录信息的过程中，可以看到列表中多出了一些信息，如图6-14所示。

图 6-14　Snapshot 2 中多出了(array)，且占用了大量内存

展开内存占用量较大的信息后，可以看到多个"Hello World!"，而下半部分则有data、

index.js:15、EventListener等关键词，如图6-15所示。

图 6-15　展开信息的过程中显示了许多关键词

单击index.js:15后，会跳至对应的程序代码，种种迹象表明此处即为造成内存泄漏的程序代码，如图6-16所示。

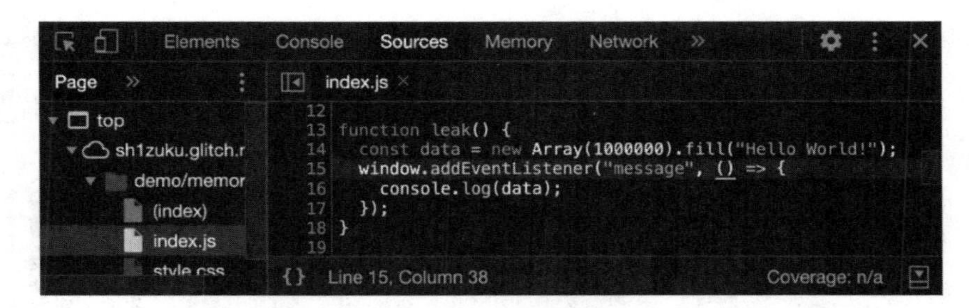

图 6-16　data 为变量名称，(array)、"Hello World！"、EventListener 都与此程序代码有关

Memory 面板中的专有名词

- Dominator：A 对象为 B 对象的 Dominator，代表 A 被回收后，没有其他能存取 B 的方式，因此 B 也会被回收。
- Distance：从 Root 起算（window），存取到该对象的最短路径。
- Shallow size：对象本身所用的 Memory，通常 Array 或字符串的内存占用量较大。
- Retained size：该对象被回收时能够释放的内存总量，所有 Dominator 为该对象的对象，都包含在其中。

第7章

页面加载流程分析技巧

在加载网页时，浏览器必须等待HTML解析（Parse）完毕，才开始渲染（Render）页面，然而解析的过程中通常会经过许多步骤，若处理不当，则会影响界面显示的时间。本章将说明如何以Chrome DevTools中的Network面板来分析页面的加载流程，以及如何进行优化来提升网页的加载速度。关于Network面板的详细介绍，请参考第16章。

7.1 分 析

浏览器在开始渲染网页内容前，大致会经过以下步骤：

步骤01 载入HTML。

步骤02 开始解析HTML。

步骤03 载入或解析其他文件。

步骤04 继续解析HTML，重复以上步骤。

步骤05 所有文件解析完毕，开始渲染页面。

例如：

```
<html>
  <head>
    <link rel="stylesheet" href="style.css" />
  </head>
  <body>
    <div>Hello World!</div>
    <script src="index.js"></script>
  </body>
</html>
```

浏览器在下载完HTML后，将会开始解析，步骤如下：

步骤01　解析 HTML 至第 3 行时，开始加载 style.css，解析完成前不进行渲染。

步骤02　解析 HTML 至第 7 行时，开始加载 index.js，程序代码执行完毕前，暂停解析 HTML。

步骤03　若先下载完 style.css，则开始解析 style.css；若先下载完 index.js，则需等待 style.css 解析完毕后，才能执行程序代码。

步骤04　解析 HTML 完成，开始渲染页面。

可以注意到在解析HTML的过程中，可能由于某些原因被“阻塞”（Blocking）而延后了渲染页面的时机，因此造成阻塞的原因即为分析的重点。

7.1.1 阻　塞

解析HTML的过程中，会有许多需要加载的文件，例如JavaScript、CSS、图片等，其中某些文件可能会造成阻塞，让浏览器无法开始渲染。阻塞分为“阻塞渲染”和“阻塞解析”两种。

1. 阻塞渲染

浏览器需要HTML和CSS才能绘制出完整的页面，若解析完HTML马上显示页面，等到解析完CSS又显示另一版页面，用户就会看到屏幕一闪而过，几乎无法阅读其中的文字，接着再变为加入CSS的正常页面，这种现象被称为Flash of Unstyled Content（FOUC），如图7-1所示。

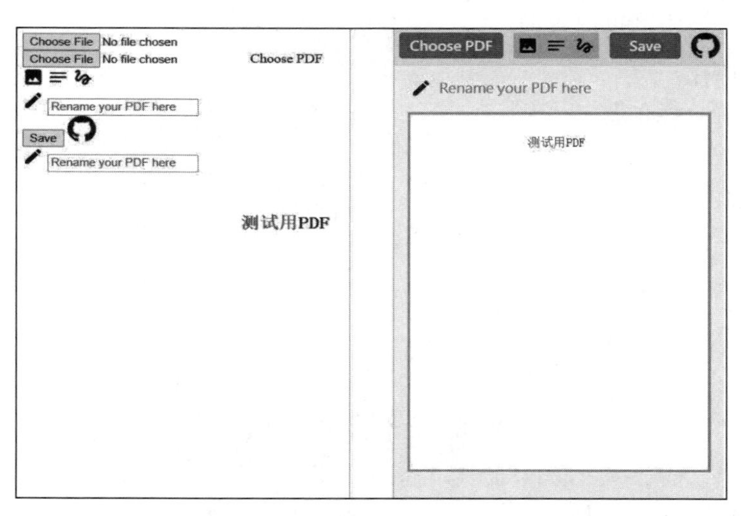

图 7-1　发生 FOUC 时，用户会先看到左侧无 CSS 的界面，紧接着再看到右侧的界面

为了避免FOUC 影响用户体验，浏览器在解析完CSS前不会进行渲染，CSS文件越大、下载时间越久，越会延迟浏览器开始渲染页面的时间。

2. 阻塞解析

为了让页面的交互性（亦称互动性）更强，现在的网页几乎少不了JavaScript，但因为执行JavaScript需占用主线程，且能够修改DOM的结构，因此遇到JavaScript时，浏览器会将主线程的控制权从解析HTML交给JavaScript引擎，执行完毕后再继续解析HTML。

但别忘了JavaScript能够修改样式表单，所以浏览器会等在此之前加载的CSS都解析完毕后，才开始执行JavaScript，相当于让CSS也加入阻塞解析的行列，这也是为什么常常看到<script>被放在HTML的最下方，以避免阻塞。

当前的浏览器在解析过程中，遇到 JavaScript 时，仍可能会继续侦测后面的资源，并决定是否先行下载以加快页面的加载速度，这被称为 Speculative HTML parsing。

7.1.2　避免阻塞

避免阻塞渲染的方式有很多，主要有以下几点：

（1）降低文件大小

用压缩、Tree shaking、Code splitting等方式降低阻塞资源的大小，以加快下载和解析速度。

（2）内嵌阻塞资源

将CSS直接嵌入HTML中，如此一来，无须等到下载完HTML并解析至<link>才开始加载CSS。

通常只会将渲染初始网页所需的部分嵌入HTML中，渲染页面后再加载完整的资源，借此减少HTML的下载时间。

（3）加入属性

如果JavaScript的运行和HTML、CSS无直接关系，可以为<script>加上defer或async属性以避免阻塞解析。

- defer：下载时不阻塞解析，等解析完HTML后才执行。
- async：下载时不阻塞解析，但下载完时立即执行，仍可能会阻塞解析。

或者为<link>加上media属性，当页面的media状态与属性相符时才阻塞渲染，例如：

```
<link rel="stylesheet" href="print.css" media="print" />
```

（4）提早、并行下载

尽可能让渲染初始网页所需的文件越早开始下载越好，因为下载通常是花费时间最长的。

```
<link rel="stylesheet" href="print.css" media="print" />
```

7.2 实 例

知道了阻塞的基本概念后，直接来看实例。为了让范例中的运行过程更明显以便观察，请确保执行以下前置操作：

步骤01 以无痕模式打开范例网站。
步骤02 打开 DevTools 中的 Network 面板。
步骤03 单击右上角的⚙图标，并勾选 Capture screenshots 来逐帧截图。
步骤04 单击 No throttling，并将流量限制调整为 Slow 3G。
步骤05 勾选 Disable cache 以关闭缓存。

打开范例页面后，为了避免Network面板截取到重新刷新页面前的界面，在每次重新刷新页面之前，可以单击页面中“Hide me!”左侧的框来隐藏页面内容。

7.2.1 阻塞渲染

范例网站：https://sh1zuku.glitch.me/demo/crp/render-blocking.html。

```
<html>
  <head>
    <!-- 忽略此区块 -->
    <style>body{display:flex;align-items:center;justify-content:center;gap
:10px}input: checked{display:none}input:checked ~ *{display:none}</style>
    <!-- 忽略此区块 -->
    <link rel="stylesheet"
href="https://cdn.jsdelivr.net/npm/bootstrap.0.2/
dist/css/bootstrap.min.css" />
    <title>Render Blocking</title>
```

```
  </head>
  <body>
    <input type="checkbox">
    <span class="badge bg-primary fs-1">👈 Hide me!</span>
  </body>
</html>
```

此范例中只有一个CSS文件，可以看到虽然在约2s时就解析完HTML，但直到解析完CSS后（约4.5s处）才开始渲染页面，如图7-2所示。

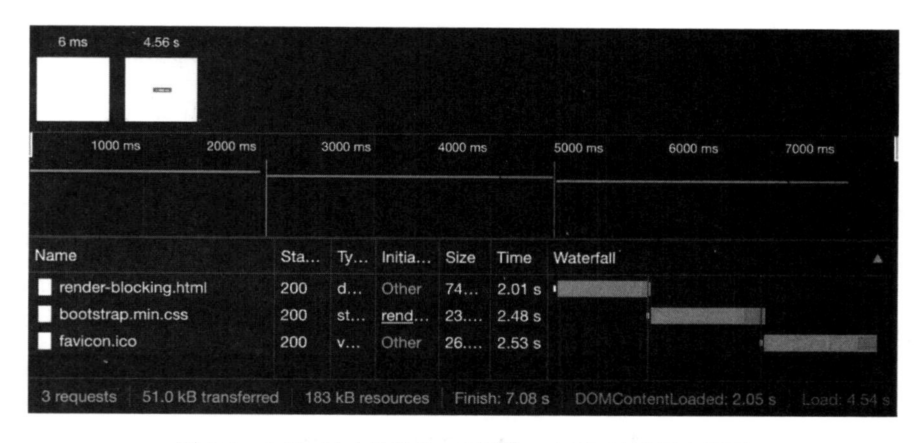

图 7-2　4.54s 时才触发 Load 事件，4.56s 时显示出画面

7.2.2　避免阻塞渲染

范例网站：https://sh1zuku.glitch.me/demo/crp/no-render-blocking.html。

```
<html>
  <head>
    <!-- 忽略此区块 -->
    <style>body{display:flex;align-items:center;justify-content:center;gap
:10px}input: checked{display:none}input:checked ~ *{display:none}</style>
    <!-- 忽略此区块 -->
    <link rel="preload" href="https://cdn.jsdelivr.net/npm/bootstrap.0.2/
dist/css/ bootstrap.min.css" as="style" onload="this.onload=null;this.rel=
'stylesheet'" />
    <style>
      input {
        margin: 0;
      }
      span {
        font-family:  system-ui,-apple-system,"Segoe  UI",Roboto,"Helvetica
```

```
Neue",Arial, "Noto Sans","Liberation Sans",sans-serif,"Apple Color Emoji","Segoe
UI Emoji","Segoe UI Symbol","Noto Color Emoji";
          background-color: #0d6efd!important;
         font-size: calc(1.375rem + 1.5vw)!important;
         display: inline-block;
         padding: .35em .65em;
         font-weight: 700;
         line-height: 1;
         color: #fff;
         text-align: center;
         white-space: nowrap;
         vertical-align: baseline;
         border-radius: .25rem;
         }
       </style>
       <title>No Render Blocking</title>
     </head>
     <body>
       <input type="checkbox">
       <span class="badge bg-primary fs-1">👈 Hide me!</span>
     </body>
   </html>
```

和前一个范例的差别在于：把初始渲染要用到的CSS都内嵌到HTML中了，并把完整的CSS文件改为使用Preload加载，重新刷新页面后，会发现2.08s时就显示出页面了，快了一倍以上，如图7-3所示。

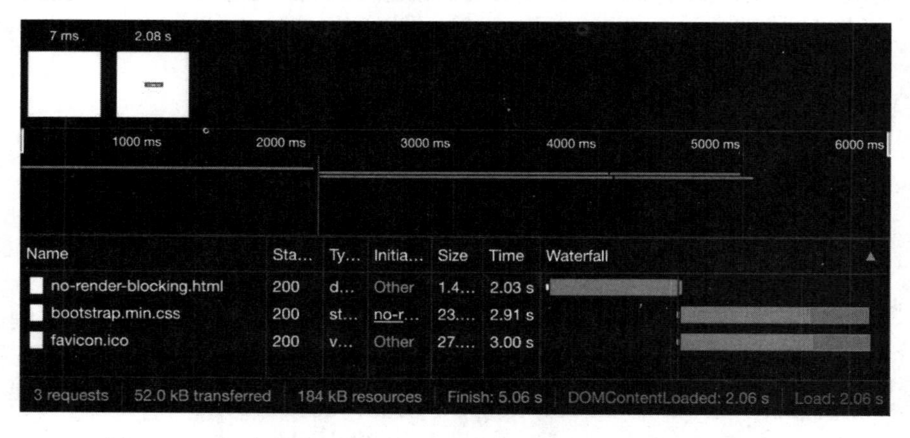

图 7-3　Load 事件与 DOMContentLoaded 事件的触发时间都为 2.06s

一般而言，会以 LoadCSS 等软件包来处理 CSS Preload，以避免采用浏览器而导致的差异问题。此范例中提取 CSS 的方式较为粗糙，一般来说，会使用 Critical 等软件包来帮助内嵌初始渲染所需的 CSS。

7.2.3　阻塞解析

范例网站：https://sh1zuku.glitch.me/demo/crp/parser-blocking.html。

```
<html>
  <head>
    <!-- 忽略此区块 -->
    <style>body{display:flex;align-items:center;justify-content:center;gap
:10px;}input: checked{display:none}input:checked ~ *{display:none}</style>
    <!-- 忽略此区块 -->
    <link rel="stylesheet"
href="https://cdn.jsdelivr.net/npm/bootstrap.0.2/
dist/css/ bootstrap.min.css" />
    <title>Parser Blocking</title>
  </head>
  <body>
    <input type="checkbox">
    <span class="badge bg-primary fs-1">👈 Hide me!</span>
    <script src="index.js"></script>
  </body>
</html>
```

此范例中除了引入CSS外，还在最下方引入了JavaScript，观察图表会发现JavaScript虽然比CSS更早下载完，但却可以取得页面中标签的颜色，由此可知，JavaScript在CSS解析完毕后才执行（约4.5s处），而执行完毕后才开始渲染页面，如图7-4所示。

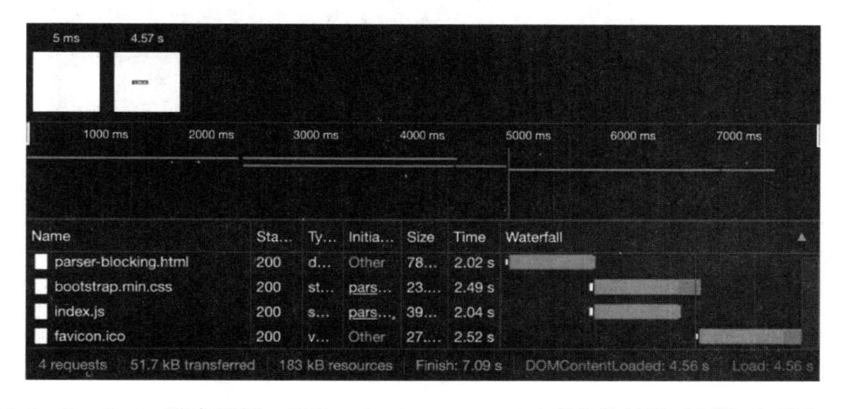

图 7-4　JavaScript 阻塞解析，导致 DOMContentLoaded 事件的触发时间被延后至 4.56s

7.2.4 避免阻塞解析

范例网站：https://sh1zuku.glitch.me/demo/crp/no-parser-blocking.html。

```
<html>
  <head>
    <!-- 忽略此区块 -->
    <style>body{display:flex;align-items:center;justify-content:center;gap
:10px}input: checked{display:none}input:checked ~ *{display:none}</style>
    <!-- 忽略此区块 -->
    <link rel="stylesheet"
href="https://cdn.jsdelivr.net/npm/bootstrap.0.2/
dist/css/ bootstrap.min.css" />
    <title>No Parser Blocking</title>
  </head>
  <body>
    <input type="checkbox">
    <span class="badge bg-primary fs-1">👈 Hide me!</span>
    <script src="index.js" async></script>
  </body>
</html>
```

若index.js内的程序代码与初始网页中的元素无关，可以加上async属性来避免阻塞解析，此时index.js会在下载完成时立即执行，因此无法正确取得标签的颜色，如图7-5所示。

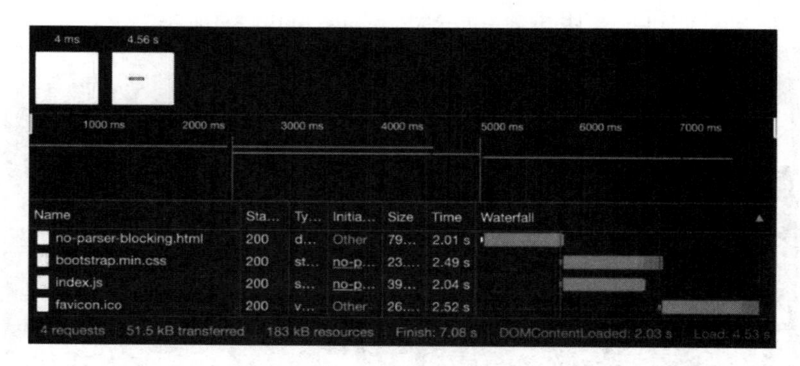

图7-5　加上 async 属性后，DOMContentLoaded 事件的触发时间提前至 2.03s

第8章 浏览器渲染性能分析技巧

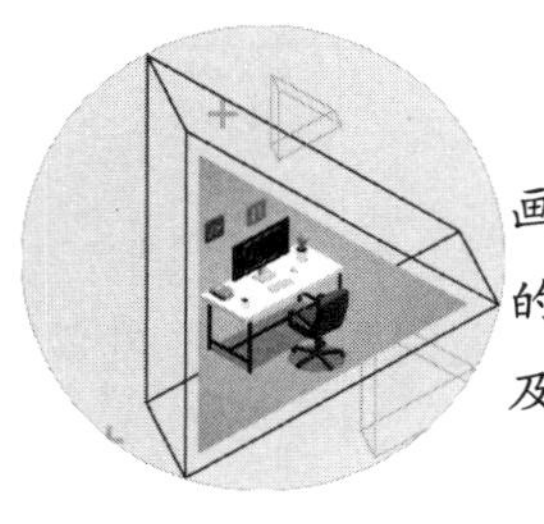

在现代网页变得越来越复杂的情况下，时常因为渲染时间过长而造成画面延迟，除了第6章提及的JavaScript执行性能外，还有许多影响渲染性能的因素。本章将会说明浏览器进行渲染的各个阶段中可能出现的问题，以及相应的解决方式。

8.1 渲染流程

许多原因都会触发浏览器进行渲染，例如用户交互、CSS动画、以JavaScript修改CSS等，不过整体上可以将渲染分为5个阶段，如图8-1所示。

图 8-1 浏览器渲染阶段

- JavaScript：修改DOM、CSS或使用Animation API等。
- Style Calculation（样式计算）：计算每个元素的最终样式。
- Layout（布局）：计算元素的位置、大小。
- Paint（绘制）：根据各个元素的样式和位置等信息制作出多个图层（Layers）。
- Composite（合成）：将图层合并后产生最终的画面。

经过渲染后会产生一个画面，当浏览器将其显示于页面上时，用户才会看到新的一帧画面。一般来说，浏览器的画面刷新率为每秒60次（60FPS），因此浏览器需要在约16ms的时间内完成渲染才不会造成画面延迟。

8.2　JavaScript 阶段

制作动画除了用JavaScript直接修改DOM、CSS外，还有Animation API、CSS Animations、CSS Transitions等方式，但归根结底都是改变元素的样式，因此性能问题大致上可以归类为花过长时间或在错误的时机修改样式。

CSS Animations 和 CSS Transitions 不需要执行 JavaScript 就会改变样式而触发渲染。

8.2.1　requestAnimationFrame

作为渲染的第一阶段，最适合修改样式的时机在每一帧的开头，如此才能保留最多时间给后续的阶段。

用JavaScript制作动画时，使用requestAnimationFrame能确保JavaScript在每一帧的开头执行，如图8-2所示。

```
function updateScreen(time) {
  // 修改 DOM、CSS
}
requestAnimationFrame(updateScreen);
```

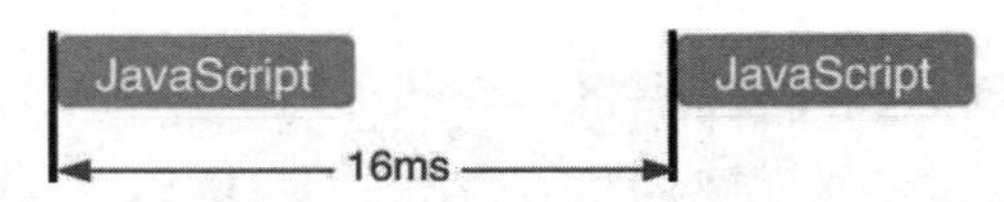

图 8-2　以 requestAnimationFrame 注册 Callback 能在适当的时机执行

若使用setTimeout、setInterval来修改样式，则无法确保JavaScript在开头处执行，容易造成浏览器无法在16ms内完成渲染，或是在16ms内执行两次而造成性能损失，如图8-3所示。

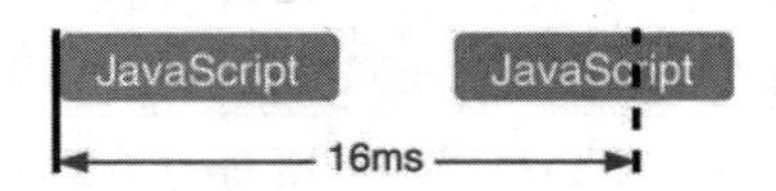

图 8-3　原本应在 16ms 内完成渲染，但需等待 JavaScript 执行完毕而延后

8.2.2　Worker

虽然每一帧的间隔是16ms，但扣除其他阶段，最安全的运行时间是在4ms以内，如果动画

计算量太过繁重，例如有大量排序、搜索等，可以把纯计算的部分移到Worker中，计算完再交由主线程来修改DOM。

值得一提的是，WorkerDOM项目在Worker中实现了大部分的DOM API，通过在Worker中计算DOM的变化，再同步回页面中的DOM来减轻主线程的负担。

8.2.3 Throttle

过于频繁地修改会损失性能（16ms内修改多次），与页面滚动有关的动画就是一个常见的例子，可以把需要用到的值暂存起来，且避免在一帧的时间内执行多次requestAnimationFrame：

```
let lastScrollY = 0;
let scheduled = false;

function updateScreen() {
  console.log(lastScrollY); // 最新的 window.scrollY
}

document.addEventListener('scroll', () => {
  lastScrollY = window.scrollY; // 更新 scrollY
  if (scheduled) return;         // 避免在一帧内注册多次 Callback
  window.requestAnimationFrame(() => {
    updateScreen();
    scheduled = false;   // Callback 执行完毕，可以注册下一次 Callback
  });
  scheduled = true;
});
```

8.3 Style Calculation 阶段

每次改变DOM或CSS时，都需要重新计算元素的样式。而计算元素的样式时，首先要找出所有该元素匹配的CSS规则，根据Chrome官网所述，Chrome在计算最终样式时，有一半的时间都花在对比规则的选择器上，因此降低选择器的复杂度可以有效减少样式的计算时间。

例如：

```
<div class="container">
  <div class="box">Box 1</div>
  <div class="box">Box 2</div>
```

```
  <div class="box">Box 3</div>
  <div class="box">Box 4</div>
</div>
```

假设要将第偶数个Box的背景设为黑色后再恢复，可以使用“:nth-child(2n)”，并通过容器上的Class来开关样式：

```
/* CSS */
.container.toggled .box:nth-child(2n) {
  background: #000;
}
/* JavaScript */
const container = document.querySelector('.container');
container.classList.toggle('toggled');
```

另一种做法是建立一个简单的规则，再逐一对比Box开关样式：

```
/* CSS */
.bg-black {
  background: #000;
}
/* JavaScript */
const container = document.querySelector('.container');
const boxes = container.querySelectorAll('.box');
for (let i = 0; i < boxes.length; i++) {
  if (i % 2 === 0) {
    boxes[i].classList.toggle('bg-black');
  }
}
```

以这两种做法来说，前者浏览器在对比选择器时，需要确定元素是不是偶数顺序的子元素，以及上层元素是否含有container、toggled这两个Class；后者只需要确定元素有没有bg-black这个Class，两种选择器的写法在性能上有不少差异，当页面中含有大量Box时，对渲染性能的影响就会变得非常显著。

8.4 Layout 段

在修改样式时，浏览器会检查哪些元素需要重新布局（Layout），且只要动到一个元素，底下所有子元素都需要重新布局。

8.4.1　布局抖动

通常在修改样式时，浏览器并不会马上进行布局，而是会在多次修改后以批次方式进行一次布局来提升性能，但如果在修改元素样式后立即读取布局信息，则浏览器必须马上进行一次布局。

在一次渲染中，连续读写样式导致多次布局，这种情况被称为布局抖动（Layout Thrashing），会大幅影响性能。

以下面这段程序代码为例，读取元素的offsetWidth时，浏览器需要实时布局才能返回正确的元素宽度，如果马上修改样式再读取offsetWidth，则会再次触发布局。

```
const boxes = document.querySelectorAll('.box'); for (let box of boxes) {
const width = box.offsetWidth; // 强制布局
box.style.width = `${width + 10}px`; // 修改 Style
}
```

可以将读写分离来避免布局抖动：

```
const boxes = document.querySelectorAll('.box'); const widths = [];
for (let i = 0; i < boxes.length; i += 1) {
  widths[i] = box.offsetWidth;
}
for (let i = 0; i < boxes.length; i += 1) {
  box.style.width = `${widths[i] + 10}px`;
}
```

或者改变写法，用变量来存储元素的宽度：

```
let boxWidth = 100; // 存储状态

boxWidth += 10;
const boxes = document.querySelectorAll('.box');
for (let box of boxes) {
  box.style.width = `${boxWidth}px`;
}
```

以FastDOM提供的API 来读写元素样式，会自动把“读写读写读写”的操作排序为“读读读写写写”来减少布局的次数，从软件包官网的范例中可以看出明显的性能差异。

8.4.2　哪些操作会触发布局

只要修改的样式和排版有关都需要布局，包含修改DOM、Resize等。相对而言，如果只有改变颜色相关的样式，在渲染时浏览器会跳过布局阶段，直接进行绘制和合成，如图8-4所示。

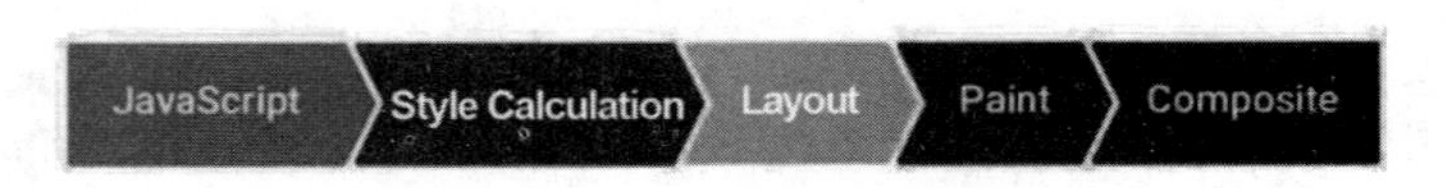

图 8-4　只修改颜色相关样式，在渲染时可以跳过 Layout 阶段

8.4.3　哪些操作会强制布局

相较于触发布局，强制布局造成的性能影响更大，如同“今天以前要做完”和“现在马上做完”的差别，也是引起布局抖动的主要原因。

8.5　Paint 阶段

Paint阶段会根据计算完成的样式、布局等信息来制作各个图层。

8.5.1　图　层

浏览器为了提升渲染效率，有时候会把元素独立为一个图层，如此一来，就能在图层内容不变时，直接使用上次的结果，借此略过绘制阶段。

除了让浏览器自动判断外，可以使用以下CSS来主动将元素独立于一个图层：

```
.will-change-property {
  will-change: transform;
  will-change: opacity;
}
.backface-visibility-hidden {
  backface-visibility: hidden;
}
.transform-3d {
  transform: translateZ(0);
  transform: translate3d(0, 0, 0);
}
```

将元素独立为图层需要使用额外的内存来存储图层信息，因此添加图层前需确认该元素会造成的性能问题，且添加图层后确实能提升性能。

为在元素加上“will-change: transform;”和 transform-3d 系列会创建 Containing block，若子元素的 position 为 absolute，就会相对该元素进行排版，效果如同为元素加上“position: relative;”。

8.5.2　降低图层范围和复杂度

图层越大，制作图层的复杂度就越高，所影响的渲染性能也就越多。

图层的大小取决于图层内元素的位置，也就是说，如果图层中有两个元素，分别位于整个页面的左上角和右下角，该图层就会与页面一样大。

而制作图层时，与模糊有关的样式通常需要更多性能，例如box-shadow的blur-radius。

8.5.3　图层检查技巧

打开范例网站（https://sh1zuku.glitch.me/demo/layers/），会看到6个不断移动的方块，如图8-5所示。

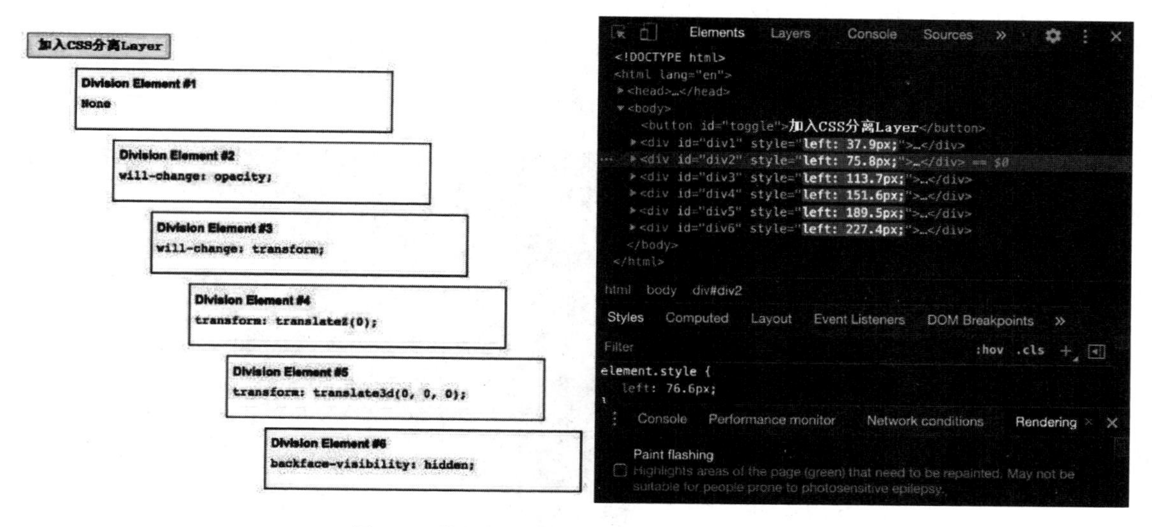

图 8-5　范例网站中有 6 个不断移动的方块

1. Paint flashing

我们可以利用Rendering分页中的Paint flashing选项来检查页面中有哪些部分正在进行绘制。

步骤 01 打开 DevTools，按Esc键以打开下方的 Drawer，单击■图标来打开 Rendering 分页。

步骤 02 在 Rendering 分页中勾选 Paint flashing，如图 8-6 所示。

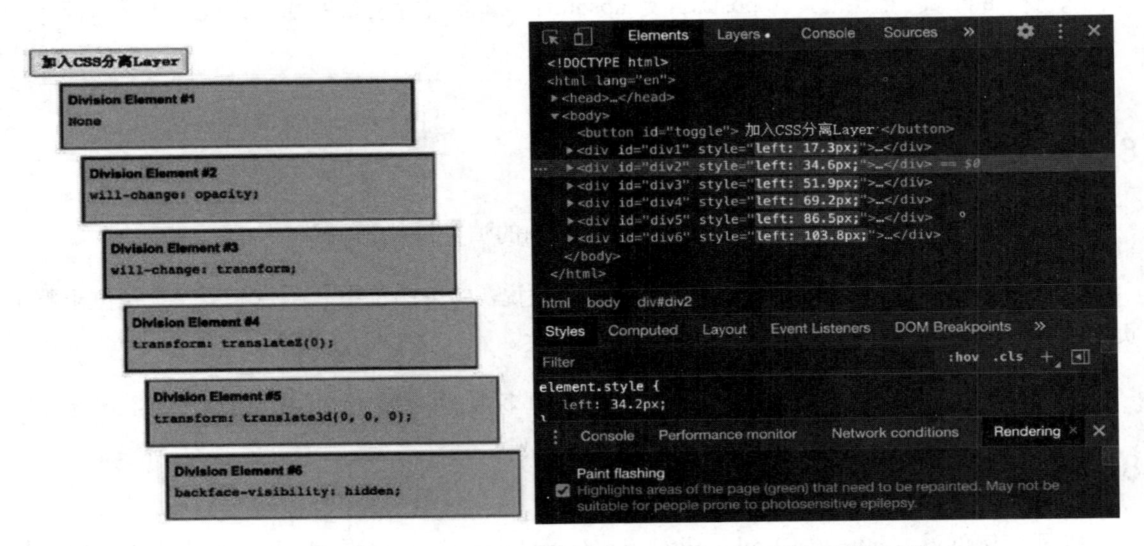

图 8-6　勾选 Paint flashing 后，会以绿色方框突显需要进行绘制的区域

很明显，当前页面中所有的方块都在不断进行绘制。单击页面上方的“加入CSS分离Layer”按钮，可以为各个方块元素加上内容中的CSS，再次观察会发现除了第一个方块外，都不会进行绘制了，另外也可以勾选Layer borders以观察各个图层的范围，如图8-7所示。

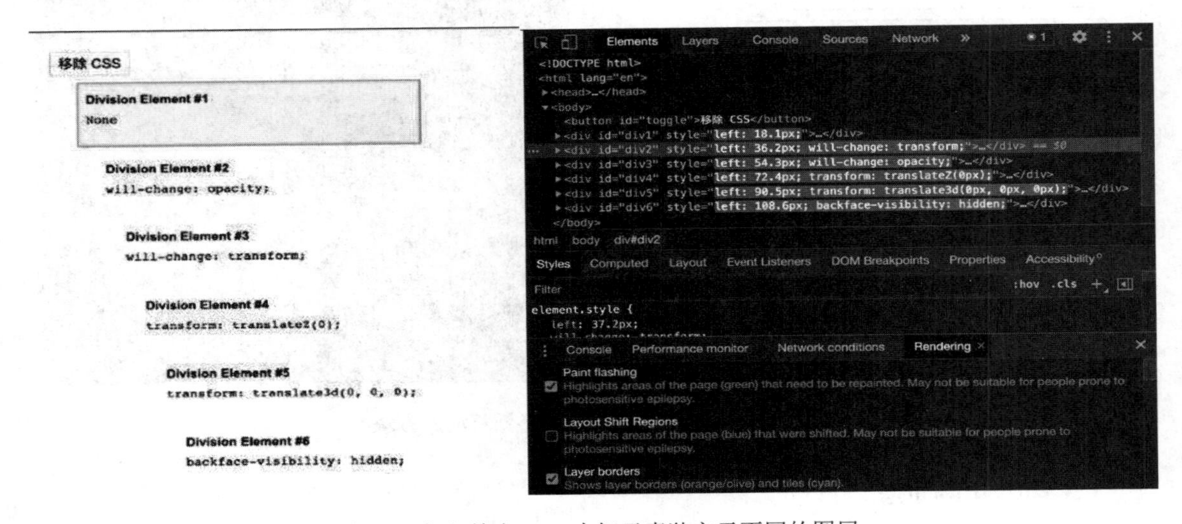

图 8-7　加入特定 CSS 来把元素独立于不同的图层

2. 图层可视化工具

若要更详细地观察图层的信息，可以使用Layers面板，单击DevTools右上角的⋮图标后，选择More tools→Layers来打开Layers面板。

面板左侧会显示当前页面存在哪些图层，单击列表或中间可视化区域内的图层，可以看到详细信息，包括图层的大小、产生的原因以及内存占用量，如图8-8所示。

此外，可以通过移动、翻转中间可视化的图形来进一步检查图层之间的堆叠关系。

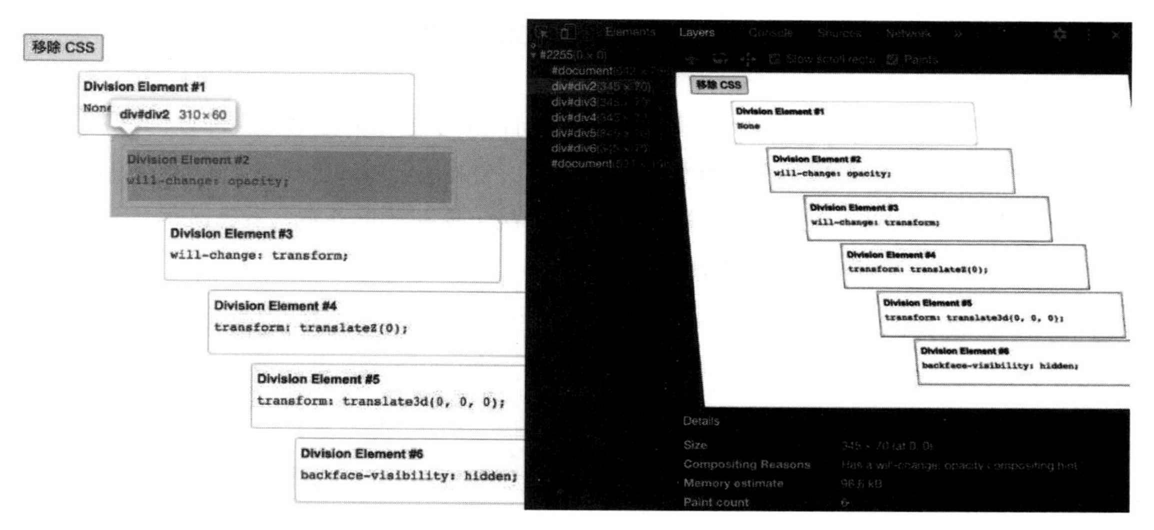

图 8-8 在面板内单击图层后，在下方的 Compositing Reasons 中显示了图层产生的原因

3. Performance面板的Frames列表

在Performance面板记录性能信息时，如果有启用了Enable advanced paint instrumentation选项，那么单击Frames列表中任意一个Frame就会看到Layers分页，界面和Layers面板相同，可以用来查看特定一帧的图层信息，同时避免因大量动画而让Layers面板跑不动的问题。

8.5.4 哪些操作会触发绘制

除了transform和opacity属性之外，修改任何样式都会触发绘制阶段。相对而言，若只修改transform和opacity属性，在渲染时就能跳过布局、绘制阶段，如图8-9所示。

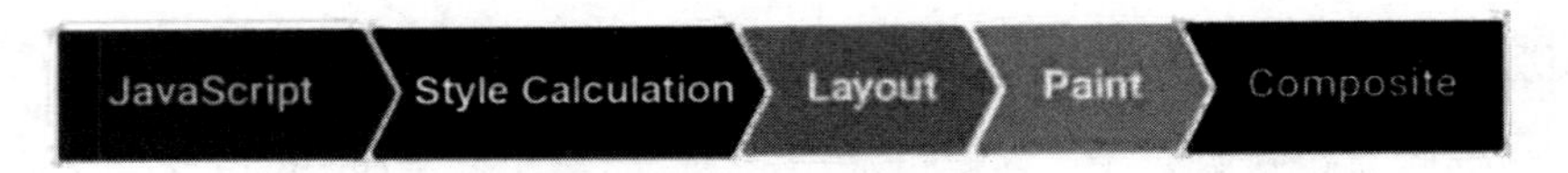

图 8-9 修改 transform 和 opacity 属性，在渲染时会跳过布局、绘制阶段

若实在无法把动画限制在只有这两种属性，还有另一种做法——FLIP，即计算出样式修改前后的差异，再通过transform和opacity属性来仿真相同的效果，依靠FLIP就能做到“position: fixed;”和“position: relative;”间的过渡动画，许多动画软件包都使用了此技术。

8.6 Composite 阶段

到了Composite阶段，能够思考的手段就是尽可能减少图层的数量，大部分情况下，把元素独立到不同图层可以提升性能，但事实上这就是以空间换取时间的做法，每建立一个图层都需要额外的内存，因此不建议在没有测量性能的情况下就随意把各个元素独立到新的图层中，除非你对用户的内存和GPU有十足的把握。

值得一提的是，Composite阶段会在另一个线程中进行，不会占用主线程的资源，由此可以发现一个有趣的现象：即使主线程被占满，单击、输入等操作都没有反应，页面还是能够滚动，这是因为页面滚动是在Composite阶段进行的。

第9章

设备仿真及Debug技巧

随着通过智能手机使用网站的频率越来越高，移动版网站渐渐变成标配，为了避免同时需要维护多个网站或是SEO被瓜分，通常会以RWD（Responsive Web Design，响应式网页设计）来开发移动版网页界面，除了CSS之外，JavaScript在不同设备和浏览器中的操作也有所差异，在实际开发中一般会以设备仿真的方式来实现。本章将以设备仿真和Debug技巧为主，分别说明：

- 常用的设备仿真方式。
- Android和iOS的远程调试。
- 移动版网页测试工具。

9.1 设备仿真

开发移动版网站时，常会使用工具来仿真移动设备以提高开发效率，Chrome DevTools中除了界面大小仿真外，还提供了许多设备状态仿真的功能。

9.1.1 显 示

不同设备的屏幕大小和像素分布都有差异，不过大部分情况都能使用工具进行模拟。

1. RWD

进行RWD开发时，最基本的方式是单击Chrome DevTools左上角的图标，打开Mobile viewport simulator来仿真不同设备的屏幕宽度，如图9-1所示。需要注意的是，在设备的浏览器中，通常还会有原生的工具栏或状态区需要实际确认。

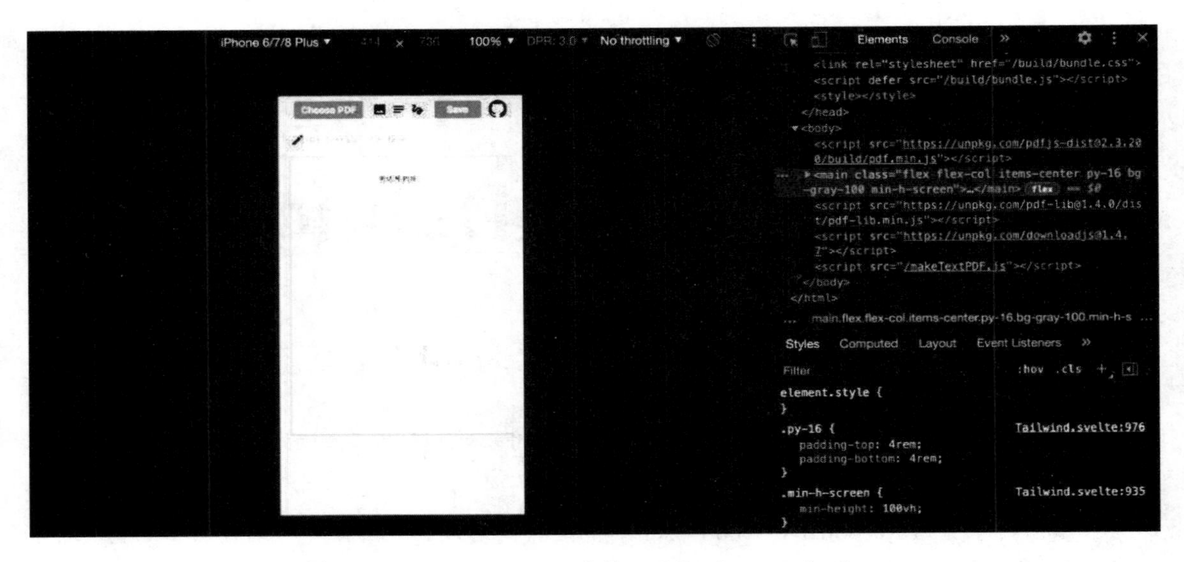

图 9-1　Chrome DevTools 中的 Mobile viewport simulator

此外，利用Responsively同时检查网页在多种设备中的样式，可以节省不少开发时间，如图9-2所示。

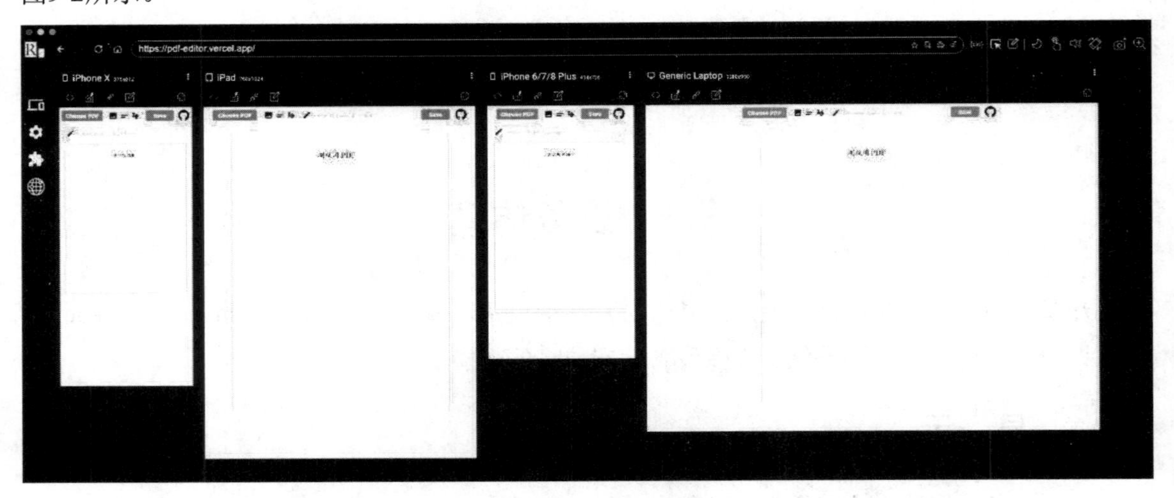

图 9-2　Responsively 应用程序的界面

2. DPR、DPI

DPI（Dots per Inch）表示1英寸内像素点的数量，可以把屏幕想象为无数个小灯泡，屏幕上每个像素点各由一个灯泡负责。一般来说，移动设备的屏幕虽然较小，但因DPI较高，实际的物理像素（或者说灯泡数量）不一定就少。

由于移动设备的DPI较高，灯泡间距较小，同样是“font-size: 16px;”的文字在计算机屏幕上可以正常显示，在移动设备上就会变得非常小，甚至影响用户的使用体验，因此一般网页会在HTML的<head>中加入一行设置来解决这个问题：

```
<meta name="viewport" content="width=device-width, initial-scale=1">
```

结果如图9-3所示。

图 9-3　右侧为加入设置后的结果

为了解决内容显示过小的问题，高DPI设备的浏览器会有较高的DPR（Device pixel ratio，设备像素比），也就是实际物理像素和CSS px的比例。例如iPhone X的DPR是3，浏览器中的CSS 1px 就会对应到实际的3像素，屏幕宽度1125像素对浏览器而言就是CSS 325px宽，在HTML中加入上述设置后，浏览器才会遵守DPR，显示出比较大的内容。

虽然文字设置或排版可以使用DPR解决，但图片依然会有模糊的问题。假设图片自身的大小为 200×200像素，而CSS的长宽也都设为200px，在DPR为2的屏幕上显示该图片时，图片中每个像素点会对应到屏幕上4（2×2）个实际像素来显示，这样看起来就会变得模糊。

打开范例网站（https://sh1zuku.glitch.me/demo/blur-canvas/）来观察DPR造成的图片模糊，网页中左侧Canvas的像素长宽固定为200，右侧则为200×DPR，利用移动设备查看或在网页中按几次command和+键来提高DPR，如图9-4所示。

图 9-4　DPR 大于 1 时，左侧的 Canvas 显得较为模糊

9.1.2　交　互

移动设备比一般计算机多了一些交互方式，在开发时可以通过DevTools的Sensors分页和Mobile viewport simulator工具栏（见图9-5）来模拟一些基本的交互操作。

图 9-5　Mobile viewport simulator 工具栏

DevTools 宽度太窄时，会自动隐藏 Mobile viewport simulator 工具栏中的一些功能。

1. Touch事件

Mobile viewport simulator的默认模式为Mobile，mouse事件会变为touch，且滚动条的样式也会改变，可以单击Mobile来改变模式。

2. 屏幕方向

单击■图标可以切换屏幕显示方向（竖屏/横屏），用来仿真不同屏幕显示方向的使用体验。

屏幕显示方向改变时，对应的事件为 orientationchange。

3. Device Orientation

Device Orientation和屏幕方向不同，Device Orientation是指和地心引力方向相对的旋转角度，可以在Sensors分页中模拟，搭配Device Motion甚至可以达到如同游戏杆的体感控制效果。

步骤01　打开 DevTools，按Esc键打开 Drawer。

步骤02　单击 Drawer 左上角的■图标来打开 Sensors 分页。

步骤03　滚动到 Orientation 区块。

在移动设备中打开范例网页（https://sh1zuku.glitch.me/demo/device-orientation-and-motion/），

或者通过Sensors分页来模拟Device orientation的变化，如图9-6所示。

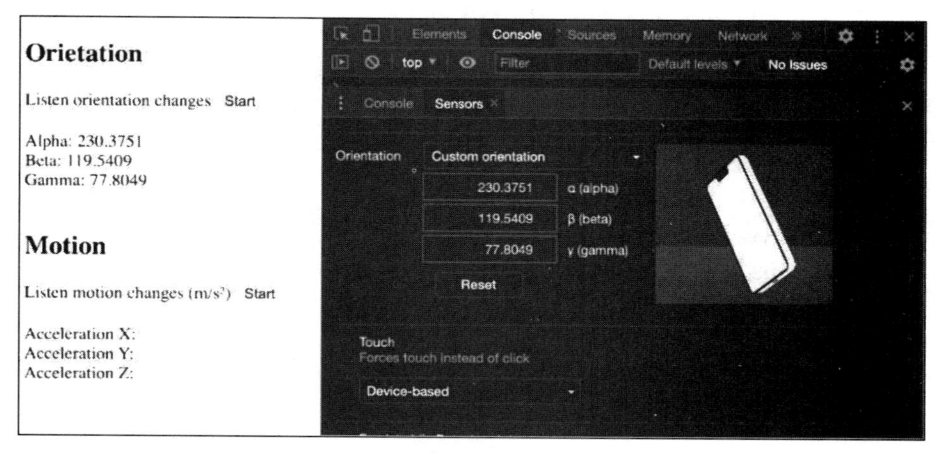

图 9-6　用鼠标拖曳 Sensors 分页内的设备来仿真 Device Orientation 的变化

9.2　远程调试

在移动设备上进行开发或测试功能时，如果出现非预期的错误，可以启动远程调试，利用DevTools检查移动设备浏览器中的问题。

若无法连上 DevTools，请确认计算机和手机的浏览器都为新版本。

9.2.1　Android

步骤 01 单击手机“设置”中的版本号，打开“开发人员”选项，再打开“USB 调试”选项。

步骤 02 用 USB 接上计算机和手机，在计算机的 Chrome 网址栏输入“chrome://inspect/#devices”，若检测到手机，页面中会看到一个 Offline 设备，如图 9-7 所示。

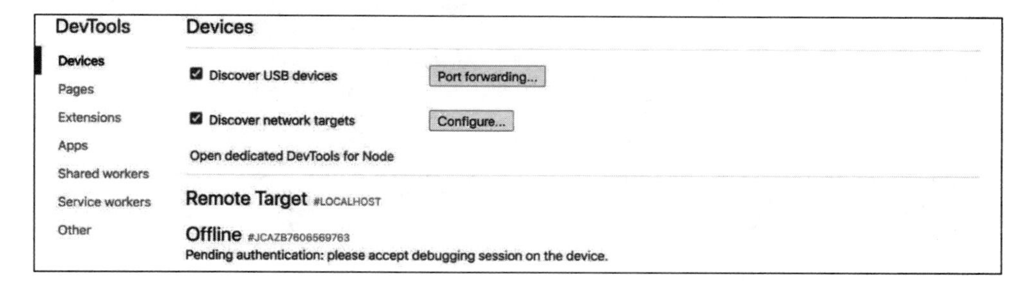

图 9-7　出现 Offline 表示已经检测到设备

步骤03 此时手机会跳出“允许 USB 调试吗？”对话框，单击“允许”后，计算机会显示手机的型号和 Chrome 的版本号，如图 9-8 所示。

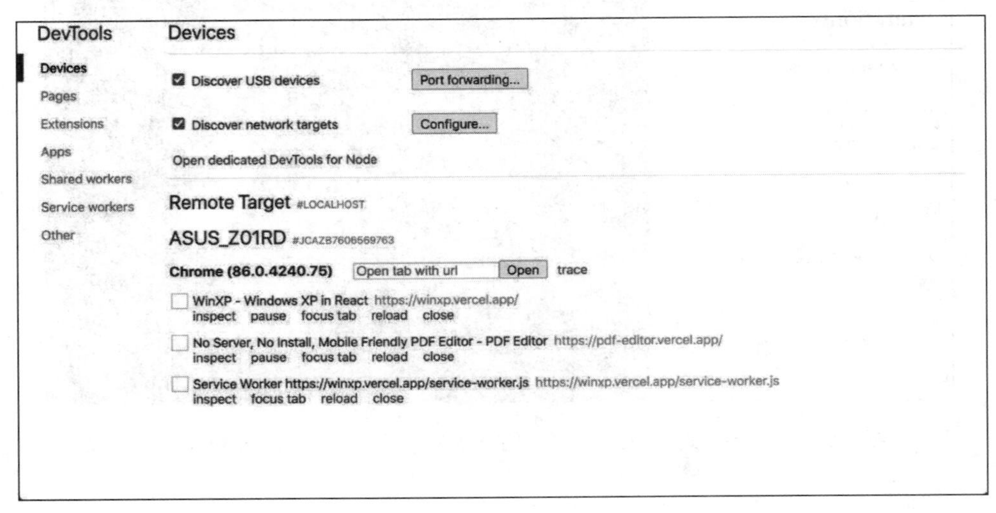

图 9-8 成功连上设备后 Offline 会变为设备名称

步骤04 在手机的 Chrome 中打开任意网页，计算机的 Chrome 会同步显示已打开的分页，单击分页下方的 inspect 来打开 DevTools，如图 9-9 所示。

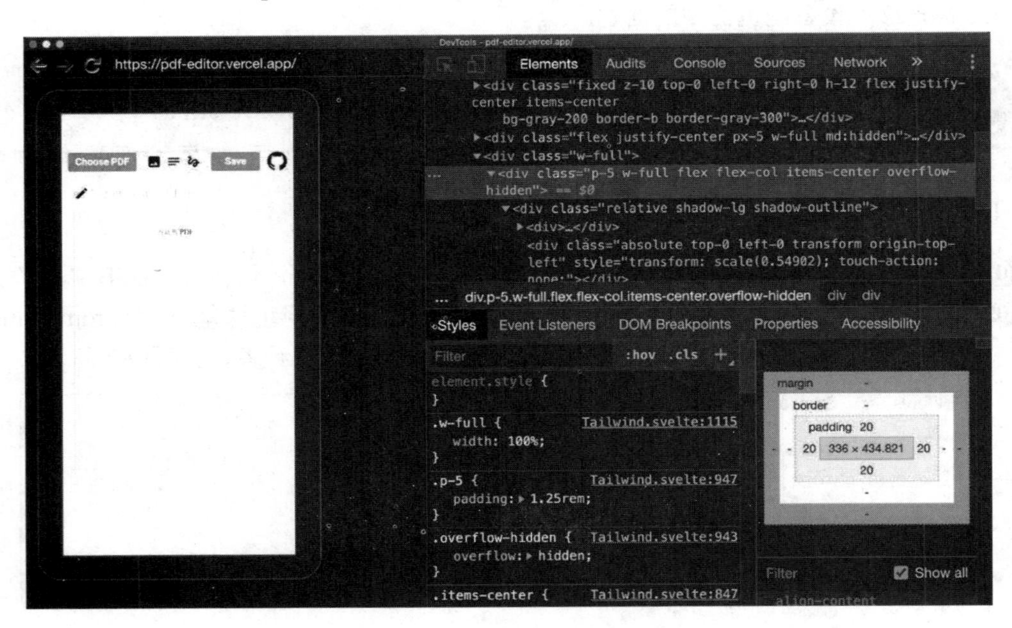

图 9-9 上方的灰色格子为设备浏览器界面所占据的空间（网址栏等）

9.2.2 iOS

步骤 01 在 iPhone 中打开“设置”，单击 Safari→Advanced 来启用 JavaScript 和 Web Inspector 选项，如图 9-10 所示。

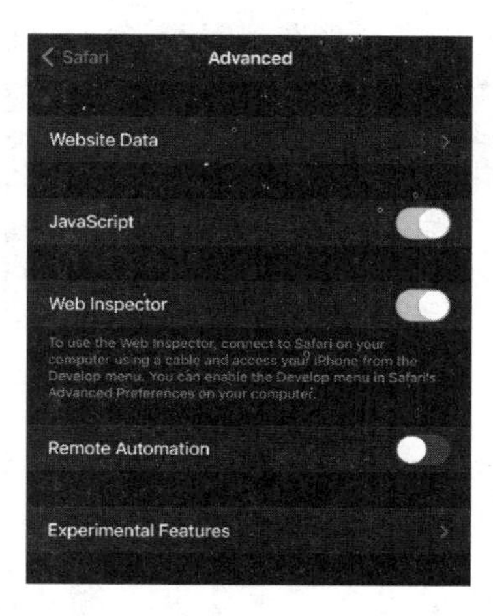

图 9-10 启用 Web Inspector 后，才能用 Mac 的 Safari 连上 iPhone

步骤 02 打开 Mac 的 Safari，单击 Safari→Preferences→Advanced，勾选下方的 Show Develop menu in menu bar，如图 9-11 所示。

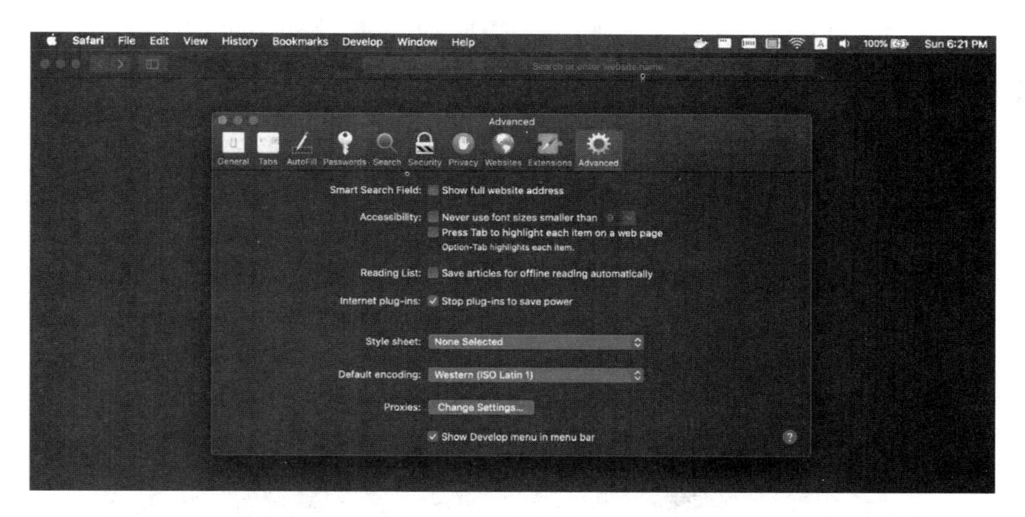

图 9-11 勾选 Show Develop menu in menu bar 后，才会出现 Develop 菜单选项

步骤 03 用传输线连接上手机和计算机，这时 iPhone 会跳出“Trust This Computer?”对话框，单击 Trust 按钮，如图 9-12 所示。

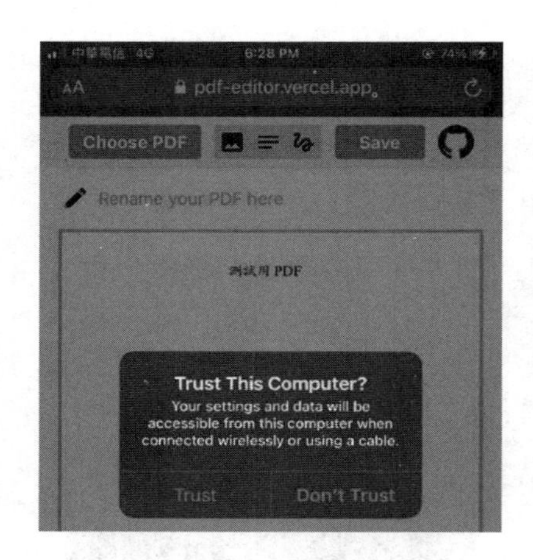

图 9-12 单击 Trust 按钮来连接 iPhone 和 Mac

步骤 04 在 Mac Safari 上方的 Develop 菜单选项中找到 iPhone 的名称，展开后能看到 iOS Safari 当前打开的网页，如图 9-13 所示。

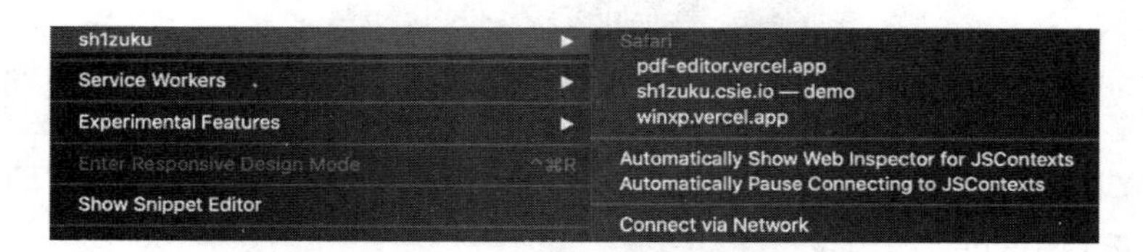

图 9-13 连上 iPhone 后，Mac Safari 的 Develop 菜单会显示 iPhone 的名称

步骤 05 单击目标网页来打开 Safari DevTools，如图 9-14 所示。

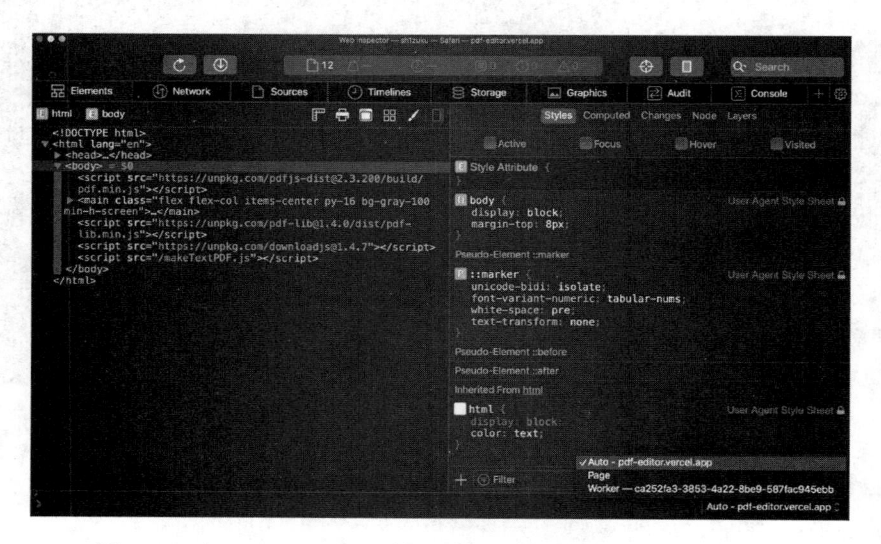

图 9-14 在 Safari DevTools 的右下角可以切换该网页中的 Context

9.3　检测工具

除了功能方面的开发测试外，还要针对移动版网页进行性能优化和检查，本节介绍常用的几个工具。

9.3.1　Mobile Friendly Test

Mobile Friendly Test适用于快速检查移动版网站是否正常运行，输入网址后会显示Googlebot实际爬完页面的结果，同时显示该网站的问题，例如内容超出屏幕、字体过小、可单击元素距离太近、SEO等。

9.3.2　Lighthouse

Lighthouse为Chrome DevTools中的内建工具，能用于移动版网站的性能检测、发现用户体验问题，并提供改善建议，常在开发时使用。

9.3.3　WebPageTest

WebPageTest能产生Chrome DevTools内Performance面板的性能记录，或者直接使用Lighthouse进行测试，优点在于可以选择不同的地区、设备、浏览器，测试结果更贴近真实情况。

此外，WebPageTest能比较历史测试结果、一次执行多种测试、测试连续加载页面的缓存、将测试整合到CI/CD等，是非常全面的网页测试工具。

9.3.4　Can I Use

Can I Use可用来检查HTML、CSS或JavaScript API在不同浏览器的支持度，此外网站中会显示各个浏览器的使用率，当API支持度有限时，可以作为取舍的参考，如图9-15所示。

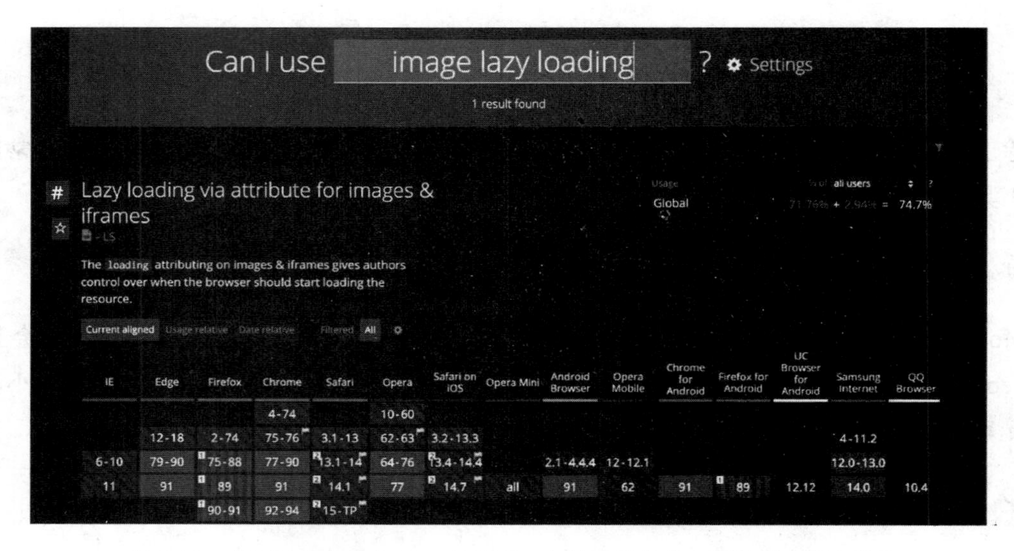

图 9-15　在网站上方输入 API 名称后，会显示其在各个浏览器中的支持度

9.3.5　BrowserStack

BrowserStack为付费测试服务，提供不同操作系统、浏览器、版本的实时测试环境，通常会搭配自动化测试，省去了架设环境的麻烦。

第10章 用户体验和无障碍网页

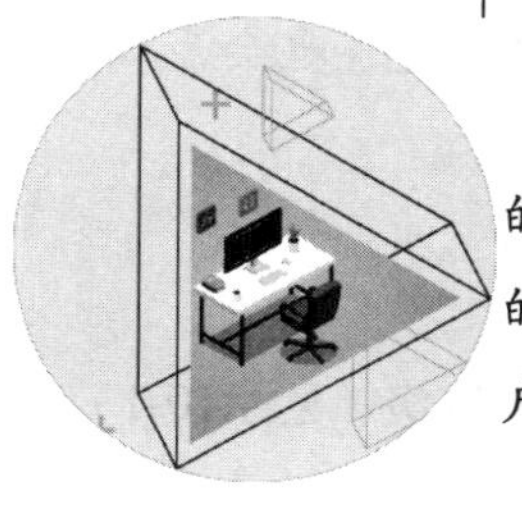

除了网站本身所提供的功能外，决定用户是否会继续、再次浏览网站的关键就是用户体验，例如只要网站加载时间多于3秒，就会减少超过一半的手机用户。本章会说明如何以Web Vitals和相关工具测量、提升网站的用户体验，并介绍无障碍网页的问题检测方式。

10.1 Web Vitals

Web Vitals是由Google公司提供的经分析大量用户数据后用来量化网站用户体验的指标，借由测量Web Vitals分数让开发者更能把握优化网站用户体验的方向，此外Google会定期从加载速度、可用性、稳定性3个不同方面选出最具代表性的Core Web Vitals，这些核心指标的特色为稳定、容易测量，以及提升指针分数的同时能够提升网站整体的使用体验。目前的Core Web Vitals为：

- Largest Contentful Paint（LCP）：前端性能指标，用于表示加载速度。
- First Input Delay（FID）：表示首次输入延迟。
- Cumulative Layout Shift（CLS）：表示累计布局偏移。

关于 Core Web Vitals 的含义、测量方式及改善方式，在 https://web.dev/vitals 和相关页面中有更详细的介绍。

10.1.1 指标测量方式

Web Vitals的测量环境分为Lab和Field，其用途和特性有所不同，且不是所有的Web Vitals都能在两种环境中测量。

1. Lab

- 代表开发环境，能够稳定地测量指标分数，容易比较优化前后的差异。
- 网页在正式上线前没有用户数据，只能尽可能在开发环境中提高分数。

2. Field

- 代表正式环境，测量信息来自真实用户。
- 用户的设备、网络环境都不同，甚至是收到的广告、安装的扩充软件包等也会影响，无法在开发环境中模拟。

3. 分数等级

Web Vitals的分数被分为GOOD、NEEDS IMPROVEMENT、POOR三个等级（见图10-1），假设网站有100个用户，将所有用户的测量结果由好到差进行排序后，第75名用户的测量结果所在等级即为该指标的分数等级。

以LCP来说，将测量结果的秒数从少到多排序后（越少越好），若第75名用户的秒数少于2.5秒，则该网站的LCP分数的等级是GOOD，若多于4秒，则等级是POOR。

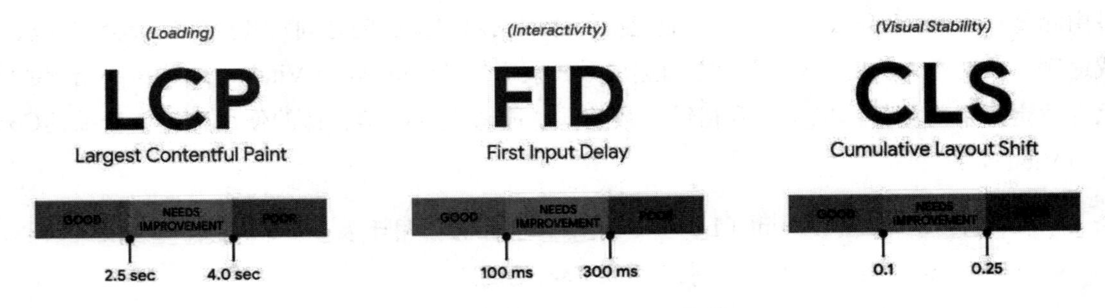

图 10-1 Core Web Vitals 的分数等级

10.1.2 LCP

测量环境：Lab、Field。

最大内容绘制（Largest Contentful Paint，LCP）是内容加载速度的代表，代表页面中最大内容（图片、视频预览图、文字等）出现的时间，比起 Load或DOMContentLoaded事件，LCP更贴近用户感受到页面主要内容已经加载完成的时间。

1. 判断根据

只有完全绘制在可视区域的元素才会被算入LCP，每当页面出现了比当前最大内容更大的内容时，就会将其取代，直到用户开始和网页交互为止，如图10-2所示。

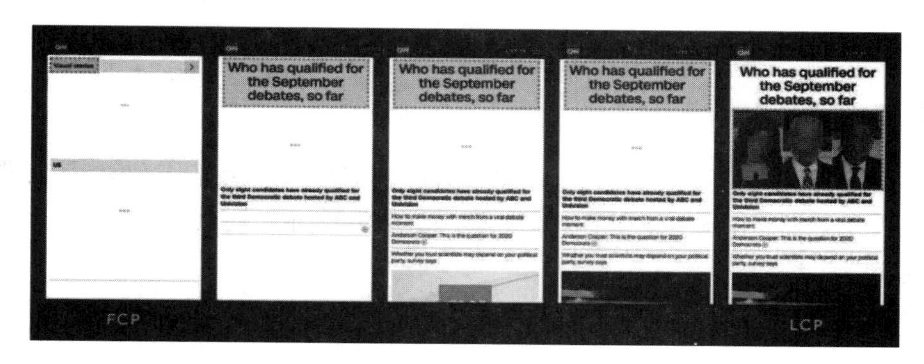

图 10-2　绿色方框突显的范围代表网页加载过程中不断变化的最大内容

2. Debug方式

最快的方式是通过Performance面板的Timings列表来查看LCP的详细信息。

步骤01　打开 DevTools 中的 Performance 面板。

步骤02　单击图标来重新刷新页面，并记录性能信息。

步骤03　单击 Timings 列表内的 LCP 标签，如图 10-3 所示。

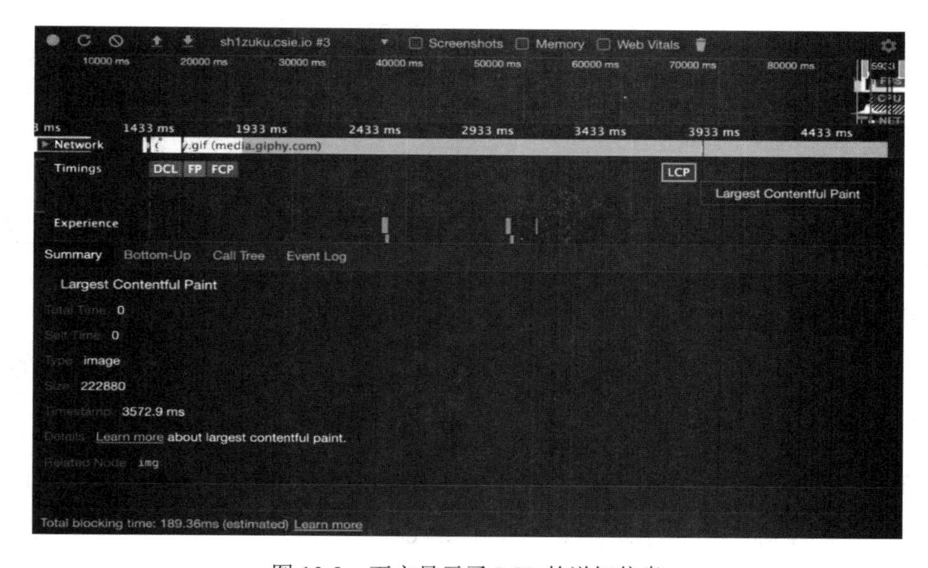

图 10-3　下方显示了 LCP 的详细信息

10.1.3　FID

测量环境：Field。

首次输入延迟（First Input Delay，FID）和LCP共同决定了网站的第一印象，若在加载网页后，单击按钮毫无反应，则会大幅影响用户的感受。

1. 判断根据

FID代表用户第一次单击按钮、链接或和<input>进行交互时，浏览器做出响应所需的时间，具体来说，是从触发事件到主线程下一次空闲，如图10-4所示。注意，FID并不包含执行事件监听器的时间。

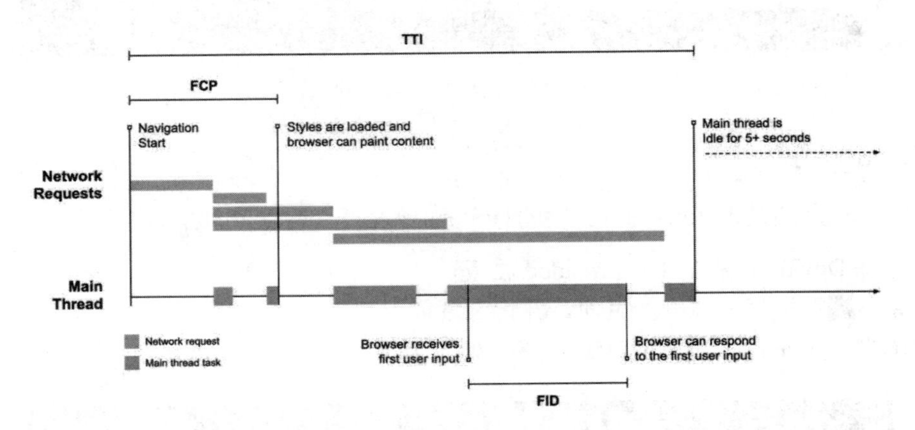

图 10-4　FID 的变量较大，适合在 Field 环境测量

图 10-4 中也显示了 FCP（First Contentful Paint）和 TTI（Time To Interactive，交互时间）的定义，后文会再次提及。

2. Debug方式

由于FID在Lab环境中的参考性较低，Lab环境专用的工具（如Lighthouse）会以TBT（Total Blocking Time，总阻塞时间）代替FID，TBT的定义会在后文提及。

若要在Lab环境测量FID，可以使用Rendering分页的Core Web Vitals弹出式窗口。

步骤01　打开 DevTools 后，按Esc键以打开 Drawer。

步骤02　单击 Drawer 左上角的⋮图标来打开 Rendering 分页。

步骤03　勾选 Core Web Vitals。

步骤04　单击网页中的任意元素。

显示结果如图10-5所示。

图 10-5　右上角的 Core Web Vitals 弹出式窗口显示 FID 为 2.02ms

10.1.4　CLS

测量环境：Lab、Field。

累计布局位移（Cumulative Layout Shift，CLS）是稳定性的代表，在网页加载过程中，可能因为资源加载速度不同而造成元素位移，例如图片读取完毕时撑开了元素上方的空间等，最恼人的就是正准备单击某个按钮，因为元素位移而单击了其他按钮，如图10-6所示。

1. 判断根据

CLS的计算公式为：各个元素的影响范围分值（Impact Fraction）×各个元素的移动距离分值（Distance Fraction），再累加也就是元素位移前后所占范围的并集，乘以元素的移动距离，再除以屏幕大小，并累加所有的计算结果。

另外，在用户进行交互操作的500ms内的布局位移不会计入CLS，例如单击展开元素，因为这些位移是可预期的。

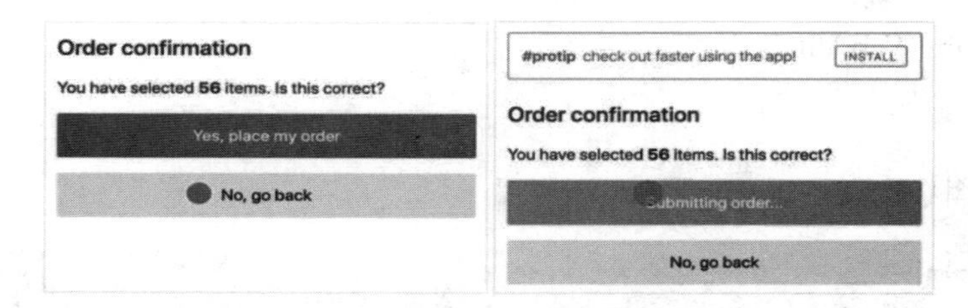

图 10-6 原本用户正要单击 No, go back 按钮，但上方突然出现了横幅，造成按钮向下位移，导致用户意外单击到了 Yes, place my order 按钮

2. Debug方式

在Performance面板的Experience列表中可以查看所有元素位移的详细信息。

步骤01 打开 DevTools 中的 Performance 面板。

步骤02 单击图标来重新刷新页面，并记录性能信息。

步骤03 单击 Experience 列表内的 Layout Shift 标签，如图 10-7 所示。

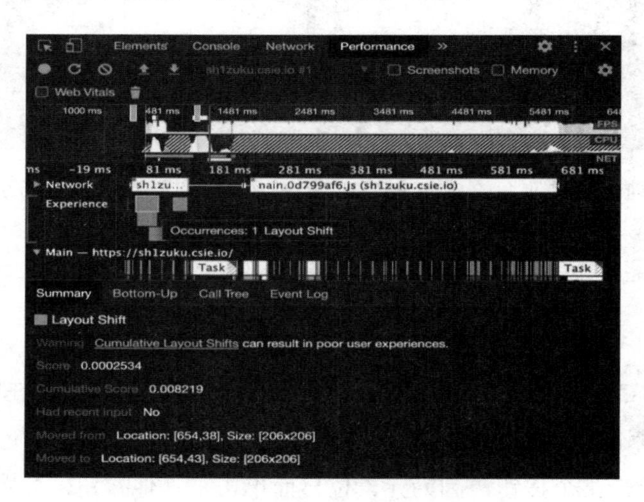

图 10-7 下方显示了元素位移的详细信息

若用 Lighthouse 测量 CLS，只会包含页面加载过程的元素位移，但在 Field 环境中，还得考虑后续使用时页面中的排版变化。

10.1.5 其他网页体验指标

在除Core Web Vitals之外的指标中，FCP、TTFB与LCP较相关，TTI、TBT与FID较相关，

可作为优化用户体验的根据。

1. FCP

测量环境：Lab、Field。

首次内容绘制（First Contentful Paint，FCP）为网页绘出第一个图片、文字等内容的时间，影响用户第一印象。

2. TTFB

测量环境：Lab、Field。

第一字节时间（Time To First Byte，TTFB）代表从用户输入网址到接收到第一字节所需的时间，与网络速度、服务器处理时间有关。

3. TTI

测量环境：Lab。

可交互时间（Time to Interactive，TTI）代表最后一个Long task结束的时间，Long task指的是在主线程中执行超过50ms的任务。

具体的计算方式如下（见图10-8）：

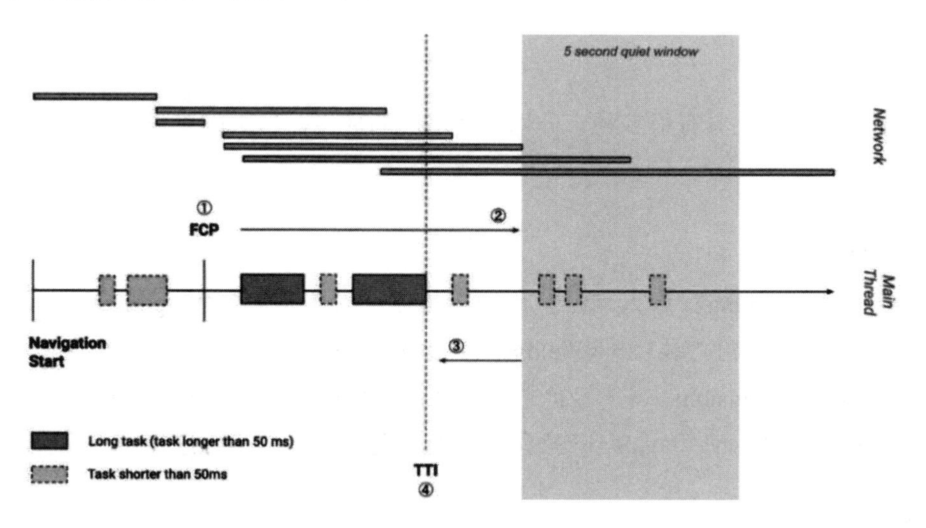

图 10-8　TTI 的计算方式

步骤01　从 FCP 开始向后看。

步骤02 寻找持续 50ms 低于 3 个请求的区间（Quiet Window）。

步骤03 向前找到最近的 Long task。

步骤04 若有 Long task，则此 Long task 结束的时间即为 TTI，否则 TTI 与 FCP 相等。

4. TBT

测量环境：Field。

由于主线程在TTI之前还有零星的空闲，总阻塞时间（Total Blocking Time，TBT）用来计算从FCP到TTI浏览器无法立即响应的时间总和，也就是把所有任务超过50ms的部分加总。例如最左边的任务执行了250ms，就有200ms的Blocking time，而全部共有345ms，如图10-9所示。

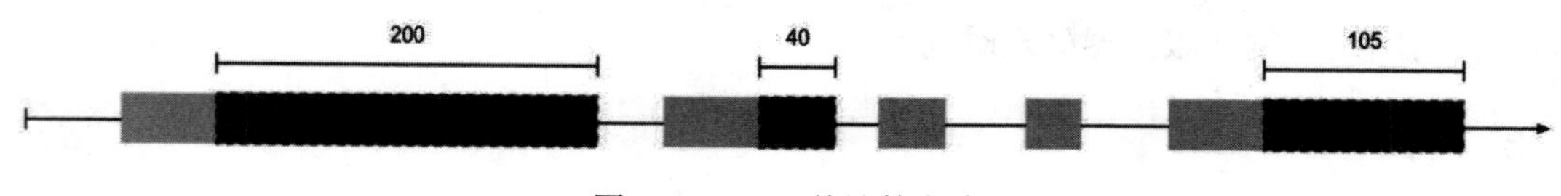

图 10-9　TBT 的计算方式

不计算任务的前 50ms，是由于浏览器的反应时间超过 100ms 时用户才会察觉，而用户和元素互动时，执行事件监听器约需 50ms，因此还有 50ms 的容忍空间。

10.1.6　测量工具

Web Vitals的测量工具有很多种，分别有其适用的环境，以下简单说明各个工具的特色以及适用的环境。

1. Lab & Field

- PageSpeed Insights：输入网址就能测量指标，测量结果来自Lighthouse和Chrome UX Report，可以同时比较Lab和Field的使用体验报告。
- Web Vitals Extension：浏览器扩充软件包，安装后方便实时测量指标。
- Web Vitals Library：JavaScript软件包，能够定制测量工具的操作。

2. Field

数据都来自Chrome的用户，网站需要一定流量。

- Chrome UX Report：可通过图表比较不同时间的指标变化，也可用网络、设备、国家或地区来分类。
- Search Console：以页面为单位测量指标，可以针对性能较差的页面先做优化。

3. Lab

由于没有真实用户，因此以TBT代替FID。

- Chrome DevTools & Lighthouse：直接在开发环境测量指标，并提供改善建议。
- WebPageTest：支持 Lighthouse，可选择多种环境（如设备、地理位置等）来测量网站指标。

10.2　无障碍网页

无障碍网页的原则是尽可能让所有用户都能使用网页，在功能设计上考虑到不同用户的习惯、环境以及视觉、移动上的限制，虽然整体而言就是把网站的用户体验做到最好，不过可以将无障碍网页理解为让以下用户都能顺利使用该网页：

- 视觉障碍用户（如色盲）。
- 纯键盘用户。
- 屏幕阅读器用户。

在Web Content Accessibility Guidelines（WCAG）2.0中，详细描述了关于无障碍功能的准则和定义，不过一般来说在检测无障碍问题时较常使用WebAIM检查清单，或以其他工具来辅助，接下来会说明相关工具以及无障碍问题的检测技巧。

10.2.1　对比度

为网页加入特别的设计时需考虑有视觉障碍的用户，否则可能会造成反效果——让用户阅读困难。通过Firefox的Accessibility面板可以快速找出网页中所有不符合WCAG准则的元素。

步骤01　在 Firefox 中打开要检测的网页。

步骤02　打开 DevTools 中的 Accessibility 面板。

步骤03　单击工具栏中的 Check for issues: Contrast，如图 10-10 所示。

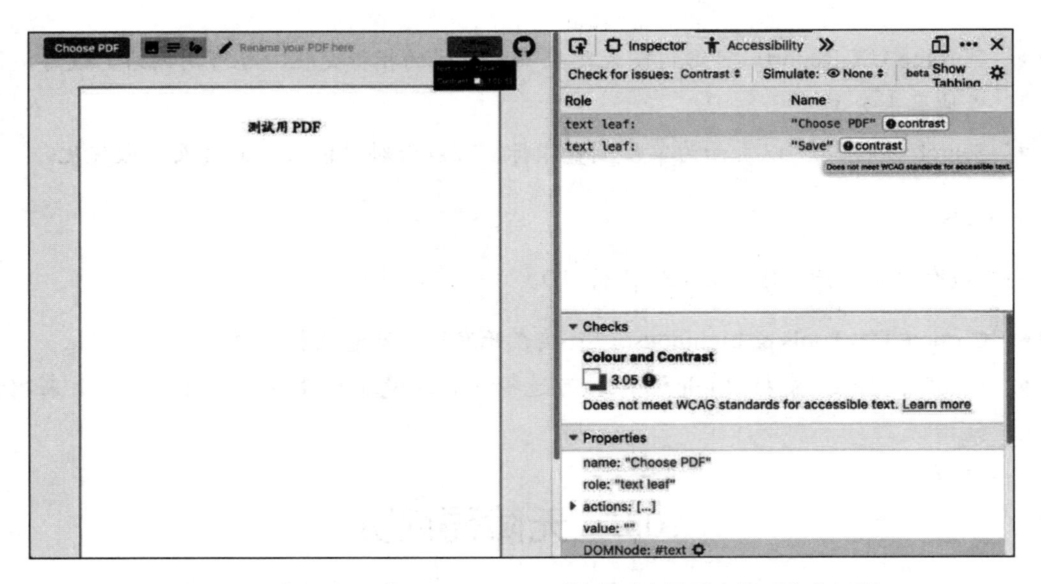

图 10-10　在 Firefox 的 Accessibility 面板中列出网页中的对比度问题

1. 解决对比度问题

步骤 01　选择列表中任意一行，会在下方显示详细信息。

步骤 02　单击详细信息中的 DOMNode 以跳至 Inspector 面板中该元素的位置。

步骤 03　单击元素的 color 属性值（或直接加入 color 属性）来打开颜色编辑器。

步骤 04　颜色编辑器的左下角会实时显示当前的配色是否符合标准，如图 10-11 所示。

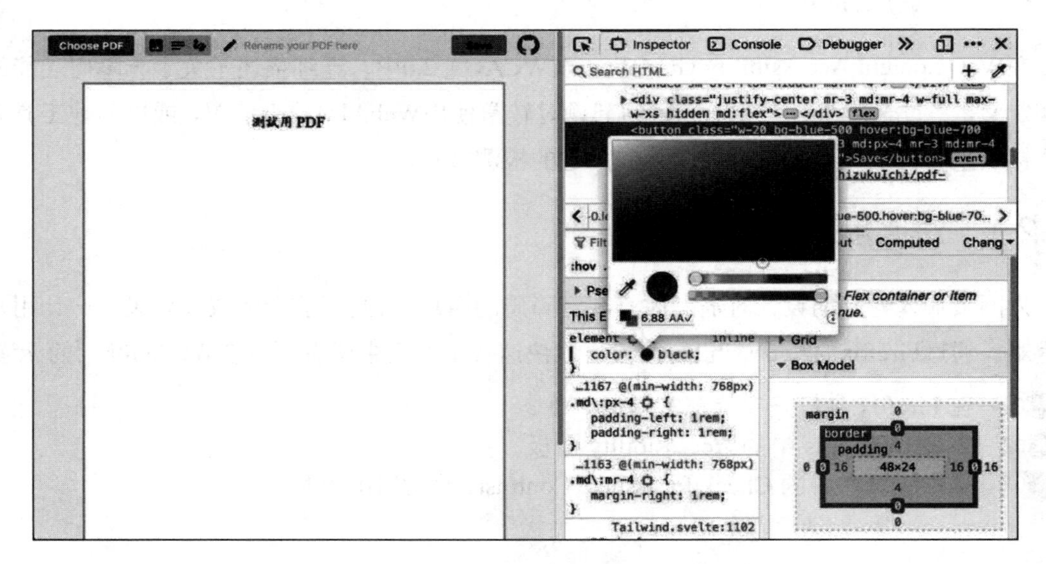

图 10-11　颜色编辑器左下角显示了当前的对比值

2. 仿真色觉障碍

在Firefox的Accessibility面板中，打开Simulate菜单项，可以模拟不同的色觉障碍的效果，用来确认网站界面的颜色设计是否能满足所有用户：

- Protanopia：红色盲。
- Deuteranopia：绿色盲。
- Tritanopia：蓝色盲。
- Achromatopsia：全色盲（极少见）。

10.2.2　键盘浏览

在某些情况下，用户可能只能用键盘来操作网页，例如屏幕阅读器用户、鼠标或触控设备毁损等，单纯认为键盘较为方便的用户也不少，因此网页中任何可以操作（如单击、触控）的元素，都应该能够通过键盘达到相同的效果。

在浏览器中，默认能够以Tab键按照DOM顺序遍历、聚焦可交互的元素，且能够以其他按键与元素进行交互操作，例如：

- 使用空格键触发<a>、<button>的单击事件。
- 使用箭头键改变<select>的选项。

最理想的情况是，DOM顺序和界面上实际可见的顺序相同，且用于交互的元素都直接使用内建的可交互元素，不需要改动HTML、CSS和JavaScript即可让键盘用户操作整个网页。

10.2.3　检查 Tab 顺序

在Firefox的Accessibility面板中，勾选右上角的Show Tabbing Order，会在网页中以数字和黑色框线标示Tab键遍历元素的顺序，而蓝色框线则代表当前焦点所在的元素，如图10-12所示。

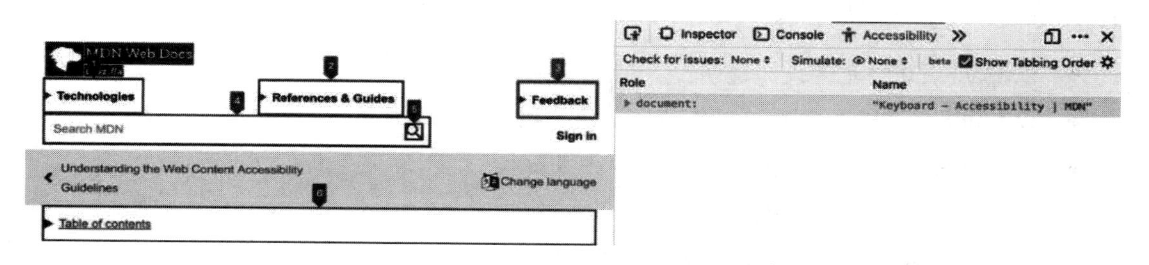

图 10-12　Firefox 中用于检查Tab键顺序的工具

若发现有数字没出现在界面中，则可能是该元素被其他元素覆盖，或者不在当前的视野中，可以用Tab键遍历至该数字来让浏览器自动滚动到该元素的位置，也可以在Console中输入“document.activeElement”来打印出当前焦点所在的元素。

顺序标示并不会实时更新，当 DOM 变化时，需要反复勾选 Show Tabbing Order 来更新顺序标示。

10.2.4 tabindex

如果DOM顺序和界面组件的顺序不同且难以调整，或用到了定制的交互元素，则可以使用 tabindex属性来改变键的遍历行为。

让定制的元素可以通过Tab键聚焦：

```
<div tabindex="0">I am a button!</div>
```

让元素无法通过Tab键聚焦：

```
<button tabindex="-1">I'm not tab focusable!</button>
```

1. DOM和界面组件顺序不同的原因

造成顺序不同的原因很多，在此列举几种常见的排版方式：

- position：使用fixed、absolute来调整元素的位置。
- flex：以order、flex-direction改变元素显示的顺序。
- grid：使用“grid-auto-flow: dense;”或grid-template-areas直接设置排列方式。

2. 错误的元素隐藏方式

应该避免使用以下方式来隐藏元素，或是避免用户和元素交互，因为对键盘、屏幕阅读器用户来说，依然能够聚焦、操作元素，甚至是“阅读”元素内容：

- 以opacity: 0;将元素设为透明。
- 以z-index: -1;降低元素排列的顺序，使其被其他元素覆盖。
- 以pointer-events: none;避免元素被单击或触控。
- 以overflow: hidden;隐藏子元素。
- 以其他方式覆盖元素或将元素移动至视野外。

若要对所有用户隐藏元素，则可以使用以下方法：

- 为元素加上display: none或visibility: hidden;。
- 为元素的标签加上hidden属性。

10.2.5　屏幕阅读器

一般用户可以直接从界面、图标理解功能的使用方式，但对于屏幕阅读器用户来说，则需要依靠aria系列、role、alt等元素属性的提示来理解网页的功能和状态。

WAI-ARIA描述了相关属性的定义，而ARIA Authoring Practices Guide则解释了各种场景的属性使用方式和范例。

为了排除无障碍功能的问题，实际使用屏幕阅读器（如VoiceOver(Mac)、NVDA (Windows)）更能理解用户遭遇的困难。

10.2.6　检测工具

许多工具都能协助解决或Debug无障碍问题：

- Axe：实时检查无障碍功能的浏览器扩充软件包，另外可以使用axe-core工具来进行自动化测试。
- Lighthouse：以axe-core的规则为基底来检查无障碍功能并计算分数，可以搭配Lighthouse CI整合进CI中来监测分数变动。
- tota11y：以软件包的形式加入网站中，将无障碍功能检查分成多种类别，直接在网页中标示有问题的元素，并提供建议。
- Firefox Accessibility：在DevTools中，列出对比度、键盘、文字标签的无障碍问题，此外能可视化Tab键的遍历顺序，以及使用Accessibility Inspector来检查单一元素无障碍功能的详细信息。
- Accessibility Insights：功能完整的浏览器扩充软件包，提供许多无障碍功能的细节检测方式和建议，并将问题列为检查清单，协助逐一排除，也能汇总出检查报告。

第11章

错误处理技巧

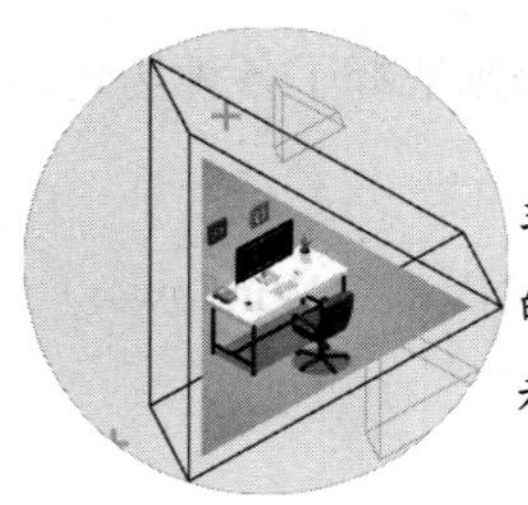

当网页出现错误时，最重要的就是帮助用户理解情况，并提供解决方式，以提升用户体验。而对开发者而言，做好错误处理，则能提高Debug的效率。本章将会说明前端错误的处理技巧，包含拦截与抛出错误的时机和方法、异步错误处理以及最佳实践等。

11.1　拦截错误

JavaScript在执行过程中难免会出错，任何可能出错的地方都应该拦截，并处理错误。

11.1.1　try/catch 语句

一般来说，JavaScript中会以try/catch来拦截错误，且常常会搭配finally来减少重复的程序代码：

```
try {
  // 可能出错的程序代码
} catch (error) {
  // 处理错误
} finally {
  // 此处必定执行
}
```

需要注意的是，在finally内使用return或throw会覆写掉try/catch内原本的操作：

```
function foo() {
  try {
    throw new Error('Hello World!');
  } catch(error) {
```

```
      throw error;
    } finally {
      return 'finally';
    }
  }
  function bar() {
    try {
      return 'try';
    } finally {
      throw new Error('finally');
    }
  }
  console.log(foo()); // finally
  console.log(bar()); // Uncaught Error: finally
```

11.1.2　异步错误拦截

try/catch只能拦截同步的错误，例如：

```
  try {
    Promise.reject('Promise rejection'); // Uncaught (in promise) Promise
rejection
    setTimeout(() => {
      throw new Error('Timeout error'); // Uncaught Error: Timeout error
    });
  } catch(error) {
    console.error(error); // 没有拦截到错误
  }
```

若要拦截错误，则需要加入额外的程序代码，例如：

```
  Promise.reject('Promise rejection')
    .then((data) => { console.log('OK!'); // 正常情况
  })
  .catch((reason) => {
    console.log('Rejection handled.');    // 处理错误
  })
  .finally(() => {
    console.log('Finally'); // 必定执行
```

```
});

setTimeout(() => {
  try {
    throw new Error('Timeout error');
  } catch (error) {
    console.log('Error handled.');
  }
});
```

此外，将Callback语句转换为Promise也是常见的用法，这么做的好处是可以把错误从Callback中取出来：

```
const promise = new Promise((resolve, reject) => {
  setTimeout(() => {
    try {
      throw new Error('Timeout error!');
    } catch (error) {
      reject(error);
    }
  });
});

promise.catch((error) => {
  handleError(error); // 处理错误
});
```

11.1.3 错误拦截时机

try/catch应该用于无法控制的错误，例如：

- 无法避免的错误：如JSON.parse，执行函数时无法保证是否会出错，需要使用try/catch来处理错误，确保程序代码不会中断执行。
- 定制化错误：使用第三方软件包时，可能出现软件包自定义的错误提示信息，或者非预期的错误，由于无法改变软件包的行为，可以使用try/catch拦截错误，再定制错误提示信息或处理错误。

1. 避免不必要的拦截

如果明确知道程序代码在哪些情况会出错，就不应该使用try/catch，请看以下范例：

- 知道当变量str不是字符串类型时会出错，应做好事前检查，主动解释并抛出错误。

```
// 做好事前检查，主动解释并抛出错误
if (typeof str !== 'string') {
   throw new Error('str must be a string.');
}
return str.toLowerCase();
```

- 知道此段程序代码可能会出错，因此使用try/catch来拦截错误，然而这么做并没有什么帮助。

```
// 没有意义的 try/catch
try {
  return str.toLowerCase();
} catch(error) {
  throw error;
}
```

2. 避免过早拦截

只有在知道该如何处理错误时，才能够拦截错误。以下面这段程序代码为例，在say函数中，以try/catch程序块中包含logOrError函数来拦截可能会出现的错误，虽然可以在出错时避免程序中断，但say作为一个底层共享函数，无法得知网页应用的逻辑以及用户当前的应用场景，也无法正确处理错误。此外，如果拦截了错误，却不进行处理，对外层函数而言就如同没有发生错误，通常会提升Debug的难度：

```
function logOrError(message) {
  if (Math.random() < 0.5) {
    throw new Error(message);
  }
  console.log(message);
}
function say(message) {
  try {
    logOrError(message);
  } catch(error) {
  console.error('Something went wrong.'); // 过早拦截错误且打印出无用的信息
}
```

```
}
function sayHi() {
  try {
    say('hi');
  } catch(error) {
    console.error('Failed to say hi. Please try again.'); // 较轻微的错误
  }
}
function mustSayHi() {
  try {
    say('hi');
  } catch(error) {
    console.error('Fatal error!'); // 遭遇重大错误，必须重新刷新页面
    window.location.reload();
  }
}
```

想要避免上述问题，可以删除try/catch语句，交由其他函数（如sayHi、mustSayHi）来处理错误：

```
function say(message) {
  logOrError(message);
}
```

或者在say函数中进行基本的错误处理，再抛出错误：

```
function say(message) {
  try {
    logOrError(message);
  } catch(error) {
    console.error(error); // 必要时可以先行处理错误
    throw new Error(`say(): Failed to log ${message}.`);//更详细的错误提示信息
  }
}
```

11.1.4 错误事件

即使尽可能做好错误处理，还是有可能出现没有拦截到的错误，因此在程序代码中时常会以网页中的功能、区块等为单位另外加入try/catch，避免发生意外错误时让整个页面停止工作。

没有被拦截到的错误会在window上触发error或unhandledrejection(Promise)事件。拦截错误事件可以视为包了一层全局的try/catch语句。不过，一般而言，若有正确的错误处理方式，则

不应该出现这些事件：

```
function handleUncaughtError(event) {
  console.log(event);
  event.preventDefault(); // 避免默认操作，如打印出错误提示信息
}
window.addEventListener('error', handleUncaughtError);
window.addEventListener('unhandledrejection', handleUncaughtError);
```

<script>、<img>等元素也可能触发 error 事件，进行对应的错误处理（如显示重新加载资源的按钮）可以提供更好的用户体验。

11.2 抛出错误

只要程序代码出现无法正确执行的情况，就应该使用throw语句来主动抛出错误，相较于浏览器的默认操作或第三方软件包的自定义格式，更容易进行Debug和错误处理。

举例来说，以下函数在传入非字符串参数时会发生错误：

```
function toLowerCase(str) {
  return str.toLowerCase();
}
```

在出错前可以主动抛出错误，并附上详细的错误提示信息（如函数名称、错误原因、解决方式等），以提高Debug的效率：

```
function toLowerCase(str) {
  if (typeof str !== 'string') {
    throw new Error('toLowerCase(): Argument must be a string.');
  }
  return str.toLowerCase();
}
```

通过自定义错误类别可以协助区分错误类型，并根据不同类型进行不同的错误处理。以下面的程序代码为例，利用TrustedError表示已知错误，并用ApiError表示API相关错误：

```
class TrustedError extends Error {
  constructor(message) {
```

```
    super(message);
    this.name = new.target.name;
  }
}
class ApiError extends TrustedError {
  constructor(message, status) {
    super(message); this.status = status;
  }
}
```

遇到API错误时，抛出自定义的错误（如ApiError），在拦截时能根据错误类别进行相应的处理：

```
try {
  throw new ApiError('Path not found.', 404);
} catch(error) {
  if (error instanceof ApiError) {
    console.log(`${error.name}:         ${error.message}.          (Status
${error.status})`);
    // ApiError: Path not found. (Status 404)
  } else if (error instanceof TrustedError) {
   console.log(error.message);
  } else {
    handleUnexpectedError(error); // 处理非预期的错误
  }
}
```

11.3 处理错误

一般来说，在处理错误时会用统一的函数来集中管理，除了可以减少重复的程序代码外，也能确保一致的错误处理操作，此外还要采用一些处理错误的技巧。

11.3.1 区分错误严重程度

发生错误时，首先得判断错误的严重程度，再进行相应的处理。

1. 非重大错误

- 不影响用户当前的工作或使用流程。

- 只影响部分功能，主要功能依然能够使用。
- 可以通过引导、说明来协助用户从错误中恢复，或者通过重复操作也可能成功。

2. 重大错误

- 可能中断用户当前的工作或使用流程。
- 主要功能无法使用。
- 可能导致其他错误。
- 错误无法恢复，需要重新刷新页面。适当的错误处理能够协助用户理解现况，或者从错误中恢复，减少错误对用户造成的影响。如果出现任何错误都直接让页面重新刷新，那么肯定会降低用户的使用意愿。

11.3.2 错误分析

为了协助开发者解决用户在网页中遭遇的错误，最好的方法就是把错误传送到服务器端来进行分析，错误提示信息越详细，开发者就越容易找出问题的根源。

在进行错误分析时需要注意以下几个重点：

- 错误提示信息：从基本的错误提示信息、文件名、行号、堆栈追踪到用户、浏览器、版本信息等，详细的错误提示信息可以缩小造成错误的变因，降低Debug的难度。
- 用户历程：错误可能是由一连串的操作所造成的，单看错误提示信息难以得知原因，记录用户的网页操作流程、触发事件、API历史等能够协助开发者重现错误。
- 错误属性：记录各种错误的严重程度、出现次数、发生率，作为优先解决顺序的参考。
- 追踪错误：记录各种错误的发生时间以及处理情况，确保问题已经完全解决。
- Source map：许多网站的程序代码会经过打包（如编译、压缩），让错误提示信息难以理解，在打包程序代码时建立Source map，才能将错误映射回源代码。此外，可以将错误提示信息传送至服务器端再进行映射，避免暴露网页的源代码。
- 发送错误：使用工具发送错误时，需注意工具本身是否可能出错，甚至是错误来源，避免影响错误分析。

常见的工具（如Sentry、Honeybadger）都能做到以上几点，此外还有错误通知、监控等功能。错误分析是开发流程中相当重要的一环，能够更快速、准确地对错误做出反应和处理，让产品更为稳定。

第12章

Chrome DevTools

Google Chrome作为主流浏览器之一，是相当常用的前端开发工具，除了拥有许多实用的扩充软件包外，最重要的就是其出色的网页开发工具Chrome DevTools，通过Chrome DevTools能够实时编辑网页内容、分析性能问题、解决CSS和JavaScript的Bug等。从本章开始将会详细介绍Chrome DevTools的功能和细节，让读者更容易应用在实际开发环境中（注意，撰写本书时所使用的Chrome版本为92）。

12.1 打开方式

最广为人知的方式是，在网页中任意位置右击，并选择Inspect（检查）来打开DevTools，如果网页中有定制化的菜单操作，则可能无法通过鼠标右键打开DevTools。在这种情况下，直接从Chrome右上角的菜单中找到More Tools→Developer Tools，单击即可打开DevTools，如图12-1所示。

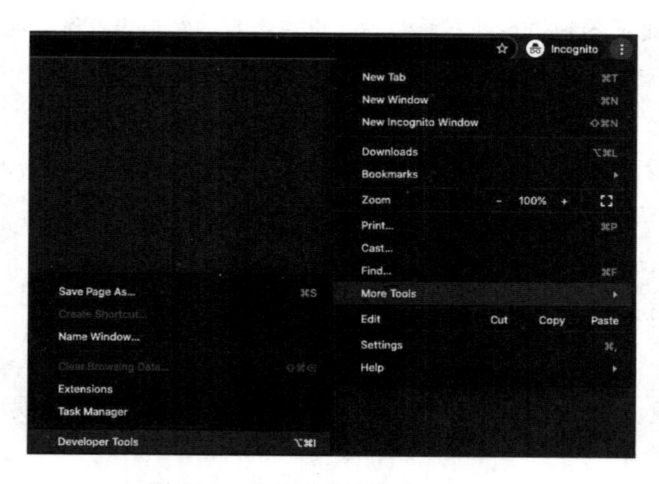

图 12-1　从设置菜单打开 DevTools

12.1.1　快捷键

从鼠标右键快捷菜单中打开 DevTools，会自动切换至 Elements 面板，以下几种方式也常被使用：

1. 上次打开的面板（command+option+I键）

以上次关闭时的状态打开DevTools，再按一次组合键即可关闭DevTools。

2. Console面板（command+option+J键）

Console面板作为Debug时最常使用的工具，同时也是相当方便的REPL环境，适合快速测试JavaScript的运行，如图12-2所示。

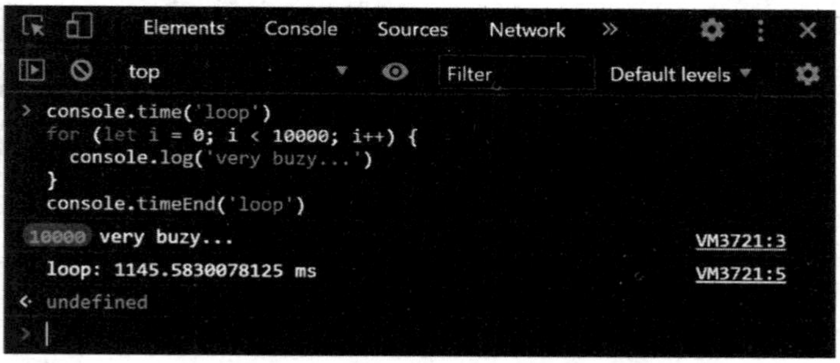

图 12-2　使用 Console 面板测试 JavaScript 的运行

12.1.2　自动打开

在Terminal内输入指令来打开Chrome，并添加--auto-open-devtools-for-tabs参数，这样可以在打开新分页时自动打开DevTools。

```
open -n -a "Google Chrome"--args --user-data-dir="/tmp/chrome_dev_test"
--auto-open- devtools-for-tabs
```

--user-data-dir 是用来存放用户设置的路径，若没有指定，则会使用当前的用户设置，必须在完全关闭 Chrome 应用程序后才能让指令生效。

12.2　组　成

Chrome DevTools主要由几个面板组成，例如Elements、Console、Sources等，在打开

DevTools时，按Esc键可以展开Drawer，单击Drawer左上角的⋮图标可以打开多个分页。

最常用到Drawer的场景是，在打开Network、Sources面板的同时输入一些JavaScript来观察、测试某些操作。

步骤01 打开 DevTools，并切换至 Network 面板。

步骤02 按Esc键展开 Drawer。

步骤03 单击 Drawer 上方的 Console 分页标签，如图 12-3 所示。

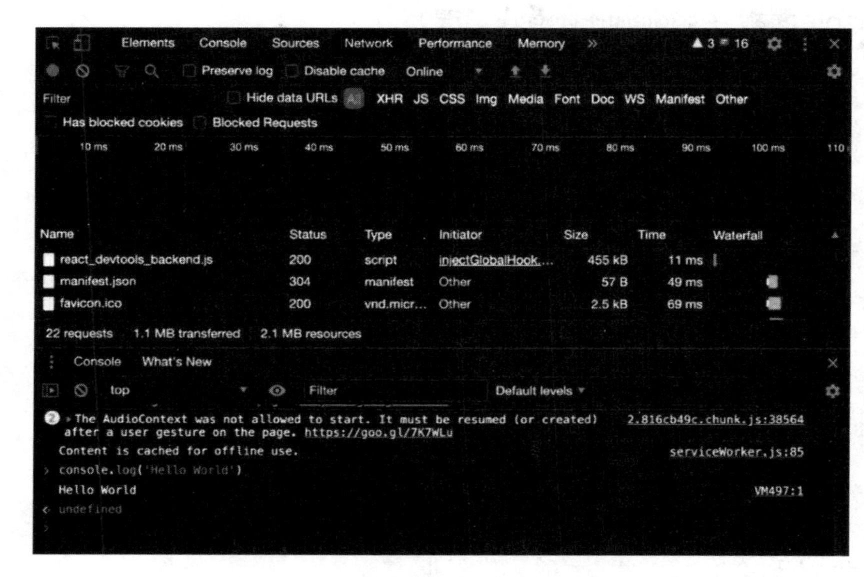

图 12-3　打开 Network 面板的同时在 Console 打印出信息

12.3　定制化 DevTools

通过额外设置可以定制化Chrome DevTools来满足开发者的需求和喜好。

12.3.1　设　置

单击DevTools右上角的⚙图标来打开设置菜单，修改设置后会存储并立即生效。其中，Preferences最常被使用，能够调整DevTools的样式以及各个面板的额外设置，如图12-4所示。

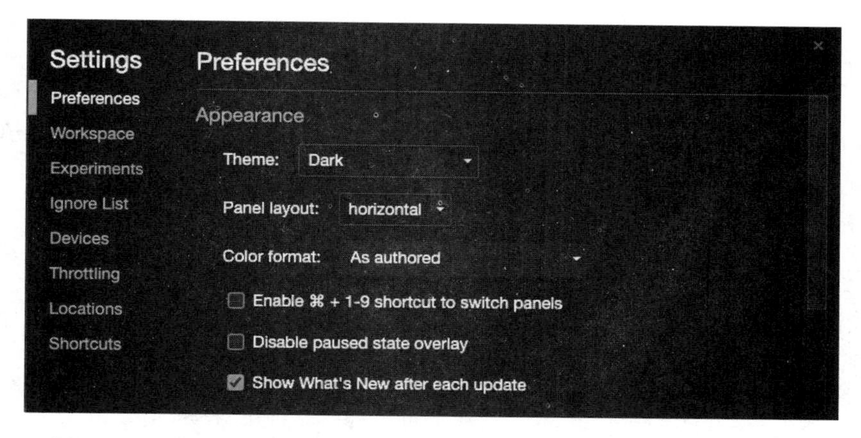

图 12-4　通过 Settings→Preferences→Appearance 来调整 DevTools 的外观

12.3.2　指令菜单

在DevTools中，按command+Shift+P键可以打开指令功能表，让开发者通过指令操作DevTools（见图12-5）。值得一提的是，某些功能（如网页内容截图）需通过指令才能使用。

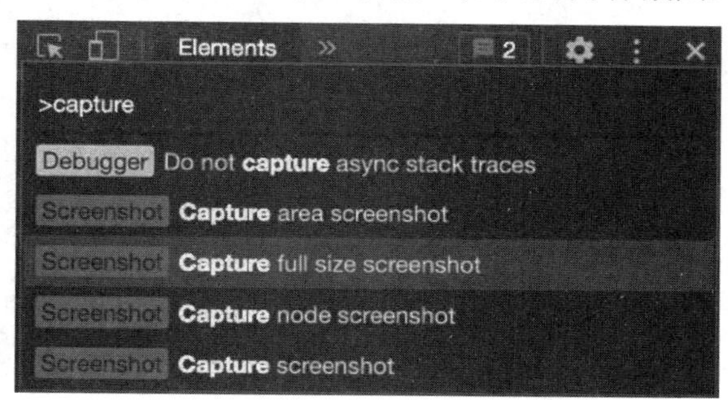

图 12-5　在指令菜单输入“>capture”来提取网页内容

12.3.3　调整外观

1. 面板内的排列方式

进入DevTools的Settings→Preferences→Appearance，Panel layout选项的默认值为auto，自动根据DevTools的宽度来决定当前面板内容的排列方式。使用笔记本电脑屏幕时，auto通常是最好的选择；使用竖屏时，则适合调整为horizontal，让子面板保持上下排列，如图12-6所示。

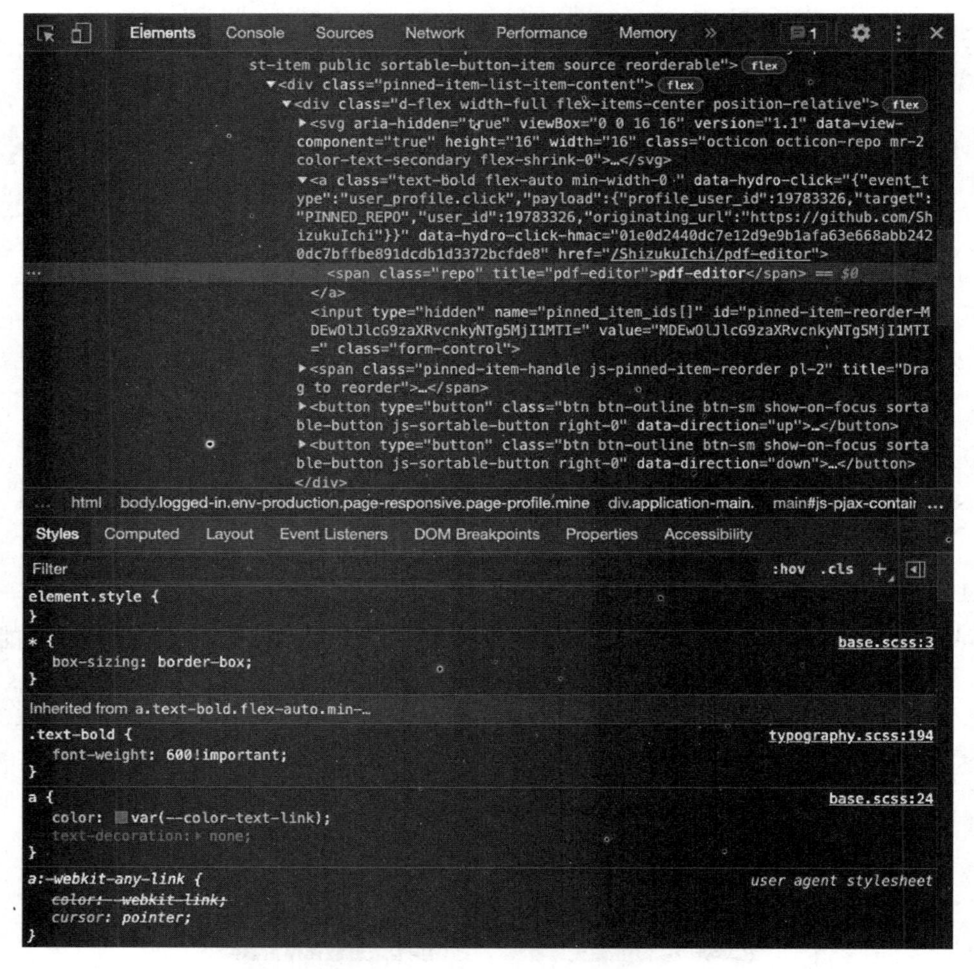

图 12-6　以竖屏观看 Elements 面板时，适合使用 horizontal 排列方式

2. 面板顺序

通过拖曳面板标签能调整面板的顺序，避免DevTools在宽度较窄时将常用的面板标签折叠起来。

有些扩充软件包会以面板的形式让开发者使用，如React DevTools，在处理React相关问题时，可以将扩充软件包面板拖曳至较前面的位置，如图12-7所示。

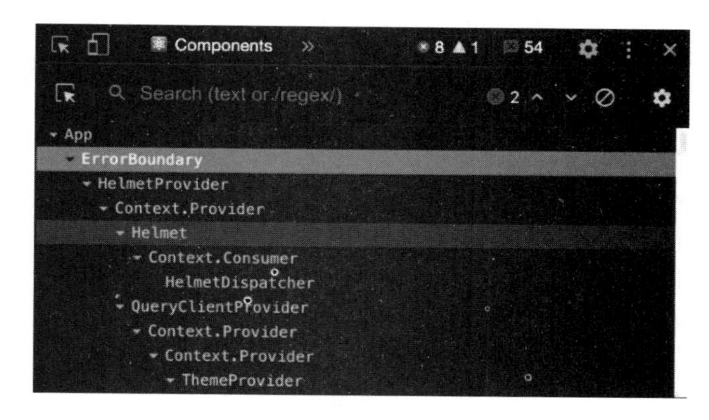

图 12-7 将 React DevTools 的 Components 面板拖曳至最左侧

3. DevTools位置

单击DevTools右上角的⋮图标可以看到Dockside，用来选择DevTools相对于网页内容的位置。如果不想让DevTools影响网页内容排版，可以单击▣图标，以额外的窗口打开DevTools，也能让DevTools和网页分处于不同的屏幕，如图12-8所示。

图 12-8 默认的 DevTools 位置为网页右侧

12.4 Chrome DevTools 文件

若读者已经阅读过Chrome DevTools的官方文件，则对接下来的内容应该有一定的熟悉度，然而在DevTools持续更新的情况下，某些功能和文件已有不少差异，可能会造成理解困难，且新功能不一定会放入文件中，大多只能从What's New In DevTools中去查找和发现。

接下来会以目前新版本（92）的Chrome来介绍各个功能的用法和细节，若读者从未看过官方文件，正好可以通过本书内容理解DevTools的使用方式，读过官方文件的开发者也能够借此更新对DevTools的理解。

Chrome DevTools有多个功能面板，设置菜单中也有不少选项，如果花时间去详细了解各处细节，肯定能显著提升开发和Debug的效率。从下一章开始，将逐一介绍Elements、Console、Sources、Network、Performance面板的详细使用方式。

第13章

Elements面板

Elements面板详细显示了当前网页中DOM和CSS的状态，也提供了许多工具和选项用来操作、修改网页的内容，如可视化Debugger、颜色编辑器等，通过实时修改功能可以大幅减少Debug的时间。

13.1 基本介绍

Elements面板是由两个子面板组成的，分别显示整体网页的DOM结构以及元素的详细信息，根据设置可能呈左右或上下排列，而详细信息面板中又包含多个分页，用于显示元素的样式、属性等信息，如图13-1所示。

```
Elements  Console  Sources  Memory  Network  >>
      font-bold py-1 px-3 md:px-4 rou          Styles  Computed  Layout  >>
  nded mr-3 cursor-pointer md:mr-4"             Filter                :hov .cls +
  for="pdf">Choose PDF</label>                  element.style {
 ▸<div class="relative mr-3 flex h-8 bg         }
 -gray-400 rounded-sm overflow-hidden           .w-20 {              Tailwind.svelte:1103
     md:mr-4">…</div> flex                        width: 5rem;
 ▸<div class="justify-center mr-3 md:mr         }
 -4 w-full max-w-xs hidden md:flex">…           .text-white {        Tailwind.svelte:1046
 </div>                                           --text-opacity: 1;
  <button class="w-20 bg-blue-500 hove            color: #fff;
  r:bg-blue-700 text-white font-bold py           color: rgba(255, 255, 255, var(--text-
  -1 px-3 md:px-4 mr-3 md:mr-4 rounde                 opacity));
  d">Save</button> == $0                        }
 ▸<a href="https://github.com/ShizukuIc         .px-3 {              Tailwind.svelte:961
 hi/pdf-editor">…</a>                             padding-left: 0.75rem;
 </div>                                           padding-right: 0.75rem;
▸<div class="flex justify-center px-5 w-        }
full md:hidden">…</div> flex                    .py-1 {              Tailwind.svelte:951
▸<div class="w-full">…</div>                      padding-top: 0.25rem;
</main>                                           padding-bottom: 0.25rem;
<script src="https://unpkg.com/pdf-lib@1.       }
4.0/dist/pdf-lib.min.js"></script>
button.w-20.bg-blue-500.hover\:bg-blue-700.te> ...
```

图 13-1　左右分别为 DOM 结构面板和元素的详细信息面板

13.2　查看 DOM 结构

13.2.1　检查和浏览元素信息

单击面板左上角的▣图标后，将鼠标移至网页中的任意元素上，会以弹出式窗口显示该元素的基本信息，而单击该元素则会在面板中将焦点切换到该元素，如图13-2所示。

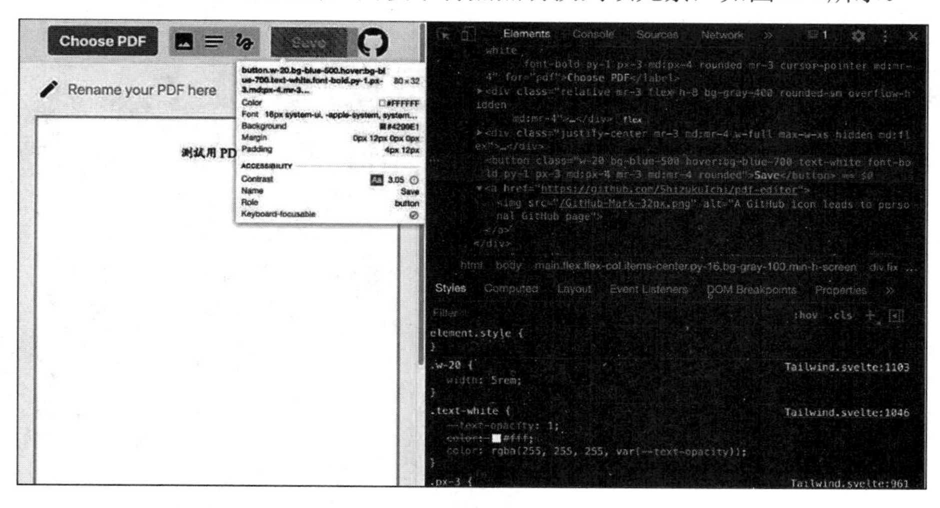

图 13-2　面板中显示了焦点所在元素的详细信息

相反，在面板中将鼠标移至任意元素上，会在网页中突显该元素的位置；若将鼠标移至图片网址上，则会显示该图片的详细信息，如图13-3所示。

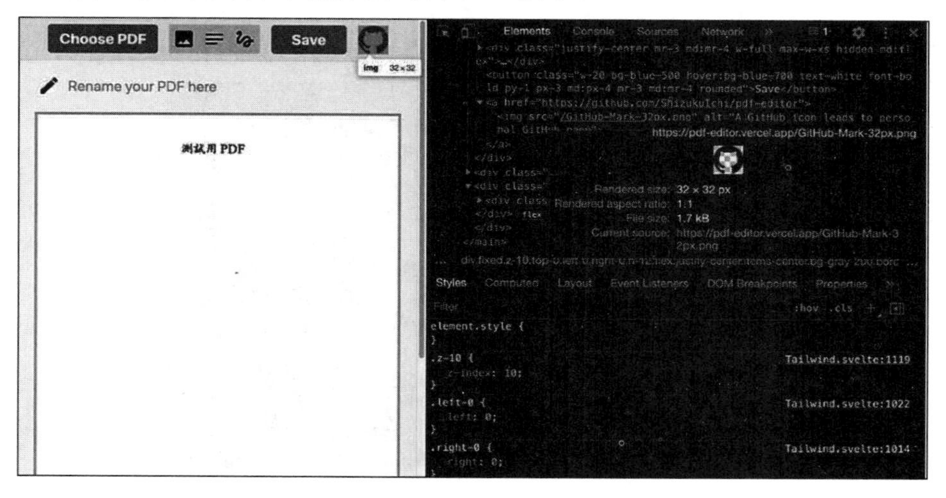

图 13-3　面板中显示了图片的大小、比例等信息

除了使用鼠标外，在面板中也能用箭头键（即方向键）移动、展开、收合焦点所在的元素，若同时按option键和→箭头键，则能一次性展开该元素下的所有元素。

13.2.2 搜索元素

按command+F键会在DOM结构面板下方显示搜索栏，可以使用纯文本或CSS选择器、XPath来搜索元素，如图13-4所示。

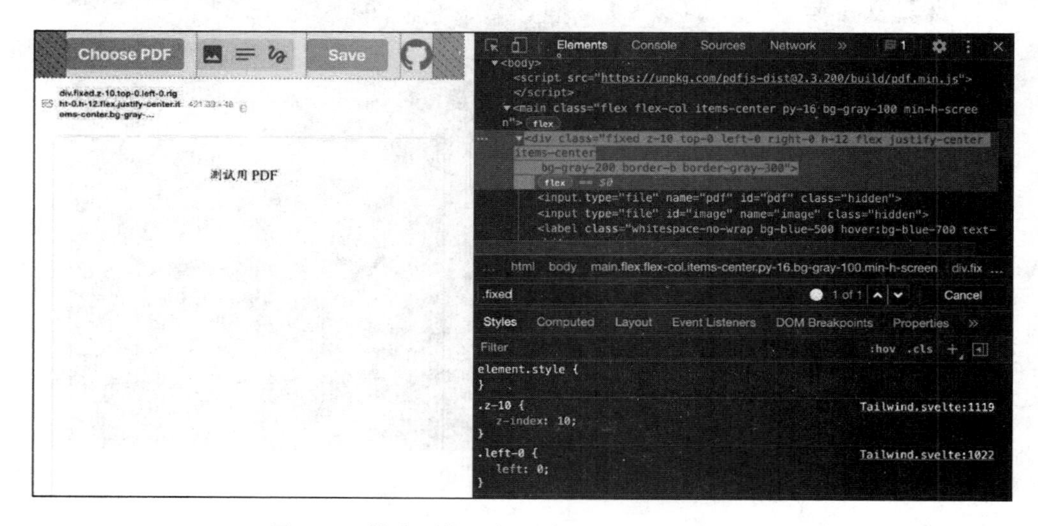

图 13-4　搜索到的元素同时显示于页面和面板中

若焦点所在的元素不在网页的视野中，右击该元素，然后选择Scroll into view，则会自动滚动网页，让该元素出现在视野中，如图13-5所示。

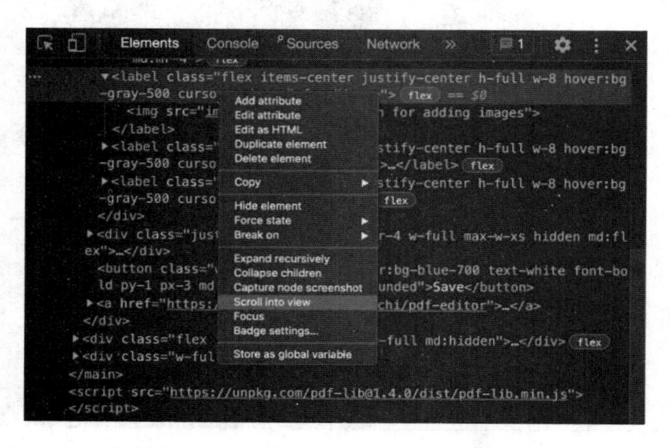

图 13-5　通过快捷菜单中的 Scroll into view 将元素滚动至视野中

13.3 编辑 DOM

13.3.1 编辑元素类型和属性

右击元素的属性名或属性值后，再选择Edit attribute或Add attribute来编辑元素属性，如图13-6所示。

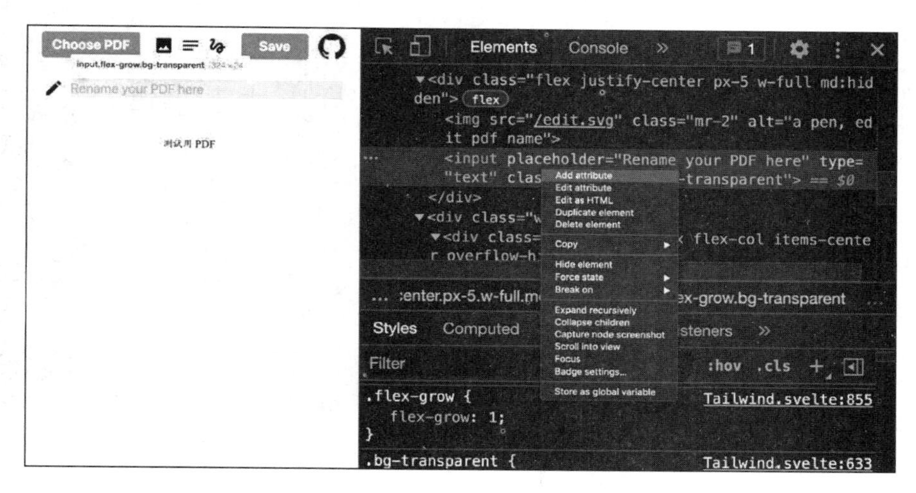

图 13-6　单击 Add attribute 或 Edit attribute 进入属性编辑状态

双击元素的属性也能进入编辑状态，甚至能编辑元素的标签名称，如图13-7所示。此外，在编辑状态下可以按Tab键或Shift+Tab键来前后切换编辑的属性。

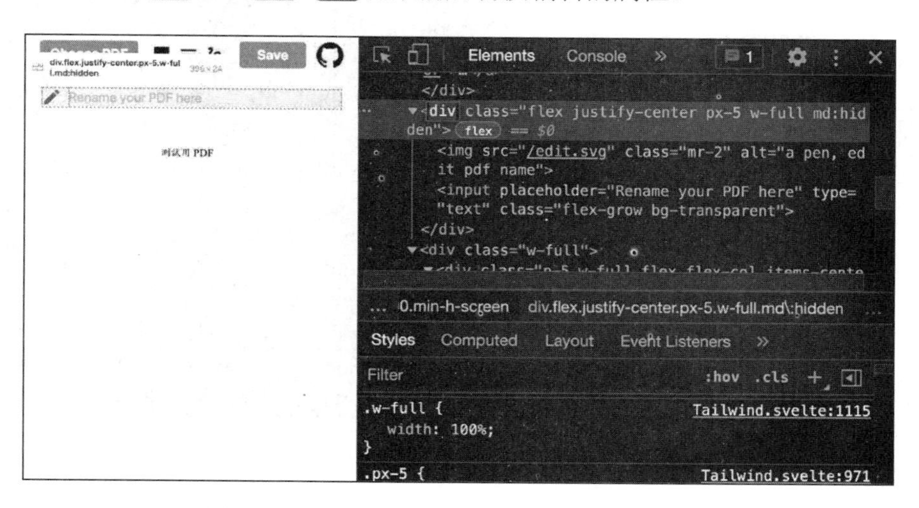

图 13-7　编辑元素标签时会同时修改尾部的标签

13.3.2 编辑元素内容

类似于编辑属性，双击或右击元素的文字内容后，选择Edit text选项开始进行编辑，如图13-8所示。

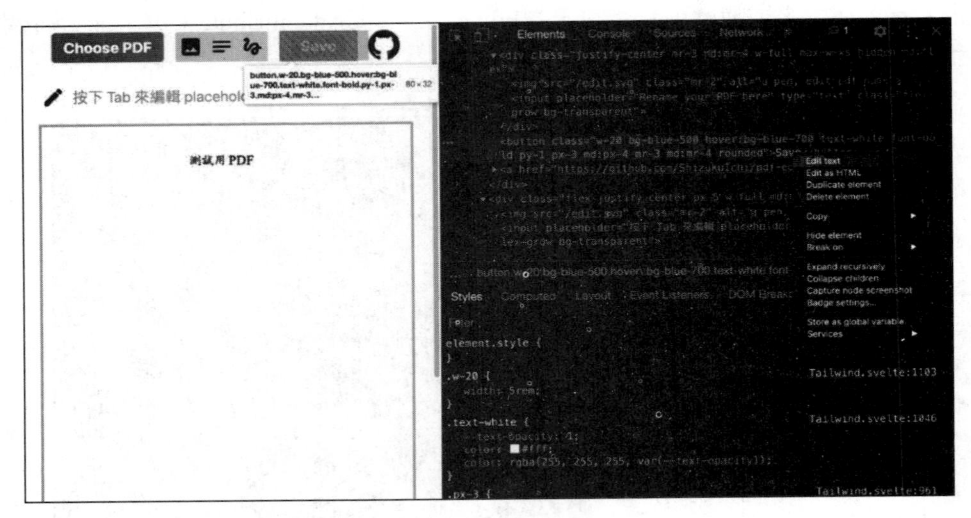

图 13-8　选择 Edit text 选项来编辑元素的文字内容

若要改变元素内容的结构（如添加子元素），则可以选择Edit as HTML选项，如图13-9所示。

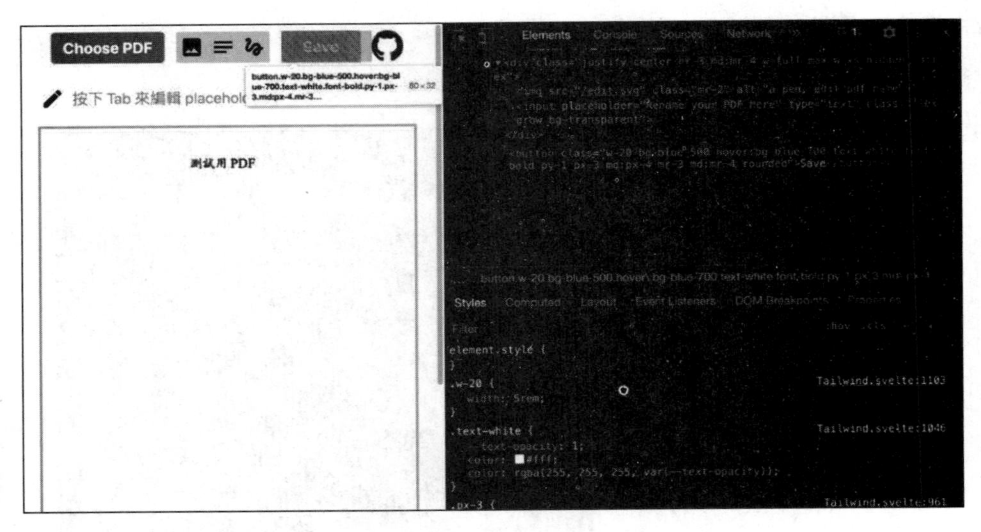

图 13-9　选择 Edit as HTML 选项来任意编辑元素内的结构

13.3.3　改变元素顺序

以鼠标拖曳元素可以改变元素的排列顺序，拖曳过程中会出现蓝色横线来提示元素即将插入的位置，如图13-10所示。

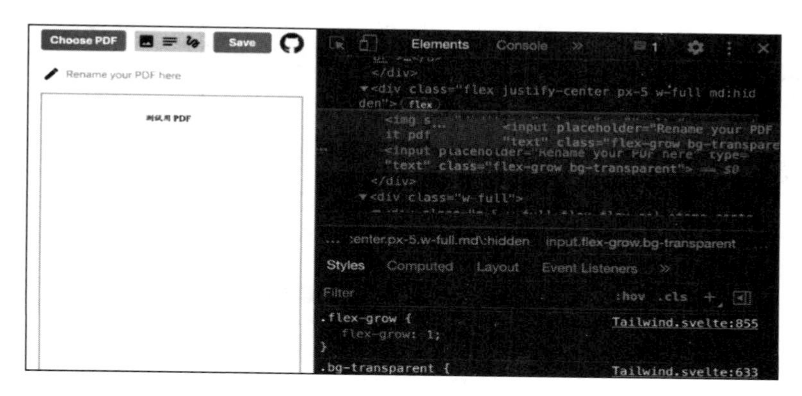

图 13-10　将<input>拖曳至<img>上方

13.3.4　剪切、复制、粘贴元素

以下两种方式可以剪切、复制、粘贴元素：

（1）右击元素，展开Copy选项，可选择Cut element、Copy element或Paste element来剪切、复制、粘贴元素，如图13-11所示。

（2）将焦点切换至元素，并按command+X、command+C、command+V键来剪切、复制、粘贴元素。

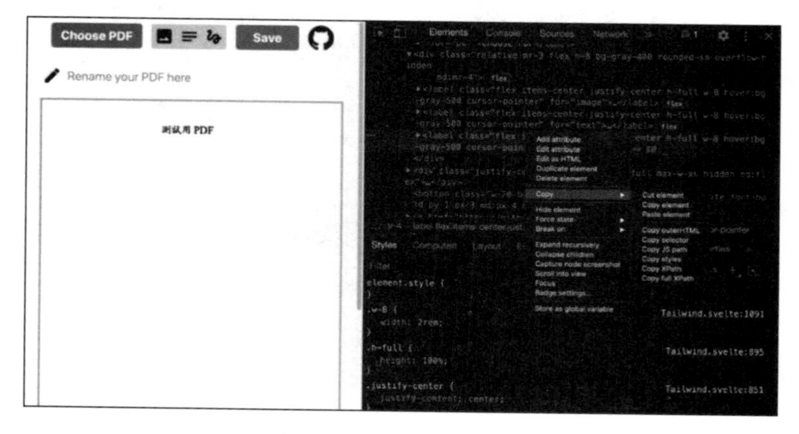

图 13-11　展开快捷菜单的 Copy 来剪切、复制、粘贴元素

在粘贴时，插入的元素会成为焦点所在元素的最后一个子元素，若粘贴在<input>等 Self-closing 元素内，则依然会出现在 DOM 结构中，但没有作用，也不会显示在网页中。

关于 Self-closing 元素，请参考：https://developer.mozilla.org/en-US/docs/Glossary/Empty_element。

13.3.5　隐藏、删除元素

隐藏元素后，重复操作可以恢复，效果和加上“visibility:hidden;”相同，有以下两种方式：

（1）右击元素，然后选择Hide element，如图13-12所示。

（2）将焦点切换至元素，再按H键。

删除元素，有以下两种方式：

（1）右击元素，然后选择Delete element。

（2）将焦点切换至元素，再按Delete键。

图 13-12　被隐藏的元素左侧会显示灰色圆圈

13.3.6　复原、取消复原

按command+Z键或command+Shift+Z键来复原或取消复原对元素的修改或操作。

13.4　在 Console 面板中存取元素

13.4.1　将元素存入变量

右击元素，然后选择Store as global variable，随后会自动展开Drawer的Console分页，同时将该元素存储至一个全局变量，如图13-13所示。

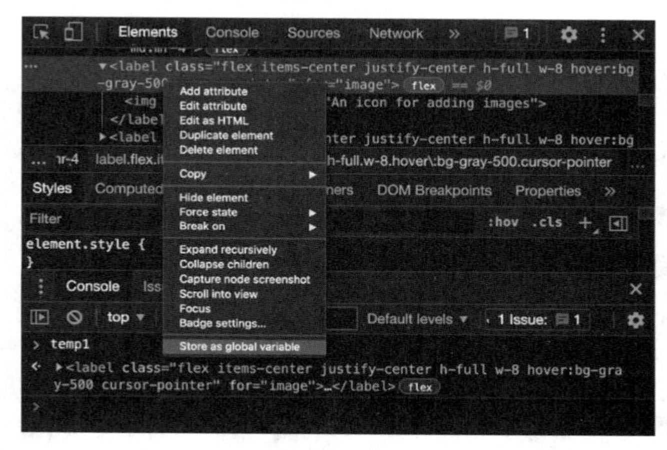

图 13-13　在 Console 内以全局变量 temp1 存取元素

此外，将焦点切换到任意元素后，可以在Console内输入“$0”来存取元素，若连续将焦点切换到多个元素，则可以输入“$1”“$2”“$3”“$4”来分别取得前几次聚焦的元素，如图13-14所示。

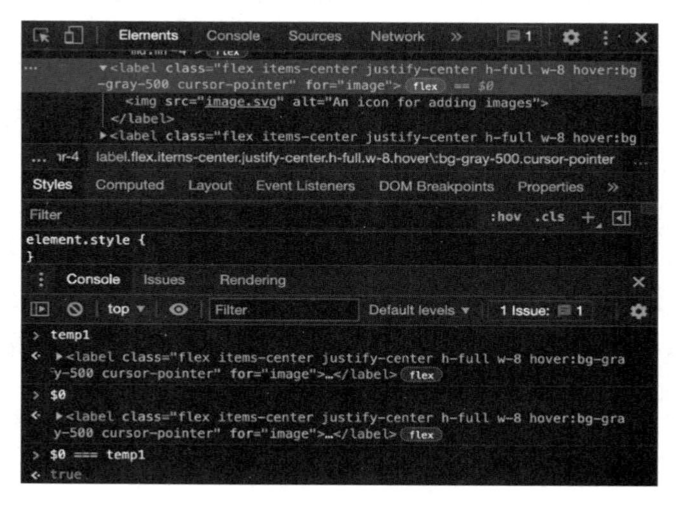

图 13-14　将焦点切换到元素时，元素右方会显示“==$0”，表示可以通过“$0”来存取该元素

在Console内打印出元素后，右击该元素，然后选择Reveal in Elements Panel，随后Elements面板即可滚动至该元素的位置。

13.4.2　复制元素的选择器

右击元素，在展开Copy选项之后，可以通过Copy selector、Copy JS path、Copy XPath等选项来复制元素的选择器，注意此方式不一定能取得性能最佳的选择器，如图13-15所示。

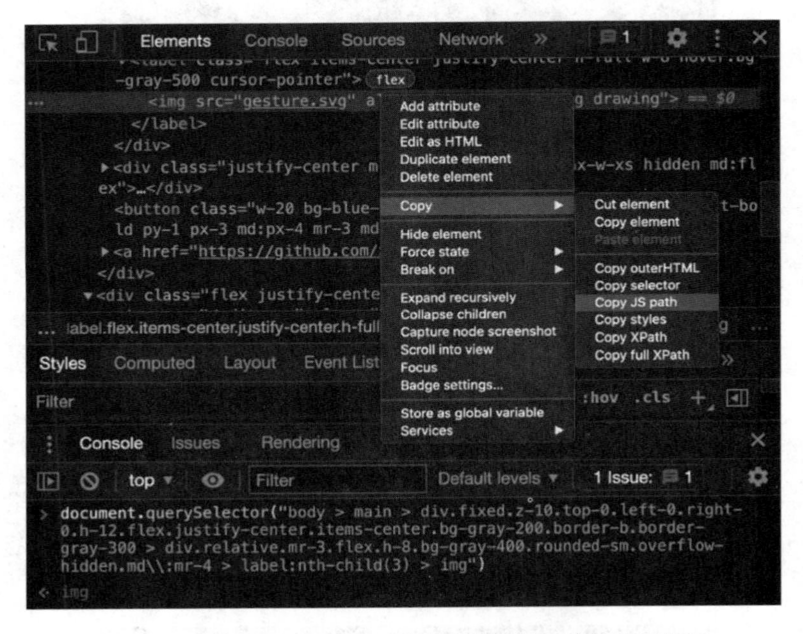

图 13-15　单击 Copy JS path 来复制取得该元素的程序代码

13.5　查看元素 CSS

13.5.1　Styles 分页

将焦点切换到元素时，Styles分页会以权重从大到小显示所有作用在该元素上的CSS规则，其中包含属性覆盖、继承样式、伪类、伪元素等信息，单击规则右侧的文件名会在Sources面板中打开该文件，如图13-16所示。

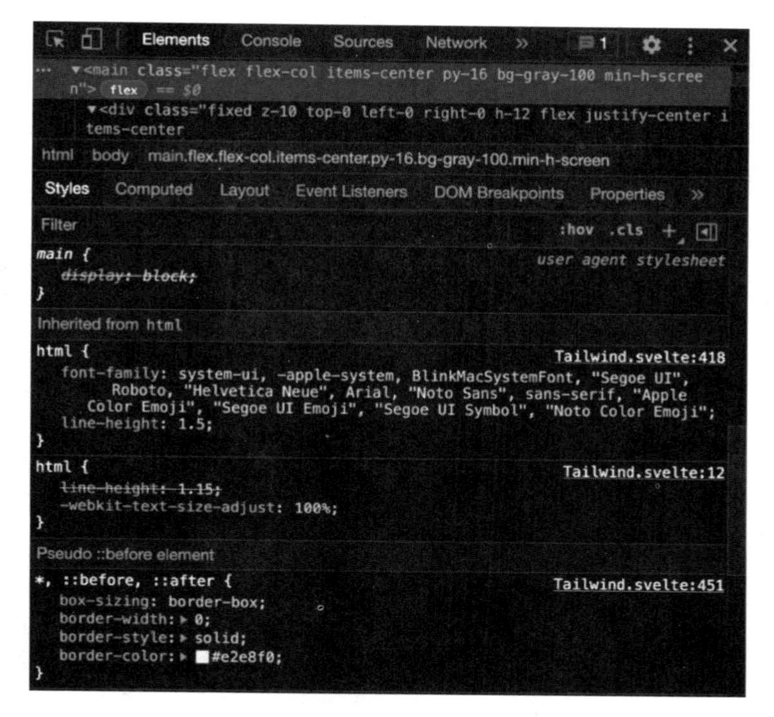

图 13-16　Styles 分页列出了元素匹配到的规则

13.5.2 复制元素 CSS

首先得了解关于CSS的名称定义，如图13-17所示。

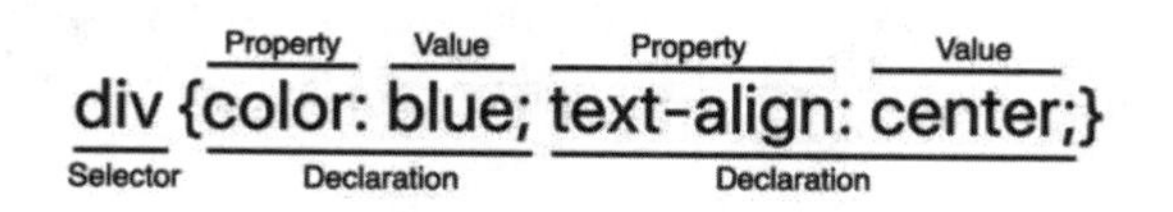

图 13-17　CSS 的名称定义

在Styles分页中，右击规则时，会根据右击的位置出现不同的选项，单击所需的选项来复制CSS，如图13-18所示。

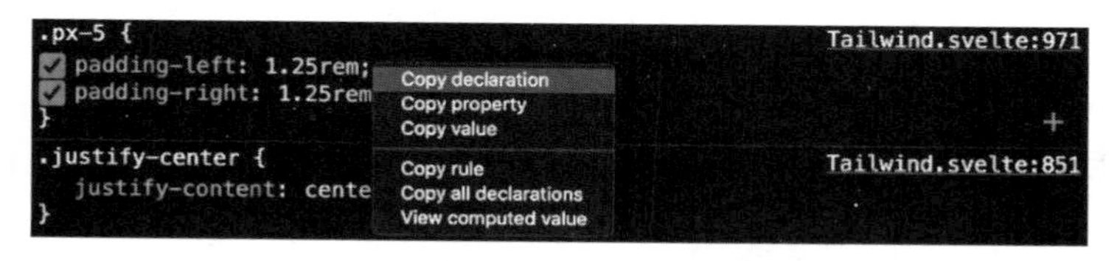

图 13-18　快捷菜单左上角为右击位置，单击 Copy declaration 以复制“padding-left:1.25rem;”

13.5.3　Computed 分页

在Computed分页中列出了该元素所有CSS属性最终生效的值，颜色较淡的为自动计算或来自继承的属性，如图13-19所示。

单击属性来展开与该属性相关的所有规则，单击规则旁的图标则能跳至该规则在Styles分页中的位置。

图 13-19　单击 font-family 和 font-size 后，显示了包含该属性的规则

在Computed分页中，继承属性默认是隐藏的，勾选Show all才能看到全部属性，而勾选Group则会以排版、外观、文字等类别来将属性分组，如图13-20所示。

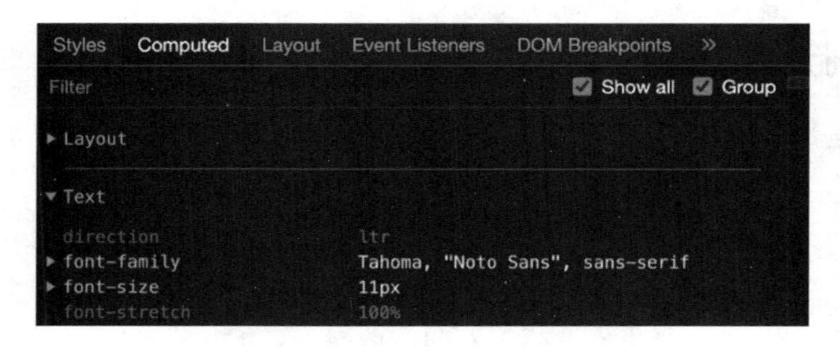

图 13-20　单击 Text 类别后，显示了相关的属性

在 Computed 分页中并不会看到缩写属性（如 border），取而代之的是完整的属性名称（如 border-bottom-color）。

13.5.4　搜索和筛选 CSS

Styles分页上方的Filter能够以规则为单位来筛选CSS选择器、任意属性名称或值、程序代码文件名，且会以不同的背景色突显匹配到的目标，如图13-21所示。

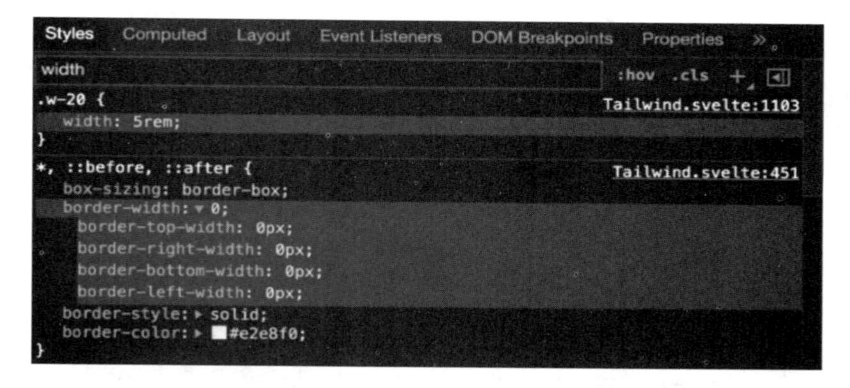

图 13-21　输入“width”后，显示含有 width、border-width 属性的规则

而在Computed分页中，也能通过Filter来快速找到想要查看的属性，如图13-22所示。

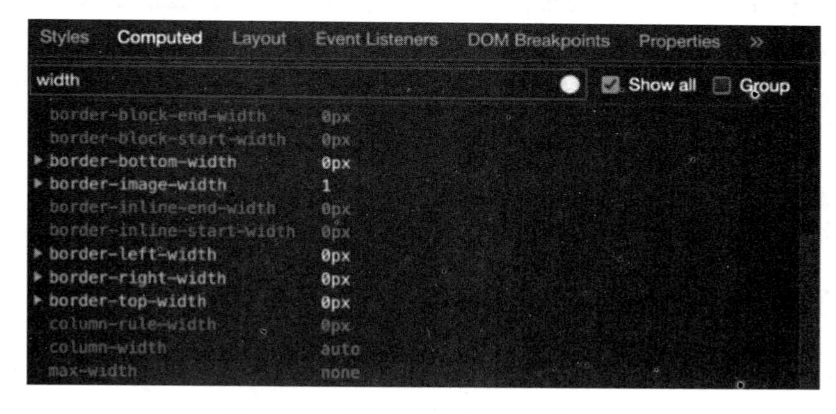

图 13-22　筛选名称含有 width 的属性

若要检查特定属性的最终值，可以在Styles分页中右击该属性，然后选择View computed value，如图13-23所示。

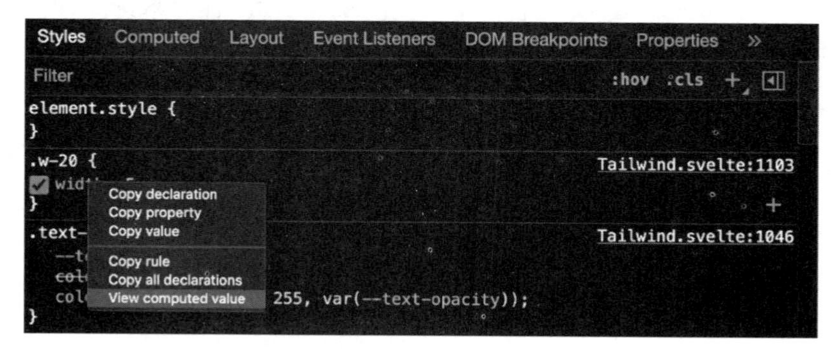

图 13-23　右击 width 属性后，选择 View computed value 来检查 width 的最终值

View computed value和在Computed分页的Filter输入“width”不同，列表中只会显示一行属性，如图13-24所示。

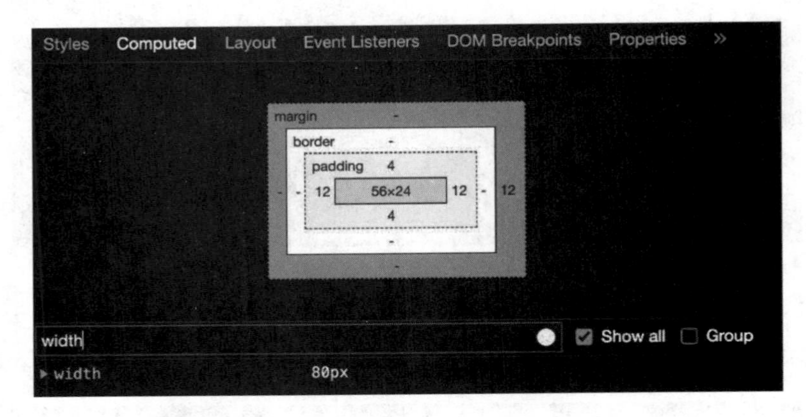

图 13-24 选择 View computed value 后只显示一行 width 属性

13.6 修改元素 CSS

在Styles分页中，可以修改元素的CSS，并立即生效。

13.6.1 修改元素的 class

单击“.cls”会列出焦点所在元素的class属性中所有的class，可以通过勾选和取消勾选列表中的选项来删除、复原各个class，如图13-25所示。

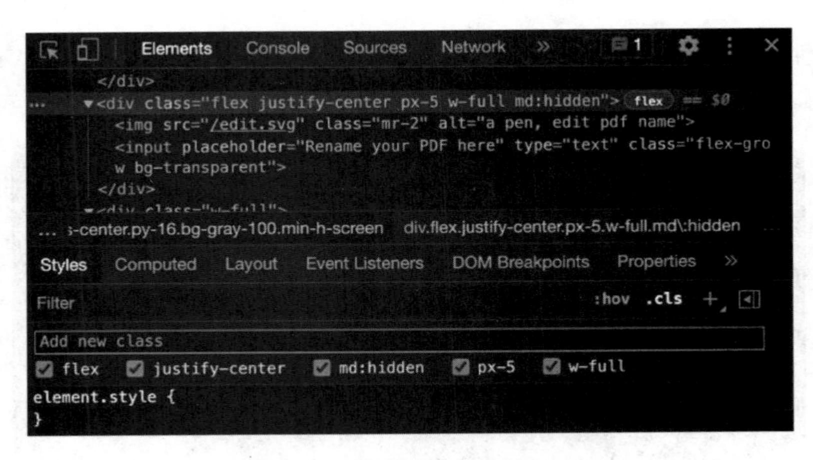

图 13-25 该元素含有 5 个 Class

.cls列表的输入框可以为元素加上新的class，输入时会出现下拉菜单，自动搜索当前页面中已定义的class，搭配↑、↓键可以快速选择class，并预览效果，如图13-26所示。

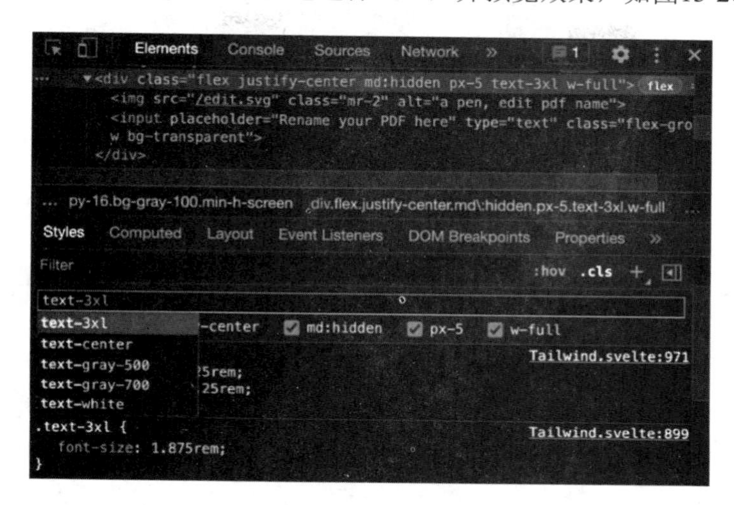

图 13-26　输入“text-”后找到 5 个 class，而聚焦的 text-3xl 已经暂时生效

13.6.2　添加规则

■图标用来添加 CSS 规则，单击后会自动产生一个可以选到当前焦点所在元素的 CSS 规则，并写入一个暂时的 CSS 文件（inspector-stylesheet），如图 13-27 所示。

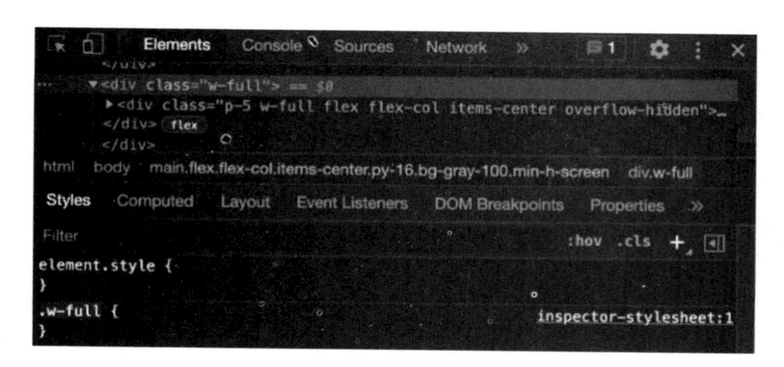

图 13-27　自动产生一个选择器为“.w-full”的规则

单击右方的文件名来显示该文件的内容，可以看到刚才新建的规则，直接编辑会立即生效，如图13-28所示。

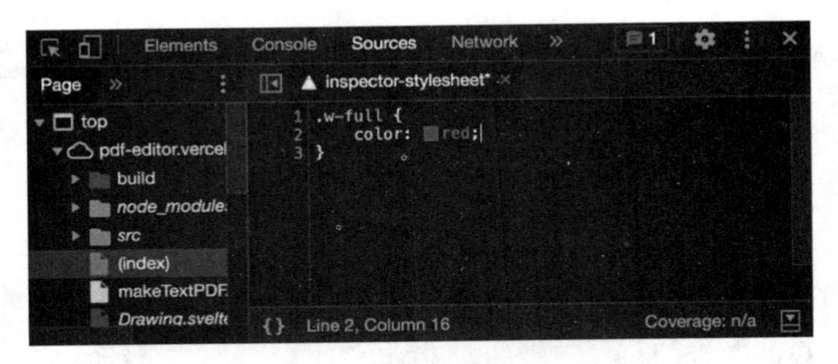

图 13-28　在添加的规则中加入了“color:red;”

单击■图标会出现下拉菜单，可以选择将新规则写入其他已有的CSS文件，如图13-29所示。

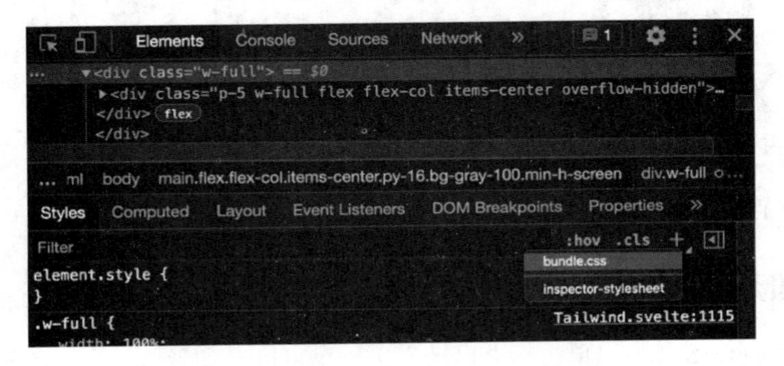

图 13-29　添加规则并写入 bundle.css

13.6.3　修改规则

在Styles分页中，单击规则的属性或值会进入编辑模式，而编辑数值时可以使用↓、↑键搭配功能键来进行微调：

- option+↓/↑键：±0.1。
- ↓/↑键：±1。
- Shift+↓/↑键：±10。
- command+↓/↑键：±100。

例如当光标位于3px处（见图13-30）时，按command+↑键会将值调整为103px，如图13-31所示。

```
element.style {
  box-shadow: 0 0 0 3px rgb(66 153 225 / 50%);
}
```

图 13-30　光标位于 3px 处

```
element.style {
   box-shadow: 0 0 0 103px rgb(66 153 225 / 50%);
}
```

图 13-31 按command+↑键后调整为 103px

在编辑规则时，按Tab键可以将焦点切换到下一个属性或值，按Shift+Tab键则回到上一个属性或值。当焦点在规则最下方的属性值时，按Tab键可以添加一项属性，单击规则的空白处也有相同的效果，如图13-32所示。

```
element.style {
   box-shadow: 0 0 0 103px rgb(66 153 225 / 50%);
   : ;
}
```

图 13-32 单击规则空白处来添加属性

13.6.4 颜色编辑器

当属性值为被侦测的颜色时，左方会出现颜色预览，单击预览能打开颜色编辑器，不过Styles分页并没有直接打开颜色编辑器的方式，最快的方法为随意检查一个有颜色的元素，或者添加一个值为颜色的变量，如“--a:red;”，如图13-33所示。

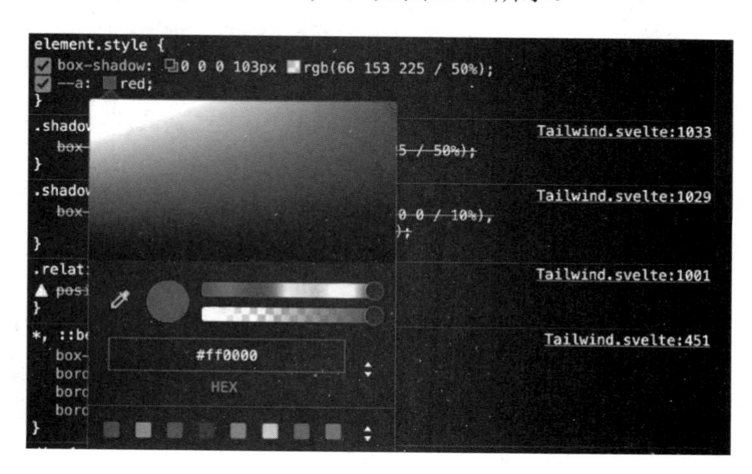

图 13-33 在规则内加入“--a:red;”后，就能单击颜色预览来打开颜色编辑器

1. 取色器

单击左则的图标后，单击网页中的任意位置可以取得该处当前显示的颜色。如果想选取的颜色范围比较小，如文字、边框等，可以按command++键把页面放大，避免取到边缘的过渡颜色，如图13-34所示。

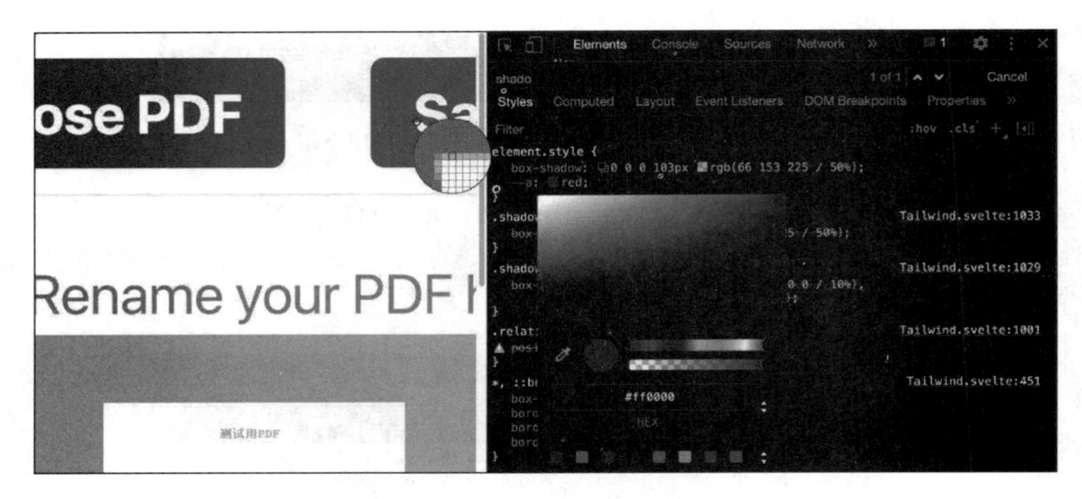

图 13-34　将页面放大来选取颜色

2. 格式转换器

单击颜色数值右侧的■图标，可以在HEX、RGBA、HSLA三种格式间转换，如图13-35所示。

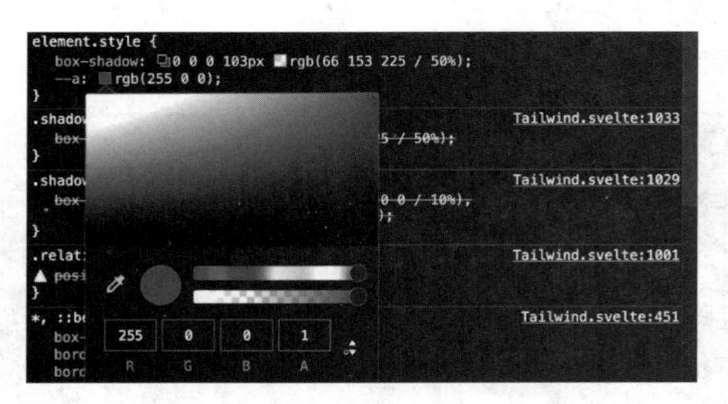

图 13-35　单击图标后，属性值会转换为 hsl(0deg 100%50%)

3. 调色盘

单击右下方的■图标，可以展开调色盘选项（见图13-36）：

- Material：Google自家产品，可作为色系参考。
- Custom：自定义色系，添加色块后可以右击来删除。
- CSS Variables：取自页面中数值为颜色的CSS变量。
- Page colors：自动侦测当前网站中显示的颜色，配色会与当前网页较为相近。

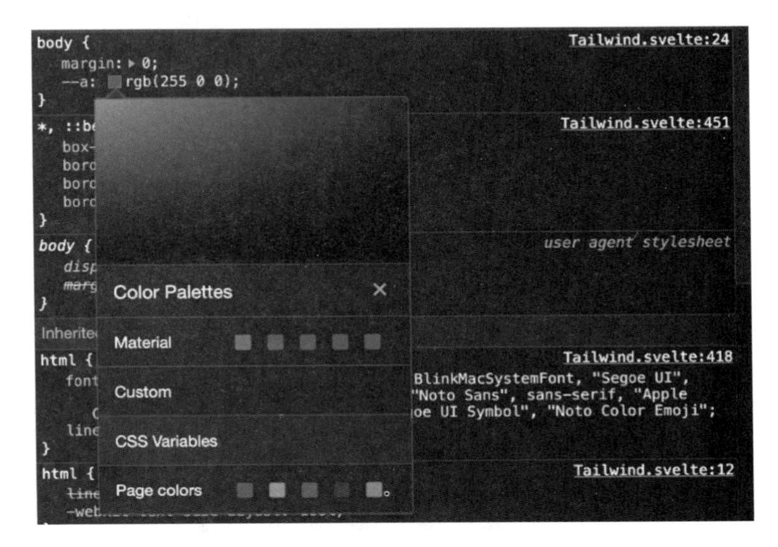

图 13-36 调色盘选项

4. 对比度检查工具

只有单击color属性来打开颜色编辑器时，才会显示文字颜色对比度，如图13-37所示。

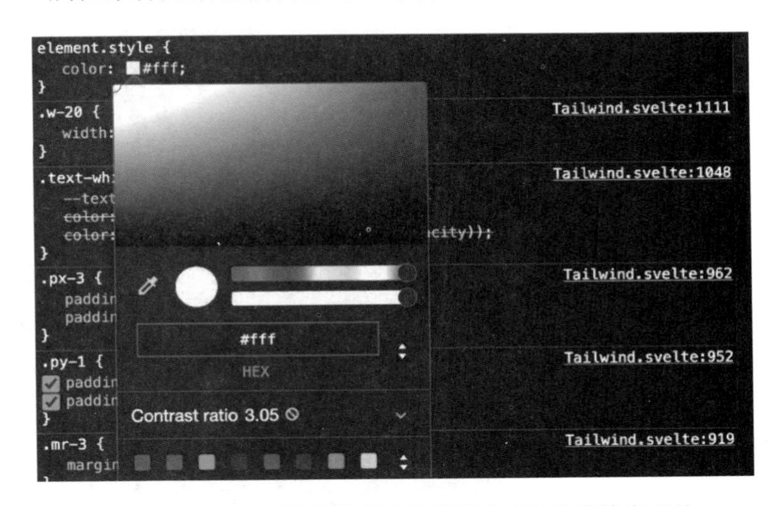

图 13-37 color 属性值的颜色编辑器含有对比度检查工具

单击Contrast ratio右侧的图标，会看到颜色区域多了两条白线，分别是AA和AAA对比度标准，符合AA才算达到最低标准，文字越大则所需的对比度越低，如图13-38所示。

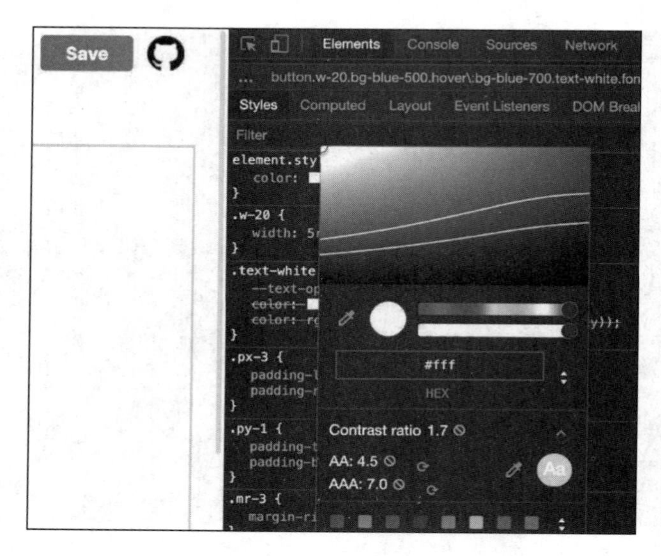

图 13-38　单击页面中的 Save 按钮后，打开颜色编辑器，显示 Contrast ratio 为 1.7

将颜色拖曳至白线以下就能符合标准，或者直接单击AA和AAA旁的图标来自动选择符合标准的颜色，如图13-39所示。

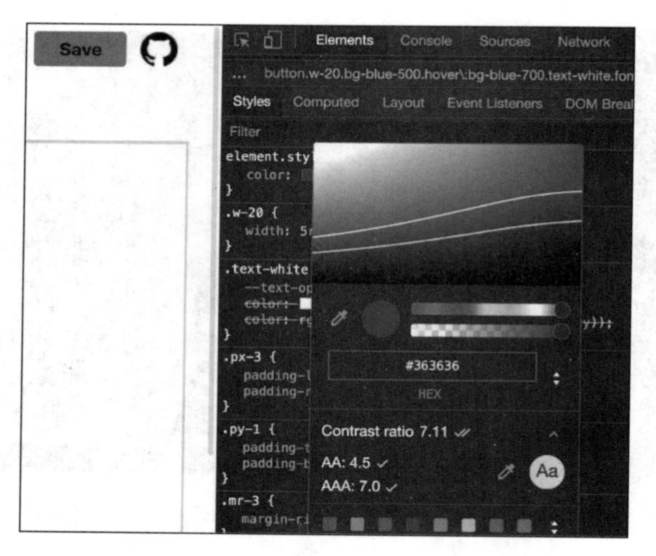

图 13-39　自动将 color 调整为符合标准的值

Google 正准备将 AA/AAA 标准换为 APCA。

13.6.5　阴影编辑器

单击box-shadow属性右侧的■图标来打开阴影编辑器，注意box-shadow属性的值可能不止一个，如图13-40所示。

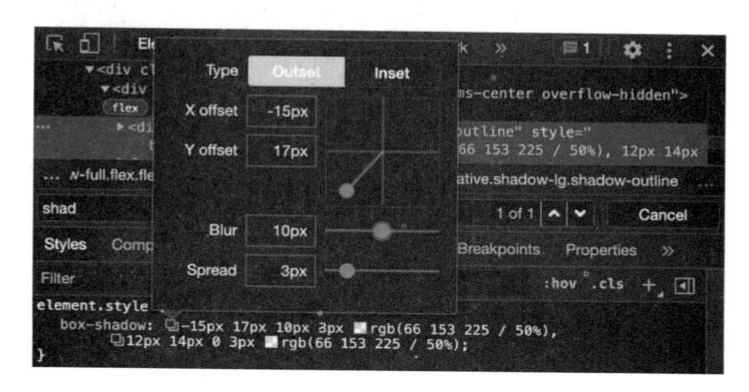

图 13-40　每个 box-shadow 值都会显示阴影编辑器的图标

13.6.6　角度编辑器

角度值左侧会显示角度预览图标，单击图标可打开角度编辑器，打开时可以使用鼠标滚轮微调角度值，如图13-41所示。

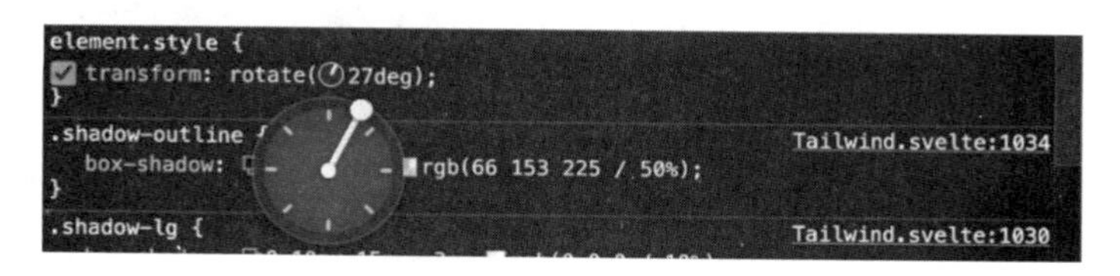

图 13-41　27deg 左侧显示角度编辑器的预览图标

13.6.7　贝氏曲线编辑器

单击transition-timing-function属性值左侧的■图标以打开贝氏曲线编辑器，如图13-42所示。

图 13-42　ease-in-out 左侧显示贝氏曲线编辑器的图标

在编辑器中可以拖曳调整曲线或选择预先提供的贝氏曲线，如图13-43所示。每次修改时，上方的小球都会播放一次预览动画。

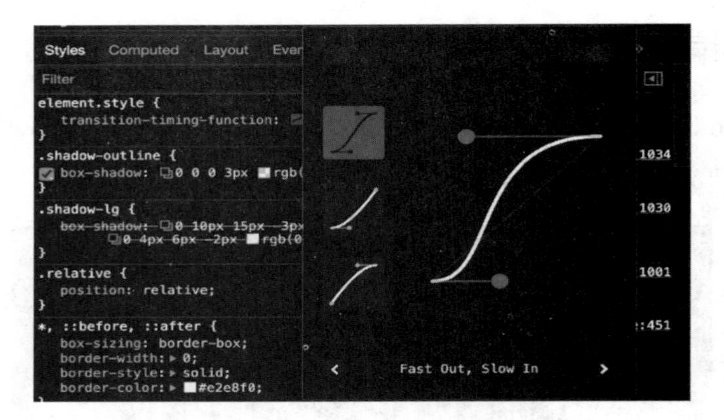

图 13-43　在编辑器下方显示了可选曲线的名称（Fast Out, Slow In）

13.6.8 Box model 编辑器

Styles分页最下方或Computed分页最上方为Box model编辑器，单击Box model中的margin、padding等属性值，随后可以直接进行编辑，如图13-44所示。

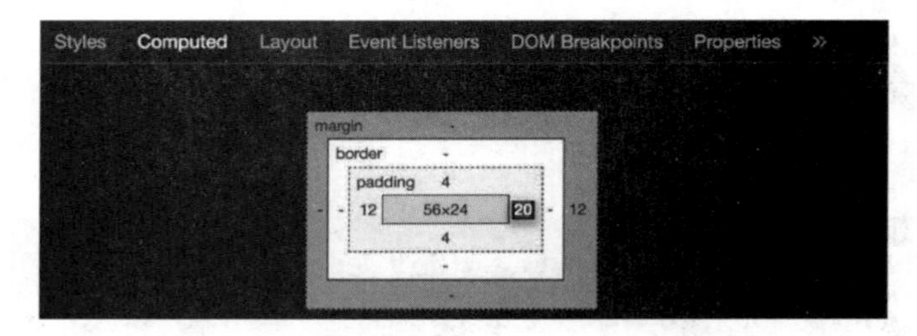

图 13-44　单击 padding-right 并修改为 20（px）

当元素的position值不是static时，编辑器才会显示position属性，如图13-45所示。

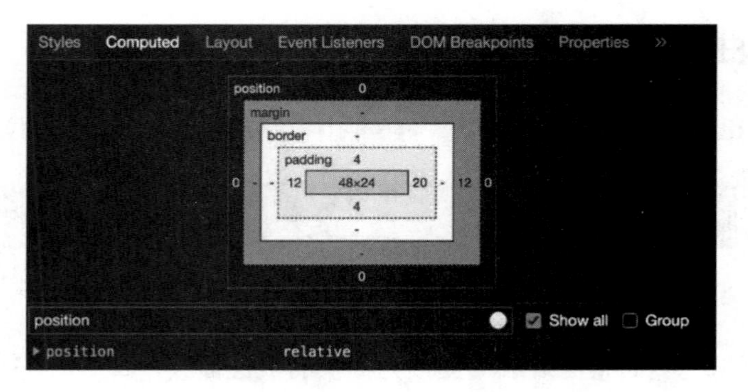

图 13-45　将 position 改为 relative 后，编辑器中显示了外层的 position

13.6.9 字体编辑器

Computed分页最下方会显示焦点所在元素的文字内容的字体、字体来源和字数，如图13-46所示。

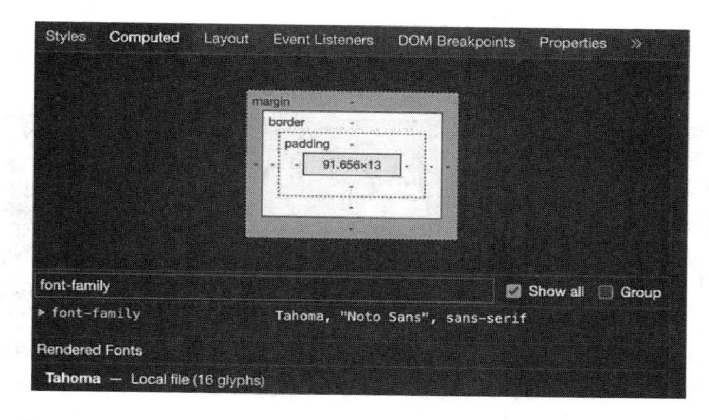

图 13-46 Rendered Fonts 下方显示实际渲染的字体为 Tahoma

在DevTools设置菜单的Experiments区块中，可以启用还在实验阶段的字体编辑器，如图13-47所示。

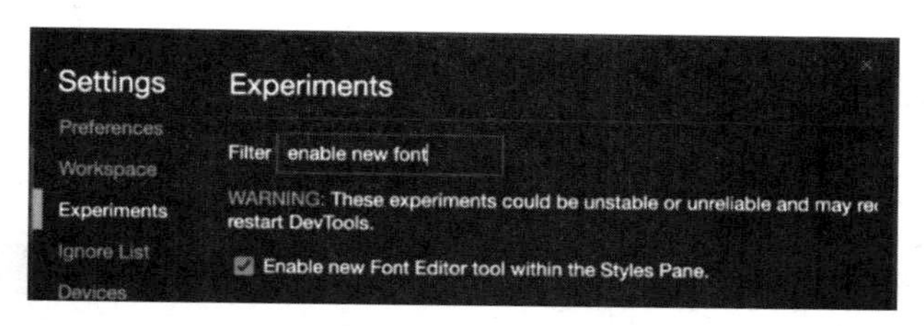

图 13-47 勾选“Enable new Font Editor tool within the Styles Pane.”

启用后，只要 CSS 规则中含有字体相关属性，就能单击右下角的图标，打开字体编辑器，如图 13-48 所示。

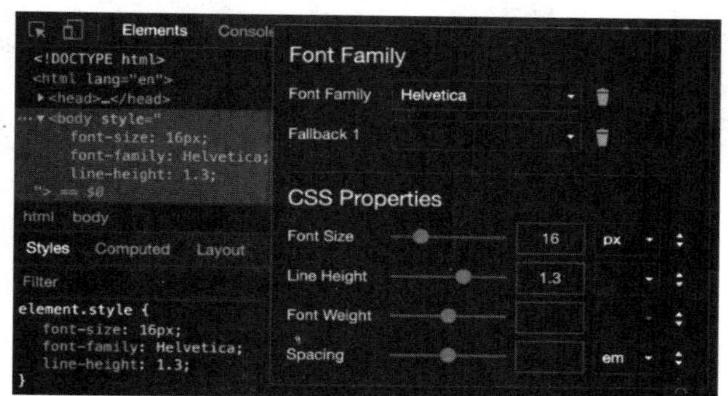

图 13-48 可以在字体编辑器中调整备用字体、大小、行高等

13.7　改变元素状态

一般来说，Pseudo class（如:hover、:active）需要用户交互改变元素状态才能触发，无法用JavaScript直接控制，不过在DevTools中可以任意改变元素状态。右击元素后，选择Force state中的选项来锁定元素状态，如图13-49所示。

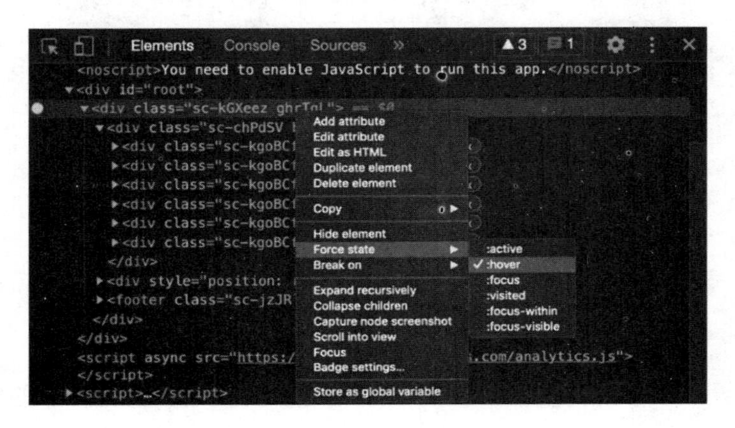

图 13-49　单击 Force state 中的:hover 后，元素左侧出现小圆圈提示

此外，也可以单击Styles分页上方的:hov按钮来展开状态切换列表，适合在需要重复切换状态时使用，如图13-50所示。

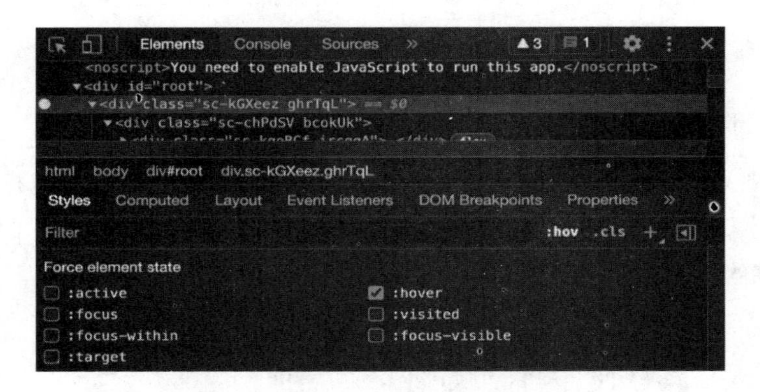

图 13-50　通过:hov 菜单快速切换元素状态

13.8　排版编辑器和 Debugger

若使用到 Flex、Grid、Scroll Snap 排版方式，则元素的右侧会显示对应的徽标（Badge），如

图 13-51 所示。

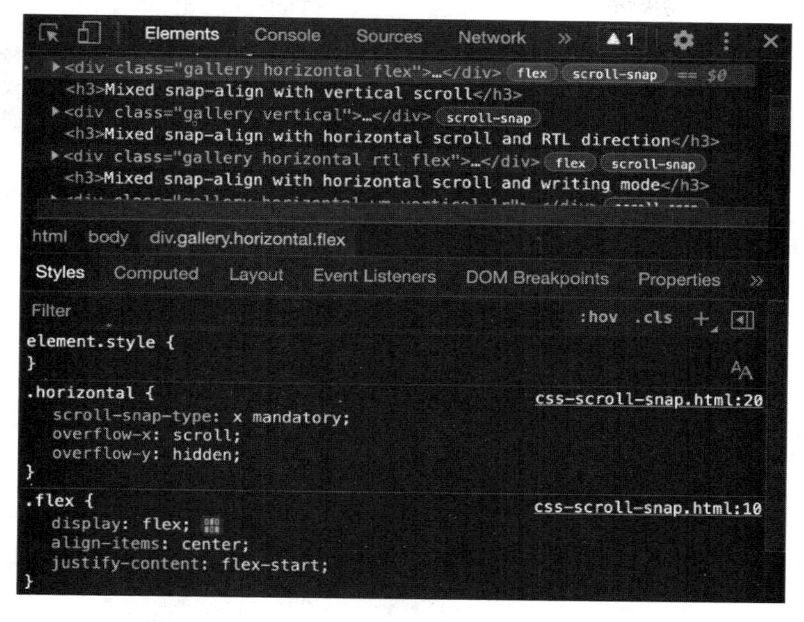

图 13-51　元素含有 display:flex;和 scroll-snap-type 属性

右击元素，然后选择 Badge settings...，就能在面板上方调整想要显示的徽标类型，如图 13-52 所示。

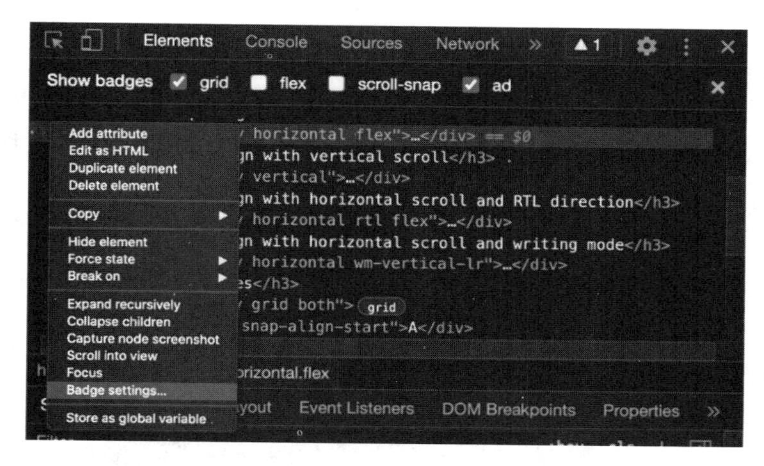

图 13-52　取消勾选 flex 和 scroll-snap 来隐藏对应的徽标

单击徽标来打开对应的可视化Debugger，如图13-53所示。

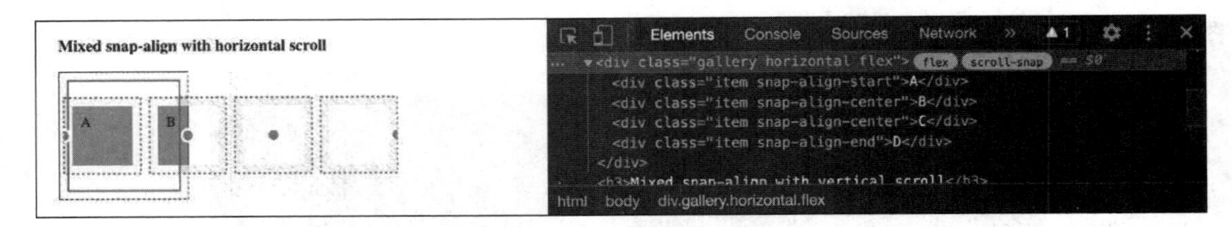

图 13-53　Flex 和 Scroll Snap 的可视化 Debugger

13.8.1　Flex

当元素的display属性为flex或inline-flex时，单击属性右侧的图标，可以打开Flex编辑器，如图13-54所示。

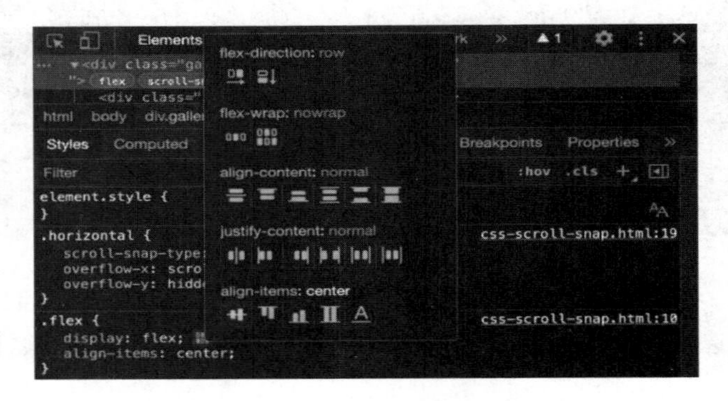

图 13-54　在编辑器中以图标代替属性值

13.8.2　Grid

当元素的display属性为grid或inline-grid时，单击属性右侧的图标，可以打开Grid编辑器，如图13-55所示。

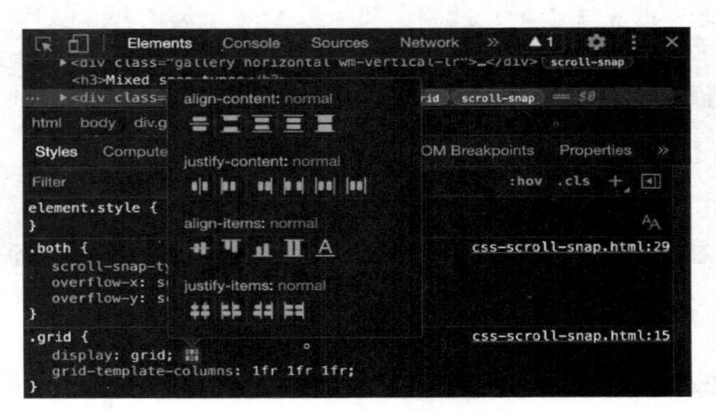

图 13-55　编辑器中以图标代替属性值

此外，单击grid徽标后，可以在Layout分页中调整Debugger的显示设置，如图13-56所示。

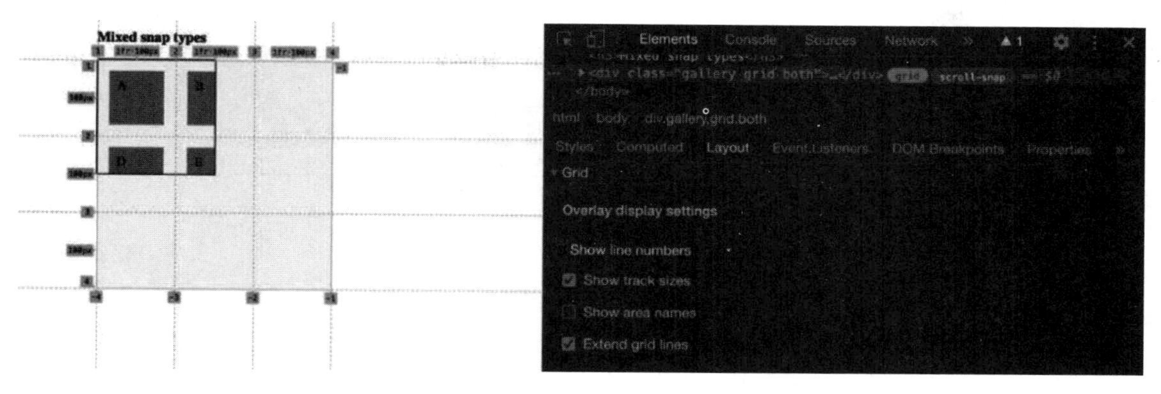

图 13-56　勾选 Show tack sizes、Extend grid lines 以便在页面中显示更多细节

13.8.3　Scroll Snap

当元素含有scroll-snap-type属性时，可以打开Scroll Snap Debugger，如图13-57所示。

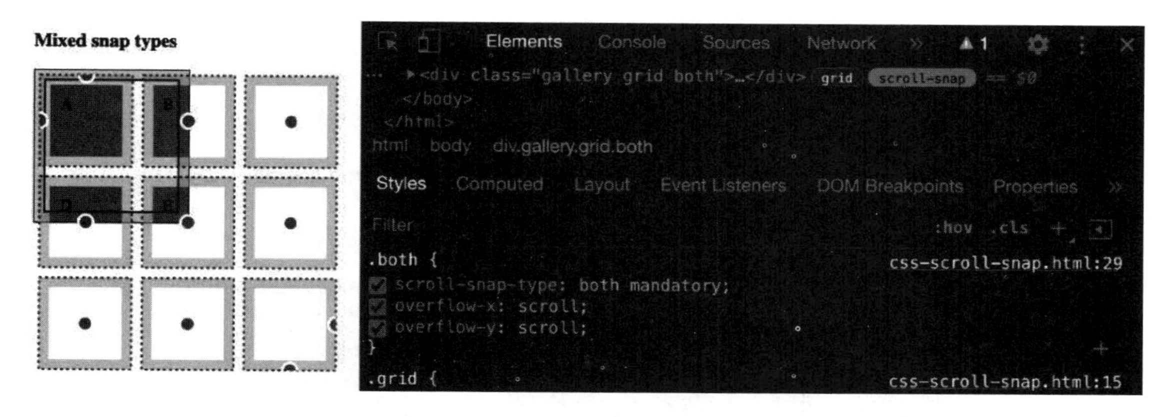

图 13-57　Debugger 以蓝点显示了 Snap 的边界

13.9　DOM 断点

右击元素后，可以通过Break on菜单设置DOM断点，在元素内容变动时暂停页面，DOM Breakpoints分页会列出页面中所有的DOM断点。有关DOM断点的介绍，请参考第15章。

第14章

Console面板

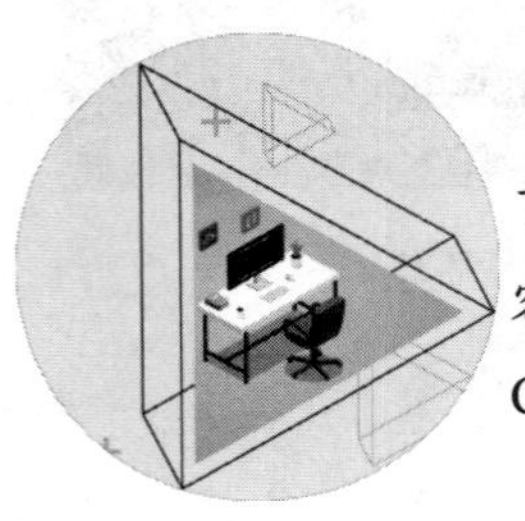

Console面板作为基本的Debug工具，能够快速解决大部分的问题，除了显示所有Debug相关信息外，也常用于测试JavaScript的运行及操作网页内容。Console面板的信息筛选功能可大幅减少Debug过程的干扰，而善用Console内提供的API以及Utilities函数则能进一步提高Debug的效率。

14.1 基本介绍

Console面板由一行工具栏和下方的REPL Console组成，用于显示警告、错误以及开发者打印出的信息，协助开发者解决网页中的问题及进行JavaScript Debugging，如图14-1所示。

信息的右侧为文件名及程序代码的行号，单击后会在Sources面板中打开文件内容。

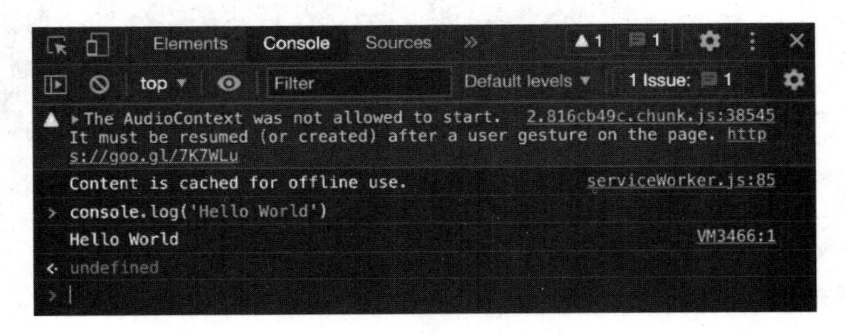

图 14-1 Console 内显示了不同来源的信息

14.2 Console 设置

单击Console面板右上角的⚙图标以展开设置列表，默认启用的4个选项如图14-2所示。

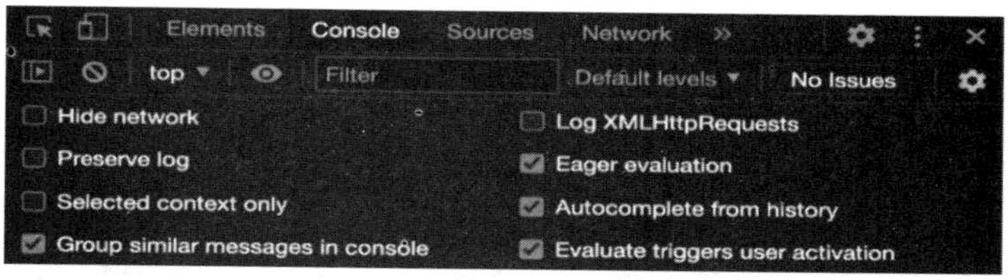

图 14-2 默认启用的 4 个选项

14.2.1 Group similar messages in console

启用Group similar messages in console选项，自动合并相似的信息，并在左侧显示已合并的信息数量，例如：

```
for (let i = 0; i < 10; i += 1) console.log('similar')
```

结果如图14-3所示。

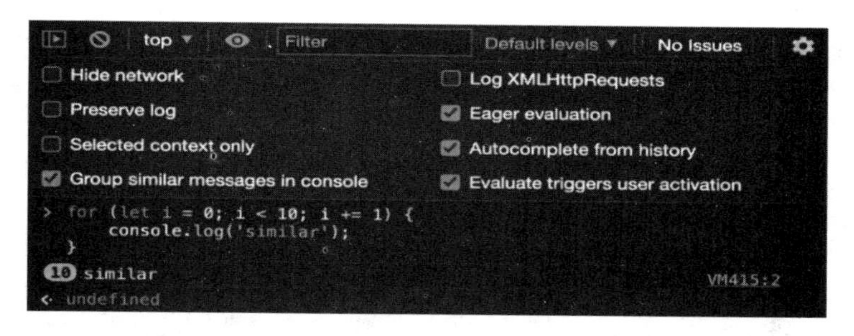

图 14-3 10 个 similar 信息被合并为 1 个

14.2.2 Eager evaluation

启用Eager evaluation选项，输入JavaScript代码时，会以淡色显示执行结果，如图14-4所示。

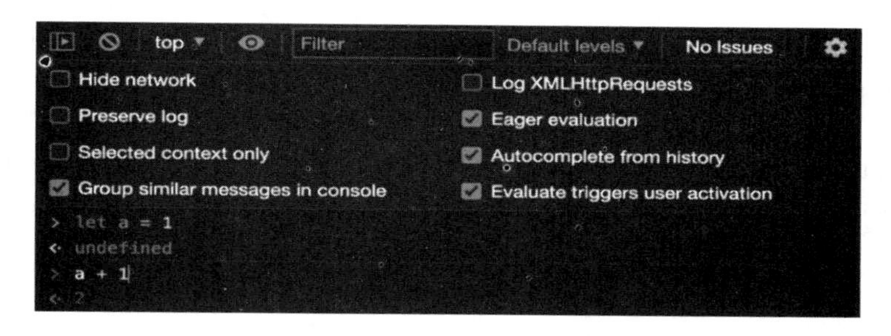

图 14-4 执行 a+1 前，已经显示执行结果 2

输入无法正确执行的程序代码，或者会改变状态的程序代码时，并不会显示预览，如图 14-5 所示。

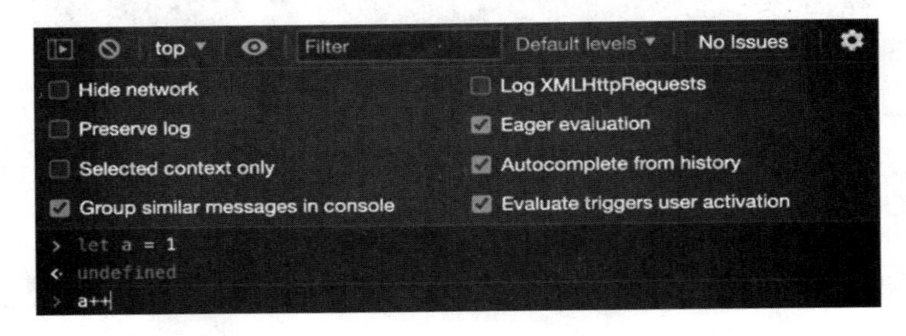

图 14-5　执行“a++”会改变 a 的值，因此无法显示预览

14.2.3　Autocomplete from history

启用Autocomplete from history选项，输入JavaScript代码时，在下拉菜单中会显示曾经输入过的程序代码（见图14-6），在Console内右击并选择Clear console history可清除以往的输入记录。

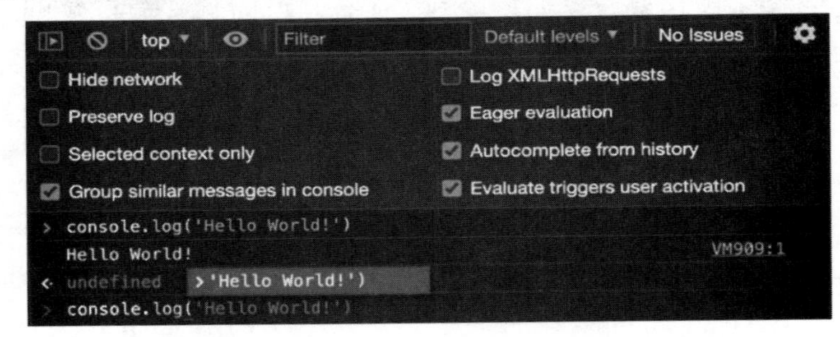

图 14-6　用↑、↓键改变选项，用Tab键选取

14.2.4　Evaluate triggers user activation

考虑到信息安全问题和用户体验，播放影片、打开新分页、下载文件等行为需要在触发User activation的情况下才能完成。

启用Evaluate triggers user activation选项，在Console内执行JavaScript，会触发User activation。以播放影片为例，在Console内执行以下程序代码，可以顺利让网页中的<video>开始播放。

```
document.querySelector('video').play()
```

结果如图14-7所示。

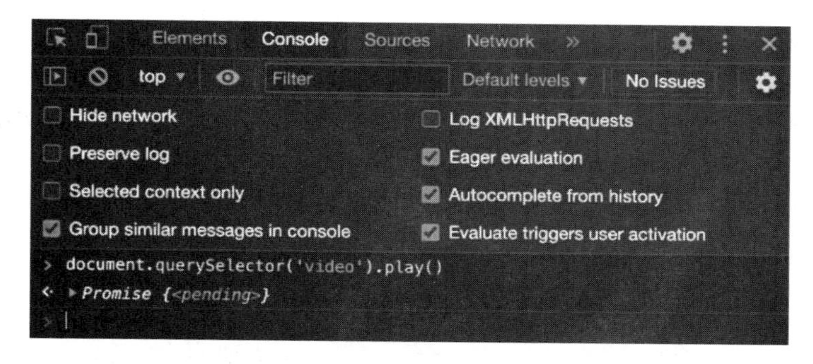

图 14-7　网页中的<video>开始播放

在没有启用Evaluate triggers user activation的情况下，执行程序代码会出错，必须等到用户和网页互动（触发User activation）后，才能通过play()播放视频，如图14-8所示。

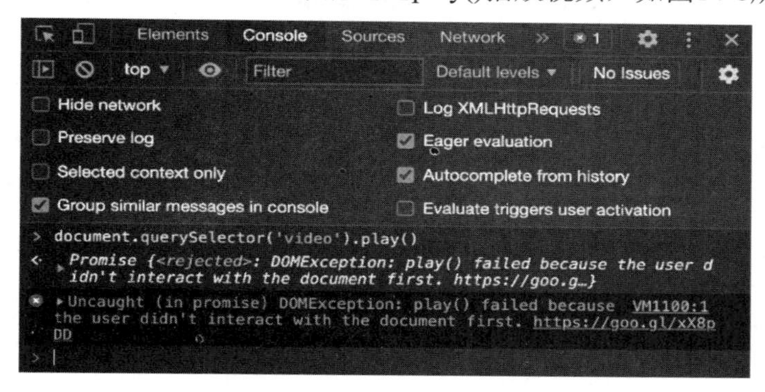

图 14-8　播放失败，显示错误提示信息

14.2.5　Hide network

Console默认会打印出关于网络的错误提示信息，例如发送请求后，若收到4XX、5XX的Status code会显示错误（见图14-9），启用Hide network来隐藏相关错误提示信息。

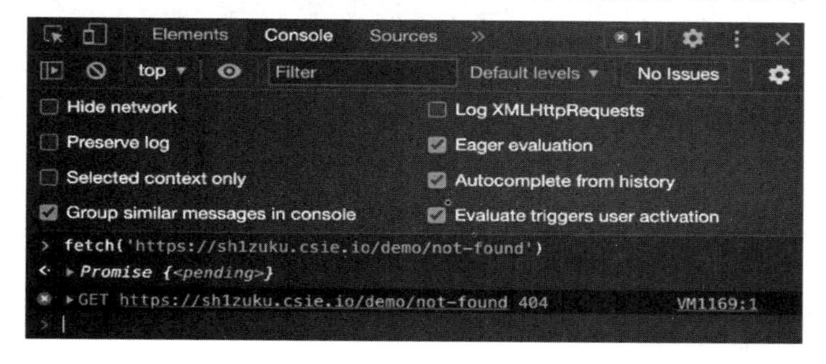

图 14-9　当响应的 Status code 为 404 时，自动显示错误提示信息

14.2.6 Preserve log

启用Preserve log后，在页面跳转时会保留Console内的信息，如图14-10所示。

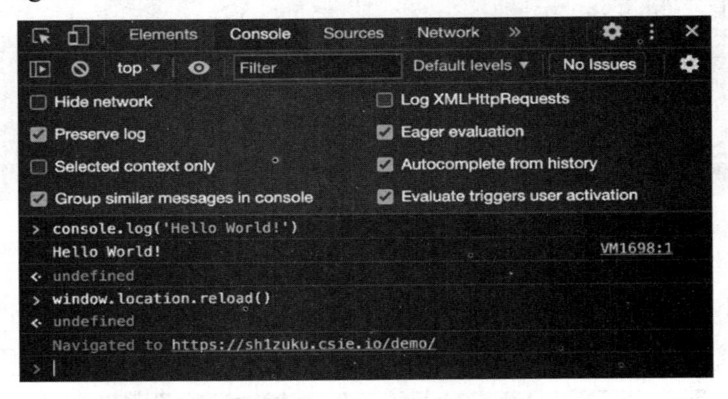

图 14-10　Navigated to…为清除信息的时机

14.2.7 Selected context only

当其他Context有过多信息或只想查看某个Context的信息时，可以使用这个工具，如<iframe>、浏览器扩充软件包、Worker、Service Worker等都具有不同的Context。

从图14-11中可看到一则来自<iframe>的from iframe信息以及执行console.log打印出的"Hello World!"。

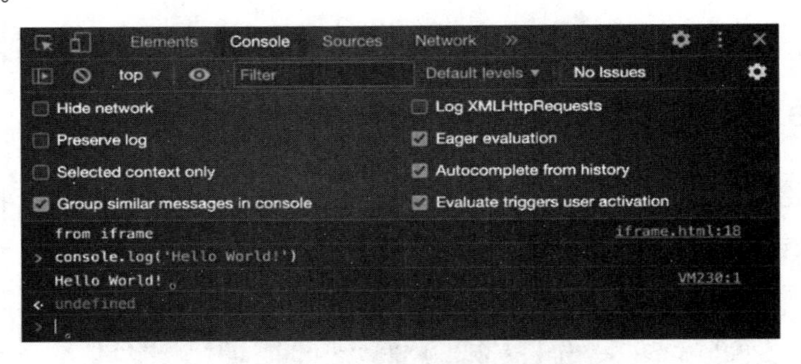

图 14-11　Console 内的两则信息来自不同的 Context

由于默认选取的Context为最外层页面，因此启用后会隐藏来自<iframe>的信息，如图14-12所示。

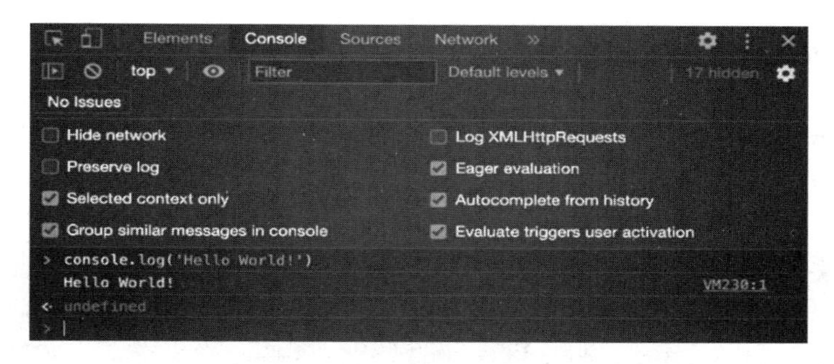

图 14-12　来自<iframe>的信息被隐藏

若要切换至其他Context，可以单击Console面板上方的top来展开Context列表，如图14-13所示。通过菜单切换至<iframe>的Context后，便无法看到刚才打印出的“Hello World!”信息，取而代之的是<iframe>内打印出的from iframe信息。

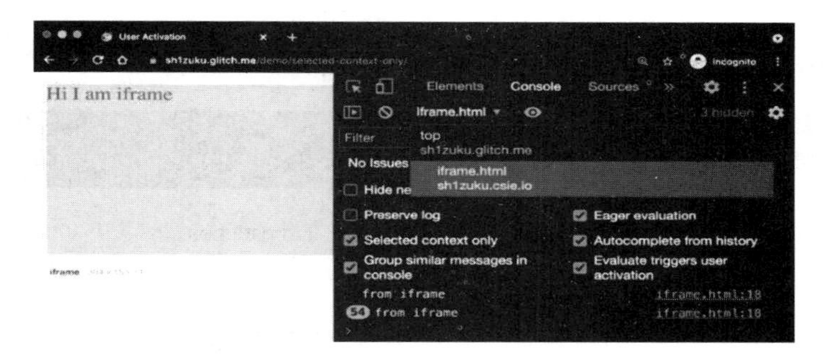

图 14-13　将鼠标移至<iframe> Context 时，网页中会显示该<iframe>的位置

14.2.8　Log XMLHttpRequests

启用Log XMLHttpRequests后，会打印出XMLHttpRequest和Fetch的请求结果，右击网址后，选择Reveal in Network panel，可以在Network面板中查看请求的详细信息，如图14-14所示。

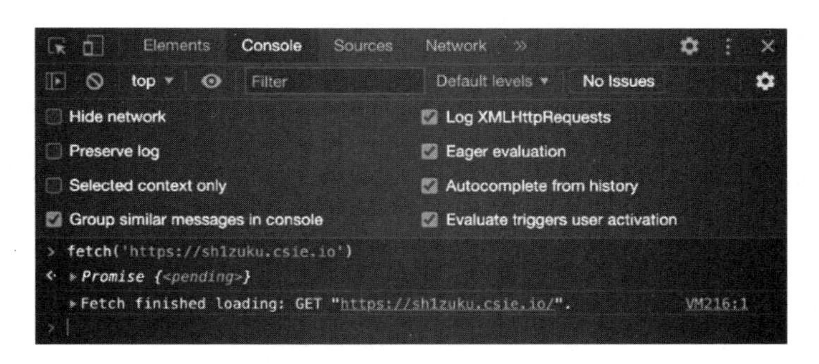

图 14-14　执行 fetch 请求成功

14.2.9　Show timestamps

此选项需从DevTools本身的设置菜单打开，勾选Preferences→Console下的Show timestamps选项，如图14-15所示。

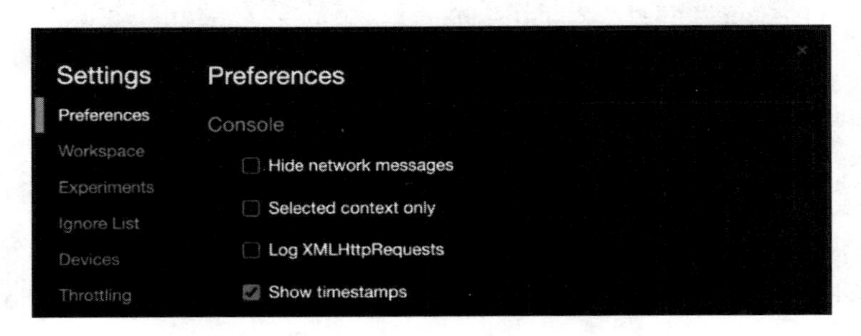

图 14-15　启用 Show timestamps

启用Show timestamps后，会显示打印每一行信息时的Timestamp，如图14-16所示。

```
> 05:31:26.830 console.log('Hello World!')
  05:31:26.831 Hello World!                         VM237:1
< 05:31:26.836 undefined
```

图 14-16　信息左侧显示了 Timestamps

14.3　Console 信息

14.3.1　信息级别

Console信息共分为以下4个级别：

- Verbose。
- Info。
- Warning。
- Error。

例如console.log打印出的信息就属于Info级别，通过不同的Console API能够产生不同级别的信息。

1. Verbose

基本API：console.debug。

默认情况下，Console面板不会显示Verbose信息，若要查看，则需展开上方的All levels菜单，并勾选Verbose，如图14-17所示。

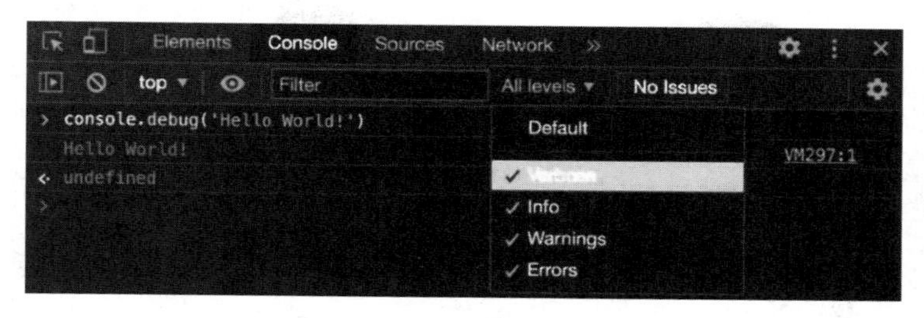

图 14-17　勾选 Verbose 后，显示了 console.debug 打印出的信息

2. Info

基本API：console.log、console.info。

这两种Console API是等价的，执行时会打印出信息，并显示程序代码文件的文件名。

3. Warning

基本API：console.warn。

常用于软件包和共享函数，适用于警示“可能”出错的情况或功能弃用提示，例如在参数类型不符合预期时打印出的警告信息，如图14-18所示。

图 14-18　警告信息的左侧有灰色三角形图标

Warning级别的信息会带有Call stack，单击左侧的图标来展开Call stack信息。

4. Error

基本API：console.error。

除了出错外，常用于影响用户操作流程或无法复原的问题。Error和Warning级别的信息都能够展开Call stack信息。

14.3.2　筛选信息

Console面板中承载了所有来源的信息，包括来自开发者、软件包以及浏览器自动产生的等，经常造成信息过多，从而影响Debug效率，如图14-19所示。

图 14-19 Console 内显示了许多信息

先前提到通过Selected context only能够隐藏其他Context的信息，接下来介绍针对同一个Context的几种筛选方式。

下列方式只能筛选“信息”，JavaScript 的执行记录和结果不会受到影响。

1. 以关键词筛选

在上方的Filter中输入关键词来筛选信息，如图14-20所示。

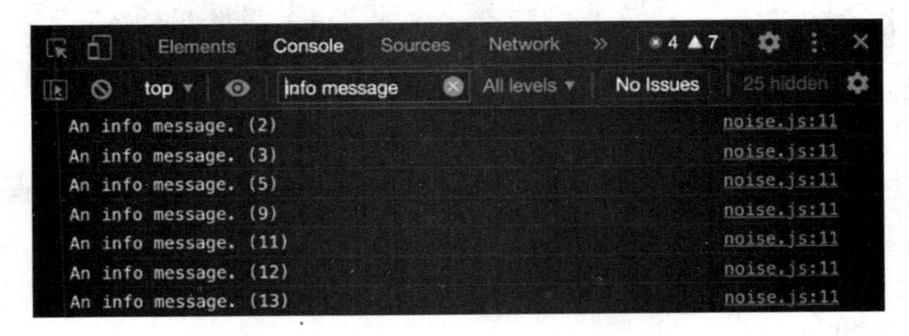

图 14-20 输入“info message”来筛选同时含有 info 和 message 的信息

以减号开头，则会变为反向筛选，隐藏含有该内容的信息，如图14-21所示。

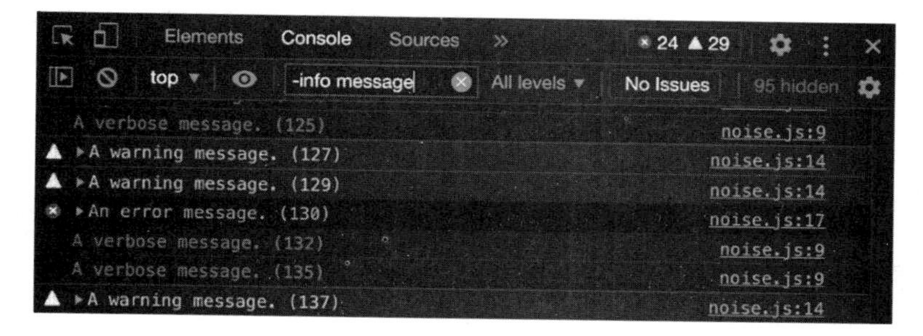

图 14-21 以“-info message”隐藏含有 info 的信息，并筛选含有 message 的信息

2. 以正则表达式筛选

在输入的内容前后加上“/”会视为正则表达式，且同样可以在最前方加入减号来进行反向筛选，如图14-22所示。

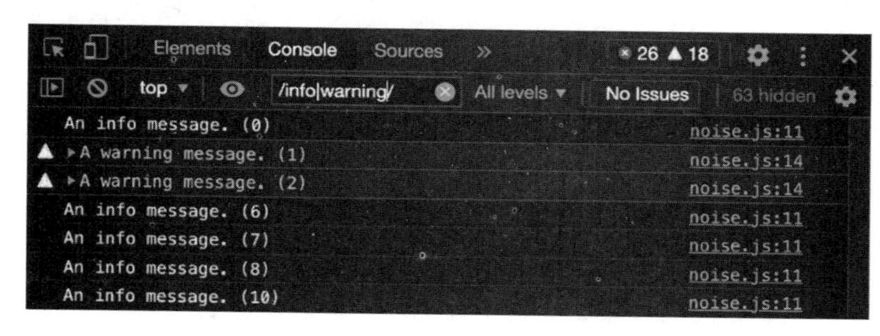

图 14-22 以正则表达式/info|warning/筛选包含 info 或 warning 的信息

3. 以URL筛选

除了以信息内容筛选外，输入“url:”会出现所有信息的URL列表，可以使用↑、↓键来选择，并筛选来自特定URL的信息，如图14-23所示。

图 14-23 筛选来源为 https://hanouts.google.com/webchat…的信息

此外，右击信息，然后选择Hide messages from…，就会自动在Filter中以减号开头加入该信息的URL，如图14-24所示。

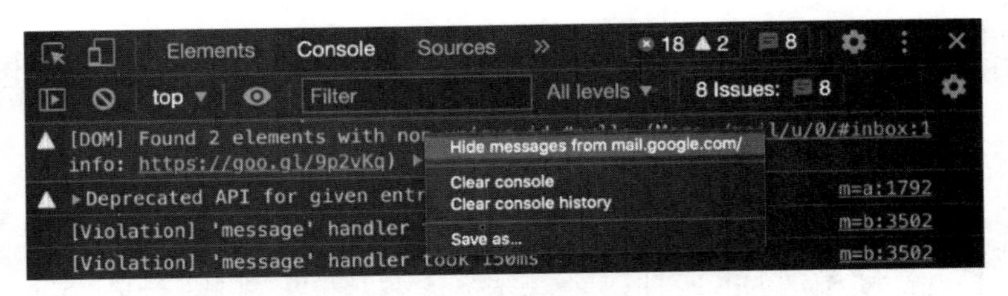

图 14-24　单击 Hide messages from…来隐藏来自该 URL 的信息

4. 以Level筛选

除了从Filter右侧的Level菜单来调整想要显示的信息级别外，单击左上方的■图标打开侧栏，会自动以Level和URL分类信息，如图14-25所示。

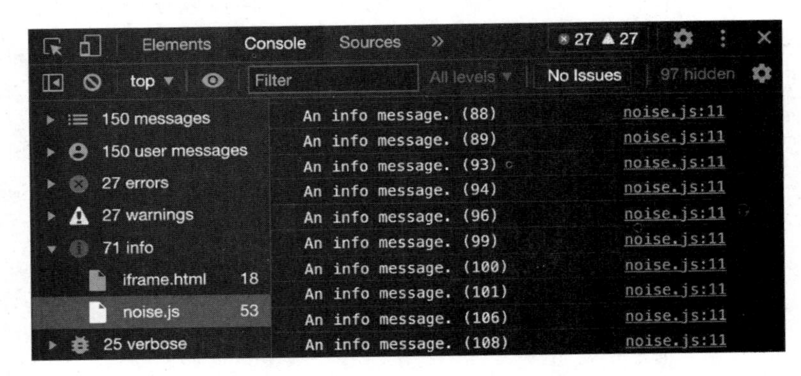

图 14-25　选择 Level 为 Info 且来自 noise.js 的信息

user messages 类别代表通过 Console API 产生的信息，不包含浏览器自动产生的警告或网络错误提示信息等。

14.4　Console API

虽然Debug JavaScript时使用console.log大多时候都能解决问题，不过Console除了console.log之外，还提供了许多实用的API，在适当的时机使用它们能够节省不少Debug时间。

14.4.1　console.assert

Level：Error。

与console.log的作用相似，差别在于当第一个参数是false时才会打印出信息。

```
[false, null, undefined, 0, -0, 0n, NaN, ""] // false值
```

举例来说，检查user对象的name属性是否为字符串时，可能会编写以下程序代码：

```
const user = {
  name: null
};
if (typeof name === 'string') {
  console.log('invalid name', user);
}
```

这种情况可以使用console.assert省去if条件判断语句，不但编写的程序代码可以更少，而且在语义上也更清晰：条件不符就抛出错误，如图14-26所示。

```
console.assert(typeof user.name === 'string', 'invalid name', user);
```

```
> const user = {
    name: null
  };
  if (typeof name === 'string') {
    console.log('invalid name', user);
  }
  console.assert(typeof user.name === 'string', 'invalid name', user);
  invalid name ▶{name: null}                                   VM774:5
✖ ▶Assertion failed: invalid name ▶{name: null}                VM774:7
```

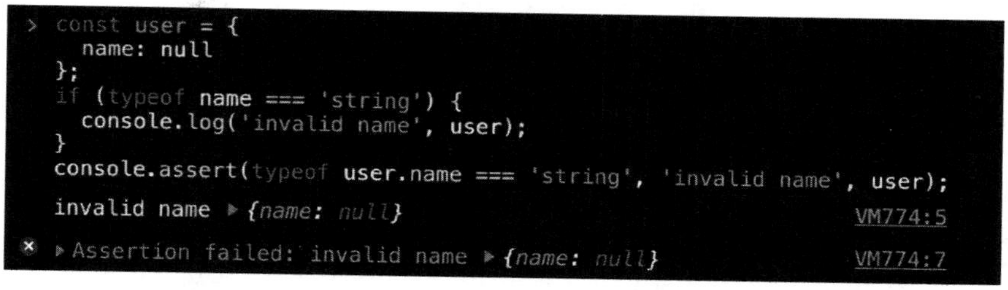

图 14-26 第一个参数为 false，抛出错误

14.4.2 console.count

Level：Info。

console.count的默认参数为default，可以作为计数器，累计特定标签出现的次数。

```
for (let i = 0; i < 5; i++) {
  const number = Math.random() * 100;
  if (number >= 50) console.count('偏高');
  else console.count('偏低');
}
```

结果如图14-27所示。

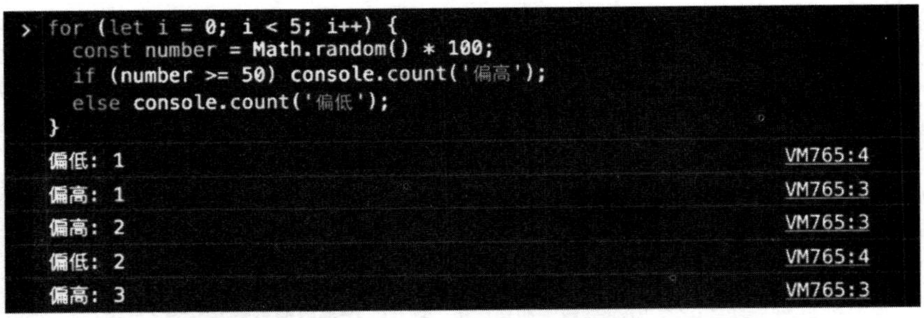

```
> for (let i = 0; i < 5; i++) {
    const number = Math.random() * 100;
    if (number >= 50) console.count('偏高');
    else console.count('偏低');
  }
  偏低: 1                                    VM765:4
  偏高: 1                                    VM765:3
  偏高: 2                                    VM765:3
  偏低: 2                                    VM765:4
  偏高: 3                                    VM765:3
```

图 14-27 有两次随机值低于 50

使用console.countReset来归零累计值，默认参数同样为default。

```
console.countReset('偏高'); console.countReset('偏低');
```

14.4.3 console.group

Level：Info。

为了让Debug信息更显眼，可能会使用以下程序代码：

```
console.log('--- Start debugging ---');
console.log(object);
console.log('--- End debugging ---');
```

以console.group和console.groupEnd代替这种应用场景有以下优点：

- 无须另外定义End处的信息。
- 支持多层嵌套，避免混乱。
- 单击信息左侧的图标可以收合、展开同组信息。

```
console.group('Start debugging');
console.log('message');
console.group('Nested');
console.log('deeper message');
console.groupEnd();
console.log('message');
console.groupEnd();
```

结果如图14-28所示。

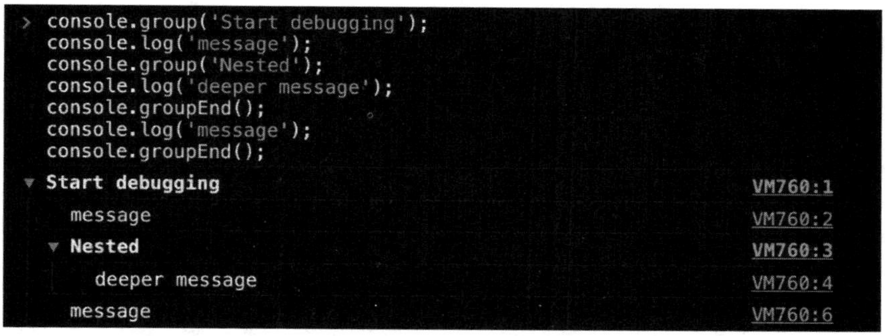

```
> console.group('Start debugging');
  console.log('message');
  console.group('Nested');
  console.log('deeper message');
  console.groupEnd();
  console.log('message');
  console.groupEnd();
▼ Start debugging                                    VM760:1
    message                                          VM760:2
  ▼ Nested                                           VM760:3
      deeper message                                 VM760:4
    message                                          VM760:6
```

图 14-28　组名会以粗体显示

此外，使用console.groupCollapsed代替console.group能以收合状态打印出信息。

14.4.4　console.table

Level：Info。

使用console.table打印出对象或数组时，可以避免Console自动折叠内容，例如：

```
const rows = [
  {
    "name": "Frozen yoghurt",
    "calories": 159,
    "fat": 6,
    "carbs": 24,
    "protein": 4
  },
  {
    "name": "Ice cream sandwich",
    "calories": 237,
    "fat": 9,
    "carbs": 37,
    "protein": 4.3
  },
  {
    "name": "Eclair",
    "calories": 262,
    "fat": 16,
    "carbs": 24,
    "protein": 6
  }
];
console.table(rows);
```

结果如图14-29所示。

```
> console.table(rows)
VM874:1
```

(index)	name	calories	fat	carbs	protein
0	"Frozen yo…	159	6	24	4
1	"Ice cream…	237	9	37	4.3
2	"Eclair"	262	16	24	6

▸ Array(3)

图 14-29　console.table(rows)的执行结果

console.table会以表格打印出对象内容，一次显示更多信息，且可以用参数改变显示的字段：

```
console.table(rows, ['name', 'fat']); // 只显示 name 和 fat 属性
```

此外，可以拖曳调整字段宽度或单击字段进行排序，如图14-30所示。

```
> console.table(rows, ['name', 'fat']);
VM896:1
```

(index)	name	fat ▼
2	"Eclair"	16
1	"Ice cream sandwich"	9
0	"Frozen yoghurt"	6

▸ Array(3)

图 14-30　单击 fat 将数组以 fat 属性值从高到低排序

14.4.5　console.time

Level：Info。

console.time可用来测量程序代码的运行时间，启动定时器后，以相同的标签（默认为default）执行console.timeEnd，就会停止计时并打印出标签名称和持续时间，例如：

```
let i = 0;
console.time('Profile');
while (i++ < 1000000);
console.timeEnd('Profile');
```

结果如图14-31所示。

```
> let i = 0;
  console.time('Profile');
  while (i++ < 1000000);
  console.timeEnd('Profile');
  Profile: 6.018798828125 ms                    VM1852:4
```

图 14-31　将变量从 0 累加至 1 000 000，共花费了约 6ms

此外，可以在计时途中以console.timeLog打印出该定时器当前已累计的时间。

14.4.6　console.trace

Level：Info。

使用console.trace打印出当前的Call stack。

```
function a() {
  console.trace();
}
function b() {
  a();
}
function c() {
  b();
}
b()
c()
```

结果如图14-32所示。

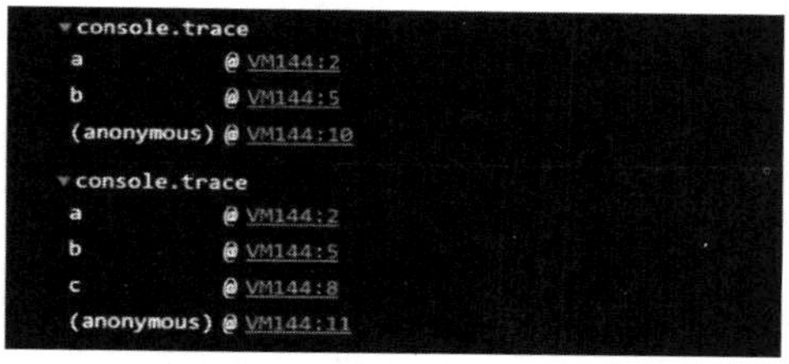

```
▾console.trace
  a            @ VM144:2
  b            @ VM144:5
  (anonymous)  @ VM144:10
▾console.trace
  a            @ VM144:2
  b            @ VM144:5
  c            @ VM144:8
  (anonymous)  @ VM144:11
```

图 14-32　执行 b、c 函数时打印出的 Call stack

14.4.7　自定义信息样式

在信息中插入“%c”后，可以在接下来的参数中放入CSS来为信息加上样式。

```
console.log('自定义信息样式：%c 红色', 'color: red;');
```

结果如图14-33所示。

```
> console.log('自定义信息样式: %c红色', 'color: red;');
  自定义信息样式: 红色                                    VM1894:1
```

图 14-33　打印出红色信息

在信息中，可以插入多个“%c”搭配多个CSS参数，若要恢复原始样式，则需要将信息放入下一个参数：

```
console.log('%c 红色%c 蓝底大字', 'color: red;', 'background: blue; font-size: 2em;', '原始样式');
```

结果如图14-34所示。

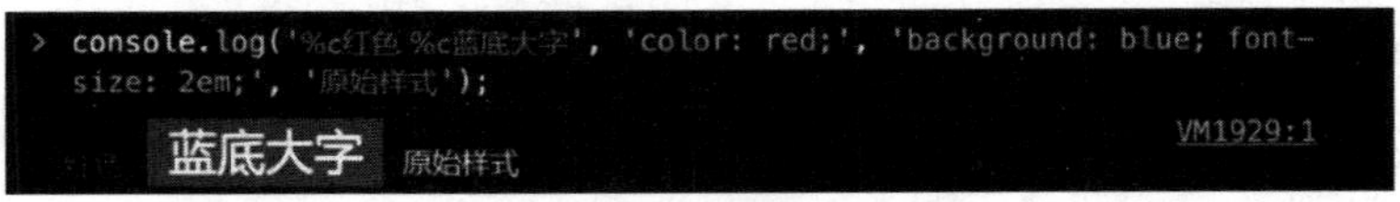

```
> console.log('%c红色 %c蓝底大字', 'color: red;', 'background: blue; font-size: 2em;', '原始样式');
                                                    VM1929:1
  红色 蓝底大字 原始样式
```

图 14-34 调整信息的背景颜色和字体大小

14.5 Console Utilities API

Console Utilities API为专门用于Debug的函数或API，只能在Console内使用。

14.5.1 $_

通过$_可以取得最近一次的执行结果，在逐步确认JavaScript的运行时，可省去声明变量来存储执行结果的步骤。

```
function add(a, b) {
  return a + b;
}
function double(n) {
  return n * 2;
}
```

结果如图14-35所示。

```
> add(1, 2)
<· 3
> double($_)
<· 6
```

图 14-35 通过$_取得 3，执行结果为 6

14.5.2 $0~$4

在Elements面板中检查任意元素后，就能在Console内通过$0与该元素互动，如图14-36所示。

```
> $0
<·   <img src="gesture.svg" alt="An icon for adding drawing">
```

图 14-36 以$0 取得在 Elements 面板中检查的<img>

继续检查其他元素后，还能以$1取得前一次检查的元素，如图14-37所示。

```
> $0
<·   <img src="gesture.svg" alt="An icon for adding drawing">
> $0
<· ▸<div class="fixed z-10 top-0 left-0 right-0 h-12 flex justify-center
  items-center
      bg-gray-200 border-b border-gray-300">…</div> flex
> $1
<·   <img src="gesture.svg" alt="An icon for adding drawing">
```

图 14-37　检查其他元素后，以$1 取得前一次检查的<img>

此API最多可以取得前5次检查的元素，也就是$0~$4。

14.5.3　$和$$

$和$$为document.querySelector和document.querySelectorAll的缩写，命名来源为前端开发者皆知的jQuery。

在个人GitHub页面中，利用$$打印出所有Repository的名称，如图14-38所示。

```
> const repos = $$('.repo');
  for (const repo of repos) {
      console.log(repo.textContent);
  }
  winXP                                        VM287:3
  pdf-editor                                   VM287:3
  fake-screen                                  VM287:3
  md2pdf                                       VM287:3
  minesweeper                                  VM287:3
  demo                                         VM287:3
```

图 14-38　在个人 GitHub 页面中，利用$$打印出所有 Repository 的名称

若已经引入软件包并命名为$（如 jQuery），则不会影响软件包的运行方法。

14.5.4　$x

用法与$、$$相似，可以使用XPath来选择元素，如图14-39所示。

```
> $x('/html/body//img')
<· ▸(6) [img, img, img, img.mr-2, img, img.mr-2]
```

图 14-39　以$x('/html/body//img')取得网页中所有的<img>

14.5.5　debug

执行debug(函数)后，在打开DevTools的状态下，执行到该函数就会触发断点，执行undebug（函数）来删除效果：

```
function a() {
  console.log(1);
}

debug(a);
// undebug(a);
```

执行debug(a)的效果类似于：

```
function a() {
  console.log(1);
}

a = (function() {
  const originalA = a;
  return function() {
    debugger; // 触发断点
    originalA();
  }
})();
```

关于断点的详细介绍，请参考第 15 章。

14.5.6　monitor

执行monitor（函数）后，会在该函数被执行时打印出参数值（见图14-40），执行unmonitor（函数）来删除效果。

```
> function log(...args) {
    console.log(...args);
  }
  monitor(log);
  log('Hello', 'World', '!');
  function log called with arguments: Hello, World, !        VM4515:1
  Hello World !                                              VM4514:2
```

图 14-40　执行 monitor 函数时，先打印出了参数“Hello, World,!”

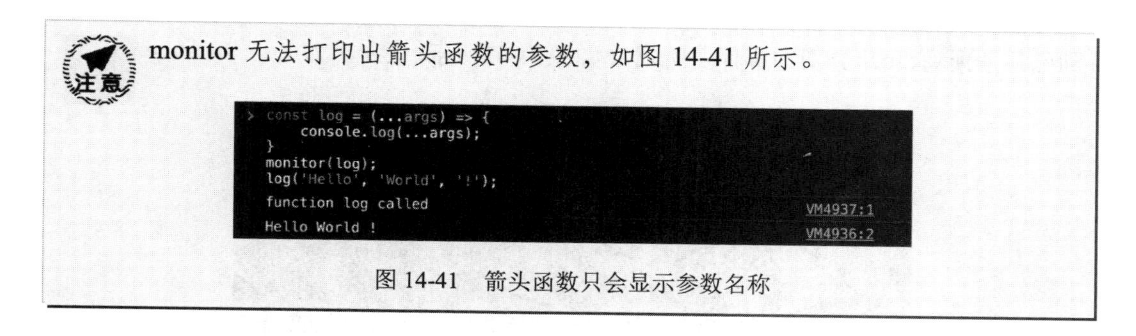

monitor 无法打印出箭头函数的参数，如图 14-41 所示。

图 14-41　箭头函数只会显示参数名称

14.5.7　monitorEvents

执行monitorEvents（元素，事件）来监听并打印出元素触发的事件，也可以传入数组来一次性监听多种事件，例如：

```
monitorEvents(window, 'click');                    //监听 click 事件
monitorEvents(window, ['mousedown','mouseup']);//监听 mousedown 和 mouseup 事件
```

除了能监听特定事件外，还能监听事件类别，例如执行monitorEvents(window, 'touch')来监听所有touch类别的事件，如图14-42所示。

```
> monitorEvents(window,'touch')
<· undefined
  touchstart                                                    VM2631:1
  ▸ TouchEvent {isTrusted: true, touches: TouchList, targetTouches:
    TouchList, changedTouches: TouchList, altKey: false, …}
  touchend                                                      VM2631:1
  ▸ TouchEvent {isTrusted: true, touches: TouchList, targetTouches:
    TouchList, changedTouches: TouchList, altKey: false, …}
```

图 14-42　触碰屏幕时，触发了 touchstart 和 touchend 事件

效果和以下JavaScript代码相同：

```
window.addEventListener('touchstart', console.log)
window.addEventListener('touchmove', console.log)
window.addEventListener('touchend', console.log)
window.addEventListener('touchcancel', console.log)
```

若要停止监听，则执行unmonitorEvents（元素，事件）。

14.5.8　getEventListeners

执行getEventListeners（元素）以打印出所有注册在元素上的事件监听器。

在图14-43中，$0元素原本并无注册任何事件监听器，执行monitorEvents($0, 'touch')后，可

以看到已注册所有touch类别的事件监听器，如图14-43所示。

```
> getEventListeners($0)
<· ▸ {}
> monitorEvents($0, 'touch')
<· undefined
> getEventListeners($0)
<· ▾ {touchstart: Array(1), touchmove: Array(1), touchend: Array(1), touchcancel: Array(1)}
   ▸ touchcancel: [{…}]
   ▸ touchend: [{…}]
   ▸ touchmove: [{…}]
   ▸ touchstart: [{…}]
   ▸ [[Prototype]]: Object
```

图 14-43　元素上注册了 4 个事件监听器

14.5.9　queryObjects

执行queryObject（原型）来打印出所有原型链中包含该原型的对象。

图14-44中以A构造函数来创建a对象，再以a对象为原型创建b对象，这两个对象都显示于queryObjects(A)的结果中，如图14-44所示。

```
> function A() {}
  a = new A();
  b = Object.create(a);
  queryObjects(A);
<· undefined
   ▸ Array(2)
> temp1
<· ▸ (2) [A, A]
> temp1[0] === a && temp1[1] === b
<· true
```

图 14-44　temp1 数组的内容为 a 和 b 对象

由于 queryObjects 并不会直接返回数组结果，因此右击，选择 Store as global variable 来把数组值存入变量 temp1 中。

14.5.10　copy

使用 copy 将参数值复制到剪贴板，若为对象，则会自动加入缩排，如图 14-45 所示。

```
> copy({ foo: 'bar', baz: 'qux' })
<· undefined
> {
      "foo": "bar",
      "baz": "qux"
  }
<· {foo: "bar", baz: "qux"}
```

图 14-45　将对象复制为 JSON 字符串

14.5.11　keys 和 values

效果同执行Object.keys(object)和Object.values(object)，打印出对象自身所有可列举的（Enumerable）属性或值，如图14-46所示。

```
> const object = {
      "foo": "bar",
      "baz": "qux"
  }
<· undefined
> keys(object)
<· ▸ (2) ["foo", "baz"]
> values(object)
<· ▸ (2) ["bar", "qux"]
```

图 14-46　打印出对象的属性和值

14.5.12　clear

执行clear()清除Console内的所有信息，与左上角的🚫图标效果相同，但会留下一则提示，如图14-47所示。

图 14-47　Console 已清空

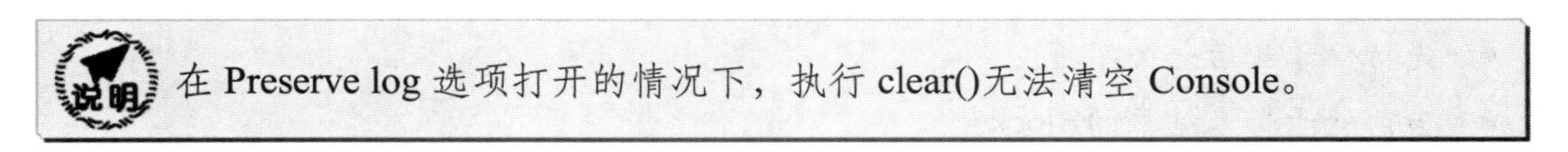

在 Preserve log 选项打开的情况下，执行 clear()无法清空 Console。

14.6　在 Console 内执行 JavaScript

Console作为一个内建的REPL，非常适合用来测试JavaScript的运行，其中也有不少专为Debug设计的功能和特性。

14.6.1　基本特性

1. 重复声明

为了方便测试，在Console内可以用const、let重复声明变量，如图14-48所示。

```
> const a = 1;
<· undefined
> const a = 2;
<· undefined
> |
```

图 14-48　连续两次以 const 声明变量 a 不会出错

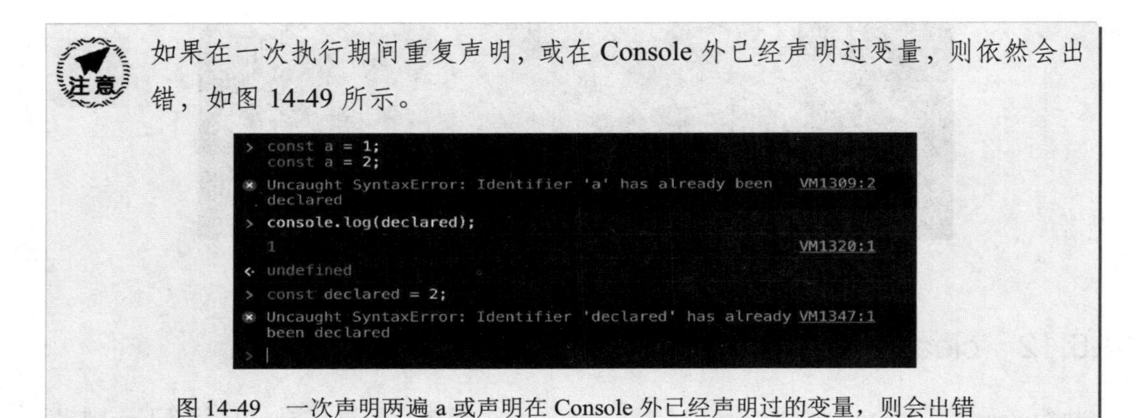

> **注意** 如果在一次执行期间重复声明，或在 Console 外已经声明过变量，则依然会出错，如图 14-49 所示。
>
> ```
> > const a = 1;
>   const a = 2;
> ✖ Uncaught SyntaxError: Identifier 'a' has already been    VM1309:2
>   declared
> > console.log(declared);
>   1                                                        VM1320:1
> <· undefined
> > const declared = 2;
> ✖ Uncaught SyntaxError: Identifier 'declared' has already VM1347:1
>   been declared
> > |
> ```
>
> 图 14-49　一次声明两遍 a 或声明在 Console 外已经声明过的变量，则会出错

2. 换行和缩排

一般情况下，在输入JavaScript时，按Enter键会立刻执行，需按Shift+Enter键来换行，但在满足某些条件时，按Enter键会自动进行换行及缩排：

- 光标位于最后一个字符。
- 当前处于尚未结束的Block。

利用上述特性，输入如图14-50所示的程序代码时，不需按Shift+Enter键，即可自动完成换行及缩排。

```
> if (true) { // Enter
      console.log('Hello World!'); // Enter
      // Enter
      console.log('Hello World!'); // Enter
  }
```

图 14-50　在最后一行按Enter键会执行程序代码

基于此特性，若需编辑程序代码中间的部分，通常会把后半段先剪切，修改完成后再粘贴。

14.6.2 自动补齐和重复输入

输入JavaScript时，出现的下拉菜单为当前Context中可用的变量以及曾经输入过的程序代码（左侧有>），以↑键来改变选项，以Tab键来选取。

步骤01 执行 console.log('HelloWorld!')。

步骤02 再次输入“console.log”后出现菜单。

步骤03 以↓键跳至第三个选项。

步骤04 按Tab键自动补齐，如图 14-51 所示。

```
> console. log
  Hello W( timeLog                                   VM2011:1
<- undefin( >log('Hello World!');
> console.log('Hello World!');
```

图 14-51 自动补齐 console.log('Hello World!')

在输入JavaScript内部函数时，按“(”键会跳出函数的参数提示，如图14-52所示。

```
> const array = ['foo', 'bar'];
<- undefined    f(start, ?deleteCount, ...items)
> array.splice(
```

图 14-52 显示 Array.prototype.splice 的参数提示

在没有出现菜单且位于第一行的情况下，可以按↑键来取得之前输入过的程序代码，如图14-53所示。

```
> array.splice(0, 1);
<- ▸ ["foo"]
> array.splice(0, 1); // 上方向键
```

图 14-53 取得之前才输入的 array.splice(0, 1);

14.6.3 Top-level await 语法

Console支持直接使用await语句，不需要另外包一层async函数，如图14-54所示。

```
> await Promise.resolve('Hello World!').then(console.log);
  Hello World!
```

图 14-54 在 Console 内直接使用 await

14.6.4　切换 JavaScript Context

网页中可能同时存在多个Context，如<iframe>、Extension、Service worker等，通过Console上方的Context菜单可以切换到不同的Context，借此操作<iframe>内的变量、元素等。

在范例网站（https://sh1zuku.glitch.me/demo/context）中，<iframe>内存在一个变量foo，可以看到在顶层（top）Context中无法存取foo，如图14-55所示。

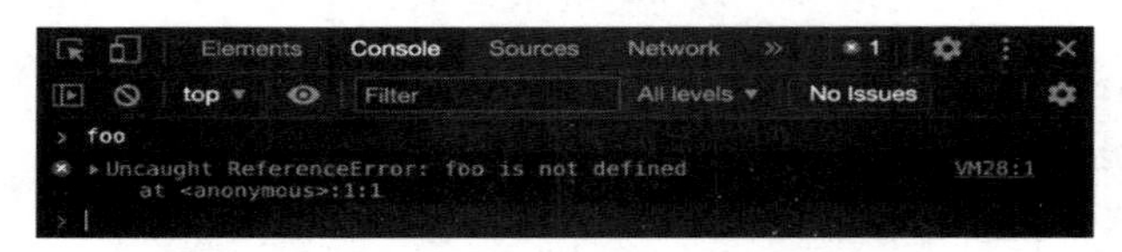

图 14-55　顶层 Context 中未声明变量 foo

单击top来打开菜单，然后选择iframe.html，即可存取foo，如图14-56所示。

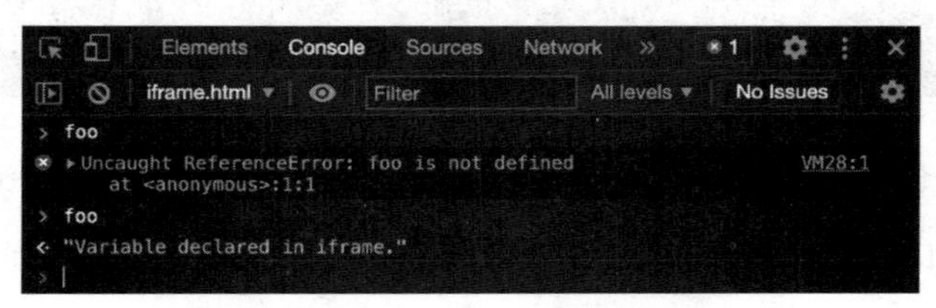

图 14-56　打印出<iframe> Context 内的 foo 变量

14.6.5　Live Expression

单击Console上方的图标并加入Expression来观察该Expression返回值的变化。

步骤01　首先声明变量 let a =1。

步骤02　单击图标后输入“a*2”，可以看到下方出现返回值 2。

步骤03　修改变量 a 的值来观察 Live Expression 的变化，如图 14-57 所示。

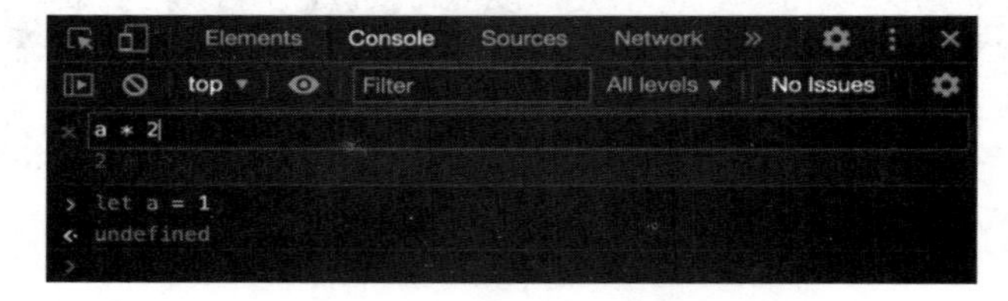

图 14-57　a 的值改变时，下方的 Live expression 会立即更新

Live Expression机制相当于不断地执行该Expression，并更新返回值，因此需避免输入含有副作用的Expression（如a +=2），否则会不断改变变量a的值。

第15章

Sources面板

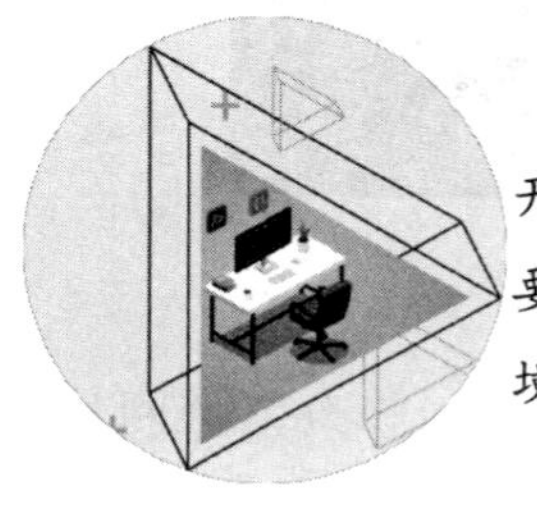

Sources面板中能够取代网页中的资源或实时修改程序代码，适合在非开发环境时测试修改行为，而面板中的Debugger则是Debug JavaScript最重要的工具，通过设置断点、逐步执行等功能，能够有效解决网页中不同情境的JavaScript问题。

15.1 面板组成

Sources面板由三个子面板组成（见图15-1）：

- 文件面板：显示已加载的资源（如HTML、CSS、JavaScript等文件），并以层级方式呈现文件路径。
- 编辑器面板：显示文件内容，能够修改文件来实时改变网页运行方式。
- Debugger面板：搭配编辑器面板，以设置断点、单步执行、监看状态等方式来Debug JavaScript。

当 DevTools 宽度较窄或面板排列方式设置为 horizontal 时，Debugger 面板会显示在 DevTools 的下半部分，单击编辑器面板角落处的图标可以收合或展开文件面板和 Debugger 面板。

图 15-1　从左到右分别是文件面板、编辑器面板、Debugger 面板

在编辑器面板中编辑JavaScript或CSS文件能实时改变网页运行方式，修改范例网站（https://sh1zuku.glitch.me/demo/file-editing/）的程序代码来观察其变化：

步骤 01　打开 DevTools 的 Source 面板。

步骤 02　单击文件面板中的 index.js。

步骤 03　修改 greet 函数的程序代码后，按 command + S 键存盘。

步骤 04　观察页面中的变化，如图 15-2 所示。

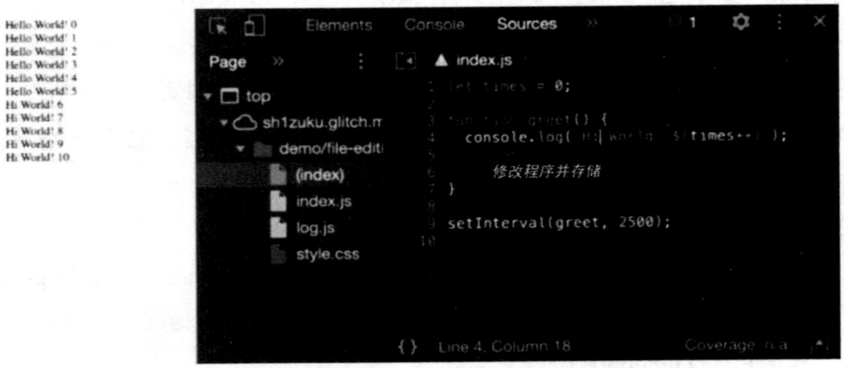

图 15-2　定期打印出的“Hello World!”被修改为“Hi World!”

此方法无法编辑网页HTML进入点，且重新刷新页面后所有修改的内容都会恢复原状。

15.2 文件面板

15.2.1 Page 分页

Page分页显示了所有网页中加载的文件，如图15-3所示。

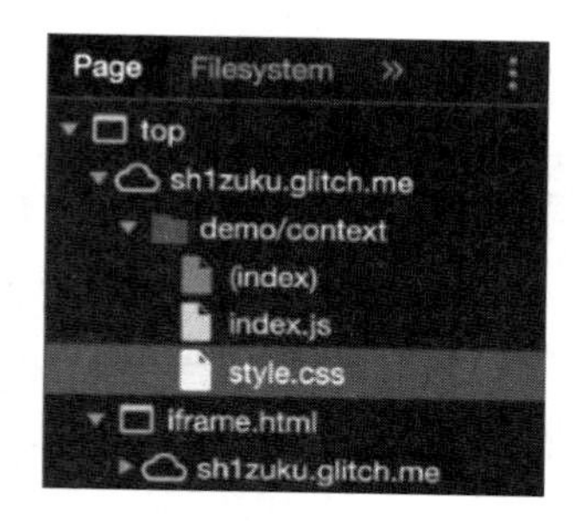

图 15-3 Page 分页显示了网页中的文件

文件列表会以字母顺序排列，并以不同的图标和层级来表示：

- 最上方的top为网页主要的Frame，其中可能包含其他的Frames，如iframe.html。
- Frame的下一层为origin，如sh1zuku.glitch.me。
- origin之下的层级则以文件夹图标表示资源的路径，如style.css的完整路径为sh1zuku.glitch.me/demo/context/style.css。

单击文件后会在编辑器面板中根据文件类型显示文件内容，例如：

- 图片：显示完整的图片。
- 文本文件：以文字显示，单击左下角的{}图标能将文件内容根据格式进行排版。

此外，右击文件，然后选择 Reveal in Network panel，就能在 Network 面板中看到该文件的请求记录。

15.2.2 Filesystem 分页

Filesystem分页能与本地的文件链接，直接在DevTools内修改本地的文件内容。

下载范例网站（https://sh1zuku.glitch.me/demo/file-editing/demo.zip）的程序代码来实际测试。

将下载的文件解压缩后，把文件夹内的index.html文件直接拖曳到浏览器内，随后就会打开新分页并显示网站内容，接着按照以下步骤将浏览器内的文件链接至本地：

步骤 01　打开 DevTools 的 Sources 面板。

步骤 02　切换至 Filesystem 分页，并单击 Add folder to workspace。

步骤 03　选择刚才下载并解压缩的文件夹。

步骤 04　编辑任意文件后存储（按 command + S 键），观察本地文件的变化。

链接成功的文件会在右下角显示绿色圆点（见图15-4），此时所有改动都会同步到本地的文件中，重新刷新页面也会看到修改后的页面内容。

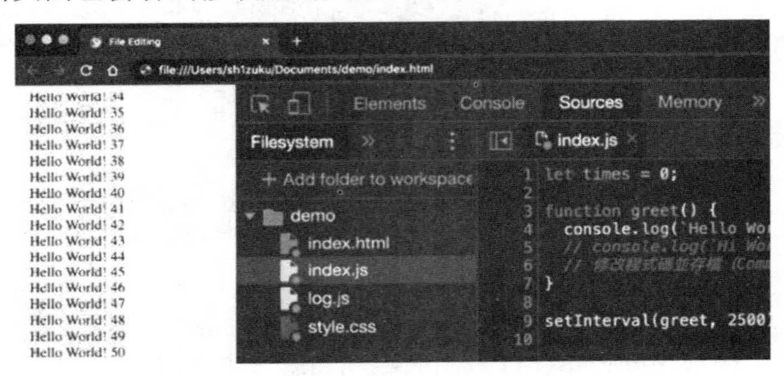

图 15-4　文件图标的右下角都有绿色圆点

值得一提的是，检查元素后在Elements面板的Styles分页中，CSS规则右侧的文件图标也会显示绿色圆点，调整CSS会将改动同步到本地的style.css中，如图15-5所示。

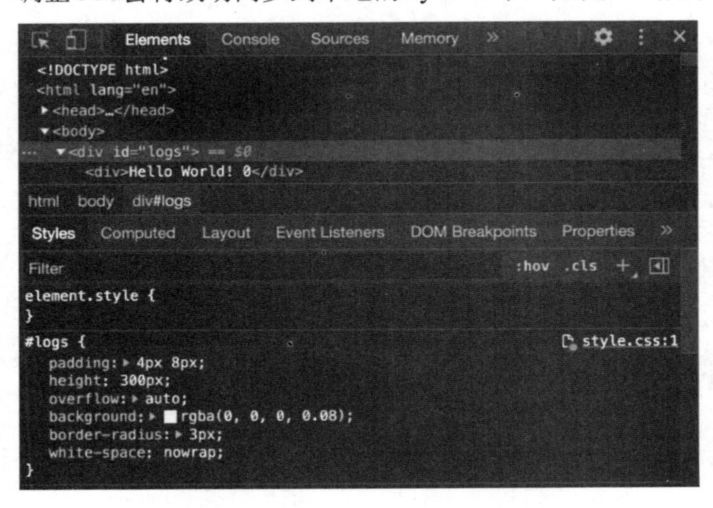

图 15-5　调整 CSS 会立即同步

目前的前端常以工具打包程序代码，并架设本地服务器来进行开发，只要搭配 Source map，并将源代码文件夹导入 Filesystem 分页中，就能与范例达到相同的效果。

15.2.3　Overrides 分页

Overrides分页能够以本地的文件取代页面中载入的资源。

打开范例网站（https://sh1zuku.glitch.me/demo/file-editing/）来实际操作：

步骤01　打开 DevTools 的 Sources 面板。

步骤02　切换至 Overrides 分页，勾选 Enable Local Overrides。

步骤03　单击 Select folder for overrides 来选择存放文件的文件夹。

步骤04　切换至 Page 分页，编辑 index.js 并存盘（按command+S键）。

步骤05　观察步骤 03 选择的文件夹，添加了一个文件 sh1zuku.glitch.me/demo/file-editing/index.js，如图 15-6 所示。

图 15-6　选择了名为 my-local-overrides 的文件夹

修改并存储文件后，文件图标的右下角会出现紫色圆点，此时重新刷新页面，会以本地的index.js取代原本的请求，如图15-7所示。

打开Network面板来查看请求信息，可以看到Waterfall字段中的index.js较为细长，其等待响应时间和下载时间几乎为零，且Network面板名称旁显示了警告图标，提示请求可能被覆写（Requests may be rewritten by local overrides），如图15-8所示。

图 15-7　来自本地的 index.js 一开始就打印出“Hi World!”

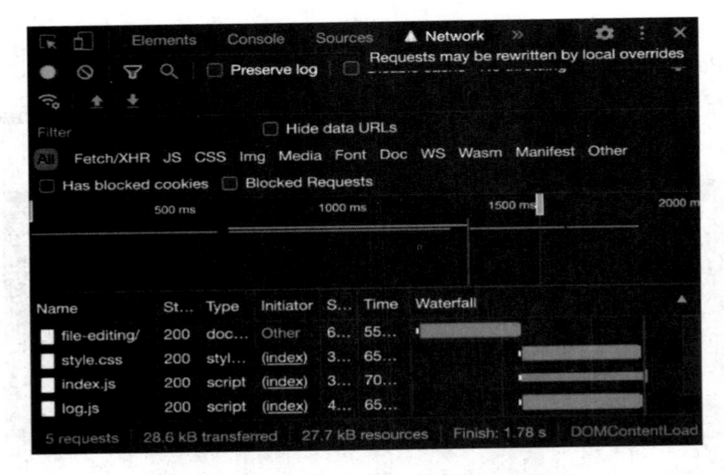

图 15-8　index.js 请求没有等待和下载时间

15.2.4　Content scripts 分页

在显示页面中，由浏览器扩充软件包所导入的Content scripts，如图15-9所示。

Content scripts 无法进行本地文件取代，若要修改扩充软件包的运行方式，需在第一行设置断点，重整页面后就能修改程序代码，关于断点请参考后文的介绍。

关于 Chrome 扩充软件包的 Content scripts，请参考：https://developer.chrome.com/extensions/content_scripts。

图 15-9 Google Dictionary 的 content.min.js

15.2.5 Snippets 分页

Snippets分页用来存放代码段，通过"+ New snippet"添加程序代码片段，输入程序代码后，右击列表中的代码段，然后选择Run即可执行程序代码。执行程序代码段后，在Console内打印出"Hello World!"，如图15-10所示。

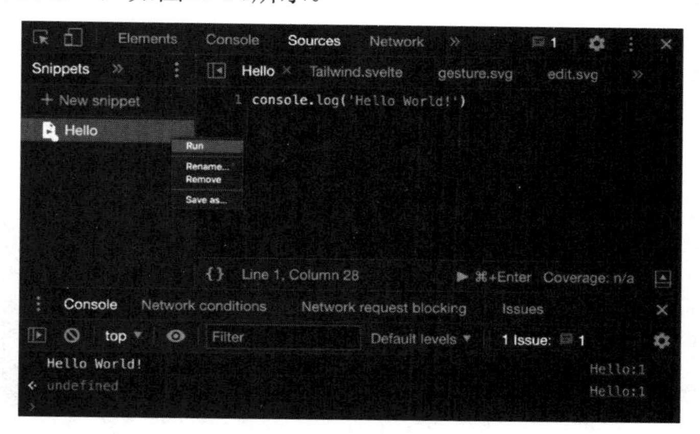

图 15-10 执行结果

执行程序代码段如同直接在 Console 内执行 JavaScript，能够使用 Console Utilities 以及触发 User Activation，详情请参考第 14 章。

15.3 设置断点

注意，重整页面不会影响已设置的断点，这是断点相当重要的机制。

15.3.1 概 览

设置断点来暂停执行JavaScript，是Debugger的核心使用技巧之一。DevTools中提供了许多断点类型，理解不同断点类型的使用方式，并根据自身应用程序选择适合的断点类型可以提高Debug的效率。

断点只有在 DevTools 打开时才会起作用。

15.3.2 程序代码断点

最明了的断点类型为程序代码断点，在程序代码中特定的位置设置断点，执行程序代码时会在断点前暂停。

打开范例网站（https://sh1zuku.glitch.me/demo/code-breakpoints/）来实际操作。

步骤01 打开 DevTools 的 Sources 面板，如图 15-11 所示。

步骤02 打开 index.js。

步骤03 单击第 6 行的行号来设置断点。

步骤04 单击页面中的 Run 按钮来触发断点。

设置断点后，Debugger面板中的Breakpoints列表显示了断点位置index.js:6。

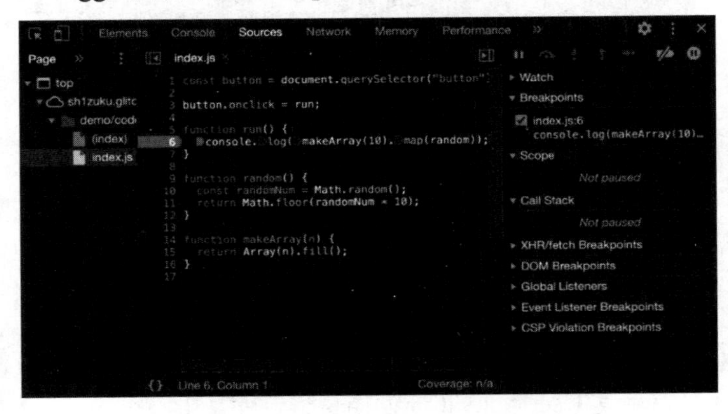

图 15-11 设置程序代码断点

单击行号会将断点设置在该行程序代码的开头处，若程序代码中显示了额外的标签图标，则可以在该标签处设置断点。如图15-12所示，单击了makeArray前的标签，Breakpoints列表中显示了index.js:6:3和index.js:6:15。

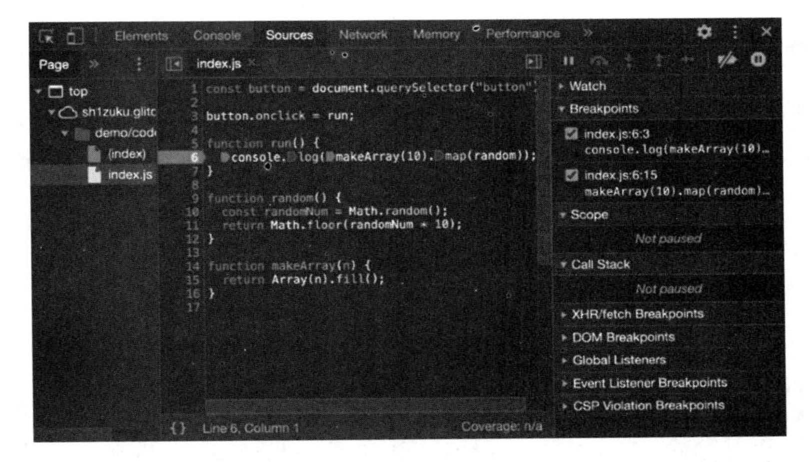

图 15-12 在一行程序代码中设置多个断点

文件或程序代码较多时，可右击 Breakpoints 列表中的断点并选择 Reveal location，编辑器面板会跳至该断点的位置。

1. 条件断点

设置条件断点（Conditional breakpoint），在满足特定条件时才会暂停。

步骤 01 右击第 11 行的行号，然后选择“Addconditionalbreakpoint...”。

步骤 02 输入“randomNum >0.5”，并按 Enter 键。

步骤 03 单击页面中的 Run 按钮来触发断点。

结果如图15-13所示。

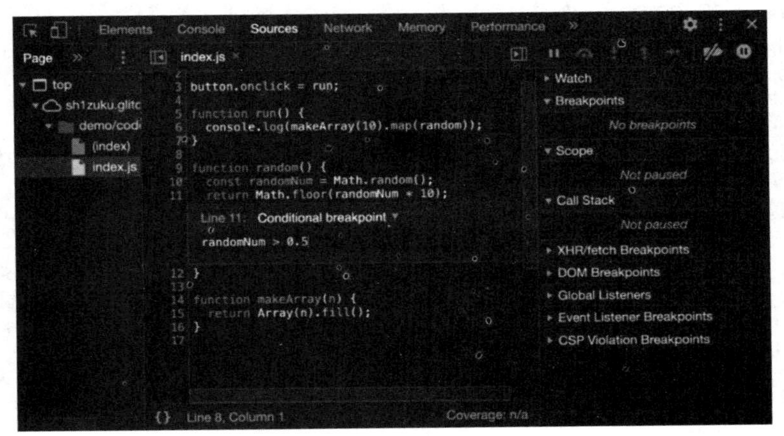

图 15-13 当 randomNum 大于 0.5 时才会暂停

2. Logpoint

在程序代码中加入Logpoint，就可以在执行时经过该行程序代码时打印出信息，相较于直接在编辑器面板中修改程序代码来加入console.log，Logpoint在快速开关且重新刷新页面时依然会保留下来。

步骤01 右击行号，并选择“Add log point...”。

步骤02 输入“'randomNum =', randomNum”，并按Enter键，如图 15-14 所示。

步骤03 单击页面中的 Run 按钮，并观察 Console。

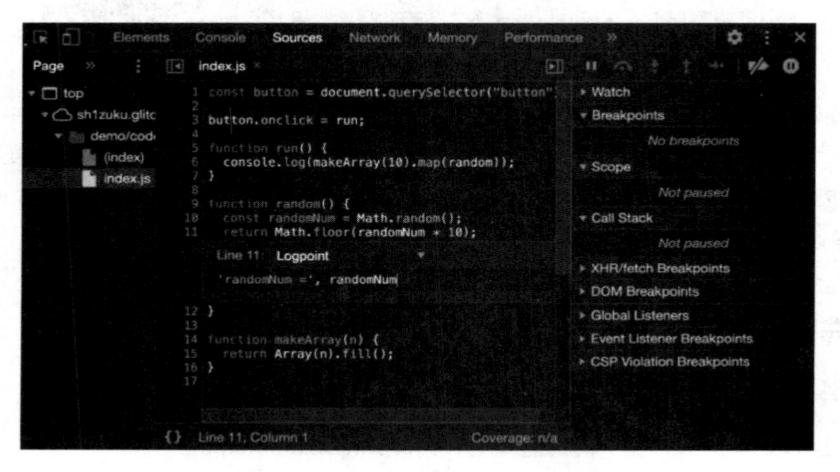

图 15-14　Logpoint 输入框用于输入 console.log 的参数

在执行程序代码后，Console内会打印出来自Logpoint的信息，如图15-15所示。

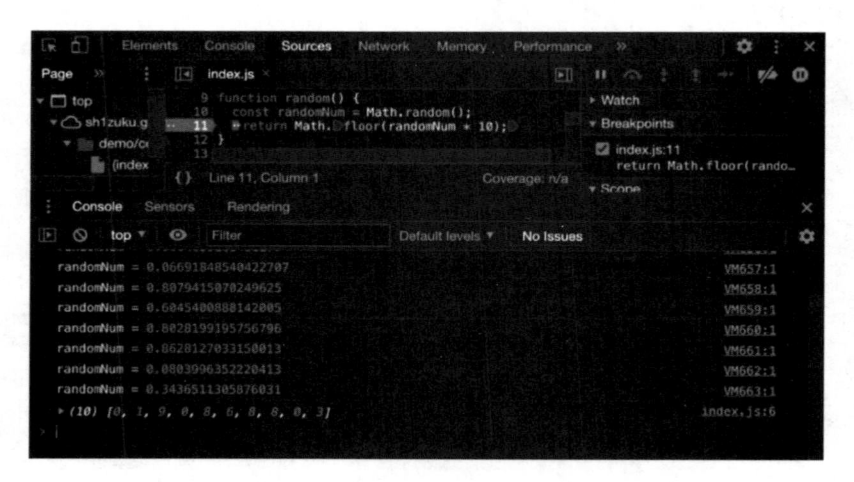

图 15-15　加入 Logpoint 的行号显示出粉红色的标签

Logpoint 发生错误时，不会打印出信息或显示错误提示信息，因此需确保正确输入参数。

3. debugger关键字

在程序代码内使用debugger关键字来暂停，效果和程序代码断点相同。DevTools打开时，执行至debugger关键字会暂停，并切换至Sources面板。

```
console.log('Hello');
debugger; // 暂停
console.log('World');
```

15.3.3　DOM 断点

元素被修改时暂停。

在Elements面板中，右击元素并展开Break on，可以看到三种DOM断点：

- subtreemodifications：元素内发生变化时暂停，如添加、删除、修改子节点。
- attributemodifications：添加、删除、修改元素本身的属性时暂停。
- node removal：该元素被删除时暂停，同时删除DOM断点。

打开范例网站（https://sh1zuku.glitch.me/demo/dom-breakpoints/）来实际操作，找出不断修改文字颜色的程序代码。

步骤01　检查元素，显示元素在 Elements 面板中的位置。

步骤02　右击该元素，并选择 Break on→attribute modifications，如图 15-16 所示。

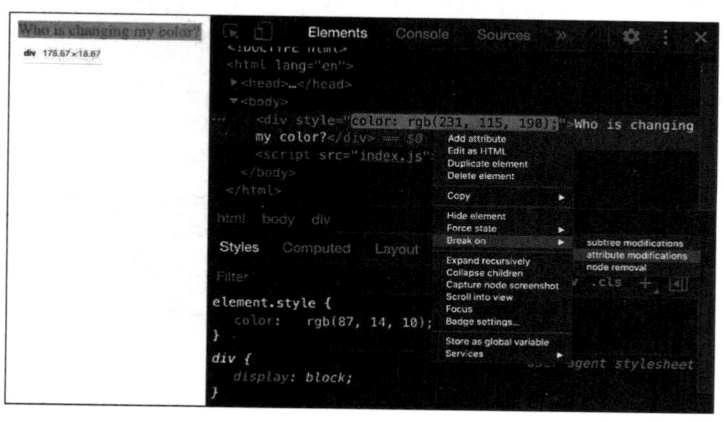

图 15-16　在元素上设置 DOM 断点

步骤03　触发 DOM 断点并暂停，查看修改元素的程序代码。

由于元素的style属性不断改变，设置DOM断点（attribute modifications）后，立即暂停在修改元素的程序代码处（第7行），如图15-17所示。

图 15-17　第 7 行修改了元素的 style 属性

15.3.4　请求断点

XHR/fetch请求含有特定文字时暂停。

打开范例网站（https://sh1zuku.glitch.me/demo/xhr-fetch-breakpoints/）来实际操作。

步骤01　打开 DevTools 的 Sources 面板。
步骤02　单击 Debugger 中 XHR/fetch Breapoints 列表右上角的+图标。
步骤03　输入“data”，并按Enter键。
步骤04　单击页面中的 Fetch 按钮来触发请求断点，如图 15-18 所示。

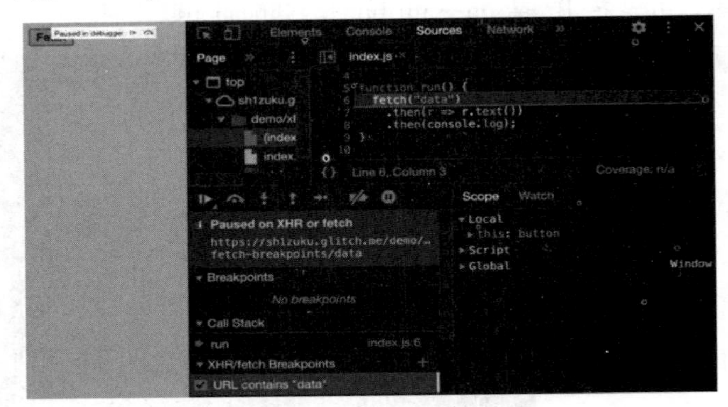

图 15-18　暂停在第 6 行

若输入空值，则所有XHR/fetch请求都会触发暂停。

15.3.5　事件监听器断点

触发特定事件时暂停，注意暂停时机为触发事件后、事件监听器执行前。

打开范例网站（https://sh1zuku.glitch.me/demo/event-listener-breakpoints/）来实际操作，尝试检查页面中的下拉菜单元素，由于菜单在失去焦点时会被删除，因此难以达成。

步骤 01　打开 DevTools 中的 Sources 面板。

步骤 02　在 Debugger 的 Event Listener Breakpoints 列表的 Control 下勾选 blur。

步骤 03　打开再关闭页面中的下拉菜单来触发事件监听器断点。

关闭页面中的下拉菜单时触发了blur事件，暂停在onblur事件监听器的第1行（即程序代码的第12行），如图15-19所示。

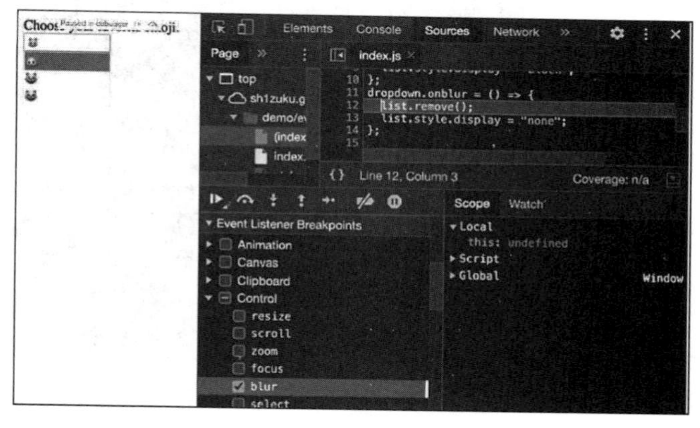

图 15-19　暂停在程序代码的第 12 行

暂停后即可检查下拉菜单元素，在 Elements 面板中查看元素的样式，如图 15-20 所示。

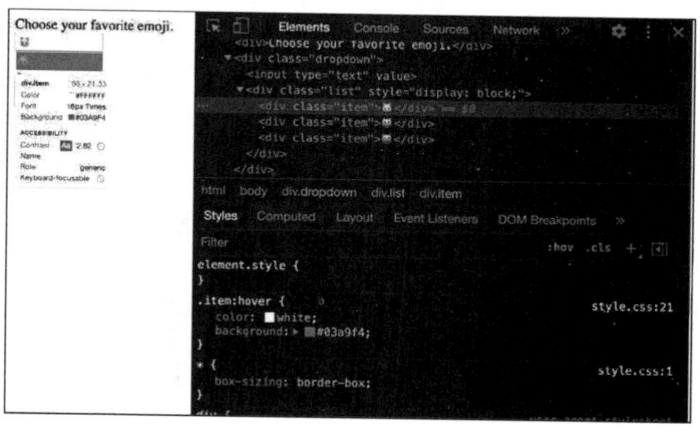

图 15-20　暂停后可以查看元素和修改 CSS

15.3.6　例外断点

发生例外（出错）时暂停。

步骤01 打开 DevTools 中的 Sources 面板。

步骤02 单击 Debugger 右上角的图标。

例外断点默认只会暂停在未拦截的错误处，勾选Pause on caught exceptions后，只要发生错误就会暂停，如图15-21所示。

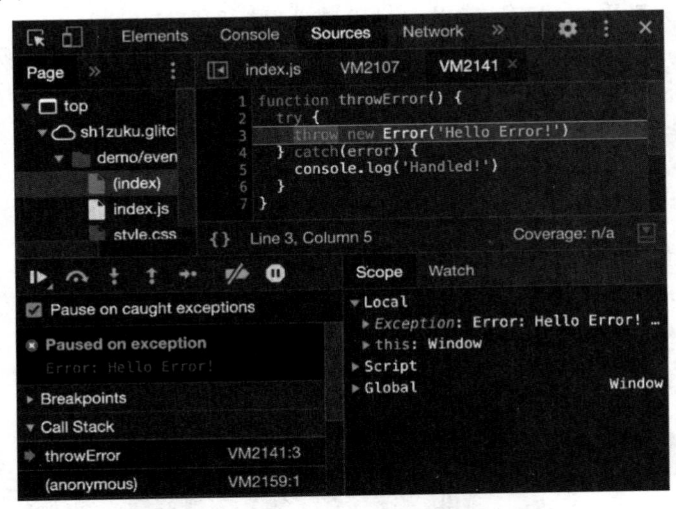

图 15-21　打开例外断点时，才会出现 Pause on caught exceptions 选项

Promise 中发生的错误也会触发例外断点，值得一提的是由于 Promise 为异步，即使在 Promise 后面加上“.catch”来拦截错误，且没有勾选 Pause on caught exceptions，还是会触发例外断点。

15.3.7　函数断点

执行特定函数时暂停。

在Console内执行debug（函数），相当于在该函数的第一行插入debugger关键字，例如：

```
function greet(){
  console.log('Hello World!');
}
debug(greet); // 加入函数断点
```

效果等同于：

```
function greet() {
  debugger;
  console.log('Hello World!');
}
```

注意 debug 只能在 Console 内使用，且以 debug 设置的断点不会出现在 Sources 面板中，只能使用 undebug 解除，请参考第 14 章的介绍。

15.3.8 内容安全政策违规断点

违反内容安全政策（Content Security Policy）时暂停。打开范例网站（https://tt-enforced.glitch.me/）来实际操作。

步骤01 打开 DevTools 中的 Sources 面板。

步骤02 在 Debugger 的 CSP Violation Breakpoints 列表下勾选 Trusted Type Violations。

步骤03 单击页面中的按钮来触发断点。

如图15-22所示，以innerHTML修改元素内容时，违反了Trusted Type并触发断点，将鼠标移至该行右侧会显示违反的原因。

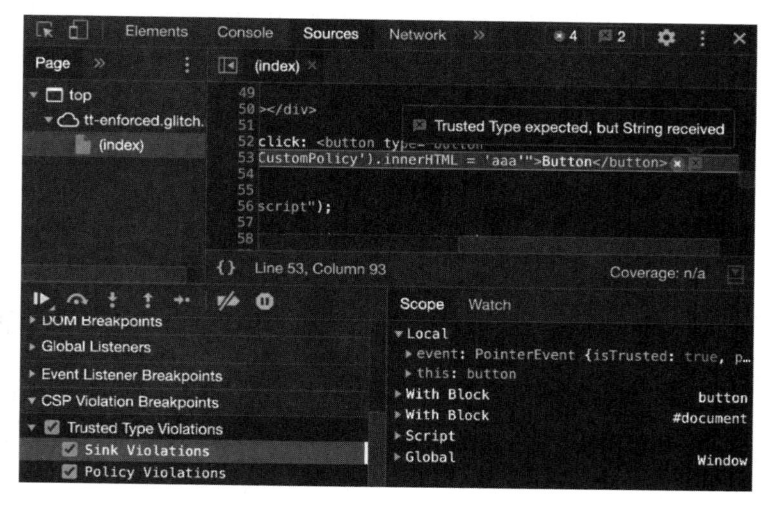

图 15-22 暂停在第 53 行

目前 DevTools 的 CSP Violation Breakpoints 中只有 Trusted Type Violations 选项。

15.4 单步执行 JavaScript

程序代码暂停执行时，可用Debugger来单步执行JavaScript，借此观察JavaScript执行过程的状态变化。

在范例网站https://sh1zuku.glitch.me/demo/step-by-step/中，单击页面中的start、startAsync、startThreads按钮，分别会执行index.js中对应名称的函数，如图15-23所示。

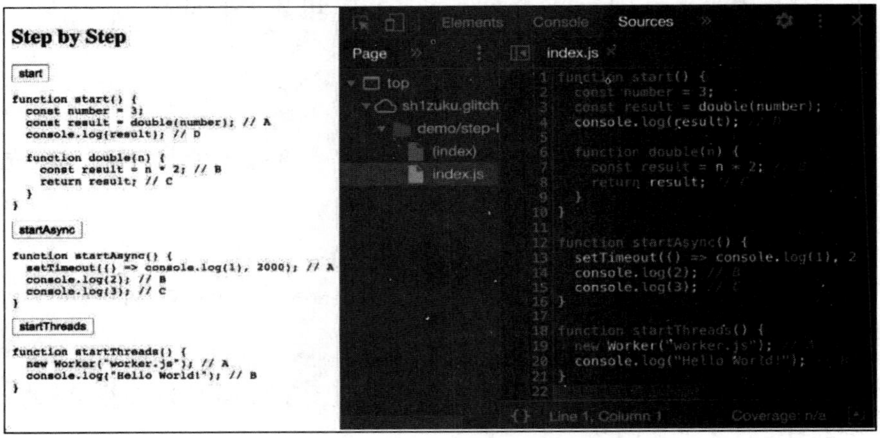

图 15-23　按钮下方即为函数的程序代码

15.4.1 恢复执行

暂停时，单击图标来恢复执行，按住该图标，则会显示额外选项：

- 图标：恢复执行并略过后续断点。
- 图标：恢复但不执行后续程序代码。

以下面的程序代码为例，假设当前暂停在A行，而D行设置了断点，单击图标后，会恢复执行并略过D行的断点：

```
const number = 3;
const result = double(number);     // A，当前暂停于此
console.log(result);               // D，已设置断点

function double(n) {
  const result = n * 2;     // B
  return result;            // C
}
```

结果如图15-24所示。

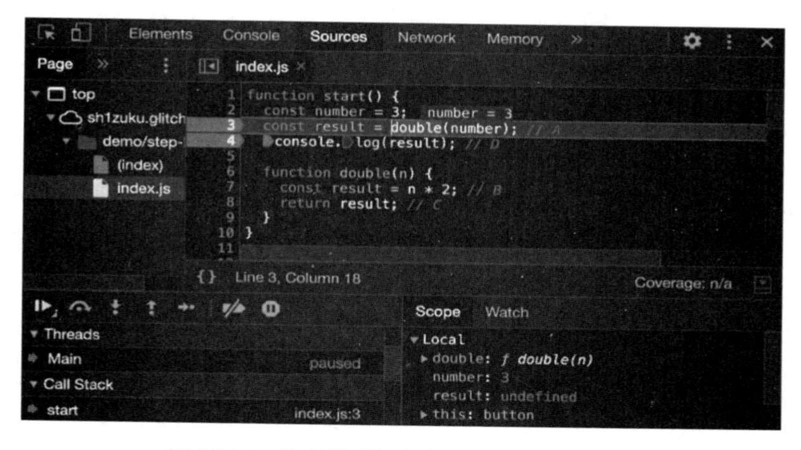

图 15-24 单击▶图标会将程序代码执行完毕

15.4.2 越过该行程序代码

单击Step over图标以单步执行该行中函数的调用。以下面的程序代码为例，假设当前暂停在A行，单击Step over后会执行A行，并暂停在D行：

```
const number = 3;
const result = double(number);      // A，当前暂停于此
console.log(result);                // D，单击后暂停于此

function double(n) {
  const result = n * 2;    // B
  return result;           // C
}
```

15.4.3 进入函数

单击Step into图标来进入即将执行的函数。以下面的程序代码为例，假设当前暂停在A行，单击Step into后会进入double函数，并暂停在B行：

```
const number = 3;
const result = double(number); // A，目前暂停于此
console.log(result); // D

function double(n) {
  const result = n * 2; // B，单击后暂停于此
  return result; // C
}
```

若该行没有函数，则 Step over 和 Step into 的效果是完全相同的。

15.4.4　退出函数

单击 Step out 图标以退出当前所处的函数。以下面的程序代码为例，假设当前暂停在 B 行，单击 Step out 后会执行完 double 函数内剩余的程序代码，并暂停在 D 行：

```
const number = 3;
const result = double(number);          // A
console.log(result);                    // D，单击后暂停于此

function double(n) {
  const result = n * 2;                 // B，当前暂停于此
  return result;                        // C
}
```

15.4.5　跳　转

右击行号，然后选择Continue to here来跳转至该行，如图15-25所示。

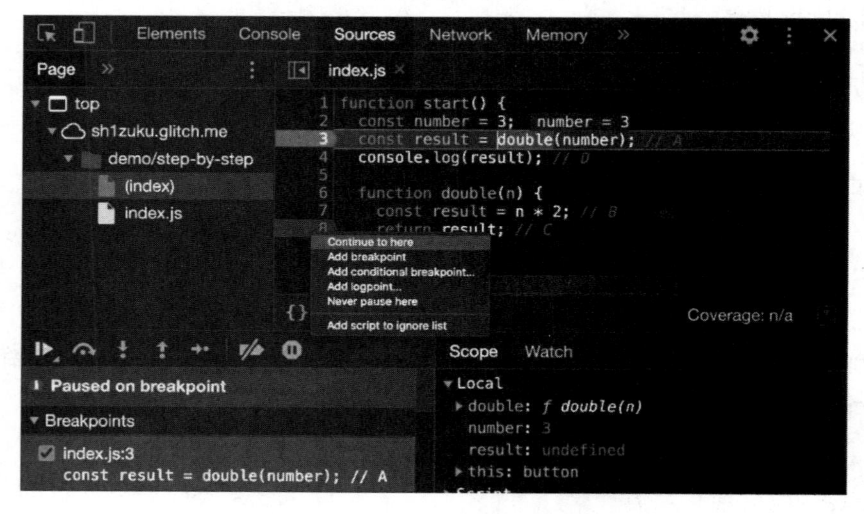

图 15-25　右击行号来选择 Continue to here

以下面的程序代码为例，假设当前暂停在A行，右击C行，然后选择Continue to here，就会恢复执行并暂停在C行：

```
const number = 3;
```

```
const result = double(number);     // A，当前暂停于此
console.log(result);               // D

function double(n) {
  const result = n * 2;            // B
  return result;                   // C，选择 Continue to here 后暂停于此
}
```

15.4.6 单步执行异步程序代码

单击Step图标以避免进入异步函数。

在同步的情况下，Step into和 Step的执行方式完全相同，但遇到异步程序代码时，则有以下区别：

- Step into：执行完同步的程序代码，进入异步函数。
- Step：跳至同步的程序代码，不进入函数。

以下面的程序代码为例，假设当前停在A行，如图15-26所示。

```
setTimeout(() => console.log(1), 2000); // A 当前暂停于此
console.log(2); // B
console.log(3); // C
```

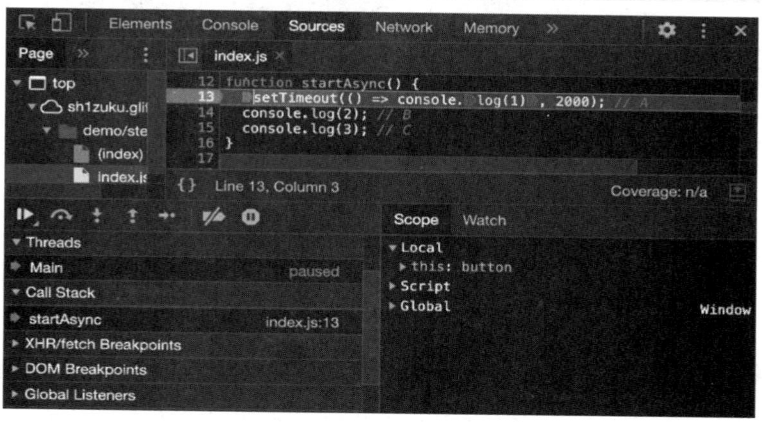

图 15-26 原本暂停在第 A 行

若单击Step into，则会进入setTimeout中的Callback，也就是执行完B、C行，暂停在A行的console.log(1)，如图15-27所示。

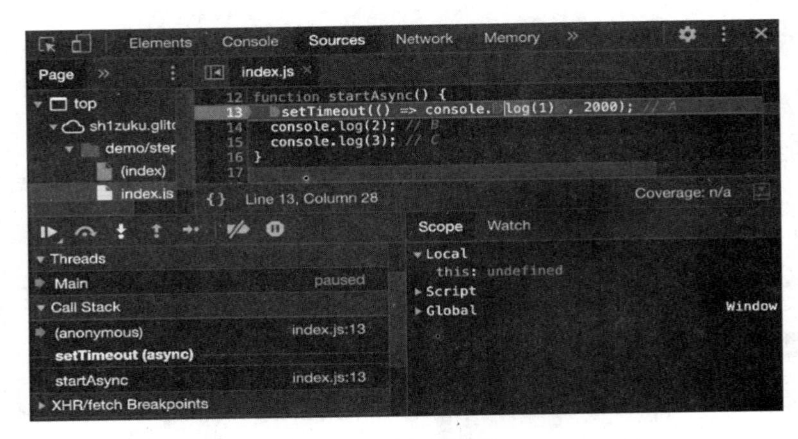

图 15-27　两秒后暂停在 A 行的 console.log(1)

若单击Step，则会跳至B行，如图15-28所示。

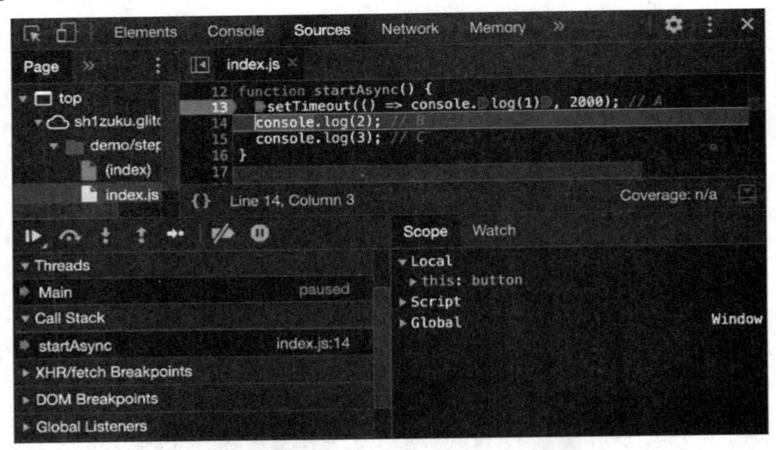

图 15-28　暂停在 B 行

虽然 Step into 会直接进入 setTimeout 函数，但由于内部的 Callback 在两秒后才会执行，因此单击 Step into 后会执行完同步的程序代码，等到 Callback 开始执行时才暂停，实际看起来就像是静止了两秒。

其他异步程序代码（如 Promise 或 async/await 语句）在单步执行时的运行较为复杂，需要多次尝试或插入更多断点，以便让程序代码暂停在理想的位置。

15.4.7　多线程

遇到不同线程时，Step into和Step的运行方式有以下区别：

- Step into：进入线程。
- Step：跳至同步的程序代码，不进入线程。

以下面的程序代码为例，假设当前停在A行，如图15-29所示。

```
// index.js
new Worker('worker.js');        // A，当前暂停于此
console.log('Hello World!');    // B
// worker.js
console.log('Hello Worker!'); // W
```

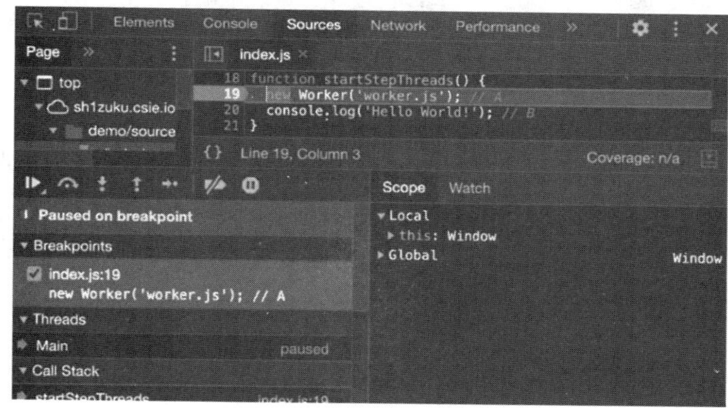

图 15-29　原本暂停在 index.js 的 A 行

若单击Step into，则会进入worker.js并暂停在W行，如图15-30所示。

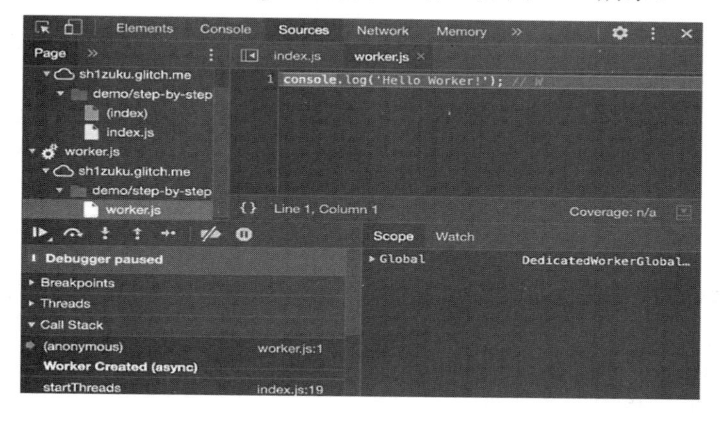

图 15-30　暂停在 worker.js 的 W 行

若单击Step，则会暂停在B行，如图15-31所示。

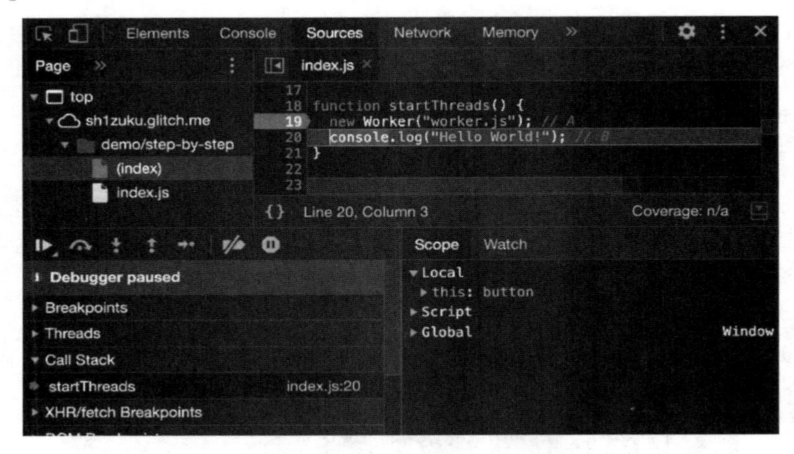

图 15-31　暂停在 index.js 的 B 行

Debugger 的 Threads 列表会显示当前所有的线程，单击后 Console 会自动切换至该线程的 Context，可与该线程交互，例如修改该 Context 内的变量值。

15.4.8　忽略断点

通过以下方式可以暂时忽略断点：

- 取消对Breakpoints列表中断点的勾选。
- 单击图标来忽略所有断点。

右击行号，然后选择Never pause here来忽略debugger关键字。

15.5　查看 JavaScript 的执行状态

15.5.1　查看变量值

暂停时，Scope列表会显示当前可以存取的变量，并自动归类到以下几种作用域（Scope）：

- Block：同一个程序区块作用域（Block scope）内声明的变量。
- Local：当前所在函数声明的变量。
- Closure：外层函数声明的变量。

- Script：以const、let关键字声明的全局变量。
- Global：以var关键字声明的全局变量或window上的属性。

以下面的程序代码为例，暂停在console.log时，a、b、c、d、e变量正好属于5种不同的作用域：

```
var a = "a";          // Global
const b = "b";        // Script
function outer() {
  const c = "c";      // Closure
  function inner() {
    const d = "d"; // Local
    if (true) {
      const e = "e"; // Block
      console.log(a, b, c, d, e); // 暂停于此
    }
  }
  inner();
}
outer();
```

打开范例网站（https://sh1zuku.glitch.me/demo/scopes/）来实际操作：

步骤01 打开 DevTools 的 Sources 面板。

步骤02 在 index.js 的第 9 行设置断点。

步骤03 重新刷新页面来触发断点。

结果如图15-32所示。

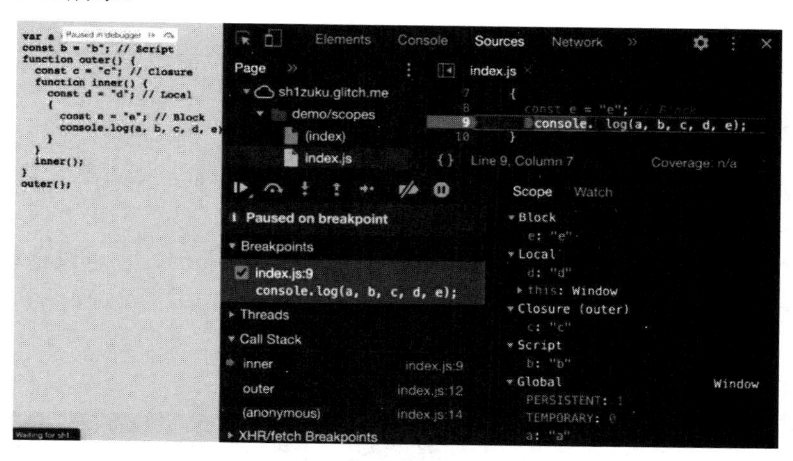

图 15-32 Scope 列表显示了所有变量的作用域和值

变量能同时属于多种作用域，而 Scope 列表中会自动归类到其中一种。

1. 修改变量

暂停时，双击Scope列表中的变量值即可对它进行修改。

接续“查看变量值”的范例，暂停时双击e并修改为"Hello World!"（见图15-33），恢复执行后，将会打印出"a b c d Hello World!"。

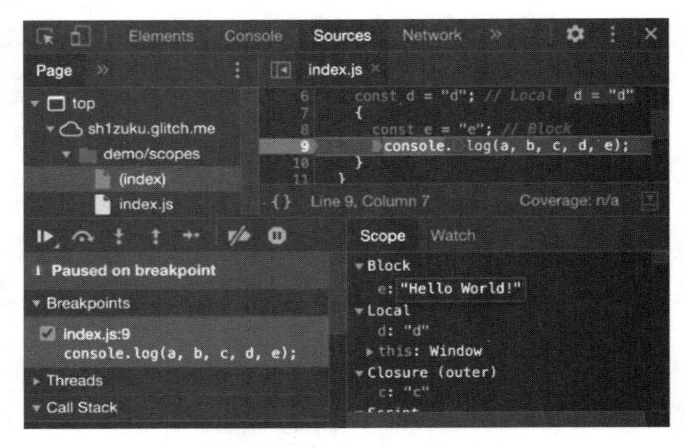

图 15-33　在 Scope 列表内修改变量值

在 Console 内输入“e="HelloWorld!"”也能达到相同的效果，不过以此方式修改变量值时，Scope 列表中的值并不会同步更新。

2. 在编辑器中观察变量值

暂停时，将鼠标移至变量上即可显示出该变量的值，若为函数，则可单击文件名来移动至该函数声明代码段所在的位置，如图 15-34 所示。

在Scope列表中，右击函数，然后选择Show function definition，也可以移动至函数声明代码段所在的位置，如图15-35所示。

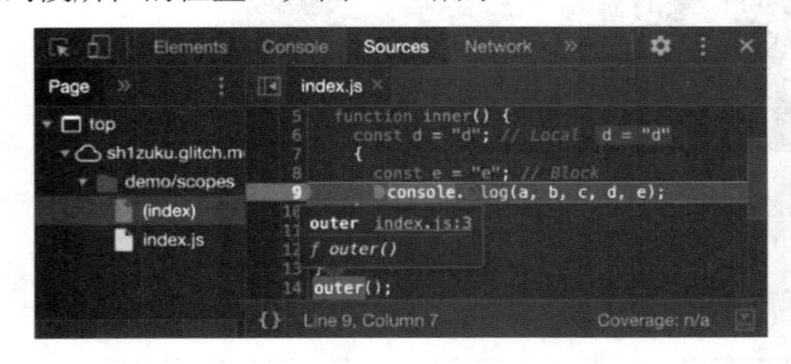

图 15-34　显示 outer 函数声明代码段所在的位置

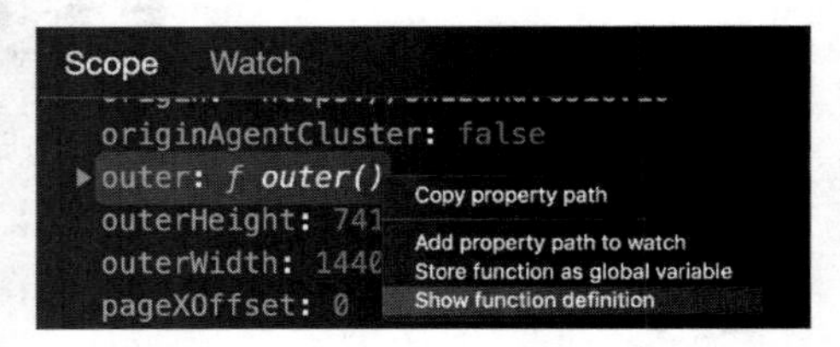

图 15-35　从 Scope 列表跳至声明函数的文件

15.5.2　监控自定义执行结果

在Watch列表中，添加表达式来监控返回值。

每次暂停或单步执行时，都会执行Watch列表中的表达式，也可以单击图标来更新Watch列表。

打开范例网站（https://sh1zuku.glitch.me/demo/call-stack/）来实际操作：

步骤01 打开 DevTools 的 Sources 面板。

步骤02 在 index.js 的第 2 行设置断点。

步骤03 单击 Watch 列表的图标，然后输入“message”。

步骤04 单击页面中的 Run 按钮以触发断点。

步骤05 不断单击 Step into图标，直到执行完毕，同时查看表达式 message 的值，如图 15-36 所示。

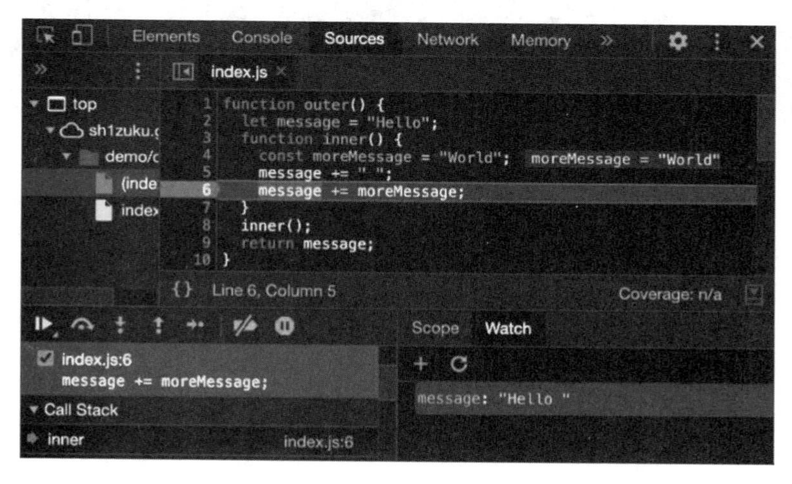

图 15-36　执行至第 6 行时，message 的值为"Hello"

15.5.3　调用堆栈

在Call Stack列表中显示了当前的调用堆栈（Call stack），单击Call Stack列表中的函数可以进入该层函数的作用域。

打开范例网站（https://sh1zuku.glitch.me/demo/call-stack/）来实际操作：

步骤01 打开 DevTools 的 Sources 面板。

步骤02 在 index.js 的第 7 行设置断点。

步骤03 单击页面中的 Run 按钮来触发断点。

步骤04　单击 Call Stack 列表中的 outer。

结果如图15-37所示。

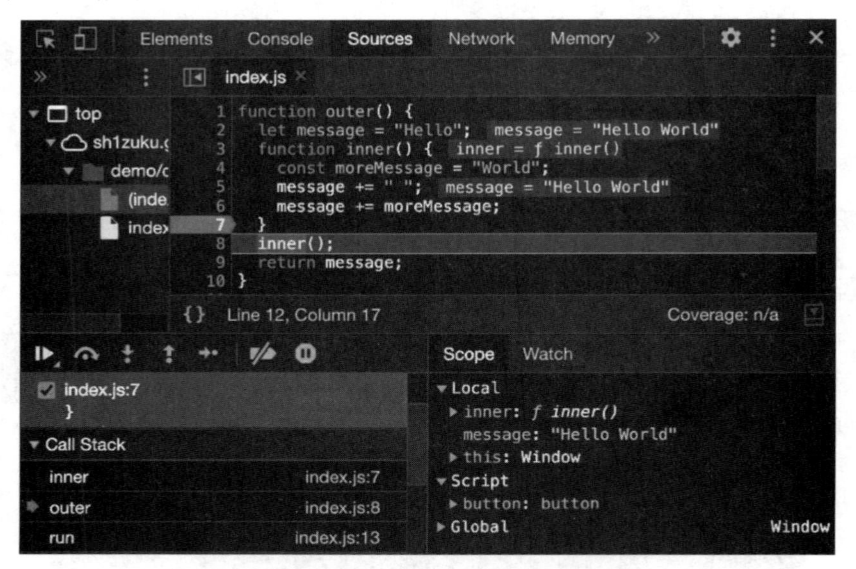

图 15-37　单击 outer 后无法存取变量 moreMessage 的值

此外，右击Call Stack列表中的函数，然后选择Copy stack trace，就能以文字复制调用堆栈。

15.6　Sources 面板设置

15.6.1　忽略文件

将文件或特定文件路径加入Ignore List，以避免在单步执行或启用例外断点时进入这些文件。

由于第三方软件包或扩充软件包的Content scripts通常不是问题所在，加入Ignore List能减少Debug时的干扰。

打开范例网站（https://sh1zuku.glitch.me/demo/ignore-list/）来实际操作。

网页中导入了index.js和lib.js两个文件，假设lib.js为第三方软件包，并不是Debug的目标：

```
// lib.js function lib() {
  console.log("Hello from an awesome lib.")
}
// index.js
```

```
function run() {
  lib(); //在此处设置断点
  console.log("Hello World!");
}
```

步骤01 打开 DevTools 中的 Sources 面板。

步骤02 在 index.js 的第 2 行设置断点。

步骤03 单击页面中的 Run 按钮来执行 run 函数，并触发断点。

步骤04 单击 Step into图标，进入 lib.js 的程序代码。

步骤05 右击编辑器中的程序代码，然后选择 Add script to ignore list，如图 15-38 所示。

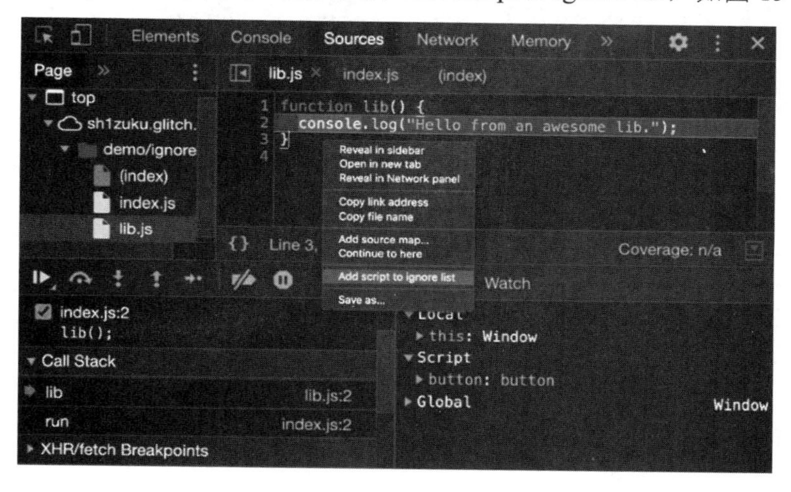

图 15-38 将 lib.js 加入 Ignore List

将lib.js加入Ignore List后，再次以刚才的步骤单步执行程序代码，就不会进入该文件中，如图15-39所示。当然，如果事先知道需要加入Ignore List的文件，也可以直接打开该文件来加入Ignore List，或者在DevTools设置的Ignore List中输入正则表达式。

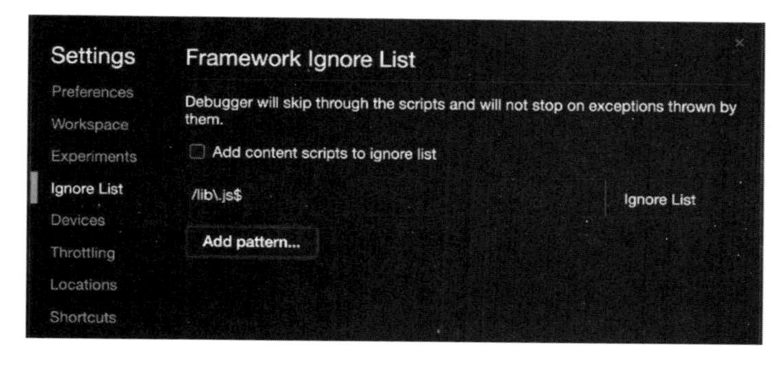

图 15-39 刚才加入的“/lib\.js$”显示在 Ignore List 中

如果在已经加入 Ignore List 的文件中插入断点，还是会暂停在该文件的程序代码中。

15.6.2　Source Map

Sources 面板默认会自动侦测 Source Map，并将源代码文件显示在文件面板中，如图 15-40 所示。在 DevTools 设置中取消勾选 Sources 下的 Enable JavaScript source maps，可以关闭此项操作。

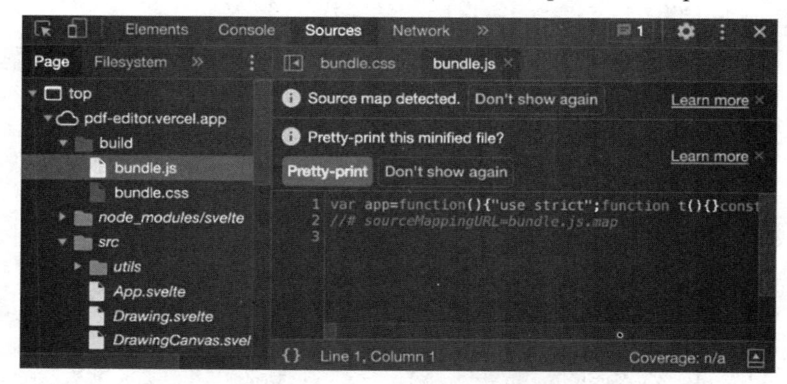

图 15-40　已侦测到 Source map

在编辑器中修改来自 Source map 的源代码或格式化后的程序代码，都无法改变当前程序代码的运行。

第16章

Network面板

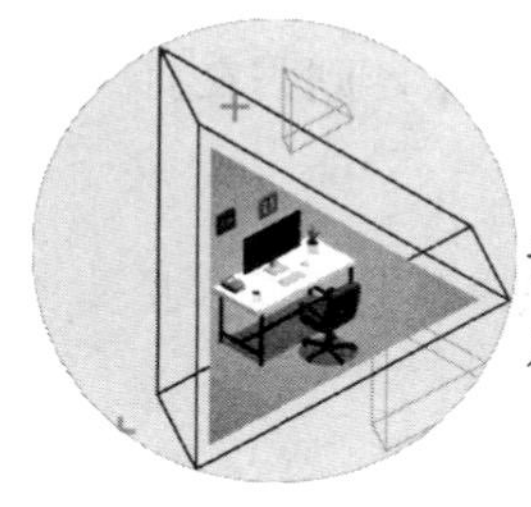

Network面板详细记录着每个请求、响应的结果，除了用来检查单次的请求是否完成外，更好用的是对所有请求信息进行搜索、筛选、分析，以及针对Debug目标定制化界面。

16.1 基本介绍

16.1.1 面板组成

Network面板主要由一行工具栏和下方的请求记录列表组成，默认会显示中间的Overview图表，将各个请求的时间关系以可视化的方式呈现，如图16-1所示。

图 16-1 自上而下分别为工具栏、Overview 图表、请求记录列表

面板最下方的信息栏则显示了以下信息：

- 请求的总数。
- 实际网络传输量。
- 所有请求资源大小的总和。
- 最后请求的结束时间。
- 触发DOMContentLoaded和Load事件的时间点。

16.1.2 记录请求信息

由于只有在DevTools打开时才能记录请求信息，若要完整记录所有的请求，则需在打开DevTools的情况下重新刷新页面。

打开DevTools时按住或右击浏览器的“重新刷新页面”按钮，会出现以下额外选项（见图16-2）：

- Hard Reload：重新刷新页面时忽略缓存（DevTools关闭时，也可以通过快捷键Shift+command+R触发）。
- Empty Cache and Hard Reload：清除缓存后再重新刷新页面。

两者的差别在于，页面加载完毕后，可能还会通过XHR/Fetch动态请求其他资源，若没有清除缓存，这些后续的请求依然可能触发缓存。

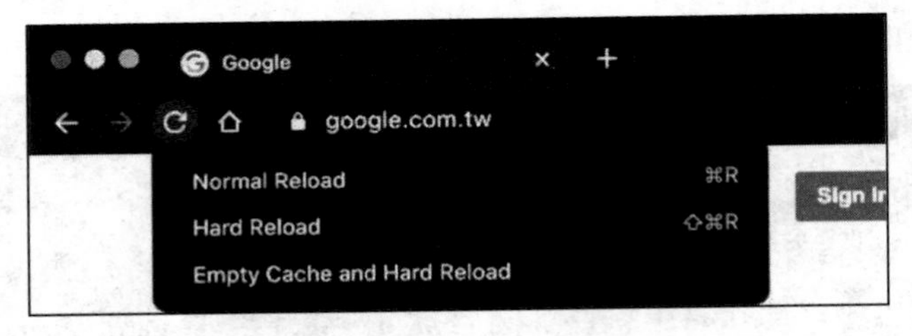

图 16-2 按住“重新刷新页面”按钮后显示更多选项

此外，右击请求记录列表，然后选择Clear browser cache也能清除缓存。

16.2 工具栏

Network面板的工具栏主要为各个功能的开关（见图16-3），后文会从左至右按序讲解。

图 16-3 Network 面板的工具栏

1. Record network log

默认为打开，DevTools和选项都打开时才会录制请求。

2. Clear

清空请求记录列表。

3. Filter

显示、隐藏正下方的筛选选项，隐藏时图标呈现灰色，如果有正在运行的筛选条件，则显示为红色。

4. Search

单击图标或按command+F键来展开左侧的搜索面板，在所有请求记录的内容中进行搜索。

5. Preserve log

勾选该选项以避免在重新刷新页面或换页面时清除所有请求记录。

6. Disable cache

勾选该选项表示不使用缓存，只在DevTools打开时有效。

7. Throttling

单击打开网络速度限制菜单，只在DevTools打开时有效，启用限制时会在面板名称左侧显示警告图标。

网络速度限制常用于拉长请求时间，以便清楚观察请求间的时间关系。完全关闭网络（Offline）常用于测试Service worker的缓存、请求拦截机制及脱机浏览功能，如图16-4所示。

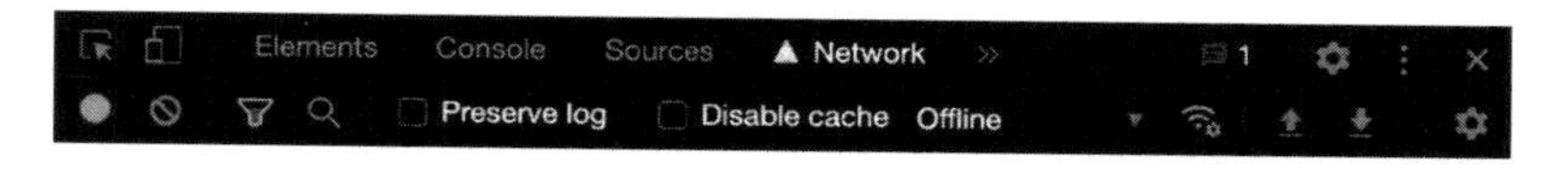

图 16-4 调整为 Offline

另外，菜单中的Custom→Add可以自定义网速限制。

除了通过 Offline 来打开 Chrome 外，在网址栏输入“chrome://dino”可以全屏幕游玩。

8. 导入/下载文件

HAR为HTTP Archive格式的扩展名，主要用来分析请求信息和性能问题。

单击■图标来导入HAR文件，将Network面板作为分析工具；单击■图标来下载当前列表中已记录的请求信息。

除了 Chrome DevTools 外，其他浏览器（如 Firefox、Safari）都有内置的 HAR 分析工具，另外也可以直接把 HAR 文件导入 HAR Analyzer（https://toolbox.googleapps.com/apps/har_analyzer/）进行分析。

16.3 设　置

单击工具栏右侧的■图标来展开设置列表，共有4个选项，如图16-5所示。

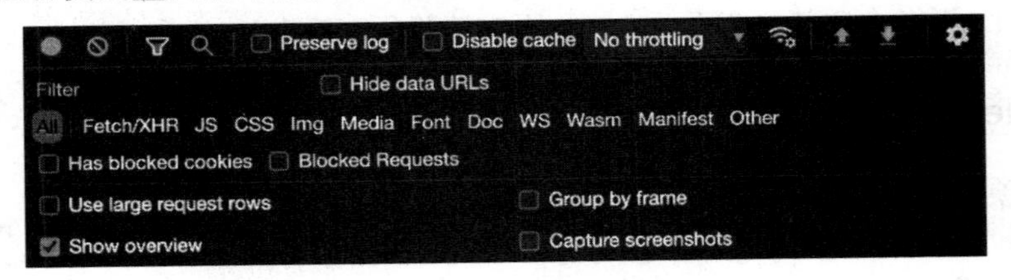

图 16-5　Network 面板的设置菜单

16.3.1 Use large request rows

使用宽版的流量记录列表来显示更多信息，如图16-6所示。

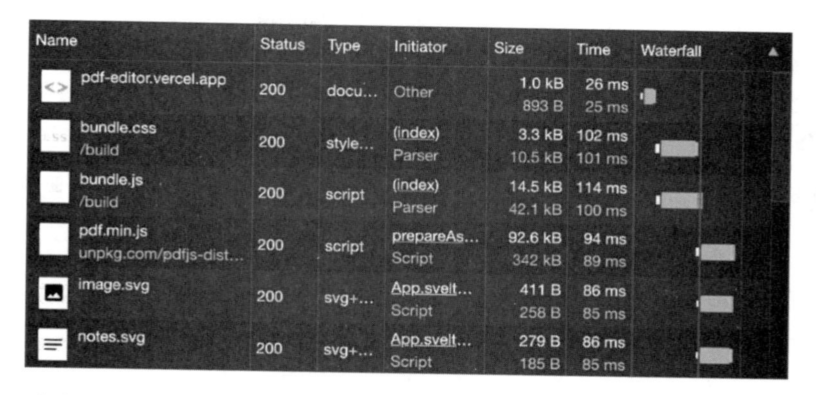

图 16-6　Size 字段同时显示了实际网络传输量和资源大小，Time 字段显示了总请求时间和下载时间

16.3.2　Group by frame

将来自相同<iframe>的请求聚集在一起，单击左侧的三角形图标来展开或收合请求记录，如图16-7所示。

Name	Status	Type	Initiator	Size	Time	Waterfall
winxp.vercel.app	200	docu...	Other	(Servic...	207 ms	
2.9c70a9cf.chunk.js	200	script	(index)	(Servic...	115 ms	
▸ ghbtns.com						
Diablo_Swing_Orchestra...	206	media	(index)	2.5 MB	1.84 s	
favicon.ico	200	vnd....	Other	1.7 kB	24 ms	
▾ jspaint.app						
jspaint.app	200	docu...	canvas.to...	14.9 kB	312 ms	
normalize.css	200	style...	(index)	411 B	207 ms	

图 16-7　<iframe>的左侧会显示▣图标

16.3.3　Show overview

默认为打开。以时间轴和图表呈现所有请求，在图表中拖曳一段区间可以隐藏不在该区间内的请求记录（见图16-8），双击图表则能取消标记。

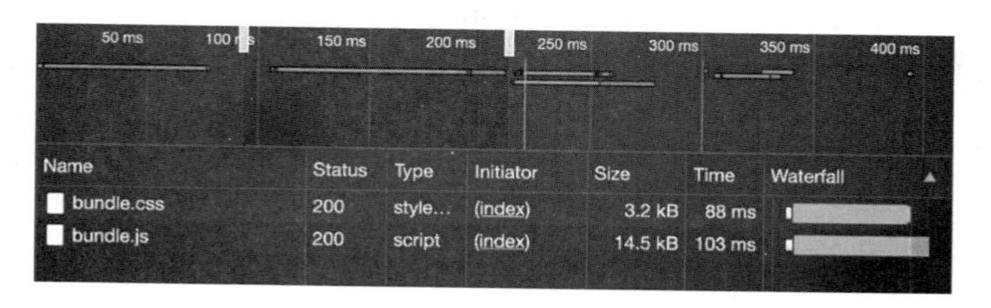

图 16-8　拖曳一段区间后筛选出两个请求

图表中的蓝、红线段分别是触发DOMContentLoaded和Load事件的时间点。

16.3.4 Capture screenshots

提取网页加载过程中的每一帧画面，双击截图可以放大，单击截图则会隐藏截图时间之后的请求记录。

步骤01 勾选 Capture screenshots 选项。

步骤02 重新刷新页面。

步骤03 单击截图来隐藏后续请求记录。

结果如图16-9所示。

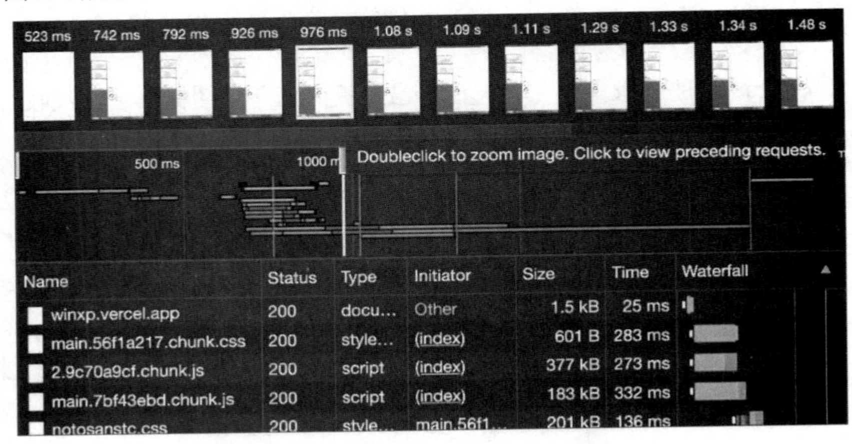

图 16-9 鼠标移经截图时，在 Overview 中显示了截图的时间点

16.4 Drawer

Drawer 内有两个 Network 面板相关功能的分页，可以在打开其他面板时使用。

步骤01 打开 DevTools 后，按Esc键以打开 Drawer。

步骤02 单击 Drawer 左上角的⋮图标来打开分页。

16.4.1 Network Conditions

- Caching：忽略缓存。
- Network Throttling：限制网速。
- User Agent：自定义User Agent。

- Accepted Content-Encodings：模拟不支持Deflate、Gzip、BR压缩格式的情况。

16.4.2　Network request blocking

阻挡来自特定字符串的资源，如图16-10所示。

Name	Status	Type	Init…	Size	Time	Waterfall
pdf-editor.vercel.…	200	docu…	Other	1.0 kB	19 ms	
bundle.css	200	style…	(in…	3.2 kB	20 ms	
bundle.js	200	script	(in…	14.5 kB	21 ms	
pdf.min.js	200	script	pre…	92.6 kB	39 ms	
GitHub-Mark-32…	200	png	Ap…	1.8 kB	19 ms	
image.svg	(blocked:devtools)		Ap…	0 B	0 ms	
notes.svg	(blocked:devtools)		Ap…	0 B	0 ms	
gesture.svg	(blocked:devtools)		Ap…	0 B	0 ms	
edit.svg	(blocked:devtools)		ind…	0 B	0 ms	

15 requests | 122 kB transferred | 1.2 MB resources | Finish: 258 ms | DOMContentLoaded: 76 ms

Console　Network request blocking ×　Issues　Rendering

Enable network request blocking

.svg　5 blocked

图 16-10　在阻挡名单中加入“.svg”后，匹配到的请求都无法发送

此外，右击请求记录，然后选择Block request URL或Block request domain，可以快速将该请求的URL或Domain列入阻挡名单。

16.5　筛选请求记录

16.5.1　基本筛选方式

工具栏下方的筛选（Filter）区块可以筛选或隐藏特定的请求记录，如图16-11所示。

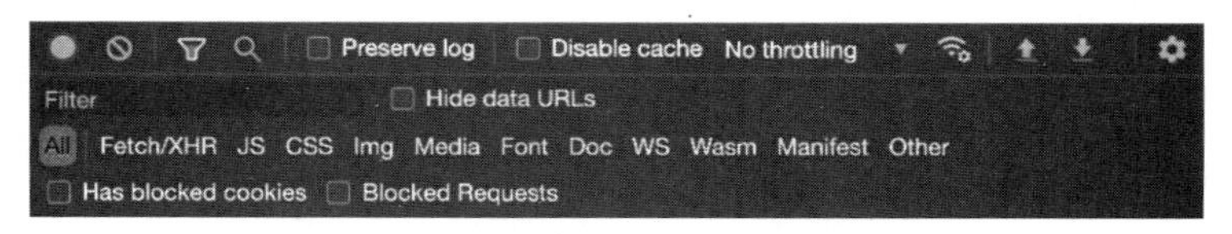

图 16-11　工具栏下方为筛选区块

1. 文字和正则表达式

在Filter中，直接输入文字或正则表达式来筛选Name字段的值，若以减号开头，则会隐藏匹配到的请求，如图16-12所示。

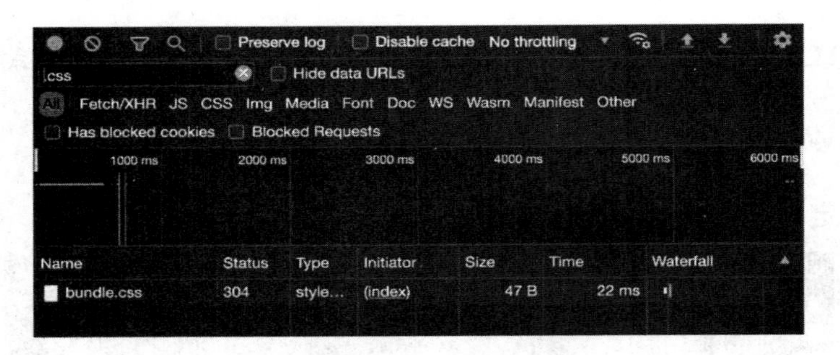

图 16-12　输入".css"后筛选出 bundle.css

2. Hide data URLs

隐藏 Name 字段以"data:"开头的请求。

3. 请求类型

单击All右侧的请求类型按钮来筛选该类型的请求，按住command键可以同时选择多种类型，如图16-13所示。

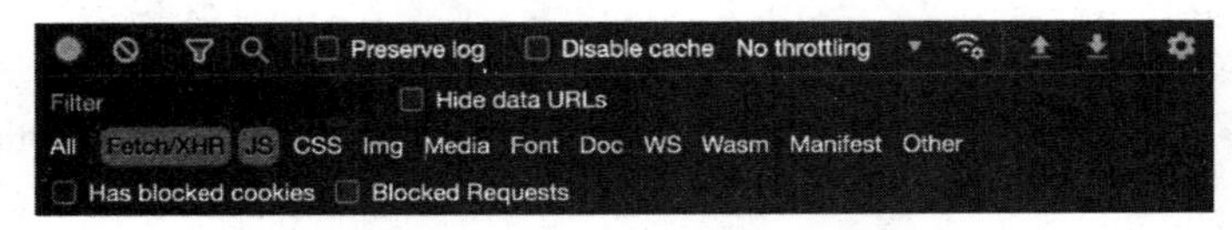

图 16-13　筛选 Fetch/XHR 和 JS 类型的请求

请求类型由 DevTools 判定，例如来自 XHR/Fetch 的 CSS 文件请求，虽然 Name 字段包含".css"，但单击 CSS 类型后并不会显示在列表中。

4. Has blocked cookies

筛选至少有一个Cookie被浏览器阻挡的请求，通常和SameSite规范有关。

浏览器收到的响应含有Set-Cookie标头，就会尝试设置Cookies。

5. Blocked Requests

筛选被浏览器阻挡的请求。

16.5.2　以属性筛选请求

在Filter中输入属性（Property）来进行更精细的筛选。

以筛选请求的status code为例，输入“status-code:”后会出现菜单，列出当前所有请求记录共包含哪些status code，如图16-14所示。

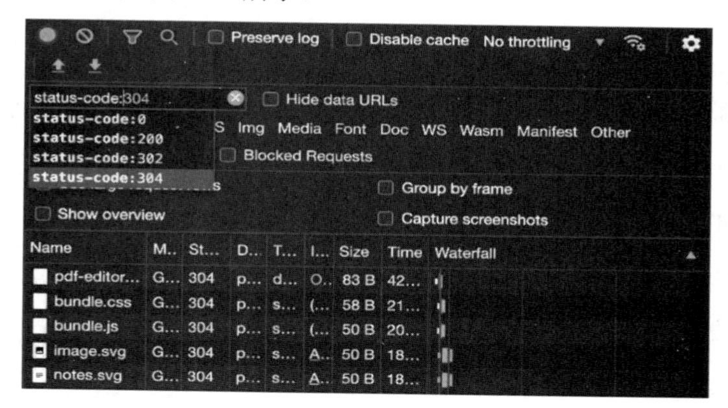

图 16-14 选择 status-code:304 后，筛选出所有 status code 为 304 的请求

以空格符分隔多种属性来并行筛选，例如输入“-status-code:200method:GET”来筛选status code不是200且method为GET的请求。

1. Cookie系列

以请求cookie标头内各个cookies的属性来进行筛选：

- cookie-domain。
- cookie-name。
- cookie-path。
- cookie-value。

以响应set-cookie标头内各个cookies的属性来进行筛选：

- set-cookie-domain。
- set-cookie-name。
- set-cookie-value。

2. domain

筛选domain时可以输入通用字符（如domain:*.google.com）来一次性筛选多个domain。

3. has-response-header

筛选特定响应标头，如 has-response-header:Content-Type。

4. is

筛选特殊请求。

- is:running：WebSocket请求。
- is:from-cache：响应为缓存的请求，包括Service worker、Memory cache、Disk cache。
- is:service-worker-initiated：Service worker发出的请求。
- is:service-worker-intercepted：被Service worker拦截的请求。

5. larger-than

以Bytes为单位，筛选实际网络传输量大于输入数字的请求，例如larger-than:520、larger-than:8k。

使用到缓存的请求实际传输量通常极少，因此容易被隐藏。

6. method

筛选请求的 HTTP 方法，如 method:GET。

7. mime-type

筛选响应的Content-Type标头，如mime-type:image/jpeg。

8. mixed-content

以HTTPS载入网页后，后续的HTTP请求称为Mixed content。

- mixed-content:all：筛选所有Mixed content。
- mixed-content:displayed：筛选未被阻挡的Mixed content。

9. priority

筛选请求优先级，如Highest、Medium、Low等。

10. resource-type

筛选请求类型，如 document、script、stylesheet、image、fetch、xhr 等。

11. scheme

筛选请求协议，如HTTP、HTTPS、Chrome-Extension等。

输入“-schema:data”，相当于勾选 HidedataURLs。

12. status-code

筛选响应的Status code，如status-code:200。

13. url

筛选请求网址，相当于同时以schema和domain属性进行筛选。

16.6 搜索请求内容

单击工具栏中的🔍图标或按command+F键来打开左侧的搜索面板，在搜索面板的输入框中输入文字或正则表达式来进行搜索。

与Filter利用类型、属性等来筛选请求相比，搜索面板更适合查找定制化的文字，以关键字来匹配标头文字和响应的内容，如图16-15所示。

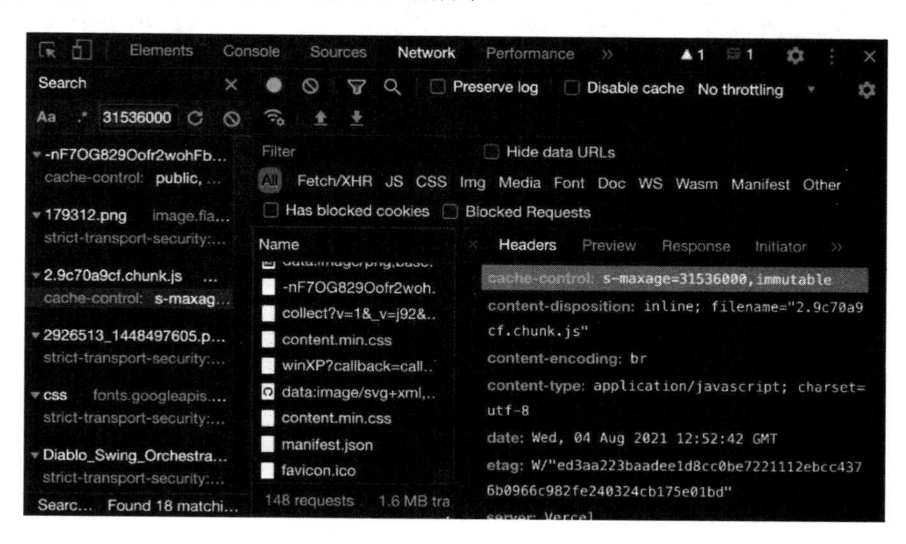

图 16-15 输入“31536000”进行搜索，单击搜索结果后，会在记录列表右侧显示请求的详细信息，并突显匹配到的部分 cache-control:s-maxage=31536000,immutable

31536000 秒相当于 365 天。

16.7 请求记录列表设置

16.7.1 排序请求记录

默认在Waterfall字段中以请求开始时间来排序请求记录。

单击其他字段名来变更排序的字段，或右击列表，然后选择Sort by中的字段。

16.7.2 自定义字段

请求列表默认有7个字段：Name、Status、Type、Initiator、Size、Time、Waterfall，右击字段名可以添加或删除字段。

展开快捷菜单中的Response Headers，可以将特定的响应标头加入字段，而单击Manage Header Columns...选项则能加入自定义响应标头，如图16-16所示。

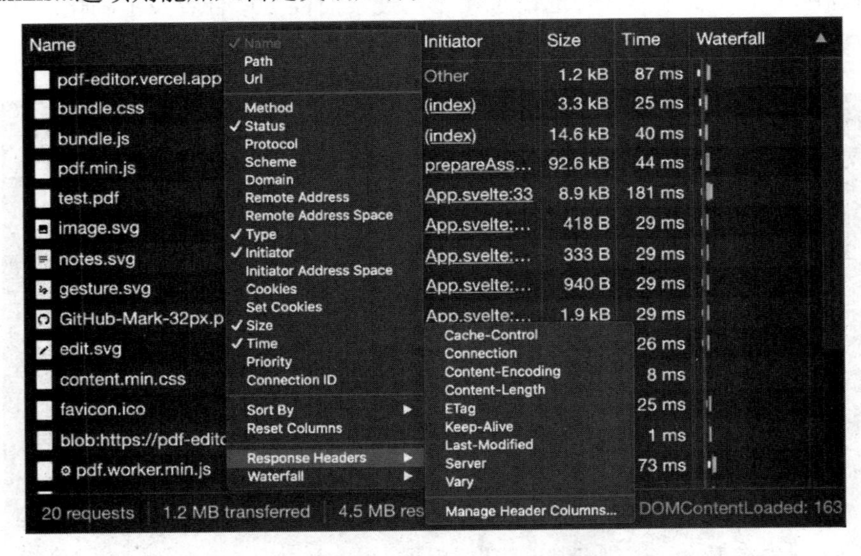

图 16-16 Response Headers 菜单中含有许多常见的响应标头

16.7.3 字段说明

1. Priority

显示请求的优先级，例如Render blocking CSS为Highest，Prefetch为Lowest。

2. Connection ID

对Remote建立TCP连接后，浏览器会自动保留连接来提升后续的请求性能，如图16-17所示。

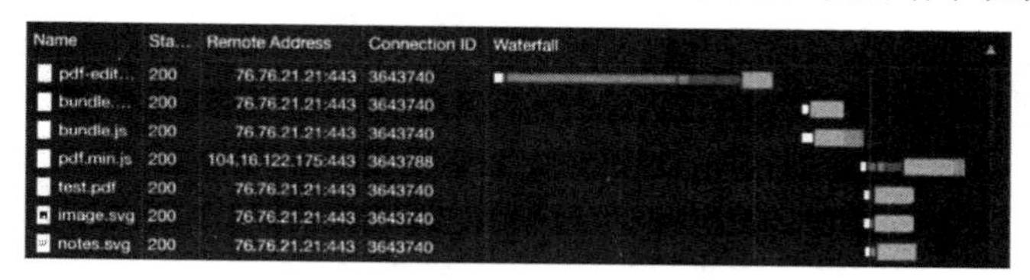

图 16-17　只有 3643788 和第一个 3643740 请求需进行建立连接的阶段

3. Waterfall

请求记录列表默认会在Waterfall字段中以请求开始时间进行排序，右击字段名称并展开Waterfall选项可以改变排序方式：

- Start Time：请求开始的时间点（默认）。
- Response Time：开始下载资源的时间点。
- End Time：请求结束的时间点。
- Total Duration：请求开始到结束的时长。
- Latency：请求开始到开始下载资源的时长。

Latency 即为 TTFB，是 Web Vitals 的一员，请参考第 10 章的介绍。

16.8　详细请求信息

单击记录列表中的请求来展开右侧的详细信息面板，根据请求和响应的内容会显示不同的分页，如图16-18所示。

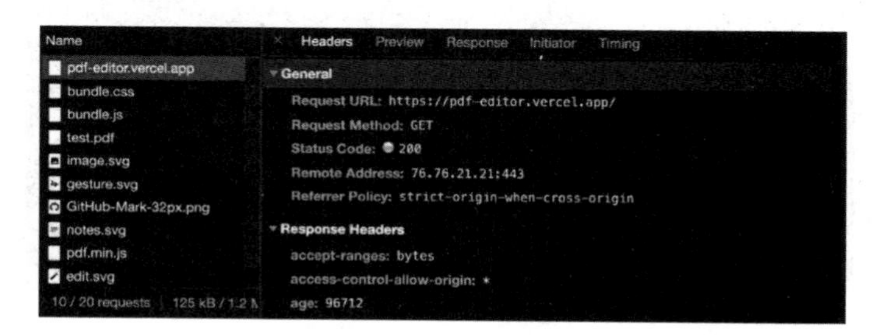

图 16-18　请求详细信息面板

16.8.1 Headers 分页

Headers分页中含有多个区块，最上方的General区块显示了请求的基本信息，如URL、请求方式、Status code等。

1. 标头列表

Response Headers 和Request Headers区块分别以标头的字母顺序列出响应和请求的标头。

在请求失败或响应来自浏览器缓存时，会看到如图16-19所示的警告，因为实际上并未发出请求。

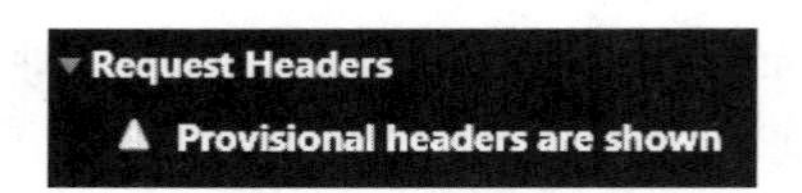

图 16-19 只显示默认的标头

2. 请求内容

根据请求夹带的数据类型会显示不同的区块：

- Query String Parameters：请求URL中的"?"字符后面夹带的内容。
- Request Payload：application/x-www-form-urlencoded、application/json。
- Form Data：multipart/form-data。

默认会显示转换过的内容，单击view source按钮来查看原始的请求内容，如图16-20所示。

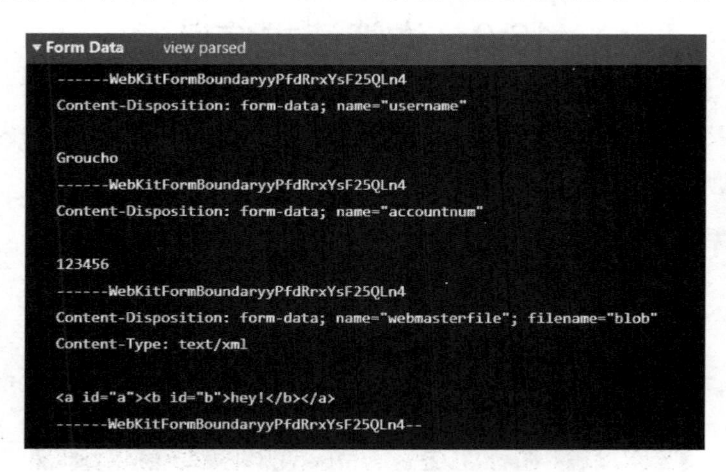

图 16-20 Form Data 的原始内容

16.8.2　Preview 分页

和Response分页同为显示响应内容，但会根据内容类型决定显示的方式：

- JSON：可展开、收合的对象。
- 图片：显示图片。
- HTML：渲染为页面。
- 字体：显示所有字符的字体。

如图16-21所示为JSON格式的响应内容。

```
Name                          × Headers  Preview  Response  Initiator  Timing
data:image/png;base...        ▾{short_name: "React App", name: "Create React App Sample",…}
favicon.8fa00104.png             background_color: "#ffffff"
send.1aa83eef.svg                display: "standalone"
collect?v=1&_v=j92&a=195.       ▸icons: [{src: "favicon.ico", sizes: "64x64 32x32 24x24 16x16",
content.min.css                  name: "Create React App Sample"
manifest.json                    short_name: "React App"
favicon.ico                      start_url: "./index.html"
                                 theme_color: "#000000"
15 requests  1.1 MB transferre
```

图 16-21　JSON 格式的响应内容

16.8.3　Response 分页

以文字显示原始的响应内容，单击分页左下角的{}图标可以根据文件类型自动排版文字内容，如图16-22所示。

```
Name                     × Headers  Preview  Response  Initiator  Timing  Cookies
sh1zuku.csie.io          1 <!doctype html>
main.f4162090.css        - <html lang="en">
main.0d799af6.js         -     <head>
sun.12b20c6f.png         -         <meta charset="utf-8">
moon.297e244f.png        -         <meta name="viewport" content="width=device-width,initial-scal
cloud.abe86a1a.svg       -         <meta name="theme-color" content="#000000">
grass.20172790.png       -         <link rel="manifest" href="/manifest.json">
data:image/png;base.     -         <link rel="shortcut icon" href="/favicon.ico">
favicon.8fa00104.png     -         <title>hi i am sh1zuku</title>
send.1aa83eef.svg        -         <link href="/static/css/main.f4162090.css" rel="stylesheet">
analytics.js             -     </head>
collect?v=1&_v=j92&..    -     <body>
                         -         <noscript>You need to enable JavaScript to run this app.</nosc
                         -         <div id="root"></div>
                         -         <script type="text/javascript" src="/static/js/main.0d799af6.j
                         -     </body>
                         - </html>
                         2
15 requests  31.1 kB trar  {}  Line 1, Column 1
```

图 16-22　以 HTML 格式进行排版

16.8.4　Initiator 分页

显示请求的依赖关系，如图16-23所示。

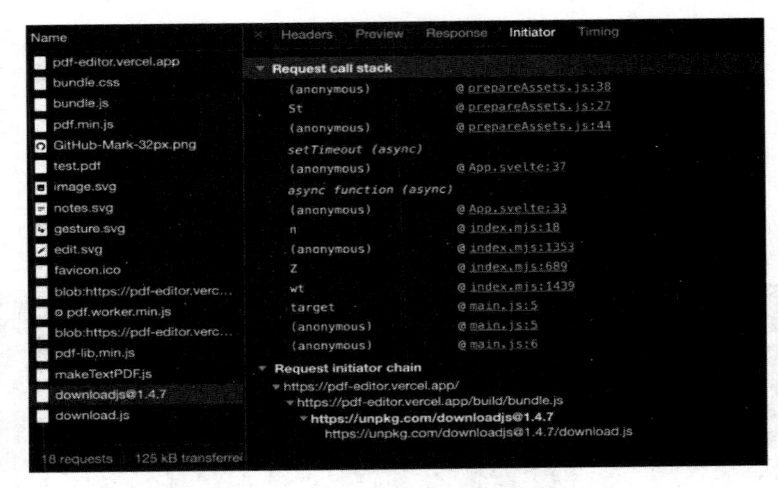

图 16-23　downloadjs@1.4.7 的 Initiator 分页

1. Request call stack

由JavaScript发起的请求才会显示call stack，由最下方的函数开始向上按序触发，最上方的即为发出请求的函数。

2. Request initiator chain

以层级表示请求的依赖关系，向上为依赖的请求，向下为触发的请求。例如，图16-23内的Request initiator chain请求关系按序为：

（1）进入pdf-editor.vercel.app网站，载入HTML。

（2）HTML的<script>请求bundle.js。

（3）bundle.js的程序代码发出请求（downloadjs@1.4.7）。

（4）download@1.4.7转址为download.js。

3. 在请求列表中查看依赖关系

按住Shift键再将鼠标移至请求记录上，会以绿底突显依赖的请求，并以红底突显触发的请求，如图16-24所示。

图 16-24　按住Shift键，并将鼠标移至 downloadjs@1.4.7

默认情况下，请求记录列表是以发起的时间排序的，因此绿色一定会在上方，而红色一定在下方。

16.8.5　Timing 分页

一般而言，发出请求需经过DNS lookup、TCP handshake、SSL negotiation等阶段建立连接后，才能开始下载内容，Timing分页显示了请求各个阶段所花费的时间，如图16-25所示。

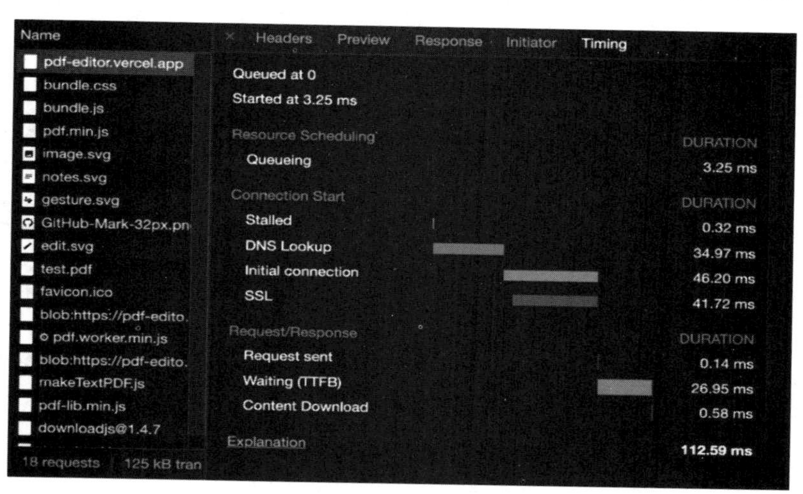

图 16-25　pdf-editor.vercel.app 的 Timing 分页

1. Resource Scheduling

在以下情况中，请求会被放入队列中延后发出，称为Queueing：

- 有其他更高优先级的请求。
- 请求的domain以HTTP/1.0、HTTP/1.1连接，但同时已经有6个请求正在进行。
- 浏览器正在进行前置准备，如分配存储空间。

2. Connection Start

- Stalled：和Queueing原因相同。
- DNS Lookup：从DNS Server取得IP地址。
- Initial connection：TCP handshake。
- SSL：SSL negotiation。

3. Request/Response

- Request sent：处理“发送请求”所用的时间。
- Waiting(TTFB)：发送请求到开始下载的时间。
- Content Download：下载资源所用的时间。

16.8.6 Messages 分页

WebSocket请求会显示额外的Messages分页，实时显示WebSocket信息的内容、长度和时间，如图16-26所示。

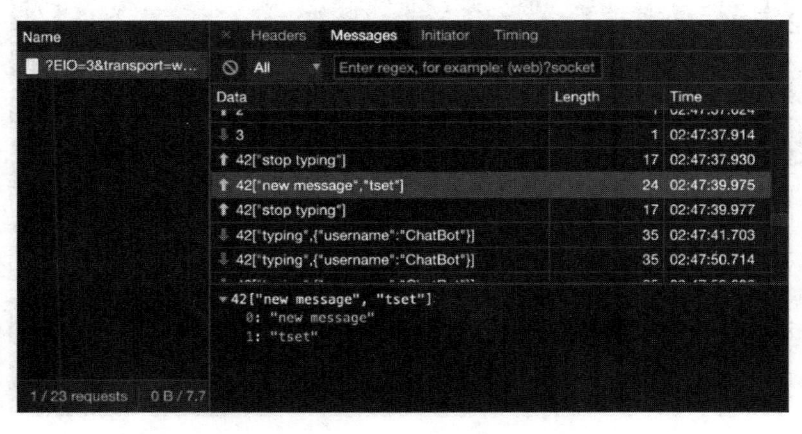

图 16-26　在 Messages 分页中单击一则信息，下方会显示该信息的内容

分页上方的工具栏可以输入文字或正则表达式来筛选信息，或者单击All按钮来筛选发送或收到的信息。

16.8.7　Cookies 分页

若请求包含Cookie标头或响应包含Set-Cookie标头，则会有额外的Cookies分页，显示Cookies的详细信息。

默认会显示失效的Cookies（见图16-27），将鼠标移至该行Cookie的i图标上，则会显示失效的原因，可通过取消对show filtered out request cookies的勾选来隐藏失效的Cookies。

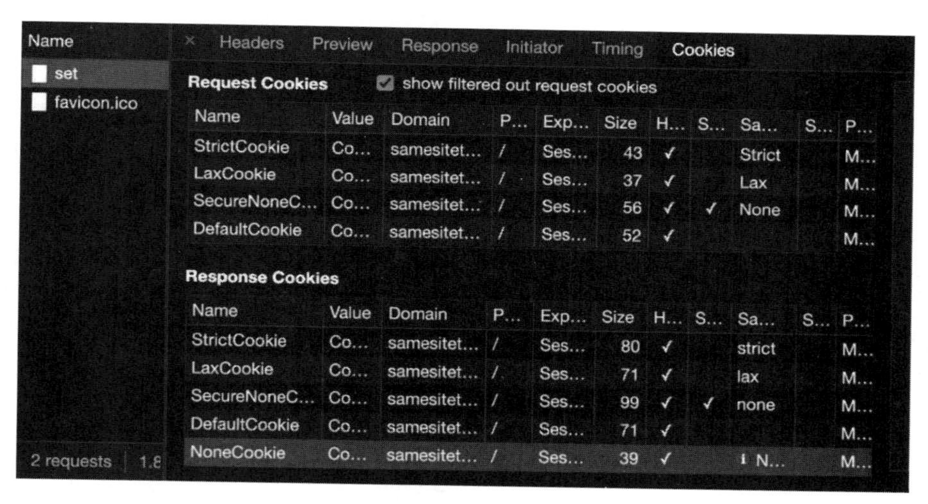

图 16-27　失效的 Cookie 会以不同底色突显

右击请求记录列表，然后选择 Clear browser cookies，可以清除浏览器中已存储的 Cookies。

16.8.8　复制请求信息

右击列表中的请求，然后展开Copy选项来复制请求相关信息，如图16-28所示。

- Copy response：复制响应内容。
- Copy stack trace：复制请求的JavaScript call stack。
- Copy as fetch：复制可以发出相同请求的JavaScript fetch程序代码。

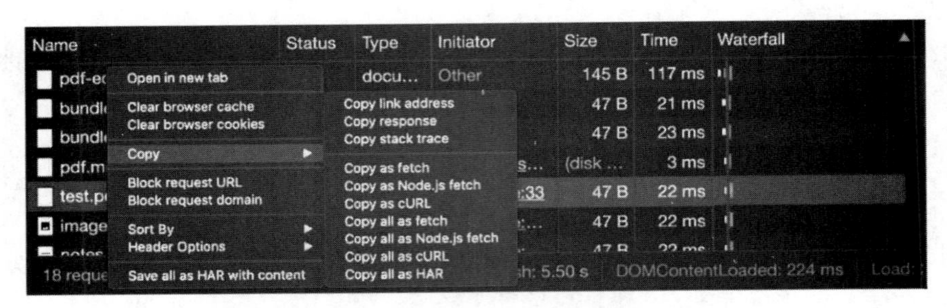

图 16-28　请求记录列表的快捷菜单

第17章

Performance面板

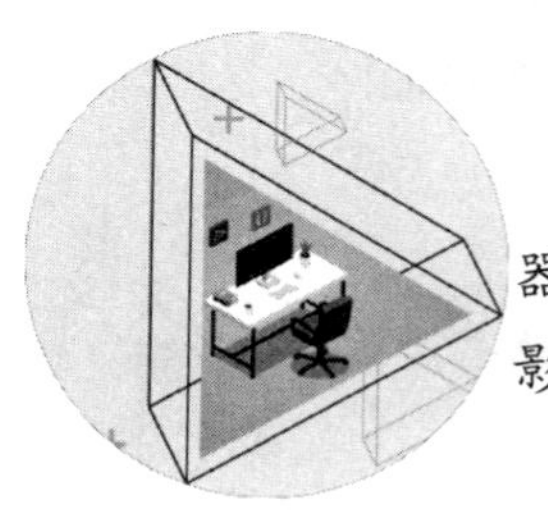

Performance面板是功能相当丰富的性能检测工具，能够深入观察浏览器运行过程中的性能信息，通常用于分析特定功能的性能瓶颈，或者游戏、影像编辑等对性能有特殊需求的网页应用程序。

17.1　基本介绍

17.1.1　面板组成

Performance面板主要由以下部分组成（见图17-1）：

- 工具栏：与整体面板有关的操作选项和设置。
- Overview图表：可视化呈现完整时间轴的基本信息。
- Activities列表：将性能信息以方块状的Activity为单位显示在不同种类的列表中，单击Activity会在下方的面板显示该Activity的详细信息。

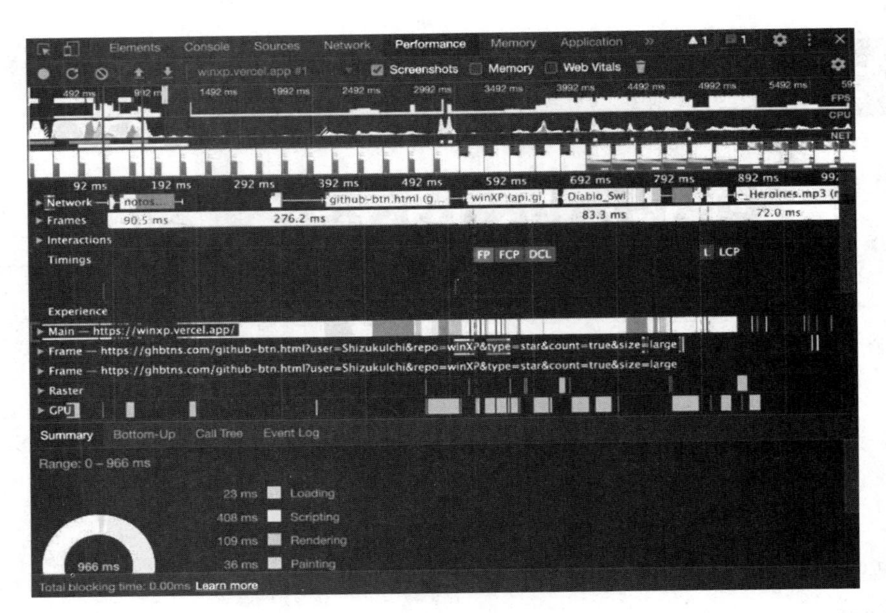

图 17-1　自上而下分别是工具栏、Overview 图表、Activities 列表和详细信息面板

若要避免自动停止记录，可以先进入空页面（about:blank），单击要测量的页面，并再次单击图标来停止。

17.1.2　工具栏

1. 记录性能信息

以下列两种方式来记录性能信息：

- 执行性能：单击图标后开始记录，再次单击该图标停止记录。
- 加载性能：单击图标来重新刷新页面并开始记录，在页面加载完成后会自动停止记录。

多次记录性能信息后，可以从图标右侧的记录菜单中切换至先前的记录。

2. 清空所有记录

单击图标来清空所有的性能记录。

3. 读取、存储记录

单击 Save profile...或 Load profile...来读取或存储性能记录。在面板中右击也能看到这两个选项。

4. 逐帧截图

勾选Screenshots来提取每一帧画面，截图会显示在Overview图表和Frames列表Activity的详细信息中，如图17-2所示。

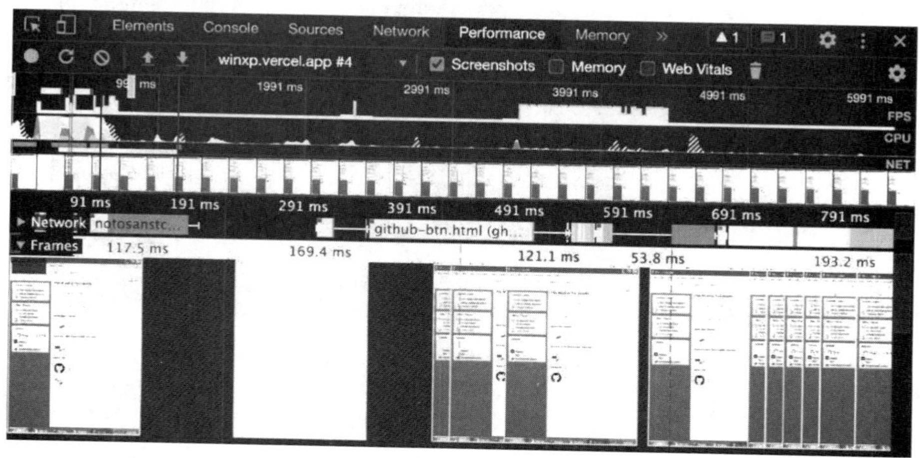

图 17-2　Overview 图表和 Frames 列表下方都显示了截图

5. 内存信息

勾选Memory来记录内存相关的信息，如图17-3所示。

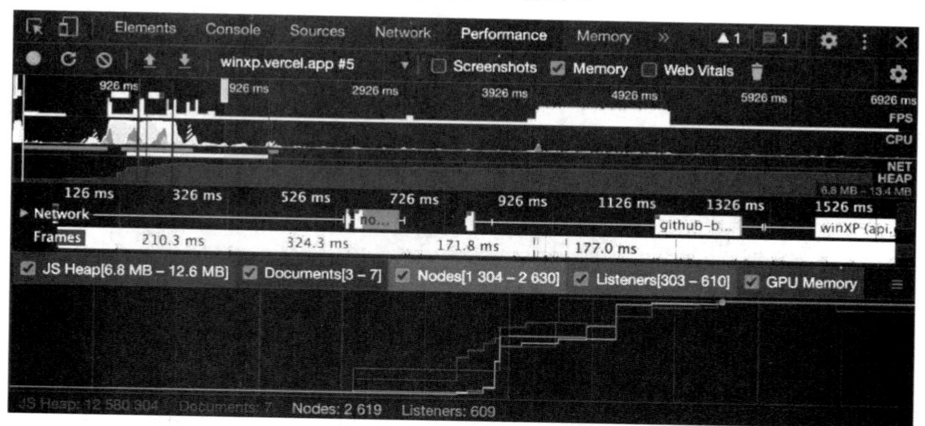

图 17-3　Overview 图表多了 HEAP 行，下方则显示了 JSHeap、Nodes 等内存信息的折线图

单击折线图，会自动标记 Main 列表中对应时间点的 Activity，请看后文关于 Main 列表的介绍。

6. Web Vitals信息

勾选Web Vitals来独立显示Web Vitals相关的信息，如图17-4所示。

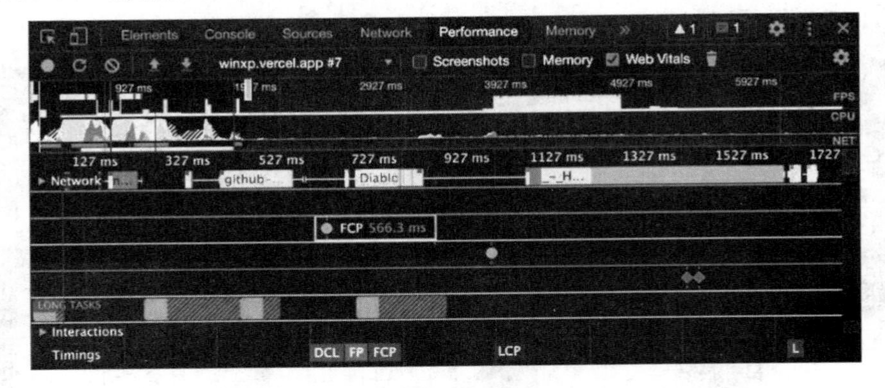

图 17-4　Web Vitals 列表显示了 FCP 的信息

7. 垃圾回收

单击图标立即执行垃圾回收。

垃圾回收无法通过 JavaScript 触发，浏览器会自动判断执行的时机。

17.1.3　设　置

单击图标来打开设置菜单，如图17-5所示。

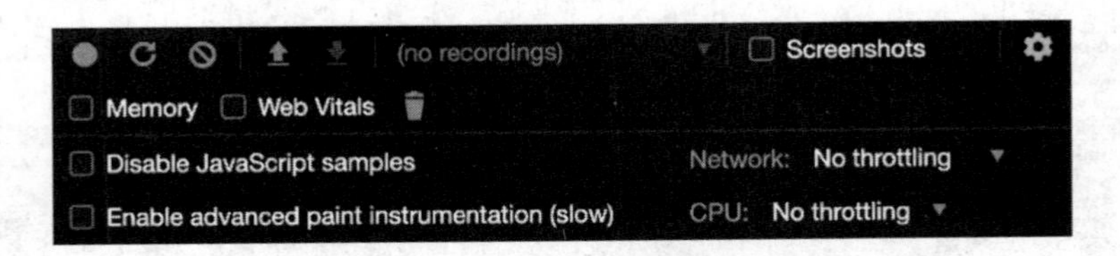

图 17-5　Performance 面板的设置菜单

1. 避免记录JavaScript Call stack

勾选Disable JavaScript samples后，Main列表中就不会显示JavaScript 的Call stack信息。

2. 模拟性能限制

通过 Network 和 CPU 下拉菜单可以在记录时仿真性能限制。

3. 记录绘制性能的详细信息

勾选Enable advanced paint instrumentation(slow)来记录绘制性能的详细信息，并显示在以下Activity中：

- Frames列表：Frame activity的Layers分页。
- Main列表：Paint activity的Paint Profiler分页。

本章后续内容会详细介绍这些分页。

17.2 Overview 图表

17.2.1 选择记录区间

在Overview中拖曳一段记录区间来放大显示Activities列表，如图17-6所示。

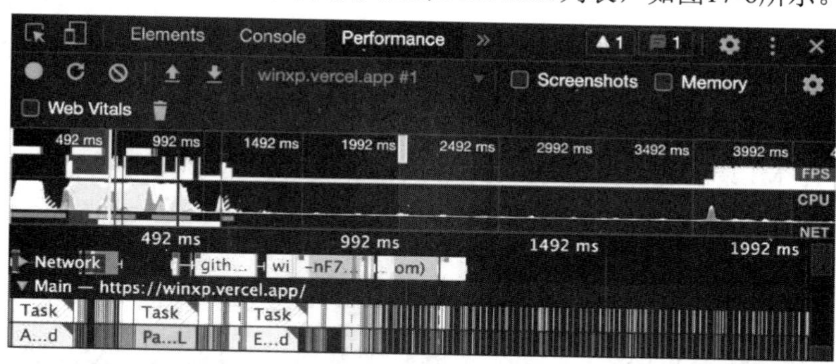

图 17-6　在 Overview 图表约 492 ms 处拖曳一小段区间

拖曳完成后，下方Activities列表的时间轴会随之改变，如图17-7所示。

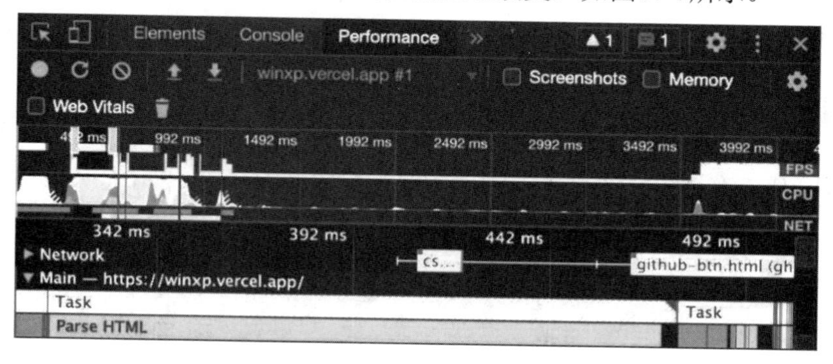

图 17-7　Activities 列表的时间轴放大至 492ms 附近

17.2.2 FPS行

高低起伏的绿色方块表示每秒帧数（Frames per second）的变化，上方的粉色、红色横条为低帧数警告，也就是可能会让用户感受到卡顿的部分，如图17-8所示。

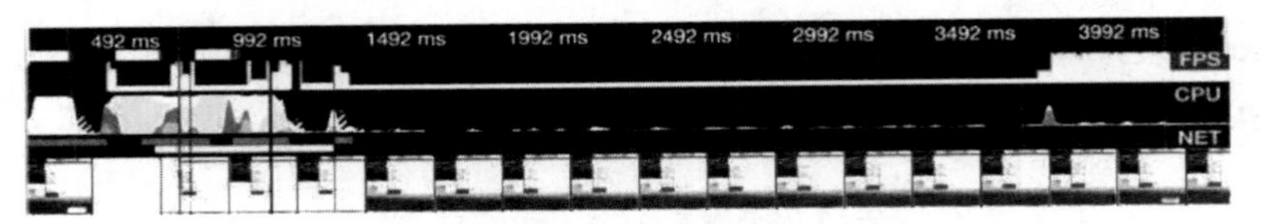

图 17-8　上方有横条的部分帧数较低

图表中方块高度几乎为 0 的部分不一定表示页面卡住了，可能是画面确实没有变化，该部分也不会有低帧数警告。

17.2.3 CPU行

以图形表示CPU使用率的变化，图形由多种颜色堆叠（见图17-9），分别代表：

- 灰色：浏览器内部的工作。
- 蓝色：HTML请求、文件解析。
- 黄色：事件、JavaScript。
- 绿色：图像处理、画面绘制。
- 紫色：样式计算。

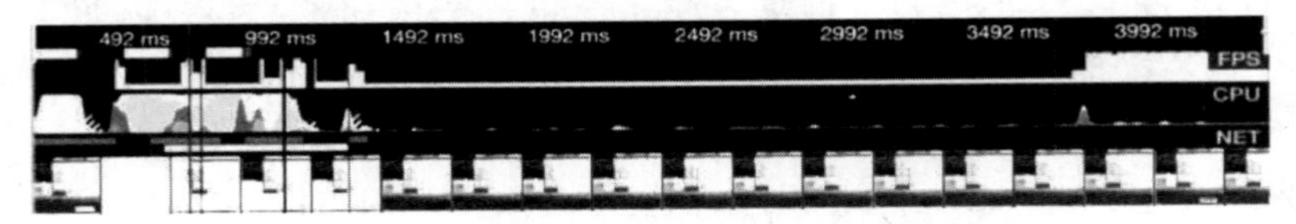

图 17-9　图形较高的部分表示主线程繁忙，正好对应到FPS栏显示帧数警告的时间

17.2.4 NET行

蓝色的部分代表有请求正在进行，深色为优先权较高的请求，如图17-10所示。

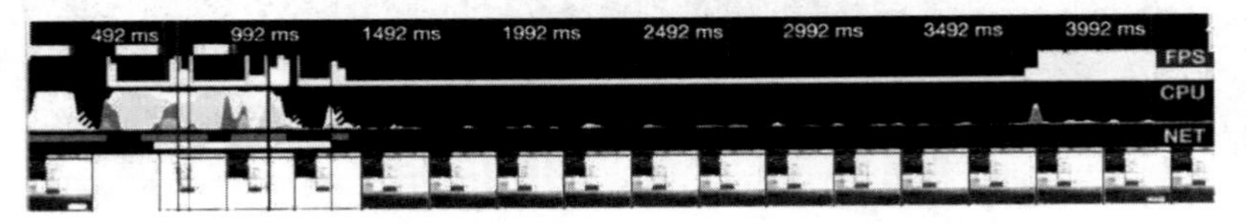

图 17-10　开头处有请求正在进行

17.2.5　逐帧截图

显示了页面在各个时间点的截图，将鼠标移至截图上能放大显示，如图17-11所示。

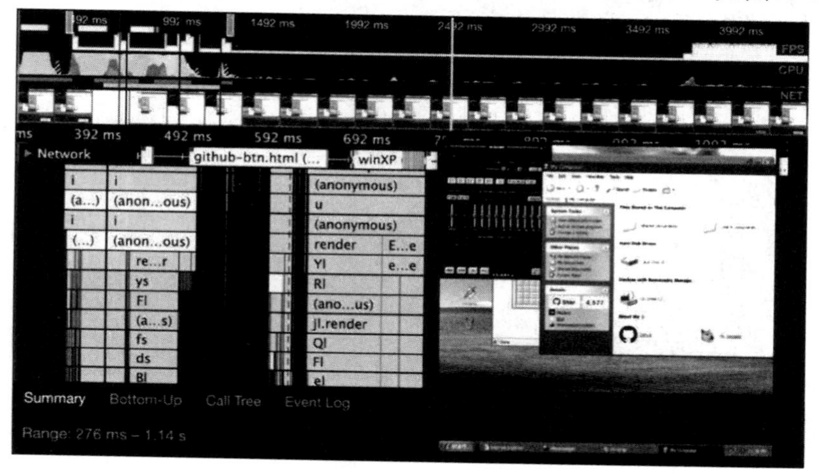

图 17-11　显示约 2.4s 处的页面截图

勾选工具栏中的 Screenshots 才会显示截图，在截图上左右移动鼠标，就能观察画面的变化。

17.3　Activities 列表

17.3.1　Main 列表

Main列表中显示了主线程中所有的任务，持续时间超过50ms的任务会以红色虚线和右上角的三角形标示出来，如图17-12所示。

任务底下的Activities根据类型有不同颜色，黄色的JavaScript Activity底下会以随机颜色显示Call Stack Activities。

持续时间超过 50ms 的任务被称为长任务 Long Task，而 50ms 的根据请参考第 10 章关于 TBT 的介绍。

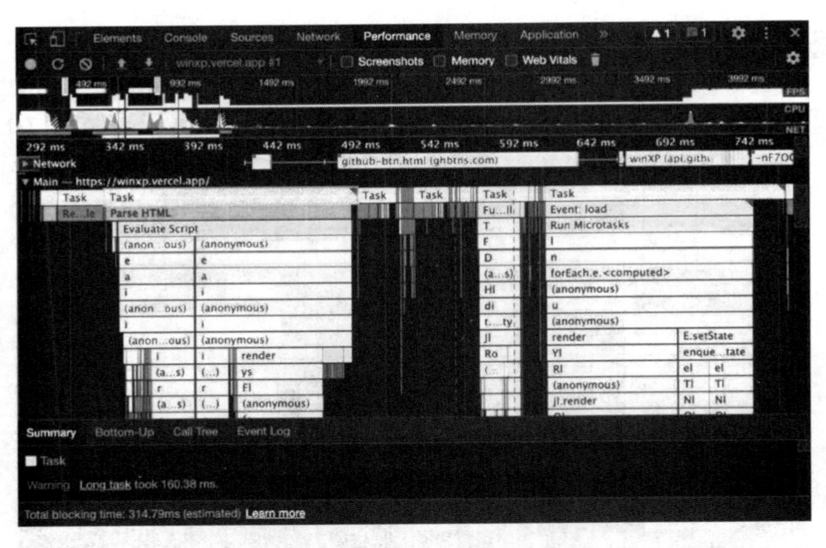

图 17-12　Main 列表的第一列为任务，任务底下有不同类型的 Activities

1. 搜索Activity

按command+F键来打开最下方的搜索输入框，默认以纯文本搜索Activities的内容，单击右侧的图标来修改设置，如匹配大小写Aa、正则表达式.*，如图17-13所示。

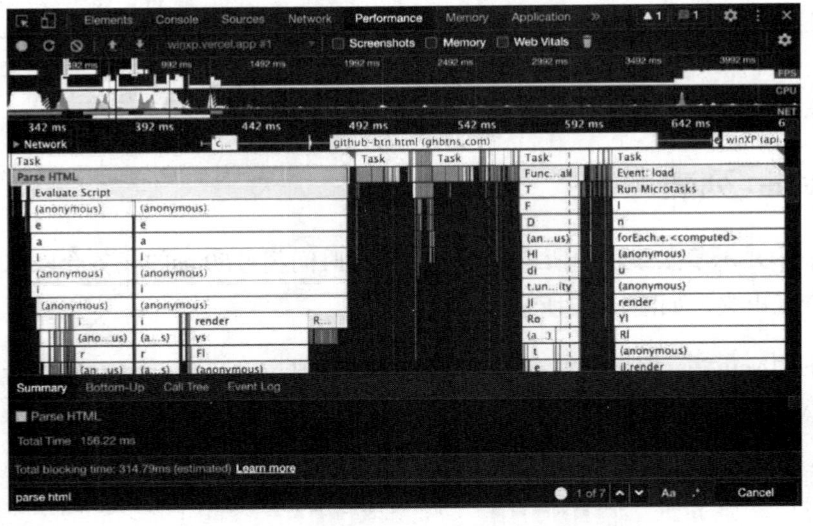

图 17-13　输入“parse html”后，自动把焦点切换到第一个找到的 Parse HTML Activity 上

2. 详细信息面板

单击任何Activity后，下方的详细信息面板会显示该Activity的详细信息。

（1）Summary分页

显示该Activity的持续时间，并将期间发生的其他Activities分类显示，如图17-14所示。

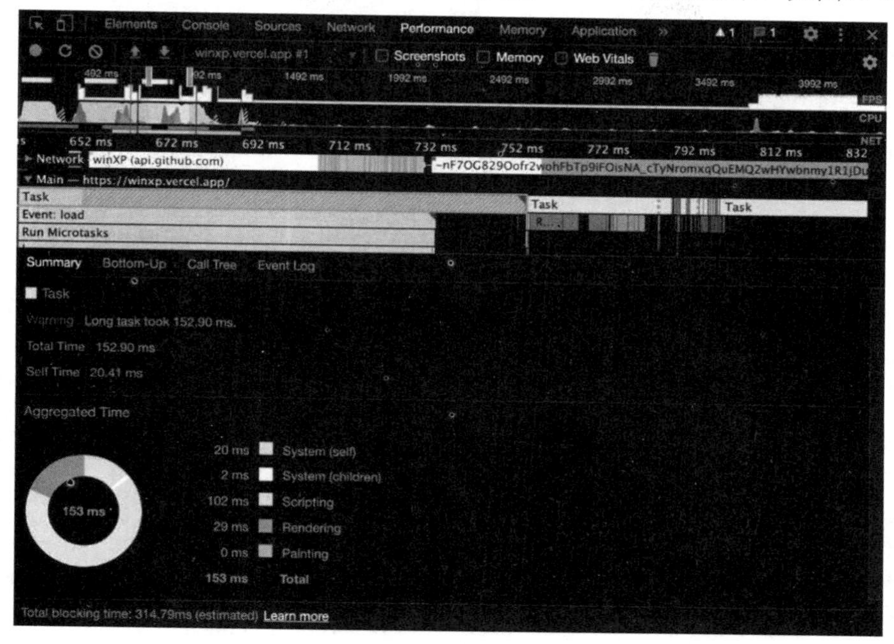

图 17-14　该工作持续了 152.90ms，执行 JavaScript 占了其中的 102ms

Total Time表示Activity的持续时间，Self Time表示该Activity自身的执行时间。以JavaScript Activity来说，Total Time为函数开始执行至结束的完整时间，Self Time则不包含函数中执行其他函数的时间。

此外，不同的Activity可能有额外的详细信息，例如Recalculate Style Activity中会显示Initiator，单击Initiator旁的Reveal，可以跳至触发Recalculate Style的Activity，如图17-15所示。

图 17-15　Recalculate Style Activity 的详细信息

（2）Bottom-Up分页

Bottom-Up分页会将同一个Activity的时间加总（例如同一个函数），默认以Self Time由高到低排列显示，展开后可以看到触发该Activity的Activities。

由于一个Activity可能会执行多次或出现在不同的Call Stack中，因此此分页适合查看加总运行时间最长的Activity，如图17-16所示。

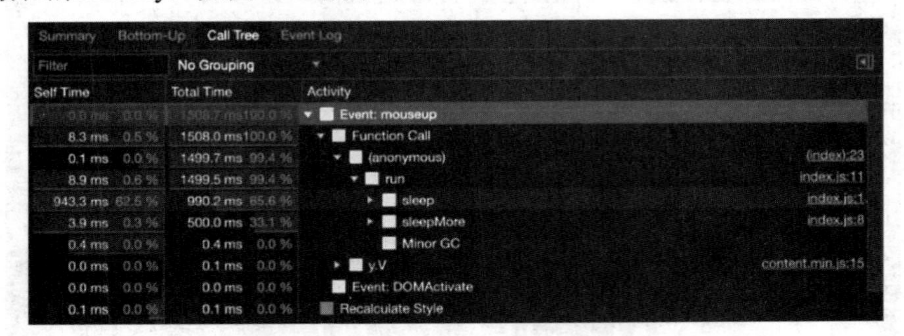

图 17-16　sleep Activity 的总运行时间最长，将其展开可以看到 sleep 曾由 run 和 sleepMore 触发

对比图 17-17 的 Call Tree 分页，可以看到 sleep 至 Event 的顺序完全相反。

（3）Call Tree分页

默认以Total Time从高到低排列Activities，若是JavaScript Activity，则能展开其Call Stack，如图17-17所示。

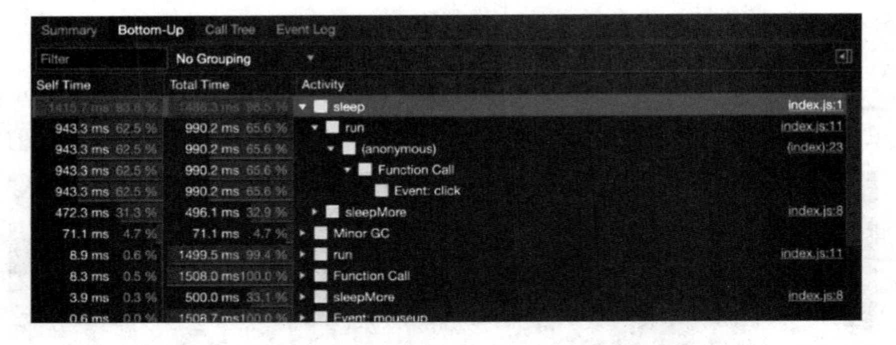

图 17-17　Total Time 随着 Call Stack 的一层层展开而减少

分页相当于将 Main 列表逆时针旋转 90° 后，将同一层 Call Stack 中相同的 Activity 合并，再以 Total Time 进行排序。

单击 Bottom-Up 和 Call Tree 分页右上角的▣图标来显示下一层 Activities 中 Total Time 最长的 Activity，如图 17-18 所示。

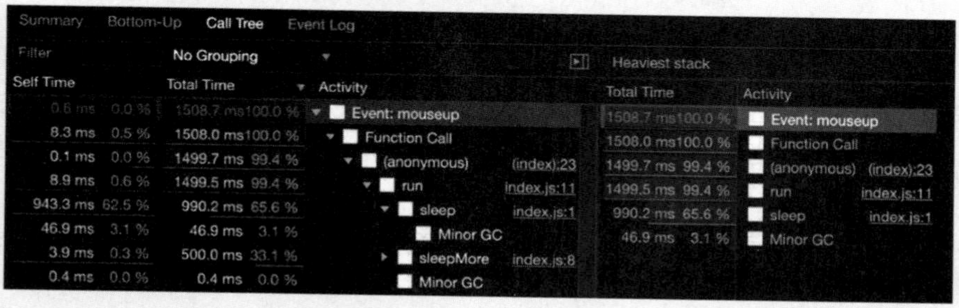

图 17-18　run 底下有 sleep、sleepMore、Minor GC 三个 Activity，而 Heaviest stack 中显示了 Total Time 最长的 sleep 以及 sleep 底下的 Minor GC

分页表格设置：

- 排序：单击表格的字段名，可以改为以该字段的值进行排序。
- 筛选：在Filter内输入文字来筛选Activity名称。
- 分组：在Bottom-Up分页或Call Tree分页中，单击No Grouping来展开下拉菜单，将Activities以类型、Domain等方式进行分组。

（4）Event Log分页

以触发时间顺序显示Activities，如图17-19所示。

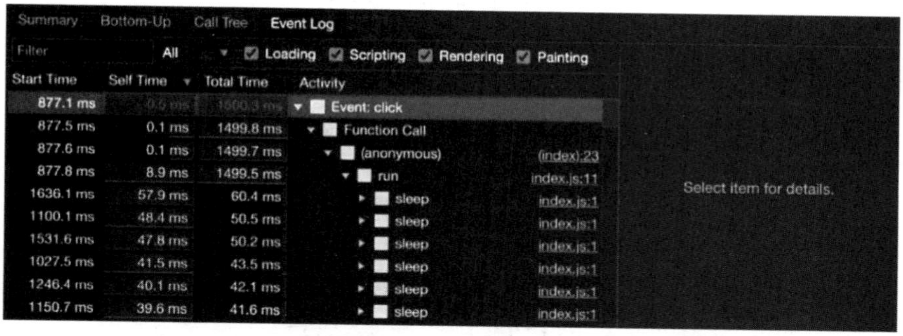

图 17-19　以时间顺序和 Call stack 显示所有 Activities

单击All菜单来筛选Total Time大于1ms或15ms的Activities。取消勾选Loading、Scripting、Rendering、Painting以隐藏对应的Activities类型。

Event Log 分页和 Main 列表的显示方式几乎相同，差别在于 Event Log 分页只显示了选中的 Activity 底下的 Activities。

（5）Paint Profiler分页

若启用了设置中的Enable advanced paint instrumentation选项，单击绿色的Paint activity后，就会显示出额外的Paint Profiler分页。Paint Profiler分页由三个部分组成（见图17-20）：

- 上方的绘制流程Overview：以直方图表示绘制指令花费的时间。
- 左侧的指令列表：显示所有绘制指令。
- 右侧的绘制内容：显示指令实际绘制出的内容。

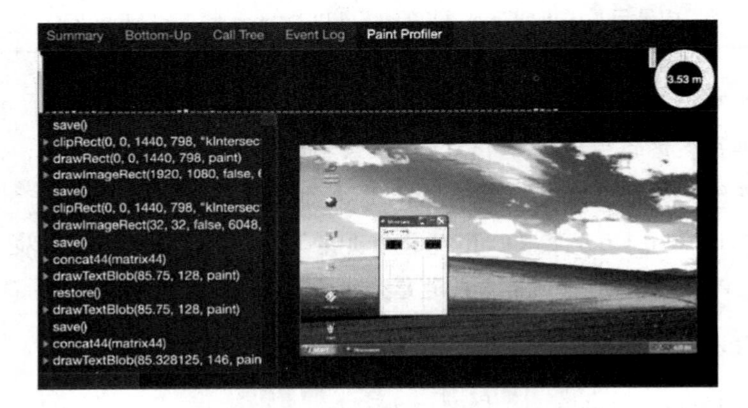

图 17-20　浏览器执行左侧列表的绘制指令后产生右侧的内容

在Overview中拖曳一段区间来显示部分绘制内容，如图17-21所示。

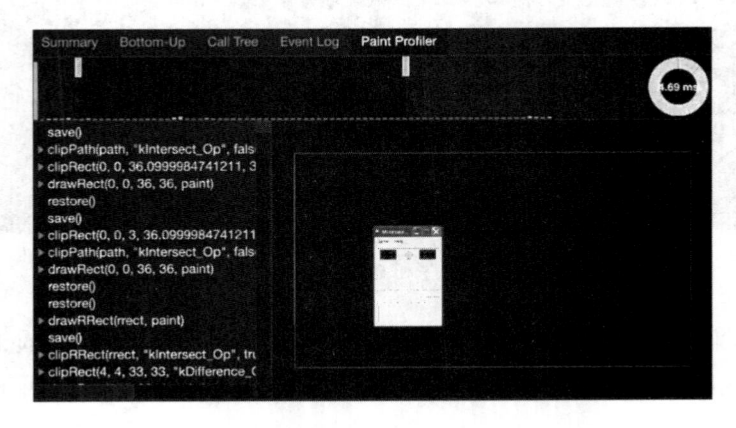

图 17-21　拖曳区间内的绘制指令所产生的内容

17.3.2 Network 列表

每个请求Activity都由以下部分组成（见图17-22）：

- 左侧的细线：连接至发送请求前。
- 浅色区段：等待服务器响应。
- 深色区段：下载资源。
- 右侧的细线：解析资源。
- 左上角的小方块：请求优先级，深色代表较高，浅色代表较低。

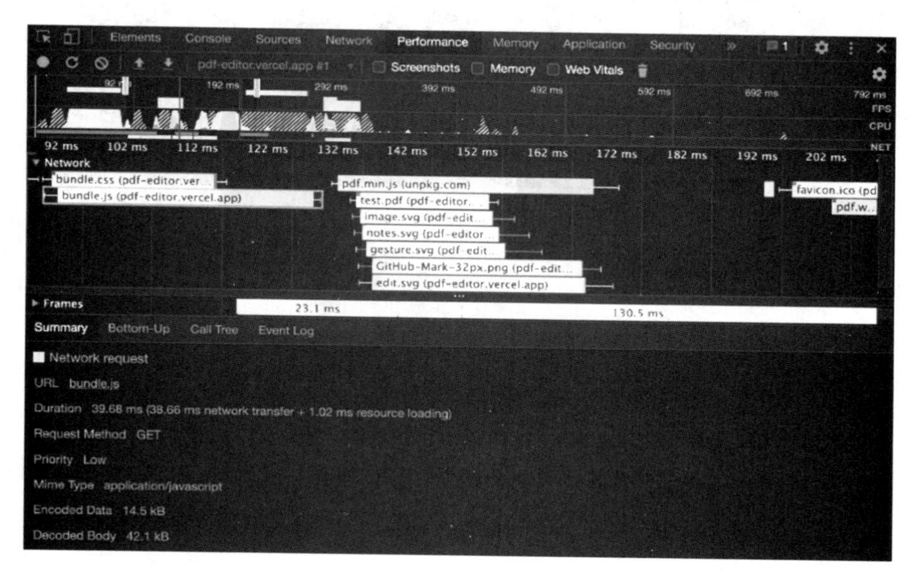

图 17-22 最左侧的 bundle.js 左上角的方块为浅色，Summary 分页中显示请求的优先级为 Low

单击请求后，除了能在 Summary 分页中看到请求信息外，Bottom-Up、Call Tree 分页中会显示请求期间发生的 Activities。

17.3.3 Frames 列表

Frames列表中显示了每一帧画面的详细信息，若勾选了Screenshots，则会在下方和Summary分页中显示截图，如图17-23所示。

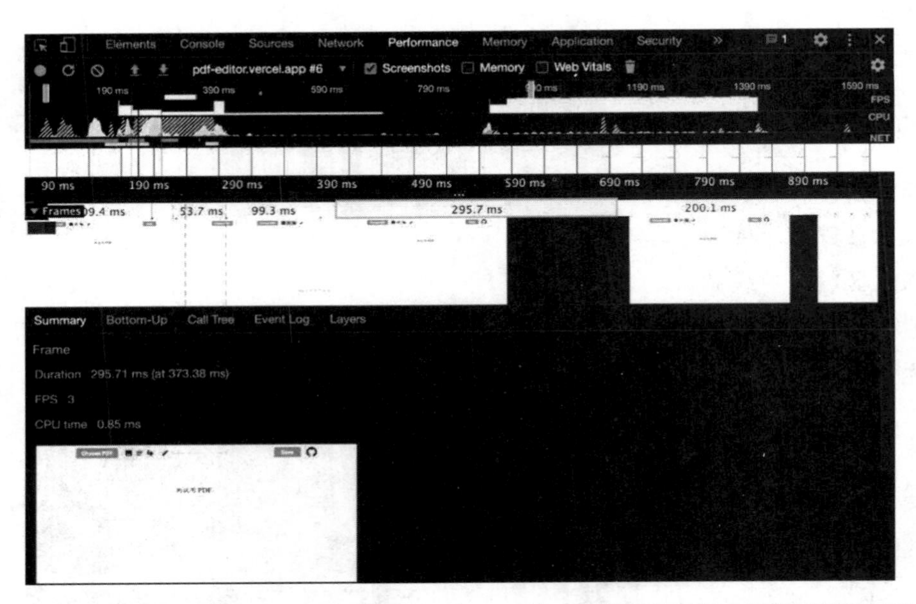

图 17-23　Frame Activity 的 Summary 分页显示了该画面的开始时间、持续时间和 FPS

单击Summary分页中的截图可以放大显示，下方的按钮能切换至前一帧、后一帧画面，如图17-24所示。

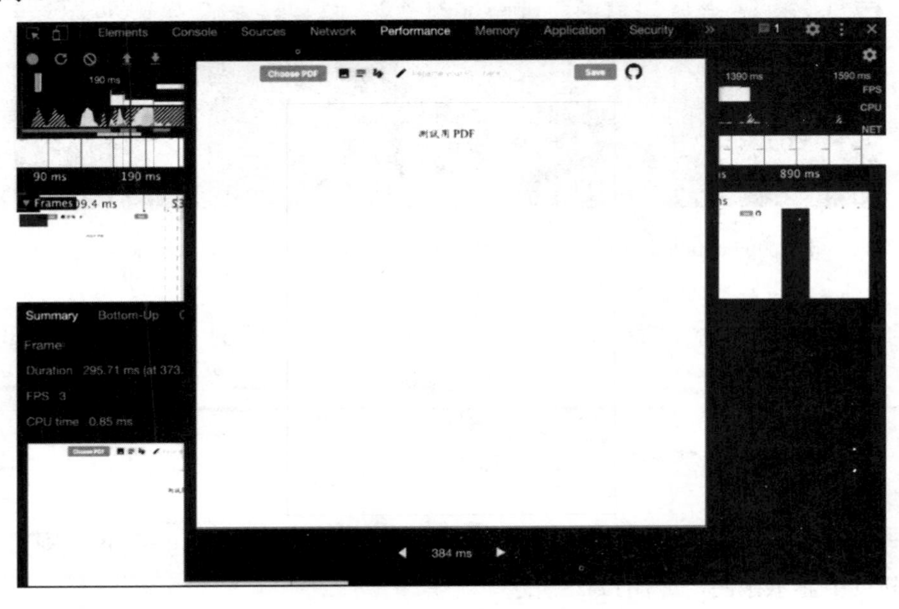

图 17-24　放大显示 384ms 处的截图

若出现红色背景的 Frame Activity，则表示该帧画面因性能问题没有实际显示在页面中，通常其 CPU time 会大于 16ms。另外值得一提的是，完全由 GPU 产生的画面会显示 CPU time 0 ms。

若启用了设置中的Enable advanced paint instrumentation选项，单击Frame Activity后，会显示额外的Layers分页。

Layers分页的左侧列表显示了页面中所有的Layers，单击任意Layer，会在右侧显示详细信息，包括Layer的大小、产生原因、内存用量等，如图17-25所示。

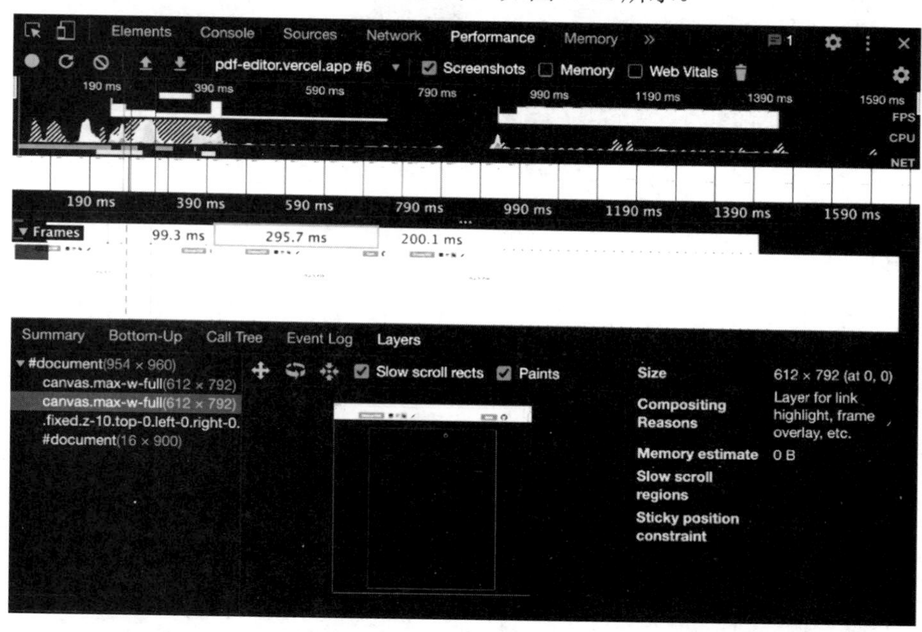

图 17-25　Frame Activity 的 Layers 分页内容

分页中间为 Layer 可视化工具，通过上方工具栏的按钮进行旋转、移动可以进一步查看 Layers 之间的堆叠关系。

17.3.4　Timings 列表

用于显示有关网页使用体验的重要时间点（见图17-26），说明如下：

- DCL（DOMContentLoaded）：HTML已经加载且解析完毕时。
- FP：绘出默认背景颜色之外的任何内容时。

- FCP：绘出任何文字、图片、有颜色的Canvas时。
- LCP：绘出页面中最大的内容时。
- L（Load）：解析HTML期间请求的资源都载入完成时。

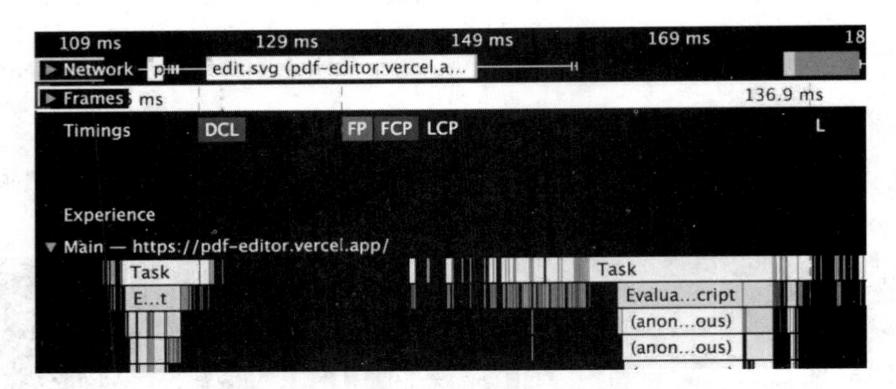

图 17-26　各个时间点的左侧都有对应颜色的时间线贯穿整个 Activities 列表

FP、FCP、LCP 都属于 Web Vitals，请参考第 10 章关于 Web Vitals 的介绍。

17.3.5 Experience 列表

显示所有的元素位移（Layout Shift）并计算为分数，越低代表页面稳定性越高，用户体验越好。

Layout Shift Activity的Summary分页内容，如图17-27所示。

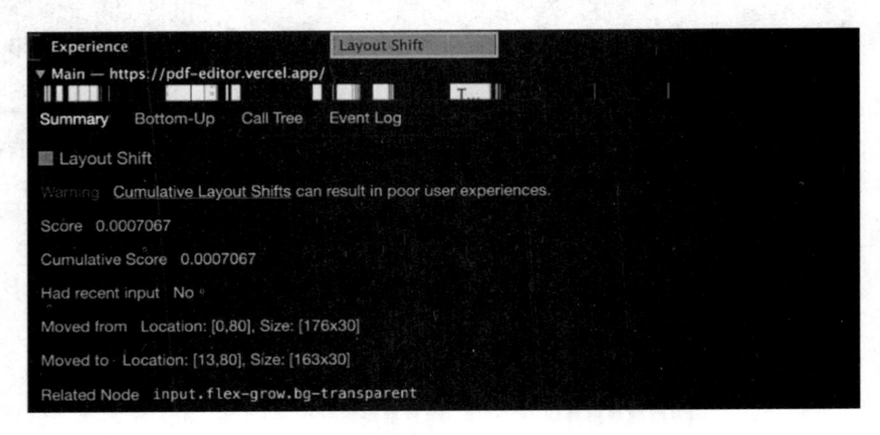

图 17-27　Layout Shift Activity 的 Summary 分页内容

LS（Cumulative Layout Shifts）代表所有元素位移分数的总和，是 Core Web Vitals 的一员，请参考第 10 章关于 Web Vitals 的介绍。

17.3.6　GPU 列表

显示GPU的使用时间。

在网址栏输入“chrome://gpu”以查看当前浏览器是否已打开硬件加速（Graphics Feature Status）的功能，页面下方有更多关于GPU的信息，如图17-28所示。

Graphics Feature Status

- **Canvas:** Hardware accelerated
- **Compositing:** Hardware accelerated
- **Metal:** Disabled
- **Multiple Raster Threads:** Enabled
- **Out-of-process Rasterization:** Hardware accelerated
- **OpenGL:** Enabled
- **Rasterization:** Hardware accelerated
- **Skia Renderer:** Enabled
- **Video Decode:** Hardware accelerated
- **WebGL:** Hardware accelerated
- **WebGL2:** Hardware accelerated

图 17-28　chrome://gpu 页面显示了 GPU 信息

17.3.7　Raster 列表

显示产生Raster时各个线程的信息，如图17-29所示。

图 17-29　多条 Rasterizer 线程同时进行

Raster 为浏览器渲染流程中 Paint 阶段的一环，在 GPU 中进行。

17.3.8　其他列表

其他的Frame、ServiceWorker thread、ThreadPoolForegroundWorker）等信息都会显示在

Activities列表中，视需求来查看对应的列表，如图17-30所示。

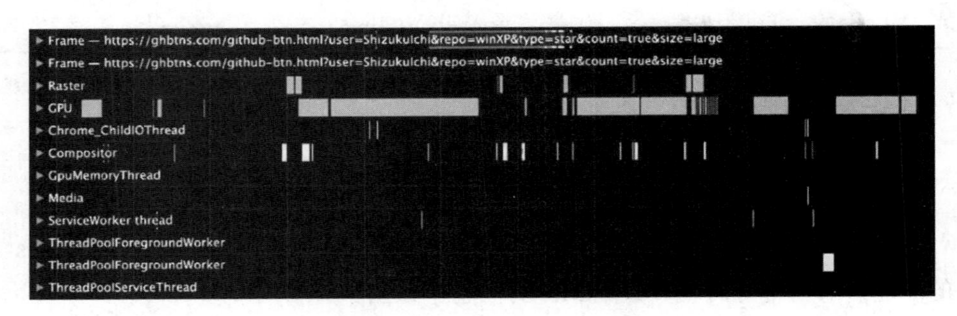

图 17-30 其他的 Activities 列表

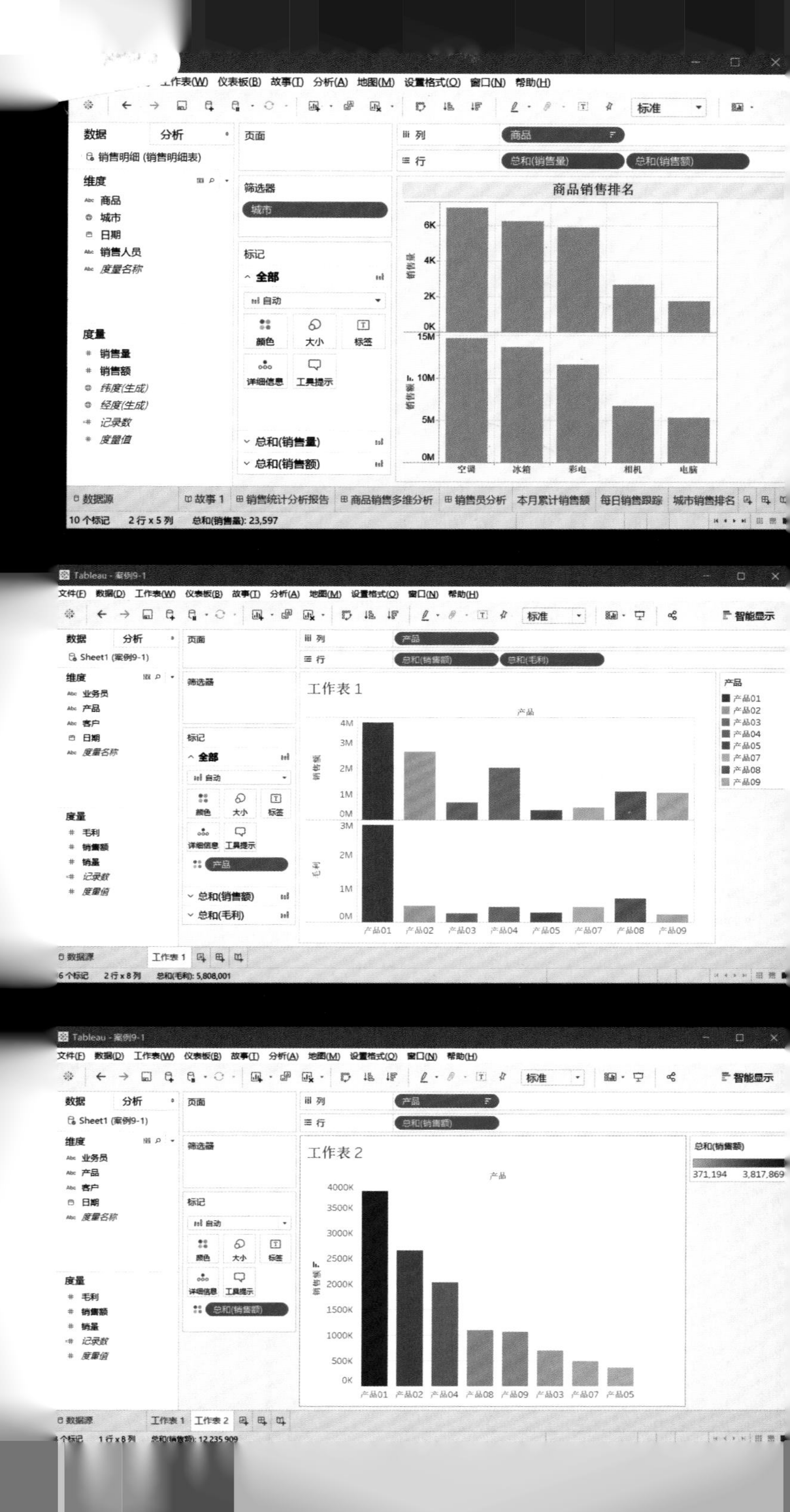

本书精彩案例欣赏

2021年3月份店铺经营分析

盈利家数 106家　销售额 20,978 千元

亏损家数 54家　净利润 1,892 千元

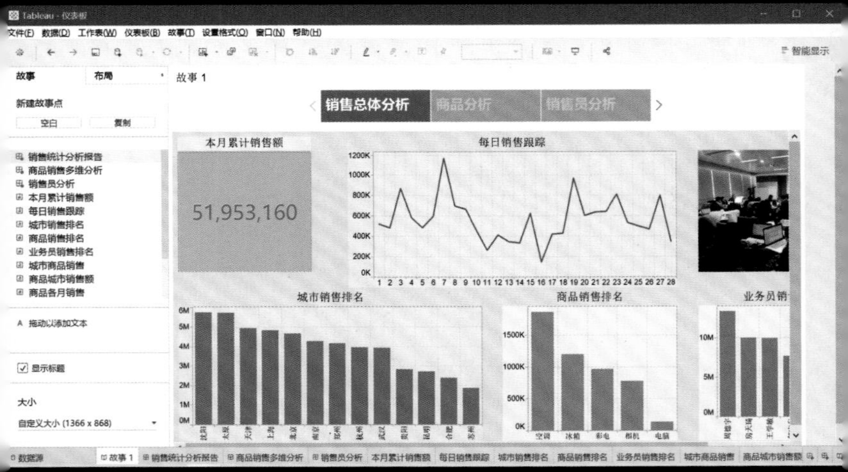

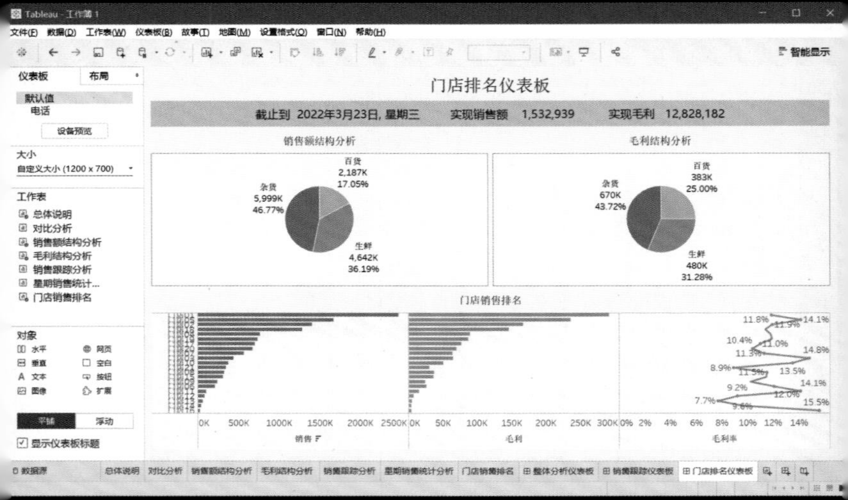

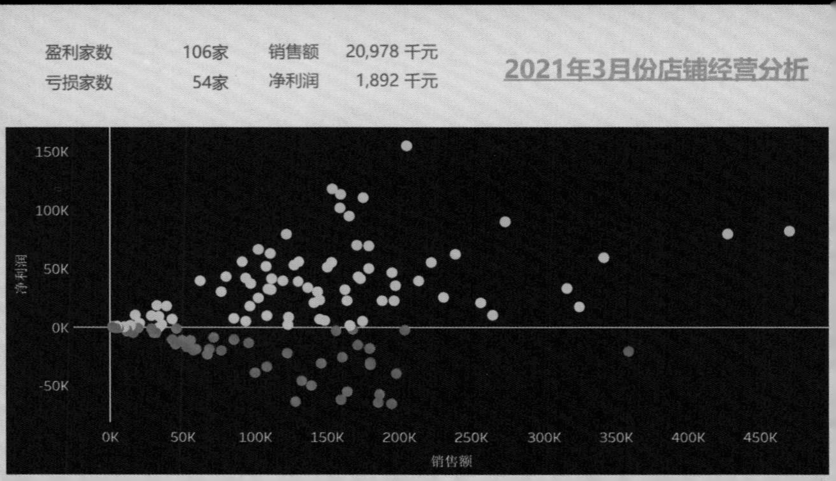

左手Excel 右手Tableau 数据分析可视化入门

案例视频精讲

韩小良◎著

清華大學出版社
北 京

内容简介

对于非数据分析专业人士，需要有一款能够快速上手、灵活做数据分析可视化的工具，Tableau 无疑是一个不错的选择。本书结合大量来自企业一线的实际案例，介绍 Tableau 在数据分析可视化应用方面的技能和技巧，包括数据合并与整理、表计算、Tableau 函数、绘图基本方法和技能技巧，书中的重要案例均配有详细操作视频，帮助读者快速学习和掌握 Tableau，只需会拖曳，就能迅速得到需要的分析报表和图表。

本书适合企业相关管理人员和数据分析人员阅读，也可以作为大中专院校数据分析专业的参考用书。

图书在版编目（CIP）数据

左手 Excel 右手 Tableau 数据分析可视化入门案例视频精讲 / 韩小良著 . —北京：清华大学出版社，2023.4

ISBN 978-7-302-62864-4

Ⅰ . ①左… Ⅱ . ①韩… Ⅲ . ①表处理软件 ②可视化软件 - 数据分析 Ⅳ . ① TP391.13 ② TP317.3

中国国家版本馆 CIP 数据核字 (2023) 第 036394 号

责任编辑：袁金敏
封面设计：杨纳纳
责任校对：胡伟民
责任印制：刘海龙
出版发行：清华大学出版社

网　　址：http://www.tup.com.cn，http://www.wqbook.com
地　　址：北京清华大学学研大厦 A 座　　**邮　　编**：100084
社 总 机：010-83470000　　**邮　　购**：010-62786544
投稿与读者服务：010-62776969，c-service@tup.tsinghua.edu.cn
质 量 反 馈：010-62772015，zhiliang@tup.tsinghua.edu.cn

印 装 者：小森印刷霸州有限公司
经　　销：全国新华书店
开　　本：170mm×240mm　　**印　　张**：27.75　　**彩　　插**：1　　**字　　数**：680 千字
版　　次：2023 年 4 月第 1 版　　**印　　次**：2023 年 4 月第 1 次印刷
定　　价：99.00 元

产品编号：098837-01

前言

数据分析可视化已经越来越受到大家的重视。人们常说，文不如表，表不如图，可视化图表可以让人一眼看出所要表达的数据信息，而不必去看长篇大论的文字，或者费劲地从单元格中一个个找数字。

在数据分析可视化方面，一个基本的可视化工具是 Excel 图表，这也是人们经常使用的工具。Excel 图表非常灵活，使用也方便，可以从各种角度分析数据，但是在综合表达各种数据信息方面，尤其是在快速制作并展示各种数据分析图表方面，就比较烦琐了。这样说的目的，不是说 Excel 图表不需要了，相反，笔者经常使用 Excel 图表来分析数据。

在数据分析可视化方面，工具不应该仅限于一种（如 Excel 图表、Power BI），而是应该选用操作方便、使用灵活的工具。一般情况下，人们不可能花半天时间去画一个图表，也不应该花大量时间绞尽脑汁去编写函数公式。大部分人并不是专业人士，因此只需要会拖曳就行了，那么，Tableau 无疑是一款非常容易上手和应用的数据分析可视化工具。

本书分为 10 章，介绍 Tableau 的基本知识、数据合并、表计算、Tableau 函数公式的使用技能和技巧，以及基本图表制作、格式化的方法和技能技巧，帮助读者快速了解和掌握 Tableau 数据分析可视化。

本书以 Tableau 2019.4 为写作版本，书中介绍的方法、思路和案例，也适用于更高版本，重要案例均录制了详细操作视频，供读者观看学习。

本书适合企事业单位的各类管理者和数据分析人士学习使用，也可作为经济类本科生、研究生和 MBA 学员的教材或参考书。

在本书的编写过程中得到了朋友和家人的支持和帮助，在此表示衷心的感谢！

作者虽尽职尽力，以期本书能够满足更多人的需求，但书中难免有疏漏之处，敬请读者批评指正，我们会在适当的时间进行修订和补充。

韩小良
2023 年 1 月

读书笔记

目录

第 8 章 Tableau 图表制作的基本技能与技巧.........321

第 9 章 Tableau 图表格式化技能与技巧...............344

第 1 章

简单可视化仪表板的创建

数据分析的结果，需要进行可视化处理，也就是人们常说的制作分析图表。制作图表有很多工具，例如 Excel、Python、Power BI 表、Tableau 等，这些工具各有所长，也各有所短。

单纯就数据可视化处理来说，对于不需要花费很多精力、不需要绞尽脑汁去想怎么使用函数、怎么去编写代码的职场人士而言，其实不需要绘制多么复杂的图表，因为绘制图表的目的是一层层发现问题，揭示问题，分析问题，在这种情况下，Tableau 就是一个非常简单、非常容易上手的工具。

本章我们结合实际案例，讲述如何使用 Tableau 对数据进行可视化处理。

1.1 原始数据及任务要求

为了快速了解什么是 Tableau，如何使用 Tableau 来对数据进行可视化处理，下面结合一个简单的员工信息属性分析的例子进行说明。

1.1.1 示例源数据

本案例使用的原始数据是一个 Excel 表格，如图 1-1 所示。本案例数据源文件是“员工信息 .xlsx”文件。

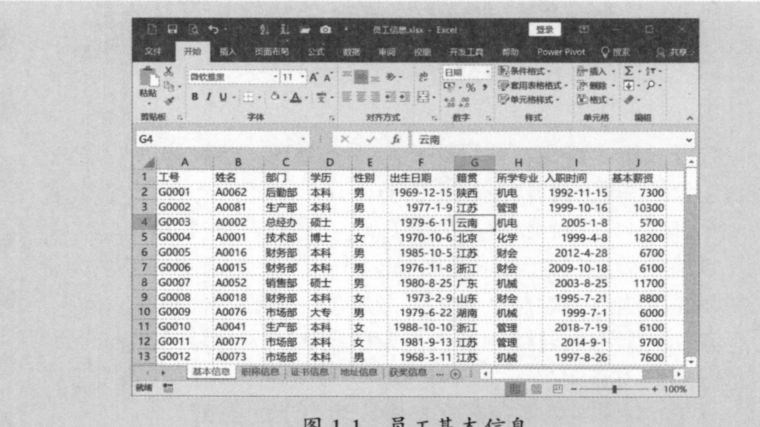

	A	B	C	D	E	F	G	H	I	J
1	工号	姓名	部门	学历	性别	出生日期	籍贯	所学专业	入职时间	基本薪资
2	G0001	A0062	后勤部	本科	男	1969-12-15	陕西	机电	1992-11-15	7300
3	G0002	A0081	生产部	本科	男	1977-1-9	江苏	管理	1999-10-16	10300
4	G0003	A0002	总经办	硕士	男	1979-6-11	云南	机电	2005-1-8	5700
5	G0004	A0001	技术部	博士	女	1970-10-6	北京	化学	1999-4-8	18200
6	G0005	A0016	财务部	本科	男	1985-10-5	江苏	财会	2012-4-28	6700
7	G0006	A0015	财务部	本科	男	1976-11-8	浙江	财会	2009-10-18	6100
8	G0007	A0052	销售部	硕士	男	1980-8-25	广东	机械	2003-8-25	11700
9	G0008	A0018	财务部	本科	女	1973-2-9	山东	财会	1995-7-21	8800
10	G0009	A0076	市场部	大专	男	1979-6-22	湖南	机械	1999-7-1	6000
11	G0010	A0041	生产部	本科	女	1988-10-10	浙江	管理	2018-7-19	6100
12	G0011	A0077	市场部	本科	女	1981-9-13	江苏	管理	2014-9-1	9700
13	G0012	A0073	市场部	本科	男	1968-3-11	江苏	机械	1997-8-26	7600

图 1-1　员工基本信息

1.1.2 所需分析报告

我们要根据这个表格数据，制作如图 1-2 所示的员工属性分析和如图 1-3 所示的薪资分析报告，包括性别人数分布分析、部门人数分布分析、学历人数分布分析、年龄人数分布分析、工龄人数分布分析、历年累计人数趋势分析、薪资分析等。

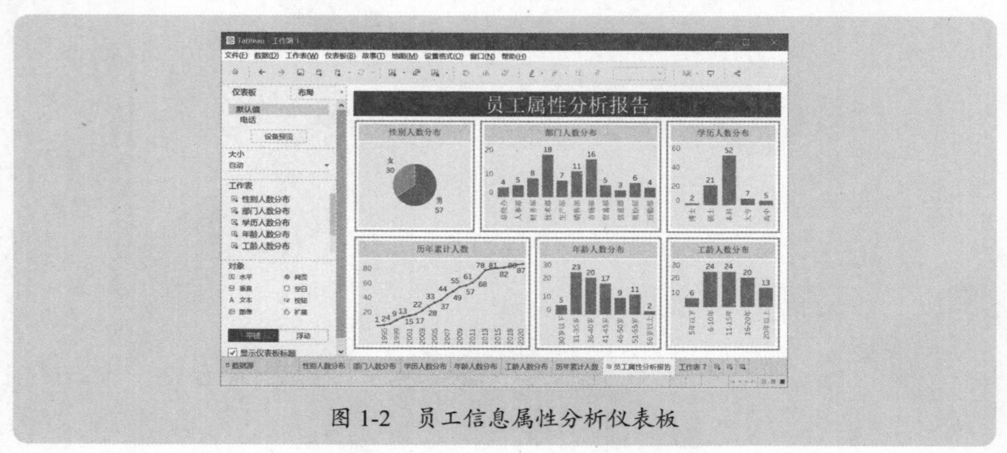

图 1-2　员工信息属性分析仪表板

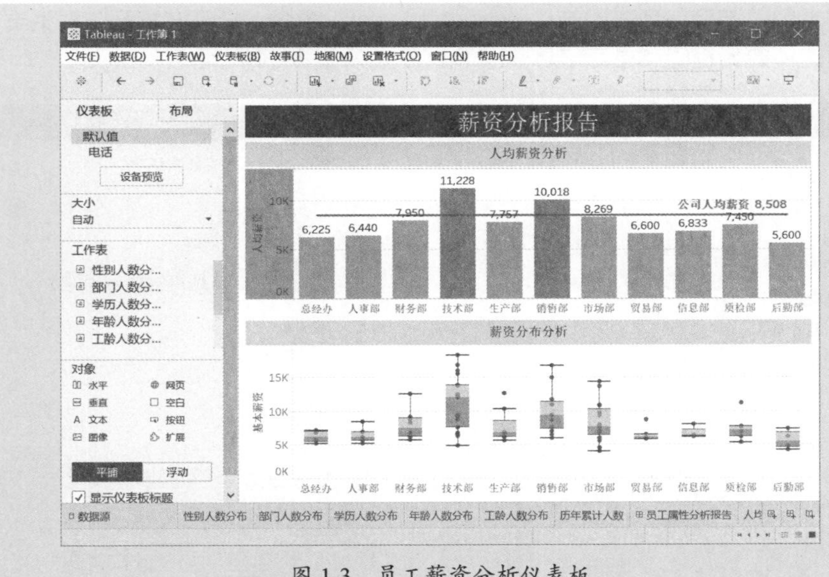

图 1-3　员工薪资分析仪表板

1.2 数据连接与整理

首先将 Tableau 与 Excel 文件建立连接，并对数据进行必要的整理加工。这种数据连接和整理加工，在 Tableau 中是非常容易的。

1.2.1 与 Excel 数据建立连接

打开 Tableau 程序，如图 1-4 所示。

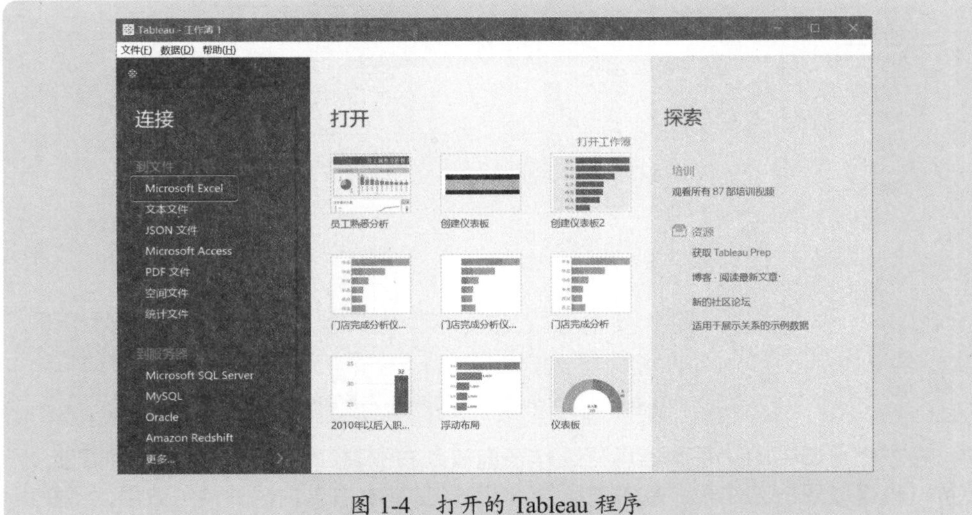

图 1-4　打开的 Tableau 程序

单击左侧“连接”列表中的“Microsoft Excel”命令，打开“打开”对话框，在文件夹里选择要分析的“员工信息.xlsx”文件，如图 1-5 所示。

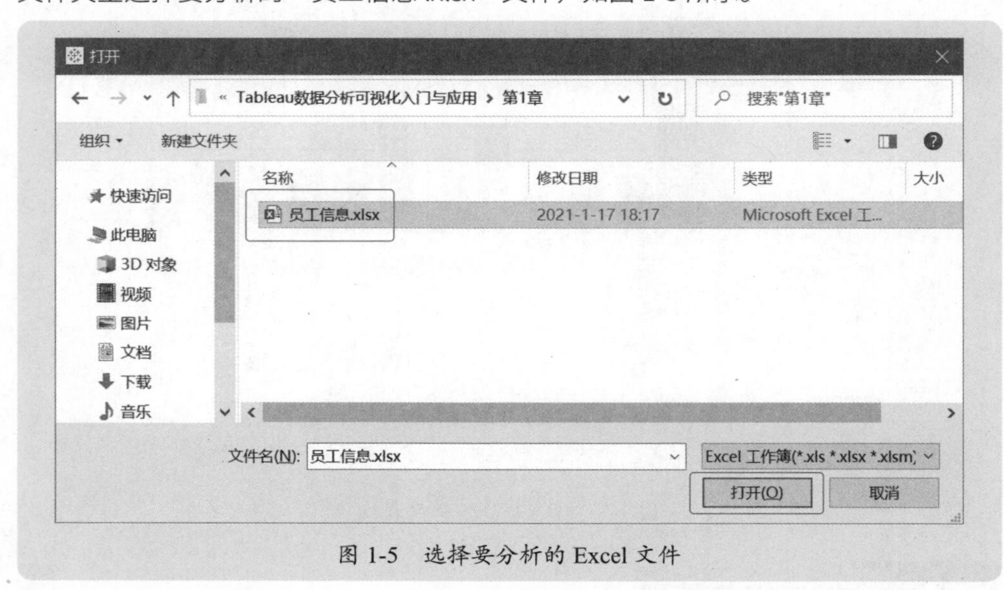

图 1-5　选择要分析的 Excel 文件

单击“打开”按钮，进入 Tableau 的“数据源”界面，如图 1-6 所示。

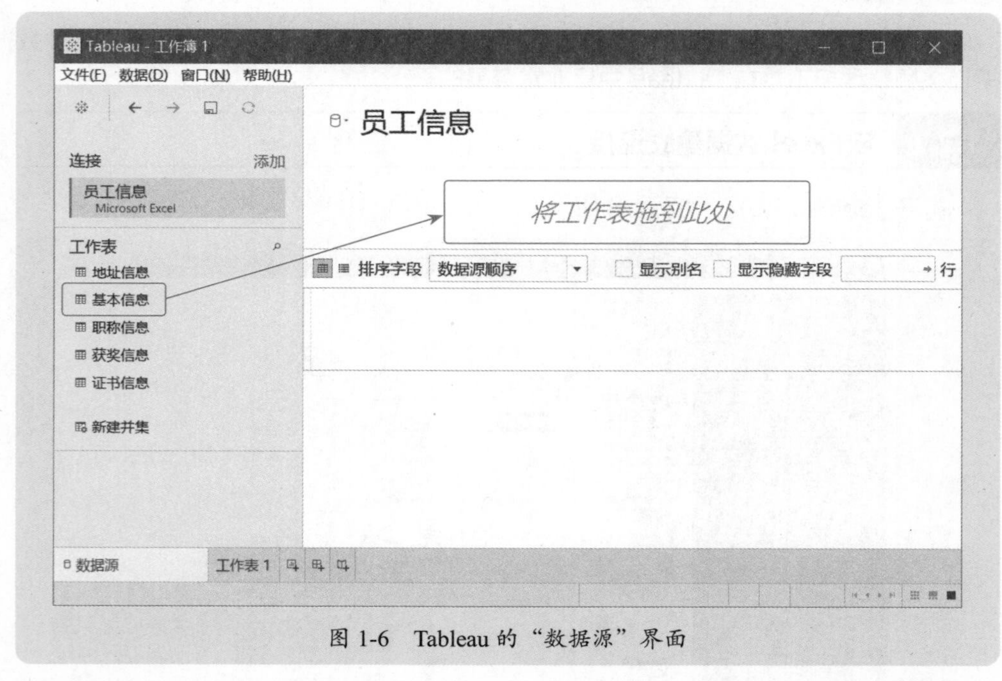

图 1-6　Tableau 的“数据源”界面

将左侧窗口中的“基本信息”工作表拖放到右侧窗口中的“将工作表拖到此处”位置（也可以双击工作表“基本信息”），得到员工基本信息数据的预览效果，如图 1-7 所示。

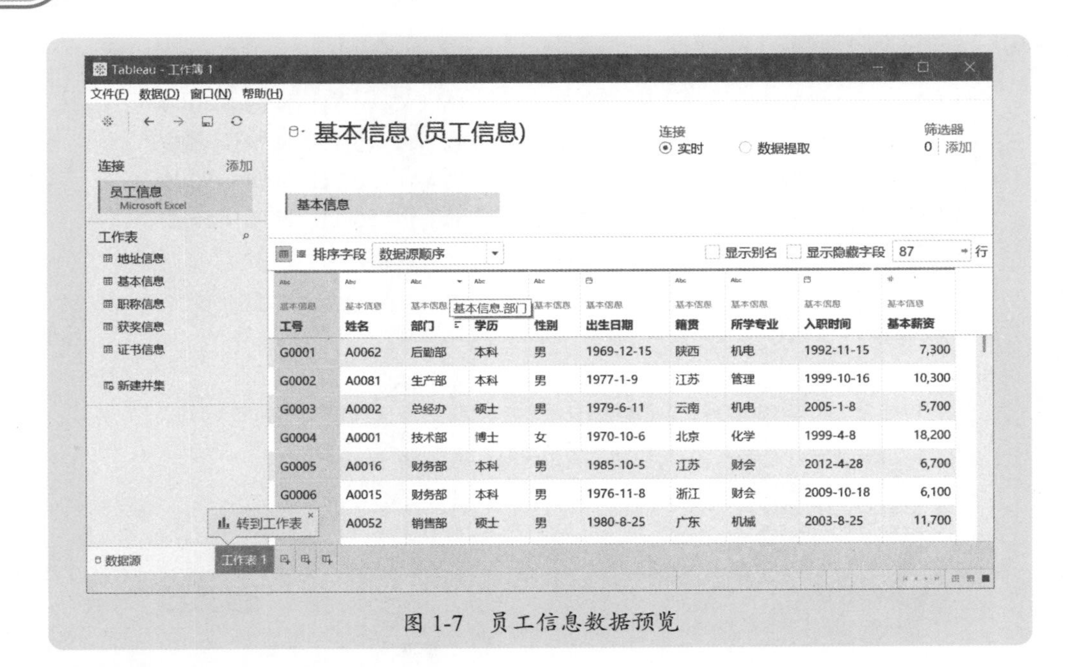

图 1-7 员工信息数据预览

1.2.2 必要计算字段的创建

由于需要对年龄和工龄进行分组分析，而原始数据中并没有这两个字段，因此需要根据出生日期和入职日期创建年龄分组字段和工龄分组字段，这可以使用 Tableau 函数计算处理。

首先创建计算字段“年龄”。在任意字段标题位置右击，在弹出的快捷菜单中执行“创建计算字段”命令，如图 1-8 所示。

为了使数据预览效果更加清晰，最好在字段“出生日期”处右击，这样创建的计算字段“年龄”会在字段“出生日期”后面。

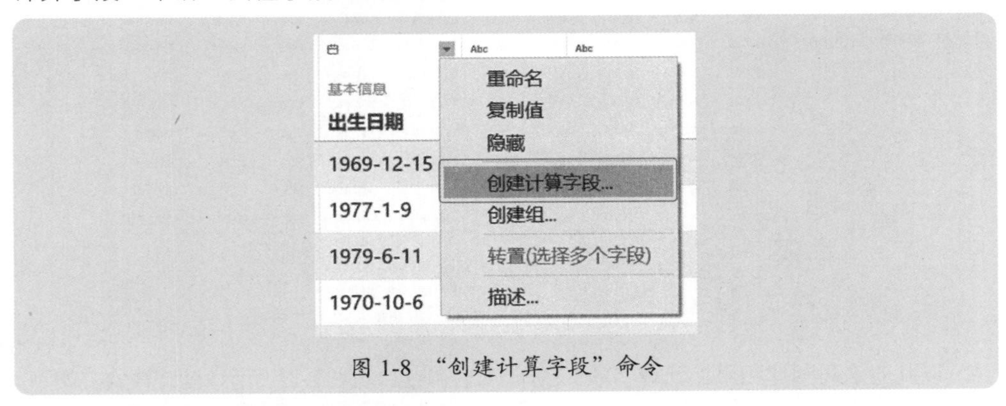

图 1-8 “创建计算字段”命令

打开对话框，输入字段名“年龄”，并输入下面的公式，如图 1-9 所示。

```
IF DATEDIFF('year',[ 出生日期 ],TODAY())<=30 THEN "30 岁以下 "
```

```
ELSEIF DATEDIFF('year',[ 出生日期 ],TODAY())<=35 THEN "31-35 岁 "
ELSEIF DATEDIFF('year',[ 出生日期 ],TODAY())<=40 THEN "36-40 岁 "
ELSEIF DATEDIFF('year',[ 出生日期 ],TODAY())<=45 THEN "41-45 岁 "
ELSEIF DATEDIFF('year',[ 出生日期 ],TODAY())<=50 THEN "46-50 岁 "
ELSEIF DATEDIFF('year',[ 出生日期 ],TODAY())<=55 THEN "51-55 岁 "
ELSE "56 岁以上 " END
```

```
年龄
IF DATEDIFF('year',[出生日期],TODAY())<=30 THEN "30岁以下"
ELSEIF DATEDIFF('year',[出生日期],TODAY())<=35 THEN "31-35岁"
ELSEIF DATEDIFF('year',[出生日期],TODAY())<=40 THEN "36-40岁"
ELSEIF DATEDIFF('year',[出生日期],TODAY())<=45 THEN "41-45岁"
ELSEIF DATEDIFF('year',[出生日期],TODAY())<=50 THEN "46-50岁"
ELSEIF DATEDIFF('year',[出生日期],TODAY())<=55 THEN "51-55岁"
ELSE "56岁以上"
END
计算有效。
应用 确定
```

图 1-9 创建计算字段“年龄”

单击“确定”按钮，数据表中就添加了一个计算字段“年龄”，如图 1-10 所示。

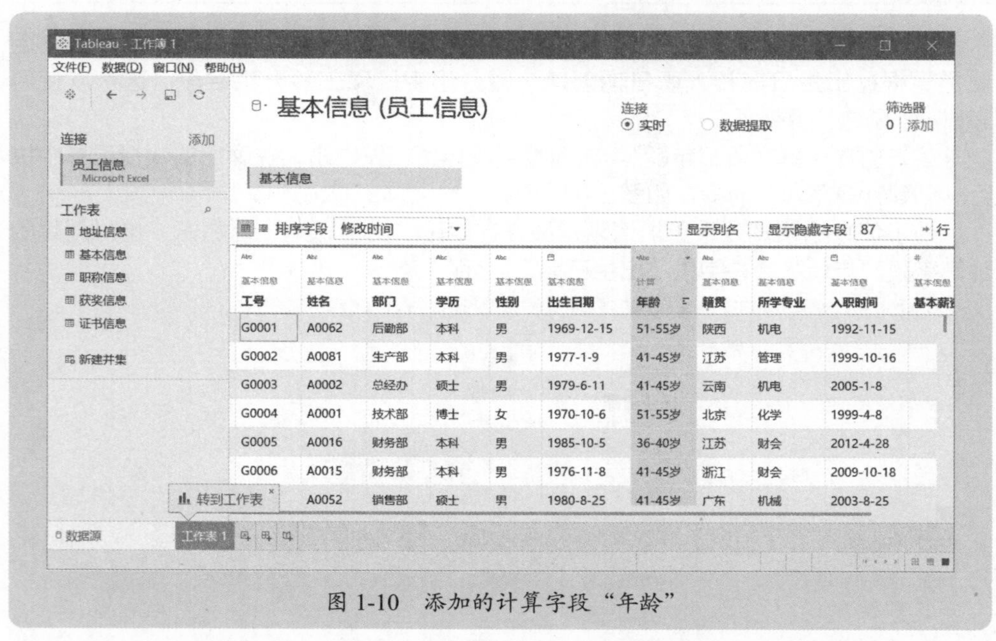

图 1-10 添加的计算字段“年龄”

以此方法再创建和添加计算字段“工龄”，如图 1-11 和图 1-12 所示，其计算公式如下。

```
IF DATEDIFF('year',[ 入职时间 ],TODAY())<=5 THEN "5 年以下 "
ELSEIF DATEDIFF('year',[ 入职时间 ],TODAY())<=10 THEN "6-10 年 "
```

```
ELSEIF DATEDIFF('year',[ 入职时间 ],TODAY())<=15 THEN "11–15 年 "
ELSEIF DATEDIFF('year',[ 入职时间 ],TODAY())<=20 THEN "16–20 年 "
ELSE "20 年以上 " END
```

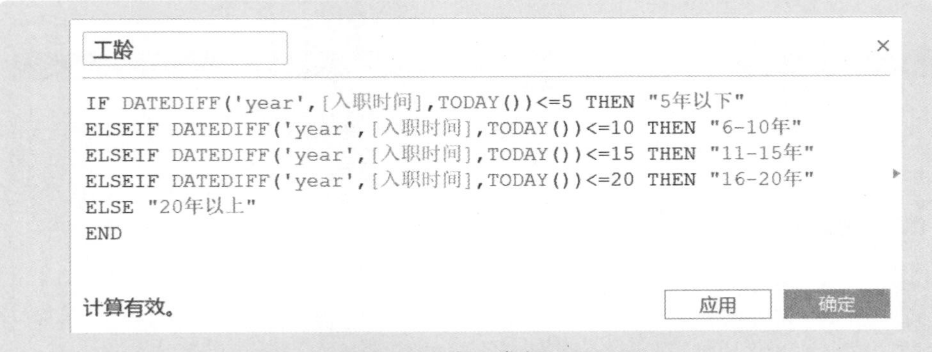

图 1-11　创建计算字段“工龄”

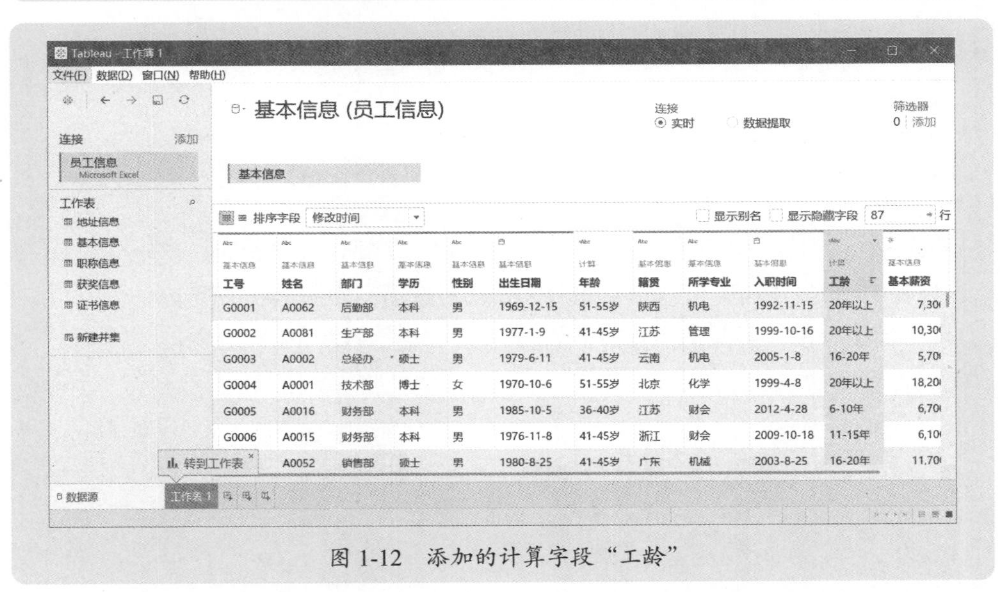

工号	姓名	部门	学历	性别	出生日期	年龄	籍贯	所学专业	入职时间	工龄	基本薪资
G0001	A0062	后勤部	本科	男	1969-12-15	51-55岁	陕西	机电	1992-11-15	20年以上	7,30
G0002	A0081	生产部	本科	男	1977-1-9	41-45岁	江苏	管理	1999-10-16	20年以上	10,30
G0003	A0002	总经办	硕士	男	1979-6-11	41-45岁	云南	机电	2005-1-8	16-20年	5,70
G0004	A0001	技术部	博士	女	1970-10-6	51-55岁	北京	化学	1999-4-8	20年以上	18,20
G0005	A0016	财务部	本科	男	1985-10-5	36-40岁	江苏	财会	2012-4-28	6-10年	6,70
G0006	A0015	财务部	本科	男	1976-11-8	41-45岁	浙江	财会	2009-10-18	11-15年	6,10
	A0052	销售部	硕士	男	1980-8-25	41-45岁	广东	机械	2003-8-25	16-20年	11,70

图 1-12　添加的计算字段“工龄”

在创建计算字段时，使用了 Tableau 函数的 DATEDIFF 函数、TODAY 函数、IF 函数、ELSEIF 函数等，这些函数与 Excel 函数差不多，很好理解，也很好应用。

1.3 员工属性分析仪表板的制作

整理加工好数据后，就可以使用 Tableau 制作各种可视化图表，并创建仪表板。需要了解的是，在 Tableau 中对数据的任何整理加工，并不影响源数据，也就是说，源数据还是源数据，并没有任何改动。

1.3.1 性别结构饼图

在 Tableau 底部的工作表标签上，单击“工作表 1”，打开“工作表 1”界面，如图 1-13 所示。

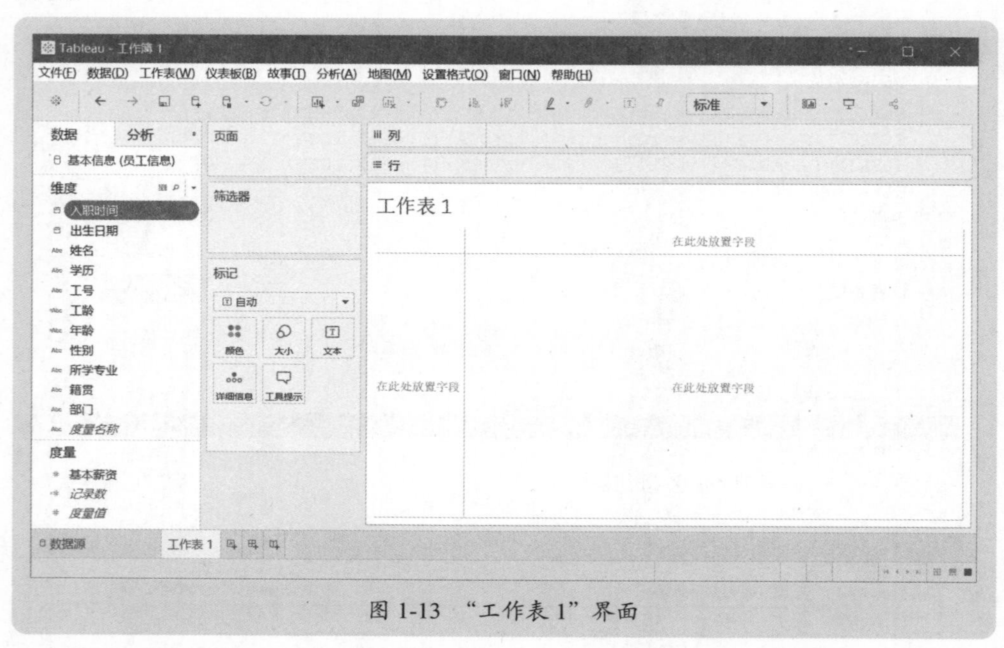

图 1-13 “工作表 1”界面

先在中间的“标记”下拉表中选择“饼图”选项，如图 1-14 所示。

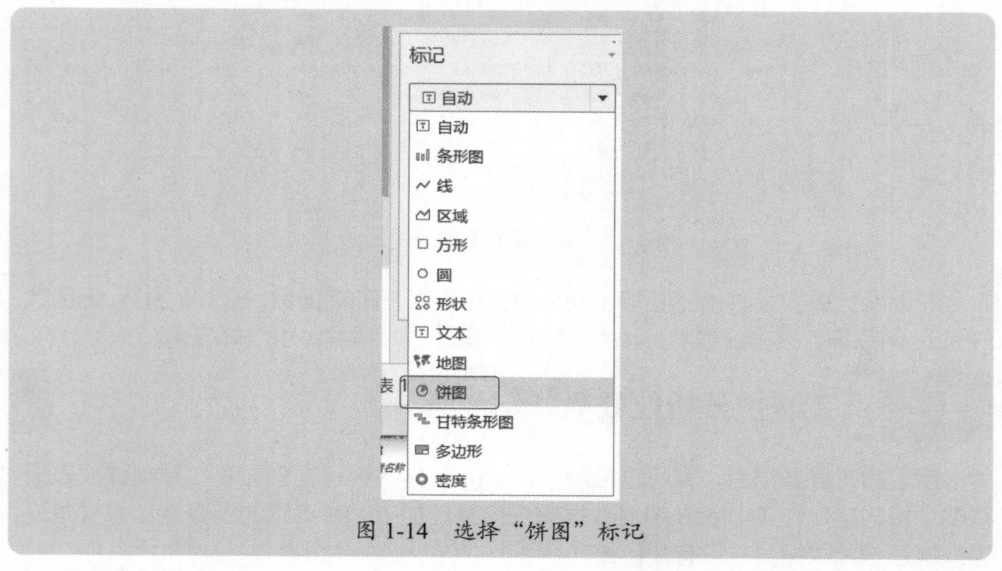

图 1-14 选择“饼图”标记

从左侧边条的维度中，将字段“性别”拖至“颜色”卡，将度量下的字段“记录数”

拖至“角度”卡，得到如图 1-15 所示的饼图。

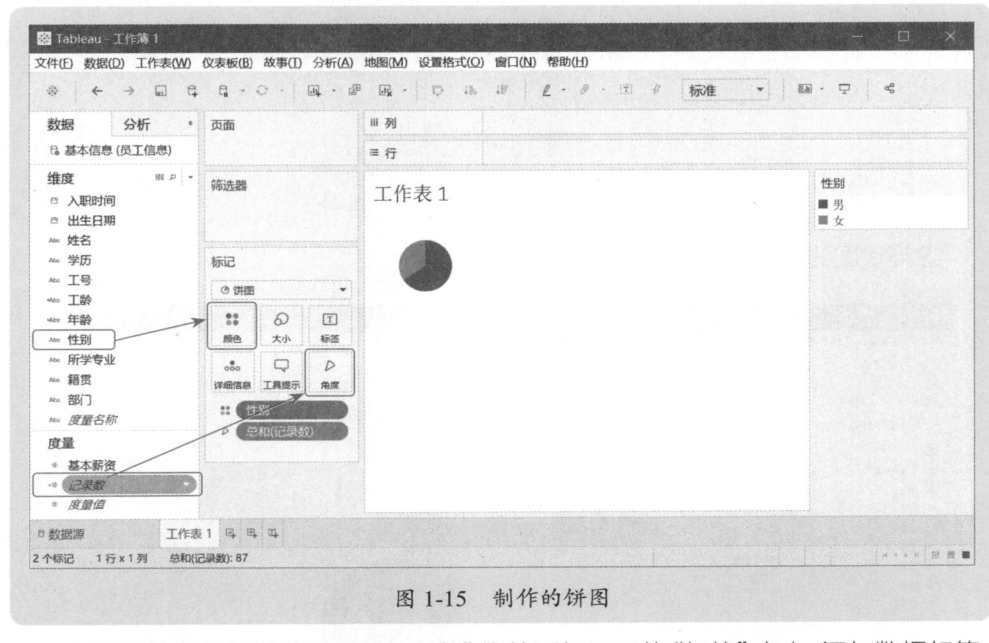

图 1-15　制作的饼图

分别将维度“性别”和度量“记录数”拖放到标记下的“标签”卡上，添加数据标签，如图 1-16 所示。

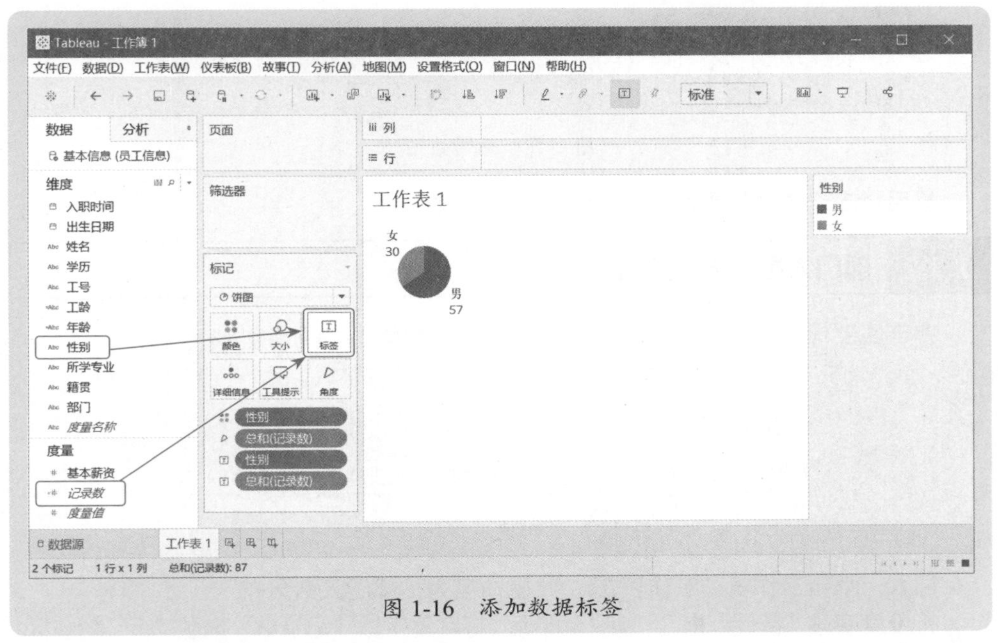

图 1-16　添加数据标签

从工具栏中的视图大小设置下拉菜单中，选择“整个视图”选项，如图 1-17 所示。

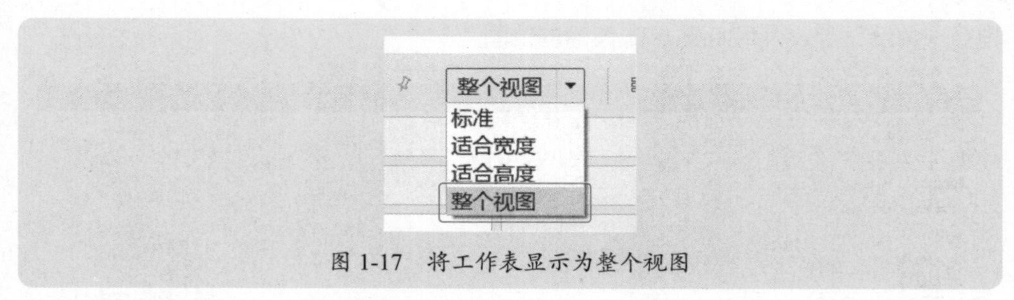

图 1-17　将工作表显示为整个视图

这样饼图的显示会更清晰，如图 1-18 所示。

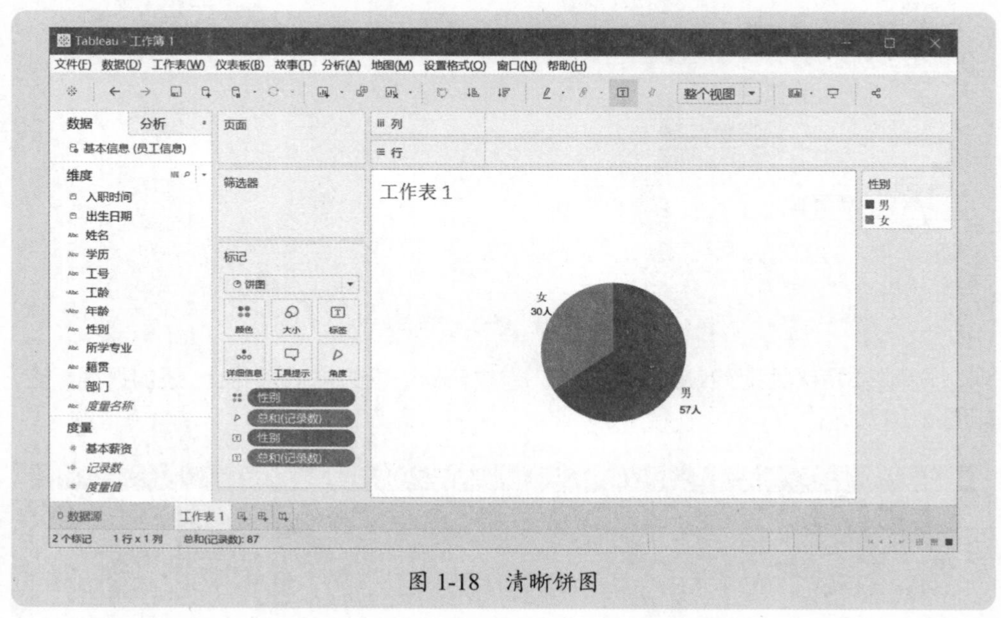

图 1-18　清晰饼图

最后将工作表名称重命名为“性别人数分布”。

1.3.2 部门人数分布柱形图

单击底部标签上的“新建工作表”按钮，如图 1-19 所示。

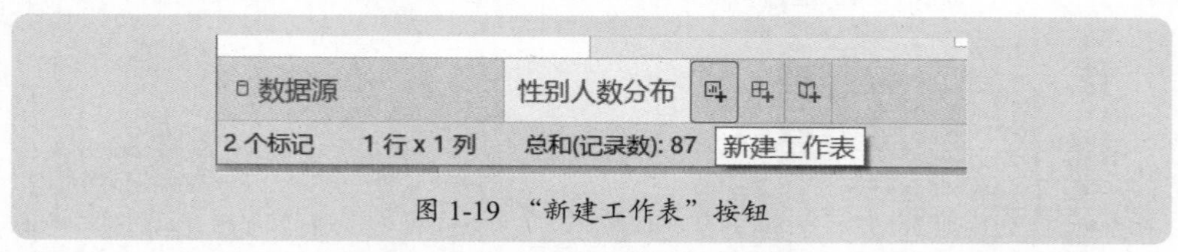

图 1-19　“新建工作表”按钮

插入一个新工作表“工作表 2”，并重命名为“部门人数分布”。

将维度字段“部门”拖至“列”功能区，将度量字段“记录数”拖至“行”功能区，得到各部门人数的柱形图，如图 1-20 所示。

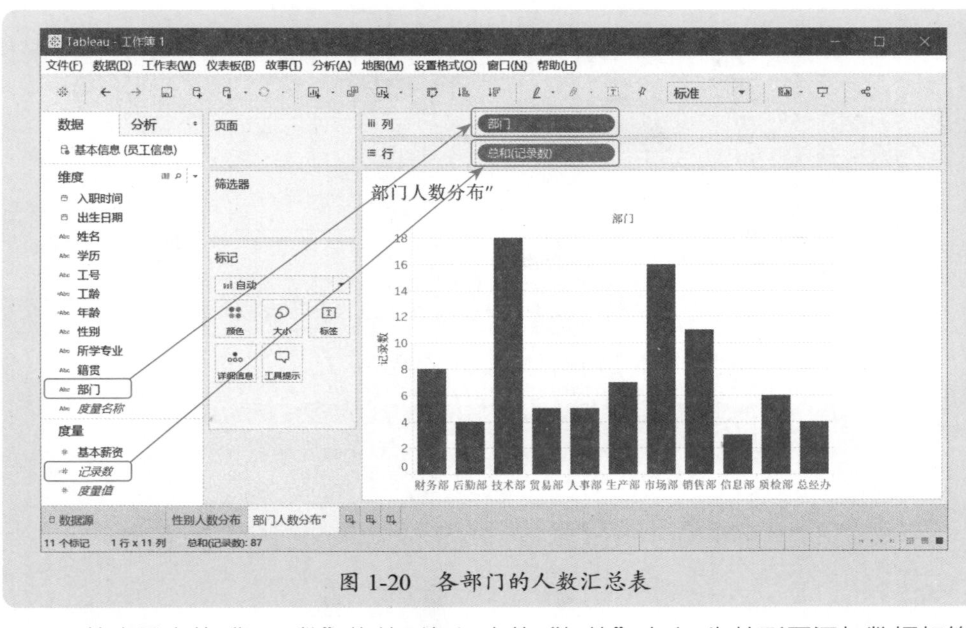

图 1-20 各部门的人数汇总表

再将度量中的“记录数”拖放到标记中的“标签”卡上，为柱形图添加数据标签，如图 1-21 所示。

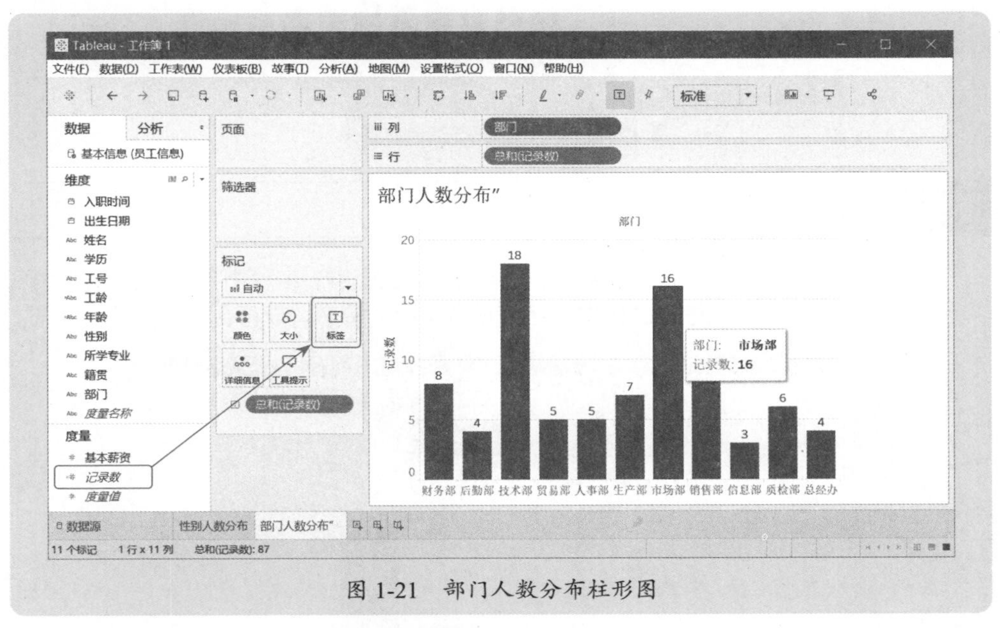

图 1-21 部门人数分布柱形图

这些部门的次序是按照默认的排序规则排序的，即字母（拼音）排序，不一定是我们需要的次序，我们可以手动次序，方法是，在“数据”栏右击字段“部门”，在弹出的快捷菜单中执行“默认属性”→“排序”命令，如图 1-22 所示，打开“排序”对话框，将排序设置为“手动”，然后再调整各部门的次序，如图 1-23 所示。

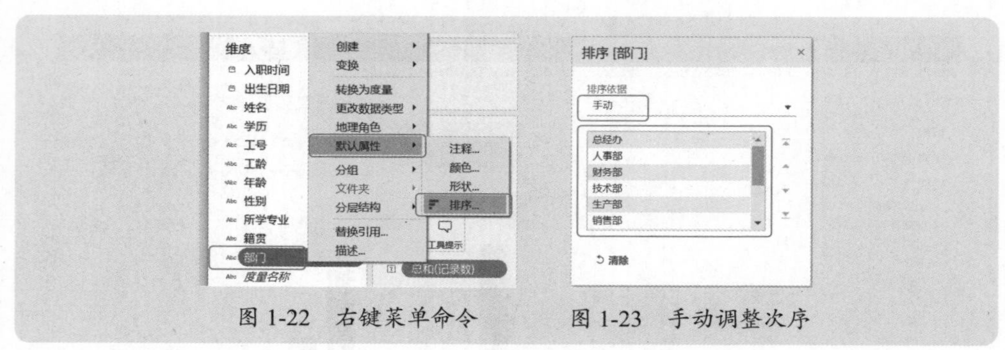

图 1-22　右键菜单命令　　　　图 1-23　手动调整次序

这样就得到了自定义的部门次序，如图 1-24 所示。

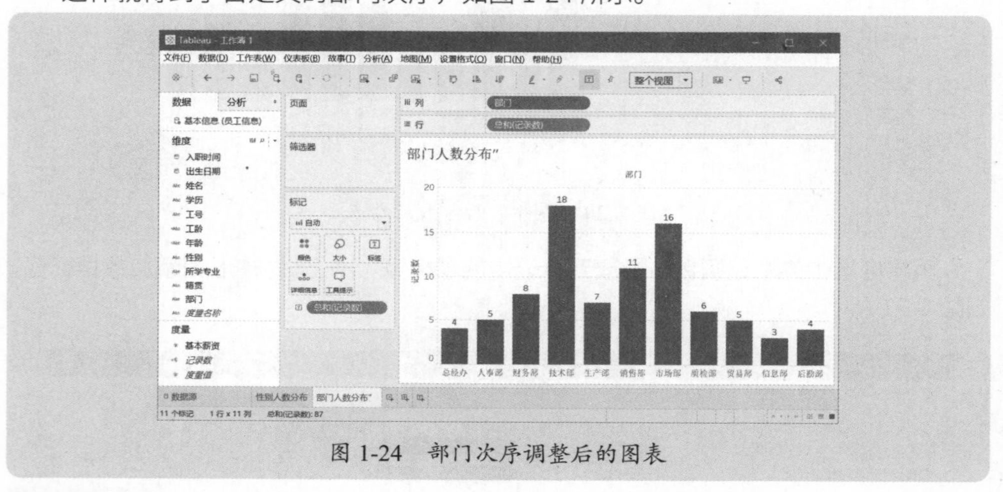

图 1-24　部门次序调整后的图表

1.3.3 学历人数分布柱形图

新建一个工作表，采用前面介绍部门人数分布图表的方法，制作如图 1-25 所示的学历人数分布柱形图，这里已经对学历名称进行了手动排序，以符合我们的日常习惯。

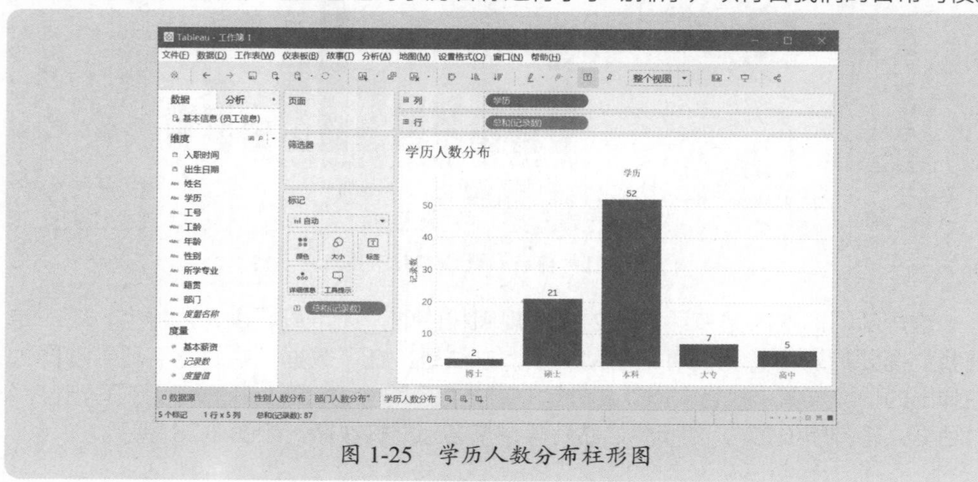

图 1-25　学历人数分布柱形图

1.3.4 年龄人数分布柱形图

新建一个工作表，采用前面介绍部门人数分布图表的方法，制作如图 1-26 所示的年龄人数分布柱形图。

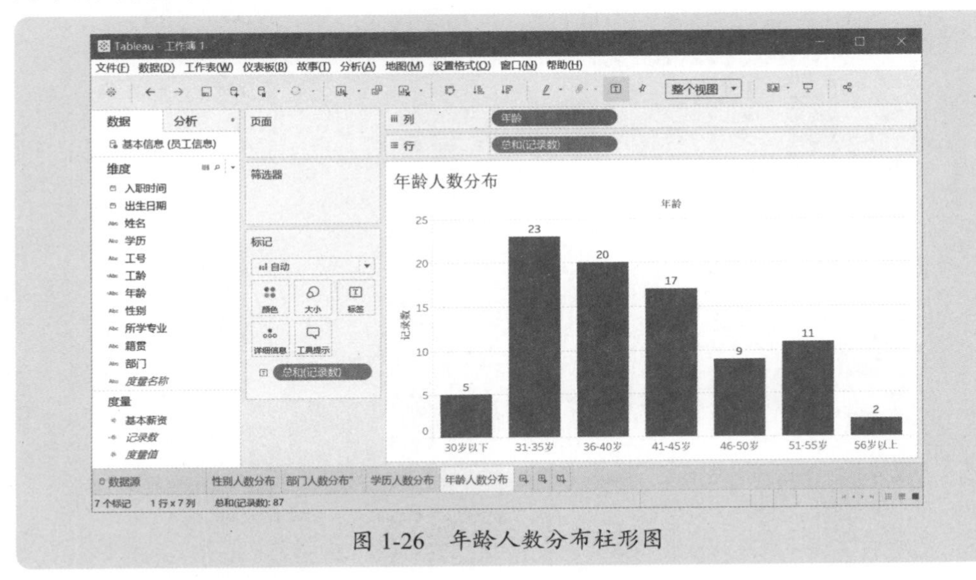

图 1-26 年龄人数分布柱形图

1.3.5 工龄人数分布柱形图

新建一个工作表，采用前面介绍部门人数分布图表的方法，制作如图 1-27 所示的工龄人数分布柱形图。

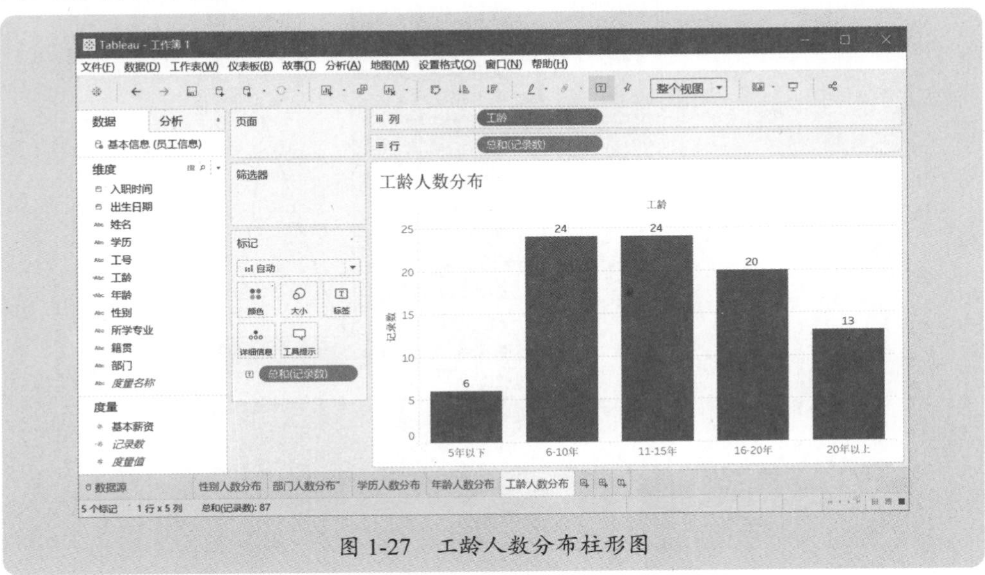

图 1-27 工龄人数分布柱形图

1.3.6 历年累计人数折线图

新建一个工作表，重命名为“历年累计人数”，将维度“入职日期”拖至“列”功能区，将“记录数”拖至“行”功能区，得到如图 1-28 所示的每年入职人数折线图。

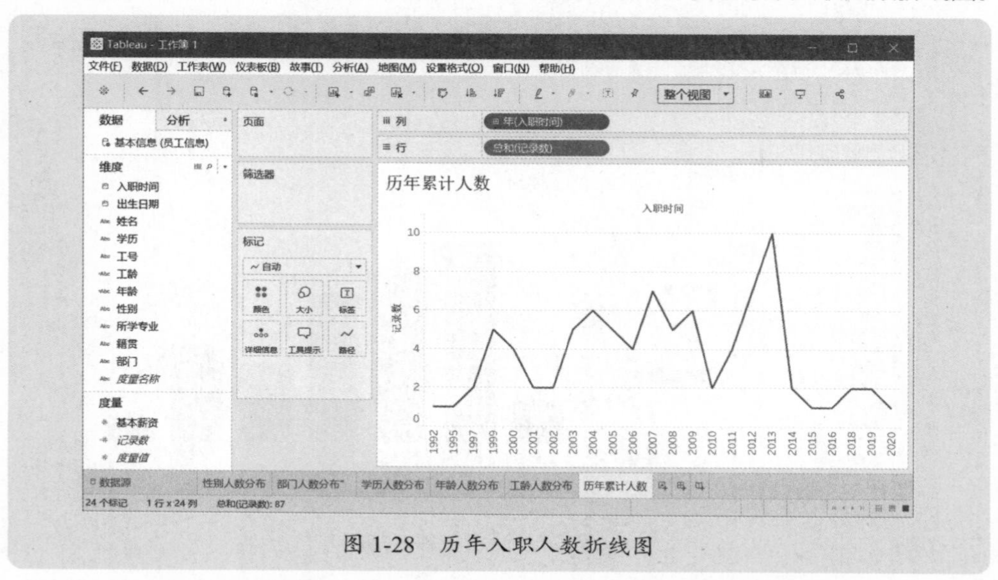

图 1-28 历年入职人数折线图

这个不是我们想要的历年累计人数，右击“行”功能区里的“总和(记录数)”，在弹出的快捷菜单中执行“快速表计算”→“汇总”命令，如图 1-29 所示，就自动将每年的人数进行了累加，得到历年累计人数的折线图，如图 1-30 所示。

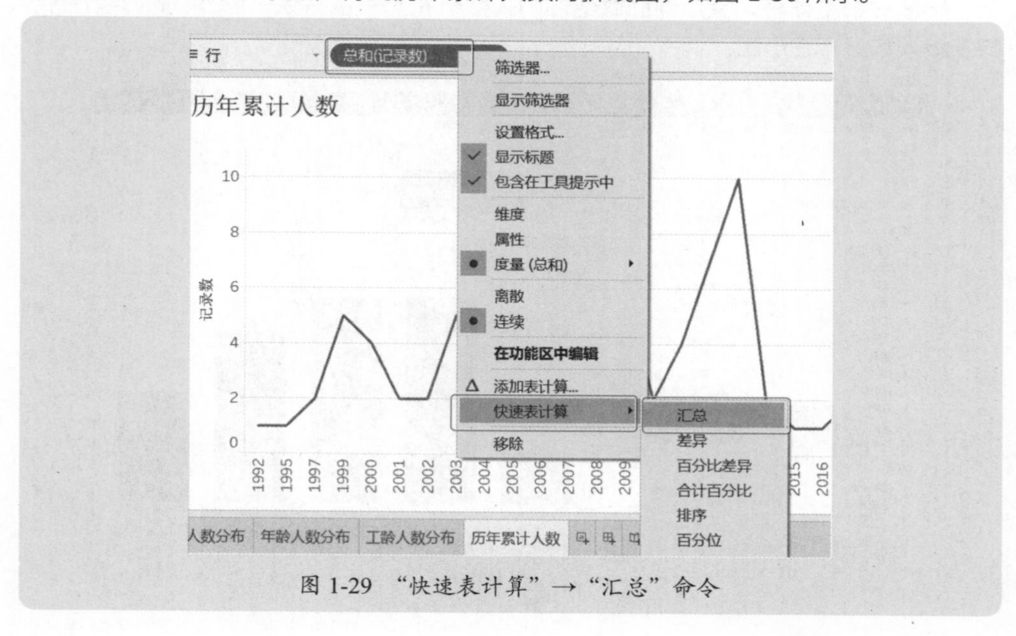

图 1-29 “快速表计算”→“汇总”命令

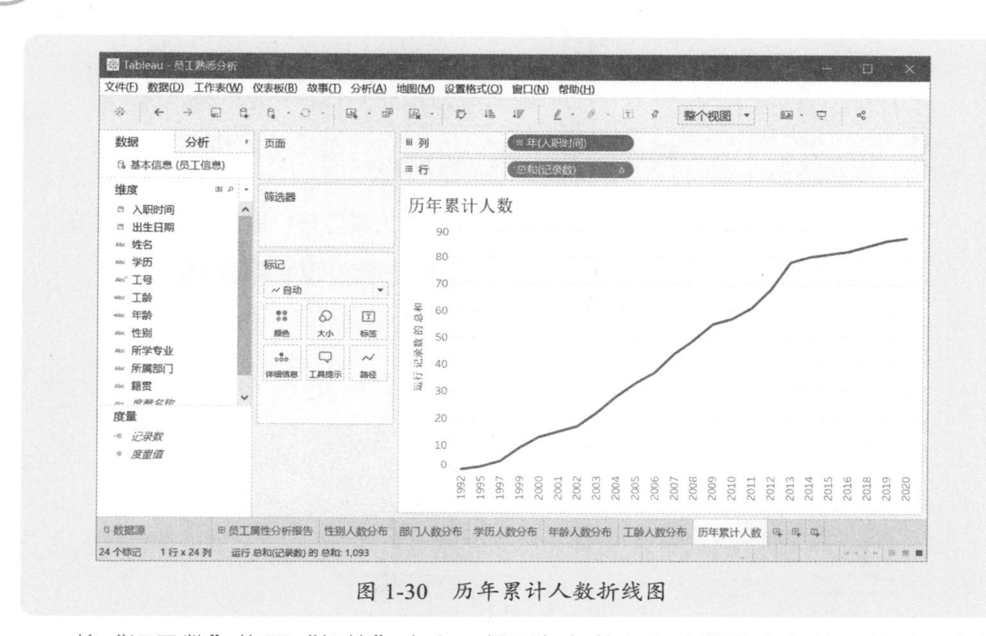

图 1-30　历年累计人数折线图

将“记录数”拖至“标签”卡上，得到每年的入职人数数字标签，然后再为其添加表计算“汇总”，即可显示各年的累计人数，如图 1-31 所示。

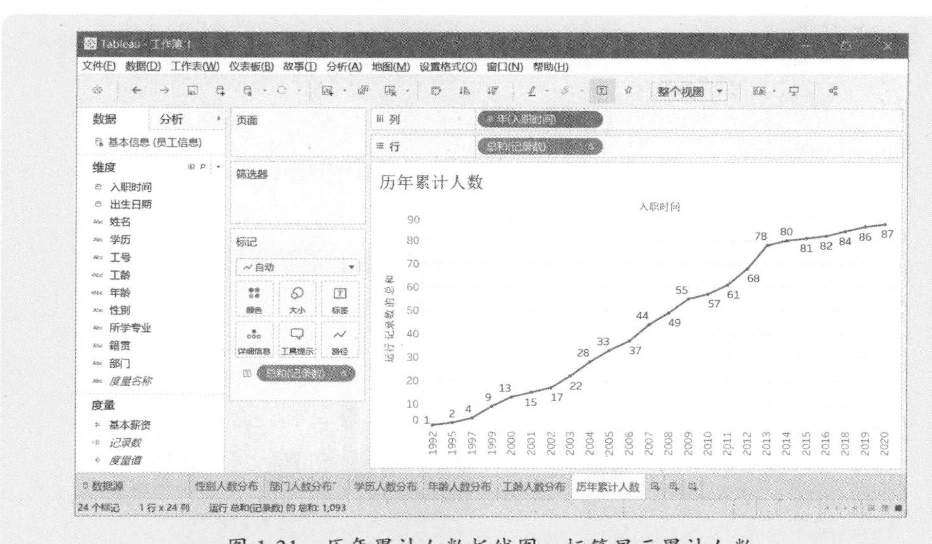

图 1-31　历年累计人数折线图，标签显示累计人数

1.3.7 员工属性仪表板

前面已经将主要的员工属性分析图表制作完毕，现在可以将这些图表组合布局到一个界面中，也就是创建仪表板。

单击底部标签上的“新建仪表板”按钮，如图 1-32 所示。

图 1-32 “新建仪表板”按钮

新建一个仪表板“仪表板 1”，将仪表板名称改为“员工属性分析报告”，如图 1-33 所示。

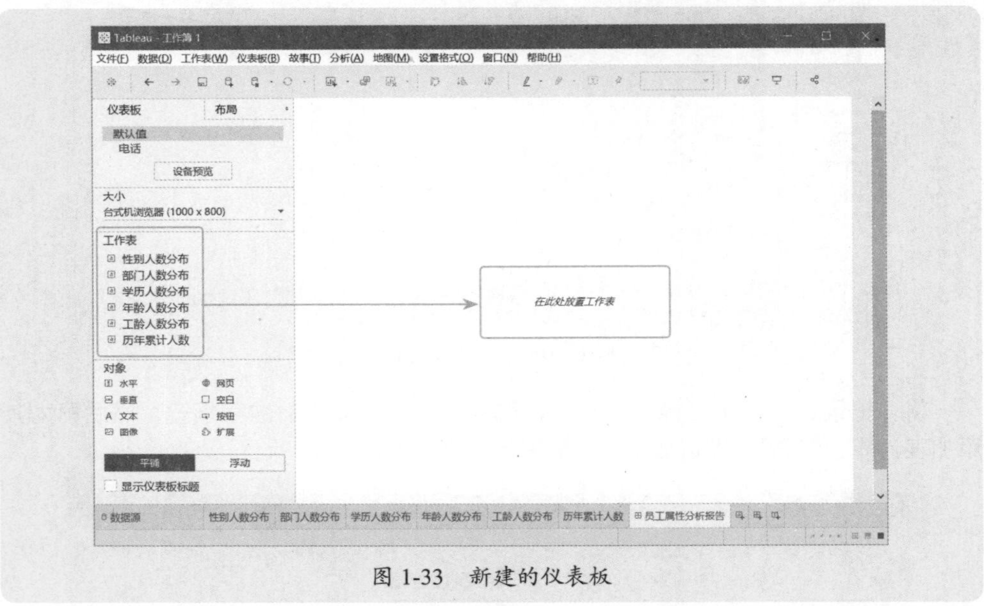

图 1-33 新建的仪表板

将左侧的 6 个工作表拖放到右侧的工作区，并合理布局，得到如图 1-34 所示的仪表板。

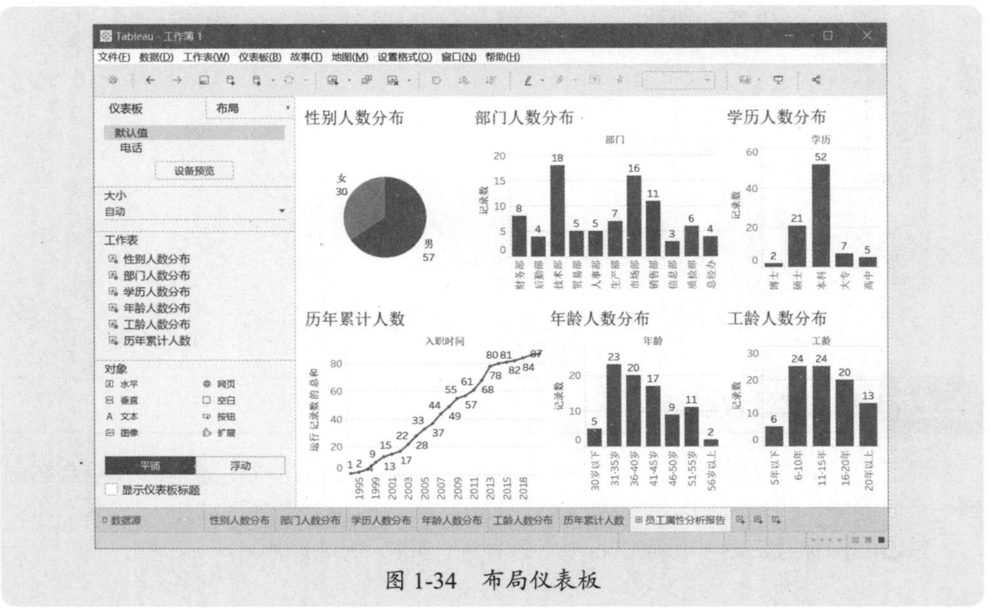

图 1-34 布局仪表板

你是否觉得，使用 Tableau 制作可视化仪表板很方便？很快捷？很轻松？很愉悦？很高效？

当然，这个仪表板是比较粗糙的，本章我们仅仅使用一个简单的例子，来说明制作图表的基本步骤和方法。

我们还需要对每个工作表及图表、仪表板等项目进行格式化处理，例如设置字体、颜色等，如图 1-2 所示。

1.4 员工薪资分析仪表板的制作

前面介绍的员工属性分析是比较简单的，在实际数据分析中，我们还可以使用 Tableau 的更强大工具，做更加灵活的分析，如员工薪资分析报告。

在这个薪资分析中，我们要重点考察每个部门的人均薪资与总公司人均薪资的对比，以及每个部门的薪资四分位分析。

1.4.1 各部门人均薪资分析

新建一个工作表，重命名为“人均薪资分析”，然后将“部门”拖至“列”功能区，将“基本薪资”拖至“行”功能区，得到各部门的薪资合计柱形图，如图 1-35 所示。

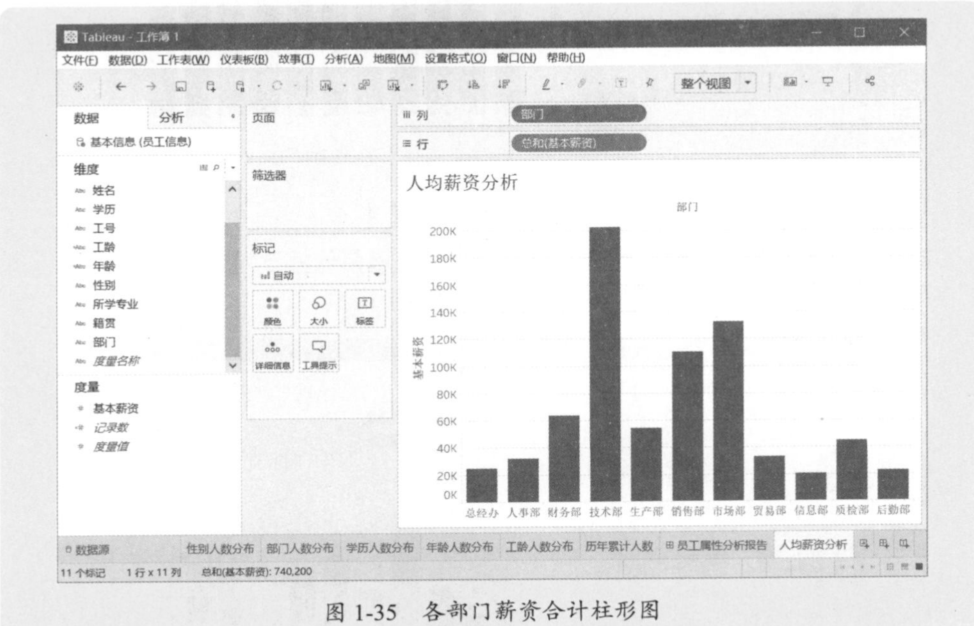

图 1-35　各部门薪资合计柱形图

要分析各部门的人均薪资，右击“行”功能区中的“综合 (基本薪资)”，在弹出的快捷菜单中执行“度量”→“平均值”命令，如图 1-36 所示，得到各部门的人均薪资，如图 1-37 所示。

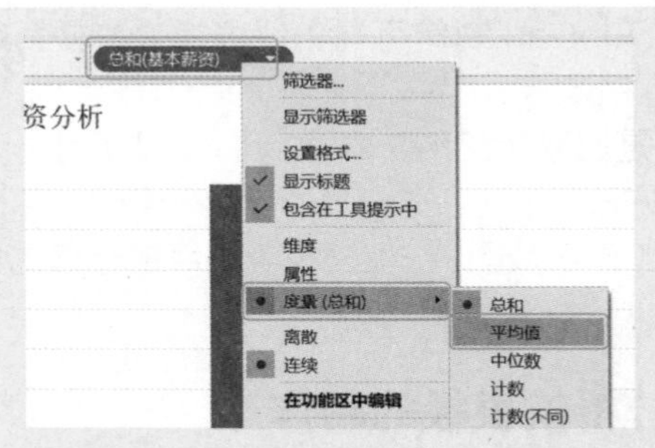

图 1-36 “度量”→“平均值”命令

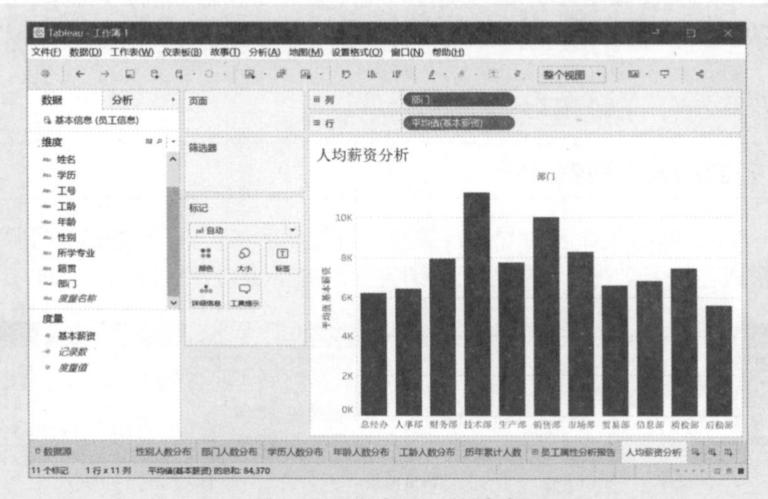

图 1-37 各部门人均薪资

再将“基本薪资”拖至“标签”卡上，并将其度量依据改为“平均值”，就在每个柱形上显示了每个部门的人均薪资，如图 1-38 所示。

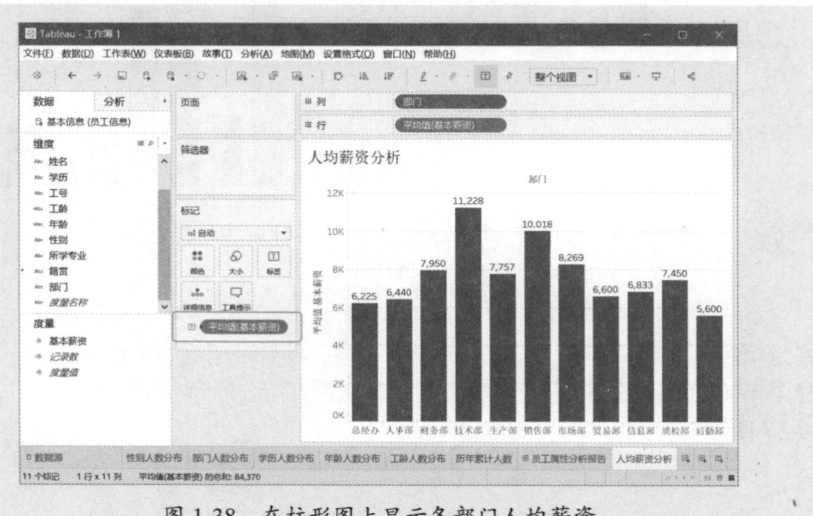

图 1-38 在柱形图上显示各部门人均薪资

在“数据”边条中的维度或度量的任意位置，右击，在弹出的快捷菜单中执行“创建”→“计算字段”命令，如图 1-39 所示。

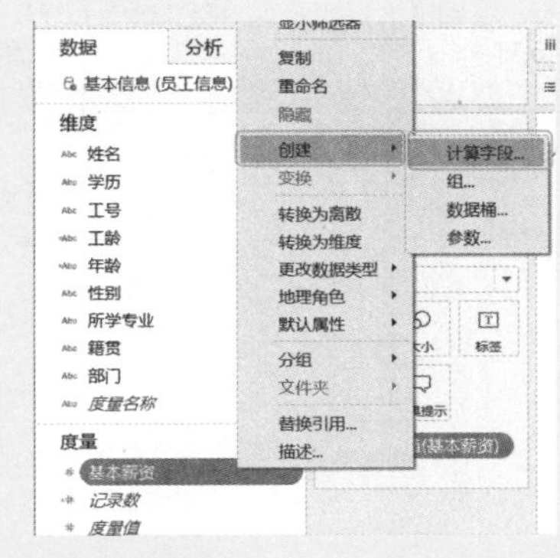

图 1-39 “创建”→“计算字段”命令

如图 1-40 所示，创建一个计算字段“公司人均薪资”，公式如下。

{EXCLUDE[部门]:AVG([基本薪资])}

图 1-40 计算字段“公司人均薪资”

然后将计算字段“公司人均薪资”拖至“行”功能区，得到如图 1-41 所示的图表。

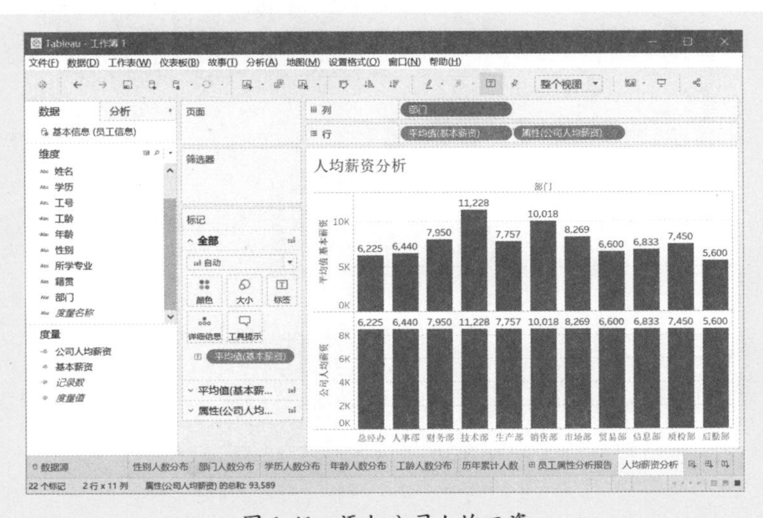

图 1-41 添加公司人均工资

首先取消“公司人均工资”条形图的标签，然后右击“公司人均工资”条形图的数值轴，在弹出的快捷菜单中执行“双轴”命令，如图 1-42 所示。

这样就将公司人均工资绘制到了次轴，如图 1-43 所示。

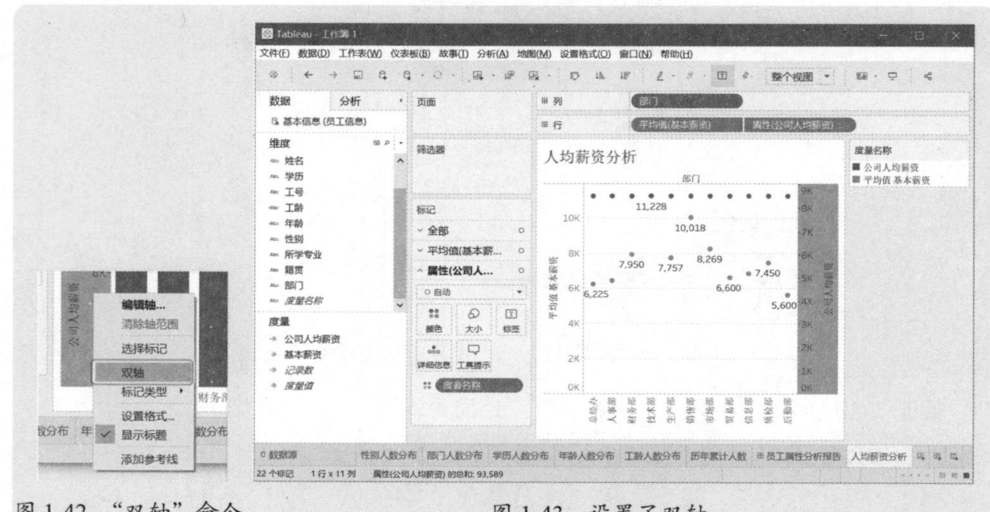

图 1-42 “双轴”命令

图 1-43 设置了双轴

但此时图表类型变为了散点图，此时需要将部门人均工资重新设置为条形图（柱形图），而将公司人均工资设置为折线图，得到如图 1-44 所示的图表。

但是两个图表（柱形图和折线）的坐标轴刻度不一样，因此再右击右侧的次数值轴，在弹出的快捷菜单中执行“同步轴”命令，如图 1-45 所示。

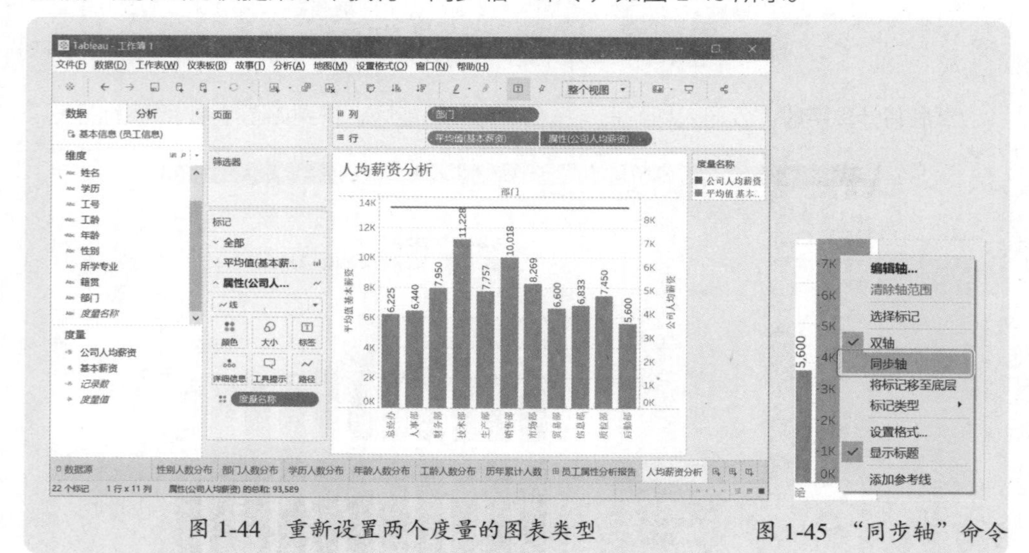

图 1-44 重新设置两个度量的图表类型

图 1-45 “同步轴”命令

这样两个图表就是同一个坐标刻度了，如图 1-46 所示。

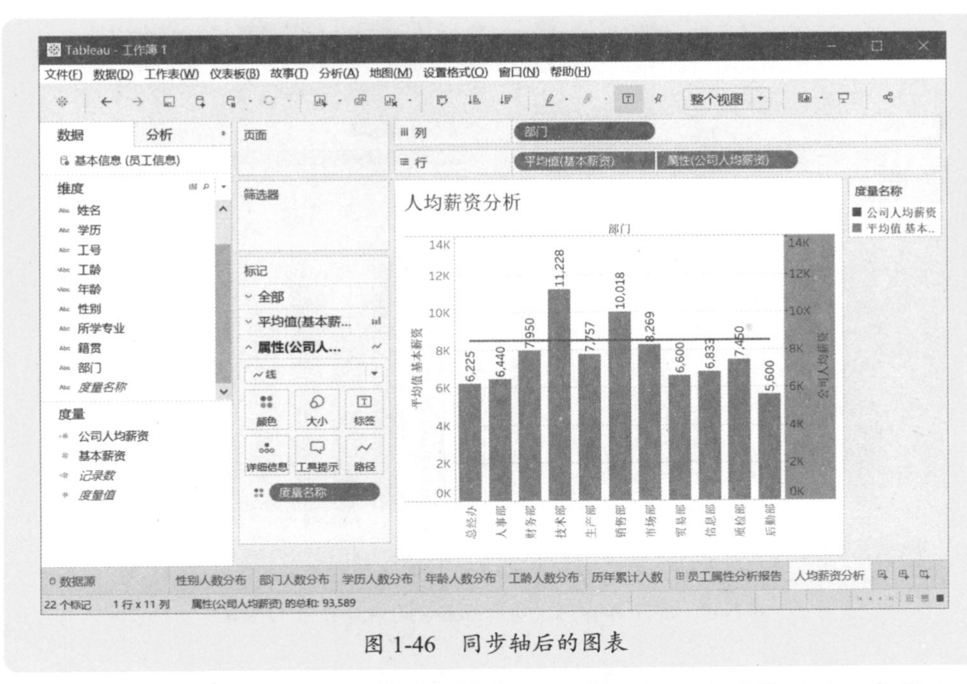

图 1-46　同步轴后的图表

右击右侧的次数值轴，在弹出的快捷菜单中执行“显示标题”命令，如图 1-47 所示，取消显示右侧的次数值轴；再单击视图右上角的图例下拉箭头，执行“隐藏卡”命令，如图 1-48 所示。图表显示如图 1-49 所示。

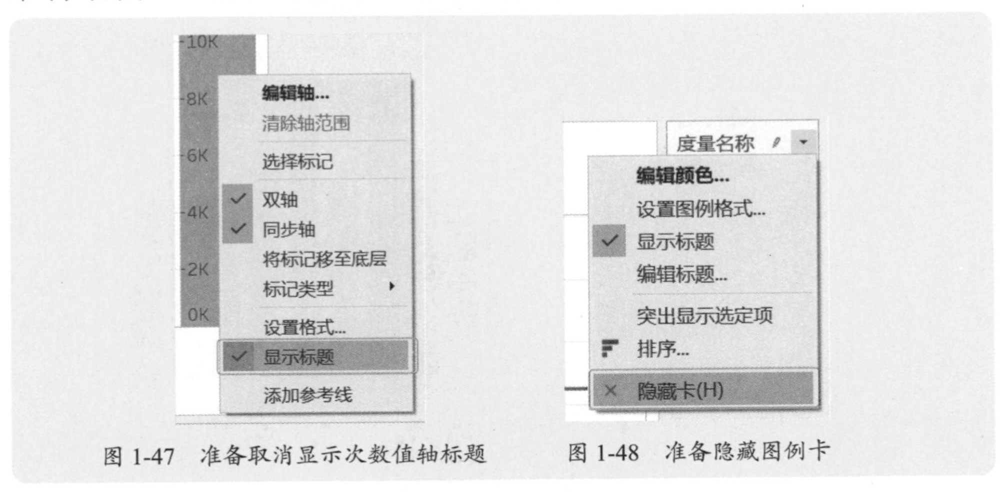

图 1-47　准备取消显示次数值轴标题　　图 1-48　准备隐藏图例卡

我们可以继续对这个图表进行美化，例如显示公司人均薪资数字标签，将公司人均薪资以上的柱形和以下的柱形显示为两种不同的颜色（限于篇幅，具体设置方法此处不再介绍，详细操作过程请观看视频），得到如图 1-50 所示的图表。

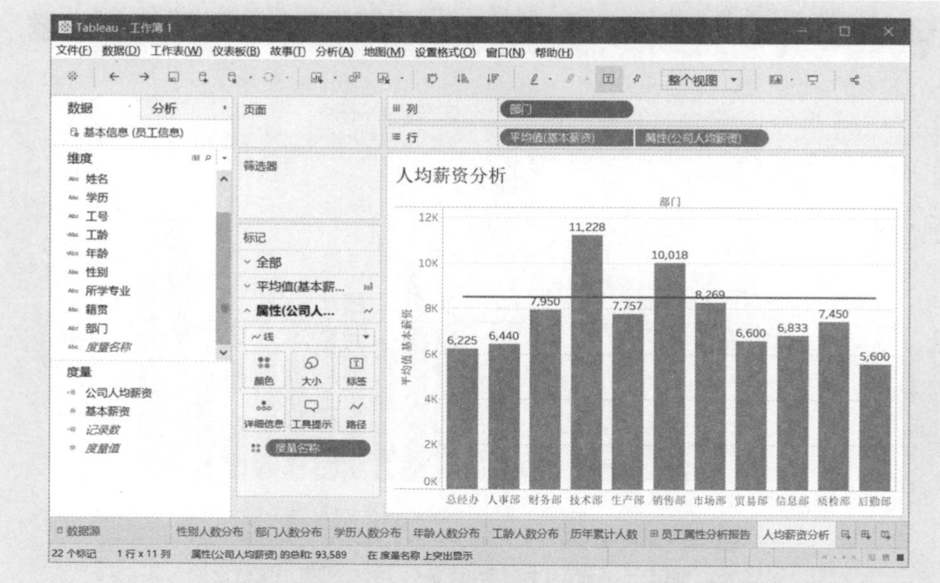

图 1-49　显示各部门人均薪资和公司人均薪资的图表

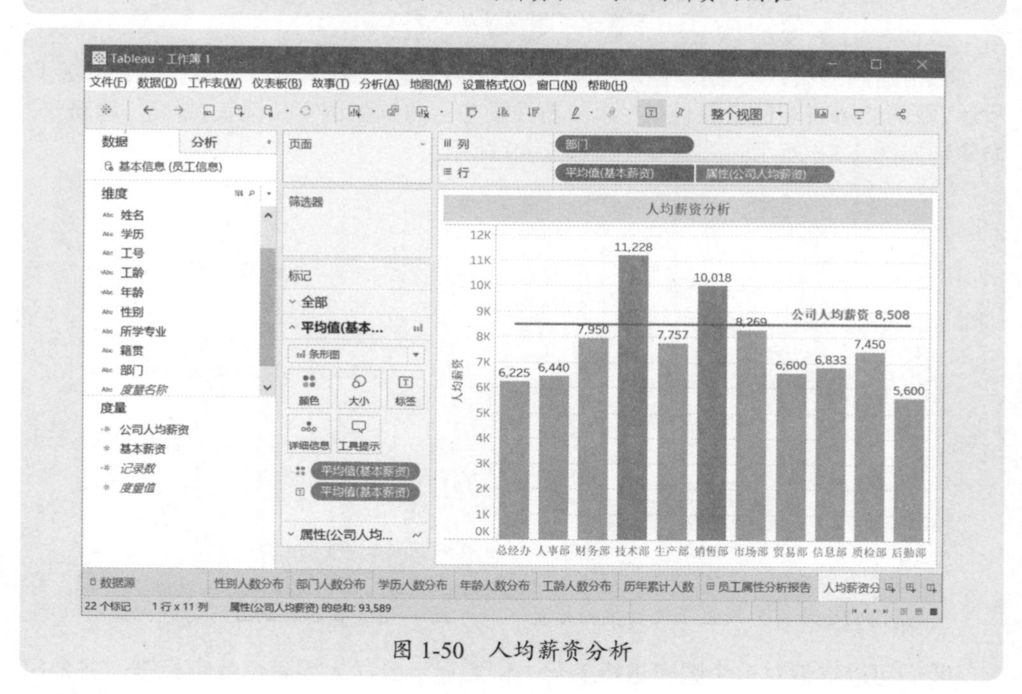

图 1-50　人均薪资分析

1.4.2 各部门薪资分布分析

各部门薪资分布分析，主要考察薪资的分布水平，中位数值，有没有异常点，也就是绘制四分位图。

新建一个工作表，重命名为“薪资分布分析”，然后将“部门”拖至“列”功能区，将“基本薪资”拖至“行”功能区，将“姓名”拖至“详细信息”卡，再单击工作表右上角的“智能显示”按钮，展开图表面板，再单击“盒须图”图标，就得到了各部门的薪资分布盒须图，如图 1-51 所示。然后再单击工作表右上角的“智能显示”按钮，隐藏图表面板。

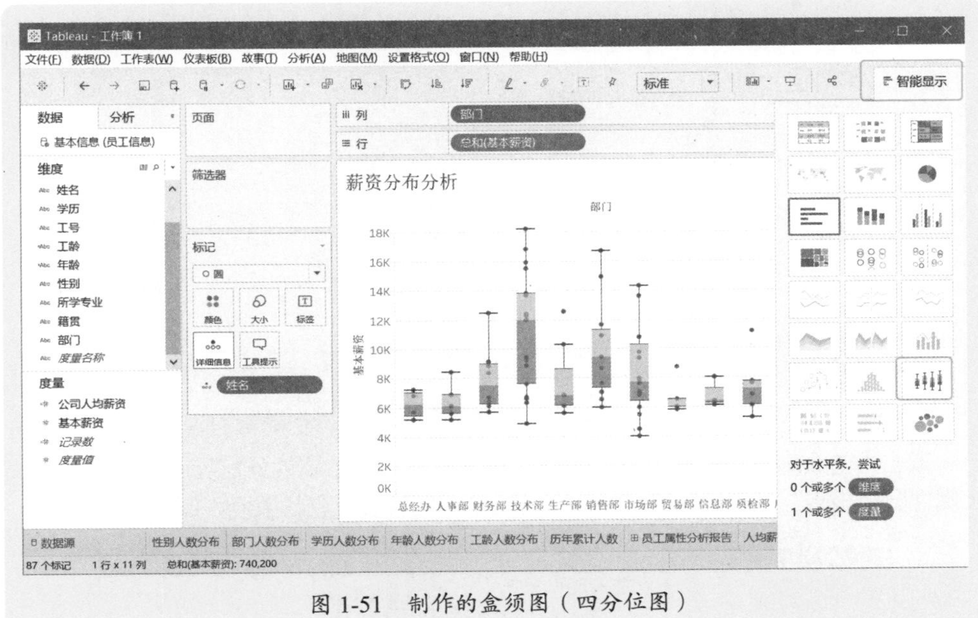

图 1-51 制作的盒须图（四分位图）

新建一个仪表板，重命名为“薪资分析报告”，将人均薪资分析和薪资分布分析两个工作表进行布局，并设置仪表板的格式，得到如图 1-3 所示的员工薪资分析仪表板。

1.5 创建故事，快速展示分析结果

现在我们已经有了几个属性分析工作表和薪资分析工作表，并为其分别创建了 2 个仪表板，现在创建一个故事，来快速切换展示这两个仪表板，方便观察数据。

单击底部标签上的“新建故事”按钮，如图 1-52 所示。

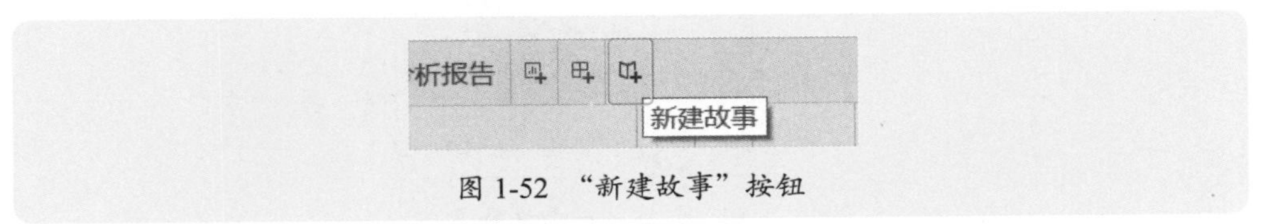

图 1-52 “新建故事”按钮

新建一个故事“故事 1”，将名称改为“人力资源分析报告”，如图 1-53 所示。

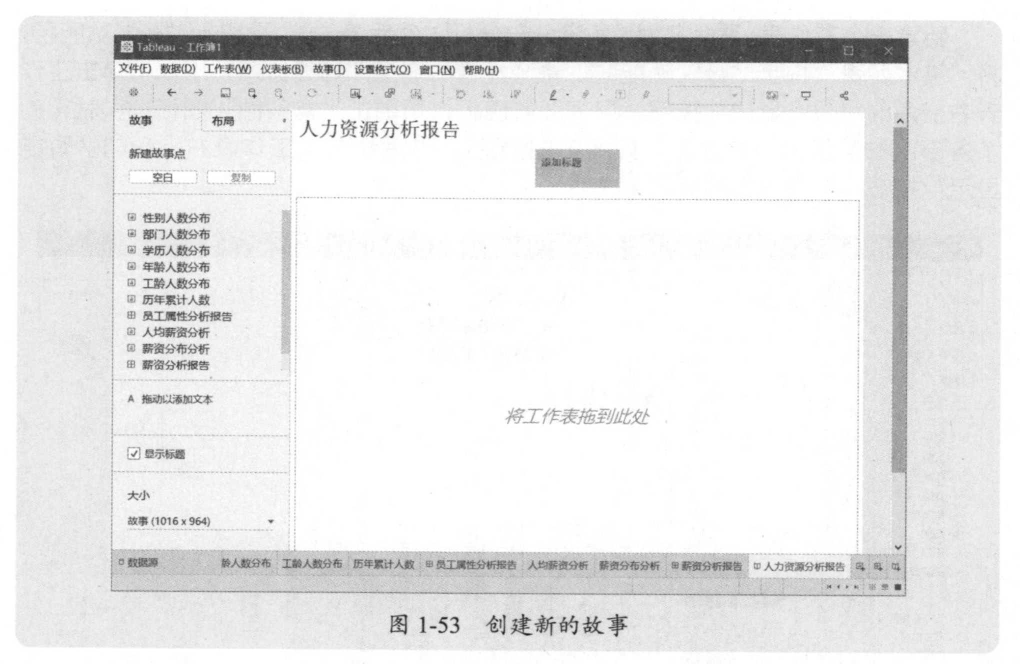

图 1-53　创建新的故事

双击当前故事页顶部的“添加标题”，输入文字“员工属性分析”，再将仪表板“员工属性分析报告”从窗口左侧拖至中间的画布，创建第一个故事点，如图 1-54 所示。

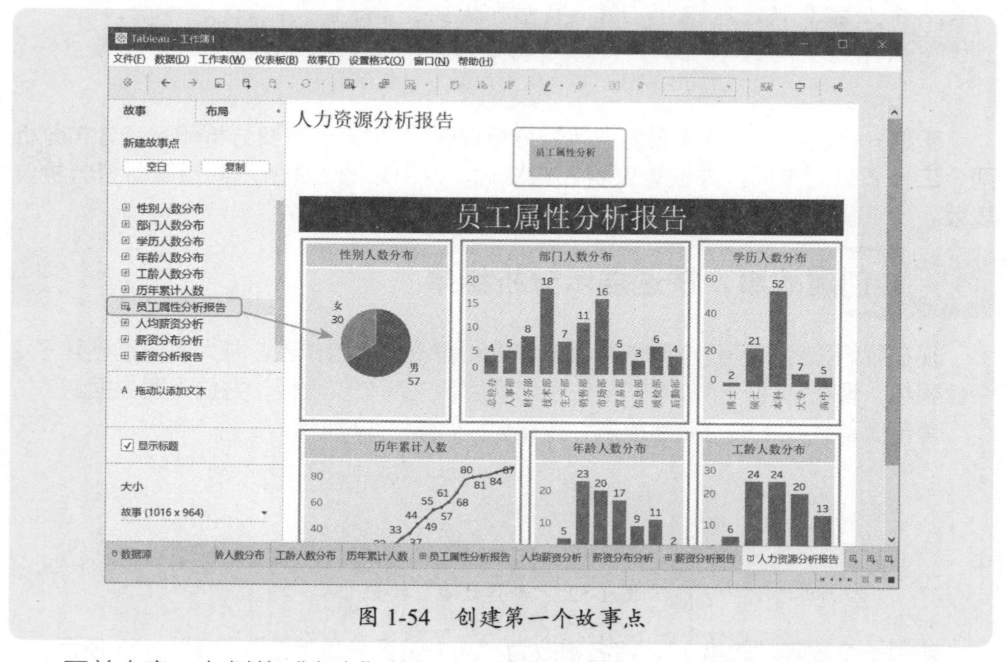

图 1-54　创建第一个故事点

再单击窗口左侧的“空白”按钮，如图 1-55 所示，创建第二个故事点，将默认标题修改为“员工薪资分析”，并将仪表板“薪资分析报告”从窗口左侧拖至中间的画布，如图 1-56 所示。

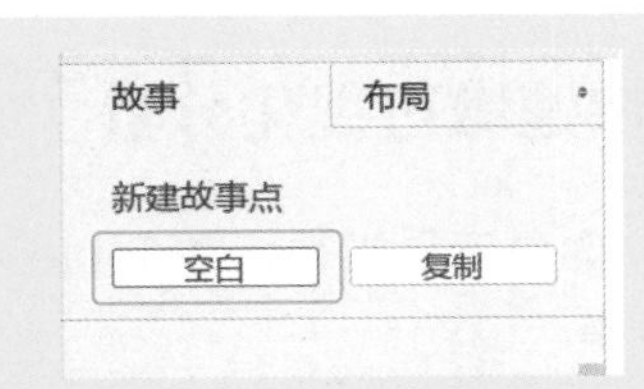

图 1-55　单击“空白”按钮

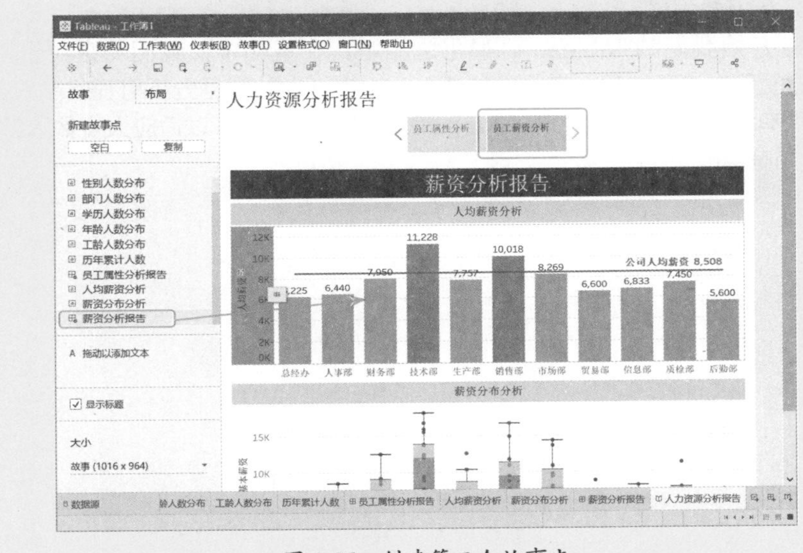

图 1-56　创建第二个故事点

最后再对故事进行必要的格式化处理，例如设置阴影、字体、标题、大小等，就得到了人事分析报告。只要单击顶部的两个按钮，即可快速切换到相应的分析报告，如图 1-57 所示。

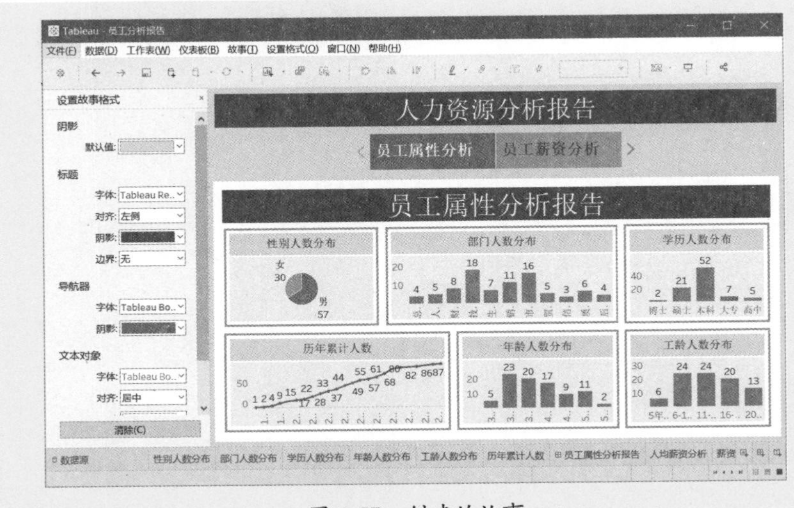

图 1-57　创建的故事

1.6 Tableau 带你快速做可视化分析

通过前面的操作和练习，你是不是觉得，在 Tableau 面前，对数据分析进行分析并可视化，是很简单的一件事？

其实，Tableau 带给我们的不仅仅是操作简单灵活，只需拖拉字段就能完成图表制作，而且 Tableau 的强大数据并集功能、强大的表计算功能，灵活的 Tableau 函数，更让数据分析如虎添翼。

下面就开始我们的 Tableau 可视化之旅吧，在本书中，我们将系统全面介绍 Tableau 的使用方法和技巧，带领你快速入门，提升你的数据分析可视化能力。

本书所有案例均以 Tableau Desktop 2019.4 版本为基础，以适应大多数人的需求，快速入门 Tableau。

第 2 章

Tableau 界面

第 1 章介绍了 Tableau 进行数据分析的一个示例。本章将讲述 Tableau 的操作界面，为以后的数据可视化分析打好基础。

2.1 数据源界面

使用 Tableau 的第一步是建立数据连接，在数据源界面对数据进行处理。Tableau 的数据源界面如图 2-1 所示。

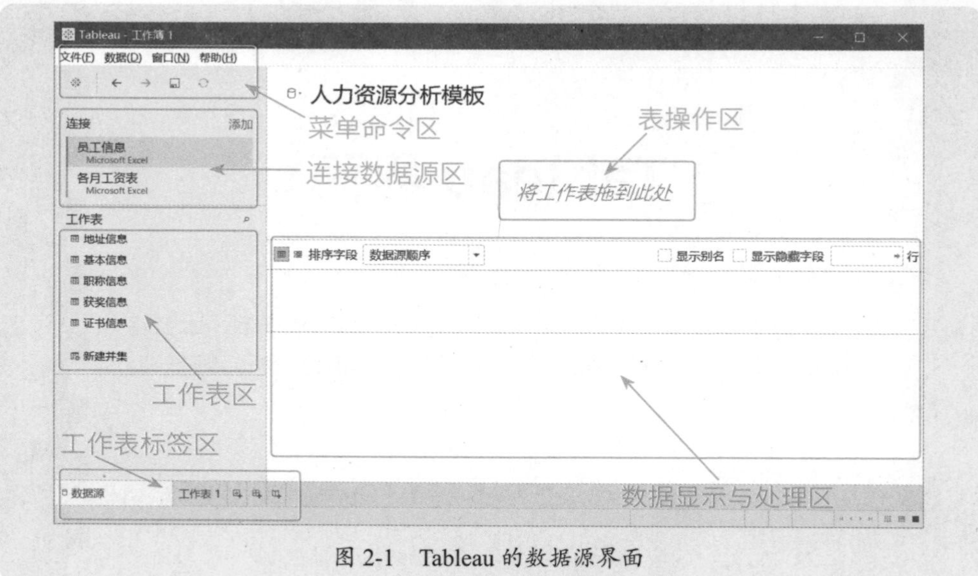

图 2-1 Tableau 的数据源界面

向表操作区拖入一个数据表后，数据源界面如图 2-2 所示。

此时，表操作区出现拖入的数据表名称，并在表操作区右上角出现“实时”“数据提取”和“筛选器”三个命令按钮。

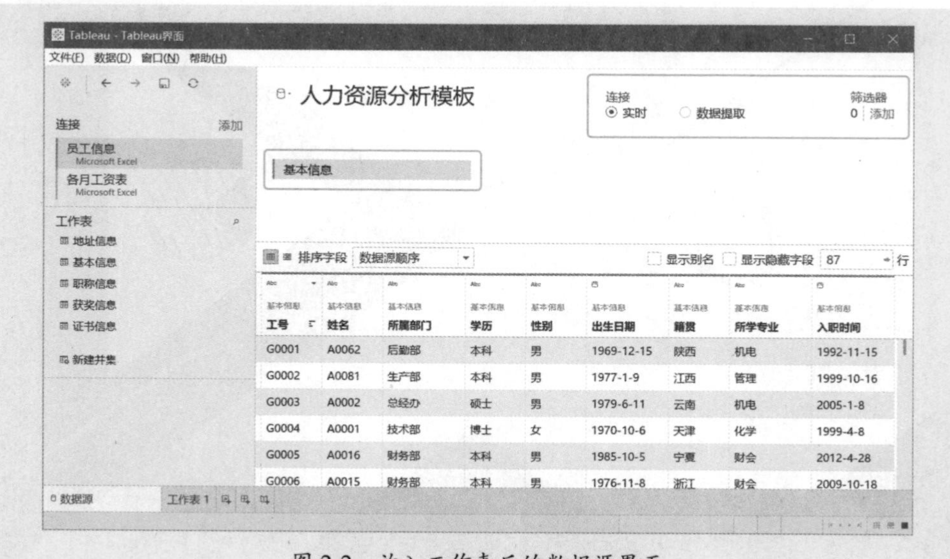

图 2-2 放入工作表后的数据源界面

2.1.1 菜单命令区

菜单命令区，因不同类型工作表界面而不同。

在“数据源”界面下，命令菜单有“文件”“数据”“窗口”和“帮助”，菜单栏下有 5 个按钮。

按钮 ：显示开始页面。

按钮 ：撤销操作。

按钮 ：重做操作。

按钮 ：保存数据源。

按钮 ：刷新数据源。

2.1.2 连接数据源区

在连接数据源区，存放已经连接的数据源，数据源名称可以修改，可以移除数据源，也可以重新建立连接。

单击“添加”按钮，可以添加新的数据源。例如，要分析的数据分别保存在几个不同的工作簿文件中，或者保存在不同的数据库中，或者保存在不同的文件夹中，等等，都可以通过单击“添加”按钮，建立与各个数据源的连接。

2.1.3 工作表区

在工作表区，显示某个数据源的所有数据表，我们可以选择某个数据表，将其拖放到表操作区进行分析，也可以将几个数据表都拖放到表操作区进行处理。

在工作表区的底部，还有一个“新建并集”命令按钮，用于合并几个工作表数据，也就是生成一个新数据源，其数据是几个工作表数据的堆积（行数增加，列不变）。

2.1.4 表操作区

可以将一个或多个工作表拖放到表操作区里，以便于对数据进行处理。

当在表操作区拖放多个工作表时，Tableau 会自动建立各表的内部连接，如图 2-3 所示，此时，可以对连接进行重新设置。关于表连接的操作，将在后面的有关章节进行详细介绍。

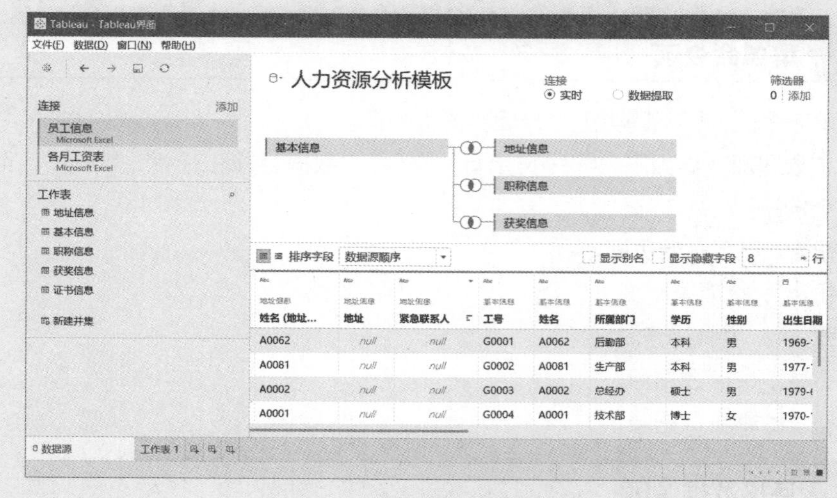

图 2-3　多个表自动建立的连接

2.1.5 数据显示与处理区

将某个工作表拖放到表操作区后，会在数据显示与处理区显示该工作表的数据。

在数据显示与处理区中，可以对数据进行处理，例如，设置字段数据类型，创建计算字段，创建组，拆分、隐藏和显示列、字段排序，等等。

数据显示与处理区有两个选项卡，一个用于预览数据源，也就是默认的显示工作表数据；另一个用于管理元数据，也就是显示字段信息并设置排序方式，二者通过单击按钮▦和按钮≡来切换。

默认的界面是显示工作表数据，当单击按钮≡时，切换到“管理元数据”界面，如图 2-4 所示。

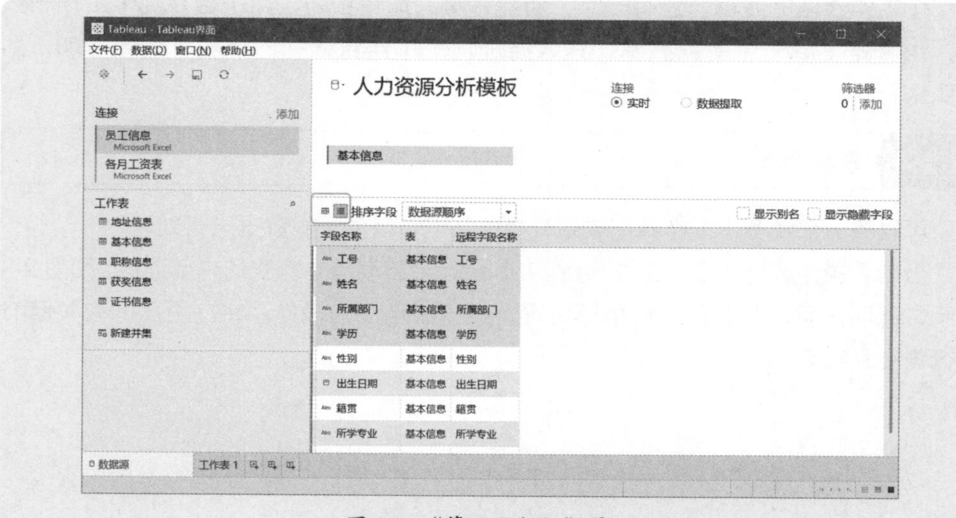

图 2-4　“管理元数据”界面

每一个字段的标题区域中，有 3 行内容：第 1 行说明数据类型，第 2 行说明字段来源与哪个工作表，第 3 行是字段名称，如图 2-5 所示。

例如，第一个字段的数据类型是“Abc”（字符串），来源于数据源的“员工花名册”工作表，字段名称是“序号”。

单击字段名称上面的数据类型标记，展开一个数据类型列表，如图 2-6 所示，可以对该字段的数据类型进行设置。

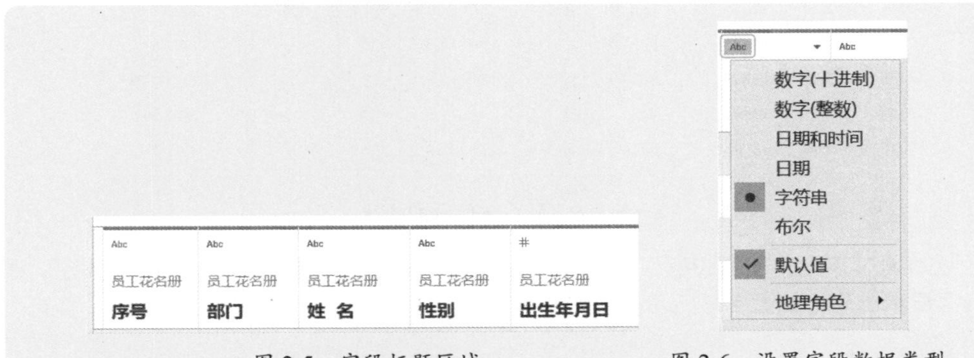

图 2-5　字段标题区域　　　　图 2-6　设置字段数据类型

单击数据类型标记右侧的下拉箭头，展开一个命令菜单，如图 2-7 所示，可以对字段进行进一步的处理，例如隐藏、设置别名、创建计算字段、拆分、创建组等。此命令菜单也可以通过右击字段名称来快速显示出来。

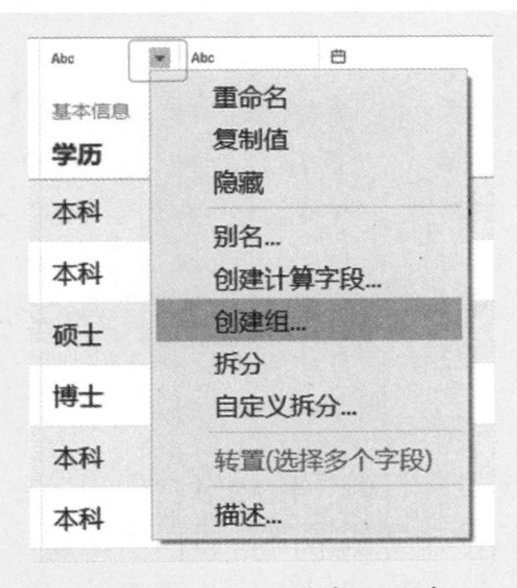

图 2-7　字段操作命令列表

如果隐藏了一些列，可以通过勾选数据预览界面的“显示隐藏字段”复选框再次显示出来，但是，即使是显示出了被隐藏的字段，这些字段仍然是被隐藏的，不会出现在创建工作表视图的维度或度量列表中，从而不能用来进行数据分析，而在数据浏览界面中，被隐藏的字段整列都是灰色字体显示，如图 2-8 所示。

排序字段 数据源顺序 显示别名 显示隐藏字段 87 行

基本信息 工号	基本信息 姓名	基本信息 所属部门	基本信息 学历	基本信息 性别	基本信息 出生日期	基本信息 籍贯	基本信息 所学专业	基本信息 入职时间
G0001	A0062	后勤部	本科	男	1969-12-15	陕西	机电	1992-11-15
G0002	A0081	生产部	本科	男	1977-1-9	江西	管理	1999-10-16
G0003	A0002	总经办	硕士	男	1979-6-11	云南	机电	2005-1-8
G0004	A0001	技术部	博士	女	1970-10-6	天津	化学	1999-4-8
G0005	A0016	财务部	本科	男	1985-10-5	宁夏	财会	2012-4-28
G0006	A0015	财务部	本科	男	1976-11-8	浙江	财会	2009-10-18
G0007	A0052	销售部	硕士	男	1980-8-25	广东	机械	2003-8-25

图 2-8　显示被隐藏的字段

如果对字段的项目设置了别名，可以通过勾选数据预览界面的“显示别名”复选框显示出来，如图 2-9 所示。

排序字段 数据源顺序 显示别名 显

基本信息 工号	基本信息 姓名	基本信息 所属部门	基本信息 学历	基本信息 性别	基本信息 出生日期	基本信息 入职时间
G0001	A0062	后勤部	本科	male	1969-12-15	1992-11-15
G0002	A0081	生产部	本科	male	1977-1-9	1999-10-16
G0003	A0002	总经办	硕士	male	1979-6-11	2005-1-8
G0004	A0001	技术部	博士	female	1970-10-6	1999-4-8
G0005	A0016	财务部	本科	male	1985-10-5	2012-4-28
G0006	A0015	财务部	本科	male	1976-11-8	2009-10-18
G0007	A0052	销售部	硕士	male	1980-8-25	2003-8-25

图 2-9　显示别名

默认情况下，数据源浏览窗口的字段顺序（指的是各列的先后顺序）是按照数据源的顺序显示的，如果要重排字段顺序，可以单击数据浏览窗口上面的排序字段下拉按钮，选择一种排序方式即可，如图 2-10 所示。

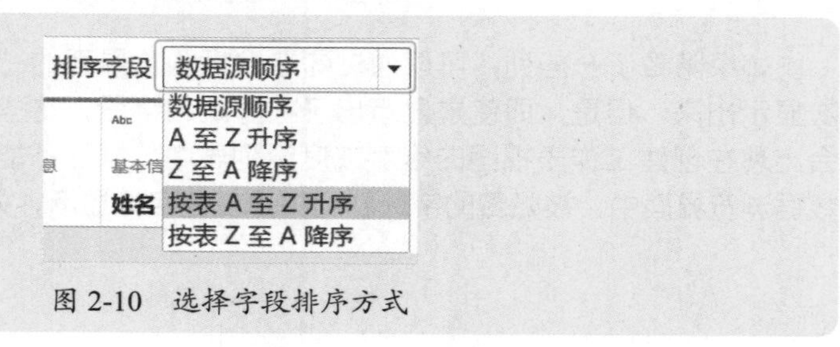

图 2-10　选择字段排序方式

2.1.6 工作表标签区

在工作表标签区中，可以在数据源、工作表、仪表板和故事之间进行切换，也可以对工作表、仪表板、故事进行各种操作，操作内容如下。

- 插入新工作表、新仪表板、新故事：可以直接单击标签上的三个新建按钮，也可以右击某个标签，在弹出的快捷菜单中执行相应的命令即可，如图 2-11 所示。

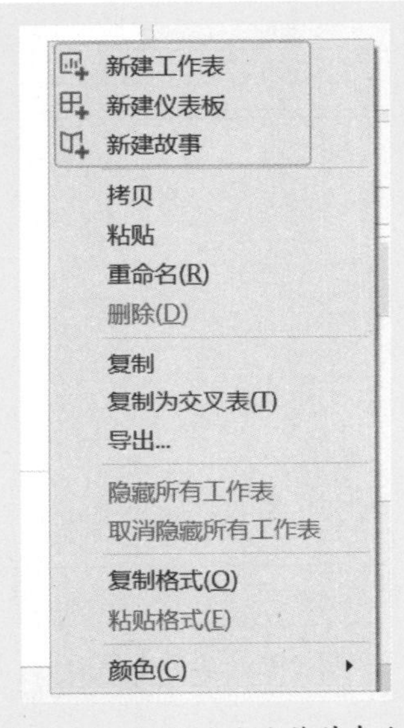

图 2-11 标签的快捷菜单命令

- 复制工作表、仪表板、故事：执行如图 2-11 所示的快捷菜单中的“复制”命令即可。例如，当要制作多个展示方式相同、但数据不同的工作表视图时，就可以将工作表复制几份，然后将维度或度量换成新的即可。
- 修改工作表、仪表板、故事的名称：双击标签，直接修改即可；或者执行如图 2-11 所示的快捷菜单中的“重命名”命令。
- 删除工作表、仪表板和故事：执行如图 2-11 所示的快捷菜单中的“删除”命令即可。
- 改变某个工作表、仪表板、故事的位置：按住标签，直接拖放即可。

2.2 工作表界面

工作表是对数据进行可视化分析的窗口，用于创建可视化分析图表，也可以制作各种汇总分析报表。工作表界面如图 2-12 所示。

各功能分区如下。

①菜单栏和命令栏。

②边条区。

③卡区。

④行和列功能区。

⑤可视化分析区。

⑥智能显示区。

⑦工作表标签栏。

⑧状态栏。

图 2-12　工作表界面

2.2.1 菜单栏和命令栏

菜单栏和命令栏包括操作 Tableau、制作可视化分析图表的各种菜单和命令，这些菜单和命令，在以后制作各种分析图表时，会进行详细介绍。

2.2.2 边条区

左边的边条区域中，包含“数据”和“分析”两个窗格。

- “数据”窗格：有“维度”和“度量”两个小窗格，分别展示了用于分析的维度字段和度量字段，通过拖放或双击这些维度字段和度量字段来对数据进行汇总计算，并进行可视化处理。此外，维度的右侧有“查看数据”按钮 、“查找字段”按钮 、“字段处理”下拉菜单按钮 3 个按钮。
- “分析”窗格：对数据进行一些诸如汇总分析、模型分析、自定义分析等。

2.2.3 卡区

在卡区中，有“页面”“筛选器”和“标记”三个选项卡。这三个选项卡是创建可视化图表的重要组件，后面会分别进行详细介绍。

2.2.4 行和列功能区

在行和列功能区中，有两个区域："行"功能区和"列"功能区，是布局可视化图表的重要组件。

1. 行和列功能区的展示效果

"行"功能区：用于创建可视化图表或汇总报表的数据行，也就是垂直方向上的一行一行的数据或图形。

"列"功能区：用于创建可视化图表或汇总报表的数据列，也就是水平方向上的一列一列的数据图形。

图 2-13 和图 2-14 所示是字段布置在行、列功能区的条形图对比。

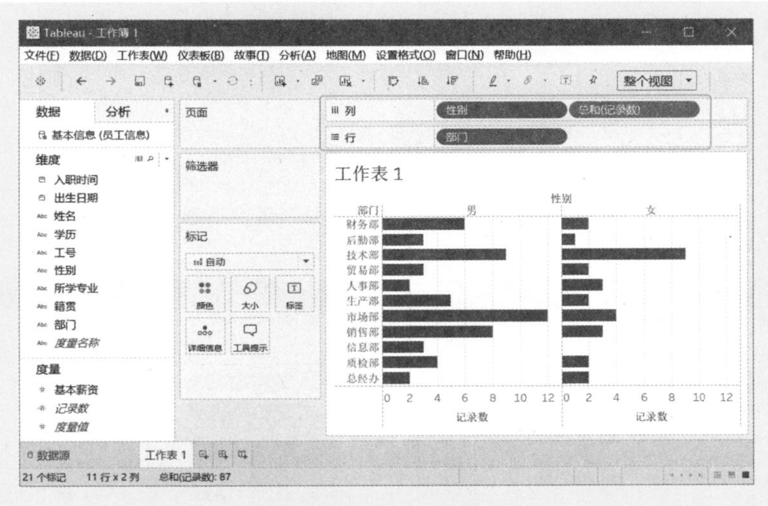

图 2-13 以行展示部门，以列展示性别和人数

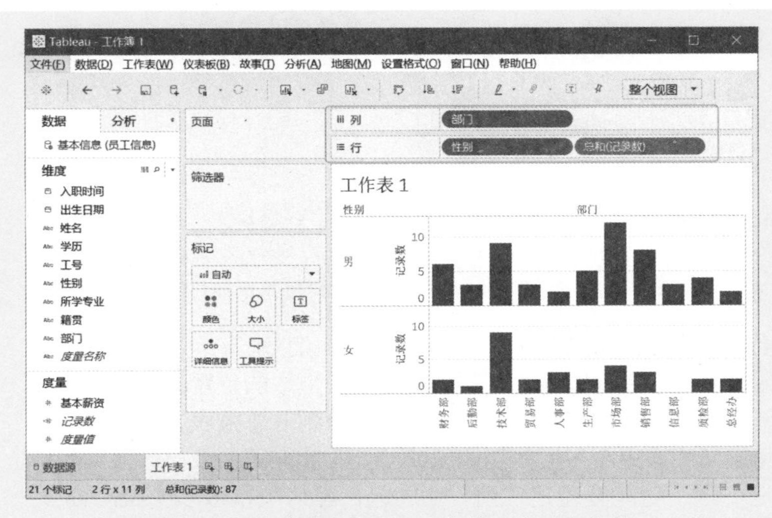

图 2-14 以列展示部门，以行展示性别和人数

以汇总表格来展示数据如图 2-15 和图 2-16 所示。

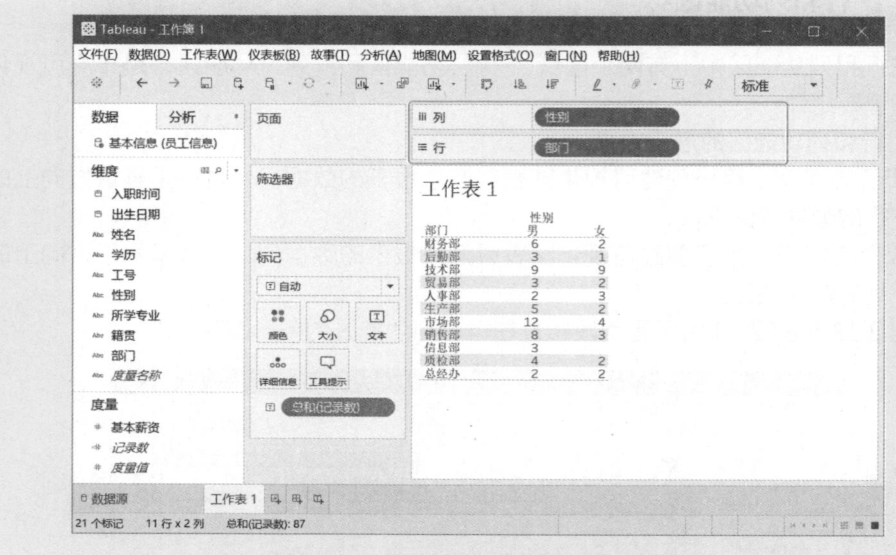

图 2-15 按行显示部门、按列显示性别

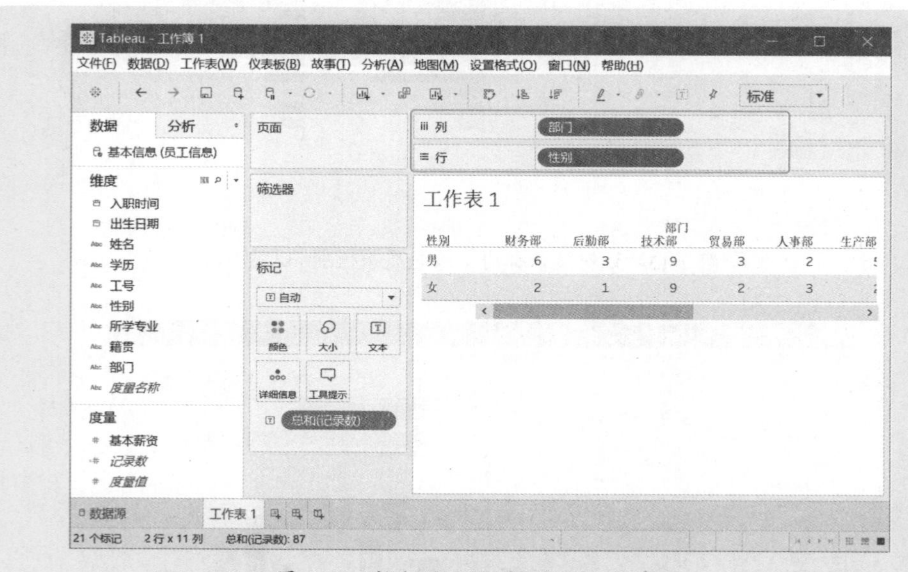

图 2-16 按行显示性别、按列显示部门

2. 制作汇总表还是制作图表

制作汇总表还是制作图表，取决于度量字段拖放的位置。

如果将度量字段拖至“文本”卡，会自动得到汇总报表。

如果将度量字段拖至“行”功能区或“列”功能区，会自动得到图表。

不论是“行”功能区还是“列”功能区，都可以拖放多个维度或多个度量，以创建从不同角度分析数据的可视化图表。

如图 2-17 所示的图表展示的重点信息是：分析每个部门、每种学历的男女员工人数。

（1）横向上，重点是查看每个部门的人数；对每个部门的人数，又分成男女两种情况分别考察。

（2）纵向上，按照每种学历分别进行分析。

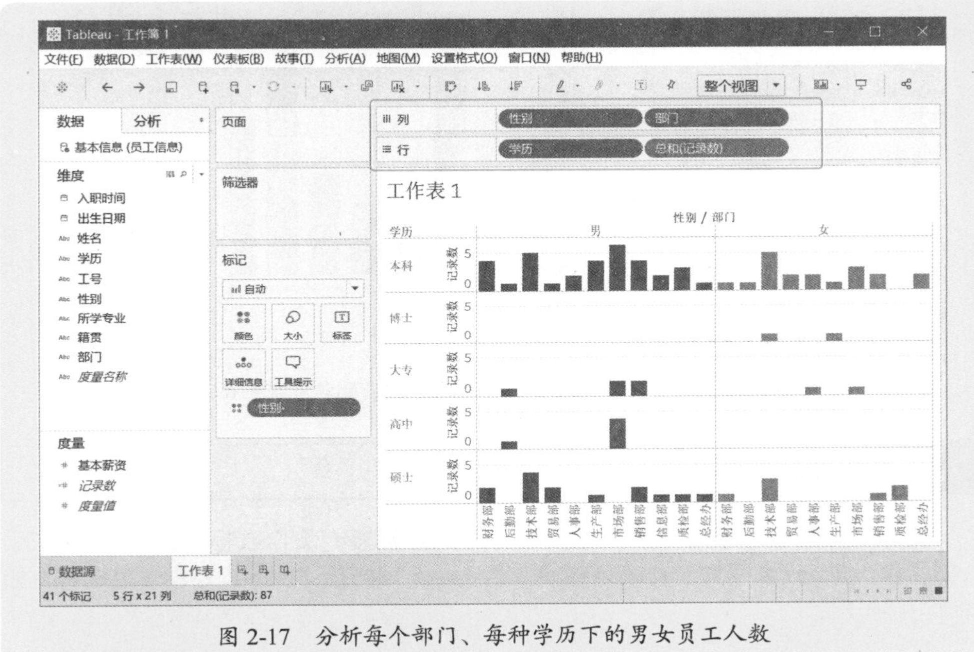

图 2-17 分析每个部门、每种学历下的男女员工人数

2.2.5 可视化分析区

可视化分析区用于显示度量字段的汇总计算表，或者显示可视化图表，这取决于度量字段是拖放到“文本”卡还是拖放到了“行”或“列”功能区。

2.2.6 智能显示区

智能显示区在工具栏的最右侧，可以显示或者隐藏。

在显示状态下，单击智能显示区标题“智能显示”，该区域就隐藏起来；再单击这个标题，又显示出来。

Tableau 会自动评估每个选定的字段，突出显示与数据相匹配的可视化图表类型（灰色的标识为不匹配，不可用），如图 2-18 所示。

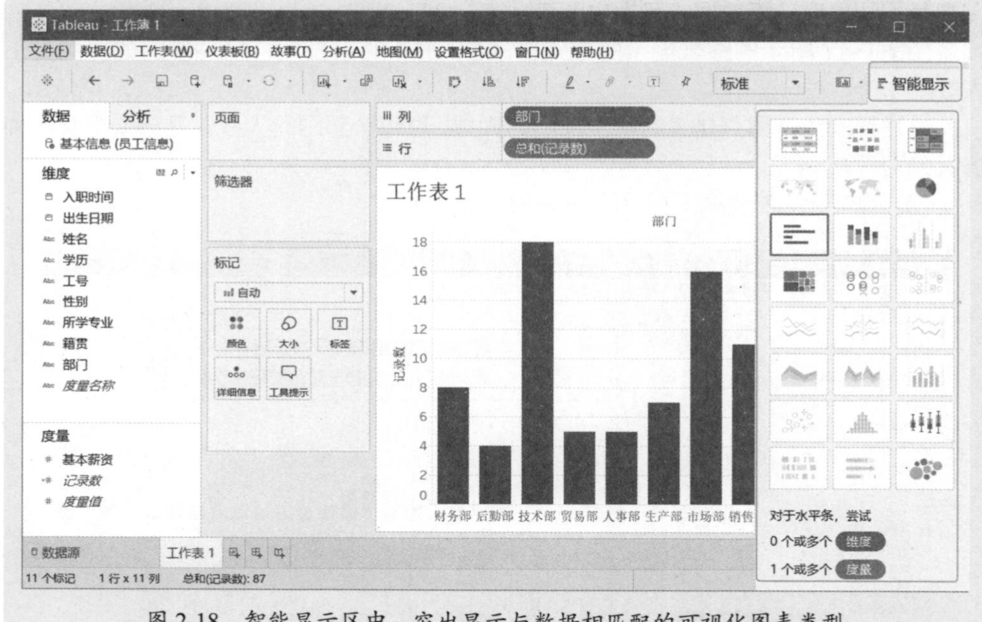

图 2-18 智能显示区中，突出显示与数据相匹配的可视化图表类型

2.2.7 工作表标签栏

工作表标签栏显示工作表标签，包括数据源标签、工作表标签、仪表板标签、故事标签，与 Excel 里的工作表标签操作相同，可以新建、删除、移动、复制等，如图 2-19 所示。

图 2-19 工作表标签栏

2.2.8 状态栏

在状态栏中会显示当前可视化分析报告的一些基本信息，例如标记个数，多少行多少列，合计数多少，可以帮助用户了解一些最基本的信息，如图 2-20 所示。

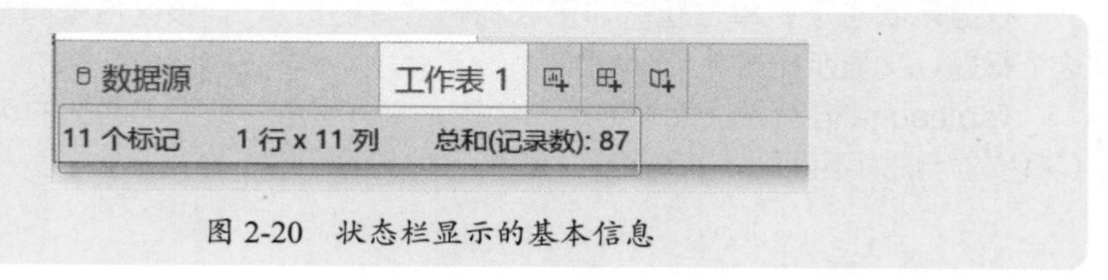

图 2-20 状态栏显示的基本信息

2.2.9 工作表切换按钮

如果当前工作簿有很多个工作表，可以通过单击状态栏右侧的 4 个工作表切换按钮来切换显示，如图 2-21 所示，可以一次性切换到最前面、前一个、后一个、最后一个工作表。

图 2-21 工作表切换按钮

2.2.10 工作表排序及演示按钮

如果要快速对工作表进行排序，可以单击工作表切换按钮右侧的“显示工作表排序程序”按钮，如图 2-22 所示，打开工作表排序界面，如图 2-23 所示，在这个界面中，可以很方便地对每个工作表进行排序、调整次序，还方便查看每个工作表、仪表板的基本状况。

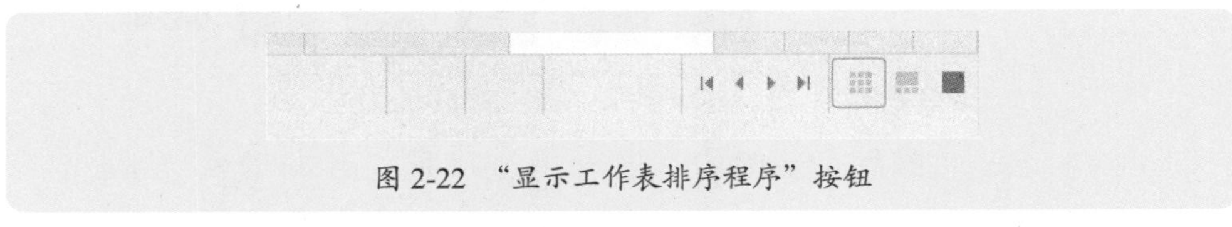

图 2-22 “显示工作表排序程序”按钮

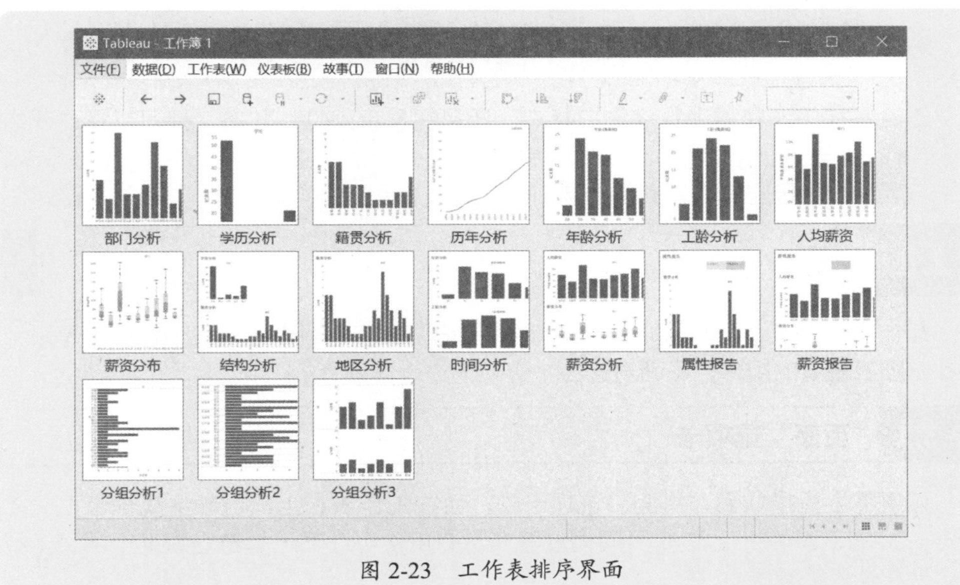

图 2-23 工作表排序界面

紧挨着“显示工作表排序程序”按钮的右侧，是“显示幻灯片”按钮，如图 2-24

所示，单击此按钮，在工作簿底部会显示一排各工作表的小窗口（幻灯片），如图 2-25 所示。

在这排幻灯片中，可以快浏览各工作表，也可以调整前后次序。

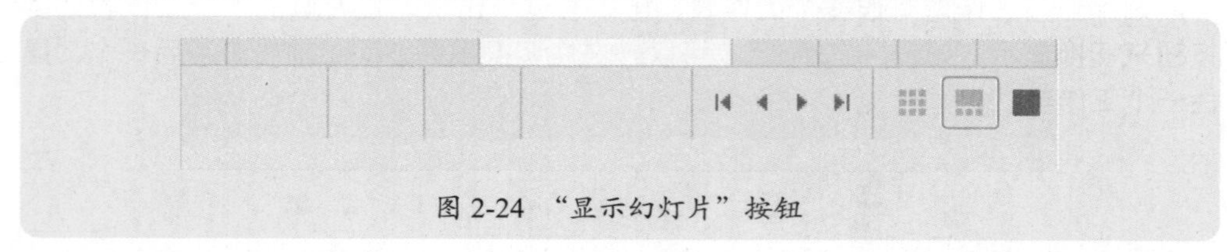

图 2-24 “显示幻灯片”按钮

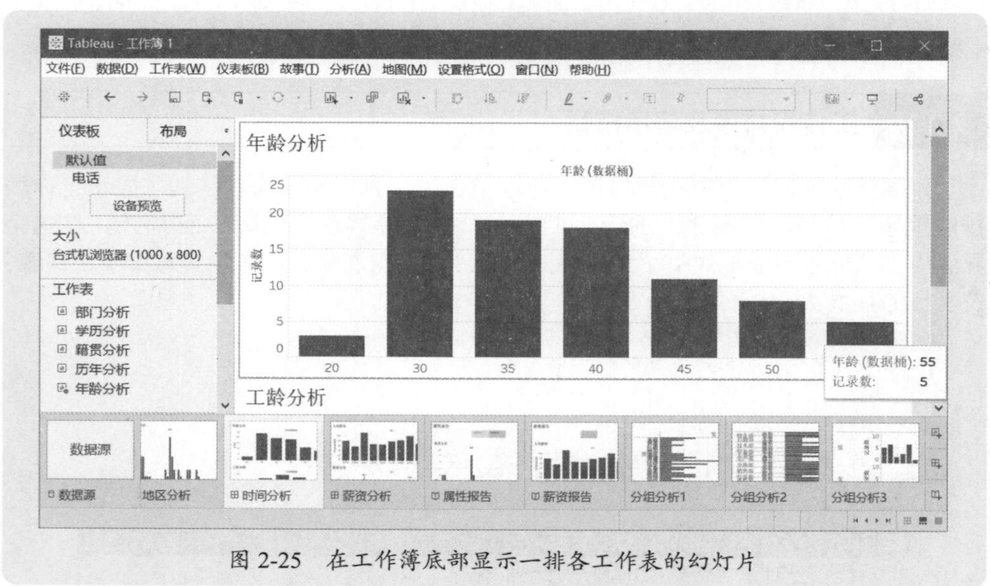

图 2-25 在工作簿底部显示一排各工作表的幻灯片

不论是在工作表排序程序窗口状态，还是在显示幻灯片状态，都可以通过双击某个工作表，转入正常显示状态，或者单击“显示幻灯片”按钮右侧的“显示选项卡”按钮（黑色方块按钮）切换到某个选中的工作表。

2.3 卡区

在卡区中，有“页面”“筛选器”和“标记”三个选项卡，这三个选项卡是设计可视化图表重要的组件，下面对这三个选项卡进行详细介绍。

2.3.1 “页面”选项卡

如果将字段拖放到“页面”选项卡中，会在工作表右上角自动生成一个页面播放器，如图 2-26 所示，这个页面播放器非常有用，可以通过单击查看某个项目，或者实现连续播放效果。

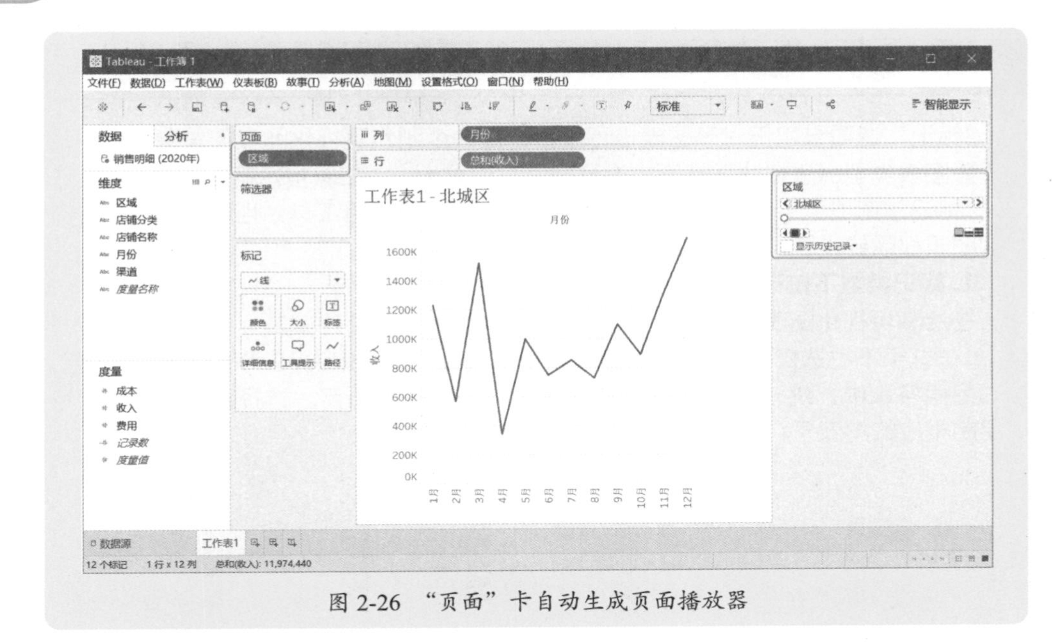

图 2-26 “页面”卡自动生成页面播放器

2.3.2 “筛选器”选项卡

将字段拖放到“筛选器”选项卡中，会弹出一个“筛选器”对话框，用于对该字段进行筛选。不同数据类型字段的筛选器结构及设置项目是不一样的，图 2-27 所示是文本字符串类型字段的“筛选器”对话框。

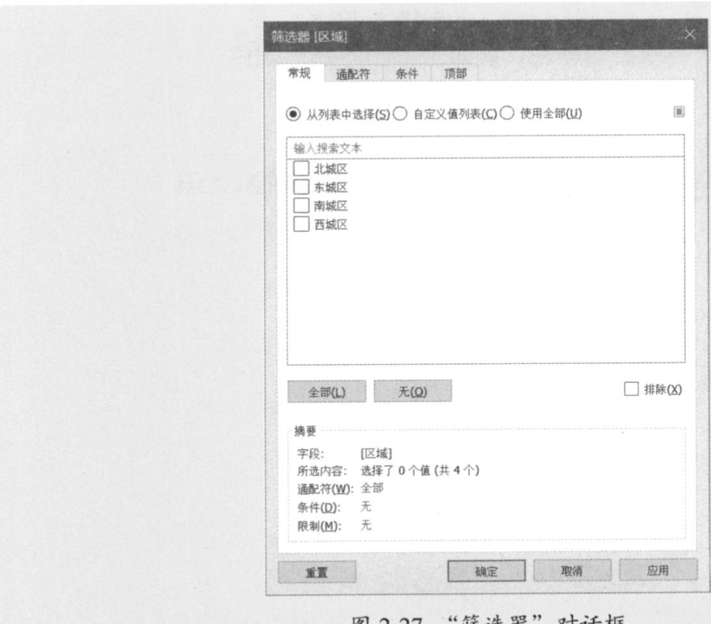

图 2-27 “筛选器”对话框

2.3.3 “标记”选项卡

“标记”选项卡用于对于图表进行设置，是一个制作可视化图表的关键工具。例如设置图表类型、添加数据标签、设置颜色、设置大小、工具提示等。

“标记”选项卡下面的几个卡是制作可视化图表的通用工具，也就是几乎每种类型的图表都需要设置。

1. 标记类型下拉选择框

在绘制可视化图表时，“标记”选项卡中一个重要的部件就是标记类型下拉选择框，单击这个下拉选择框，展开基本图表类型下拉表（严格来说，应称为“标记类型”，本书后面各章中，统一称之为“标记类型”），如图 2-28 所示。选择某个类型，就可以绘制相应的图表了。

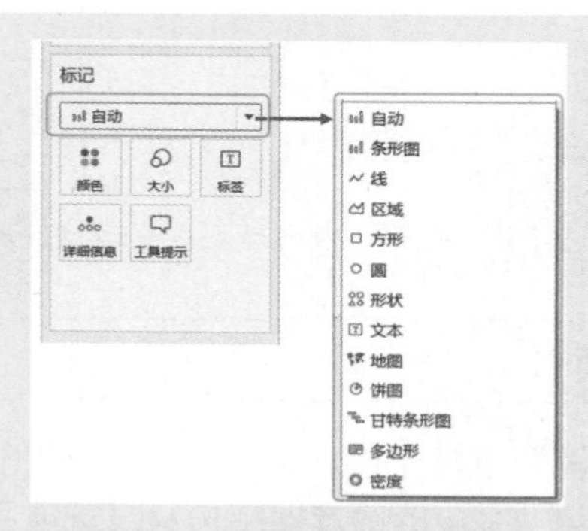

图 2-28　标记类型下拉选择框

2. “颜色”卡

“颜色”卡用于设置各项目的颜色，例如条形图的条形颜色、饼图的扇形颜色、折线图的线条颜色等，下图 2-29 所示是一个条形图，并使用“颜色”卡将不同学历设置为不同颜色。

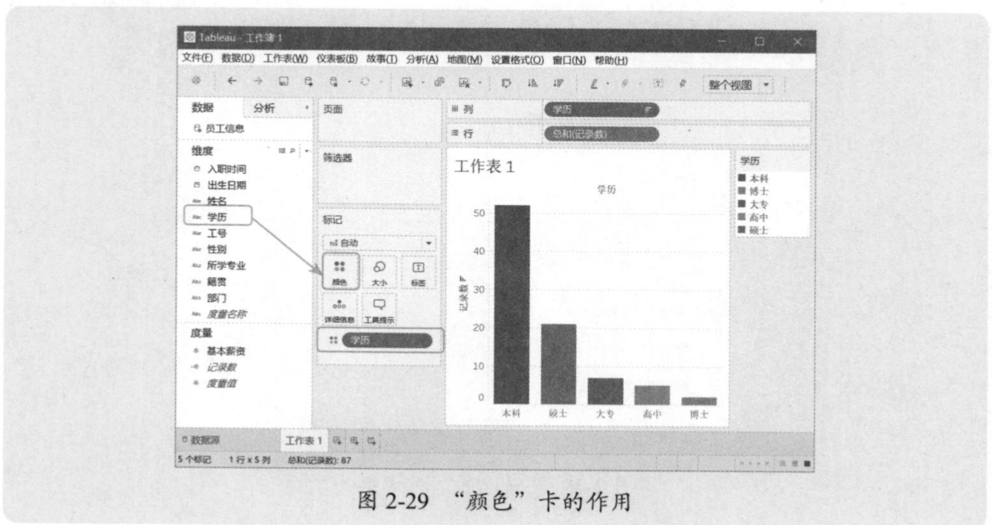

图 2-29　“颜色”卡的作用

如果要观察项目的组成情况，颜色区分就更重要了，图 2-30 所示是使用颜色区分每个部门的男女人数。

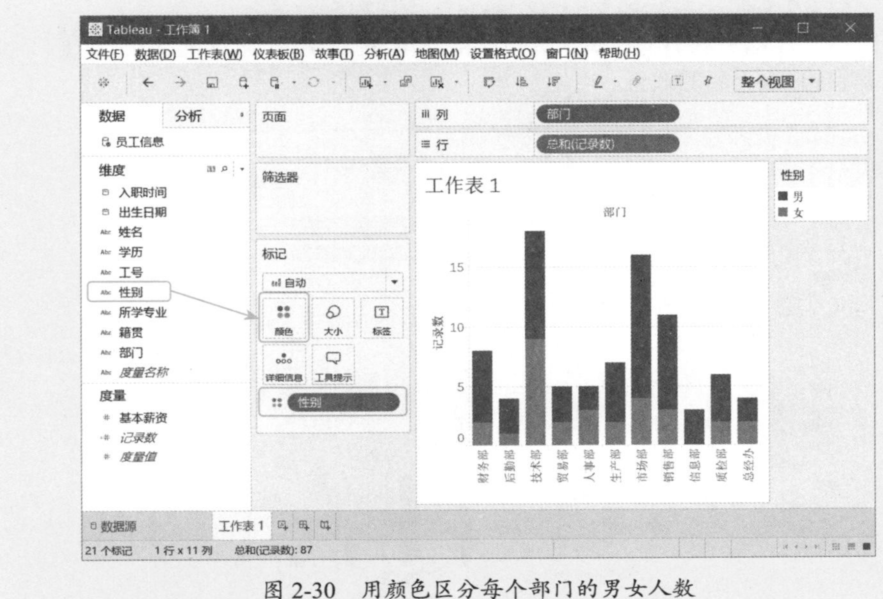

图 2-30　用颜色区分每个部门的男女人数

颜色可以根据需要进行编辑，单击“颜色”卡，展开编辑颜色面板，如图 2-31 所示。

单击“编辑颜色”按钮，打开“编辑颜色”对话框，如图 2-32 所示，在这里对颜色进行设置。

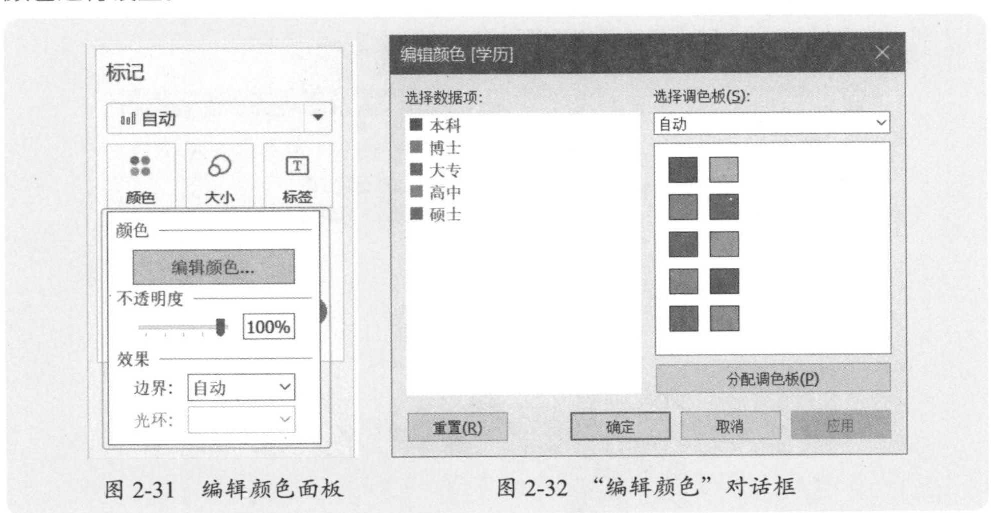

图 2-31　编辑颜色面板　　　　图 2-32　“编辑颜色”对话框

我们既可以根据项目来设置颜色（不同项目不同颜色，如图 2-32 所示），也可以根据度量值的大小设置颜色（例如，数值越大，颜色越深；数值越小，颜色越浅），此时，只需将该度量拖至“颜色”卡，然后再编辑颜色即可。

3. "大小"卡

"大小"卡用于设置图表元素大小，例如条形图的条形宽度、折线图的折线粗细、散点图的圆点大小等。

单击"大小"卡，会打开一个调节大小的滑块条，拖曳滑块，可以设置大小。图 2-33 所示是设置柱形大小后的效果。

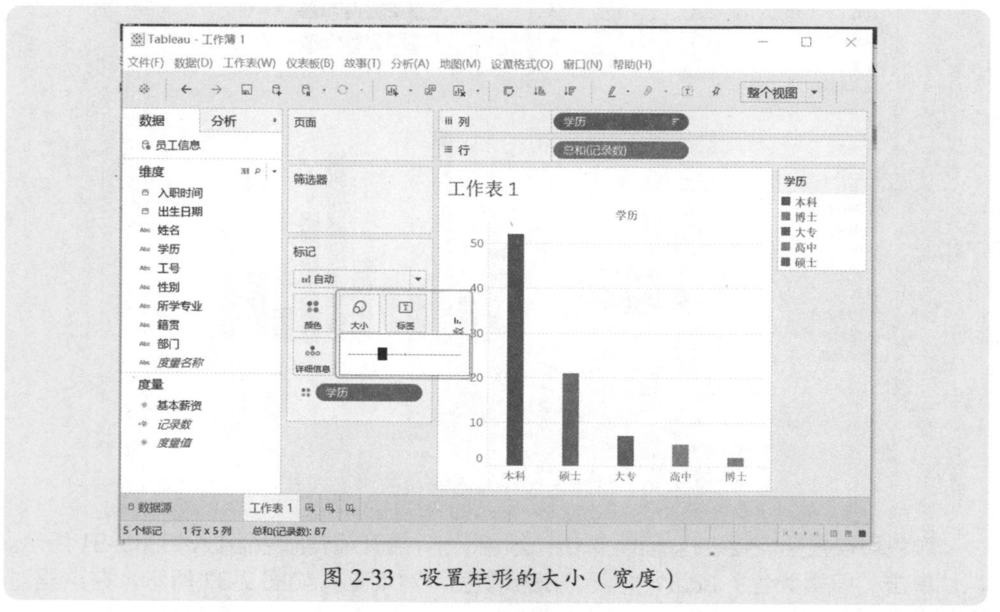

图 2-33 设置柱形的大小（宽度）

对于某些图表，设置大小可以使数据看起来更加清晰，例如圆点图，可以根据每个部门人数的多少，用大小不同的圆圈表示，如图 2-34 所示。

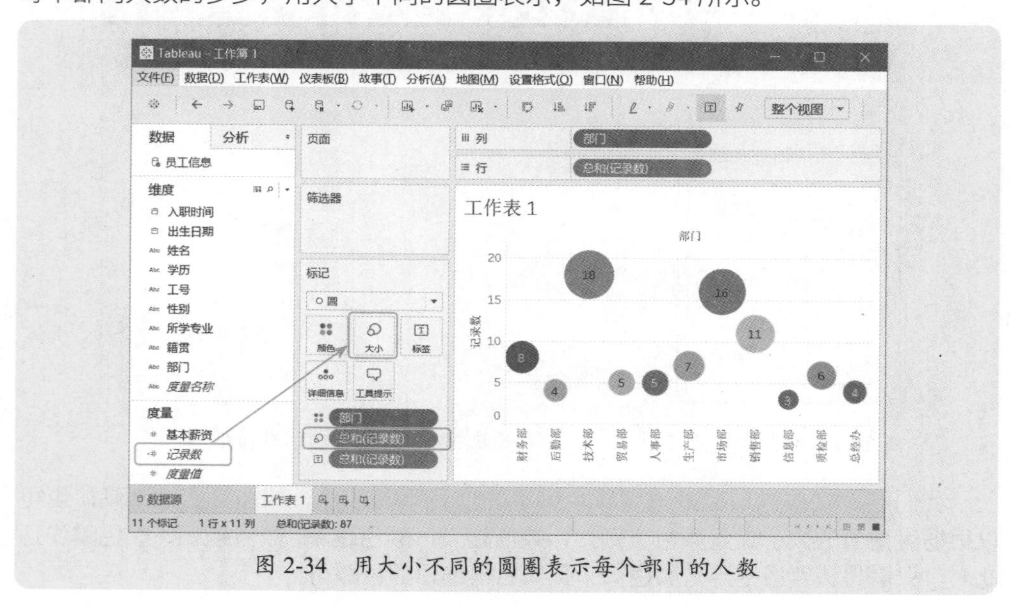

图 2-34 用大小不同的圆圈表示每个部门的人数

4. “标签”卡（“文本”卡）

“标签”卡在可视化图表上显示数据标签，例如显示各项目的名称、数值、百分比等。

对于普通的条形图来说，很多情况下需要显示数值标签，此时可以将度量拖至“标签”卡，如图 2-35 所示，就可以显示每个部门的人数。

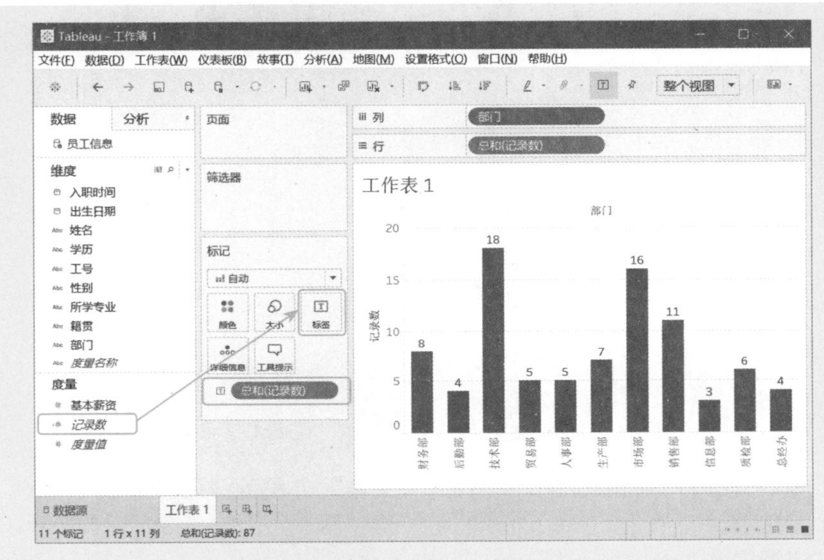

图 2-35　拖放度量至“标签”卡，显示具体数值

有的图表需要显示项目名称和具体数值，此时可以将维度和度量都拖至“标签”卡，如图 2-36 所示，就可以在饼图中同时显示性别和人数。

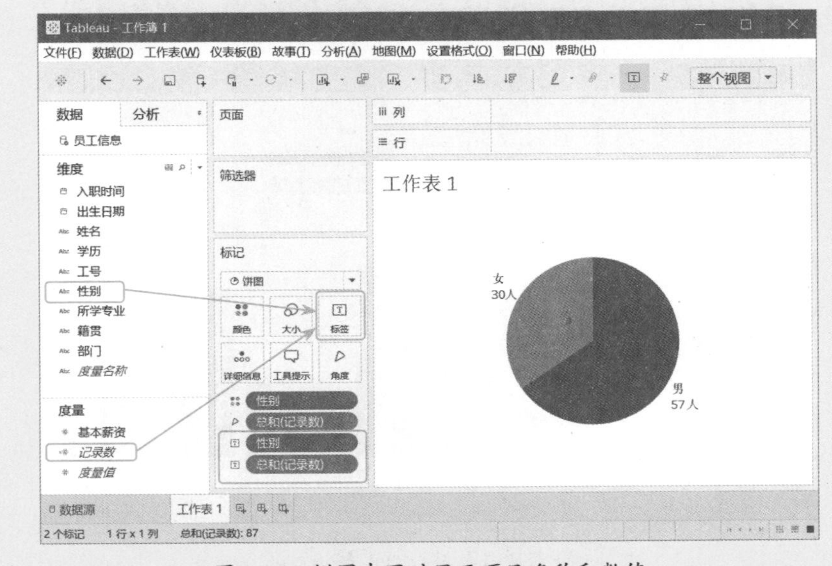

图 2-36　饼图中同时显示项目名称和数值

如果制作的不是可视化图表，而是汇总表，那么这个卡就是“文本”卡了，此时，将度量字段拖至“文本”卡，就生成对应的汇总报表，如图 2-37 所示。

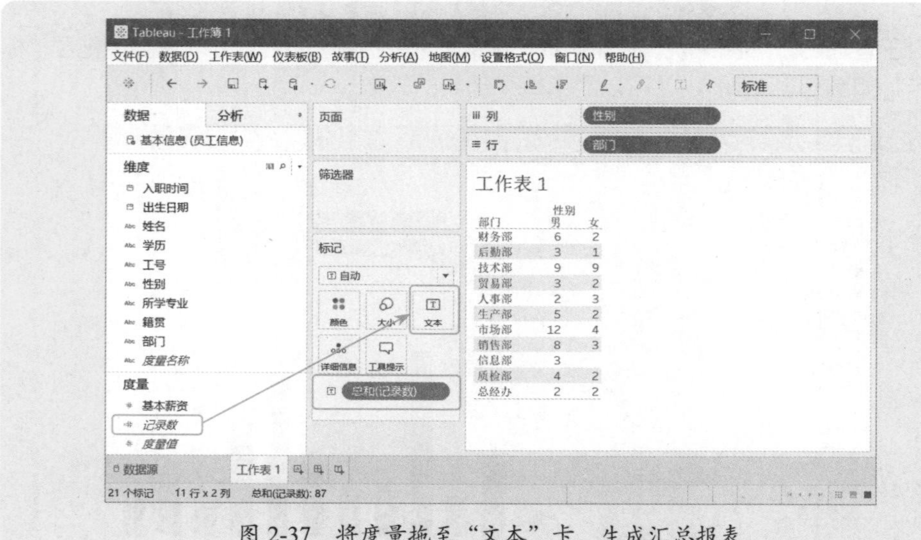

图 2-37　将度量拖至“文本”卡，生成汇总报表

“标签”卡是针对可视化图表才有的，“文本”卡是针对汇总报表才有的，两者是同一个卡位置。

5.“详细信息”卡

“详细信息”卡用于展示某个字段的详细构成，例如，每个部门的男女分布，每个部门的学历分布，不同类别商品的销售分布，等等。

如图 2-38 所示就是将“性别”拖至“详细信息”卡后，每个部门人数的柱形被切割成男女两部分结构，因此可以看到更多的信息。

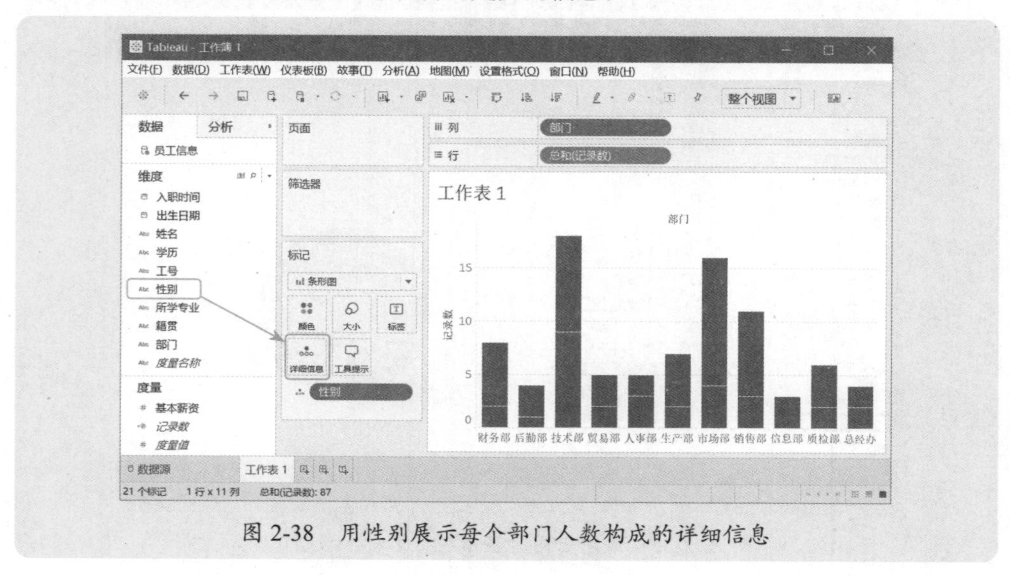

图 2-38　用性别展示每个部门人数构成的详细信息

6.“工具提示”卡

“工具提示”卡用来设置工具提示，也就是将光标悬停在视图中的一个或多个标记上时，所显示的详细信息。

“工具提示”可以同时显示静态文本和动态文本，我们可以在“工具提示”中进行编辑，确定包括哪些字段信息。

设置“工具提示”的内容信息，可以直接拖放字段到“工具提示”卡，也可以对“工具提示”进行编辑，手动添加一些内容。

如图 2-39 所示的图表，当光标悬停在某个柱形时，默认情况下仅显示两条信息：部门名称和记录数。

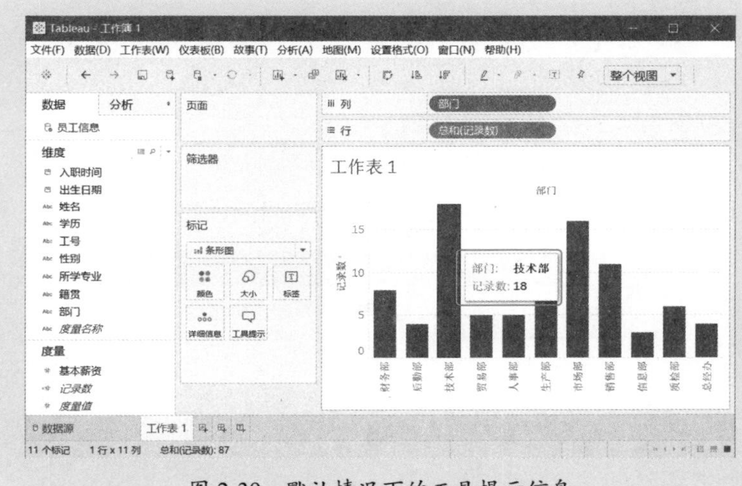

图 2-39 默认情况下的工具提示信息

如果想要再增加一条“人均工资”的信息，可以将字段“基本薪资”拖至“工具提示”卡，然后再将其度量依据改为“平均值”，就得到了 3 条提示信息（部门、人数和人均工资），如图 2-40 所示。

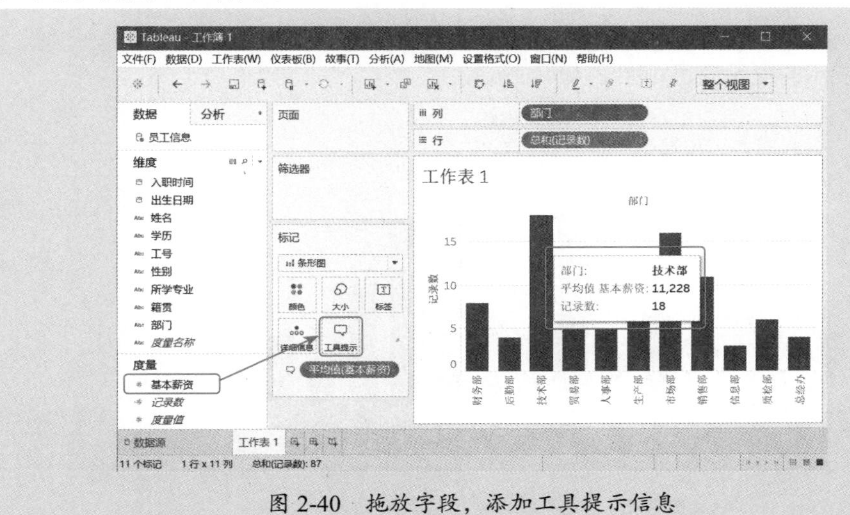

图 2-40 拖放字段，添加工具提示信息

对提示信息进行编辑的方法是，单击“工具提示”卡，打开“编辑工具提示”对话框，如图 2-41 所示。

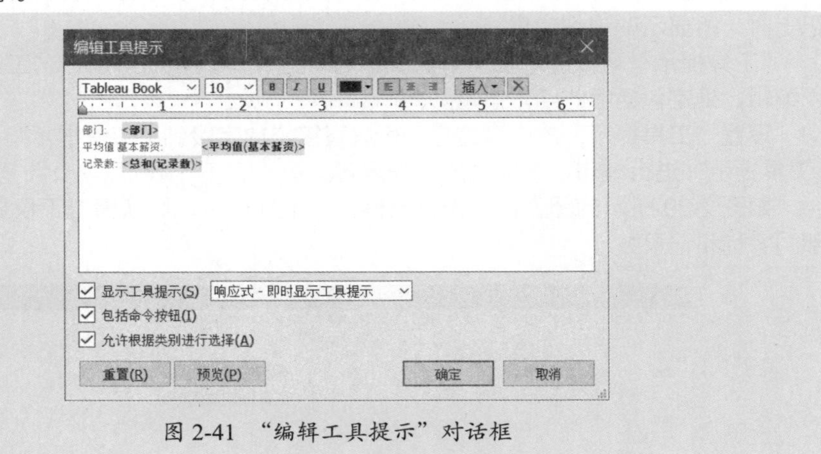

图 2-41 “编辑工具提示”对话框

将相关已有项目名称做修改，并插入当前更新时间，如图 2-42 所示。

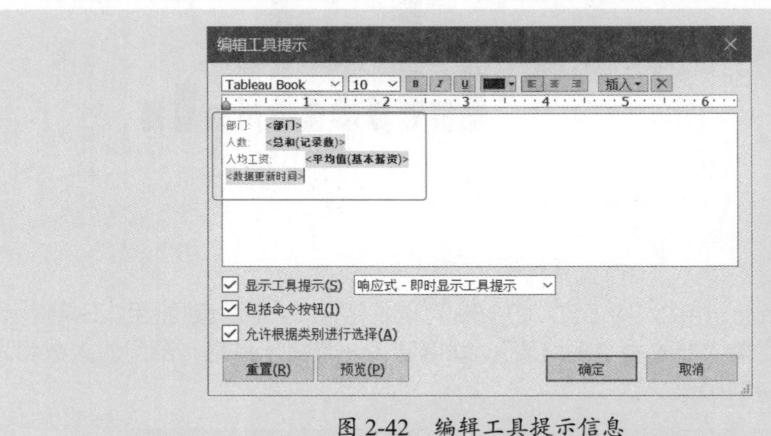

图 2-42 编辑工具提示信息

实时显示的提示信息如图 2-43 所示。

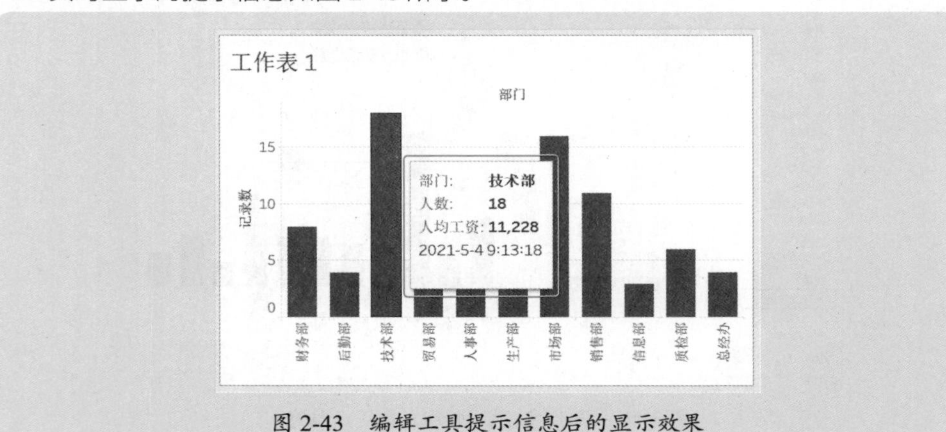

图 2-43 编辑工具提示信息后的显示效果

关于工具提示信息的更多操作，在后面有关章节还会详细介绍。

7. 其他功能卡

对于某些类型图表，还有其独有的功能卡。

例如，饼图就有一个“角度”卡，用于设置每块扇形的大小，需要将度量拖至“角度”卡，才能绘制出饼图，如图 2-44 所示。

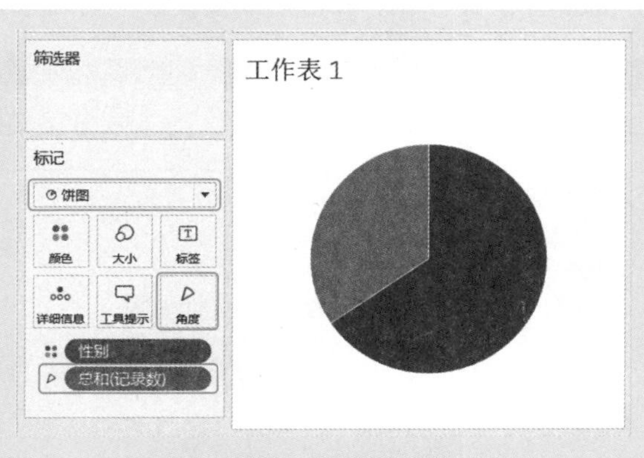

图 2-44　饼图的“角度”卡

对于折线图，有“路径”卡，用于设置折线的路径，如图 2-45 所示。

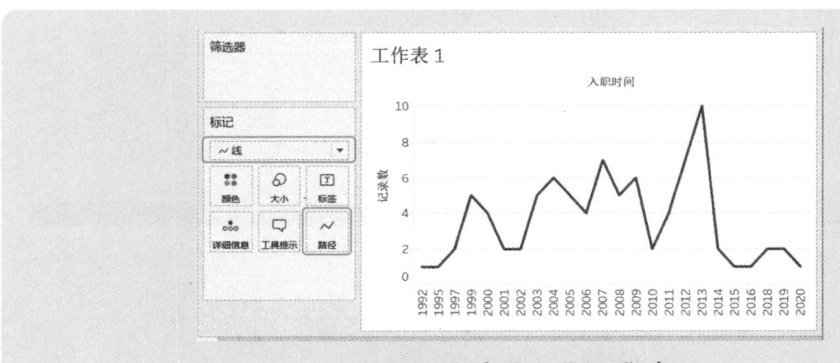

图 2-45　折线图的“路径”卡

对于形状图，有“形状”卡，用于设置各种形状，如图 2-46 所示。

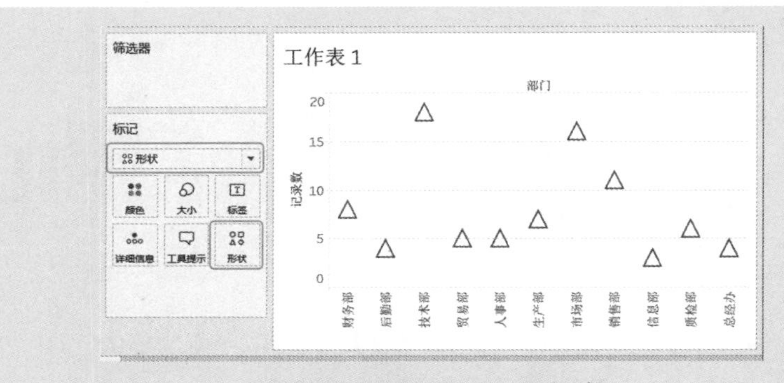

图 2-46　形状图的“形状”卡

2.4 仪表板界面

仪表板是若干个可视化工作表的集合，通过合理布局每个工作表，可以一目了然地观察各维度的分析结果。

原始的仪表板界面如图 2-47 所示，布局后的仪表板界面如图 2-48 所示。

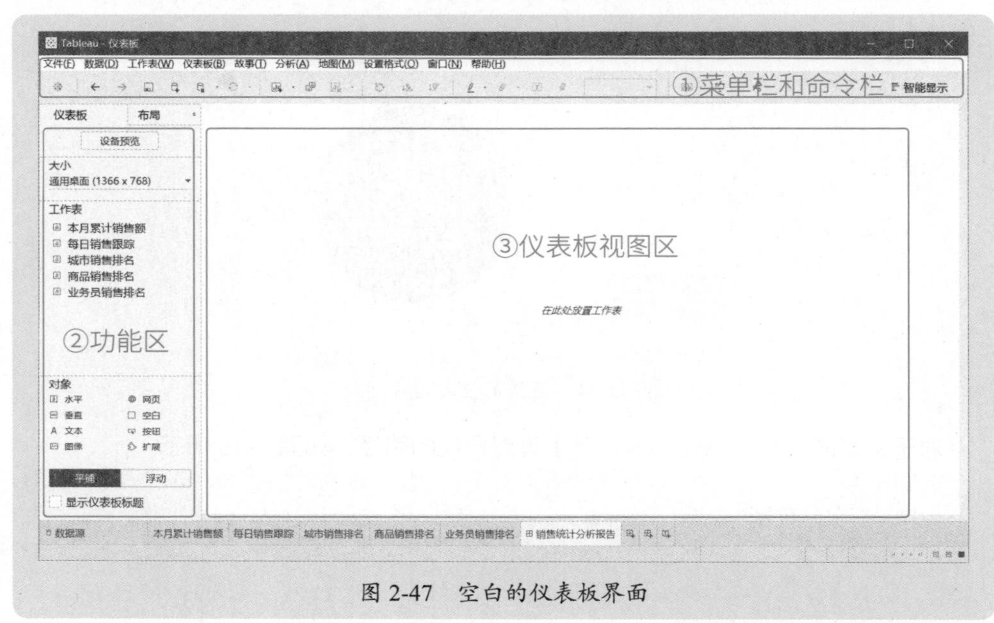

图 2-47　空白的仪表板界面

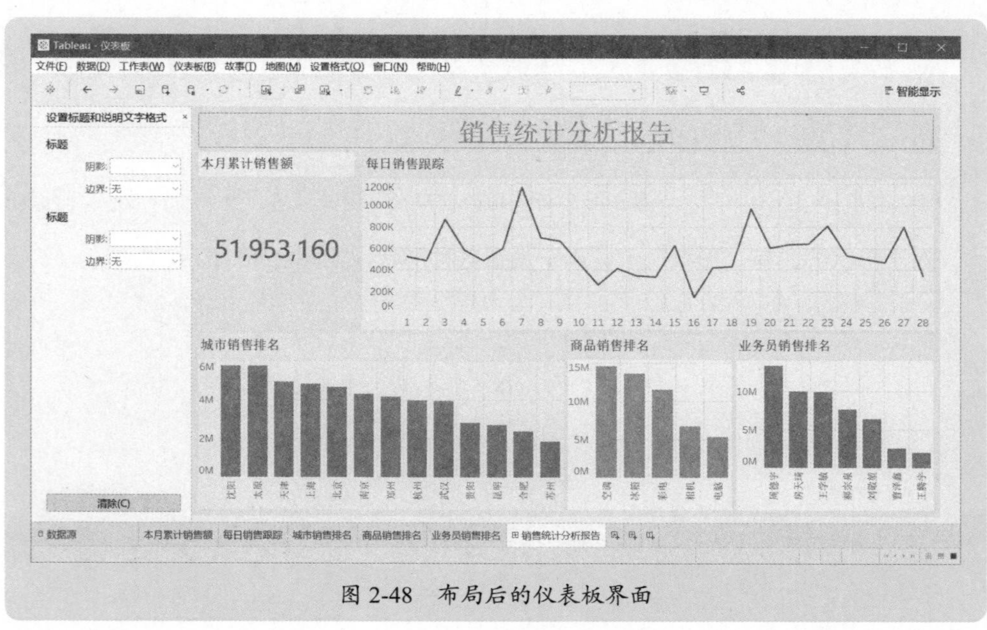

图 2-48　布局后的仪表板界面

2.4.1 菜单栏和命令栏

这里汇集了操作 Tableau 数据源、工作表、仪表板等菜单命令和按钮，有些菜单命令和按钮是仪表板独有的，例如，对仪表板进行格式设置等，有些菜单命令和按钮是共有的。我们可以慢慢去熟悉这些菜单命令和按钮的使用方法和技巧。

2.4.2 仪表板功能区

在这个区域中，有两个选项卡窗格："仪表板"和"布局"。

图 2-49 仪表板功能区

"仪表板"选项卡窗格的界面结构如图 2-49 所示。包括设备布局区、大小设置区、工作表区和对象区 4 部分。

1. 设置设备布局区

这个区域可以设置要显示仪表板的设备，以便针对该类设备进行布局设置，更好地观看仪表板。

默认情况下，会以电话作为默认设置，我们可以删除默认的设备，也可以添加新设备。

删除默认设备的方法是，单击该设备右侧的按钮 ，展开命令列表，执行"删除布局"命令即可，如图 2-50 所示。

如果要编辑布局，可以直接单击该设备右边的按钮 。

添加设备的简单方法是，右击"设备预览"按钮，在弹出的快捷菜单中执行相关的添加命令即可，如图 2-51 所示，这里只给出了三种设备布局：“桌面”“平板电脑”和“电话”。

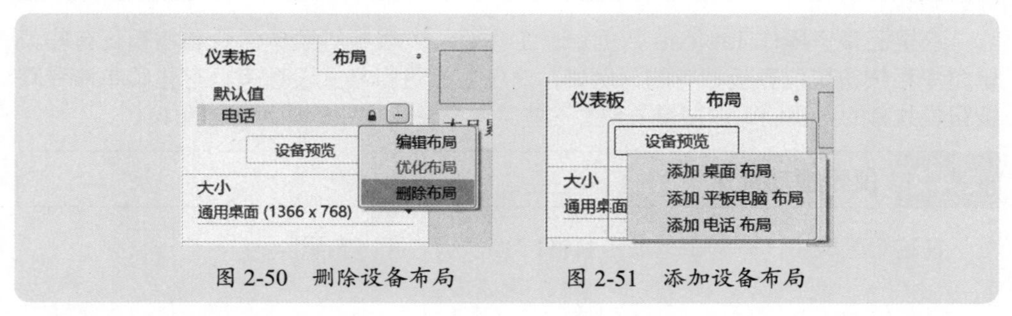

图 2-50　删除设备布局　　　　图 2-51　添加设备布局

2. 大小设置区

在这个区域中可以设置仪表板显示区域的大小，这个与指定的设备有关。

如果没有指定具体的设备，则可以为仪表板设置三种大小：固定大小、自动调整的大小，以及指定范围的大小，如图 2-52 所示。

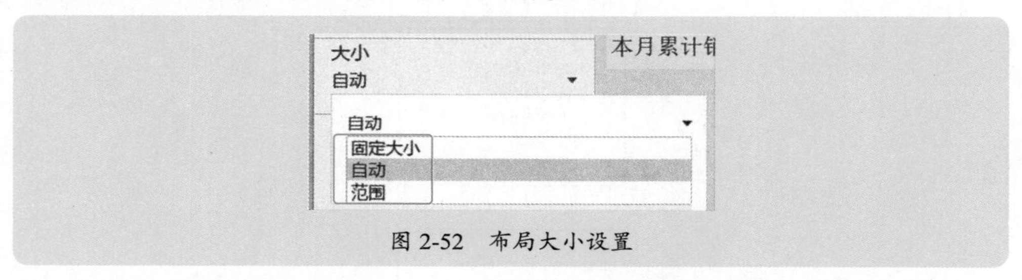

图 2-52　布局大小设置

当选择“固定大小”选项时，可以指定自定义的宽度和高度，如图 2-53 所示，也可以在下拉表中选择一个具体尺寸，如图 2-54 所示。具体做何种选择和设置，要根据仪表板的发布设备和场合来决定。

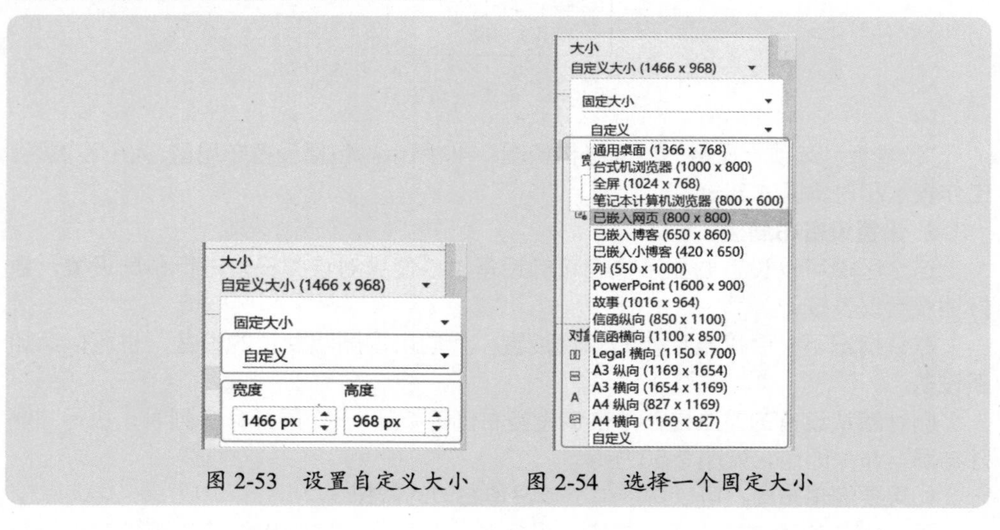

图 2-53　设置自定义大小　　　　图 2-54　选择一个固定大小

3. 工作表区

在工作表区中，展示了已经做好的可视化工作表，这些工作表是制作仪表板的核心素材。将工作表拖放到仪表板视图区（画布），就可以制作我们需要的仪表板。

4. 对象区

仪表板中，对工作表进行布局是核心操作，但为了使仪表板表达的信息更加丰富，我们可以在工作表区中插入一些对象，例如，插入容器，插入文本对象，插入图像对象，等等。

（1）容器。

在对象区域中，“水平”用来在左右水平位置插入容器，“垂直”用来在上下垂直位置插入容器。按住两个按钮并拖放，就可以在仪表板上插入容器。图 2-55 所示就是插入容器的效果。

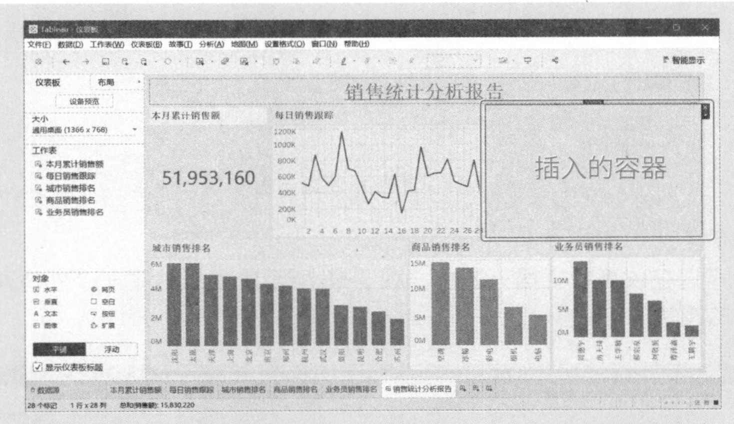

图 2-55　在“每日销售跟踪”右侧插入一个容器，与“每日销售跟踪”并排

插入的容器可以是平铺，也可以是浮动，这可以通过单击底部的“平铺”和“浮动”按钮来设置。

图 2-56 所示是在当前的每日销售仪表板上插入了两个浮动容器，可以将其拖放到任意位置，并设置其大小。

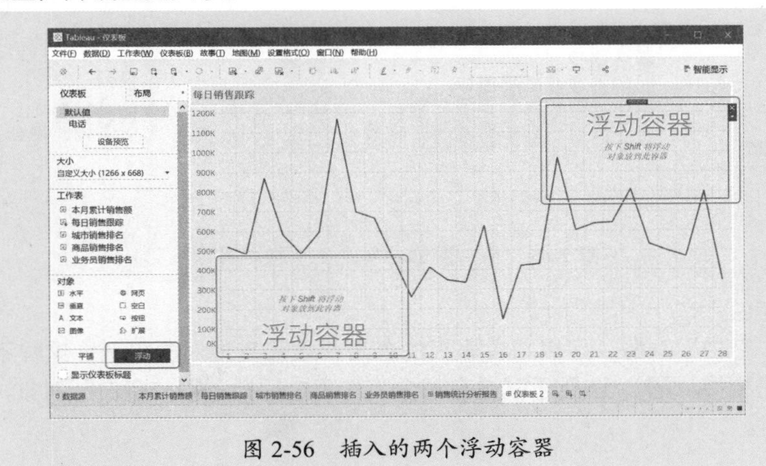

图 2-56　插入的两个浮动容器

将有关的工作表拖放到这两个容器中，可以更加清晰地查看主图和附图，如图 2-57 所示。

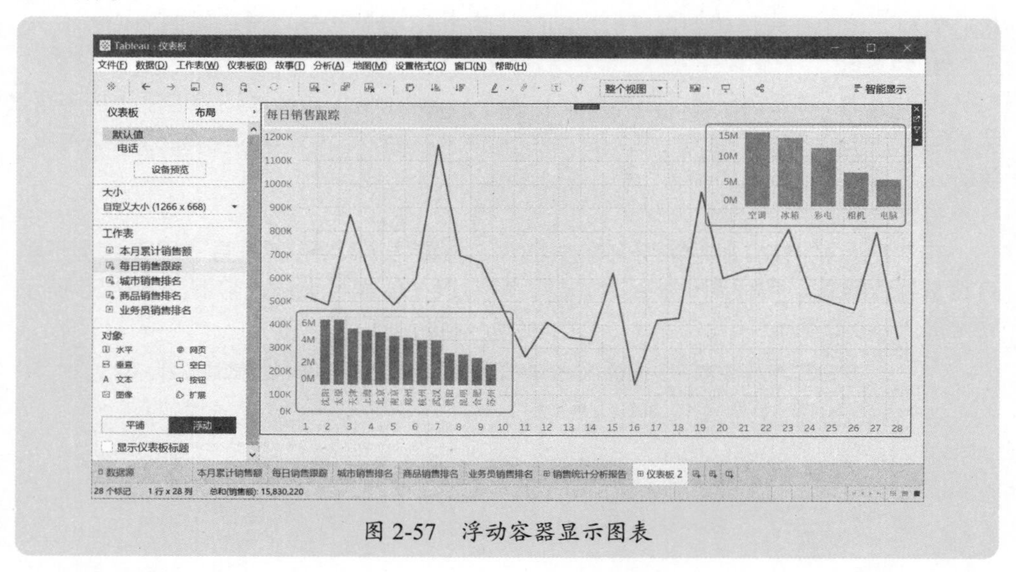

图 2-57　浮动容器显示图表

（2）图像。

我们也可以在仪表板上插入图像，图 2-58 所示就是插入了一个图像对象，导入并显示指定的图片。

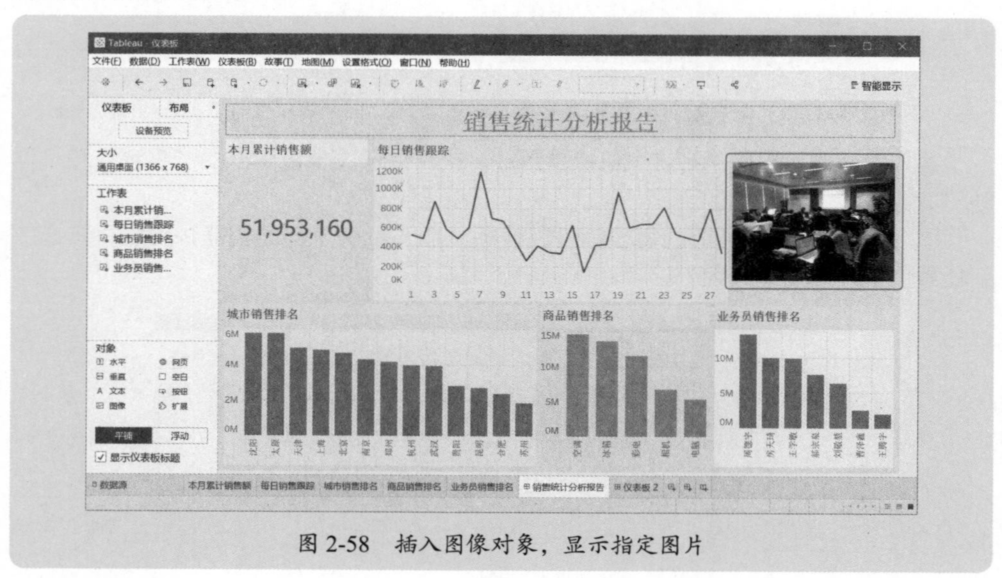

图 2-58　插入图像对象，显示指定图片

（3）空白。

使用“空白”对象，可以将仪表板的各工作表和其他对象隔开，这样不至于使各对象紧密相接。图 2-59 所示就是在每个工作表之间插入了“空白”对象，并设置了最小宽度。

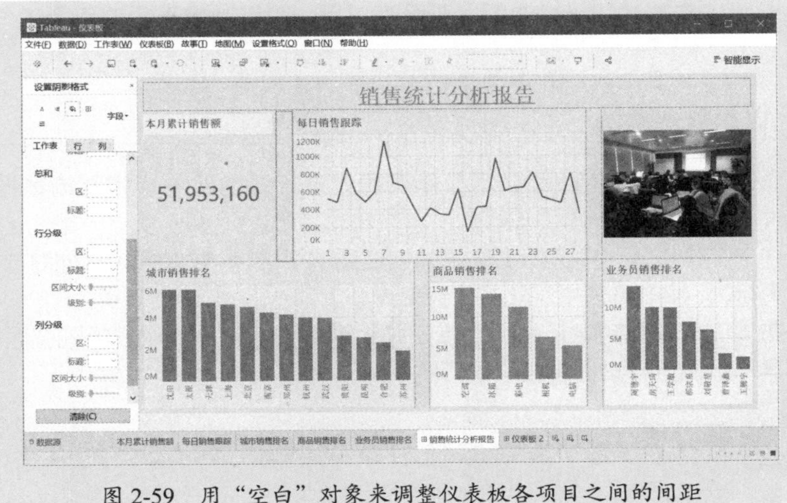

图 2-59　用“空白”对象来调整仪表板各项目之间的间距

（4）文本、网页、按钮。

在仪表板上插入文本对象，可以添加一些说明文字；插入网页对象，利用仪表板随时浏览指定的网页；插入按钮对象，可以实现快速转向某个工作表。

（5）标题。

在对象区的最底部，有一个“显示仪表板标题”复选框，用于确定是否显示仪表板标题，这个可以根据实际需要来决定是否勾选。

2.4.3 仪表板布局区

当在仪表板上选择某个对象时，切换到“布局”选项卡，就可以设置该对象的布局，包括位置、边界、背景、外边界、内边界、项分层结构、是否显示标题、是否设置为浮动等，如图 2-60 所示。

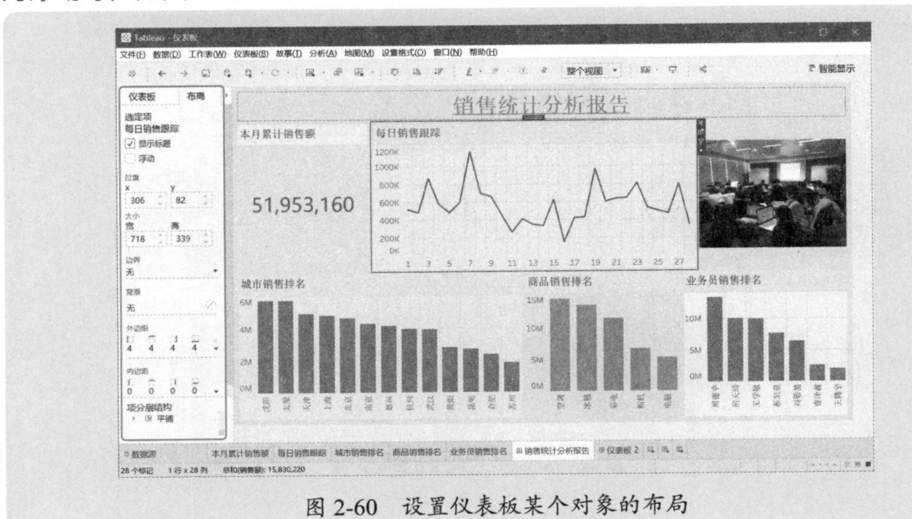

图 2-60　设置仪表板某个对象的布局

通过设置工作表的边界、边距、背景等项目，可以让仪表板的每个工作表区域更加清晰。

2.4.4 仪表板视图区

仪表板视图区存放各种可视化工作表和对象，以构建一个完整的数据分析仪表板。

可以在“工作表区”中选择工作表并拖放到这个区域，或者插入其他对象（文本、图像、网页等），并布局这些对象的位置和大小。

合理布局工作表和对象，强调重点，并合理美化，是操作仪表板视图区的核心，在以后的具体数据分析案例中再详细介绍。

2.5 故事界面

故事是一个完整的分析报告，由数个工作表或仪表板构成，用来给报表使用者讲述一个完整的故事。

由于每个工作表一般是一个分析点，一个仪表板也由于版面限制只能放少数几个工作表，因此我们可以使用故事来把这些工作表或仪表板串起来，通过切换展示每个工作表或仪表板的分析视图，来逐步阐述分析过程和结论。

关于如何创建故事，将在后面的章节进行详细介绍，这里，本节仅向读者简要介绍 Tableau 的故事界面。

故事的工作界面如图 2-61 所示。故事界面由以下几部分组成。

①菜单栏和命令栏。

②设置区。

③导航器。

④故事展示区。

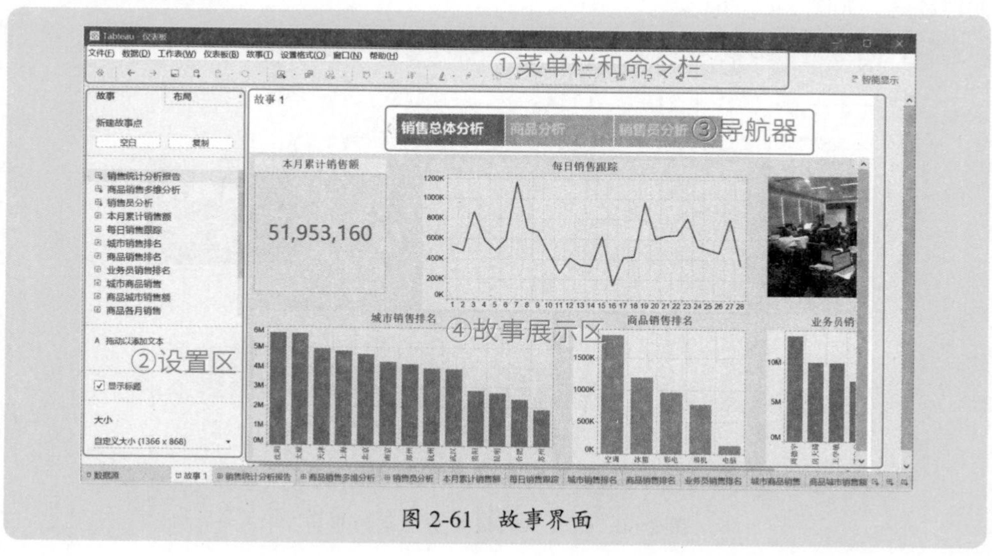

图 2-61 故事界面

2.5.1 菜单栏和命令栏

菜单栏和命令栏很简单，前面已经做过介绍，不再赘述。

2.5.2 故事设置区

故事设置区是创建故事所需要的进行设置操作的主要区域，包含两个选项卡："故事"和"布局"。

1. "故事"选项卡

"故事"选项卡是创建故事的核心，如图 2-62 所示，包括以下几部分。

(1) 新建区：用于创建故事点，单击"空白"按钮，就新创建一个故事点；单击"复制"按钮，就将选中的故事点复制一份。

(2) 工作表和仪表板区：在这里，列示了已经创建好的所有工作表和仪表板，用于选择创建某个故事点。

(3) 添加文本区：用于在故事上插入说明文本。

(4) 设置标题区：设置是否显示故事标题。

(5) 大小设置区：用于设置故事界面的大小（宽度和高度）。

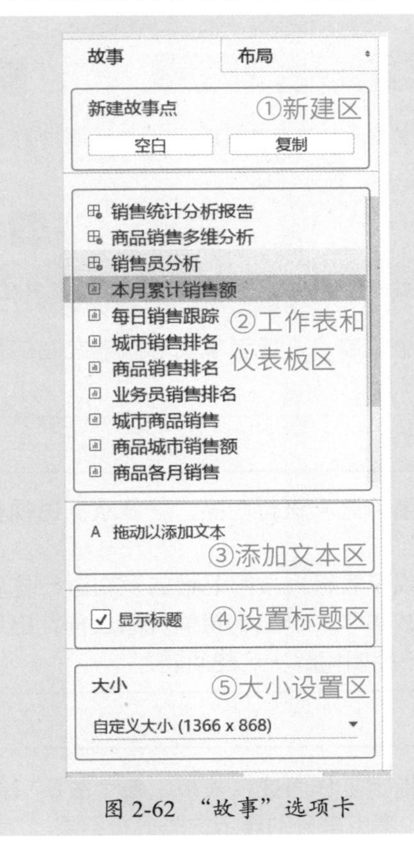

图 2-62 "故事"选项卡

2. “布局”选项卡

“布局”选项卡用于对导航器进行样式设置，包括导航器样式和是否显示箭头，如图2-63所示。

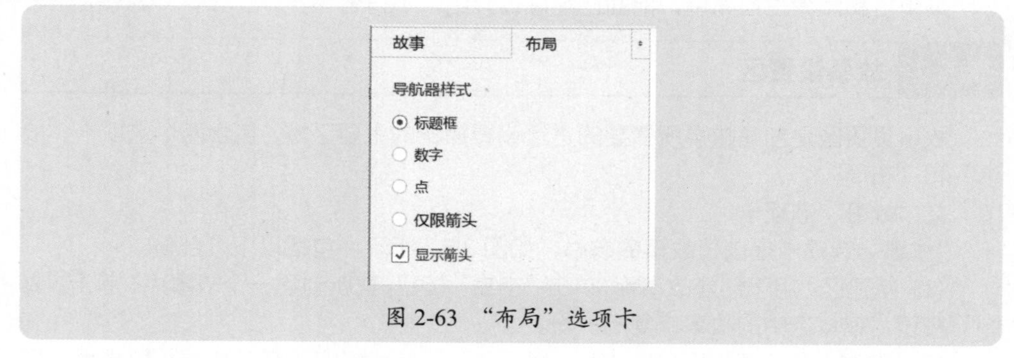

图2-63 “布局”选项卡

导航器样式有以下4种。

（1）显示为标题框，如图2-64所示，这也是默认的样式。

（2）显示为数字，如图2-65所示。

（3）显示为点，如图2-66所示。

（4）显示为箭头，如图2-67所示。

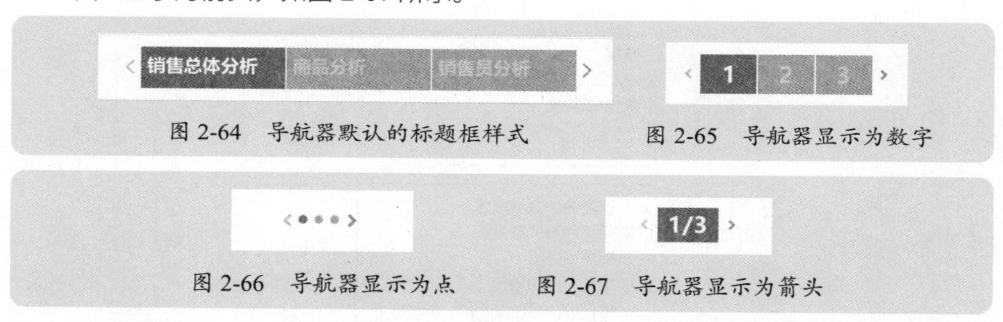

图2-64 导航器默认的标题框样式　图2-65 导航器显示为数字

图2-66 导航器显示为点　图2-67 导航器显示为箭头

在导航器上，单击每个故事点，或者单击导航器左右的箭头，可以在每个故事点之间进行切换。

2.5.3 导航器

导航器用来在每个故事点之间进行切换，就像数据透视表里的切片器一样，快速查看某个分析报告。

对每个报告（工作表或仪表板）按照汇报的逻辑进行先后顺序排列，就可以随心所以地给报告观看者讲故事了，例如销售情况怎么样？出现了哪些问题？造成这些问题的原因是什么？下一步如何解决这些问题？

2.5.4 故事展示区

故事展示区显示的是指定工作表或仪表板，每个故事只能放置一个工作表或一个仪表板，通过建立几个故事点来分别展示这些分析结果。

将工作表和仪表板区列示的某个工作表或仪表板拖放到故事展示区，就创建了一个故事点，在故事展示区就显示该工作表或仪表板。

2.6 关于维度和度量

连接数据后，Tableau 会把数据源的字段进行自动分类和处理，分别分配到“维度”和“度量”两个小窗格中，如图 2-68 所示。

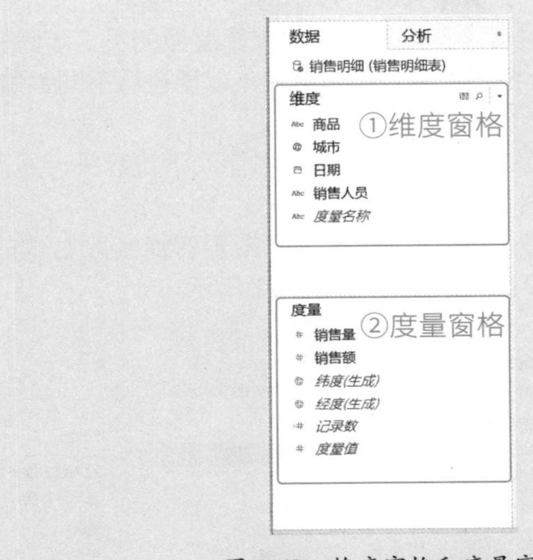

图 2-68　维度窗格和度量窗格

具体哪些字段被处理为维度，哪些字段被处理为度量，视字段数据类型而定。

当布局图表时，不同的字段胶囊（字段按钮被形象地比喻为字段胶囊）颜色也是不同的，有的是绿色，有的是蓝色，如图 2-69 所示。

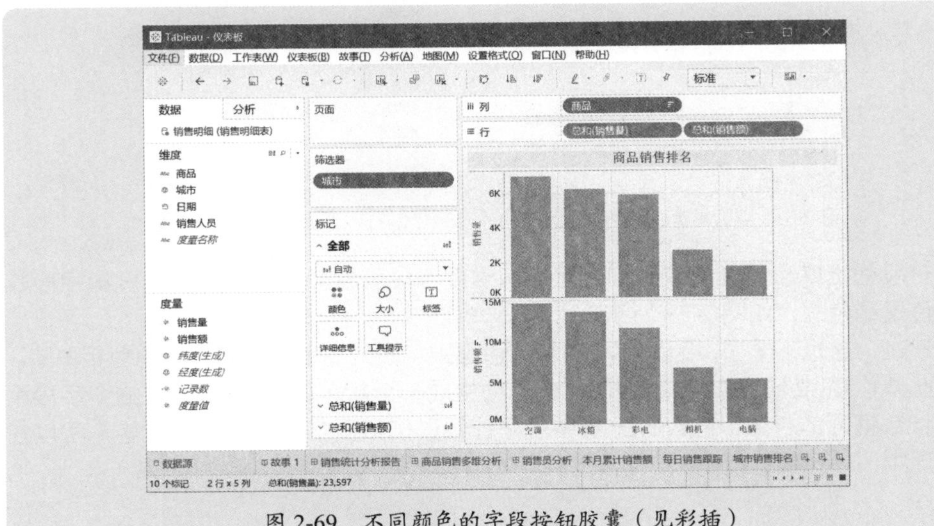

图 2-69　不同颜色的字段按钮胶囊（见彩插）

2.6.1 维度和度量

维度是对数据进行分类处理的字段，例如城市、商品、销售人员、日期等分类属性，一般文本字符字段会被自动归类为维度。

度量是对数据进行计量的字段，并反映其大小、高低、胖瘦等定量属性。一般数值型字段会被自动处理为度量，例如年龄、工龄、单价、销量、销售额等。度量可以进行聚合计算，例如求和、计算最大值、最小值、平均值等。

可以把数值型字段设置为维度，例如可以把本来是度量的员工年龄转换为维度，这样可以对年龄进行分组分析；把销售量处理为维度，以便进行不同销量区间的订单分布分析。

将度量转换为维度的方法是，单击要转换字段右侧的下拉箭头，展开命令列表，选择“转换为维度”选项，如图 2-70 所示。

当然，也可以把维度转换为度量，方法是，单击要转换字段右侧的下拉箭头，展开命令列表，选择“转换为度量”选项，如图 2-71 所示。

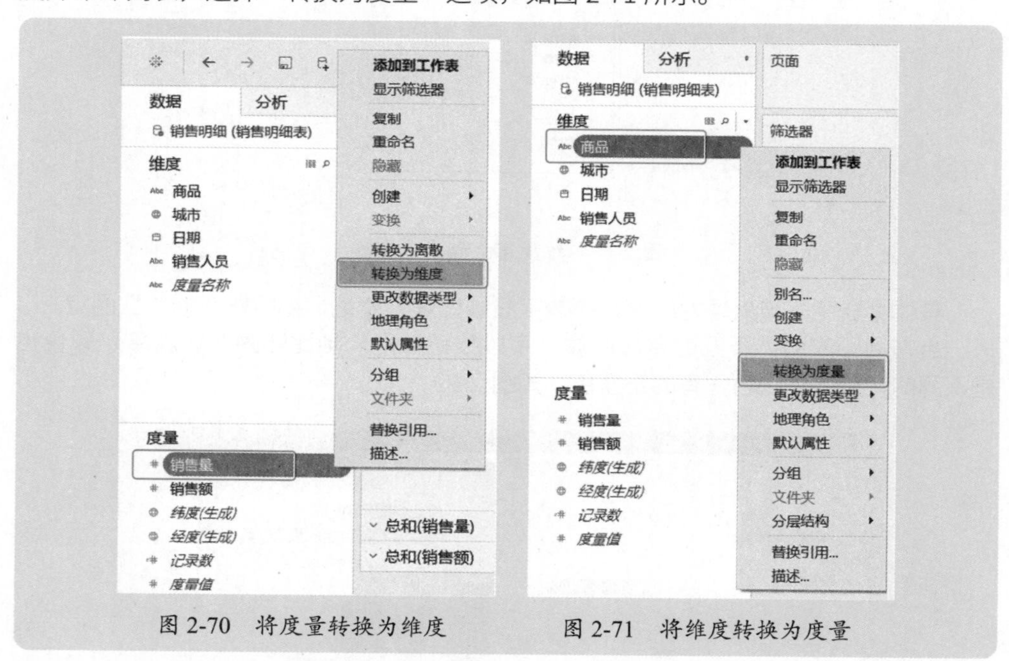

图 2-70　将度量转换为维度　　图 2-71　将维度转换为度量

一般把维度和度量拖放到视图区后，维度字段胶囊颜色是蓝色的，度量字段胶囊颜色是绿色的，如图 2-69 所示。

不过，这也不全面，因为字段胶囊颜色是跟字段的离散角色和连续角色相关的。

此外，Tableau 连接数据后，还会自动生成一个新字段“记录数”，这个字段用于统计数据源的行数，在统计分析中就是计数，例如员工人数、订单数等，所以在数据源中，一行数据就是一个记录。

2.6.2 离散和连续

Tableau 可以对字段的数据类型进行自动判断并分配类型外，还自动对数据的角色进行设置，这就是字段的离散角色和连续角色。

离散，就是数据各自分离且不同，例如字段“城市”“产品”“销售人员”“部门”“学历”等，就是离散角色，因为字段下的项目彼此无关。一般文本字符串字段会被自动处理为离散角色。

连续，就是构成一个不间断的整体，没有中断，例如字段“日期”就是连续角色，因为日期下的每一天都是连续的。一般数值字段会被自动处理为连续角色。

连续角色的字段胶囊颜色在软件中是绿色的，离散角色的字段胶囊颜色在软件中是蓝色的。

不论是维度字段，还是度量字段，其既可以是连续角色，也可以是离散角色。

离散和连续之间的转换，是单击字段按钮右侧的下拉箭头，展开命令列表，选择“转换为离散”选项或者“转换为连续”选项，如图 2-72 和图 2-73 所示。

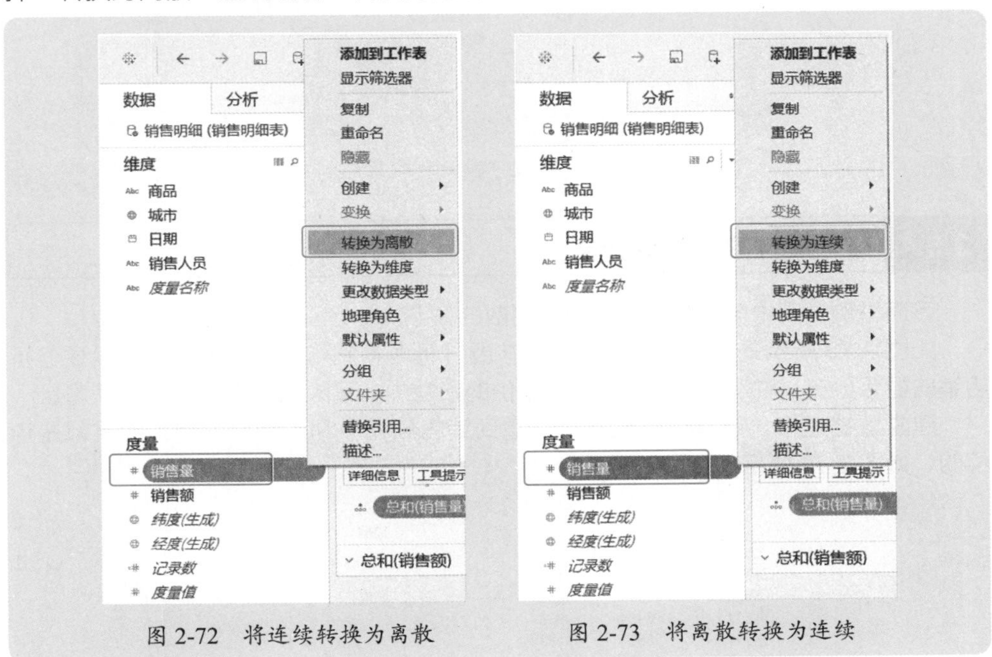

图 2-72 将连续转换为离散　　图 2-73 将离散转换为连续

2.6.3 地理角色

对于表示国家、省份、城市、街道之类的字段，可以将其设置为地理角色，这样可以用来制作地理地图分析。

这种设置是重要的，在销售分析中会经常分析在多个国家、多个省份、多个城市的销售情况，此时，需要将相关字段设置为地理角色。

例如，把字段“城市”设置为“地理角色”下的“城市”，就选择该字段，单击字段右侧的下拉箭头，展开命令列表，执行“地理角色”→“城市”命令，如图 2-74 所示。

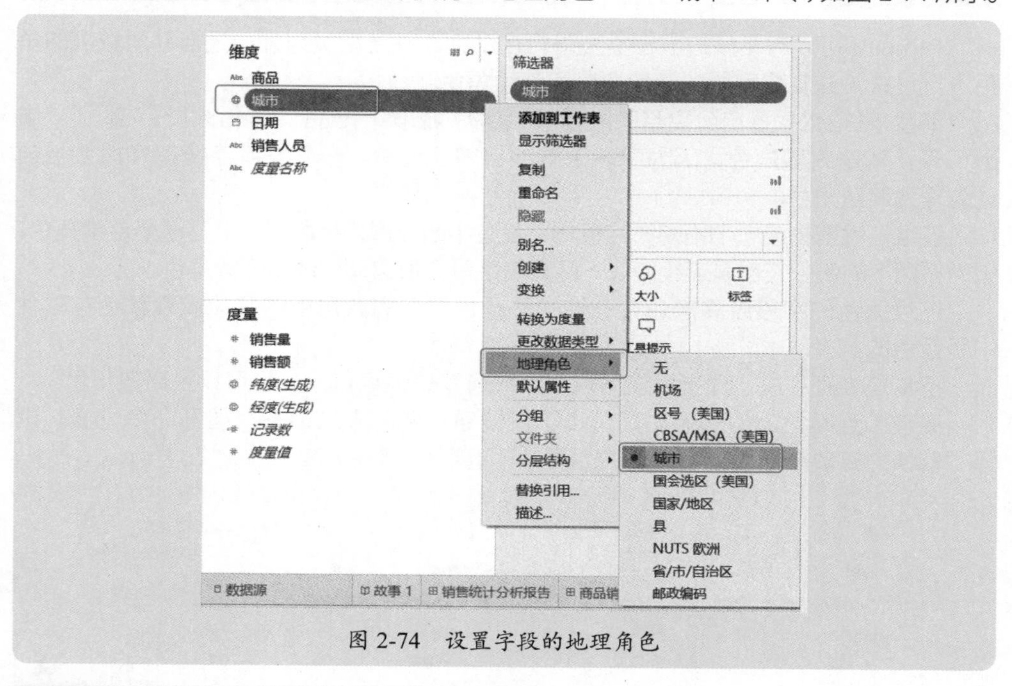

图 2-74 设置字段的地理角色

2.6.4 字段属性的设置和处理

下面举例说明维度和度量、连续和离散的关系。

如图 2-75 所示是一个示例表格，现在要分析净利润与销售额的关系，以便分析店铺的盈亏分布（说明：这个示例不在提供的素材中，请大家自己模拟数据练习）。

建立数据连接，新建仪表板，可以看到销售额和净利润都是度量，而且都是连续的，如图 2-76 所示。

	A	B	C
1	门店	销售额	净利润
2	门店01	15932	8443
3	门店02	11819	4136
4	门店03	8434	-338
5	门店04	8050	3139
6	门店05	12000	7395
7	门店06	14019	6869
8	门店07	12000	-1302
9	门店08	9227	2029
10	门店09	3718	1524
11	门店10	10409	3747
12	门店11	7318	-204
13	门店12	11300	5537
14	门店13	10491	-945
15	门店14	12712	889
16			

图 2-75 示例表格

数据 分析
Sheet1 (工作簿2)
维度
门店
度量名称
度量
净利润
销售额
记录数
度量值

图 2-76 销售额和净利润都是度量

如果要绘制以销售额为分类轴（X 轴），以净利润为数值轴（Y 轴）的散点图，如图 2-77 所示，显然这并不是我们需要的图表，因为这仅仅是一个数据点，代表了销售额合计数和净利润合计数。

图 2-77　不正确的图表

在“列”区域内直接将字段“销售额”设置为维度，并保持其连续角色，如图 2-78 所示。

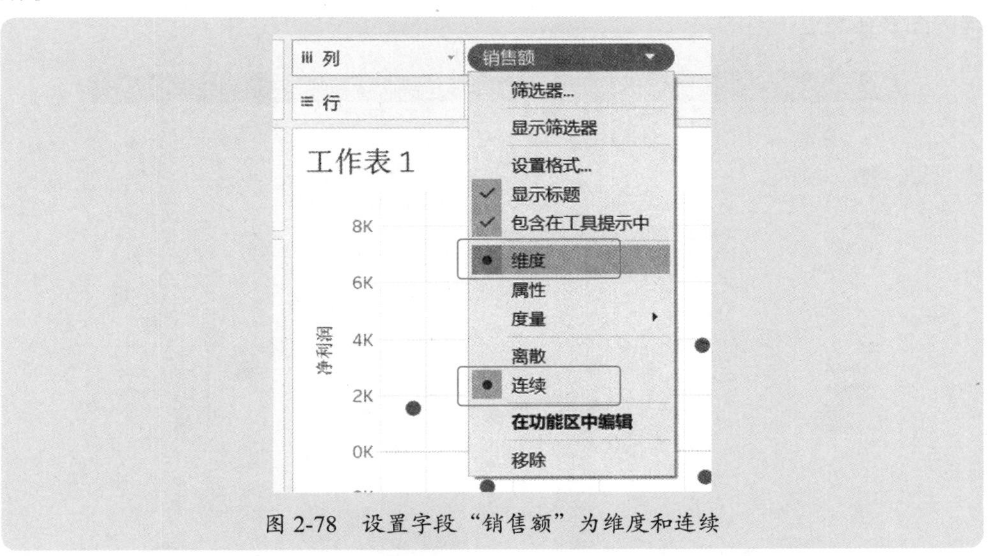

图 2-78　设置字段“销售额”为维度和连续

这样就得到了如图 2-79 所示的图表，这个图表，正确反映了净利润与销售额的关系。注意，数据源中有两个销售额 12000，分别对应两个净利润，7395 和 –1302，因为图中的点被绘制成了两个数据点。

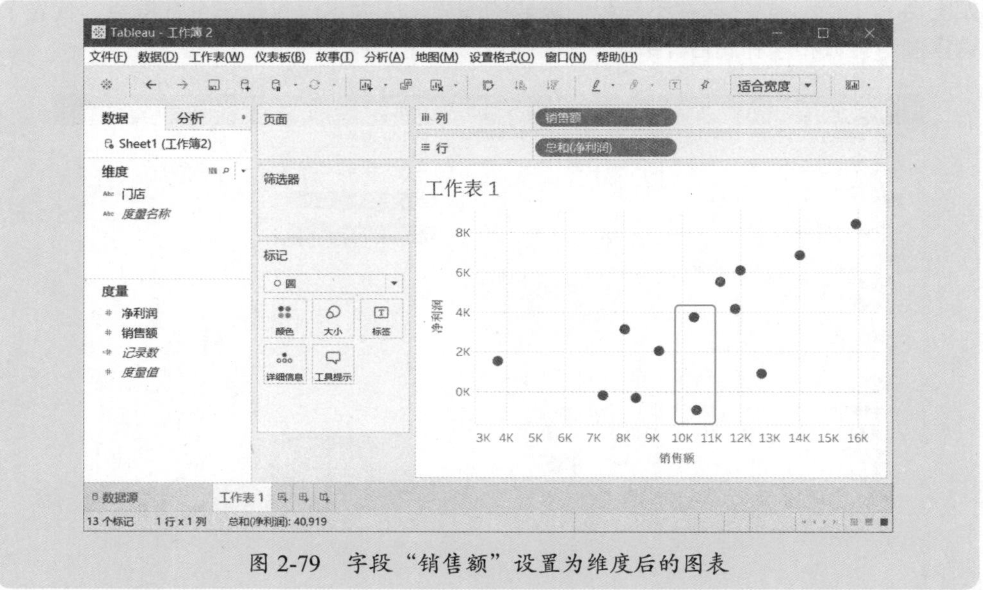

图 2-79 字段“销售额”设置为维度后的图表

此时，由于字段“销售额”是连续角色，因此坐标轴的刻度值是连续的，所以并没有特别指明某个净利润点对应的销售额。

如果将字段“销售额”设置为离散角色，那么图表的轴就变为图 2-80 所示的情形，此时的图表，将销售额作为了分类标题，而同一个标题下的数据被进行了合并计算。例如，两个销售额 12000 所对应的两个净利润 7395 和 –1302，被做了合并计算，这样的图表显然是不对的。

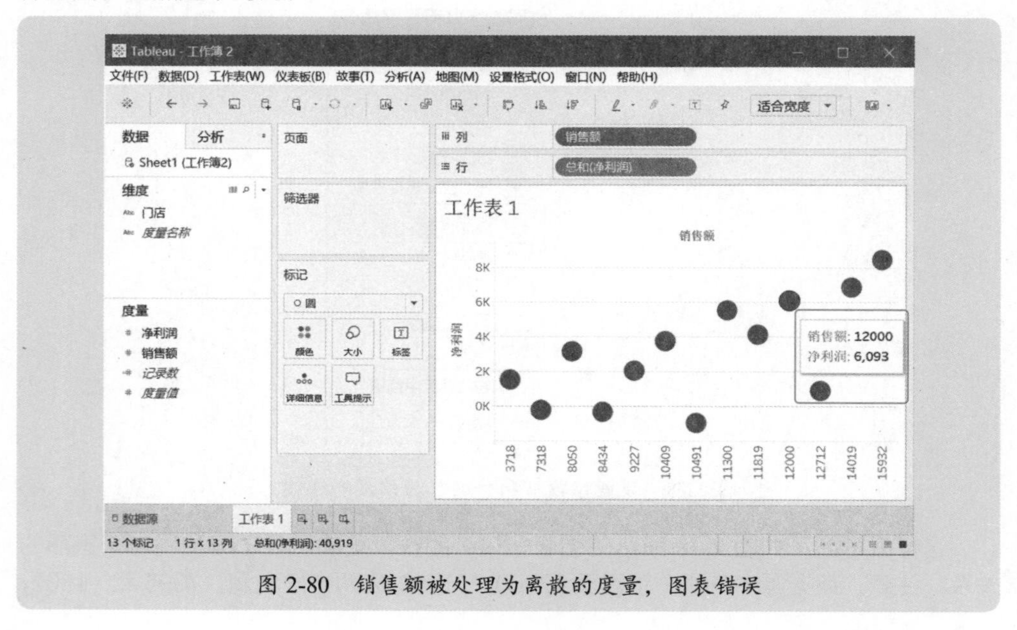

图 2-80 销售额被处理为离散的度量，图表错误

这种度量、维度、连续和离散的设置，是需要认真对待的，尽管在大多数情况下，不会对分析报告造成影响，但是在某些情况下，则会出现错误的结果。

下面图 2-81 所示是一个关于门店盈亏分布分析的例子，供用户参考，图中对数据点的颜色进行了设置，以醒目标识那些亏损数据。

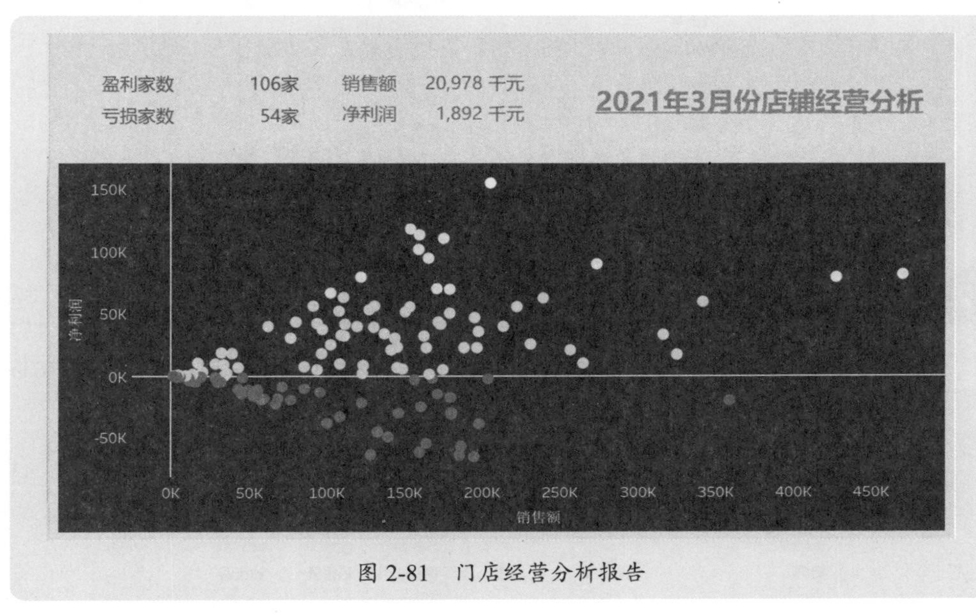

图 2-81 门店经营分析报告

2.7 字段数据类型

数据源的每一个字段，都有具体的数据类型，一般情况下，Tableau 会对字段自动匹配数据类型，也可以通过命令来重新设置数据类型。

2.7.1 数据类型

Tableau 中，数据类型有以下几种，如图 2-82 所示。

- 数字（十进制）：统一十进制表示的数字，例如 100，0.3。
- 数字（整数）：以整数表示的数字，例如 100，10000。
- 日期和时间：包括日期和时间的完整日期，例如 2021-1-24 19:32:29。
- 日期：仅日期部分，例如 2021-1-24。
- 字符串：文本字符串，例如 " 王学嘉 "，"ABC"，"A100"。
- 布尔：两个逻辑值 true（真）和 false（假），可以分别转换为数字 1 和 0。
- 地理角色：指定地理角色，例如中国、北京、苏州，地理角色选项如图 2-83 所示。

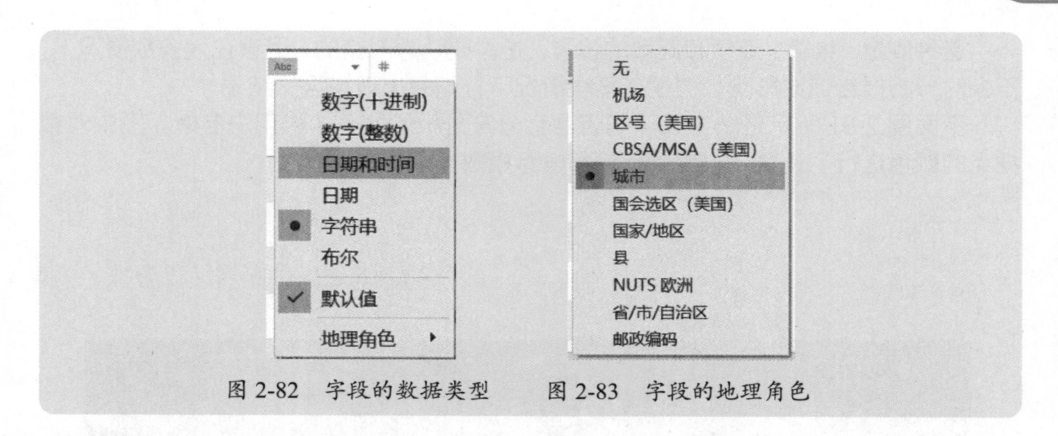

图 2-82　字段的数据类型　　　图 2-83　字段的地理角色

2.7.2 通过符号图标认识数据类型

在数据源中，可以通过字段顶部的一个符号图标来辨识数据类型，如图 2-84 所示。而在工作表中，是通过字段左侧的一个符号图标来辨识数据类型的，如图 2-85 所示。

排序字段　修改时间

销售明细 日期	Abc 销售明细 销售人员	销售明细 城市	Abc 销售明细 商品	# 销售明细 销售量	# 销售明细 销售额
2020-1-1	王学敏	太原	空调	58	56,455
2020-1-1	王学敏	北京	冰箱	37	99,273

图 2-84　数据源中，字段顶部的符号图标

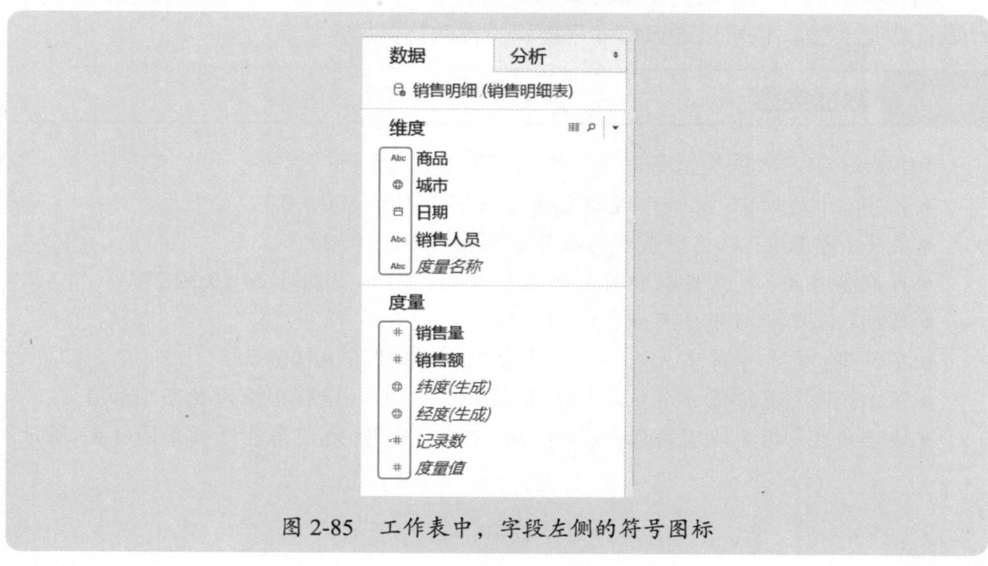

图 2-85　工作表中，字段左侧的符号图标

符号图标及其所代表的数据类型如表 2-1 所示。

表 2–1　符号图标及其所代表的数据类型

符号图标	数据类型
Abc	字符串
	日期
	日期时间
#	数字（十进制或整数）
	地理
T|F	布尔值

有的字段符符号图标前面会出现等号“=”，这种字段是创建的计算字段。

例如，符号图标 =T|F，就是创建的一个计算字段，该字段的数据类型是布尔值。

例如，符号图标 =#，就是创建的一个计算字段，该字段的数据类型是数值。

2.7.3 更改数据类型

Tableau 会自动给每个字段设置相应的数据类型，不过，在有些情况下，Tableau 并不能正确解释数据类型，需要我们手动去重新设置更改。

更改数据类型很简单，可以在数据源里设置更改，也可以在工作表里设置更改。

在数据源中，单击字段顶部的符号图标，展开数据类型列表，选择相应的类型即可，如图 2-86 所示。每次只能设置一个字段。

在工作表中，单击维度字段或度量字段最右侧的符号图标，展开数据类型列表，选择相应的类型即可，如图 2-87 所示。

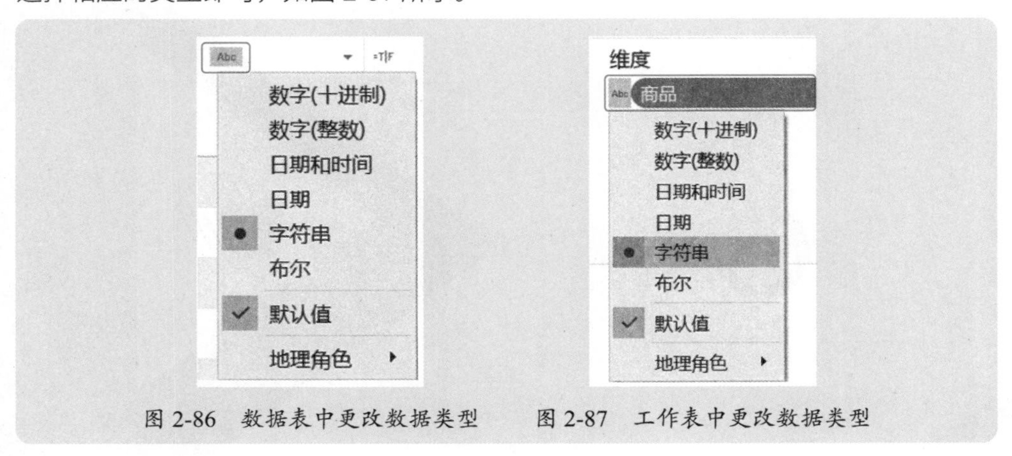

图 2-86　数据表中更改数据类型　　图 2-87　工作表中更改数据类型

第3章

数据源的连接

Tableau 可以访问几乎所有的数据源，包括 Excel 工作簿、文本文件、PDF 文件、数据库、空间文件、统计文件，等等。

Tableau 连接数据源，可以实时提取并更新数据，也可以提取部分满足条件的数据。Tableau 提取出来的数据，不仅不改变源数据，还可以在此基础上进一步加工和处理，例如，进行分组，创建计算字段，筛选数据，等等，以满足数据分析的要求。

3.1 连接 Excel 工作簿

用 Tableau 连接 Excel 文件非常简单。打开 Tableau，然后执行左侧“连接”下的“Microsoft Excel”命令即可，如图 3-1 所示。

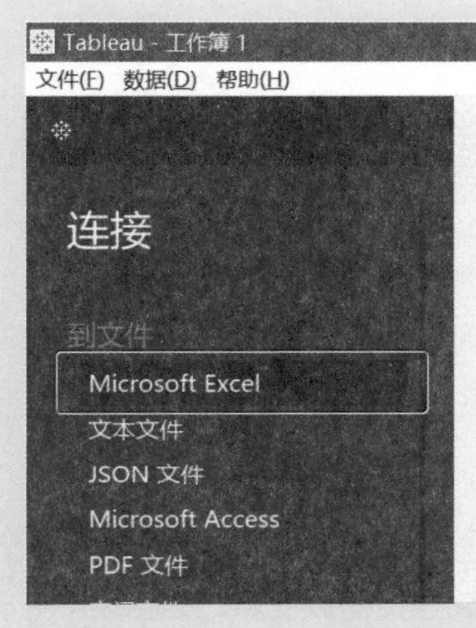

图 3-1 “Microsoft Excel”命令

3.1.1 连接单个标准工作表数据

如果是要连接工作簿的某个标准工作表，直接从文件夹里选择工作簿，然后把指定的工作表拖放到数据区域即可。

图 3-2 所示是“案例 3-1.xlsx”工作簿，其中有两个工作表，现在要对“今年”工作表的销售数据做分析。

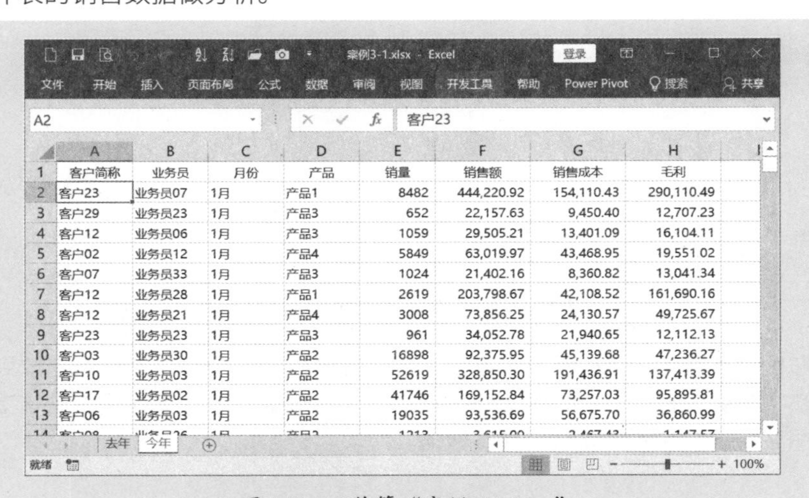

客户简称	业务员	月份	产品	销量	销售额	销售成本	毛利
客户23	业务员07	1月	产品1	8482	444,220.92	154,110.43	290,110.49
客户29	业务员23	1月	产品3	652	22,157.63	9,450.40	12,707.23
客户12	业务员06	1月	产品3	1059	29,505.21	13,401.09	16,104.11
客户02	业务员12	1月	产品4	5849	63,019.97	43,468.95	19,551 02
客户07	业务员33	1月	产品3	1024	21,402.16	8,360.82	13,041.34
客户12	业务员28	1月	产品1	2619	203,798.67	42,108.52	161,690.16
客户12	业务员21	1月	产品4	3008	73,856.25	24,130.57	49,725.67
客户23	业务员23	1月	产品3	961	34,052.78	21,940.65	12,112.13
客户03	业务员30	1月	产品2	16898	92,375.95	45,139.68	47,236.27
客户10	业务员03	1月	产品2	52619	328,850.30	191,436.91	137,413.39
客户17	业务员02	1月	产品2	41746	169,152.84	73,257.03	95,895.81
客户06	业务员03	1月	产品2	19035	93,536.69	56,675.70	36,860.99

图 3-2 工作簿“案例 3-1.xlsx”

打开 Tableau，创建一个新 Tableau 工作簿“工作簿 1”，然后执行左侧“连接”下的“Microsoft Excel”命令，从文件夹中选择该工作簿文件，如图 3-3 所示。

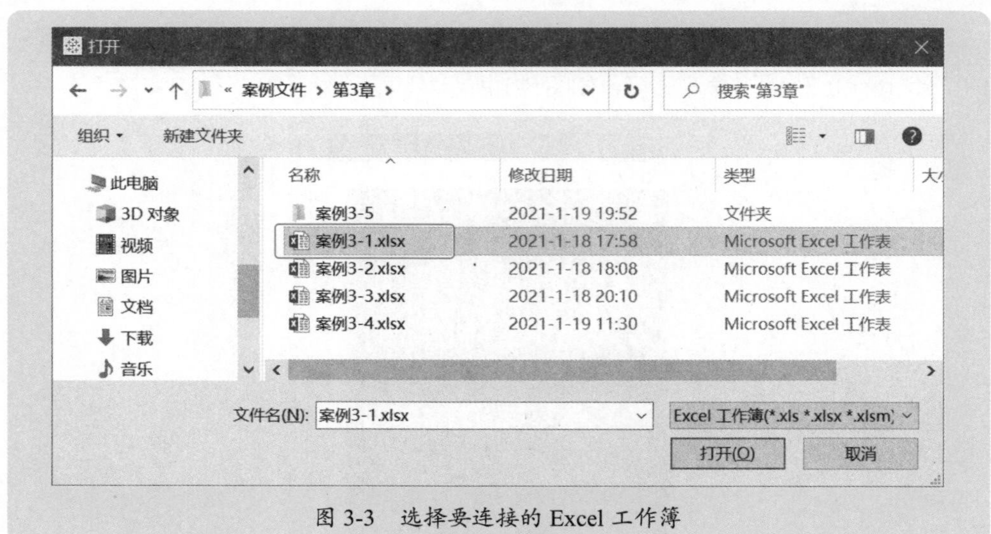

图 3-3　选择要连接的 Excel 工作簿

单击“打开”按钮，得到连接的数据源，如图 3-4 所示。

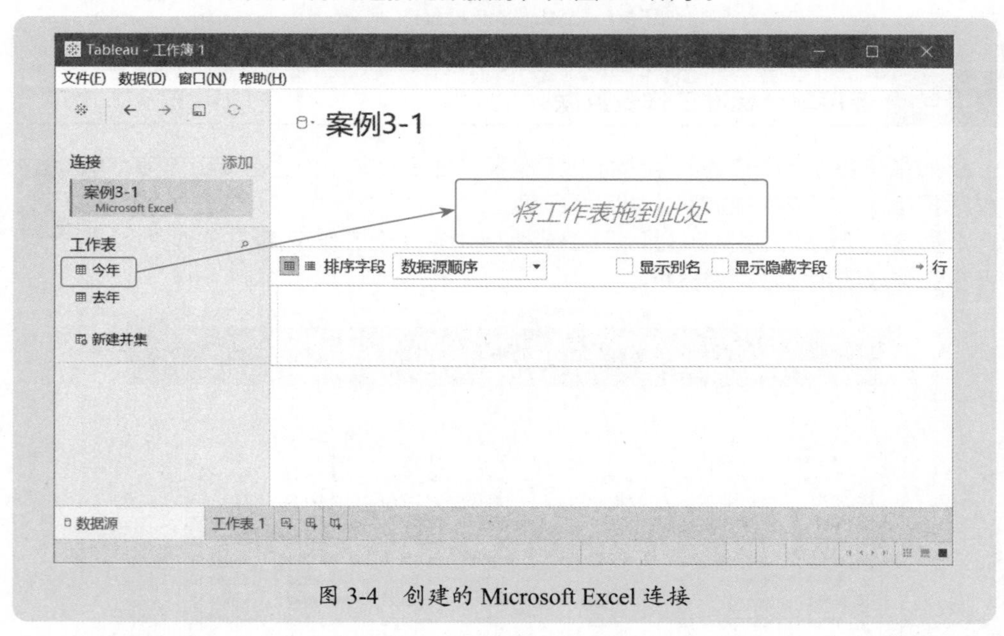

图 3-4　创建的 Microsoft Excel 连接

在左侧边条展示的 Excel 工作表中，将需要分析的“今年”工作表拖放到顶部黄色说明文字“将工作表拖到此处”标识的表操作区域（更简单的操作是双击该工作表），得到如图 3-5 所示的“今年”工作表数据。

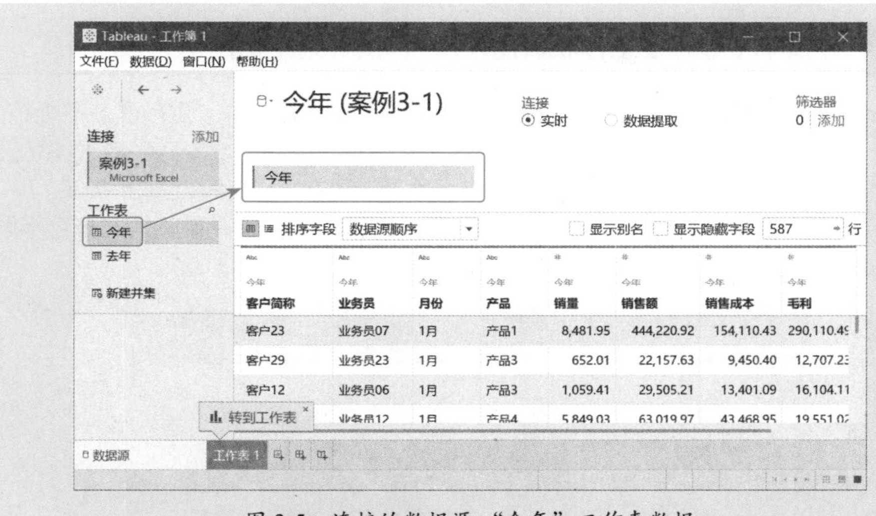

图 3-5　连接的数据源：“今年”工作表数据

如果不需要使用这个工作表数据，而是使用其他工作表数据，就将此工作表从表操作区拖走，再将别的工作表拖进来即可，图 3-6 所示是重新拖放数据得到的“去年”工作表数据。

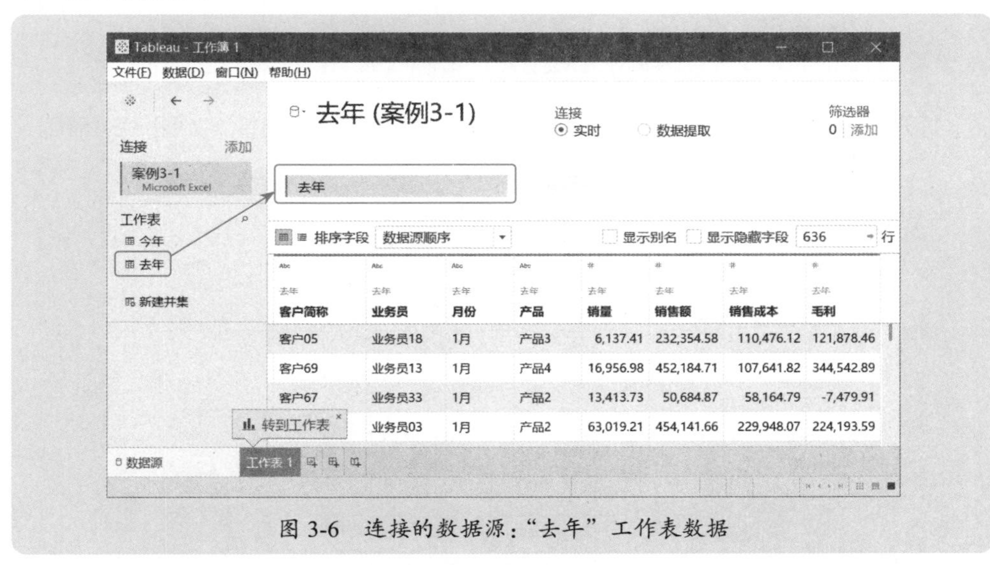

图 3-6　连接的数据源：“去年”工作表数据

有了要分析的数据，就可以对这个数据进行进一步加工整理，以便获取更多的数据信息，或者直接对这个数据进行分析。

说明：当 Excel 工作簿里只有一个工作表时，Tableau 会自动将该工作表添加到数据源区域，因此不需要再进行拖放操作。

另外，如果要将几个工作表都拖放到数据区域，那就是一种并集的操作了，后面有关章节会进行详细介绍。

3.1.2 连接单个非标准工作表数据

前面介绍的是标准规范的数据表。但实际工作中，会有很多不规范的数据表格，例如，多行标题，合并单元格，表格顶部或者底部有很多备注，等等，这时，可以先在 Excel 上进行整理，再在 Tableau 上进行加工。

图 3-7 所示就是一个不规范表格，其不仅有大表头，还有合并单元格的多行标题，且该 Excel 工作簿里只有这个工作表。这个工作簿是“案例 3-2.xlsx”。

北京鑫宏科技股份有限公司花名册

序号	部门	姓名	性别	进公司时间			出生年月日	学历情况		
				年	月	日		学历	毕业时间	所学专业
1	公司总部	王嘉木	男	2008	8	1	660805	硕士	2008年6月	工商管理
2	公司总部	丛赫敏	女	2004	7	1	570103	大专	1996年12月	行政管理
3	公司总部	白留洋	男	2004	7	1	630519	本科	1984年7月	道路工程
4	公司总部	张丽莉	男	2007	1	12	680723	本科	1990年6月	汽车运用工程
5	公司总部	蔡晓宇	男	2007	4	17	720424	本科	2006年6月	经济管理
6	公司总部	祁正人	男	2009	1	1	750817	本科	2000年7月	法学
7	公司总部	孟欣然	男	2004	10	1	780119	本科	2005年12月	经济管理
8	公司总部	毛利民	女	2005	8	1	820812	本科	2005年9月	新闻学
9	公司总部	马一晨	女	2006	7	10	831227	本科	2006年6月	汉语言文学
10	公司总部	王浩忌	女	2007	5	1	730212	本科	1998年12月	经济管理

图 3-7　不规范的 Excel 表格

打开 Tableau，导入表格数据，建立与该 Excel 工作表的连接，如图 3-8 所示。

图 3-8　导入的 Excel 表格数据

由于标题很乱，还有合并单元格，这时 Tableau 会自动拆分合并单元格，并默认标题，显然，这不是理想的结果。

这种情况下可以利用 Tableau 的智能处理工具——“数据解释器”来进行处理，也就是在左侧的边条中，勾选“使用数据解释器”复选框，如图 3-9 所示。

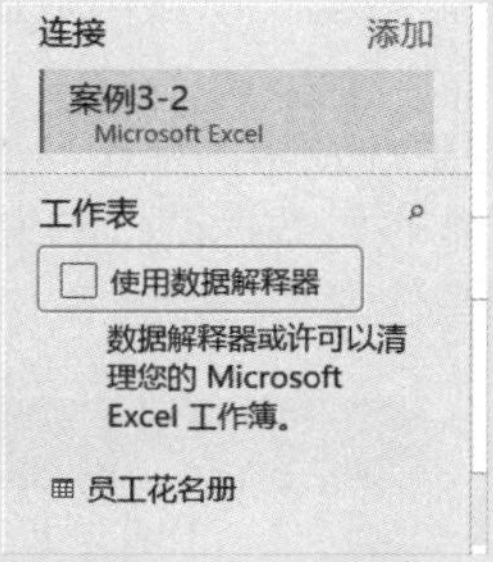

连接 添加

案例3-2
Microsoft Excel

工作表

使用数据解释器

数据解释器或许可以清理您的 Microsoft Excel 工作簿。

员工花名册

图 3-9 “使用数据解释器”复选框

勾选此复选框后，Tableau 会根据数据特征进行自动处理，如图 3-10 所示。可以看到，其基本上消除了表格顶部的垃圾数据，并重新规范了表格标题。

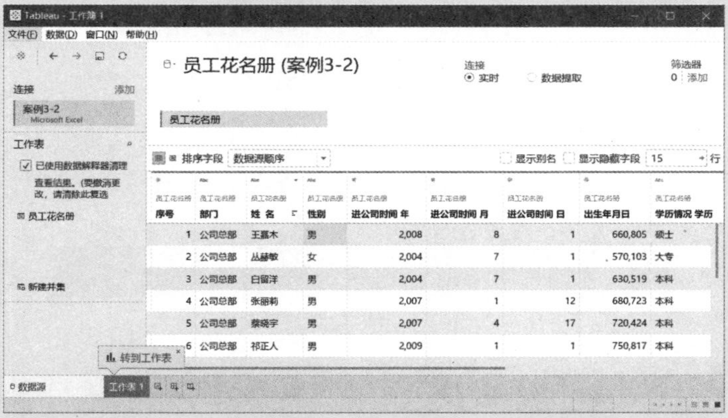

Tableau - 工作簿 1

文件(F) 数据(D) 窗口(N) 帮助(H)

员工花名册 (案例3-2)

连接 实时 数据提取 筛选器 0 添加

连接 添加 案例3-2 Microsoft Excel

工作表 已使用数据解释器清理 查看结果。(要撤消更改，请清除此复选 员工花名册 新建并集

员工花名册

排序字段 数据源顺序 显示别名 显示隐藏字段 15 行

序号	部门	姓名	性别	进公司时间 年	进公司时间 月	进公司时间 日	出生年月日	学历情况 学历
1	公司总部	王嘉木	男	2,008	8	1	660,805	硕士
2	公司总部	丛赫敏	女	2,004	7	1	570,103	大专
3	公司总部	白留洋	男	2,004	7	1	630,519	本科
4	公司总部	张丽莉	男	2,007	1	12	680,723	本科
5	公司总部	蔡晓宇	男	2,007	4	17	720,424	本科
6	公司总部	祁正人	男	2,009	1	1	750,817	本科

转到工作表 数据源 工作表 1

图 3-10 用“数据解释器”来自动处理数据

不过，这种自动化处理并没有真正完成数据的整理工作，还需要用户手动做进一步处理。例如，亲自动手修改每个字段的名称及设置数据类型，如图 3-11 所示。

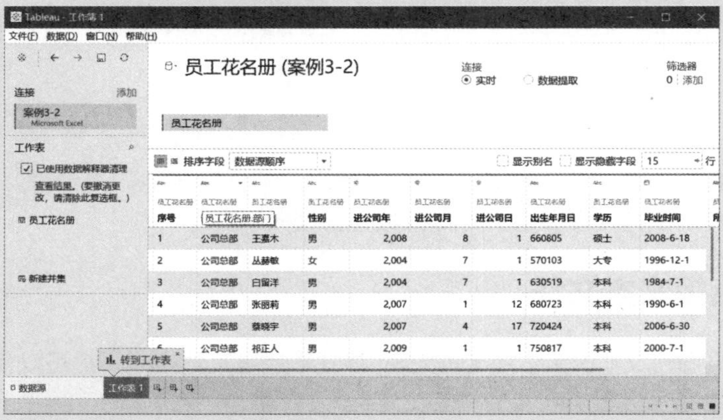

Tableau - 工作簿 1

文件(F) 数据(D) 窗口(N) 帮助(H)

员工花名册 (案例3-2)

连接 实时 数据提取 筛选器 0 添加

连接 添加 案例3-2 Microsoft Excel

工作表 已使用数据解释器清理 查看结果。(要撤消更改，请清除此复选框。) 员工花名册 新建并集

员工花名册

排序字段 数据源顺序 显示别名 显示隐藏字段 15 行

序号	员工花名册.部门	姓名	性别	进公司年	进公司月	进公司日	出生年月日	学历	毕业时间
1	公司总部	王嘉木	男	2,008	8	1	660805	硕士	2008-6-18
2	公司总部	丛赫敏	女	2,004	7	1	570103	大专	1996-12-1
3	公司总部	白留洋	男	2,004	7	1	630519	本科	1984-7-1
4	公司总部	张丽莉	男	2,007	1	12	680723	本科	1990-6-1
5	公司总部	蔡晓宇	男	2,007	4	17	720424	本科	2006-6-30
6	公司总部	祁正人	男	2,009	1	1	750817	本科	2000-7-1

转到工作表 数据源 工作表 1

图 3-11 手动修改字段名称，设置数据类型

如果要恢复数据的原始状态，取消“已使用数据解释器清理”的勾选即可，如图 3-12 所示。

也可以查看解释器清理的结果及说明，单击“查看结果”字体标签，会打开一个 Excel 工作簿，其中第一个工作表是数据清理的说明，如图 3-13 所示，第二个工作表是数据清洗的过程、结果及备注说明，如图 3-14 所示。

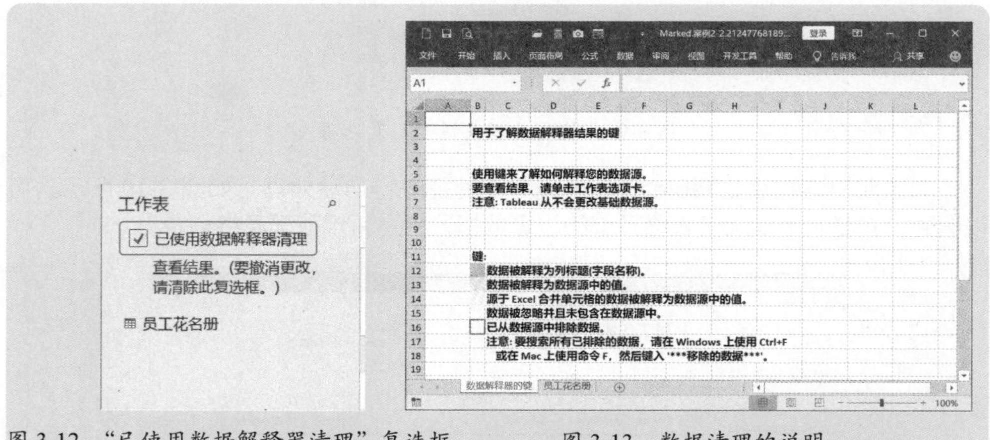

图 3-12 “已使用数据解释器清理”复选框　　图 3-13 数据清理的说明

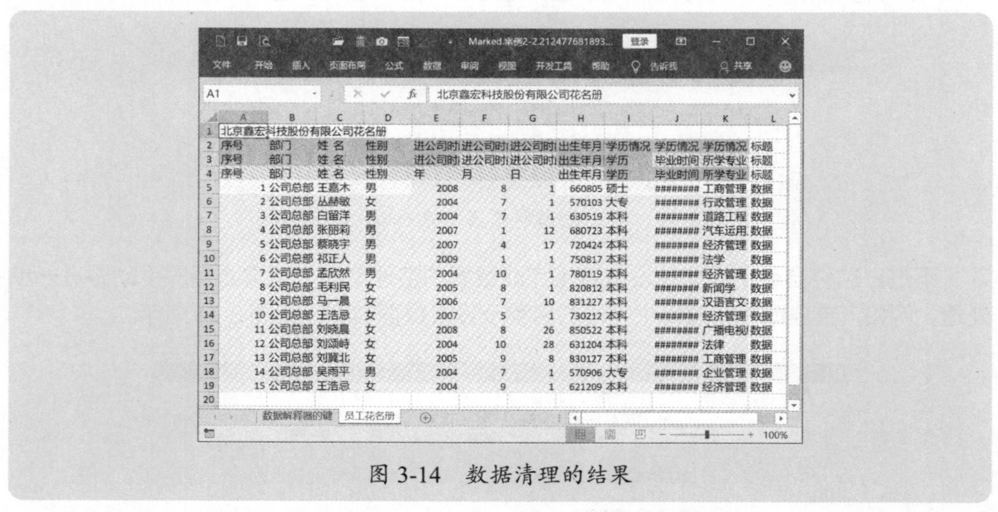

A	B	C	D	E	F	G	H	I	J	K	L
北京鑫宏科技股份有限公司花名册											
序号	部门	姓 名	性别	进公司时	进公司时	进公司时	出生年月	学历情况	学历情况	学历情况	标题
序号	部门	姓 名	性别	进公司时	进公司时	进公司时	出生年月	学历	毕业时间	所学专业	标题
序号	部门	姓 名	性别	年	月	日	出生年月	学历	毕业时间	所学专业	标题
1	公司总部	王嘉木	男	2008	8	1	660805	硕士	########	工商管理	数据
2	公司总部	丛赫敏	女	2004	7	1	570103	大专	########	行政管理	数据
3	公司总部	白留洋	男	2004	7	1	630519	本科	########	道路工程	数据
4	公司总部	张丽莉	男	2007	1	12	680723	本科	########	汽车运用	数据
5	公司总部	蔡晓宇	男	2007	4	17	720424	本科	########	经济管理	数据
6	公司总部	祁正人	男	2009	1	1	750817	本科	########	法学	数据
7	公司总部	孟欣然	男	2004	10	1	780119	本科	########	经济管理	数据
8	公司总部	毛利民	女	2005	8	1	820812	本科	########	新闻学	数据
9	公司总部	马一晨	女	2006	7	10	831227	本科	########	汉语言文	数据
10	公司总部	王浩忌	女	2007	5	1	730212	本科	########	经济管理	数据
11	公司总部	刘晓晨	女	2008	8	26	850522	本科	########	广播电视	数据
12	公司总部	刘颂峙	女	2004	10	28	631204	本科	########	法律	数据
13	公司总部	刘冀北	女	2005	9	8	830127	本科	########	工商管理	数据
14	公司总部	吴雨平	男	2004	7	1	570906	大专	########	企业管理	数据
15	公司总部	王浩忌	女	2004	9	1	621209	本科	########	经济管理	数据

图 3-14 数据清理的结果

并不是任何一个不规范的表格都可以使用“数据解释器”来清理，但这种清理能基本上解决很多的烦琐问题，并提升数据整理效率。

3.2 连接文本文件

如果数据源是文本文件，不论是 CSV 格式，还是其他格式，都可以使用 Tableau 连接并提取数据。

3.2.1 连接 CSV 格式文本文件

CSV 格式文本文件，是各列以逗号分隔的文本文件。这种文件可以直接被当作数据库来处理，因此在数据连接和处理分析时很简单。

图 3-15 所示是“员工信息 .csv”CSV 文本文件，保存了员工的基本的信息，以逗号分隔各列数据。现在要利用 Tableau 对这个文本文件数据进行分析。

打开 Tableau，选择左侧“连接”下的“文本文件”选项，如图 3-16 所示。

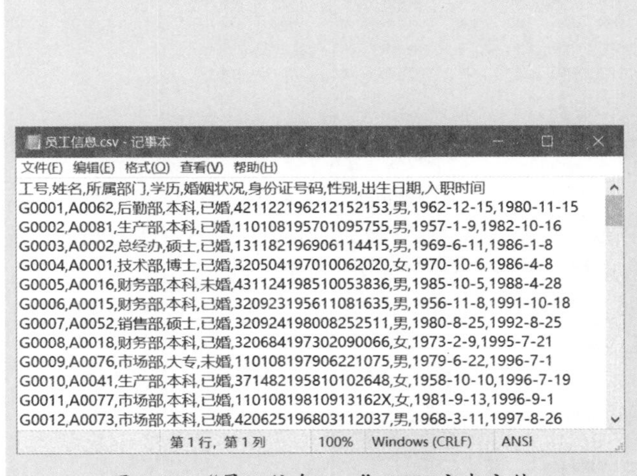

员工信息.csv - 记事本
文件(F) 编辑(E) 格式(O) 查看(V) 帮助(H)

工号,姓名,所属部门,学历,婚姻状况,身份证号码,性别,出生日期,入职时间
G0001,A0062,后勤部,本科,已婚,421122196212152153,男,1962-12-15,1980-11-15
G0002,A0081,生产部,本科,已婚,110108195701095755,男,1957-1-9,1982-10-16
G0003,A0002,总经办,硕士,已婚,131182196906114415,男,1969-6-11,1986-1-8
G0004,A0001,技术部,博士,已婚,320504197010062020,女,1970-10-6,1986-4-8
G0005,A0016,财务部,本科,未婚,431124198510053836,男,1985-10-5,1988-4-28
G0006,A0015,财务部,本科,已婚,320923195611081635,男,1956-11-8,1991-10-18
G0007,A0052,销售部,硕士,已婚,320924198008252511,男,1980-8-25,1992-8-25
G0008,A0018,财务部,本科,已婚,320684197302090066,女,1973-2-9,1995-7-21
G0009,A0076,市场部,大专,未婚,110108197906221075,男,1979-6-22,1996-7-1
G0010,A0041,生产部,本科,已婚,371482195810102648,女,1958-10-10,1996-7-19
G0011,A0077,市场部,本科,已婚,11010819810913162X,女,1981-9-13,1996-9-1
G0012,A0073,市场部,本科,已婚,420625196803112037,男,1968-3-11,1997-8-26

第 1 行，第 1 列 100% Windows (CRLF) ANSI

图 3-15 “员工信息 .csv”CSV 文本文件

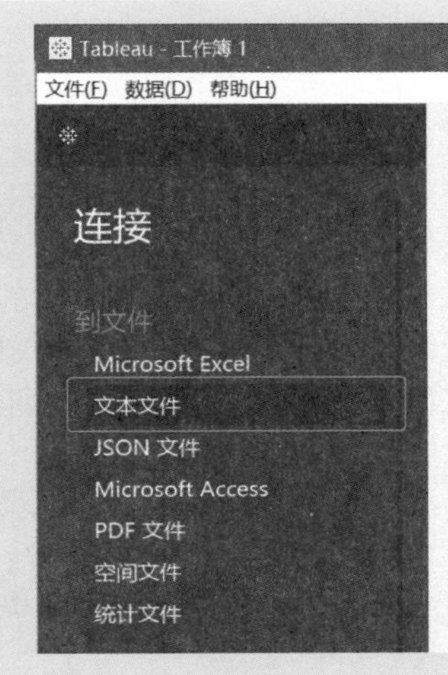

图 3-16 “文本文件”选项

然后在文件夹中选择该文本文件，如图 3-17 所示。

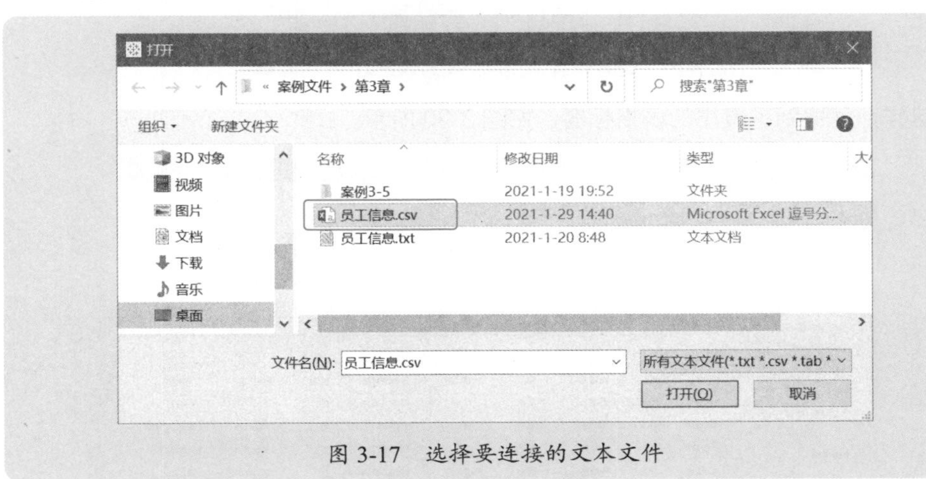

图 3-17 选择要连接的文本文件

单击“打开”按钮，得到如图 3-18 所示的结果。

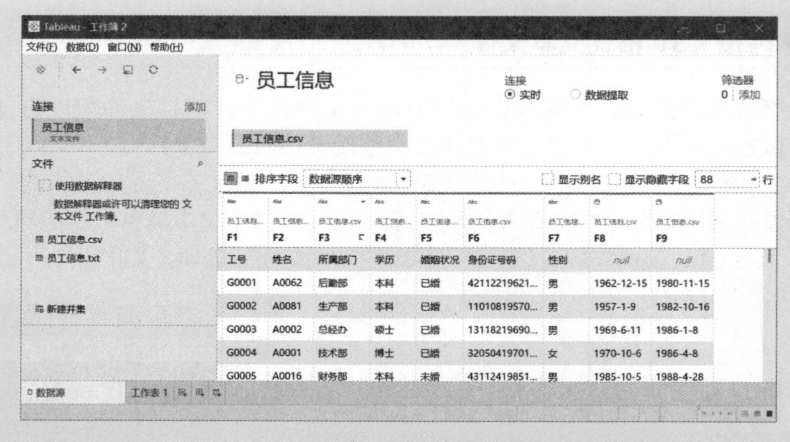

图 3-18　导入的文本文件数据

但是，这个结果是不对的，因为第一行本来是标题，结果被默认成了行数据，因此需要进行处理。方法是，单击顶部“员工信息 .csv”表右边的下拉箭头（或者右击“员工信息 .csv”表），展开菜单列表，选择“字段名称位于第一行中”选项，如图 3-19 所示。

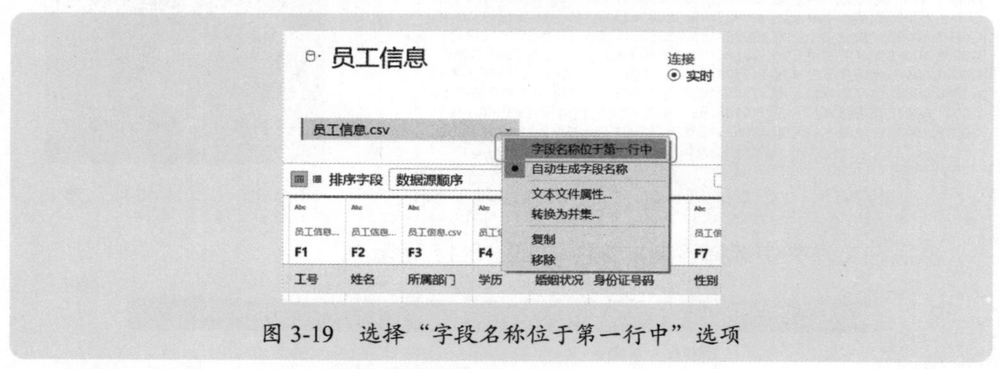

图 3-19　选择“字段名称位于第一行中”选项

这样，就得到了真正的表格标题，如图 3-20 所示。

图 3-20　显示真正的标题

3.2.2 连接任意格式文本文件

很多情况下，文本文件并不是 CSV 格式的，而是以其他符号分隔的，例如空格，制表符，竖线，等等，此时，可以很方便地连接获取数据。

图 3-21 所示是一个“员工信息 .txt”文本文件,保存了员工的基本信息，并以竖线分隔各列数据。现在要利用 Tableau 对这个文本文件数据进行分析。

图 3-21　以竖线分隔的“员工信息 .txt”文本文件

打开 Tableau，执行“文本文件”菜单命令，选择该文本文件，得到如图 3-22 所示的结果。默认情况下，Tableau 认为文本文件的字段分隔符是逗号，而此文本文件的字段分隔符是垂直线，因此 Tableau 认为其是一列。

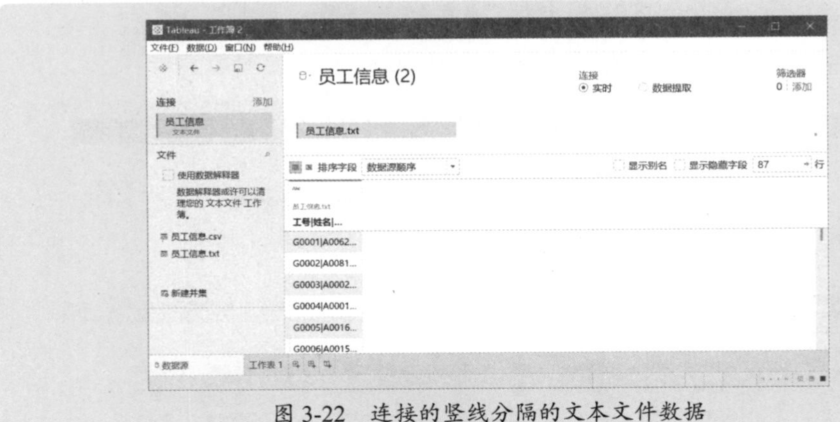

图 3-22　连接的竖线分隔的文本文件数据

单击顶部“员工信息 .txt”表右边的下拉箭头，或右击该表，展开命令列表，选择“文本文件属性”选项，如图 3-23 所示。

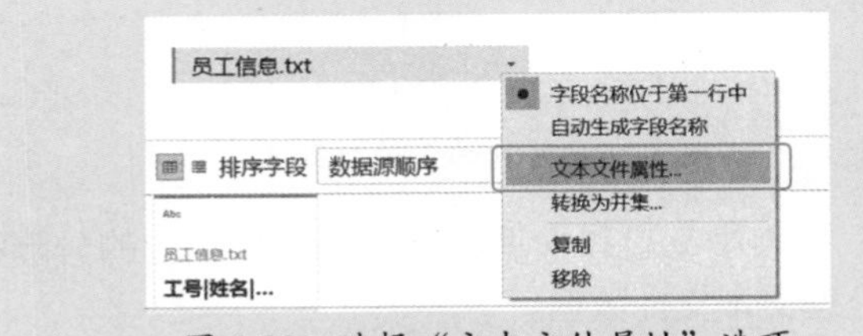

图 3-23　选择“文本文件属性”选项

打开文本文件属性对话框，如图 3-24 所示，其中可以设置“字段分隔符”“文本限定符”“区域设置”等。

员工信息.txt
员工信息..txt
字段分隔符: 逗号
文本限定符: 自动
字符集: UTF-8
区域设置: 中文（中国）

图 3-24　文本文件属性对话框

在“字段分隔符”列表中选择“垂直条”选项，如图 3-25 所示。

员工信息.txt
员工信息..txt
字段分隔符: 逗号
文本限定符:
字符集:
区域设置:
逗号
制表符
分号
空格
垂直条
其他
G0001|A0062...

图 3-25　选择“垂直条”分隔符

然后关闭对话框，得到正确的数据表，如图 3-26 所示。

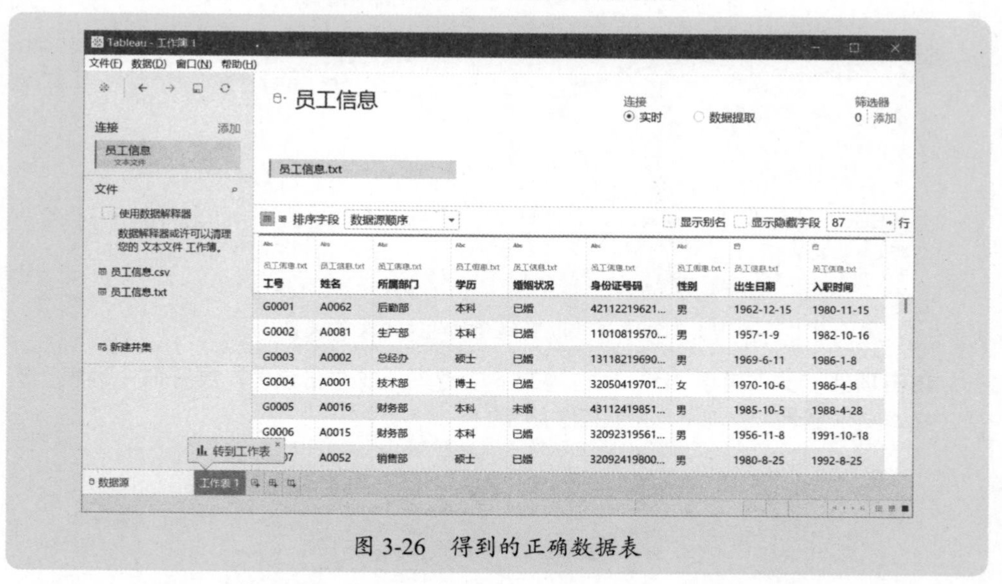

图 3-26　得到的正确数据表

在“字段分隔符”列表中，可以根据实际情况选择相应的分隔符，或者使用自定义分隔符，以正确处理文本文件数据。

3.3 连接 PDF 文件

一般从相关网站下载的公司财报都是 PDF 格式的，复制粘贴财报里的财务数据还要调整格式。利用 Tableau 就简单得多，因为 Tableau 可以直接连接 PDF 文件，搜索并提取其表格数据。

3.3.1 一个简单的 PDF 表格文件

一般情况下，Tableau 可以正确提取一个简单的 PDF 文件里的表格，尽管会出现一些表格标题的问题，但很容易解决。

有一个"宏达科技资产负债表.pdf"文件，如图 3-27 所示。现在要连接这个文件，并提取里面的资产负债表数据，以便于进行分析。

宏达科技资产负债表

项目	2018 年年报	2017 年年报	2016 年年报	2015 年年报
货币资金	117,170.58	67,241.47	46,787.92	40,946.24
应收票据及应收账款	115,233.59	103,305.95	87,106.65	75,939.44
其中：应收票据	34,013.94	31,217.04	25,675.55	21,927.64
应收账款	81,219.66	72,088.91	61,431.09	54,011.80
预付款项	1,812.23	1,291.97	1,921.99	1,807.27
其他应收款	2,497.63	1,897.20	1,812.67	2,173.44
存货	121,369.83	79,517.21	61,915.26	72,467.28

图 3-27 "宏达科技资产负债表.pdf"文件

打开 Tableau，在左侧命令菜单中执行"PDF 文件"命令，如图 3-28 所示。

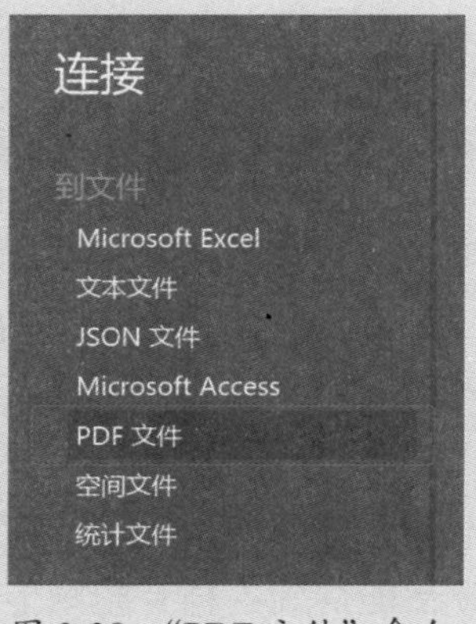

图 3-28 "PDF 文件"命令

然后在文件夹中选择“宏达科技资产负债表 .pdf”文件，如图 3-29 所示。

单击“打开”按钮，弹出“扫描 PDF 文件”对话框，如图 3-30 所示，可以指定要扫描的页面，下面有 3 个单选按钮。

“全部”表示扫描整个 PDF 文档。

“单个页面”表示扫描指定页面的文档。

“范围”表示扫描文档的第几页到第几页。

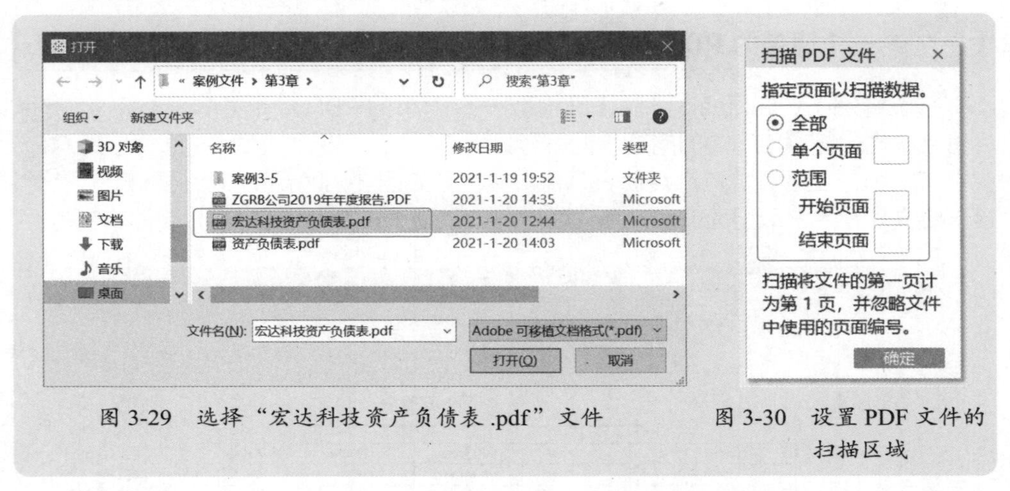

图 3-29　选择“宏达科技资产负债表 .pdf”文件

图 3-30　设置 PDF 文件的扫描区域

设置完成后，单击“确定”按钮，得到该 PDF 文件里面的表格数据，如图 3-31 所示。

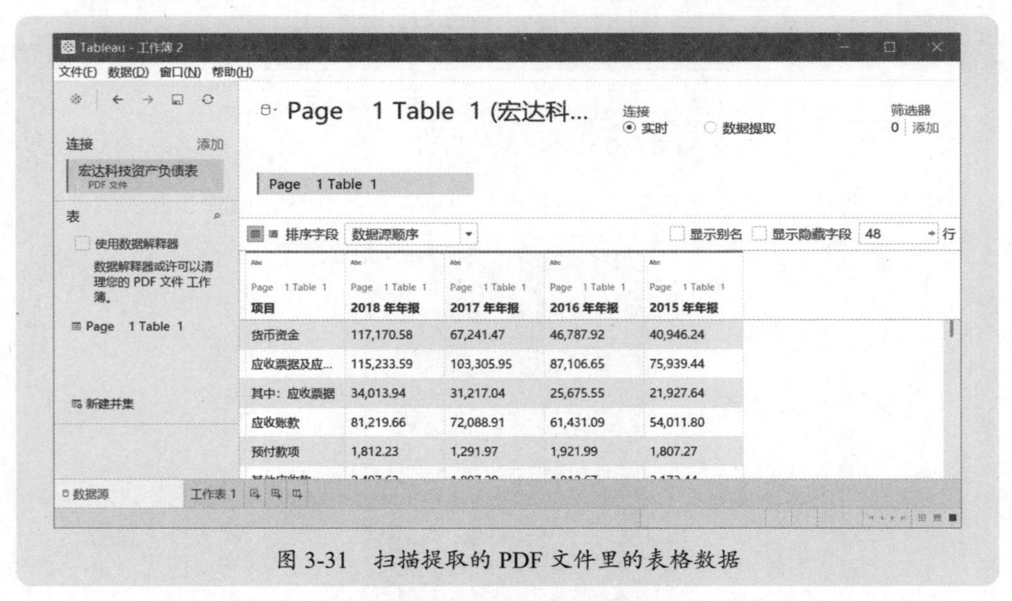

图 3-31　扫描提取的 PDF 文件里的表格数据

不过，并不是任何情况下都能得到这样完整规范的表格。图 3-32 所示是“资产负债表 .pdf”文件，使用 Tableau 连接此 PDF 文件得到的默认情况如图 3-33 所示。

资产负债表.pdf

1 / 1

宏达信息科技资产负债表

一、资产

项目	2018年年报	2017年年报	2016年年报	2015年年报
货币资金	117,170.58	67,241.47	46,787.92	40,946.24
应收票据及应收账款	115,233.59	103,305.95	87,106.65	75,939.44
其中：应收票据	34,013.94	31,217.04	25,675.55	21,927.64
应收账款	81,219.66	72,088.91	61,431.09	54,011.80
预付款项	1,812.23	1,291.97	1,921.99	1,807.27
其他应收款	2,497.63	1,897.20	1,812.67	2,173.44
存货	121,369.83	79,517.21	61,915.26	72,467.28
一年内到期的非流动资产	250.00	500.00	29.44	391.53
其他流动资产	13,564.67	19,331.74	45,607.14	31,354.11
流动资产合计	371,898.54	273,085.55	245,181.06	225,079.30
可供出售金融资产	1,726.29	1,726.29	1,226.29	1,278.81
长期应收款	4,200.00	2,380.00	750.00	500.00
长期股权投资	30,883.18	8,321.40	8,546.49	8,104.42
固定资产	255,732.66	202,843.39	135,646.34	119,592.82
在建工程	87,050.86	94,943.30	90,547.79	55,240.37
无形资产	13,304.24	11,231.73	12,021.69	11,977.59
开发支出	3,486.69	956.71		
商誉	61.99	61.99	61.99	61.99
长期待摊费用	3,153.53	2,473.62	1,655.91	625.78
递延所得税资产	10,193.63	8,947.71	8,258.83	7,496.73
其他非流动资产	30,945.22	18,468.96	4,883.95	4,142.62
非流动资产合计	440,738.30	352,355.10	263,599.30	209,021.14
资产总计	812,636.83	625,440.65	508,780.36	434,100.44

二、负债和股东权益

项目	2018年年报	2017年年报	2016年年报	2015年年报
短期借款	144,071.60	85,832.55	60,450.00	50,500.00
当期损益的金融负债	1,445.90	17,016.62	11,922.04	8,185.32
应付票据及应付账款	88,517.55	70,450.88	44,271.01	43,702.05
其中：应付票据	24,046.91	14,555.04	9,745.90	10,786.19
应付账款	64,470.65	55,895.84	34,525.11	32,915.87
预收款项	544.27	748.64	421.05	350.29
应付职工薪酬	16,728.47	13,654.53	10,409.48	8,736.91

图 3-32 “资产负债表.pdf”文件

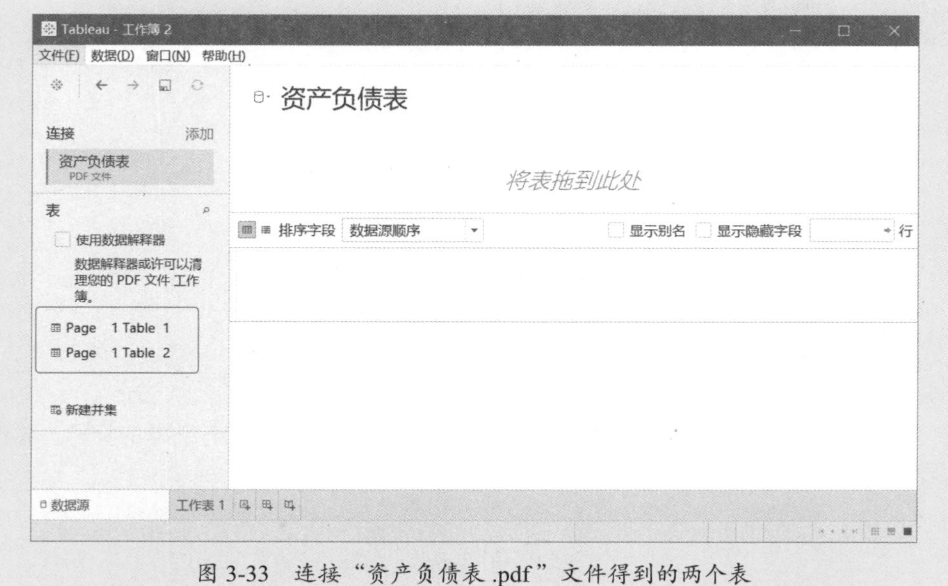

图 3-33 连接“资产负债表.pdf”文件得到的两个表

此时，会得到“Page 1 Table1”和“Page 2 Table2”两个表，将其中的一个表拖放到右侧的工作区，可以看到标题并不是真正的标题名称，而是 F1、F2……，如图 3-34 所示。即使是设置了“字段名称位于第一行中”，结果也是不对的，如图 3-35 所示。

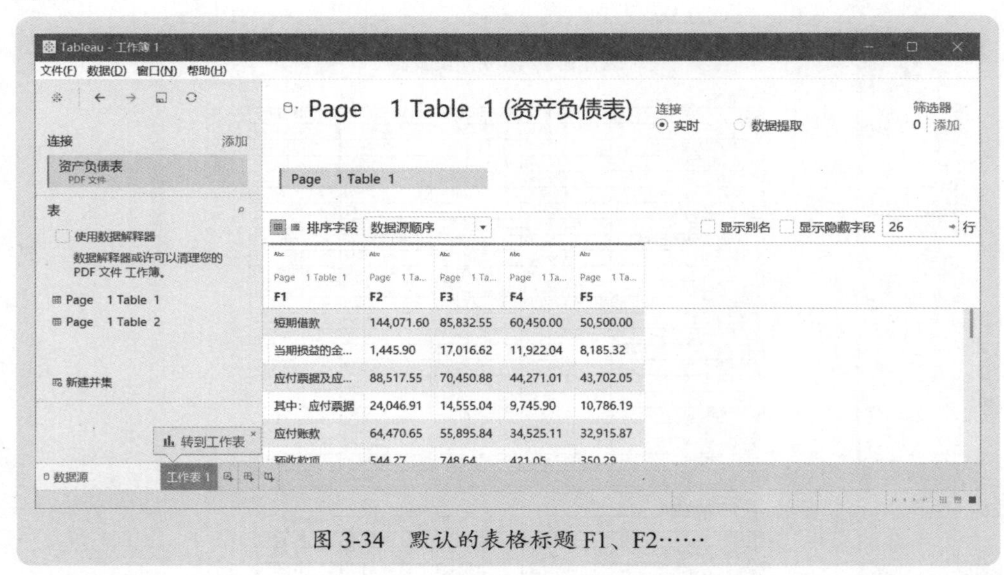

图 3-34　默认的表格标题 F1、F2……

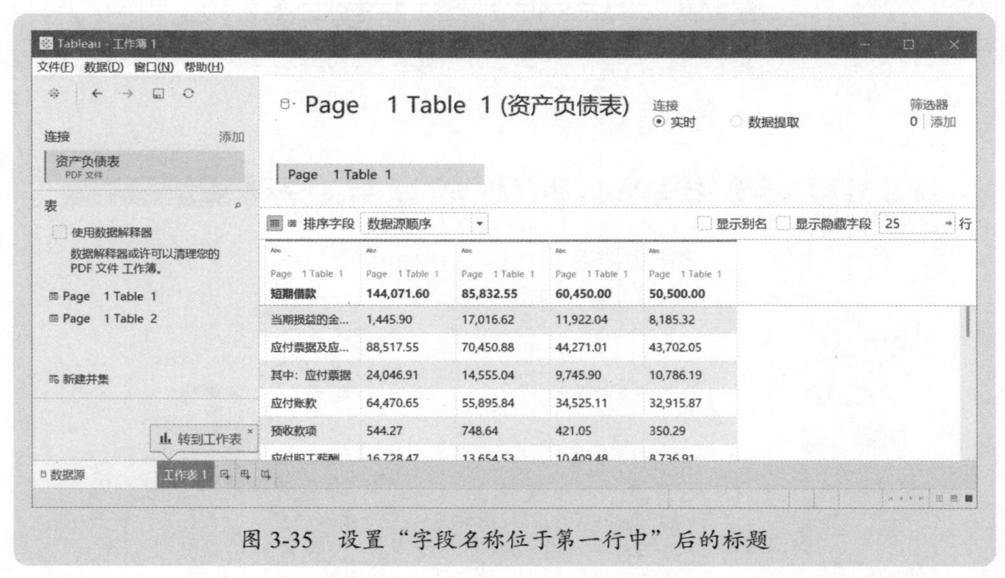

图 3-35　设置“字段名称位于第一行中”后的标题

此时，只能采用默认的标题 F1、F2……，然后参照原始 PDF 文档的标题，将两个表的标题进行手动修改，如图 3-36 所示。

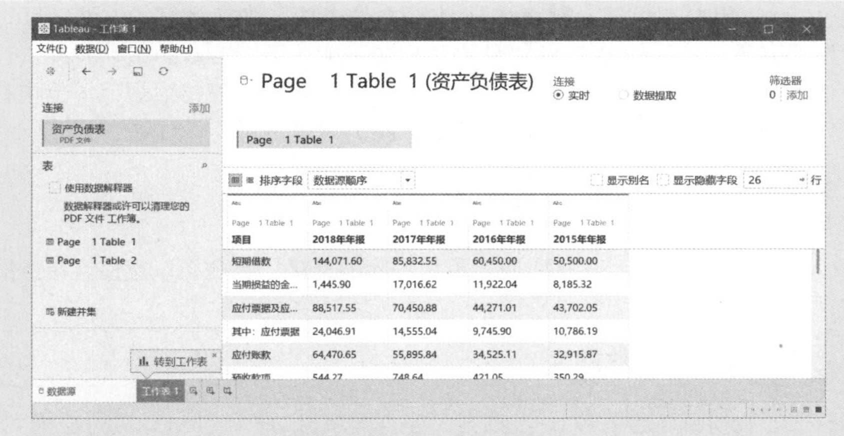

图 3-36　手动修改标题

3.3.2 从 PDF 报告中提取表格数据

3.3.1 节内容介绍的例子比较简单，因为一个 PDF 文件中只有一个或几个表格，没有其他的文字。实际工作中，这种还是很少见的，更常见的情况是一个完整的 PDF 文件，有文字，有图表，有表格，例如上市公司财报，客户报价单，等等。此时，Tableau 会扫描出很多表格来，此时再选择表格时就变得比较困难。

例如，从网站上下载的 PDF 文件是 ZGRB 公司的 2019 年年报，文件名是“ZGRB 公司 2019 年年度报告 .pdf”，如果扫描全部文档，扫描时间可能会较长，而且得到的结果是很多表格，如图 3-37 所示。

此时最好先浏览一下 PDF 文件，确定从 PDF 文件中的第几页开始提取表格数据，然后在“扫描 PDF 文件”对话框中指定要扫描的页面，这样要快得多，准确得多。

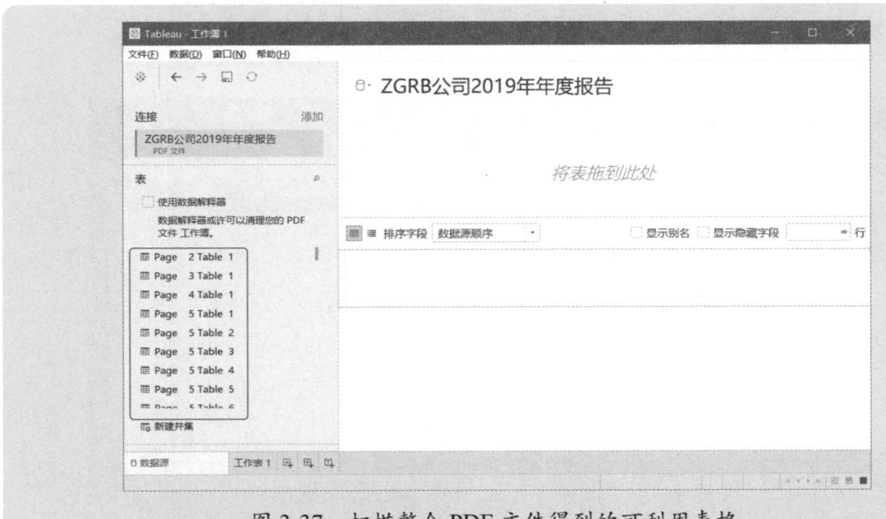

图 3-37　扫描整个 PDF 文件得到的可利用表格

Tableau 为用户提供了一种直接从 PDF 文件中获取表格数据的方法，尽管这种方法不是很完美，对于很多 PDF 文件的表格并不能达到 100% 的识别效果（这取决于 PDF 文件制作者对表格的处理方式，有些 PDF 文件里的表格很规范，但也有部分 PDF 文件的表格很不规范），但仍然为用户节省了大量时间。

3.4 连接数据库

Tableau 为用户提供了几乎所有常用数据库的连接，因此可以直接连接数据库来采集数据并进行分析。

3.4.1 连接 Access 数据库

Tableau 连接 Access 数据库非常简单，打开 Tableau，执行左侧“连接”中的“Microsoft Access”命令，如图 3-38 所示，然后从文件夹里选择指定的 Access 数据库，打开即可。

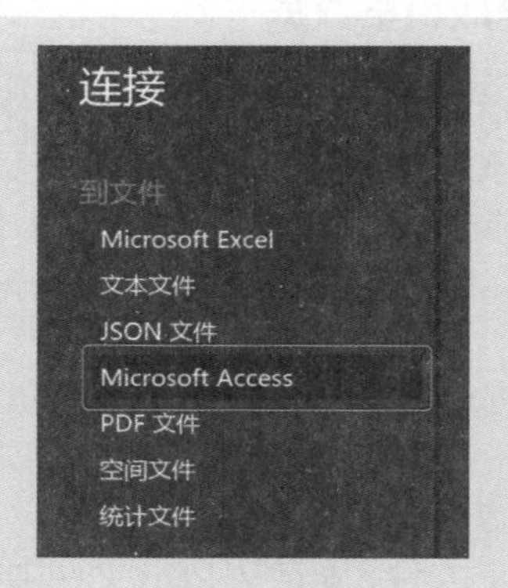

图 3-38 “Microsoft Access”命令

例如“销售记录 .accdb”Access 数据库，其中有“1 月份月报”和“2 月份月报”两个表格，如图 3-39 所示。

地区	省份	城市	性质	店名	本月指标	实际销售金	销售成本	毛利额
东北	辽宁	大连	自营	AAAA1	150000	57062.00	20972.25	36089.75
东北	辽宁	大连	自营	AAAA2	280000	130192.50	46208.17	83984.33
东北	辽宁	大连	自营	AAAA3	190000	86772.00	31355.81	55416.19
东北	辽宁	沈阳	自营	AAAA4	90000	103890.00	39519.21	64370.79
东北	辽宁	沈阳	自营	AAAA5	270000	107766.00	38357.70	69408.30
东北	辽宁	沈阳	自营	AAAA6	180000	57502.00	20867.31	36634.69
东北	辽宁	沈阳	自营	AAAA7	280000	116300.00	40945.10	75354.90
东北	辽宁	沈阳	自营	AAAA8	340000	63287.00	22490.31	40796.69
东北	辽宁	沈阳	自营	AAAA9	150000	112345.00	39869.15	72475.85
东北	辽宁	沈阳	自营	AAAA10	220000	80036.00	28736.46	51299.54
东北	辽宁	沈阳	自营	AAAA11	120000	73686.50	23879.99	49806.51
东北	黑龙江	齐齐哈尔	加盟	AAAA12	350000	47394.50	17636.83	29757.67
华北	北京	北京	加盟	AAAA13	260000	57255.60	19604.20	37651.40
东北	天津	天津	加盟	AAAA14	320000	51085.50	17406.07	33679.43

图 3-39 “销售记录 .accdb”Access 数据库

打开 Tableau，执行“Microsoft Access”菜单命令，在弹出的“Microsoft Access”对话框中单击“浏览”按钮，从文件夹中选择要连接的 Access 数据库文件，如果有数据库密码之类的设置，在对话框中一并设置好，如图 3-40 所示。

图 3-40　选择 Access 文件，并设置相关选项

然后单击“打开”按钮，建立与该 Access 数据库的连接，如图 3-41 所示。

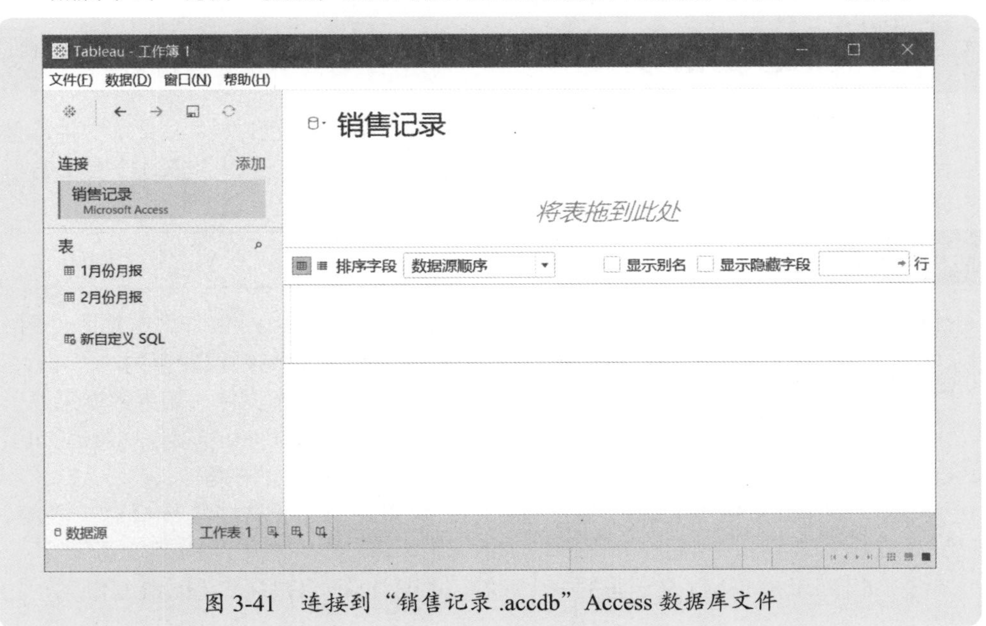

图 3-41　连接到“销售记录 .accdb”Access 数据库文件

3.4.2 连接服务器数据库

在 Tableau 新建数据源界面中，左侧的“到服务器”下展示了 Tableau 支持的各类服务器数据源，如图 3-42 所示，可以根据具体情况选择。

图 3-42　Tableau 所支持的各类服务器数据源

3.5 其他连接数据方法

3.4 节内容介绍的是常规的连接数据源的方法，包括 Excel 文件、文本文件、数据库文件，操作很简单，也很方便，按照向导操作即可。下面再介绍几个其他数据的连接方法。

3.5.1 复制粘贴数据源

任何一个文件中的表格都可以复制粘贴到 Tableau 中作为数据源使用。当进行复制粘贴操作时，Tableau 会自动将粘贴内容保存为一个 Excel 工作簿（如果数据来源于 Excel 表格）或者一个文本文件（如果数据来源于 Word 文档或者 PDF 文档等），该数据文件会被保存到“C:\Users\ 用户 \AppData\Local\Temp\TableauTemp”文件夹下的某个最新创建的子文件夹里。

例如，Word 文档里面有一个表格，那么可以在 Word 文档里选择这个表格，复制（按 Ctrl+C 键），然后打开一个空 Tableau，再粘贴（按 Ctrl+V 键）即可。

图 3-43 所示是 Word 文档里的一个表格，图 3-44 所示是在 Tableau 复制粘贴的结果。

表 1··各省份贷款分配方案

序号	分行	贷款规模分配方案
1	北京	11223
2	江苏	5369
3	广东	11203
4	浙江	11531
5	上海	16349
6	山东	6206
7	河南	17108
8	湖北	26429
9	安徽	14797
10	四川	4311
11	辽宁	29957
12	河北	23235
13	重庆	19281
14	湖南	12723
15	山西	15483
16	陕西	20152
17	天津	24346
18	广西	16650

图 3-43　Word 文档里的原始表格

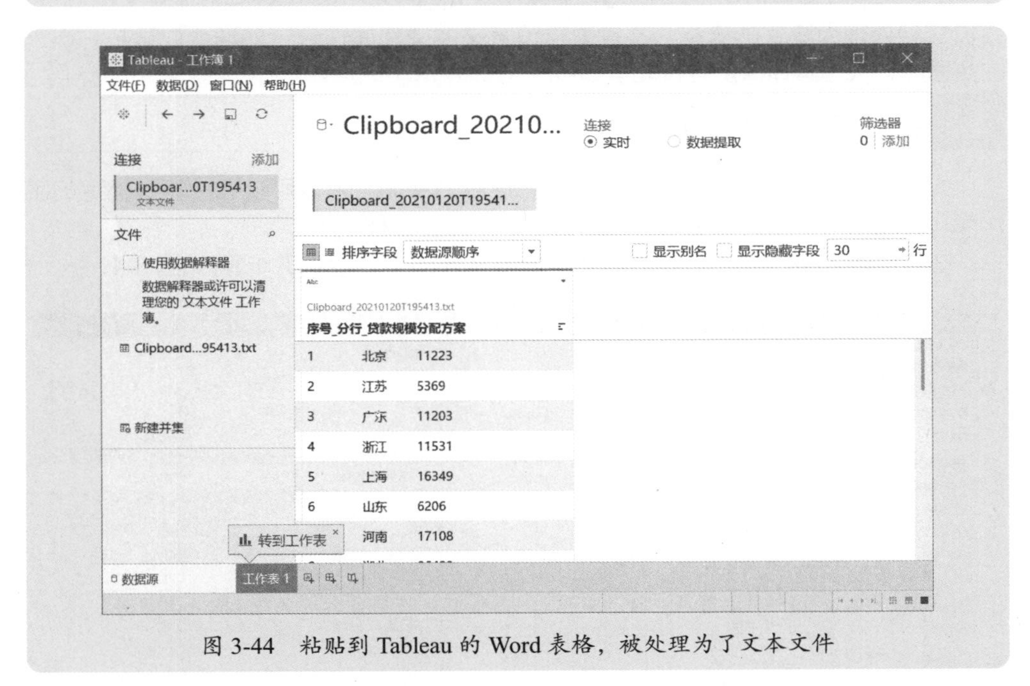

图 3-44　粘贴到 Tableau 的 Word 表格，被处理为了文本文件

从 Word 文档里粘贴到 Tableau 的表格被处理为了文本文件，因此需要设置文件属性，指定分隔符（制表符）来分列数据，结果如图 3-45 所示。

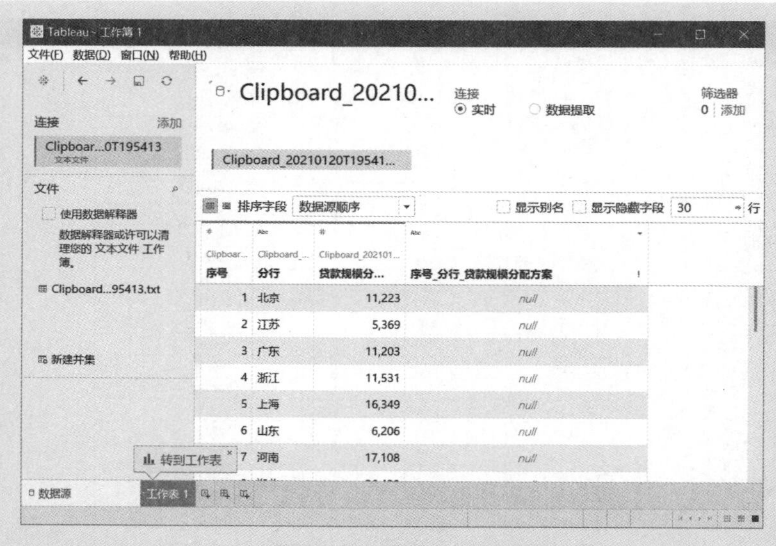

图 3-45　对文本文件数据进行分列处理

不过，也有某些情况下，从 PDF 文件、Word 文件、PPT 文件里复制出来的表格，会被自动处理为真正的表格，不需要再设置文本文件属性进行处理。观察粘贴出来的数据源，根据具体情况进行处理即可。

3.5.2 连接 Tableau 工作簿

如果已经建立了 Tableau 工作簿，并进行了保存，那么可以直接打开指定的工作簿，也就是执行“文件”→“打开”命令，如图 3-46 所示。

在“打开”对话框中，在文件夹中选择要打开的 Tableau 工作簿，如图 3-47 所示。

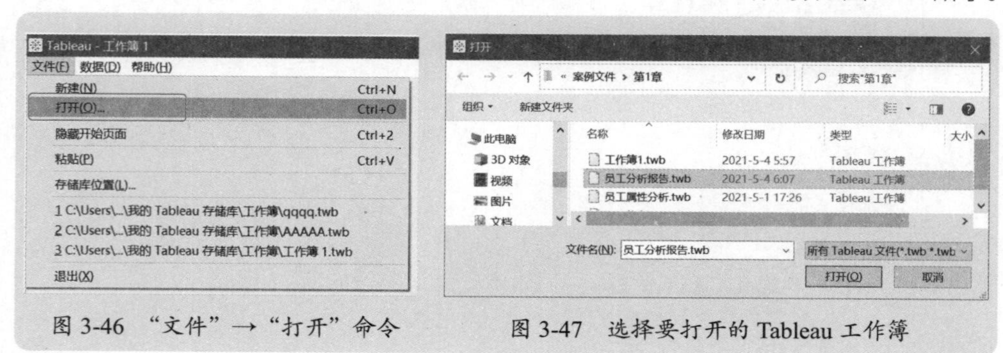

图 3-46　“文件”→“打开”命令　　图 3-47　选择要打开的 Tableau 工作簿

3.6 数据源的连接方式

Tableau 的数据源连接方式有两种：实时连接和数据提取，分别由数据界面顶部的“实时”和“数据提取”按钮进行设置，如图 3-48 所示。

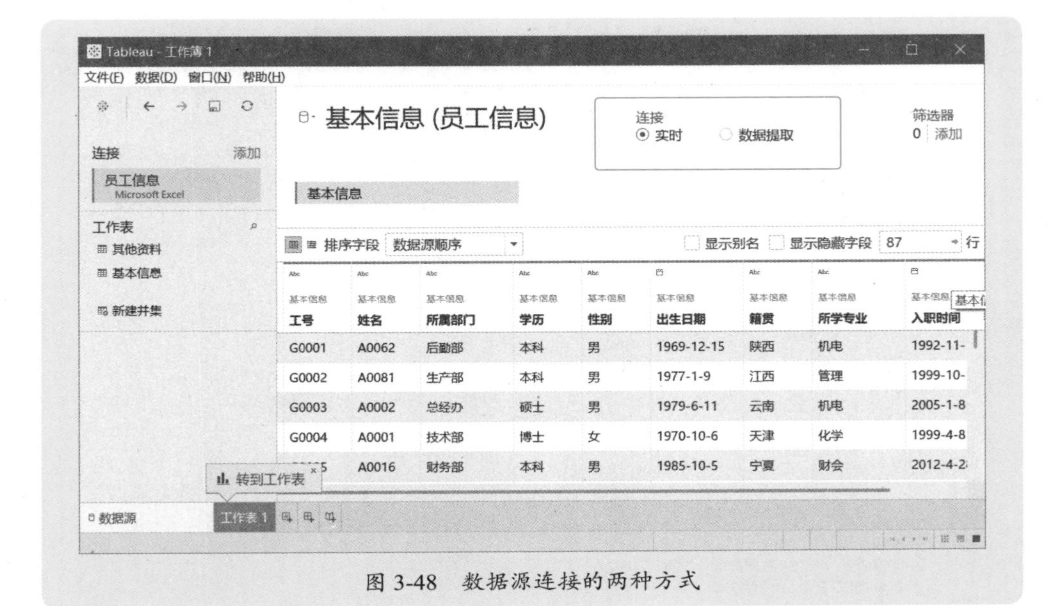

图 3-48　数据源连接的两种方式

3.6.1 实时连接

实时连接是默认的连接方式，就是对来自数据文件或数据库的数据直接进行采集，返回最新的实时结果，不对源数据进行存储。因此，如果后来把数据源文件移动了位置，将无法得到数据，Tableau 会询问数据源在何处。

如果对数据的保密性要求较高，出于安全考虑，不希望数据保存到本地，以及需要实时更新源数据信息时，可以采取实时连接的方式。

实时连接最大的缺点是，当数据源的数据量很大时，如果选择实时连接，会严重影响计算机的运行效率和性能。此时可以使用数据提取功能，只提取小部分满足条件的数据到本地，在开发完毕部署时，再选择实时连接，获取全部最新的数据。

3.6.2 数据提取

数据提取连接方式，就是将数据源的数据保存到 Tableau 的数据引擎中。此种连接方式可以大幅缩短 Tableau 查询和载入源数据的时间，并可以在其他的计算机中进行分析。

选中“数据提取”单选按钮，会在其右侧出现一个“编辑”标签，如图 3-49 所示，单击单选“编辑”标签，打开“提取数据”对话框，如图 3-50 所示，在这个对话框中可以设置数据提取条件，来提取满足条件的数据。

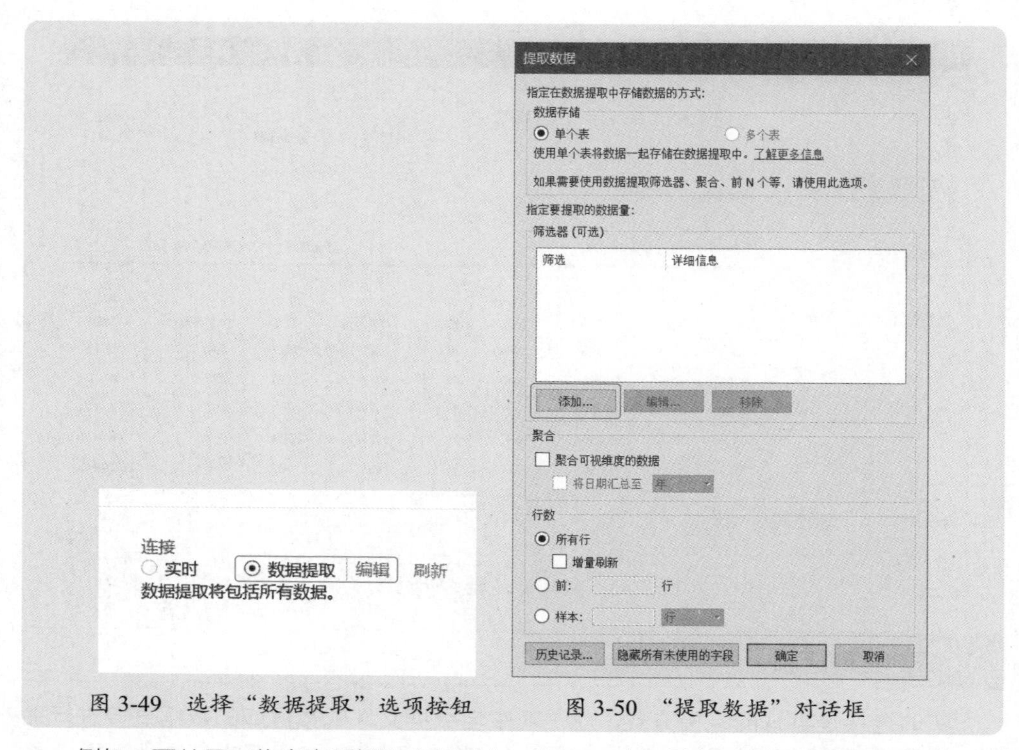

图 3-49　选择“数据提取”选项按钮　　　　图 3-50　“提取数据”对话框

例如，要从员工信息表里提取本科以上、在 2010 年（含）以前入职的员工数据，需单击“提取数据”对话框中的“添加”按钮，打开“添加筛选器”对话框，如图 3-51 所示。

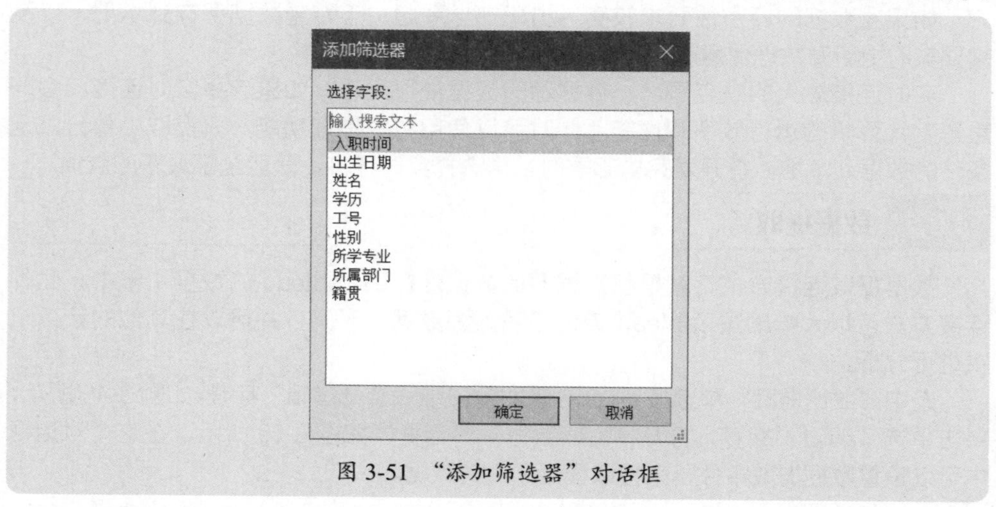

图 3-51　“添加筛选器”对话框

在“添加筛选器”对话框中双击“入职时间”字段，打开“筛选器字段”对话框，如图 3-52 所示。

双击筛选项列表里的“相对日期”或者“日期范围”，打开“筛选器”对话框，设置结束日期为“2010-1-1”，如图 3-53 所示。

单击“确定”按钮，就得到入职日期在 2010-1-1 以前的数据。

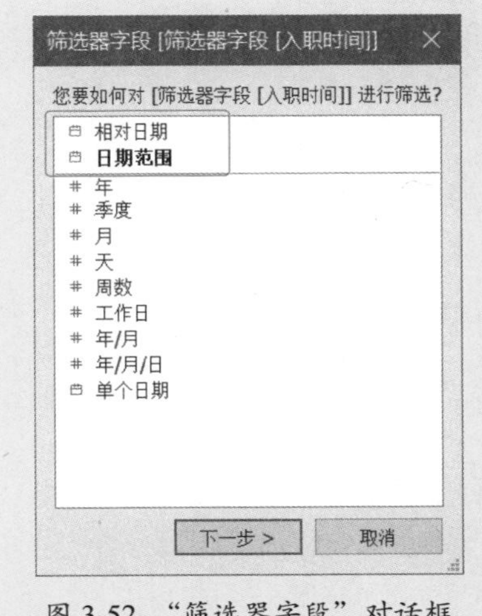

图 3-52 “筛选器字段”对话框

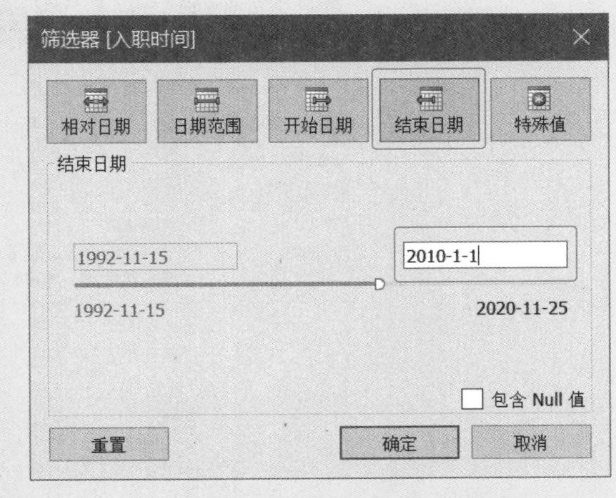

图 3-53 设置入职日期的筛选条件

选择字段“学历”，设置学历的筛选条件，如图 3-54 所示。

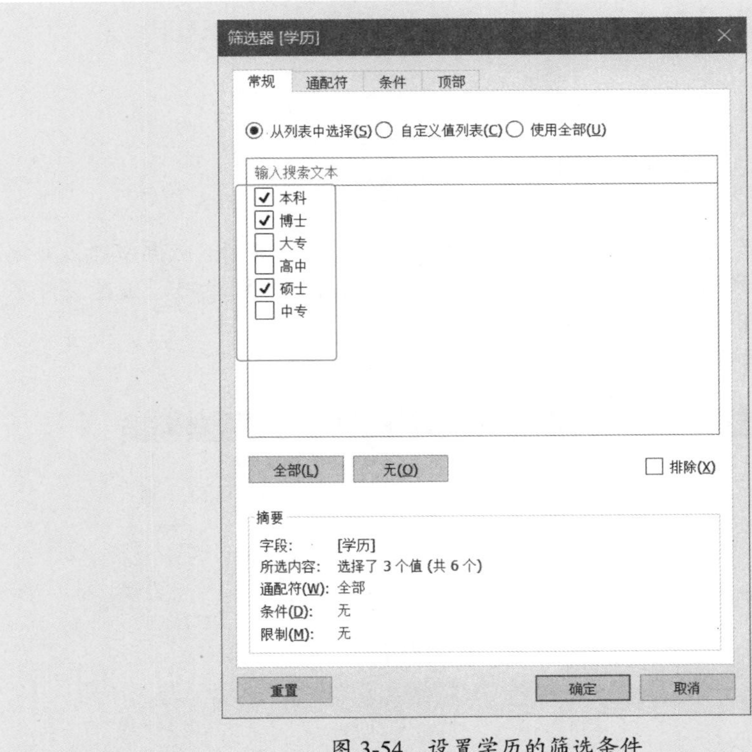

图 3-54 设置学历的筛选条件

这样就完成了指定的筛选条件，返回“提取数据”对话框，可以看到已经设置完成的两个筛选条件，如图 3-55 所示。

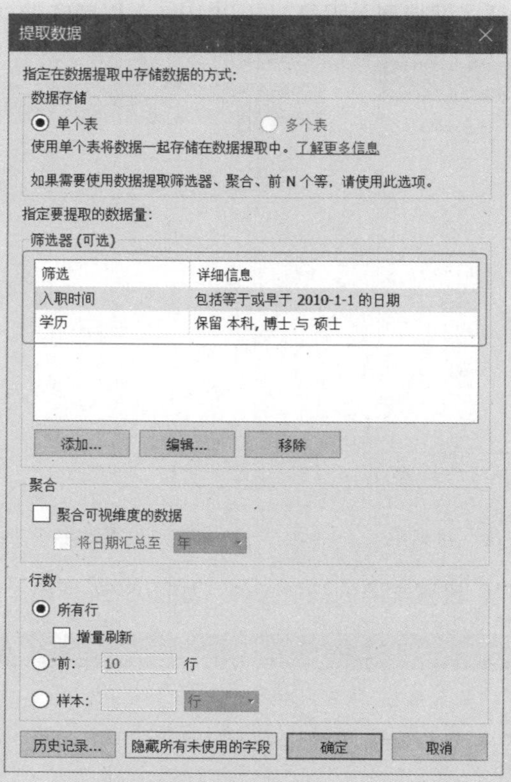

图 3-55　设置完成的筛选条件

单击“确定”按钮，返回 Tableau 数据源，此时，数据源里的数据没什么变化，但是当切换到工作表时，会弹出一个“将数据提取另存为”对话框，设置文件名，单击“保存”按钮即可，如图 3-56 所示。

注意：提取数据的保存文件的扩展名是“.hyper”。

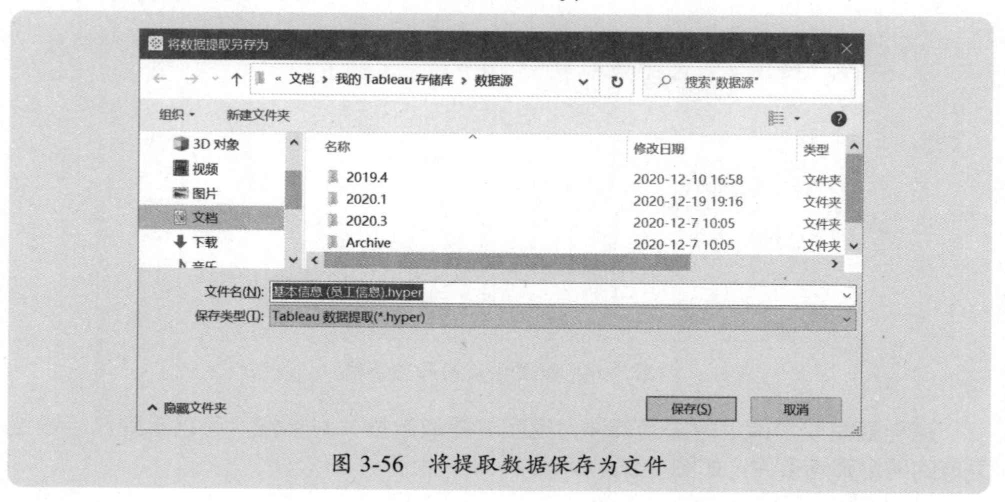

图 3-56　将提取数据保存为文件

此时可使用提取的数据来制作分析报告，如图 3-57 所示。

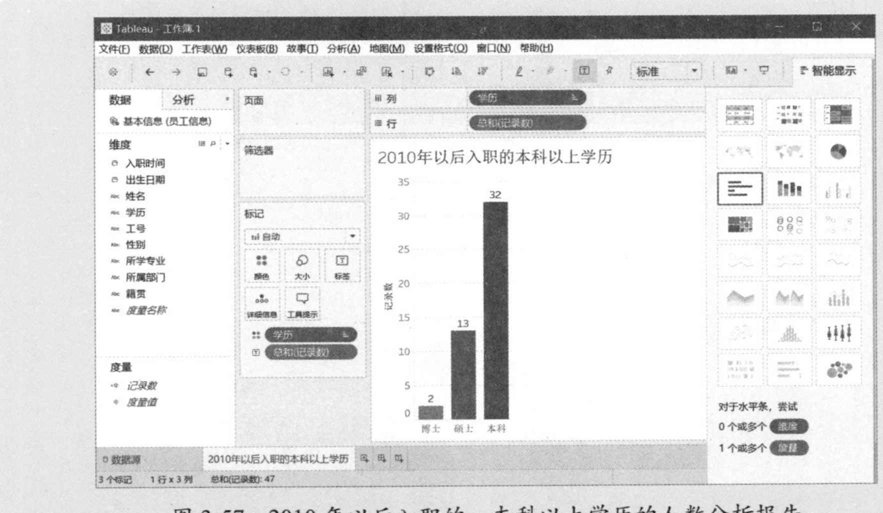

图 3-57　2010 年以后入职的、本科以上学历的人数分析报告

3.7 连接数据源的其他操作

本节介绍连接数据源的其他基本操作，包括保存、更新、关闭等。

3.7.1 保存工作簿

连接成功数据源后，可以继续制作分析图表及仪表板，也可以就此打住，将工作簿进行保存，等以后有时间再进行分析。

保存工作簿的方法很简单，按 Ctrl+S 快捷键即可，也可以执行“文件”→“保存”命令或者“文件”→“另存为”命令，如图 3-58 所示。

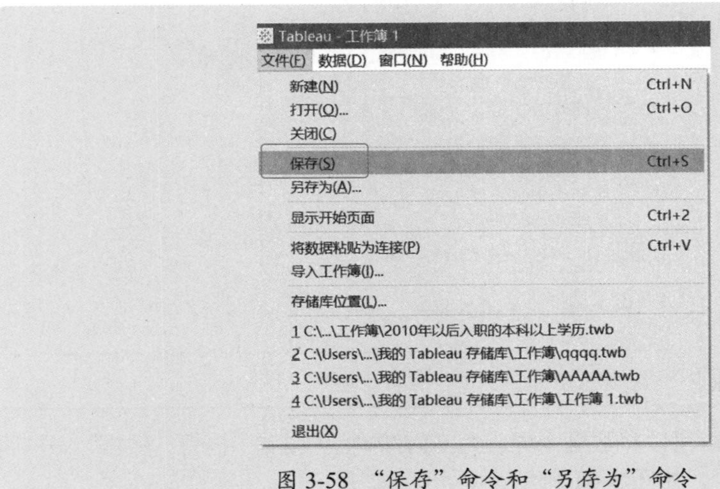

图 3-58　“保存”命令和“另存为”命令

如果是新建的数据连接，可以根据需要指定保存文件夹位置和文件名，然后保存，如图 3-59 所示。

注意：Tableau 工作簿的扩展名是“.twb”。

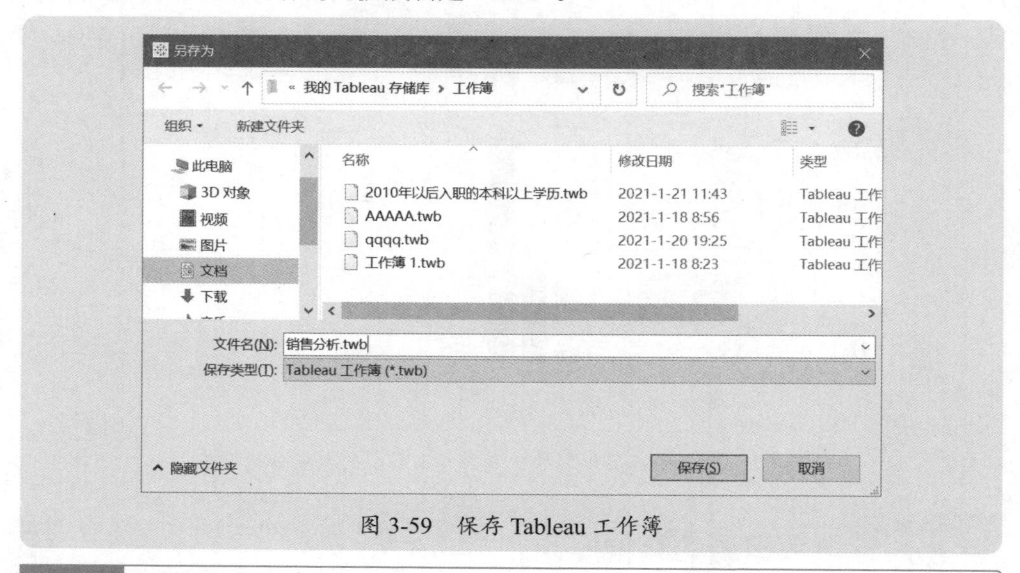

图 3-59　保存 Tableau 工作簿

3.7.2 关闭数据源

如果连接的数据源不是想要的，现在想清除这个数据源，然后重新进行连接，可以执行“数据”→“关闭数据源”命令，如图 3-60 所示。

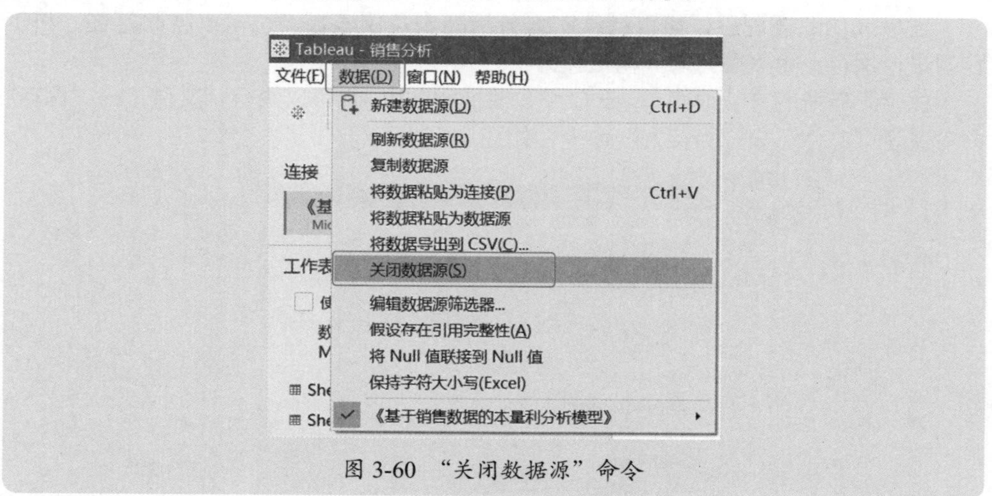

图 3-60　“关闭数据源”命令

3.7.3 导出数据源

成功连接数据源后，可以将数据源导出为 CSV 文件，方法是：执行“数据”→“将数据导出到 CSV”命令，如图 3-61 所示。

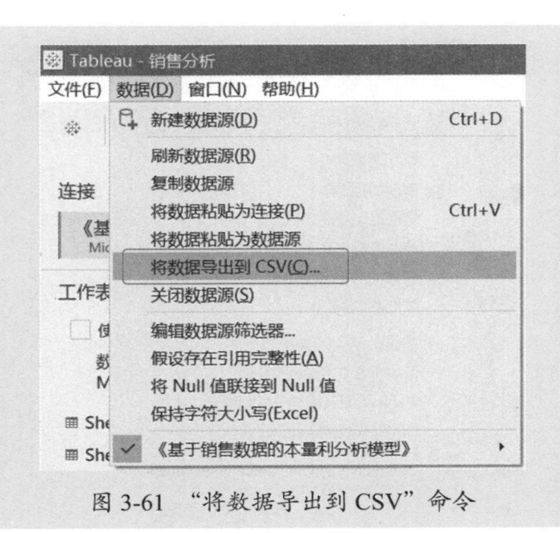

图 3-61 “将数据导出到 CSV”命令

3.7.4 刷新数据源

刷新数据源很简单，可以执行“数据”→“刷新数据源”命令，如图 3-62 所示；也可以单击数据连接顶部的“刷新数据”按钮，如图 3-63 所示。

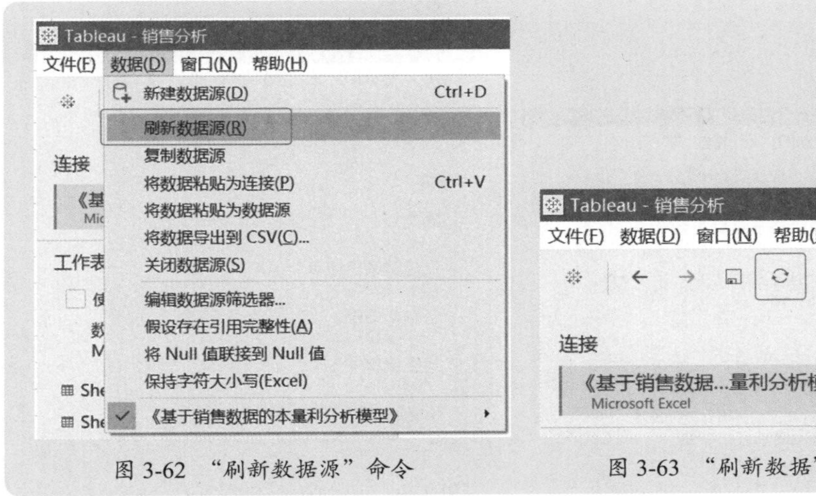

图 3-62 “刷新数据源”命令

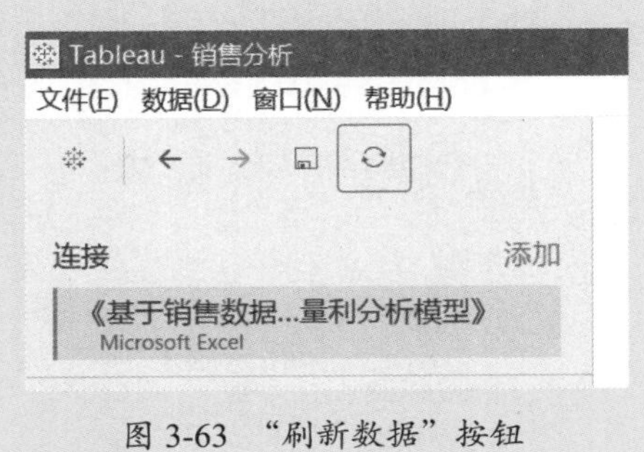

图 3-63 “刷新数据”按钮

3.7.5 新建数据源

新建数据源是执行“数据”→“新建数据源”命令，如图 3-64 所示，此时，选择数据源类型，选择数据文件或数据库，建立连接即可。

如果已经建立了数据连接，会清除原来的数据连接，替换为新的数据连接。

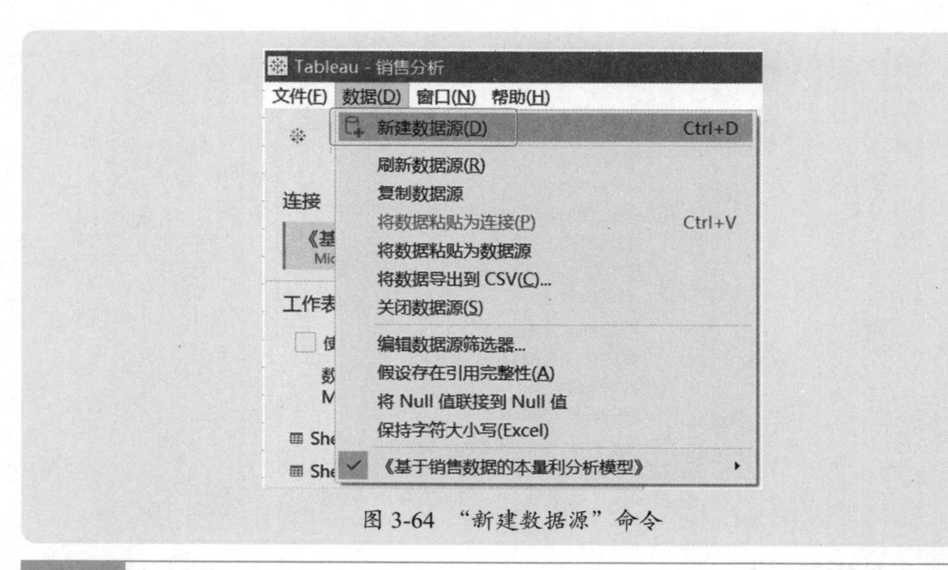

图 3-64 “新建数据源”命令

3.7.6 添加新数据源

在当前工作簿里建立对多个数据源的连接，可以单击“添加”命令按钮，如图 3-65 所示。图 3-66 所示是添加了几个不同数据源的情况。

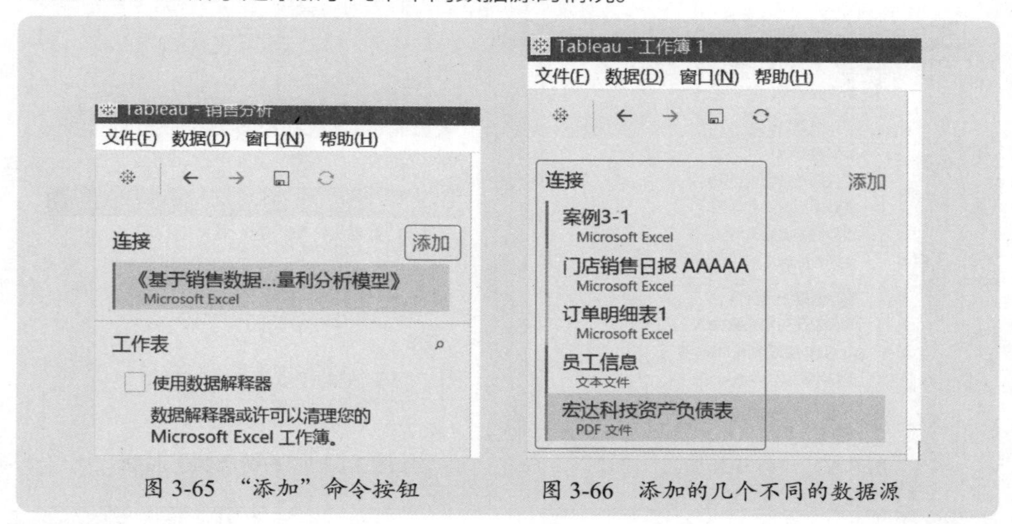

图 3-65 “添加”命令按钮

图 3-66 添加的几个不同的数据源

3.7.7 修改数据源名称

默认情况下，数据连接的名称是数据源文件名称，例如 Excel 文件名、文本文件名等，也可以重新命名数据连接名称，方法很简单，双击数据连接名称，如图 3-67 所示，或者右击该连接，在弹出的快捷菜单中执行“重命名”命令，然后进行修改即可，如图 3-68 所示。

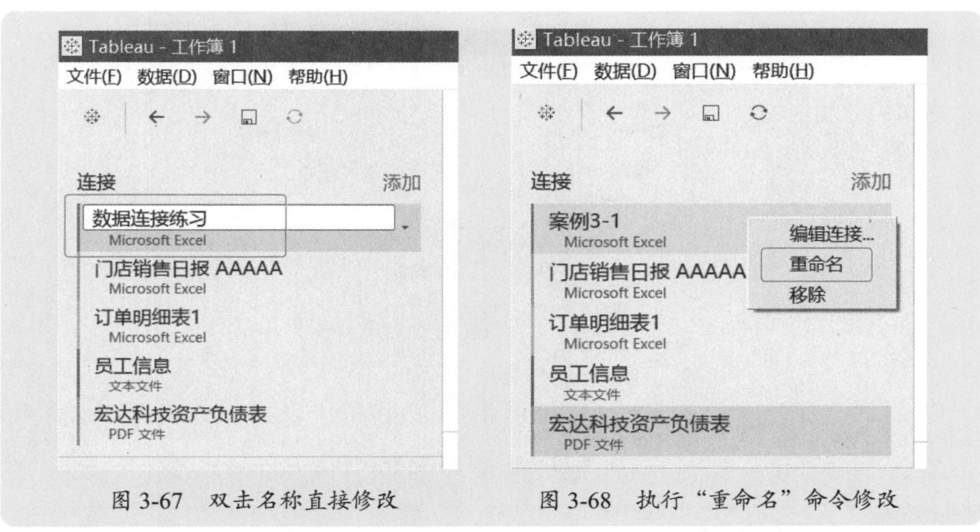

图 3-67　双击名称直接修改　　　图 3-68　执行“重命名”命令修改

3.7.8 编辑数据源

如果要对某个数据连接进行编辑，例如替换为新连接，重新在文件夹中选择文件（当数据文件被改变位置时），右击该连接，在弹出的快捷菜单中执行“编辑连接”命令即可，如图 3-69 所示。

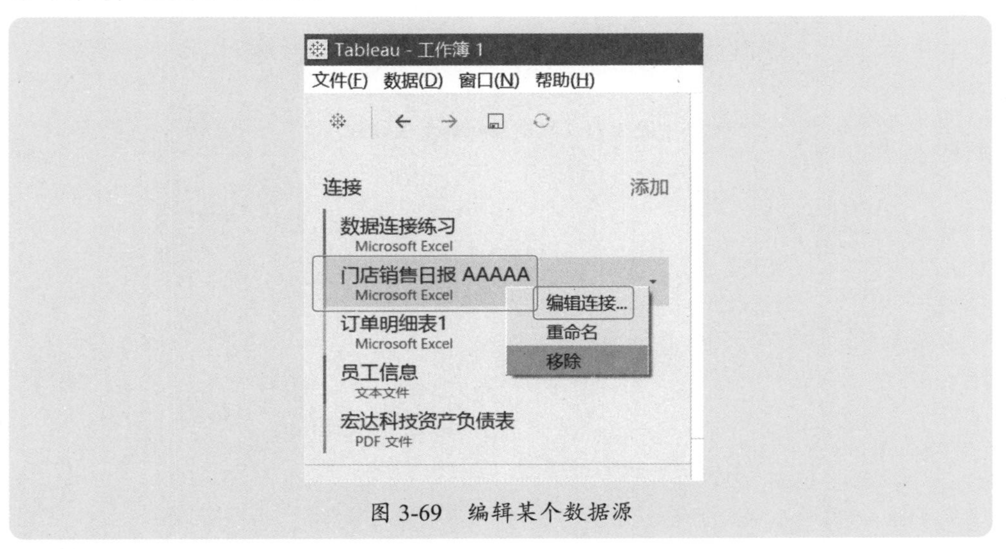

图 3-69　编辑某个数据源

3.7.9 移除数据源

如果建立连接的是一个数据源，直接执行“关闭数据源”命令即可。

如果建立了多个数据源，现在不想要某个数据源了，可以将其移除，方法是，右击该连接，在弹出的快捷菜单中执行“移除”命令即可，如图 3-70 所示。

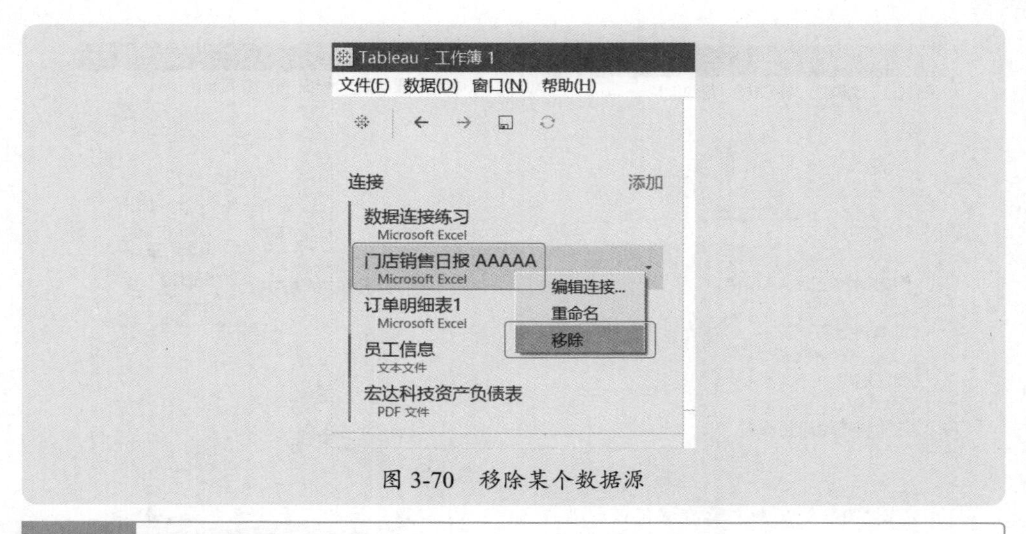

图 3-70　移除某个数据源

3.7.10 撤销和恢复操作

单击工具栏上的撤销按钮“←”和重做按钮“→”，可以撤销操作步骤，或者恢复被撤销的步骤，两个按钮如图 3-71 所示。

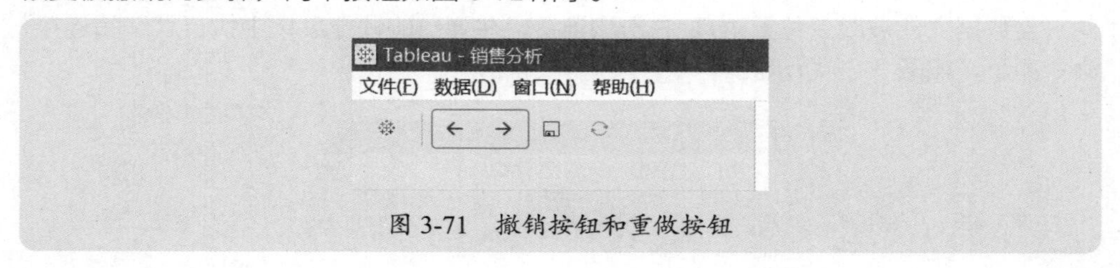

图 3-71　撤销按钮和重做按钮

第 4 章

数据的整合与关联

第 3 章介绍了建立数据连接的基本方法。在实际工作中，往往需要对同一数据源中的多个表数据进行合并和关联，或者对不同数据源的数据进行整合与关联，这就是创建并集和连接。本章将详细介绍如何对各种数据源进行整合和关联，获取需要分析的数据。

4.1 基本类型

整合与关联的基本类型有 3 种：并集、关联和混合。

4.1.1 数据并集（Union）

数据并集（Union），是将多个表数据堆积在一起，列数不变，行数增加，如图 4-1 所示。

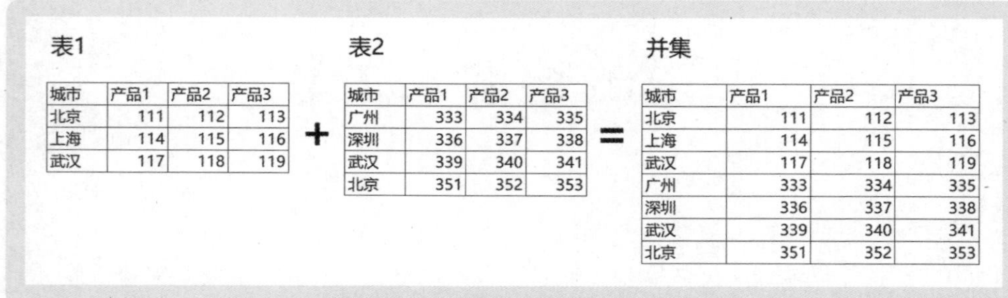

城市	产品1	产品2	产品3
北京	111	112	113
上海	114	115	116
武汉	117	118	119

城市	产品1	产品2	产品3
广州	333	334	335
深圳	336	337	338
武汉	339	340	341
北京	351	352	353

城市	产品1	产品2	产品3
北京	111	112	113
上海	114	115	116
武汉	117	118	119
广州	333	334	335
深圳	336	337	338
武汉	339	340	341
北京	351	352	353

图 4-1　数据并集的基本原理

4.1.2 数据连接（Join）

数据连接（Join），是通过关联字段的连接，将多个表的数据汇总到一个表，列数增加，行数不增加，如图 4-2 所示。

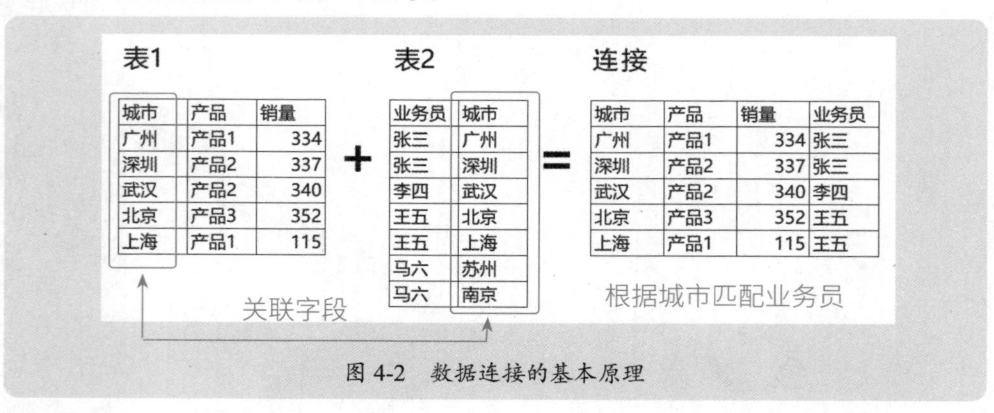

城市	产品	销量
广州	产品1	334
深圳	产品2	337
武汉	产品2	340
北京	产品3	352
上海	产品1	115

业务员	城市
张三	广州
张三	深圳
李四	武汉
王五	北京
王五	上海
马六	苏州
马六	南京

城市	产品	销量	业务员
广州	产品1	334	张三
深圳	产品2	337	张三
武汉	产品2	340	李四
北京	产品3	352	王五
上海	产品1	115	王五

图 4-2　数据连接的基本原理

4.1.3 数据混合（Blend）

数据混合不需要事先对几个不同的数据源做并集或者连接，而是在创建分析工作表时，通过创建关系，对来自不同数据源的字段进行关联，制作不同来源维度的结构分析图表。这样可以避免并集和连接所带来的烦琐整理和重复数据。

4.2 并集：一个 Excel 工作簿内多个工作表合并

并集是将字段相同的几个数据源堆积起来，就像复制粘贴到一起一样，行数增加。

Tableau 的并集功能非常强大，即使各表的字段顺序不一样，也能按照字段名称自动匹配归位。

下面结合实际案例，介绍如何将 Excel 工作簿内的多个工作表合并。

4.2.1 创建并集的基本方法

图 4-3 所示是“案例 4-1.xlsx”文件的两个工作表，其字段名称、顺序完全一样，现在要把这两个表的数据合并到一个新表上。

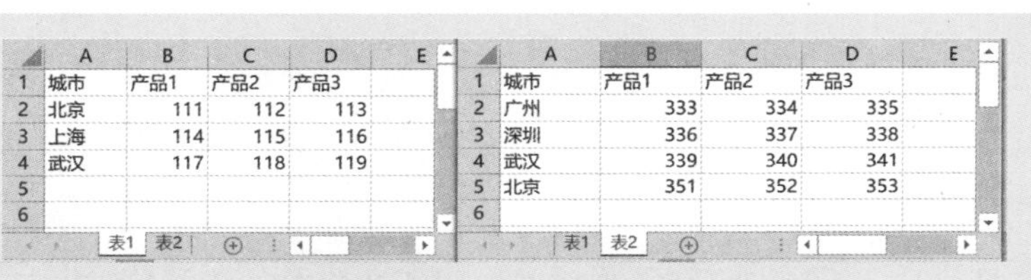

	A	B	C	D	E
1	城市	产品1	产品2	产品3	
2	北京	111	112	113	
3	上海	114	115	116	
4	武汉	117	118	119	
5					
6					

表1 表2

	A	B	C	D	E
1	城市	产品1	产品2	产品3	
2	广州	333	334	335	
3	深圳	336	337	338	
4	武汉	339	340	341	
5	北京	351	352	353	
6					

表1 表2

图 4-3 Excel 文件里的两个结构完全相同的表

首先建立与 Microsoft Excel 文件的数据连接，如图 4-4 所示。

图 4-4 建立与 Excel 文件的连接

建立并集有两个简单的方法，下面分别予以说明。

方法 1：在左侧边条中，选择“表 1”和“表 2”（按住 Ctrl 键的同时单击选择），将其拖放到表操作区域，如图 4-5 所示。

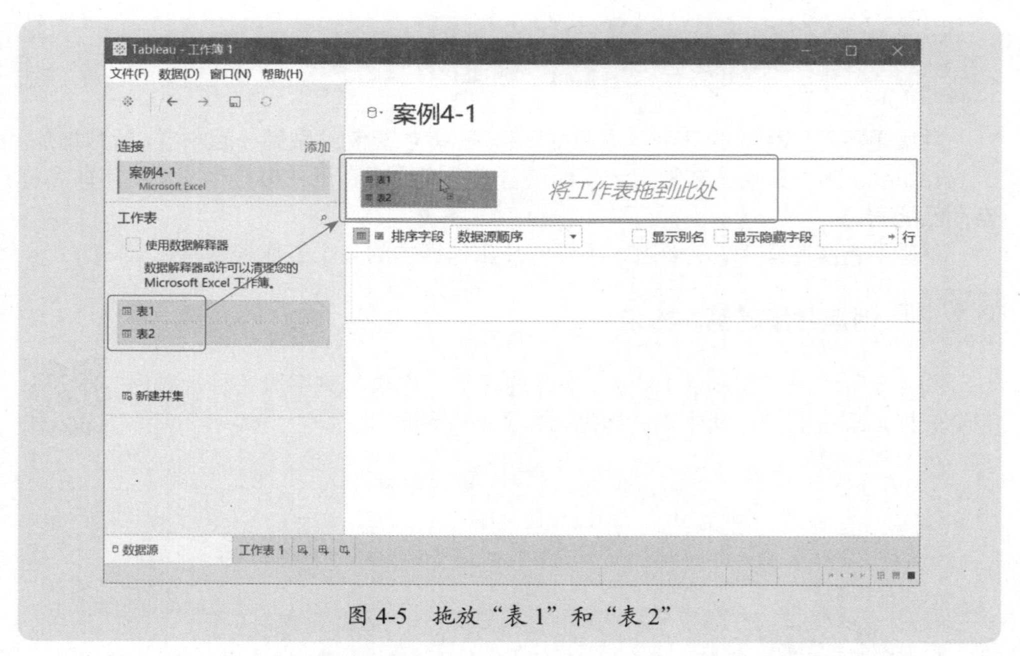

图 4-5　拖放"表 1"和"表 2"

方法 2：双击左侧"新建并集"按钮，打开"并集"对话框，保持当前默认显示的"特定（手动）"界面，在左侧边条中选择要合并的"表 1"和"表 2"，将其一起拖放到"并集"对话框中，如图 4-6 所示。

如果选错了工作表，还可以从"并集"对话框中，将选错的工作表再拖出去。

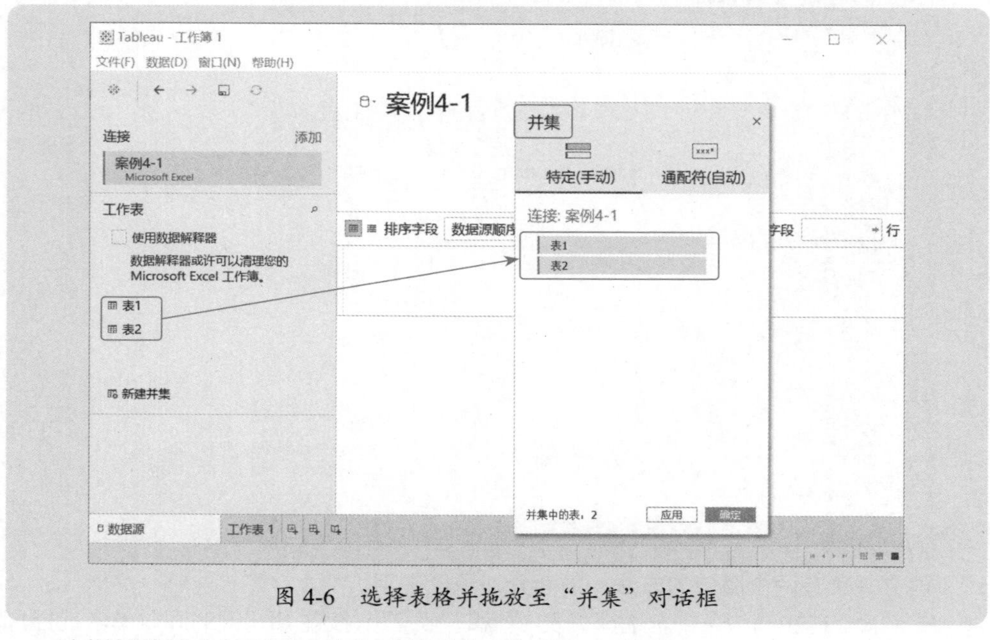

图 4-6　选择表格并拖放至"并集"对话框

这样就得到合并了两个表格后的并集，如图 4-7 所示。

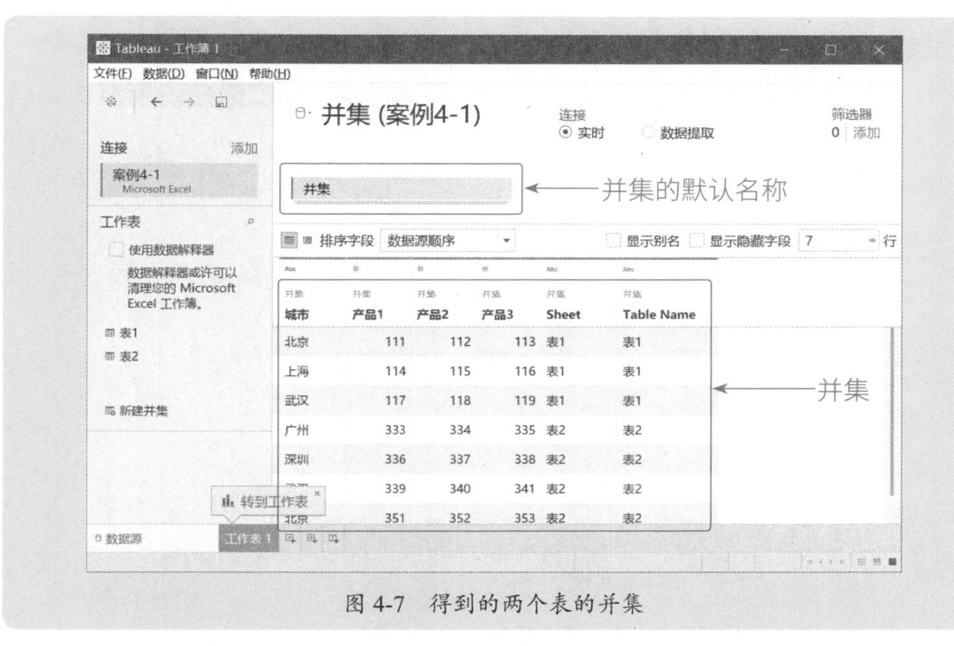

图 4-7　得到的两个表的并集

并集的默认名称是“并集”，可以将其修改为一个具体的容易辨认的名称，方法很简单，双击名称，然后修改即可，如图 4-8 所示。

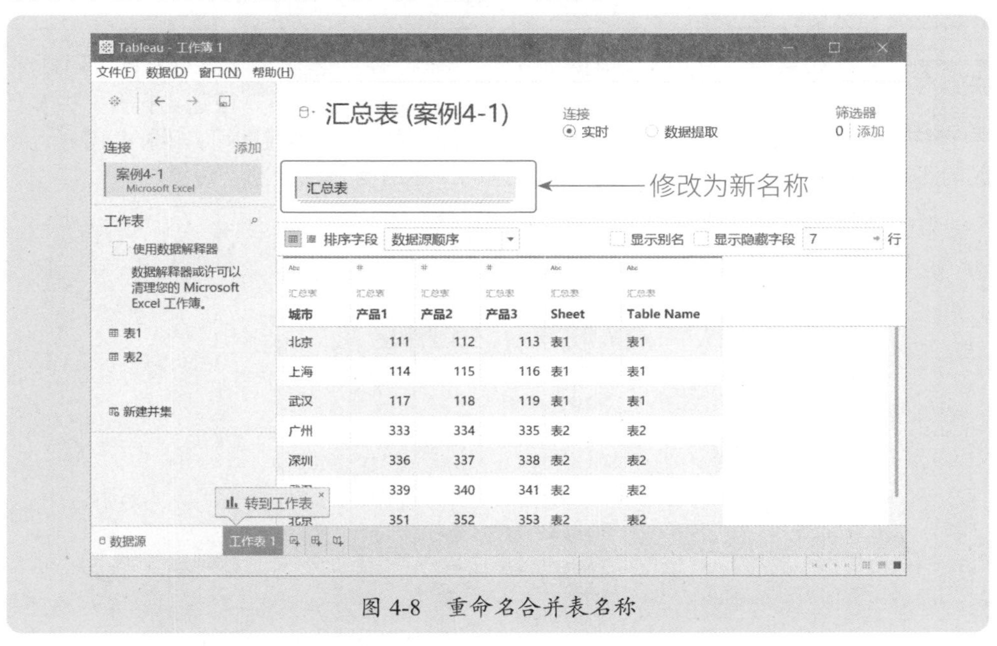

图 4-8　重命名合并表名称

与原始表格相比，在得到的并集中增加了两列新数据：“Sheet” 和 “Table Name”，用来说明数据的来源，其中 “Sheet” 表示 Excel 工作表，“Table Name” 表示 Tableau 里的工作表，两者的名称是一样的，因此隐藏其中一列，保留一列即可，然后再将字段名修改，如图 4-9 所示。

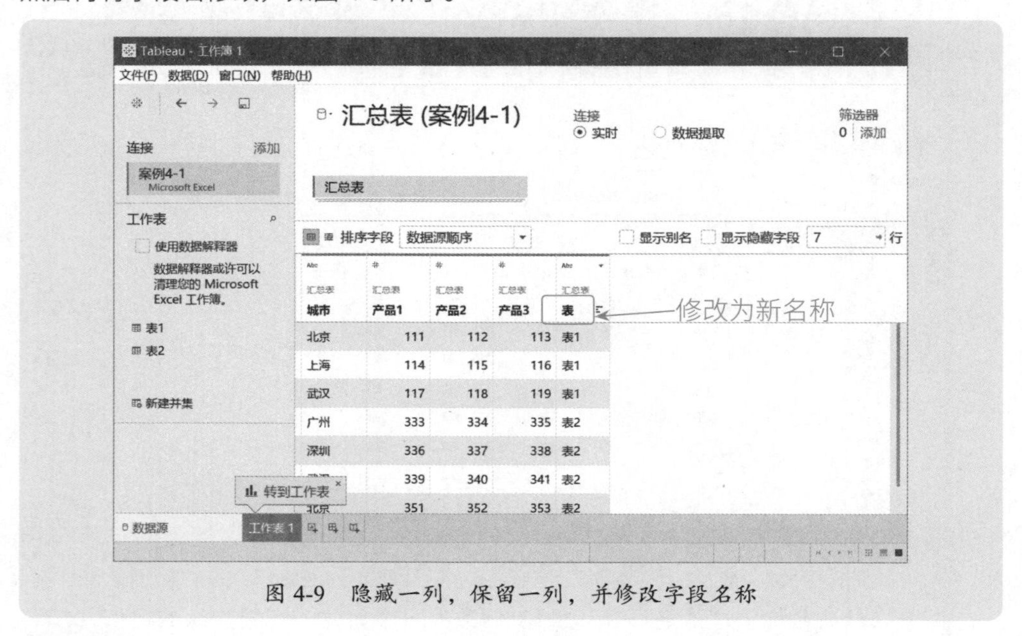

图 4-9　隐藏一列，保留一列，并修改字段名称

4.2.2 合并一个工作簿内的全部工作表：列数、列顺序一样

如果要合并工作簿内的所有工作表，并且这些工作表的列数、列顺序完全一样，建立并集的方法很简单：双击“新建并集”按钮，打开“并集”对话框，切换到“通配符（自动）”界面，保持默认设置即可，如图 4-10 所示。因为工作表选项中，默认了“包括”选项里的“空白 = 包括全部”设置。

感兴趣的用户，不妨自己用例子来练习操作。

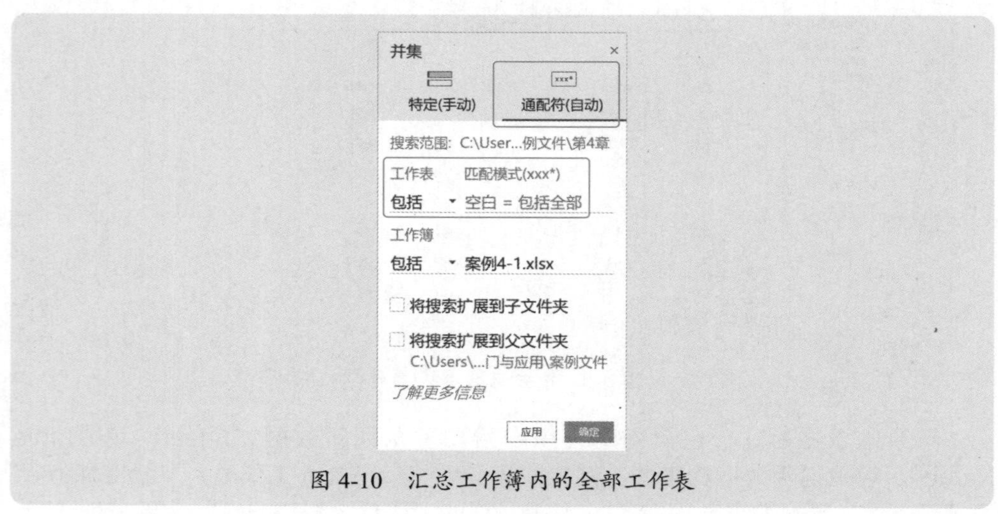

图 4-10　汇总工作簿内的全部工作表

4.2.3 合并一个工作簿内的全部工作表：列数一样，但列顺序不一样

Tableau 对每个表格的列次序没有特殊要求，其会自动去匹配相应字段，并集合并这些工作表数据。

如图 4-11 所示的两个工作表，字段名称一样，但顺序不一样，现在要把这两个表数据合并到一起。本案例的数据源是“案例 4-2.xlsx”文件。

表1:

	A	B	C	D
1	城市	产品3	产品2	产品1
2	广州	335	334	333
3	深圳	338	337	336
4	武汉	341	340	339
5	北京	353	352	351

表2:

	A	B	C	D
1	城市	产品3	产品2	产品1
2	广州	335	334	333
3	深圳	338	337	336
4	武汉	341	340	339
5	北京	353	352	351

图 4-11　Excel 工作表里的两个表，列一样多，但顺序不一样

建立数据连接，并创建并集，得到如图 4-12 所示的合并表，可见，每个表格的列次序对并集没有影响。

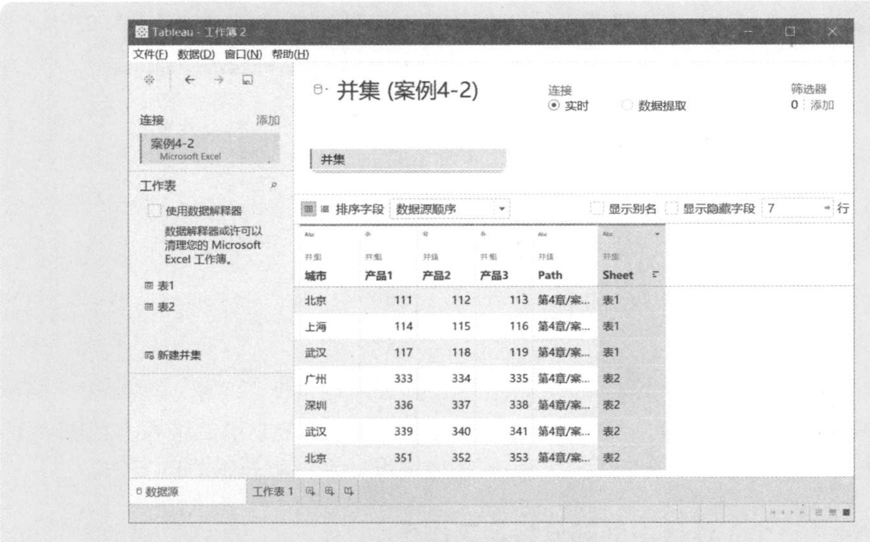

城市	产品1	产品2	产品3	Path	Sheet
北京	111	112	113	第4章/案...	表1
上海	114	115	116	第4章/案...	表1
武汉	117	118	119	第4章/案...	表1
广州	333	334	335	第4章/案...	表2
深圳	336	337	338	第4章/案...	表2
武汉	339	340	341	第4章/案...	表2
北京	351	352	353	第4章/案...	表2

图 4-12　得到的两个表的合并表

4.2.4 合并一个工作簿内的全部工作表：列数和列顺序均不一样

在实际工作中，每个工作表的列数和列顺序都不一样。如图 4-13 所示的两个工作表，其有个数不同的字段，有些字段是共有的，有些是某个表才有的，现在要把这两个表数据合并到一起。本案例的数据源是“案例 4-3.xlsx”文件。

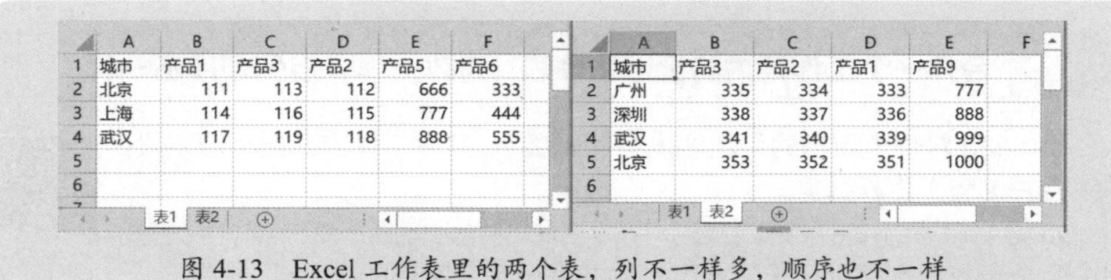

	A	B	C	D	E	F
1	城市	产品1	产品3	产品2	产品5	产品6
2	北京	111	113	112	666	333
3	上海	114	116	115	777	444
4	武汉	117	119	118	888	555

	A	B	C	D	E
1	城市	产品3	产品2	产品1	产品9
2	广州	335	334	333	777
3	深圳	338	337	336	888
4	武汉	341	340	339	999
5	北京	353	352	351	1000

图 4-13　Excel 工作表里的两个表，列不一样多，顺序也不一样

建立数据连接，并创建并集，得到如图 4-14 所示的并集。

仔细观察合并表的数据，Tableau 把每个表格相同的字段合并到了同一列，而单独的字段则被单独展示到了新列，一个表有而另一个表没有的数据就被处理为空值（null）。

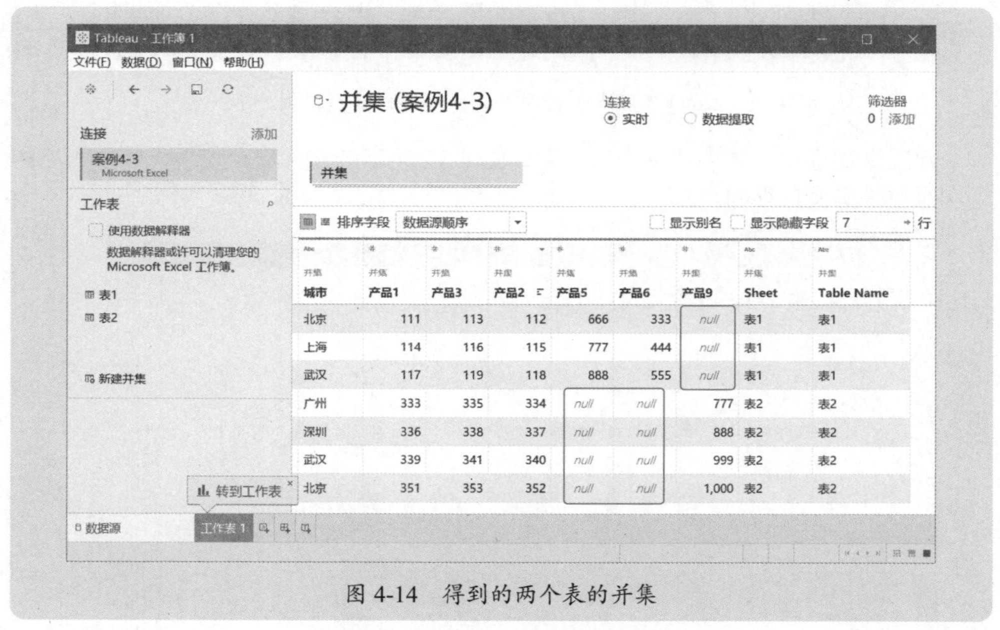

城市	产品1	产品3	产品2	产品5	产品6	产品9	Sheet	Table Name
北京	111	113	112	666	333	null	表1	表1
上海	114	116	115	777	444	null	表1	表1
武汉	117	119	118	888	555	null	表1	表1
广州	333	335	334	null	null	777	表2	表2
深圳	336	338	337	null	null	888	表2	表2
武汉	339	341	340	null	null	999	表2	表2
北京	351	353	352	null	null	1,000	表2	表2

图 4-14　得到的两个表的并集

这种情况的合并很常见，例如，各分公司的销售表都做成了二维表，如图 4-13 所示，要将这些表格合并，分析每个产品的销售情况，合并就是很好的方法。

4.2.5 合并一个工作簿中的部分特定工作表

4.2.2 ～ 4.2.4 节介绍的是合并一个工作簿中所有工作表。但在实际工作中，工作簿内可能会有很多工作表，如果只需要合并某些特定的工作表，可以使用通配符对工作表名称进行关键词匹配、查找并合并。

如图 4-15 所示，当前工作簿中有很多个工作表，如果只需要合并各月工作表（考虑到还会陆续增加各月工作表），这些工作表的特征就是工作表名以“月”结尾。本案例的数据源是“案例 4-4.xlsx”文件。

	A	B	C
1	日期	商品	销售额
2	2021-1-1	家电	1617
3	2021-1-2	服饰	1756
4	2021-1-3	家电	1094
5	2021-1-4	服饰	459
6	2021-1-5	其他	290
7	2021-1-6	家电	273
8	2021-1-7	家电	1701
9	2021-1-8	服饰	876
10	2021-1-9	其他	557
11	2021-1-10	其他	1770
12	2021-1-11	家电	247
13	2021-1-12	其他	714

资料目录 | 基本资料 | 附注 | 成本预算 | 1月 | 2月 | 3月

图 4-15　工作簿内的很多工作表

建立与此工作簿的连接，打开“并集”对话框，切换到“通配符（自动）”界面，在工作表“包括”输入栏中输入“* 月”，其他设置保持默认，如图 4-16 所示。

单击“确定”按钮，将工作表中以“月”结尾的工作表进行合并，如图 4-17 所示。

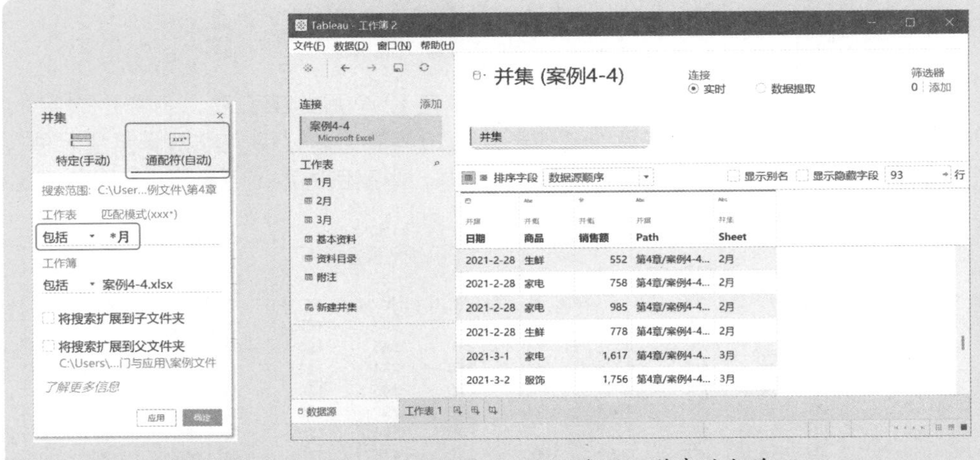

图 4-16　输入包括“* 月”　　图 4-17　各月工作表的合并

在这个并集中，有两个新列：“Path”和“Sheet”，“Path”表示当前工作簿的路径和名称，此列没用，可以隐藏；“Sheet”表示工作表名称，可以根据实际情况保留或隐藏。在本案例中，这两列都是不需要的，将其隐藏。

另外，这种合并是能够自动刷新报告的，也就是增加了新月份工作表后，只要刷新，就自动进行合并。

4.2.6 合并一个工作簿中除特定工作表外的其他工作表

在“交集”对话框中的“通配符（自动）”界面中，还可以设置“排除”的匹配条件，即选择工作表下拉菜单中的“排除”选项，如图 4-18 所示。这样可以把那些特定工作表以外的所有工作表进行合并。

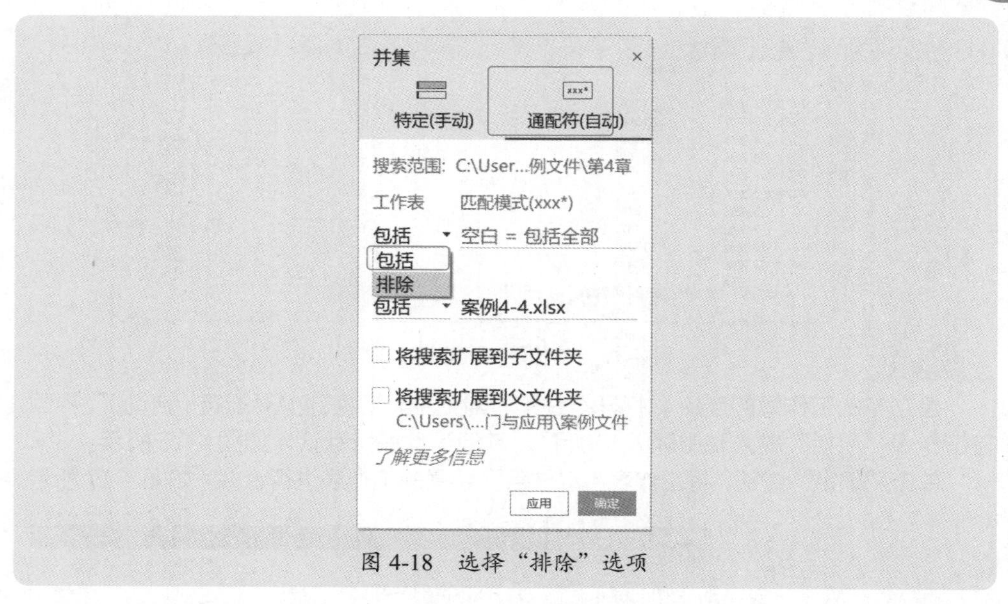

图 4-18　选择“排除”选项

图 4-19 所示是一个示例，当前工作簿中有 12 个月的工资表，名称是数字 1、2、……、12，除此之外，还有两个工作表:“2020 考勤汇总”和“2020 年奖金汇总”。现在的任务是要把这 12 个月的工资表进行合并。本案例的数据源是“案例 4-5.xlsx”文件。

	A	B	C	D	E	F	G	H	I	J	K	L	M	N
1	工号	姓名	性别	所属部门	级别	基本工资	岗位工资	工龄工资	住房补贴	交通补贴	医疗补助	奖金	病假扣款	事假扣
2	0001	刘晓晨	男	办公室	1级	1581	1000	360	543	120	84	1570	0	
3	0004	祁正人	男	办公室	5级	3037	800	210	543	120	84	985	0	
4	0005	张丽莉	女	办公室	3级	4376	800	150	234	120	84	970	77	
5	0006	孟欣然	女	行政部	1级	6247	800	300	345	120	84	1000	98	
6	0007	毛利民	男	行政部	4级	4823	600	420	255	120	84	1000	0	
7	0008	马一晨	男	行政部	1级	3021	1000	330	664	120	84	1385	16	
8	0009	王浩忌	男	行政部	1级	6859	1000	330	478	120	84	1400	13	
9	0013	王玉成	男	财务部	6级	4842	600	390	577	120	84	1400	0	
10	0014	蔡齐豫	女	财务部	5级	7947	1000	360	543	120	84	1570	0	
11	0015	秦玉邦	男	财务部	6级	6287	800	270	655	120	84	955	0	
12	0016	马[illegible]	女	财务部	1级	6442	800	210	435	120	84	1185	0	

1 2 3 4 5 6 7 8 9 10 11 12 2020考勤汇总 2020年奖金汇总

100%

图 4-19　示例数据

由于要合并的 12 个月的工资表名称是数字，但不需要合并的两个工作表的名称以“汇总”两个字结尾（或者以“2020”开头），因此可以使用“排除”选项来合并。

建立与本工作簿的连接，打开“并集”对话框，切换到“通配符(自动)”界面，在工作表的选项中选择“排除”选项，并在输入栏中输入“* 汇总”（也可以输入 2020*），其他设置保持默认，如图 4-20 所示。

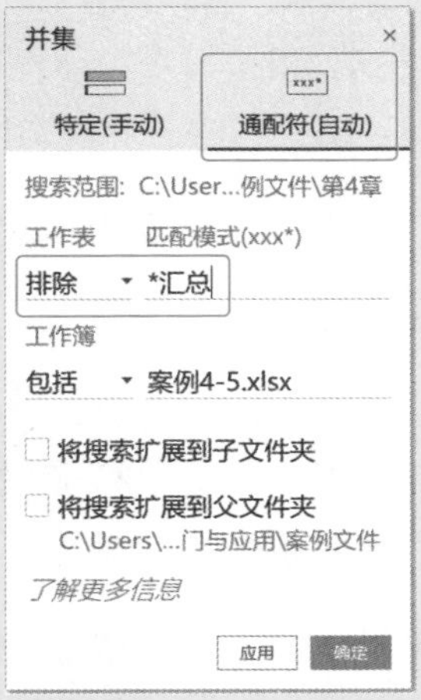

图 4-20　选择“排除”选项，输入“* 汇总”

单击“确定”按钮，将 12 个月的工资表快速进行合并，如图 4-21 所示。

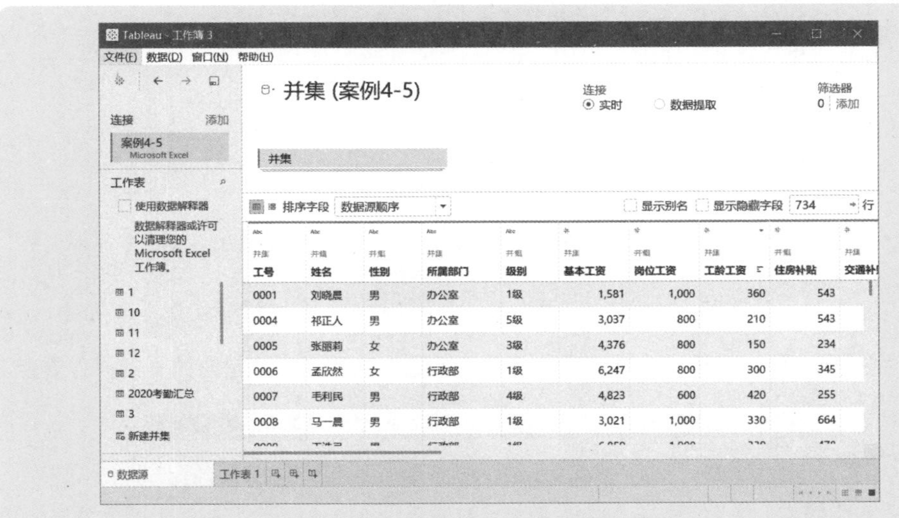

图 4-21　12 个月工资表的合并表

4.2.7 向已有的并集中追加新表

如果已经创建了并集，现在又有了新表，要求将这些新表追加到并集中，可以根据具体情况来选择相应的方法。

1. 手动创建的并集

如果是手动创建的并集，那么可以选择这些新表，然后将其拖放到并集中。

添加新表到并集有两种方法：方法一是直接往表操作区域拖入工作表，方法二是使用“并集”对话框拖放工作表。

以“案例 4-1”所示的工作簿为例，其已经建立了如图 4-7 所示的并集。现在工作簿中增加了两个新工作表：“表 3”和“表 4”，示例数据如图 4-22 所示，要求将这两个表追加到并集中。

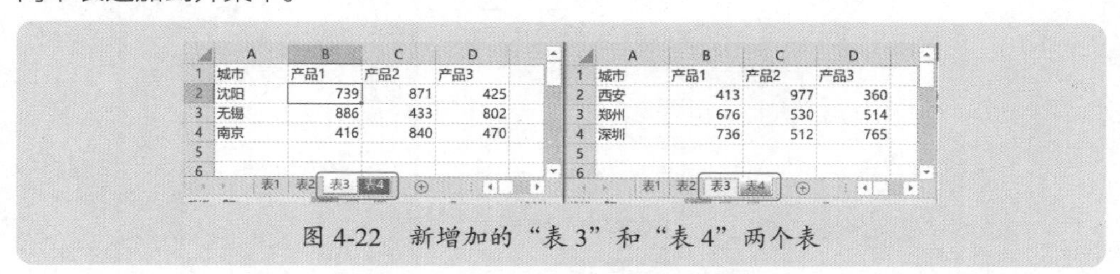

图 4-22 新增加的“表 3”和“表 4”两个表

将工作簿保存，在 Tableau 中刷新数据连接，增加两个新表，如图 4-23 所示。

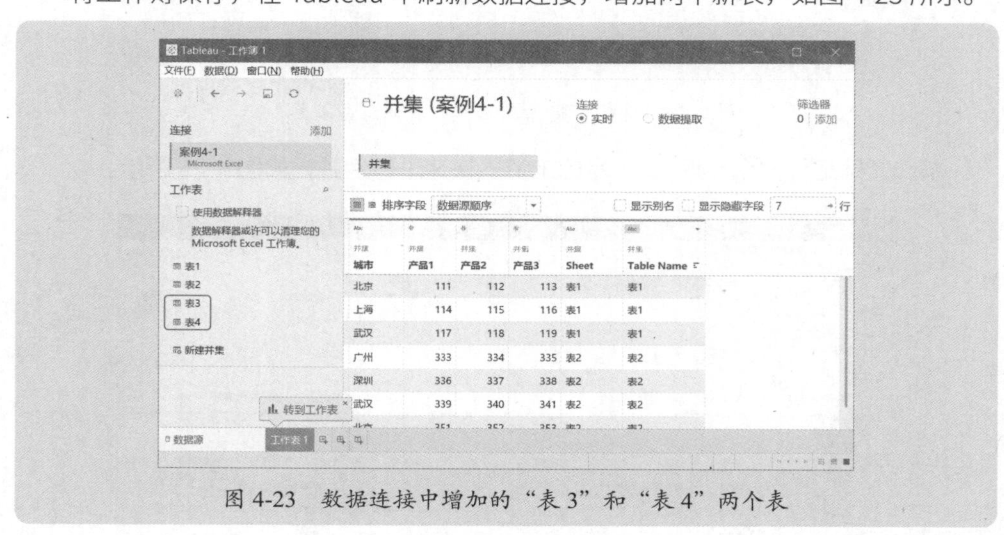

图 4-23 数据连接中增加的“表 3”和“表 4”两个表

然后选择这两个新表，将其拖放到并集中，如图 4-24 所示。这是方法一的操作要点。

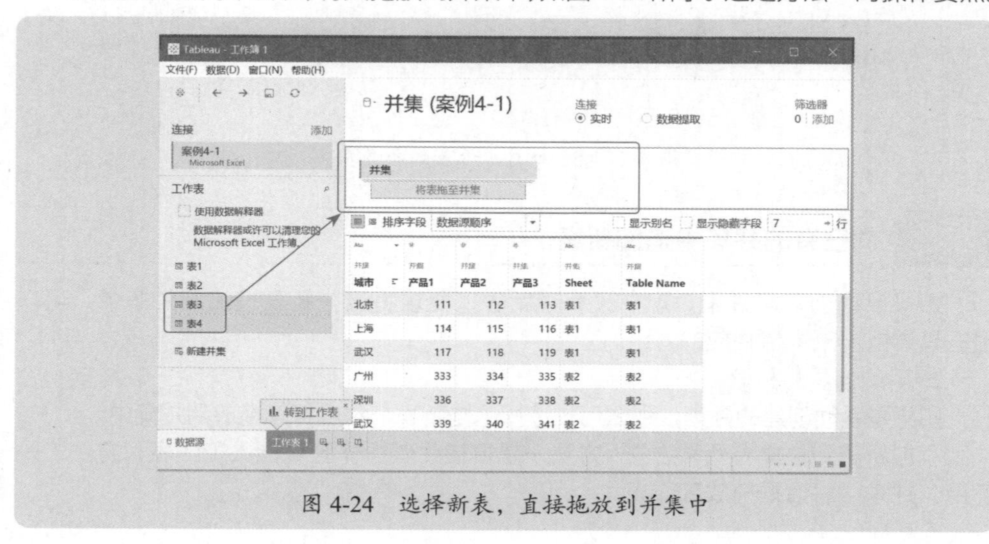

图 4-24 选择新表，直接拖放到并集中

方法二是右击并集，在弹出的快捷菜单中执行“编辑并集”命令，如图 4-25 所示。

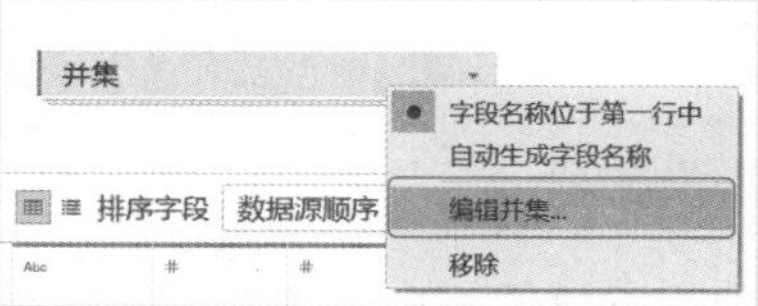

图 4-25 “编辑并集”命令

打开“并集”对话框，在左侧边条中选择这两个新表，将其拖放到对话框中，如图 4-26 所示，然后单击“确定”按钮。

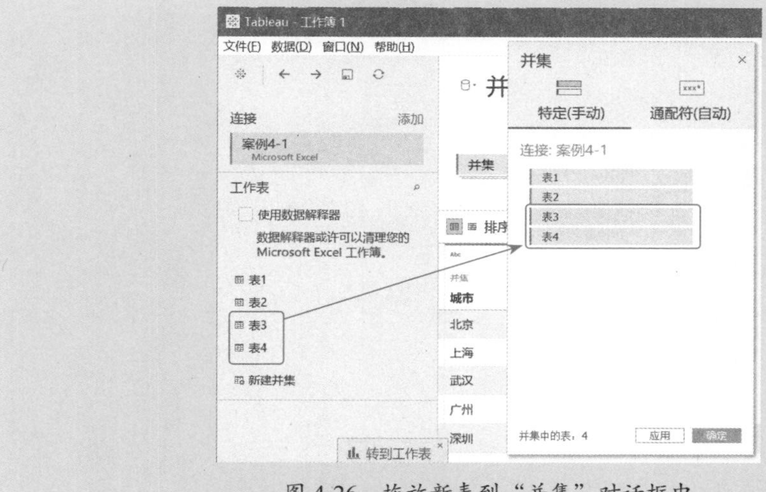

图 4-26 拖放新表到“并集”对话框中

这样，新表数据就被追加到了并集，如图 4-27 所示。

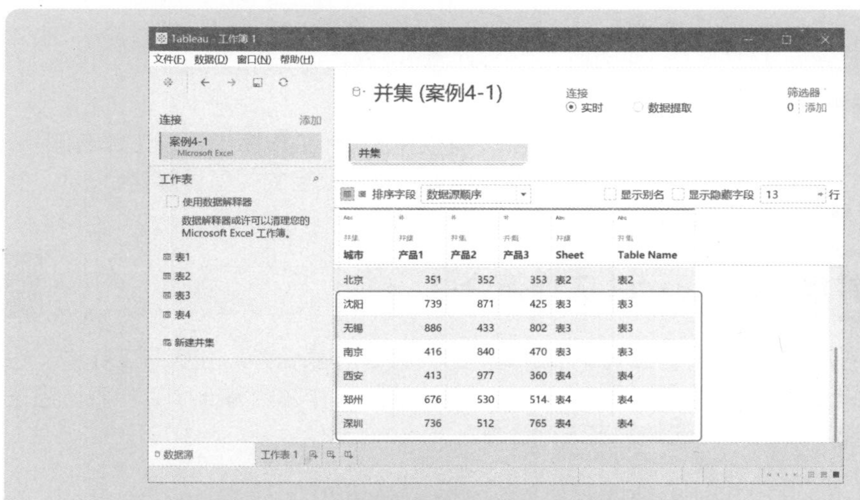

图 4-27 新表数据追加到了并集

2. 通配符自动创建的并集

如果是使用通配符自动创建的并集，要想把新增加的该类工作表添加到并集，在数据源界面中，单击“刷新”按钮即可。

4.2.8 移除并集中不需要的表

如果想要从并集中移除不需要的表，也需要根据创建并集的方法，来确定如何移除不需要的并集。

1. 手动创建的并集

对于手动创建的并集，打开“并集”对话框，然后单击要移除的表右侧的“移除”按钮☒，最后单击“确定”按钮，关闭对话框，如图 4-28 所示。

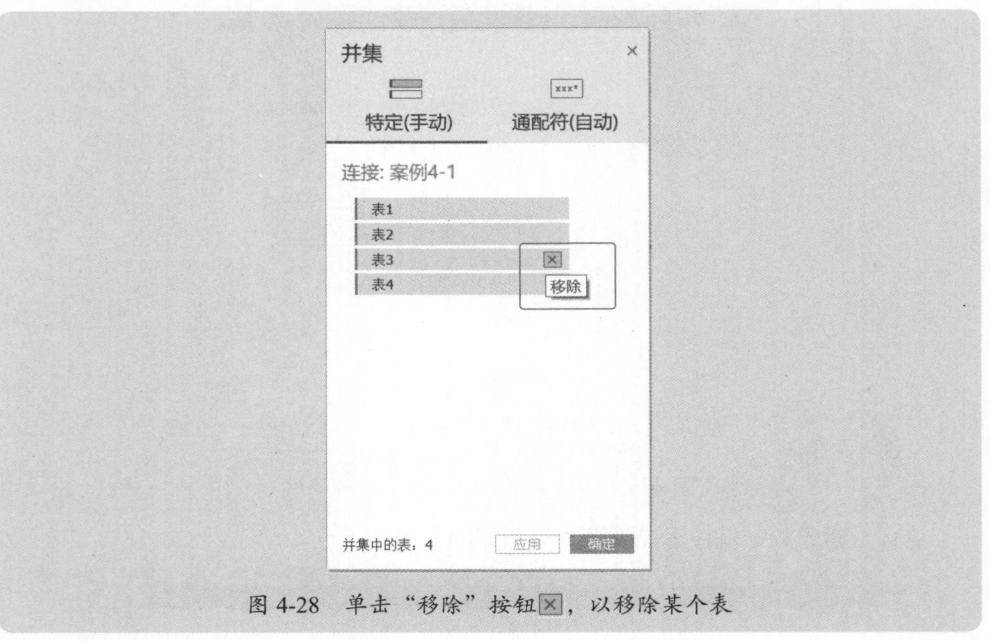

图 4-28　单击“移除”按钮☒，以移除某个表

2. 通配符自动创建的并集

此时，要将并集中的某个工作表移除，可以在 Excel 工作簿中将该工作表删除，或者将这个工作表名称中的关键词替换为其他备注文字（目的就是排除这个表），然后保存工作簿，再刷新数据连接。

4.3 并集：多个 Excel 工作簿合并

4.2 节内容介绍的是一个 Excel 工作簿内的 N 个工作表合并。在实际工作中，也经常遇到要把几个工作簿的数据合并分析，不论这些工作簿内有一个工作表，还是有多个工作表，都可以创建并集来进行合并。

4.3.1 同一个文件夹里的所有工作簿合并

要合并的工作簿都保存在同一个文件夹中时，可以使用并集里的通配符工具来快速合并这些工作簿数据。

图 4-29 所示是“案例 4-6”文件夹，其中只有“2020 年 01 月 .xlsx”“2020 年 02 月 .xlsx” 和 “2020 年 03 月 .xlsx” 3 个工作簿，每个工作簿有个数不等的工作表，分别保存每个店铺在该月的销售数据。其中，“2020 年 01 月 .xlsx” 工作簿中有 6 个工作表，“2020 年 02 月 .xlsx” 工作簿中有 9 个工作表，“2020 年 03 月 .xlsx” 工作簿中有 10 个工作表。

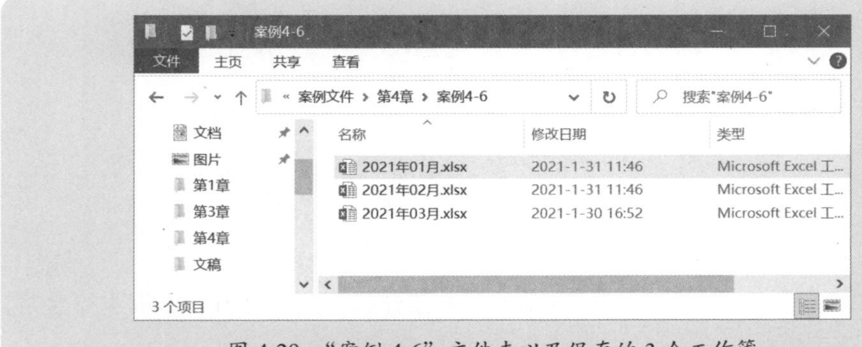

图 4-29 “案例 4-6”文件夹以及保存的 3 个工作簿

打开 Tableau，先连接到该文件夹里的任一 Excel 文件，如图 4-30 所示。

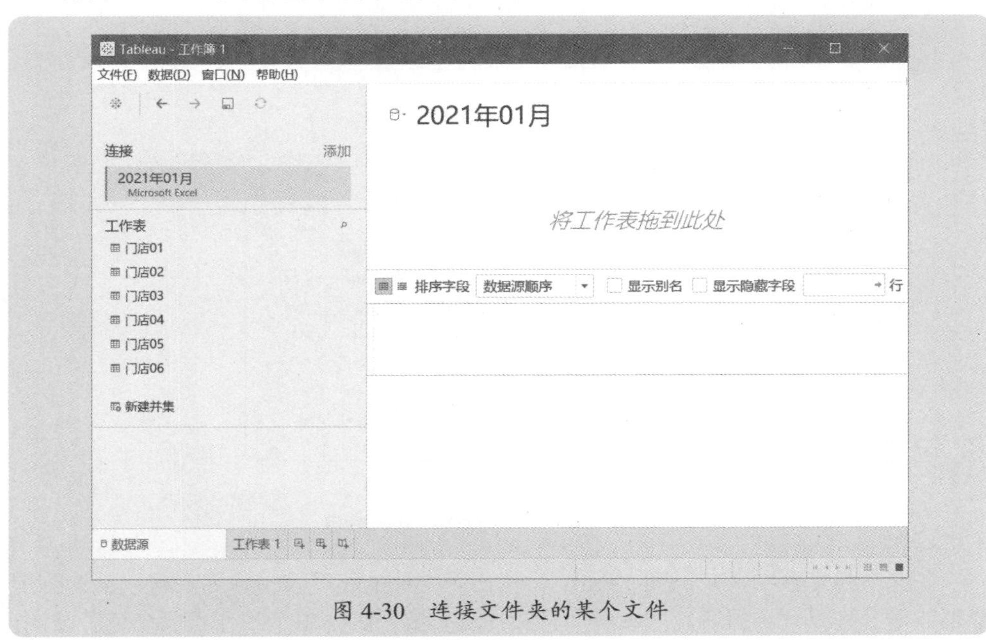

图 4-30 连接文件夹的某个文件

双击左侧边条的“新建并集”按钮，打开“并集”对话框，切换到“通配符（自动）”界面，做如下设置，如图 4-31 所示。

（1）在工作表中选择“包括”选项，并留空，表示要汇总工作簿里的所有工作表。

（2）在工作簿中也选择“包括”选项，并留空，表示要汇总该文件夹里的所有工作簿，以及每个工作簿里的所有工作表。

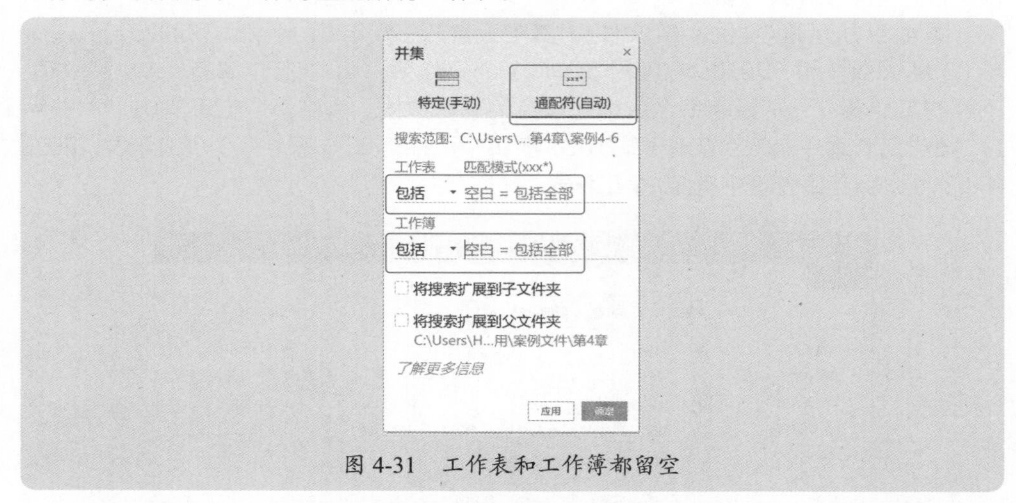

图 4-31　工作表和工作簿都留空

单击“确定”按钮，将该文件夹里的所有工作簿及所有工作表数据进行合并，如图 4-32 所示。

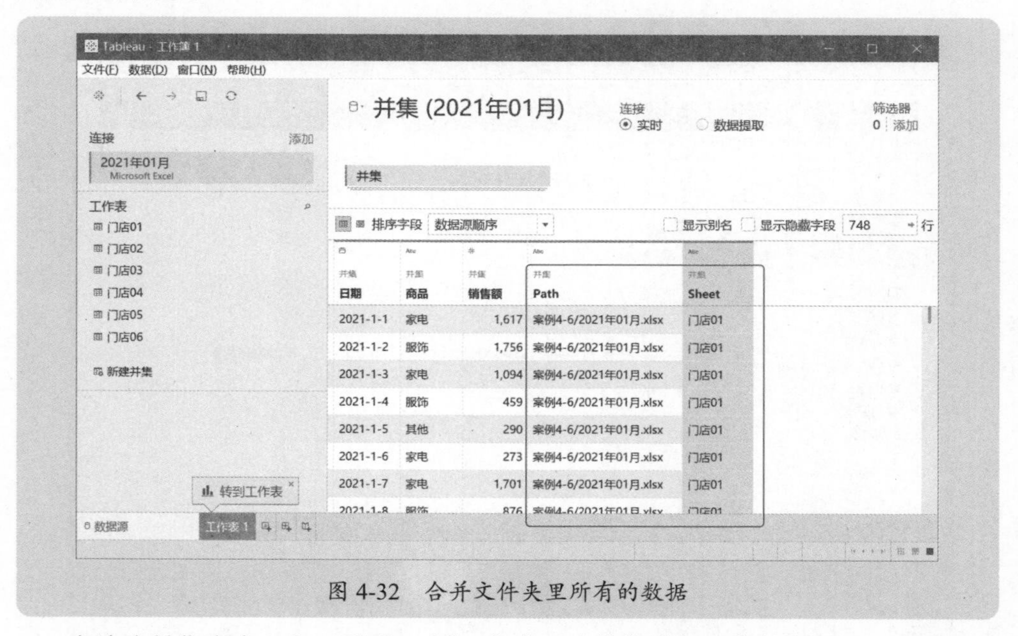

图 4-32　合并文件夹里所有的数据

在这个并集表中，有一列“Path”，指出了文件的路径及文件名，可以从这列提取工作簿名称（代表日期，对本例而言没什么必要，因为每个工作表已经有了日期，因此可以隐藏本列）。

还有一列“Sheet”，是每个工作簿中的工作表，代表的是门店名称，因此把默认的字段名“Sheet”改为“门店”。

最后将默认的并集名字“并集”改为“汇总表”，同时把连接数据源的默认名称“并集 (2021 年 01 月)”修改为“门店分析”，则整理好后的合并表如图 4-33 所示。

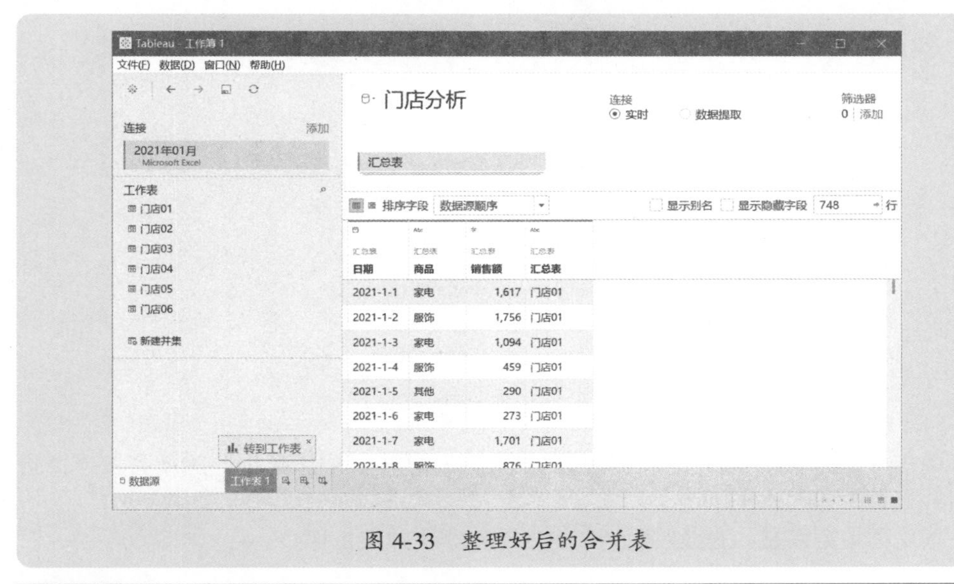

图 4-33　整理好后的合并表

4.3.2 同一个文件夹里的部分工作簿合并

如果文件夹里保存了很多文件，但有些工作簿不需要合并汇总，只是汇总那些需要的工作簿（这些工作簿的名称用关键词来匹配），此时可以使用通配符来寻找那些要合并的工作簿。

如图 4-34 所示的“案例 4-7”文件夹里有很多文件，现在要合并每个月的门店月报数据，这些工作簿名称中都有“门店月报”4 个字。

图 4-34　文件夹里的很多文件

由于要汇总的工作簿名称中都有“门店月报”4 个关键字，因此在“并集”对话框中，在工作簿“包括”栏中输入“* 门店月报 *”，其他保持默认，如图 4-35 所示。

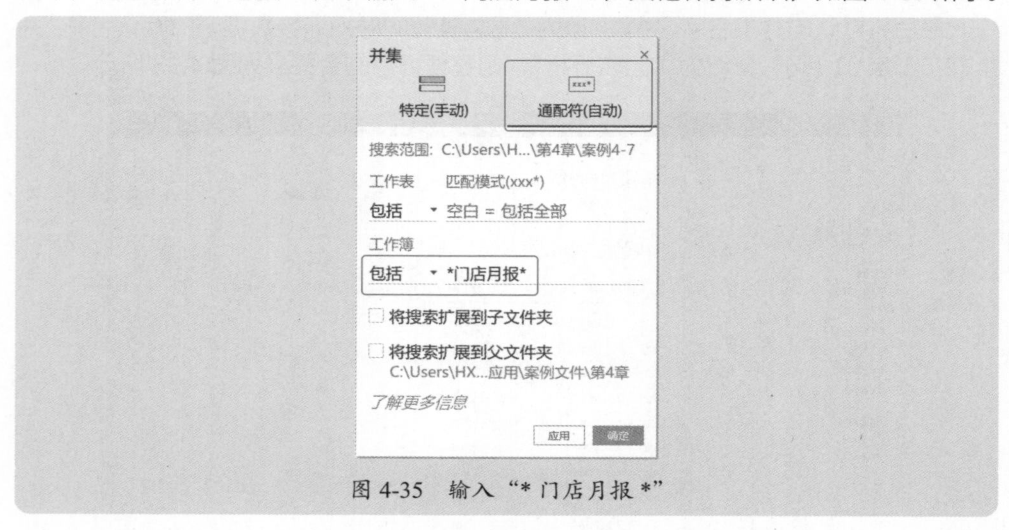

图 4-35　输入“* 门店月报 *”

单击“确定”按钮，将文件夹里的文件名称包含“门店月报”的所有工作簿进行合并汇总，如图 4-36 所示。

最后再根据需要，对最后两列进行处理，修改并集名称。

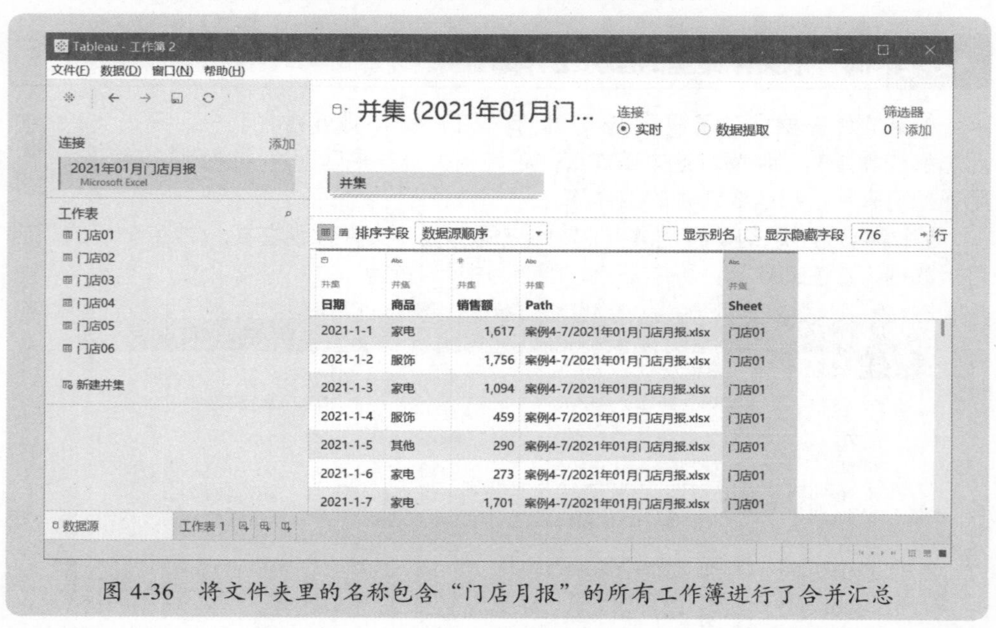

图 4-36　将文件夹里的名称包含“门店月报”的所有工作簿进行了合并汇总

如果文件夹里要合并的工作簿名称没什么规律，但是不需要合并的工作簿名称有规律可循，那么可以在“并集”对话框中使用“排除”选项来进行合并。

4.3.3 不同文件夹里的所有工作簿合并

将不同类别的工作簿保存在不同文件夹里更方便管理。例如，按分公司创建文件夹，然后在每个分公司文件夹里保存各自的 12 个月工资表。现在要合并这些文件夹里的所有工作簿，可以创建并集来快速完成。

图 4-37 所示是“案例 4-8”文件夹，其中有 4 个子文件夹，保存各分公司的各月工资工作簿，如图 4-38 所示。每个工作簿中仅仅有一个工作表，为该月工资数据，如图 4-39 所示。

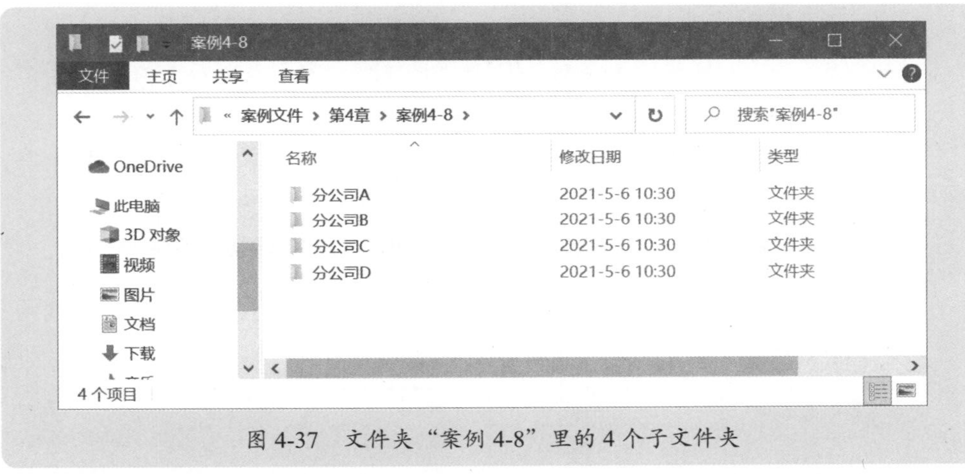

图 4-37　文件夹“案例 4-8”里的 4 个子文件夹

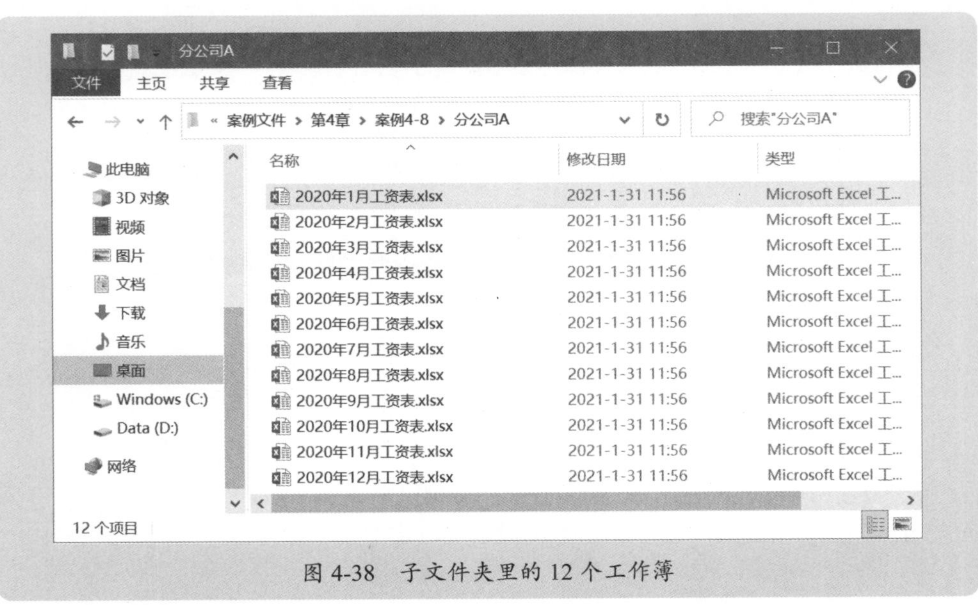

图 4-38　子文件夹里的 12 个工作簿

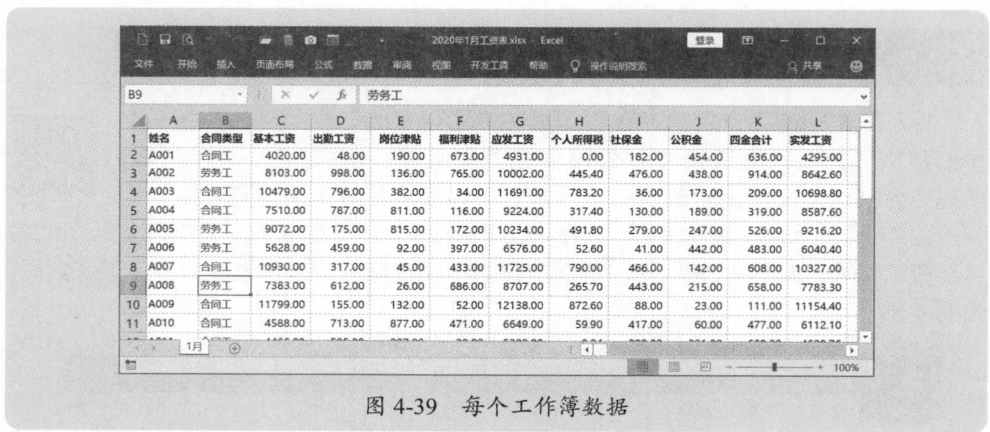

	A	B	C	D	E	F	G	H	I	J	K	L
1	姓名	合同类型	基本工资	出勤工资	岗位津贴	福利津贴	应发工资	个人所得税	社保金	公积金	四金合计	实发工资
2	A001	合同工	4020.00	48.00	190.00	673.00	4931.00	0.00	182.00	454.00	636.00	4295.00
3	A002	劳务工	8103.00	998.00	136.00	765.00	10002.00	445.40	476.00	438.00	914.00	8642.60
4	A003	合同工	10479.00	796.00	382.00	34.00	11691.00	783.20	36.00	173.00	209.00	10698.80
5	A004	合同工	7510.00	787.00	811.00	116.00	9224.00	317.40	130.00	189.00	319.00	8587.60
6	A005	劳务工	9072.00	175.00	815.00	172.00	10234.00	491.80	279.00	247.00	526.00	9216.20
7	A006	劳务工	5628.00	459.00	92.00	397.00	6576.00	52.60	41.00	442.00	483.00	6040.40
8	A007	合同工	10930.00	317.00	45.00	433.00	11725.00	790.00	466.00	142.00	608.00	10327.00
9	A008	劳务工	7383.00	612.00	26.00	686.00	8707.00	265.70	443.00	215.00	658.00	7783.30
10	A009	合同工	11799.00	155.00	132.00	52.00	12138.00	872.60	88.00	23.00	111.00	11154.40
11	A010	合同工	4588.00	713.00	877.00	471.00	6649.00	59.90	417.00	60.00	477.00	6112.10

图 4-39　每个工作簿数据

下面需要对每个文件夹进行搜索合并，操作步骤如下。

首先，建立与这几个子文件夹里的任一工作簿的数据连接，例如跟子文件夹“分公司 A”的“2020 年 1 月工资表 .xlsx”的连接，如图 4-40 所示。

图 4-40　建立与某个文件夹里的任一工作簿连接

将默认的“1 月”工作表拖出数据工作区，如图 4-41 所示。

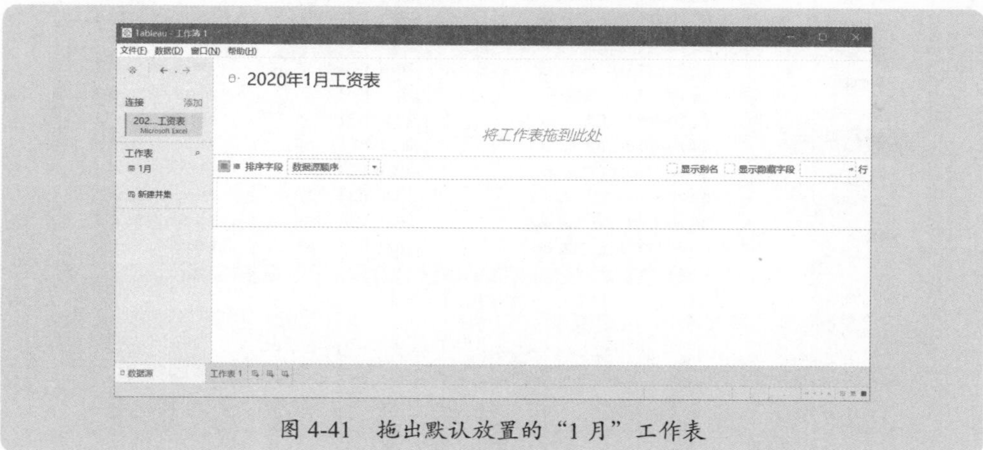

图 4-41　拖出默认放置的“1 月”工作表

双击左侧边条的“新建并集”按钮，打开“并集”对话框，切换到“通配符（自动）”界面，做如下设置，如图 4-42 所示。

（1）在工作表中选择“包括”选项，并留空，表示要汇总工作簿里的所有工作表。

（2）在工作簿中也选择“包括”选项，并留空，表示要汇总该文件夹里的所有工作簿。

（3）勾选“将搜索扩展到父文件夹”复选框，表示要汇总，所有本文件所在的文件夹以及父文件夹，本案例中就是 4 个分公司的文件夹。

说明：关于文件夹的选项有两个，一个是“将搜索扩展到父文件夹”复选框，一个是“将搜索扩展到子文件夹”复选框，具体勾选哪个，取决于连接的工作簿保存在哪里。

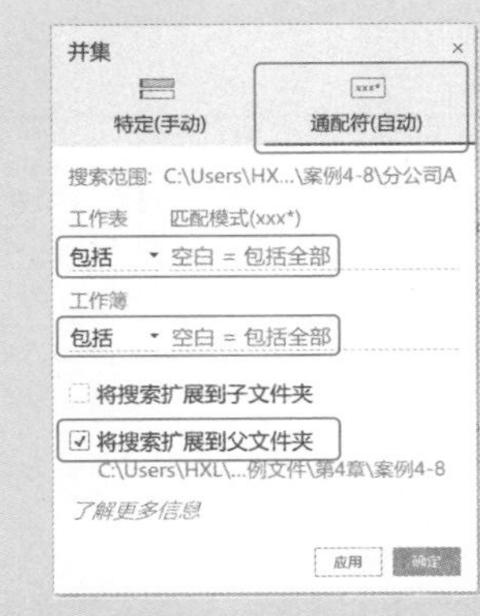

图 4-42　设置并集选项，重点勾选“将搜索扩展到父文件夹”复选框

单击“确定”按钮，开始进行查询，弹出一个如图 4-43 所示的信息框，查询结束后，就得到 4 个文件夹里的共 48 个工作簿的合并表，如图 4-44 所示。

图 4-43　正在查询信息框

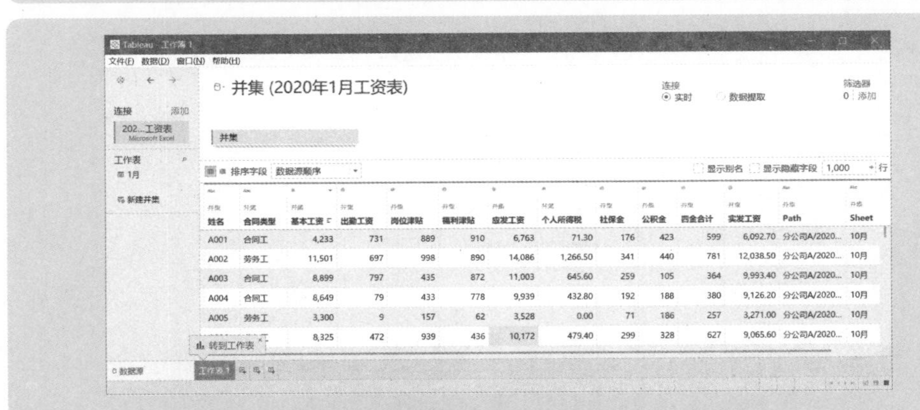

姓名	合同类型	基本工资	出勤工资	岗位津贴	福利津贴	应发工资	个人所得税	社保金	公积金	四金合计	实发工资	Path	Sheet
A001	合同工	4,233	731	889	910	6,763	71.30	176	423	599	6,092.70	分公司A/2020...	10月
A002	劳务工	11,501	697	998	890	14,086	1,266.50	341	440	781	12,038.50	分公司A/2020...	10月
A003	合同工	8,899	797	435	872	11,003	645.60	259	105	364	9,993.40	分公司A/2020...	10月
A004	合同工	8,649	79	433	778	9,939	432.80	192	188	380	9,126.20	分公司A/2020...	10月
A005	劳务工	3,300	9	157	62	3,528	0.00	71	186	257	3,271.00	分公司A/2020...	10月
[illegible]	[illegible]	8,325	472	939	436	10,172	479.40	299	328	627	9,065.60	分公司A/2020...	10月

图 4-44　4 个文件夹里总共 48 个工作簿的合并表

对右侧倒数第 2 列的字段“Path”进行分列，提取出斜杠“/”之前的文本，得到分公司名称，并将拆分出来的字段名称重命名为“分公司”。具体分列工具的使用方法，将在后面的有关章节进行介绍。

将最后一列“Sheet”重命名为“月份”，并修改数据连接名称和并集名称，得到需要的合并表，如图 4-45 所示。

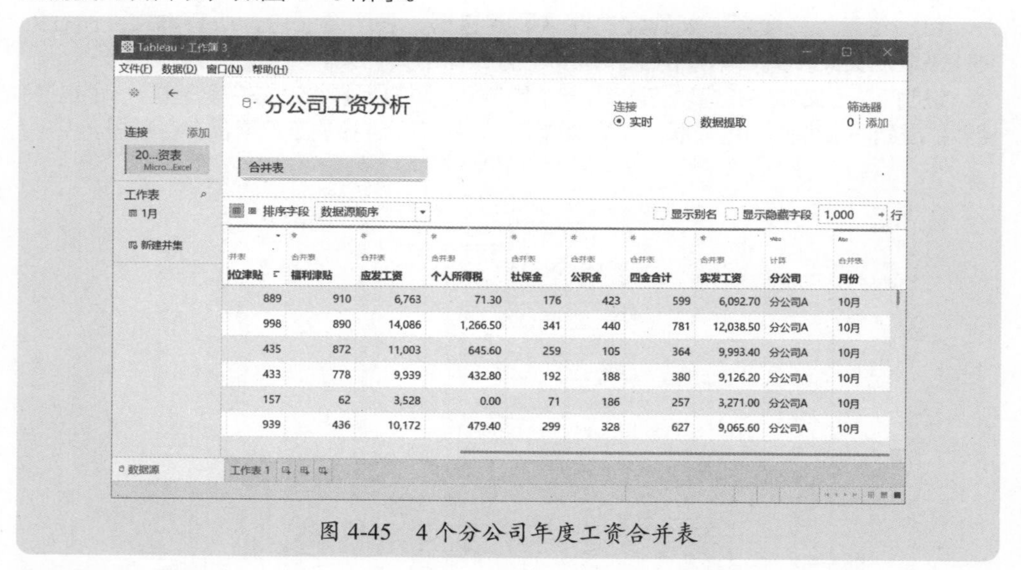

图 4-45　4 个分公司年度工资合并表

4.3.4 不同文件夹里的部分工作簿合并

如果要合并不同文件夹里指定的某些工作簿，只需要在“包含”里设置通配符就可以，如图 4-46 所示。要完成这样的工作，需要先对工作簿的名称做规范处理。也可以使用“排除”选项，并设置通配符。

感兴趣的读者，可以自己找案例练习，此处不再详细介绍。

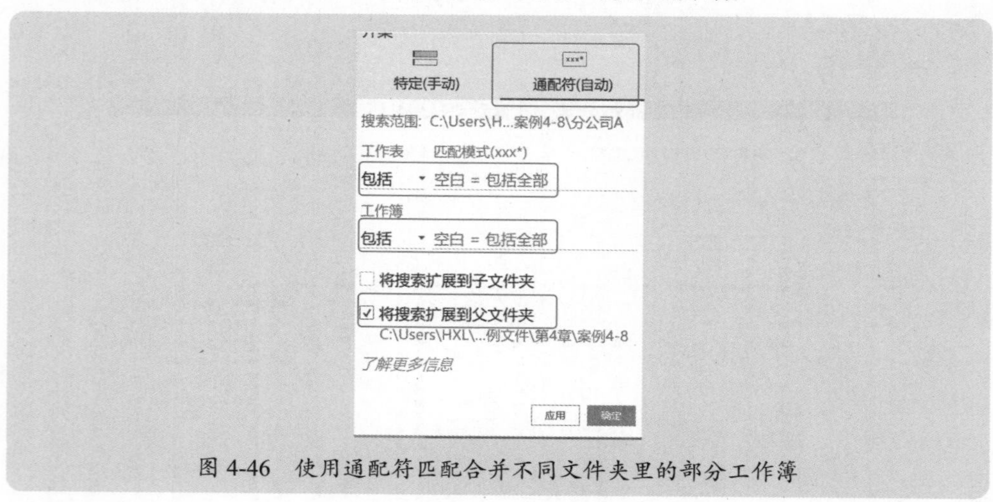

图 4-46　使用通配符匹配合并不同文件夹里的部分工作簿

4.3.5 文件夹里的部分工作簿的部分工作表合并

如果要合并不同文件夹里指定的部分工作簿的部分工作表，则需要同时设置工作表和工作簿"包含"选项（或者"排除"选项），并设置通配符，如图 4-47 所示。要完成这样的工作，需要先对工作簿名称和工作表名称做规范处理。

感兴趣的读者，可以自己找案例练习，此处不再详细介绍。

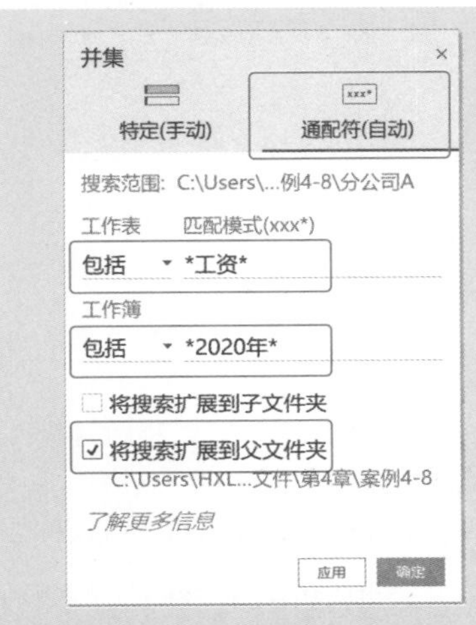

图 4-47 使用通配符匹配合并不同文件夹里的部分工作簿的部分工作表

4.4 并集：多个数据库数据表合并

对数据库数据进行合并时，与 Excel 工作簿的操作方法是不一样的，本节以最简单的 Access 数据库为例，介绍如何将数据库里的多个数据表进行合并。

4.4.1 多个数据表的所有字段合并

图 4-48 和图 4-49 所示是一个 Access 数据库"并集示例 .accdb"的例子，其中有两个数据：表"表 1"和"表 2"，现在要在 Tableau 中获取这两个表的合并表。

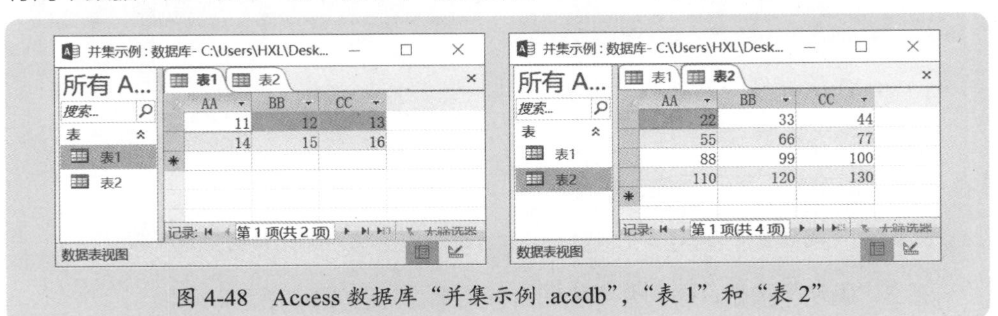

图 4-48 Access 数据库"并集示例 .accdb"，"表 1"和"表 2"

建立与Access数据库的数据连接，如图4-49所示。

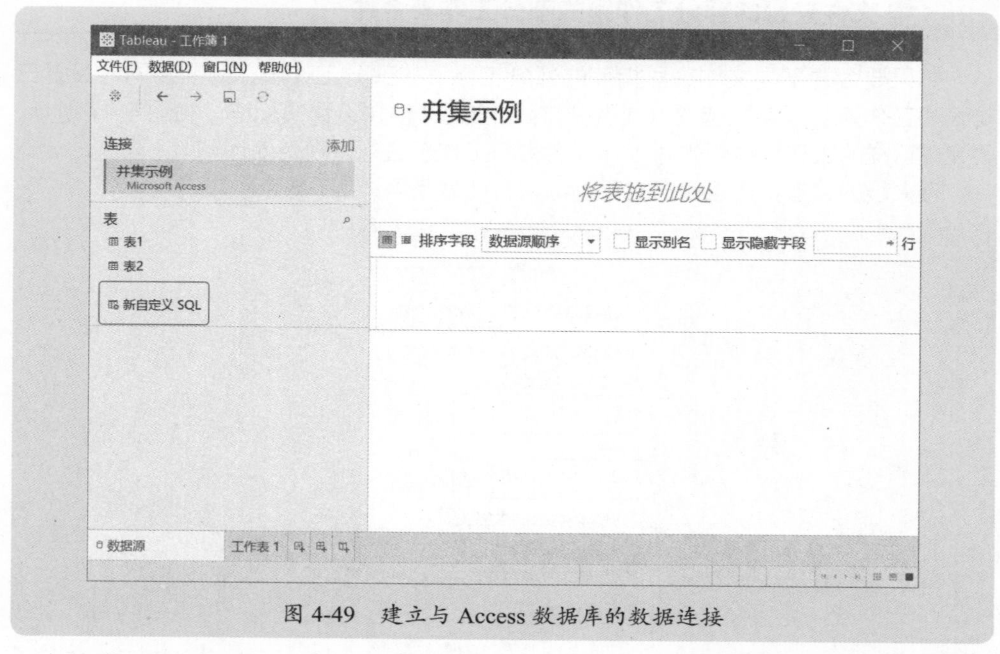

图4-49　建立与Access数据库的数据连接

与Excel文件不同，在Access数据库中，要将几个数据表合并，需要建立自定义SQL，而不是拖放表格。

双击左侧边条的“新自定义SQL”按钮，打开“编辑自定义SQL”对话框，如图4-50所示，输入下面的SQL命令文本。

```
select *,'表1' as 表 from 表1
union all
select *,'表2' as 表 from 表2
```

单击对话框左下角的“预览结果”按钮，打开数据预览窗口，检查数据合并是否正确，如图4-51所示。如果有问题，就回到“编辑自定义SQL”对话框，重新编写SQL命令文本。

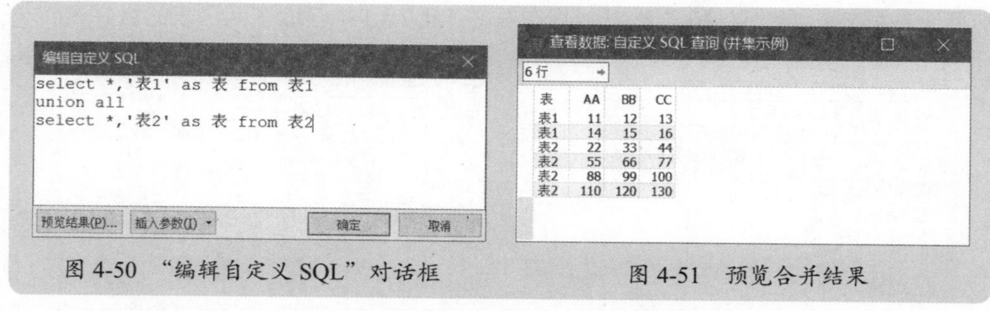

表	AA	BB	CC
表1	11	12	13
表1	14	15	16
表2	22	33	44
表2	55	66	77
表2	88	99	100
表2	110	120	130

图4-50　“编辑自定义SQL”对话框

图4-51　预览合并结果

单击“确定”按钮，得到两个表的合并结果，如图4-52所示。

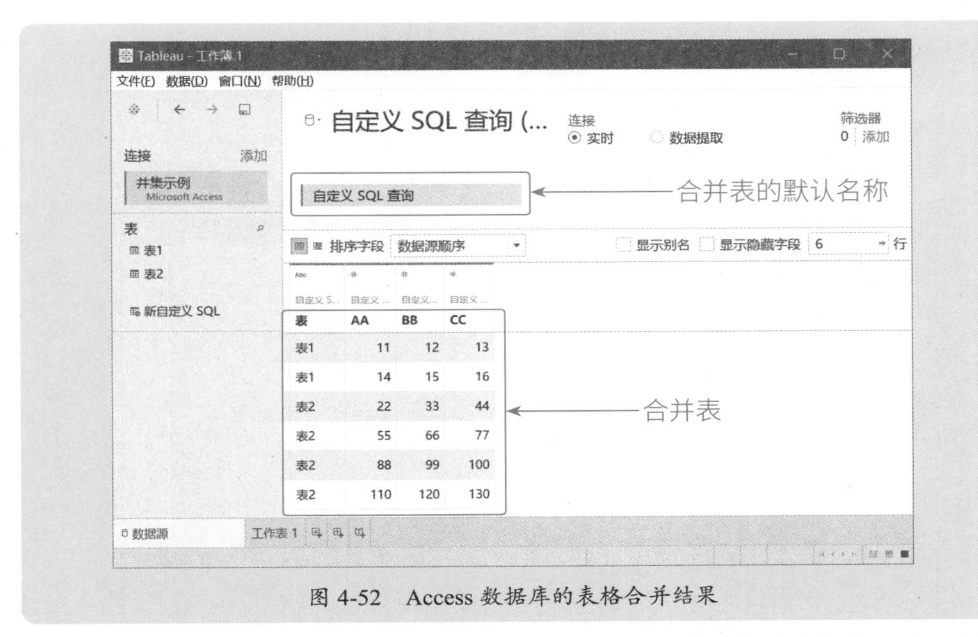

图 4-52 Access 数据库的表格合并结果

最后，再根据需要将默认的并集名称“自定义 SQL 查询”重命名为一个更直观的名称，如图 4-53 所示。

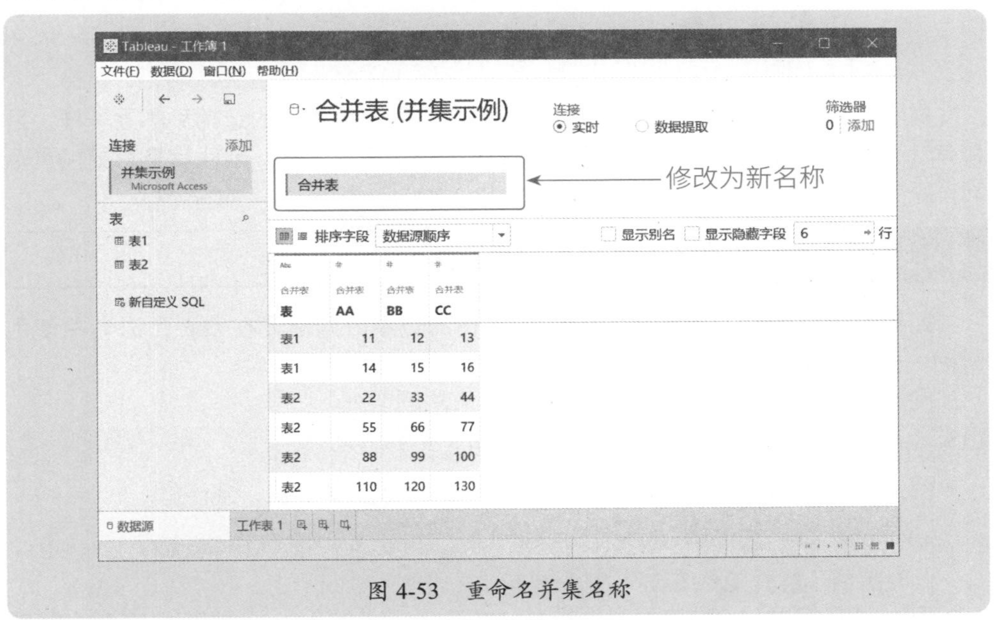

图 4-53 重命名并集名称

4.4.2 多个数据表的部分字段数据合并

如果要合并数据库里多个数据表的部分字段，可以在 select 语句中展示具体的字段列表，而不是使用星号（*）代表所有字段，例如以下命令文本。

```
select AA,BB,' 表 1' as 表 from 表 1
union all
select AA,BB,' 表 2' as 表 from 表 2
```

图 4-54 所示是合并的结果，具体步骤不再赘述。

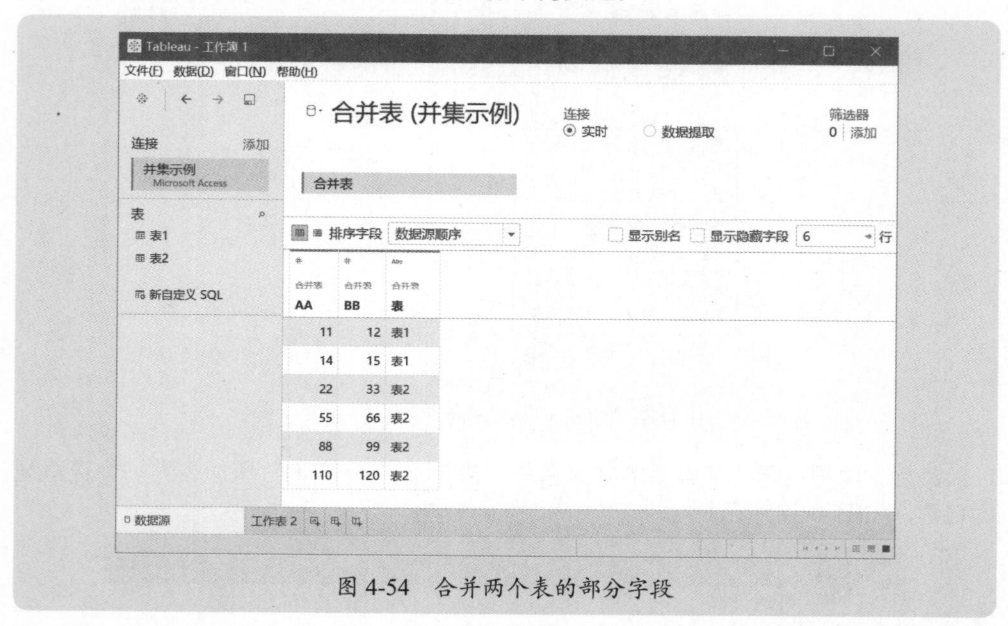

图 4-54　合并两个表的部分字段

本节介绍的合并方法特别适合字段非常多，每个数据表的结构又不太一样，且都有几个字段是共有的表，不过其先后次序不一定完全一样，因此其具有更加灵活的特点。

4.4.3 多个数据表的满足条件的记录合并

如果仅仅是合并几个数据表的满足条件的记录，则需要在 select 语句中使用 where 子句进行筛选。

例如，要筛选销量在 100 以上的订单，条件是

```
where 销量 >100。
```

例如，要筛选产品为“控制轴”、销量在 1000 以上的数据，条件是

```
where 产品 =' 控制轴 ' and 销量 >1000。
```

此时需要了解并能熟练编写 SQL 语句。

图 4-55 所示是一个名字为“两年销售数据 .accdb”的 Access 数据库，其有“去年”和“今年”两个数据表，现在要把这两个表中每单销售额在 10 万以上的数据筛选出来，然后合并到一个表中。

客户	业务员	月份	产品	销量	销售额
客户23	业务员07	1月	产品1	8,482	444,220.92
客户29	业务员23	1月	产品3	652	22,157.63
客户12	业务员06	1月	产品3	1,059	29,505.21
客户02	业务员12	1月	产品4	5,849	63,019.97
客户07	业务员33	1月	产品3	1,024	21,402.16
客户12	业务员28	1月	产品1	2,619	203,798.67
客户12	业务员21	1月	产品4	3,008	73,856.25
客户23	业务员23	1月	产品3	961	34,052.78
客户03	业务员30	1月	产品2	16,898	92,375.95
客户10	业务员03	1月	产品2	52,619	328,850.30
客户17	业务员02	1月	产品2	41,746	169,152.84
客户06	业务员03	1月	产品2	19,035	93,536.69
客户08	业务员26	1月	产品2	1,213	3,615.00

图 4-55　示例数据

双击左侧的“新自定义 SQL”按钮，打开“编辑自定义 SQL”对话框，如图 4-56 所示，输入下面的 SQL 命令文本。

```
select *,' 去年 ' as 年份 from 去年 where 销售额 >=100000
union all
select *,' 今年 ' as 年份 from 今年 where 销售额 >=100000
```

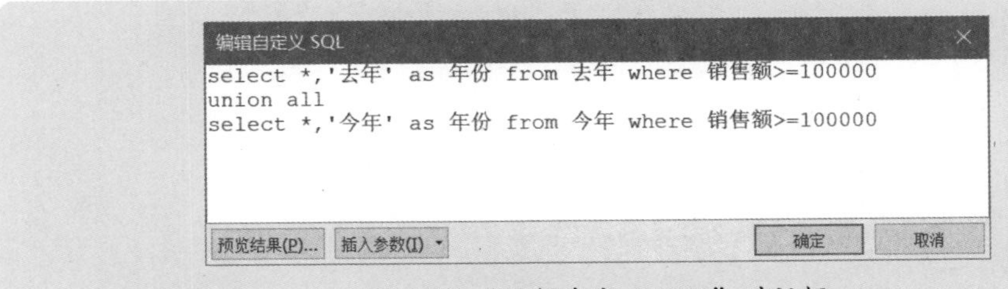

图 4-56　“编辑自定义 SQL”对话框

单击“确定”按钮，得到两个表中满足条件数据的并集，如图 4-57 所示。

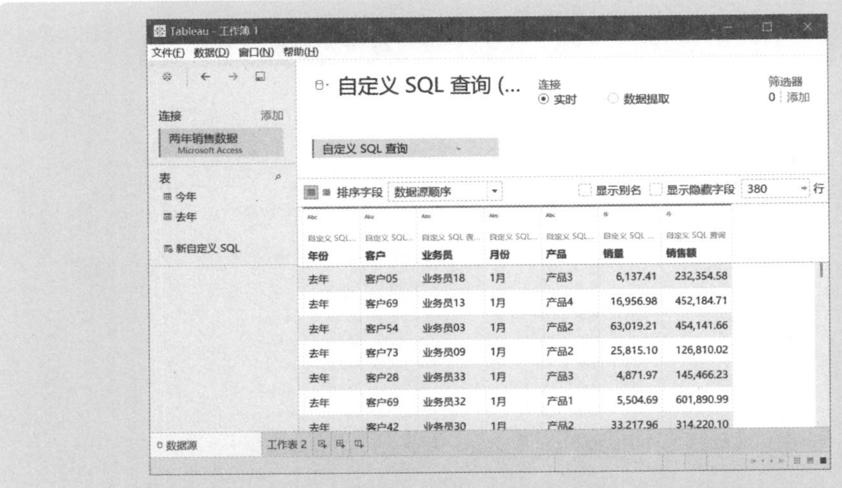

图 4-57　去年和今年每单销售额在 10 万以上的销售数据合并表

4.5 并集：多个文本文件合并

如果要将多个文本文件进行合并分析，如何解决？这些文本文件可能都是 CSV 格式，也可能是其他格式，也可能是几种格式的混合；其可以在一个文件夹中，也可以保存在不同的文件夹中。

本节对多个文本文件的合并进行介绍。

4.5.1 同一个文件夹里多个 CSV 格式文本文件合并

如果要合并的文本文件都是 CSV 格式的，就非常简单了，下面举例说明。

图 4-58 所示是一个“案例 4-11”文件夹，有 5 个 CSV 文本文件，其中保存了各地区的数据，结构一样，现在要将其合并在一起。

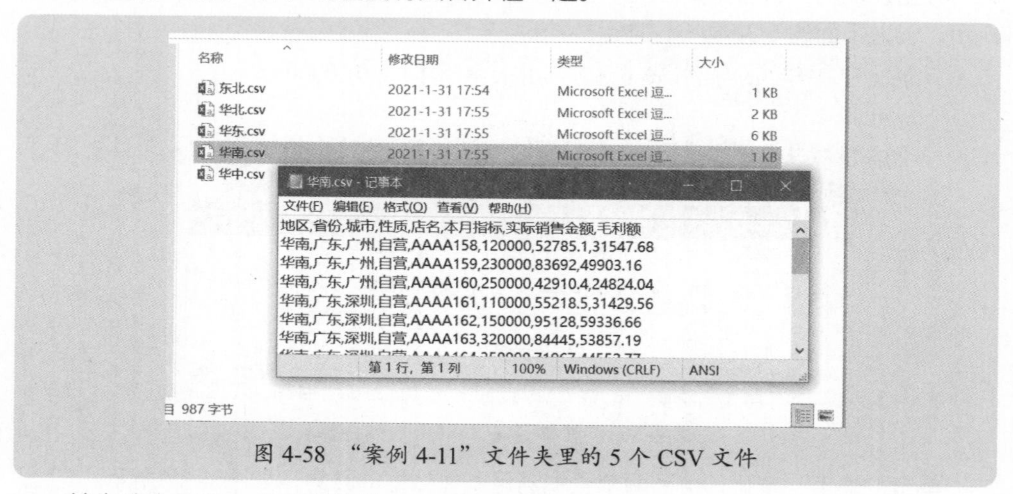

图 4-58 “案例 4-11”文件夹里的 5 个 CSV 文件

首先建立与任一文件的连接，如图 4-59 所示。

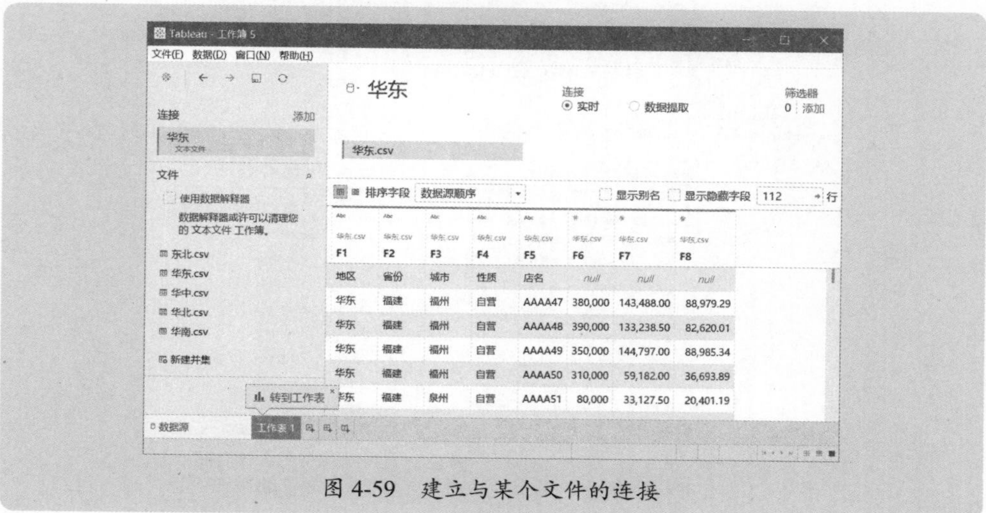

图 4-59 建立与某个文件的连接

将这个文件从数据区域拖出去，还原为一个空白的表区域，如图 4-60 所示。

图 4-60　拖出默认存放的表

然后选择左侧的几个 CSY 文件，将其一起拖到表区域中，如图 4-61 所示。

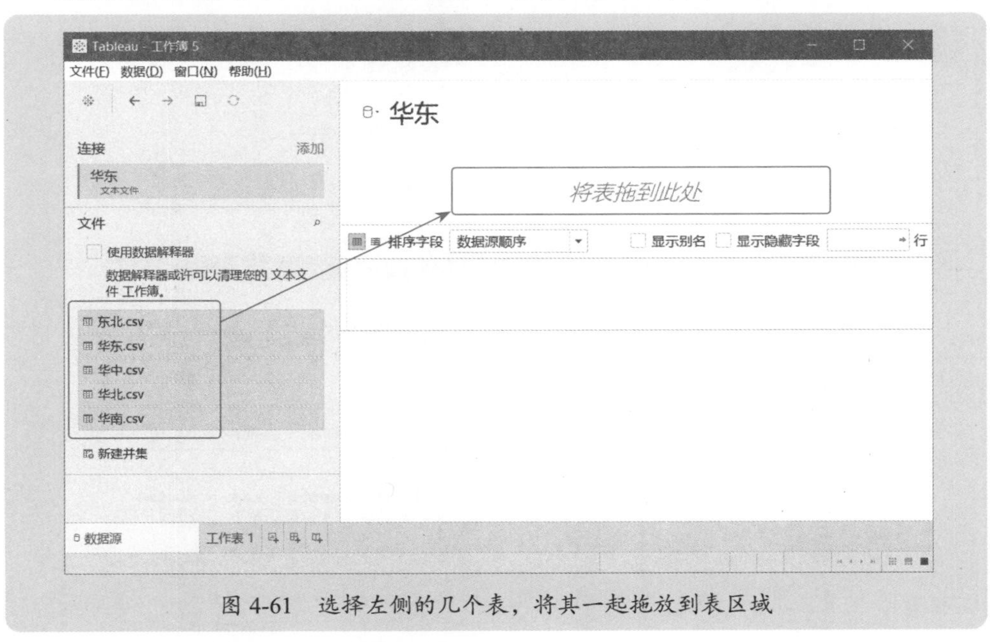

图 4-61　选择左侧的几个表，将其一起拖放到表区域

这样，就得到如图 4-62 所示的合并表。

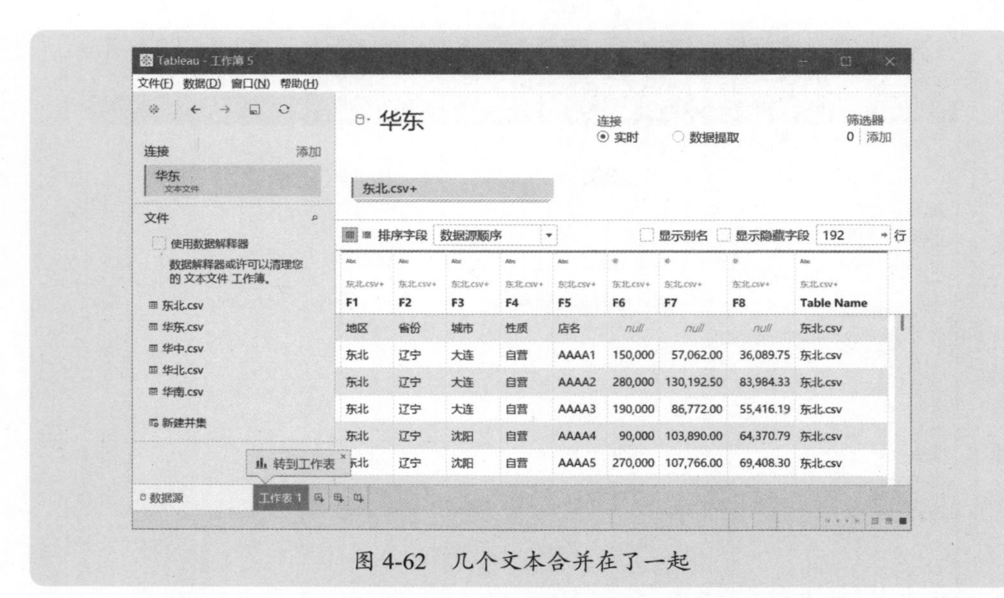

图 4-62　几个文本合并在了一起

在这个合并表中，首先执行“字段名称位于第一行中”命令，如图 4-63 所示，提升标题，让表格具有正确的标题，如图 4-64 所示。

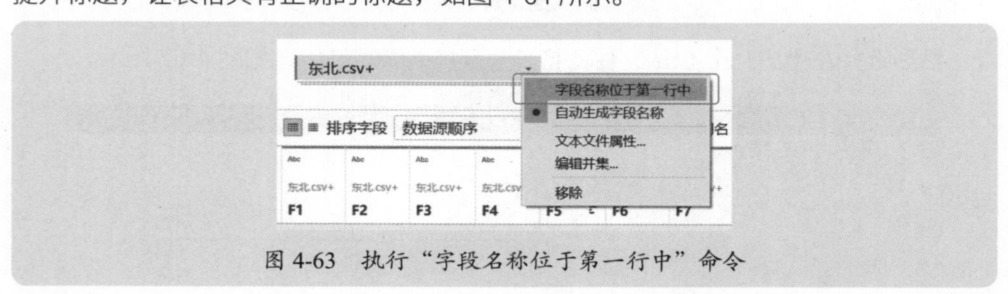

图 4-63　执行“字段名称位于第一行中”命令

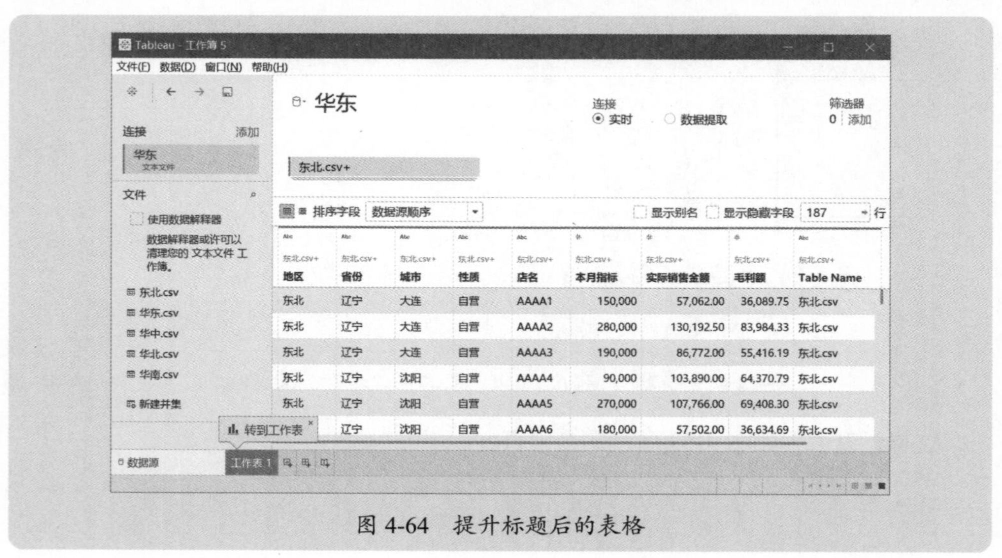

图 4-64　提升标题后的表格

然后再对合并表进行整理加工，得到需要的各地区合并表。

4.5.2 同一个文件夹里多个不同格式文本文件合并

如果文件夹里保存的文本文件是几种不同的格式，例如有 CSV 文本文件以及有特殊符号分隔的文本文件，那么做起来就比较麻烦了。

如图 4-65 所示是“案例 4-12”文件夹保存的 5 个文本文件，其中一个是竖线“|”分隔的，一个是空格分隔的，其他三个是 CSV 文本文件。

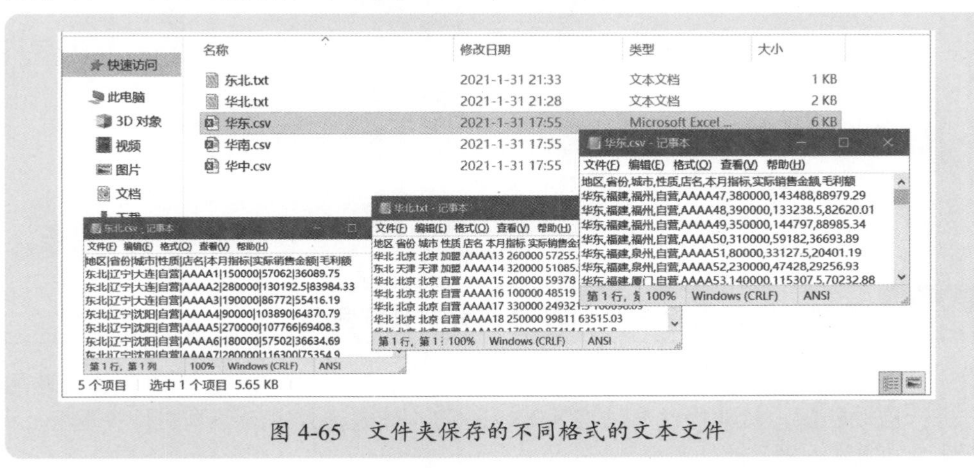

图 4-65 文件夹保存的不同格式的文本文件

如果采用 4.5.1 节内容介绍的方法直接做，会得到图 4-66 所示的结果，在这个合并表上再去整理更麻烦。

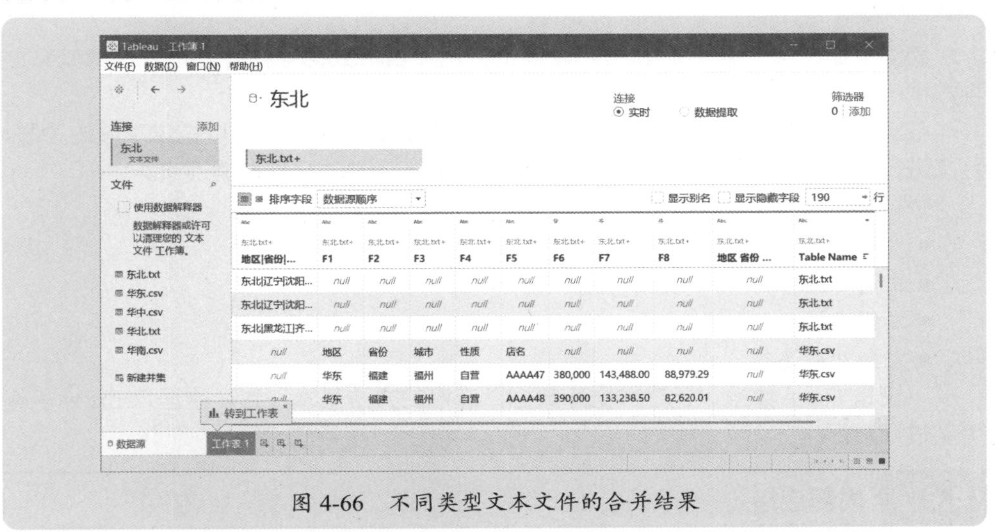

图 4-66 不同类型文本文件的合并结果

一个可行的解决方法是，将不同类型的文本文件分别做合并，然后执行“数据”→“将数据导出到 CSV”命令，如图 4-67 所示，这样就得到了几个新的 CSV 文件，将其都保存到一个新文件夹中，然后再采用 4.5.1 节内容介绍的方法进行合并。具体操作方法，此处不再介绍。

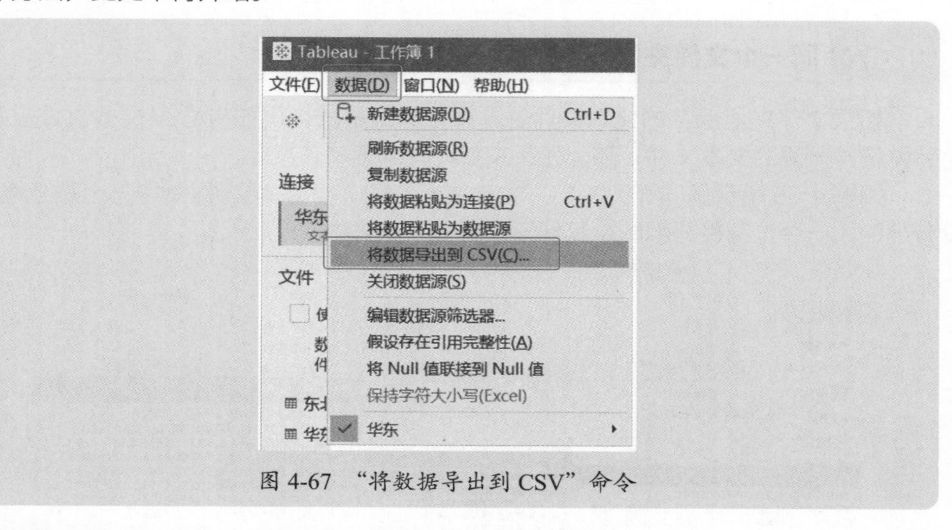

图 4-67 “将数据导出到 CSV”命令

4.5.3 不同文件夹里的多个 CSV 格式文本文件合并

如果文本文件保存在不同的文件夹中，此时也可以快速合并，不过要使用通配符进行自动匹配，具体操作方法与 4.3.3 和 4.3.4 节内容介绍的不同文件夹里 Excel 文件合并方法一样，此处不再介绍。

4.6 连接：数据的关联合并

前面介绍了多个表格的并集，也就是将几个表格数据堆在一起，就像复制粘贴堆数据一样。

在实际数据分析中，还会经常遇到将几个有关联的表格，通过指定字段的关联，将其进行合并，生成一个新数据表，这就是关联表合并，又称数据连接。

数据连接有以下四种方式。

- 内部连接。
- 左侧连接。
- 右侧连接。
- 完全外部连接。

不论是 Excel 数据，还是数据库数据，连接的方法基本一致，这里以 Excel 表格为例进行介绍。

4.6.1 内部连接

内部连接，就是将几个表中都存在的数据搜索合并到一张新表上，只存在其中某几个表中的数据被排除在外。

先用一个简单的例子来说明内部连接的原理及其结果。

图 4-68 所示是“表 1”和“表 2”两个数据表，第一列是维度“项目”，两个表有一些共有的项目，但两个表的数据（度量）是不同的，现在要将其连接在一起，生成一个合并表，保存两个表都有的项目。

这就是内部连接，也就是查询合并两个表都有的项目。

表1

	A	B
1	项目	数据1
2	项目2	724
3	项目3	855
4	项目5	593
5	项目6	408
6	项目7	269
7	项目8	851
8	项目9	842
9	项目1	279
10	项目10	934
11	项目11	470
12	项目12	1000
13	项目4	469
14		

+

表2

	A	B	C
1	项目	数据3	数据4
2	项目8	157	404
3	项目23	576	876
4	项目2	417	531
5	项目6	528	965
6	项目7	484	703
7	项目4	114	176
8	项目22	205	342
9	项目9	384	762
10	项目24	568	324
11	项目5	991	341
12			
13			
14			

=

合并表

	A	B	C	D
1	项目	数据1	数据3	数据4
2	项目2	724	417	531
3	项目5	593	991	341
4	项目6	408	528	965
5	项目7	269	484	703
6	项目8	851	157	404
7	项目9	842	384	762
8	项目4	469	114	176
9				
10				
11				
12				
13				
14				

图 4-68 示例数据

本案例数据源是“案例 4-13.xlsx”文件。

建立与 Excel 工作簿的连接，如图 4-69 所示。

图 4-69 建立 Excel 工作簿的连接

将左侧的两个表“表 1”和“表 2”分别拖放到表操作区域，注意要左右放置表，就会自动生成内部连接，同时生成一个合并表，如图 4-70 所示，两个表之间的连接图标就表示内部连接。

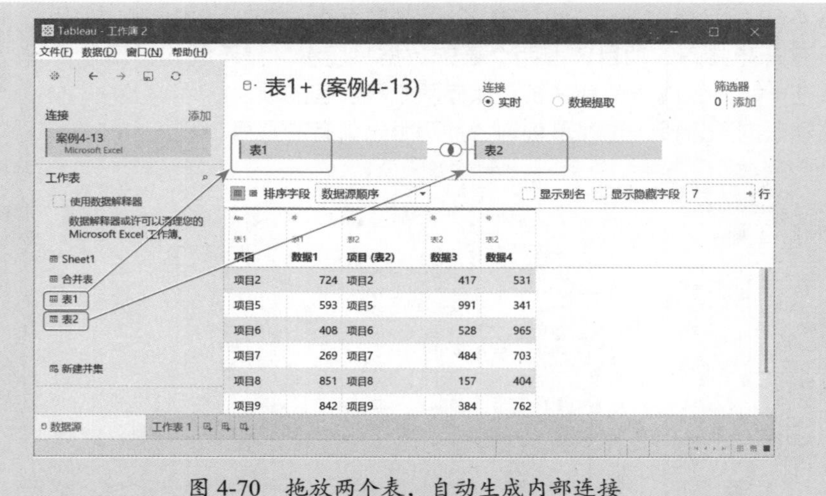

图 4-70　拖放两个表，自动生成内部连接

在合并表中，就获取了两个表的所有列，以及满足条件的行，因此列数比原始表增加了。在本案例中，由于两个表的项目名称实际上是一样的，因此可以将字段“项目 (表 2)”隐藏，就得到了需要的合并表，如图 4-71 所示。

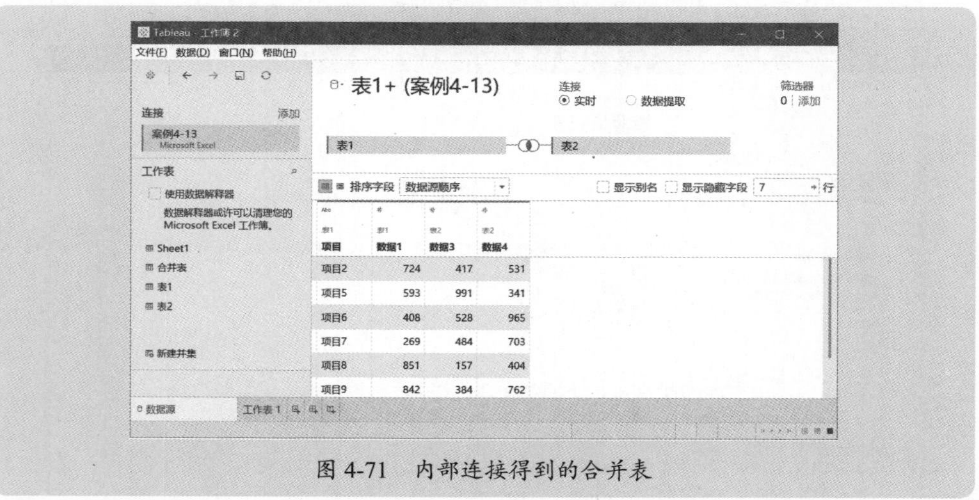

图 4-71　内部连接得到的合并表

内部连接还可以对多个表格进行连接，获取这些表中都存在的项目。例如，现在又增加一个“表 3”，其数据如图 4-72 所示。

	A	B	C
1	项目	数据7	
2	项目3	432	
3	项目6	765	
4	项目7	111	
5	项目1	766	
6	项目12	799	
7	项目24	322	
8	项目9	999	
9	项目2	2222	
10			

图 4-72　表 3 的项目数据

将3个表进行内部连接，得到3个表都存在的合并表，获取的是三个表都有的项目，如图4-73所示。

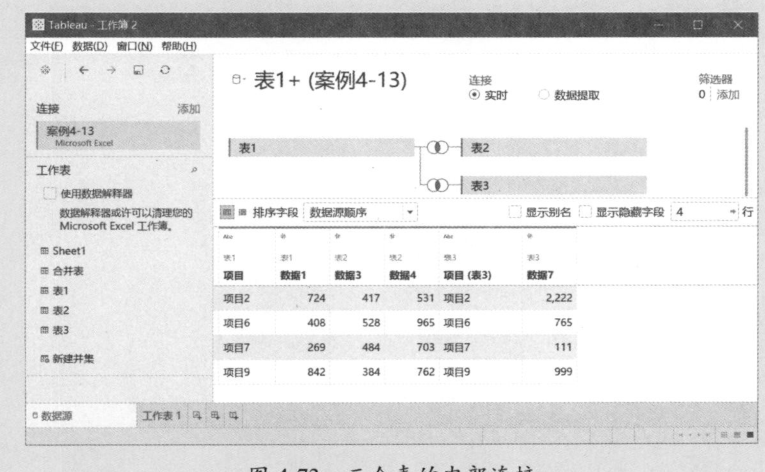

图4-73 三个表的内部连接

4.6.2 左侧连接

左侧连接，就是左侧表的所有数据全部保留，而右侧表中的数据如果在左侧表中不存在，就会处理为空值（null）。

仍以“案例4-13”的数据为例，其左侧连接的结果如图4-74所示。

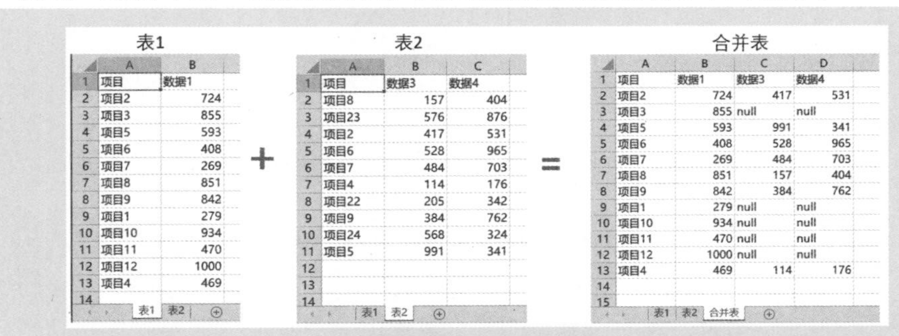

表1

项目	数据1
项目2	724
项目3	855
项目5	593
项目6	408
项目7	269
项目8	851
项目9	842
项目1	279
项目10	934
项目11	470
项目12	1000
项目4	469

\+

表2

项目	数据3	数据4
项目8	157	404
项目23	576	876
项目2	417	531
项目6	528	965
项目7	484	703
项目4	114	176
项目22	205	342
项目9	384	762
项目24	568	324
项目5	991	341

=

合并表

项目	数据1	数据3	数据4
项目2	724	417	531
项目3	855	null	null
项目5	593	991	341
项目6	408	528	965
项目7	269	484	703
项目8	851	157	404
项目9	842	384	762
项目1	279	null	null
项目10	934	null	null
项目11	470	null	null
项目12	1000	null	null
项目4	469	114	176

图4-74 左侧连接的结果

由于默认情况下的连接是内部连接，因此需要单击两个表格中间的连接图标，展开连接方式，然后选择“左侧”选项，如图4-75所示。

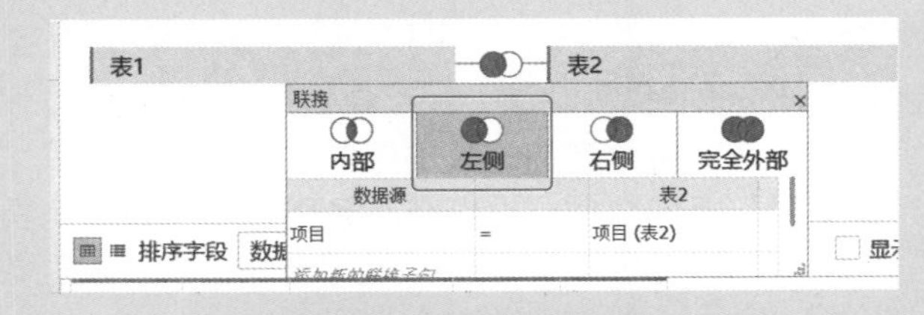

图4-75 选择“左侧”连接方式

两个表的左侧结果如图 4-76 所示。

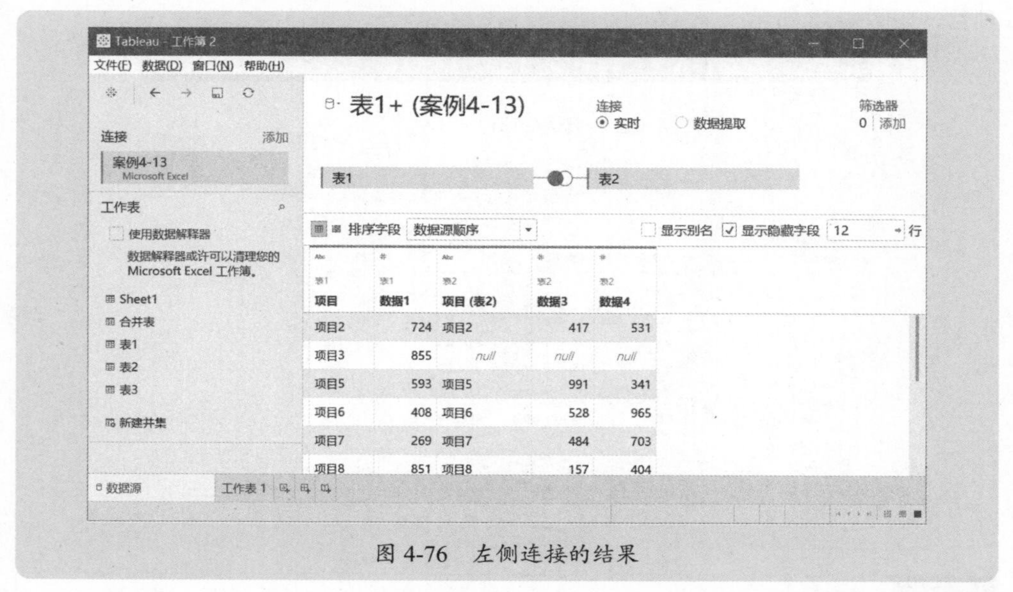

图 4-76　左侧连接的结果

如果再把“表 3”拖进去，做左侧连接，此时会以第一个表为左侧表，其他各表为右侧表，结果如图 4-77 所示。

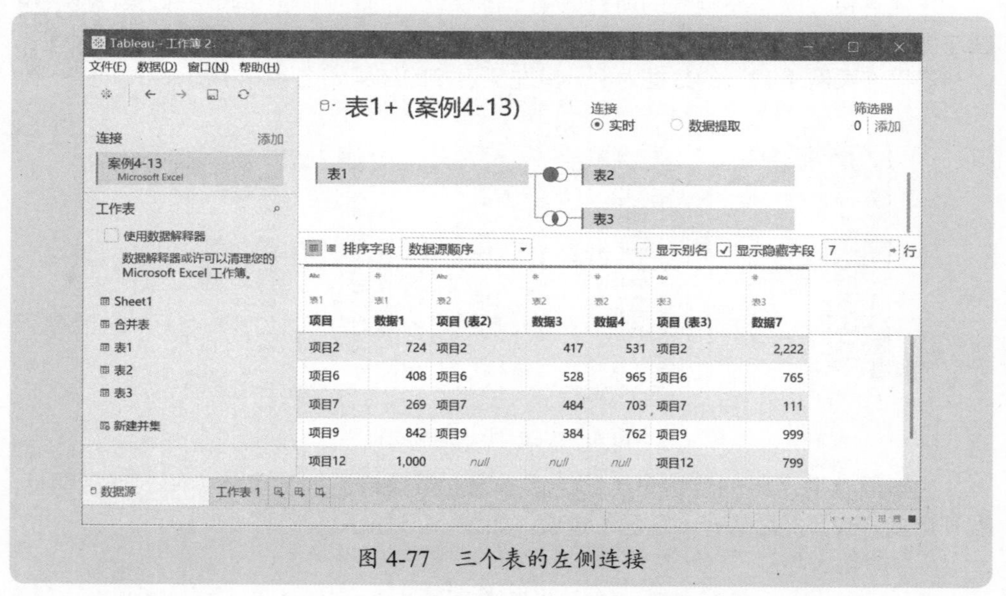

图 4-77　三个表的左侧连接

图 4-78 是这样一个例子：“销售明细”保存着销售明细数据，只有日期、产品名称和销量，“产品资料”保存着每个产品的基本信息，如“产品编码”“规格”和价格。

现在要把“产品资料”表的数据，根据产品名称，匹配到“销售明细”，这相当于在“销售明细”表中，使用 VLOOKUP 函数，从“产品资料”表里做数据匹配查找。

本案例数据源是“案例 4-14.xlsx”文件。

	A	B	C	D
1	日期	产品名称	销量	
2	2021-1-8	产品1	235	
3	2021-1-20	产品6	51	
4	2021-1-22	产品5	108	
5	2021-2-7	产品8	154	
6	2021-2-13	产品7	82	
7	2021-2-20	产品2	164	
8	2021-3-11	产品6	132	
9	2021-3-15	产品3	97	
10	2021-3-22	产品6	252	
11	2021-3-25	产品7	24	
12	2021-3-26	产品2	42	
13	2021-4-19	产品9	126	
14	2021-5-7	产品9	104	
15	2021-5-8	产品7	39	

销售明细　产品资料

	A	B	C	D	E
1	产品编码	产品名称	规格	价格	
2	CP001	产品1	AJF	231	
3	CP002	产品2	JJG	48	
4	CP003	产品3	TIW-1	230	
5	CP004	产品4	FJG93	35	
6	CP005	产品5	FKP0	157	
7	CP006	产品6	PQP	145	
8	CP007	产品7	GQU	60	
9	CP008	产品8	GKW	162	
10	CP009	产品9	DAAL	221	
11					
12					
13					
14					
15					

销售明细　产品资料

图 4-78 “销售明细”和“产品资料”

建立查询，做左侧连接，就得到一个信息完整的数据表，如图 4-79 所示。然后再对表格进行整理，如隐藏多余的产品名称列。

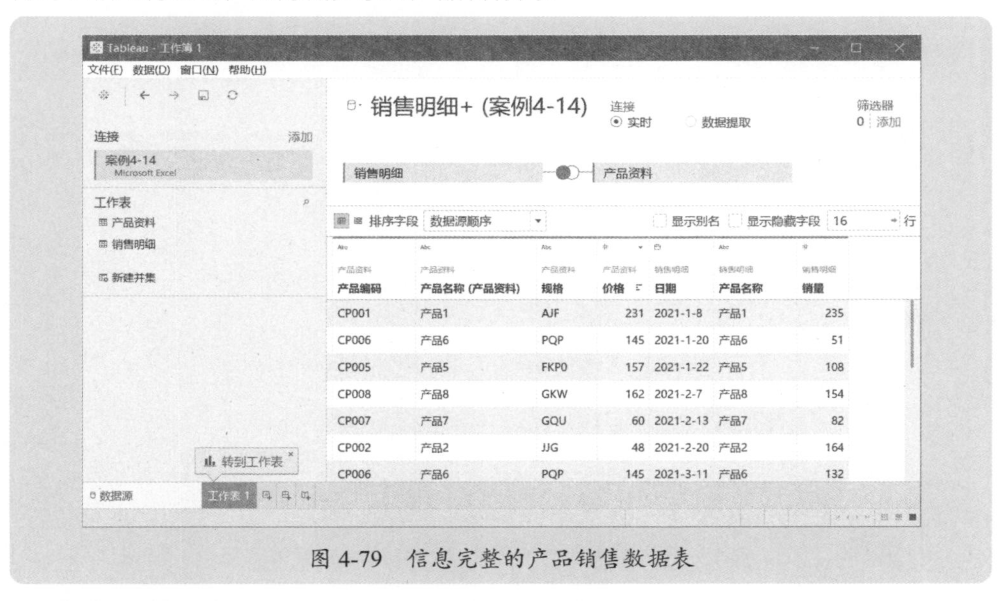

产品编码	产品名称 (产品资料)	规格	价格	日期	产品名称	销量
CP001	产品1	AJF	231	2021-1-8	产品1	235
CP006	产品6	PQP	145	2021-1-20	产品6	51
CP005	产品5	FKP0	157	2021-1-22	产品5	108
CP008	产品8	GKW	162	2021-2-7	产品8	154
CP007	产品7	GQU	60	2021-2-13	产品7	82
CP002	产品2	JJG	48	2021-2-20	产品2	164
CP006	产品6	PQP	145	2021-3-11	产品6	132

图 4-79 信息完整的产品销售数据表

4.6.3 右侧连接

右侧连接，就是右侧表的所有数据全部保留，而在左侧表中，如果右侧表数据不存在，就会处理为空值（null）。

以“案例 4-13”的数据为例，其右侧连接的结果如图 4-80 所示。

表1

项目	数据1
项目2	724
项目3	855
项目5	593
项目6	408
项目7	269
项目8	851
项目9	842
项目1	279
项目10	934
项目11	470
项目12	1000
项目4	469

表2

项目	数据3	数据4
项目8	157	404
项目23	576	876
项目2	417	531
项目6	528	965
项目7	484	703
项目4	114	176
项目22	205	342
项目9	384	762
项目24	568	324
项目5	991	341

合并表

项目	数据3	数据4	数据1
项目8	157	404	851
项目23	576	876	null
项目2	417	531	724
项目6	528	965	408
项目7	484	703	269
项目4	114	176	469
项目22	205	342	null
项目9	384	762	842
项目24	568	324	null
项目5	991	341	593

图 4-80　右侧连接的结果

Tableau 右侧连接的结果如图 4-81 所示。

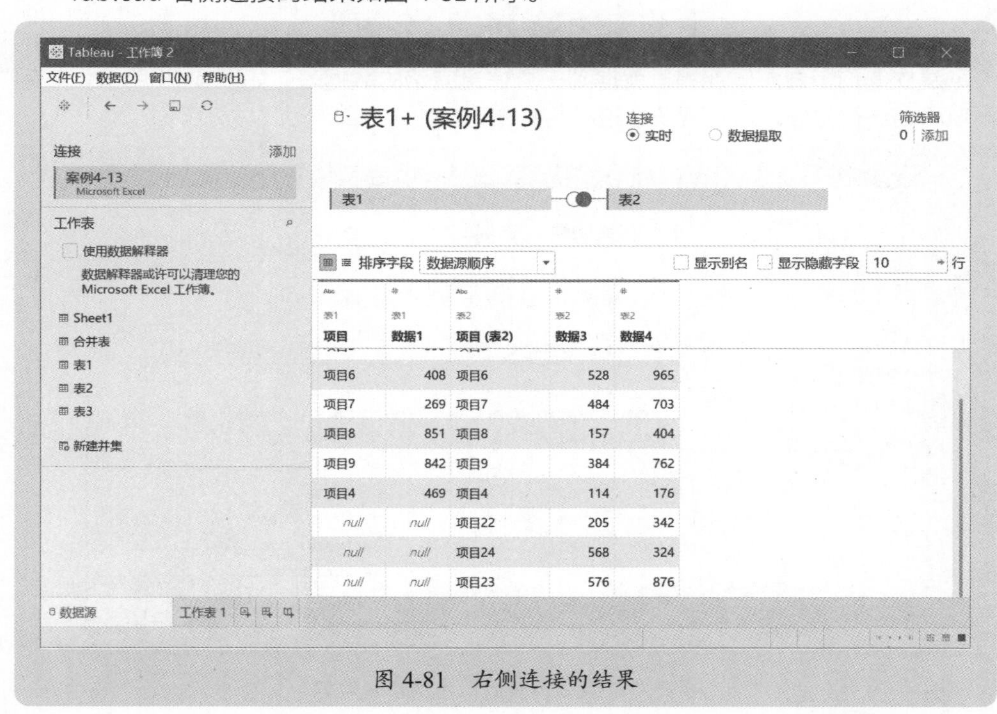

项目	数据1	项目 (表2)	数据3	数据4
项目6	408	项目6	528	965
项目7	269	项目7	484	703
项目8	851	项目8	157	404
项目9	842	项目9	384	762
项目4	469	项目4	114	176
null	null	项目22	205	342
null	null	项目24	568	324
null	null	项目23	576	876

图 4-81　右侧连接的结果

实际上，将两个表左右换个位置，可以根据情况，选择左侧连接，还是右侧连接，这取决于主表在左还是在右。

4.6.4 完全外部连接

完全外部连接，就是获取两个表的所有数据。如果某个数据在一个表有，而在某个表没有，就会作为空值（null）来处理。在这种情况下合并后，需要对空值进行处理，例如，合并不匹配字段。

以“案例 4-13”的数据为例，做完全外部连接的结果如图 4-82 所示。

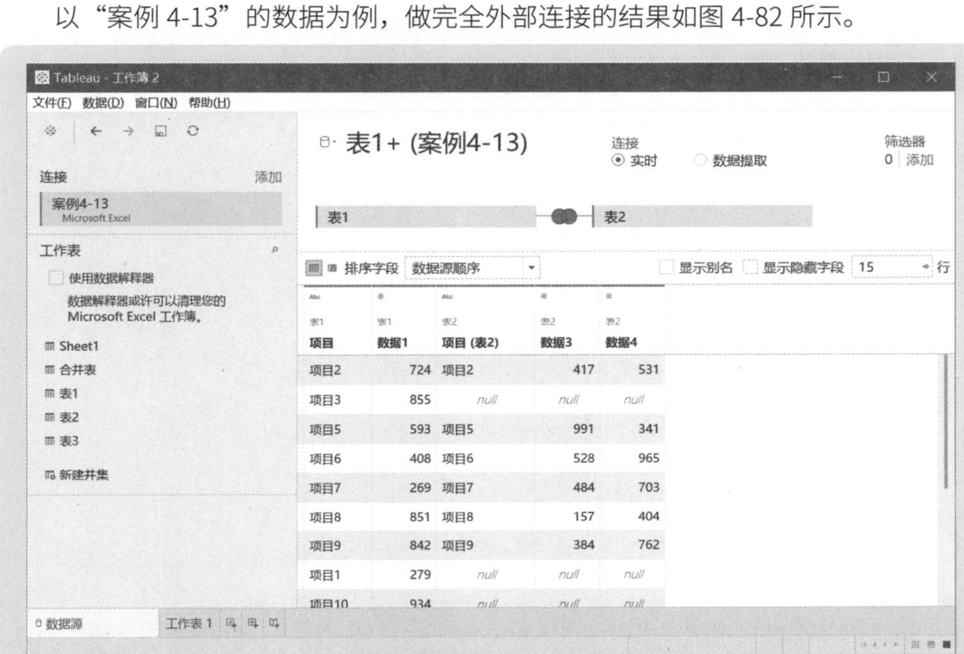

项目	数据1	项目 (表2)	数据3	数据4
项目2	724	项目2	417	531
项目3	855	null	null	null
项目5	593	项目5	991	341
项目6	408	项目6	528	965
项目7	269	项目7	484	703
项目8	851	项目8	157	404
项目9	842	项目9	384	762
项目1	279	null	null	null
项目10	934	null	null	null

图 4-82　完全外部连接的结果

可见，Tableau 会以一个完整的项目列表来匹配各表格的数据，如果有就保留，如果没有就是空值（null）。

因此，在本案例中，需要先选择第一列“项目”和第三列“项目 (表 2)”，然后右击，在弹出的快捷菜单中执行“合并不匹配的字段”命令，如图 4-83 所示，得到一个数据完整的合并表，如图 4-84 所示。最后再修改字段名称。

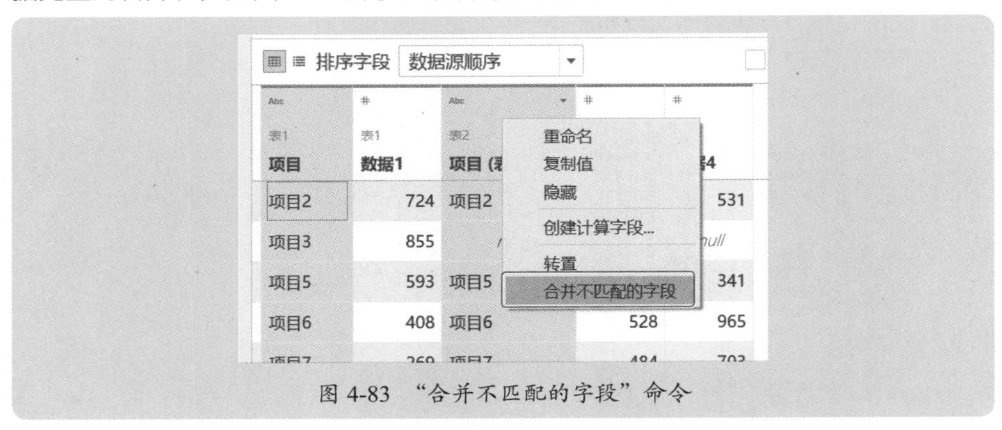

图 4-83　“合并不匹配的字段”命令

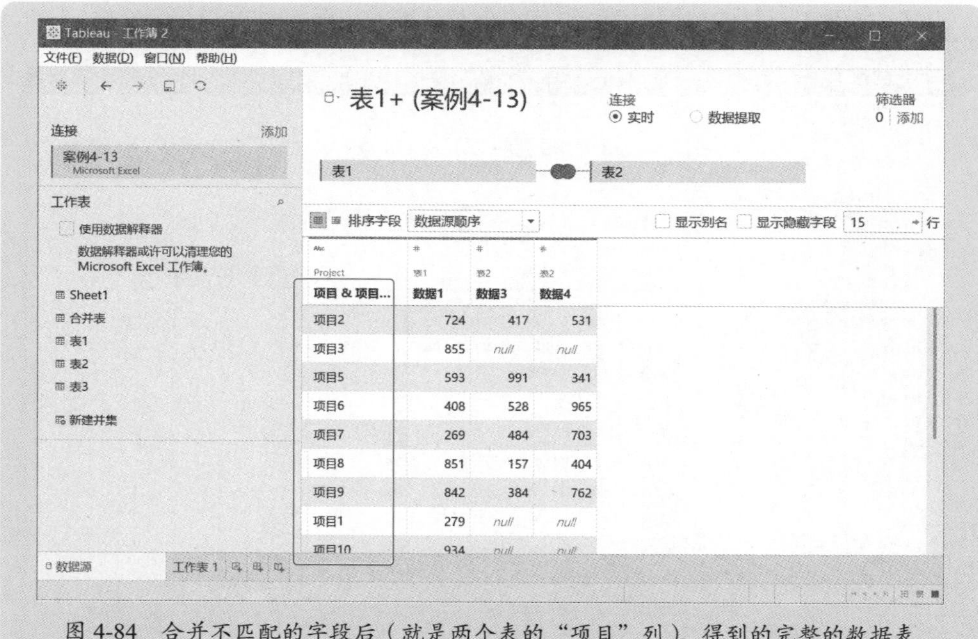

图 4-84　合并不匹配的字段后（就是两个表的“项目”列），得到的完整的数据表

4.6.5 多字段连接

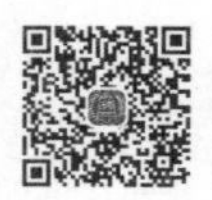

在连接表格时，Tableau 会自动判断要连接的字段，默认情况下会将第一列作为连接字段，并自动设置为内部连接。

在实际数据分析中，可以灵活选择连接字段，并添加新的连接字段。

图 4-85 所示是去年和今年客户及产品的销售统计表，现在要对在两年内购买了相同产品的存量客户进行同比分析。

本案例源数据是“案例 4-15.xlsx”文件。

今年：

	A	B	C	D
1	客户	产品	销售额	
2	客户01	产品1	50152.69	
3	客户01	产品2	204673.2	
4	客户01	产品3	2839.631	
5	客户01	产品4	520.315	
6	客户01	产品5	433.847	
7	客户02	产品2	278635.6	
8	客户02	产品3	27762.94	
9	客户02	产品4	24119.45	
10	客户03	产品1	3005.624	
11	客户03	产品2	207530	
12	客户03	产品4	1076.208	
13	客户03	产品5	121.001	
14	客户04	产品2	117614.3	
15	客户05	产品2	40439.07	
16	客户06	产品1	4907.436	

去年：

	A	B	C	D
1	客户	产品	销售额	
2	客户01	产品1	3986.155	
3	客户01	产品3	2214.53	
4	客户03	产品1	80925.27	
5	客户03	产品4	695.9953	
6	客户04	产品1	68713.72	
7	客户05	产品1	5821.051	
8	客户05	产品2	84152.16	
9	客户05	产品3	19614.41	
10	客户05	产品5	379.6338	
11	客户06	产品1	63.2723	
12	客户06	产品2	126.5446	
13	客户06	产品3	63.2723	
14	客户07	产品2	417597.2	
15	客户07	产品3	2720.709	
16	客户07	产品4	20879.86	

今年　去年

图 4-85　两年销售示例数据

首先建立数据连接，将“今年”和“去年”工作表拖到数据区域，默认为“内部”连接，然后设置如下的连接子句，如图 4-86 所示。

第 1 个子句：两个表格的字段“客户”建立相等（=）关系。

第 2 个子句：两个表格的字段“产品”建立相等关系。

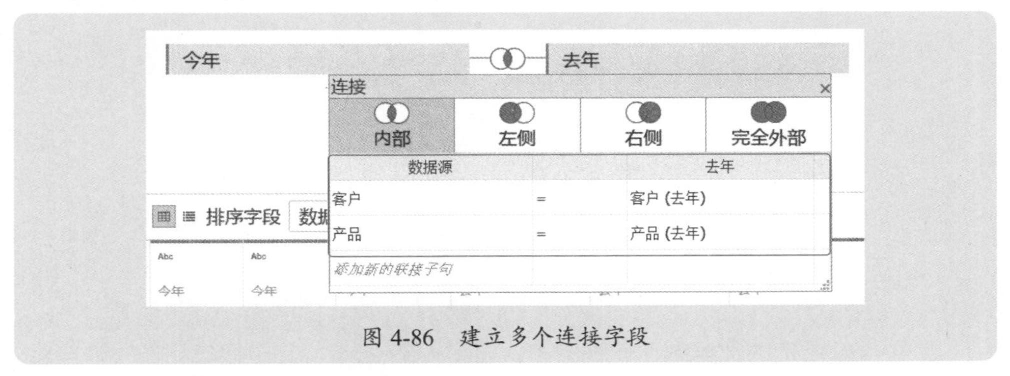

图 4-86 建立多个连接字段

然后得到如图 4-87 所示的连接表。

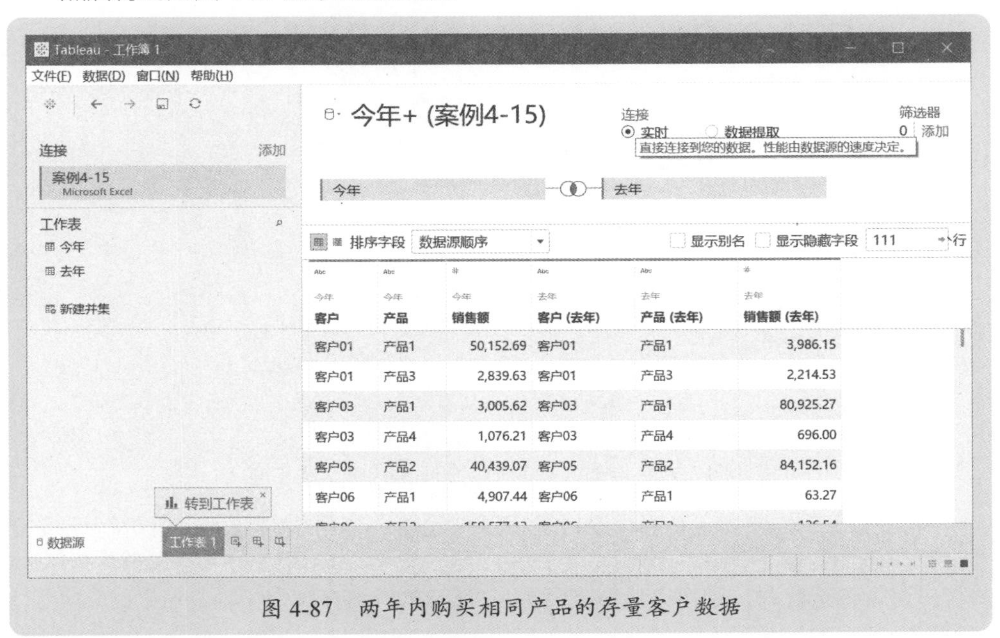

图 4-87 两年内购买相同产品的存量客户数据

隐藏“去年”工作表的“客户”列和“产品”列，并将默认的“销售额”和“销售额 (去年)”分别重命名为“今年销售额”和“去年销售额”，然后再创建一个计算字段“同比增长率”，计算公式为：

```
SUM([ 今年销售额 ])/SUM([ 去年销售额 ])-1
```

得到如图 4-88 所示的报表。

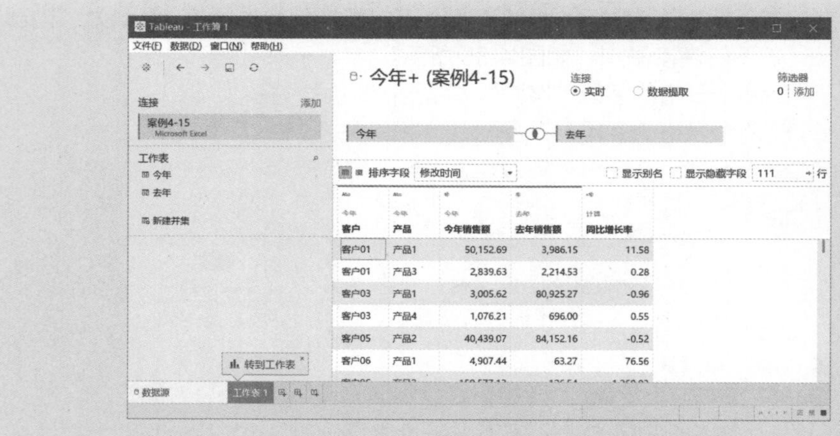

图 4-88　两年内购买相同产品的存量客户同比报表

以图 4-88 所示的数据制作分析图表，如图 4-89 所示，其中把产品作为筛选器，可以查看指定产品的存量客户销售同比增长情况。

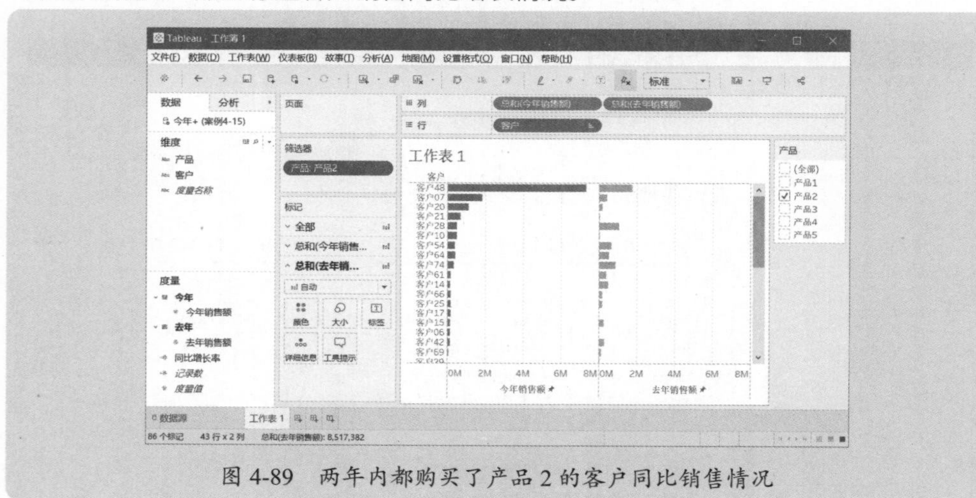

图 4-89　两年内都购买了产品 2 的客户同比销售情况

前面介绍的是对字符串字段进行连接条件设置，也可以对数值字段进行连接条件设置。例如，要把两年内都购买了同一产品，且今年销售额大于去年销售额的存量客户进行筛选比对，则可以设置如图 4-90 所示的连接条件。

数据源		去年
客户	=	客户 (去年)
产品	=	产品 (去年)
今年销售额	>	去年销售额
添加新的联接子句		

图 4-90　对不同数据类型字段设置不同条件

得到的结果就是销售额同比增加的存量客户，如图 4-91 所示。注意，条件“今年销售额 > 去年销售额”指的是每个客户销售某个产品的总销售额，而不是某个销售记录（某行数据）的单个销售额。

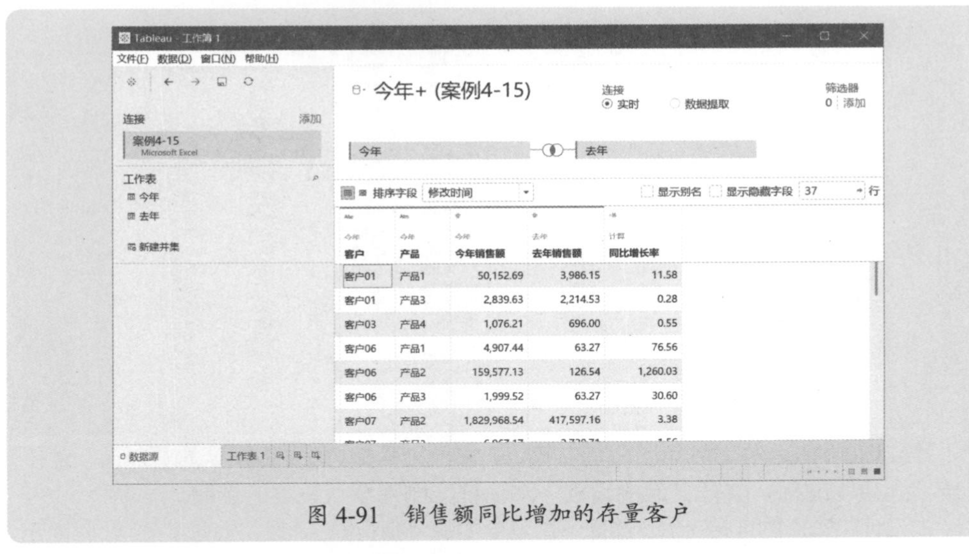

图 4-91 销售额同比增加的存量客户

此时的两年同比分析图表如图 4-92 所示。

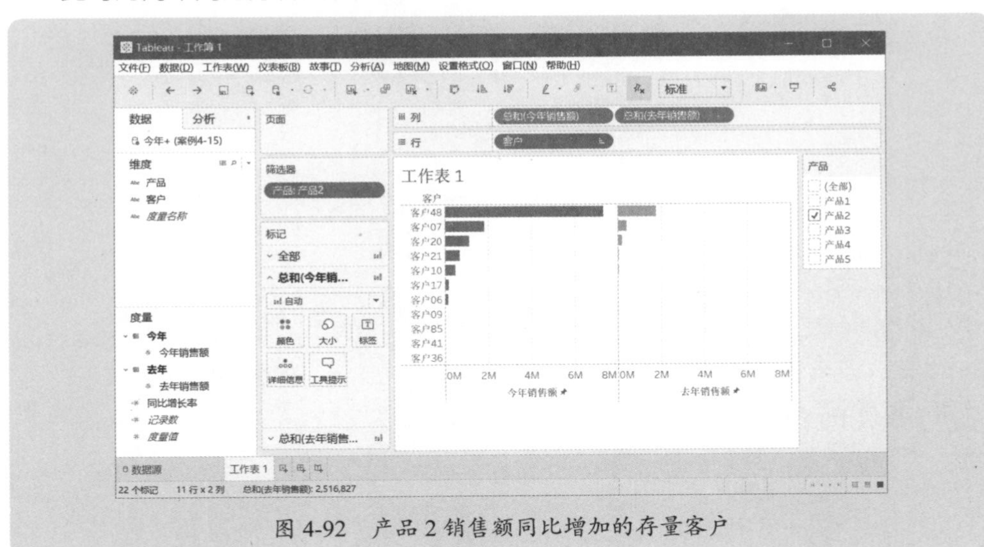

图 4-92 产品 2 销售额同比增加的存量客户

4.6.6 创建连接计算

建立连接时，除了对现有的字段设置连接子句，还可以对字段进行计算，以计算结果来设置连接子句条件。

图 4-93 所示是“表 1”和“表 2”两个表的数据示例，现在要把两个

表中都有的省份和城市数据合并。如果两个表中都有某个省份，但其中一个表有某个城市，而另一个表没有该城市，那么这行数据就排除在外。

本案例源数据是“案例 4-16.xlsx”Excel 文件。

表1：

省份	城市	产品1	产品2
江苏省	南京市	1147	385
江苏省	苏州市	374	254
江苏省	无锡市	532	922
江苏省	徐州市	774	436
浙江省	杭州市	920	718
浙江省	宁波市	448	1185
浙江省	温州市	388	120
广州省	广州市	552	1063
广州省	珠海市	1020	346
广州省	中山市	536	305
广州省	惠州市	494	475
河北省	石家庄市	522	577
河北省	保定市	989	1144
河北省	唐山市	1036	389
河北省	承德市	923	182

表2：

省份	城市	产品6	产品7
江苏省	南京市	1151	225
江苏省	苏州市	808	629
江苏省	无锡市	189	207
浙江省	杭州市	1097	1122
浙江省	宁波市	836	198
浙江省	温州市	550	851
浙江省	台州市	926	182
浙江省	嘉兴市	611	859
广州省	广州市	548	289
广州省	珠海市	820	869
广州省	惠州市	225	904
河北省	石家庄市	316	695
河北省	保定市	1163	748
河北省	邯郸市	509	1168
河北省	唐山市	249	278

图 4-93　两个表的数据示例

建立数据连接，将“今年”和“去年”工作表拖到数据区域，默认为“内部”连接，单击“连接”图标，展开“连接设置”对话框，删除默认设置的连接。

先设计“表 1”的连接计算：选择下拉菜单中的“创建连接计算”选项，如图 4-94 所示。

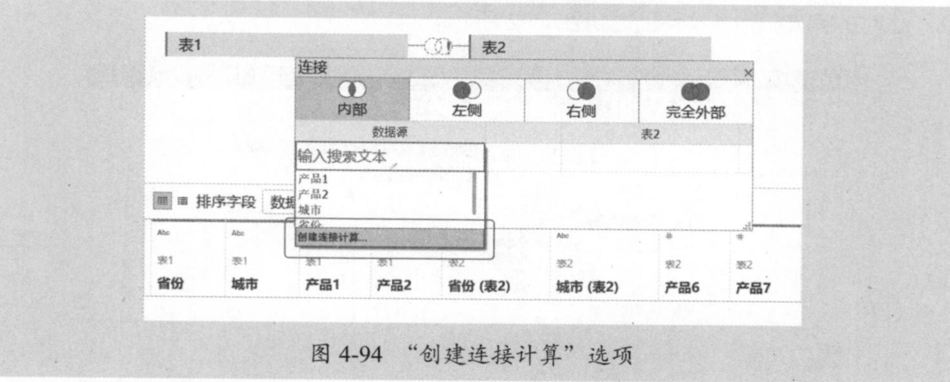

图 4-94　“创建连接计算”选项

打开“连接计算”对话框，输入的连接计算公式如下，如图 4-95 所示。

```
[ 省份 ]+[ 城市 ]
```

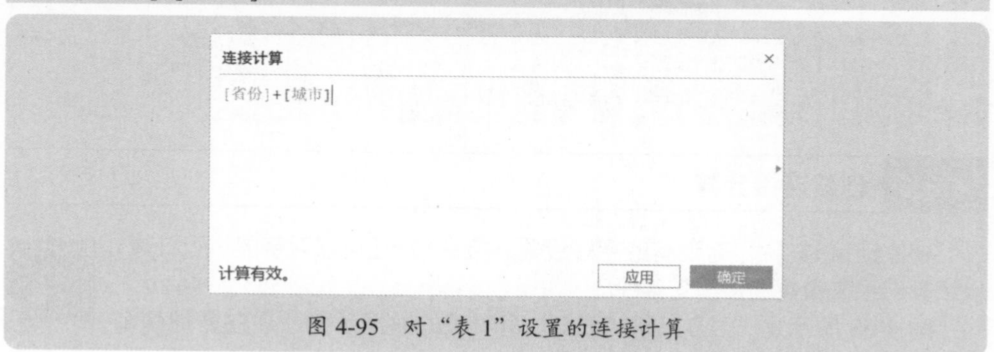

图 4-95　对“表 1”设置的连接计算

然后对“表 2”创建连接计算，“连接计算”对话框的和计算公式如图 4-96 所示，注意要正确引用“表 2”的字段。

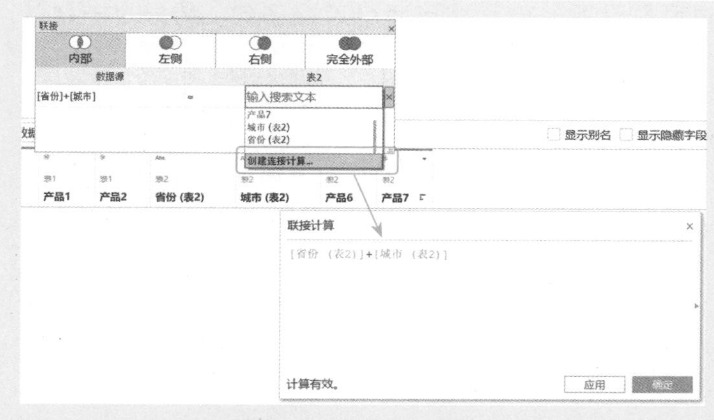

图 4-96　创建“表 2”的连接计算

然后设置两个表的连接计算为相等（=），如图 4-97 所示。

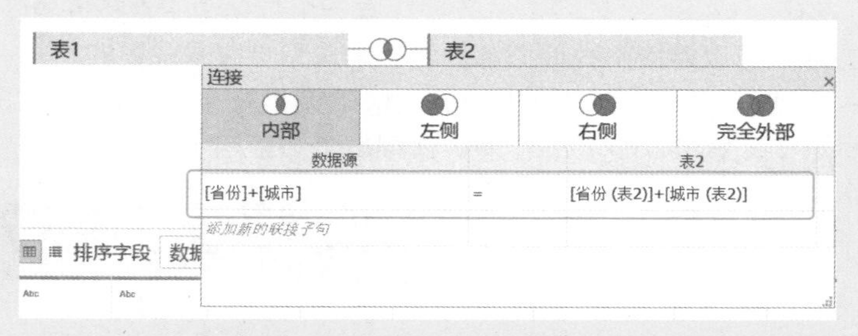

图 4-97　两个表的连接计算子句

这样，就得到了如图 4-98 所示合并表。

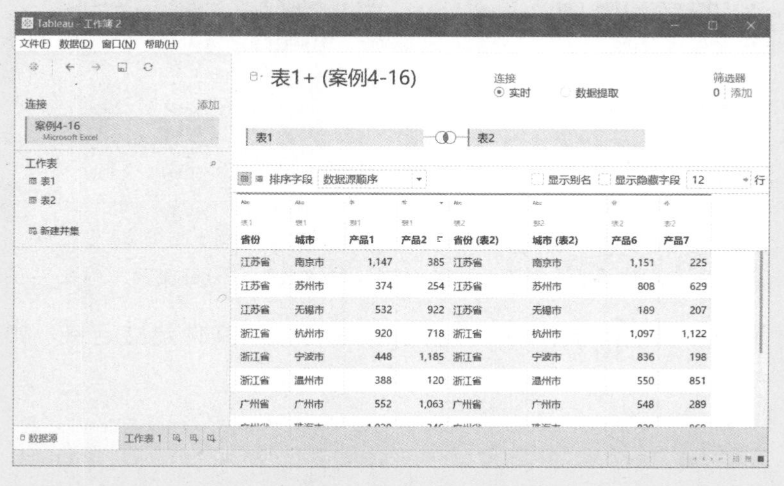

图 4-98　合并结果

可以看出，江苏省只剩下 3 行数据，也就是只留下了两个表都有的南京市、苏州市和无锡市，而“表 1”里的徐州市没有出现，因为其在“表 2”里没有。

当然，也可以设置省份和城市两个连接子句，结果是一样的，如图 4-99 所示。

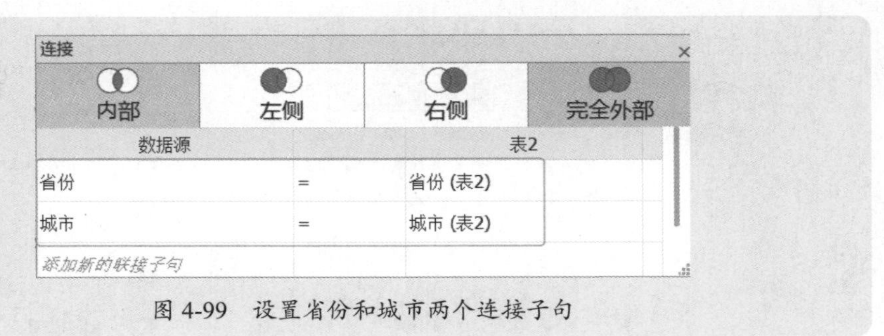

图 4-99　设置省份和城市两个连接子句

4.6.7 不同数据来源的表连接

4.61 ～ 4.6.6 节内容介绍的是在同一个数据源中连接各表。实际上，这种方法也可以连接不同数据源的表，方法和步骤是一样的。

图 4-100 所示是“员工信息 .csv”文本文件，保存员工的基本信息；图 4-101 所示是“工资表 .xlsx”工作簿，保存每个员工的工资数据。

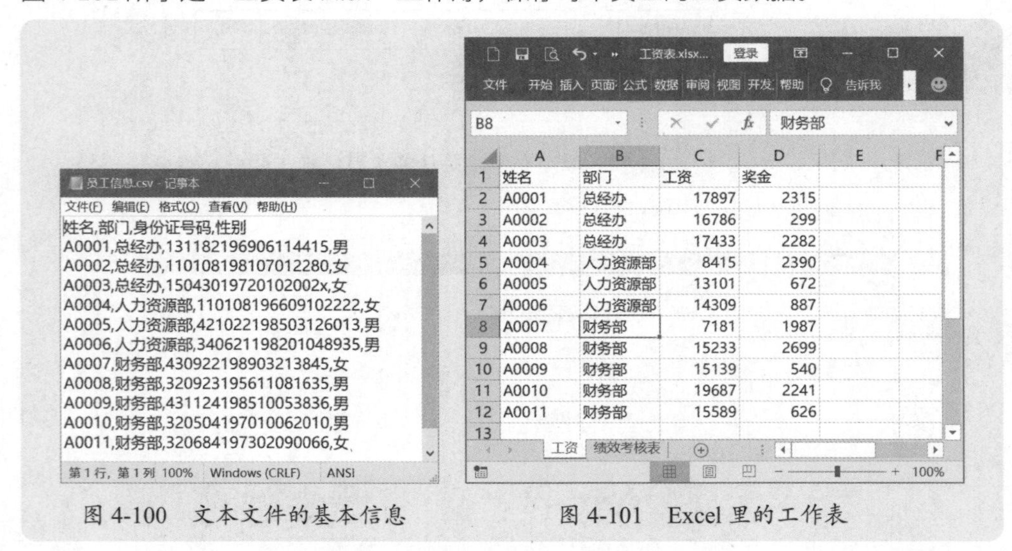

员工信息.csv - 记事本

```
姓名,部门,身份证号码,性别
A0001,总经办,131182196906114415,男
A0002,总经办,110108198107012280,女
A0003,总经办,15043019720102002x,女
A0004,人力资源部,110108196609102222,女
A0005,人力资源部,421022198503126013,男
A0006,人力资源部,340621198201048935,男
A0007,财务部,430922198903213845,女
A0008,财务部,320923195611081635,男
A0009,财务部,431124198510053836,男
A0010,财务部,320504197010062010,男
A0011,财务部,320684197302090066,女
```

工资表.xlsx

	A	B	C	D
1	姓名	部门	工资	奖金
2	A0001	总经办	17897	2315
3	A0002	总经办	16786	299
4	A0003	总经办	17433	2282
5	A0004	人力资源部	8415	2390
6	A0005	人力资源部	13101	672
7	A0006	人力资源部	14309	887
8	A0007	财务部	7181	1987
9	A0008	财务部	15233	2699
10	A0009	财务部	15139	540
11	A0010	财务部	19687	2241
12	A0011	财务部	15589	626

图 4-100　文本文件的基本信息　　图 4-101　Excel 里的工作表

首先建立与任一数据源的连接，例如先与文本文件建立连接，如图 4-102 所示。

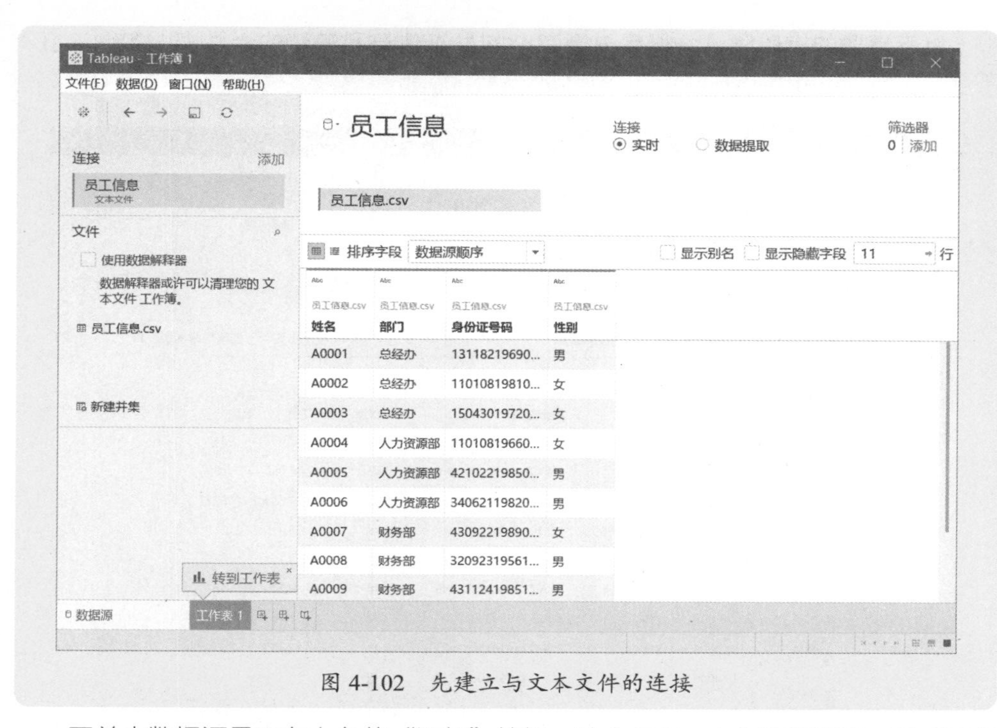

图 4-102　先建立与文本文件的连接

再单击数据源界面左上角的“添加”按钮，建立与 Excel 文件的连接，将“工资表”拖放至数据区域自动建立连接，默认以字段“姓名”做关联，如图 4-103 所示。

图 4-103　文本文件数据与 Excel 数据连接合并为一个新表

将不需要的字段隐藏，得到一个完整的员工信息及工资的合并表，如图 4-104 所示。

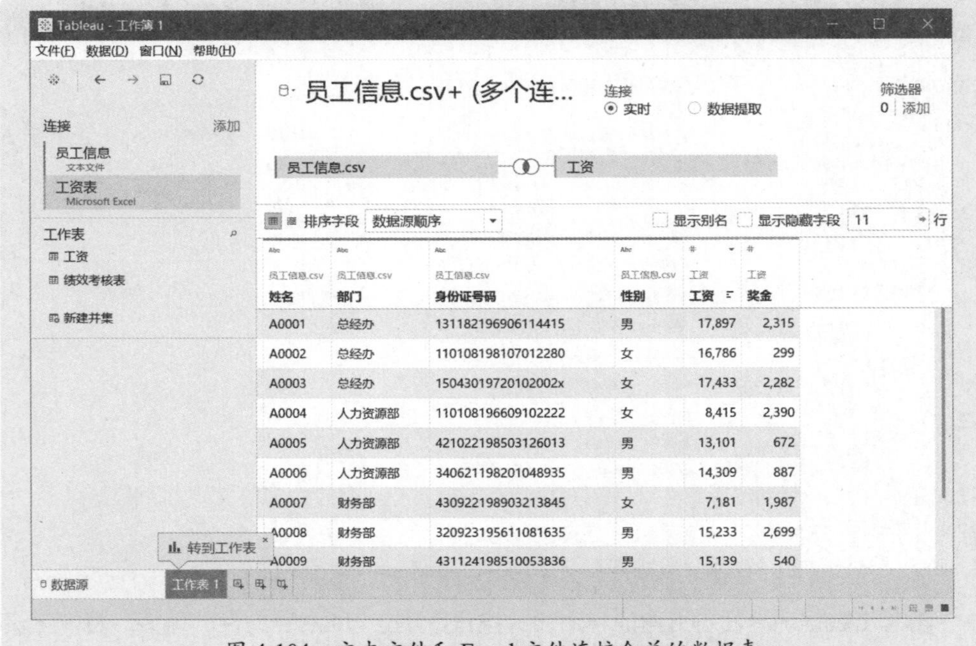

图 4-104　文本文件和 Excel 文件连接合并的数据表

4.6.8 编辑连接

当发现连接合并的结果不能满足要求时，可以重新编辑连接，方法很简单，单击表格之间的“连接”图标，打开“连接”对话框，然后重新选择连接方式、设置新的连接子句，或者删除某个连接子句，设置完成后，关闭“连接”对话框。

单击子句右侧的“删除”按钮，即可删除某个连接子句，如图 4-105 所示。

连接

内部　左侧　右侧　完全外部

数据源		表2
省份	=	省份 (表2)
城市	=	城市 (表2)
添加新的联接子句		

图 4-105　单击“删除”按钮

4.6.9 多表不同字段连接与整合

如果要合并的数据表有多个，可以根据这些数据表的不同字段的不同连接关系，来建立更加复杂的关联合并。

图 4-106 所示是工作簿中的 4 个工作表，分别保存销售明细信息、产品信息、业务员信息和业务员职位，现在要将这 4 个表格合并为一个表，将类别、业务员名称、职位匹配进去。

本案例数据源是“案例 4-17.xlsx”文件。

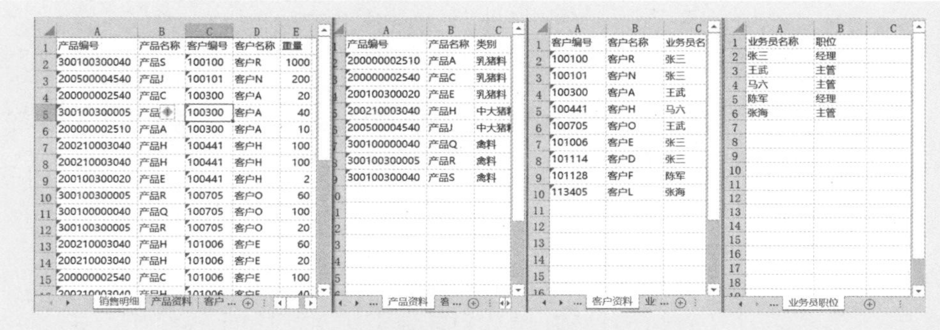

图 4-106 示例数据

各表格之间的关联逻辑如下。

- “类别”是通过产品名称关联的。
- “业务员名称”是通过客户名称关联的。
- “职位”是通过业务员名称关联的。

因此，建立数据连接，对 4 个表做如图 4-107 所示的连接。

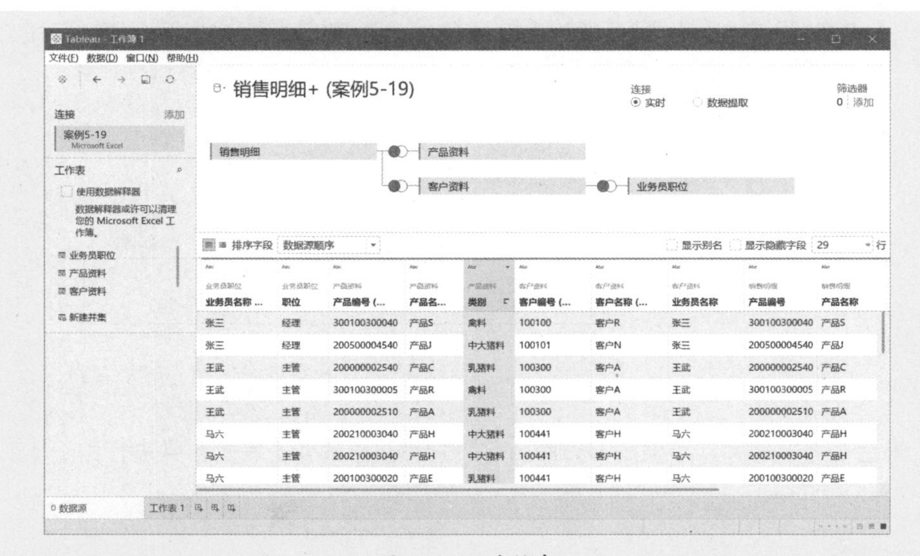

图 4-107 连接表

“销售明细”与“客户资料”的连接是“左侧”连接，连接子句是两个表的字段“产品名称”匹配，如图 4-108 所示。

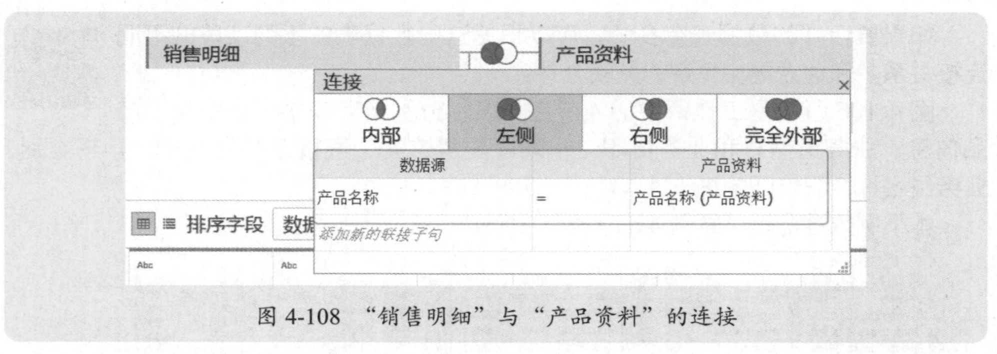

图 4-108 “销售明细”与“产品资料”的连接

“销售明细”与“客户资料”的连接是“左侧”连接，连接子句是两个表的字段“产品名称”匹配，如图 4-109 所示。

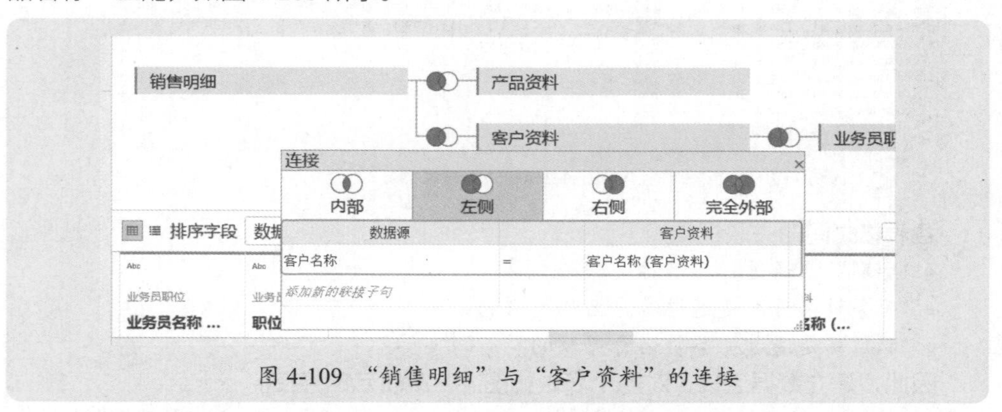

图 4-109 “销售明细”与“客户资料”的连接

“客户资料”与“业务员职位”的连接是“左侧”连接，连接子句是两个表的字段“业务员名称”匹配，如图 4-110 所示。

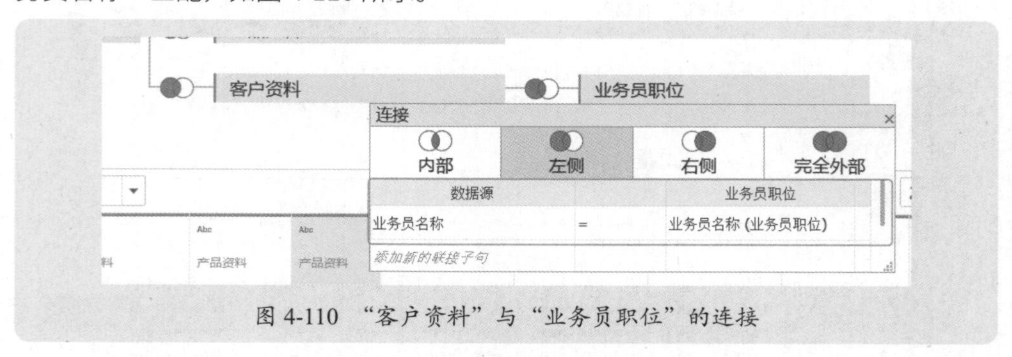

图 4-110 “客户资料”与“业务员职位”的连接

最后，将非必需字段隐藏，重命名字段名称，得到 4 个表的合并表，如图 4-111 所示。

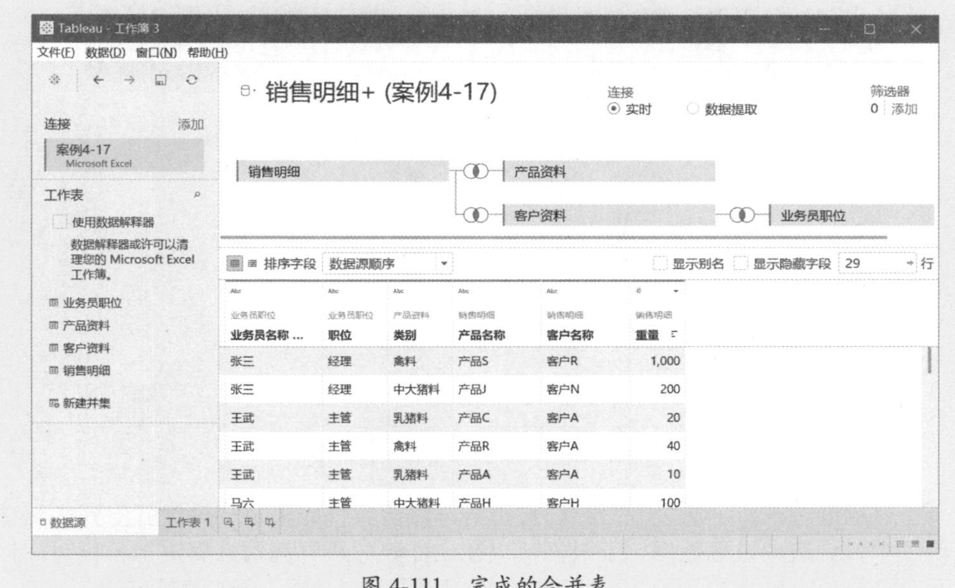

图 4-111　完成的合并表

4.7 数据混合（Blend）

数据混合，就是不需要事先对几个不同的数据源之间做并集或者连接，而是在创建分析工作表时，再通过创建关系，对来自不同数据源的字段进行关联，制作不同来源和维度的分析图表。这样，就可以避免并集和连接所带来的烦琐整理和重复数据。

图 4-112 和图 4-113 所示分别是“产品销售预算”表和“产品实际销售明细”表，分别保存为“产品销售预算 .xlsx”和“产品实际销售明细 .xlsx”工作簿，这两个工作簿保存在“案例 4-18”文件夹里。

下面对各产品的销售预算完成情况进行分析。

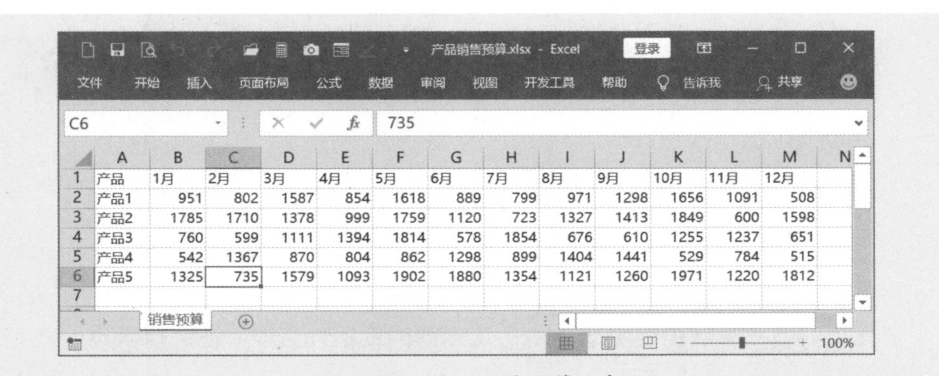

产品	1月	2月	3月	4月	5月	6月	7月	8月	9月	10月	11月	12月
产品1	951	802	1587	854	1618	889	799	971	1298	1656	1091	508
产品2	1785	1710	1378	999	1759	1120	723	1327	1413	1849	600	1598
产品3	760	599	1111	1394	1814	578	1854	676	610	1255	1237	651
产品4	542	1367	870	804	862	1298	899	1404	1441	529	784	515
产品5	1325	735	1579	1093	1902	1880	1354	1121	1260	1971	1220	1812

图 4-112　“产品销售预算”表

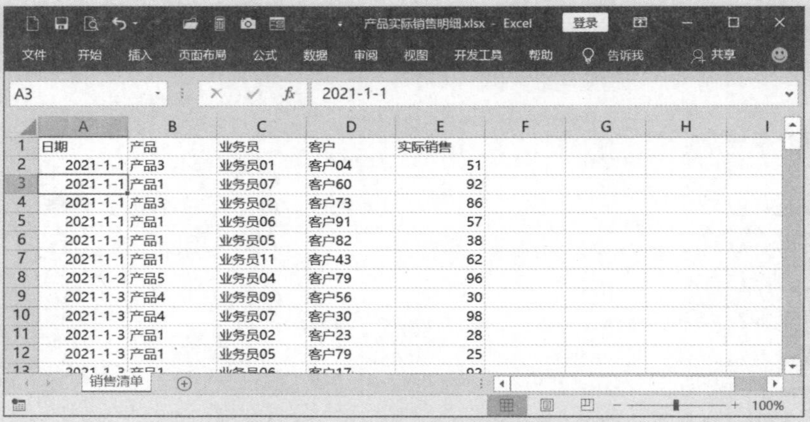

产品实际销售明细.xlsx - Excel 登录

文件 开始 插入 页面布局 公式 数据 审阅 视图 开发工具 帮助 告诉我 共享

A3 2021-1-1

	A	B	C	D	E
1	日期	产品	业务员	客户	实际销售
2	2021-1-1	产品3	业务员01	客户04	51
3	2021-1-1	产品1	业务员07	客户60	92
4	2021-1-1	产品3	业务员02	客户73	86
5	2021-1-1	产品1	业务员06	客户91	57
6	2021-1-1	产品1	业务员05	客户82	38
7	2021-1-1	产品1	业务员11	客户43	62
8	2021-1-2	产品5	业务员04	客户79	96
9	2021-1-3	产品4	业务员09	客户56	30
10	2021-1-3	产品4	业务员07	客户30	98
11	2021-1-3	产品1	业务员02	客户23	28
12	2021-1-3	产品1	业务员05	客户79	25

销售清单 100%

图 4-113 “产品实际销售明细”表

在这种情况下，不能根据产品名称进行连接合并，如果将预算数匹配到实际销售明细中，会造成重复数据。不过，可以在工作表分析界面对数据进行分析时，将这两个数据源的数据进行混合，而不是在数据源界面对数据进行并集或连接。

由于产品销售预算表是一个二维表，因此可以先连接这个工作簿，然后将各月数据进行转置，修改字段名，得到一个标准的一维表，如图 4-114 所示，这样就可以与实际销售明细表进行匹配。

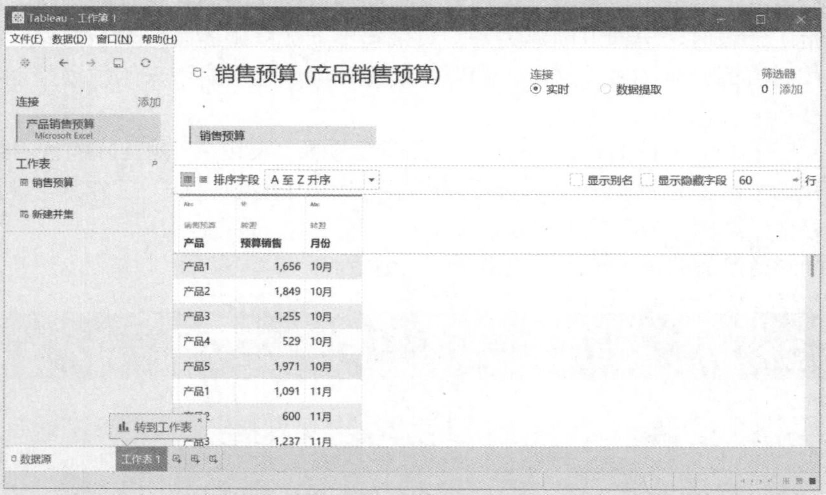

Tableau - 工作簿 1

文件(F) 数据(D) 窗口(N) 帮助(H)

销售预算 (产品销售预算)

连接 实时 数据提取 筛选器 0 添加

连接 添加 产品销售预算 Microsoft Excel

工作表 销售预算 新建并集

排序字段 A 至 Z 升序 显示别名 显示隐藏字段 60 行

产品	预算销售	月份
产品1	1,656	10月
产品2	1,849	10月
产品3	1,255	10月
产品4	529	10月
产品5	1,971	10月
产品1	1,091	11月
产品2	600	11月
产品3	1,237	11月

转到工作表 数据源 工作表 1

图 4-114 连接“产品销售预算.xlsx”工作簿，并进行转置处理

切换到工作表界面，执行“数据”→“新建数据源”命令，如图 4-115 所示。

建立与“产品实际销售明细.xlsx”工作簿的连接，这样，在工作表界面就有了两个数据源，如图 4-116 所示。

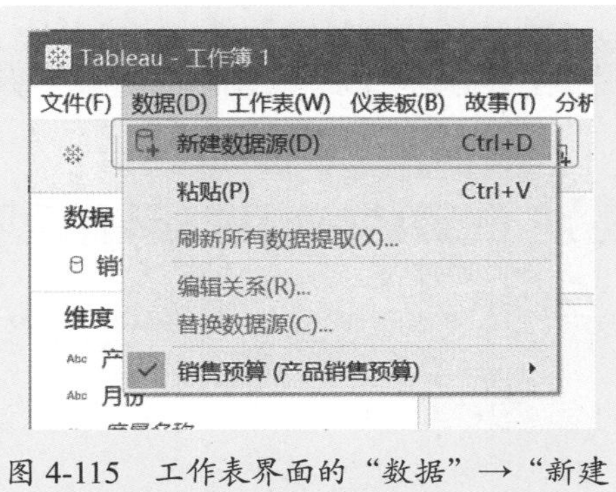

图 4-115　工作表界面的“数据”→“新建数据源”命令

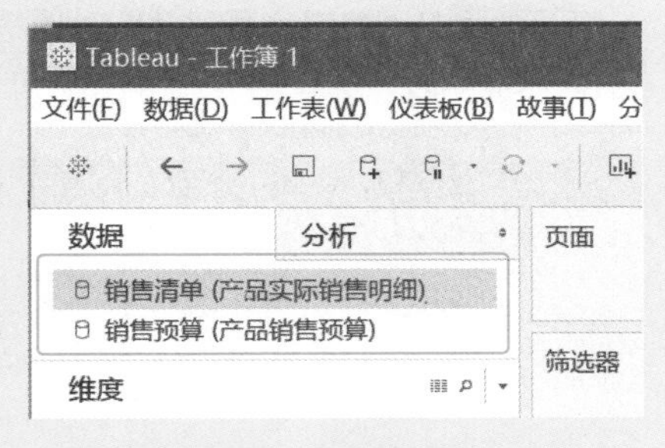

图 4-116　两个数据源

执行“数据”→“编辑关系”命令，如图 4-117 所示。

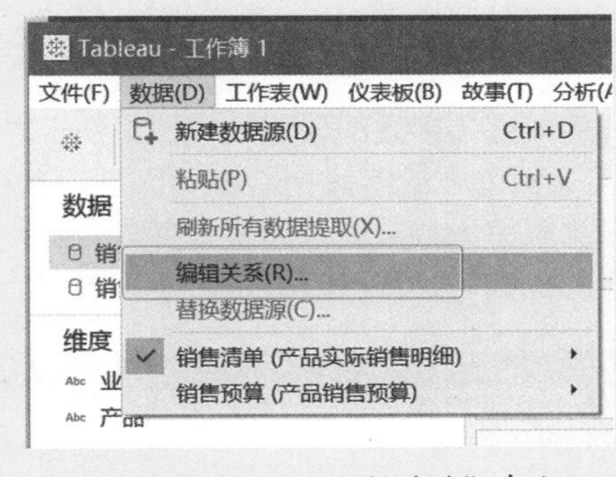

图 4-117　执行“编辑关系”命令

打开“关系”对话框，一般情况下，Tableau 会自动进行匹配。现在是将两个表的“产品”作为连接字段，如图 4-118 所示。

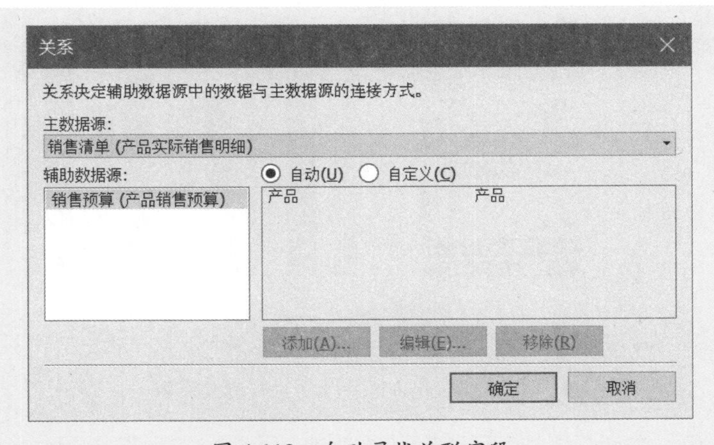

图 4-118　自动寻找关联字段

如果要根据实际情况进行关系认定，可以选中“自定义”单选按钮，再单击“添

加”按钮，如图 4-119 所示。

打开“添加 / 编辑字段映射”对话框，分别在“主数据源字段”和“辅助数据源字段”中选择关联字段，如图 4-120 所示。

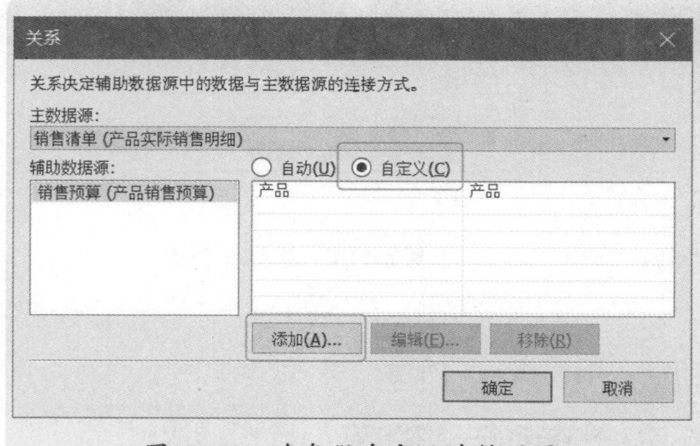

图 4-119 准备做自定义连接设置

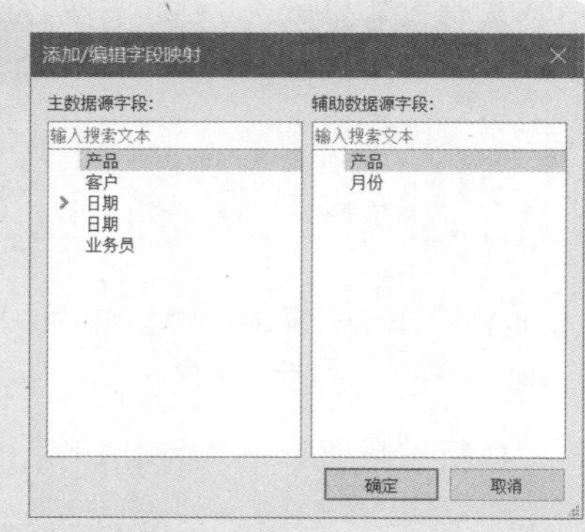

图 4-120 选择自定义连接字段

单击“确定”按钮，完成连接字段的设置，返回工作表界面。

在工作表中，先将实际销售表的字段拖到布局区域，这样实际销售表就成了主数据源，然后再从销售预算表里拖放字段，那么销售预算表就成了辅助数据源。

进行布局，得到各产品的销售预算进度跟踪，如图 4-121 所示。

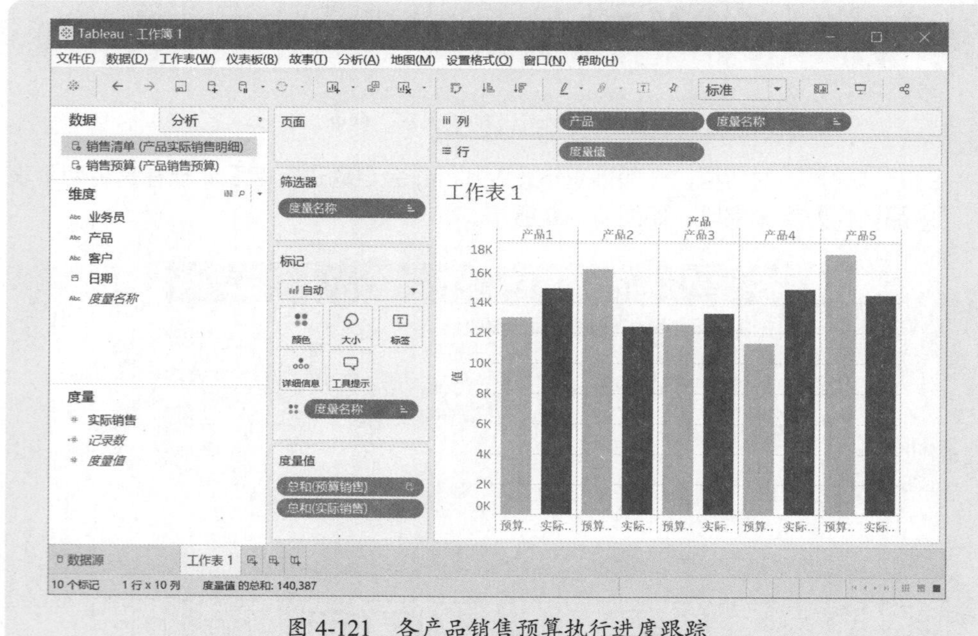

图 4-121 各产品销售预算执行进度跟踪

布局后，可以看到左侧的字段“产品”右侧有一个连接字段图标（），如图 4-122 所示，表示这个字段是两个表的连接字段。

在两个数据源名称的前面，也分别出现了蓝色复选标记（表示主数据源）和橙色复选标记（表示辅助数据源），如图 4-123 所示，勾选这两个复选框，表示使用了数据源的字段。

图 4-122　连接字段图标（ ）

图 4-123　数据源前面显示字段是否被选用

在前面的操作中，我们并没有在数据连接阶段对两个数据源做连接，而是在工作表界面做数据分析时，对两个数据源的字段做了关系认定，并分别从两个数据源中选择字段进行布局，这就是混合数据。

第 5 章

数据的整理与加工

不论是建立的 Excel 连接数据源，还是文本文件连接数据源，或者是数据库连接数据源；不论是从一个表连接的数据源，还是几个表合并的数据源，当建立连接后，都需要先对数据源进行检查、整理、加工，以使数据源能够用来建立数据分析仪表板。

5.1 数据源的常规操作

建立数据连接后，可以刷新数据，删除旧数据，替换为新数据，编辑现有的数据，等等，这些操作，都是对整个数据表的操作。

5.1.1 刷新

如果要刷新数据源，可以单击“数据源”界面顶部的“刷新数据源”按钮 ，如图 5-1 所示。

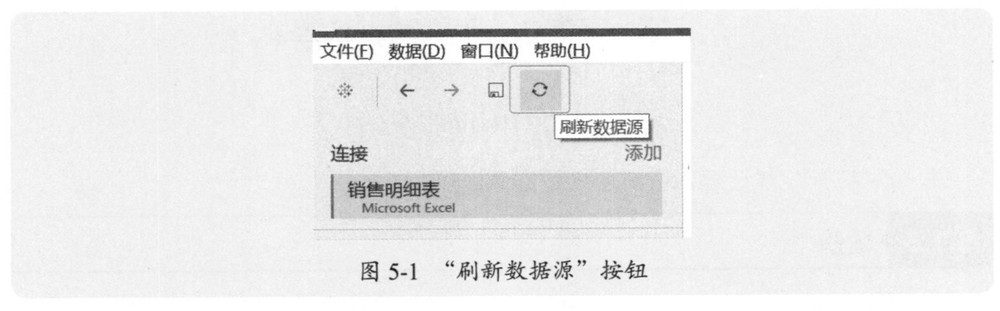

图 5-1 “刷新数据源”按钮

如果要在工作表界面刷新数据源，执行“数据”菜单中某个数据源的“刷新”命令，如图 5-2 所示，按快捷键 F5 也可以。

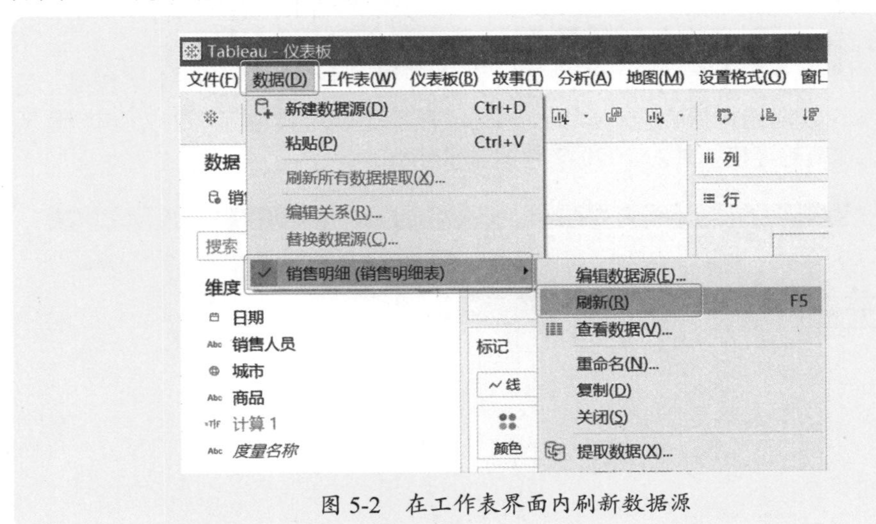

图 5-2 在工作表界面内刷新数据源

5.1.2 编辑

如果已经创建完成了工作表和仪表板，当数据源发生了变化（如数据源名称、文件夹、地址等），需要重新编辑数据源，方法是：在数据源界面或者工作表界面中，执行“数据”菜单中已有数据源的“编辑连接”命令，如图 5-3 所示。

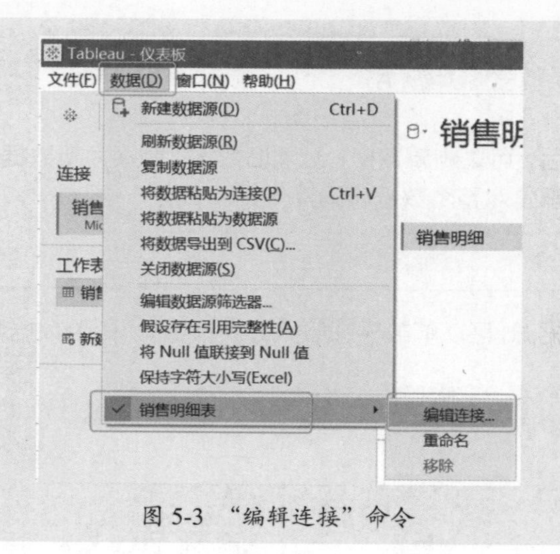

图 5-3 “编辑连接”命令

打开“打开”对话框，重新连接数据源即可。

5.1.3 替换

如果已经建立了某个数据源连接，并且建立了工作表和仪表板后，想要把现有的数据源替换为另外一个新数据源，而不必去重新设计（仅仅是数据源发生了变化），相当于拿另外一个数据源去套用这个工作表和仪表板的结果，那么就可以使用替换数据源命令。

现在有“2019 年销售明细 .xlsx”和“2020 年销售明细 .xlsx”两个工作簿，这两个工作簿的数据结构是完全一样的。图 5-4 所示是已经建立了“2020 年销售明细 .xlsx”工作簿的连接，并对 2020 年数据做了分析。

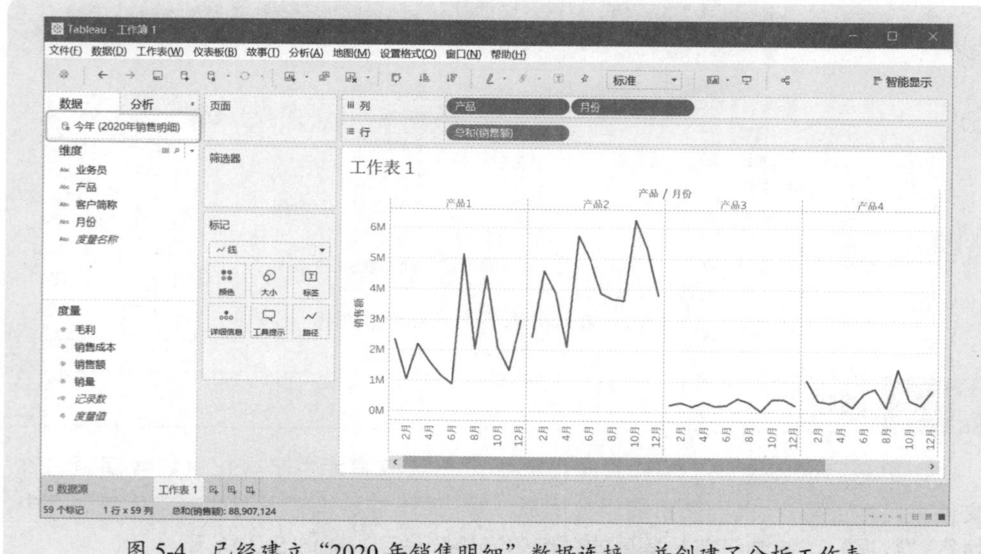

图 5-4 已经建立“2020 年销售明细”数据连接，并创建了分析工作表

下面把这个分析工作表替换为“2019 年销售明细 .xlsx”工作簿的数据，图表自动变为 2019 年的分析结果。

首先在当前工作表中执行“数据”→“新建数据源”命令，新建一个对 Excel 工作簿文件“2019 年销售明细 .xlsx”的连接数据源，那么在当前工作表的右上角就出现了 2 个连接数据源，如图 5-5 所示。

选择这两个数据源中的任一个，右击，在弹出的快捷菜单中执行“替换数据源”命令，如图 5-6 所示。

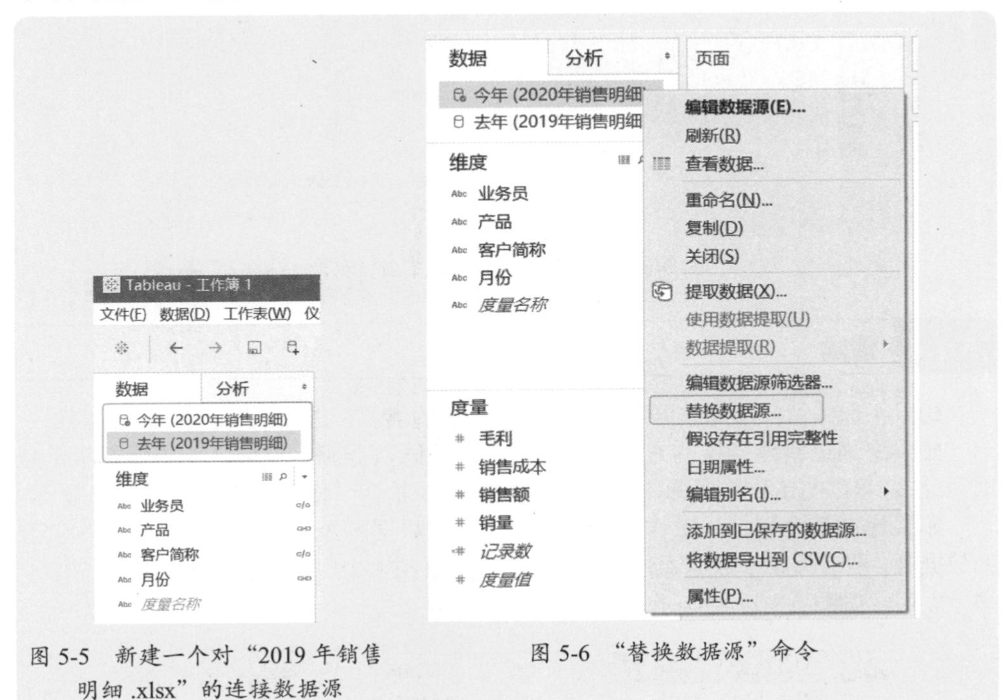

图 5-5 新建一个对“2019 年销售明细 .xlsx”的连接数据源

图 5-6 “替换数据源”命令

打开“替换数据源”对话框，如图 5-7 所示，当前数据源是 2020 年工作簿的，要替换为 2019 年的数据源，保持默认设置。

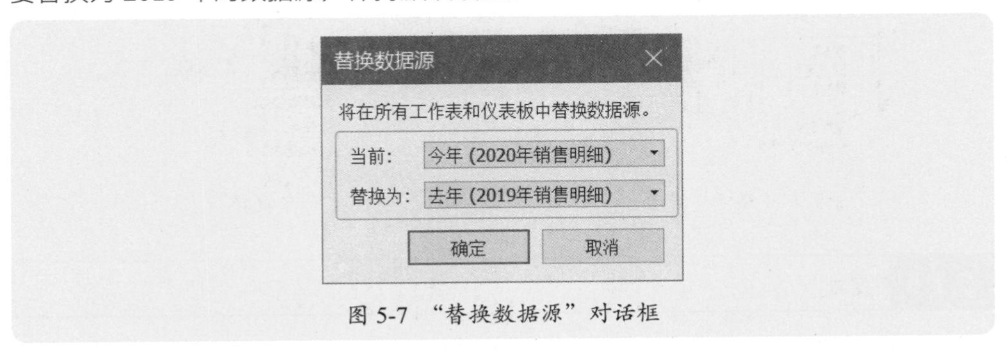

图 5-7 “替换数据源”对话框

单击“确定”按钮，把 2020 年数据源替换为了 2019 年数据源，工作表以及仪表板全部更新为了 2019 年的数据结果，如图 5-8 所示。

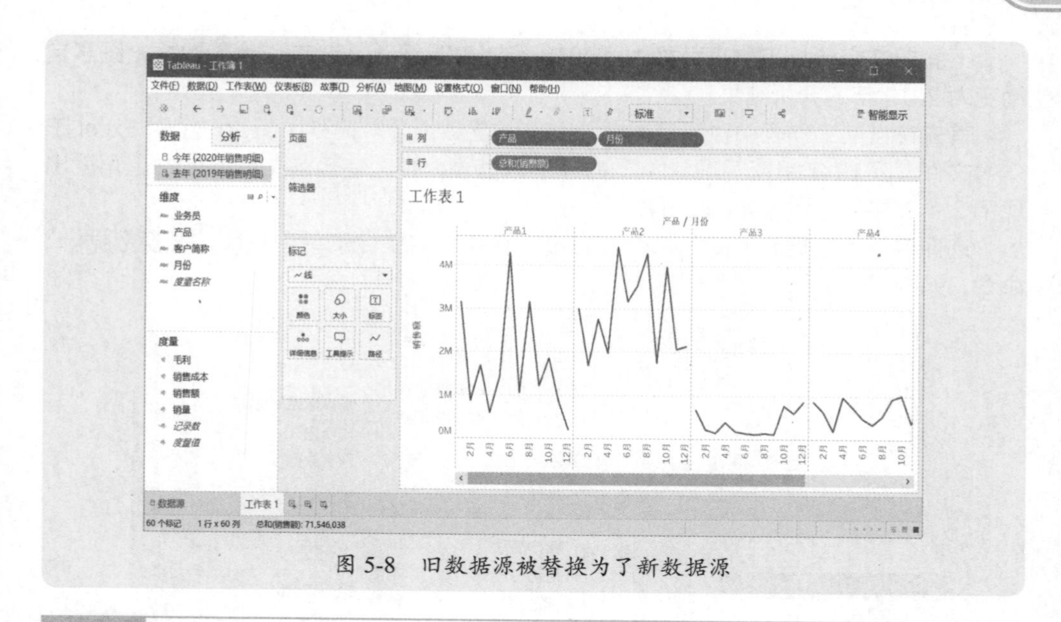

图 5-8　旧数据源被替换为了新数据源

5.1.4 清除

如果不想保留多余的数据源，可以根据不同的情况，选择不同的方法。

如果是通过新建连接的方法，创建了几个不同数据源的连接，不想保留某个数据源连接，可以右击该数据源，在弹出的快捷菜单中执行“移除”命令，如图 5-9 所示。

如果是在某个可视化工作表上，通过执行“数据”→“新建数据源”命令创建的数据源，要清除某个数据源，可以右击该数据源，在弹出的快捷菜单中执行“关闭”命令即可，如图 5-10 所示。

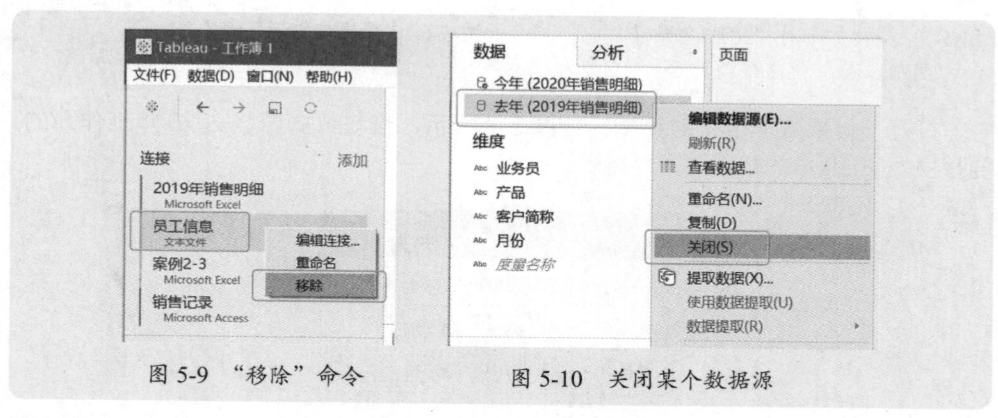

图 5-9　“移除”命令　　图 5-10　关闭某个数据源

5.1.5 复制

如果想把某个数据源复制一份，可以在工作表中右击该数据源，然后在弹出的快捷菜单中执行“复制”命令，如图 5-11 所示，将该数据源复制一份，如图 5-12 所示。

图 5-11 “复制”数据源命令　　图 5-12 复制得到的数据源

5.1.6 查看

如果在工作表界面中新建了数据源，那么这个数据源的数据是什么样的？如何浏览这个数据源的数据？

此时，可以右击要查看数据的数据源，在弹出的快捷菜单中执行“查看数据”命令，如图 5-13 所示，打开一个数据浏览窗口，如图 5-14 所示。需要注意的是，与原始的数据源相比，这个数据源增加了一列“记录数”数据。

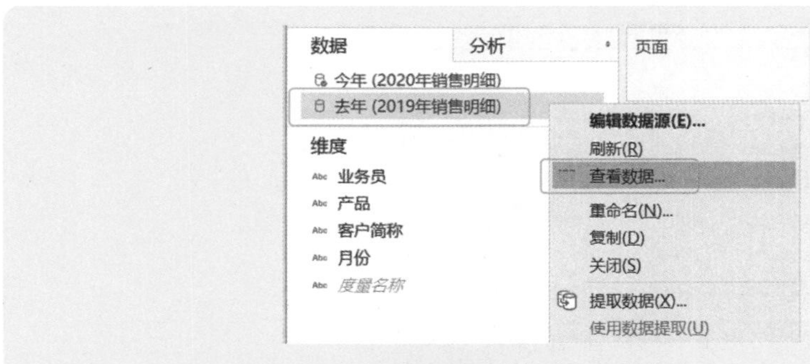

图 5-13 “查看数据”命令

查看数据: 去年 (2019年销售明细)

587 行　显示别名(S)　复制(C)　全部导出(E)

业务员	产品	客户简称	月份	毛利	记录数	销售成本	销售额	销量
业务员07	产品1	客户23	1月	290,110.49	1	154,110.43	444,220.92	8,481.95
业务员23	产品3	客户29	1月	12,707.23	1	9,450.40	22,157.63	652.01
业务员06	产品3	客户12	1月	16,104.11	1	13,401.09	29,505.21	1,059.41
业务员12	产品4	客户02	1月	19,551.02	1	43,468.95	63,019.97	5,849.03
业务员33	产品3	客户07	1月	13,041.34	1	8,360.82	21,402.16	1,023.94
业务员28	产品1	客户12	1月	161,690.16	1	42,108.52	203,798.67	2,618.69
业务员21	产品4	客户12	1月	49,725.67	1	24,130.57	73,856.25	3,008.15
业务员23	产品3	客户23	1月	12,112.13	1	21,940.65	34,052.78	960.65
业务员30	产品2	客户03	1月	47,236.27	1	45,139.68	92,375.95	16,898.13
业务员03	产品2	客户10	1月	137,413.39	1	191,436.91	328,850.30	52,619.42
业务员02	产品2	客户17	1月	95,895.81	1	73,257.03	169,152.84	41,746.09
业务员03	产品2	客户06	1月	36,860.99	1	56,675.70	93,536.69	19,034.78
业务员26	产品2	客户08	1月	1,147.57	1	2,467.43	3,615.00	1,213.22
业务员18	产品1	客户29	1月	141,340.48	1	132,752.70	274,093.17	4,521.99
业务员06	产品3	客户40	1月	8,240.74	1	2,848.75	11,089.50	190.02
业务员16	产品1	客户11	1月	63,836.34	1	16,316.03	80,152.37	1,366.79
业务员15	产品3	客户11	1月	1,527.76	1	1,230.24	2,758.00	97.26

图 5-14 查看浏览指定数据源的数据

5.2 数据筛选基本操作

对数据源的数据进行筛选，提取需要分析的数据，不仅可以减少数据量，也可以提高处理速度。数据筛选是通过数据筛选器来操作的。

本节筛选练习的数据源是“销售明细 .xlsx”文件。

5.2.1 数据源界面中的使用

在数据源界面右上角有一个“筛选器”命令按钮，下面有一个“添加”按钮，如图 5-15 所示，单击此按钮，打开“编辑数据源筛选器”对话框，如图 5-16 所示，然后可以对数据进行各种形式的筛选操作。

本案例数据源是“销售明细 .xlsx”文件。

图 5-15　数据源界面右上角的筛选器“添加”按钮

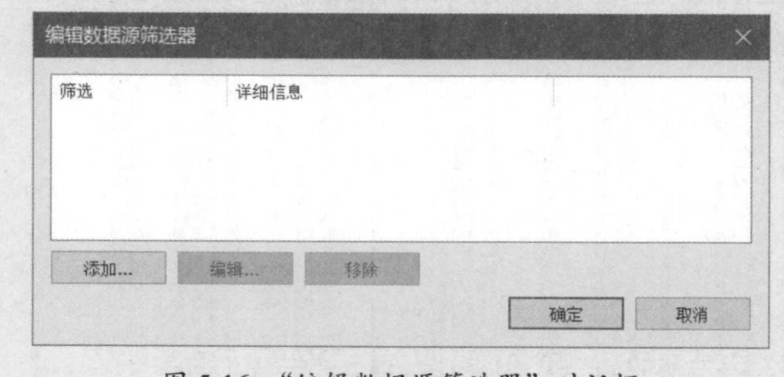

图 5-16　“编辑数据源筛选器”对话框

5.2.2 工作表界面中的使用

在工作表界面左上角右击要做筛选的数据源，在弹出的快捷菜单中执行“编辑数据源筛选器”命令，如图 5-17 所示。

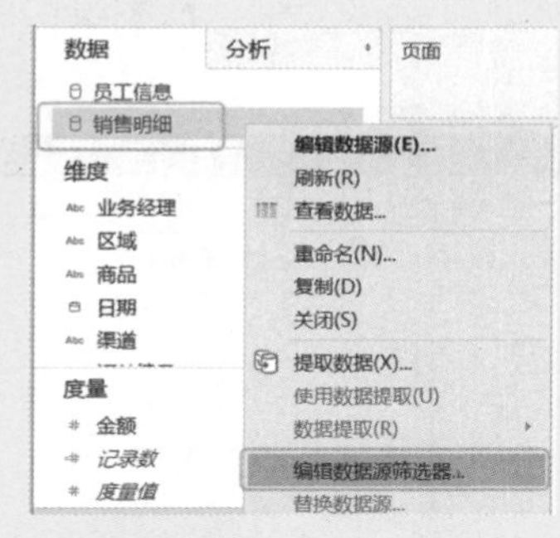

图 5-17 “编辑数据筛选器”命令

5.2.3 添加筛选器

打开“编辑数据源筛选器”对话框，单击“添加”按钮，如图 5-18 所示，打开“添加筛选器”对话框，选择要筛选的字段，如图 5-19 所示。

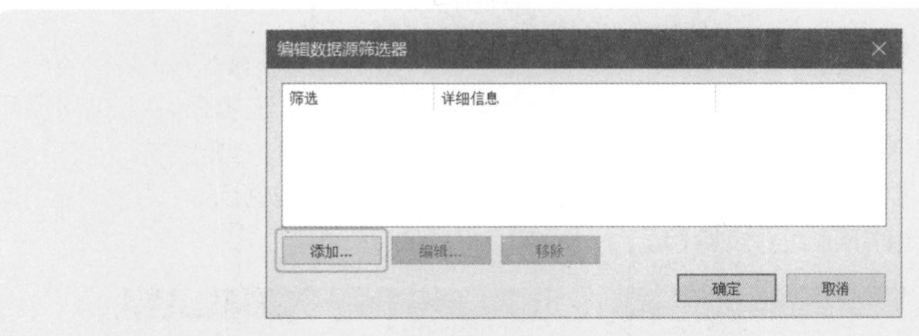

图 5-18 单击“添加”按钮

图 5-19 “添加筛选器”对话框

5.2.4 筛选基本操作之一：常规筛选

在“添加筛选器”对话框的字段列表中勾选某个字段，对其进行筛选即可。

例如，选择“区域”，要筛选华东地区的数据，然后单击“确定”按钮，打开“筛选器”对话框，在目前的“常规”选项卡中，从字段项目列表中勾选华东地区的所有城市，如图 5-20 所示。

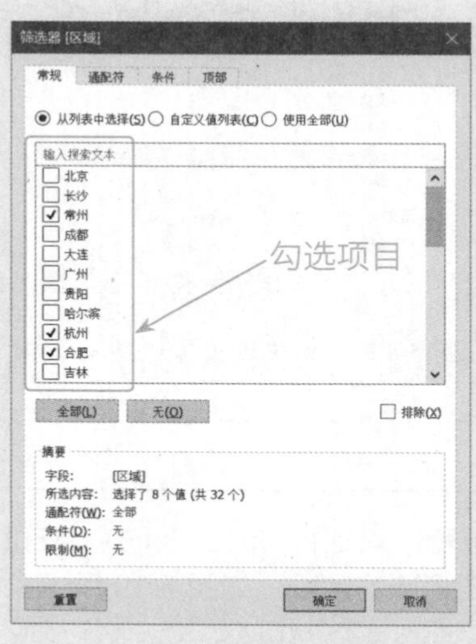

图 5-20 选择华东地区的城市

如果该字段下的项目比较多，可以选中“自定义值列表”单选按钮，切换到自定义界面，然后在输入框输入城市名，单击右侧的加号（+）按钮，或者按 Ctrl+Enter 快捷键，如图 5-21 所示，那么就将该城市添加到列表中，如图 5-22 所示。同时，在“地区”字段列表中，也勾选上了该城市。

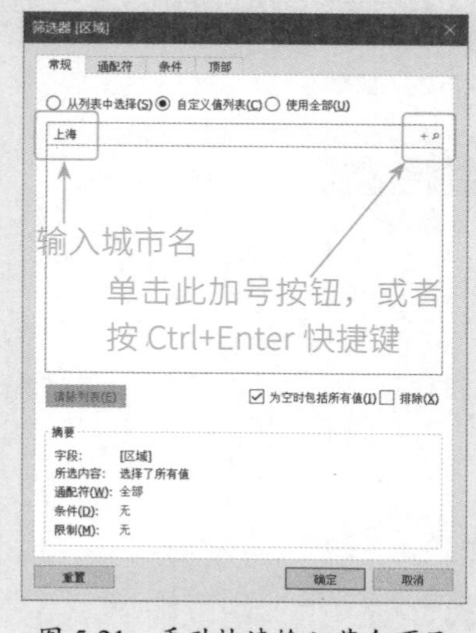

图 5-21 手动快速输入某个项目

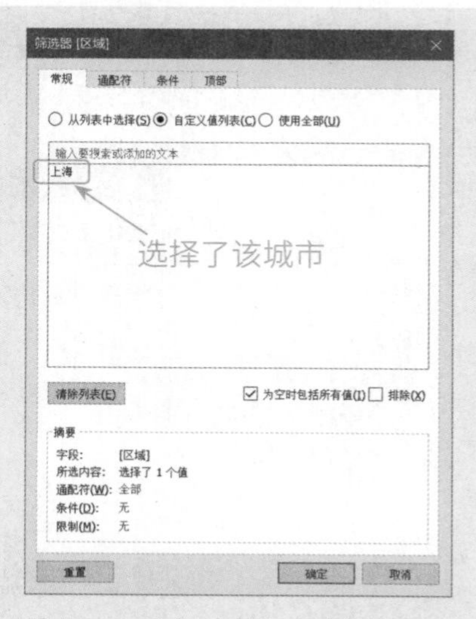

图 5-22 添加到自定义列表的项目

依此方法，将所有需要的项目添加到“自定义值列表”中。

如果误添加了项目，就在“自定义值列表”中选择该项目，单击右侧的移除按钮☒，将其删除即可。

如果要清除“自定义值列表”的所有项目，单击“清除列表”按钮即可。单击了“清除列表”按钮后，就重新选择了该字段的所有项目。

如果要排除某几个项目，先勾选“排除”复选框，然后在项目列表中勾选要排除的项目，如图 5-23 所示，或者在“自定义值列表”界面中手动输入要排除的项目，如图 5-24 所示。

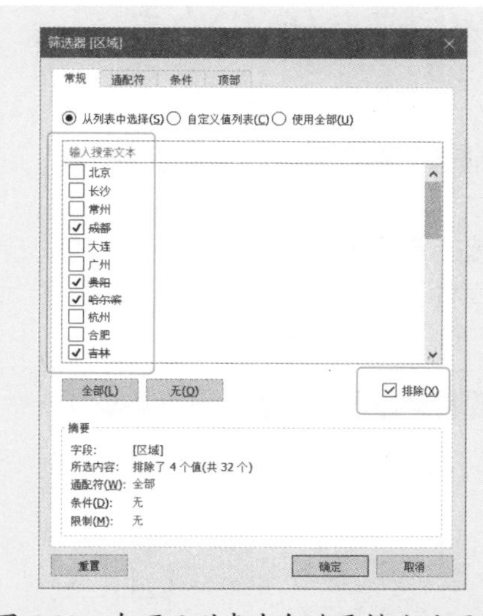

图 5-23　在项目列表中勾选要排除的项目

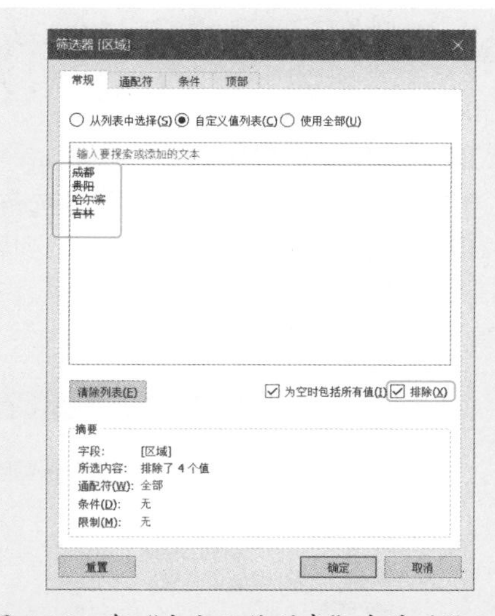

图 5-24　在“自定义值列表”中手动输入要排除的项目

在“筛选器”对话框中单击“全部”按钮，选择全部项目；单击“无”按钮，取消选择所有项目。

当筛选设置完毕后，单击“确定”按钮，返回“编辑数据源筛选器”对话框，可以看到，已经添加了一个筛选条件，如图 5-25 所示。

其中第一列是筛选字段，第二列是筛选的结果，例如，“保留 8 个成员 (总共 32 个)”的意思是字段“地区”下共有 32 个城市，保留了 8 个城市。

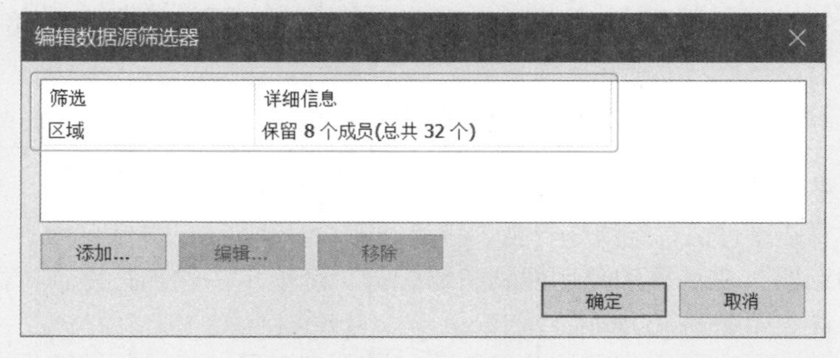

图 5-25　添加的筛选条件

依照此方法和步骤，为其他字段添加筛选，例如筛选商品 A 和商品 B 的数据，筛选回款不为空的数据，设置的几个筛选条件如图 5-26 所示。

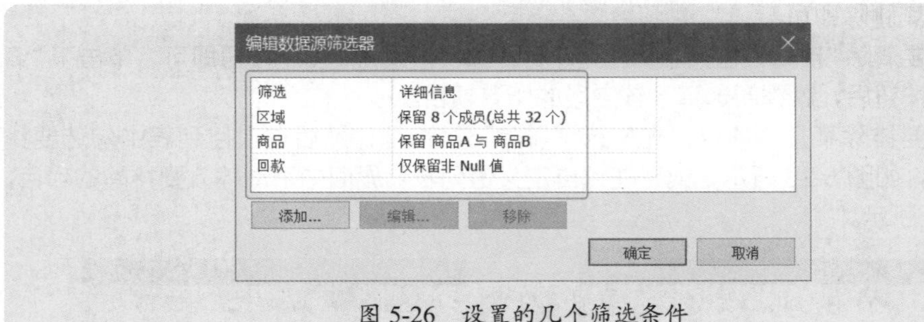

图 5-26　设置的几个筛选条件

如果要编辑某个筛选，就在筛选列表中选择该筛选条件，然后单击“编辑”按钮，打开“筛选器”对话框，重新设置筛选条件。

如果不再需要某个筛选，就在筛选列表中选择该筛选条件，然后单击“移除”按钮。

最后单击“确定”按钮，就从数据源中筛选出了满足条件的数据，如图 5-27 所示，可以看到，满足条件的数据仅剩 188 行。

图 5-27　筛选后的数据源

5.2.5 筛选基本操作之二：通配符筛选

对于一些复杂项目的筛选，可以使用通配符做关键词匹配的筛选，例如，筛选包含什么，开头是什么，结尾是什么，等等。

在“筛选器”对话框中，切换到“通配符”选项卡，输入关键词，然后选择相应的匹配条件，如图 5-28 所示。

如果在选择某个关键词匹配条件时，也同时勾选了“排除”复选框，那么筛选

条件就是不包含什么，开头不是什么，结尾不是什么，如图 5-29 所示。

通配符筛选仅适用于字符串类型字段，数值字段不能使用。

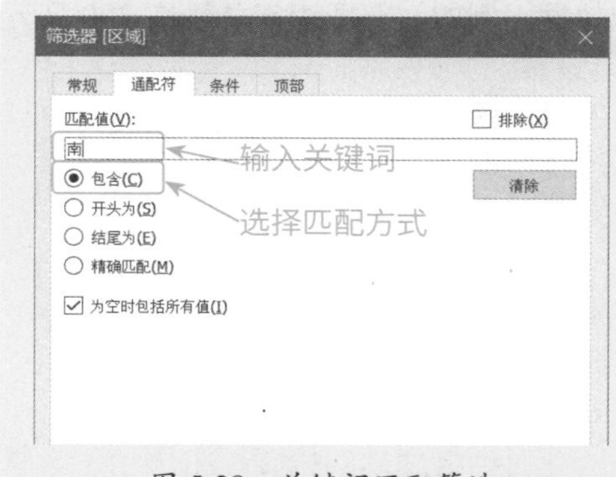

图 5-28　关键词匹配筛选

图 5-29　关键词不匹配筛选

图 5-30 和图 5-31 所示是筛选以“南”开头的区域。

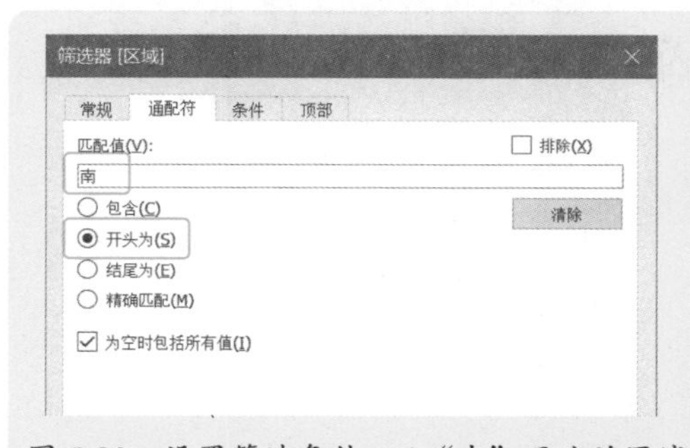

图 5-30　设置筛选条件：以“南”开头的区域

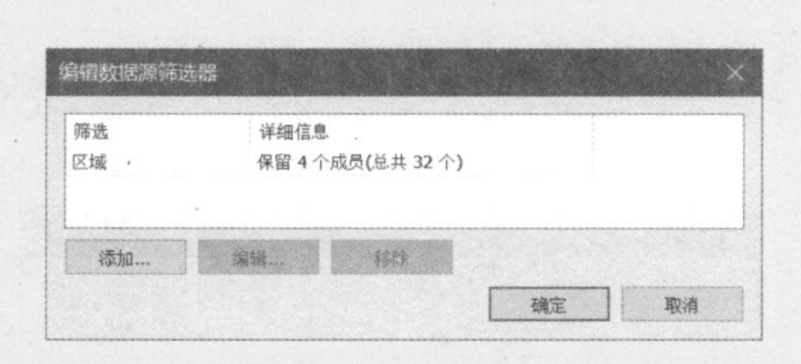

图 5-31　筛选出的以“南”开头的区域

数据源中“区域”只保留“南昌”“南京”和“南宁”数据，如图 5-32 所示。

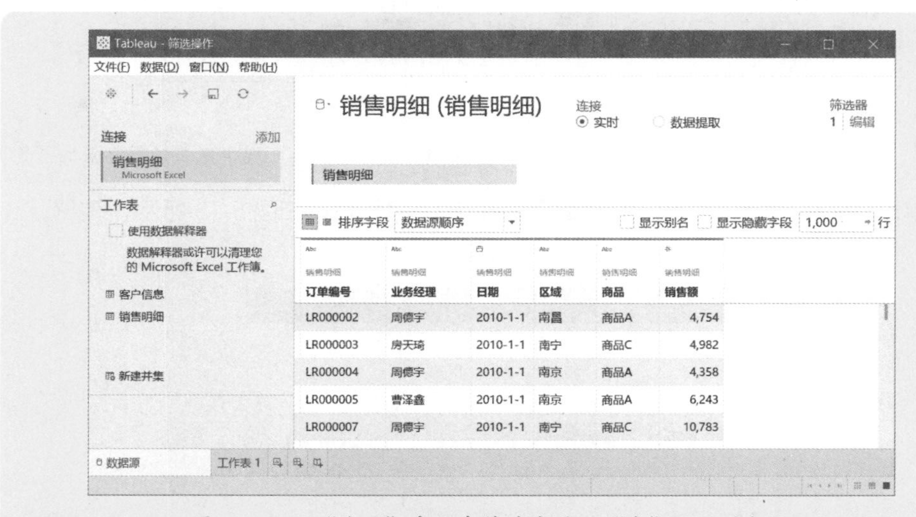

图 5-32　从“地区”字段中筛选出的以“南”开头的数据

5.2.6 筛选基本操作之三：条件筛选

用户可以对指定的字段添加条件来筛选数据。例如，要把销售总额在 300 万元以上的城市数据筛选出来，则可以做以下筛选设置。

首先打开“添加筛选器”对话框，选择字段“区域”，打开“筛选器”对话框，切换到“条件”选项卡，做以下设置，如图 5-33 所示。

选中“按字段”单选按钮。

从字段下拉列表中选择“销售额”字段。

从聚合函数下拉列表中选择“总和”选项。

从条件运算符下拉列表中选择“>=”选项。

输入条件值数字“3000000”。

然后切换到“常规”选项卡，可以看到，在对话框底部的摘要框中展示了设置的筛选，如图 5-34 所示。

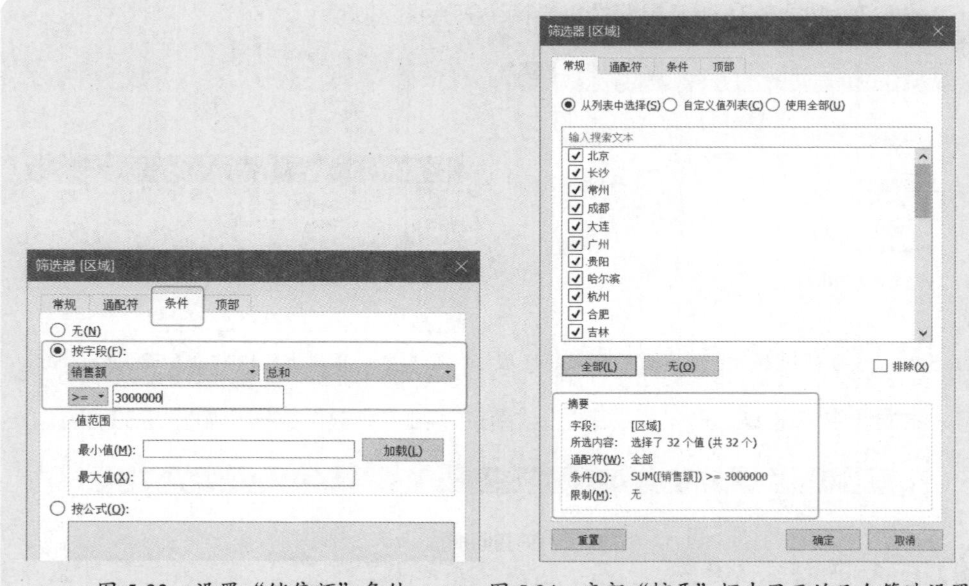

图 5-33　设置“销售额”条件　　图 5-34　底部“摘要”框中显示的几个筛选设置

单击“确定”按钮，返回“编辑数据源筛选器”对话框，如图 5-35 所示，可以看到，满足条件的城市有 8 个。

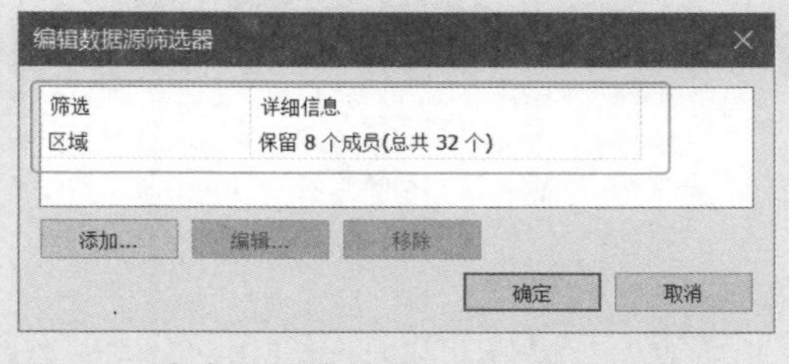

图 5-35　完成的筛选设置，以及显示的筛选结果

关闭“编辑数据源筛选器”对话框，再检查一下数据源，然后创建一个工作表，对区域进行统计，可以看到销售总额在 300 万元以上的城市，如图 5-36 所示。

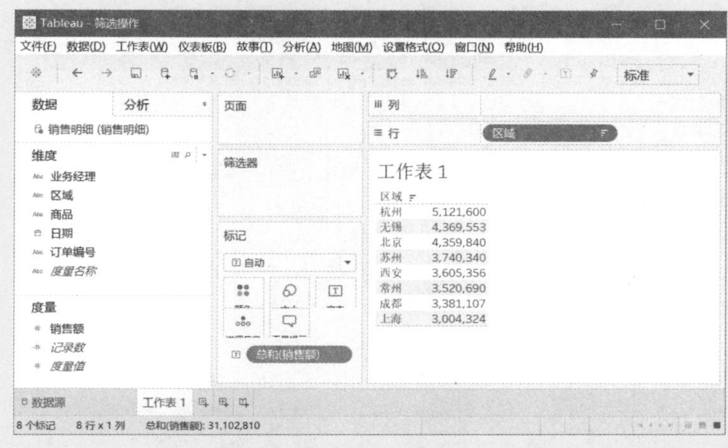

图 5-36 筛选出的销售总额在 300 万以上的城市

5.2.7 顶部 / 底部（TOP N）筛选

用户也可以做顶部筛选，也就是筛选出顶部 / 底部（TOP N）的数据，例如，筛选出销售额前 5 的业务经理，筛选出业绩最差的 5 个业务经理，等等，可以按照下面的步骤进行操作。

首先在“添加筛选器”对话框中添加字段“业务经理”的筛选，如图 5-37 所示，然后单击“确定”按钮，在弹出的“筛选器”【业务经理】对话框中切换到“顶部”选项卡，做如下设置，如图 5-38 所示。

选中“按字段”单选按钮。

选择“顶部”选项，并输入数字 5。

选择“销售额”选项，作为汇总字段。

选择“总和”选项，作为计算依据。

图 5-37 添加“业务经理”筛选

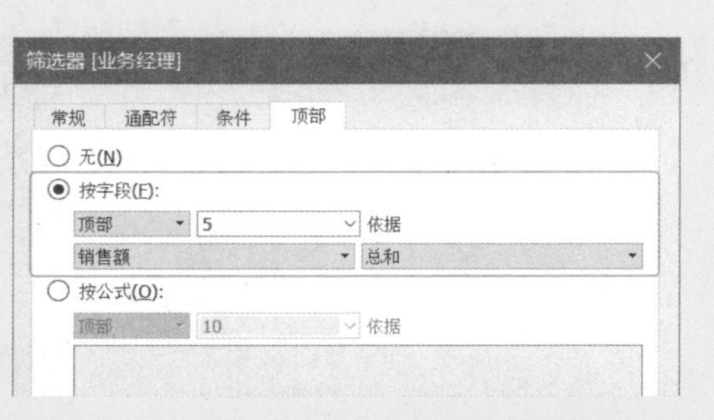

图 5-38 筛选销售额最好的前 5 个业务经理

这样，就得到了满足条件的所有记录。为了验证筛选的结果，可以创建一个工作表，对业务经理的销售额进行汇总，得到销售额最好的 5 个业务经理，如图 5-39 所示。

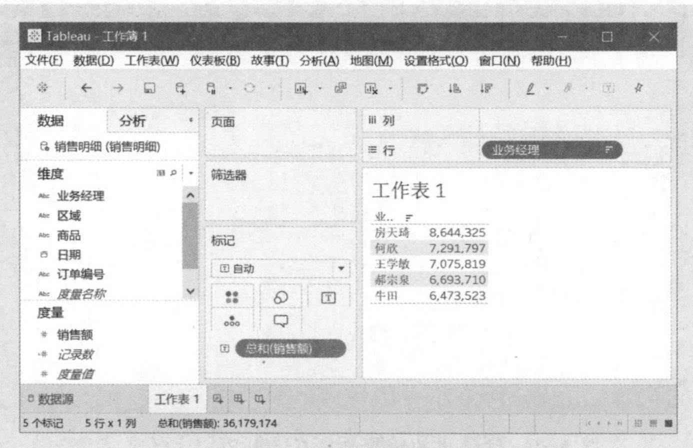

图 5-39　销售额最好的 5 个业务经理

若筛选销售额最差的 5 个业务经理，筛选设置如图 5-40 所示，筛选结果如图 5-41 所示。

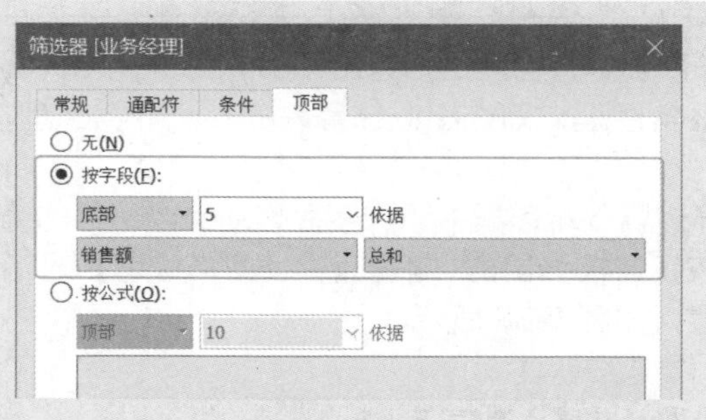

图 5-40　筛选销售额最少的 5 个业务经理

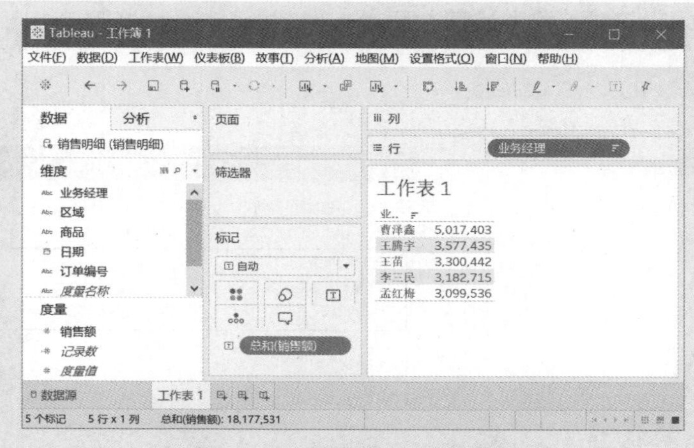

图 5-41　销售额最差的 5 个业务经理

5.2.8 公式筛选

在“筛选器”对话框中，“条件”和“顶部”两个筛选都可以使用公式来设置，从而使筛选变得更加灵活和多样化。

例如，要筛选出订单数超过 500 个，并且销售总额在 300 万元以上的城市数据，则可以做如下操作。

选择字段“区域”添加筛选器，在“条件”选项卡中选中“按公式”单选按钮，然后输入下面的公式，如图 5-42 所示。

```
SUM([ 销售额 ])>=3000000 AND COUNT([ 区域 ])>=500
```

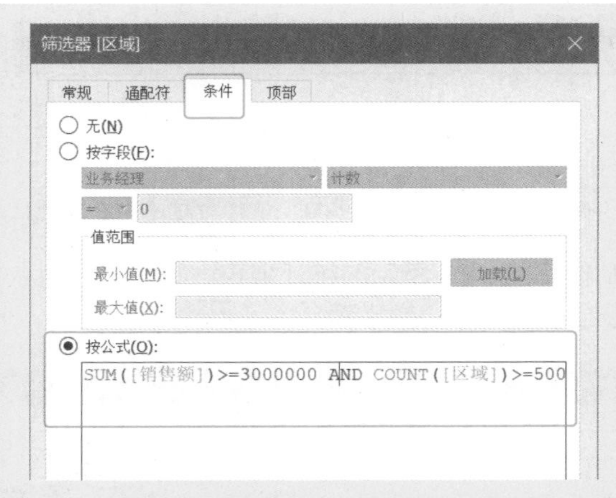

图 5-42　订单数超过 500、销售额超过 300 万元的筛选

以筛选后的数据制作的统计报表如图 5-43 所示，只筛选出“西安”和“常州”两个城市。

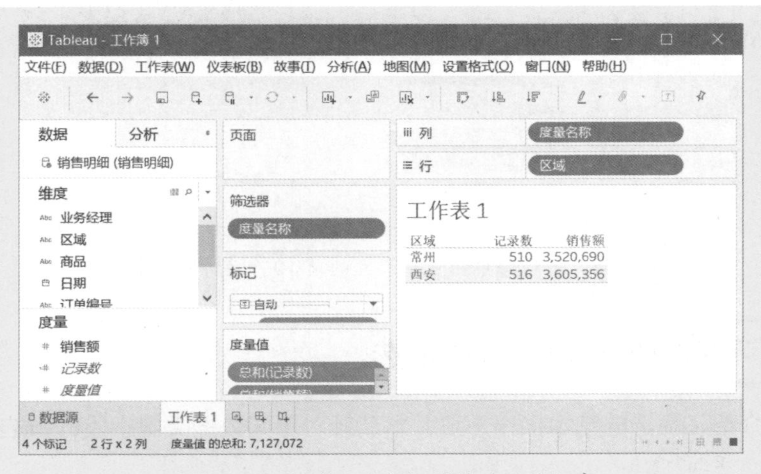

图 5-43　以筛选后的数据制作的统计报表

也可以在“顶部”选项卡中，使用公式筛选 TOP N 数据。例如，要筛选出平均每单销售额最大的前 10 个城市，可以做如图 5-44 所示的筛选设置，公式如下。

```
SUM([ 销售额 ])/COUNT( 区域 )
```

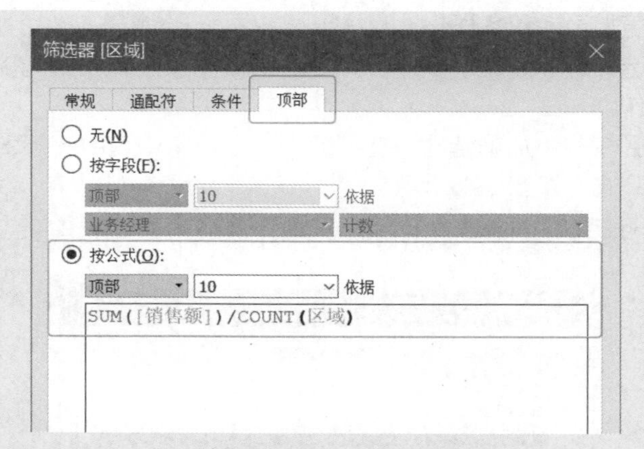

图 5-44　筛选订单数超过 500、销售额超过 300 万的区域

完成筛选后，制作如图 5-45 所示的统计报表。其中已经为数据源添加了一个销售额的表计算，用于显示每单平均销售额。

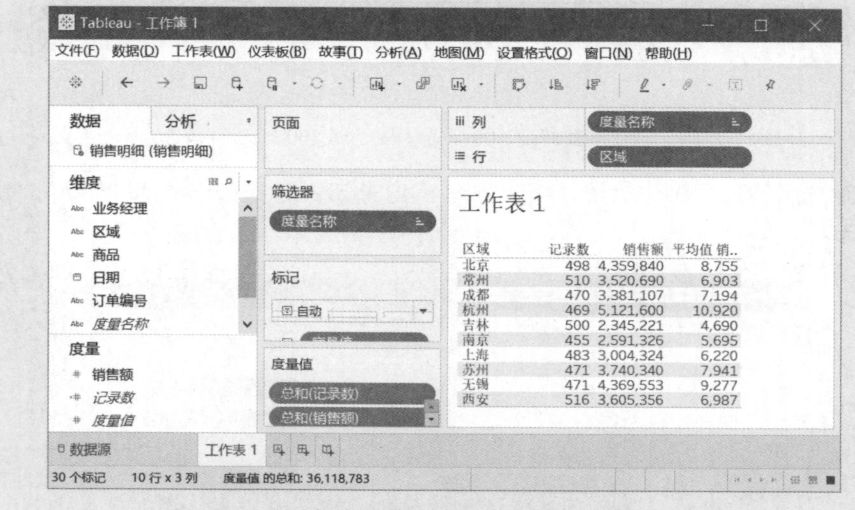

图 5-45　平均每单销售额最大的前 10 个城市统计报表

5.3　不同数据类型字段的筛选

前面介绍了筛选的基本操作方法，本节针对不同数据类型字段的筛选操作及注意事项进行详细介绍。

5.3.1 文本字段的筛选

对于文本字段而言，常见的筛选方式有常规（直接勾选）和关键词匹配，5.2 节已经做过介绍，此处不再赘述。

5.3.2 日期字段的筛选

日期字段的筛选有很多种，因为日期是一个信息丰富的数据，包含年、季度、月、星期、周等，因此，可以根据实际需求来做不同的筛选。

打开如图 5-46 所示的“筛选器字段”对话框，选择不同的筛选方式。

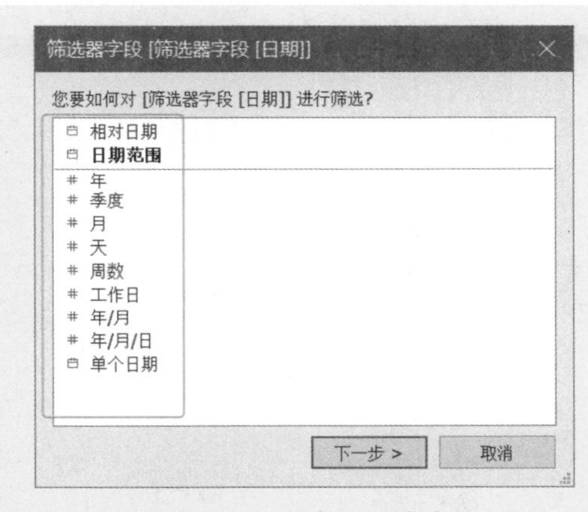

图 5-46　日期字段的筛选器

1. 相对日期和日期范围

从图 5-46 所示的日期筛选方式列表中，选择“相对日期”或者“日期范围”选项，单击“下一步”按钮，打开“筛选器”对话框，如图 5-47 所示。在这个对话框中，可以选择不同的相对日期筛选方式。

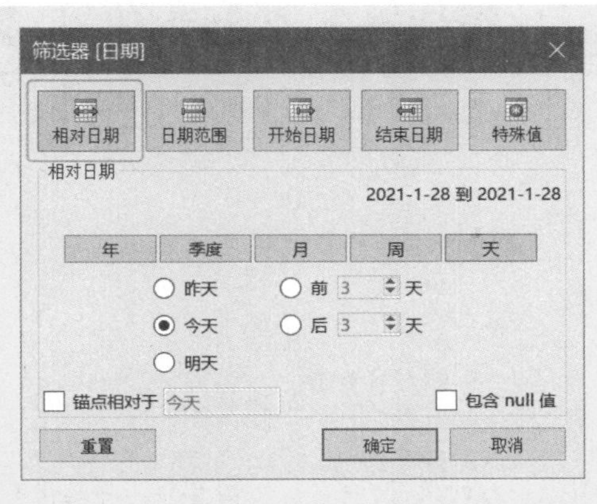

图 5-47　日期字段的“筛选器”对话框

（1）单击顶部的“相对日期”按钮，选择“年”“季度”“月”“周”“天”选项，而且还可以选择相对的日期，例如，选择“周”选项，则可以筛选前一周、本周、后一周的数据。

还可以设定一个锚点，以便确定相对于这个锚点日期的时间。

勾选对话框底部的“锚点相对于”复选框，可以指定任意一个锚点日期，然后可以筛选相对于这个锚点日期的数据。例如，要分析 2021 年 5 月份的数据，可以做如图 5-48 所示的设置。

这种相对日期的筛选非常有用，其可以让用户筛选任意指定时间的数据并进行分析，大大提升数据的挖掘效率。

（2）单击顶部的“日期范围”按钮，可以指定任意时间段进行筛选，如图 5-49 所示。

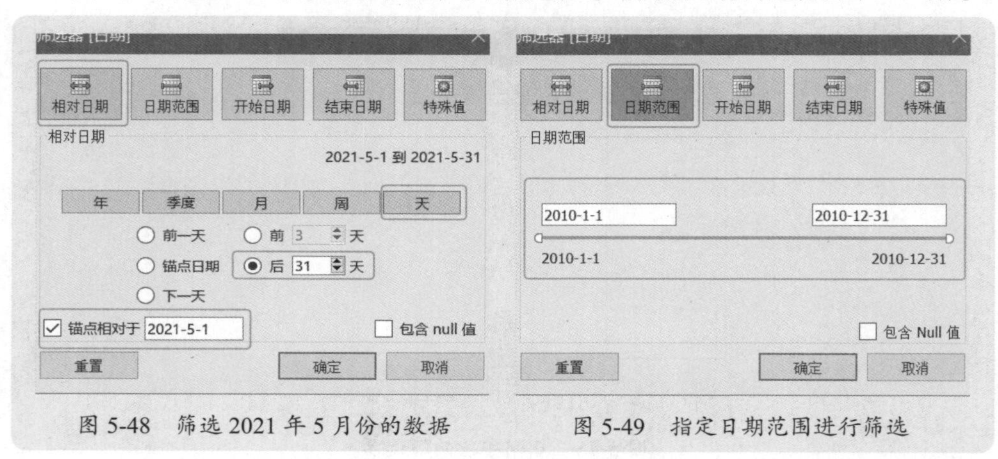

图 5-48　筛选 2021 年 5 月份的数据　　图 5-49　指定日期范围进行筛选

（3）单击顶部的“开始日期”按钮，可以指定一个开始日期，然后筛选这个日期以后的所有数据，如图 5-50 所示。

（4）单击顶部的“结束日期”按钮，可以指定一个截止日期，然后筛选这个日期以前的所有数据，如图 5-51 所示。

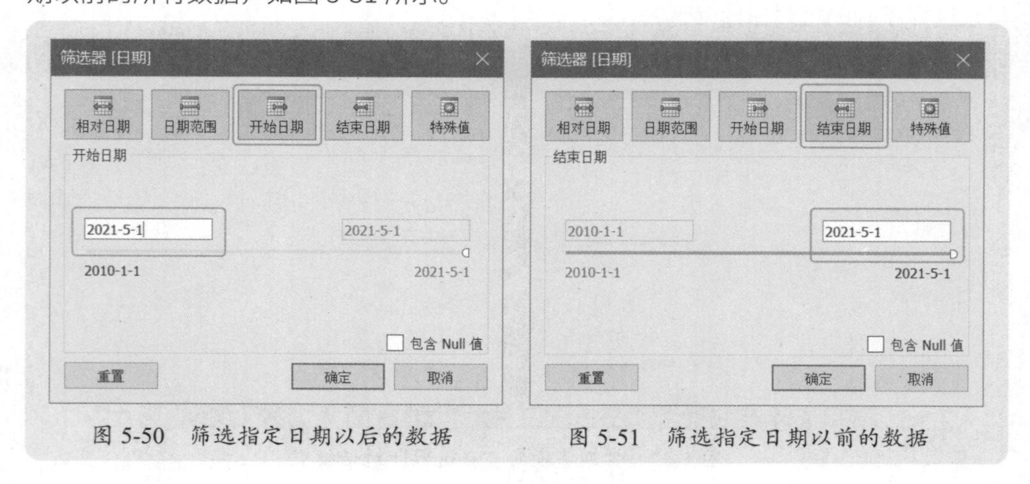

图 5-50　筛选指定日期以后的数据　　图 5-51　筛选指定日期以前的数据

(5) 单击顶部的“特殊值”按钮，可以筛选日期字段的 3 种特殊值：空日期、非空日期、所有日期，如图 5-52 所示。

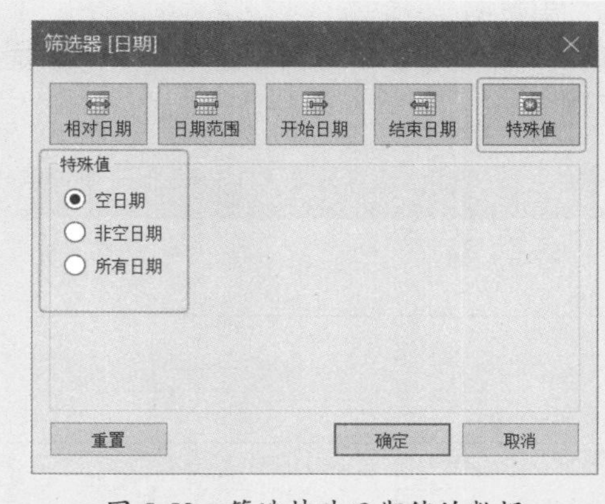

图 5-52　筛选特殊日期值的数据

例如，日期字段中，空值表示还没有发货，有日期数字的表示实际发货日期，如果要筛选出所有没发货的数据，可以在此对话框中选中“空日期”单选按钮。

2. 具体日期

从前面图 5-46 所示的日期筛选方式列表中选择“年”“季度”等选项，可以筛选具体的日期。例如，选择“周”选项，单击“下一步”按钮，打开如图 5-53 所示的“筛选器”对话框，就可以选择要筛选的周数据了。

图 5-53　筛选具体的周数据

这种具体日期的筛选，还可以添加其他筛选。例如，切换到“条件”选项卡，可设置指定筛选条件，如筛选销售额在多少以上的周数据；切换到“顶部”选项卡，可以筛选销售额最大的几周数据。

图 5-54 所示是筛选出的销售额在 200 万以上的几个周数据的筛选设置情况，图 5-55 所示是数据汇总结果。

图 5-54 设置筛选条件

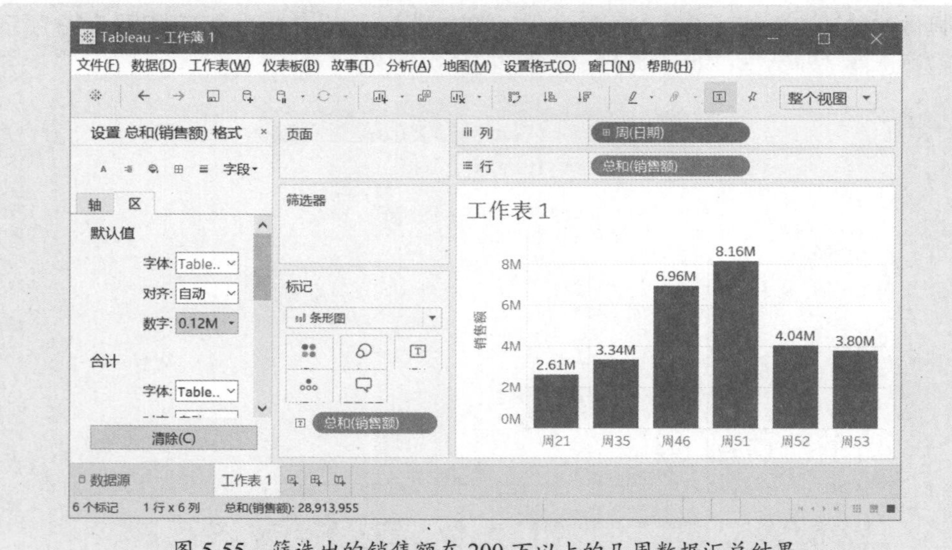

图 5-55 筛选出的销售额在 200 万以上的几周数据汇总结果

5.3.3 数值字段的筛选

数值字段的筛选，基本上就是值大小比较的筛选。打开如图 5-56 所示的“筛选器字段”对话框，在这里可以选择不同的筛选方式。

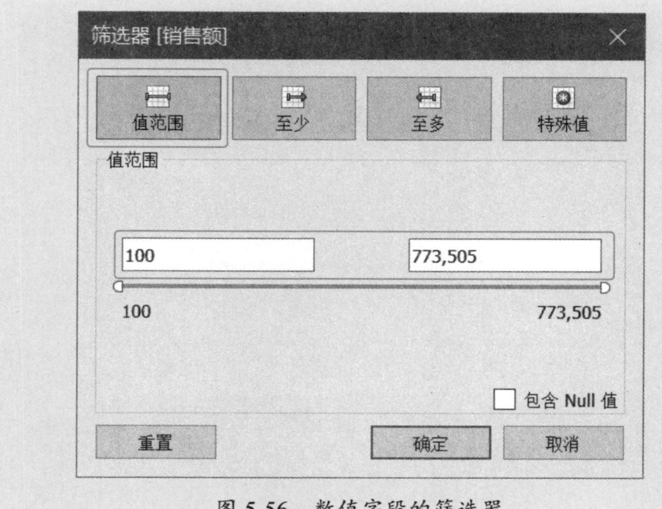

图 5-56 数值字段的筛选器

1. 值范围

单击对话框顶部的“值范围”按钮，可以设置指定数值区间，并筛选出数值区间内的数据，如图 5-56 所示。

2. 至少

单击对话框顶部的“至少”按钮，可以指定一个最小值，将大于这个值的数据筛选出来，如图 5-57 所示。

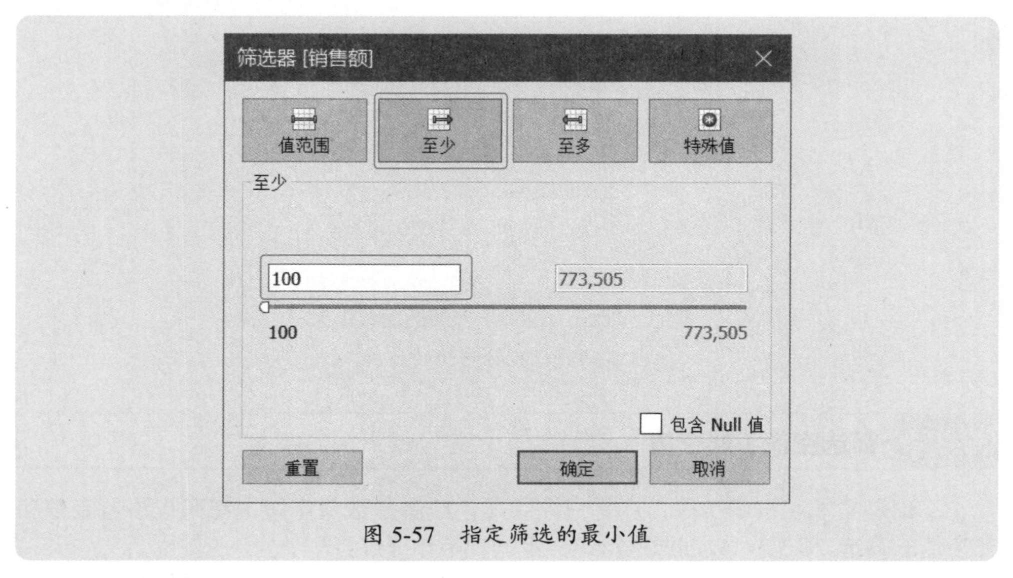

图 5-57 指定筛选的最小值

3. 至多

单击对话框顶部的“至多”按钮，可以指定一个最大值，将小于这个值的数据筛选出来，如图 5-58 所示。

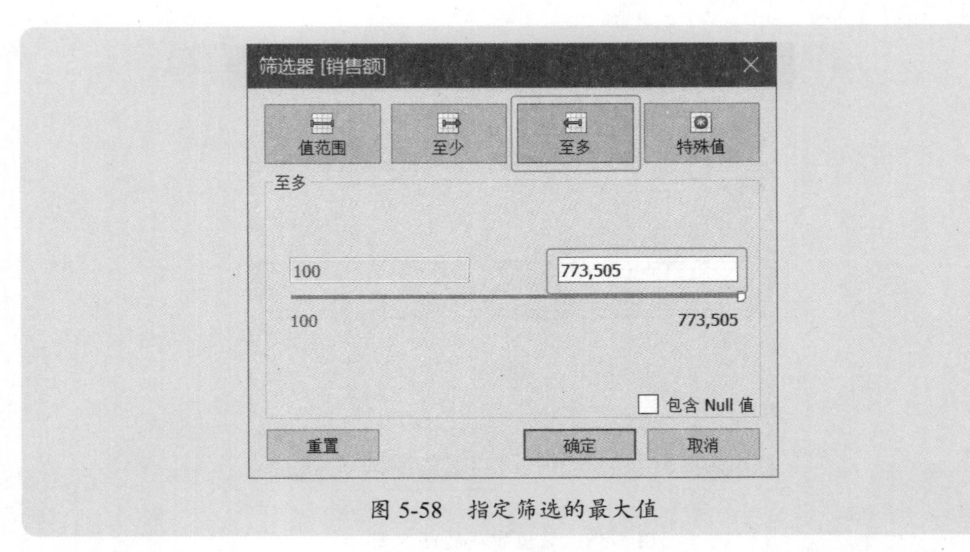

图 5-58　指定筛选的最大值

4. 特殊值

单击对话框顶部的“特殊值”按钮，可以选择 3 种特殊值：Null 值（空值）、非 Null 值（非空值）和所有值（全部数据，包括空值和非空值），如图 5-59 所示。

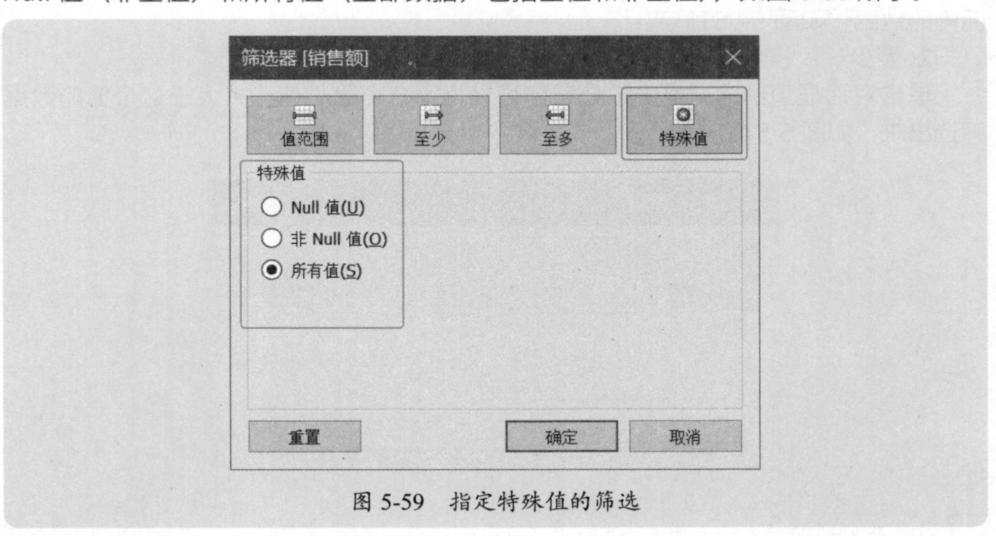

图 5-59　指定特殊值的筛选

5.3.4 筛选空值 / 非空值

不论是文本字符串字段，还是日期字段，或者是数值字段，都可以设置空值和非空值的筛选，以便对数据源进行进一步的规范和提炼。

关于文本、日期和数值的筛选，在相关的对话框中，基本都有是否包含空值的复选框。

例如，在“筛选器”对话框右下角有一个“包含 Null 值”复选框，如图 5-60 所示。勾选复选框，就筛选包含空值的数据；取消勾选该复选框，那么在筛选结果中不包含空值。

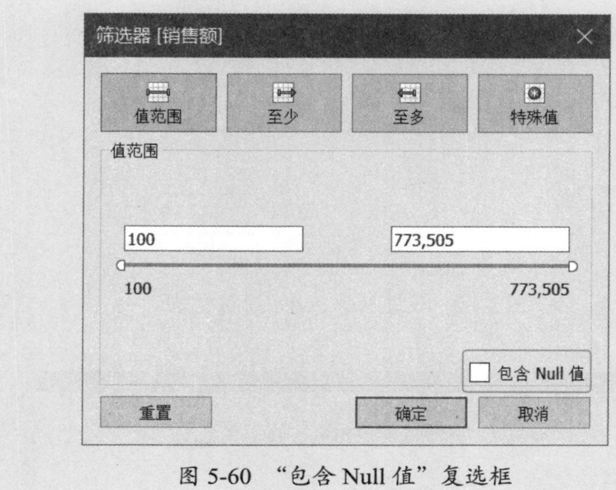

图 5-60 “包含 Null 值”复选框

如图 5-61 所示的数据，字段“销售额”里有空值。如果要筛选出销售额大于 1000 的数据，并且还要保留那些空值行，就做如图 5-62 所示的筛选设置。筛选结果如图 5-63 所示。

图 5-61 字段“销售额”里有空值

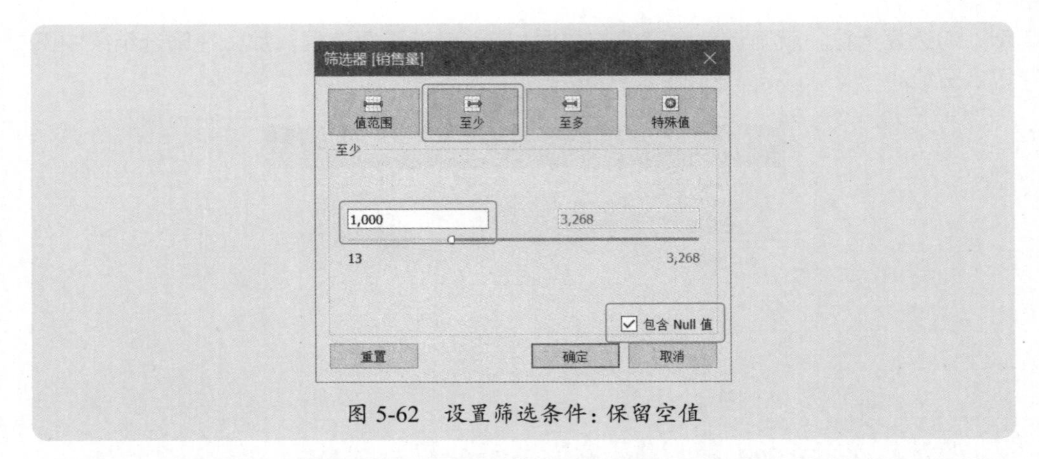

图 5-62　设置筛选条件：保留空值

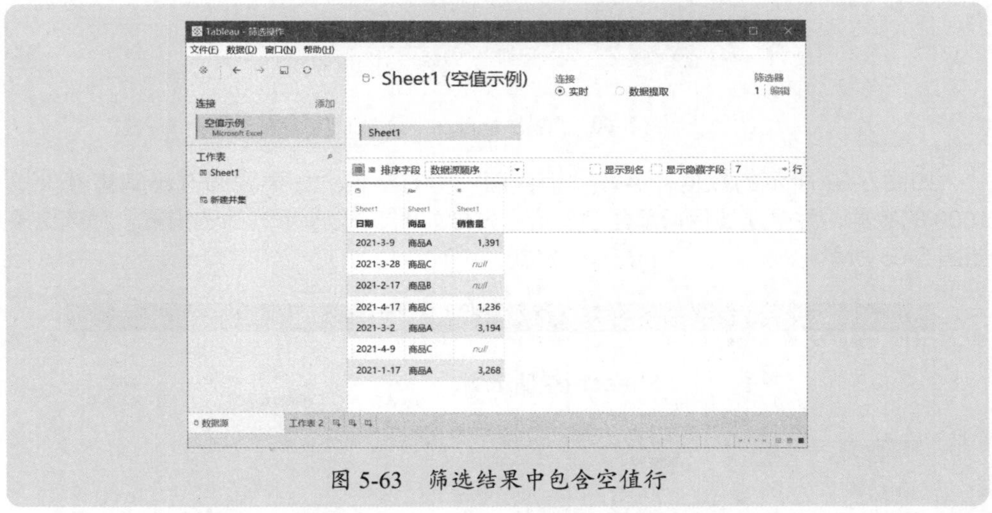

图 5-63　筛选结果中包含空值行

如果在如图 5-62 所示的对话框中，没有勾选“包含 Null 值”复选框，那么筛选的结果就是如图 5-64 所示的情形。

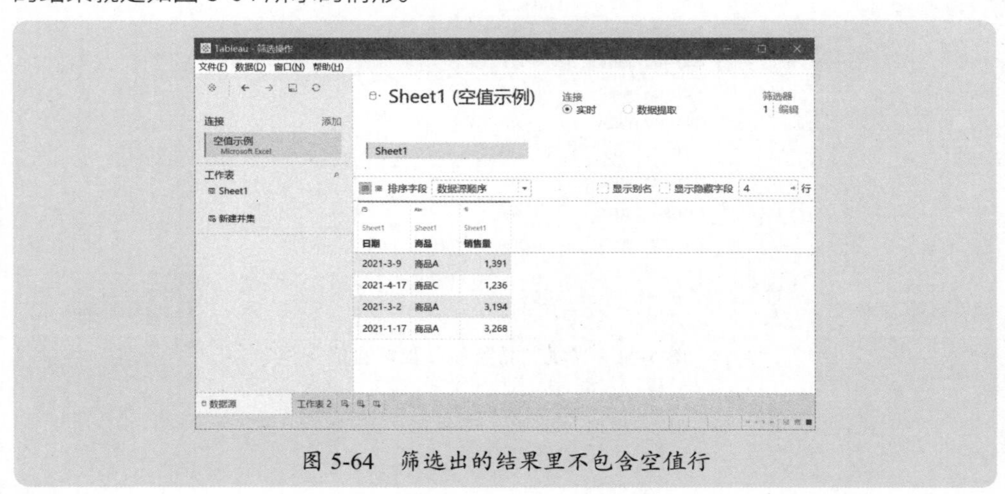

图 5-64　筛选出的结果里不包含空值行

5.4 添加、编辑和清除筛选

如果要对已经建立的筛选添加新筛选，重新编辑某个筛选，或者清除不再需要的筛选，执行相关的操作即可。

5.4.1 添加筛选

在已有的筛选中添加新筛选很简单。

在数据源界面中，单击右上角“筛选器”的“编辑”按钮，如图 5-65 所示。

在工作表界面中右击数据源，在弹出的快捷菜单中执行“编辑数据源筛选器”命令，如图 5-66 所示。

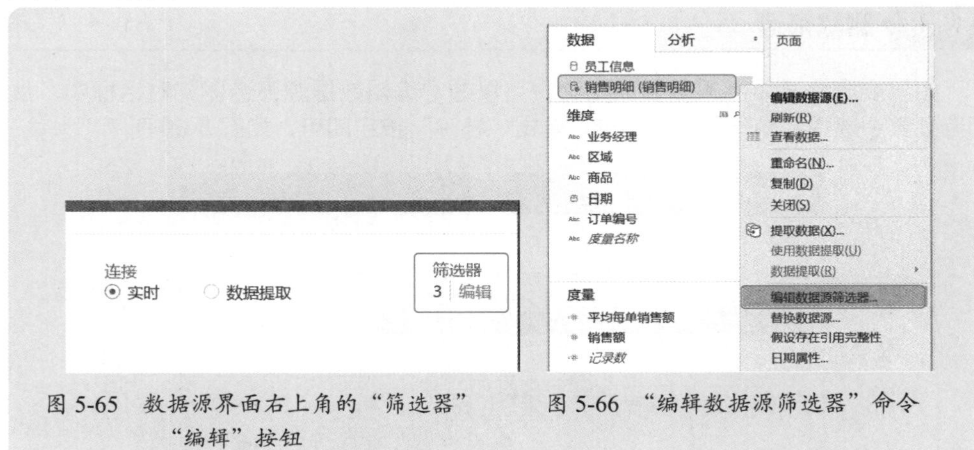

图 5-65 数据源界面右上角的“筛选器”“编辑”按钮

图 5-66 “编辑数据源筛选器”命令

执行相关命令后，打开“编辑数据源筛选器”对话框，单击“添加”按钮，即可在现有的筛选器上添加新筛选，如图 5-67 所示。

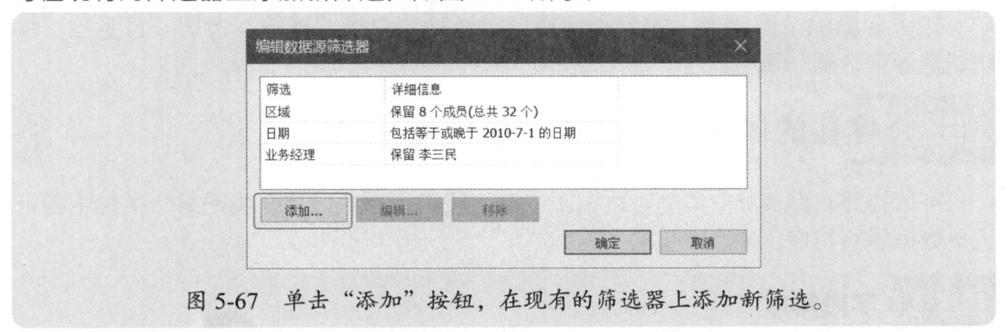

图 5-67 单击“添加”按钮，在现有的筛选器上添加新筛选。

5.4.2 编辑筛选

编辑已有的筛选也很简单，在“编辑数据源筛选器”对话框中，从筛选列表中选择要编辑的某个筛选，单击“编辑”按钮即可，如图 5-68 所示。

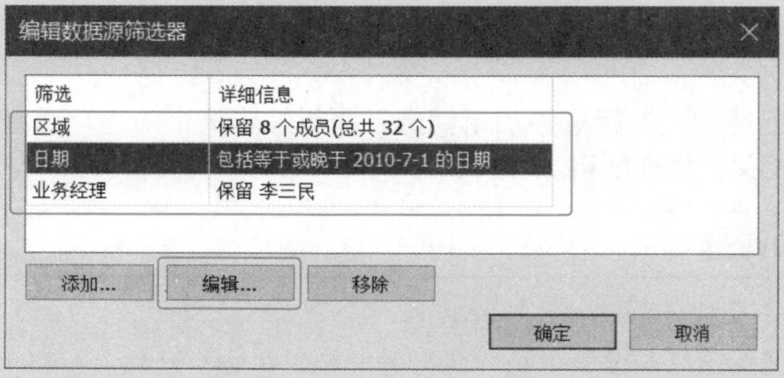

图 5-68　编辑某个筛选

5.4.3 删除筛选

如果要删除某个不再需要的筛选，可以在“编辑数据源筛选器”对话框中，从筛选列表中选择要删除的某个筛选，单击“移除”按钮即可，如图 5-69 所示。

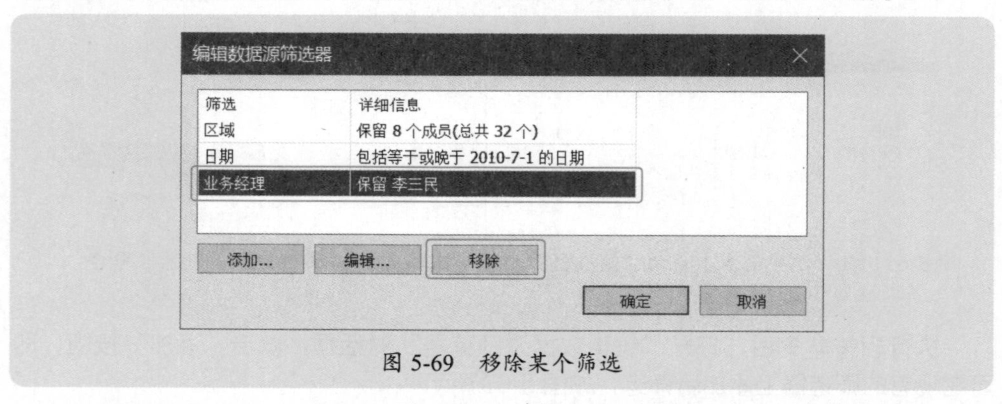

图 5-69　移除某个筛选

如果要删除全部筛选，需分别选择各筛选项，单击“移除”按钮，直至把“编辑数据源筛选器”清空。

5.5 字段的排序方式

字段排序有两类：一类是对数据源中各字段进行排序，另一类是某个字段中各行记录数据进行排序。

5.5.1 字段排序

在数据源界面中，数据源的顶部有一个排序字段下拉表，可以选择字段前后的排序方式，如图 5-70 所示。

这里，“数据源顺序”是原始数据中各列的次序；其他排序方式就是对数据表按照 A ~ Z 或者 Z ~ A 排序。

图 5-70　对字段进行排序

5.5.2 数据排序

在每个字段名称的右侧，有一个自动排序按钮 ⁼，如图 5-71 所示，单击此按钮，就迅速对该字段数据进行升序或降序排序。

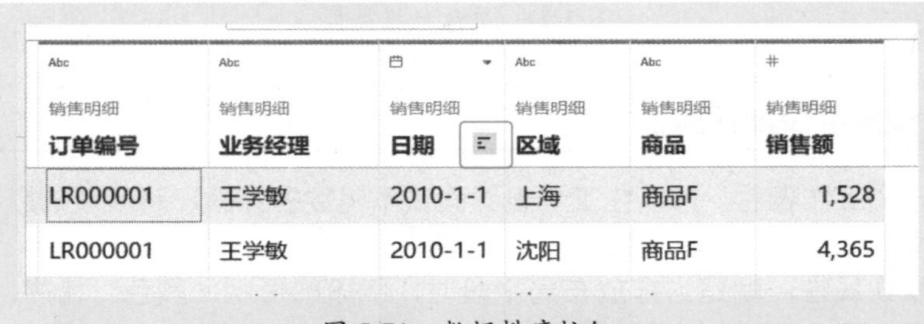

订单编号
业务经理
日期
区域
商品
销售额
LR000001
王学敏
2010-1-1
上海
商品F
1,528
LR000001
王学敏
2010-1-1
沈阳
商品F
4,365

图 5-71　数据排序按钮

5.6 字段的常规操作

在数据源中，每一列就是一个字段。可以对字段进行处理，例如重命名，更改数据类型，隐藏字段，添加计算字段，等等。

5.6.1 重命名字段

默认情况下，数据源的字段名称就是原始数据中的名称，不过，也可以重命名字段，方法很简单，双击字段名称，然后在单元格中直接修改即可。

也可以，右击字段名称，在弹出的快捷菜单中执行“重命名”命令，如图 5-72 所示。

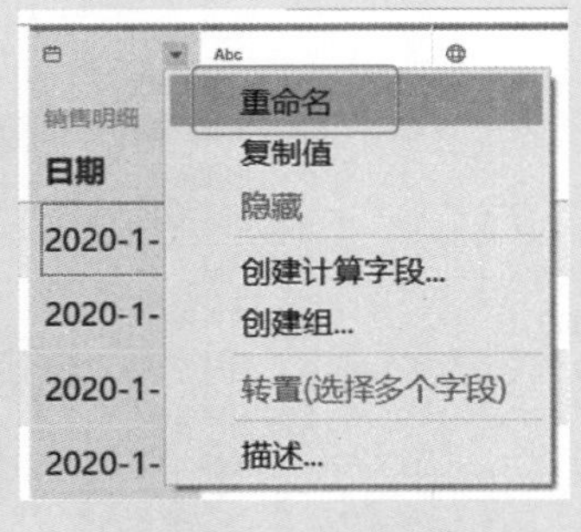

图 5-72　“重命名”命令

5.6.2 更改字段数据类型

更改字段数据类型最简单的方法是，单击字段数据类型符号图标，然后选择相应的数据类型即可，如图 5-73 所示。

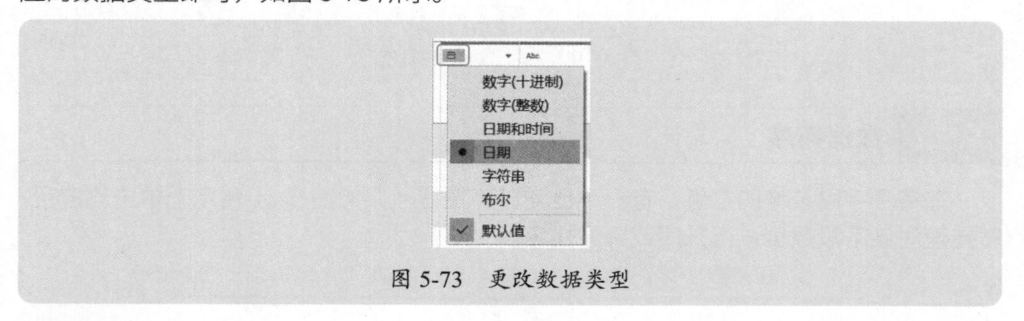

图 5-73 更改数据类型

5.6.3 设置字段默认属性

新建一个工作表后，可以在工作表界面（不是数据界面）对字段的默认属性进行设置。

所谓默认属性，就是当拖放布局字段时，字段的形状、颜色、排序、聚合等，会自动处理成用户设置成的样子。

设置字段的默认属性，是在工作表界面中右击字段，在弹出的快捷菜单中执行“默认属性”命令，展开命令选项，然后设置即可，如图 5-74 所示。

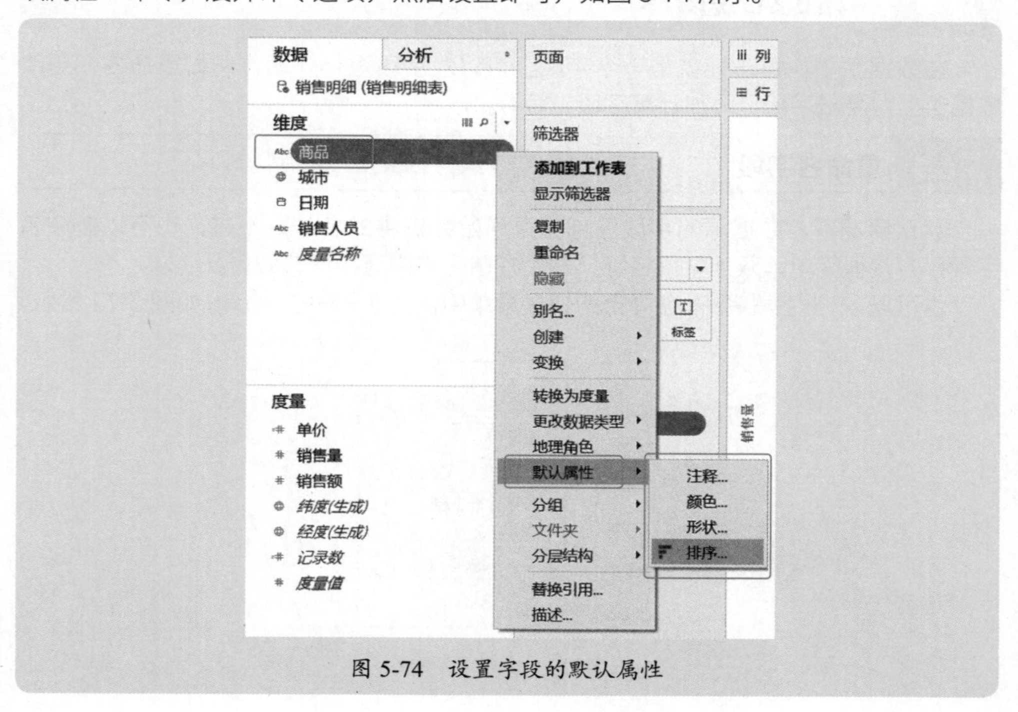

图 5-74 设置字段的默认属性

1. 字符串字段的默认属性

字符串字段的默认属性有注释、颜色、形状和排序 4 种。

“注释”属性是对字段的一段描述文字，用于对该字段进行说明。当光标悬停在字段胶囊上方时，会显示注释文本。

设置字段“注释”属性很简单，执行“注释”命令，打开“编辑注释”对话框，输入注释文本，并设置字体、颜色以及对齐方式等，如图 5-75 所示。

如果不想再显示注释文本，在对话框中删除注释文本即可。

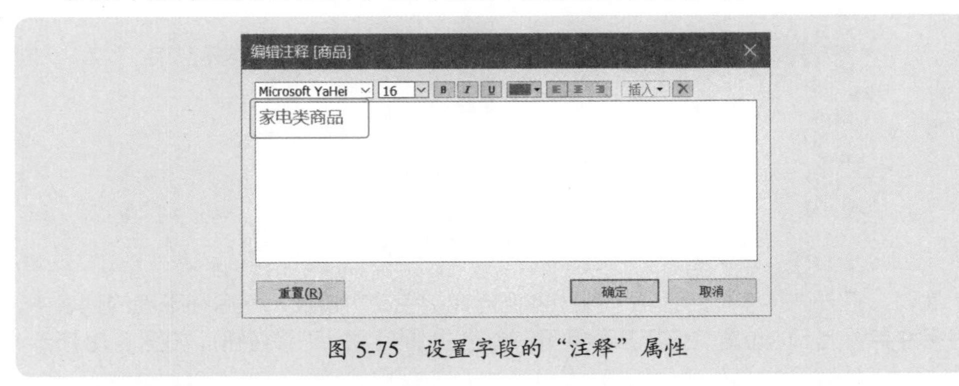

图 5-75　设置字段的“注释”属性

“颜色”属性是对图形颜色进行设置，此功能与绘制图表时编辑颜色一样，此处不再赘述。

“形状”属性用于将字段的数据显示为指定的形状，此功能与绘制图表时编辑形状一样，此处不再赘述。

“排序”属性用来设置字段的自动排序依据和排序顺序。执行“排序”命令，打开“排序”对话框，可以根据实际需要设置字段的排序依据和排序顺序，如图 5-76 所示。

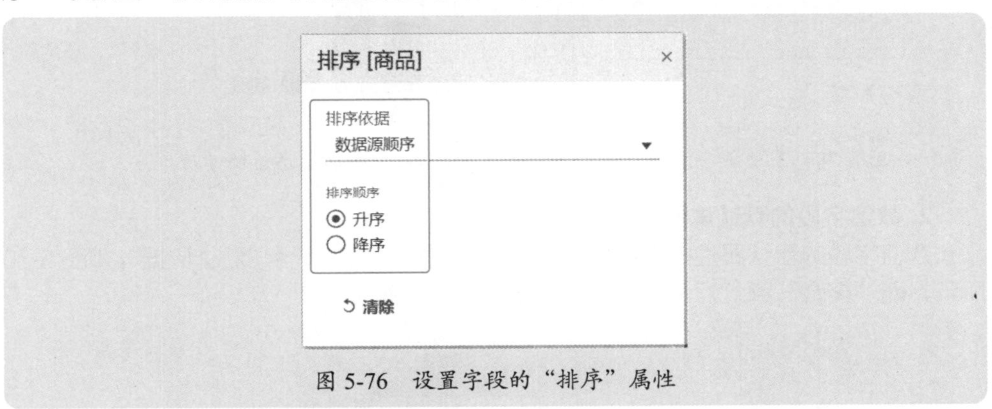

图 5-76　设置字段的“排序”属性

例如，绘制各种学历的人数条形图时，学历名称是按照常规（拼音字母）排序的，不符合学历从高到低排序的要求，如图 5-77 所示。

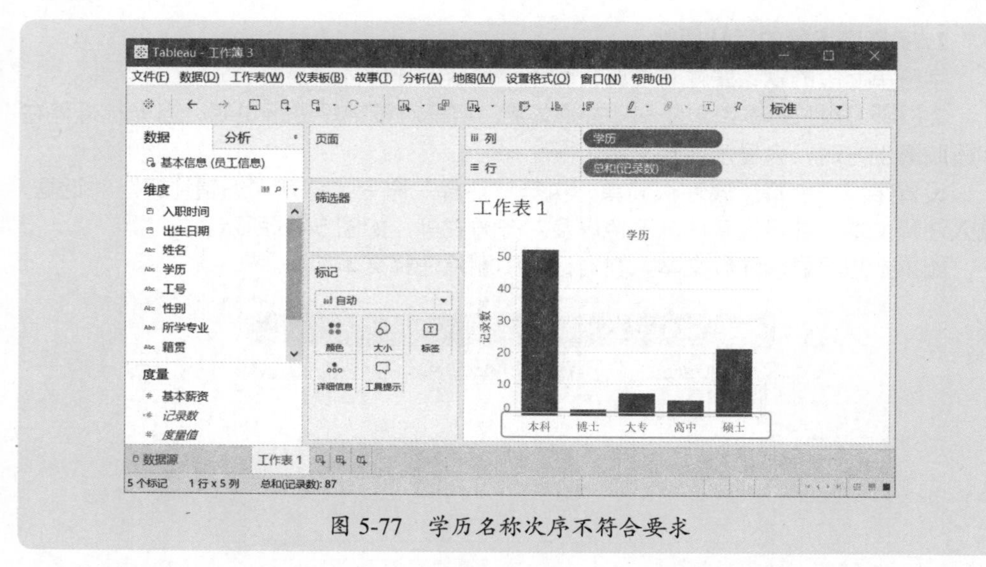

图 5-77 学历名称次序不符合要求

此时，打开“排序”对话框，排序依据选择“手动”选项，然后在下面的列表中，调整每种学历上下的位置（选择某种学历，单击右侧的上移、下移按钮），如图 5-78 所示。

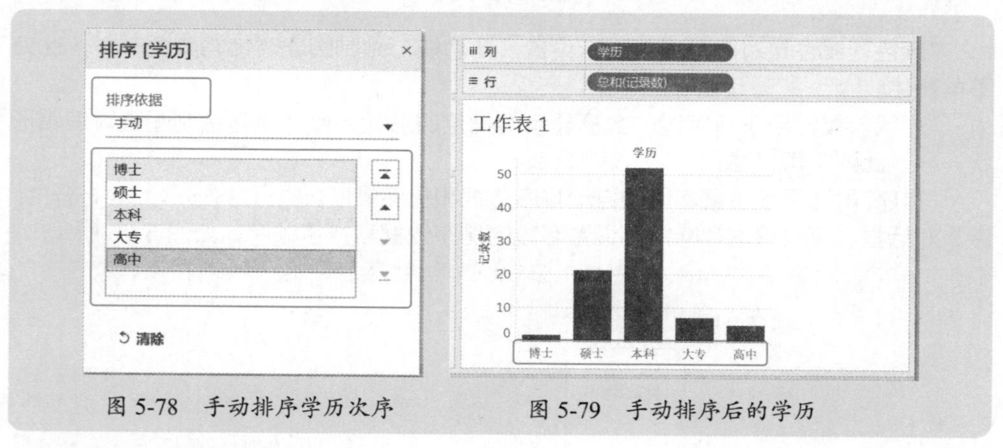

图 5-78 手动排序学历次序

图 5-79 手动排序后的学历

2. 数值字段的默认属性

数值字段的默认属性有“注释”“颜色”“数字格式”“聚合”和“汇总依据”，如图 5-80 所示，而“聚合”和“汇总依据”属性下又有一些属性。

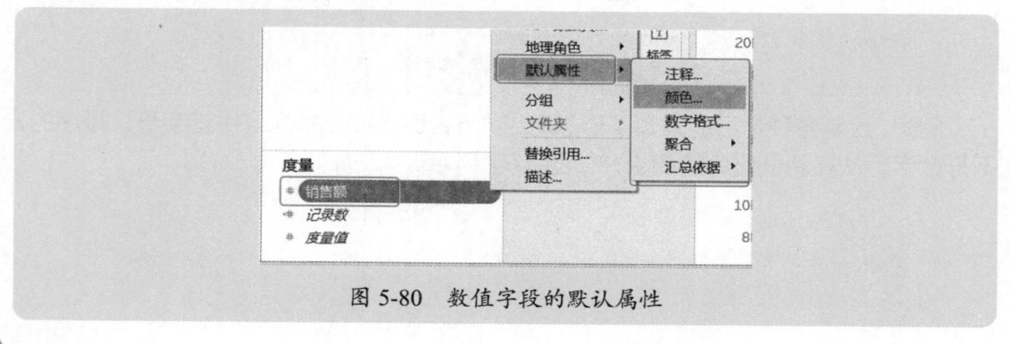

图 5-80 数值字段的默认属性

“注释”属性的设置与前面字符串字段的设置一样，这里不再赘述。

“颜色”属性、“数字格式”属性、“聚合”属性等，在绘制图表时会详细介绍。

3. 日期字段的默认属性

日期字段的默认属性，除了一些常规属性例如“注释”“颜色”“形状”“排序”外，还有一些特殊属性，例如“日期格式”“财年开始”，如图 5-81 所示。

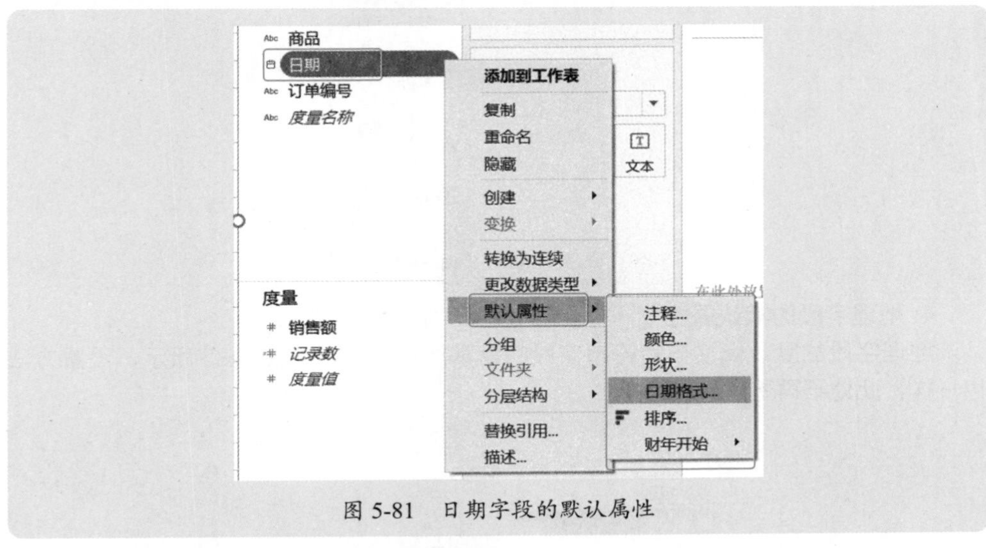

图 5-81　日期字段的默认属性

“日期格式”属性用来设置日期的显示格式，有很多固定格式可以选择，也可以自定义日期格式，如图 5-82 和图 5-83 所示。根据实际情况来设置即可。

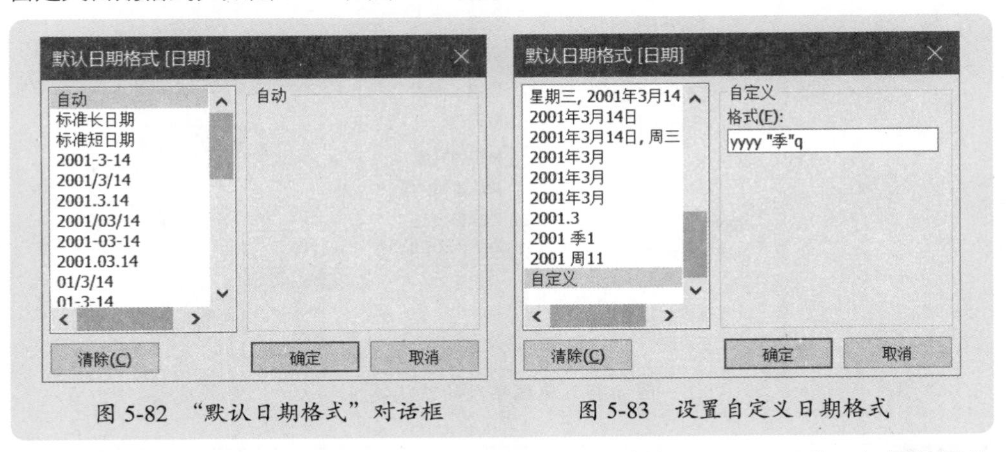

图 5-82　“默认日期格式”对话框　　图 5-83　设置自定义日期格式

“财年开始”属性用于设置财年的起始月份，默认情况下是 1 月份。如果公司的财年是每年的 4 月份到次年的 3 月份，那么可以设置“财年开始”属性为“4 月”，如图 5-84 所示。

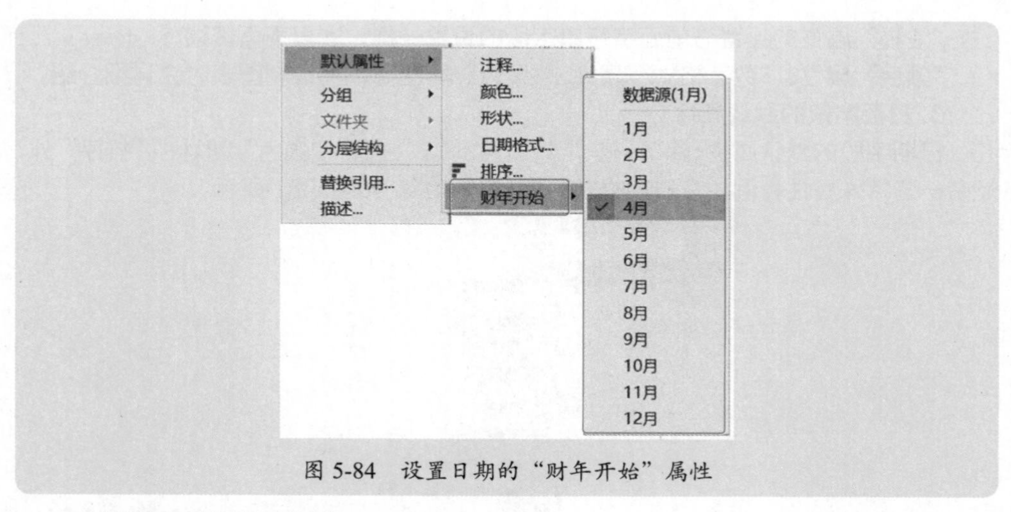

图 5-84　设置日期的“财年开始”属性

4. 地理字段的默认属性

地理字段的默认属性与字符串字段的默认属性一样，如图 5-85 所示，设置方法也一样，此处不再赘述。

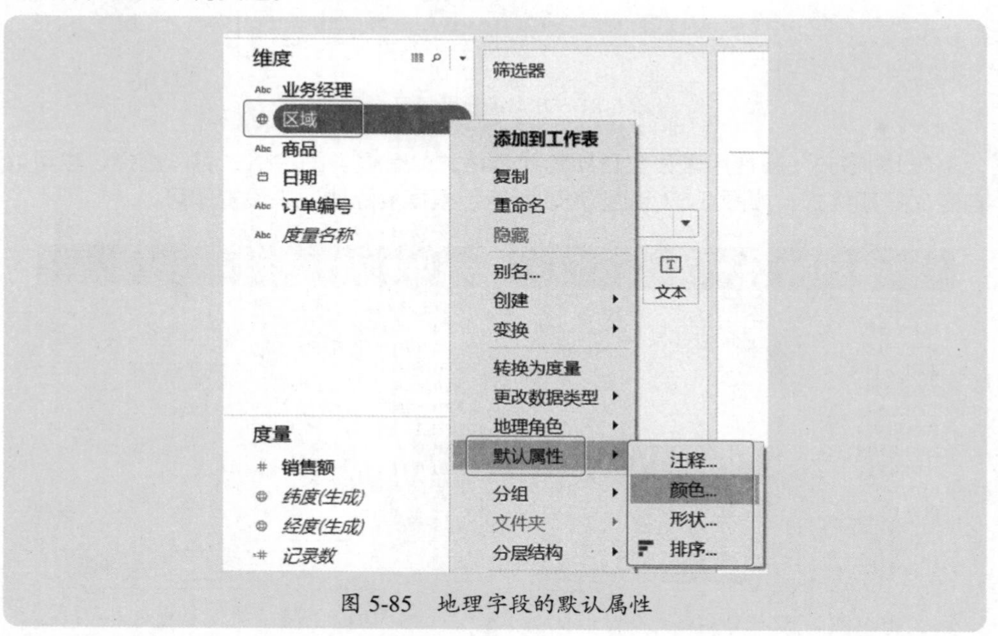

图 5-85　地理字段的默认属性

5.6.4 隐藏 / 显示字段

不论是在数据源界面，还是在工作表界面，如果要隐藏某个字段，可以右击该字段，在弹出的快捷菜单中执行“隐藏”命令，如图 5-86 和图 5-87 所示。

如果要一次性隐藏多个字段，就先选择并右击这几个字段，在弹出快捷菜单中执行“隐藏”命令即可。

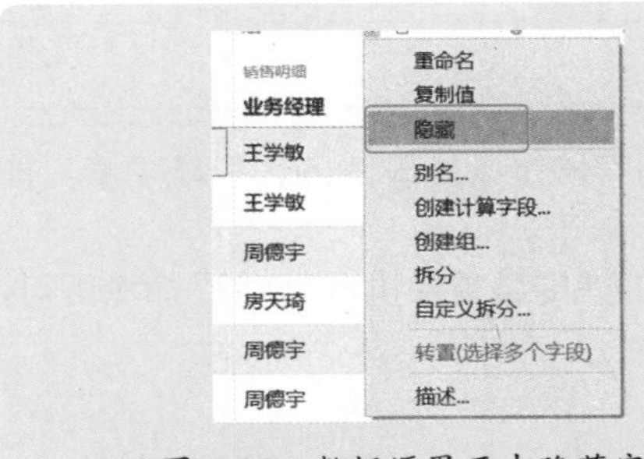

图 5-86　数据源界面中隐藏字段

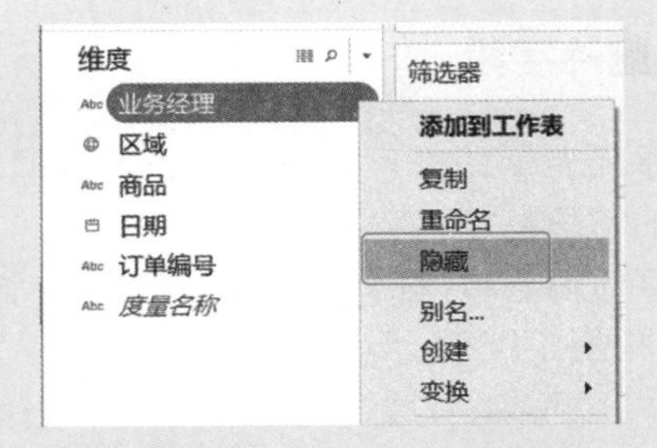

图 5-87　工作表界面中隐藏字段

如果要显示出来被隐藏的字段，那么就在数据源界面中勾选“显示隐藏字段”复选框，如图 5-88 所示。但这种显示仅仅是显示而已，该字段仍然是被隐藏的，只不过是让用户看到哪些字段被隐藏了。

当需要真正显示出被隐藏的字段，也就是取消隐藏时，首先在数据源界面勾选“显示隐藏字段”复选框，然后再右击字段，在弹出的快捷菜单中执行“取消隐藏”命令，如图 5-89 所示。

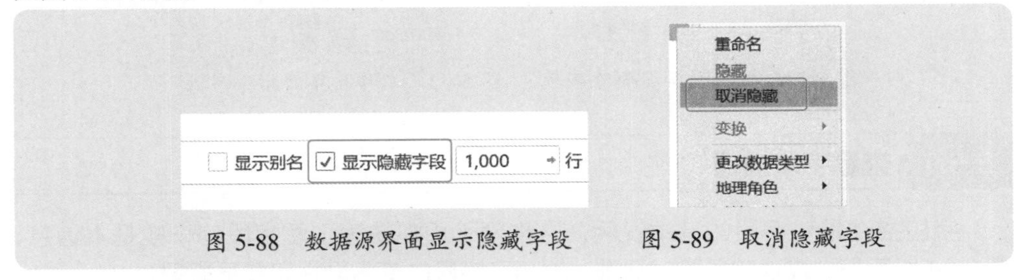

图 5-88　数据源界面显示隐藏字段　　图 5-89　取消隐藏字段

需要注意的是，如果在工作表中已经使用了某字段，那么该字段是不能被隐藏的。

5.6.5 复制字段

在工作表界面中，一个字段可以被复制多个，以便完成不同的分析任务。

例如，字段“区域”代表省份，绘制两个分析图表，一个是地图分析（地区）图表，一个是排名分析（柱形图）图表，此时，需要将该字段复制一个，得到两个“地区”字段，这样，将其中一个设置为地理角色，另一个为默认的维度，这样就可以同时对字段“区域”进行地理分布分析和排名对比分析了。

在工作表界面中，复制字段很简单，右击某个字段，在弹出的快捷菜单中执行“复制”命令即可，如图 5-90 和图 5-91 所示。

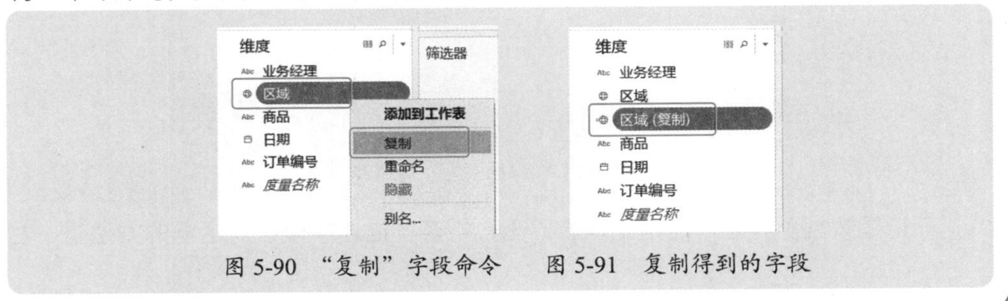

图 5-90　“复制”字段命令　　图 5-91　复制得到的字段

5.6.6 删除字段

并不是所有字段都可以删除，原始数据源的字段是不能删除的，只能隐藏。能够被删除的字段是复制字段和计算字段。

删除字段很简单，右击要删除的字段，在弹出的快捷菜单中执行“删除”命令即可，如图 5-92 和图 5-93 所示。

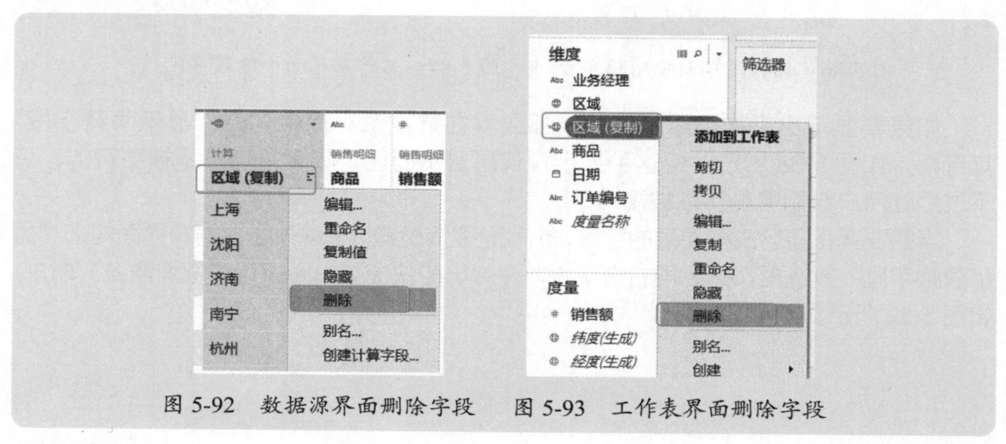

图 5-92　数据源界面删除字段　　图 5-93　工作表界面删除字段

5.6.7 查看字段描述

字段描述是对字段的基本说明，这样便于用户快速了解字段的一些基本信息，图 5-94 所示是“描述字段”对话框，展示了字段的基本属性和成员概况。

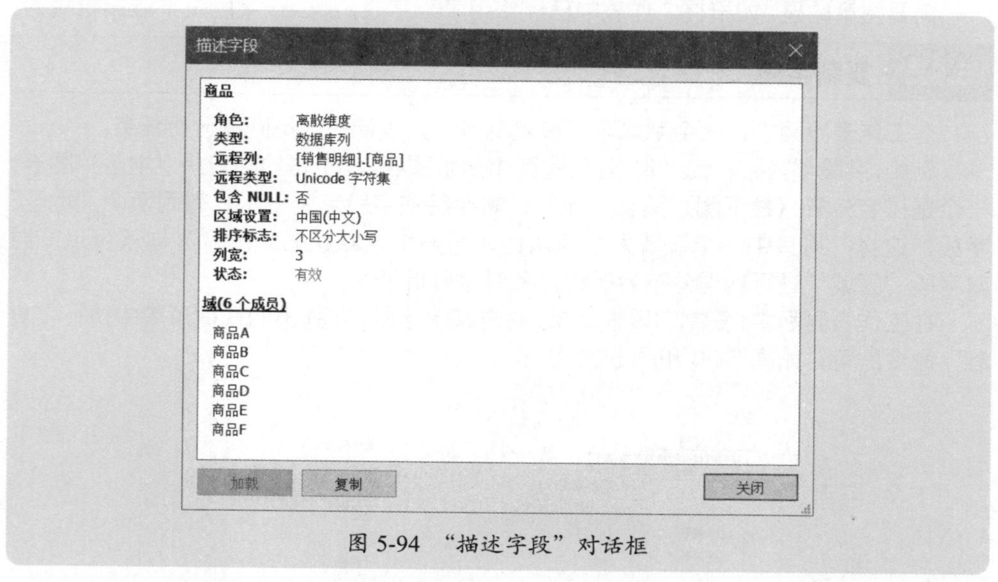

图 5-94　“描述字段”对话框

不论是数据源界面，还是工作表界面，打开“描述字段”对话框的方法是，右击字段，在弹出的快捷菜单中执行“描述”命令，如图 5-95 和图 5-96 所示。

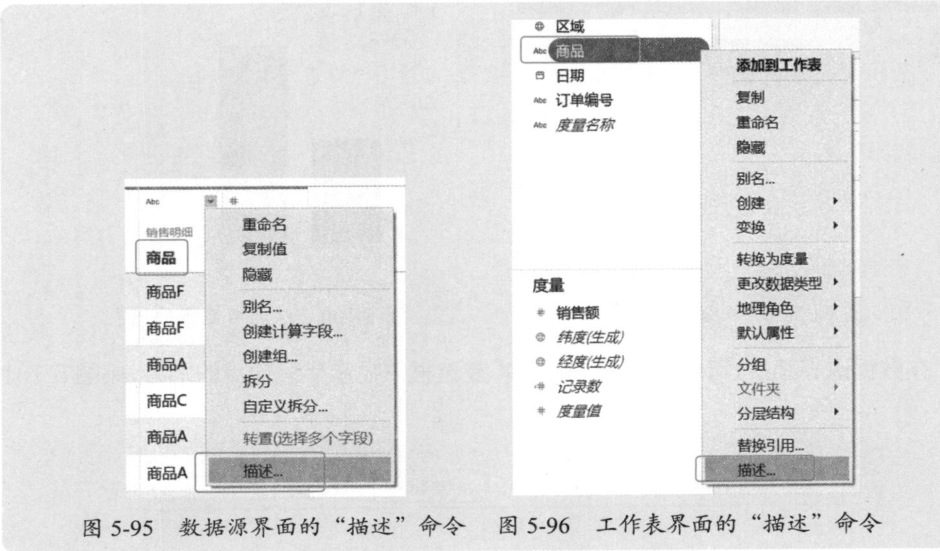

图 5-95　数据源界面的“描述”命令　　图 5-96　工作表界面的“描述”命令

5.6.8 编辑字段别名

字段名称是数据源的名称，不过也可以给字段编辑别名，这样在绘制图表时，用别名来显示字段的项目。

例如，绘制图表时，希望把字段“性别”里的“男”显示为“Male”，把“女”显示为“Female”，就可以编辑别名。

设置别名很简单，右击字段，在弹出的快捷菜单中执行“别名”命令，如图 5-97 所示，打开“编辑别名”对话框，如图 5-98 所示。

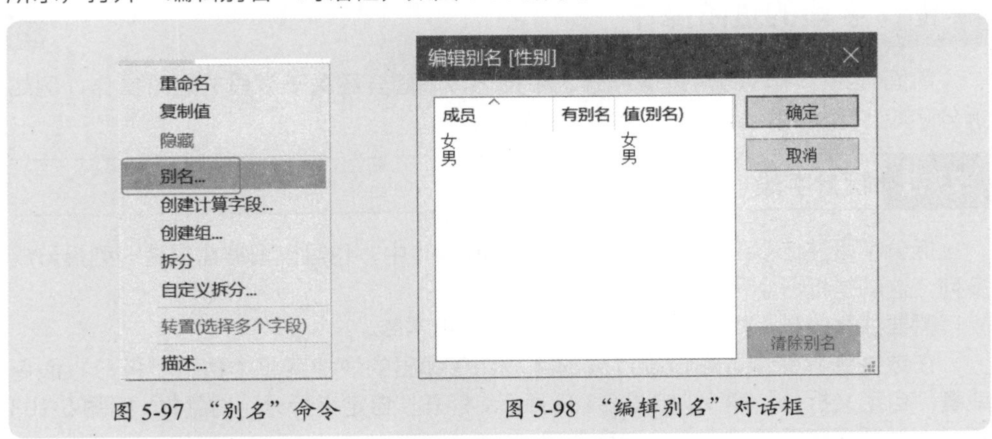

图 5-97　“别名”命令　　图 5-98　“编辑别名”对话框

单击要修改的值，输入别名，如图 5-99 所示。以别名显示的图表如图 5-100 所示。

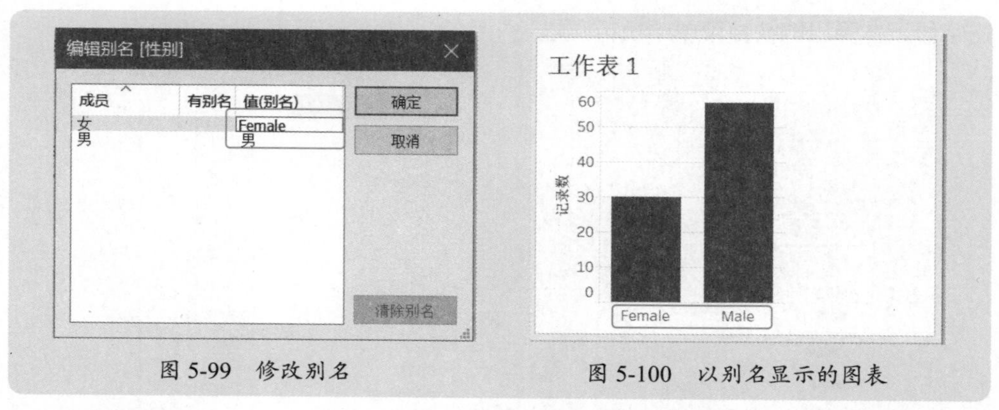

图 5-99　修改别名

图 5-100　以别名显示的图表

在数据源界面中，可以勾选“显示别名”复选框来显示字段项目的别名，如图 5-101 所示。

排序字段 数据源顺序　☑ 显示别名　☐ 显示隐藏字段 87 行

工号	姓名	部门	学历	性别	出生日期	籍贯	所学专业	入职日
G0001	A0062	后勤部	本科	Male	1969-12-15	陕西	机电	19
G0002	A0081	生产部	本科	Male	1977-1-9	江苏	管理	19
G0003	A0002	总经办	硕士	Male	1979-6-11	云南	机电	20
G0004	A0001	技术部	博士	Female	1970-10-6	北京	化学	19

图 5-101　显示字段的别名

5.7 字段的进阶操作

前面介绍了字段的常见操作方法和技巧，下面介绍关于字段的进阶操作，例如拆分字段，组合字段，创建计算字段，等等。

5.7.1 拆分字段

拆分字段在 Excel 里就是分列。而在 Tableau 中，也可以根据需要将一列拆分成多列，这就是拆分字段。

需要注意的是，拆分仅仅适用于文本字符串字段。

在数据源界面中，右击要拆分的字段，在弹出的快捷菜单中执行“拆分”命令或者“自定义拆分”命令，如图 5-102 所示，打开“自定义拆分”对话框，如图 5-103 所示，然后根据需要设置拆分选项即可。

如果数据分隔符是常规的符号（例如空格、逗号、分号、横杠等），则可以直接执行“拆分”命令，因为 Tableau 会自动进行判断处理。

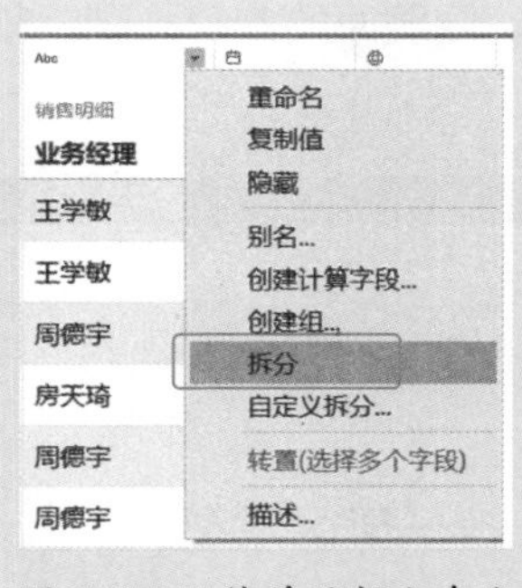

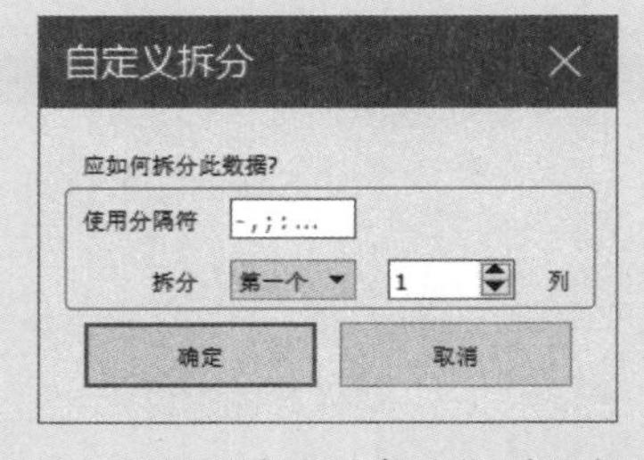

图 5-102　菜单的拆分命令　　　图 5-103　“自定义拆分”对话框

如图 5-104 所示的数据，现在要将第一列“科目”分成两列（两个字段），一个是科目编码，一个是科目名称，由于其之间是用分隔符“/”来分隔的，因此直接执行“拆分”命令，就得到如图 5-105 所示的结果。

本案例的数据源是“拆分列 .xlsx”文件。

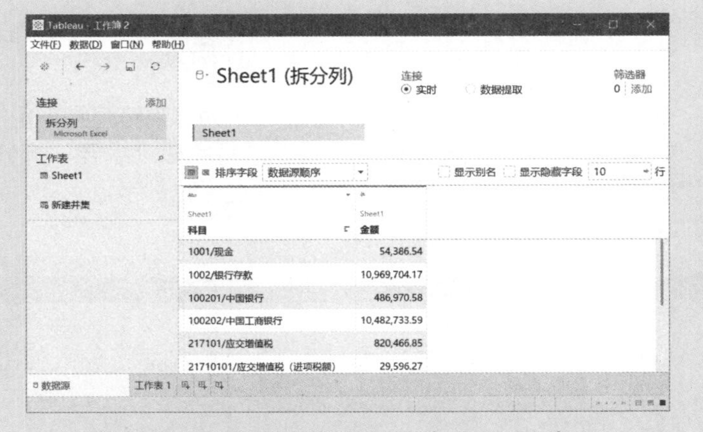

图 5-104　需要将字段“科目”拆分成两个字段

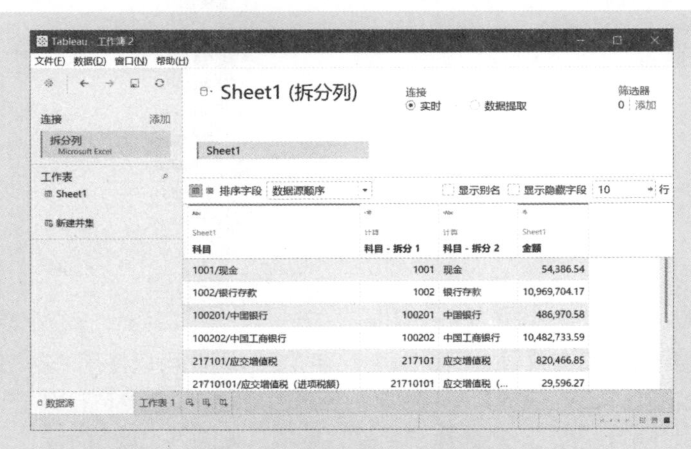

图 5-105　拆分成了两个新字段

最后再修改字段名称，设置字段数据类型，隐藏原始的第一列，就得到了用户需要的规范数据，如图 5-106 所示。

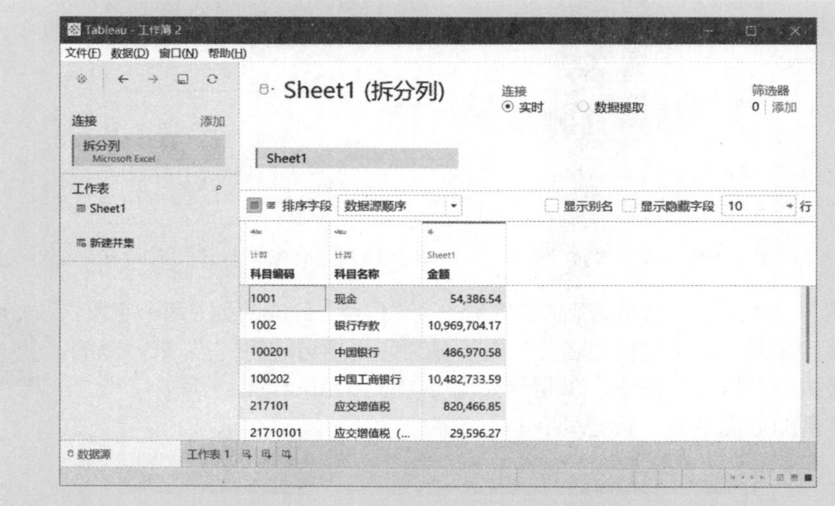

图 5-106　拆分字段并整理好的数据

有时需要使用“自定义拆分”命令，因为分隔符号并不是常规符号。

如图 5-107 所示的一个例子，现要求将字段“摘要”拆分成两列，一列是摘要文字，一列是支票号（就是最右边 4 位数字）。

本案例的数据源是“自定义拆分 .xlsx”文件。

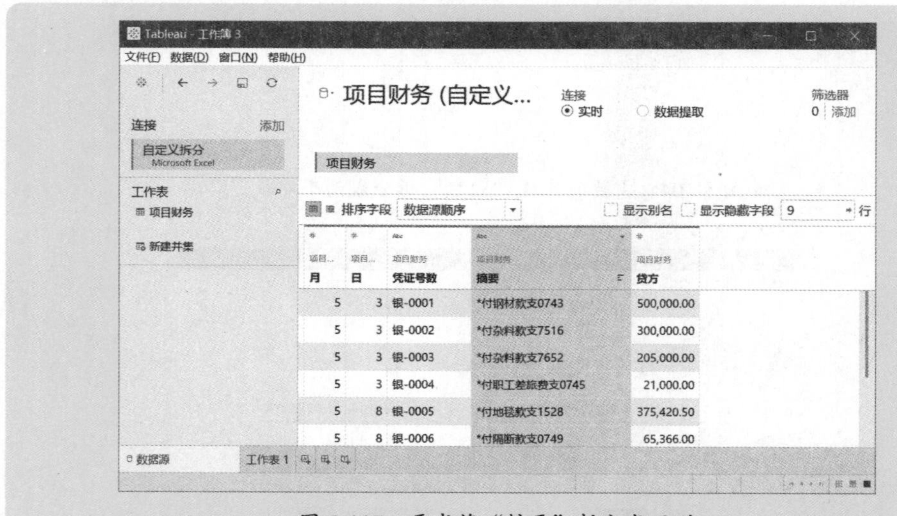

图 5-107　要求将“摘要”拆分成两列

考虑到摘要文字和支票号之间是一个汉字“支”，因此可以使用“支”作为分隔符。

右击字段，在弹出的快捷菜单中执行“自定义拆分”命令，打开“自定义拆分”对话框，输入分隔符“支”，并选择“全部”选项，如图 5-108 所示。

单击“确定”按钮，就得到了需要的结果，如图 5-109 所示。

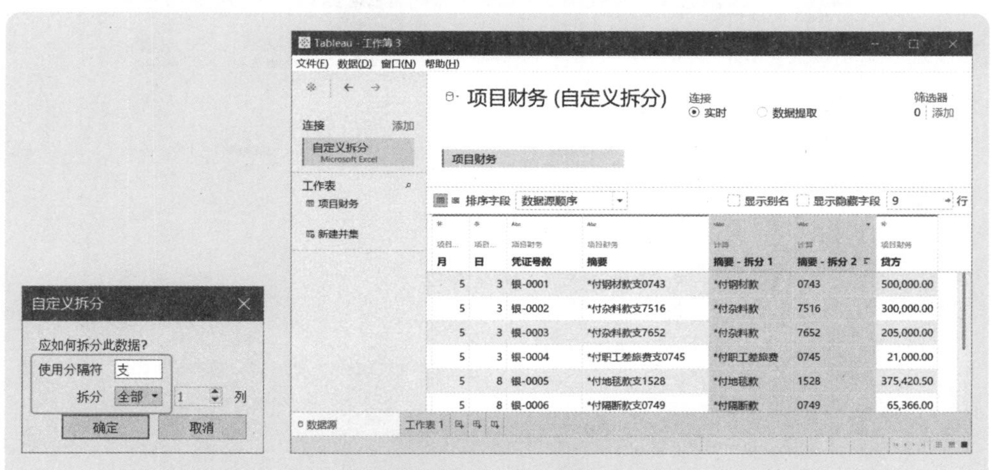

图 5-108　设置拆分选项：根据特殊符号拆分列　　图 5-109　根据特殊符号拆分字段后的数据

5.7.2 创建计算字段

根据源数据现有的字段，创建新的计算字段，以完成更多维度的分析，这就是创建计算字段。

创建计算字段很简单，在数据源中，右击某个字段，在弹出的快捷菜单中执行“创建计算字段”命令，如图 5-110 所示；在工作表中，右击某个字段，在弹出的快捷菜单中执行“创建”→“计算字段”命令，如图 5-111 所示。

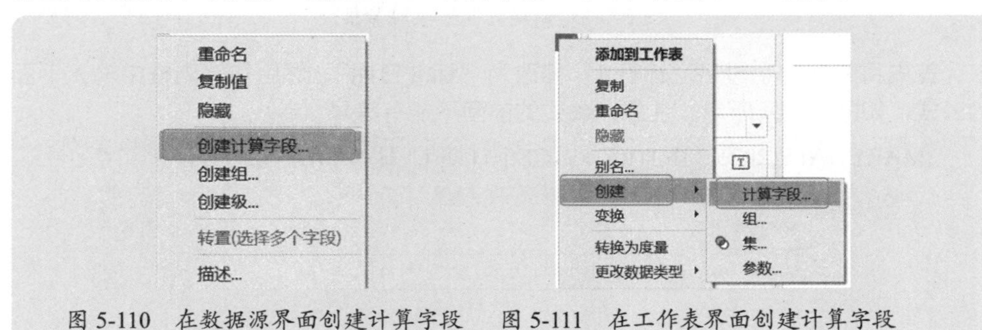

图 5-110　在数据源界面创建计算字段　　图 5-111　在工作表界面创建计算字段

图 5-112 所示是一个示例，是各店铺 2021 年 3 月份的销售数据。这个表格有以下两个问题。

（1）日期是 1 日、2 日…… 这样的数字，为了能够对星期、周进行分析，需要将这个文本日期变为真正的 2021 年 3 月份日期，例如，01 日就是 2021-3-1，02 日就是 2021-3-2，以此类推。

（2）需要计算出毛利率。

本案例的数据源是“创建计算字段 .xlsx”文件。

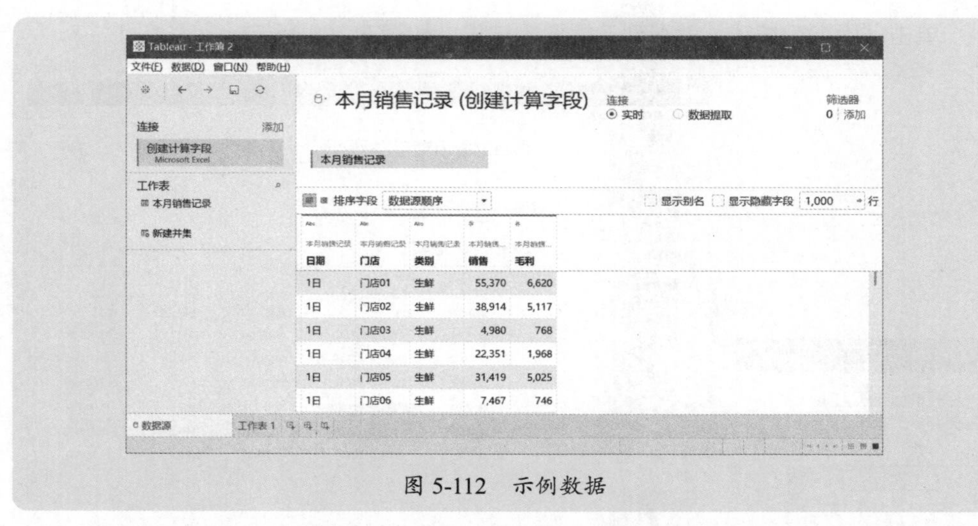

图 5-112 示例数据

右击“日期”字段，在弹出的快捷菜单中执行“创建计算字段”命令，打开如图 5-113 所示的对话框。

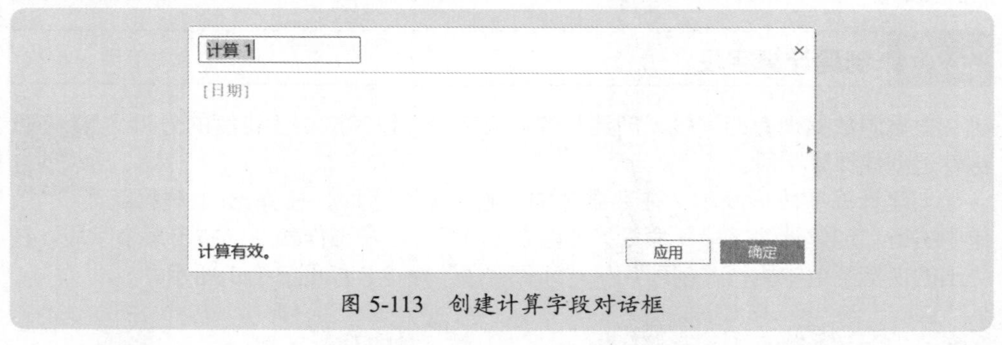

图 5-113 创建计算字段对话框

首先将默认的字段名“计算 1”修改为“标准日期”，然后在输入框中输入下面的公式，如图 5-114 所示。注意，公式的前面不能有等号（=）。

MAKEDATE(2021,3,INT(REPLACE([日期]," 日 ","")))

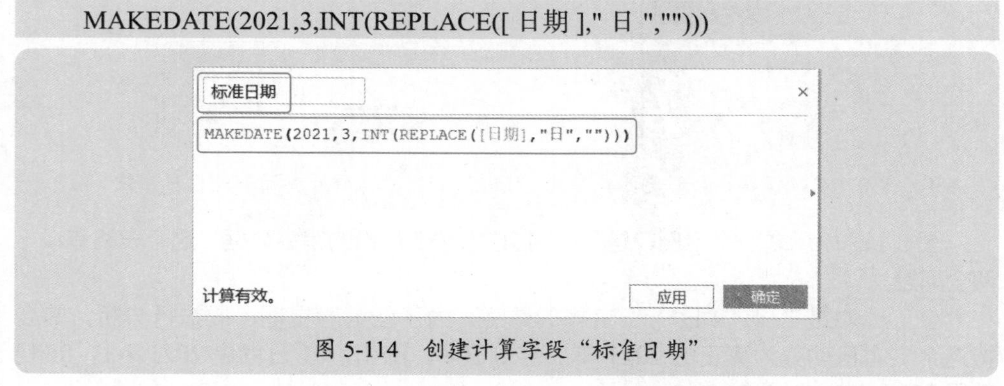

图 5-114 创建计算字段“标准日期”

公式输入完成后，单击“应用”按钮，查看结果，没问题后，再单击“确定”按钮，关闭对话框，得到“标准日期”计算字段，如图 5-115 所示。

图 5-115　创建的“标准日期”计算字段

用相同的方法创建计算字段“毛利率”，计算公式如下，如图 5-116 所示。注意，不能直接用毛利除以销售，而应该先将毛利和销售使用 SUM 函数聚合处理后再相除。

```
SUM([ 毛利 ])/SUM([ 销售 ])
```

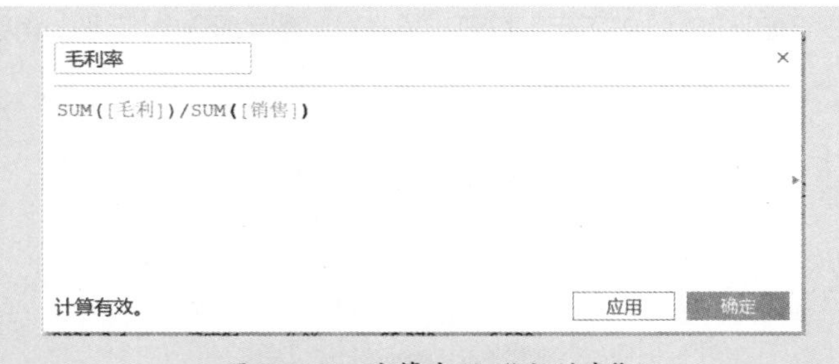

图 5-116　计算字段“毛利率”

这样就得到了一个新的计算字段“毛利率”，如图 5-117 所示。

图 5-117　创建的计算字段“毛利率”

关于计算字段的几个说明。

（1）计算字段一般需要使用 Tableau 函数及运算规则，这方面的内容，将在后面的有关章节进行专门介绍。

（2）在数据源中，字段名称上面会显示字段来源。如果是数据源原本的字段，会显示数据源名称，如“本月销售记录”；如果是创建的计算字段，就会显示“计算”，如图 5-118 所示。这样，就很容易区分字段的来源是源数据字段，还是创建的计算字段。

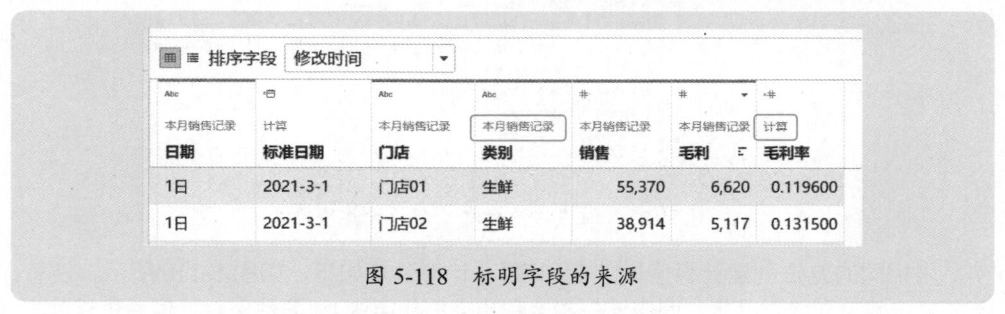

本月销售记录 日期	计算 标准日期	本月销售记录 门店	本月销售记录 类别	本月销售记录 销售	本月销售记录 毛利	计算 毛利率
1日	2021-3-1	门店01	生鲜	55,370	6,620	0.119600
1日	2021-3-1	门店02	生鲜	38,914	5,117	0.131500

图 5-118　标明字段的来源

（3）当不再保留计算字段时，可以将其删除。

（4）如果想要重新编辑计算字段，就右击该计算字段，在弹出的快捷菜单中执行“编辑”命令，如图 5-119 所示，打开“创建计算字段”对话框，再进行编辑即可。

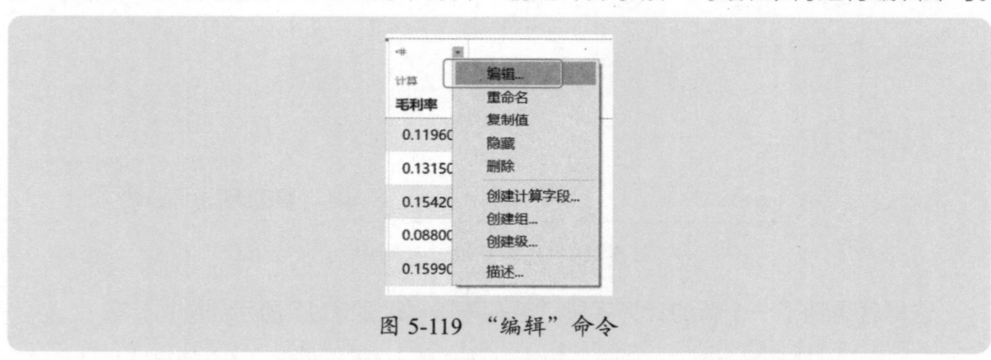

图 5-119　“编辑”命令

（5）在公式中，引用字段是用方括号括起来的字段名称，例如“[毛利]”“[日期]”等，而在“创建计算字段”对话框中，引用的字段颜色是黄色的，这样很容易区分函数和字段。

（6）计算公式中，函数名称字母不区分大小写。

（7）计算公式中，如果要输入文本字符串，必须用双引号括起来，例如

```
if [ 销售 ]>10000 then "y" ELSE "n" END
```

5.7.3 创建组：静态分组（手工组合）

组就是对字段下的项目按照要求进行分组，以对该字段的分布进行分析。例如，对年龄进行分组，了解各年龄段的人数；对销量进行分组，了解各销量去年的订单数，等等。

创建组，实际上是添加了一个新字段，因此在大多数情况下，分组也可以使用计算公式来创建计算字段。

不过，分组更加灵活，可以随时解散并重新组合。

以“员工信息”数据为例（本案例的数据源是“员工信息 .xlsx”文件），建立数据连接，如图 5-120 所示。现在的任务是，把职位分成三种级别：高层（总经理、副总经理以上）、中层（经理、副经理）和基层（主管、员工）。

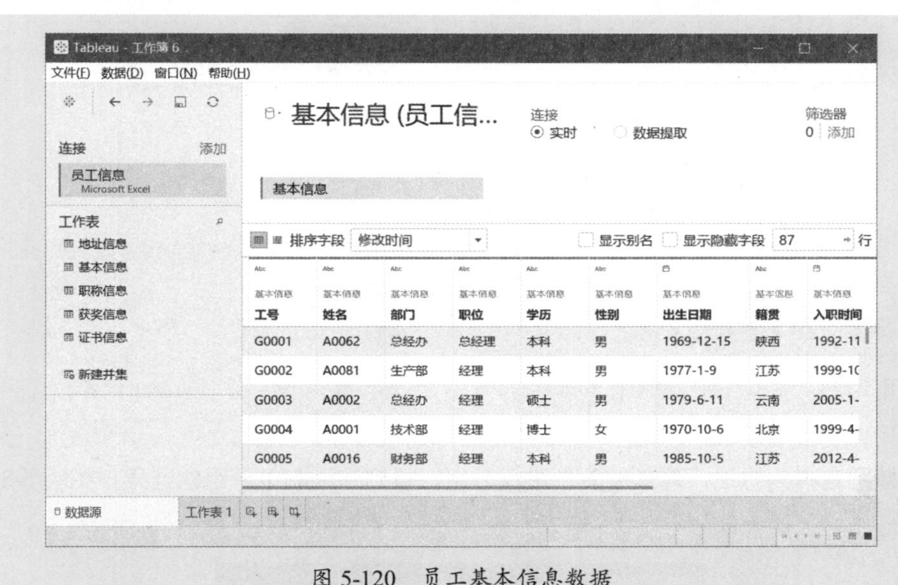

图 5-120　员工基本信息数据

右击字段“职位”，在弹出的快捷菜单中执行“创建组”命令，如图 5-121 所示，打开“创建组”对话框，如图 5-122 所示。

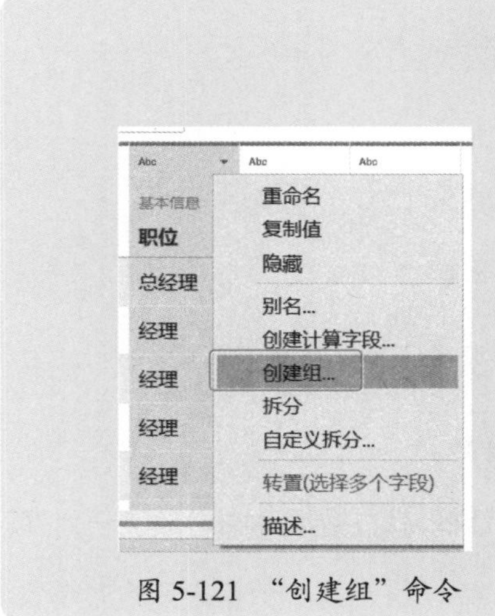

图 5-121　“创建组”命令

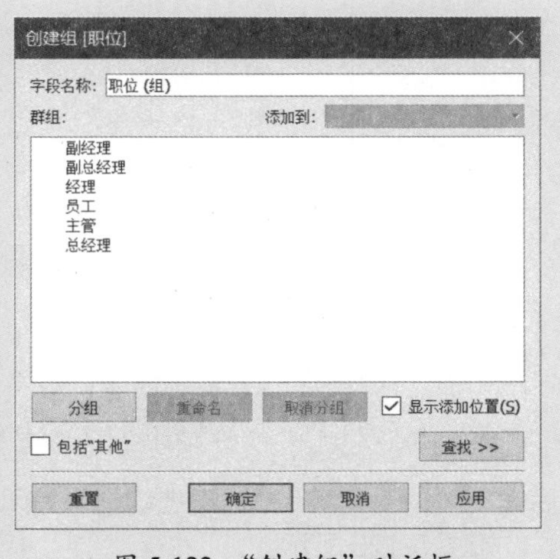

图 5-122　“创建组”对话框

在职位列表中,选择“总经理”和“副总经理”选项,右击“组”命令,或者单击“分组”按钮,如图 5-123 所示,就得到如图 5-124 所示的组合。

然后再将默认的组名“副经理 & 副总经理”修改为“高层”。

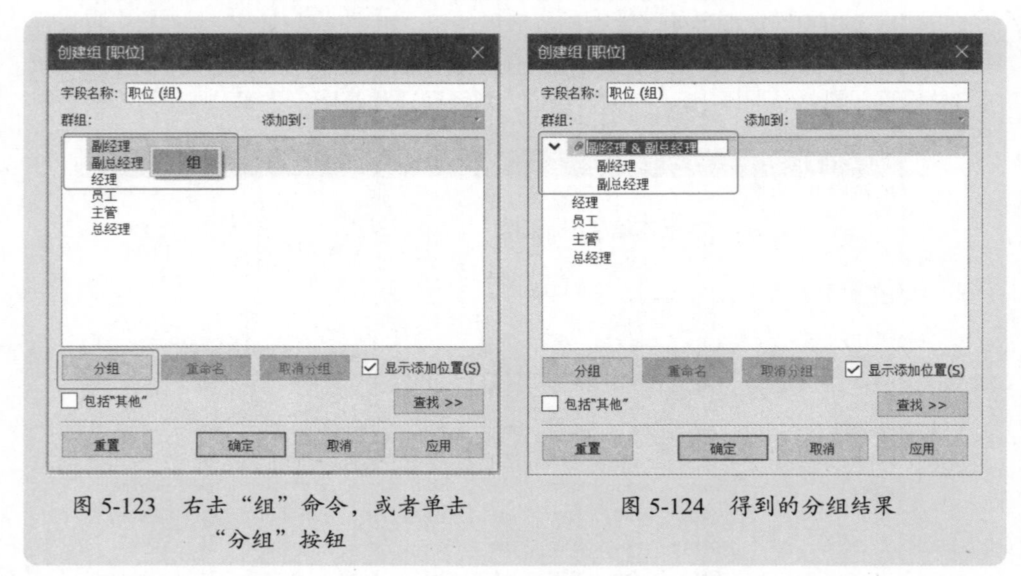

图 5-123　右击“组”命令,或者单击“分组”按钮

图 5-124　得到的分组结果

按照这样的方法,对其他职位进行分组,得到三个职位分组的结果,如图 5-125 所示。

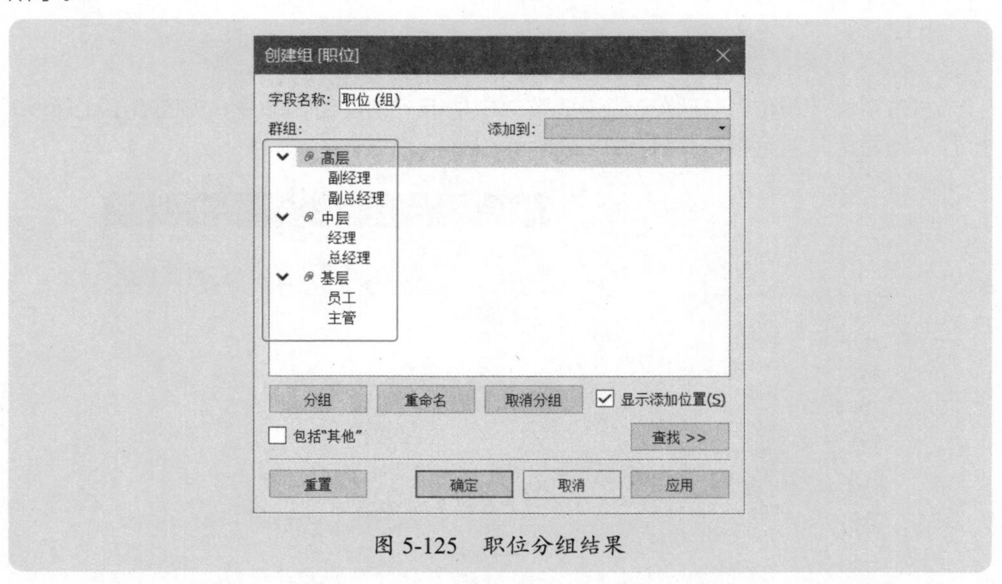

图 5-125　职位分组结果

最后把“字段名称”修改为“职位级别”,关闭对话框,就在数据源中增加了一列“职位(组)”,如图 5-126 所示。

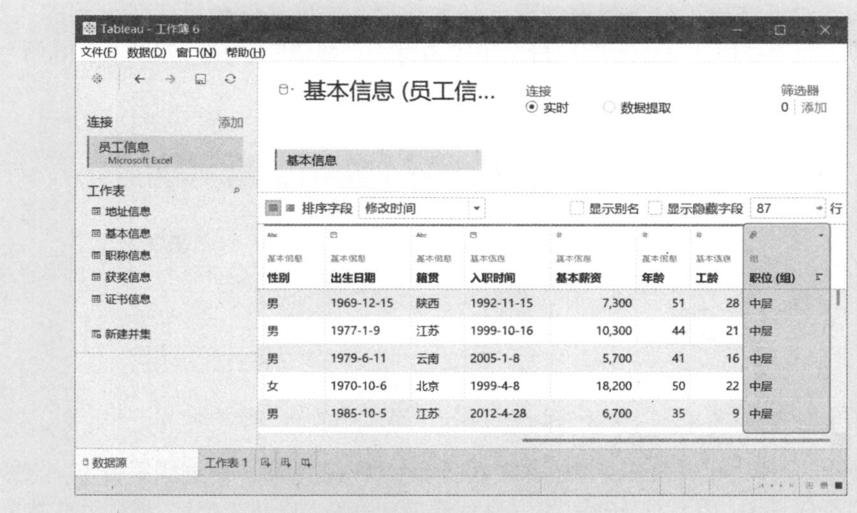

图 5-126　得到的新字段“职位(组)”

5.7.4 创建组：动态分组（计算字段）

创建组实质上是创建一个新字段，因此也可以使用创建计算字段来解决，公式如下，如图 5-127 所示。

```
IF [ 职位 ]=" 总经理 " OR [ 职位 ]=" 副总经理 " THEN " 高层 "
ELSEIF  [ 职位 ]=" 经理 " OR [ 职位 ]=" 副经理 " THEN " 中层 "
ELSE " 基层 "
END
```

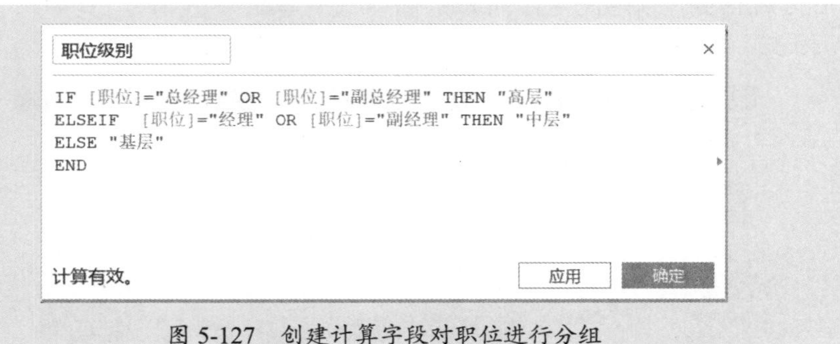

图 5-127　创建计算字段对职位进行分组

5.7.5 创建级（数据桶）：静态分组（给定固定值）

所谓“级”，又称数据桶，就是以数字下限表示的分组，例如，30 代表 30 ～ 39 岁，50 代表 50 ～ 59 岁，等等。这种级是等步长分隔的。

级只对数字字段有效。级相当于直方图中的分组，分析数据的频数。

例如，对上述员工信息数据创建年龄数据桶，也就是要分析年龄分组的人数，则右击“年龄”字段，在弹出的快捷菜单中执行“创建级”命令，如图 5-128 所示。

打开“编辑级”对话框，如图 5-129 所示。

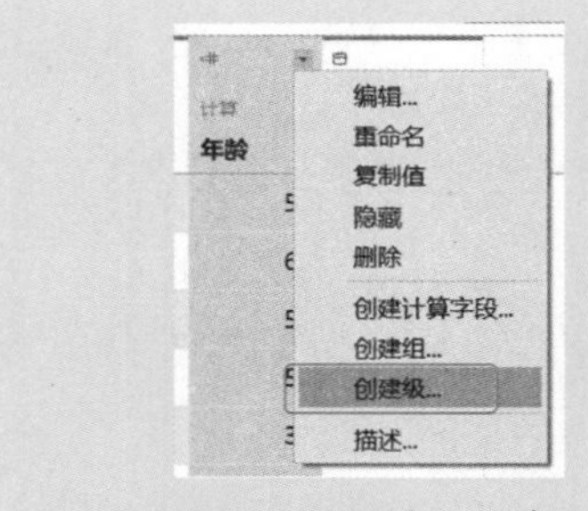

图 5-128 “创建级”命令

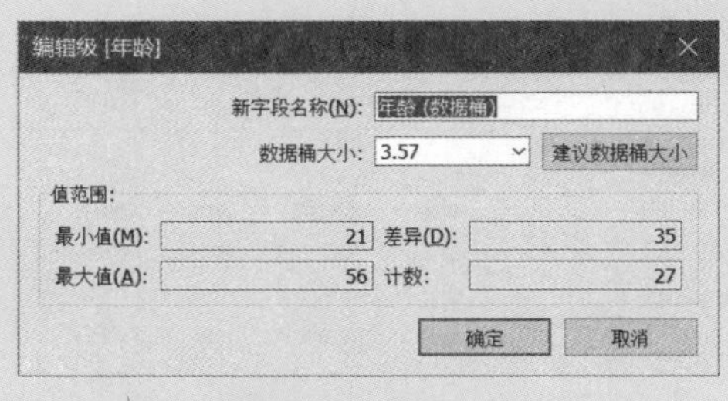

图 5-129 “编辑级”对话框

如果要创建以 10 岁为一个单位的数据桶大小（也就是每个数据桶里有 10 个数字，例如 0 代表 0 ～ 9，10 代表 10 ～ 19，20 代表 20 ～ 29，以此类推），那么就在数据桶大小输入框里输入数字 10，并输入“新字段名称”为“年龄下限值”，如图 5-130 所示。

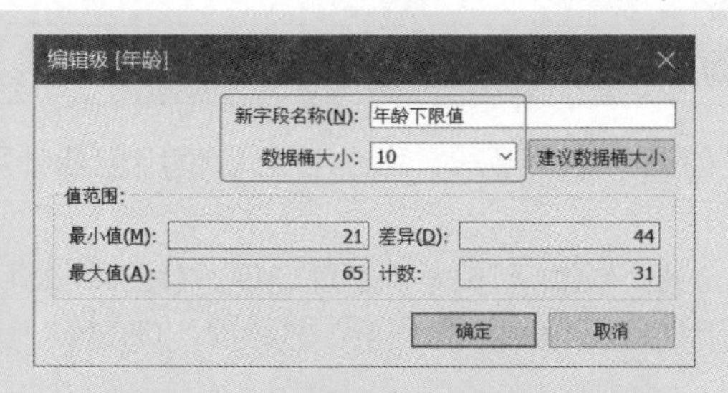

图 5-130 输入新字段名称，并输入数据桶大小

那么就得到了如图 5-131 所示的新字段“年龄下限值”。其中数字 50 代表 50 ～ 59 岁，40 代表 40 ～ 49 岁，30 代表 30 ～ 39 岁，以此类推。

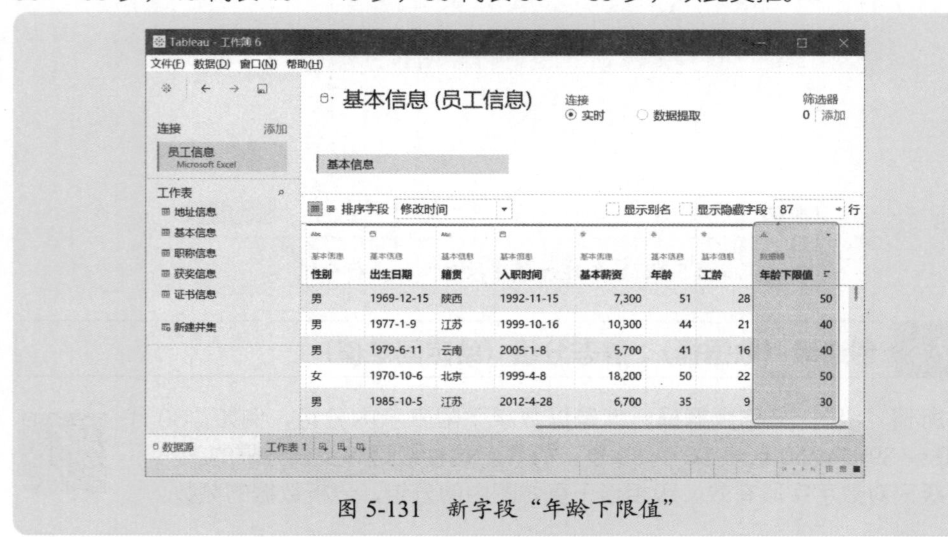

图 5-131 新字段“年龄下限值”

5.7.6 创建级（数据桶）：动态分组（使用参数）

前面介绍的创建集是使用设置了一个固定的数据桶大小数值，在实际数据处理中，希望能够查看任意数据桶大小的分析结果，此时可以创建参数，然后在数据桶中使用这个参数。

在"编辑级"对话框中，在"数据桶大小"下拉列表中选择"创建新参数…"选项，如图 5-132 所示，打开"创建参数"对话框，如图 5-133 所示。

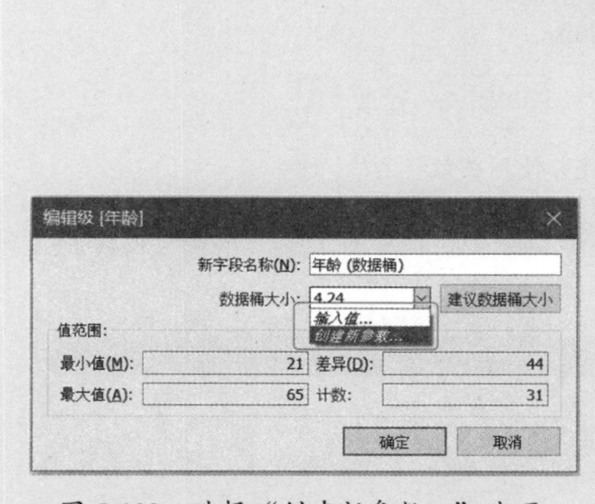

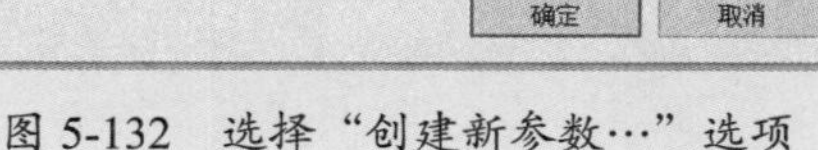

图 5-132 选择"创建新参数…"选项

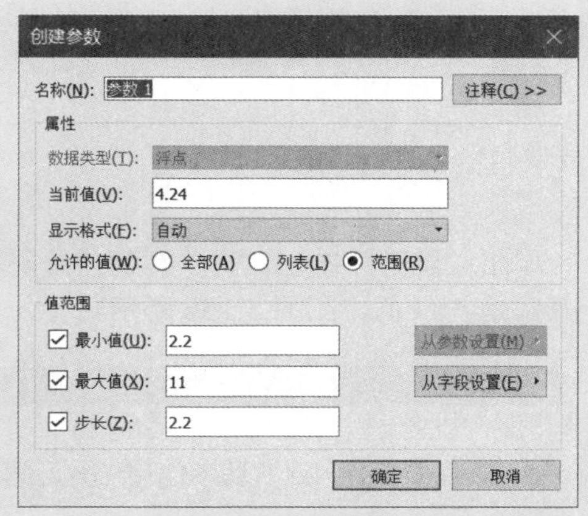

图 5-133 "创建参数"对话框

首先输入一个具体的新参数名称，例如"年龄分组参数"，以便于以后使用，然后设置最小值、最大值和步长，并选中"范围"单选按钮，如图 5-134 所示。

"当前值"10 表示当前使用的年龄分组起点值是 10；"最小值"表示分组值最小是 1，"最大值"表示分组值最大是 10，"步长"1 表示每次改变 1 岁（在工作表界面可以显示出年龄分组滑块，快速进行调节）。

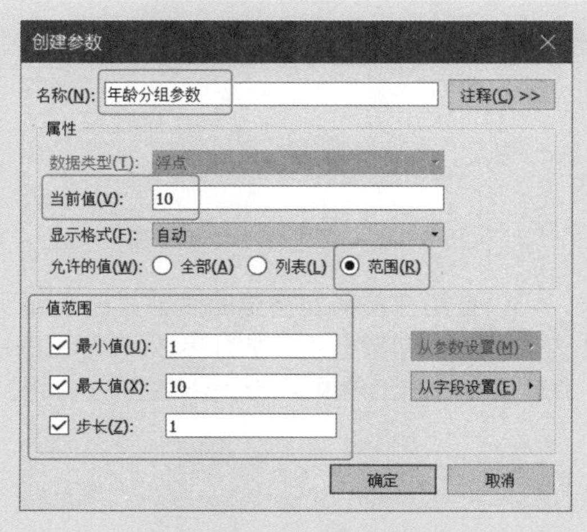

图 5-134 设置参数选项

单击“确定”按钮，就创建了参数“年龄分组参数”，返回“编辑级”对话框，此时已经选择了刚才定义的参数“年龄分组参数”作为数据桶大小，如图 5-135 所示。

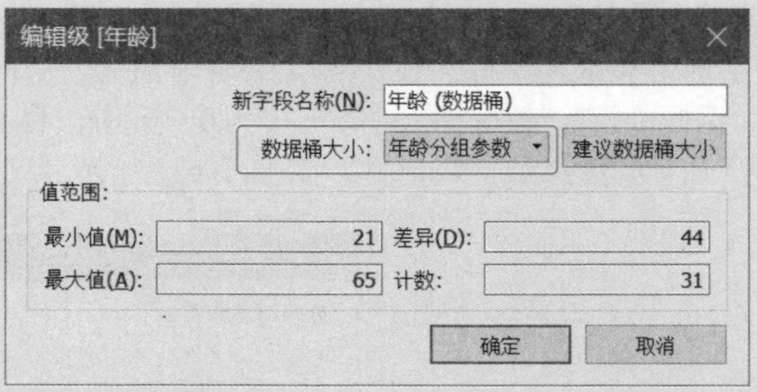

图 5-135　创建并使用参数

单击“确定”按钮，可以看到在数据源界面增加了一个字段“年龄 (数据桶)”，但其都是 null 值，如图 5-136 所示。

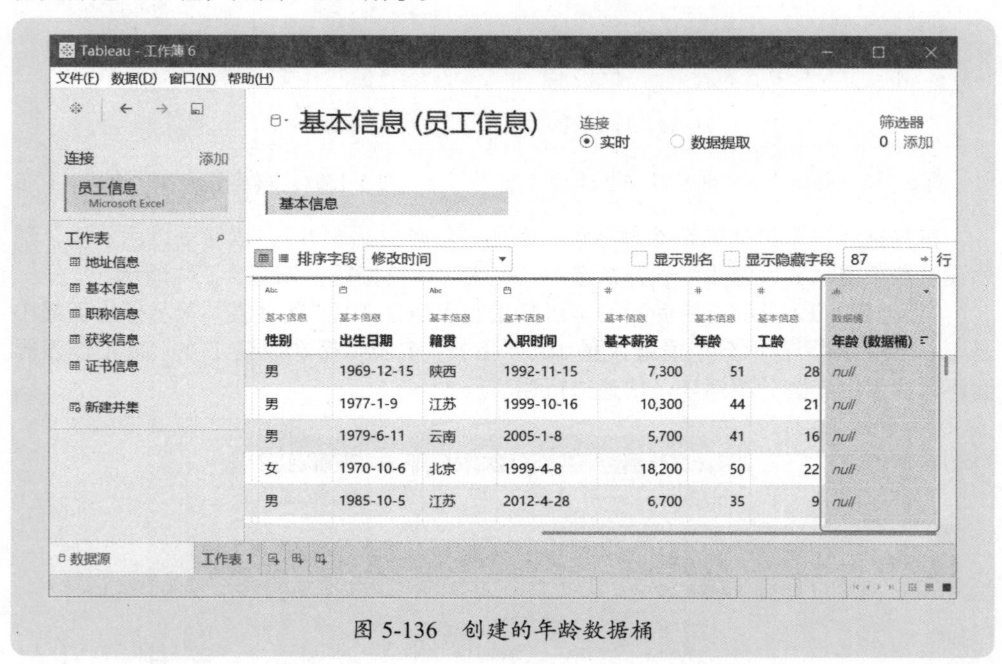

图 5-136　创建的年龄数据桶

新建一个工作表，可以看到在左侧窗格里的底部，已经出现了一个名称为“年龄分组参数”的参数，然后右击“年龄分组参数”参数，在弹出的快捷菜单中执行“显示参数控件”命令，会在工作表右上角显示这个参数控件，如图 5-137 所示。

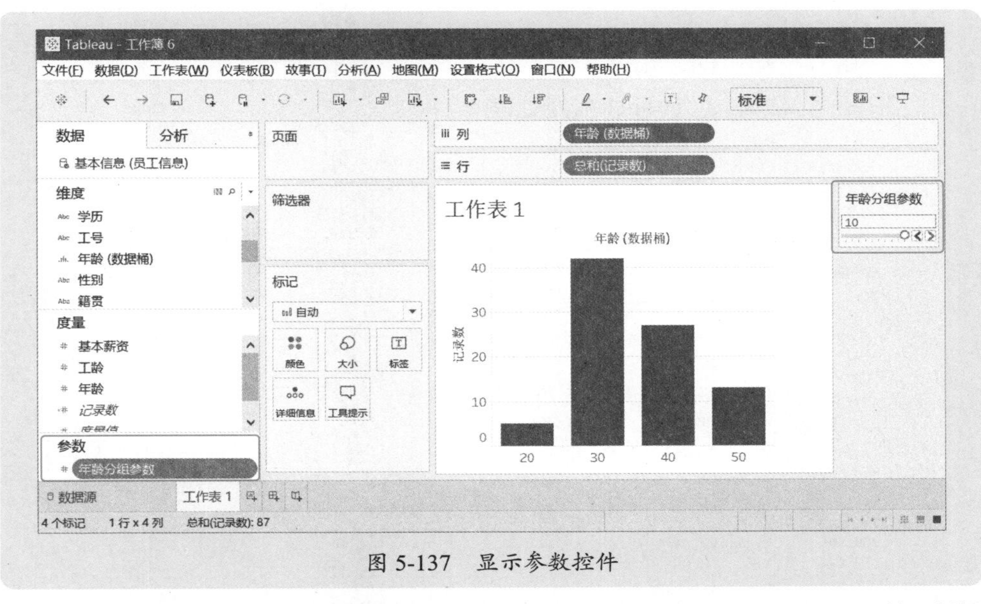

图 5-137 显示参数控件

这样，只要控制右上角的参数控件，就可以任意改变年龄的分组，制作不同的分析报告如图 5-138 所示。

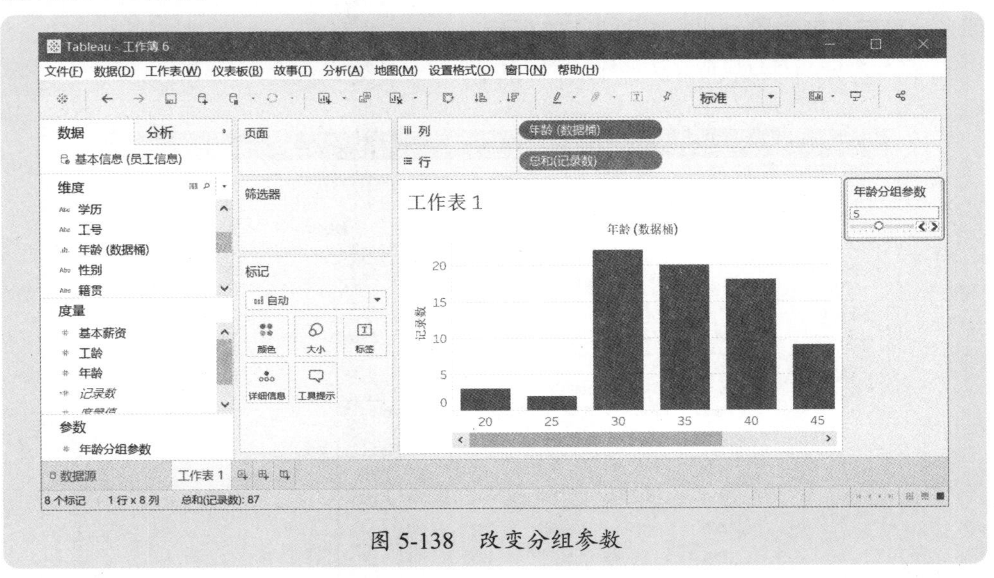

图 5-138 改变分组参数

5.8 空值的处理

当字段的项目有空值时，在数据源中，空值会被显示为 null，如图 5-139 所示。

地区	产品A	产品C	产品D	产品E
华北	748	null	39	773
华东	664	582	null	609
华南	164	940	48	654
西南	null	660	533	907
西北	55	null	734	35
东北	21	244	null	null
华中	214	456	171	748

图 5-139　空值显示为 null

此时，如果创建计算字段，可以直接使用加法将产品做求和计算，公式如下，那么计算结果就会是 null，如图 5-140 所示。

[产品 A]+[产品 C]+[产品 D]+[产品 E]

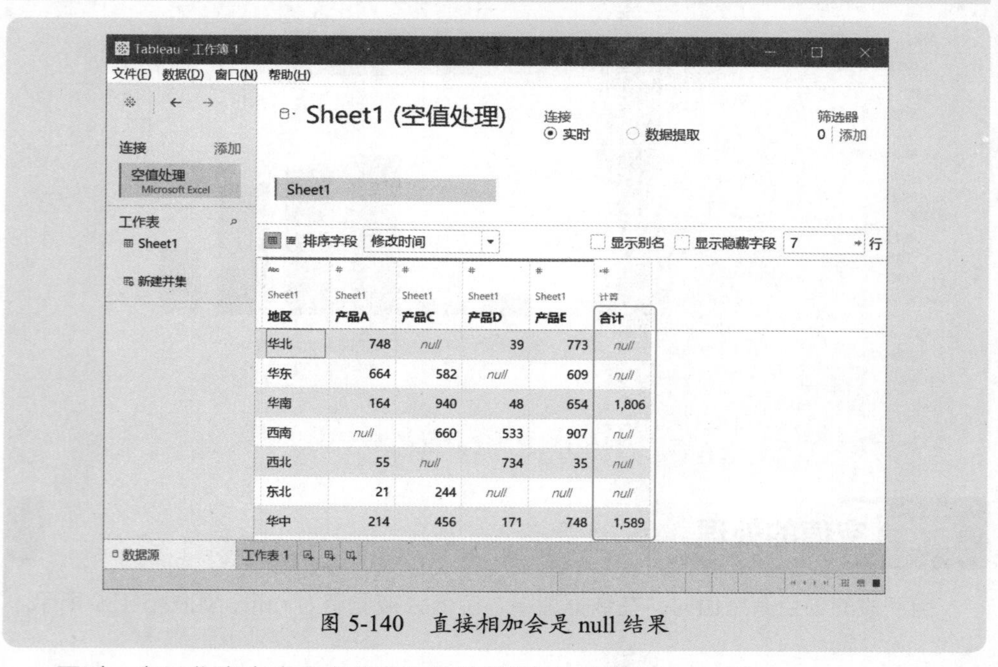

地区	产品A	产品C	产品D	产品E	合计
华北	748	null	39	773	null
华东	664	582	null	609	null
华南	164	940	48	654	1,806
西南	null	660	533	907	null
西北	55	null	734	35	null
东北	21	244	null	null	null
华中	214	456	171	748	1,589

图 5-140　直接相加会是 null 结果

同时，在工作表中也会出现没有结果的情况，如图 5-141 所示。

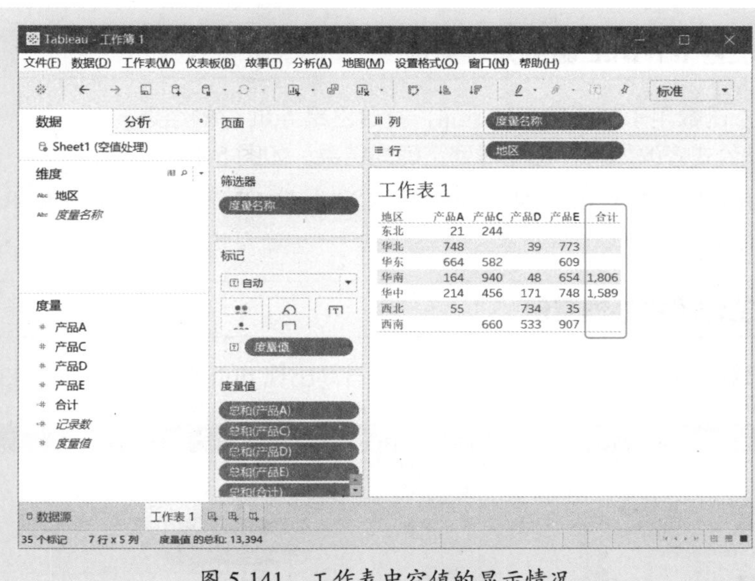

图 5-141 工作表中空值的显示情况

那么，如何处理空值呢？可以使用 Tableau 函数处理，或者使用 ZN 函数处理。

5.8.1 使用 ZN 函数处理空值

ZN 函数用于处理空值，如果不为 null，则返回其原有的值，否则返回 0。

将公式修改如下，就能得到正确的结果，如图 5-142 所示。

```
ZN([ 产品 A])+ZN([ 产品 C])+ZN([ 产品 D])+ZN([ 产品 E])
```

Tableau - 工作簿 1

文件(F) 数据(D) 窗口(N) 帮助(H)

连接 添加

空值处理 Microsoft Excel

工作表

Sheet1

新建并集

Sheet1 (空值处理)

连接 ⦿ 实时 ○ 数据提取

筛选器 0 添加

Sheet1

排序字段 修改时间 显示别名 显示隐藏字段 7 行

Sheet1 地区	Sheet1 产品A	Sheet1 产品C	Sheet1 产品D	Sheet1 产品E	计算 合计
华北	748	null	39	773	1,560
华东	664	582	null	609	1,855
华南	164	940	48	654	1,806
西南	null	660	533	907	2,100
西北	55	null	734	35	824
东北	21	244	null	null	265
华中	214	456	171	748	1,589

数据源 工作表 1

图 5-142 使用 ZN 函数处理空值后的结果

5.8.2 使用 IFNULL 函数处理空值

IFNULL 函数用于判断是否为 null，并给出是 null 时的结果。

将合计公式修改如下，也能得到正确的结果，如图 5-142 所示。

```
IFNULL([ 产品 A],0)+IFNULL([ 产品 C],0)+IFNULL([ 产品 D],0)+IFNULL([ 产品 E],0)
```

5.8.3 工作表中处理空值

如果源数据中含有空值，在画图时，会自动出现 null 提醒，如图 5-143 所示。

图 5-143 图表轴位置出现的 null 提醒

单击这个提醒标志，会弹出一个关于 null 值的处理建议，如图 5-144 所示。

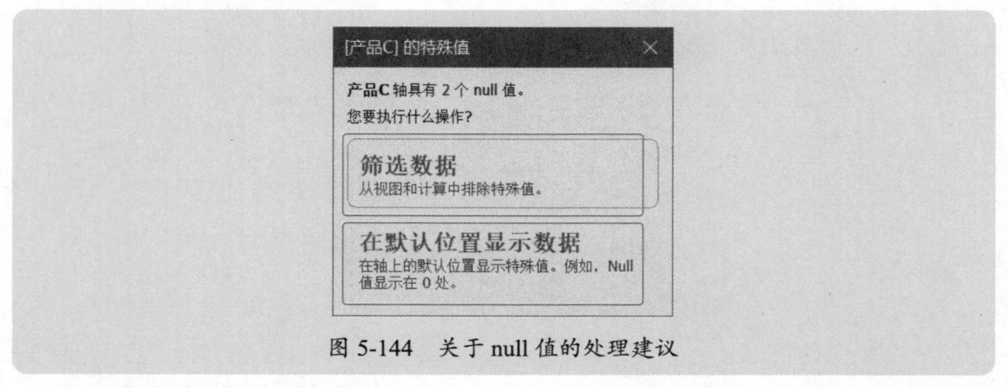

图 5-144 关于 null 值的处理建议

如果选择“筛选数据”选项，将 null 值筛选掉，那么图表就变为图 5-145 所示的情况，也就是不显示那些 null 的项目。

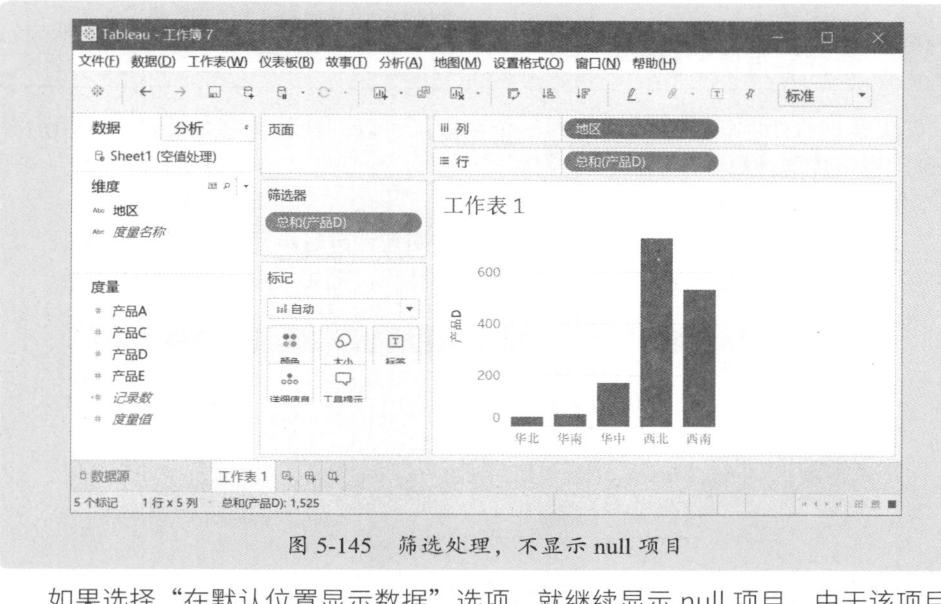

图 5-145 筛选处理，不显示 null 项目

如果选择“在默认位置显示数据”选项，就继续显示 null 项目，由于该项目没有数据，因此图表上留空，如图 5-146 所示。

图 5-146 图表上显示 null 项目

5.9 字段的其他操作

前面介绍了整理数据的一些常见问题及操作方法，下面再介绍几个关于字段处理的操作方法。

5.9.1 合并字符串字段

如果要把几个字符串字段合并为一个字段，可以创建计算字段，直接使用运算符（+）进行连接计算。

对如图 5-147 所示的数据源，任务如下。

（1）把省份和城市合并为一列“地区”，例如“江苏省苏州市”。

（2）把项目类别和项目编号合并为一列“项目”，例如“AAA-Y202101”。

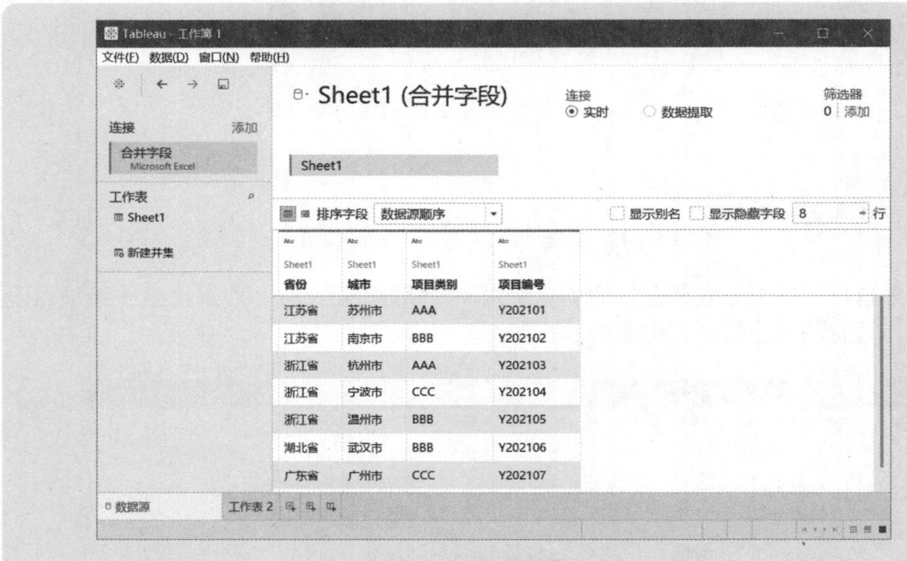

图 5-147　示例数据

创建一个计算字段“地区”，计算公式如下，如图 5-148 所示。

```
[ 省份 ]+[ 城市 ]
```

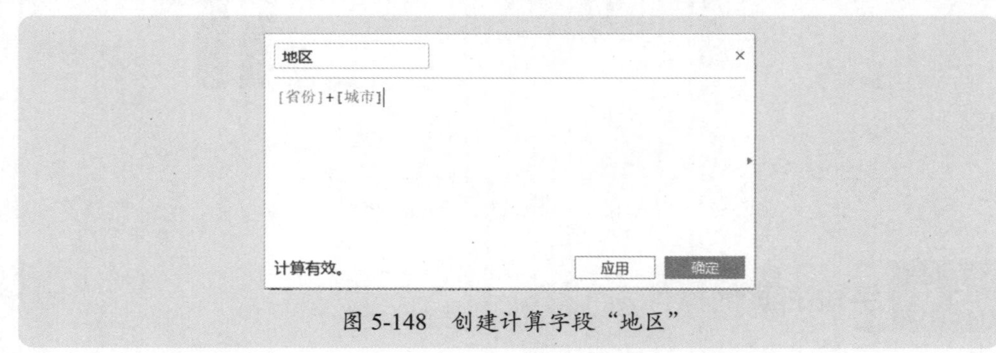

图 5-148　创建计算字段“地区”

这样，就在数据源中添加了一个新字段“地区”，如图 5-149 所示。

再创建一个计算字段“项目”，计算公式如下，如图 5-150 所示。

```
[ 项目类别 ]+ " - " +[ 项目编号 ]
```

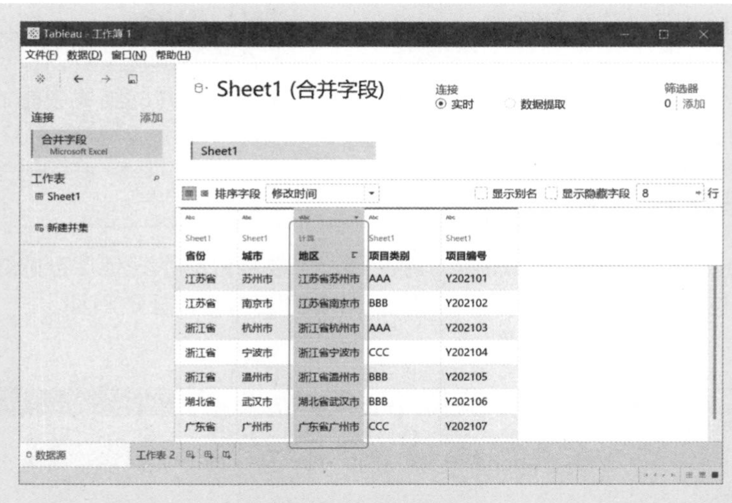

图 5-149 新字段“地区”

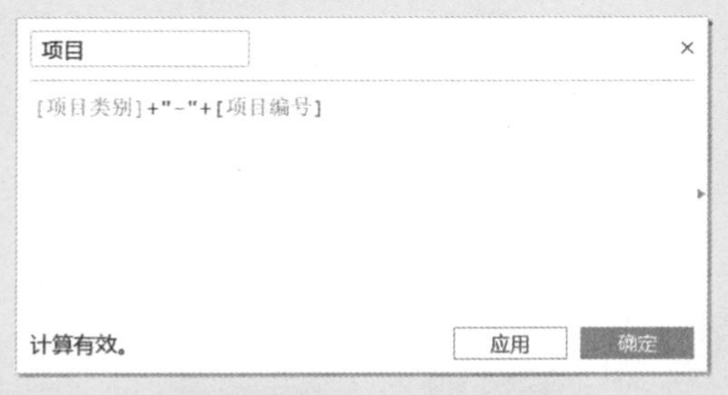

图 5-150 创建计算字段“项目”

这样就在数据源中添加了一个新字段“项目”，如图 5-151 所示。

图 5-151 新字段“项目”

合并字段的几个注意问题。

(1) 只有字符串字段才能使用运算符 (+) 进行合并。

(2) 如果字符串中存在 null（空字符串）的情况，合并的结果会是 null，此时需要使用 ZN 函数或者 IFNULL 函数进行处理。

5.9.2 合并生成日期

实际工作中，会遇到很多将年、月、日三个数字分成了三列保存的数据表，这种处理日期的方法非常不规范，需要将这三个数字合并为真正的日期。

图 5-152 所示就是一个示例。

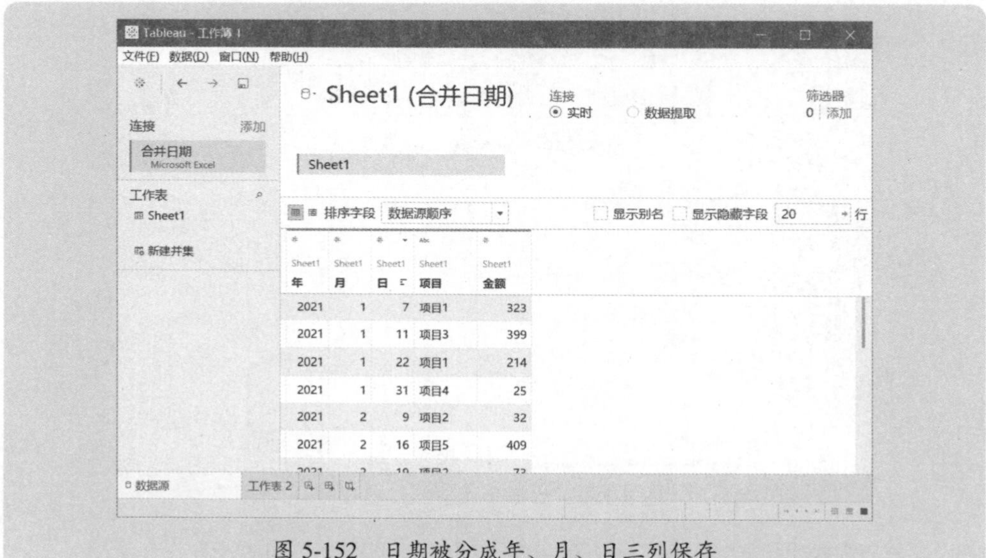

图 5-152　日期被分成年、月、日三列保存

要将年、月、日三个数字合并为真正的日期，需要使用 MAKEDATE 函数。

插入一个计算字段“日期”，计算公式如下，如图 5-153 所示。

```
MAKEDATE([ 年 ],[ 月 ],[ 日 ])
```

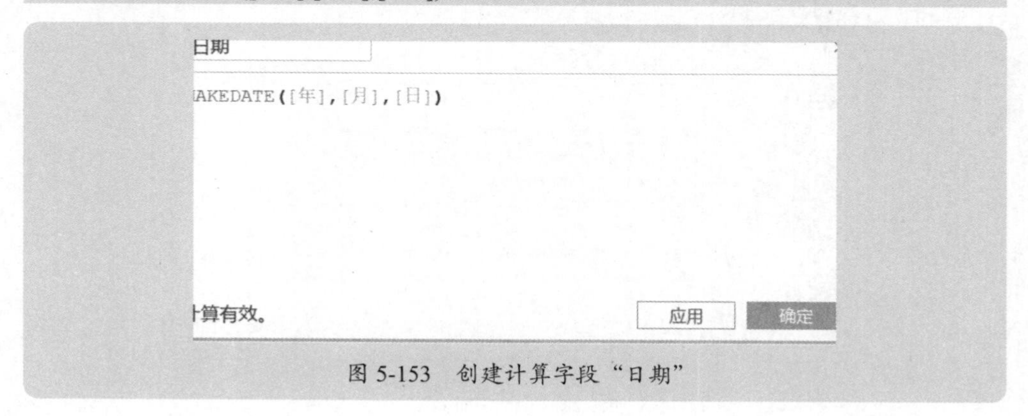

图 5-153　创建计算字段“日期”

真正的日期字段如图 5-154 所示。最后再将原始的年、月、日三个字段隐藏即可。

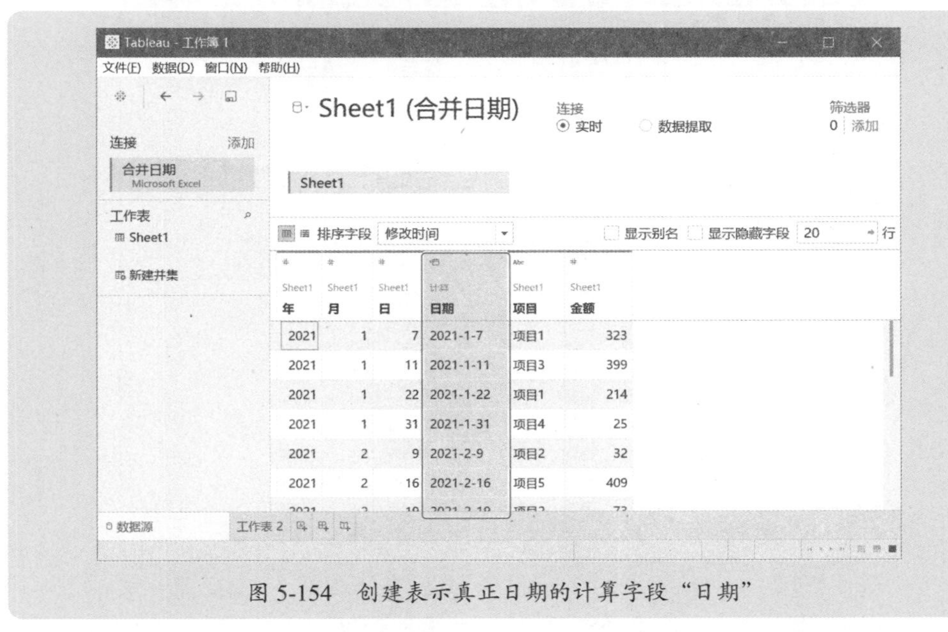

图 5-154　创建表示真正日期的计算字段“日期”

注意：MAKEDATE 函数的三个参数必须是正整数。如果字段的数据类型是文本，必须转换为整数，可以在数据源中进行设置，也可以使用 INT 函数进行转换，公式如下。

```
MAKEDATE(INT([ 年 ]),INT([ 月 ]),INT([ 日 ]))
```

5.9.3 合并不匹配的字段

有时需要把几个表格合并起来，但由于几个表格的字段名称不匹配（实际上是同一个字段），导致合并起来后出现 null 值，影响数据分析。

如图 5-155 所示的两个门店数据，B 列和 D 列的名称不一致，导致合并后出现错误，如图 5-156 所示。

门店A

	A	B	C	D	E
1	产品	销量	销售额	单价	
2	产品01	534	64899	121.5337	
3	产品02	259	56138	216.749	
4	产品03	1025	31308	30.54439	
5	产品04	1049	58058	55.34604	
6	产品05	826	90074	109.0484	
7	产品06	158	81654	516.7975	
8					
9					
10					

门店B

	A	B	C	D	E
1	产品	销售量	销售额	均价	
2	产品01	527	69808	132.463	
3	产品02	579	134310	231.9689	
4	产品03	1066	33603	31.52251	
5	产品04	628	33708	53.67516	
6	产品05	1037	122025	117.6712	
7	产品06	438	251190	573.4932	
8					
9					
10					

图 5-155　字段名称不匹配的两个门店数据

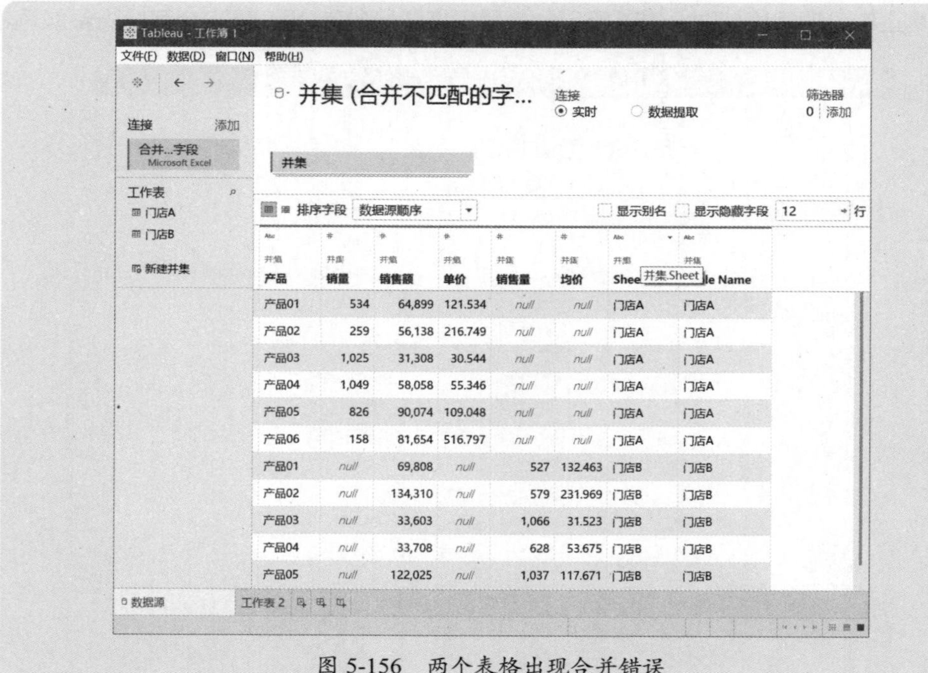

图 5-156　两个表格出现合并错误

解决的方法是，将字段名称不匹配的两列合并起来。例如，选择“销量”和“销售额”两列，右击，然后在弹出的快捷菜单中执行“合并不匹配的字段”命令，如图 5-157 所示。

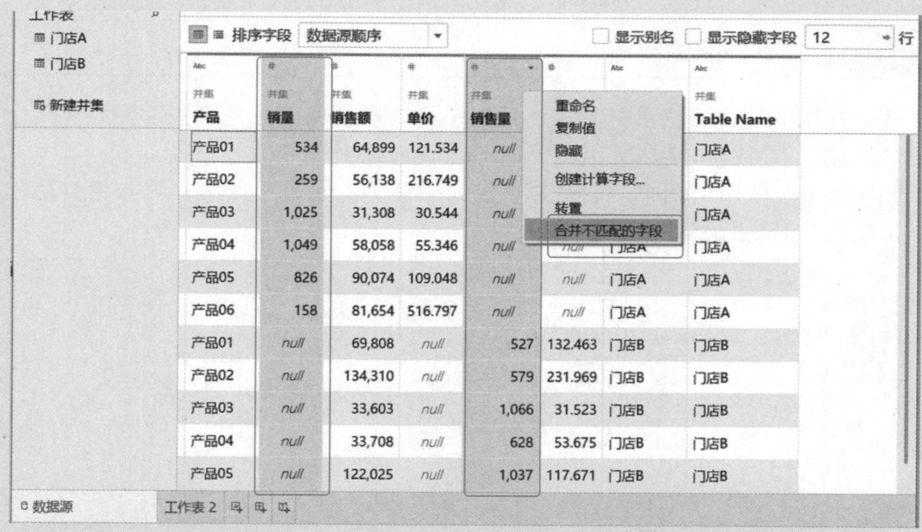

图 5-157　选择要合并的字段，执行“合并不匹配的字段”命令

将这两列数据合并为一列，如图 5-158 所示。然后将默认的新字段名称进行修改。

产品	销量 & 销售...	销售额	单价	均价	Sheet	Table Name
产品01	534	64,899	121.534	null	门店A	门店A
产品02	259	56,138	216.749	null	门店A	门店A
产品03	1,025	31,308	30.544	null	门店A	门店A
产品04	1,049	58,058	55.346	null	门店A	门店A
产品05	826	90,074	109.048	null	门店A	门店A
产品06	158	81,654	516.797	null	门店A	门店A
产品01	527	69,808	null	132.463	门店B	门店B
产品02	579	134,310	null	231.969	门店B	门店B
产品03	1,066	33,603	null	31.523	门店B	门店B
产品04	628	33,708	null	53.675	门店B	门店B
产品05	1,037	122,025	null	117.671	门店B	门店B

图 5-158　将“销量”和“销售量”合并为一列

选择字段“单价”和“均价”，右击，在弹出的快捷菜单中执行“合并不匹配的字段”命令，将其合并在一起，并修改新字段名称。

最后得到的合并表如图 5-159 所示。

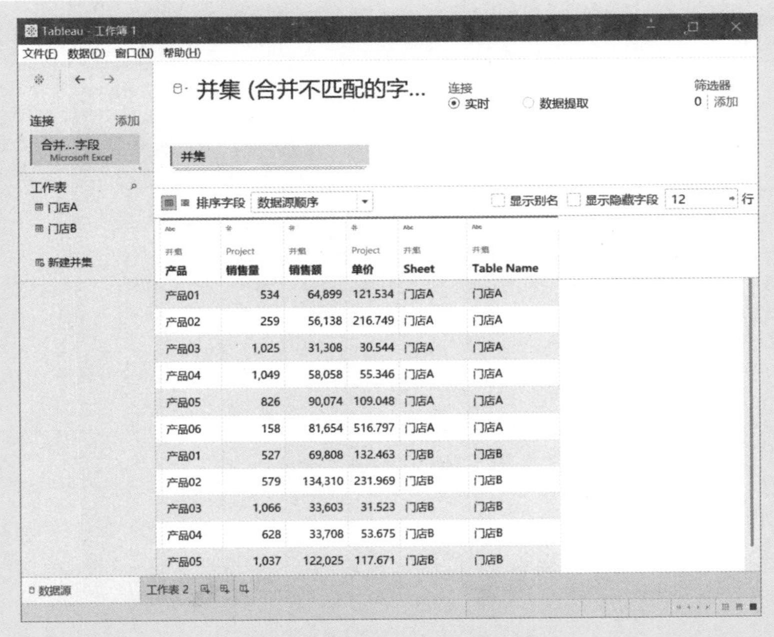

产品	销售量	销售额	单价	Sheet	Table Name
产品01	534	64,899	121.534	门店A	门店A
产品02	259	56,138	216.749	门店A	门店A
产品03	1,025	31,308	30.544	门店A	门店A
产品04	1,049	58,058	55.346	门店A	门店A
产品05	826	90,074	109.048	门店A	门店A
产品06	158	81,654	516.797	门店A	门店A
产品01	527	69,808	132.463	门店B	门店B
产品02	579	134,310	231.969	门店B	门店B
产品03	1,066	33,603	31.523	门店B	门店B
产品04	628	33,708	53.675	门店B	门店B
产品05	1,037	122,025	117.671	门店B	门店B

图 5-159　合并列后的规范表

5.9.4 转置字段

很多人喜欢制作二维表，但用二维表来分析数据非常不方便，最好将其转换为一维表。在 Excel 中，可以使用数据透视表进行处理，在 Power Query 中，可以进行逆透视处理，而在 Tableau 中，则可以通过转置来解决。

图 5-160 所示就是一个例子，现在要将此表处理为产品、月份和金额三列数据。

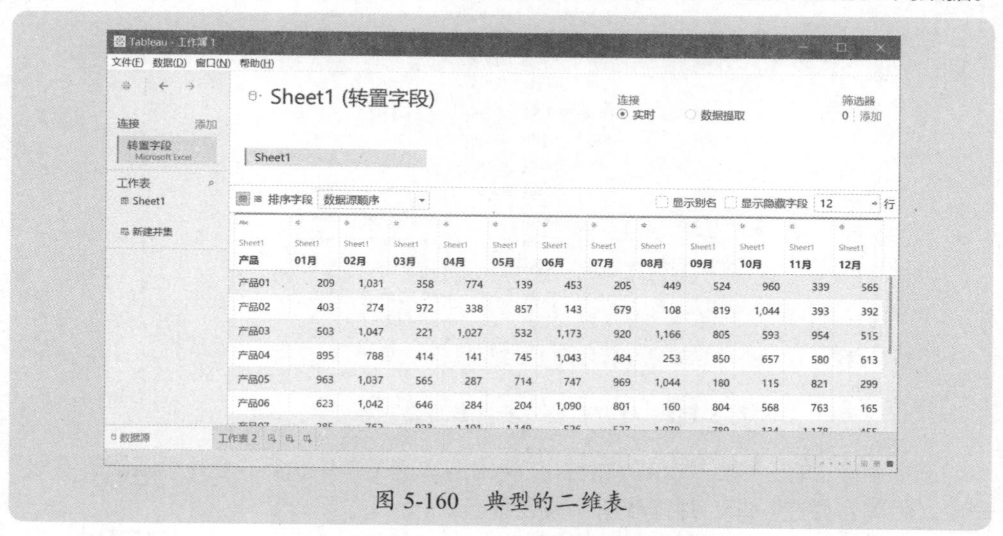

产品	01月	02月	03月	04月	05月	06月	07月	08月	09月	10月	11月	12月
产品01	209	1,031	358	774	139	453	205	449	524	960	339	565
产品02	403	274	972	338	857	143	679	108	819	1,044	393	392
产品03	503	1,047	221	1,027	532	1,173	920	1,166	805	593	954	515
产品04	895	788	414	141	745	1,043	484	253	850	657	580	613
产品05	963	1,037	565	287	714	747	969	1,044	180	115	821	299
产品06	623	1,042	646	284	204	1,090	801	160	804	568	763	165

图 5-160 典型的二维表

选择各月份列（这里就是 12 列），右击，在弹出的快捷菜单中执行“转置”命令，如图 5-161 所示。

图 5-161 “转置”命令

得到如图 5-162 所示的表。

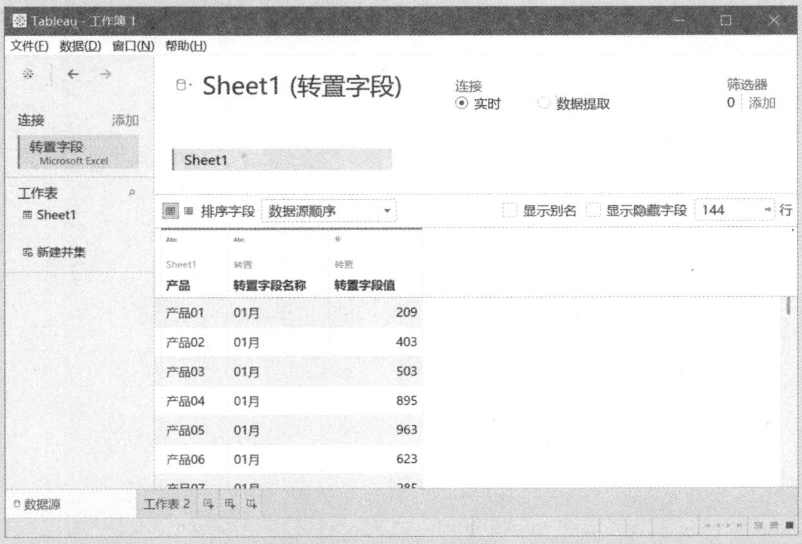

图 5-162　对 12 列月份进行转置后的表

最后修改标题名称，把“转置字段名称”重命名为“月份”，把“转置字段值”重命名为“金额”，就得到了规范的一维表，如图 5-163 所示。

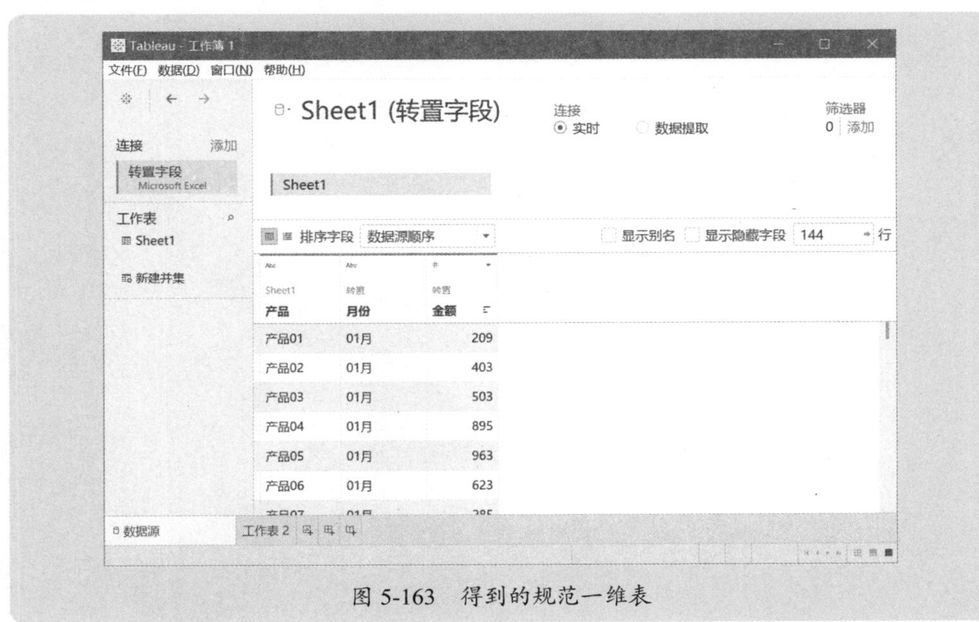

图 5-163　得到的规范一维表

第 6 章

Tableau 函数与公式

前面几章介绍了数据连接与整理的技能和方法，创建计算字段，利用 Tableau 函数进行计算，等等。本章将详细介绍在实际工作中常用的函数和公式，扩展用户数据处理的技能。

Tableau 很多函数不论是函数名称还是语法，跟 Excel 工作表函数一样，因此使用起来也不难。

6.1 引用常量、字段和参数

Tableau 一般是对字段、字符串、数值、日期时间等数据进行运算，因此需要了解引用字段、字符串、数字、日期时间的基本方法。

6.1.1 引用常量

引用常量时，要根据数据类型的不同来做不同处理。

字符串：要用英文双引号括起来，例如 "ABC""ABC123""123ABC""上海 "。

数值：直接输入，例如 100，10.3，0.05。

日期：要用“#”号括起来，例如 #2021-2-2##2021/2/2##2021 年 2 月 2 日 #。

日期时间：要用“#”号括起来，例如 #2021-2-2 15:34:56##2021/2/2 15:34:56#。

空值：用 NULL 表示，例如 if [日期]>#2021-2-2# then NULL else [日期] end。

逻辑值：有两个，TRUE 和 FALSE。例如，if [单价]<5 then TRUE else FALSE end。

6.1.2 引用字段和参数

在 Tableau 中，引用字段的方法是使用方括号，例如 [日期][产品] 等。

计算销售额的计算公式：

```
[ 销量 ]*[ 单价 ]
```

如果创建了参数，当要引用参数进行计算时，也要用方括号引用，例如 [参数 1]。

6.2 运算符号

Tableau 可以进行很多种计算，包括算术运算、比较运算、逻辑运算等，用相应的运算符来表示。

6.2.1 算术运算符

算术运算符用于进行算术计算，适合于数值、日期、时间，有以下几种。

- +（加）：数字相加，例如，3+2，[产品 1]+[产品 2]。
- –（减）：数字相减，例如，3–2，[产品 1]–[产品 2]。
- –（负号）：输入负数，例如，–3。
- *（乘）：数字相乘，例如，3*2，[销量]*[单价]。
- /（除）：数字相除，例如，3/2，[销售额]/[销量]。
- ^（幂）：数字乘幂，例如，2^3，[本金]*(1+0.05)^3。
- %（余数），两个数字相除的余数，例如 10%3。

6.2.2 比较运算符

比较运算符用于对两个数据进行比较，有以下几种。

- =（相等）：判断两个数据是否相等，例如，[地区]=" 东北 "。
- >（大于）：判断左边数据是否大于右边数据，例如，[销量]>1000，[日期]>#2021-1-1#。
- >=（大于或等于）：判断左边数据是否大于或者等于右边数据，例如，[销量]>=1000，[日期]>=#2021-1-1#。
- <（小于）：判断左边数据是否小于右边数据，例如，[销量]<1000，[日期]<#2021-3-31#。
- <=（小于或等于）：判断左边数据是否小于或者等于右边数据，例如，[销量]<=1000，[日期]<=#2021-3-31#。
- <>（不等于），判断两个数是否不相等，例如，[地区]<> " 东北 "。
- !=（不等于），判断两个数是否不相等，例如，[地区] != " 东北 "。

6.2.3 逻辑运算符

逻辑运算符用于连接两个条件，有以下几种。

- AND：必须两个条件都成立，例如，[地区]=" 华东 " AND [日期]>= #2021-1-1#。
- OR：两个条件只要有一个成立即可，例如，[地区]=" 华东 " OR [地区]=" 华南 "。
- NOT：判断不是某个条件，例如，NOT [日期]>= #2021-1-1#，相当于 [日期]< #2021-1-1#。又如，NOT [地区]=" 东北 "，就是除东北以外的所有地区。

6.3 函数规则及输入方法

了解了 Tableau 运算规则和运算符号，下面介绍 Tableau 函数及其应用。

Tableau 函数包括数字函数、字符串函数、日期函数、类型转换函数、逻辑函数、聚合函数、用户函数、表计算函数、空间函数等。

6.3.1 函数规则

与 Excel 函数一样，Tableau 函数也是由函数名及其参数构成：

```
函数名 ( 参数 1, 参数 2, 参数 3……)
```

参数可以是字符串、数值、日期、逻辑值等，也可以是字段引用。

有些参数是可选的，也就是可以根据具体情况来决定设置还是不设置。

例如，函数 LEFT 就是提取字符串左侧的 2 位字符：

```
LEFT( 字符串 ,2)
```

提取字符串左侧的第 1 个字符的公式（忽略第 2 个参数就是提取左边 1 个字符）为：

```
LEFT( 字符串 )
```

在为表创建计算字段时，经常要使用 Tableau 函数设计公式。

但要注意的是，Tableau 公式的前面是没有等号的。例如，下面的写法是错误的：

```
= LEFT( 字符串 ,2)
```

6.3.2 快速选择输入函数

在创建计算字段时，可以单击右侧的展开箭头按钮 ▸，如图 6-1 所示。

图 6-1 展开箭头按钮

展开函数列表，如图 6-2 所示，这样可以快速选择输入函数。

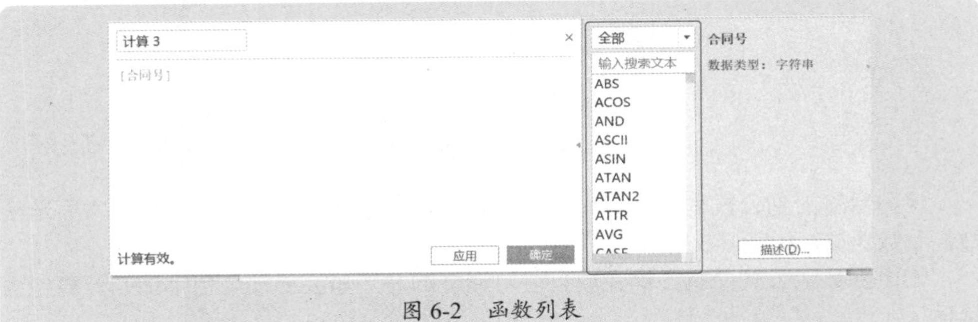

图 6-2 函数列表

在顶部的下拉表中选择函数类别，可以快速定位到函数，如图 6-3 所示。

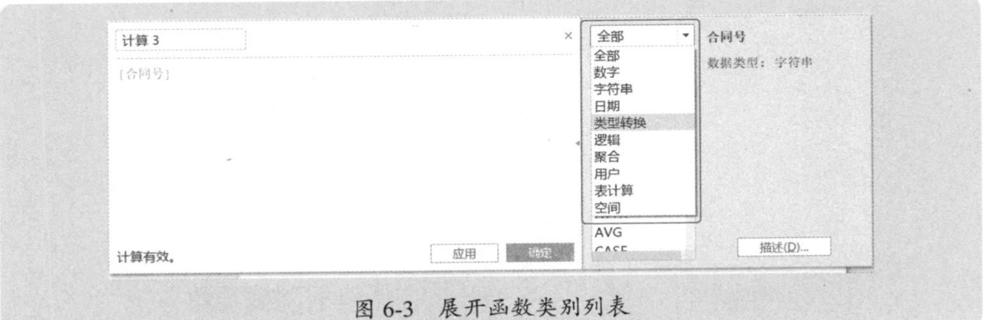

图 6-3 展开函数类别列表

当然，也可以在“输入搜索文本”框中输入关键词，快速搜索出函数，如图 6-4 所示。

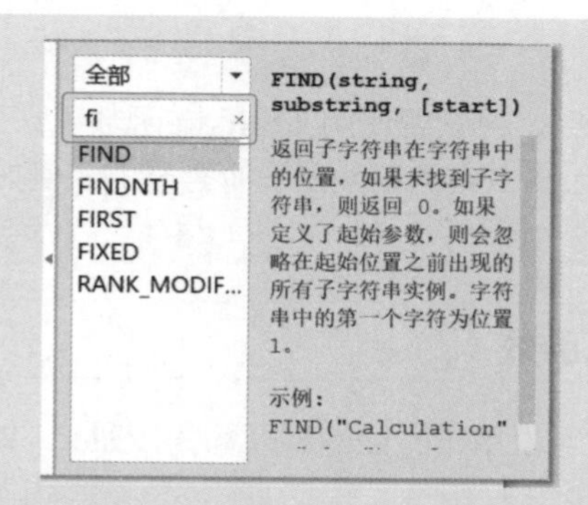

图 6-4　输入字母，搜索出含有该字母的所有函数

当选择某个函数后，会在右侧显示该函数的语法及示例说明，如图 6-5 所示。

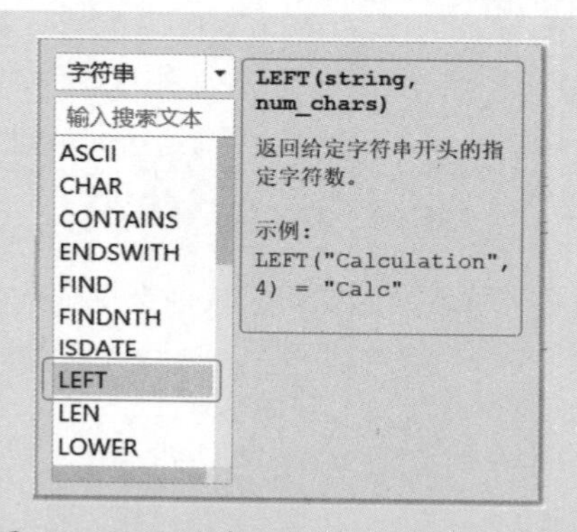

图 6-5　显示选中函数的语法和示例说明

将函数输入到公式框中，当光标移到函数一对括弧内时，就在函数下方显示函数的参数语法，如图 6-6 所示。

如果函数或公式没有正确完成，在对话框的左下角会出现红色字体“计算包含错误”。

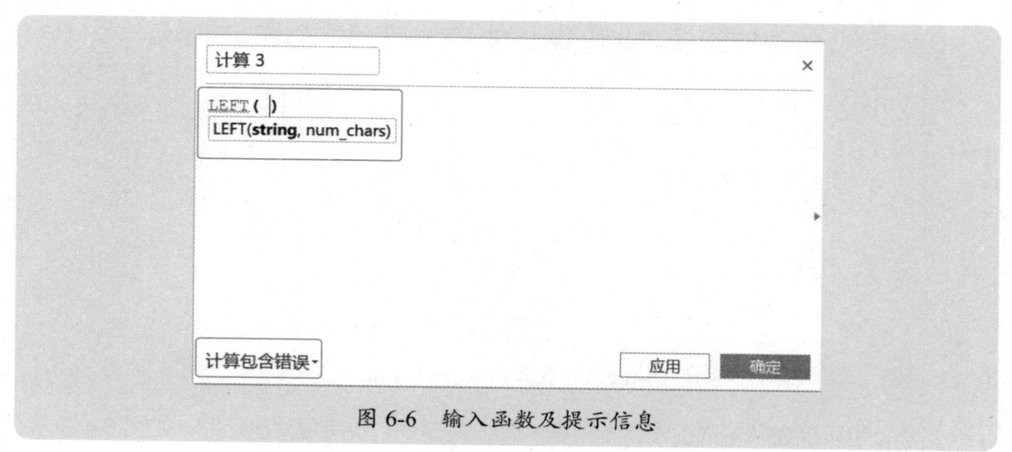

图 6-6　输入函数及提示信息

当输入正确的函数公式后，左下角会出现正常字体的“计算有效”，如图 6-7 所示。

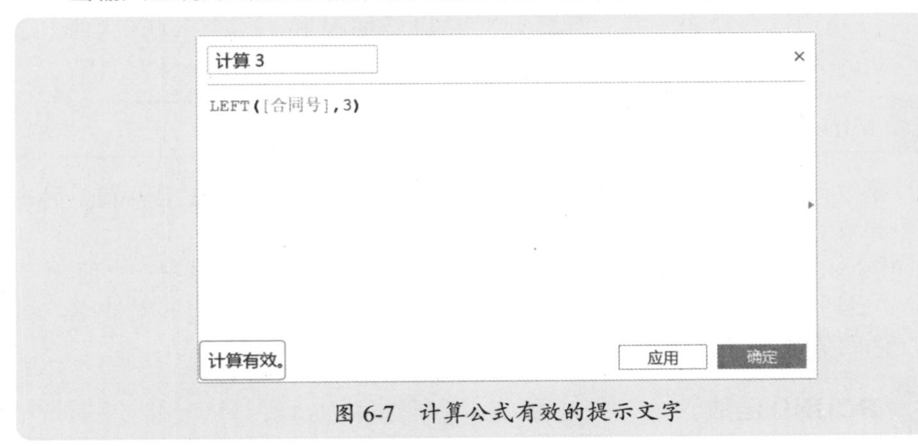

图 6-7 计算公式有效的提示文字

6.4 数字函数

数字函数有很多，在数据分析中，常常对数字做基本计算处理，例如舍入、绝对值等。常用的函数有以下几个。

- INT。
- ABS。
- MAX。
- MIN。
- ROUND。
- CEILING。
- FLOOR。

6.4.1 INT 函数

INT 函数用于对数字进行取整计算，例如，INT(20.19) 结果是 20，INT(–20.19) 结果是 –20。

INT 函数还可以将字符串型数字转换为整数，例如，INT("20.19") 结果是 20。

6.4.2 ABS 函数

ABS 函数用于计算数字的绝对值，例如 ABS(–100)=100

6.4.3 MAX 函数

MAX 函数有两种用法：一种用法是计算一个表达式在所有记录中的最大值，另一种用法是计算两个表达式在一个记录中的最大值。

例如：

MAX([入职日期])，就是计算字段“入职日期”的最大日期，结果是一个值。

MAX([日期 1],[日期 2])，就是计算两个字段 [日期 1] 和 [日期 2] 的最大值，结果是一个新的字段。

6.4.4 MIN 函数

MIN 函数有两种用法：一种用法是计算一个表达式在所有记录中的最小值，另一种用法是计算两个表达式在一个记录中的最小值。

MIN([入职日期])，就是计算字段“入职日期”的最小日期，结果是一个值。

MIN([日期 1],[日期 2])，就是计算两个字段 [日期 1] 和 [日期 2] 的最小值，结果是一个新的字段。

6.4.5 ROUND 函数

ROUND 函数用于对数字进行四舍五入，用法为：

```
ROUND( 数字或表达式 , 小数点位数 )
```

例如，ROUND([销量]*[单价],2)，就是把单价和销量相乘的结果保留 2 位小数。

6.4.6 CEILING 函数

CEILING 函数用于将数字舍入为大于或等于数字的最接近的整数，用法为：

```
CEILING( 数字或表达式 )
```

例如，CEILING(5.0194)，结果是 6。

6.4.7 FLOOR 函数

FLOOR 函数用于将数字舍入为小于或等于数字的最接近的整数，用法为：

```
FLOOR( 数字或表达式 )
```

例如，FLOOR(5.0194)，结果是 5。

6.5 字符串函数

字符串函数用来处理字符文本，例如提取字符，替换字符，处理空格，查找字符，等等，常用字符串函数有以下几种。

- LEN。
- LEFT。
- RIGHT。
- MID。
- ENDSWITH。
- STARTSWITH。

- CONTAINS。
- FIND。
- FINDNTH。
- LTRIM。
- RTRIM。
- TRIM。
- REPLACE。
- SPLIT。
- STR。

6.5.1 LEN 函数

LEN 函数用于计算字符串的长度，例如，LEN("123ABC 北方 ")，结果是 8。

6.5.2 LEFT 函数

LEFT 函数用于从字符串的左侧开始，提取指定个数的字符，用法为：

```
LEFT( 字符串 , 要提取字符的个数 )
```

例如，LEFT("123ABC 北方 ",3)，结果是 "123"。
第 2 个参数是可选参数，如果忽略，就是提取左侧的第一个字符。

6.5.3 RIGHT 函数

RIGHT 函数用于从字符串的右侧开始，提取指定个数的字符，用法为：

```
RIGHT( 字符串 , 要提取字符的个数 )
```

例如，RIGHT("123ABC 北方 ",2)，结果是 " 北方 "。
第 2 个参数是可选参数，如果忽略，就是提取右侧的第一个字符。

6.5.4 MID 函数

MID 函数用于从字符串的指定位置开始，提取指定个数的字符，用法为：

```
MID( 字符串 , 开始提取位置 , 要提取字符的个数 )
```

例如，MID("123ABC 北方 ",4,3)，结果是 "ABC"。

6.5.5 ENDSWITH 函数

ENDSWITH 函数用于判断字符串是否以指定字符结尾（忽略尾部空格），如果是，结果就是 TRUE，否则就是 FALSE，用法为：

```
ENDSWITH( 字符串 , 指定字符 )
```

例如：

ENDSWITH("123ABC 北方 "," 北方 ")，结果是 TRUE（真）。

ENDSWITH("123ABC 北方 ","123")，结果是 FALSE（伪）。

6.5.6 STARTSWITH 函数

STARTSWITH 函数用于判断字符串是否以指定字符开头（注意前部空格也算在内），如果是，结果就是 TRUE，否则就是 FALSE，用法为：

```
STARTSWITH( 字符串 , 指定字符 )
```

例如：

STARTSWITH("123ABC 北方 ","123")，结果是 TRUE（真）。

STARTSWITH("123ABC 北方 ","A")，结果是 FALSE（伪）。

6.5.7 CONTAINS 函数

CONTAINS 函数用于判断字符串是否包含指定字符，如果是，结果就是 TRUE，否则就是 FALSE，用法为：

```
CONTAINS( 字符串 , 指定字符 )
```

例如：

CONTAINS("123ABC 北方 ","AB")，结果是 TRUE（真）。

CONTAINS("123ABC 北方 "," 苏州 ")，结果是 FALSE（伪）。

6.5.8 FIND 函数

FIND 函数用于查找指定字符在字符串中的位置，如果没有找到，结果是 0，用法为：

```
FIND( 字符串 , 指定字符 , 指定开始查找的位置 )
```

指定开始查找的位置是可选参数，如果忽略，就从第一个开始查找；如果指定了具体的开始位置，则从这个位置开始查找。

例如：

FIND("123ABCABC 北方 ","C")，结果是 6。

FIND("123ABCABC 北方 ","C",7)，结果是 9。

6.5.9 FINDNTH 函数

FINDNTH 函数用于查找指定字符在字符串中第 n 次出现的位置，如果没有找到，结果是 0，用法为：

```
FINDNTH( 字符串 , 指定字符 , 指定第几次出现 )
```

例如：

FINDNTH("123ABCABC 北方 ","C",1)，结果是 6。

FINDNTH("123ABCABC 北方 ","C",2)，结果是 9。
FINDNTH("123ABCABC 北方 ","C",3)，结果是 0。

6.5.10 LTRIM 函数

LTRIM 函数用于清除字符串前面的空格，如果前面没空格，不影响结果，用法为：

```
LTRIM( 字符串 )
```

例如，LTRIM("   123ABC")，结果是 "123ABC"。

6.5.11 RTRIM 函数

RTRIM 函数用于清除字符串后面的空格，如果后面没空格，不影响结果，用法为：

```
RTRIM( 字符串 )
```

例如，RTRIM("123ABC   ")，结果是 "123ABC"。

6.5.12 TRIM 函数

TRIM 函数用于清除字符串前面和后面的空格，如果中间有空格，则无法处理，用法为：

```
TRIM( 字符串 )
```

例如：
TRIM("   123ABC   ")，结果是 "123ABC"。
TRIM("   123 ABC   ")，结果是 "123 ABC"。

6.5.13 REPLACE 函数

REPLACE 函数用于将字符串中指定的字符替换为新字符，如果没有要替换的字符，则保持不变，用法为：

```
REPLACE( 字符串 , 要替换的旧字符 , 指定的新字符 )
```

例如：
REPLACE("123ABCA","A","Y")，结果是 "123YBCY"。
REPLACE("123ABCA","ABC","Y")，结果是 "123YA"。

6.5.14 SPLIT 函数

SPLIT 函数是根据指定的分隔符号，从开头或者从末尾提取字符，用法为：

```
SPLIT( 字符串 , 分隔符号 , 以数字表示开头第几个或结尾第几个 )
```

例如：
SPLIT("ABC-123-XYZ-QQQ-ZZZ","-",2)，结果是 "123"，是从左往右提取以分隔

符分隔的第 2 个字符。

SPLIT("ABC-123-XYZ-QQQ-ZZZ","-",-2)，结果是 "QQQ"，是从右往左提取以分隔符分隔的第 2 个字符。

6.5.15 STR 函数

STR 函数用于将数值转换为字符串，类似于 Excel 里的 TEXT 函数，用法为：

```
STR( 数值 )
```

例如，下面的计算公式结果为字符串 “100100”：

"100"+STR(100)

下面的计算公式结果是 1002.222：

"100"+STR(2.222)

但是，下面的计算公式就会出现错误，因为字符串不能与数字进行计算：

"100"+100

6.5.16 应用案例

介绍完了常用字符串函数用法后，下面介绍一个简单的例子。

图 6-8 所示是员工基本信息表，现在要根据身份证号码提取出生日期和性别，以便于分析员工的属性。本案例的数据源是“案例 6-1.xlsx”文件。

	A	B	C
1	姓名	部门	身份证号码
2	A01	财务部	110108197912201180
3	A02	财务部	11010819890209223X
4	A03	HR	110108198011232395
5	A04	HR	31010519860312238x
6	A05	财务部	310108198805012384
7	A06	生产部	32050419570521101x
8	A07	生产部	321111198611084239

图 6-8 员工基本信息

建立与 Excel 工作簿的连接，然后创建自定义字段“出生日期”，计算公式如下，如图 6-9 所示。这里使用了一个日期函数 MAKEDATE，下一节再介绍这个日期函数的详细用法。

```
MAKEDATE(INT(MID([ 身份证号码 ],7,4)),INT(MID([ 身份证号码 ],11,2)),
INT(MID([ 身份证号码 ],13,2)))
```

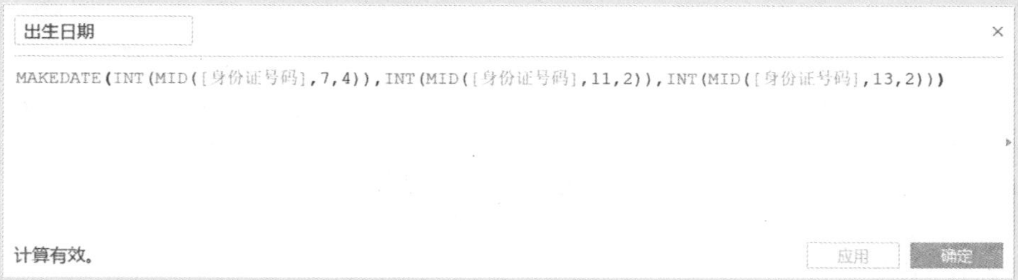

出生日期

MAKEDATE(INT(MID([身份证号码],7,4)),INT(MID([身份证号码],11,2)),INT(MID([身份证号码],13,2)))

计算有效。 应用 确定

图 6-9 计算出生日期的公式

创建自定义字段“性别”，计算公式如下，如图 6-10 所示。

```
IF INT(MID([ 身份证号码 ],17,1))%2=0 THEN " 女 " ELSE " 男 " END
```

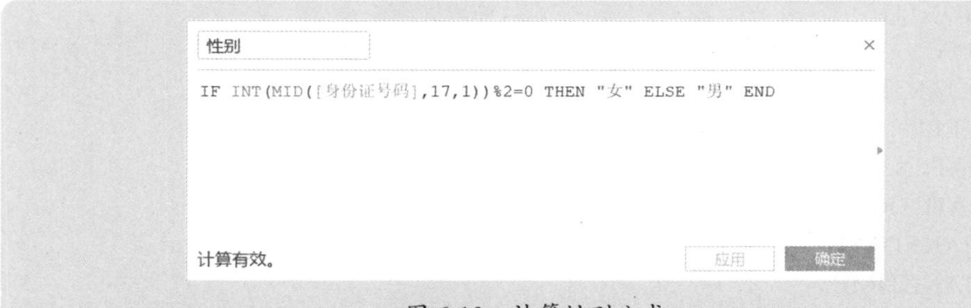

图 6-10 计算性别公式

这样就得到如图 6-11 所示的表。

图 6-11 根据身份证号码计算出生日期和性别

6.6 日期函数

日期函数用于对日期进行计算，例如，计算到期日期，计算两个日期的期限，计算年月日，等等。尽管对日期字段有很多可以直接使用的分类方式功能，但很多情况下还是需要使用日期函数来处理数据。

常用的日期函数如下。

- TODAY。
- NOW。
- DATEADD。
- DATEDIFF。
- YEAR。
- MONTH。
- DAY。
- QUARTER。
- WEEK。
- DATENAME。
- DATETRUNC。
- MAKEDATE。
- MAKETIME。
- MAKEDATETIME。
- DATE。
- DATETIME。

6.6.1 TODAY 函数

TODAY 函数用于获取计算机时钟的当天日期，每天打开计算机，此函数会得到最新一天的日期，用法为：

```
TODAY()
```

图 6-12 所示是应收账款数据，现在要制作应收账款账龄分析报表。本案例的数据源是“案例 6-2.xlsx”文件。

	A	B	C	D	E	F	G	H
1	客户	合同名称	合同号	合同金额	签订日期	到期日	收款金额	未收金额
2	客户06	合同43	127723164	2,789,000	2018-1-1	2020-3-18	1422390.00	1,366,610
3	客户11	合同08	052641920	3,428,000	2018-1-4	2019-6-22		3,428,000
4	客户04	合同25	703253181	975,000	2018-1-14	2020-5-18	331500.00	643,500
5	客户11	合同22	768390190	543,000	2018-1-22	2019-9-2	543000.00	-
6	客户08	合同36	708814642	4,910,000	2018-2-1	2020-2-3	4713600.00	196,400
7	客户05	合同46	423825565	3,303,000	2018-2-6	2020-4-8	1651500.00	1,651,500
8	客户03	合同10	305628038	4,025,000	2018-3-3	2020-2-13	2334500.00	1,690,500
9	客户07	合同15	086160337	1,073,000	2018-3-5	2019-10-20	633070.00	439,930
10	客户11	合同88	472374034	4,747,000	2018-3-11	2019-7-6	4747000.00	-
11	客户09	合同41	784896633	2,673,000	2018-3-17	2020-4-23	2000000.00	673,000
12	客户09	合同19	481573112	4,474,000	2018-3-18	2019-12-15	2729140.00	1,744,860
13	客户02	合同19	091538425	4,204,000	2018-4-17	2019-10-30	4204000.00	-

基本信息

图 6-12　应收账款信息表

要分析账龄报表，首先必须计算逾期天数，这需要用 TODAY 函数来进行计算。建立与工作簿的连接,然后创建计算字段“逾期天数”,计算公式如下,如图 6-13 所示。

```
IF [ 未收金额 ]>0 THEN TODAY()−[ 到期日 ] ELSE NULL END
```

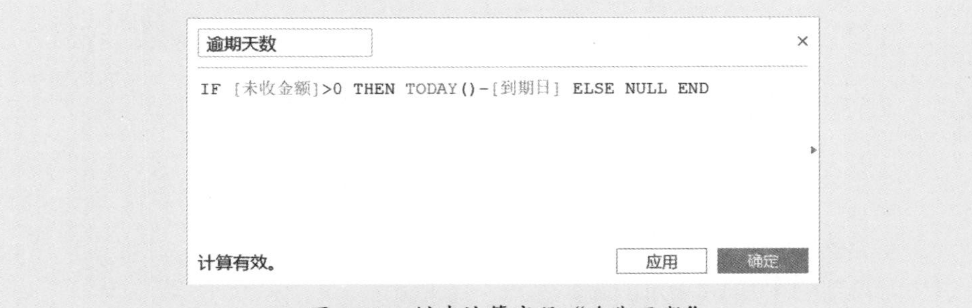

图 6-13　创建计算字段“逾期天数”

这样就得到计算字段“逾期天数”，如图 6-14 所示。

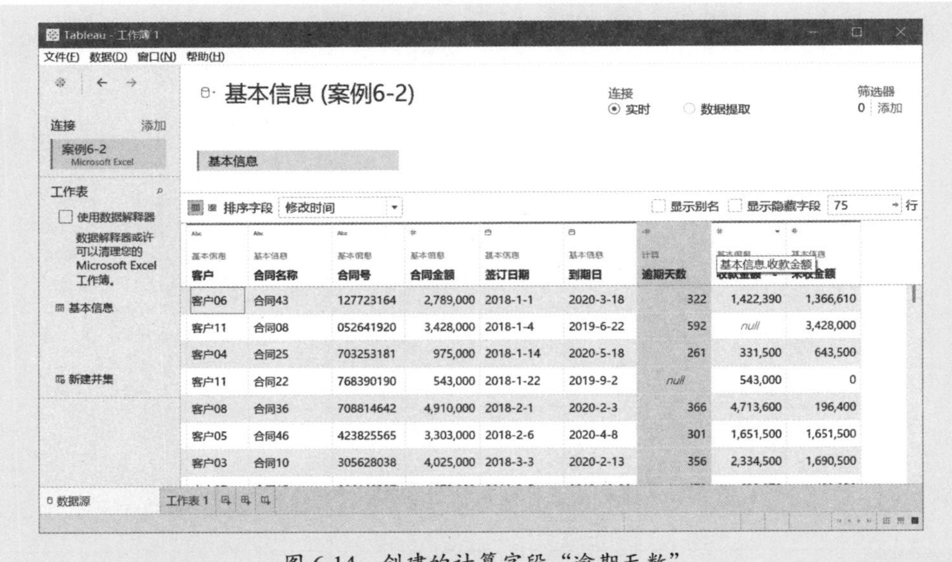

图 6-14　创建的计算字段“逾期天数”

再创建一个计算字段“账龄”,对逾期天数进行分组归类,计算公式如下,如图 6-15 所示。

```
IF ISNULL([ 逾期天数 ]) THEN NULL
ELSEIF [ 逾期天数 ]<=0 THEN " 信用期内 "
ELSEIF [ 逾期天数 ]<=30 THEN "1–30 天 "
ELSEIF [ 逾期天数 ]<=60 THEN "31–60 天 "
ELSEIF [ 逾期天数 ]<=90 THEN "61–90 天 "
ELSEIF [ 逾期天数 ]<=180 THEN "91–180 天 "
ELSEIF [ 逾期天数 ]<=365 THEN "181–1 年 "
ELSE "1 年以上 " END
```

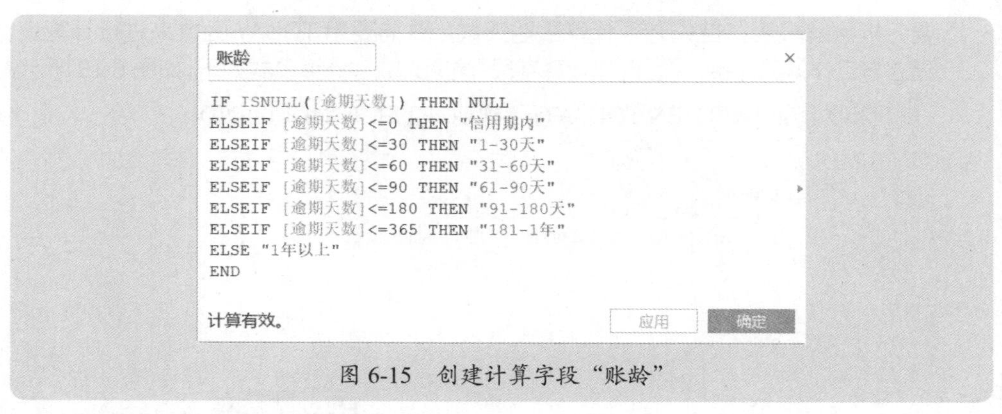

图 6-15　创建计算字段“账龄”

这样就得到如图 6-16 所示的表。

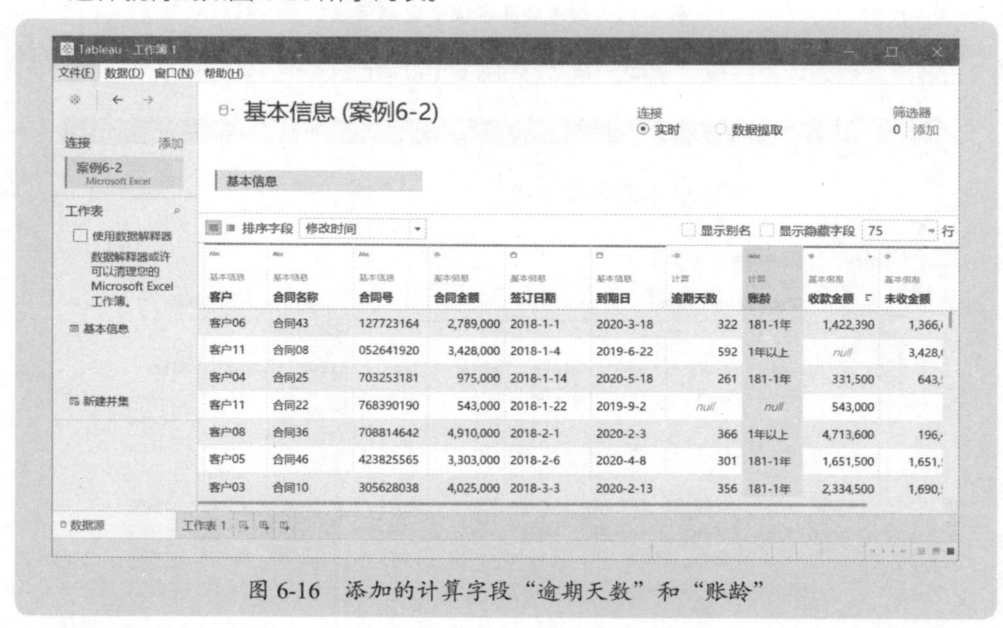

图 6-16　添加的计算字段“逾期天数”和“账龄”

6.6.2 NOW 函数

NOW 函数用于获取计算机时钟的当天日期和当前时间，每时每刻打开计算机，此函数会得到最新的日期和时间，用法为：

```
NOW()
```

与 TODAY 函数不同的是，TODAY 函数仅仅得到当天日期，而 NOW 函数不仅得到当天日期，还得到现在的时间。

图 6-17 所示是一个出库时序簿，现在要求制作一个统计报告，动态跟踪过去 1 小时内各种商品的出库数量。本案例的数据源是“案例 6-3.xlsx”文件。

	A	B	C	D
1	出库时间	出库商品	出库数量	
2	2022-05-21 07:41:31	商品4	28	
3	2022-05-21 05:15:26	商品3	6	
4	2022-05-21 03:57:16	商品5	36	
5	2022-05-21 20:19:44	商品3	46	
6	2022-05-21 06:46:22	商品1	29	
7	2022-05-21 10:54:48	商品3	33	
8	2022-05-21 22:36:09	商品6	39	
9	2022-05-21 17:02:11	商品1	9	
10	2022-05-21 18:16:26	商品5	26	
11	2022-05-21 19:04:24	商品4	32	
12	2022-05-21 09:02:14	商品6	10	
13	2022-05-21 11:17:21	商品2	19	
14	2022-05-21 20:21:29	商品6	22	

出库记录

图 6-17　出库时序簿

建立连接，创建计算字段“时间提醒”，公式如下，如图 6-18 所示。

```
IF NOW()-[ 出库时间 ]>=0 AND NOW()-[ 出库时间 ]<=1/24 THEN "1 小时内 "
ELSE "1 小时外 "
END
```

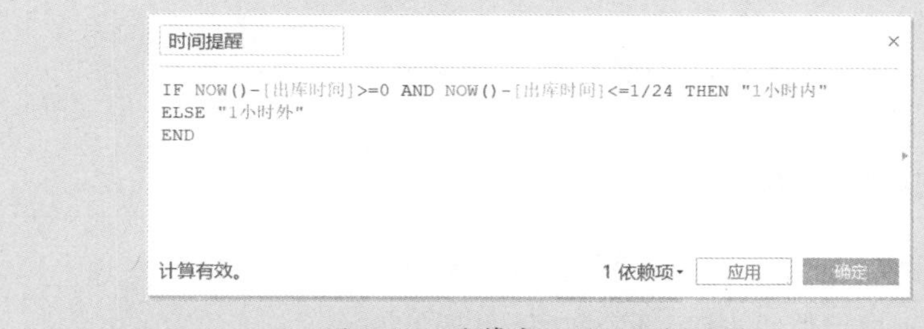

图 6-18　计算字段“时间提醒”

那么就得到如图 6-19 所示的表。

图 6-19　添加计算字段“时间提醒”

制作统计报告如图 6-20 所示，这里把字段“时间提醒”作为筛选器，然后筛选“小时内”，就得到过去 1 小时内的出货统计。

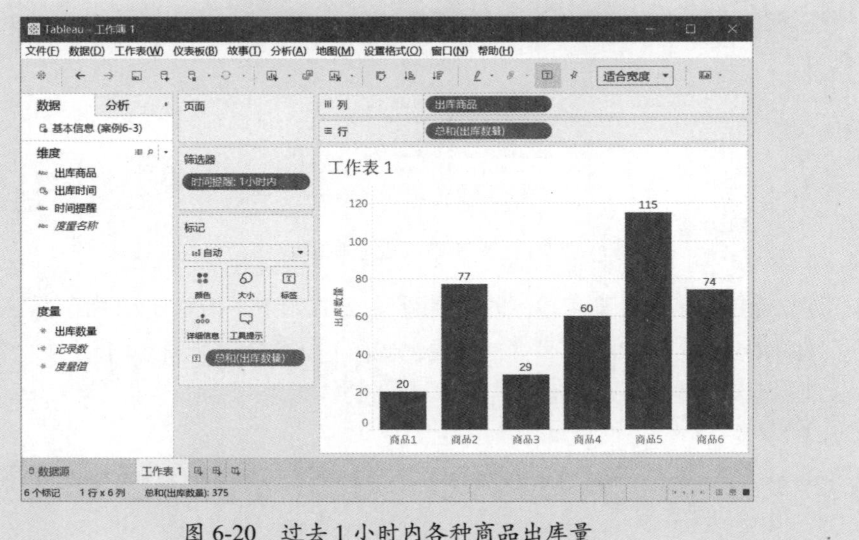

图 6-20　过去 1 小时内各种商品出库量

6.6.3 DATEADD 函数

DATEADD 函数用于计算指定一定期限前或后的日期，用法为：

DATEADD(指定类型 , 指定期限数字 , 日期)

注意，参数“指定类型”是类型单词，要用单引号或双引号括起来，如下所示。

- year：表示期限是年。
- month：表示期限是月。
- day：表示天。
- quarter：表示季度。
- week：表示周。

例如：

DATEADD("year",5,[日期])，计算 5 年后的日期。
DATEADD("year",-5,[日期])，计算 5 年前的日期。
DATEADD("month",5,[日期])，计算 5 个月后的日期。
DATEADD("month",-5,[日期])，计算 5 个月前的日期。
DATEADD("quarter",5,[日期])，计算 5 个季度后的日期。
DATEADD("quarter",-5,[日期])，计算 5 个季度前的日期。
DATEADD("week",5,[日期])，计算 5 周后的日期。
DATEADD("week",-5,[日期])，计算 5 周前的日期。
DATEADD("day",5,[日期])，计算 5 天后的日期。

DATEADD("day",-5,[日期])，计算 5 天前的日期。

6.6.4 DATEDIFF 函数

DATEDIFF 函数用于计算两个日期之间的期限，这取决于计算的期限类型，用法为：

```
DATEDIFF( 指定类型 , 开始日期 , 截止日期 , 每周第一天的设定 )
```

参数“指定类型”的含义与 DATEADD 函数是一样的。

例如：

DATEDIFF("year", [出生日期],TODAY())，计算某个人的年龄。

DATEDIFF("month", [购入日期],TODAY())，计算某项固定资产已折旧月数。

6.6.5 YEAR 函数、MONTH 函数和 DAY 函数

这三个函数分别用于从一个日期中提取出年份数字、月份数字和日数字，用法为：

```
YEAR( 日期 )
MONTH( 日期 )
DAY( 日期 )
```

例如：

YEAR(#2021-3-28#)，结果是 2021。

MONTH(#2021-3-28#)，结果是 3。

DAY(#2021-3-28#)，结果是 28。

6.6.6 QUARTER 函数

QUARTER 函数用于计算日期所在的季度数字，用法为：

```
QUARTER( 日期 )
```

例如：

QUARTER(#2021-3-28#)，结果是 1（一季度）。

QUARTER(#2021-6-28#)，结果是 2（二季度）。

6.6.7 WEEK 函数

WEEK 函数用于计算日期所在的周数字，用法为：

```
WEEK( 日期 )
```

例如：

WEEK(#2021-3-28#)，结果是 14（第 14 周）。

WEEK(#2021-6-28#)，结果是 27（第 27 周）。

6.6.8 DATENAME 函数

DATENAME 函数用于计算日期某一部分的名称，结果是字符串，用法为：

```
DATENAME( 指定类型 , 日期 )
```

例如：

DATENAME("month",#2021-3-28#)，结果是 "March"。

DATENAME("week",#2021-3-28#)，结果是 "14"。

DATENAME("day",#2021-3-28#)，结果是 "28"。

6.6.9 DATETRUNC 函数

DATETRUNC 函数用于计算指定类型下某个日期所在时间跨度的第一天日期，用法为：

```
DATETRUNC( 指定类型 , 日期 )
```

例如：

DATETRUNC("month",#2021-3-28#)，结果是 #2021-3-1#，也就是 3 月份的第一天。

DATETRUNC("quarter",#2021-3-28#)，结果是 #2021-1-1#，也就是一季度的第一天。

6.6.10 MAKEDATE 函数

MAKEDATE 函数用于将分别代表年、月和日的 3 个整数，生成一个真正日期，用法为：

```
MAKEDATE( 年数字 , 月数字 , 日数字 )
```

例如：

MAKEDATE(2021,4,15)，结果是 #2021-4-15#。

6.6.11 MAKETIME 函数

MAKETIME 函数用于将分别代表时、分和秒的 3 个整数，生成一个真正时间，用法为：

```
MAKETIME( 时数字 , 分数字 , 秒数字 )
```

例如：

MAKETIME(2,46,19)，结果是 #2:46:19#。

6.6.12 MAKEDATETIME 函数

MAKEDATETIME 函数用于将一个日期和一个时间，整合成一个日期时间，用法为：

```
MAKEDATETIME( 日期 , 时间 )
```

例如：

MAKEDATETIME(#2021-3-28#,#14:23:48#)，结果是 #2021-3-28 14:23:48#。

6.6.13 DATE 函数

DATE 函数用于从一个数字、字符串日期或者日期时间中获取日期，用法为：

```
DATE( 数字、日期时间或者字符串日期时间 )
```

例如：

DATE(#2021-3-28 14:23:48#)，结果是 #2021-3-28#。

DATE("2021-3-28 14:23:48")，结果是 #2021-3-28#。

DATE("2021-3-28")，结果是 #2021-3-28#。

DATE(44300)，结果是 #2021-4-6#。

说明，如果将字段数据类型设置为日期时间，那么函数的结果分别是：

DATE(#2021-3-28 14:23:48#)，结果是 #2021-3-28 14:23:48#。

DATE("2021-3-28 14:23:48")，结果是 #2021-3-28 14:23:48#。

DATE("2021-3-28")，结果是 #2021-3-28 0:00:00#。

DATE(44300)，结果是 #2021-4-6 0:00:00#。

6.6.14 DATETIME 函数

DATETIME 函数用于从一个数字、字符串日期时间或者日期时间中，获取日期时间，用法为：

```
DATETIME( 数字、 日期时间或者字符串日期时间 )
```

例如：

DATETIME(#2021-3-28 14:23:48#)，结果是 #2021-3-28 14:23:48#。

DATETIME("2021-3-28 14:23:48")，结果是 #2021-3-28 14:23:48#。

DATETIME("2021-3-28")，结果是 #2021-3-28 0:00:00#。

DATETIME(44300.4758512)，结果是 #2021-4-6 11:25:14#。

6.6.15 实用的日期计算公式

某周第一天：

```
DATE(DATETRUNC("week",[ 日期 ]))                    // 每周以星期天为第一天
DATE(DATETRUNC("week",[ 日期 ],"monday"))           // 每周以星期一为第一天
DATE(DATETRUNC("iso-week",[ 日期 ]))                // 每周以星期一为第一天
```

某周最后一天：

```
DATEADD("day",6,DATETRUNC("week",[ 日期 ]))  // 每周以星期天为第一天
DATEADD("day",6,DATETRUNC("week",[ 日期 ],"monday"))    // 每周以星期一
为第一天
DATEADD("day",6,DATETRUNC("iso-week",[ 日期 ]))  // 每周以星期一为第一天
```

某月第一天：

```
DATETRUNC("month",[日期])
```

某月最后一天：

```
DATEADD("day",-1,DATEADD("month",1,DATETRUNC("month",[日期])))
```

某季度第一天：

```
DATE(DATETRUNC("quarter",[日期]))
```

某季度最后一天：

```
DATEADD("day",-1,DATEADD("quarter",1,DATETRUNC("quarter",[日期])))
```

某年第一天：

```
DATE(DATETRUNC("year",[日期]))
```

某年最后一天：

```
DATEADD("day",-1,DATEADD("year",1,DATETRUNC("year",[日期])))
```

6.7 逻辑函数

逻辑函数用于进行逻辑计算与判断，或者根据判断结果做出相应处理。很多逻辑函数构建的是表达式，类似于语句。

常用的逻辑函数（逻辑表达式）如下。

- IIF。
- IF THEN END。
- IF THEN ELSE END。
- IF THEN ELSEIF THEN ELSE END。
- CASE WHEN THEN ELSE END。
- ISNULL。
- IFNULL。
- ISDATE。
- AND。
- OR。
- NOT。
- ZN。

6.7.1 IIF 函数

IIF 函数用于检查某个条件成立，如果成立，就返回一个值；如果不成立，就返回另一个值；如果未知，则返回可选的第三个值或 NULL。用法为：

```
IIF(条件判断,条件成立的值,条件不成立的值,未知的值)
```

例如，下面的公式就是对利润进行判断，大于等于 0 输入“盈利”，小于 0 就输入“亏损”：

IIF([利润]>=0," 盈利 "," 亏损 ")

图 6-21 所示是各门店的销售数据，现在要对门店进行盈利和亏损分析，以便更加清楚地看出门店的盈利和亏损情况。本案例的数据源是“案例 6-4.xlsx”文件。

门店代码	门店	所在区域	销售额	营业利润
SP001	门店01	西区	738	-123
SP002	门店02	北区	12,010	2,402
SP003	门店03	北区	16,597	2,371
SP004	门店04	东区	26,037	2,893
SP005	门店05	北区	4,200	-420
SP006	门店06	北区	5,719	817
SP007	门店07	北区	1,870	-187

图 6-21　各门店营经数据

创建一个计算字段“盈利情况”，公式如下，如图 6-22 所示。

IIF([营业利润]>=0," 盈利 "," 亏损 ")

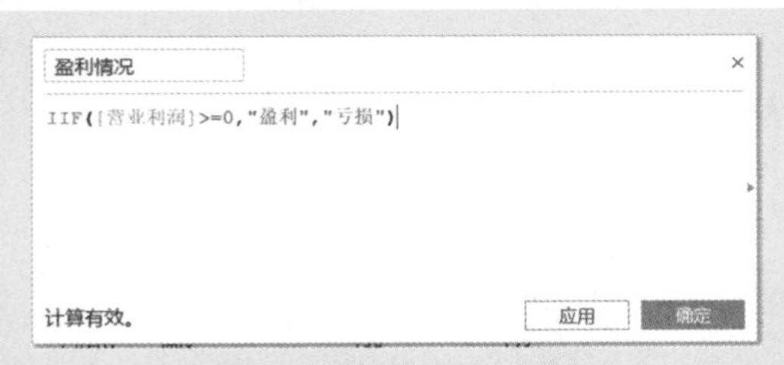

图 6-22　计算字段“盈亏情况”

这样，就得到了能够区分盈利和亏损的数据，如图 6-23 所示。

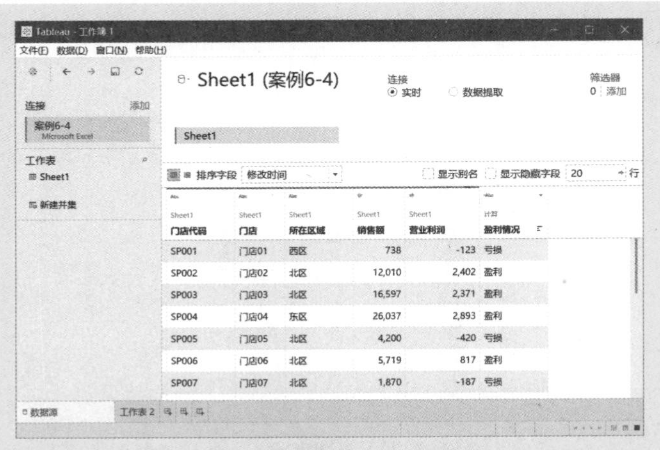

门店代码	门店	所在区域	销售额	营业利润	盈利情况
SP001	门店01	西区	738	-123	亏损
SP002	门店02	北区	12,010	2,402	盈利
SP003	门店03	北区	16,597	2,371	盈利
SP004	门店04	东区	26,037	2,893	盈利
SP005	门店05	北区	4,200	-420	亏损
SP006	门店06	北区	5,719	817	盈利
SP007	门店07	北区	1,870	-187	亏损

图 6-23　整理好的数据

建立工作表，进行布局，得到如图 6-24 所示的分析报告。

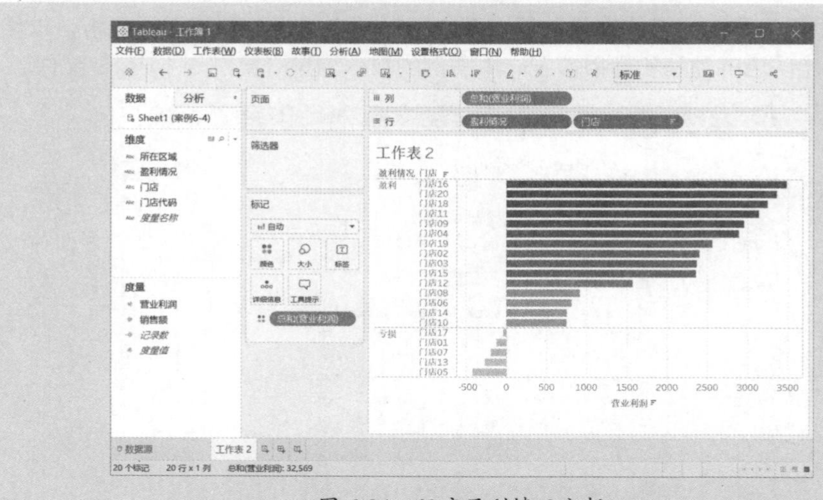

图 6-24　门店盈利情况分析

6.7.2 IF THEN END

严格来说，IF THEN END 不能算作函数，而是一个语句，或者说是 IF、THEN 和 END 三个函数组成的语句，其含义是：如果指定的条件成立，就返回指定的结果：

```
IF 条件表达式 THEN 结果 END
```

需要注意的是，IF 必有 END 作为结束。

例如，下面的语句是判断毛利是否大于 0，如果是，就输入“盈利”，否则就空值：

```
IF [ 毛利 ]>0 THEN " 盈利 " END
```

示例效果如图 6-25 所示。

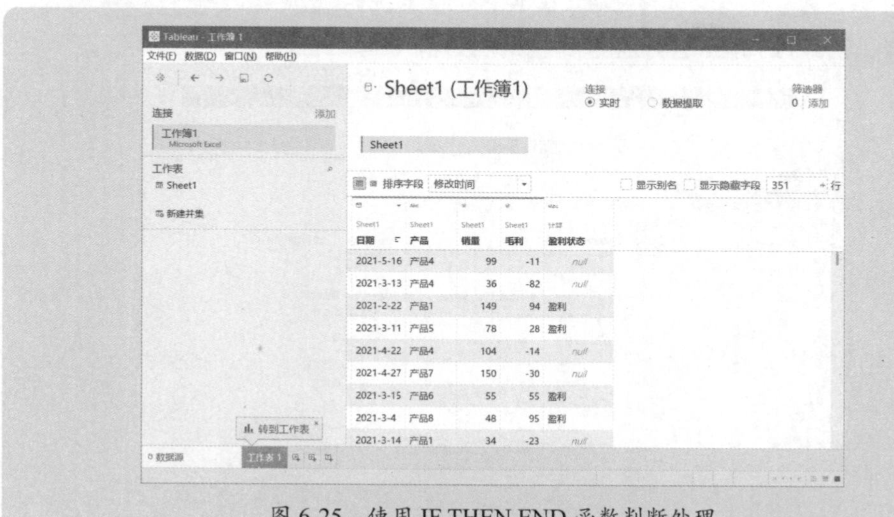

图 6-25　使用 IF THEN END 函数判断处理

6.7.3 IF THEN ELSE END

IF THEN ELSE END 的含义是：如果指定的条件成立，就返回第一个结果，否则，就返回第二个结果：

```
IF 条件表达式 THEN 结果 1 ELSE 结果 2 END
```

例如，下面的语句是判断合同是否过期，如果未过期，就输入“未过期”，否则输入“已过期”：

```
IF [ 合同到期日 ]>TODAY() THEN " 未过期 " ELSE " 已过期 " END
```

示例效果如图 6-26 所示（假设今天是 2021-2-5）。

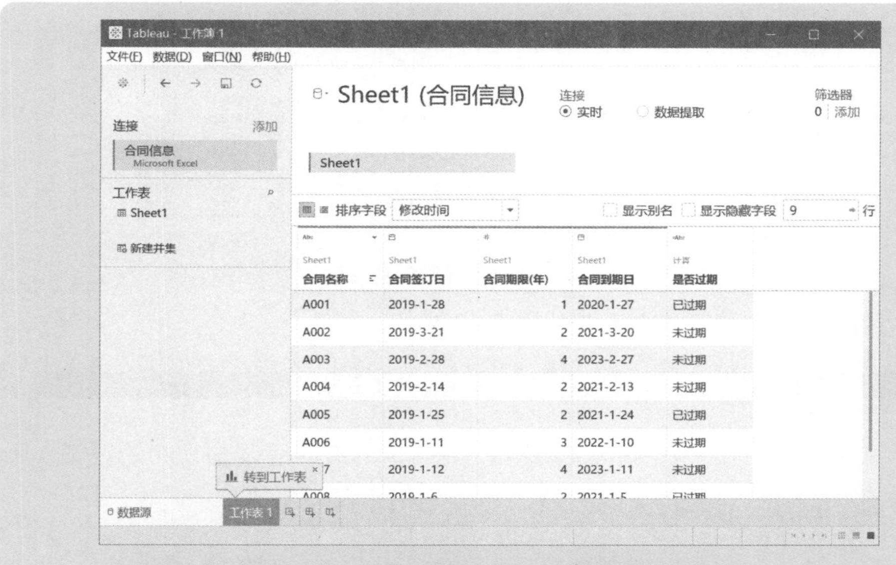

图 6-26 创建计算字段，判断合同是否过期

6.7.4 IF THEN ELSEIF THEN ELSE END

IF THEN ELSEIF THEN ELSE END 是多重判断处理的表达式，相当于 Excel 的嵌套 IF，用法为：

```
IF 条件 1 THEN
        结果 1
ELSEIF 条件 2 THEN
        结果 2
ELSEIF 条件 3 THEN
        结果 3
……
ELSE
```

```
        结果 x
  END
```

例如，下面的语句是判断盈利情况：

```
  IF [ 净利润 ]>0 THEN " 盈利 " ELSEIF [ 净利润 ]=0 THEN " 保本 " ELSE " 亏损 "
END
```

图 6-27 所示是各门店各月的净销售额和净利润汇总表，现在要求分析这些门店的亏损分布情况。本案例的数据源是“案例 6-5.xlsx”文件。

	A	B	C	D	E	F	G	H	I	J	K	L	M
1	门店	1月		2月		3月		4月		5月		6月	
2		净销售额	净利润	净销售额	净利润	净销售额	净利润	净销售额	净利润	净销售额	净利润	净销售额	净利润
3	门店01	94.02	-0.82	552.98	282.6	230.18	89.65	273.08	119.11	109.89	-47.17	94.02	-0.82
4	门店02	136.75	12.62	153.25	-41.69	374.49	132.23	577.62	367.44	-0.16	-228.49	136.75	12.62
5	门店03	153.85	16.47	595.52	353.35	347.82	-221	29.47	-200.57	304.43	184.43	153.85	16.47
6	门店04	85.47	-5.88	64.1	-65.04	96.22	-56.77	151.41	-20.82	77.55	-155.33	85.47	-5.88
7	门店05	97.21	18.67	71.98	-195.64	293.96	139.43	168.63	38.74	502.66	362.65	97.21	18.67
8	门店06	97.21	18.67	6.68	-78.32	55.03	-24.61	221.35	97.36	43.75	-106.55	97.21	18.67
9	门店07	170.94	6.76	91.84	-229.2	121.36	-82.56	166.13	-193.48	-10.43	-360.11	170.94	6.76
10	门店08	102.56	20.97	86.96	-1.71	45.57	-221.66	49.81	-49.02	-67.99	-218.08	102.56	20.97
11	门店09	136.75	4.09	316.65	74.64	56.74	-80	166.52	-4.66	519.39	149.79	136.75	4.09
12	门店10	170.94	20.94	24.53	-73.13	147.54	-38.38	562.7	377.75	421.42	143.55	170.94	20.94
13	门店11	153.85	19.48	407.19	270.67	144.03	-69.89	484.49	234.29	139.51	9.77	153.85	19.48
14	门店12	358.97	-20.57	121.02	-893.73	1286.91	603.03	645.03	-78.39	248.35	-316.9	358.97	-20.57
15	门店13	102.67	21.79	202.94	-45.58	26.59	-156.85	172.88	79.77	209.84	77.1	102.67	21.79

门店汇总表

图 6-27　门店上半年各月的销售额和净利润汇总表

建立连接，得到如图 6-28 所示的结果。

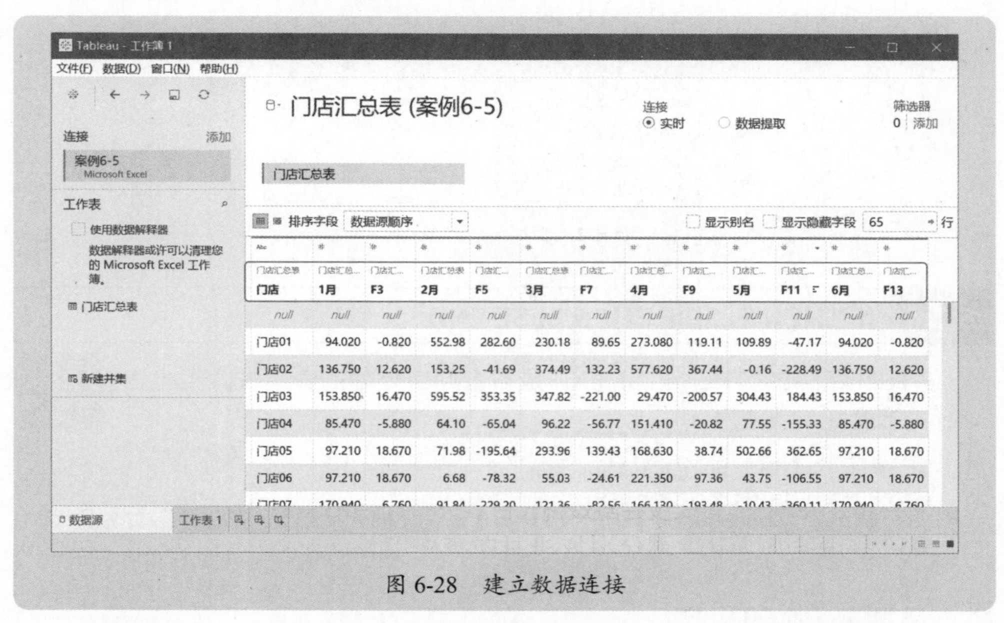

图 6-28　建立数据连接

由于在数据源中有合并单元格，因此在 Tabeau 中，默认情况下的标题是不对的，此时可以使用数据解释器来自动处理，如图 6-29 所示。

Tableau - 工作簿 1
文件(F) 数据(D) 窗口(N) 帮助(H)
连接 添加
案例6-5 Microsoft Excel
工作表
已使用数据解释器清理
查看结果。(要撤消更改，请清除此复选框。)
门店汇总表
新建并集
门店汇总表 (案例6-5)
连接 实时 数据提取
筛选器 0 添加
排序字段 数据源顺序 显示别名 显示隐藏字段 64 行

门店	1月 净销售额	1月 净利润	2月 净销售额	2月 净利润	3月 净销售额	3月 净利润	4月 净销售额
门店01	94.020	-0.820	552.98	282.60	230.18	89.65	273.080
门店02	136.750	12.620	153.25	-41.69	374.49	132.23	577.620
门店03	153.850	16.470	595.52	353.35	347.82	-221.00	29.470
门店04	85.470	-5.880	64.10	-65.04	96.22	-56.77	151.410
门店05	97.210	18.670	71.98	-195.64	293.96	139.43	168.630
门店06	97.210	18.670	6.68	-78.32	55.03	-24.61	221.350
门店07	170.940	6.760	91.84	-229.20	121.36	-82.56	166.130

数据源 工作表 1

图 6-29　使用数据解释器处理表格标题

选择第二列以后的各列，右击，在弹出的快捷菜单中执行“转置”命令，得到如图 6-30 所示的表。

图 6-30　转置各月的净销售额和净利润列

创建两个计算字段，从第一列中提取“月份”和“项目”(就是净销售额和净利润名称)，计算公式分别为：

计算字段“月份”：

```
SPLIT([ 转置字段名称 ]," ",1)
```

计算字段“项目”：

```
SPLIT([ 转置字段名称 ]," ",2)
```

再隐藏原始的第一列，将"转置字段值"修改为"金额"，得到如图 6-31 所示的表。

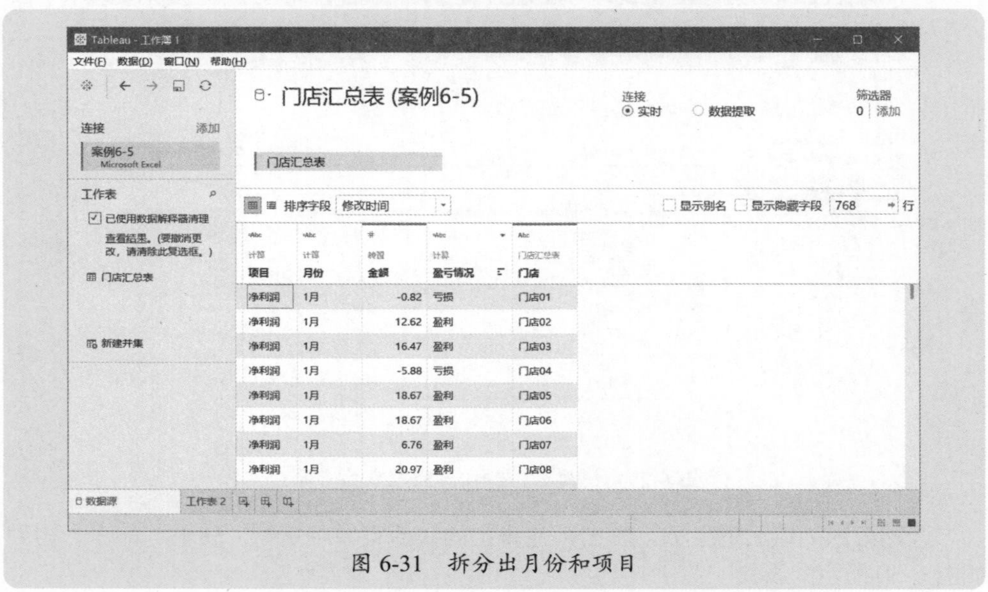

图 6-31　拆分出月份和项目

创建一个自定义字段"盈亏情况"，计算公式如下，得到如图 6-32 所示的结果。

```
IF [ 金额 ]>0 THEN " 盈利 " ELSEIF [ 金额 ]=0 THEN " 保本 " ELSE " 亏损 " END
```

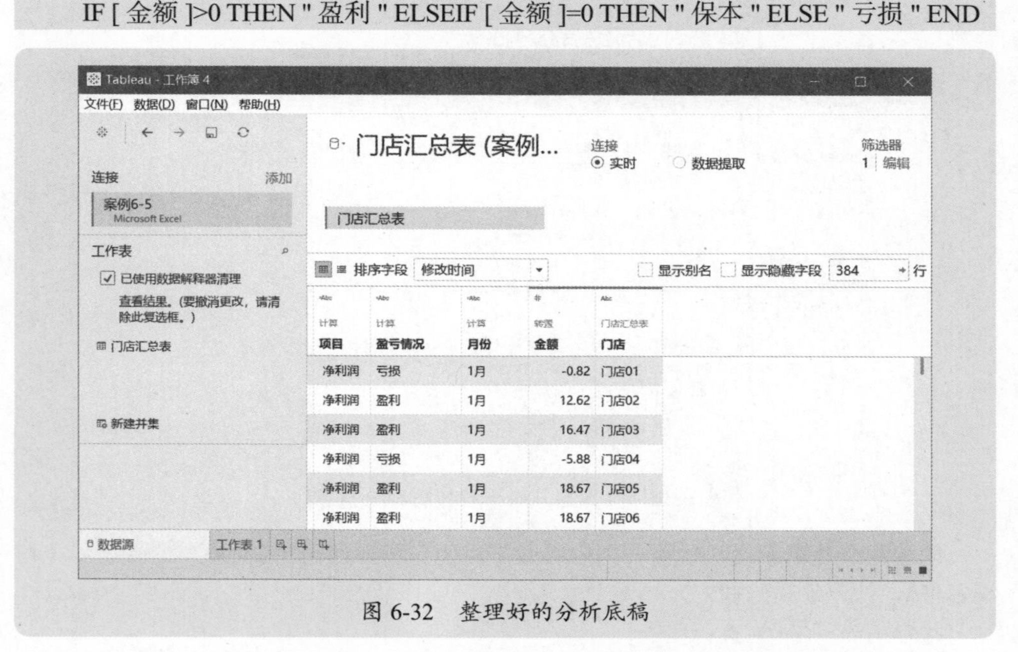

图 6-32　整理好的分析底稿

以此数据添加一个筛选器，仅保留"净利润"字段，然后制作各月的盈亏门店家数的统计报告，如图 6-33 所示。

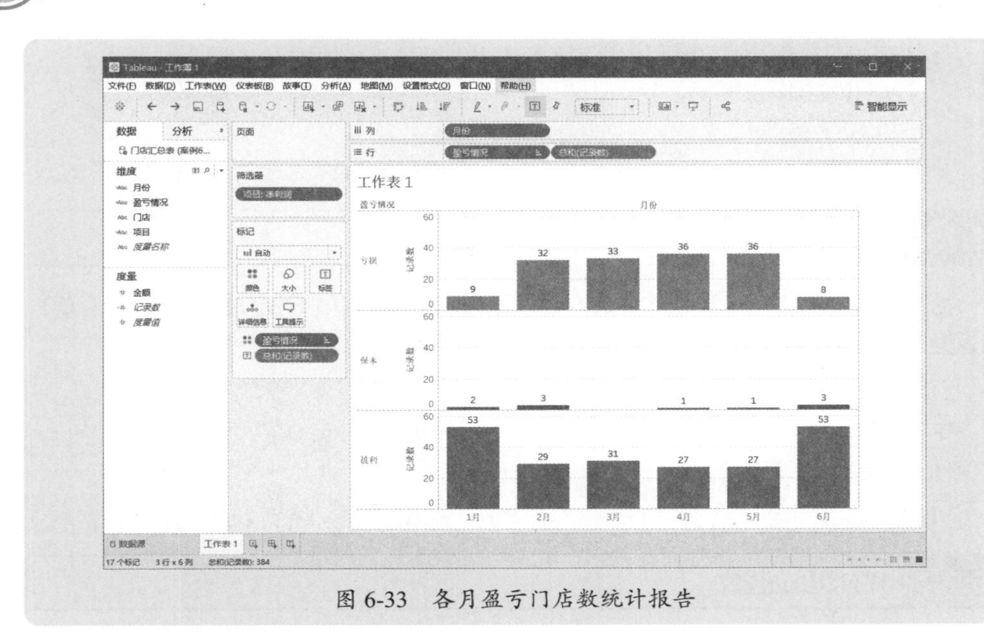

图 6-33　各月盈亏门店数统计报告

6.7.5 CASE WHEN THEN ELSE END

CASE WHEN THEN ELSE END 函数语句用于根据指定的值进行判断选择，当值是什么就选择什么，用法为：

```
CASE 值 （表达式）
    WHEN 值 1 THEN 结果 1
    WHEN 值 2 THEN 结果 2
    WHEN 值 3 THEN 结果 3
    ……
    ELSE “结果 X”
END
```

例如，下面的语句就是根据客户级别来确定信用期限。如果客户级别是“A”级，信用期限是 45 天；如果客户级别是“B”级，信用期限是 30 天；如果客户级别是“C”级，信用期限是 20 天；其他级别客户的信用期限是 10 天。

```
CASE [ 客户级别 ]
    WHEN "A" THEN 45
    WHEN "B" THEN 30
    WHEN "C" THEN 20
    ELSE 10
END
```

CASE 后面的值可以是一个具体的字段值，也可以是表达式的计算结果，例如，下面的语句就是根据身份证号码的第 17 位数字进行性别判断：

```
CASE INT(MID([ 身份证号码 ],17,1))%2
    WHEN 0 THEN " 女 "
    ELSE " 男 "
END
```

6.7.6 ISNULL 函数

ISNULL 函数用于判断值是否为有效数据，如果不是有效数据（也就是 NULL 值），则返回 TRUE，否则返回 FALSE，用法为：

```
ISNULL( 值或表达式 )
```

下面的语句就是判断客户等级是否有评级，如果没有，就标记“未评级”，如果有，就保留现有的评级：

```
IF ISNULL([ 客户级别 ]) THEN " 未评级 " ELSE [ 客户级别 ] END
```

6.7.7 IFNULL 函数

IFNULL 函数用于判断并处理无效数据（NULL），如果是无效数据（NULL），就处理为需要的结果，如果是有效数据，就保持原来的数据，用法为：

```
IFNULL( 值或表达式 , 要处理的结果 )
```

下面的语句就是判断客户等级是否有评级，如果没有，就标记“未评级”，如果有，就保留现有的评级：

```
IFNULL([ 客户级别 ]," 未评级 ")
```

显然，在要求把无效数据（NULL）处理为需要的结果时，IFNULL 函数比 ISNULL 函数更简单。

6.7.8 ISDATE 函数

ISDATE 函数用来判断字符串是否能转换为有效日期，如果是，返回 TRUE，否则返回 FALSE，用法为：

```
ISDATE( 字符串 )
```

例如：

ISDATE("2021-2-5")，结果是 TRUE，因为可以转换为日期。

ISDATE("2021.2.5")，结果是 FALSE，因为不可以转换为日期。

6.7.9 AND 函数

AND 函数用于将几个条件进行组合，当这几个条件都成立时，返回 TRUE，否则返回 FALSE，用法为：

```
条件 1 AND 条件 2 AND 条件 3……
```

例如，下面的语句就是判断各科分数是否都在 90 分以上，如果是，就标注为优秀：

```
IF [ 语文 ]>90 AND [ 数学 ]>90 AND [ 物理 ]>90 AND [ 化学 ]>90 THEN " 优秀
" END
```

6.7.10 OR 函数

OR 函数用于将几个条件进行组合，当这几个条件中，只要有一个成立时，就返回 TRUE，只有都不成立时才返回 FALSE，用法为：

```
条件 1 OR 条件 2 OR 条件 3……
```

例如，下面的语句就是判断是否为硕士、博士，如果是，就表述为“高学历”：

```
IF [ 学历 ]=" 硕士 " OR [ 学历 ]=" 博士 " THEN " 高学历 " END
```

6.7.11 NOT 函数

NOT 函数用于将某个条件执行反向操作，也就是不含这个条件，用法为：

```
NOT 值 ( 表达式 )
```

例如，下面就是使用 NOT 来判断是否盈利，并予以标注：

```
IF NOT [ 销售额 ]>0 THEN " 亏损 " END
IF NOT [ 销售额 ]<0 THEN " 盈利 " END
```

6.7.12 ZN 函数

ZN 函数用于处理空值 NULL，如果表达式不为 NULL，就返回该表达式，否则返回 0，用法为：

```
ZN( 值或表达式 )
```

例如，ZN(NULL)=0

ZN(100)=100

当需要对几个存在空值 NULL 的字段进行算术计算时，一般来说需要使用 ZN 函数来处理空值 NULL。

6.8 聚合函数

聚合函数用于对数据进行聚合（汇总）计算。例如，可以使用 COUNT 函数来统计订单数，使用 SUM 函数统计销售额，使用 MAX 函数来计算最大销售额，等等。

常用的聚合函数如下。

- COUNT。
- COUNTD。
- SUM。
- AVG。

- MAX。
- MIN。
- ATTR。
- FIXED。
- EXCLUDE。
- INCLUDE。

在进行聚合计算时，要注意遵循以下规则。

- 任何聚合计算中不得同时包括聚合值和解聚值。
  例如,SUM[销量])*[价格] 不是有效的表达式,因为 SUM[销量]) 已聚合,而 [价格] 则没有。但是，SUM([销量]*[价格]) 是有效的，SUM([销量])*SUM([价格]) 也是有效的。
- 常量可以作为聚合值或解聚值来处理。
  例如，SUM([价格]*1.5) 和 SUM([价格])*1.5 均为有效的表达式。
- 所有函数都可用聚合值作为参数进行计算，但是这些参数必须全部是聚合，或者全部是解聚。
  例如，MAX(SUM([不含税销售额]),[含税销售额]) 不是有效的表达式，因为 [不含税销售额] 已聚合，而 [含税销售额] 则没有。不过，MAX(SUM([不含税销售额]),SUM([含税销售额])) 则是有效表达式，因为两个参数都已经聚合。
- 聚合计算的结果始终为度量。

6.8.1 COUNT 函数

COUNT 函数用于统计个数，例如订单数，人数，合同数，等等，会忽略空值（NULL），用法为：

```
COUNT( 表达式 )
```

其实，在任何一个数据源中，都会自动生成一个度量“记录数”，实际上就是 COUNT 函数的计算结果。

6.8.2 COUNTD 函数

COUNTD 函数用于统计不重复数据的个数，会忽略空值（NULL），用法为：

```
COUNTD( 表达式 )
```

6.8.3 SUM 函数

SUM 函数用于求和计算，忽略空值（NULL），并且只能对数字进行计算，字符串是无效的，用法为：

```
SUM( 表达式 )
```

图 6-34 所示是每种产品的销售记录，现在要跟踪分析每种产品各月的价格波动。

本案例的数据源是“案例 6-6.xlsx”文件。

	A	B	C	D	E	F	G	H
1	日期	客户	业务员	产品	销量	销售额		
2	2021-1-1	客户23	业务员14	产品08	98	108976		
3	2021-1-1	客户15	业务员05	产品01	58	3364		
4	2021-1-1	客户26	业务员19	产品08	21	24234		
5	2021-1-1	客户27	业务员11	产品07	76	29640		
6	2021-1-1	客户01	业务员12	产品08	140	174580		
7	2021-1-2	客户16	业务员11	产品08	48	56832		
8	2021-1-2	客户09	业务员16	产品08	34	42398		
9	2021-1-2	客户20	业务员01	产品07	141	58515		
10	2021-1-2	客户08	业务员15	产品06	60	38340		
11	2021-1-2	客户10	业务员20	产品10	77	19558		
12	2021-1-2	客户26	业务员20	产品06	139	88682		

Sheet1

图 6-34　销售记录

建立数据连接，然后创建计算字段“均价”，公式如下，如图 6-35 所示。

```
SUM([ 销售额 ])/SUM([ 销量 ])
```

图 6-35　创建计算字段“均价”

这样就得到如图 6-36 所示的表。

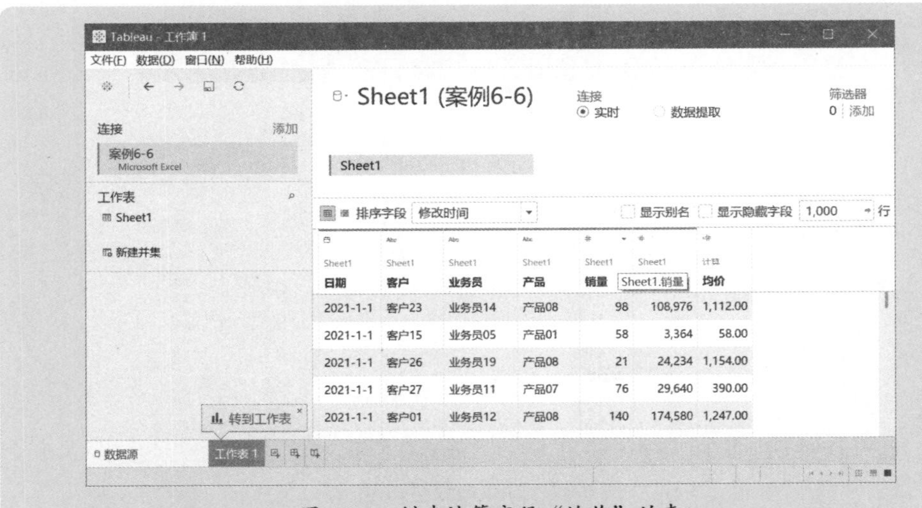

图 6-36　创建计算字段“均价”的表

制作分析报告如图 6-37 所示。

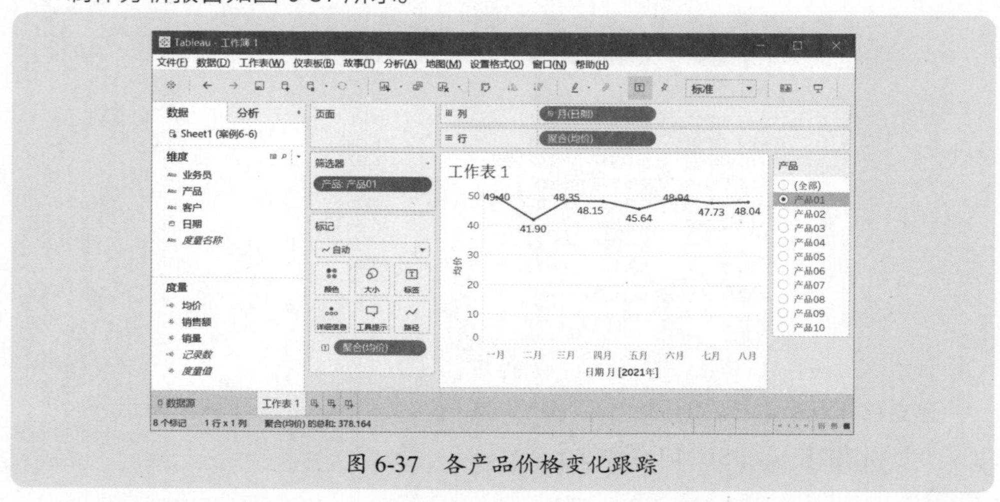

图 6-37　各产品价格变化跟踪

注意，不能直接将销售额和销量相除，如图 6-38 的公式是错误的，因为这样得到的均价，尽管每行数据都正确，但是如果要计算某个产品在某个月的所有销售记录的均价时，却变成了这个月所有价格的合计数，如图 6-39 所示。

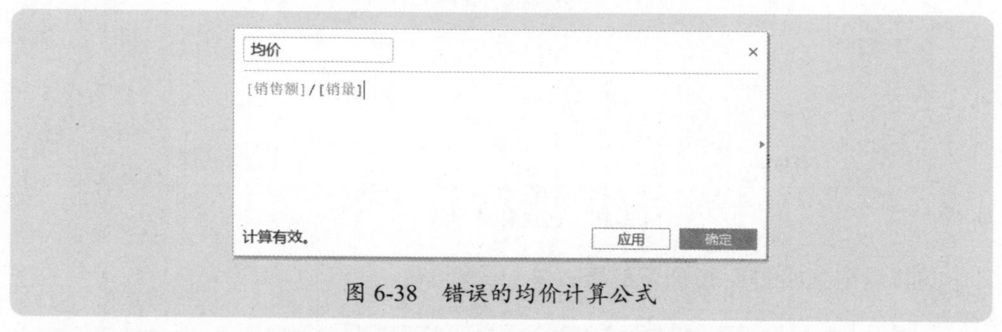

图 6-38　错误的均价计算公式

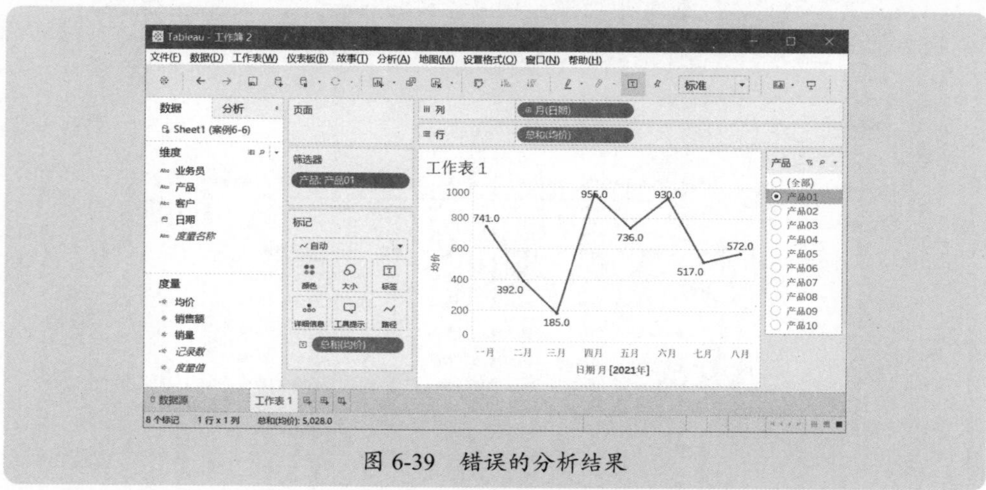

图 6-39　错误的分析结果

6.8.4 AVG 函数

AVG 函数用于计算平均值，忽略空值（NULL），并且只能对数字进行计算，字符串是无效的，用法为：

```
AVG( 表达式 )
```

6.8.5 MAX 函数

MAX 函数用于计算所有记录的最大值，如果是数字，就取最大数字；如果是字符串，就取按字母顺序定义的最后一个值，用法为：

```
MAX( 表达式 )
```

6.8.6 MIN 函数

MIN 函数用于计算所有记录的最小值，如果是数字，就取最小数字；如果是字符串，就取按字母顺序定义的最前一个值，用法为：

```
MIN( 表达式 )
```

与 Excel 不一样的是，在 Tableau 中，MAX 函数和 MIN 函数不仅仅适用于数字，也可用于字符串，也就是说，MAX 函数和 MIN 函数通用数字和字符串。

6.8.7 ATTR 函数

从最原始的解释来看，ATTR 函数就是，如果只有一个值（或者每个值都相同），那么就返回该值，否则就返回星号（*），这里的星号（*）表示多个值，用法为：

```
ATTR( 表达式 )
```

这个函数如何理解？如何应用呢？下面结合实际例子来说明。

图 6-40 所示的汇总表是两个维度的分层统计报表，外层是地区，内层是省份，而默认情况下，内层省份会显示全部省份。

本案例的数据源是“案例 6-7.xlsx”文件。

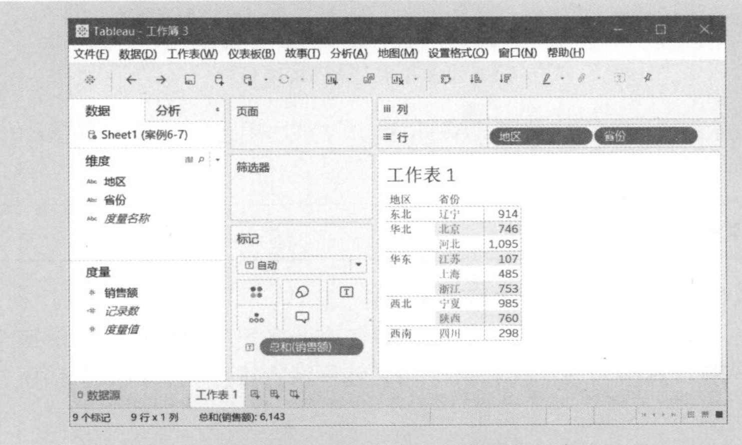

图 6-40　两个维度的分层统计报表

现在想达到这样的效果：如果某个地区下就一个省份，那么内层就显示该省份名称；如果某个地区下有多个省份，就用星号（*）来代替这些省份，并将该地区显示一行。这样得到的报表，尽管仍然是两层维度结构，但每个地区都是一行显示，如图 6-41 所示。

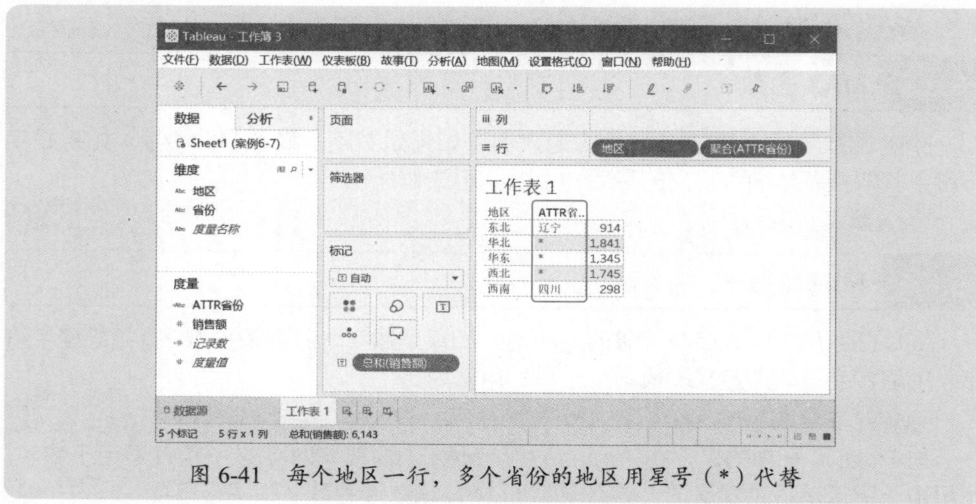

图 6-41　每个地区一行，多个省份的地区用星号（*）代替

为了满足这样的要求，可以使用 ATTR 函数，创建一个计算字段“ATTR 省份”，公式如下，如图 6-42 所示。

```
ATTR([ 省份 ])
```

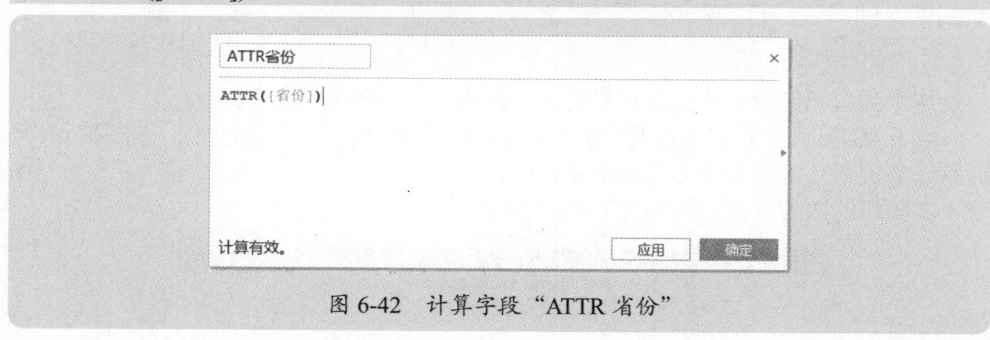

图 6-42　计算字段“ATTR 省份”

这样，就得到了一个新的度量“ATTR 省份”，然后用这个度量替换原来的“省份”维度，就得到了如图 6-41 所示的结果。

6.8.8 FIXED 函数

FIXED 函数用于对特定维度进行聚合计算。

例如，先了解每个客户的订单数，了解每个业务员的订单数，了解每个地区的销售总额，等等，其中客户、业务员、地区就是特定维度，订单数、销售总额就是聚合计算。

FIXED 函数用法为：

{FIXED 维度 1, 维度 2,……: 聚合 }

维度可以是多个，冒号后输入聚合的度量，用大括号括起来整个函数。

FIXED 函数是 Tableau 的 LOD 表达式之一，所谓 LOD，就是利用可视化详细级别对数据进行聚合，例如，在多维度分层结构报表中，对每层维度做不同的聚合计算。

如图 6-43 所示的数据，要求统计每个地区、每个性质门店的销售总额，这样可以了解地区、门店性质以及省份的销售情况，例如，某个地区中，每个省份占该地区份额。

本案例的数据源是“案例 6-8.xlsx”文件。

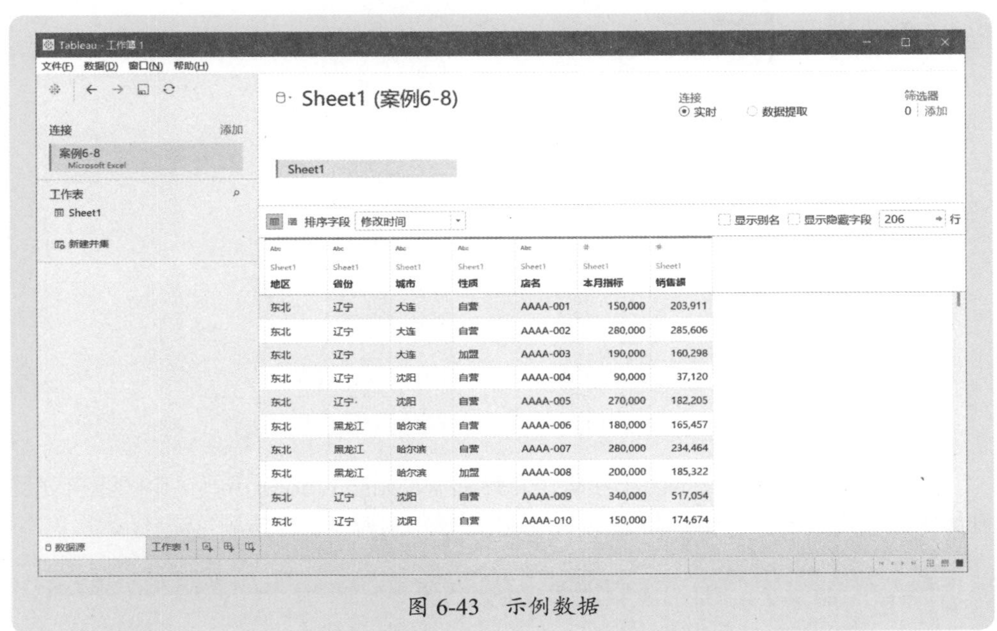

地区	省份	城市	性质	店名	本月指标	销售额
东北	辽宁	大连	自营	AAAA-001	150,000	203,911
东北	辽宁	大连	自营	AAAA-002	280,000	285,606
东北	辽宁	大连	加盟	AAAA-003	190,000	160,298
东北	辽宁	沈阳	自营	AAAA-004	90,000	37,120
东北	辽宁	沈阳	自营	AAAA-005	270,000	182,205
东北	黑龙江	哈尔滨	自营	AAAA-006	180,000	165,457
东北	黑龙江	哈尔滨	自营	AAAA-007	280,000	234,464
东北	黑龙江	哈尔滨	加盟	AAAA-008	200,000	185,322
东北	辽宁	沈阳	自营	AAAA-009	340,000	517,054
东北	辽宁	沈阳	自营	AAAA-010	150,000	174,674

图 6-43 示例数据

创建计算字段“地区 / 性质合计”，计算公式如下，如图 6-44 所示。

{FIXED [性质],[地区]:SUM([销售额])}

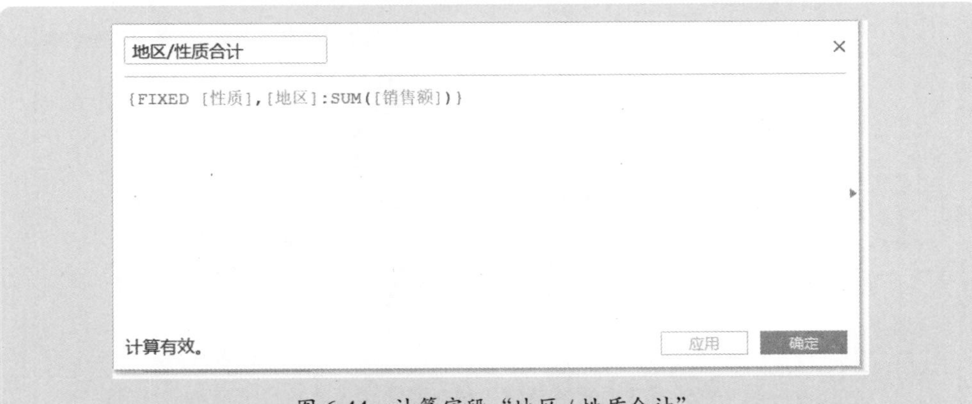

图 6-44 计算字段“地区 / 性质合计”

制作统计报表，如图 6-45 所示。从报表中可以看出，加盟店类别中，第一列数据表示的是每个地区的销售总额，第二列是每个省份的销售额。

例如，华北地区加盟店的销售总额是 3,217,360，其中北京是 196,279，河北是 735,529，以此类推。

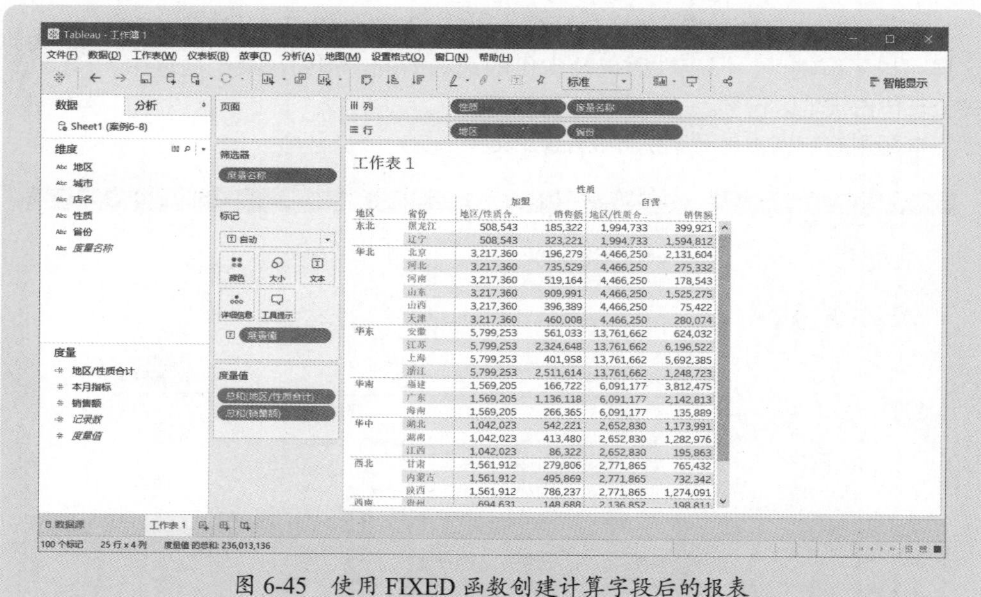

工作表 1

		性质			
		加盟		自营	
地区	省份	地区/性质合..	销售额	地区/性质合..	销售额
东北	黑龙江	508,543	185,322	1,994,733	399,921
	辽宁	508,543	323,221	1,994,733	1,594,812
华北	北京	3,217,360	196,279	4,466,250	2,131,604
	河北	3,217,360	735,529	4,466,250	275,332
	河南	3,217,360	519,164	4,466,250	178,543
	山东	3,217,360	909,991	4,466,250	1,525,275
	山西	3,217,360	396,389	4,466,250	75,422
	天津	3,217,360	460,008	4,466,250	280,074
华东	安徽	5,799,253	561,033	13,761,662	624,032
	江苏	5,799,253	2,324,648	13,761,662	6,196,522
	上海	5,799,253	401,958	13,761,662	5,692,385
	浙江	5,799,253	2,511,614	13,761,662	1,248,723
华南	福建	1,569,205	166,722	6,091,177	3,812,475
	广东	1,569,205	1,136,118	6,091,177	2,142,813
	海南	1,569,205	266,365	6,091,177	135,889
华中	湖北	1,042,023	542,221	2,652,830	1,173,991
	湖南	1,042,023	413,480	2,652,830	1,282,976
	江西	1,042,023	86,322	2,652,830	195,863
西北	甘肃	1,561,912	279,806	2,771,865	765,432
	内蒙古	1,561,912	495,869	2,771,865	732,342
	陕西	1,561,912	786,237	2,771,865	1,274,091
西南	贵州	694,631	148,688	2,136,852	198,811

图 6-45　使用 FIXED 函数创建计算字段后的报表

制作分析图表，并将地区和性质作为筛选器，如图 6-46 所示。这个图表直观反映出该地区销售总额（最高的柱形）和该地区下每个城市销售总额（矮柱形）。

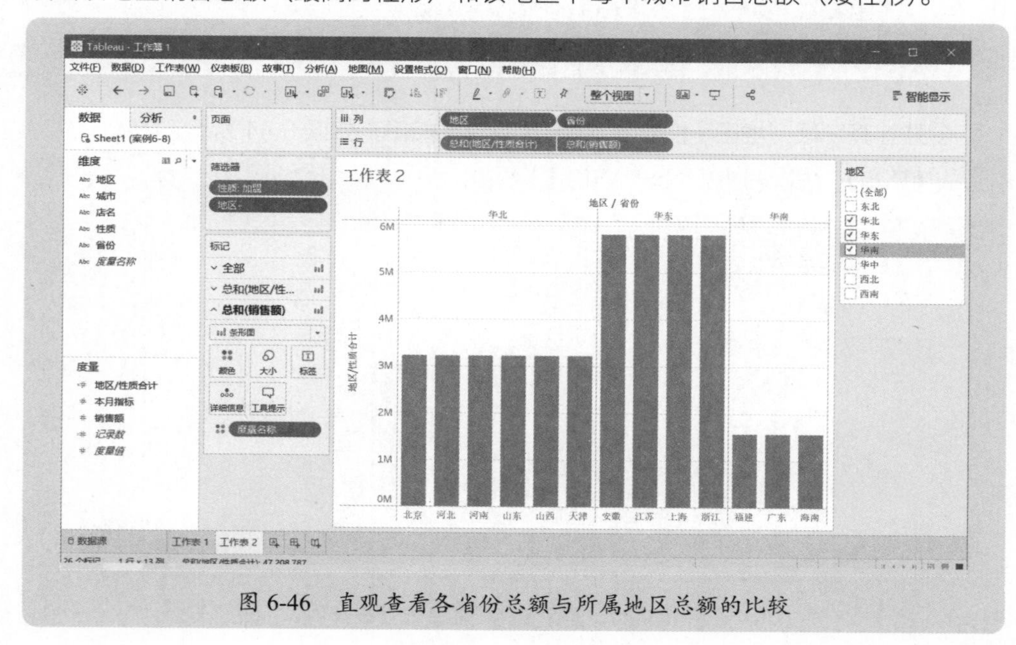

图 6-46　直观查看各省份总额与所属地区总额的比较

6.8.9 EXCLUDE 函数

如果指定的维度出现在视图中，则 EXCLUDE 函数就是在计算聚合时排除这些维度，用法为：

{EXCLUDE 维度 1, 维度 2,… : 聚合度量 }

这里，维度 1、维度 2…就是出现在视图中的维度，是需要排除的维度。

通俗来讲，EXCLUDE 函数的作用是“维度削弱”，也就是从视图中减去指定的维度。

图 6-47 所示是一个各部门人工成本的示例数据，现在要分析每个部门人均成本与总公司人均成本的对比。

本案例的数据源是“案例 6-9.xlsx”文件。

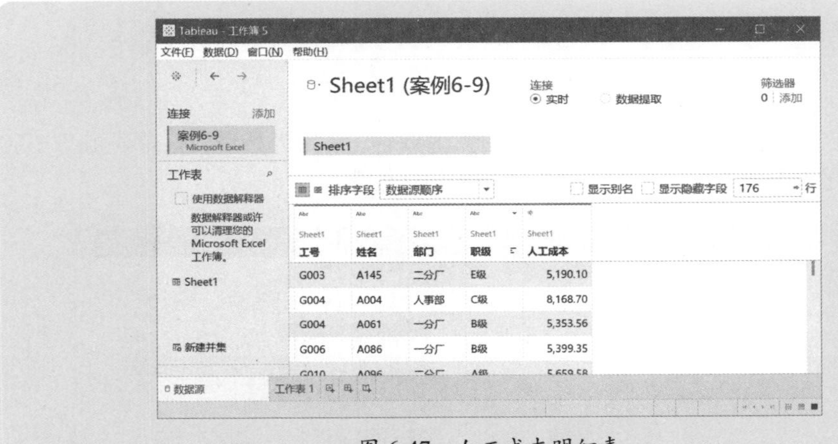

图 6-47 人工成本明细表

可以直接使用原始数据来制作每个部门的人均成本，只需把人工成本的总和改为平均值就可以，如图 6-48 所示。

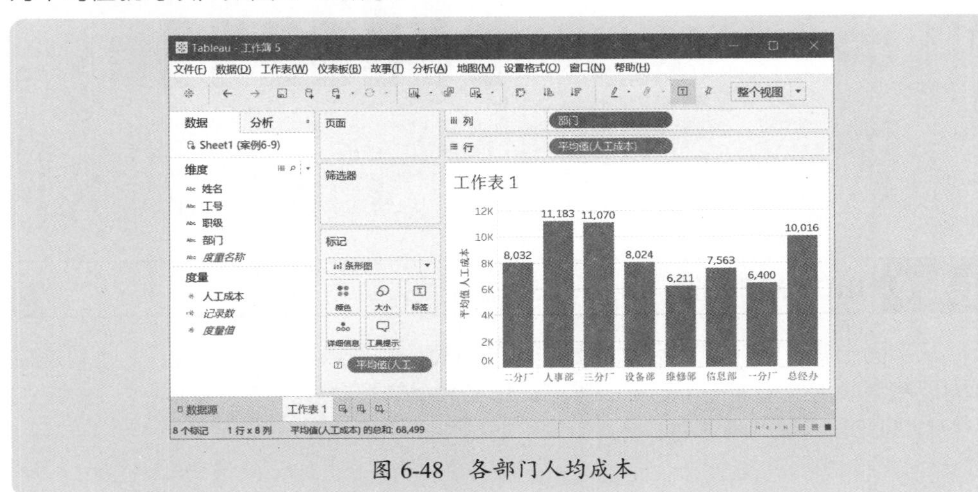

图 6-48 各部门人均成本

但是，如何在这个图表上再添加一个度量，显示总公司的人均成本？所谓总公司人均成本，就是在这个视图中，不考虑每个部门这个维度，不再按照部门进行分类计算，而是将所有部门数据汇在一起计算。

定义一个计算字段“公司人均成本”，公式如下，如图 6-49 所示。

```
{EXCLUDE [ 部门 ]:AVG([ 人工成本 ])}
```

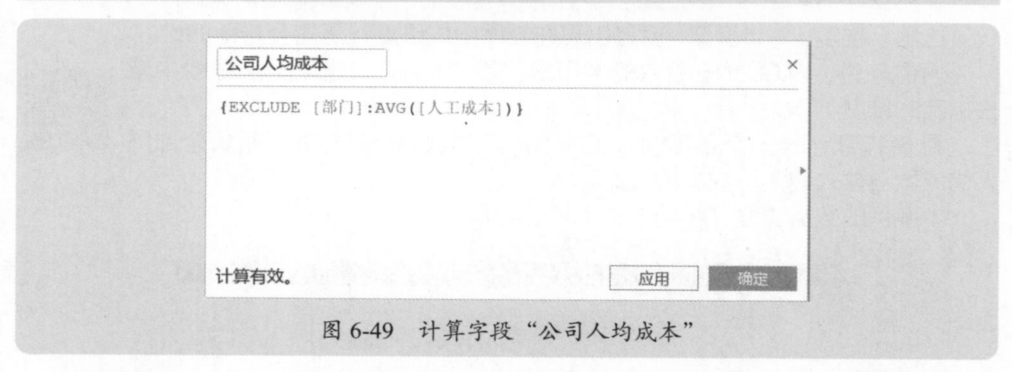

图 6-49　计算字段“公司人均成本”

然后将这个计算字段布局到图表上，设置为双轴，设置为折线，就得到如图 6-50 所示的总公司人均成本与每个部门人均成本的对比图表。

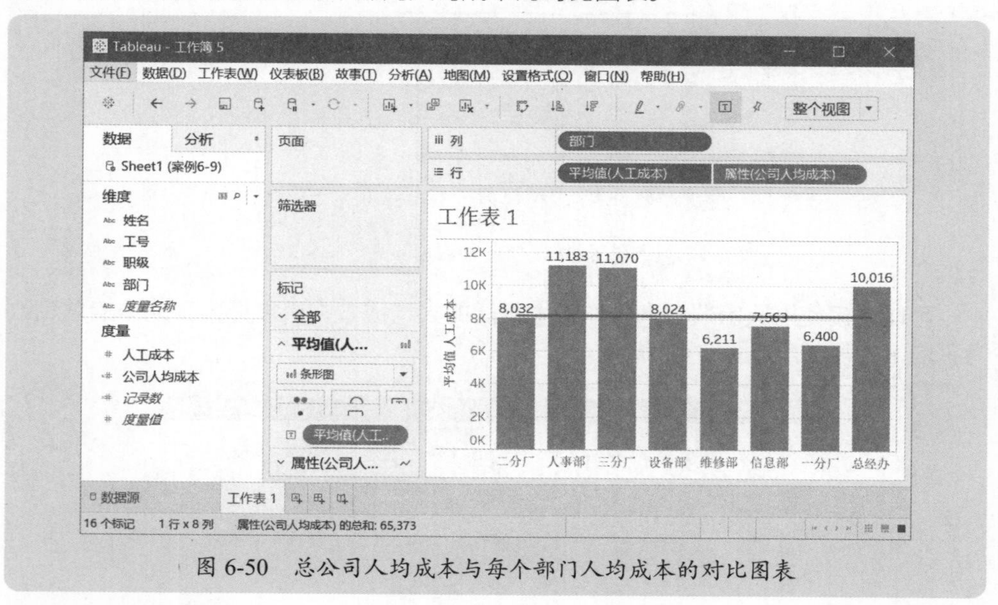

图 6-50　总公司人均成本与每个部门人均成本的对比图表

6.8.10 INCLUDE 函数

从字面上看，INCLUDE 函数就是包括的意思，其作用是“维度增强”，也就是在视图现有字段上，增加一个更细的维度，增加数据的颗粒度。

INCLUDE 函数的用法为：

{INCLUDE 维度 1, 维度 2,… : 聚合度量 }

下面结合一个例子来说明 INCLUDE 函数的作用，以及与用普通方法的区别。

图 6-51 所示是一个简单的各部门、各级别的工资示例数据，以此数据制作各部门的人均工资报告，如图 6-52 所示。

本案例的数据源是“案例 6-10.xlsx”文件。

这个报告中各部门人均工资，是一个该部门所有级别员工的工资之和，除以该部门人数，得到的平均值。

例如，财务部有不同级别的员工 6 人，工资合计为 62458，人均工资就是 62458/6=10410。

现在要再增加一个度量，按字段“级别”来计算人均工资，也就是得到每个部门中各级别的人均工资。

例如，财务部 6 人中，分为 A、B、C 三个级别，其中 A 级的有 3 人，工资合计是 42774；B 级的有 2 人，工资合计是 13658；C 级的有 1 人，工资合计是 6026。

如果按照级别来算，财务部共有 3 个级别，工资合计为 62458，则每个级别的平均工资就是 62458/3=20819。

同样是人均工资，按人头算是 62458/6=10410，按级别算是 62458/3=20819。

每个部门的职级平均工资分析图表制作步骤如下

图 6-51 示例数据

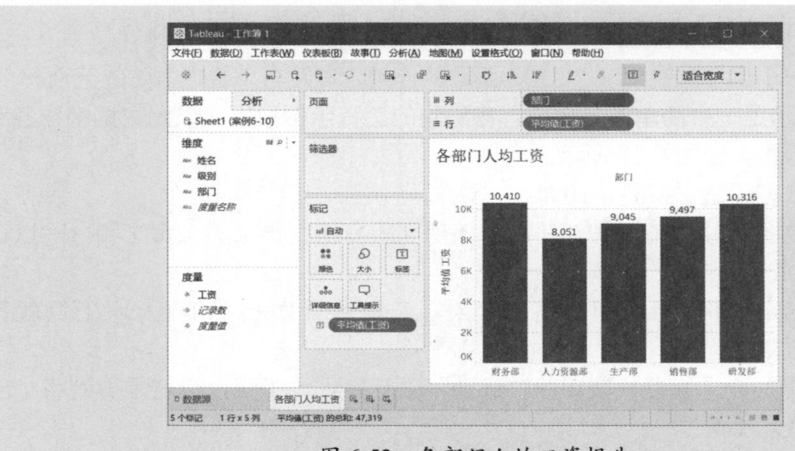

图 6-52　各部门人均工资报告

创建一个计算字段“职级人均工资”，公式如下，如图 6-53 所示。

```
{INCLUDE [ 级别 ]:SUM([ 工资 ])}
```

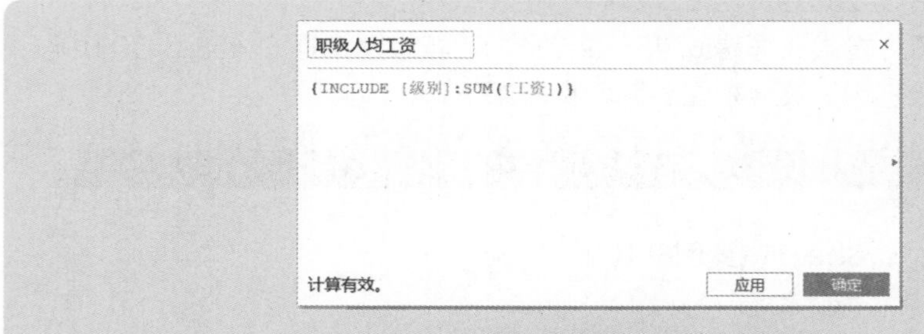

图 6-53　计算字段“职级人均工资”

然后将这个计算字段拖到“行”功能区，并设置其度量方式为“平均值”，得到如图 6-54 所示的报告，这就是在原来视图中没有的聚合的基础上，又新增加了一个新聚合。

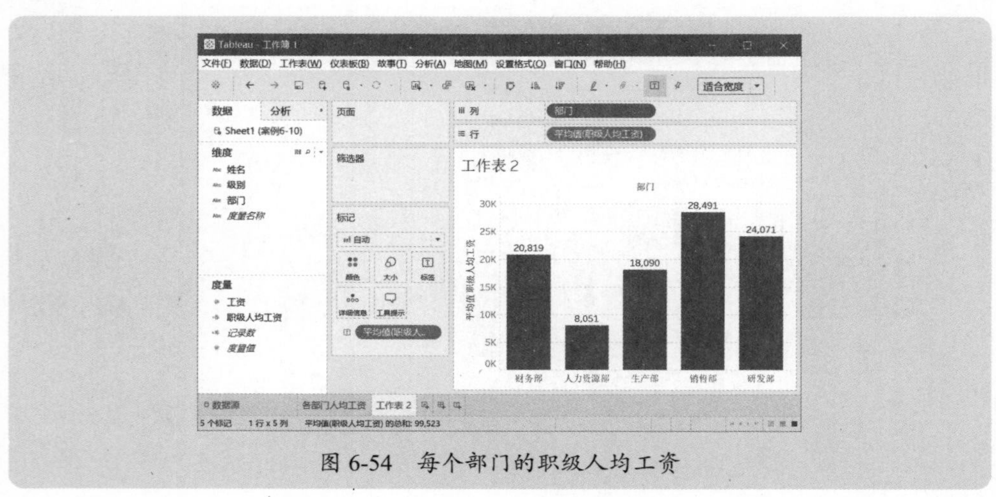

图 6-54　每个部门的职级人均工资

将普通的人均工资（不区分级别）和INCLUDE计算的人均工资（区分级别）做对比，如图6-55所示。

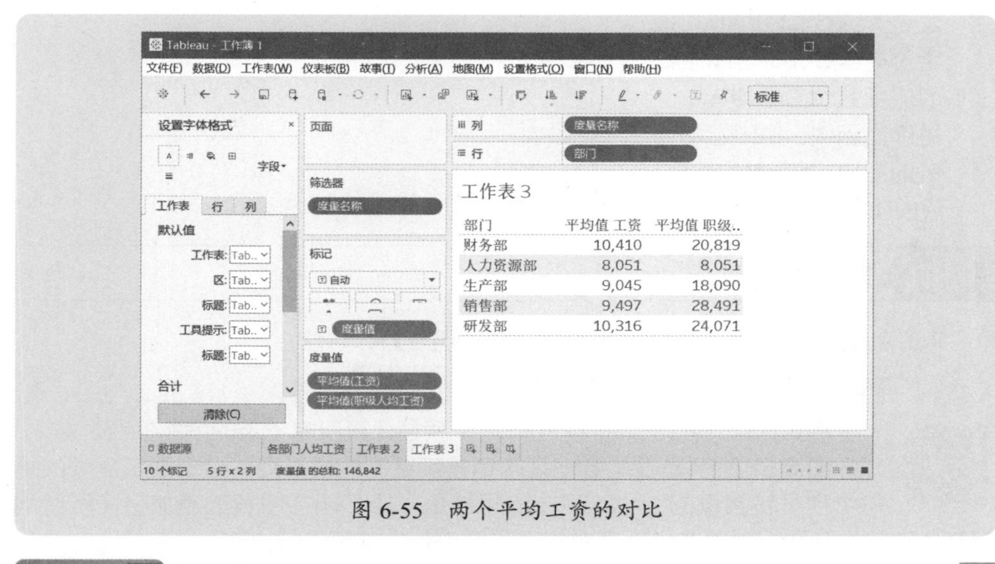

部门	平均值 工资	平均值 职级..
财务部	10,410	20,819
人力资源部	8,051	8,051
生产部	9,045	18,090
销售部	9,497	28,491
研发部	10,316	24,071

图 6-55　两个平均工资的对比

6.9 表计算函数

表计算函数用于对表进行计算，是对上下行的处理。在数据分析中直接执行表计算菜单命令就可以，如图6-56所示。

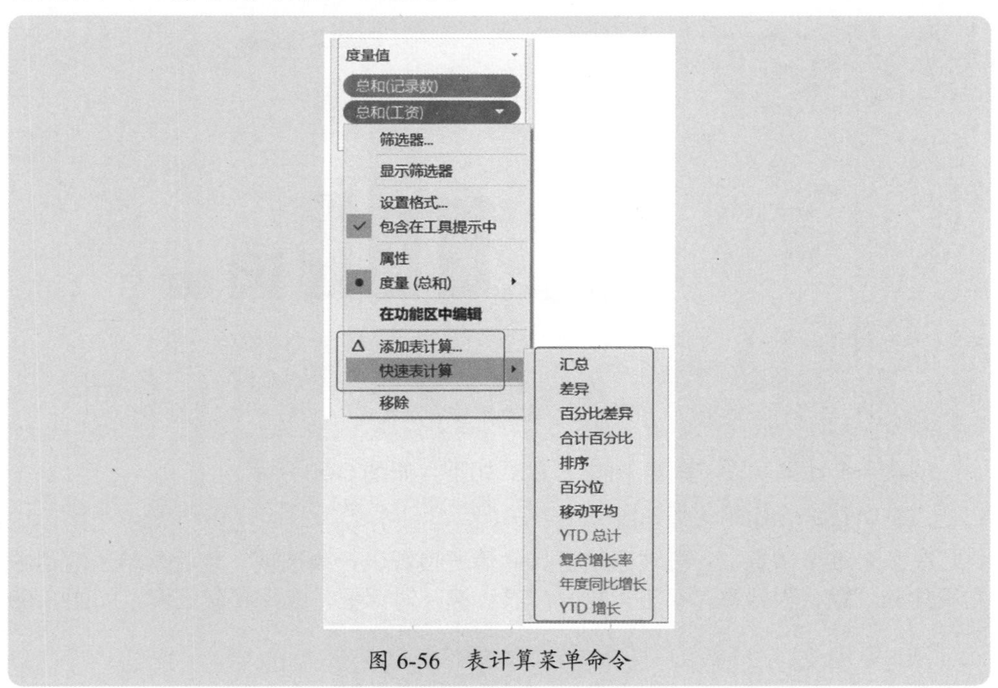

图 6-56　表计算菜单命令

不过，在实际数据分析中，有时需要使用相关的表计算函数来进行计算，例如，获取行数，对数据进行排位，等等。常用的表计算函数如下。

汇总类函数：TOTAL，SIZE。

定位类函数：FIRST，LAST，INDEX。

取值函数：LOOKUP。

排序类函数：RANK。

RUNNING 类函数。

WINDOW 类函数。

6.9.1 TOTAL 函数

TOTAL 函数用于返回某个度量的总计数，用法为：

```
TOTAL( 聚合函数 ( 度量 ))
```

例如，TOTAL(SUM([销售额]))，就是计算所有记录的销售额合计数。

图 6-57 所示是根据各地区的销售额绘制的柱形图，这个图表反映的是每个地区销售额的大小，现在的想法是，能不能在图表上添加一个所有地区销售额的合计数，并将每个地区销售额与这个销售总额进行比较。

本案例的数据源是“案例 6-11.xlsx”文件。

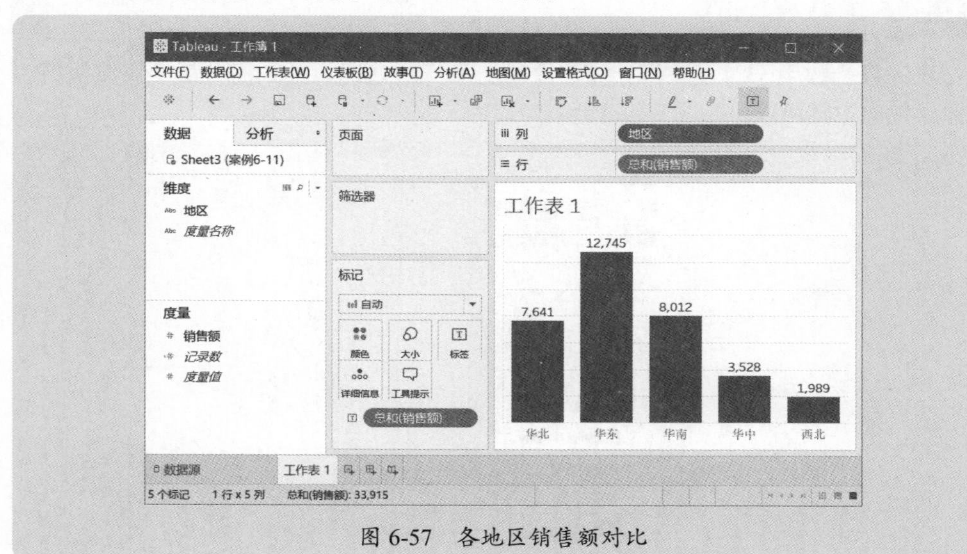

图 6-57　各地区销售额对比

创建一个计算字段“销售总额”，公式如下，如图 6-58 所示。

```
TOTAL(SUM([ 销售额 ]))
```

在多个维度情况下，要注意根据具体情况设置表计算选项，也就是单击对话框右下角的“默认表计算”标签，打开“表计算”对话框，选择计算因素，如图 6-59 所示。

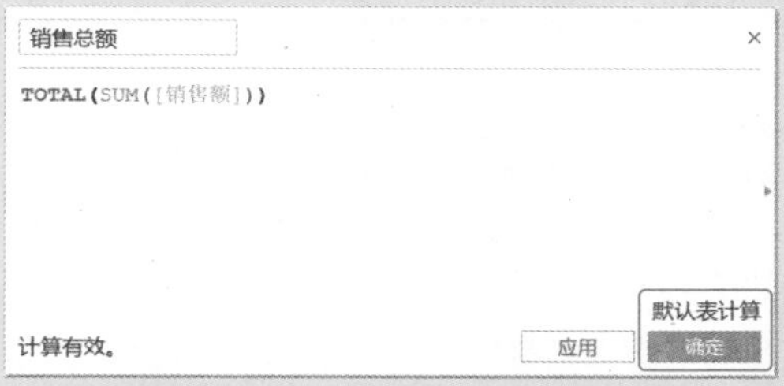

图 6-58 计算字段“销售总额” 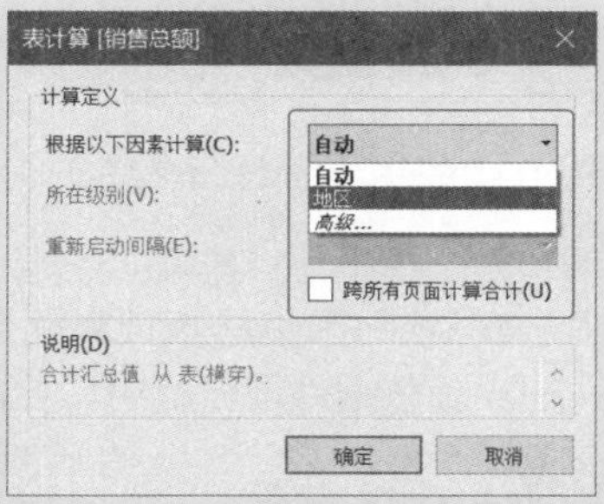　　图 6-59 设置表计算选项

然后将“销售总额”与各地区销售额一起绘制柱形图，结果如图 6-60 所示，这样每个地区就有了一个比较对象——销售总额，以此观察各地区的贡献大小。

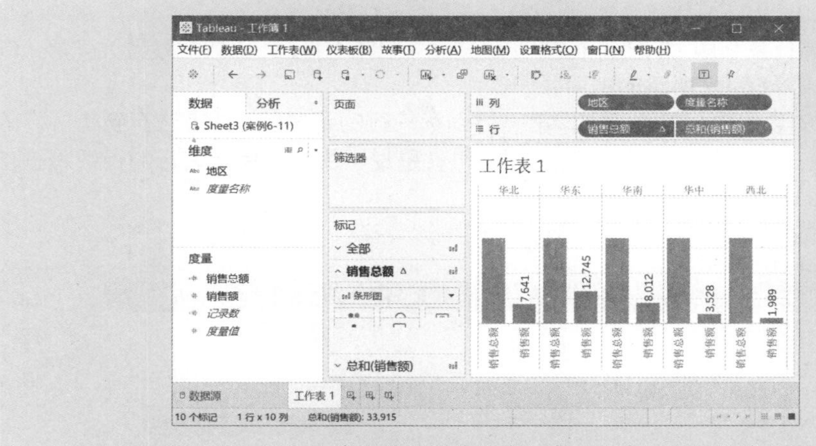

图 6-60 添加计算字段“销售总额”来对比每个地区销售贡献

如果要对计算字段“销售总额”的表计算进行编辑，可以右击该字段，在弹出的快捷菜单中重新指定计算依据，或者编辑表计算，如图 6-61 所示。

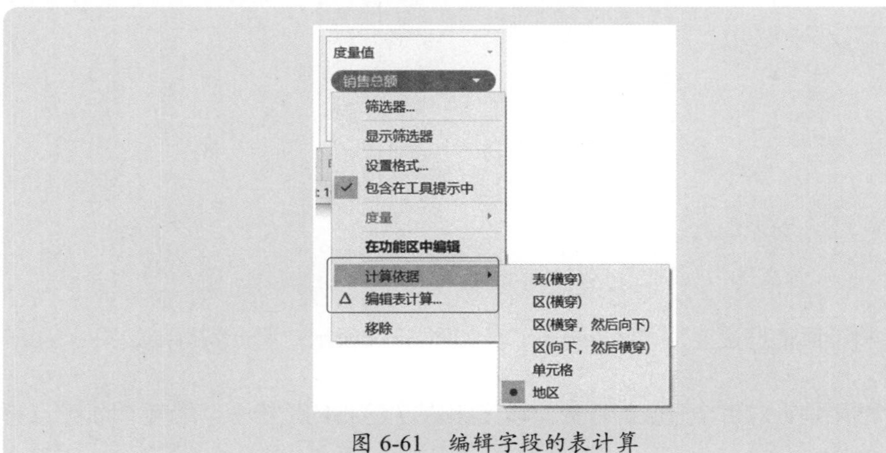

图 6-61 编辑字段的表计算

6.9.2 SIZE 函数

SIZE 函数用于统计分区中的行数，用法为：

```
SIZE()
```

由于 SIZE 函数也是表计算函数，用于统计行数，因此与选择的计算依据有关。另外，在实际数据处理分析中，此函数应用不多，此处不再赘述。

6.9.3 FIRST 函数

FIRST 函数用于返回从当前行到分区中第一行的行数。分区第一行的行数是 0，那么下一行的行数是 –1，下面第二行的行数是 –2，用法为：

```
FIRST()
```

例如，创建计算字段“FIRST 行数”，公式为“FIRST()”，计算依据设置为“表 (向下)”，就得到如图 6-62 所示的结果。

这个结果的意思是：在本表中，第一行到第一行的距离是 0，第二行到第一行的距离是 –1，第三行到第一行的距离是 –2，也就是说，每一行使用首行的行数减去自己的索引行数，得到相对的位移数。

本案例的数据源是“案例 6-12.xlsx”文件。

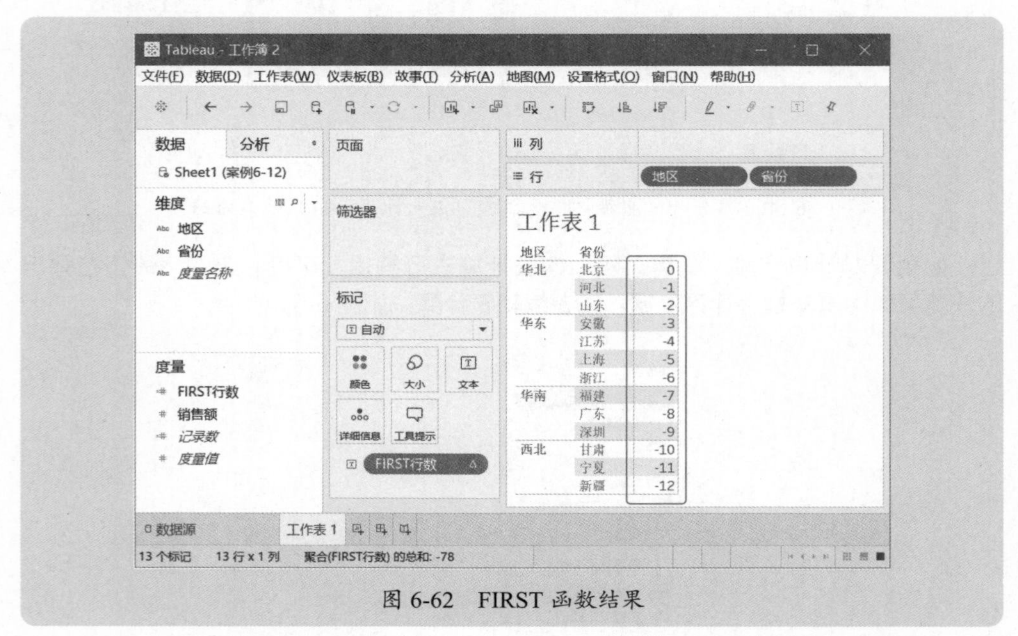

图 6-62 FIRST 函数结果

如果将计算依据设置为“区 (向下)”，如图 6-63 所示，那么就得到如图 6-64 所示的结果。

这个结果是针对每个分区的行数偏移，这里的分区指的是第一个维度“地区”（第

二个维度是“省份”），因此这个表中，每个地区中，每行的行数距离是相对于每个地区的第一行而言，例如，浙江距离华东地区第一行的偏移行数是 –3。

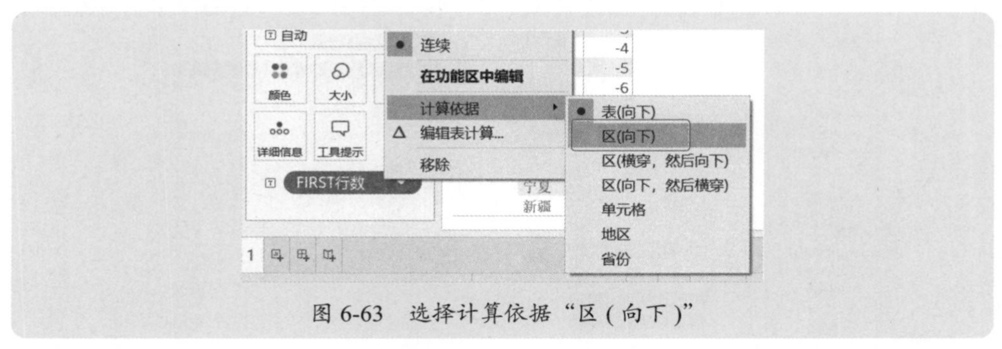

图 6-63　选择计算依据“区 (向下)”

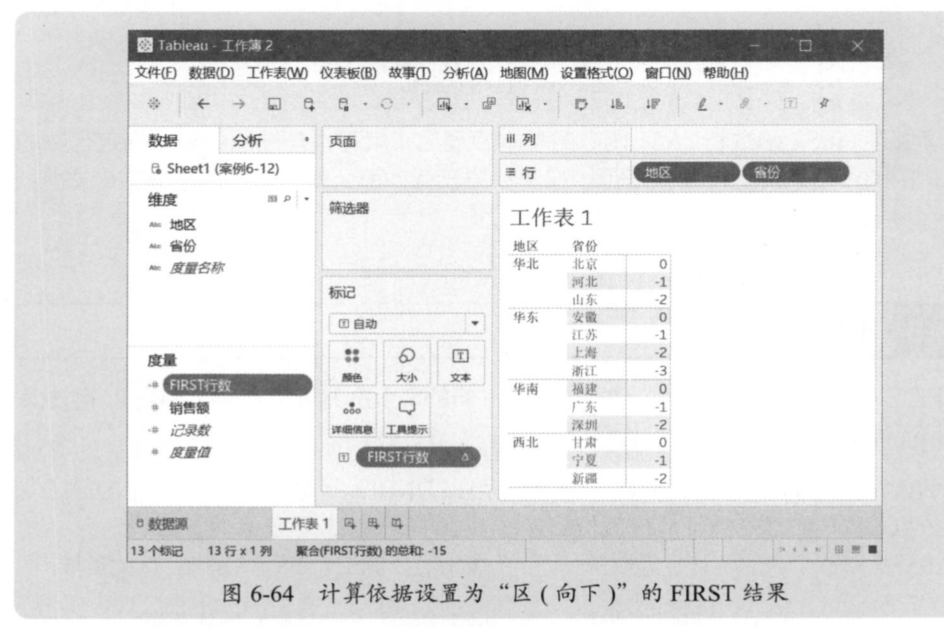

图 6-64　计算依据设置为“区 (向下)”的 FIRST 结果

6.9.4 LAST 函数

LAST 函数与 FIRST 函数正好相反，FIRST 函数首行是 0，而 LAST 函数尾行是 0，用法为：

```
LAST()
```

例如，使用 LAST 函数创建一个计算字段“LAST 行数”，公式为“LAST()”，计算依据设置为“表 (向下)”，就得到如图 6-65 所示的结果。

由于是对整个表的统计，因此最后一行的行数是 0，倒数第二行的行数是 1，表格第一行的行数是 12。

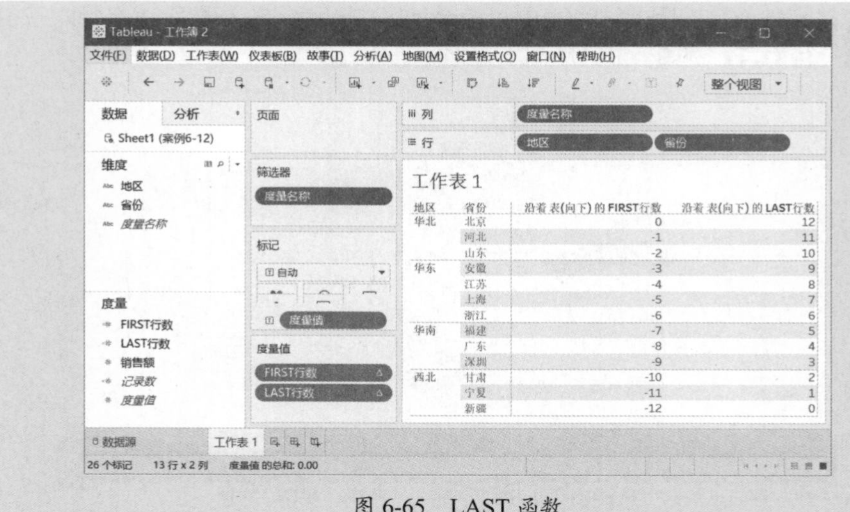

图 6-65　LAST 函数

了解了 FIRST 函数和 LAST 函数的基本原理后，就可以从视图中获取指定行数的数据，例如，如果要定位到第三行，或倒数第三行，那么就可以使用下面的公式：

```
FIRST()-2
LAST()+2
```

6.9.5 INDEX 函数

INDEX 函数返回分区中当前行的索引，第一行的索引是 1，第二行的索引是 2，用法为：

```
INDEX()
```

例如，使用 INDEX 函数创建一个计算字段“INDEX 行数”，公式为“INDEX ()”，计算依据设置为“表 (向下)”，就得到如图 6-66 所示的结果。

由于是对整个表的统计，因此第一行的行数是 1，第二行的行数是 2，以此类推。

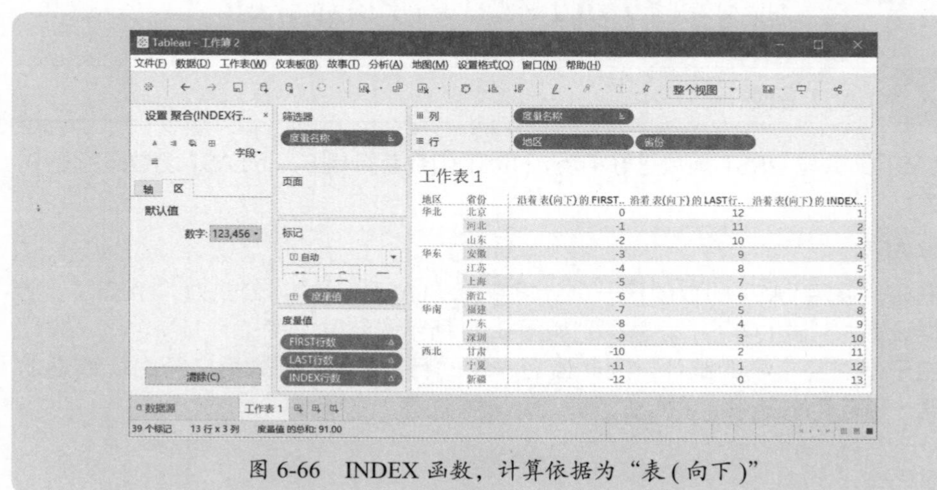

图 6-66　INDEX 函数，计算依据为“表 (向下)”

如果将计算依据设置为“区(向下)”，就得到如图 6-67 所示的结果。此时 INDEX 的结果是每个地区中各行的索引号，不同地区的索引号都是重新从 1 开始。

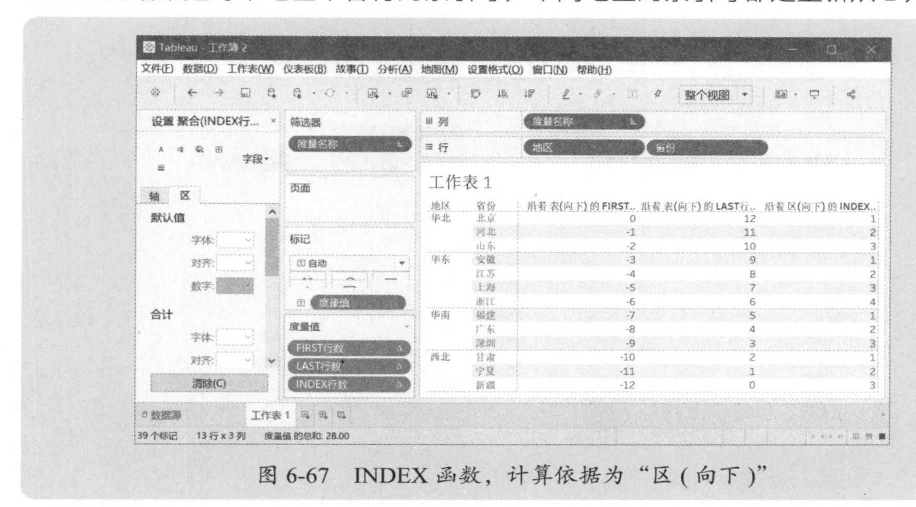

图 6-67　INDEX 函数，计算依据为“区(向下)”

6.9.6 LOOKUP 函数

如果指定了位置，现在要把该位置的某个数据提取出来，就要用 LOOKUP 函数，用法为：

LOOKUP(度量的聚合运算 , 相对于目标的偏移量)

图 6-68 所示是使用下面的公式提取销售额的结果：

LOOKUP(SUM([销售额]),2)

仔细比较原始列的销售额和计算公式得到的销售额，可以发现，提取的销售额正好是往下偏移 2 行的数据。

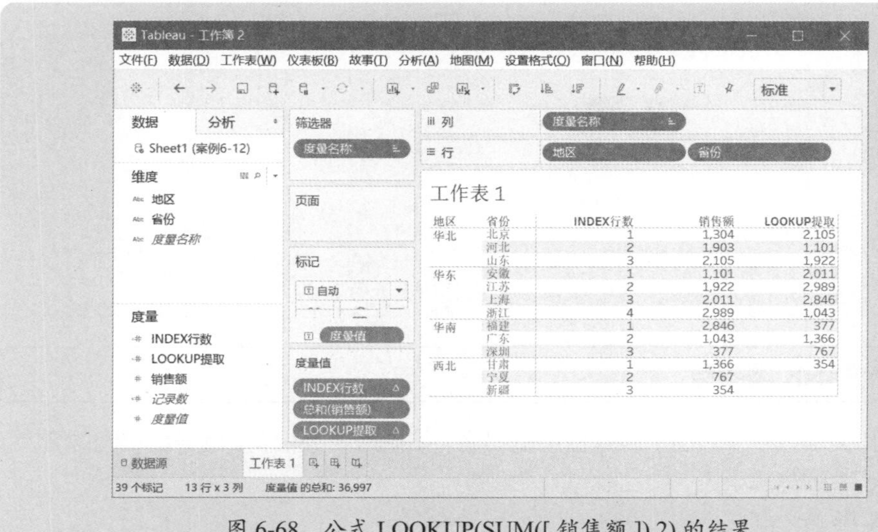

图 6-68　公式 LOOKUP(SUM([销售额]),2) 的结果

如果把计算依据设置为“区 (向下)”，则结果如图 6-69 所示。此时，仅仅在每个地区内取数据，不会跨地区取数。

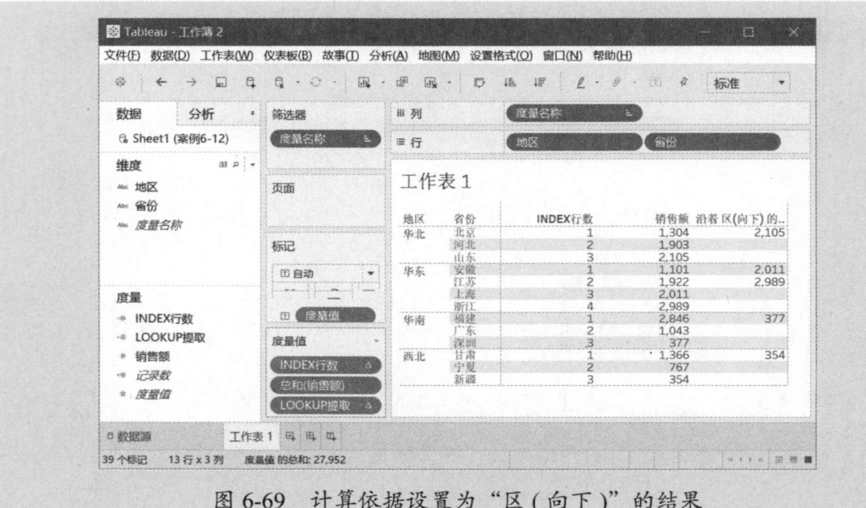

图 6-69　计算依据设置为“区 (向下)”的结果

如果指定要提取每个地区第 3 行的数据，计算公式如下，结果如图 6-70 所示。

```
LOOKUP(SUM([ 销售额 ]),FIRST()+2)
```

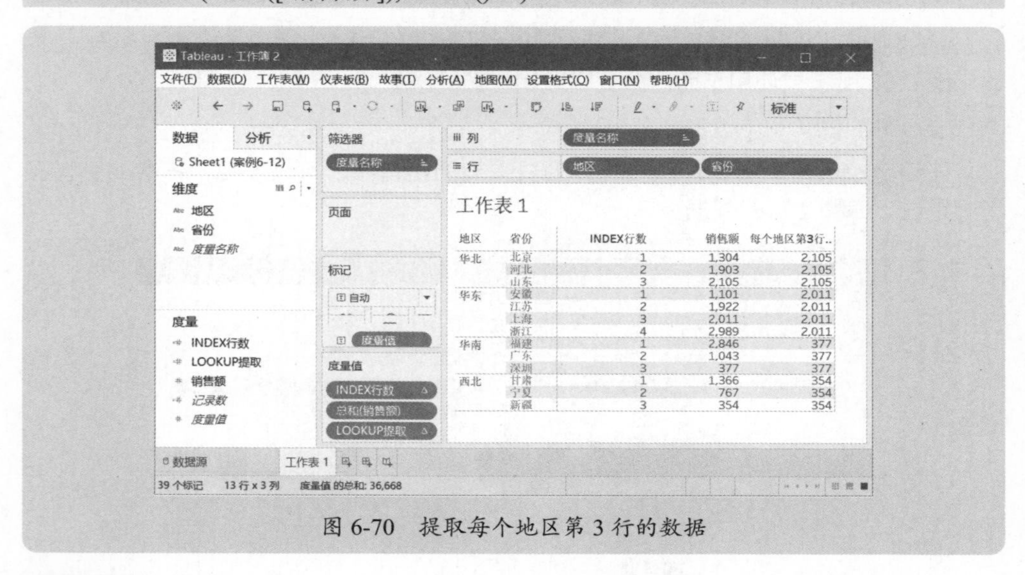

图 6-70　提取每个地区第 3 行的数据

6.9.7 RANK 类函数

RANK 类函数用于对当前行在区中的排名，如果两个数相同，就分配相同的名次。RANK 类函数如下。

- RANK。

- RANK_DENSE。
- RANK_MODIFIED。
- RANK_PERCENTILE。
- RANK_UNIQUE。

这几个函数的用法基本相同，用法为（以 RANK 为例）：

```
RANK( 度量的聚合运算 ,'asc' 或 'desc')
```

图 6-71 所示是使用 RANK 函数对各省份销售额排名的结果（不区分地区，从大到小排名，第一名是 1，第二名是 2……），计算公式为：

```
RANK(SUM([ 销售额 ]),'desc')
```

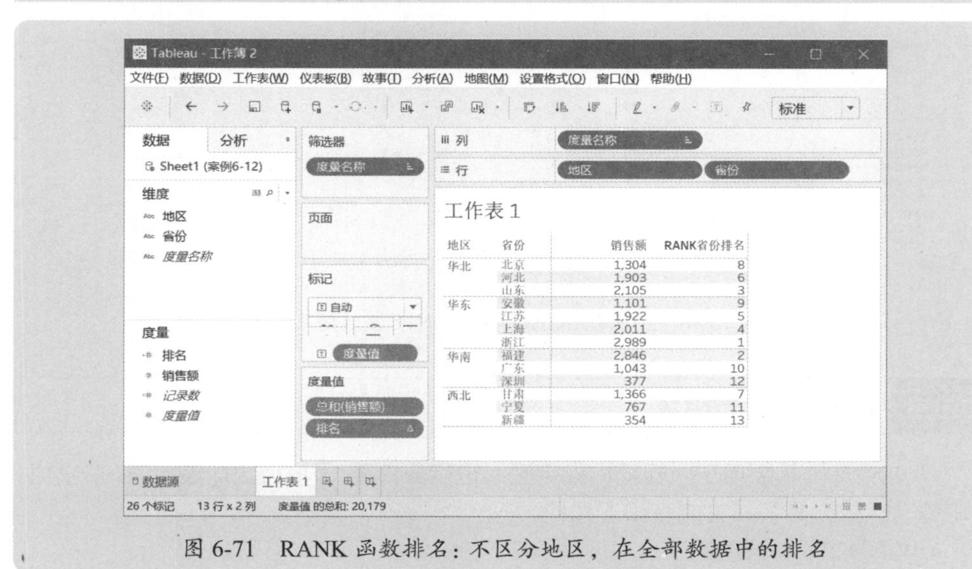

图 6-71　RANK 函数排名：不区分地区，在全部数据中的排名

6.9.8 RUNNING 类函数

RUNNING 类函数用于从分区第一行到当前行的计算，相当于累计计算，例如，截至当前行，累计个数是多少？累计销售额是多少？累计平均值是多少？等等。

RUNNING 类函数如下。

- RUNNING_COUNT：截至当前行的个数。
- RUNNING_SUM：截至当前行的合计数。
- RUNNING_AVG：截至当前行的平均值。
- RUNNING_MAX：截至当前行的最大值。
- RUNNING_MIN：截至当前行的最小值。

这些函数的用法一样，用法为（以 RUNNING_SUM 为例）：

```
RUNNING_SUM(( 度量的聚合运算 )
```

图 6-72 所示就是这几个函数的运算结果，计算公式分别如下：

```
RUNNING_COUNT(SUM([ 销售额 ]))
RUNNING_SUM(SUM([ 销售额 ]))
RUNNING_AVG(SUM([ 销售额 ]))
RUNNING_MAX(SUM([ 销售额 ]))
RUNNING_MIN(SUM([ 销售额 ]))
```

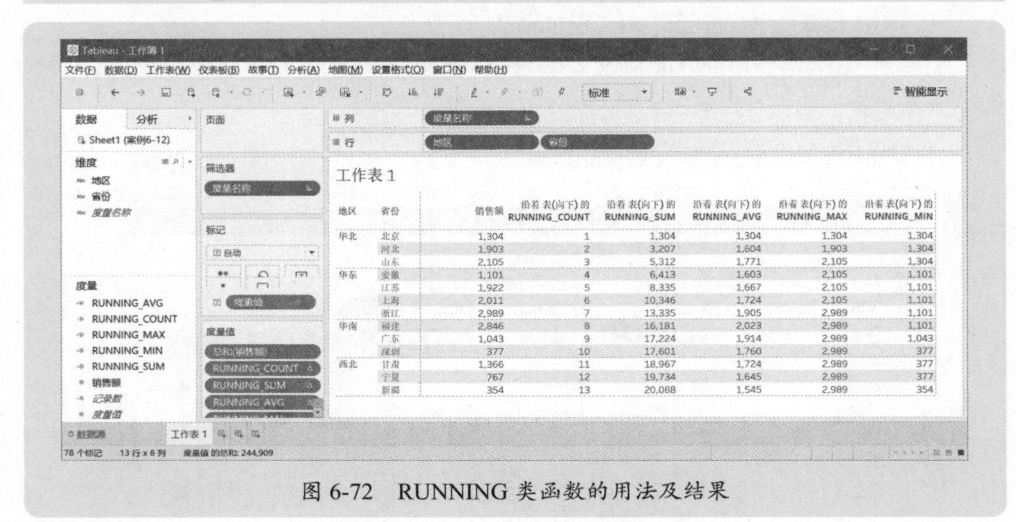

工作表 1

地区	省份	销售额	沿着 表(向下) 的 RUNNING_COUNT	沿着 表(向下) 的 RUNNING_SUM	沿着 表(向下) 的 RUNNING_AVG	沿着 表(向下) 的 RUNNING_MAX	沿着 表(向下) 的 RUNNING_MIN
华北	北京	1,304	1	1,304	1,304	1,304	1,304
	河北	1,903	2	3,207	1,604	1,903	1,304
	山东	2,105	3	5,312	1,771	2,105	1,304
华东	安徽	1,101	4	6,413	1,603	2,105	1,101
	江苏	1,922	5	8,335	1,667	2,105	1,101
	上海	2,011	6	10,346	1,724	2,105	1,101
	浙江	2,989	7	13,335	1,905	2,989	1,101
华南	福建	2,846	8	16,181	2,023	2,989	1,101
	广东	1,043	9	17,224	1,914	2,989	1,043
	深圳	377	10	17,601	1,760	2,989	377
西北	甘肃	1,366	11	18,967	1,724	2,989	377
	宁夏	767	12	19,734	1,645	2,989	377
	新疆	354	13	20,088	1,545	2,989	354

图 6-72　RUNNING 类函数的用法及结果

6.9.9 WINDOW 类函数

WINDOW 类函数用于对视图中指定区间进行表计算，例如求和、最大值、最小值、平均值、计数，等等，主要有如下几种。

- WINDOW_COUNT。
- WINDOW_SUM。
- WINDOW_AVG。
- WINDOW_MAX。
- WINDOW_MIN。
- WINDOW_MEDIAN。

这些函数的用法一样，用法为（以 WINDOW_SUM 为例）：

```
WINDOW_SUM( 度量的聚合运算 , 指定的起始行 , 指定的终止行 )
```

如果忽略了起始行和终止行，就是对整个分区进行计算。

例如，下面的公式就是计算从当前行往下偏移 1 行，然后计算 2 行（3-2+1）数据的合计数，计算公式为：

```
WINDOW_SUM(SUM([ 销售额 ]),2,3)
```

第 7 章

Tableau 数据分析报表制作的基本技能

数据分析可视化，不仅仅是图表，也可以是数字构成的分析报表。报表和图表的结合，使得分析报告更加有灵气。

就像 Excel 里的数据透视表和数据透视图一样，Tableau 也可以对数据进行灵活分析，制作各种统计分析报表和分析图表。本章主要介绍 Tableau 制作数据分析报表的基本技能与应用。关于如何制作可视化图表，将在后面的章节进行详细介绍。

7.1 报表基本布局与格式设置

利用 Tableau 制作分析报表很简单，下面以如图 7-1 所示的连接示例数据为例，介绍在 Tableau 工作表上制作统计分析报表的基本方法和技巧。

本案例的数据源是“案例 7-1.xlsx”文件。

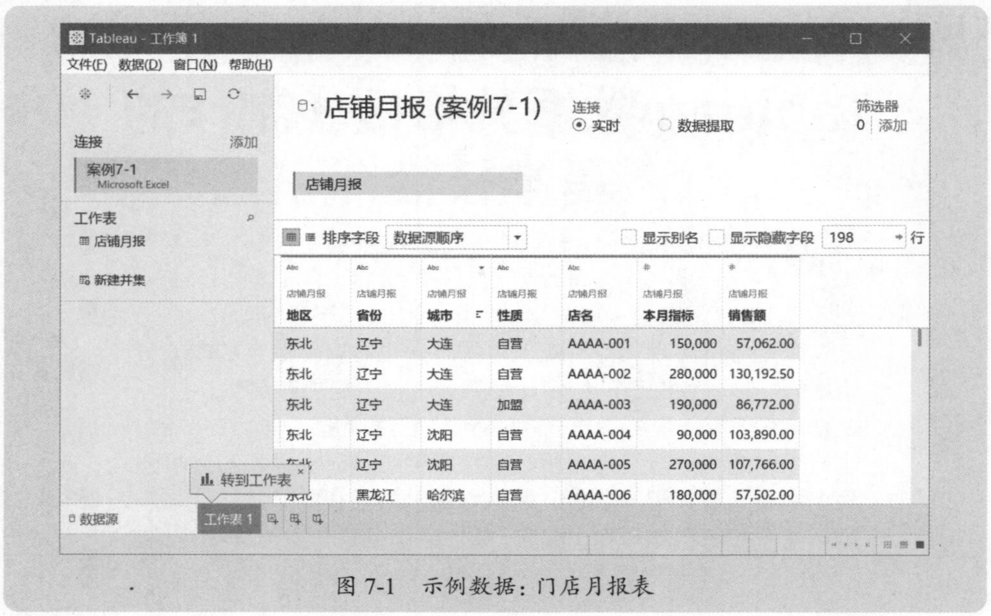

图 7-1　示例数据：门店月报表

转到“工作表 1”（如果还要创建新的统计分析报表，可以再插入新工作表），如图 7-2 所示，准备布局分析数据（工作表界面的各部分功能详见第 2 章）。

在制作分析报表（而不是图表）时，请记住以下几个操作要点。

- 字段可以往顶部的“行”功能区和“列”功能区拖放，也可以直接往视图区中拖放（视图区布局结构就像数据透视表一样）。
- 往“行”功能区和“列”功能区拖放维度字段时，就自动得到分析报表；但是，如果拖放的是度量字段，那么会自动生成图表。
- 布局报表最简单的方法是，双击边条里的字段，Tableau 会进行智能化判断，哪些维度放到“行”功能区，哪些字段放到“列”功能区，哪些字段放到中间显示汇总数字的区域（这个区域也是智能显示区域）。
- 中间的智能显示区域只能放置度量字段，如果把维度字段拖放到了这个区域，Tableau 会自动将其转到“行”功能区。

图 7-2　空白工作表

7.1.1 报表布局的基本方法和注意事项

如果要分析每个地区、每种性质门店的门店数和销售额，可以做如图 7-3 所示的报表，布局步骤如下。

- 双击维度“地区”，或拖放到“行”功能区。
- 双击维度“性质”，或拖放到“列”功能区。
- 双击度量“记录数”和“销售额”，或者将其拖放到智能显示区。

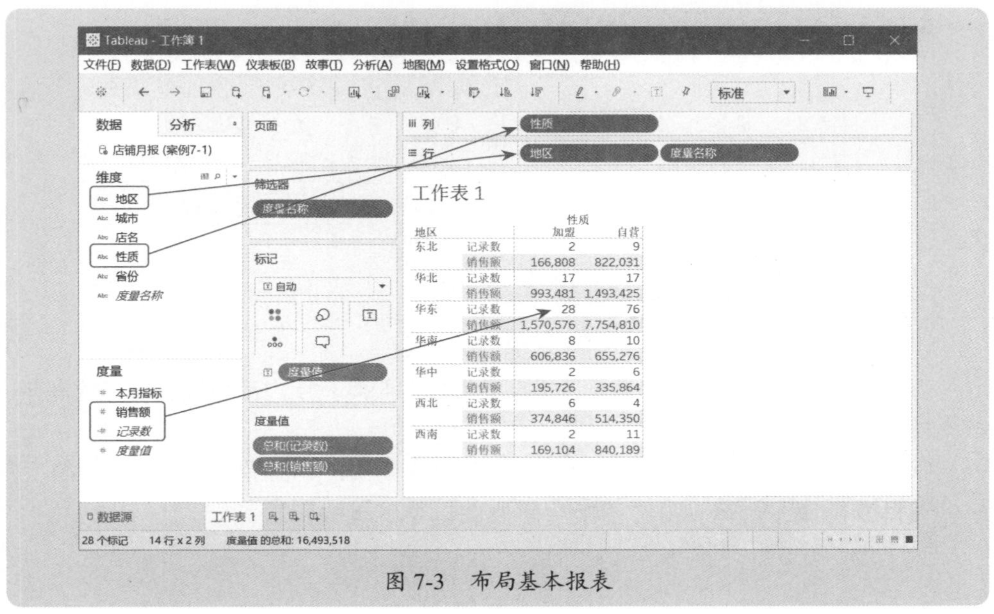

图 7-3　布局基本报表

布局完毕后，会在筛选区和标记卡区出现一个新的“度量名称”胶囊，如图 7-4 所示，这个“度量名称”实际上就是几个度量字段的集合（本案例中是字段“本月指标”“销售额”和“记录数”）。

右击筛选区或者“行”功能区的“度量名称”，在弹出的快捷菜单中执行“编辑筛选器”命令，打开“筛选器”对话框，可以看到，对话框中仅勾选了“记录数”和“销售额”两个字段复选框，如图 7-5 所示。

这不难理解，因为数据源中有三个度量字段（其中“记录数”是自动生成的，数据源中不存在），而此操作只拖放了其中的两个字段，因此 Tableau 就自动生成了一个“度量名称”，并自动做了筛选。

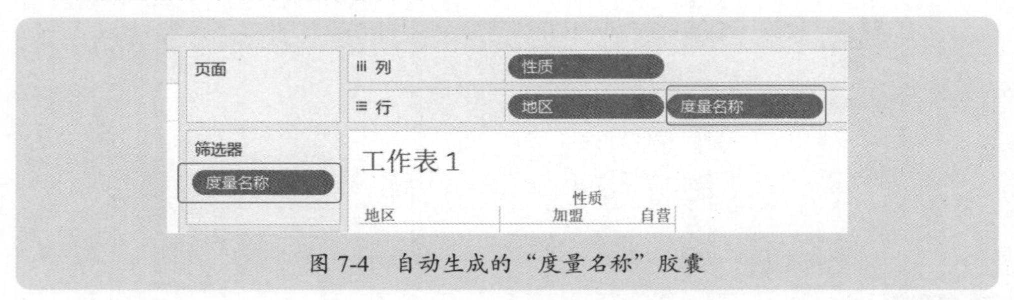

图 7-4　自动生成的“度量名称”胶囊

同时，在“标记”选项卡区域中，也自动出现了“度量值”胶囊，如图 7-6 所示。

“度量值”胶囊实际上也是由三个度量组成的，并自动做了筛选（参照图 7-5），也就是仅仅是汇总“记录数”和“销售额”两个字段，并且这个胶囊前面是文本标记，表示拖放的度量在可视化区域以文本形式出现，也就是制作分析报表。

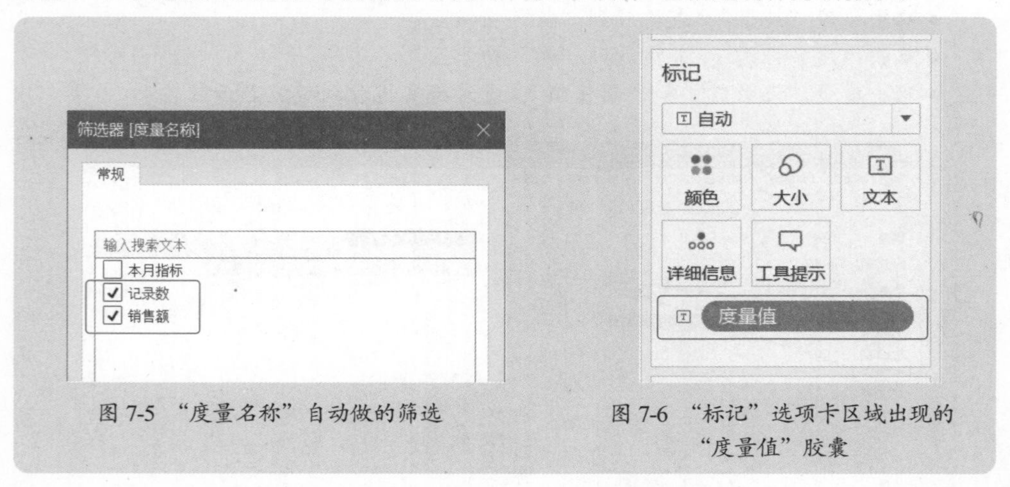

图 7-5　“度量名称”自动做的筛选

图 7-6　“标记”选项卡区域出现的“度量值”胶囊

不论是数据源中的字段胶囊，还是自动生成的胶囊，用户都可以进行拖放操作，改变其位置，从而生成不同的分析报告。

例如，把“行”功能区中“度量名称”胶囊拖放到“列”功能区，得到如图 7-7 所示的分析报告。

对比图 7-7 和图 7-3，二者有什么不同？

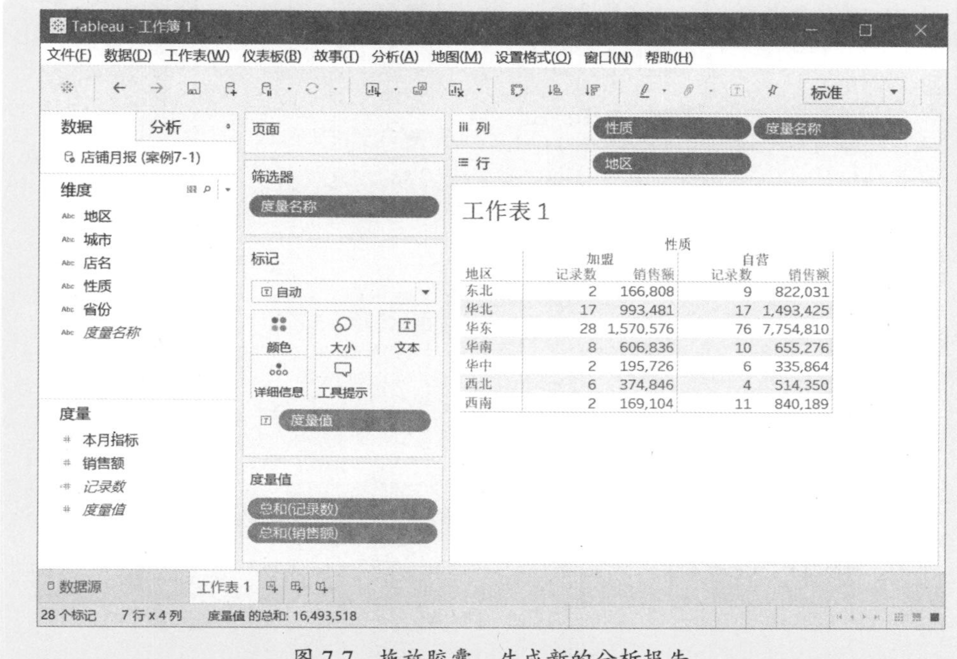

图 7-7 拖放胶囊，生成新的分析报告

7.1.2 工作表重新布局

如果对工作表数据分析报表布局不满意，可以直接单击工具栏上的“清除工作表”命令按钮，如图 7-8 所示，将已经布局的字段全部清空，变成一个空白的工作表，然后再根据需要进行重新布局。“清除工作表”命令的快捷键是 Alt+Shift+Backspace。

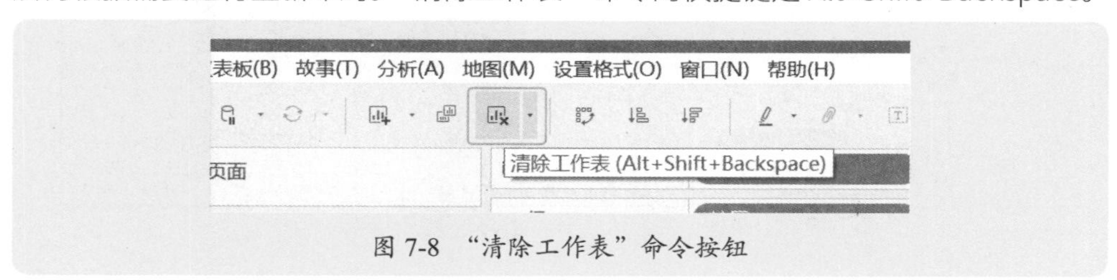

图 7-8 “清除工作表”命令按钮

7.1.3 为报表添加合计数

前面介绍的分析报表中，底部没有各地区的合计数，右侧也没有各种性质的合计数，可以执行“分析”→“合计”下的有关命令，如图 7-9 所示。

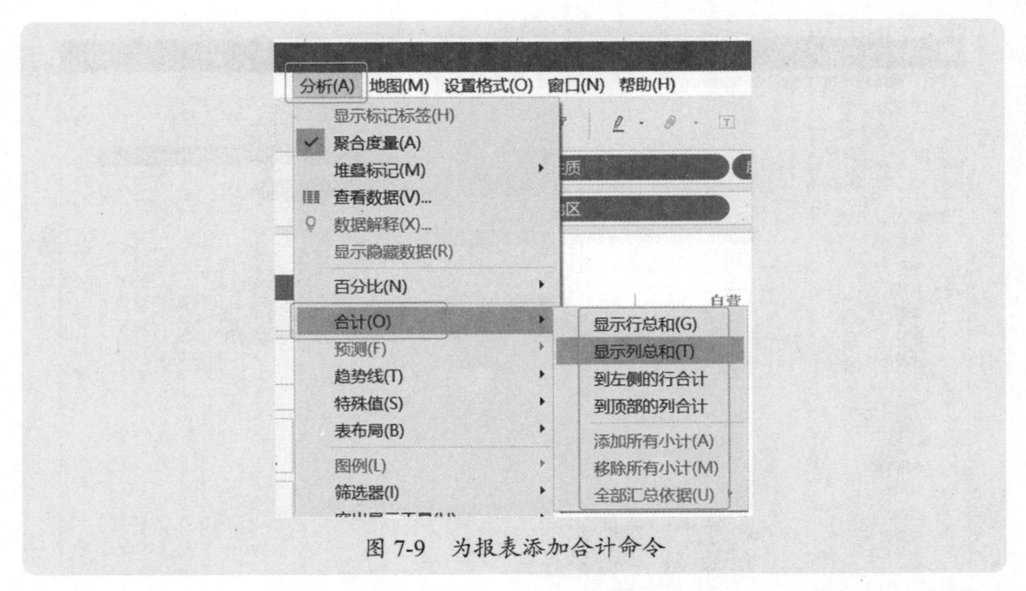

图 7-9　为报表添加合计命令

执行“合计”下的“显示行总和”和“显示列总和”命令，得到如图 7-10 所示的报表。

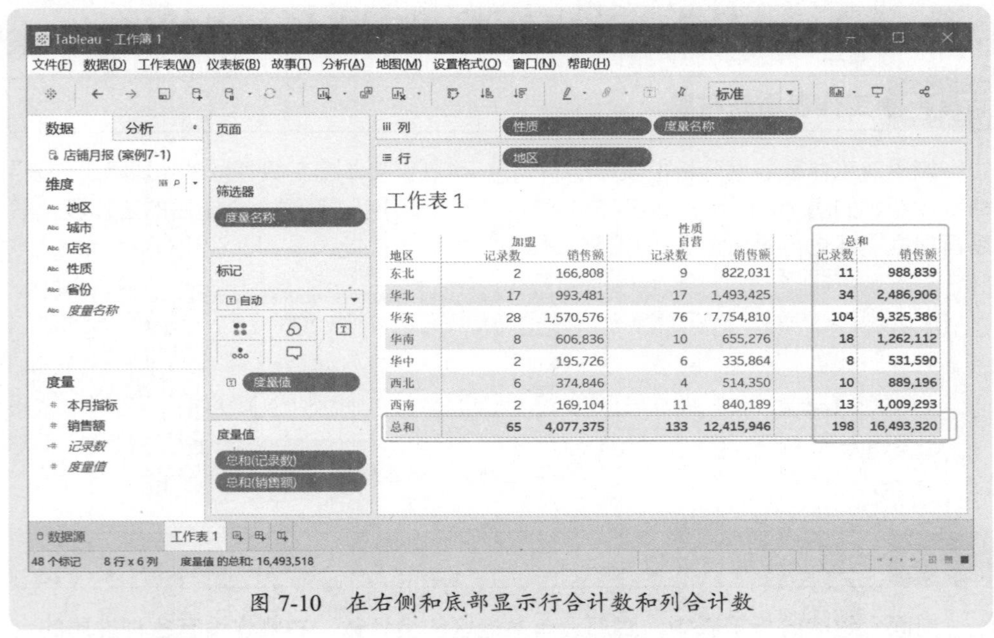

地区	加盟 记录数	加盟 销售额	自营 记录数	自营 销售额	总和 记录数	总和 销售额
东北	2	166,808	9	822,031	11	988,839
华北	17	993,481	17	1,493,425	34	2,486,906
华东	28	1,570,576	76	7,754,810	104	9,325,386
华南	8	606,836	10	655,276	18	1,262,112
华中	2	195,726	6	335,864	8	531,590
西北	6	374,846	4	514,350	10	889,196
西南	2	169,104	11	840,189	13	1,009,293
总和	65	4,077,375	133	12,415,946	198	16,493,320

图 7-10　在右侧和底部显示行合计数和列合计数

如果想把合计数显示在项目的顶部和左侧，就再执行“到左侧的行合计”和“到顶部的列合计”命令，得到如图 7-11 所示的结果。

地区	总和 记录数	总和 销售额	加盟 记录数	加盟 销售额	自营 记录数	自营 销售额
总和	198	16,493,320	65	4,077,375	133	12,415,946
东北	11	988,839	2	166,808	9	822,031
华北	34	2,486,906	17	993,481	17	1,493,425
华东	104	9,325,386	28	1,570,576	76	7,754,810
华南	18	1,262,112	8	606,836	10	655,276
华中	8	531,590	2	195,726	6	335,864
西北	10	889,196	6	374,846	4	514,350
西南	13	1,009,293	2	169,104	11	840,189

图 7-11　显示行合计数和列合计数：显示在顶部和左侧

如果不想再显示这样的合计数，就再执行一次“合计”下的“显示行总和”和“显示列总和”命令，取消显示合计。

7.1.4 为报表添加分类小计

将报表调整为如图 7-12 所示的布局。

性质	地区	记录数	销售额
加盟	东北	2	166,808
	华北	17	993,481
	华东	28	1,570,576
	华南	8	606,836
	华中	2	195,726
	西北	6	374,846
	西南	2	169,104
自营	东北	9	822,031
	华北	17	1,493,425
	华东	76	7,754,810
	华南	10	655,276
	华中	6	335,864
	西北	4	514,350
	西南	11	840,189
总和		198	16,493,320

图 7-12　重新布局报表

现在想了解加盟店和自营店的门店总数及销售总额，也就是在“性质”下添加小计，此时，可以执行“合计”下的“添加所有小计”命令，得到如图 7-13 所示的报表。

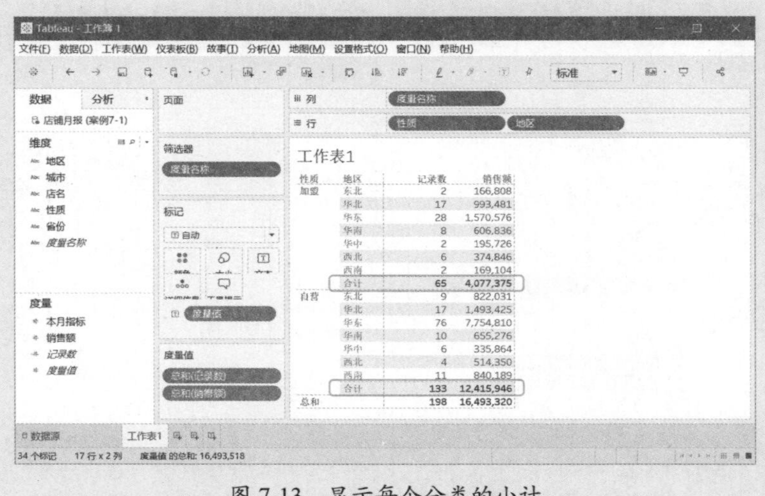

性质	地区	记录数	销售额
加盟	东北	2	166,808
	华北	17	993,481
	华东	28	1,570,576
	华南	8	606,836
	华中	2	195,726
	西北	6	374,846
	西南	2	169,104
	合计	65	4,077,375
自营	东北	9	822,031
	华北	17	1,493,425
	华东	76	7,754,810
	华南	10	655,276
	华中	6	335,864
	西北	4	514,350
	西南	11	840,189
	合计	133	12,415,946
总和		198	16,493,320

图 7-13　显示每个分类的小计

如果不再需要这些小计，执行“合计”下的“移除所有小计”命令即可。

7.1.5 手动调整项目次序

默认情况下，某个字段下的项目排序是按照常规排序方式升序排列的，汉字是按照拼音排序的，例如，“加盟”会排到“自营”前面。在很多情况下，这样的默认次序并不是用户想要的，此时，可以手动调整排列次序。

方法很简单，单击某个项目名称，按住左键不放拖动鼠标，将其拖放到指定位置即可。图 7-14 所示是对地区名称和性质名称进行手动调整次序后的结果。

地区	自营	加盟
华东	7,754,810	1,570,576
华北	1,493,425	993,481
华中	335,864	195,726
华南	655,276	606,836
西北	514,350	374,846
东北	822,031	166,808
西南	840,189	169,104

图 7-14　手动调整项目次序的结果

7.1.6 转置报表

如果要将报表的行列转置，单击工具栏的“转置”按钮，或者执行“分析”→“交换行和列”命令，或者直接按 Ctrl+W 快捷键将报表的行列转置即可，如图 7-15 所示。

这种转置就是将原来的行和列的字段调换位置。

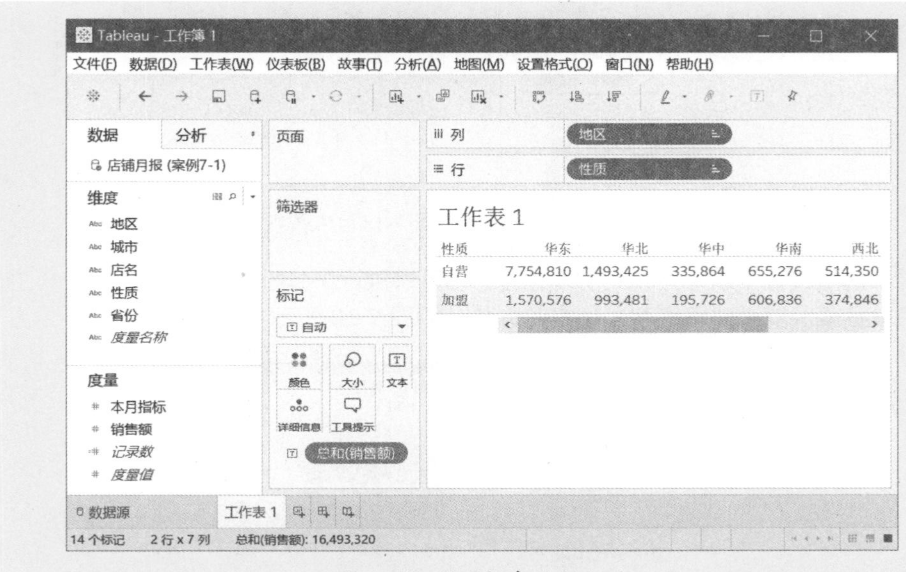

图 7-15 转置报表的行和列

7.1.7 显示 / 隐藏字段标签

列字段标签就是字段的标题，一般情况下，统计报表需要显示每个字段的标签（标题），但是在某些情况下，显示字段标签却很难看，如图 7-16 所示。

工作表 2

	性质			
	自营		加盟	
地区	记录数	销售额	记录数	销售额
华东	76	7,754,810	28	1,570,576
华中	6	335,864	2	195,726
华南	10	655,276	8	606,836
华北	17	1,493,425	17	993,481
西北	4	514,350	6	374,846
东北	9	822,031	2	166,808
西南	11	840,189	2	169,104

图 7-16 显示字段标签，报表不太好看

此时，可以将这个标签隐藏，方法很简单，右击该标签，在弹出的快捷菜单中执行“隐藏列字段标签”（对于“列”功能区的字段）或“隐藏行字段标签”（对于“行”功能区的字段）命令，如图 7-17 所示，得到如图 7-18 所示的结果。

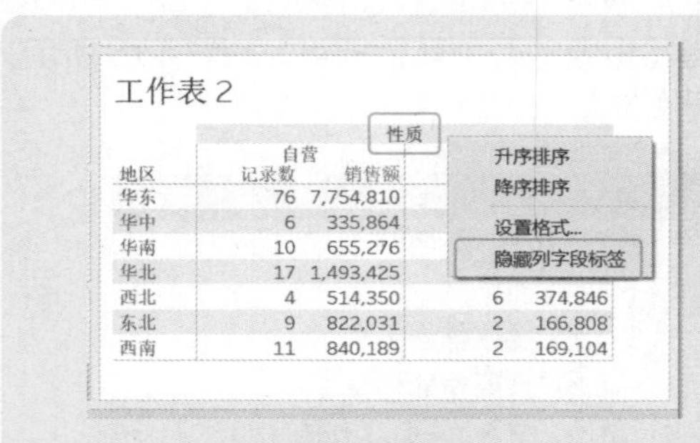

图 7-17 “隐藏字段标签”命令

工作表 2

地区	自营 记录数	自营 销售额	加盟 记录数	加盟 销售额
华东	76	7,754,810	28	1,570,576
华中	6	335,864	2	195,726
华南	10	655,276	8	606,836
华北	17	1,493,425	17	993,481
西北	4	514,350	6	374,846
东北	9	822,031	2	166,808
西南	11	840,189	2	169,104

图 7-18 隐藏字段标签后的报表

显示或隐藏行字段标签和列字段标签，也可以执行“分析”→“表布局”→“显示行字段标签”或“显示列字段标签”命令，如图 7-19 所示。

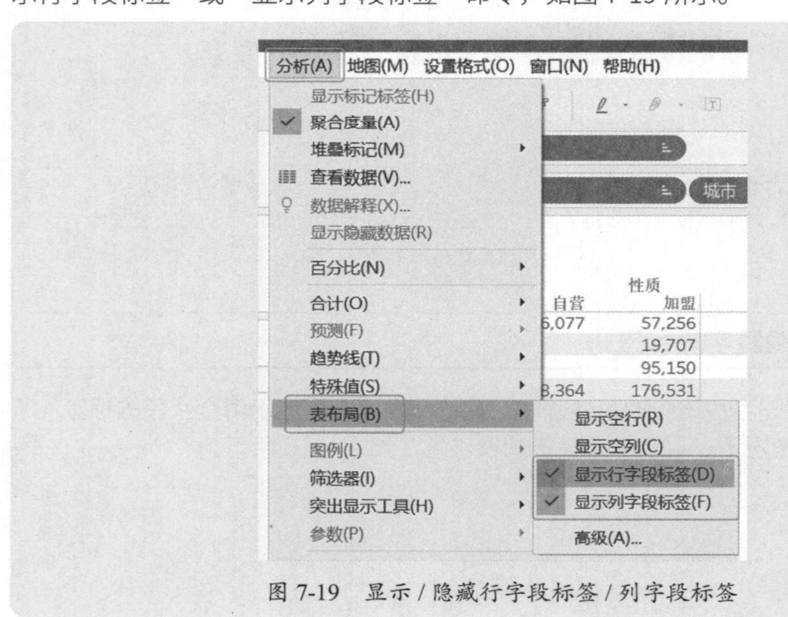

图 7-19 显示 / 隐藏行字段标签 / 列字段标签

7.1.8 设置单元格大小

如果想要设置单元格大小，也就是单元格的行高和列宽，可以使用如下快捷键方式。

增加行高：Ctrl+ 上箭头。

减少行高：Ctrl+ 下箭头。

增加列宽：Ctrl+ 右箭头。

减少列宽：Ctrl+ 左箭头。

图 7-20 所示是增加行高和列宽后的报表。

工作表 2

地区	自营	加盟
华东	7,754,810	1,570,576
华中	335,864	195,726
华南	655,276	606,836
华北	1,493,425	993,481
西北	514,350	374,846
东北	822,031	166,808
西南	840,189	169,104

图 7-20　调整单元格大小后的报表

7.1.9 设置单元格数字格式

默认情况下，报表的数字格式是默认的，可以通过设置格式满足用户的阅读要求，例如，添加货币符号，添加自定义符号，缩位显示，等等。

在任意单元格处右击，在弹出的快捷菜单中执行“设置格式”命令，在工作表左侧打开“设置字体格式”边条，如图 7-21 所示。

图 7-21　“设置格式”命令及“设置字体格式”边条

在左侧的设置字体格式边条右上角的“字段”列表中，选择要设置数字格式的字段（这里选择“总和(销售额)”选项），然后切换到“区”的设置格式边条，在“数

字”下拉列表中设置需要的格式，如图 7-22 所示，这里选择以“百万（M）”为单位显示销售额数字。

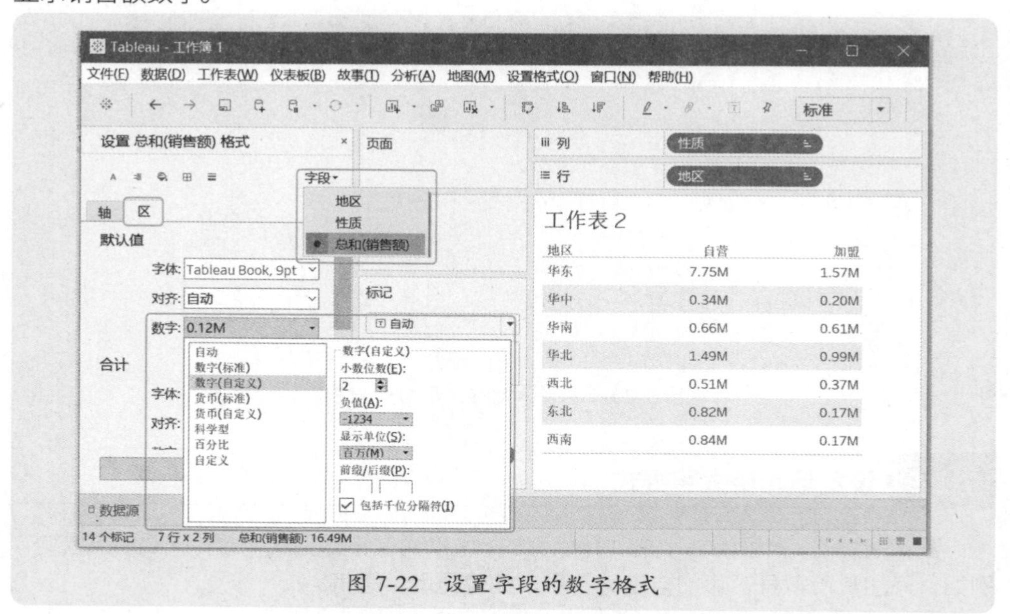

图 7-22　设置字段的数字格式

7.1.10 设置单元格字体

7.1.9 节介绍的是智能显示区汇总数字（度量字段）的数字格式如何设置，还可以设置维度字段的字体，方法一样，在“字段”下拉列表中选择要设置字体的字段，然后设置字体即可，图 7-23 所示就是一个示例效果。

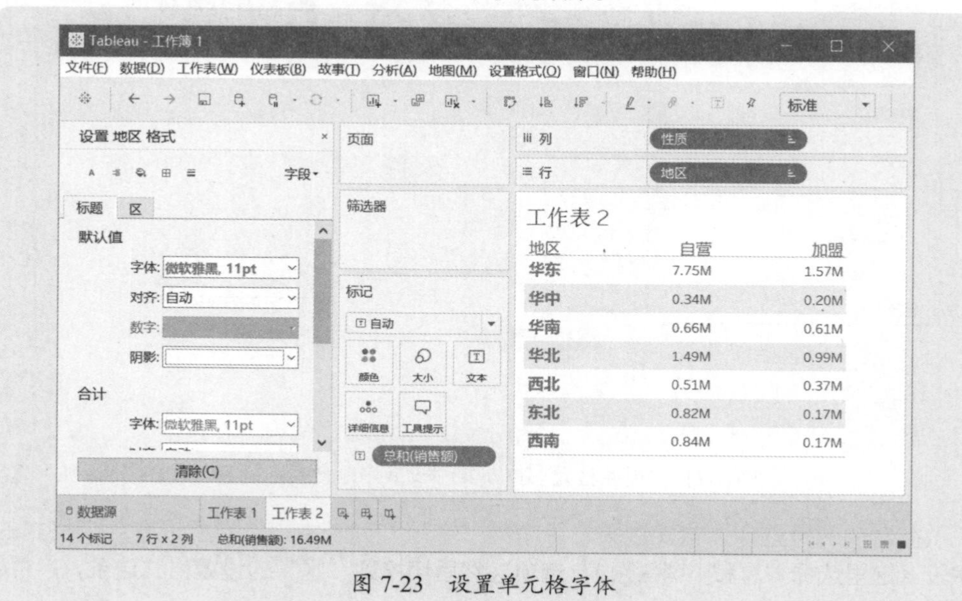

图 7-23　设置单元格字体

7.2 制作排名分析报表

排名分析是最常见的数据分析内容之一，例如，哪个客户销量最好？哪个业务员业绩最好？哪家门店毛利最高？等等。

排名分析可以通过排序数据、表计算两种方法来实现。

7.2.1 排序数据

在工作表界面的工具栏上，有两个排序按钮，单击这两个按钮，可以实现数据的升序或降序排序。也可以单击某个标签右侧的排序按钮，实现快速降序和升序。

例如，要对某个地区的销售总额从高到低排序，就选择该列，单击排序按钮，图 7-24 所示就是降序排序的结果。

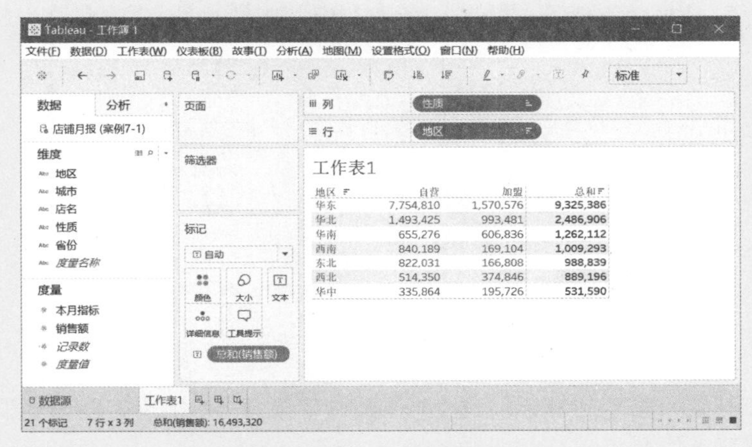

图 7-24 销售总额降序排序

如果要清除排序，可以单击胶囊右侧的下拉箭头，展开命令列表，执行“清除排序”命令，如图 7-25 所示。

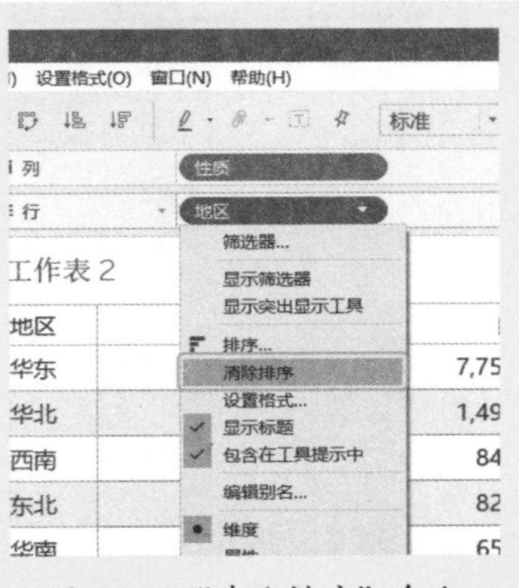

图 7-25 “清除排序”命令

7.2.2 表计算

7.2.1 节内容介绍的是对数据进行降序或升序的基本方法。如果要对数据的大小进行排位分析，则需要使用表计算。

表计算中的排位可以使用现有的排位工具，也可以使用表计算函数，下面介绍表计算的排位工具。

右击“标记”窗格中的“总和(销售额)”数据，在弹出的快捷菜单中执行“添加表计算”命令，如图 7-26 所示，打开“表计算”对话框，做如下设置，如图 7-27 所示。

- 在“计算类型”中，依次选择“排序”“降序”和“竞争排序 (1,2,2,4)”选项。
- 在“计算依据”中，选择“表(向下)”选项。

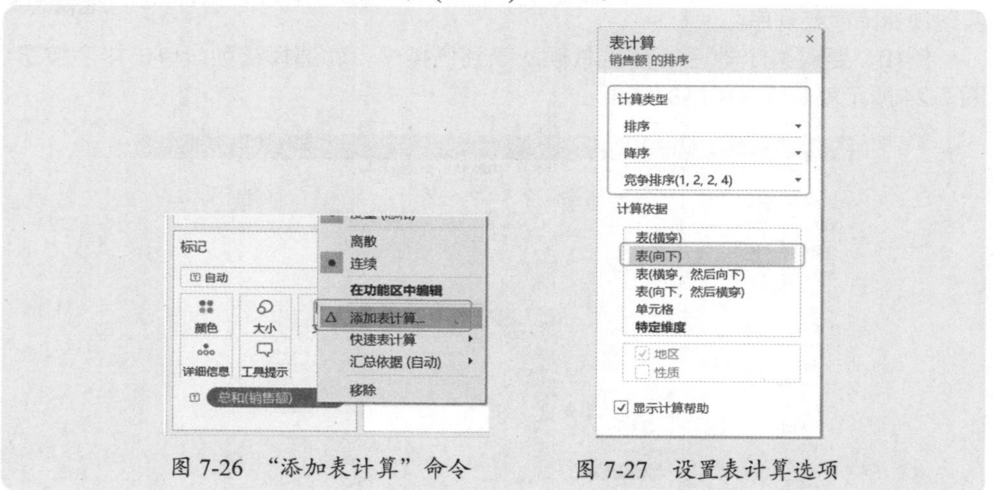

图 7-26 “添加表计算”命令　　　　图 7-27 设置表计算选项

排位的结果如图 7-28 所示。这个结果反映了自营店、加盟店以及全部门店的各地区销售额排名结果。

例如，全部门店、自营店和加盟店中，销售额第 1 名的均是华东地区。

销售总额排名第 3 的是华南地区，但华南自营店销售额排名第 5，加盟店销售额排名第 3。

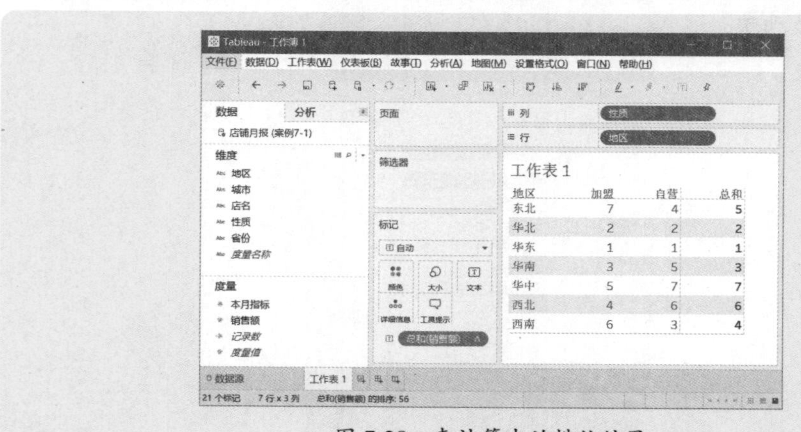

图 7-28 表计算中的排位结果

7.3 制作不同汇总计算结果的分析报表

默认情况下，字段的汇总依据是求和，不过，可以根据实际情况来选择计数、平均值、最大值、最小值、中位数等计算方式，从而得到不同计算结果的分析报告。

以图 7-29 所示的数据为例，来说明如何通过设置汇总依据来分析数据。本案例的数据源是“案例 7-2.xlsx”文件。

工号	姓名	部门	基本工资	出勤工资	应发合计	三险一金	个税	实发合计
0001	刘晓晨	办公室	7,860	3,742	11,602	958.500	1,327.70	9,315.80
0002	石破天	办公室	2,825	3,021	5,846	742.300	299.46	4,804.24
0003	蔡晓宇	办公室	3,461	2,867	6,328	667.700	414.14	5,246.16
0004	祁正人	办公室	2,292	2,787	5,079	700.500	218.28	4,160.22
0005	张丽莉	办公室	5,448	2,365	7,813	634.500	657.90	6,520.60

图 7-29 示例数据

对于图 7-29 所示的示例数据，我们需要了解各部门的人数、最低工资、最高工资、人均工资和工资中位数，以便分析工资结构的合理性，以字段“应发合计”作为计算指标。

7.3.1 复制度量

由于要对“应发合计”做 4 种分析，因此首先复制三个“应发合计”字段，如图 7-30 所示。复制很简单，右击字段，在弹出的快捷菜单中执行三次“复制”命令即可。

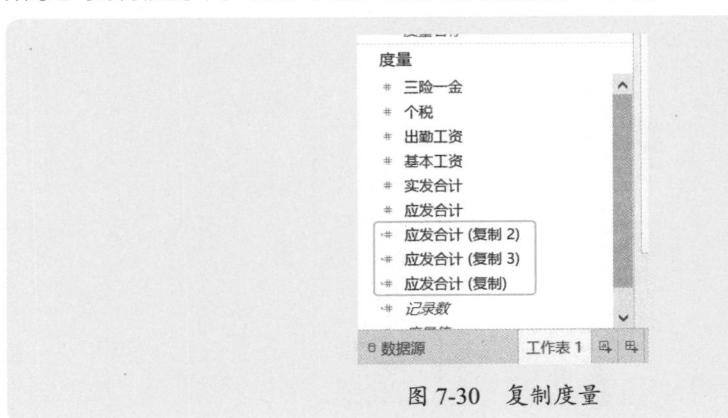

图 7-30 复制度量

7.3.2 设置度量的汇总依据

进行布局，将字段“部门”拖放到“行”功能区，将度量“记录数”和原始的字段“应发合计”以及复制得到的三个“应发合计”字段拖放到“度量值”计算区域，得到如图 7-31 所示的报表。

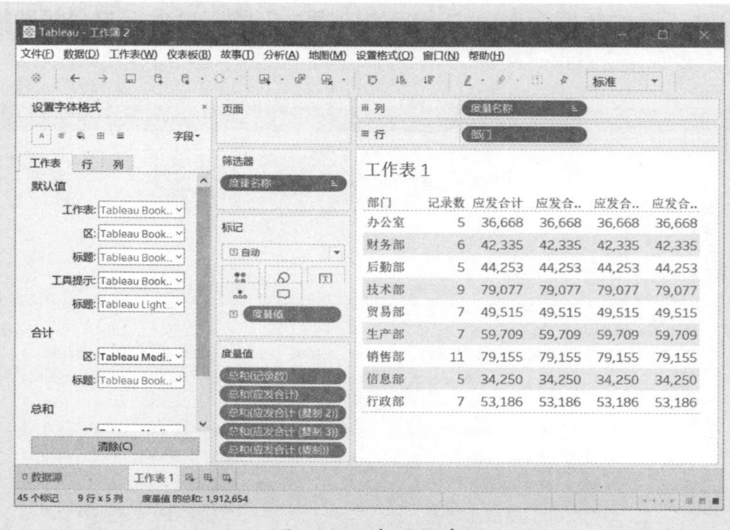

图 7-31　布局报表

在“度量值”胶囊中，选择某个度量胶囊，右击，执行“度量（总和)”命令菜单下的相关命令，如图 7-32 所示，可以得到相应的统计结果。

- 选择“最小值”选项，计算最低工资。
- 选择“最大值”选项，计算最高工资。
- 选择“平均值”选项，计算“人均工资”。
- 选择“中位数”选项，计算工资中位数。

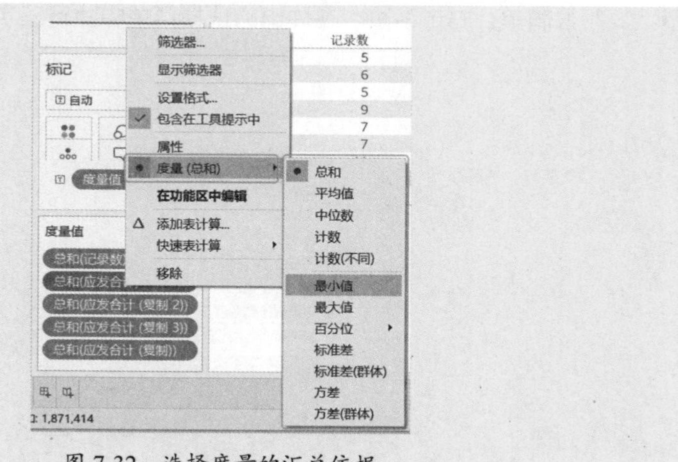

图 7-32　选择度量的汇总依据

这样，就得到了如图 7-33 所示的报表。

图 7-33　设置汇总依据后的报表

7.3.3 编辑别名

报表的标题需要修改为确切的名称，例如，把“记录数”修改为“人数”，把“最小值 应发合计”修改为“最低工资”，等等。方法很简单，右击标题，在弹出的快捷菜单中执行“编辑别名”命令，如图 7-34 所示，打开“编辑别名”对话框，输入新别名即可，如图 7-35 所示。

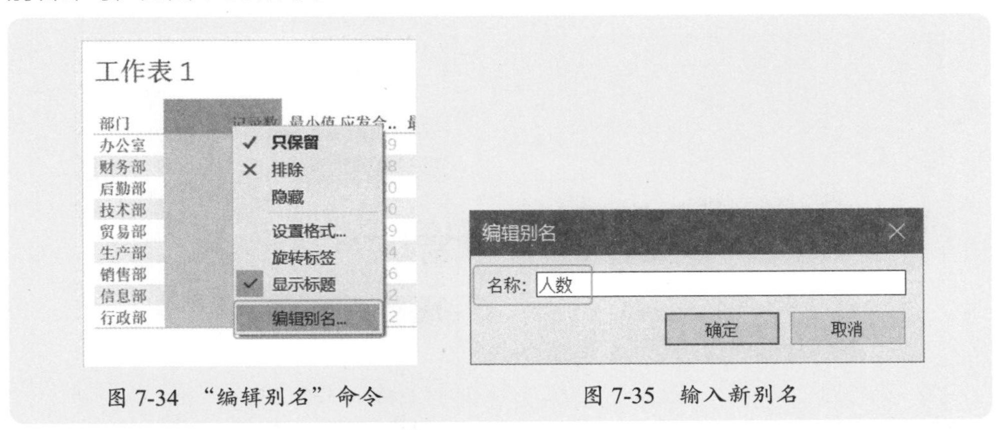

图 7-34　“编辑别名”命令　　　　图 7-35　输入新别名

这样就得到需要的报表，如图 7-36 所示，其中已经给报表添加了底部的列合计。

部门	人数	最低工资	最高工资	人均工资	中位数..
办公室	5	5,079	11,602	7,334	6,328
财务部	6	5,936	8,458	7,056	6,953
后勤部	5	6,326	11,189	8,851	9,269
技术部	9	5,656	10,555	8,786	8,543
贸易部	7	3,775	9,356	7,074	7,302
生产部	7	5,712	10,819	8,530	8,722
销售部	11	3,610	9,443	7,196	8,040
信息部	5	3,950	10,046	6,850	7,044
行政部	7	4,822	11,201	7,598	7,265
总和	62	3,610	11,602	7,712	7,811

图 7-36　不同汇总依据的报告

7.4 制作常规的百分比分析报表

各地区销售额占比多少？今年与去年相比增长率是多少？预算执行率是多少？等等，这些都是百分比分析的问题。

在百分比分析时，可以执行“分析”菜单中常规的“百分比”命令，也可以使用表计算中的百分比分析功能。

常规的百分比分析是执行“分析”→“百分比”下的菜单命令，如图 7-37 所示。

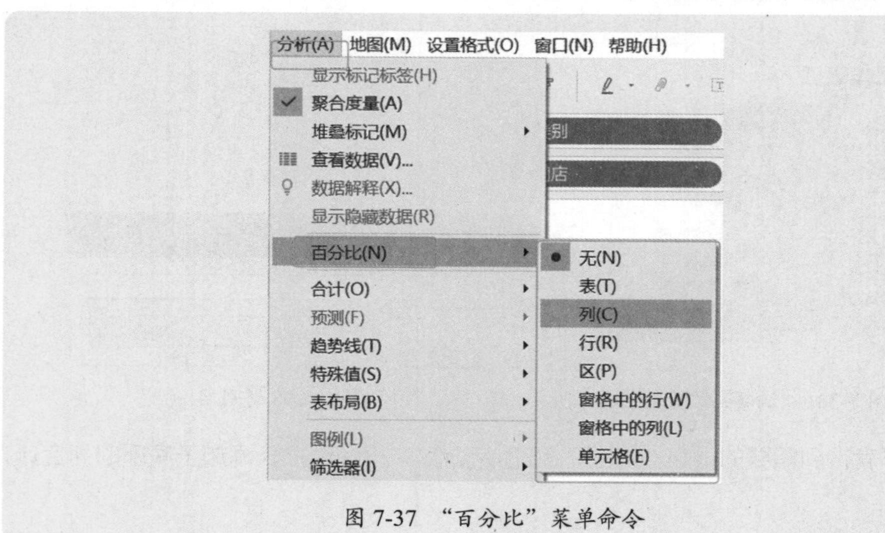

图 7-37　“百分比”菜单命令

下面结合图 7-38 所示的示例数据，介绍常见的百分比分析方法和技能。本案例的数据源是“案例 7-3.xlsx”文件。

门店	类别	一季度		二季度		三季度		四季度		全年	
		销售额	毛利	销售额	毛利	销售额	毛利	销售额	毛利	销售额	毛利
门店01	服装	1,021,388	122,482	1,343,451	185,426	702,485	96,041	952,445	101,806	903,382	84,681
门店01	家电	993,115	109,457	2,595,073	271,952	811,780	116,299	813,884	99,711	942,140	117,527
门店01	食品	342,819	56,566	457,570	85,158	323,252	56,425	335,028	60,005	387,664	65,177
门店01	合计	2,357,321	288,505	4,396,094	542,536	1,837,517	268,766	2,101,357	261,521	2,233,185	267,385
门店02	服装	1,225,521	139,469	2,061,020	261,882	931,951	112,358	951,813	96,619	146,060	8,940
门店02	家电	2,078,604	218,548	5,271,625	601,354	1,658,102	219,723	1,472,054	192,595	498,346	58,722
门店02	食品	733,861	127,122	1,151,088	215,986	809,382	147,373	614,823	115,074	216,401	39,097
门店02	合计	4,037,986	485,139	8,483,733	1,079,222	3,399,435	479,454	3,038,689	404,287	860,807	106,759
门店03	服装	157,918	25,513	162,751	30,577	119,471	21,973	152,787	24,422	168,920	23,403
门店03	家电	464,953	58,221	710,682	82,004	396,744	56,194	448,989	61,123	536,692	68,737
门店03	食品	88,644	18,394	85,902	19,149	75,491	17,234	80,270	17,294	92,523	18,602
门店03	合计	711,516	102,127	959,335	131,731	591,707	95,401	682,047	102,839	798,135	110,743
门店04	服装	494,499	43,132	571,200	60,001	386,331	43,472	560,004	50,453	470,730	46,172
门店04	家电	529,507	65,905	770,162	104,111	483,036	74,148	583,868	79,911	510,043	65,403

图 7-38　示例数据

这个 Excel 文件并不能做分析，因此需要进行整理加工。建立数据连接，使用数据解释器进行清理，如图 7-39 所示。

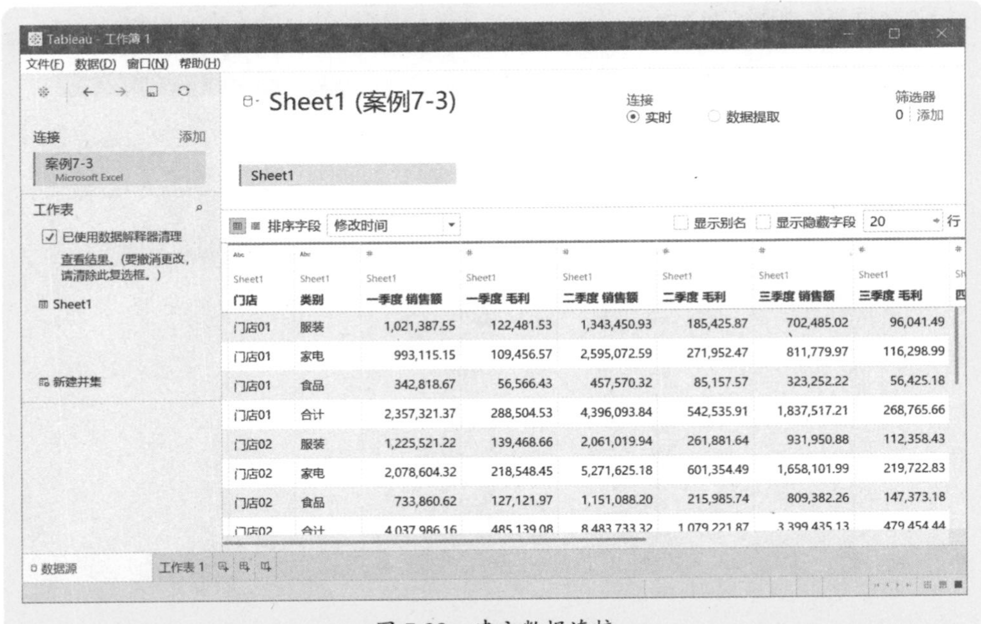

图 7-39　建立数据连接

先隐藏全年合计数列，然后选择各季度数据，进行转置，如图 7-40 所示。

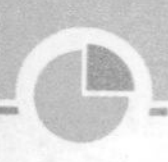

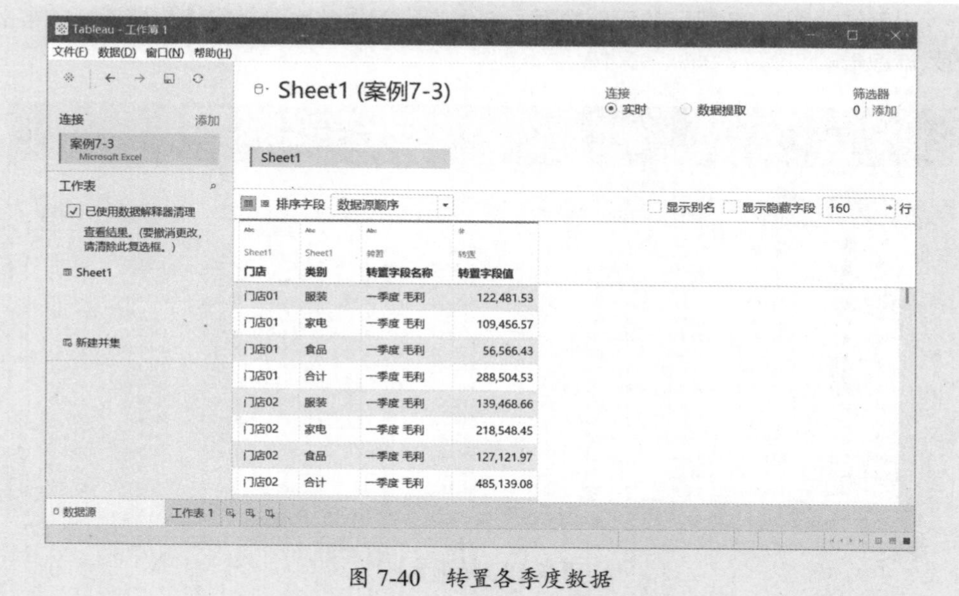

图 7-40　转置各季度数据

执行“自定义拆分列”命令，将转置后排成一列的季度名称和项目名称分成两列，修改字段名称为“季度”和“项目”，设置金额数据类型为整数，得到一个能够进行分析的数据表，如图 7-41 所示。

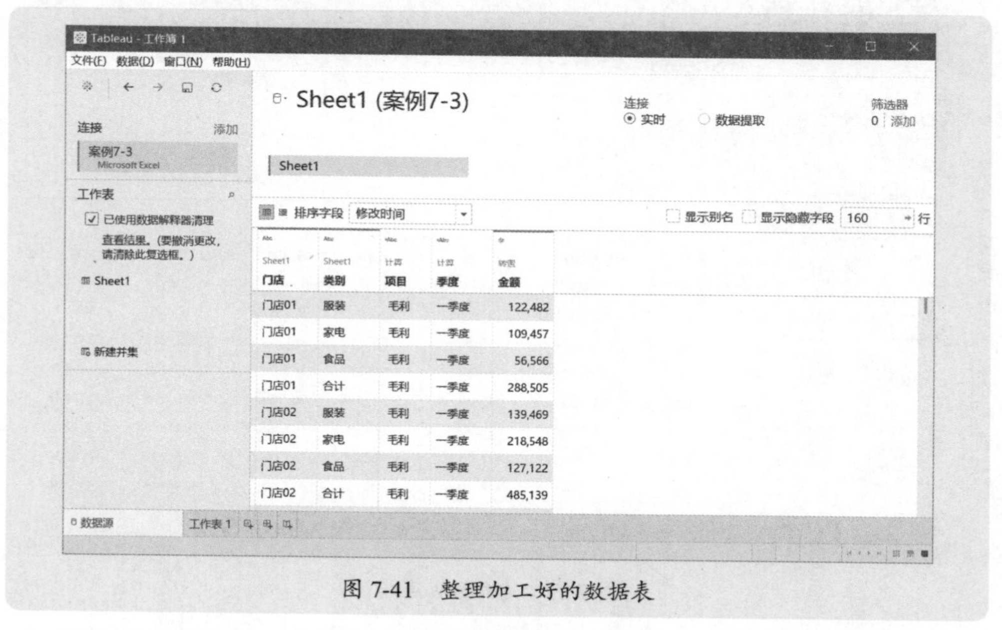

图 7-41　整理加工好的数据表

下面分析各门店、各类别、各季度的销售额情况，因此首先布局报表，设置筛选器，筛选掉类别里的总计，选择销售额进行分析，基本报表如图 7-42 所示。

图 7-42 基本报表

7.4.1 表百分比

表百分比是指表中的各个项目占全部项目总计的百分比。

执行“分析”→“百分比”→“表”命令，得到如图 7-43 所示的分析报告。这个报告反映的是各门店、各类别商品的销售额占全部销售额的比例。

图 7-43 各门店、各类别商品的销售额占全部销售额的比例

7.4.2 列百分比

列百分比是指在列方向上计算各项目占底部列合计的百分比。

例如，要分析各门店的销售贡献，也就是每个类别中，各门店销售额的占比，则可以执行“分析”→“百分比”→“列”命令，得到如图 7-44 所示的报表。

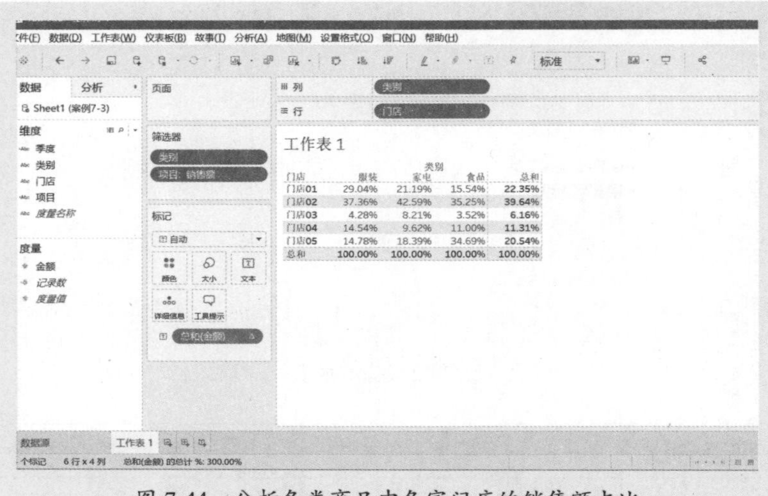

图 7-44　分析各类商品中各家门店的销售额占比

7.4.3 行百分比

行百分比是指在行方向上计算各项目占右侧行合计的百分比。

例如，要分析某个门店下各类商品的销售贡献，可以执行“分析”→“百分比”→“行”命令，得到如图 7-45 所示的分析报告。

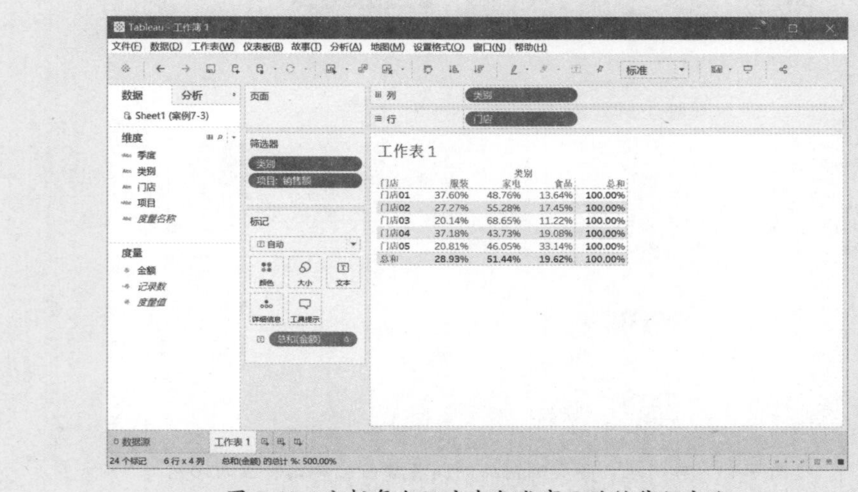

图 7-45　分析每个门店中各类商品的销售额占比

7.4.4 区百分比

区百分比，就是在列上布局多个字段时，计算某层字段的每个项目占其上一层（父级）合计数的百分比。

重新布局报表，统计各门店、各类别、各季度的销售额，如图 7-46 所示。注意，字段“季度”的排序属性设置为“手动”，以便能够正确排列季度。

这个表按照门店分区，也就是每个区代表了一个门店的各季度的数据。

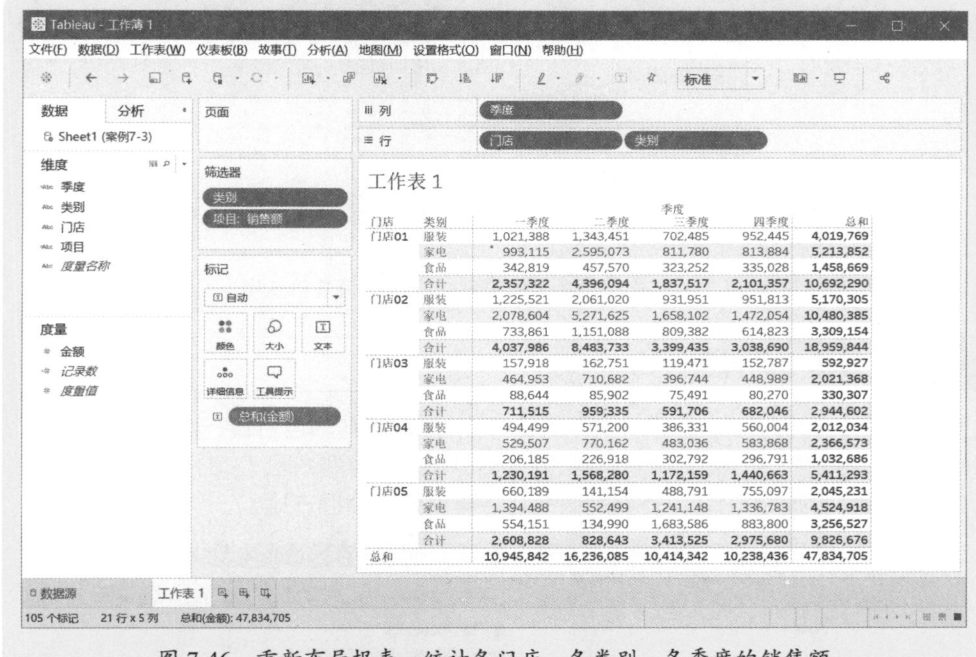

门店	类别	一季度	二季度	三季度	四季度	总和
门店01	服装	1,021,388	1,343,451	702,485	952,445	4,019,769
	家电	993,115	2,595,073	811,780	813,884	5,213,852
	食品	342,819	457,570	323,252	335,028	1,458,669
	合计	2,357,322	4,396,094	1,837,517	2,101,357	10,692,290
门店02	服装	1,225,521	2,061,020	931,951	951,813	5,170,305
	家电	2,078,604	5,271,625	1,658,102	1,472,054	10,480,385
	食品	733,861	1,151,088	809,382	614,823	3,309,154
	合计	4,037,986	8,483,733	3,399,435	3,038,690	18,959,844
门店03	服装	157,918	162,751	119,471	152,787	592,927
	家电	464,953	710,682	396,744	448,989	2,021,368
	食品	88,644	85,902	75,491	80,270	330,307
	合计	711,515	959,335	591,706	682,046	2,944,602
门店04	服装	494,499	571,200	386,331	560,004	2,012,034
	家电	529,507	770,162	483,036	583,868	2,366,573
	食品	206,185	226,918	302,792	296,791	1,032,686
	合计	1,230,191	1,568,280	1,172,159	1,440,663	5,411,293
门店05	服装	660,189	141,154	488,791	755,097	2,045,231
	家电	1,394,488	552,499	1,241,148	1,336,783	4,524,918
	食品	554,151	134,990	1,683,586	883,800	3,256,527
	合计	2,608,828	828,643	3,413,525	2,975,680	9,826,676
总和		10,945,842	16,236,085	10,414,342	10,238,436	47,834,705

图 7-46 重新布局报表，统计各门店、各类别、各季度的销售额

此时，执行“分析”→“百分比”→“区”命令，得到如图 7-47 所示的分析报表。这个报表反映的是每个门店中，各类别、各季度销售额的占比。

例如，门店 01，三个类别商品，四个季度，总共有 12 个百分比数据，合计就是 100%，即这 12 个百分比数字反映的是门店 01 在各季度销售各类商品的份额。

商品 01 底部的合计数，是全部商品在每个季度销售额的占比。

商品 01 右侧的总和比例，是每个类别的商品全年销售额的占比。

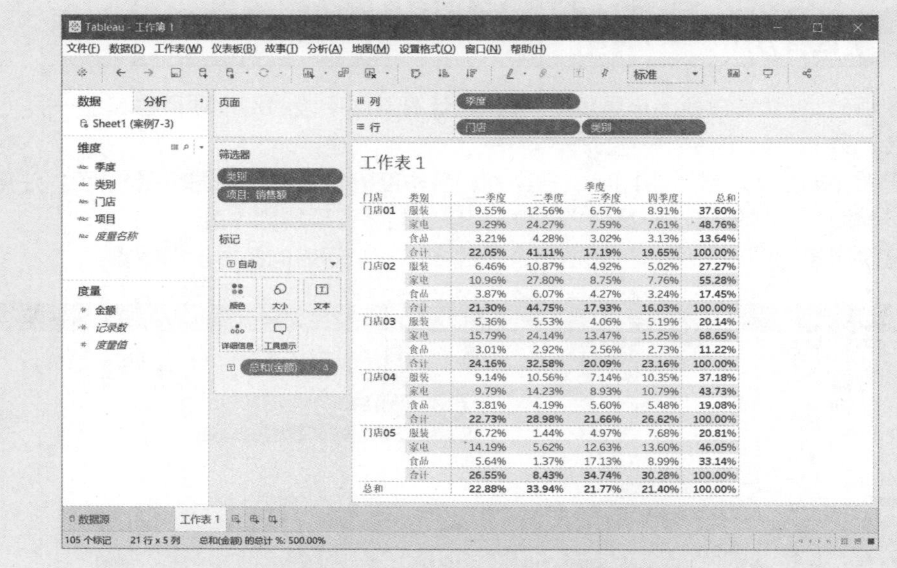

工作表 1

门店	类别	一季度	二季度	三季度	四季度	总和
门店01	服装	9.55%	12.56%	6.57%	8.91%	37.60%
	家电	9.29%	24.27%	7.59%	7.61%	48.76%
	食品	3.21%	4.28%	3.02%	3.13%	13.64%
	合计	22.05%	41.11%	17.19%	19.65%	100.00%
门店02	服装	6.46%	10.87%	4.92%	5.02%	27.27%
	家电	10.96%	27.80%	8.75%	7.76%	55.28%
	食品	3.87%	6.07%	4.27%	3.24%	17.45%
	合计	21.30%	44.75%	17.93%	16.03%	100.00%
门店03	服装	5.36%	5.53%	4.06%	5.19%	20.14%
	家电	15.79%	24.14%	13.47%	15.25%	68.65%
	食品	3.01%	2.92%	2.56%	2.73%	11.22%
	合计	24.16%	32.58%	20.09%	23.16%	100.00%
门店04	服装	9.14%	10.56%	7.14%	10.35%	37.18%
	家电	9.79%	14.23%	8.93%	10.79%	43.73%
	食品	3.81%	4.19%	5.60%	5.48%	19.08%
	合计	22.73%	28.98%	21.66%	26.62%	100.00%
门店05	服装	6.72%	1.44%	4.97%	7.68%	20.81%
	家电	14.19%	5.62%	12.63%	13.60%	46.05%
	食品	5.64%	1.37%	17.13%	8.99%	33.14%
	合计	26.55%	8.43%	34.74%	30.28%	100.00%
总和		22.88%	33.94%	21.77%	21.40%	100.00%

图 7-47　每个门店中各类别、各季度销售额占比

7.4.5 窗格中的行百分比

窗格中的行百分比，就是对表中的每行，计算该行各项目占该行合计数的百分比。

执行“分析”→“百分比”→“窗格中的行”命令，得到如图 7-48 所示的分析报表。这个报表反映的是各门店、各类别商品在各季度的销售额占比。

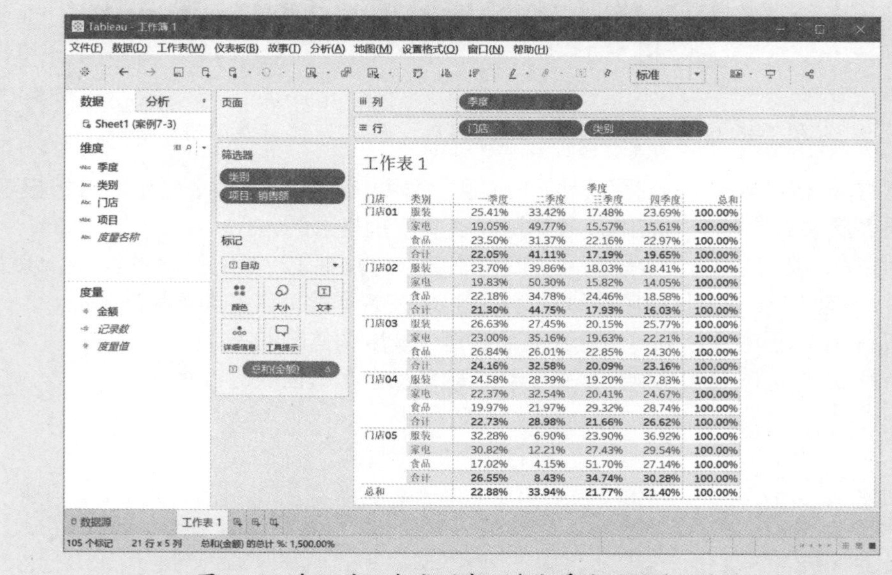

工作表 1

门店	类别	一季度	二季度	三季度	四季度	总和
门店01	服装	25.41%	33.42%	17.48%	23.69%	100.00%
	家电	19.05%	49.77%	15.57%	15.61%	100.00%
	食品	23.50%	31.37%	22.16%	22.97%	100.00%
	合计	22.05%	41.11%	17.19%	19.65%	100.00%
门店02	服装	23.70%	39.86%	18.03%	18.41%	100.00%
	家电	19.83%	50.30%	15.82%	14.05%	100.00%
	食品	22.18%	34.78%	24.46%	18.58%	100.00%
	合计	21.30%	44.75%	17.93%	16.03%	100.00%
门店03	服装	26.63%	27.45%	20.15%	25.77%	100.00%
	家电	23.00%	35.16%	19.63%	22.21%	100.00%
	食品	26.84%	26.01%	22.85%	24.30%	100.00%
	合计	24.16%	32.58%	20.09%	23.16%	100.00%
门店04	服装	24.58%	28.39%	19.20%	27.83%	100.00%
	家电	22.37%	32.54%	20.41%	24.67%	100.00%
	食品	19.97%	21.97%	29.32%	28.74%	100.00%
	合计	22.73%	28.98%	21.66%	26.62%	100.00%
门店05	服装	32.28%	6.90%	23.90%	36.92%	100.00%
	家电	30.82%	12.21%	27.43%	29.54%	100.00%
	食品	17.02%	4.15%	51.70%	27.14%	100.00%
	合计	26.55%	8.43%	34.74%	30.28%	100.00%
总和		22.88%	33.94%	21.77%	21.40%	100.00%

图 7-48　各门店、各类别商品在各季度的销售额占比

7.4.6 窗格中的列百分比

窗格中的列百分比，就是对表中的每列计算该列各项目占该列合计数的百分比。

执行“分析”→“百分比”→“窗格中的列”命令，得到如图 7-49 所示的分析报表。这个报表反映的是各门店、各季度中，每个类别商品的销售额占比，是局部的占比分析。

例如，门店 01 在一季度中，服装、家电和食品的销售额占比分别为 43.33%、42.13% 和 14.54%。

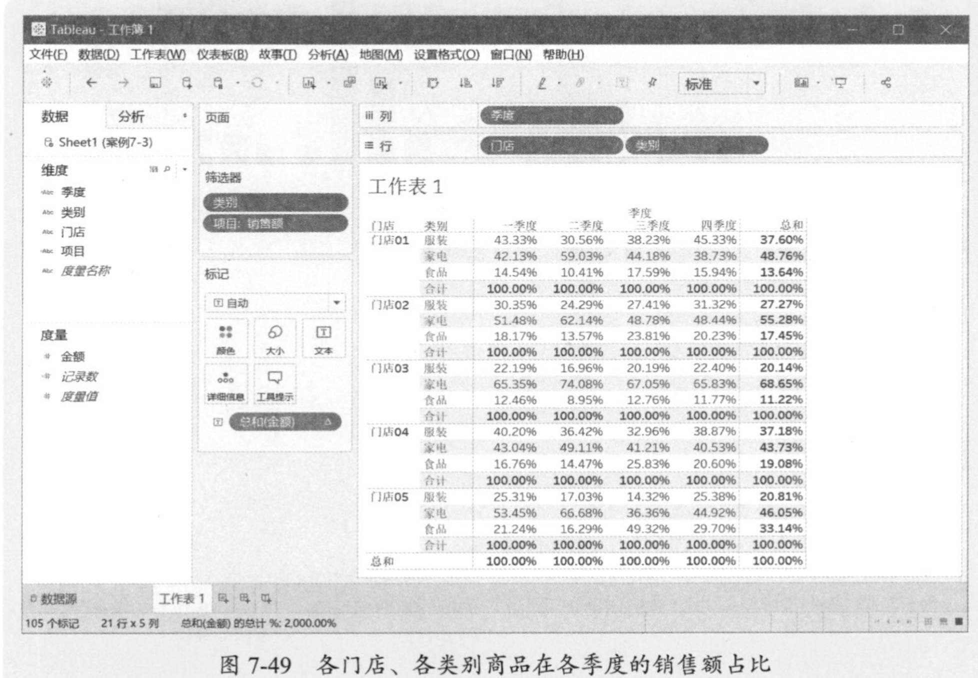

门店	类别	一季度	二季度	三季度	四季度	总和
门店01	服装	43.33%	30.56%	38.23%	45.33%	37.60%
	家电	42.13%	59.03%	44.18%	38.73%	48.76%
	食品	14.54%	10.41%	17.59%	15.94%	13.64%
	合计	100.00%	100.00%	100.00%	100.00%	100.00%
门店02	服装	30.35%	24.29%	27.41%	31.32%	27.27%
	家电	51.48%	62.14%	48.78%	48.44%	55.28%
	食品	18.17%	13.57%	23.81%	20.23%	17.45%
	合计	100.00%	100.00%	100.00%	100.00%	100.00%
门店03	服装	22.19%	16.96%	20.19%	22.40%	20.14%
	家电	65.35%	74.08%	67.05%	65.83%	68.65%
	食品	12.46%	8.95%	12.76%	11.77%	11.22%
	合计	100.00%	100.00%	100.00%	100.00%	100.00%
门店04	服装	40.20%	36.42%	32.96%	38.87%	37.18%
	家电	43.04%	49.11%	41.21%	40.53%	43.73%
	食品	16.76%	14.47%	25.83%	20.60%	19.08%
	合计	100.00%	100.00%	100.00%	100.00%	100.00%
门店05	服装	25.31%	17.03%	14.32%	25.38%	20.81%
	家电	53.45%	66.68%	36.36%	44.92%	46.05%
	食品	21.24%	16.29%	49.32%	29.70%	33.14%
	合计	100.00%	100.00%	100.00%	100.00%	100.00%
总和		100.00%	100.00%	100.00%	100.00%	100.00%

图 7-49　各门店、各类别商品在各季度的销售额占比

7.5 快速表计算，一步制作各种分析报表

Tableau 的表计算功能非常强大，在数据分析中占有重要的地位。表计算有两种方法：一个是快速表计算，一个是添加表计算。

在工作表视图中，右击“行”功能区、“列”功能区或者“标记”选项卡里的度量，在弹出的快捷菜单中执行“快速表计算”命令，如图 7-50 所示，就可以对表进行快速计算分析。

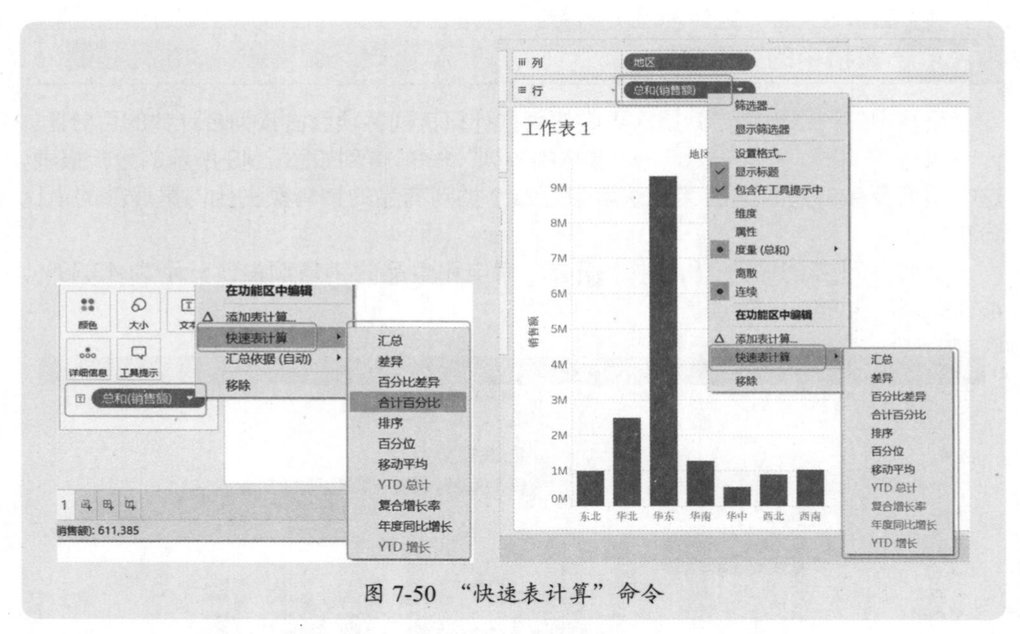

图 7-50 “快速表计算”命令

对于常规类字段，快速表计算有下面几种计算方式。

- 汇总。
- 差异。
- 百分比差异。
- 合计百分比。
- 排序。
- 百分位。
- 移动平均。

对于日期类字段，快速表计算有下面几种计算方式。

- YTD 总计。
- 复合增长率。
- 年度同比增长。
- YTD 增长。

需要注意的是，默认情况下，快速表计算的计算依据都是“表 (横穿)”，也就是在一行中的各列进行计算。

7.5.1 汇总

图 7-51 所示是各产品、各月销售额统计表，本案例的数据源是“案例 7-4.xlsx”文件。

产品	一月	二月	三月	四月	五月	六月	总和
产品01	15,363	27,538	29,753	9,469	16,538	38,706	137,367
产品02	9,438	19,000	14,850	24,289	24,125	27,456	119,158
产品03	2,415	3,880	4,444	2,942	4,368	6,849	24,898
产品04	14,731	3,451	11,842	13,929	12,405	14,416	70,776
产品05	932	4,327	1,469	1,324	2,462	1,895	12,409
产品07	1,513	1,282	2,635	2,473	5,305	6,885	20,093
产品08	44,006	1,184	3,071	6,883	3,444	8,835	67,423
产品09	17,472	983	2,216	12,127	4,244	9,469	46,511
总和	105,870	61,645	70,281	73,436	72,892	114,512	498,635

图 7-51　各产品、各月销售额统计表

“汇总”是表上横穿，进行累计计算，公式为：

```
RUNNING_SUM(SUM([ 销售额 ]))
```

右击度量“总和(销售额)”，在弹出的快捷菜单中执行“快速表计算”→“汇总”命令，得到如图 7-52 所示的汇总表，也就是在每行中，每个月显示的数据是从 1 月份开始截至本月的累计数。

产品	一月	二月	三月	四月	五月	六月	总和
产品01	15,363	42,901	72,654	82,123	98,661	137,367	137,367
产品02	9,438	28,438	43,288	67,577	91,702	119,158	119,158
产品03	2,415	6,295	10,739	13,681	18,049	24,898	24,898
产品04	14,731	18,182	30,024	43,954	56,359	70,776	70,776
产品05	932	5,259	6,728	8,052	10,514	12,409	12,409
产品07	1,513	2,795	5,430	7,903	13,208	20,093	20,093
产品08	44,006	45,190	48,261	55,144	58,588	67,423	67,423
产品09	17,472	18,455	20,671	32,798	37,042	46,511	46,511
总和	105,870	167,515	237,795	311,232	384,123	498,635	498,635

图 7-52　各月累计销售额

7.5.2 差异

“差异”是在表上横穿，计算各列与前一列相减的结果。公式为；

ZN(SUM([销售额])) – LOOKUP(ZN(SUM([销售额])), –1)

图 7-53 所示就是设置“差异”后的报表，结果就是各月销售额与上月相比的增减额。

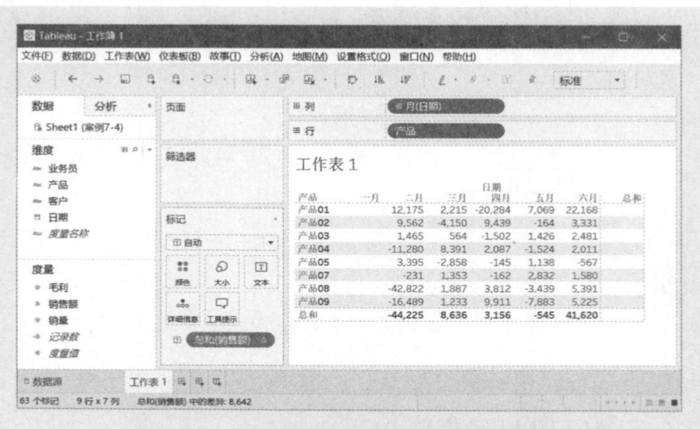

产品	一月	二月	三月	四月	五月	六月	总和
产品01		12,175	2,215	-20,284	7,069	22,168	
产品02		9,562	-4,150	9,439	-164	3,331	
产品03		1,465	564	-1,502	1,426	2,481	
产品04		-11,280	8,391	2,087	-1,524	2,011	
产品05		3,395	-2,858	-145	1,138	-567	
产品07		-231	1,353	-162	2,832	1,580	
产品08		-42,822	1,887	3,812	-3,439	5,391	
产品09		-16,489	1,233	9,911	-7,883	5,225	
总和		-44,225	8,636	3,156	-545	41,620	

图 7-53　各月销售额与上月相比的增减额

7.5.3 百分比差异

“百分比差异”是在表上横穿，计算各列与前一列的变动率，公式为：

(ZN(SUM([销售额]))–LOOKUP(ZN(SUM([销售额])),–1))/ABS(LOOKUP(ZN(SUM([销售额])),–1))

图 7-54 所示是设置“百分比差异”后的报表，结果就是各月销售额与上月相比的环比增长率。

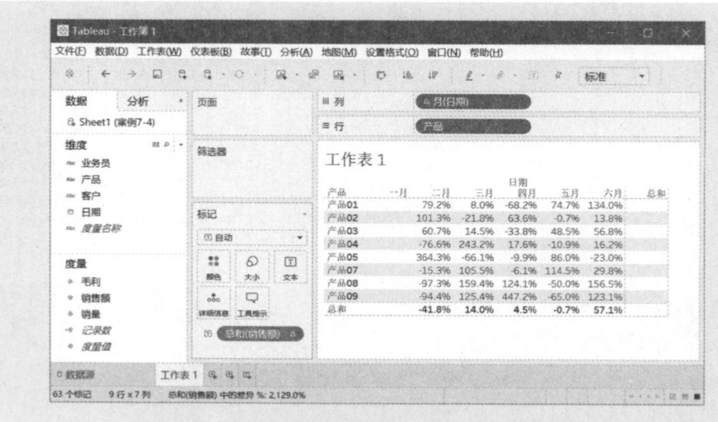

产品	一月	二月	三月	四月	五月	六月	总和
产品01		79.2%	8.0%	-68.2%	74.7%	134.0%	
产品02		101.3%	-21.8%	63.6%	-0.7%	13.8%	
产品03		60.7%	14.5%	-33.8%	48.5%	56.8%	
产品04		-76.6%	243.2%	17.6%	-10.9%	16.2%	
产品05		364.3%	-66.1%	-9.9%	86.0%	-23.0%	
产品07		-15.3%	105.5%	-6.1%	114.5%	29.8%	
产品08		-97.3%	159.4%	124.1%	-50.0%	156.5%	
产品09		-94.4%	125.4%	447.2%	-65.0%	123.1%	
总和		-41.8%	14.0%	4.5%	-0.7%	57.1%	

图 7-54　各月销售额与上月相比的环比增长率

7.5.4 合计百分比

“合计百分比”是在表上横穿，计算各列数据占该行合计的百分比，公式为：

SUM([销售额]) / TOTAL(SUM([销售额]))

图 7-55 所示是设置“合计百分比”后的报表，结果就是各月销售额占全部月份销售额的比例。

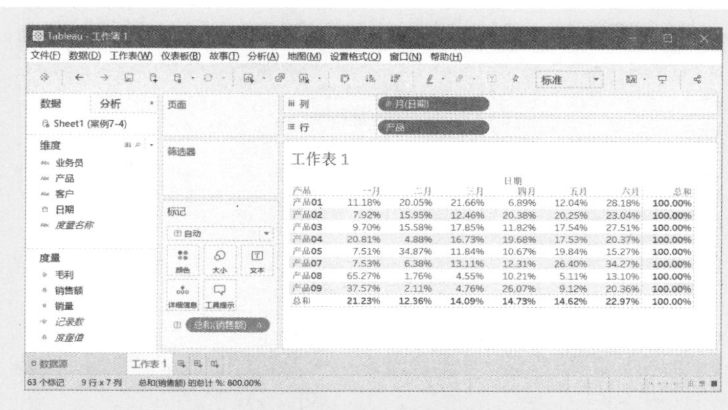

产品	一月	二月	三月	四月	五月	六月	总和
产品01	11.18%	20.05%	21.66%	6.89%	12.04%	28.18%	100.00%
产品02	7.92%	15.95%	12.46%	20.38%	20.25%	23.04%	100.00%
产品03	9.70%	15.58%	17.85%	11.82%	17.54%	27.51%	100.00%
产品04	20.81%	4.88%	16.73%	19.68%	17.53%	20.37%	100.00%
产品05	7.51%	34.87%	11.84%	10.67%	19.84%	15.27%	100.00%
产品07	7.53%	6.38%	13.11%	12.31%	26.40%	34.27%	100.00%
产品08	65.27%	1.76%	4.55%	10.21%	5.11%	13.10%	100.00%
产品09	37.57%	2.11%	4.76%	26.07%	9.12%	20.36%	100.00%
总和	21.23%	12.36%	14.09%	14.73%	14.62%	22.97%	100.00%

图 7-55　各月销售额占全部月份销售额的比例

7.5.5 排序

“排序”是在表上横穿，计算各列数据的排位，公式为：

RANK(SUM([销售额]))

图 7-56 所示就是设置“排序”后的报表，结果就是分析每个月各产品销售额的排名，例如，在 1 月中，产品 08 排名第 1，产品 09 排名第 2，产品 01 排名第 3，等等。

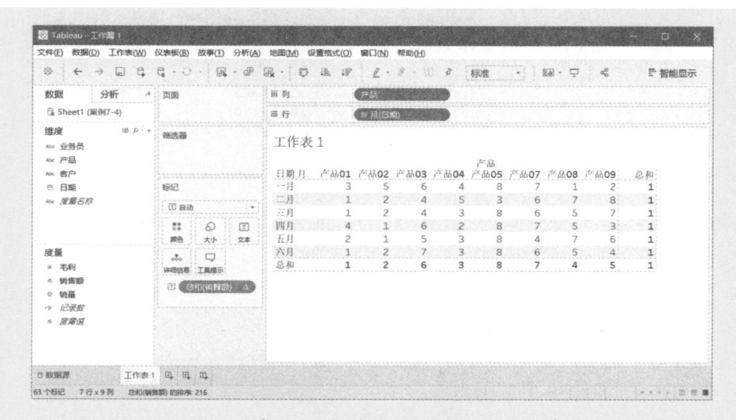

日期 月	产品01	产品02	产品03	产品04	产品05	产品07	产品08	产品09	总和
一月	3	5	6	4	8	7	1	2	1
二月	1	2	4	5	3	6	7	8	1
三月	1	2	4	3	8	6	5	7	1
四月	4	1	6	2	8	7	5	3	1
五月	2	1	5	3	8	4	7	6	1
六月	1	2	7	3	8	6	5	4	1
总和	1	2	6	3	8	7	4	5	1

图 7-56　每个月各产品销售额的排名情况

7.5.6 百分位

“百分位”是在表上横穿，计算各列数据的排位百分比，公式为：

RANK_PERCENTILE(SUM([销售额]))

图 7-57 所示就是设置“百分位”后的报表，结果就是分析每个月中，各产品销售额的排名百分位，也就是第一名产品 08 的百分位是 100%，第二名产品 09 的百分位是 85.7%，最后一名产品 05 的百分位是 0%。

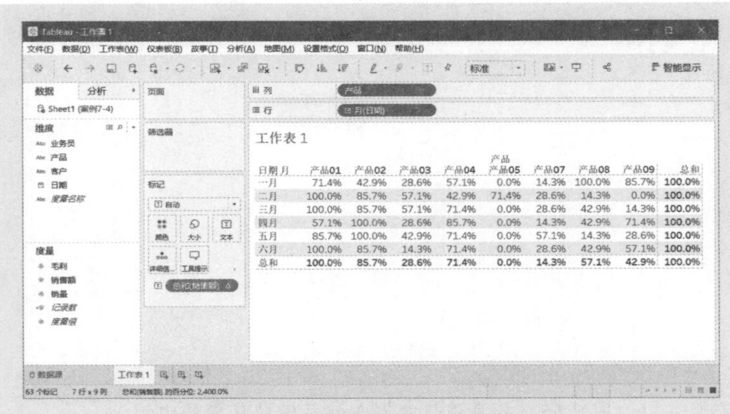

工作表 1

日期 月	产品01	产品02	产品03	产品04	产品05	产品07	产品08	产品09	总和
一月	71.4%	42.9%	28.6%	57.1%	0.0%	14.3%	100.0%	85.7%	100.0%
二月	100.0%	85.7%	57.1%	42.9%	71.4%	28.6%	14.3%	0.0%	100.0%
三月	100.0%	85.7%	57.1%	71.4%	0.0%	28.6%	42.9%	14.3%	100.0%
四月	57.1%	100.0%	28.6%	85.7%	0.0%	14.3%	42.9%	71.4%	100.0%
五月	85.7%	100.0%	42.9%	71.4%	0.0%	57.1%	14.3%	28.6%	100.0%
六月	100.0%	85.7%	14.3%	71.4%	0.0%	28.6%	42.9%	57.1%	100.0%
总和	100.0%	85.7%	28.6%	71.4%	0.0%	14.3%	57.1%	42.9%	100.0%

图 7-57　各月销售额的百分位排名情况

7.5.7 移动平均

“移动平均”是在表上横穿，默认计算前两个数字和当前数字的平均值，公式为：

WINDOW_AVG(SUM([销售额]), –2, 0)

图 7-58 所示是设置“移动平均”后的报表，结果就是分析截至当月，前 3 个月的平均值。

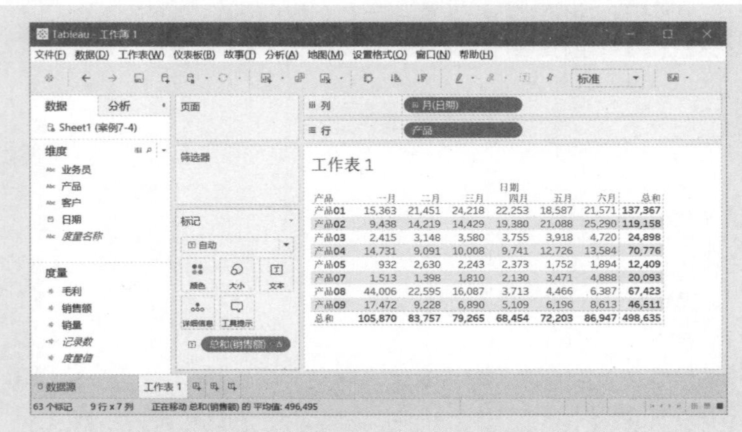

工作表 1

产品	一月	二月	三月	四月	五月	六月	总和
产品01	15,363	21,451	24,218	22,253	18,587	21,571	137,367
产品02	9,438	14,219	14,429	19,380	21,088	25,290	119,158
产品03	2,415	3,148	3,580	3,755	3,918	4,720	24,898
产品04	14,731	9,091	10,008	9,741	12,726	13,584	70,776
产品05	932	2,630	2,243	2,373	1,752	1,894	12,409
产品07	1,513	1,398	1,810	2,130	3,471	4,888	20,093
产品08	44,006	22,595	16,087	3,713	4,466	6,387	67,423
产品09	17,472	9,228	6,890	5,109	6,196	8,613	46,511
总和	105,870	83,757	79,265	68,454	72,203	86,947	498,635

图 7-58　各月销售额的移动平均（阶数为 3 个月）

7.5.8 YTD 总计

“YTD 总计”用于计算分析年初至今的总额，即年度累计数，简称 YTD，公式为：

RUNNING_SUM(SUM([销售额]))

在进行“YTD 总计”计算时，需要至少有年和季度或者两个月以上的维度。当数据是跨年度时，YTD 只计算当年的累计数。

图 7-59 所示的示例数据有 2020 年和 2021 年两年的销售数据。本案例的数据源是“案例 7-5.xlsx”工作簿。

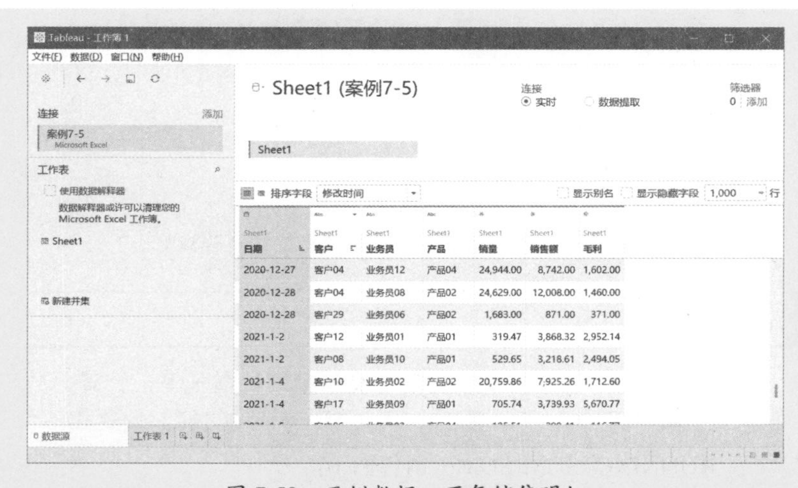

图 7-59 示例数据，两年销售明细

布局工作表，注意往“行”功能区拖两个日期字段，一个是默认的年，一个是季度，对销售额进行汇总，这里复制了一个“销售额”度量，方便对比，如图 7-60 所示。

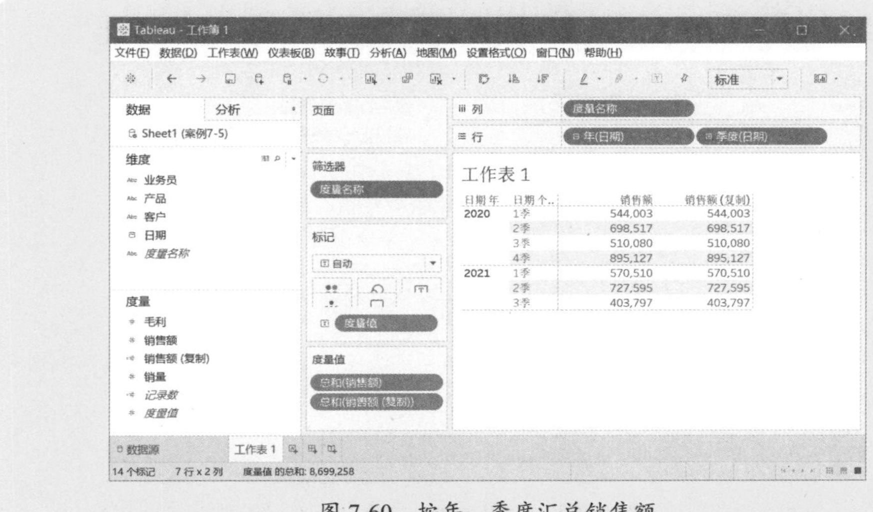

图 7-60 按年、季度汇总销售额

为复制的销售额添加“YTD 总计”快速表计算，结果如图 7-61 所示。

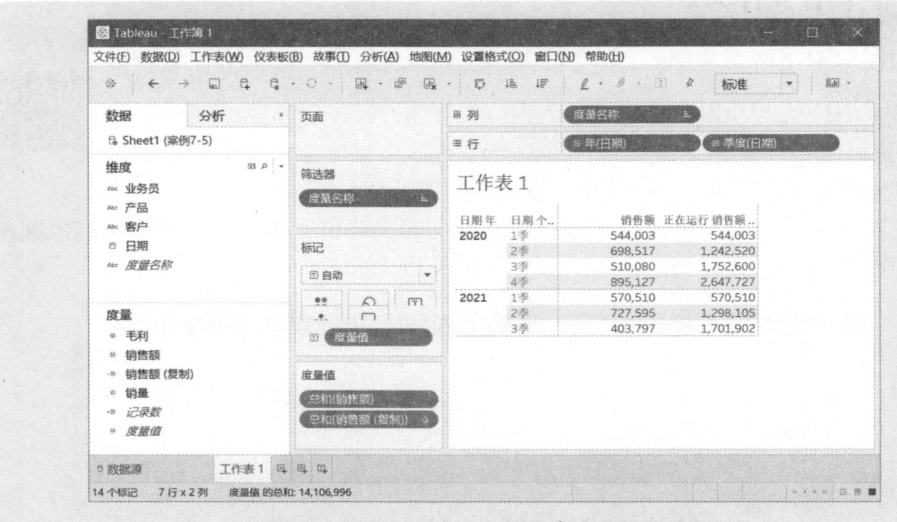

图 7-61　YTD 总计：当年各季度累计销售额

7.5.9 YTD 增长

“YTD 增长”就是在本年度内计算年度累计增长率，计算分成了两个过程，先计算 YTD 累计“计算 1”，再计算“YTD 增长”，公式如下：

计算 1：RUNNING_SUM(SUM([销售额]))

YTD 增长：(ZN([计算 1])–LOOKUP(ZN([计算 1]),–1))/ABS(LOOKUP(ZN([计算 1]),–1))

例如，设置表计算为“YTD 增长”的报表如图 7-62 所示。

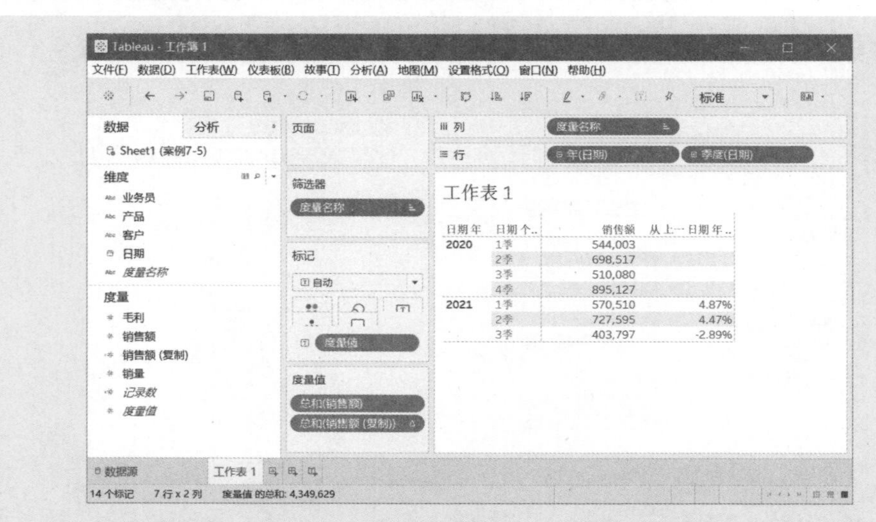

图 7-62　YTD 增长：本年各季度累计销售额与上年各季度累计销售额同比增长率

7.5.10 年度同比增长

“年度同比增长”是计算各年的同比增长率，例如，今年 1 季度与去年 1 季度之比，今年 2 季度与去年 2 季度之比，简称 YOY，公式为：

(ZN(SUM([销售额]))–LOOKUP(ZN(SUM([销售额])),–1))/ABS(LOOKUP(ZN(SUM([销售额])),–1))

例如，设置为表计算“年度同比增长”的报表如图 7-63 所示。

百分比数字就是两年同季度增长率的结果，例如，2021 年 1 季度比 2020 年 1 季度同比增长 4.87%，2021 年 3 季度比 2020 年 3 季度同比下降 20.84%。

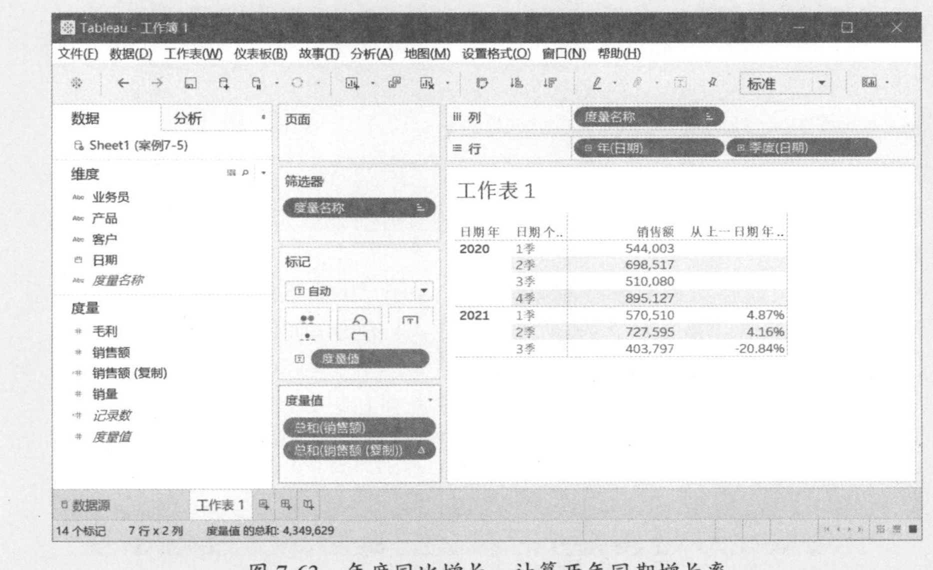

图 7-63 年度同比增长，计算两年同期增长率

7.5.11 复合增长率

“复合增长率”是计算基于最初一期数值的复合增长率，其计算公式为：

(某期数据 / 基期数据)^(1/ 当期数)–1

而 Tableau 的快速表计算中，“复合增长率”的公式为：

POWER(ZN(SUM([销售额]))/LOOKUP(ZN(SUM([销售额])),FIRST()),ZN(1/(INDEX()–1)))–1

如图 7-64 所示的历年累计数据（年份用该年最后一天记录），现在要计算各年的复合增长率（请读者模拟数据练习，并验证计算结果）。

年度	销售额
2015-12-31	406
2016-12-31	659
2017-12-31	919
2018-12-31	1,229
2019-12-31	1,110
2020-12-31	990
2021-12-31	1,433
2022-12-31	1,377

图 7-64　各年销售额示例数据

复制一个销售额，布局报表，然后将复制销售额设置为表计算“复合增长率”，报表如图 7-65 所示。

百分比数字就是各年相对于基期年份（2015 年）的复合增长率，例如：

2016 年比 2015 年增长 62.32%，计算公式为：(659/406)^(1/1)–1。

2017 年比 2015 年增长 62.32%，计算公式为：(919/406)^(1/2)–1。

2018 年比 2015 年增长 62.32%，计算公式为：(1229/406)^(1/3)–1。

2019 年比 2015 年增长 62.32%，计算公式为：(1110/406)^(1/4)–1。

以此类推。

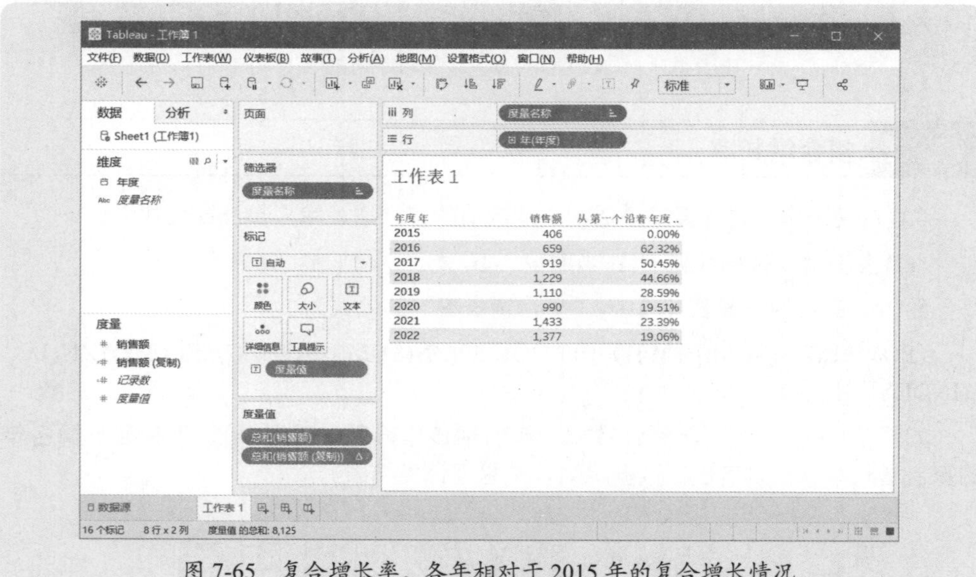

年度 年	销售额	从 第一个 沿着 年度..
2015	406	0.00%
2016	659	62.32%
2017	919	50.45%
2018	1,229	44.66%
2019	1,110	28.59%
2020	990	19.51%
2021	1,433	23.39%
2022	1,377	19.06%

图 7-65　复合增长率，各年相对于 2015 年的复合增长情况

7.5.12 清除表计算

如果不再需要表计算，就右击该表计算字段，在弹出的快捷菜单中执行“清除表计算”命令，如图 7-66 所示。

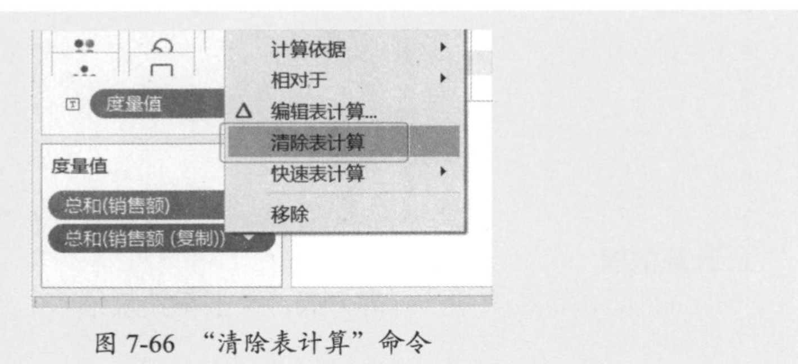

图 7-66 “清除表计算”命令

7.6 添加表计算，数据分析的核心技能

快速表计算为常规性的数据分析提供了极大方便，一般这些分析能满足基本需要。如果想要做进一步的深入分析，可以使用“添加表计算”工具。

右击度量字段，在弹出的快捷菜单中执行“添加表计算”命令，如图 7-67 所示，打开“表计算”对话框，如图 7-68 所示，可以对表计算进行各种计算设置，得到需要的分析报告。

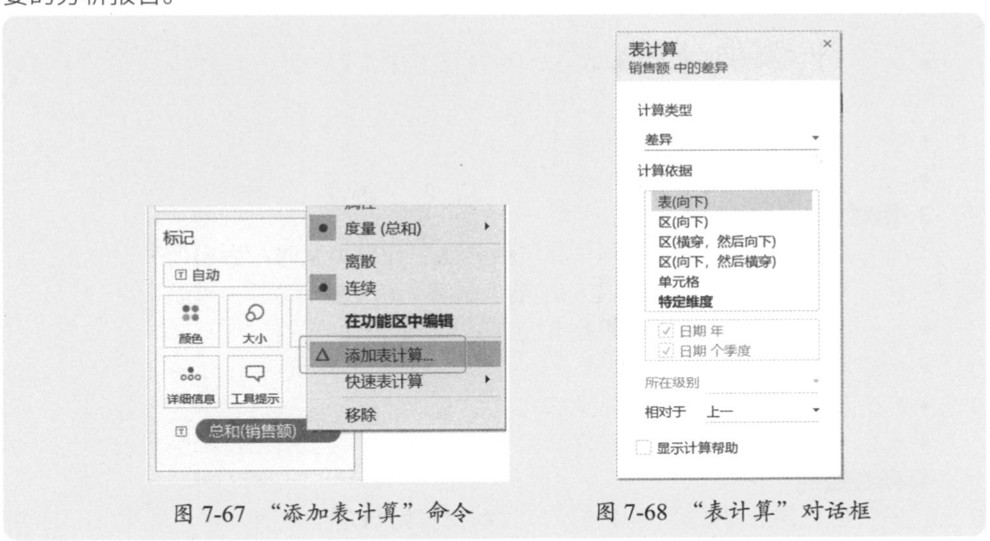

图 7-67 “添加表计算”命令　　图 7-68 “表计算”对话框

7.6.1 表计算的几个设置项目

在添加表计算时，需要根据具体情况，对相关的项目进行设置，主要有以下几个。

1. 计算类型

计算类型是指定计算的类型，主要有以下几种。

- 差异。
- 百分比差异。
- 百分比。
- 合计百分比。
- 排序。
- 百分位。
- 汇总。
- 移动计算。

2. 计算依据

计算依据是指定在表中的计算方向，会根据报表维度的多少而略有不同，主要有以下几种。

- 表（横穿）：在表中的某行往右计算。
- 表（向下）：在表中的某列往下计算。
- 表（横穿，然后向下）：先在表的某行往右计算，到最后一列后，再从下一行往右计算。
- 表（向下，然后横穿）：先在表的某列往下计算，到最后一行后，再从下一列往下计算。
- 区（向下）：在某个区向下计算。
- 区（横穿，然后向下）：先在区的某行往右计算，到最后一列后，再从下一行往右计算。
- 区（向下，然后横穿）：先在区的某列往下计算，到最后一行后，再从下一列往下计算。
- 单元格：在每个单元格内进行计算。
- 特定维度：指定特定维度进行计算。

3. 相对于

当选择"差异""百分比差异"和"百分比"计算类型时，会出现"相对于"设置项目，用来指定这几个计算类型的基准值是哪个，主要有以下 4 个。

- 上一：以上一个数据为计算基准。
- 后：以后一个数据为计算基准。
- 第一个：以第一个数据为计算基准。
- 最后一个：以最后一个数据为计算基准。

4. 所在级别

当分析维度是日期类型，并将计算依据设置为特定维度时，可以设置分析所在级别，例如，是按年计算，按季度计算，还是按月份计算，等等。

下面结合图 7-69 所示的数据，介绍添加表计算的基本方法和技能，本案例的数据源是"案例 7-6.xlsx"文件，其中保存了 3 年的销售数据。

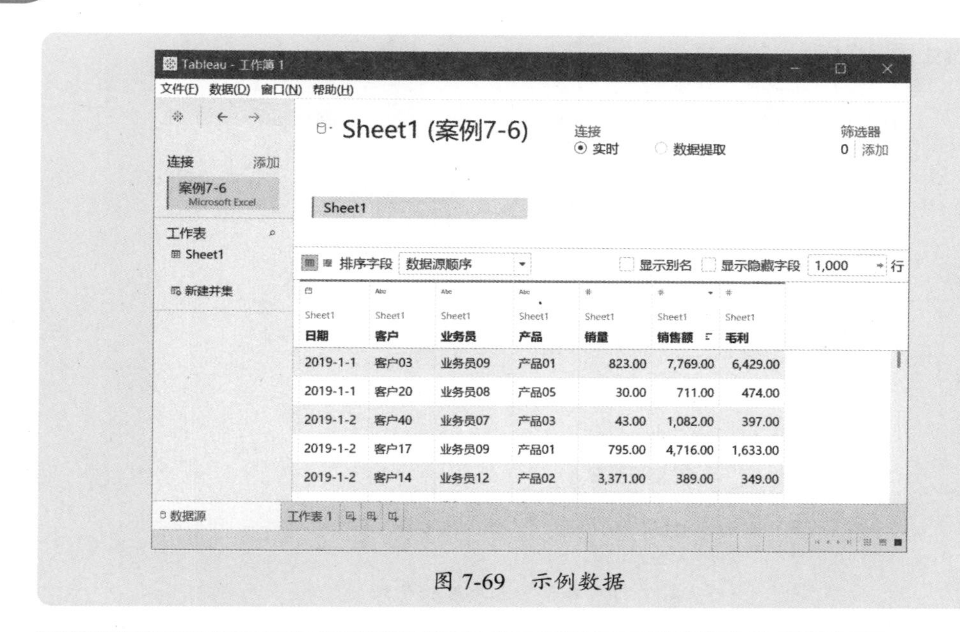

图 7-69　示例数据

7.6.2 差异分析

在“表计算”对话框中，选择“差异”计算类型，会出现差异分析的一些选项，也就是可以选择的计算依据，以及基于哪一个比较值来进行差异计算，如图 7-70 所示。

图 7-70　差异分析的选项

做如图 7-71 所示的布局，汇总各年、各季度的销售额。

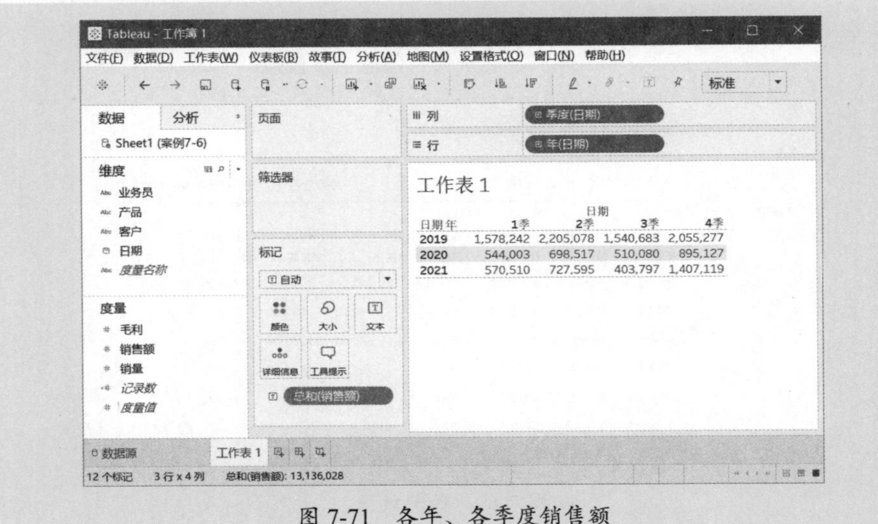

图 7-71 各年、各季度销售额

1. 表（横穿）：横向差异分析

做如下差异分析的表计算设置。

- 计算类型：选择“差异”。
- 计算依据：选择“表（横穿）”。
- 相对于：选择“上一”。

得到如图 7-72 所示的报表，这个报表反映的是每年中，各季度的环比增减情况（也就是同年度内的环比分析）。

例如，2019 年中，2 季度销售额比 1 季度增加了 626836；2020 年中，2 季度销售额比 1 季度增加了 154514；2021 年中，2 季度销售额比 1 季度增加了 157085。

工作表 1

	日期			
日期 年	1季	2季	3季	4季
2019		626,836	-664,395	514,594
2020		154,514	-188,437	385,047
2021		157,085	-323,797	1,003,322

图 7-72 各季度的环比增减情况

2. 表（向下）：纵向差异分析

做如下差异分析的表计算设置。

- 计算类型：选择“差异”。
- 计算依据：选择“表（向下）”。
- 相对于：选择“上一”。

得到如图 7-73 所示的报表，这个报表反映的是每年同一季度的增减情况（也就

是季度的同比分析)。

例如，2020 年 1 季度销售额比 2019 年 1 季度同比减少了 1034239，2021 年 1 季度销售额比 2020 年 1 季度同比增加了 26507。

工作表 1

日期年	日期 1季	2季	3季	4季
2019				
2020	-1,034,239	-1,506,561	-1,030,603	-1,160,150
2021	26,507	29,078	-106,283	511,992

图 7-73　每年同一季度的增减情况

3. 表(横穿，然后向下)：几年来各季度连续环比分析

做如下差异分析的表计算设置。

计算类型：选择“差异”。

计算依据：选择“表(横穿，然后向下)”。

相对于：选择“上一”。

得到如图 7-74 所示的报表，这个报表反映的是几年来，各季度的连续增减情况(也就是按季度时间序列的环比分析)。

例如，2019 年 2 季度环比 2019 年 1 季度增加了 626836，2020 年 1 季度环比 2019 年 4 季度减少了 1511274，以此类推。

工作表 1

日期年	日期 1季	2季	3季	4季
2019		626,836	-664,395	514,594
2020	-1,511,274	154,514	-188,437	385,047
2021	-324,617	157,085	-323,797	1,003,322

图 7-74　几年来各季度的连续增减情况

4. 表(向下，然后横穿)：几年来各季度连续环比分析

将表格进行行列互换，也可以使用“表(向下，然后横穿)”来分析几年来各季度连续环比增减情况，如图 7-75 所示。

工作表 1

日期个..	日期 2019	2020	2021
1季		-1,511,274	-324,617
2季	626,836	154,514	157,085
3季	-664,395	-188,437	-323,797
4季	514,594	385,047	1,003,322

图 7-75　几年来各季度连续环比增减情况

5. 区（向下）：每年内的各季度环比分析

将表格重新布局，按照产品、年份、季度分类计算，如图 7-76 所示。

列 产品

行 年(日期) 季度(日期)

工作表 1

日期年	日期个..	产品01	产品02	产品03	产品04	产品05	产品07	产品08	产品09
2019	1季	418,278	298,193	96,318	374,058	42,276	107,108	82,791	159,220
	2季	493,246	345,292	96,075	256,427	73,255	52,604	715,881	172,298
	3季	632,042	280,681	138,426	132,025	95,338	20,317	113,063	128,791
	4季	653,190	527,424	42,044	291,557	41,385	116,579	240,804	142,294
2020	1季	134,693	96,579	34,312	92,008	36,397	10,166	63,962	75,886
	2季	235,718	130,251	28,539	124,613	19,458	32,567	104,114	23,257
	3季	172,564	142,042	36,058	70,189	10,915	16,995	38,226	23,091
	4季	209,356	210,478	32,509	115,850	20,876	61,276	154,079	90,703
2021	1季	222,283	57,734	32,300	49,858	20,144	16,258	144,496	27,437
	2季	230,934	206,968	45,146	92,883	17,009	43,902	57,372	33,381
	3季	129,304	83,561	20,618	83,881	16,449	18,006	20,090	31,890
	4季	304,782	277,395	93,641	347,277	41,565	100,448	82,791	159,220

图 7-76　各产品、各年、各季度的销售额

计算依据选择“区（向下）”，其他设置不变，得到如图 7-77 所示的差异分析表，这个差异分析表反映的是每个产品在每年中，各季度的环比增减情况。新的年份则需要从头开始，因为每个年份是一个区。

工作表 1

日期年	日期个..	产品01	产品02	产品03	产品04	产品05	产品07	产品08	产品09
2019	1季								
	2季	74,968	47,099	-243	-117,631	30,979	-54,504	633,090	13,078
	3季	138,796	-64,611	42,351	-124,402	22,083	-32,287	-602,818	-43,507
	4季	21,148	246,743	-96,382	159,532	-53,953	96,262	127,741	13,503
2020	1季								
	2季	101,025	33,672	-5,773	32,605	-16,939	22,401	40,152	-52,629
	3季	-63,154	11,791	7,519	-54,424	-8,543	-15,572	-65,888	-166
	4季	36,792	68,436	-3,549	45,661	9,961	44,281	115,853	67,612
2021	1季								
	2季	8,651	149,233	12,846	43,026	-3,135	27,644	-87,124	5,943
	3季	-101,630	-123,407	-24,529	-9,002	-560	-25,896	-37,282	-1,491
	4季	175,478	193,834	73,023	263,396	25,116	82,442	62,701	127,330

表计算
销售额 中的差异
计算类型
差异
计算依据
表(横穿)
表(向下)
表(横穿，然后向下)
表(向下，然后横穿)
区(向下)
区(横穿，然后向下)
区(向下，然后横穿)

图 7-77　每个产品在每年中，各个季度的环比增减情况

6. 区（向下，然后横穿）：几年来各季度的连续环比分析

将报表进行重新布局，如图 7-78 所示。

将计算依据设置为“区（向下，然后横穿）”，得到如图 7-79 所示的差异分析表。在这个差异分析表中，对每个产品几年来各季度的销售额进行环比分析。

例如，对于产品 01，在 2019 年 2 季度比 2019 年 1 季度增加了 74, 968，2020 年 1 季度比 2019 年 4 季度减少了 518, 497，2021 年 1 季度比 2020 年 4 季度增加了 12, 927。

也就是对每个产品进行分析时，先纵向分析同一年的各季度，然后再分析下一年的各季度，而下一年的 1 季度则是跟上一年的 4 季度相比。因此是“向下，然后横穿”。

产品	日期 个季度	2019	2020	2021
产品01	1季	418,278	134,693	222,283
	2季	493,246	235,718	230,934
	3季	632,042	172,564	129,304
	4季	653,190	209,356	304,782
产品02	1季	298,193	96,579	57,734
	2季	345,292	130,251	206,968
	3季	280,681	142,042	83,561
	4季	527,424	210,478	277,395
产品03	1季	96,318	34,312	32,300
	2季	96,075	28,539	45,146
	3季	138,426	36,058	20,618
	4季	42,044	32,509	93,641
产品04	1季	374,058	92,008	49,858
	2季	256,427	124,613	92,883
	3季	132,025	70,189	83,881
	4季	291,557	115,850	347,277
产品05	1季	42,276	36,397	20,144

图 7-78　每个产品、每年、每个季度的销售额

产品	日期 个季度	2019	2020	2021
产品01	1季		-518,497	12,927
	2季	74,968	101,025	8,651
	3季	138,796	-63,154	-101,630
	4季	21,148	36,792	175,478
产品02	1季		-430,845	-152,744
	2季	47,099	33,672	149,233
	3季	-64,611	11,791	-123,407
	4季	246,743	68,436	193,834
产品03	1季		-7,732	-209
	2季	-243	-5,773	12,846
	3季	42,351	7,519	-24,529
	4季	-96,382	-3,549	73,023
产品04	1季		-199,549	-65,992
	2季	-117,631	32,605	43,026
	3季	-124,402	-54,424	-9,002
	4季	159,532	45,661	263,396
产品05	1季		-4,988	-732

图 7-79　每个产品几年来各季度销售额的环比增减分析

7. 区（横穿，然后向下）：几年来各季度连续环比分析

如果要使用“区（横穿，然后向下）”的计算依据来分析几年来各季度连续环比增减情况，那么需要对报表进行重新布局，才能符合连续时间的比较逻辑，如图 7-80 所示。

也就是对每个产品进行分析时，先横向分析同一年的各季度，然后再分析下一年的各季度，而下一年的 1 季度则是跟上一年的 4 季度相比。因此是“横穿，然后向下”。

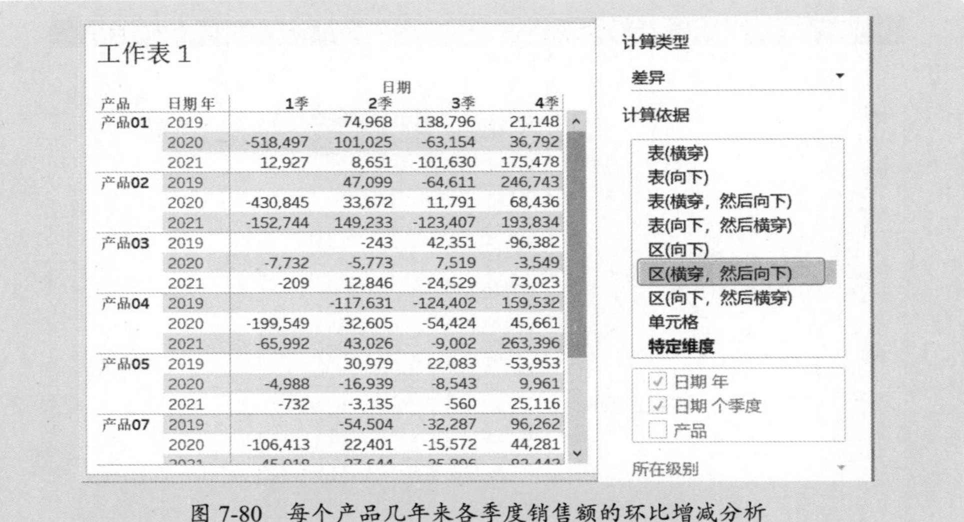

工作表 1

产品	日期 年	1季	2季	3季	4季
产品01	2019		74,968	138,796	21,148
	2020	-518,497	101,025	-63,154	36,792
	2021	12,927	8,651	-101,630	175,478
产品02	2019		47,099	-64,611	246,743
	2020	-430,845	33,672	11,791	68,436
	2021	-152,744	149,233	-123,407	193,834
产品03	2019		-243	42,351	-96,382
	2020	-7,732	-5,773	7,519	-3,549
	2021	-209	12,846	-24,529	73,023
产品04	2019		-117,631	-124,402	159,532
	2020	-199,549	32,605	-54,424	45,661
	2021	-65,992	43,026	-9,002	263,396
产品05	2019		30,979	22,083	-53,953
	2020	-4,988	-16,939	-8,543	9,961
	2021	-732	-3,135	-560	25,116
产品07	2019		-54,504	-32,287	96,262
	2020	-106,413	22,401	-15,572	44,281

图 7-80　每个产品几年来各季度销售额的环比增减分析

8. 特定维度：灵活分析

将表格布局为如图 7-81 所示的情形，此时，表格的行和列有多个维度，可以选择“特定维度”选项，对表格的各维度进行灵活分析。

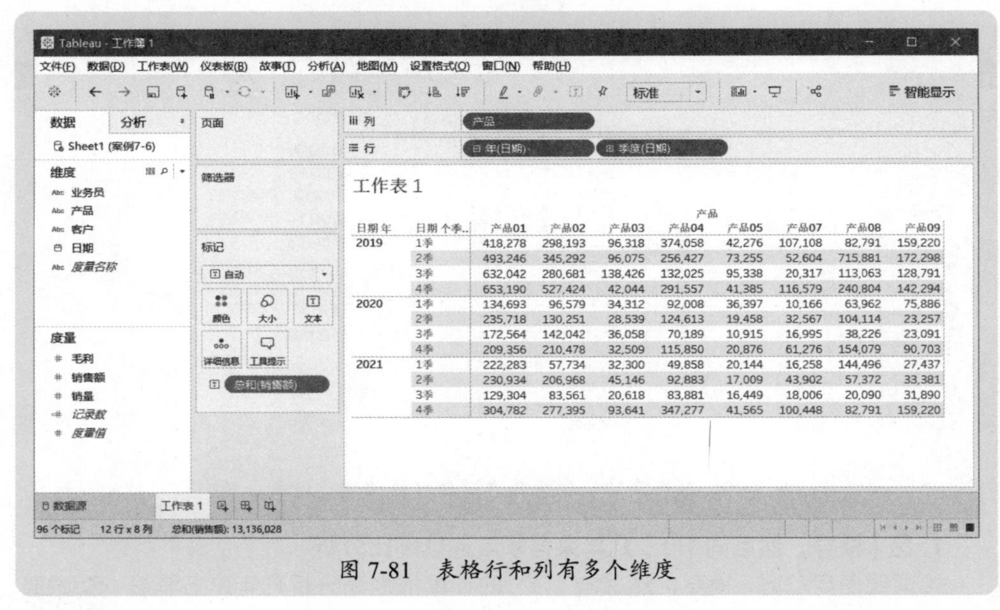

工作表 1

日期 年	日期 个季..	产品01	产品02	产品03	产品04	产品05	产品07	产品08	产品09
2019	1季	418,278	298,193	96,318	374,058	42,276	107,108	82,791	159,220
	2季	493,246	345,292	96,075	256,427	73,255	52,604	715,881	172,298
	3季	632,042	280,681	138,426	132,025	95,338	20,317	113,063	128,791
	4季	653,190	527,424	42,044	291,557	41,385	116,579	240,804	142,294
2020	1季	134,693	96,579	34,312	92,008	36,397	10,166	63,962	75,886
	2季	235,718	130,251	28,539	124,613	19,458	32,567	104,114	23,257
	3季	172,564	142,042	36,058	70,189	10,915	16,995	38,226	23,091
	4季	209,356	210,478	32,509	115,850	20,876	61,276	154,079	90,703
2021	1季	222,283	57,734	32,300	49,858	20,144	16,258	144,496	27,437
	2季	230,934	206,968	45,146	92,883	17,009	43,902	57,372	33,381
	3季	129,304	83,561	20,618	83,881	16,449	18,006	20,090	31,890
	4季	304,782	277,395	93,641	347,277	41,565	100,448	82,791	159,220

图 7-81　表格行和列有多个维度

选择“特定维度”选项，并勾选“产品”“日期 年”和“日期 个季度”这三个维度的复选框，所在级别选择“最深”选项，得到如图 7-82 所示的结果。这个差异表的默认计算依据是“表 (向下，然后横穿)”。

工作表 1

日期 年	日期 个..	产品01	产品02	产品03	产品04	产品05	产品07	产品08	产品09
2019	1季		-6,589	-181,077	280,417	-305,001	65,543	-17,657	76,429
	2季	74,968	47,099	-243	-117,631	30,979	-54,504	633,090	13,078
	3季	138,796	-64,611	42,351	-124,402	22,083	-32,287	-602,818	-43,507
	4季	21,148	246,743	-96,382	159,532	-53,953	96,262	127,741	13,503
2020	1季	-518,497	-430,845	-7,732	-199,549	-4,988	-106,413	-176,842	-66,408
	2季	101,025	33,672	-5,773	32,605	-16,939	22,401	40,152	-52,629
	3季	-63,154	11,791	7,519	-54,424	-8,543	-15,572	-65,888	-166
	4季	36,792	68,436	-3,549	45,661	9,961	44,281	115,853	67,612
2021	1季	12,927	-152,744	-209	-65,992	-732	-45,018	-9,583	-63,266
	2季	8,651	149,233	12,846	43,026	-3,135	27,644	-87,124	5,943
	3季	-101,630	-123,407	-24,529	-9,002	-560	-25,896	-37,282	-1,491
	4季	175,478	193,834	73,023	263,396	25,116	82,442	62,701	127,330

区(向下)
区(横穿，然后向下)
区(向下，然后横穿)
单元格
特定维度
产品
日期 年
日期 个季度
所在级别 最深
相对于 上一
排序顺序 特定维度

图 7-82　按特定维度分析数据差异：分析产品、年份和季度

如果“所在级别”中选择“产品”选项，那么就是分析各季度中，各产品与上一个产品的差异分析，如图 7-83 所示。

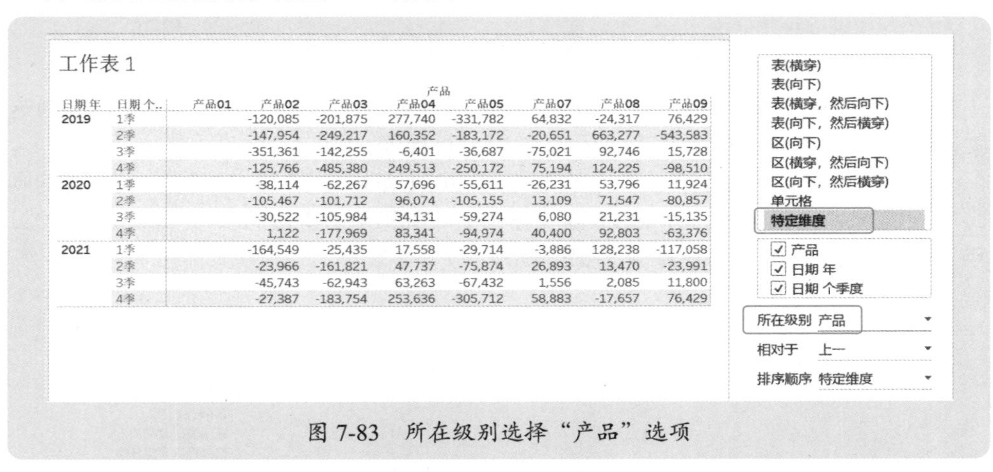

工作表 1

日期 年	日期 个..	产品01	产品02	产品03	产品04	产品05	产品07	产品08	产品09
2019	1季		-120,085	-201,875	277,740	-331,782	64,832	-24,317	76,429
	2季		-147,954	-249,217	160,352	-183,172	-20,651	663,277	-543,583
	3季		-351,361	-142,255	-6,401	-36,687	-75,021	92,746	15,728
	4季		-125,766	-485,380	249,513	-250,172	75,194	124,225	-98,510
2020	1季		-38,114	-62,267	57,696	-55,611	-26,231	53,796	11,924
	2季		-105,467	-101,712	96,074	-105,155	13,109	71,547	-80,857
	3季		-30,522	-105,984	34,131	-59,274	6,080	21,231	-15,135
	4季		1,122	-177,969	83,341	-94,974	40,400	92,803	-63,376
2021	1季		-164,549	-25,435	17,558	-29,714	-3,886	128,238	-117,058
	2季		-23,966	-161,821	47,737	-75,874	26,893	13,470	-23,991
	3季		-45,743	-62,943	63,263	-67,432	1,556	2,085	11,800
	4季		-27,387	-183,754	253,636	-305,712	58,883	-17,657	76,429

图 7-83　所在级别选择“产品”选项

如果勾选“日期 年”和“日期 个季度”维度复选框，得到的差异表就是每个产品在三年连续季度序列的环比增减额，如图 7-84 所示，实际上是常规的计算依据“表(向下)”。

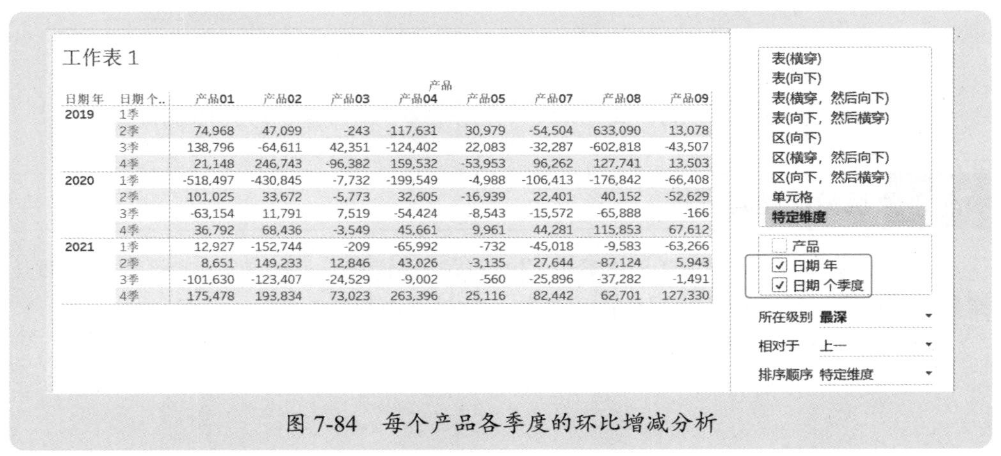

工作表 1

日期 年	日期 个..	产品01	产品02	产品03	产品04	产品05	产品07	产品08	产品09
2019	1季								
	2季	74,968	47,099	-243	-117,631	30,979	-54,504	633,090	13,078
	3季	138,796	-64,611	42,351	-124,402	22,083	-32,287	-602,818	-43,507
	4季	21,148	246,743	-96,382	159,532	-53,953	96,262	127,741	13,503
2020	1季	-518,497	-430,845	-7,732	-199,549	-4,988	-106,413	-176,842	-66,408
	2季	101,025	33,672	-5,773	32,605	-16,939	22,401	40,152	-52,629
	3季	-63,154	11,791	7,519	-54,424	-8,543	-15,572	-65,888	-166
	4季	36,792	68,436	-3,549	45,661	9,961	44,281	115,853	67,612
2021	1季	12,927	-152,744	-209	-65,992	-732	-45,018	-9,583	-63,266
	2季	8,651	149,233	12,846	43,026	-3,135	27,644	-87,124	5,943
	3季	-101,630	-123,407	-24,529	-9,002	-560	-25,896	-37,282	-1,491
	4季	175,478	193,834	73,023	263,396	25,116	82,442	62,701	127,330

图 7-84　每个产品各季度的环比增减分析

如果所在级别选择“日期 年”选项，就得到如图 7-85 所示的差异分析报表，也就是每个产品在三年中，各季度的同比增减情况。

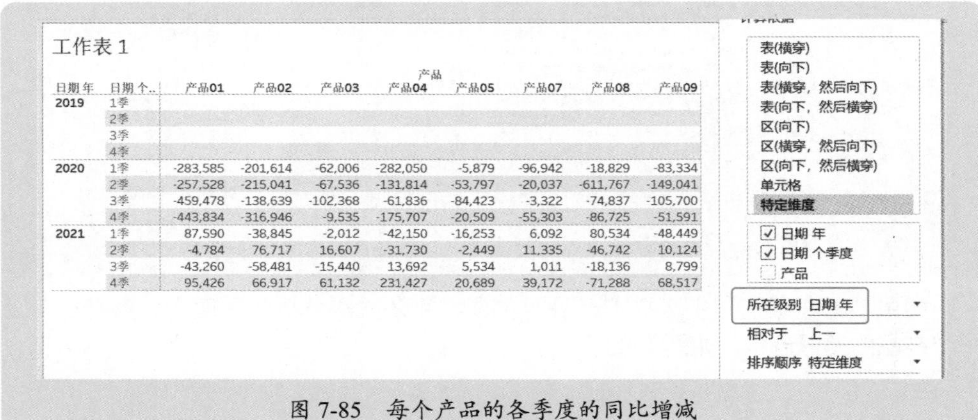
工作表 1

日期 年	日期 个..	产品01	产品02	产品03	产品04	产品05	产品07	产品08	产品09
2019	1季								
	2季								
	3季								
	4季								
2020	1季	-283,585	-201,614	-62,006	-282,050	-5,879	-96,942	-18,829	-83,334
	2季	-257,528	-215,041	-67,536	-131,814	-53,797	-20,037	-611,767	-149,041
	3季	-459,478	-138,639	-102,368	-61,836	-84,423	-3,322	-74,837	-105,700
	4季	-443,834	-316,946	-9,535	-175,707	-20,509	-55,303	-86,725	-51,591
2021	1季	87,590	-38,845	-2,012	-42,150	-16,253	6,092	80,534	-48,449
	2季	-4,784	76,717	16,607	-31,730	-2,449	11,335	-46,742	10,124
	3季	-43,260	-58,481	-15,440	13,692	5,534	1,011	-18,136	8,799
	4季	95,426	66,917	61,132	231,427	20,689	39,172	-71,288	68,517

图 7-85　每个产品的各季度的同比增减

如果在“相对于”中选择“第一个”选项（也可以选择“2019”选项，因为这就是第一个），会得到如图 7-86 所示的差异分析报表。

这个报表是分析每个产品中，2020 年和 2021 年均与 2019 年相比，各季度的同比增长情况。例如产品 01，2020 年 1 季度比 2019 年 1 季度减少了 283585，2021 年 1 季度比 2019 年 1 季度减少了 195995。

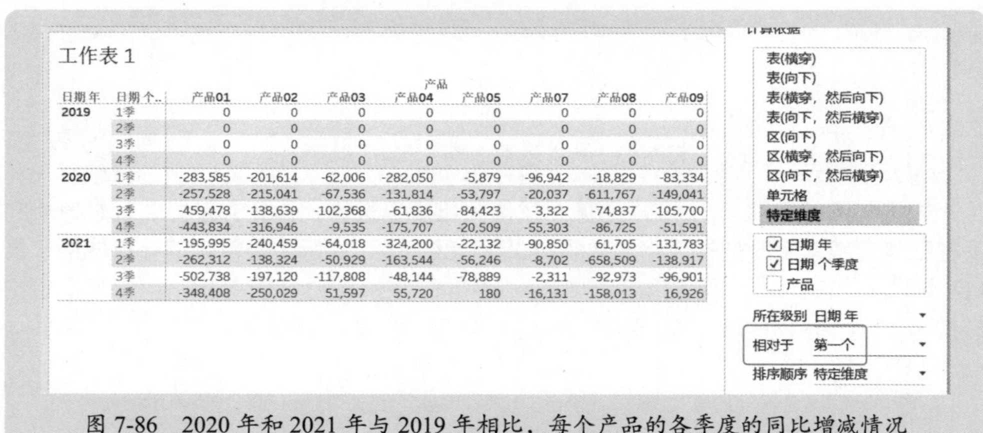
工作表 1

日期 年	日期 个..	产品01	产品02	产品03	产品04	产品05	产品07	产品08	产品09
2019	1季	0	0	0	0	0	0	0	0
	2季	0	0	0	0	0	0	0	0
	3季	0	0	0	0	0	0	0	0
	4季	0	0	0	0	0	0	0	0
2020	1季	-283,585	-201,614	-62,006	-282,050	-5,879	-96,942	-18,829	-83,334
	2季	-257,528	-215,041	-67,536	-131,814	-53,797	-20,037	-611,767	-149,041
	3季	-459,478	-138,639	-102,368	-61,836	-84,423	-3,322	-74,837	-105,700
	4季	-443,834	-316,946	-9,535	-175,707	-20,509	-55,303	-86,725	-51,591
2021	1季	-195,995	-240,459	-64,018	-324,200	-22,132	-90,850	61,705	-131,783
	2季	-262,312	-138,324	-50,929	-163,544	-56,246	-8,702	-658,509	-138,917
	3季	-502,738	-197,120	-117,808	-48,144	-78,889	-2,311	-92,973	-96,901
	4季	-348,408	-250,029	51,597	55,720	180	-16,131	-158,013	16,926

图 7-86　2020 年和 2021 年与 2019 年相比，每个产品的各季度的同比增减情况

7.6.3 百分比差异分析

百分比差异分析与 7.6.2 节内容介绍的差异分析完全一样，唯一的区别是计算结果是差异的百分比，而不是具体的差异数，此处不再赘述。

图 7-87 所示是一个示例。

工作表 1

日期 年	日期 个季度	产品01	产品02	产品03	产品04	产品05	产品07	产品08	产品09
2019	1季	0.0%	0.0%	0.0%	0.0%	0.0%	0.0%	0.0%	0.0%
	2季	0.0%	0.0%	0.0%	0.0%	0.0%	0.0%	0.0%	0.0%
	3季	0.0%	0.0%	0.0%	0.0%	0.0%	0.0%	0.0%	0.0%
	4季	0.0%	0.0%	0.0%	0.0%	0.0%	0.0%	0.0%	0.0%
2020	1季	-67.8%	-67.6%	-64.4%	-75.4%	-13.9%	-90.5%	-22.7%	-52.3%
	2季	-52.2%	-62.3%	-70.3%	-51.4%	-73.4%	-38.1%	-85.5%	-86.5%
	3季	-72.7%	-49.4%	-74.0%	-46.8%	-88.6%	-16.4%	-66.2%	-82.1%
	4季	-67.9%	-60.1%	-22.7%	-60.3%	-49.6%	-47.4%	-36.0%	-36.3%
2021	1季	-46.9%	-80.6%	-66.5%	-86.7%	-52.4%	-84.8%	74.5%	-82.8%
	2季	-53.2%	-40.1%	-53.0%	-63.8%	-76.8%	-16.5%	-92.0%	-80.6%
	3季	-79.5%	-70.2%	-85.1%	-36.5%	-82.7%	-11.4%	-82.2%	-75.2%
	4季	-53.3%	-47.4%	122.7%	19.1%	0.4%	-13.8%	-65.6%	11.9%

百分比差异
计算复利率
计算依据
表(横穿)
表(向下)
表(横穿，然后向下)
表(向下，然后横穿)
区(向下)
区(横穿，然后向下)
区(向下，然后横穿)
单元格
特定维度
日期 年
日期 个季度
产品
所在级别 日期 年
相对于 第一个

图 7-87　2020 年和 2021 年与 2019 年相比，每个产品的各季度的同比增长情况

7.6.4 百分比分析

百分比分析是计算每个值相对于某个值的百分比，例如，2 季度销售额与 1 季度销售额占百分之多少，产品 2 销售占产品 1 销售百分之多少，等等，同样可以参照 7.6.2 节介绍的差异分析。

图 7-88 所示是每个产品各年的销售额，图 7-89 所示是以产品 01 为比较基准值，其他各产品占产品 01 的百分比。

例如，2019 年中，产品 02 销售额占产品 01 的 66.08%，产品 09 占产品 01 的 27.43%。

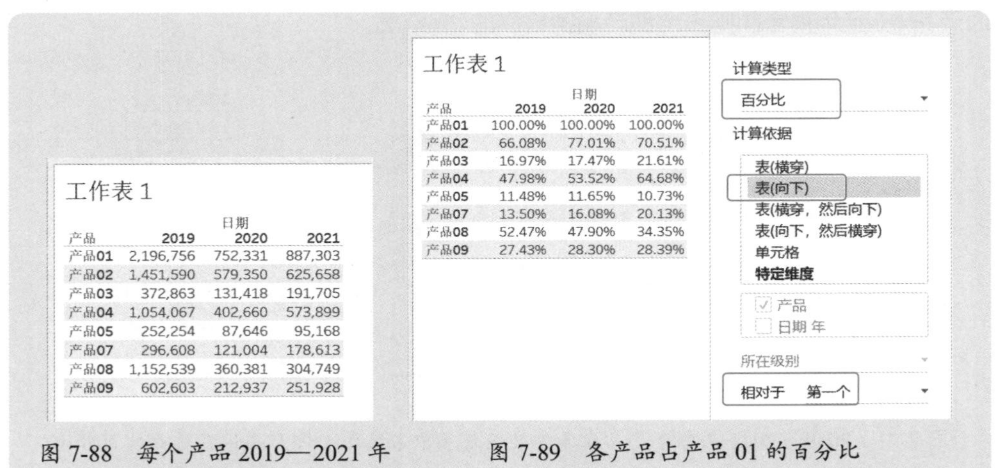

工作表 1

产品	2019	2020	2021
产品01	2,196,756	752,331	887,303
产品02	1,451,590	579,350	625,658
产品03	372,863	131,418	191,705
产品04	1,054,067	402,660	573,899
产品05	252,254	87,646	95,168
产品07	296,608	121,004	178,613
产品08	1,152,539	360,381	304,749
产品09	602,603	212,937	251,928

图 7-88　每个产品 2019—2021 年的销售额

工作表 1

产品	2019	2020	2021
产品01	100.00%	100.00%	100.00%
产品02	66.08%	77.01%	70.51%
产品03	16.97%	17.47%	21.61%
产品04	47.98%	53.52%	64.68%
产品05	11.48%	11.65%	10.73%
产品07	13.50%	16.08%	20.13%
产品08	52.47%	47.90%	34.35%
产品09	27.43%	28.30%	28.39%

图 7-89　各产品占产品 01 的百分比

7.6.5 合计百分比分析

合计百分比分析是指定合计数为分母，计算各单元格数据占该合计数的百分比，这个合计数可以是表的行合计数和列合计数，可以是整个表的合计数，也可以是区的合计数。

合计百分比的分析方法与百分比分析方法一样，图 7-90 所示是分析每个产品在 2019—2021 年每个季度的销售额占比。

例如，2019 年中，产品 01 在各季度销售额占 2019 年产品 01 销售总额的百分比分别是 19.04%、22.45%、28.77% 和 29.73%。

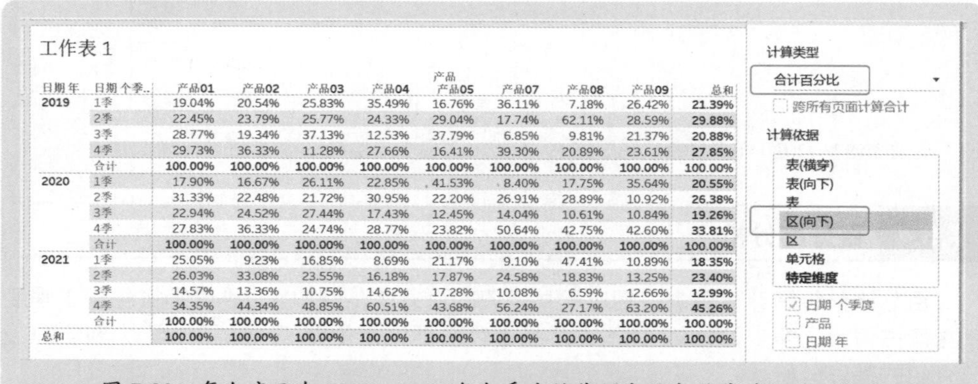

工作表 1

日期 年	日期 个季..	产品01	产品02	产品03	产品04	产品 产品05	产品07	产品08	产品09	总和
2019	1季	19.04%	20.54%	25.83%	35.49%	16.76%	36.11%	7.18%	26.42%	21.39%
	2季	22.45%	23.79%	25.77%	24.33%	29.04%	17.74%	62.11%	28.59%	29.88%
	3季	28.77%	19.34%	37.13%	12.53%	37.79%	6.85%	9.81%	21.37%	20.88%
	4季	29.73%	36.33%	11.28%	27.66%	16.41%	39.30%	20.89%	23.61%	27.85%
	合计	100.00%	100.00%	100.00%	100.00%	100.00%	100.00%	100.00%	100.00%	100.00%
2020	1季	17.90%	16.67%	26.11%	22.85%	41.53%	8.40%	17.75%	35.64%	20.55%
	2季	31.33%	22.48%	21.72%	30.95%	22.20%	26.91%	28.89%	10.92%	26.38%
	3季	22.94%	24.52%	27.44%	17.43%	12.45%	14.04%	10.61%	10.84%	19.26%
	4季	27.83%	36.33%	24.74%	28.77%	23.82%	50.64%	42.75%	42.60%	33.81%
	合计	100.00%	100.00%	100.00%	100.00%	100.00%	100.00%	100.00%	100.00%	100.00%
2021	1季	25.05%	9.23%	16.85%	8.69%	21.17%	9.10%	47.41%	10.89%	18.35%
	2季	26.03%	33.08%	23.55%	16.18%	17.87%	24.58%	18.83%	13.25%	23.40%
	3季	14.57%	13.36%	10.75%	14.62%	17.28%	10.08%	6.59%	12.66%	12.99%
	4季	34.35%	44.34%	48.85%	60.51%	43.68%	56.24%	27.17%	63.20%	45.26%
	合计	100.00%	100.00%	100.00%	100.00%	100.00%	100.00%	100.00%	100.00%	100.00%
总和		100.00%	100.00%	100.00%	100.00%	100.00%	100.00%	100.00%	100.00%	100.00%

图 7-90　每个产品在 2019—2021 年各季度销售额占该年销售总额的百分比

图 7-91 所示是分析 2019—2021 年中，每个产品在各季度的销售额，占该年全部产品销售总额的百分比。

例如，2019 年中，产品 01 在 1 季度的销售额占 2019 年全部产品销售额的 5.67%，而产品 01 全年销售额则占全部产品销售额的 29.77%。

工作表 1

日期 年	日期 个季..	产品01	产品02	产品03	产品04	产品 产品05	产品07	产品08	产品09	总和
2019	1季	5.67%	4.04%	1.31%	5.07%	0.57%	1.45%	1.12%	2.16%	21.39%
	2季	6.68%	4.68%	1.30%	3.47%	0.99%	0.71%	9.70%	2.33%	29.88%
	3季	8.57%	3.80%	1.88%	1.79%	1.29%	0.28%	1.53%	1.75%	20.88%
	4季	8.85%	7.15%	0.57%	3.95%	0.56%	1.58%	3.26%	1.93%	27.85%
	合计	29.77%	19.67%	5.05%	14.28%	3.42%	4.02%	15.62%	8.17%	100.00%
2020	1季	5.09%	3.65%	1.30%	3.47%	1.37%	0.38%	2.42%	2.87%	20.55%
	2季	8.90%	4.92%	1.08%	4.71%	0.73%	1.23%	3.93%	0.88%	26.38%
	3季	6.52%	5.36%	1.36%	2.65%	0.41%	0.64%	1.44%	0.87%	19.26%
	4季	7.91%	7.95%	1.23%	4.38%	0.79%	2.31%	5.82%	3.43%	33.81%
	合计	28.41%	21.88%	4.96%	15.21%	3.31%	4.57%	13.61%	8.04%	100.00%
2021	1季	7.15%	1.86%	1.04%	1.60%	0.65%	0.52%	4.65%	0.88%	18.35%
	2季	7.43%	6.66%	1.45%	2.99%	0.55%	1.41%	1.85%	1.07%	23.40%
	3季	4.16%	2.69%	0.66%	2.70%	0.53%	0.58%	0.65%	1.03%	12.99%
	4季	9.80%	8.92%	3.01%	11.17%	1.34%	3.23%	2.66%	5.12%	45.26%
	合计	28.54%	20.12%	6.17%	18.46%	3.06%	5.74%	9.80%	8.10%	100.00%
总和		29.21%	20.22%	5.30%	15.46%	3.31%	4.54%	13.84%	8.13%	100.00%

计算类型
合计百分比
跨所有页面计算合计
计算依据
表(横穿)
表(向下)
表
区(向下)
区
单元格
特定维度
产品
日期 个季度
日期 年

图 7-91　2019—2021 年每个产品在各季度销售额中占该年全部产品销售总额的百分比

7.6.6 排序分析

排序分析就是排名，使用名次对各单元格数据进行排位。

排位时，可以是降序（默认），也可以是升序。

排序类型有以下几种情况，以处理相同数据的排名，如图 7-92 所示。

- 竞争排序 (1, 2, 2, 4)：为相同的值分配相同的排名。最高值排在第 1 位，后面两个相同的值都排在第 2 位。下一个值则排在第 4 位。
- 调整后竞争排序 (1, 3, 3, 4)：为相同的值分配相同的排名。最高值排在第 1 位，后面两个相同的值都排在第 3 位。下一个值则排在第 4 位。
- 密集 (1, 2, 2, 3)：重复值的排名全部相同，然后按照自然序号排名。
- 唯一 (1, 2, 3, 4)：根据计算排名的方向为重复值指定不同的排名。

排序分析与差异分析一样，图 7-93 所示是一个排序示例，其设置如下。

- 计算类型选择“排序”选项。
- 使用“降序”排序。
- 重复数据处理使用“调整后竞争排序 (1, 3, 3, 4)”方式。
- 计算依据选择“表 (向下)”。

在这个排名表中，产品 01 三年的销售额排名都是第 1；产品 08 在 2019 年的排名是第 3，但 2020 年和 2021 年则下滑到第 4 名。

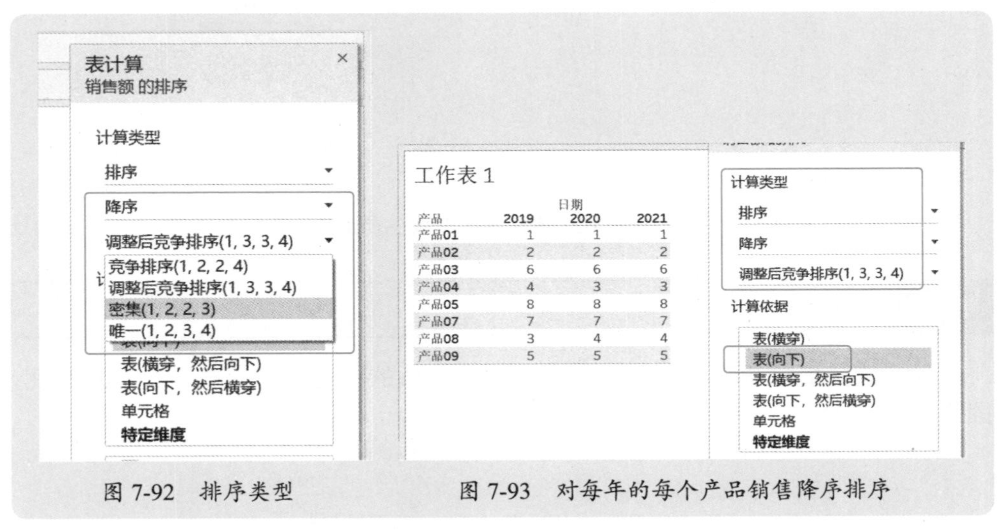

图 7-92　排序类型　　　　图 7-93　对每年的每个产品销售降序排序

图 7-94 所示的计算依据是“区 (向下)”，分析 2019—2021 年中，各产品在每个季度的销售排名。例如，产品 01 在 2019 年中，4 季度排名第一，1 季度排名最后；在 2020 年中，2 季度排名第一；在 2021 年中，4 季度排名第一，3 季度排名最后。

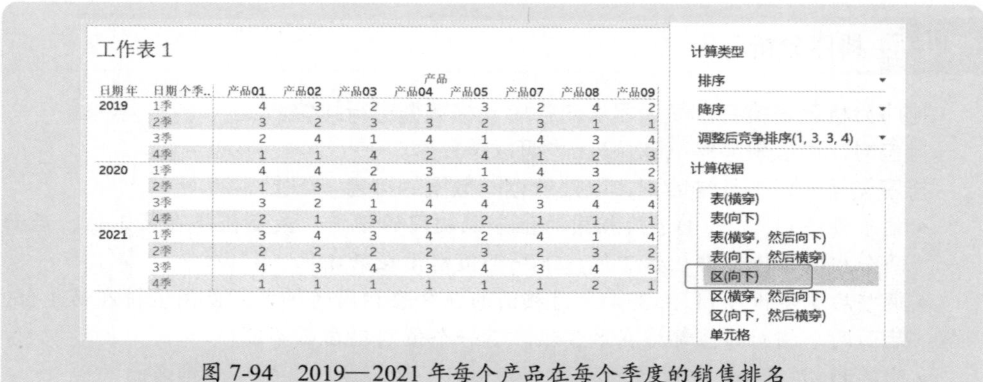

日期 年	日期 个季..	产品01	产品02	产品03	产品04	产品05	产品07	产品08	产品09
2019	1季	4	3	2	1	3	2	4	2
	2季	3	2	3	3	2	3	1	1
	3季	2	4	1	4	1	4	3	4
	4季	1	1	4	2	4	1	2	3
2020	1季	4	4	2	3	1	4	3	2
	2季	1	3	4	1	3	2	2	3
	3季	3	2	1	4	4	3	4	4
	4季	2	1	3	2	2	1	1	1
2021	1季	3	4	3	4	2	4	1	4
	2季	2	2	2	2	3	2	3	2
	3季	4	3	4	3	4	3	4	3
	4季	1	1	1	1	1	1	2	1

图 7-94　2019—2021 年每个产品在每个季度的销售排名

图 7-95 所示是分析 2019—2021 年各季度中，每个产品销售的排名，这里计算依据选择“特定维度”，并选择“产品”作为分析维度。

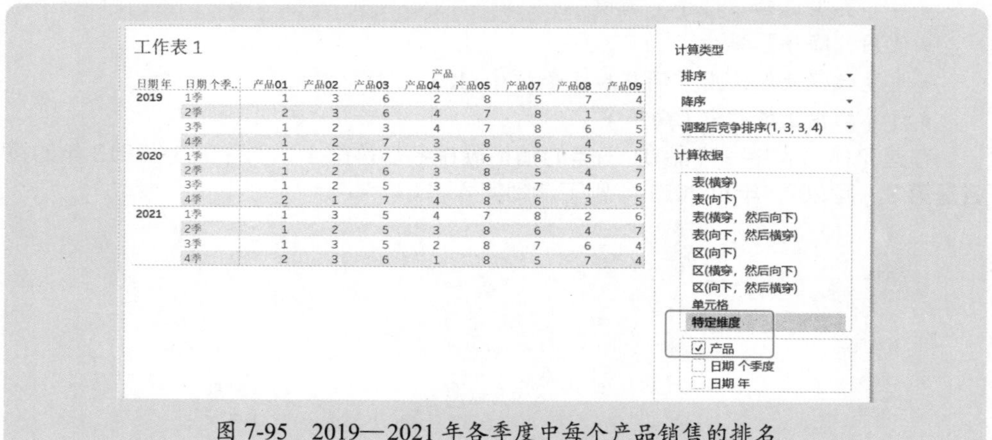

日期 年	日期 个季..	产品01	产品02	产品03	产品04	产品05	产品07	产品08	产品09
2019	1季	1	3	6	2	8	5	7	4
	2季	2	3	6	4	7	8	1	5
	3季	1	2	3	4	7	8	6	5
	4季	1	2	7	3	8	6	4	5
2020	1季	1	2	7	3	6	8	5	4
	2季	1	2	6	3	8	5	4	7
	3季	1	2	5	3	8	7	4	6
	4季	2	1	7	4	8	6	3	5
2021	1季	1	3	5	4	7	8	2	6
	2季	1	2	5	3	8	6	4	7
	3季	1	3	5	2	8	7	6	4
	4季	2	3	6	1	8	5	7	4

图 7-95　2019—2021 年各季度中每个产品销售的排名

7.6.7 百分位分析

百分位分析与排序分析一样，只不过是具体的排名数字变成了排位百分比，图 7-96 所示是一个示例。

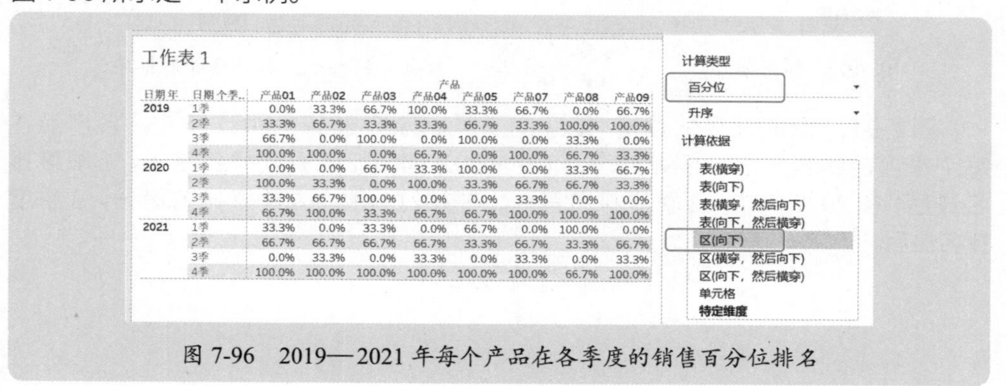

日期 年	日期 个季..	产品01	产品02	产品03	产品04	产品05	产品07	产品08	产品09
2019	1季	0.0%	33.3%	66.7%	100.0%	33.3%	66.7%	0.0%	66.7%
	2季	33.3%	66.7%	33.3%	33.3%	66.7%	33.3%	100.0%	100.0%
	3季	66.7%	0.0%	100.0%	0.0%	100.0%	0.0%	33.3%	0.0%
	4季	100.0%	100.0%	0.0%	66.7%	0.0%	100.0%	66.7%	33.3%
2020	1季	0.0%	0.0%	66.7%	33.3%	100.0%	0.0%	33.3%	66.7%
	2季	100.0%	33.3%	0.0%	100.0%	33.3%	66.7%	66.7%	33.3%
	3季	33.3%	66.7%	100.0%	0.0%	0.0%	33.3%	0.0%	0.0%
	4季	66.7%	100.0%	33.3%	66.7%	66.7%	100.0%	100.0%	100.0%
2021	1季	33.3%	0.0%	33.3%	0.0%	66.7%	0.0%	100.0%	0.0%
	2季	66.7%	66.7%	66.7%	66.7%	33.3%	66.7%	33.3%	66.7%
	3季	0.0%	33.3%	0.0%	33.3%	0.0%	33.3%	0.0%	33.3%
	4季	100.0%	100.0%	100.0%	100.0%	100.0%	100.0%	66.7%	100.0%

图 7-96　2019—2021 年每个产品在各季度的销售百分位排名

7.6.8 汇总分析

所谓汇总，就是按照指定的计算依据计算各单元格数值的累计值，图 7-97 所示是一个示例，计算某个产品在 2019—2021 年中，截至某个季度的累计销售额。

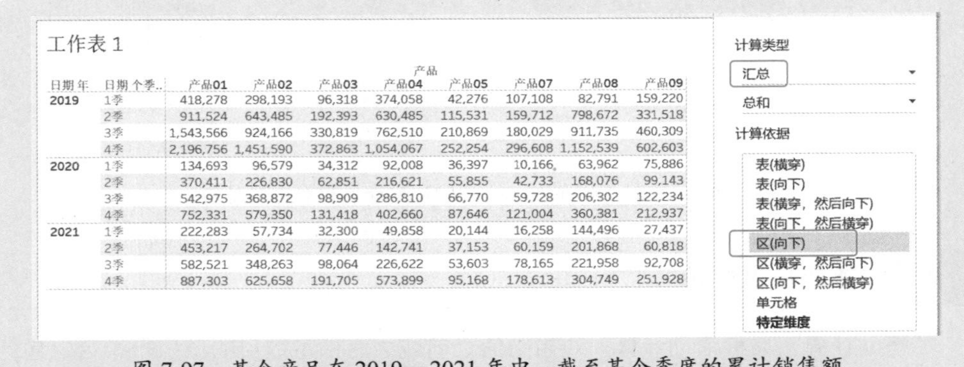

工作表 1

日期 年	日期 个季..	产品 产品01	产品02	产品03	产品04	产品05	产品07	产品08	产品09
2019	1季	418,278	298,193	96,318	374,058	42,276	107,108	82,791	159,220
	2季	911,524	643,485	192,393	630,485	115,531	159,712	798,672	331,518
	3季	1,543,566	924,166	330,819	762,510	210,869	180,029	911,735	460,309
	4季	2,196,756	1,451,590	372,863	1,054,067	252,254	296,608	1,152,539	602,603
2020	1季	134,693	96,579	34,312	92,008	36,397	10,166	63,962	75,886
	2季	370,411	226,830	62,851	216,621	55,855	42,733	168,076	99,143
	3季	542,975	368,872	98,909	286,810	66,770	59,728	206,302	122,234
	4季	752,331	579,350	131,418	402,660	87,646	121,004	360,381	212,937
2021	1季	222,283	57,734	32,300	49,858	20,144	16,258	144,496	27,437
	2季	453,217	264,702	77,446	142,741	37,153	60,159	201,868	60,818
	3季	582,521	348,263	98,064	226,622	53,603	78,165	221,958	92,708
	4季	887,303	625,658	191,705	573,899	95,168	178,613	304,749	251,928

图 7-97　某个产品在 2019—2021 年中，截至某个季度的累计销售额

当计算类型选择“汇总”选项时，会出现一个汇总计算方式供选择，如图 7-98 所示，包括总和、平均值、最小值和最大值，含义如下。

- 总和：每个值都会与上一个值相加。
- 平均值：计算当前值与所有前面的值的平均值。
- 最小值：所有值都替换为原始分区中的最低值。
- 最大值：所有值都替换为原始分区中的最高值。

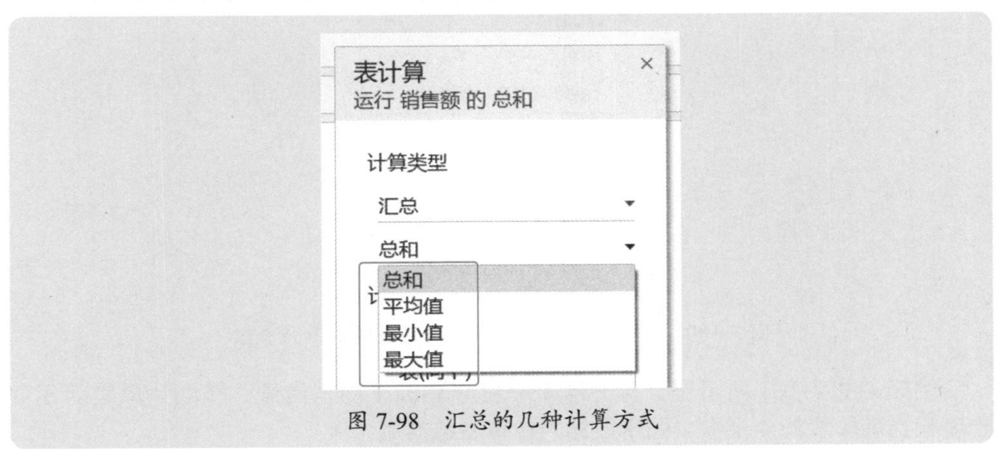

图 7-98　汇总的几种计算方式

图 7-99 所示是计算每个产品在各年的季度平均销售额。

例如，产品 01 在 2019 年中，前两个季度的季度平均销售额是 455 762 元，前 3 个季度的季度平均销售额是 514 522 元，前 4 个季度（全年）的季度平均销售额是 549 189 元。

工作表 1

日期 年	日期 个季..	产品01	产品02	产品03	产品04	产品05	产品07	产品08	产品09
2019	1季	418,278	298,193	96,318	374,058	42,276	107,108	82,791	159,220
	2季	455,762	321,743	96,197	315,243	57,766	79,856	399,336	165,759
	3季	514,522	308,055	110,273	254,170	70,290	60,010	303,912	153,436
	4季	549,189	362,898	93,216	263,517	63,064	74,152	288,135	150,651
2020	1季	134,693	96,579	34,312	92,008	36,397	10,166	63,962	75,886
	2季	185,206	113,415	31,426	108,311	27,928	21,367	84,038	49,572
	3季	180,992	122,957	32,970	95,603	22,257	19,909	68,767	40,745
	4季	188,083	144,838	32,855	100,665	21,912	30,251	90,095	53,234
2021	1季	222,283	57,734	32,300	49,858	20,144	16,258	144,496	27,437
	2季	226,609	132,351	38,723	71,370	18,577	30,080	100,934	30,409
	3季	194,174	116,088	32,688	75,541	17,868	26,055	73,986	30,903
	4季	221,826	156,414	47,926	143,475	23,792	44,653	76,187	62,982

计算类型
汇总
平均值
计算依据
表(横穿)
表(向下)
表(横穿，然后向下)
表(向下，然后横穿)
区(向下)
区(横穿，然后向下)
区(向下，然后横穿)
单元格
特定维度

图 7-99　每个产品在 2019—2021 年的季度平均销售额

7.6.9 移动计算分析

“移动计算”又称滚动计算，对当前值之前或之后指定数目的值执行聚合（包括总和、平均值、最小值或最大值）。“移动计算”通常用于平滑短期数据波动，这样可以查看长期趋势。

在进行移动计算时，需要指定前或后的数值个数，如图 7-100 所示。

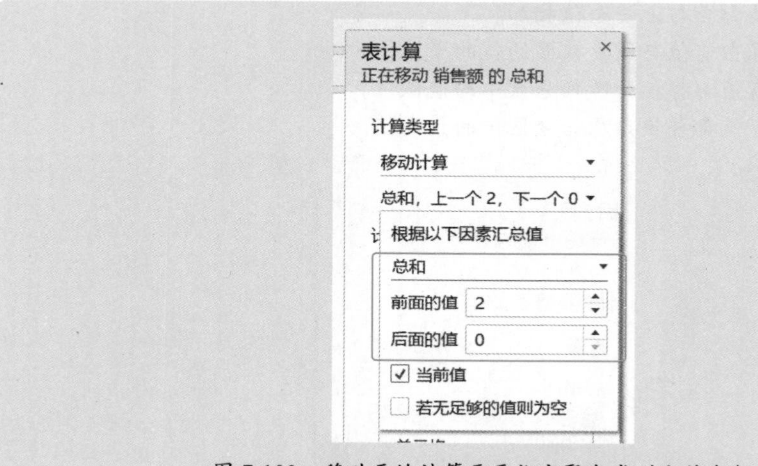

图 7-100　移动平均计算需要指定聚合类别和值个数

例如，图 7-101 所示是计算三年来季度移动的平均销售额，移动计算是前 3 个季度和当前季度的 4 个数（图中数据为计算后数据）。

例如，2019 年 4 季度的移动平均销售额是：(418,278+493,246+632,042+653,190)/4=549,189。

2020 年 1 季度的移动平均销售额是：(493,246+632,042+653,190+134,693)/4=478,293。

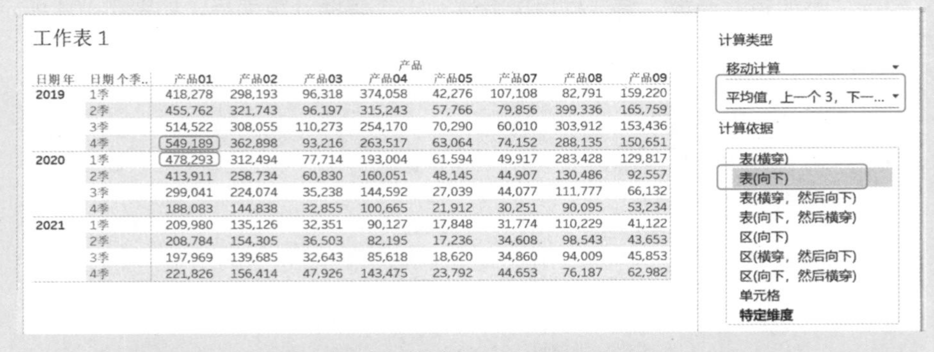

工作表 1

日期 年	日期 个季..	产品01	产品02	产品03	产品04	产品05	产品07	产品08	产品09
2019	1季	418,278	298,193	96,318	374,058	42,276	107,108	82,791	159,220
	2季	455,762	321,743	96,197	315,243	57,766	79,856	399,336	165,759
	3季	514,522	308,055	110,273	254,170	70,290	60,010	303,912	153,436
	4季	549,189	362,898	93,216	263,517	63,064	74,152	288,135	150,651
2020	1季	478,293	312,494	77,714	193,004	61,594	49,917	283,428	129,817
	2季	413,911	258,734	60,830	160,051	48,145	44,907	130,486	92,557
	3季	299,041	224,074	35,238	144,592	27,039	44,077	111,777	66,132
	4季	188,083	144,838	32,855	100,665	21,912	30,251	90,095	53,234
2021	1季	209,980	135,126	32,351	90,127	17,848	31,774	110,229	41,122
	2季	208,784	154,305	36,503	82,195	17,236	34,608	98,543	43,653
	3季	197,969	139,685	32,643	85,618	18,620	34,860	94,009	45,853
	4季	221,826	156,414	47,926	143,475	23,792	44,653	76,187	62,982

图 7-101　计算季度的移动平均销售额

7.6.10 添加辅助计算

对于“汇总”和“移动计算”，可以选择转换两次值，以获得想要的结果，也就是除了添加主要的表计算之外，再添加从属的表计算。

添加从属表计算的方法是在“表计算”对话框底部勾选“添加辅助计算”复选框，如图 7-102 和图 7-103 所示，分别为计算类型“汇总”和“移动计算”对话框。

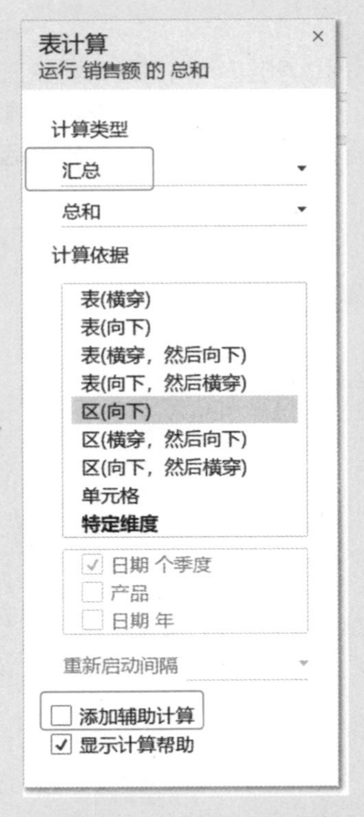

图 7-102　“汇总”对话框中勾选“添加辅助计算”复选框

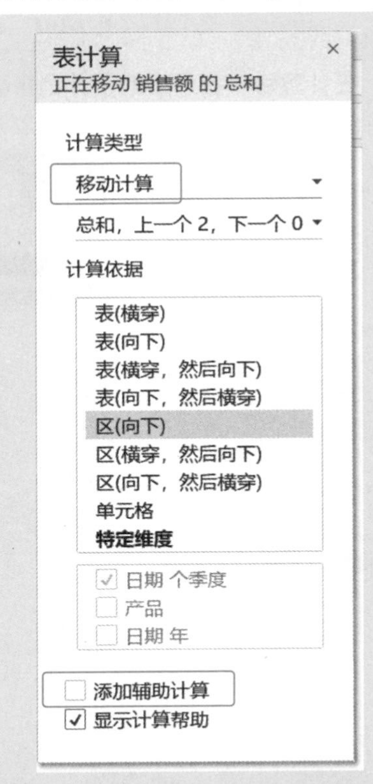

图 7-103　“移动计算”对话框中勾选“添加辅助计算”复选框

勾选“添加辅助计算”复选框后，会展开一个辅助计算面板，如图 7-104 所示，然后根据需要进行设置。

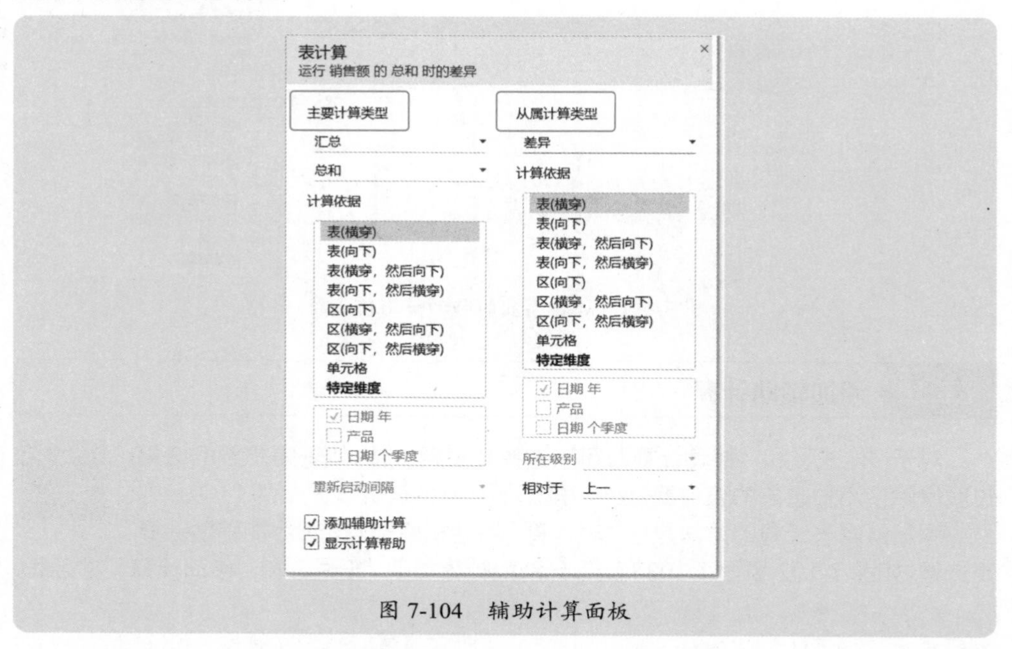

图 7-104 辅助计算面板

例如，先计算每年各季度的累计销售额，然后以 2019 年为基准，将这三年数据进行百分比差异分析（年度环比分析，也就是 2020 年与 2019 年相比的增长情况，2021 年与 2020 年相比的增长情况），先做主要表计算，计算类型选择“汇总”选项，计算依据选择“区 (向下)”，如图 7-105 所示。

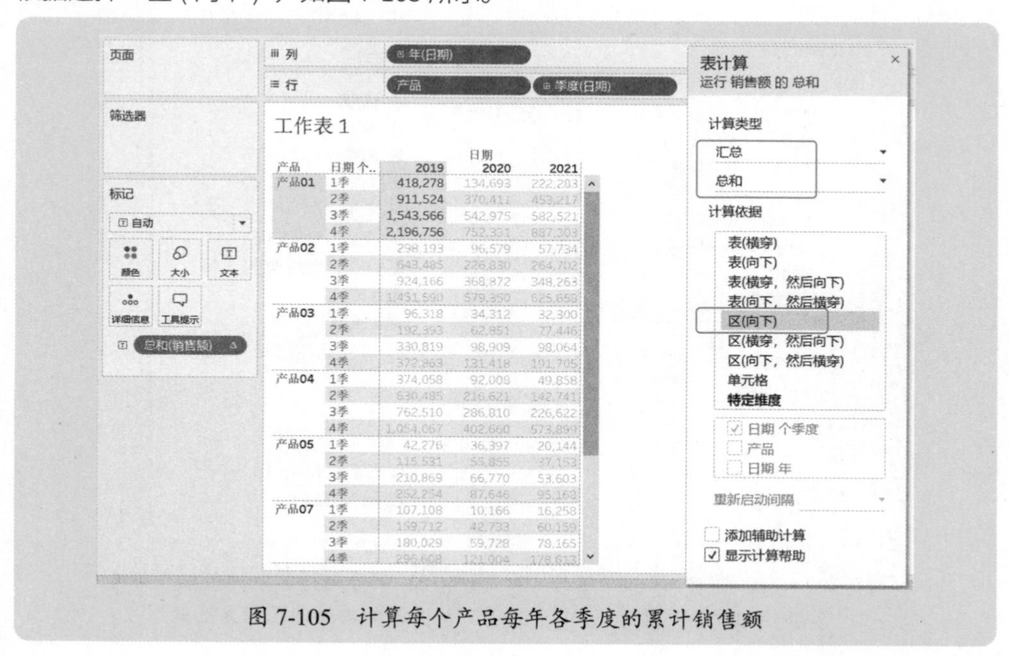

产品	日期 个..	2019	2020	2021
产品01	1季	418,278	134,693	222,283
	2季	911,524	370,411	453,217
	3季	1,543,566	542,975	582,521
	4季	2,196,756	752,331	887,303
产品02	1季	298,193	96,579	57,734
	2季	643,485	226,830	264,702
	3季	924,166	368,872	348,263
	4季	1,451,590	579,350	625,658
产品03	1季	96,318	34,312	32,300
	2季	192,393	62,851	77,446
	3季	330,819	98,909	98,064
	4季	372,863	131,418	191,705
产品04	1季	374,058	92,008	49,858
	2季	630,485	216,621	142,741
	3季	762,510	286,810	226,622
	4季	1,054,067	402,660	573,899
产品05	1季	42,276	36,397	20,144
	2季	115,531	55,855	37,153
	3季	210,869	66,770	53,603
	4季	252,254	87,646	95,168
产品07	1季	107,108	10,166	16,258
	2季	159,712	42,733	60,159
	3季	180,029	59,728	78,165
	4季	296,608	121,004	178,613

图 7-105 计算每个产品每年各季度的累计销售额

勾选“表计算”对话框底部的“添加辅助计算”复选框，展开辅助计算面板，然后计算类型选择“百分比差异”选项，计算依据选择“表(横穿)”，如图 7-106 所示。

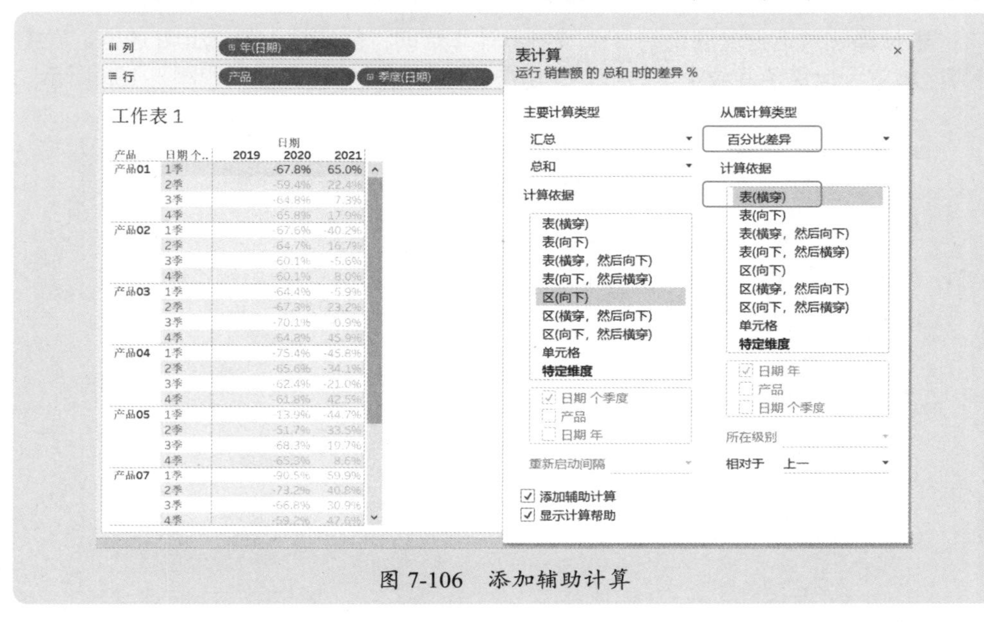

图 7-106　添加辅助计算

得到如图 7-107 所示的各产品 2019—2021 年各季度销售额增长分析报表。

例如产品 01，2020 年 3 季度累计销售额比 2019 年 3 季度累计销售额同比下降了 64.8%，而 2021 年 3 季度累计销售额比 2020 年 3 季度累计销售额同比增长了 7.3%。

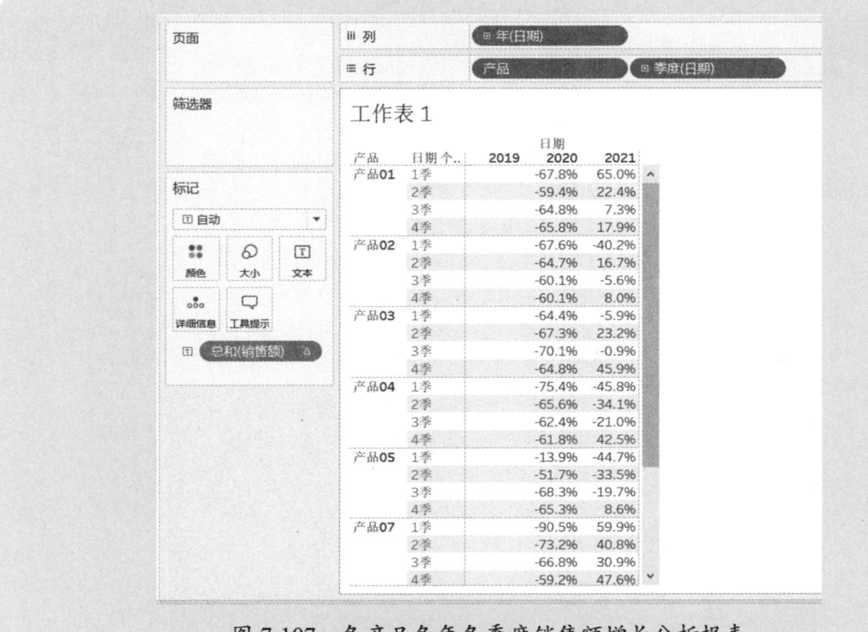

图 7-107　各产品各年各季度销售额增长分析报表

7.6.11 通过计算帮助查看计算对象

“表计算”对话框的底部有一个“显示计算帮助”复选框，勾选此复选框，表中计算区域就会以黄色底纹阴影显示，让用户快速了解计算的分区，如图 7-108 所示。

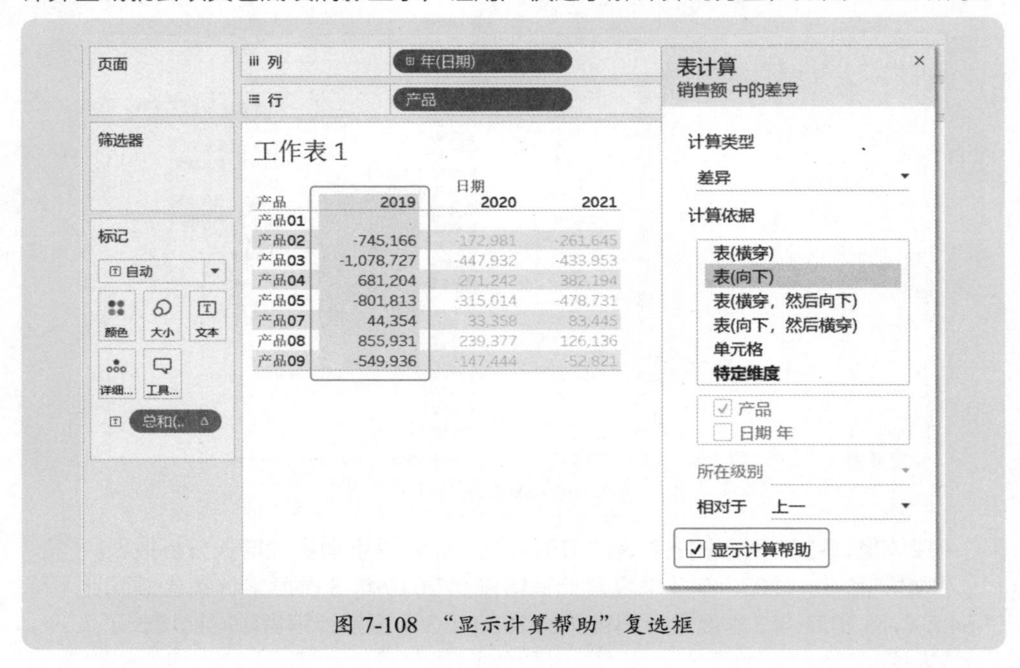

产品	2019	2020	2021
产品01			
产品02	-745,166	-172,981	-261,645
产品03	-1,078,727	-447,932	-433,953
产品04	681,204	271,242	382,194
产品05	-801,813	-315,014	-478,731
产品07	44,354	33,358	83,445
产品08	855,931	239,377	126,136
产品09	-549,936	-147,444	-52,821

图 7-108 “显示计算帮助”复选框

第 8 章

Tableau 图表制作的基本技能与技巧

在数据分析方面，Tableau 不仅有强大的表计算功能，更有强大的可视化处理功能，各种分析图表做起来不再烦琐。在 Tableau 中，通过拖曳鼠标，就可以快速完成数据分析的可视化，创建仪表板。

8.1 图表制作的基本方法

Tableau 制作图表非常简单，一种情况是根据现有的报表制作图表，另一种情况是直接生成图表。

8.1.1 直接生成图表

当把字段拖放到“行”功能区或“列”功能区时，会自动生成一个图表，图表类型取决于“行”功能区或“列”功能区放置的字段属性。

图 8-1 就是把维度“产品”拖放至“列”功能区，把度量“销售额”拖至“行”功能区所生成的柱形图。本案例的数据源为“案例 8-1.xlsx” Excel 工作簿。

“列”就是从左往右一列一列的数据；“行”就是从上往下一行一行的数据。“产品”放到“列”功能区，就从左往右展示各产品；“销售额”放到“行”功能区，就显示柱形数值大小。

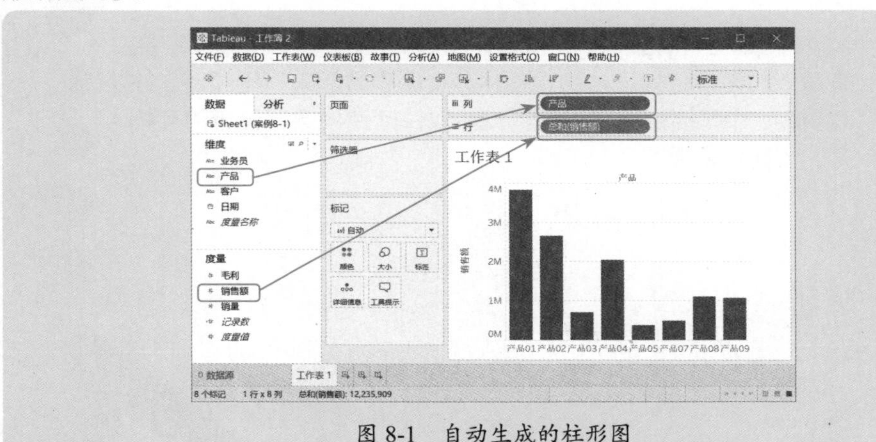

图 8-1 自动生成的柱形图

如图 8-2 所示，就是把维度“产品”拖放至“行”功能区，把度量“销售额”拖至“列”功能区所生成的条形图。

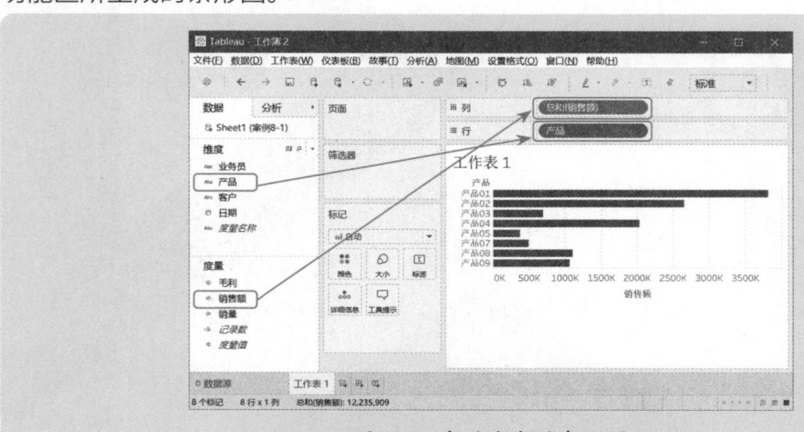

图 8-2 自动生成的条形图

如果将日期字段拖至“列”功能区，那么会自动生成一个左右布局的折线图，如图 8-3 所示。

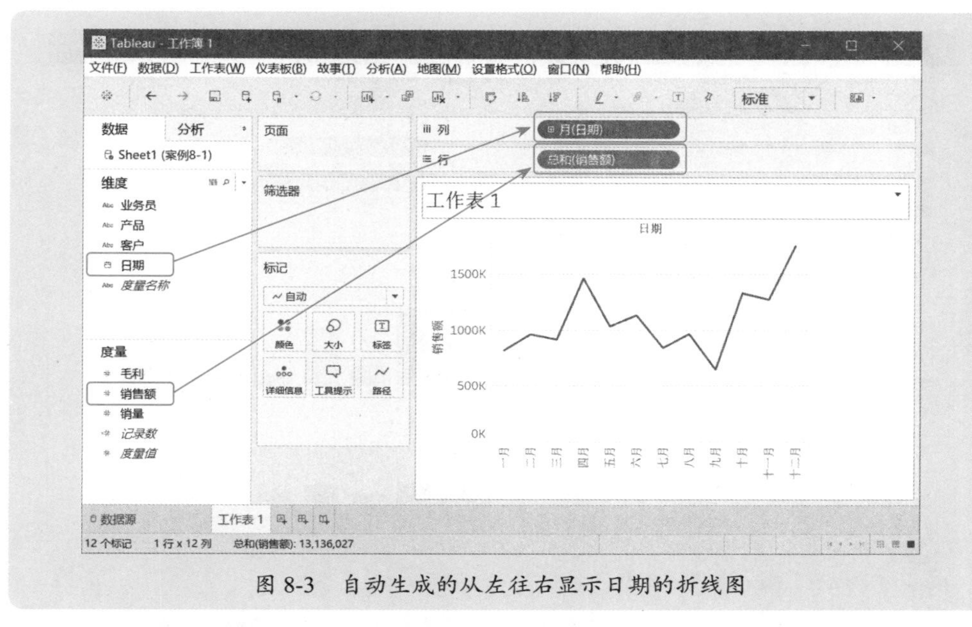

图 8-3　自动生成的从左往右显示日期的折线图

如果将日期字段拖至“行”功能区，那么会自动生成一个上下布局的折线图，如图 8-4 所示。

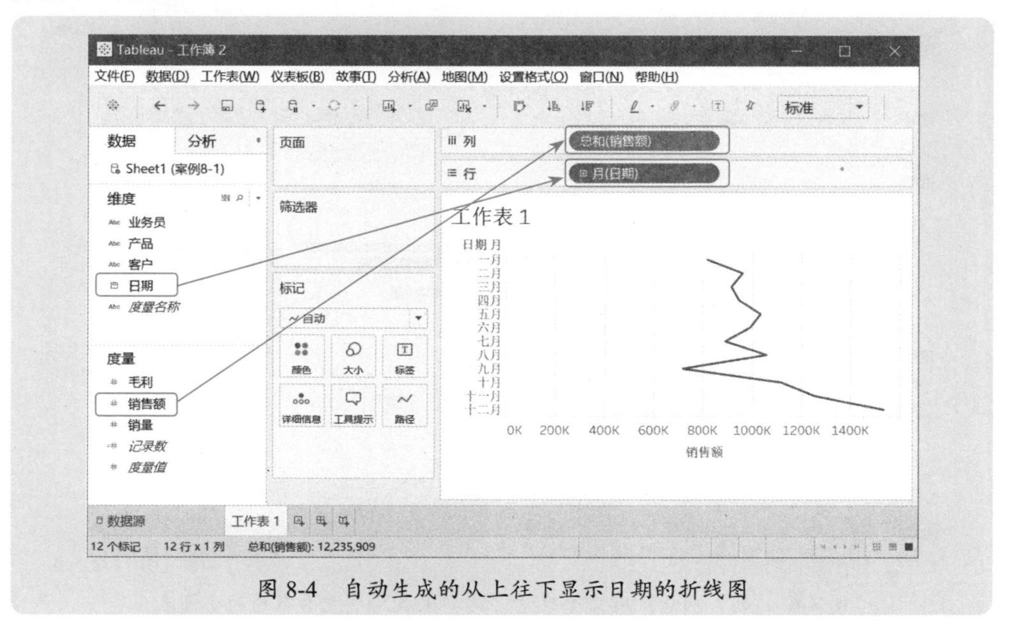

图 8-4　自动生成的从上往下显示日期的折线图

不论是“行”功能区，还是“列”功能区，都可以拖放多个维度字段和度量字段，从而得到多层次分析图表。

当往“行”功能区或“列”功能区拖放多个度量字段时，会自动生成几个展示不同度量的小图表，如图 8-5 和图 8-6 所示。

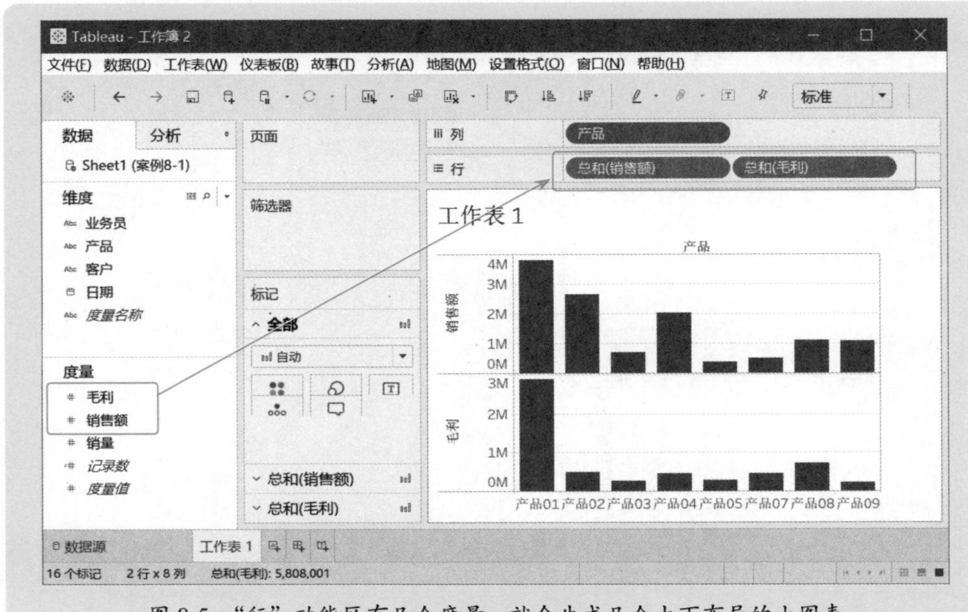

图 8-5 “行”功能区有几个度量，就会生成几个上下布局的小图表

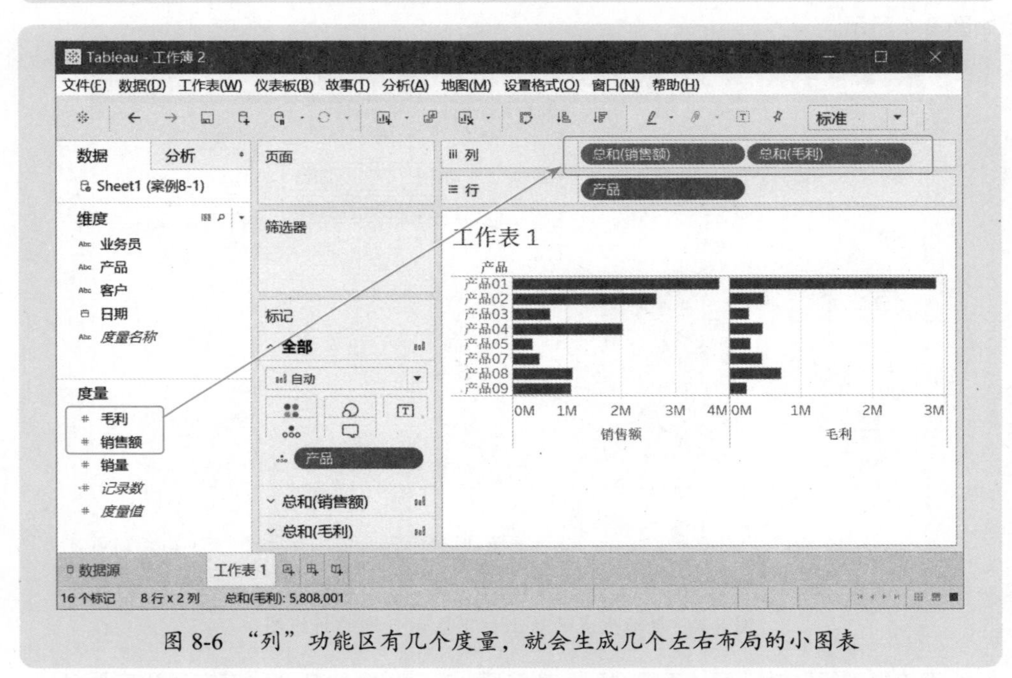

图 8-6 “列”功能区有几个度量，就会生成几个左右布局的小图表

如果往“列”功能区或“行”功能区拖放几个维度字段，会把图表自动分割成

几个不同的项目区间，以更加详细描述每个项目的状况，如图 8-7 和图 8-8 所示。

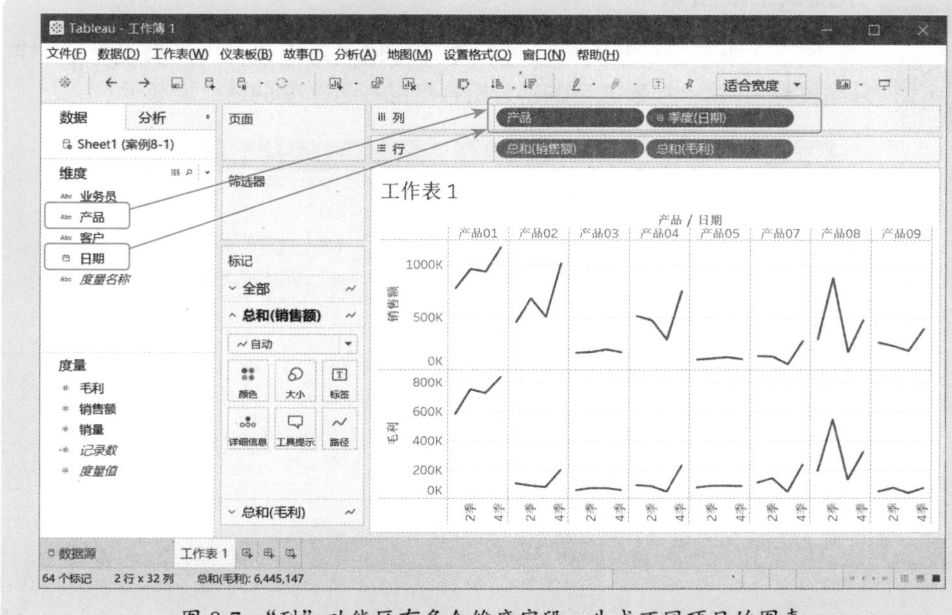

图 8-7 “列”功能区有多个维度字段，生成不同项目的图表

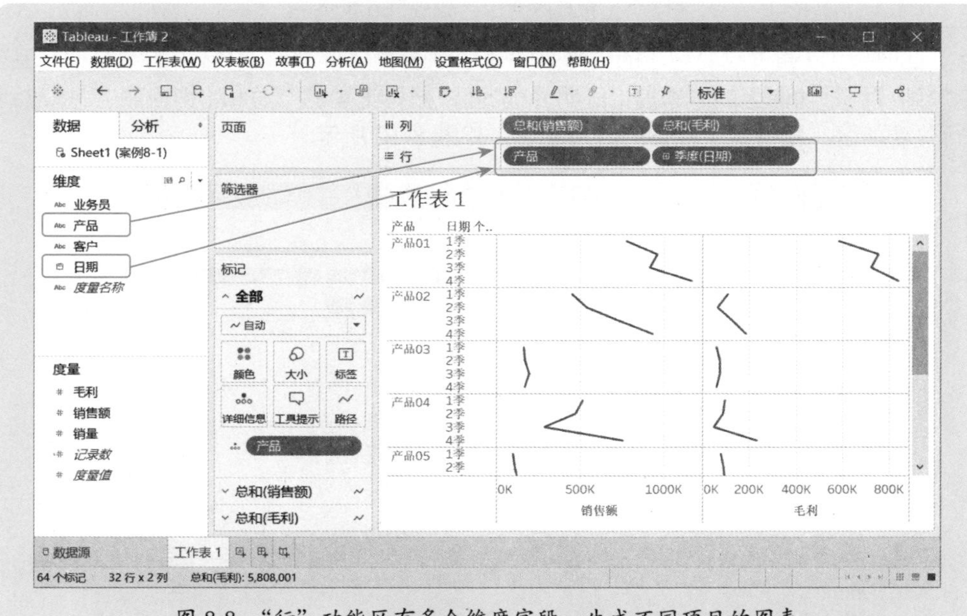

图 8-8 “行”功能区有多个维度字段，生成不同项目的图表

当需要重新制作图表时，可以单击工具栏上的“清除工作表”按钮，快速清除已经制作的报表或图表，使其变成一个空白的工作表。“清除工作表”命令的快捷键是 Alt+Shift+Backspace。

8.1.2 从报表生成图表

图 8-9 所示是分析各产品各季度环比增长率报表，表计算类型是“百分比差异”。这个报表的目的是分析各产品在各季度的环比增长率。

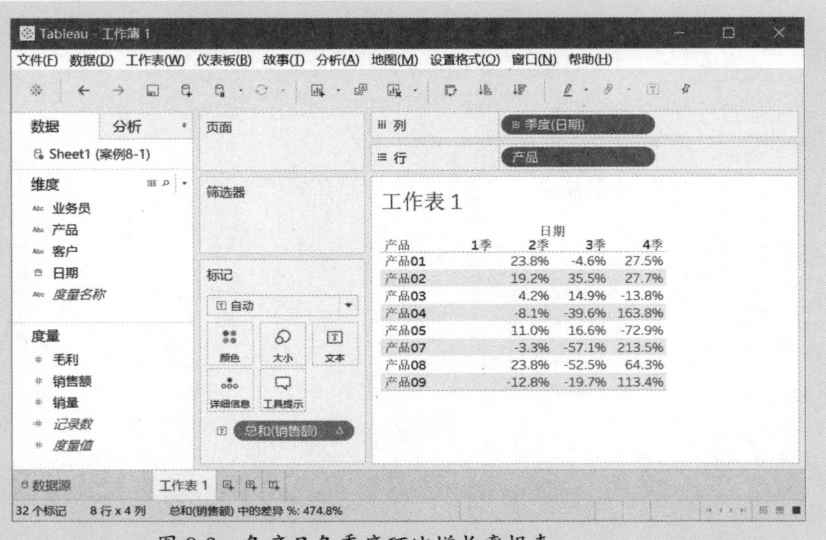

图 8-9 各产品各季度环比增长率报表

此时，可以通过改变字段的位置来快速绘制图表，把“行”区域里的字段“产品”拖放到“列”功能区的“季度（日期）”前面，把标记里的“总和（销售额）”拖放到“行”功能区，就得到了需要的分析图表，如图 8-10 所示。

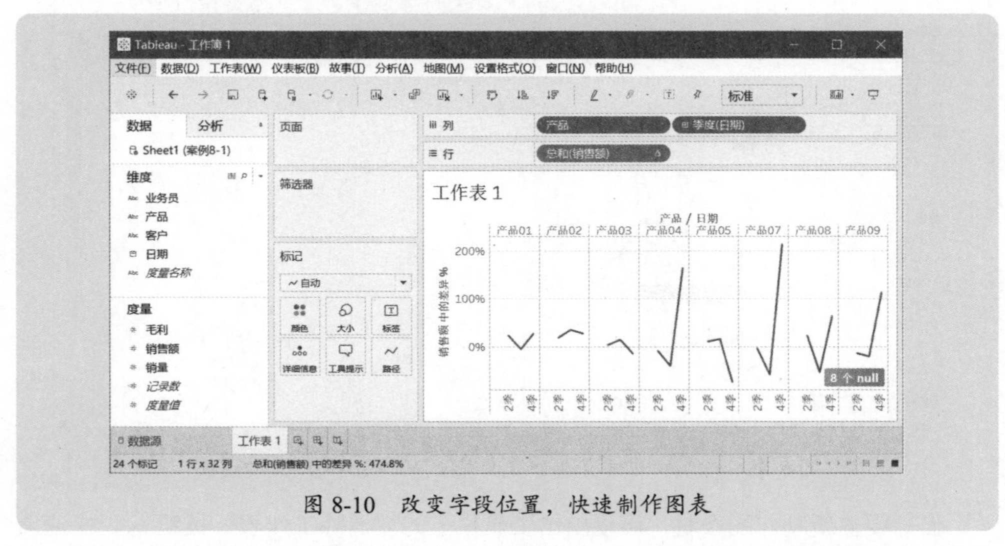

图 8-10 改变字段位置，快速制作图表

图 8-11 所示是各产品销售额及其占比的报表，现在要绘制图表来反映这两个信

息。其中占比是通过复制销售额并设置“合计百分比”表计算类型得到的。

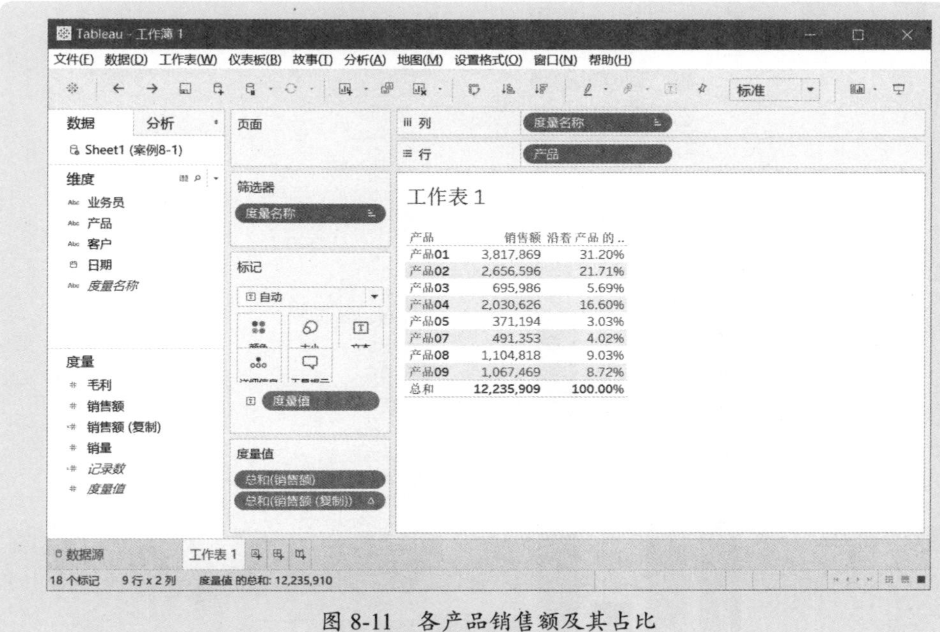

图 8-11　各产品销售额及其占比

首先重新布局字段，如图 8-12 所示，将字段“产品”拖放到“列”功能区，将销售额和占比两个度量字段拖放到“行”功能区。

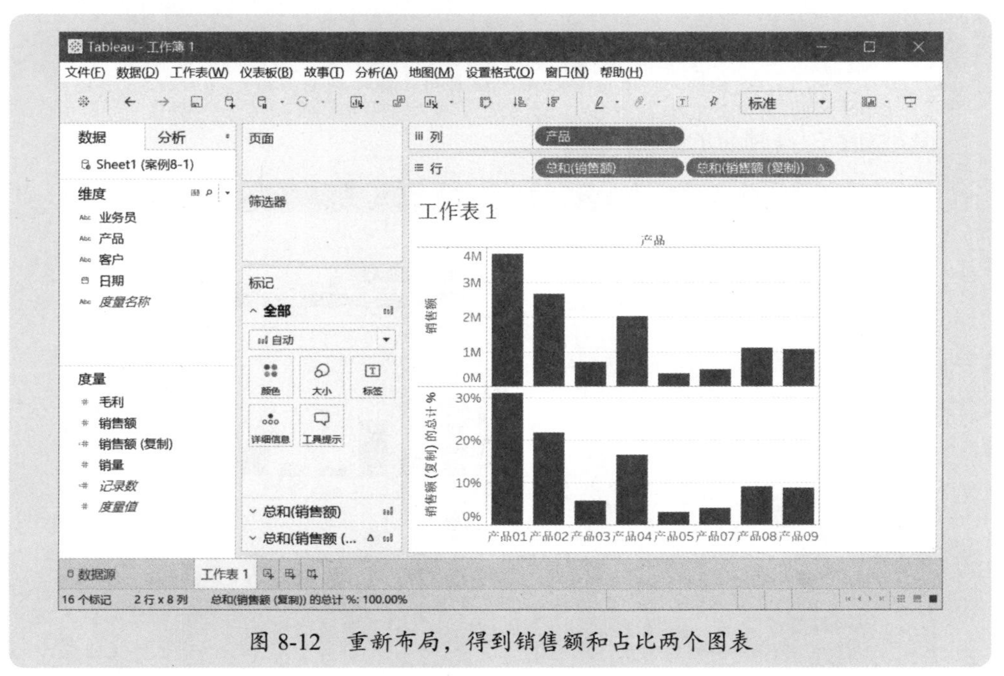

图 8-12　重新布局，得到销售额和占比两个图表

右击“行”区域的“总和(销售额(复制))”字段，在弹出的快捷菜单中执行“标记类型”→“圆”命令，如图 8-13 所示。

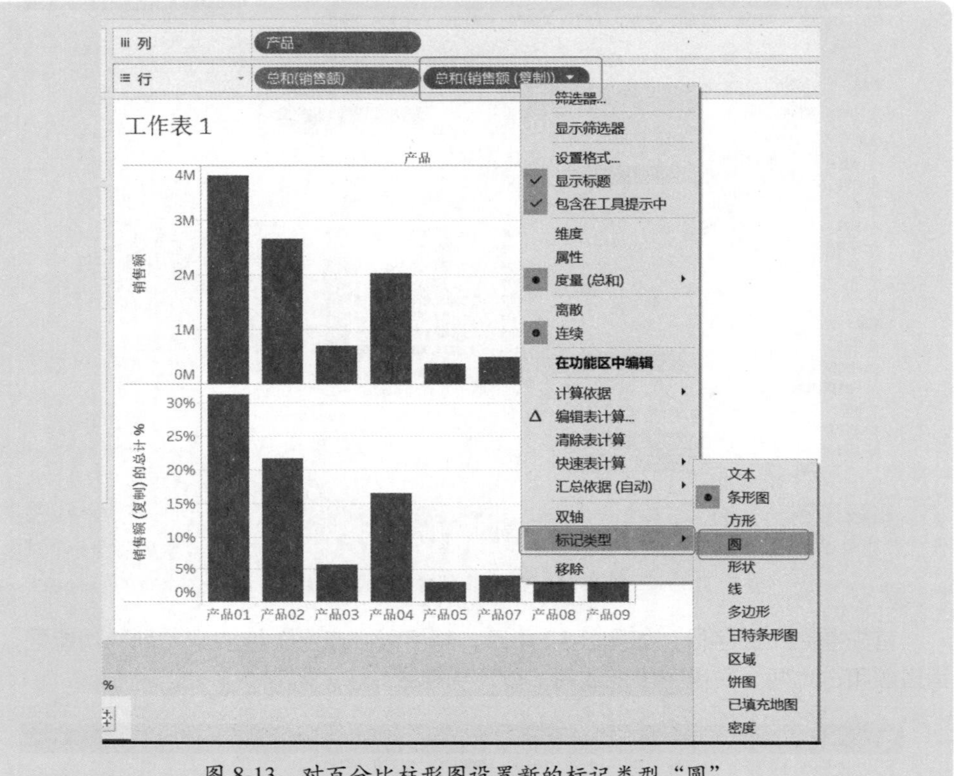

图 8-13 对百分比柱形图设置新的标记类型“圆”

得到如图 8-14 所示的图表。

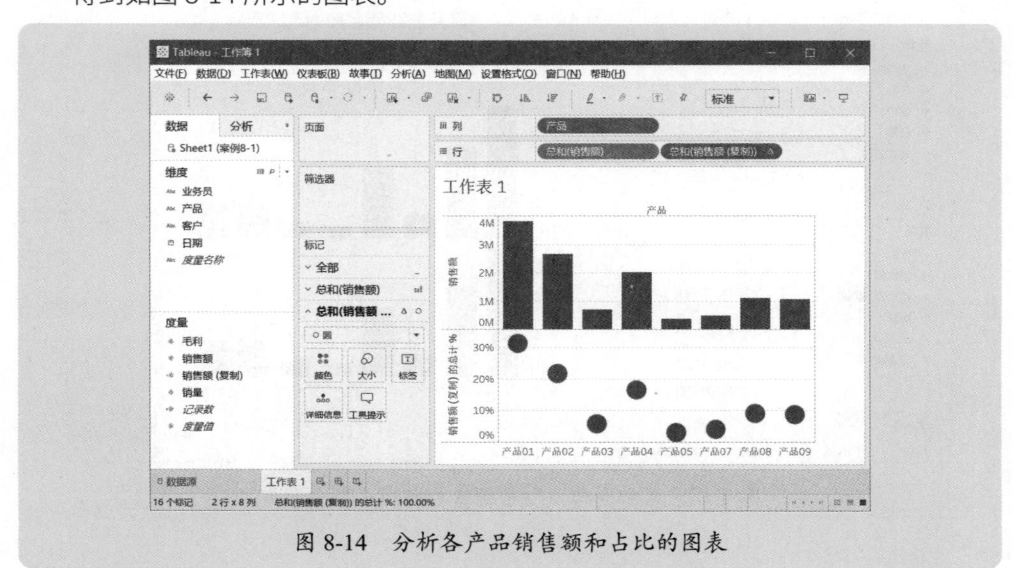

图 8-14 分析各产品销售额和占比的图表

最后分别设置两种图表的格式（设置颜色，添加标签等），得到比较清晰的分析图表，如图 8-15 所示。

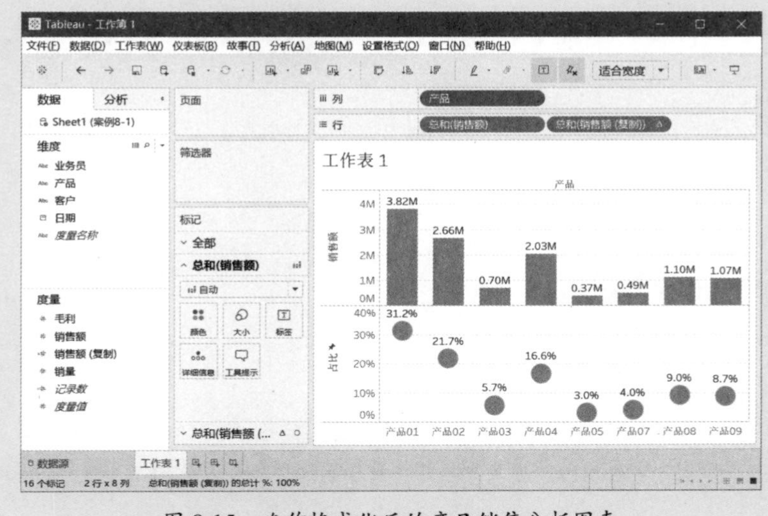

图 8-15 略作格式化后的产品销售分析图表

8.1.3 使用智能显示制作图表

当布局字段生成报表后，也可以使用工作表右侧的“智能显示”面板选择相应的图表类型来制作图表，不过，大多数情况下，当选择智能显示里的某个可用图表类型后（不是灰色的就是可用的），字段布局会发生变化，导致得到的图表并不是用户需要的，此时还需要手动拖放字段来重新布局。

如图 8-16 所示的报表，通过绘制柱形图来反映每个产品销售额的大小，如果选择智能显示中的柱形图，会出现如图 8-17 所示的堆积柱形图。

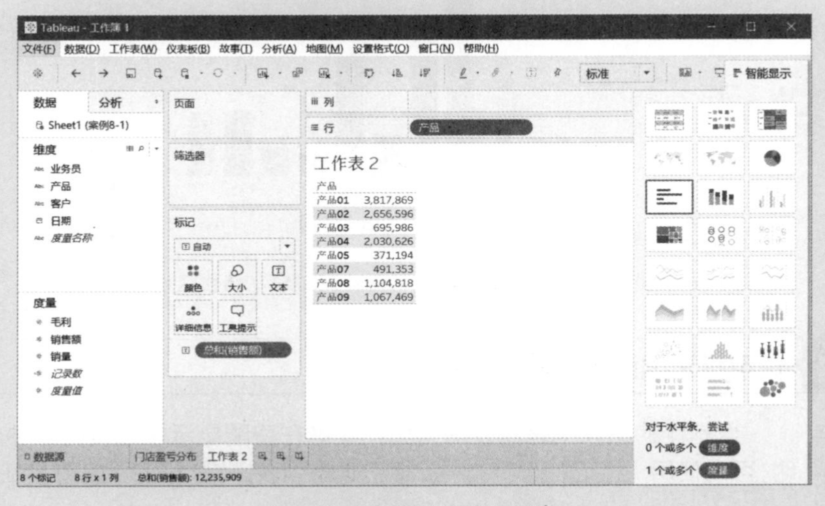

图 8-16 各产品销售额报表

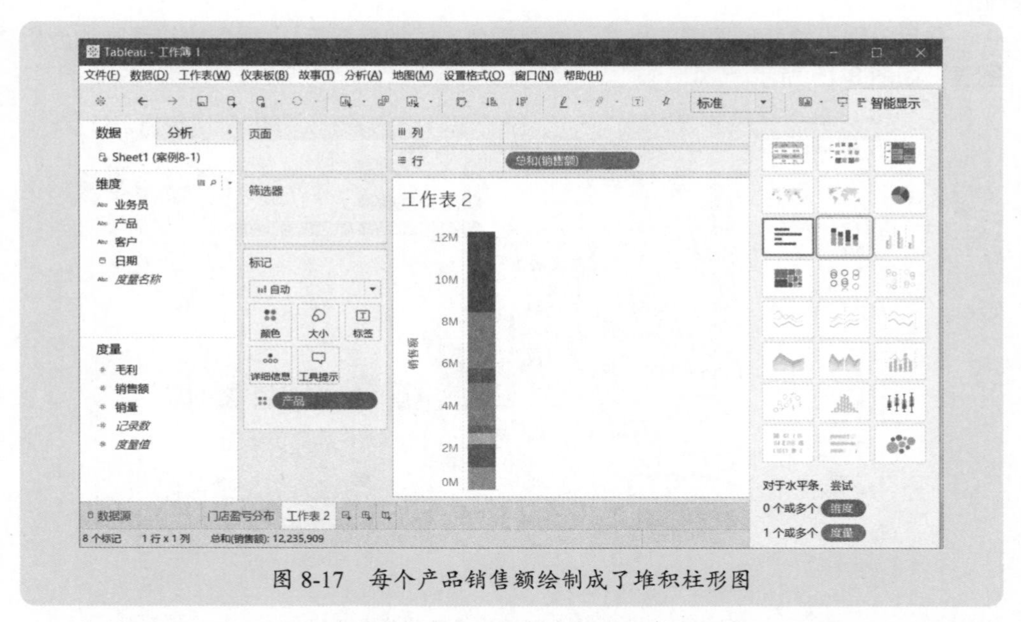

图 8-17　每个产品销售额绘制成了堆积柱形图

此时，需要从标记窗格中，把字段“产品”拖放至“列”功能区，才能得到正确结果，如图 8-18 所示。

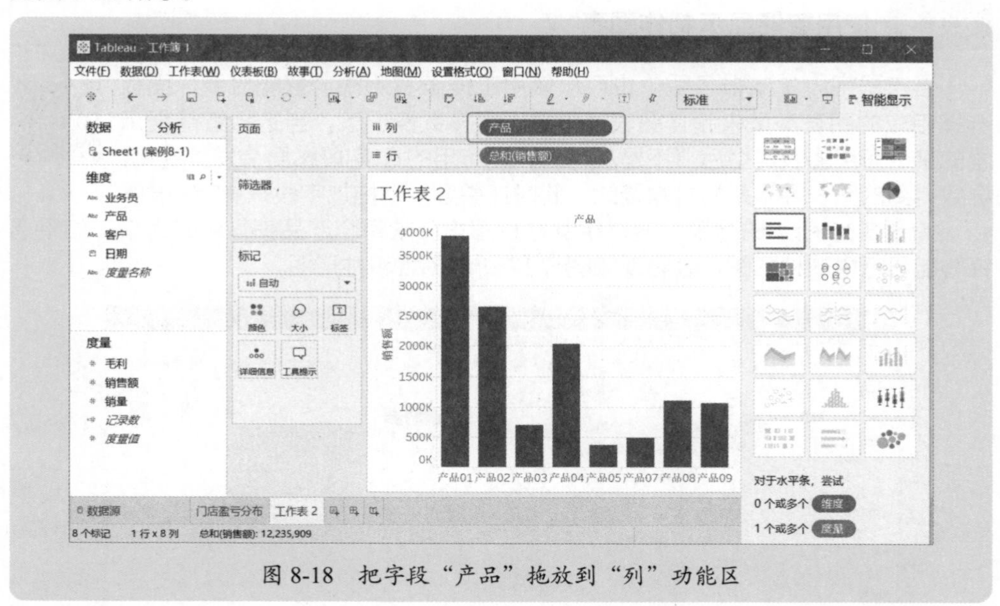

图 8-18　把字段“产品”拖放到“列”功能区

8.1.4 使用标记类型列表制作图表

当制作的图表不是需要的类型，或者在智能显示中也没有需要的类型时，可以使用“标记”选项卡中的标记类型列表来制作图表，如图 8-19 所示。

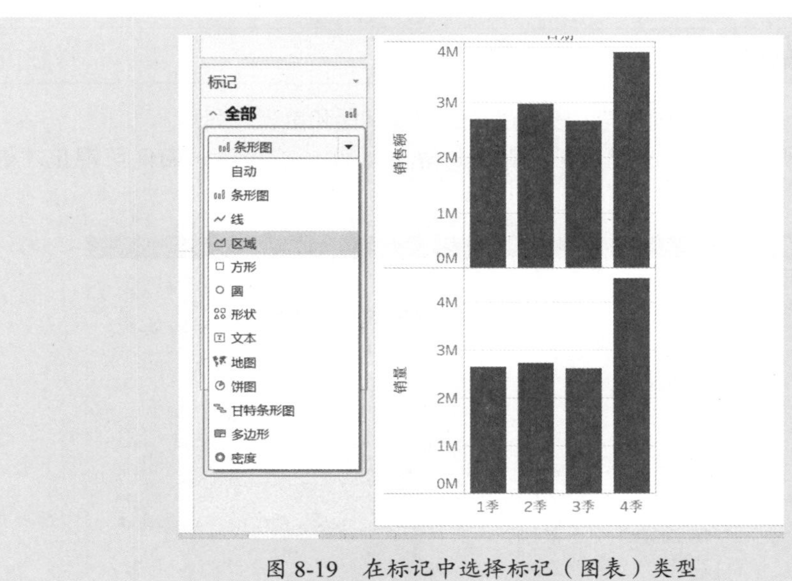

图 8-19　在标记中选择标记（图表）类型

其中“条形图”就是常规的柱形图和条形图，“线”就是折线图，“区域”就是面积图，根据实际需要选择相应类别即可。

8.1.5 可视化报表与可视化图表的转换

把可视化报表转换为可视化图表的方法，8.1.2 节已经做了介绍。如果是先绘制的可视化图表，现在想要将图表转换为报表，可以单击智能显示中的报表按钮，如图 8-20 所示，会迅速得到报表。

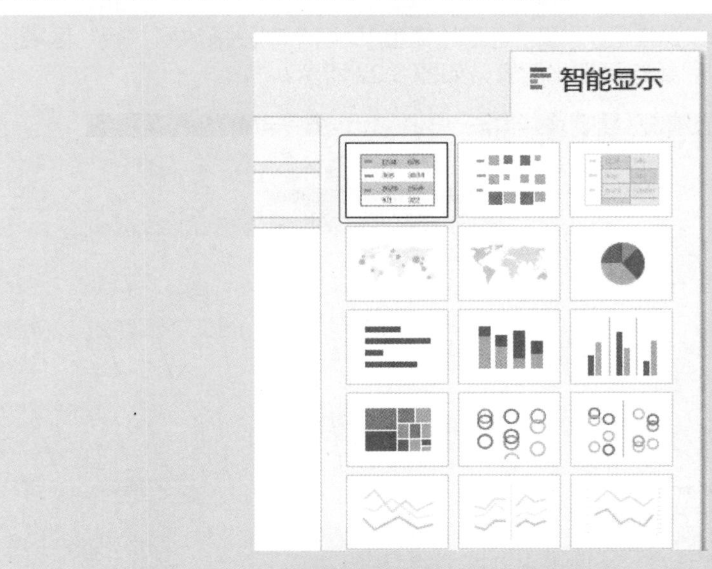

图 8-20　将图表转换为报表

8.1.6 图表的核心

不论采用什么方法制作图表，核心是布局维度字段和度量字段。

如图 8-21 所示的各产品销售额和销量的季度环比分析报表，如何可视化才最清楚？

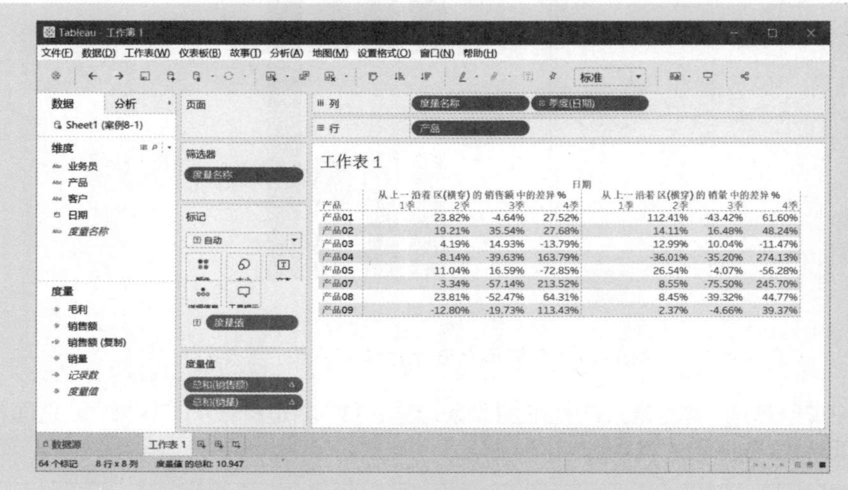

产品	从上一沿着区(横穿)的销售额中的差异% 1季	2季	3季	4季	从上一沿着区(横穿)的销量中的差异% 1季	2季	3季	4季
产品01		23.82%	-4.64%	27.52%		112.41%	-43.42%	61.60%
产品02		19.21%	35.54%	27.68%		14.11%	16.48%	48.24%
产品03		4.19%	14.93%	-13.79%		12.99%	10.04%	-11.47%
产品04		-8.14%	-39.63%	163.79%		-36.01%	-35.20%	274.13%
产品05		11.04%	16.59%	-72.85%		26.54%	-4.07%	-56.28%
产品07		-3.34%	-57.14%	213.52%		8.55%	-75.50%	245.70%
产品08		23.81%	-52.47%	64.31%		8.45%	-39.32%	44.77%
产品09		-12.80%	-19.73%	113.43%		2.37%	-4.66%	39.37%

图 8-21　各产品的季度销售额和销量的环比分析报表

首先，“产品”和“季度”是维度，用来分类，也就是要分析每个产品在每个季度的数据。“产品”是第一层维度，“季度”是下一层维度，因此，需要将“产品”和“季度(日期)”拖放到“列”区域，并将原来的“度量名称”字段拖走。

其次，要分析销售额和销量这两个指标，其数据是用来绘制折线图的，因此，将标记窗格里的“综合(销售额)”和“总和(销量)”两个字段拖放到“行”区域。

这样就得到了我们需要的可视化图表，如图 8-22 所示。

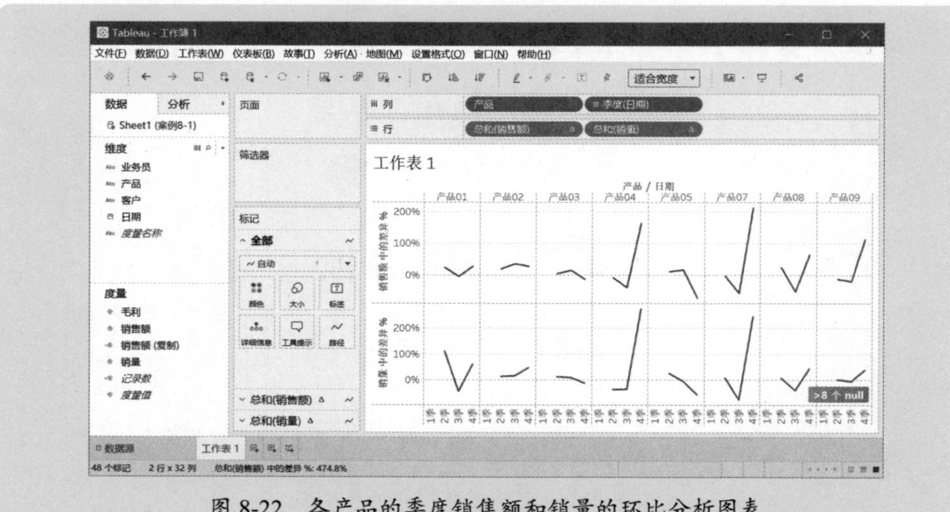

图 8-22　各产品的季度销售额和销量的环比分析图表

那么，对于图 8-23 所示的各季度、各产品销售额和销量的占比数据，又该如何制作可视化图表呢？

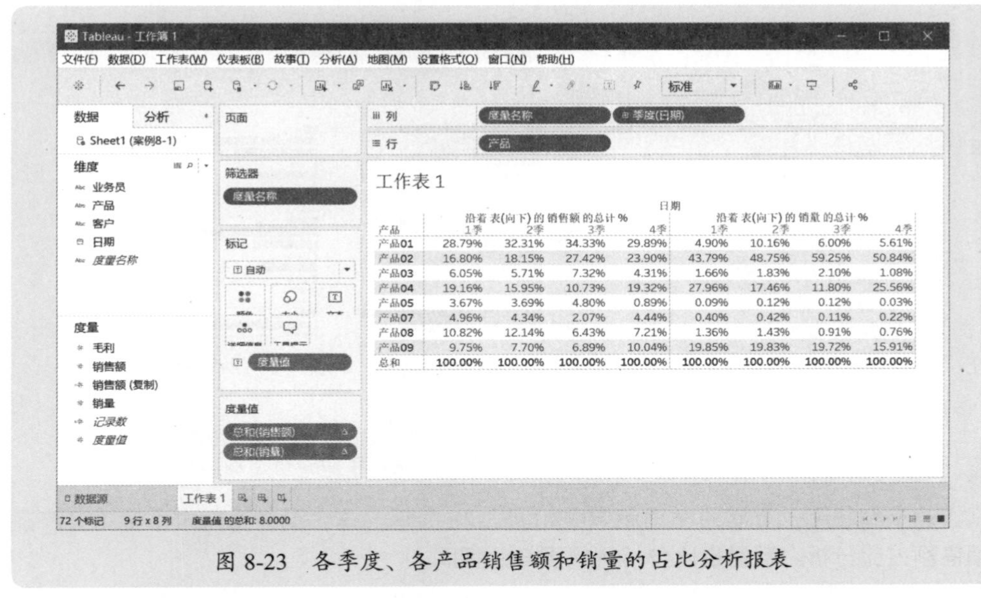

产品	沿着 表(向下) 的 销售额 的总计 % 1季	2季	3季	4季	沿着 表(向下) 的 销量 的总计 % 1季	2季	3季	4季
产品01	28.79%	32.31%	34.33%	29.89%	4.90%	10.16%	6.00%	5.61%
产品02	16.80%	18.15%	27.42%	23.90%	43.79%	48.75%	59.25%	50.84%
产品03	6.05%	5.71%	7.32%	4.31%	1.66%	1.83%	2.10%	1.08%
产品04	19.16%	15.95%	10.73%	19.32%	27.96%	17.46%	11.80%	25.56%
产品05	3.67%	3.69%	4.80%	0.89%	0.09%	0.12%	0.12%	0.03%
产品07	4.96%	4.34%	2.07%	4.44%	0.40%	0.42%	0.11%	0.22%
产品08	10.82%	12.14%	6.43%	7.21%	1.36%	1.43%	0.91%	0.76%
产品09	9.75%	7.70%	6.89%	10.04%	19.85%	19.83%	19.72%	15.91%
总和	100.00%	100.00%	100.00%	100.00%	100.00%	100.00%	100.00%	100.00%

图 8-23　各季度、各产品销售额和销量的占比分析报表

一般做结构分析会用饼图来绘制，但饼图并不是什么场合都可以使用，例如本案例就不合适饼图。本案例是比例数字，而且要查看各季度每个产品的销量占比大小，那么可以使用柱形图、条形图或者树状图。

对于柱形图，其字段布局和效果如图 8-24 所示。

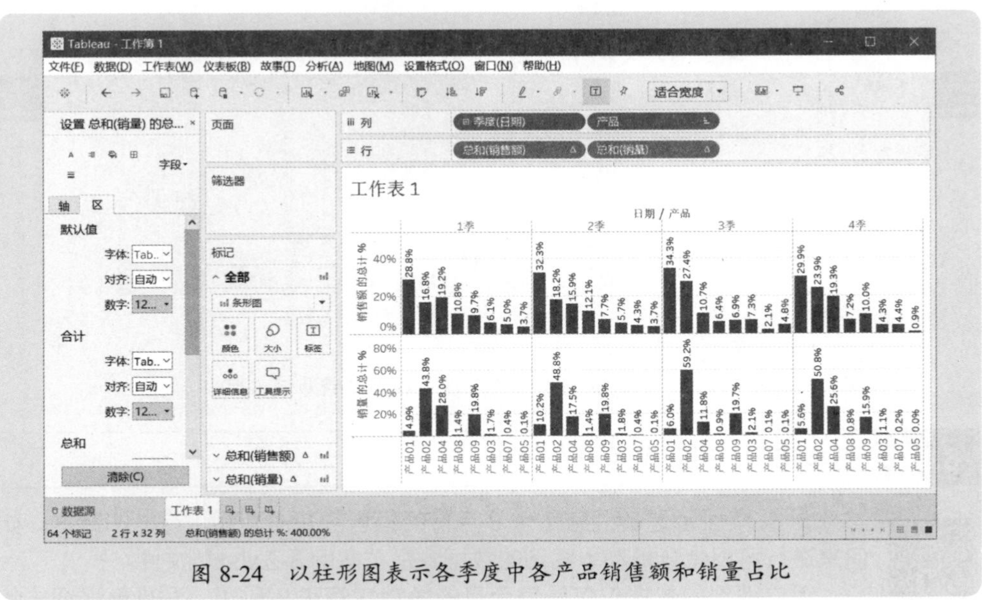

图 8-24　以柱形图表示各季度中各产品销售额和销量占比

对于条形图，其字段布局和效果如图 8-25 所示。

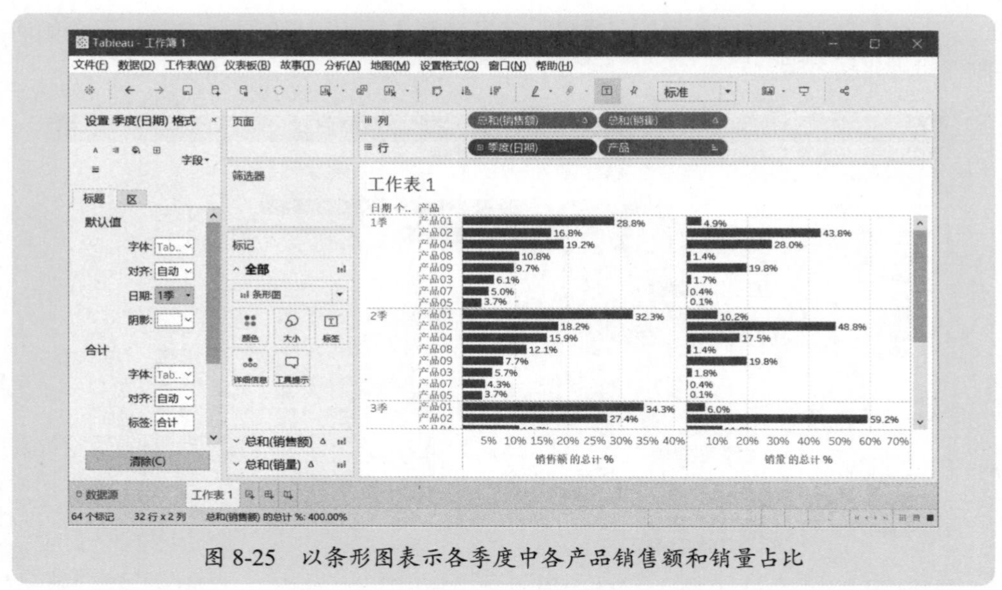

图 8-25　以条形图表示各季度中各产品销售额和销量占比

对于树状图，其字段布局和效果如图 8-26 所示，这个图表是每个季度中各产品销售额占比分析。销量占比分析树状图与此相同。

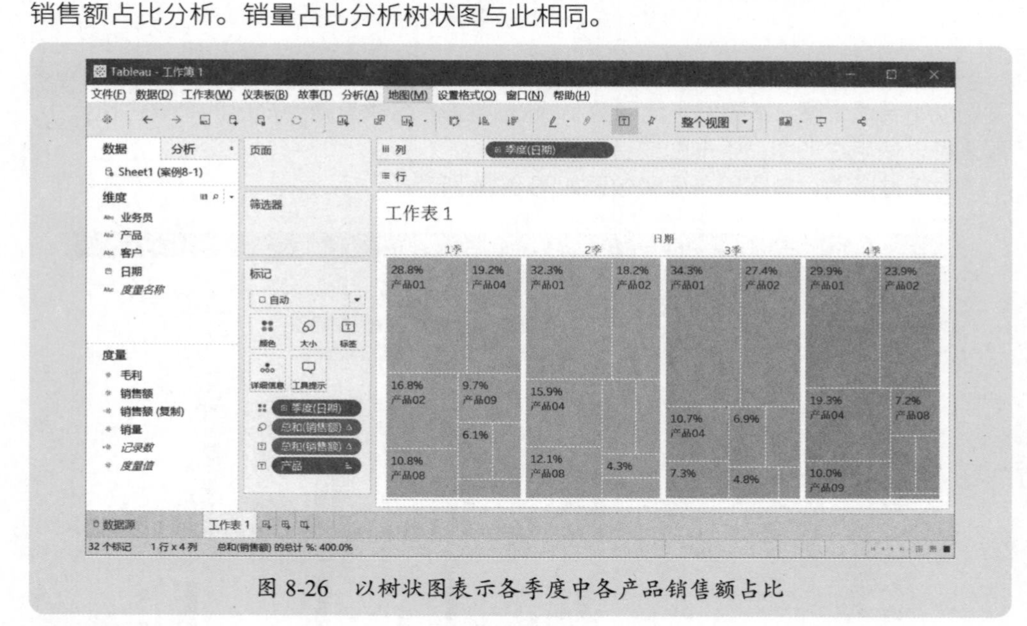

图 8-26　以树状图表示各季度中各产品销售额占比

8.1.7 基本练习：门店盈亏分布分析

图 8-27 所示是各门店 1～8 月份的销售额和净利润，这样的数据，如何来进行可视化分析？本案例的数据源是“案例 8-2.xlsx”文件。

用户得到的数据仅仅是每个月的净销售额和净利润，没有更详细的数据，但这两个数据可以帮助用户了解 1～8 月门店的盈亏情况，产品销售出去了不等于盈利，销售额高也不一定净利润高，那么，每个月的这种情况是如何变化的呢？是向好的方向发展，还是越来越不好？

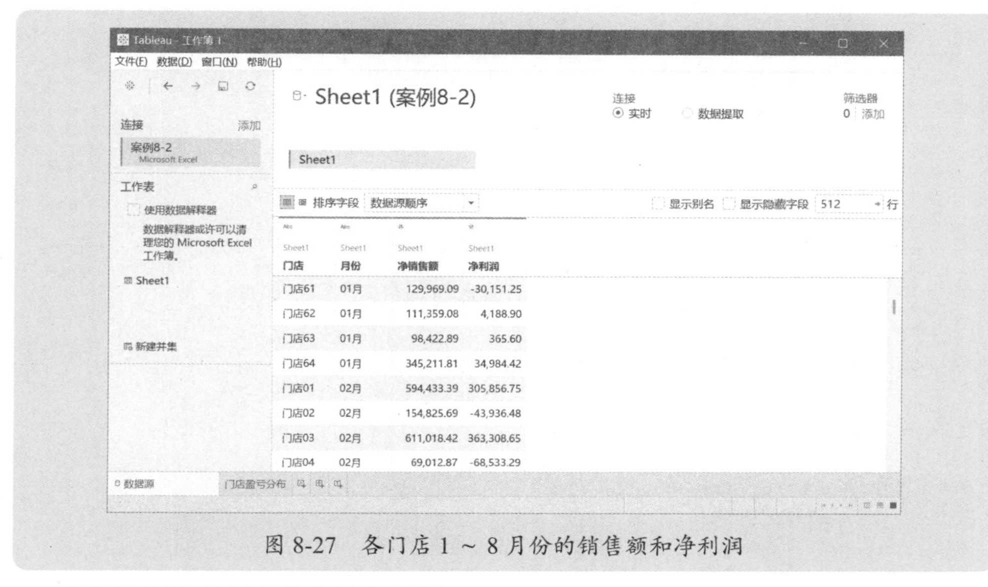

图 8-27　各门店 1 ～ 8 月份的销售额和净利润

下面是制作分析图表的基本步骤。

（1）首先将“净销售额”拖放到“列”功能区，将“净利润”拖放到“行”功能区。

（2）然后将“净销售额”转换为“维度”，如图 8-28 所示。

（3）将标记类型设置为圆。

（4）将月份添加到页面。

（5）将字段“净利润”拖至“颜色”卡。

就得到能够观察每个月的门店盈亏分布图表了，如图 8-29 所示。

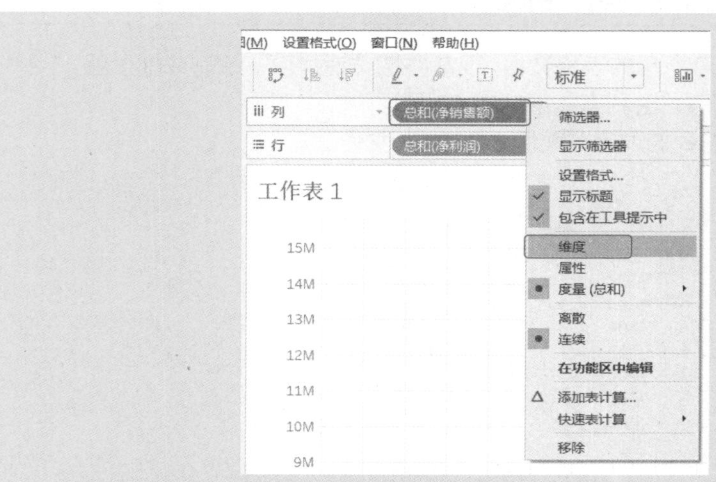

图 8-28　将“列”功能区的“总和(净销售额)”转换为“维度”

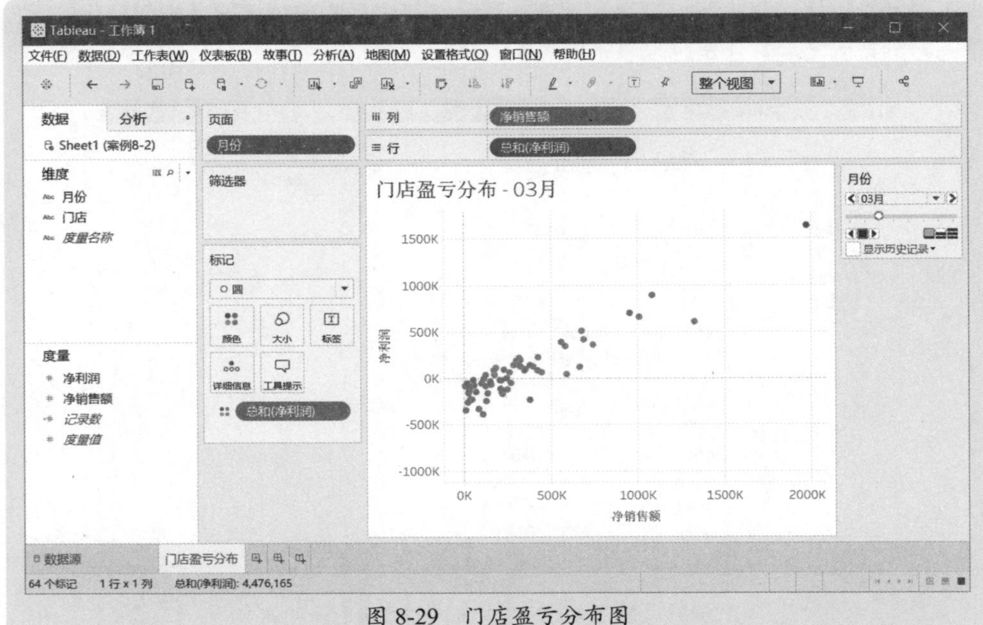

图 8-29 门店盈亏分布图

8.2 图表绘制进阶技能

8.1 节内容介绍的是在当前视图中绘制一种类型的图表，在有些情况下，需要对不同的度量绘制不同类型的图表，或者把相关联的度量放在同一坐标下进行比较，因此，还需要掌握更多的可视化图表制作技能。

8.2.1 不同度量绘制不同类型图表

如图 8-30 所示的表格数据，现在要把“销售额”绘制成柱形图，“毛利”绘制成面积图，“毛利率”绘制成点状图。

本案例的数据源是“案例 8-3.xlsx”文件。

	A	B	C	D	E
1	产品	销售额	毛利	毛利率	
2	产品01	5397	546	10.1%	
3	产品02	802	258	32.2%	
4	产品03	1672	564	33.7%	
5	产品04	3467	226	6.5%	
6	产品05	5160	1170	22.7%	
7	产品06	4734	1112	23.5%	
8	产品07	3843	507	13.2%	
9	产品08	1775	315	17.7%	
10	产品09	931	180	19.3%	
11					

图 8-30 各产品的销售额和毛利率

建立数据连接，将字段“产品”拖至“列”功能区，字段“销售额”“毛利”和“毛利率”拖至“行”功能区，得到如图 8-31 所示的图表。

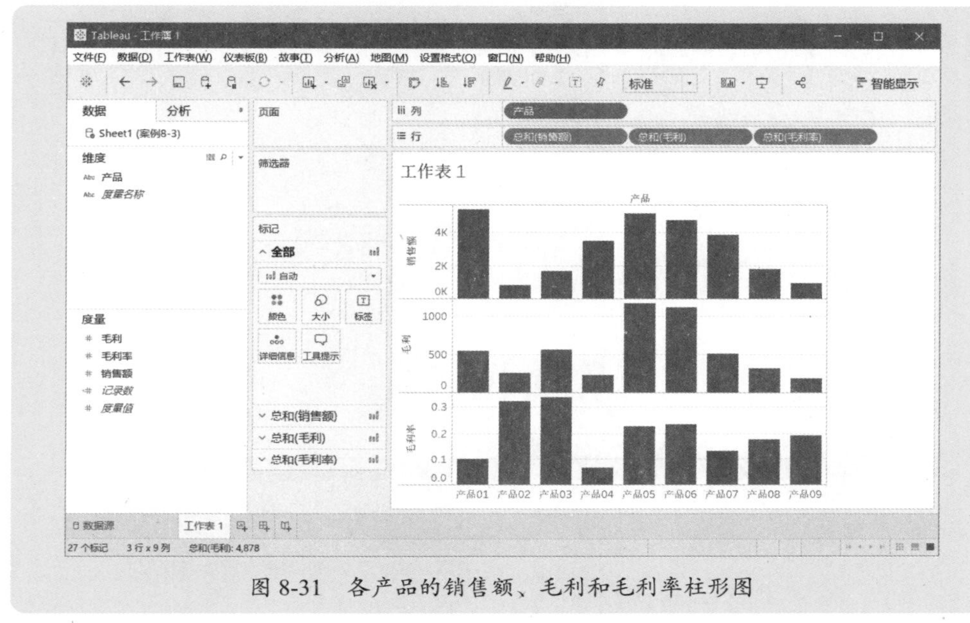

图 8-31　各产品的销售额、毛利和毛利率柱形图

对于销售额来说，降序排序后的柱形图是很清楚的，因此，销售额采用降序后的柱形图，如图 8-32 所示。

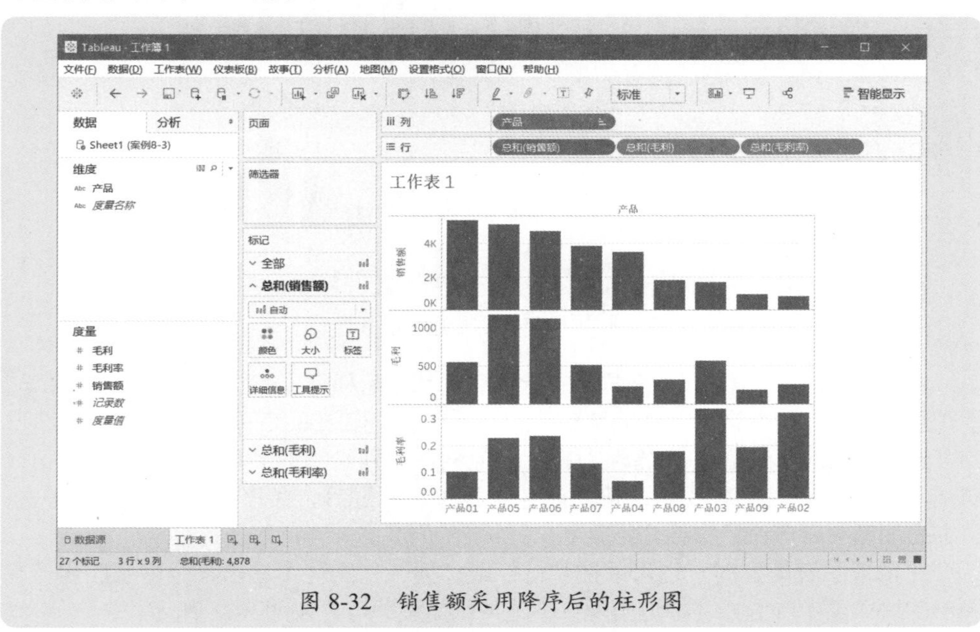

图 8-32　销售额采用降序后的柱形图

在“标记”选项卡中选择“总和 (毛利)”选项，然后在“标记”下拉表中选择“区域”选项，如图 8-33 所示，将毛利设置为面积图，如图 8-34 所示。

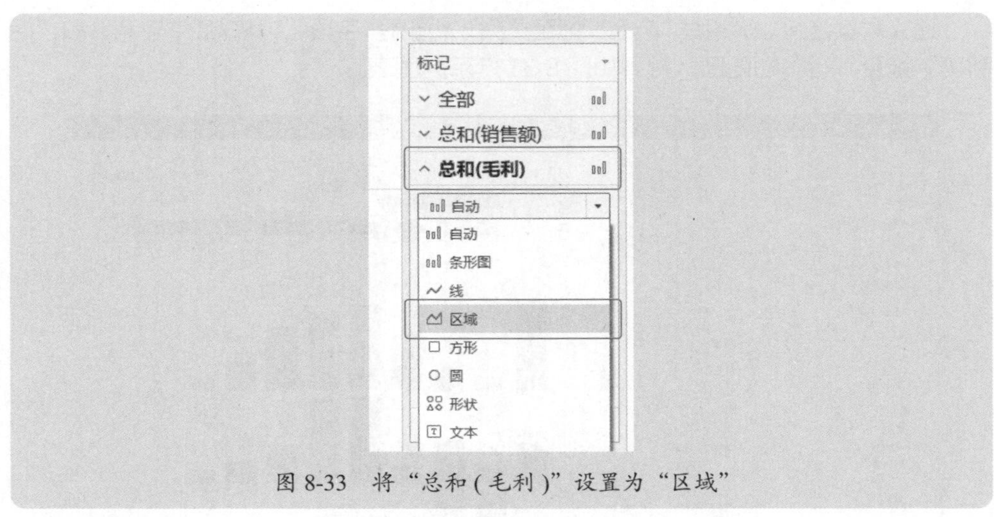

图 8-33 将“总和(毛利)”设置为“区域”

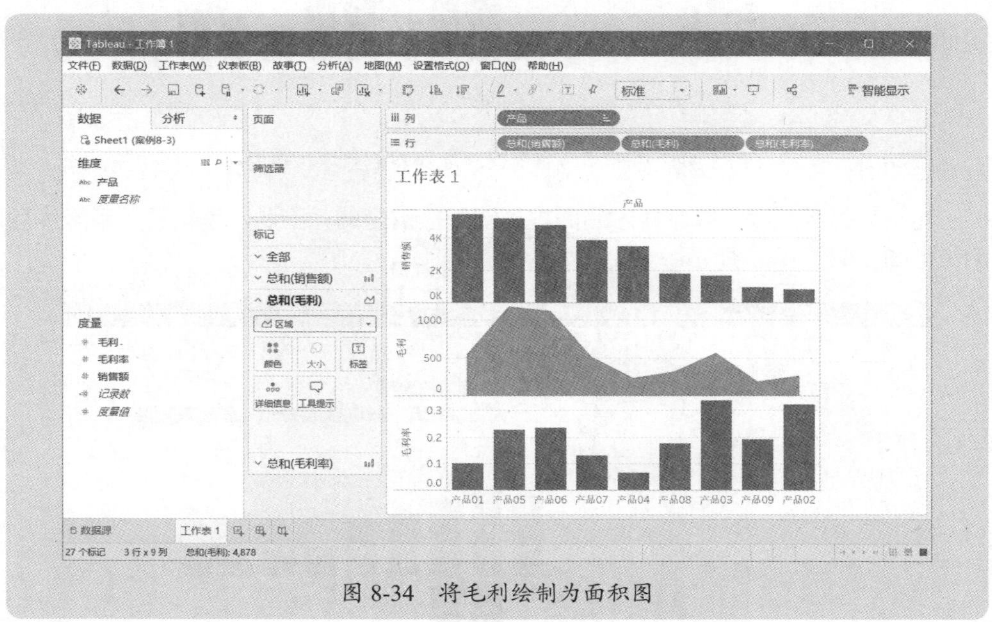

图 8-34 将毛利绘制为面积图

依此方法，在“标记”选项卡中选择“总和(毛利率)”选项，然后在“标记”下拉表中选择“线”选项，将毛利率绘制为折线图，如图 8-35 所示。

这样在工作表中就将销售额、毛利、毛利率分别绘制成了不同图表。最后可以对图表进行一些格式化设置，例如颜色、标签、标题等，关于如何设置图表格式，将在后面有关章节进行详细介绍。

在设置图表类型时，也可以在“行”或“列”功能区中右击某个度量胶囊，在弹出的快捷菜单中选择“标记类型”下的某个类型即可，如图 8-36 所示。

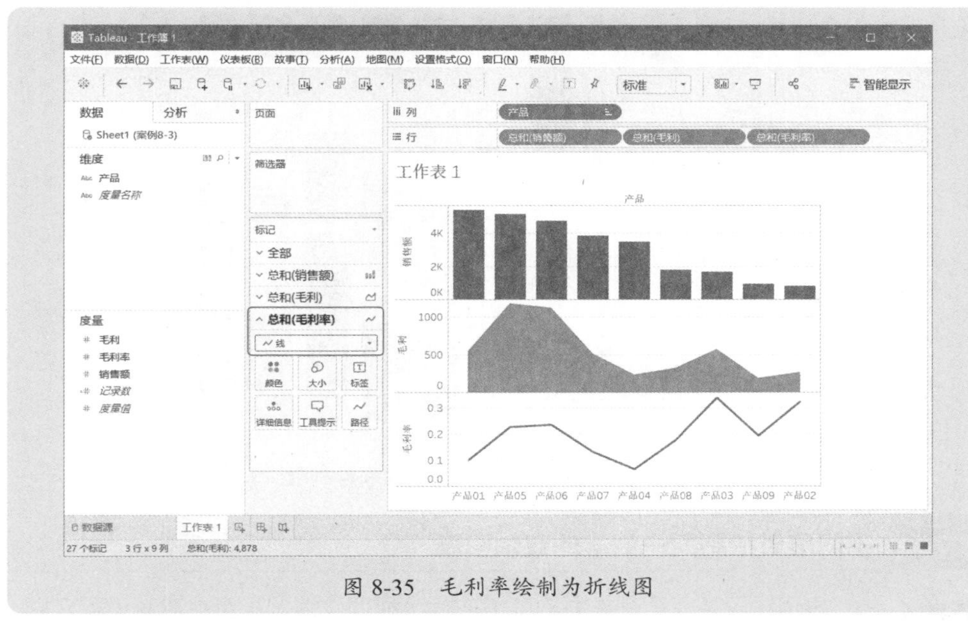

图 8-35 毛利率绘制为折线图

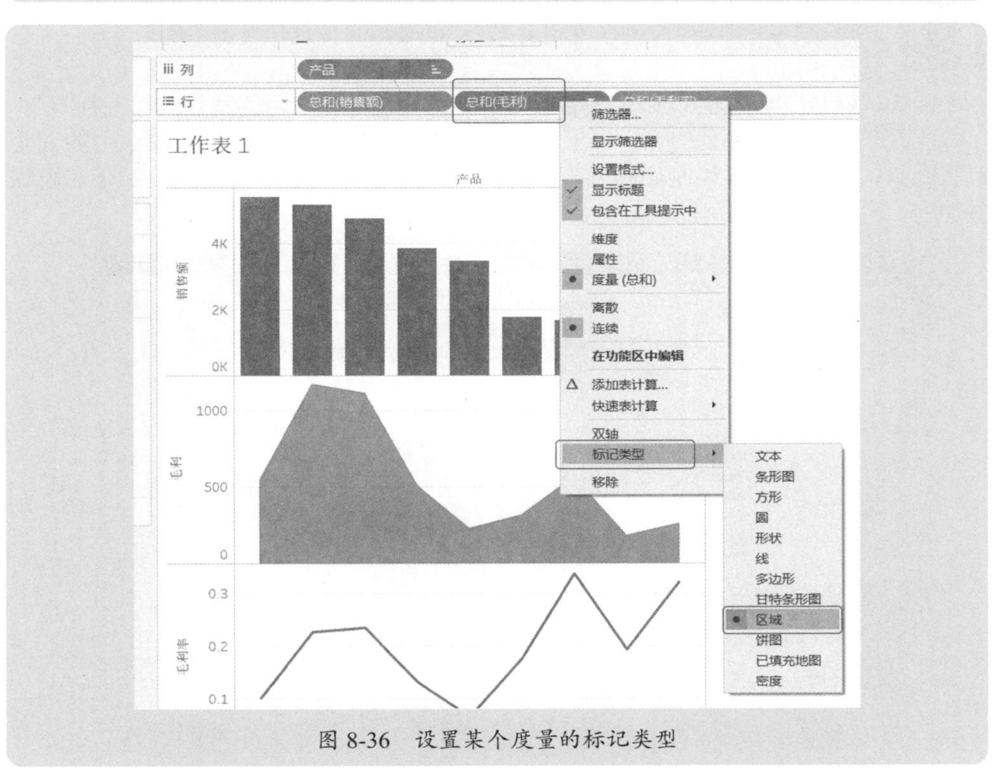

图 8-36 设置某个度量的标记类型

其实，最简单的方法是在每个图表的数值轴处右击，在弹出的快捷菜单中选择“标记类型”下的某个类型即可，如图 8-37 所示。

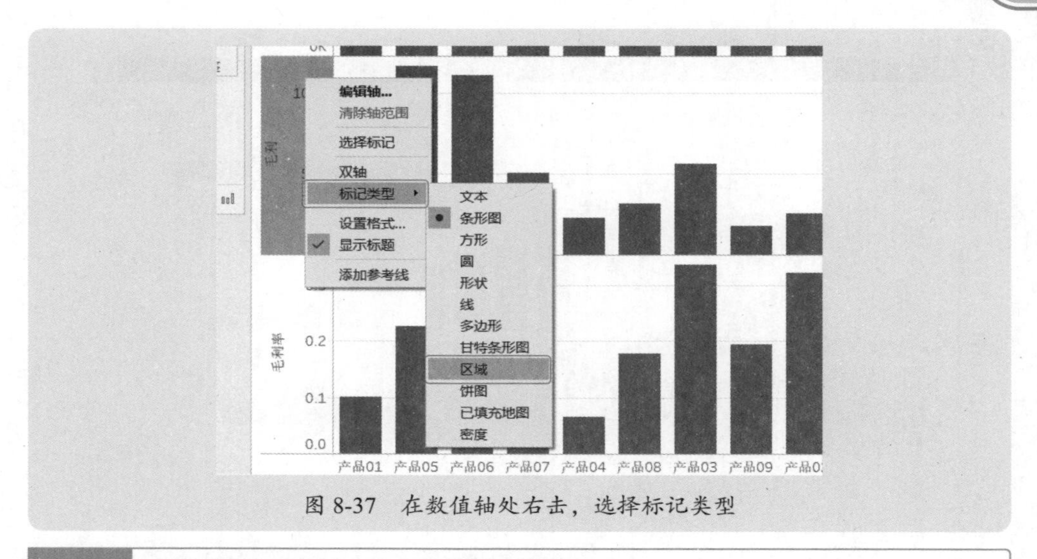

图 8-37 在数值轴处右击，选择标记类型

8.2.2 不同度量绘制同一刻度的双轴图表

为了比较某几个有关联的度量的大小和变化情况，可以对其设置双轴，也就是某几个度量绘制在主轴上（左边的轴），另外几个度量绘制在次轴上（右边的轴）。

例如，针对“案例 8-3.xlsx”的数据，一方面要比较每个月的销售额和毛利情况，以方便观察销售额和毛利的大小（毛利占销售额多少），另一方面观察每个月的变化是否同步，此时，可以绘制如图 8-38 所示的双轴“区域”图：销售额绘制在左侧的主轴上，毛利绘制在右侧的次轴上，两个坐标轴的刻度同步。

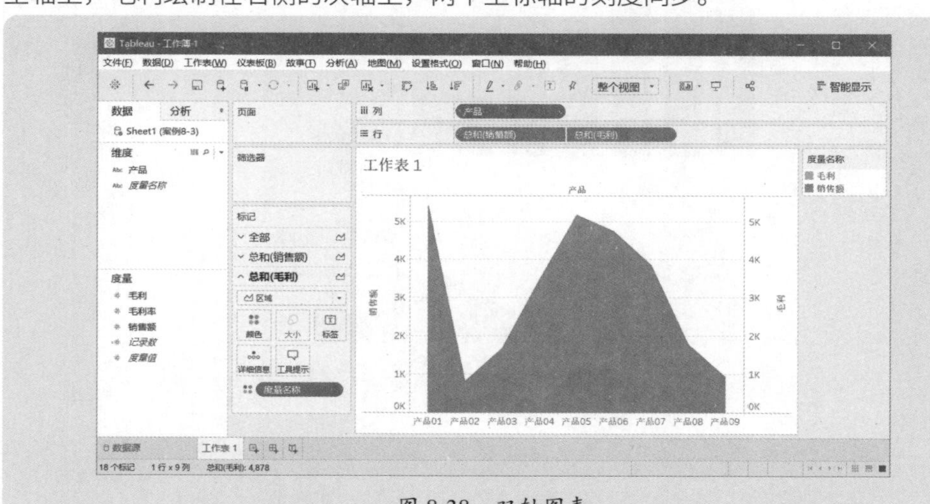

图 8-38 双轴图表

首先对“销售额”和“毛利”两个度量绘制普通的区域图，如图 8-39 所示。

右击毛利的数值轴，在弹出的快捷菜单中执行“双轴”命令，如图 8-40 所示。

这样，就将“毛利”绘制在右侧的次轴上，如图 8-41 所示。

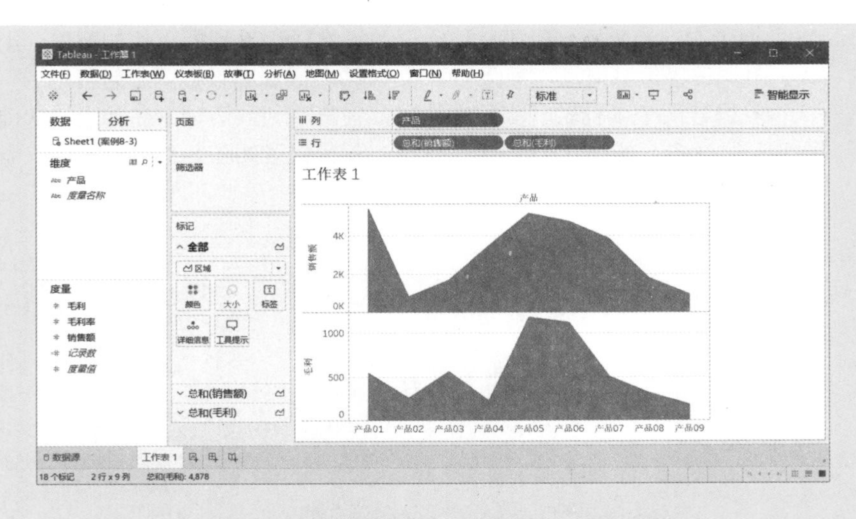

图 8-39 销售额和毛利绘制为普通的区域图

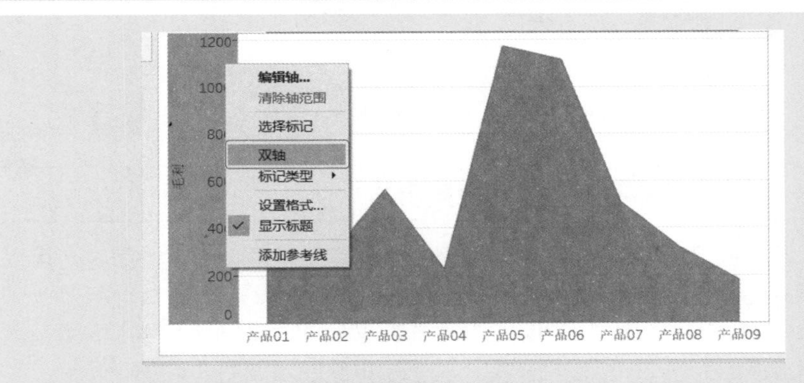

图 8-40 设置毛利为“双轴”

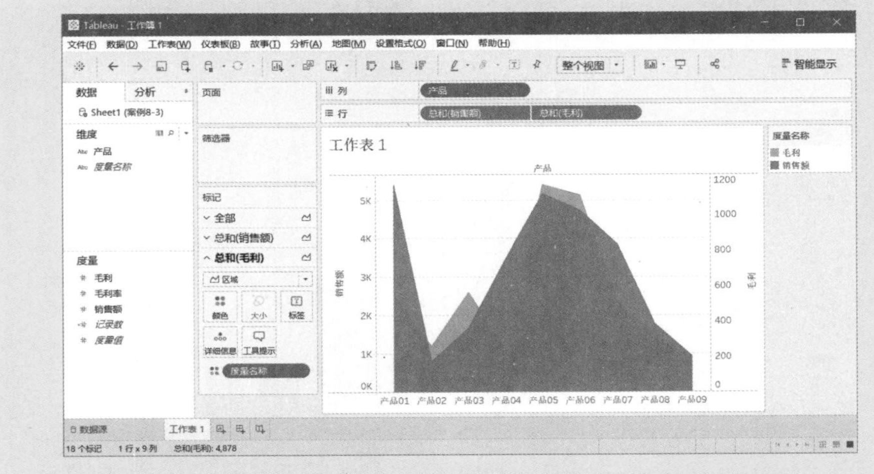

图 8-41 将“毛利”绘制在右侧的次轴上

但是，主轴和次轴的坐标刻度不一致，导致销售额和毛利图形叠加覆盖，出现错误导向（以为毛利很接近销售额，甚至高于销售额），因此需要把两个坐标轴的刻度设置为统一，也就是让两个坐标轴同步。方法是，右击毛利数值轴，在弹出的快捷菜单中执行“同步轴”命令，如图 8-42 所示，这样，就得到了如图 8-38 所示的清晰图表。

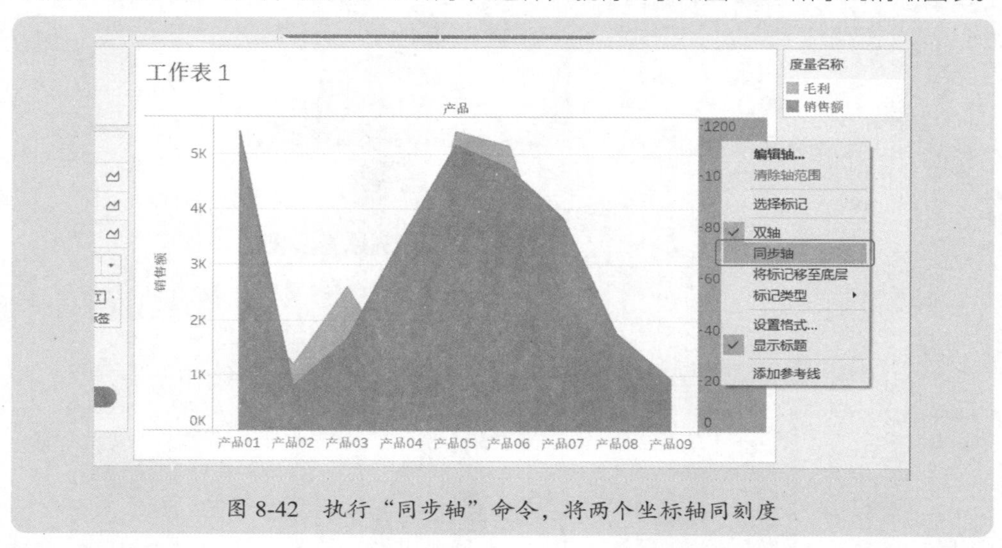

图 8-42　执行“同步轴”命令，将两个坐标轴同刻度

8.2.3 同一度量用两种不同类型图表展示

有时某个度量绘制一种类型图表看起来不是很吸引人，此时，可以对该度量绘制不同类型的图表，综合展示。

例如，以“案例 8-1.xlsx”文件的数据为例，可以用两种不同类型图表展示各产品销售额的大小：一个是柱形图，一个是折线图，如图 8-43 所示。

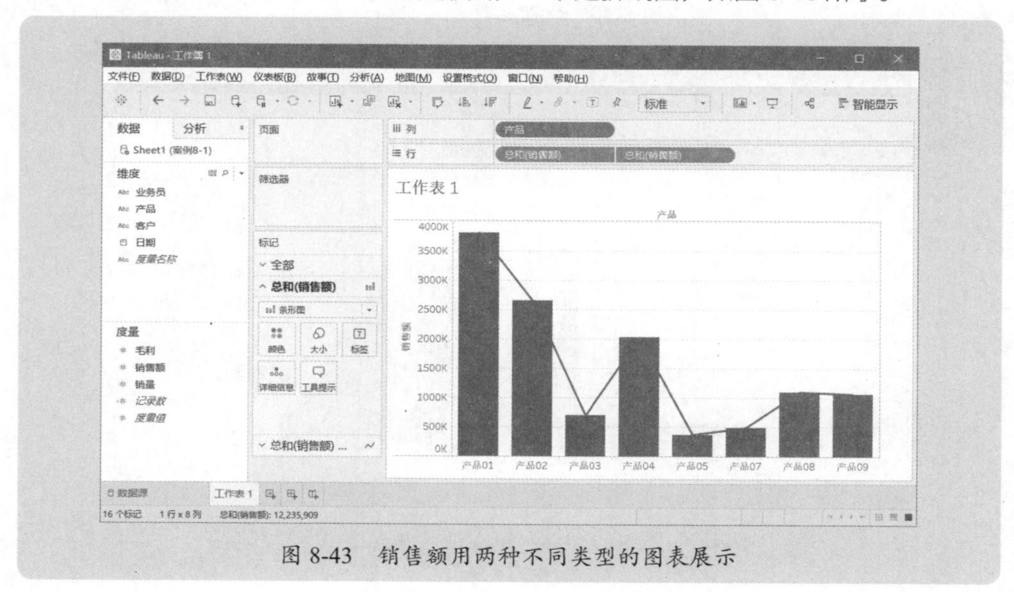

图 8-43　销售额用两种不同类型的图表展示

图表的制作过程很简单，先做基本布局，其中将“产品”拖至“列”功能区，往“行”功能区拖两个销售额，如图 8-44 所示。

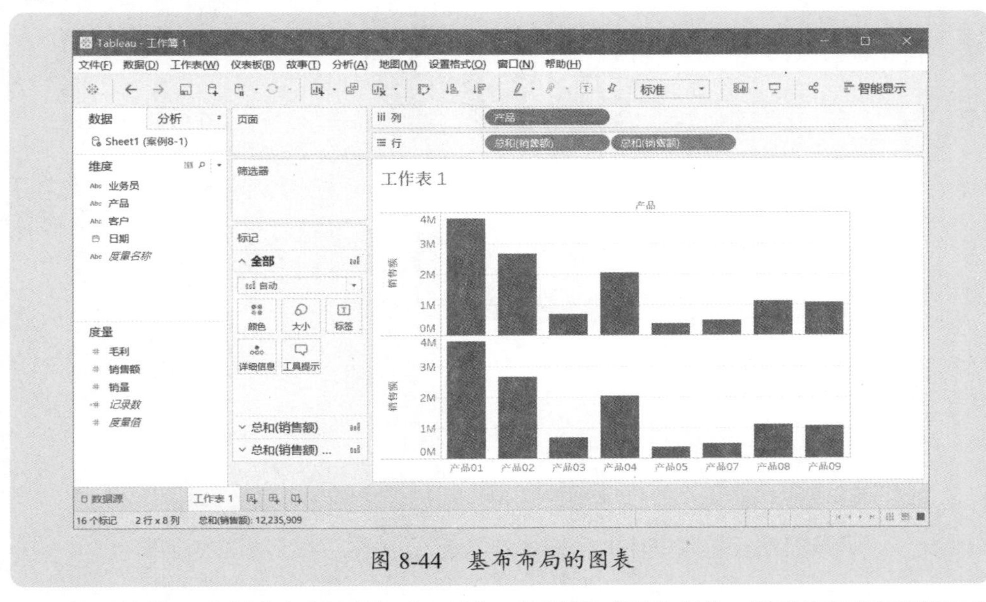

图 8-44　基布布局的图表

然后将第二个销售额设置为“双轴”，并设置“同步轴”，然后再重新设置两个销售额的标记类型即可。详细制作过程可以参照本案例的视频。

第 9 章

Tableau 图表格式化技能与技巧

图表的格式化和美化，是一项非常重要的工作，一方面让图表更加美观，另一方面让信息更加突出，一目了然。本章介绍图表格式化和美化的一般操作技能和技巧，关于不同类型图表的特殊格式化和美化方法，将在介绍具体类型图表时再进行介绍。

9.1 图表显示大小的设置

在默认情况下，如果图表显示视图的宽度和高度不方便操作，可以设置一个合适的状态，以便于能够清晰显示图表。下面介绍调整图表显示大小的几种基本方法。

9.1.1 自动调整图表显示大小

自动调整图表显示大小的方法很简单，单击工具栏上的“视图”下拉按钮，展开列表，选择一个合适的显示方式即可，如图 9-1 所示。

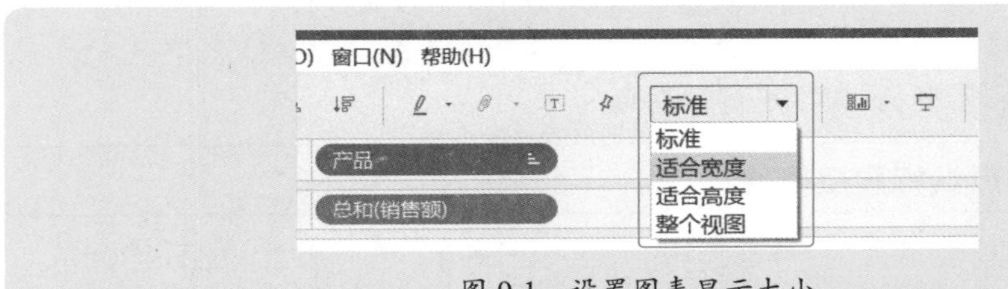

图 9-1 设置图表显示大小

9.1.2 手动调整图表显示大小

也可以手动来调节图表的高度和宽度，方法是，光标放置于图表下沿或右沿，光标变成⟺或⇕时，拖动鼠标即可，如图 9-2 所示。

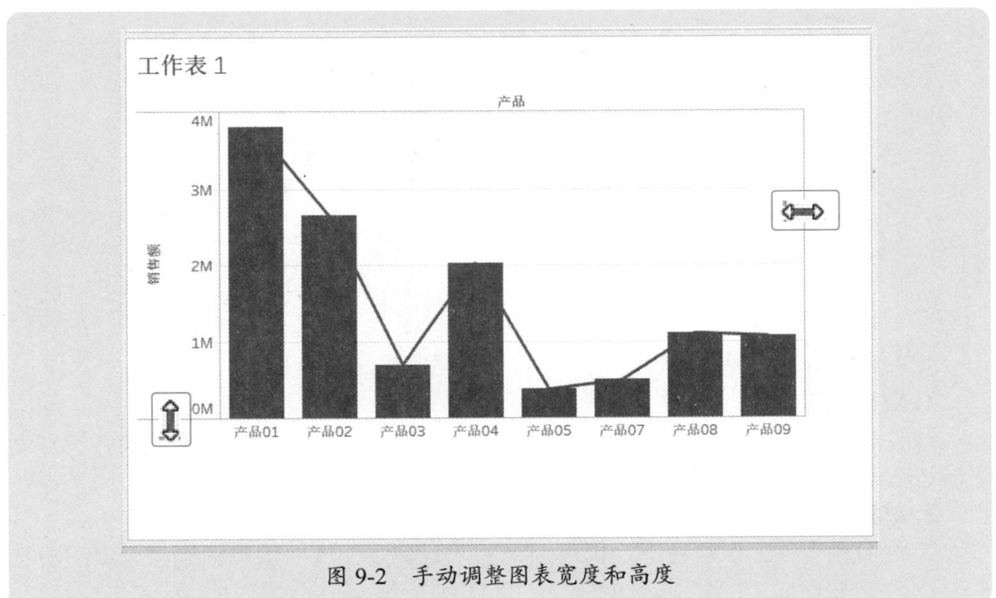

图 9-2 手动调整图表宽度和高度

9.1.3 使用快捷键调整图表显示大小

调整图表视图大小的最简单方法是使用快捷键。

Ctrl+ 上箭头：增加图表高度。

Ctrl+ 下箭头：减少图表高度。

Ctrl+ 右箭头：增加图表宽度。

Ctrl+ 左箭头：减少图表宽度。

9.2 图表标题及其格式的设置

图表标题是一个图表的重要说明，一般图表需要有一个标题来对图表信息做醒目标识，告诉图表使用者，这个图表想要表达什么信息。因此，对图表标题进行设置，是有必要的。

9.2.1 图表的默认标题及修改

默认情况下，图表标题就是工作表名称，例如“工作表 1”“工作表 2”，如图 9-3 所示。

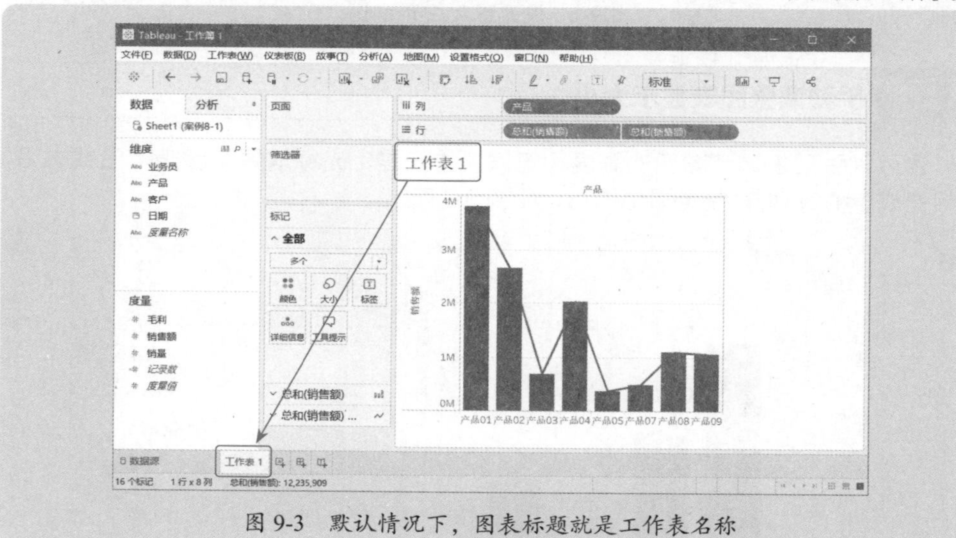

图 9-3　默认情况下，图表标题就是工作表名称

如果想重新设置图表标题，则可以采用下面的方法进行修改。

1. 重命名工作表

通过重命名工作表名称来显示确切的标题最简单，既可以通过工作表名称立刻了解该图表的重要分析内容，也将图表标题进行了联动修改。

2. 单独修改标题

如果不想修改工作表名称，也可以单独修改标题。单独编辑标题可以将图表标题显示为更精确的、文字比较长的信息。具体方法是，双击标题区域，或者右击标题，在弹出的快捷菜单中执行“编辑标题”命令，如图 9-4 所示，打开“编辑标题”对话框，如图 9-5 所示。

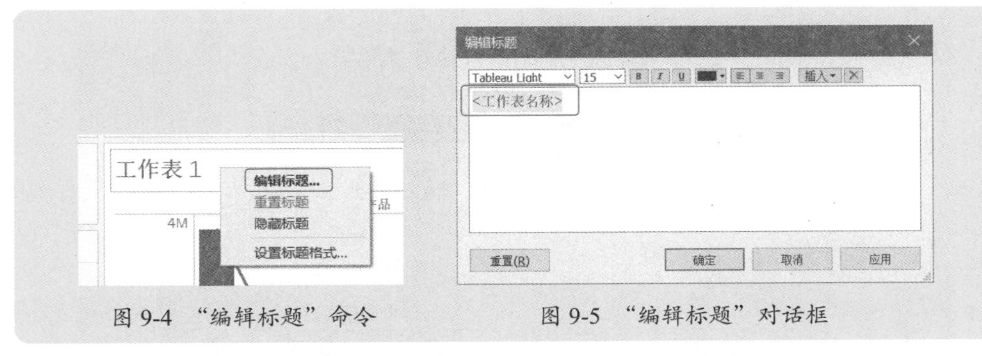

图 9-4 “编辑标题”命令　　　　图 9-5 “编辑标题”对话框

然后在“编辑标题”对话框中输入新标题名称，再选择标题文字，设置标题文字的字体、字号、粗体、斜体、下划线、字体颜色、对齐等，设置完成后，可以先单击“应用”按钮预览效果，确定合适后，再单击“确定”按钮，如图 9-6 所示。

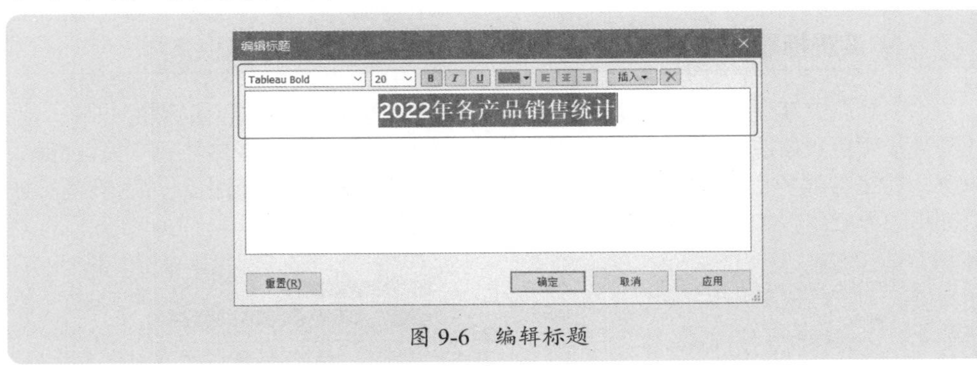

图 9-6 编辑标题

9.2.2 在标题中插入特殊信息

也可以在标题中插入一些特殊信息，如工作簿名称、页码、用户名等，方法是，在“编辑标题”对话框中，单击右上角的“插入”下拉按钮，展开菜单列表，选择相关的选项即可，如图 9-7 所示。

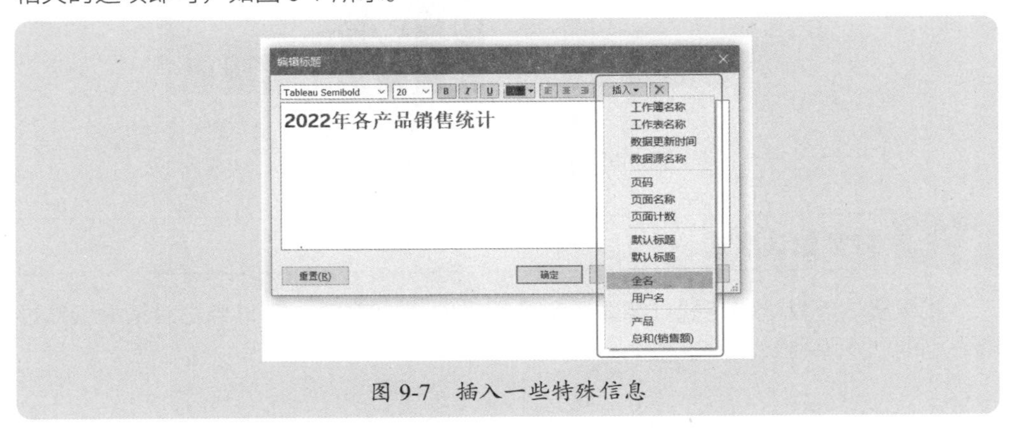

图 9-7 插入一些特殊信息

图 9-8 所示就是在图表标题中插入了页码和数据更新时间及其显示效果。

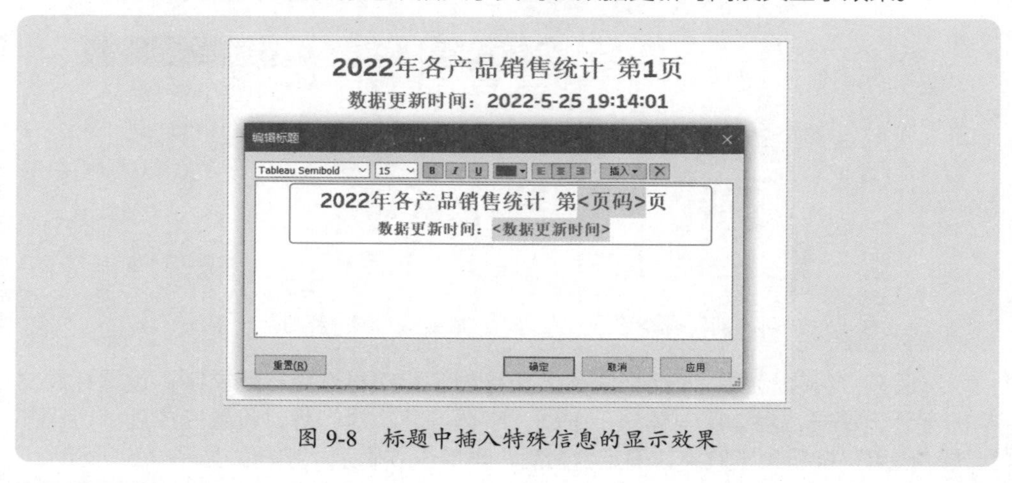

图 9-8　标题中插入特殊信息的显示效果

9.2.3 设置标题的阴影和边界

除了标题文字说明及字体设置外，还可以设置标题的其他格式，如标题的阴影（也就是背景颜色）和边界线条，方法是，右击标题，在弹出的快捷菜单中执行“设置标题”命令，在工作表界面的左侧出现“设置标题和说明文字格式”窗格，然后设置标题阴影和边界效果，如图 9-9 所示。

图 9-9　设置标题的阴影和边界

9.2.4 恢复默认格式

如果要恢复默认的格式（字体、字号、颜色、对齐等），可以单击对话框工具栏最右侧的“清除格式”按钮☒。

9.2.5 重置标题

如果要重新设置表头文字（也就是恢复默认的工作表名称），可以在标题处右击，在弹出的快捷菜单中执行“重置标题”命令。

9.2.6 隐藏标题

如果不想删除标题，又暂时不想显示标题，可以将其隐藏起来，在标题处右击，在弹出的快捷菜单中执行“隐藏标题”命令即可。

9.2.7 显示标题

如果要想再显示出来被隐藏的标题，可以执行“工作表”→“显示标题”命令，如图 9-10 所示，也可以在图表的空白位置右击，在弹出的快捷菜单中执行“标题”命令，如图 9-11 所示。

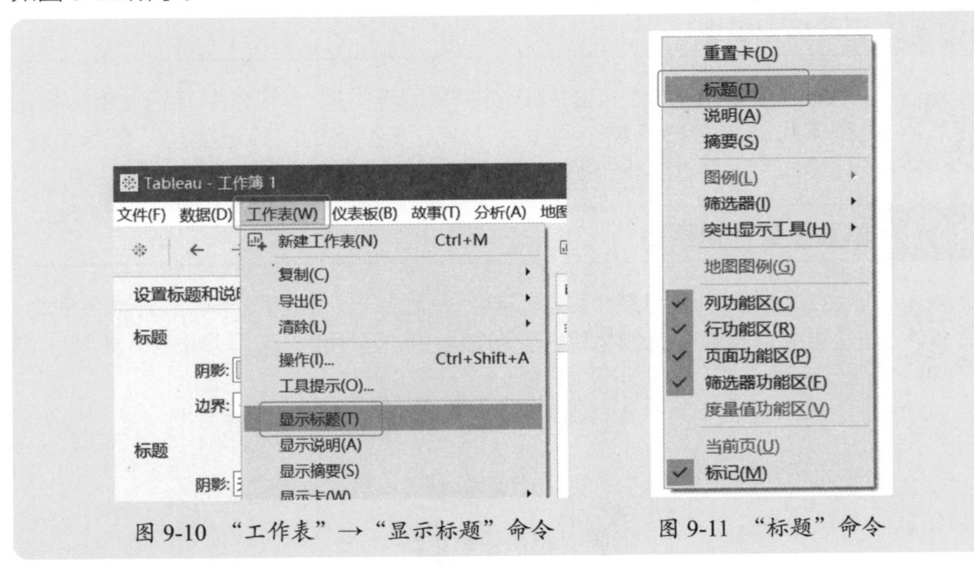

图 9-10 “工作表”→“显示标题”命令　　图 9-11 “标题”命令

9.3 标记格式的设置

在 Excel 图表中的分类轴、数据系列、图表类型等名词，在 Tableau 中代替的是维度、度量、标记。维度相当于分类轴，度量相当于数据系列，标记相当于数据系列的一些属性信息，例如图表类型、数据标签、形状大小、填充颜色等。

本节介绍如何设置图表的标记格式，在标记窗格中进行颜色、大小、标签、详细信息、工具提示等设置，如图 9-12 所示。

图 9-12　标记窗格

下面以“案例 9-1.xlsx”文件数据为例，介绍如何设置标记格式。

9.3.1 更改标记类型

如果要更改某个标记的标记类型（图表类型），可以在标记窗格的标记类型下拉菜单中选择某个类型，或者右击度量的“标记类型”菜单命令，具体操作方法在 8.1.4 节做过介绍，此处不再赘述。

9.3.2 单独设置标记颜色

在行或列中选择某个度量胶囊，然后单击“颜色”卡，展开颜色面板，在这里可以设置标记颜色格式，例如颜色、透明度、边界效果等，如图 9-13 所示。

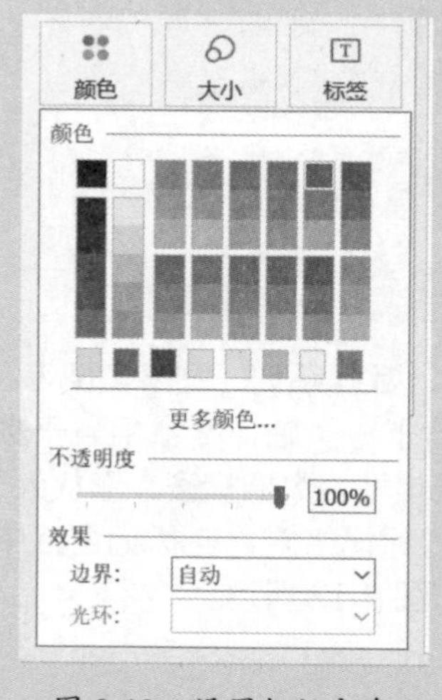

图 9-13　设置标记颜色

如果不先选择要设置颜色的具体度量胶囊，而直接设置颜色，会把图表上所有标记设置为同一种颜色，如图 9-14 所示。

图 9-14　所有度量是同一种颜色

如果要对不同标记设置不同颜色，就先在“行”或“列”功能区中，单击每个度量胶囊，再单独设置颜色即可，效果如图 9-15 所示。

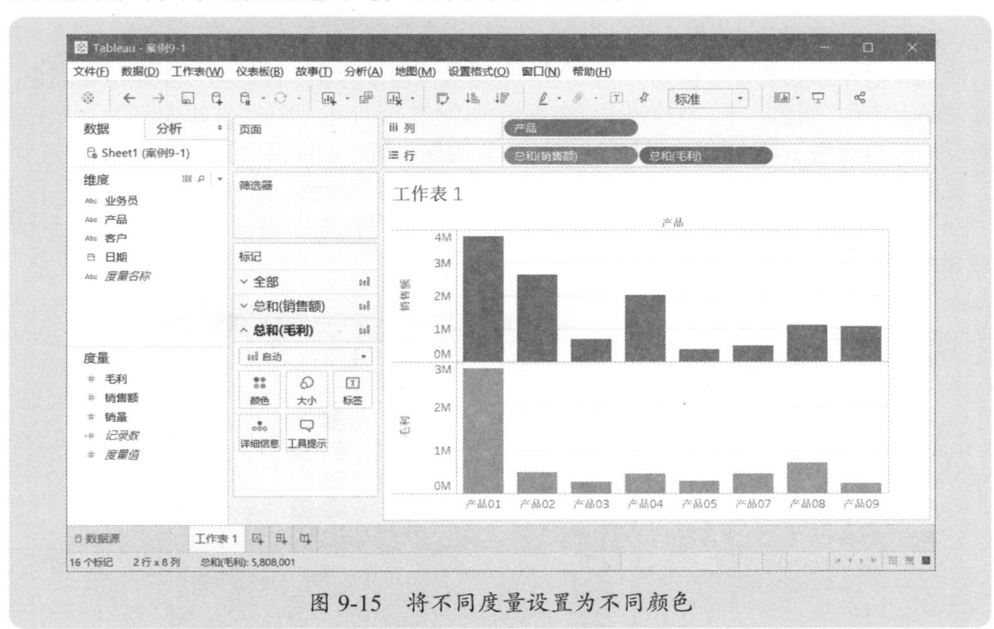

图 9-15　将不同度量设置为不同颜色

9.3.3 自动分配标记颜色

设置标记颜色更简单的方法是，直接把维度或度量拖放到“颜色”卡上，Tableau 会自动分配颜色。

1. 将维度拖至“颜色”卡

图 9-16 所示就是把维度“产品”拖放到“颜色”卡上的效果，每个产品被自动分配了一种颜色。

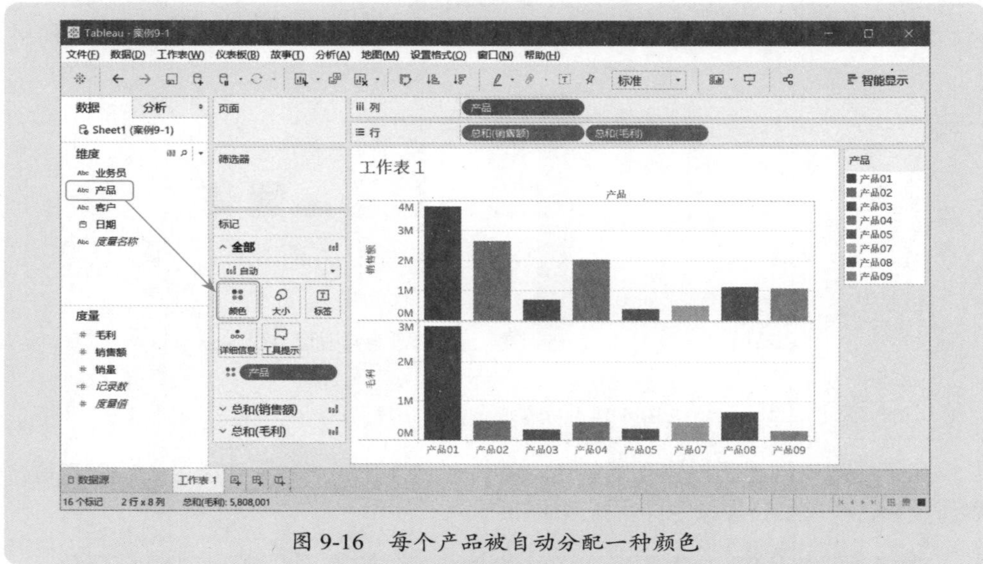

图 9-16　每个产品被自动分配一种颜色

每个柱形默认情况下自动分配的颜色很难看，很不协调。此时可以重新编辑颜色，方法是，单击“颜色”卡，展开编辑颜色面板，如图 9-17 所示，再单击“编辑颜色”按钮，打开“编辑颜色”对话框，如图 9-18 所示，在这里，可以选择某个调色板，然后在左侧产品列表中选择某个产品，在右侧颜色列表框中选择某个颜色。

当对某个产品指定颜色后，可以先单击“应用”按钮，看看效果如何，满意后再单击“确定”按钮，关闭“编辑颜色”对话框。

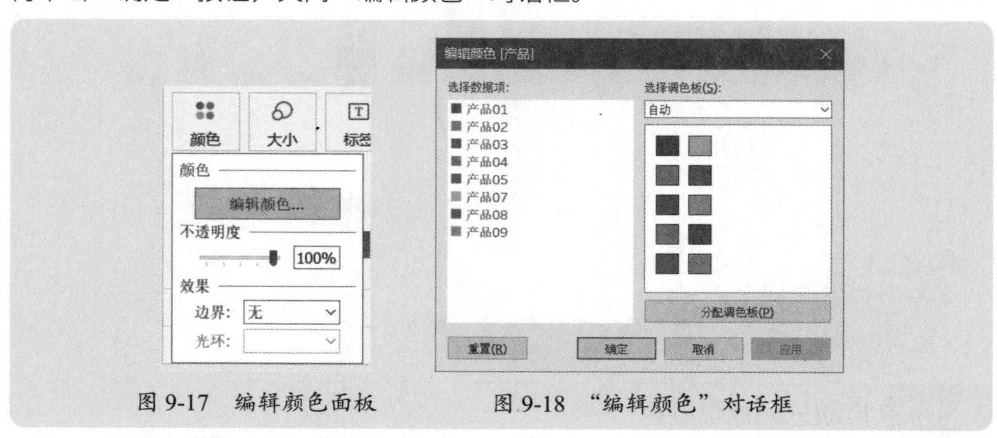

图 9-17　编辑颜色面板　　　图 9-18　“编辑颜色”对话框

2. 将度量拖至“颜色”卡

如果将度量拖至“颜色”卡，就会自动将每个柱形设置为默认的渐变颜色，随着柱形的高低变化（度量值的大小），颜色也逐渐变化，并在右侧出现标识颜色变化范围的颜色条，如图 9-19 所示。

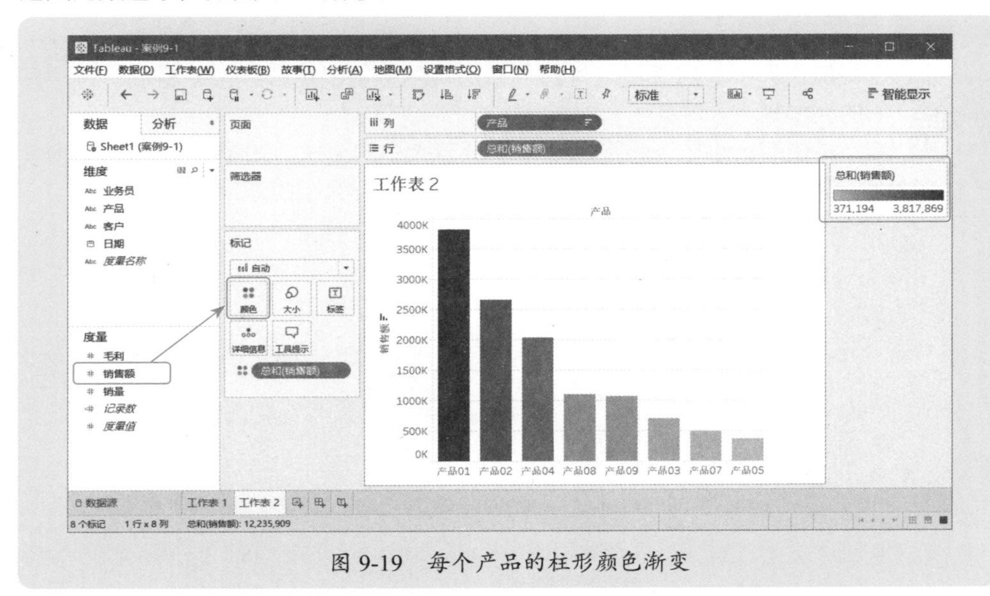

图 9-19　每个产品的柱形颜色渐变

一般颜色表示了一种变化和波动，在比较颜色深浅时，其实就是在比较度量值的大小，因此，如果是绘制的柱形图或条形图，最好把度量拖放到“颜色”卡上。

也可以重新编辑颜色，单击“颜色”卡，再单击“编辑颜色”按钮，或者双击工作表右侧的颜色条，在打开的“编辑颜色”对话框中选择色板，根据需要选择渐变颜色的阶数，根据具体的色板情况决定是否倒序，以及是否需要根据自定义开始数值和结束数值来决定颜色（单击对话框上的“高级”按钮展开对话框），如图 9-20 所示。

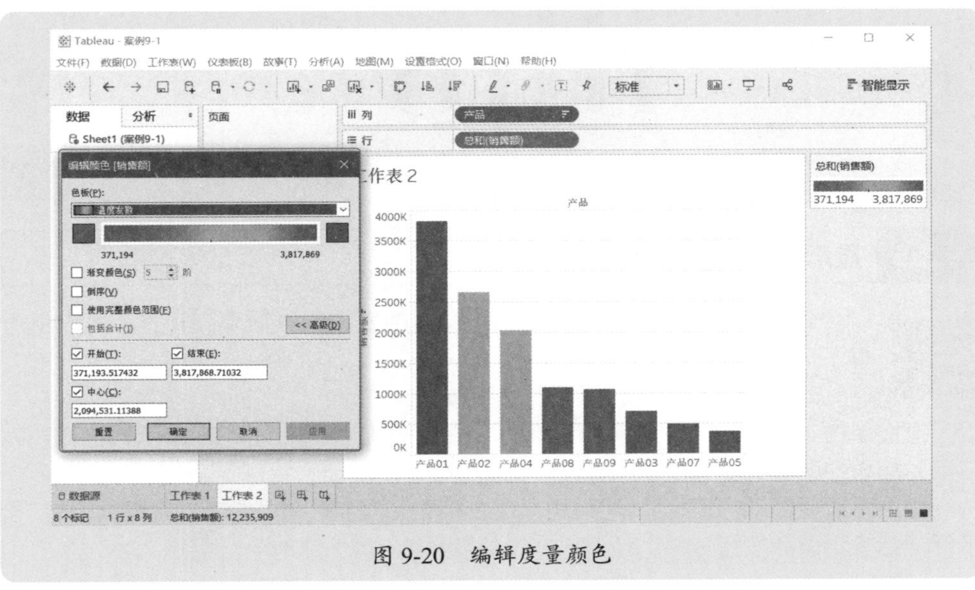

图 9-20　编辑度量颜色

9.3.4 设置标记大小

标记大小，用于设置柱形（条形）的宽度、折线线条的粗细、饼图扇形的大小等。

单击“大小”卡，会出现一个调节大小的滑块，如图 9-21 所示，拖动这个滑块就能调节标记大小，图 9-22 所示就是调节柱形大小的效果。

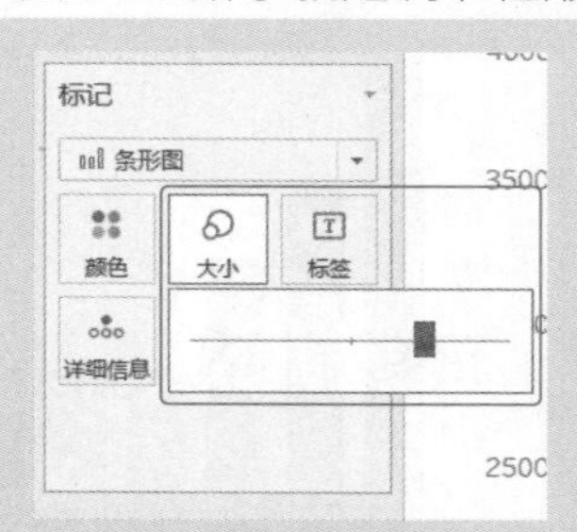

图 9-21　调节大小的滑块

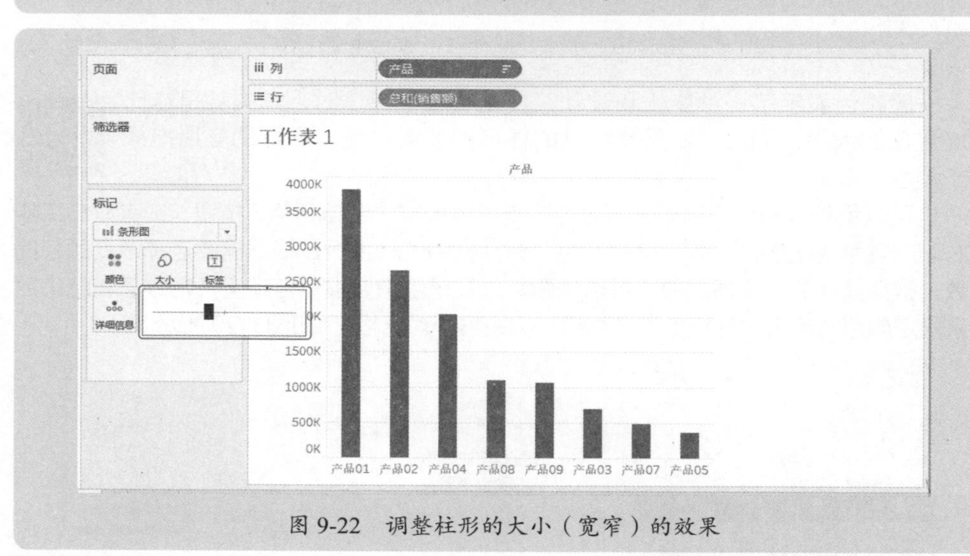

图 9-22　调整柱形的大小（宽窄）的效果

9.3.5 显示标记标签

如果为标记添加标签，也就是所谓图表中的数据系列标签，可以使用以下几种方法。

1. 使用“显示标记标签”命令按钮

直接单击工具栏上的“显示标记标签”命令按钮，如图 9-23 所示，这样，就自动为图表中所有的度量显示了标签，如图 9-24 所示。

如果不再想显示标记标签，可以再单击“隐藏标记标签”命令按钮（就是原来的“显示标记标签”命令按钮）。

默认情况下，这种方法仅显示数值。

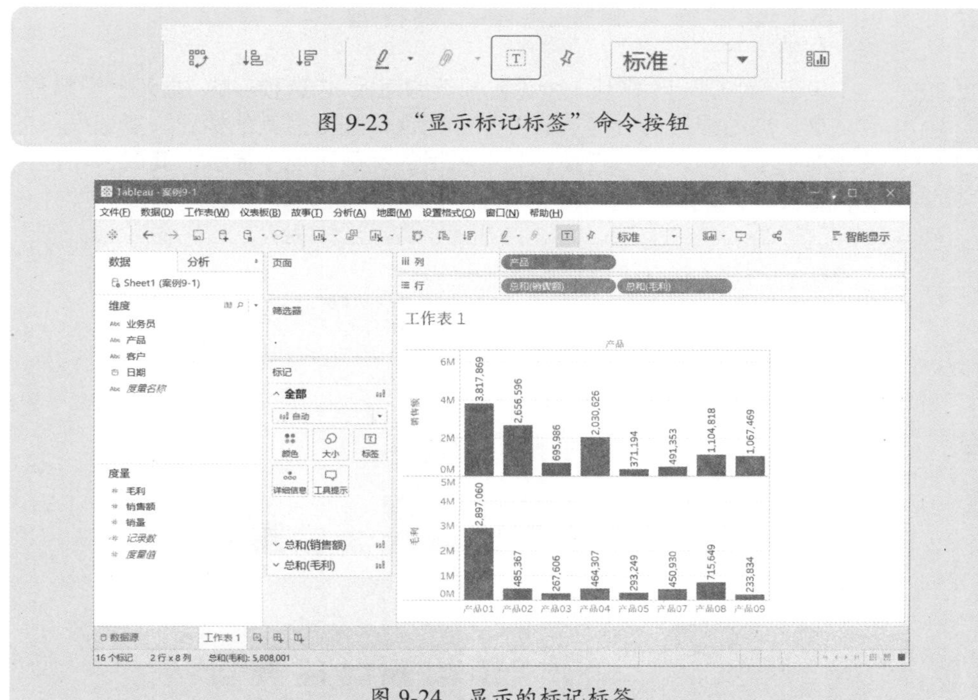

图 9-23 “显示标记标签”命令按钮

图 9-24 显示的标记标签

2. 直接拖放维度和度量字段

例如，用户希望在饼图上同时显示每个产品名称和每个产品的销售额数字，就将这两个字段拖放到标记窗格的“标签”卡上，得到如图 9-25 所示的效果。

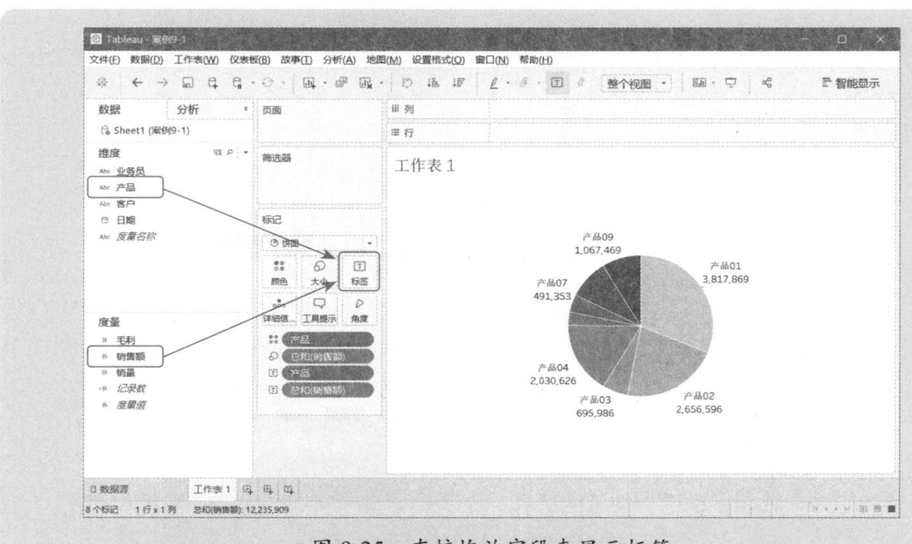

图 9-25 直接拖放字段来显示标签

如果不想再显示添加的产品名称和销售额标签，可以将字段从标记卡区域拖走，也可以直接单击工具栏中的“隐藏标记标签”命令按钮。

3. 使用“标签”卡

单击“标签”卡，打开一个设置标签的面板，勾选顶部的“显示标记标签”复选框，然后根据情况勾选底部的“允许标签覆盖其他标记”复选框（在某些情况下，如果项目较多，某些项目的标签可能不显示，此时，勾选这个复选框可以让全部项目都显示标签）来显示标签，如图 9-26 所示。

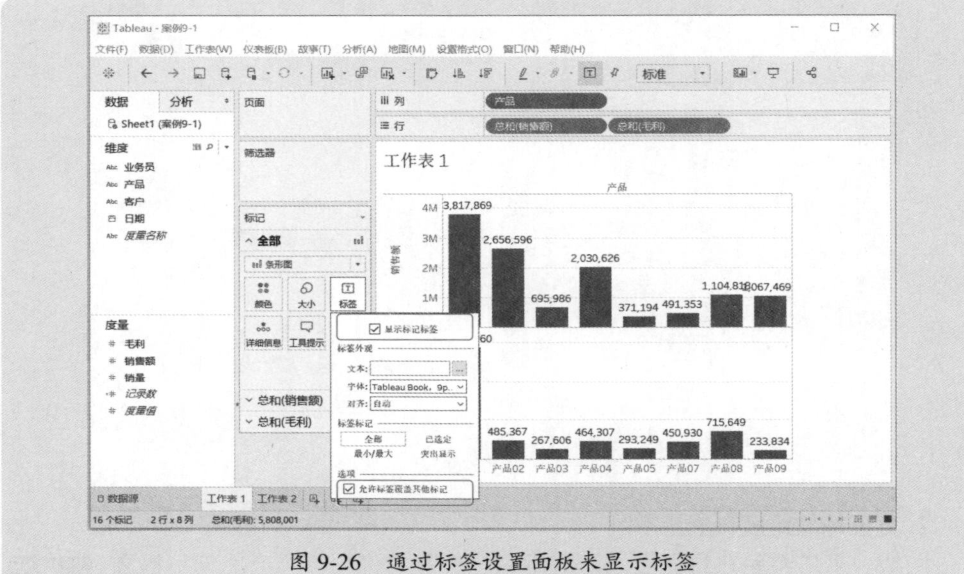

图 9-26　通过标签设置面板来显示标签

在标签设置面板中还可以顺便设置标签的字体、对齐方式等。图 9-27 所示就是设置字体和对齐方式的标签效果。

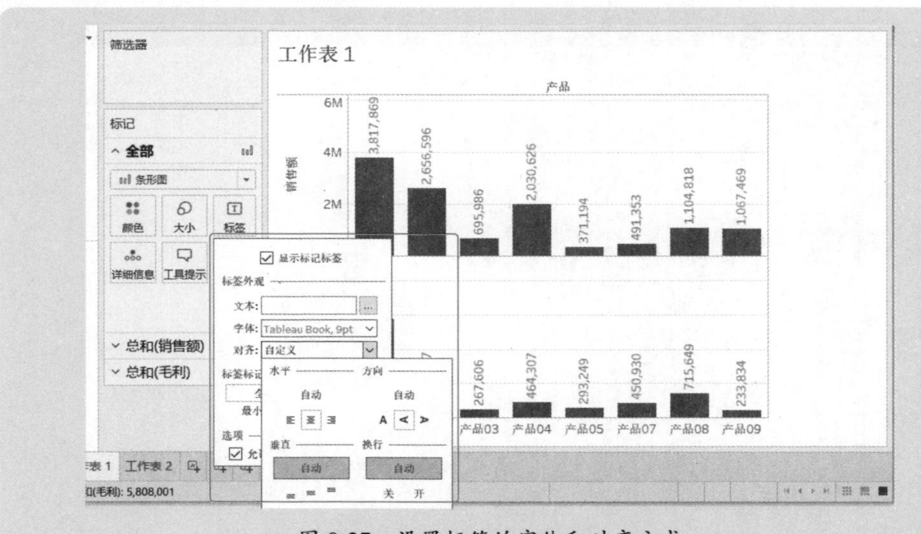

图 9-27　设置标签的字体和对齐方式

如果在标签设置面板中选择了“已选定”选项，那么在图表上单击某个项目时，就会显示该项目的标签，其他项目的标签则不显示，如图 9-28 所示。

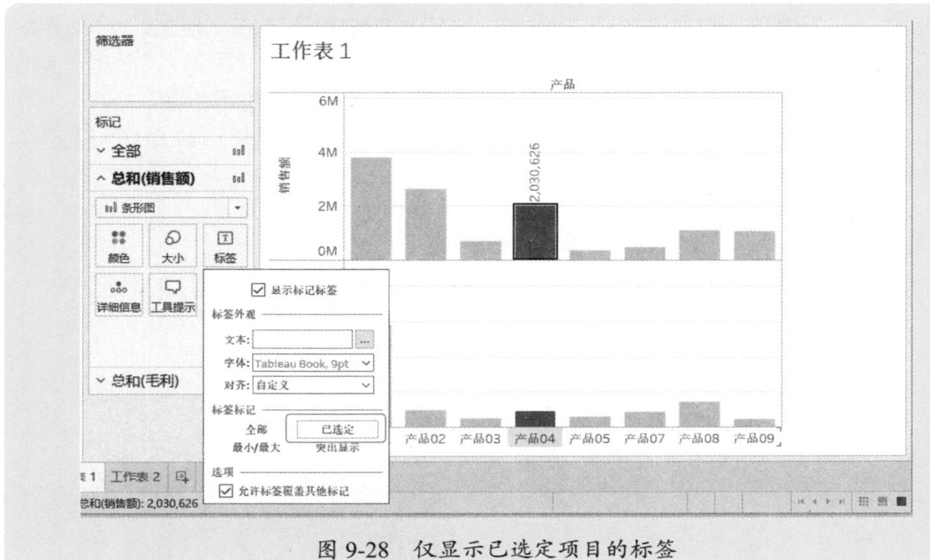

图 9-28　仅显示已选定项目的标签

如果在标签设置面板中单击“最大 / 最小”按钮，那么就在图表中自动显示最大项目标签和最小项目标签。也可以仅显示最大值或者最小值标签，只需要勾选相应复选框即可，如图 9-29 所示。

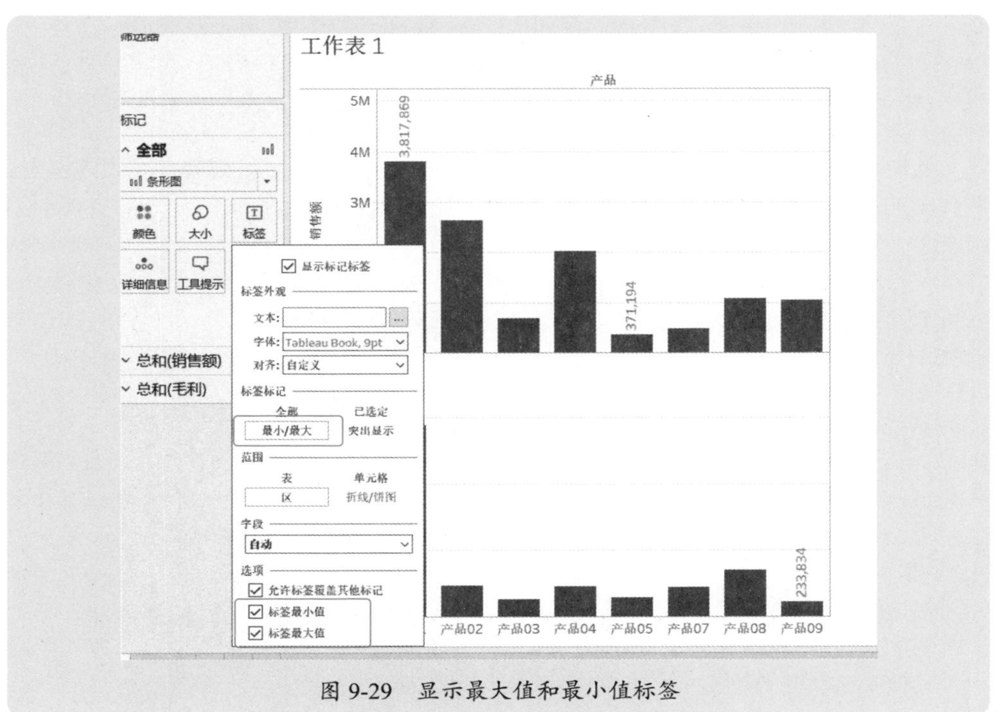

图 9-29　显示最大值和最小值标签

9.3.6 设置标签数字格式

在标签设置面板中可以设置标签的字体和对齐方式，但是这远远不够。如图 9-26 所示的柱形图中，数值轴显示的是 M 单位（百万），而标签数字是元单位，这样是错误的，因此需要把标签数字格式进行设置。

如图 9-30 所示的图表，要求把销售额标签的数字格式设置为 M 单位（百万），把毛利率标签的数字格式设置为百分比。

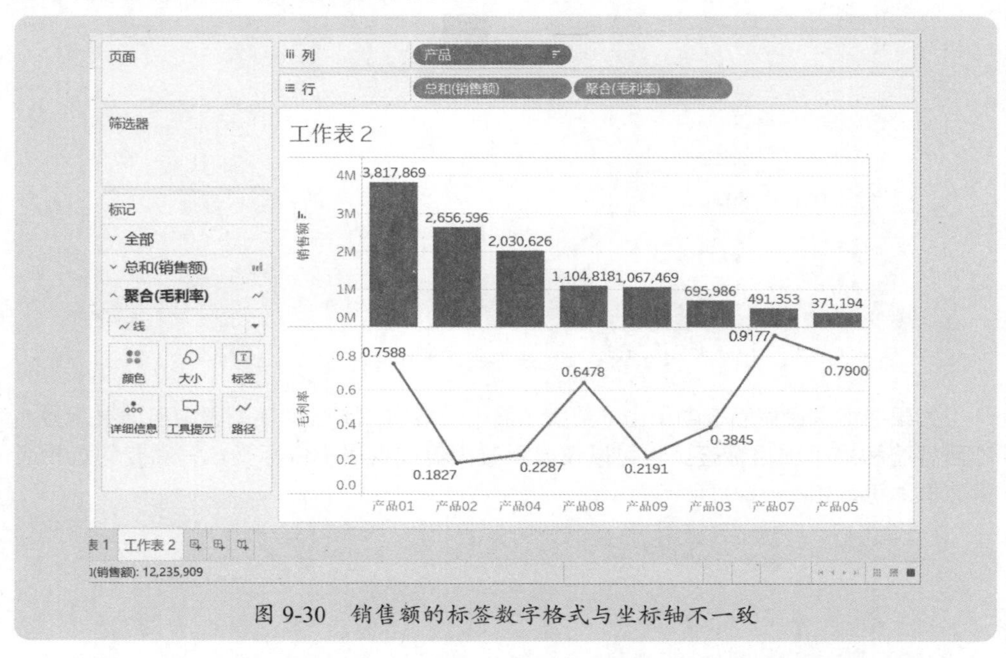

图 9-30　销售额的标签数字格式与坐标轴不一致

此时可以执行“设置格式”→“字体”命令，如图 9-31 所示，或者在图表内右击，在弹出的快捷菜单中执行“设置格式”命令，如图 9-32 所示。

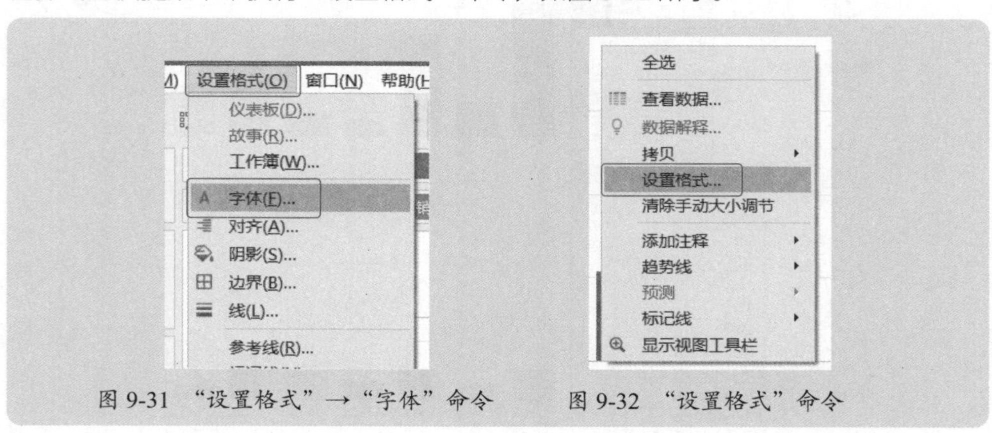

图 9-31　“设置格式”→“字体”命令　　　图 9-32　“设置格式”命令

在工作表左侧出现“设置字体格式”窗格，然后从“字段”下拉列表中选择某个字段，如图 9-33 所示，再设置数字格式。

例如，销售额标签数字格式的设置效果如图 9-34 所示。注意，要切换到“区”选项卡才能设置标签的数字格式。

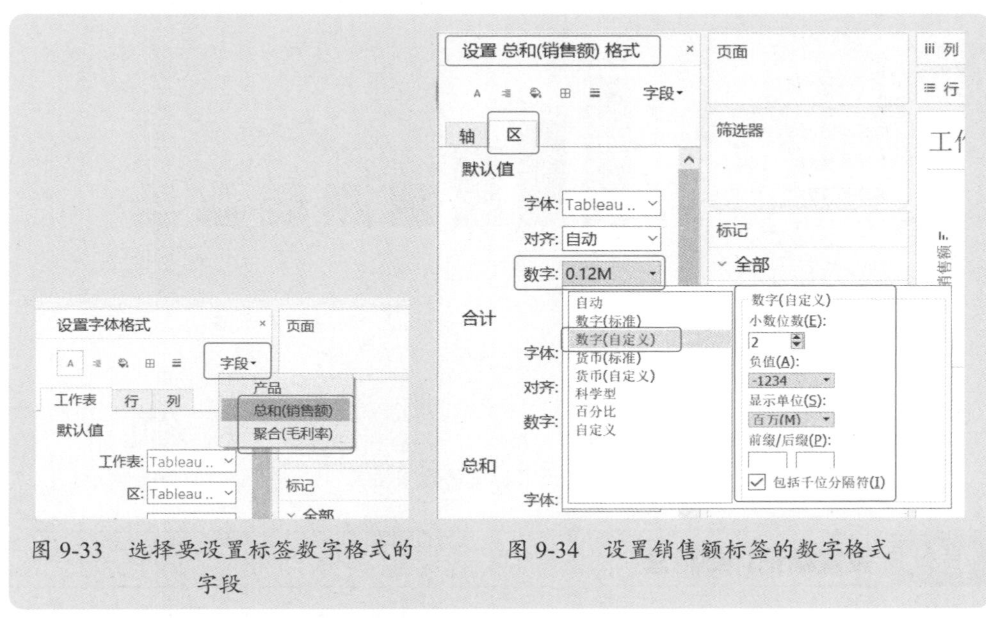

图 9-33　选择要设置标签数字格式的字段

图 9-34　设置销售额标签的数字格式

用同样的方法设置毛利率标签的数字格式，如图 9-35 所示。注意，毛利率还需要把轴的数字格式设置为百分比。

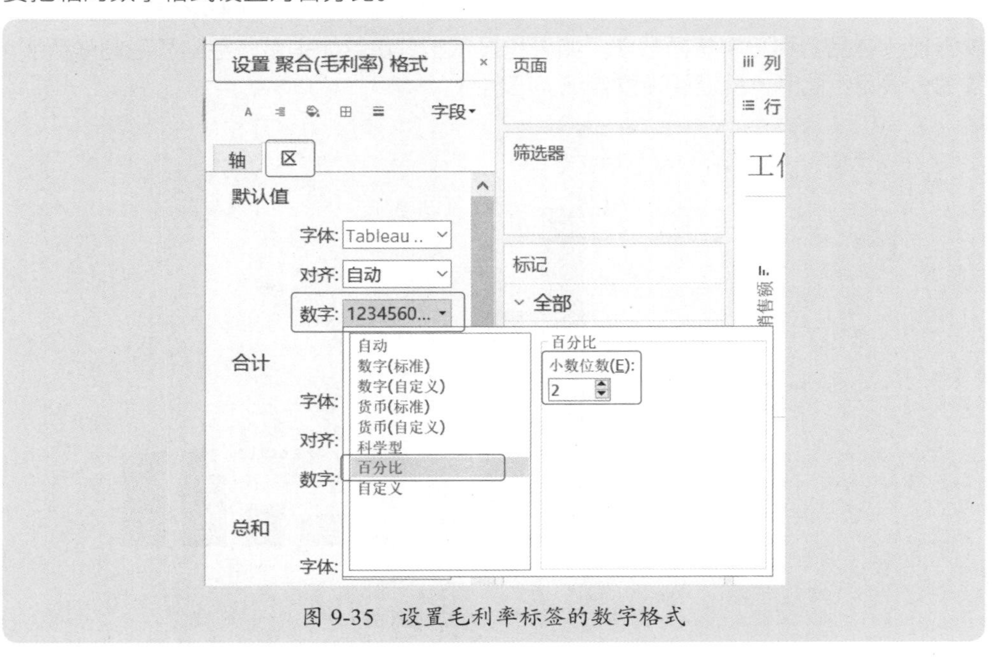

图 9-35　设置毛利率标签的数字格式

这样，就得到了信息清晰的图表，如图 9-36 所示。

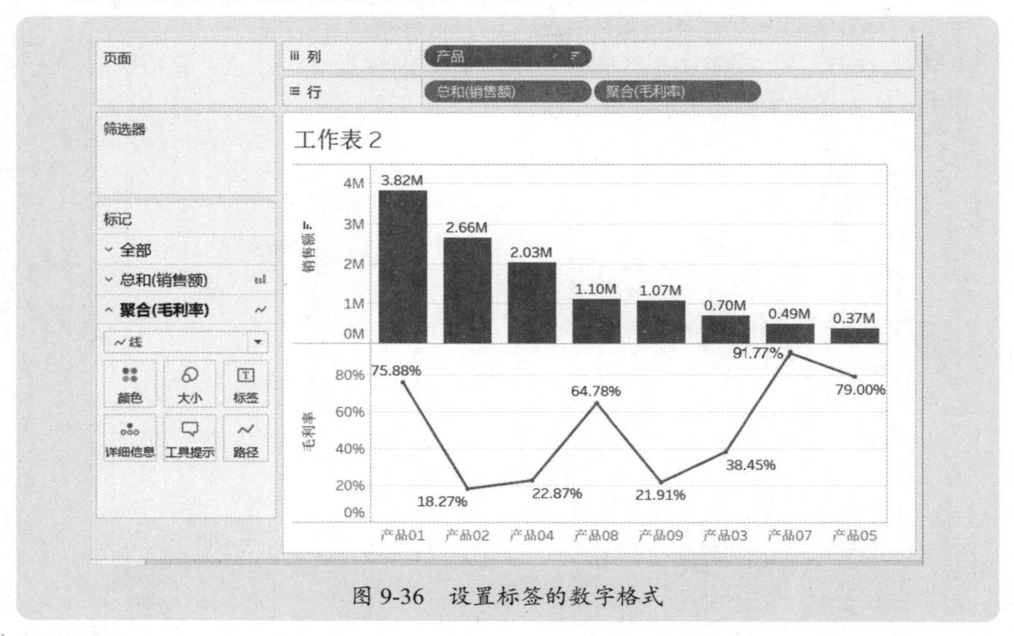

图 9-36　设置标签的数字格式

9.3.7 设置标记详细信息

标记详细信息，是指当光标悬浮到图表上的某个项目上时，自动出现的提示信息。

图 9-37 所示是各产品的销售额图表，当光标悬浮到某个产品上时，仅仅出现该产品名称和销售额数字。如果也显示出订单数、销量、毛利和毛利率数字，该怎么做呢？此时，就需要设置标记详细信息。

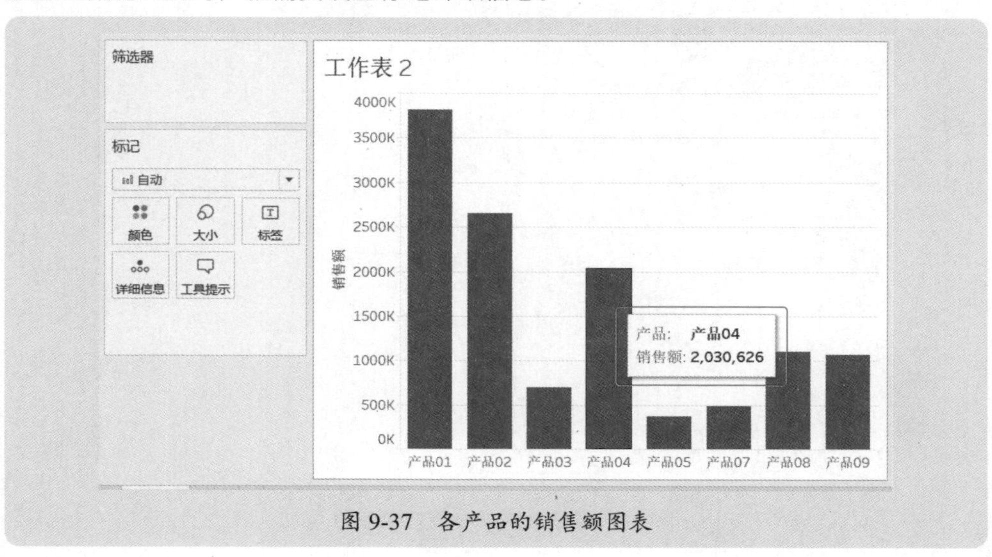

图 9-37　各产品的销售额图表

将度量"记录数""销量""毛利"和"毛利率"拖放到"详细信息"卡上，就实现了需要的效果，如图 9-38 所示。此时，在标记窗格的底部，也出现了刚拖放的几个度量字段。

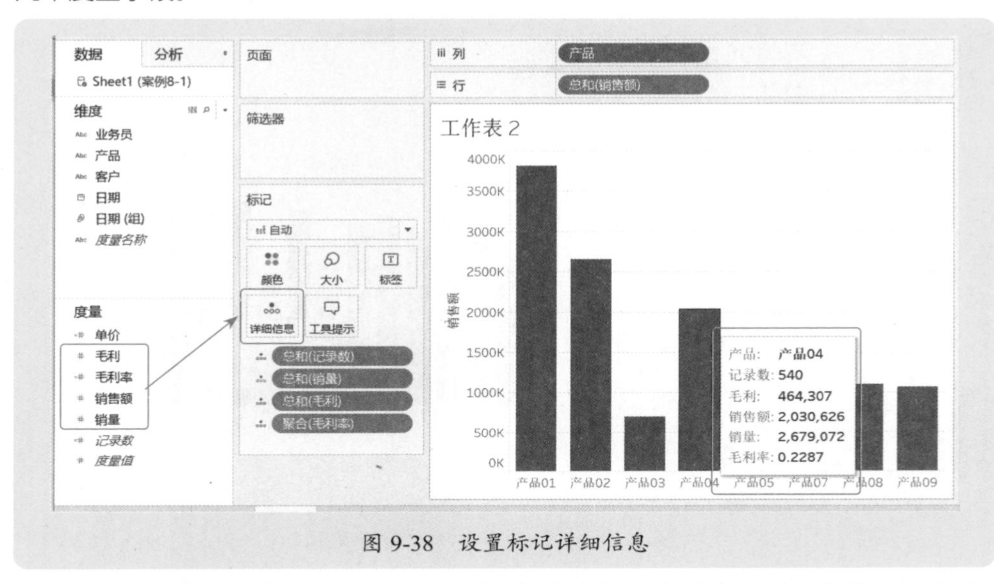

图 9-38 设置标记详细信息

如果将维度"日期(组)"拖放到"详细信息"卡上（这里对日期进行了组合，分上半年和下半年），那么就自动形成上半年和下半年的堆积柱形图，而详细信息中也出现了日期的信息，如图 9-39 所示。

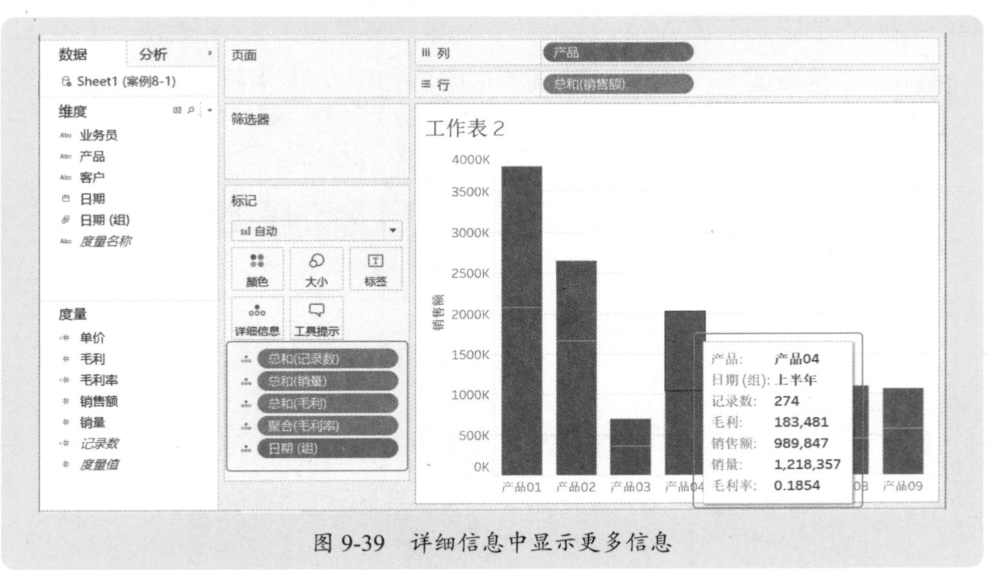

图 9-39 详细信息中显示更多信息

如图 9-40 所示的各月销售额图表，将维度"产品"拖至"详细信息"卡，就可以在图上移动光标，观察每个月、每个产品的销售额。

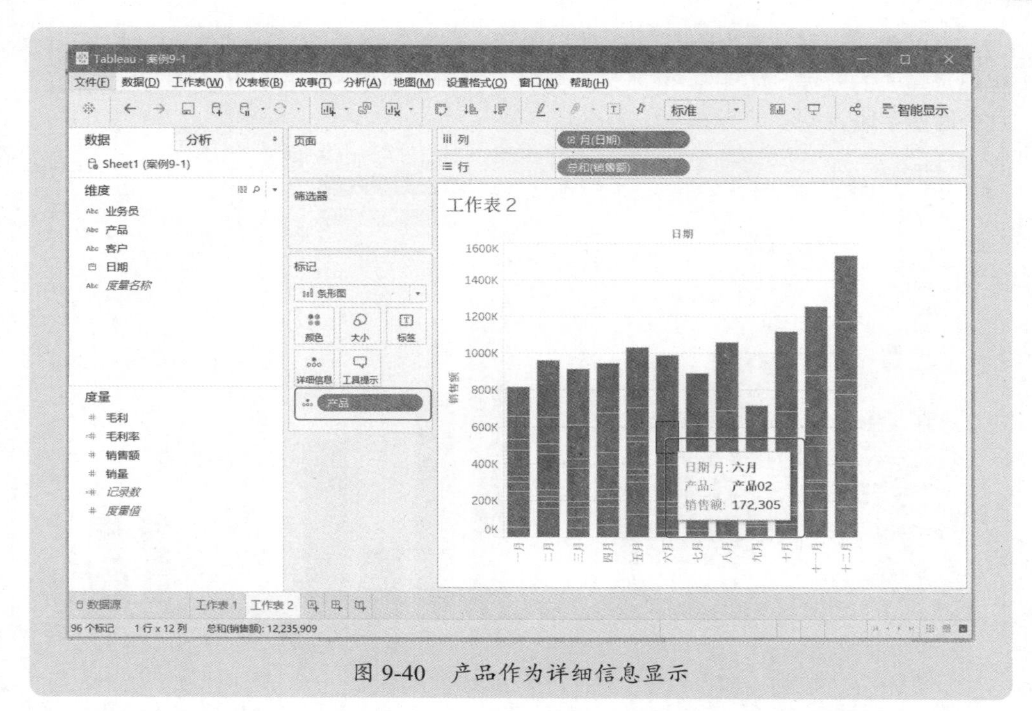

图 9-40　产品作为详细信息显示

尽管图表是反映需要重点关注的数据，但也可以通过设置“详细信息”卡来了解更多的数据信息。

9.3.8 设置标记工具提示

如果要对“详细信息”卡里面的显示内容进行编辑，可以单击标记里的“工具提示”按钮，打开“编辑工具提示”对话框，如图 9-41 所示，对提示信息内容、字体、显示方式进行设置，以及插入新项目等。

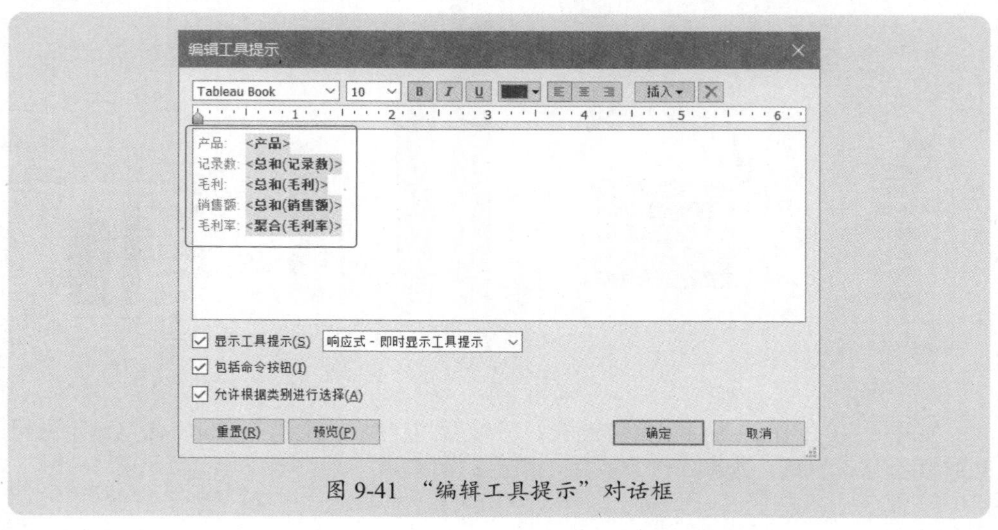

图 9-41　“编辑工具提示”对话框

图 9-42 所示是对信息进行编辑及设置，设置完成后，可以先单击“预览”按钮，看看设置的效果怎么样，满意后再单击“确定”按钮。图 9-43 所示是实际显示效果。

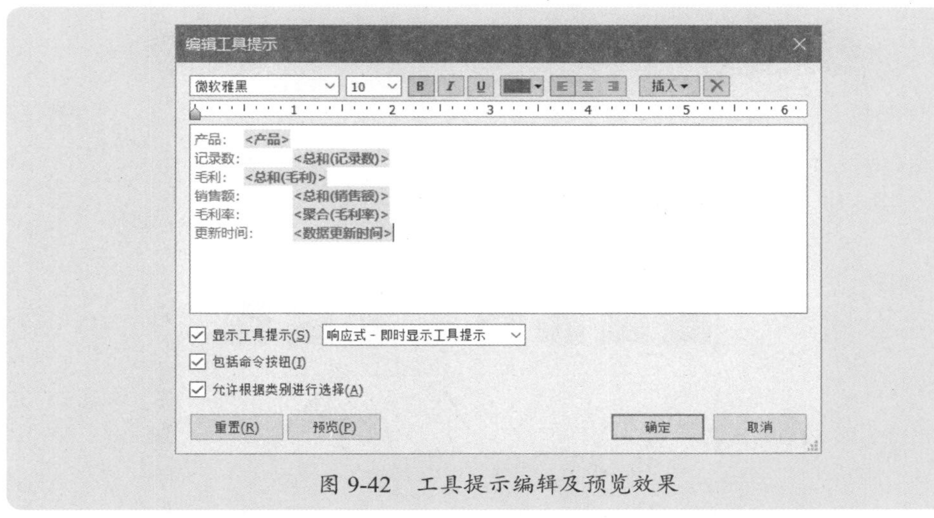

图 9-42　工具提示编辑及预览效果

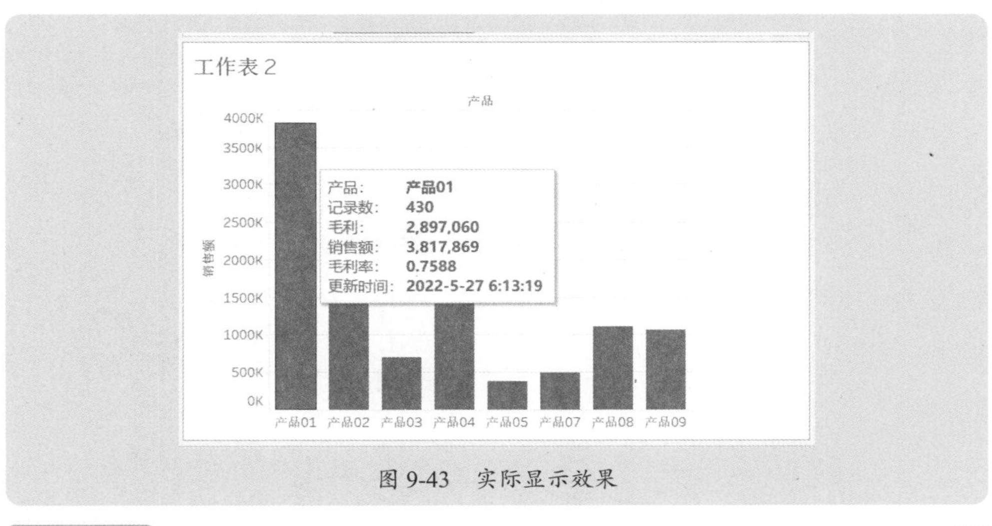

图 9-43　实际显示效果

9.4 轴和标题格式的设置

轴和标题是图表的重要组成部分，合理设置轴和标题的格式，能让图表信息更加清楚，重点信息更加突出。本节介绍轴和标题的设置技能技巧。

9.4.1 轴和标题的不同

在“行”和“列”功能区中的连续字段（绿色胶囊）会在视图中创建轴（常说的数值轴），而离散字段（蓝色胶囊）会创建标题（常说的分类轴），而不是轴。

如图 9-44 所示的图表中，字段“销售额”和“毛利率”创建了轴（数值大小），字段“产品”创建了标题（分类）。

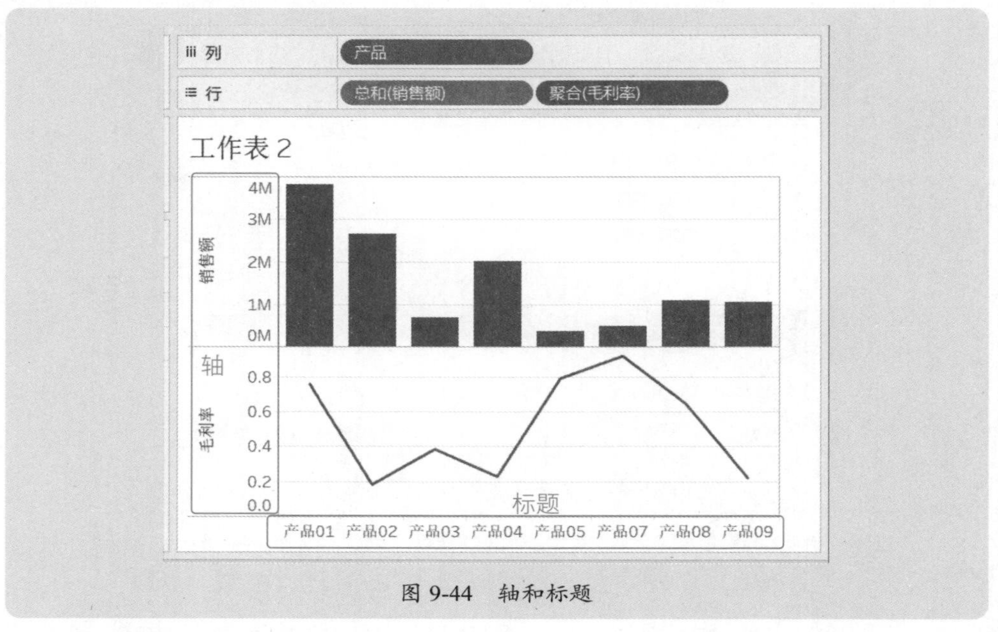

图 9-44　轴和标题

图 9-45 所示的“日期”“销售额”和“毛利”三个字段都创建了轴。

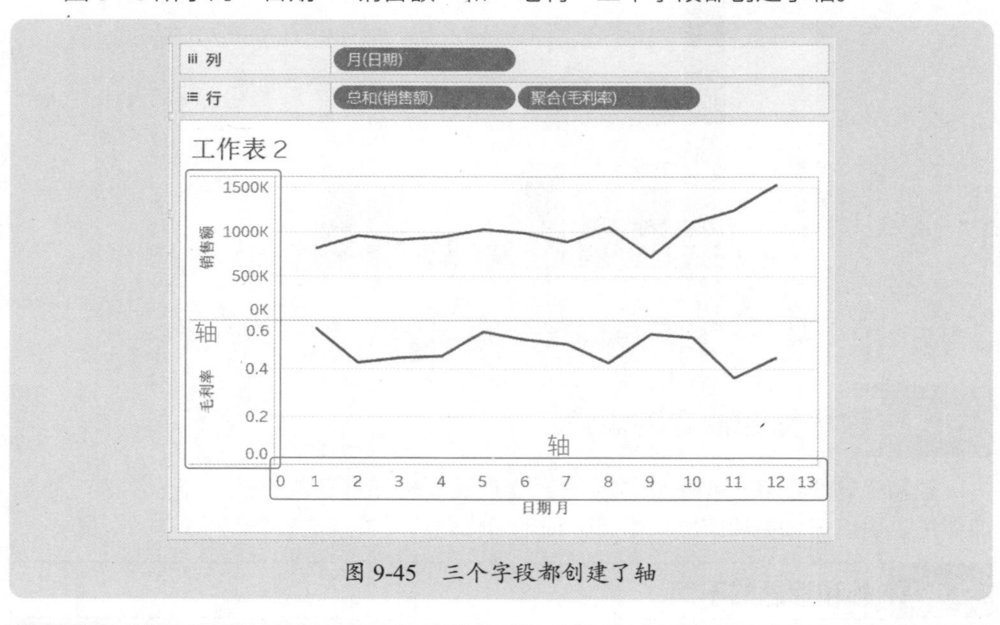

图 9-45　三个字段都创建了轴

9.4.2 显示 / 隐藏轴和标题

显示或者隐藏轴和标题可以根据实际情况和需要来设置。

1. 隐藏轴和标题

如果要隐藏轴标题，有两种方法可以实现。

方法 1：在轴或标题处右击，单击“显示标题”命令按钮，取消勾选旁边的复选标记，就不再显示轴和标题了，如图 9-46 和图 9-47 所示。

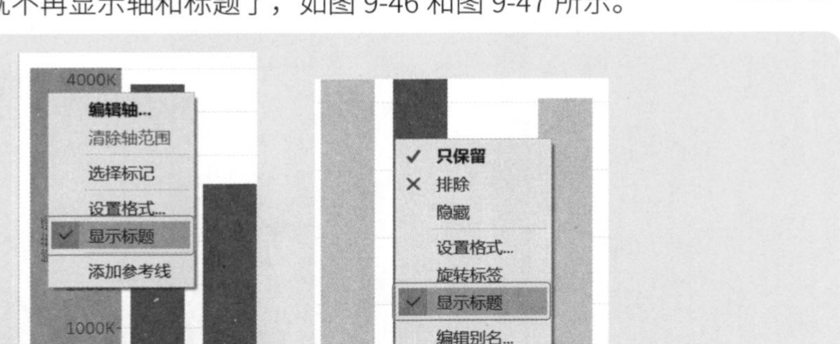

图 9-46　不显示轴　　　　图 9-47　不显示标题

方法 2：在行和列区域中，右击某个字段胶囊，单击“显示标题”命令按钮，取消勾选旁边的复选标记，就不再显示轴和标题了，如图 9-48 和图 9-49 所示。

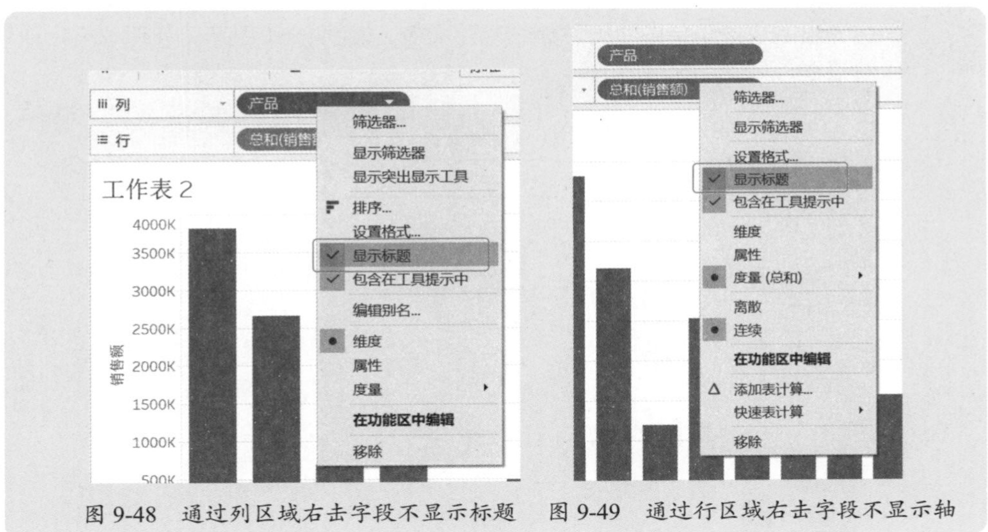

图 9-48　通过列区域右击字段不显示标题　图 9-49　通过行区域右击字段不显示轴

如果几个连续度量使用单轴（没有双轴），那么右击任一度量就不显示轴了。

如果几个连续度量使用双轴，那么需要分别右击主轴量和次轴度量来设置不显示轴。

但是，如果右击主轴的度量字段，那么主轴和次轴都不显示。

同样，对于多个离散字段生成的标题，如果不想显示，也是右击字段来不显示。

2. 显示轴和标题

如果要显示被隐藏的轴和标题，只能在“行”和“列”功能区中右击字段，在弹出的快捷菜单中执行“显示标题”命令，如图 9-50 所示。

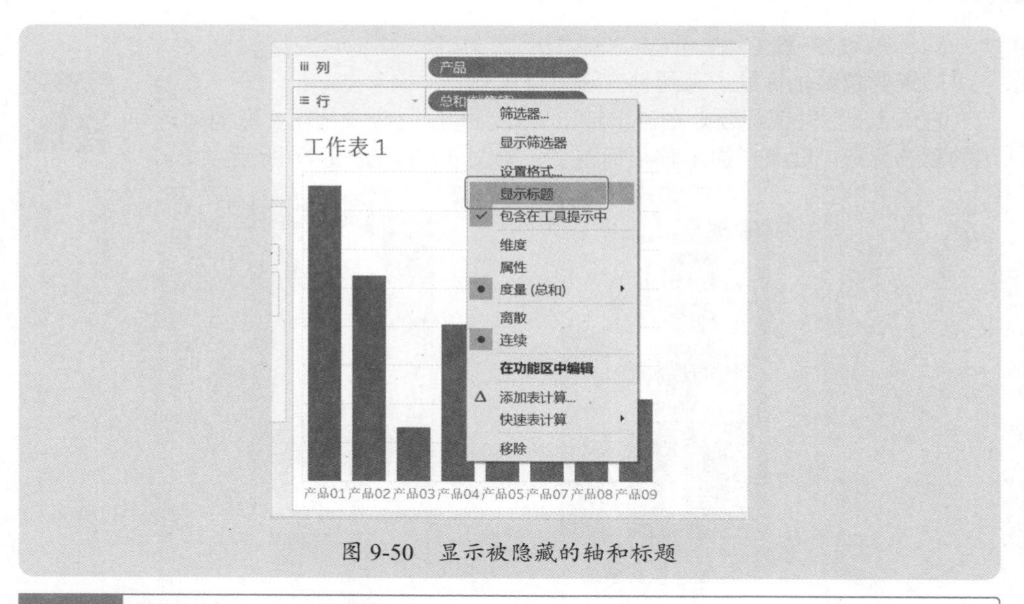

图 9-50　显示被隐藏的轴和标题

9.4.3 编辑轴（刻度和刻度线）

根据需要可以对轴进行编辑，以满足数据分析的需要。方法是，右击轴，在弹出的快捷菜单中执行“编辑轴”命令，如图 9-51 所示，打开“编辑轴”对话框，如图 9-52 所示。

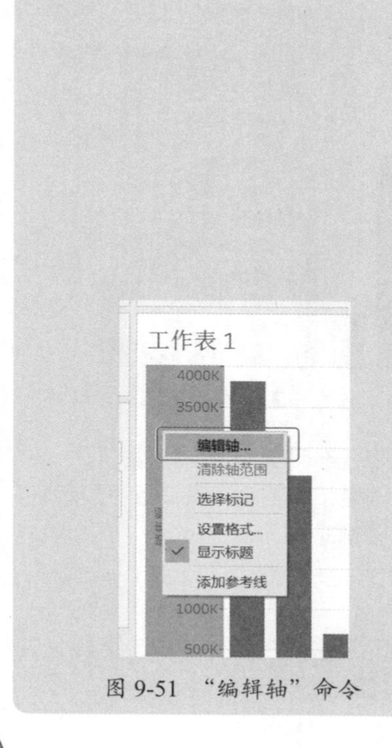

图 9-51　“编辑轴”命令

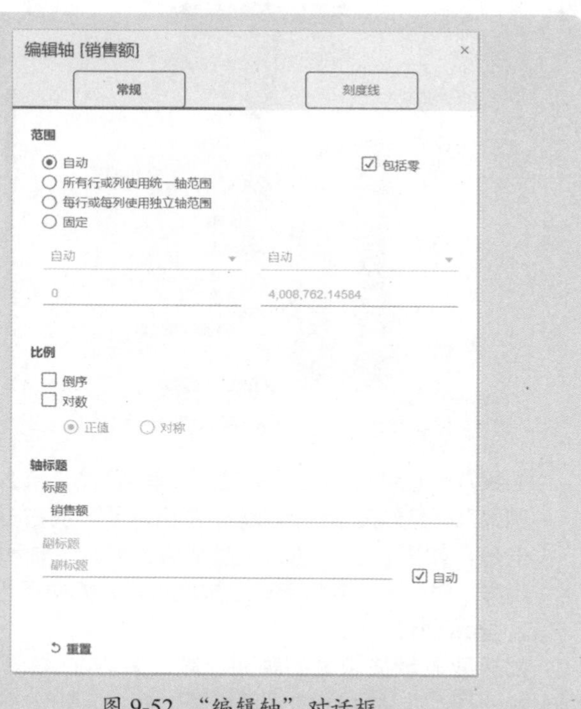

图 9-52　“编辑轴”对话框

“编辑轴”对话框中有“常规”和“刻度”两个选项卡。

1. “常规”选项卡

在“常规”选项卡中可以设置轴的以下内容。

- 范围：默认情况是“自动”，也可以根据需要设置是否使用统一范围，设置固定范围等。
- 比例：倒序或者对数。
- 轴标题：默认是字段名称，可以清除，或者输入新标题。

2. “刻度线”选项卡

在“刻度线”选项卡中可以设置主要刻度线和次要刻度线。

图 9-53 和图 9-54 所示是编辑轴的一些项目：范围固定为“0 ～ 5000000”，轴标题修改为“销售额 (千元)”，主要刻度线的刻度间隔为“1000000”。

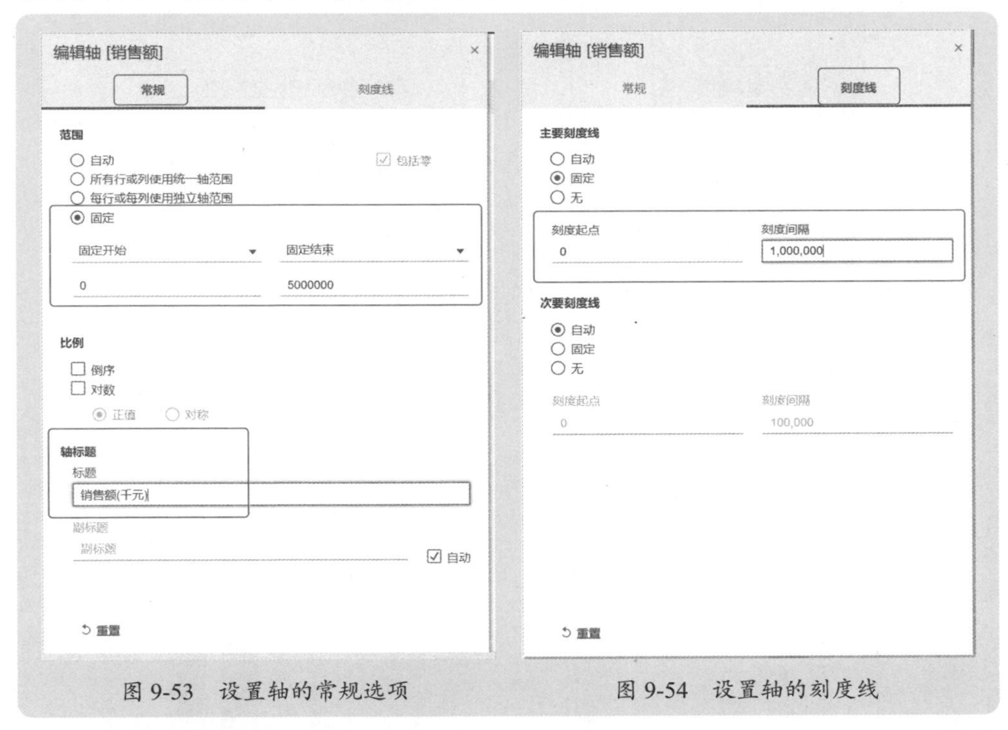

图 9-53　设置轴的常规选项　　　　图 9-54　设置轴的刻度线

如果要恢复默认的轴设置，可以单击“编辑轴”对话框左下角的“重置”按钮 ↺重置 。

9.4.4 设置轴格式

在轴位置右击，在弹出的快捷菜单中执行“设置格式”命令，如图 9-55 所示，打开“设置总和格式”窗格，显示在工作表左侧，如图 9-56 所示，在这个窗格中，可以对轴的字体、阴影、刻度、数字格式、对齐方式、轴标题等进行设置。

图 9-55 “设置格式”命令　　　　图 9-56 设置轴格式

图 9-57 所示是轴格式设置效果：微软雅黑字体，11 号字，浅蓝色背景，显示刻度线，数字格式是“0M”（百万单位），普通对齐方式。

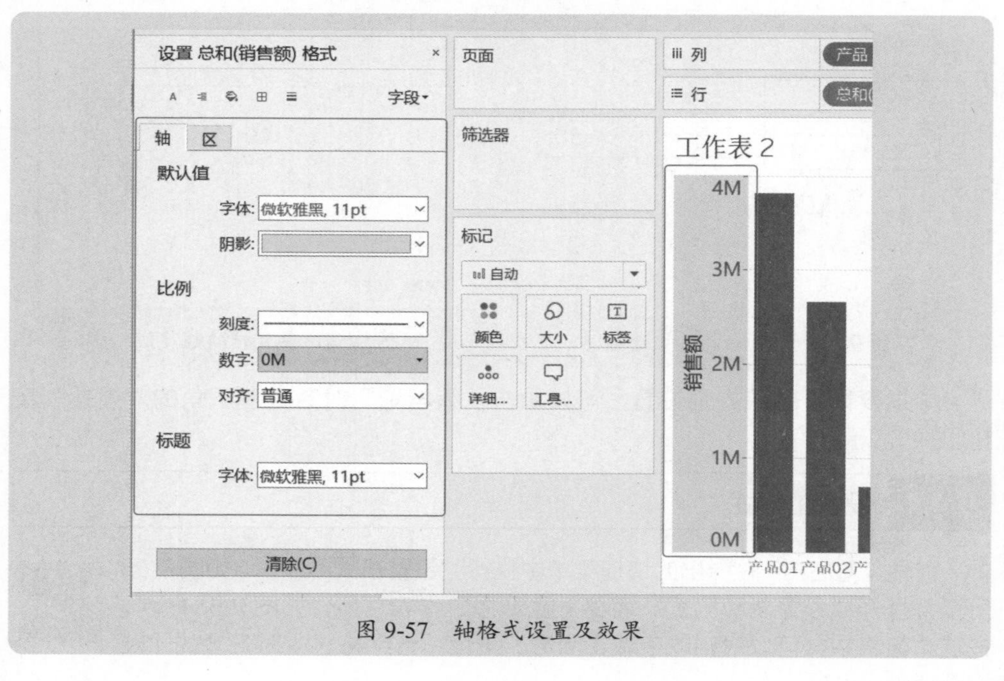

图 9-57 轴格式设置及效果

9.4.5 设置双轴

当把两个度量值放在一起进行比较时，设置双轴是一个好的方法，这种方法在第 8 章有过介绍，此处不再叙述。

9.4.6 设置标题格式

9.4.4 节介绍了如何设置轴，也就是连续字段创建的轴。对于离散字段创建的标题（也就是分类），也需要根据具体情况来设置标题格式。

图 9-58 所示是对维度“产品”的标题（也就是产品名称）进行设置的效果。

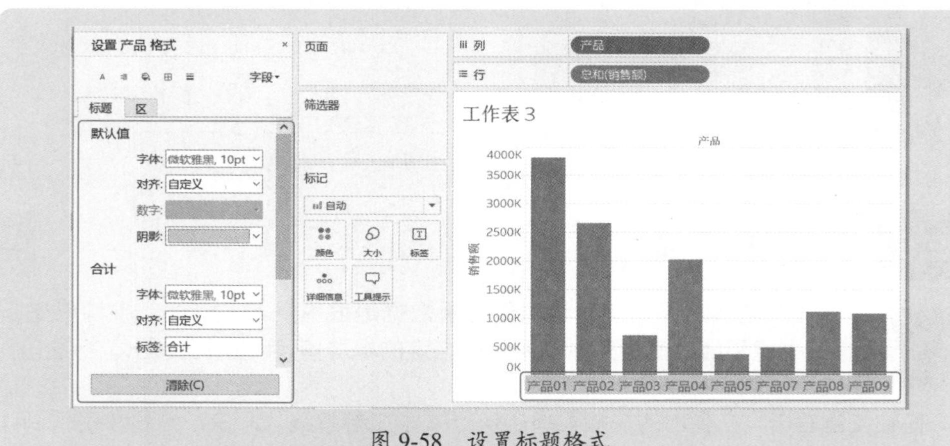

图 9-58　设置标题格式

9.4.7 编辑标题别名

在某些情况下，可以根据实际需要对标题设置别名。

设置别名的目的，是在图表上醒目标识某个标题。别名不改变原始名称，仅仅是在本视图上以新的名称出现。可以单独设置某个标题的别名，也可以一起来设置别名。

单独设置某个标题的别名，右击某个标题，在弹出的快捷菜单中执行“编辑别名”命令，如图 9-59 所示，打开“编辑别名”对话框，输入别名即可，如图 9-60 所示。

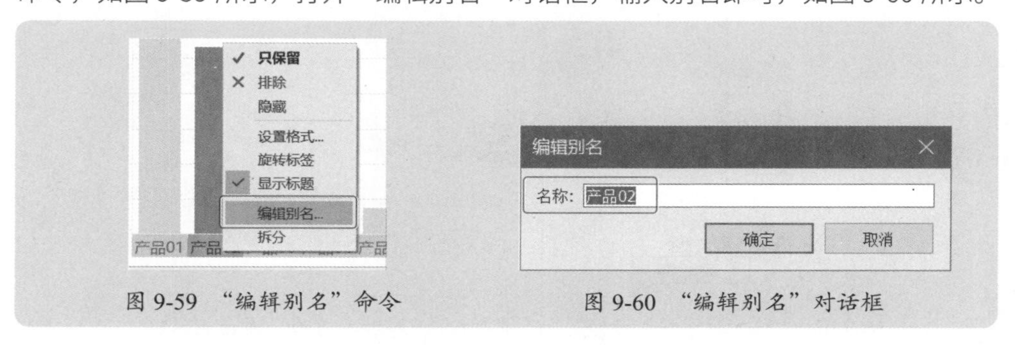

图 9-59　“编辑别名”命令　　图 9-60　“编辑别名”对话框

一起来设置别名，是在列区域中右击字段，在弹出的快捷菜单中执行“编辑别名”命令，如图 9-61 所示，打开“编辑别名”对话框，如图 9-62 所示，然后分别对每个标题输入别名。

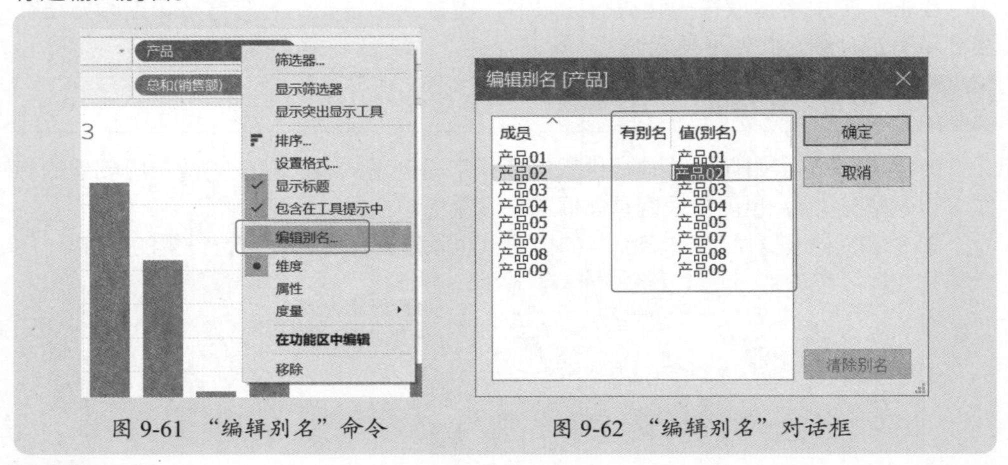

图 9-61 “编辑别名”命令　　图 9-62 “编辑别名”对话框

9.5 参考线的添加

在某些情况下，参考线对于分析数据是很重要的，例如，平均值是多少，最小值和最大值是多少？相对于指定的标准值，哪些项目超出了标准值？哪些项目低于标准值？等等。

在轴位置右击，在弹出的快捷菜单中执行“添加参考线”命令，如图 9-63 所示，打开“添加参考线”对话框，显示在工作表左侧，如图 9-64 所示，可以为图表添加参考线，包括线、区间、分布和盒须图 4 种情况。

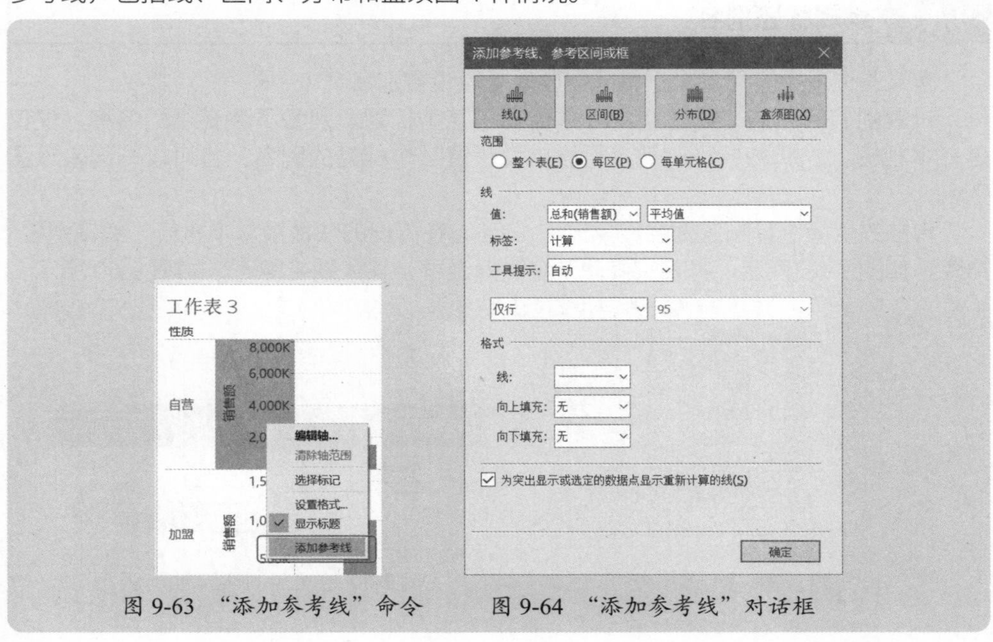

图 9-63 “添加参考线”命令　　图 9-64 “添加参考线”对话框

9.5.1 添加计算值参考线

对各产品销售额分析图表添加平均销售额，效果如图 9-65 所示。

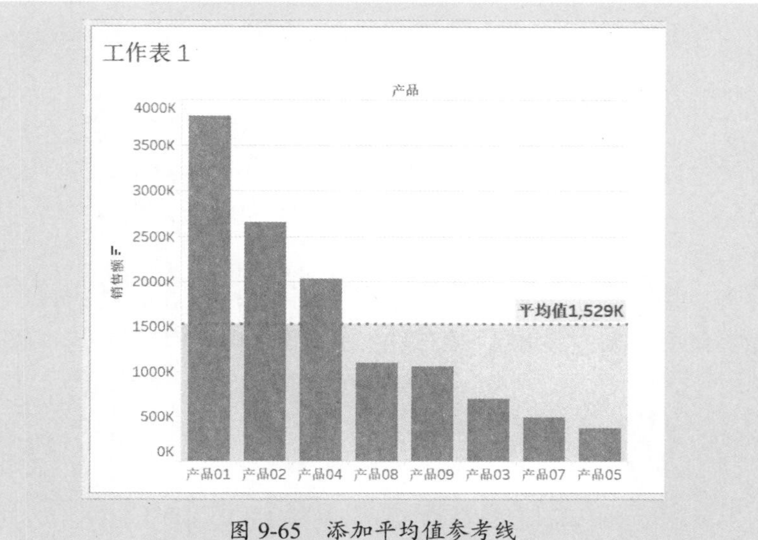

图 9-65　添加平均值参考线

项目设置如下。

参考线类型选择“线”，范围选择“每区”单选按钮，如图 9-66 所示。

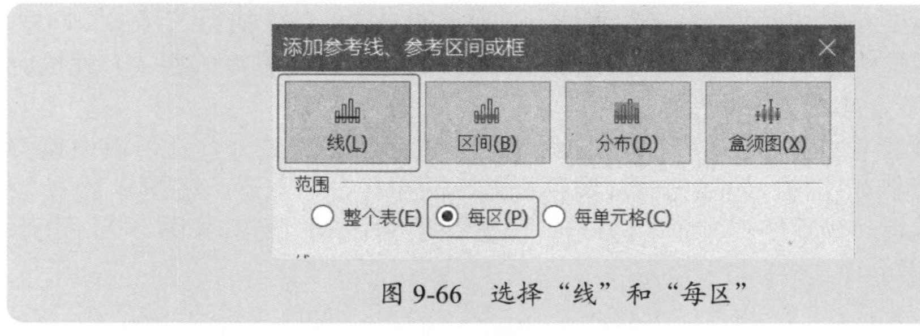

图 9-66　选择“线”和“每区”

值选择“平均值”，如图 9-67 所示。

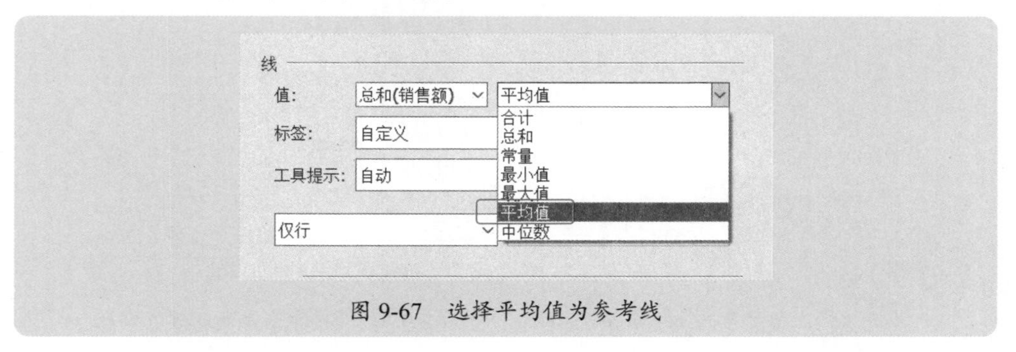

图 9-67　选择平均值为参考线

标签选择“自定义”，并单击右侧的插入按钮▷，展开项目列表，分别选择“计算”和“值”选项，将其插入到标签框中，如图9-68所示。

这里的“计算”就是选择的计算名称（如平均值、最大值、合计、总和等）；“值”就是计算出来的参考线的值。

图9-68 设置参考线标签，选择“计算”和“值”选项

格式选择红色虚线，并设置向下填充颜色，以便醒目标识平均值大小，如图9-69所示。

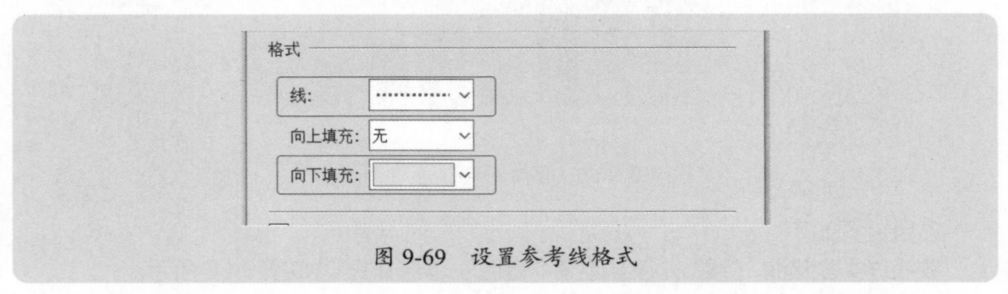

图9-69 设置参考线格式

如果不再需要参考线，可以右击参考线，在弹出的快捷菜单中执行“移除”命令；如果要重新编辑这个参考线，就执行“编辑”命令；如果要设置参考线格式，就执行“设置格式”命令，如图9-70所示。

其中，设置参考线格式，除了设置已经设置好的参考线格式外，还可以设置参考线标签格式，例如字体、对齐方式、数字格式、阴影等，方法是，在图9-70所示的快捷菜单中执行“设置格式”命令，打开“设置参考线格式”窗格，如图9-71所示，然后进行设置即可。

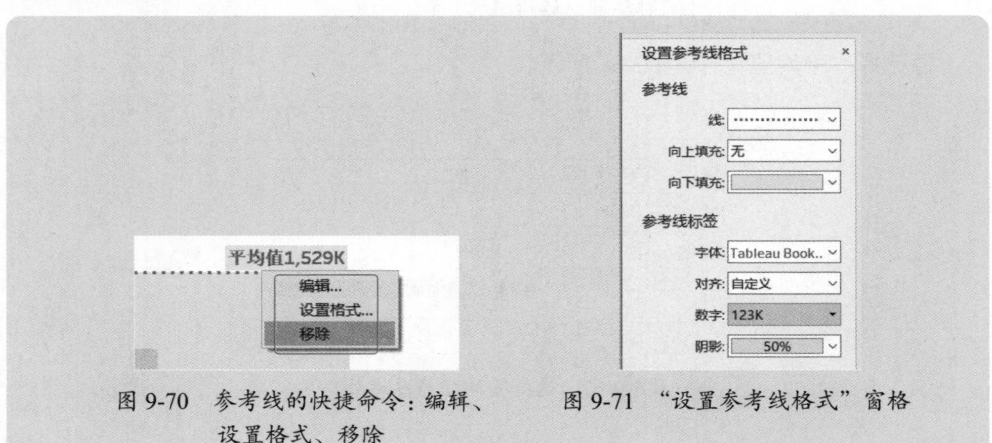

图9-70 参考线的快捷命令：编辑、设置格式、移除

图9-71 “设置参考线格式”窗格

9.5.2 添加区间参考线

参考线可以添加多个，只需要执行多次“添加参考线”命令并进行添加和编辑即可。

如果是要添加最大值线和最小值线，则参考线可以选择“区间”，然后分别设置区间开始为最小值，区间结束为最大值，并设置标签、线的格式和填充，如图 9-72 所示，添加好最大值线和最小值线后，再设置参考线标签格式。

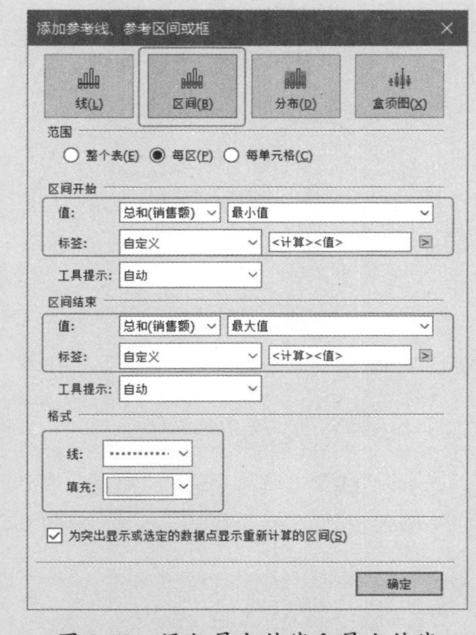

图 9-72 添加最大值线和最小值线

图 9-73 所示是分析各月销售额的图表，添加了最大值线和最小值线，可以一目了然地观察到最高销售额和最低销售额分别发生在哪个月份。

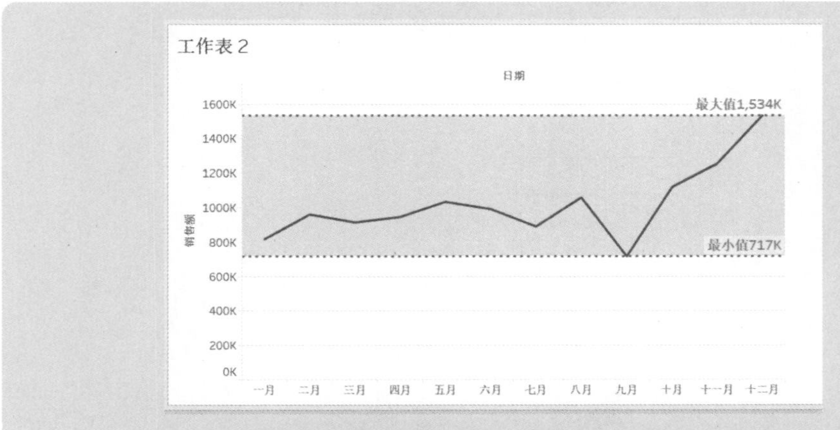

图 9-73 添加的最大值线和最小值线

9.5.3 添加常量参考线

如果要分析每个项目相对于一个标准值的波动情况，可以添加常量参考线，例如，以 95% 为合格率标准值，分析每个月的合格率的波动情况。

本案例的数据源为“案例 9-2.xlsx” Excel 文件。

建立数据连接，绘制折线图，设置轴格式（刻度），如图 9-74 所示。

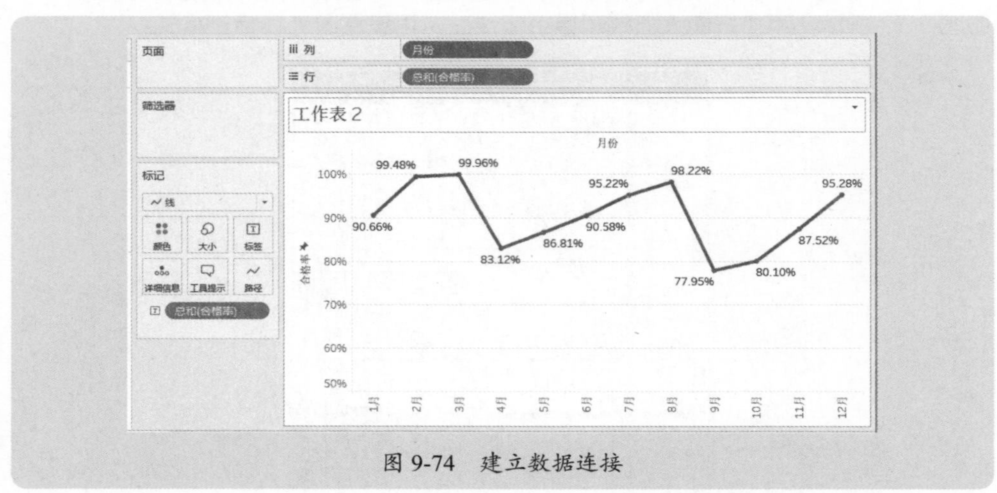

图 9-74　建立数据连接

为轴“添加参考线”，选择“线”类型，选择“常量”选项，并输入常量“0.95”，标签选择“自定义”选项，输入文本“标准值 95%”，如图 9-75 所示。

图 9-75　添加常量参考线

然后再设置参考线格式（主要是标签格式），就得到了如图 9-76 所示图表。

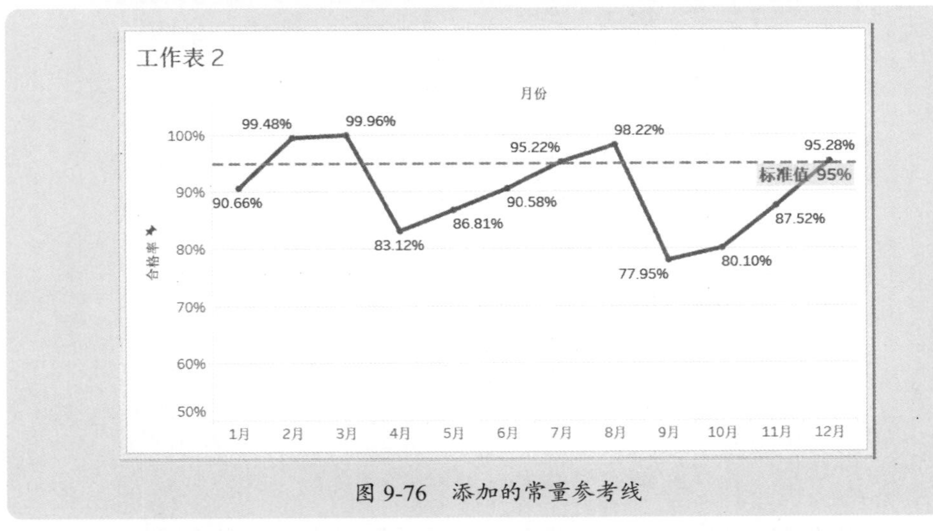

图 9-76 添加的常量参考线

图 9-77 所示的数据是每个门店的净销售额和净利润，现在需要设置一个净利润在 2 ～ 5 万元的区间，看看这个区间内的门店分布如何。

此案例的数据源是“案例 9-3.xlsx”文件。

图 9-77 门店净销售额和净利润

创建圆点图，将净销售额拖至“列”功能区，将净利润拖至“行”功能区，注意将净销售额设置为维度，得到如图 9-78 所示的图表。

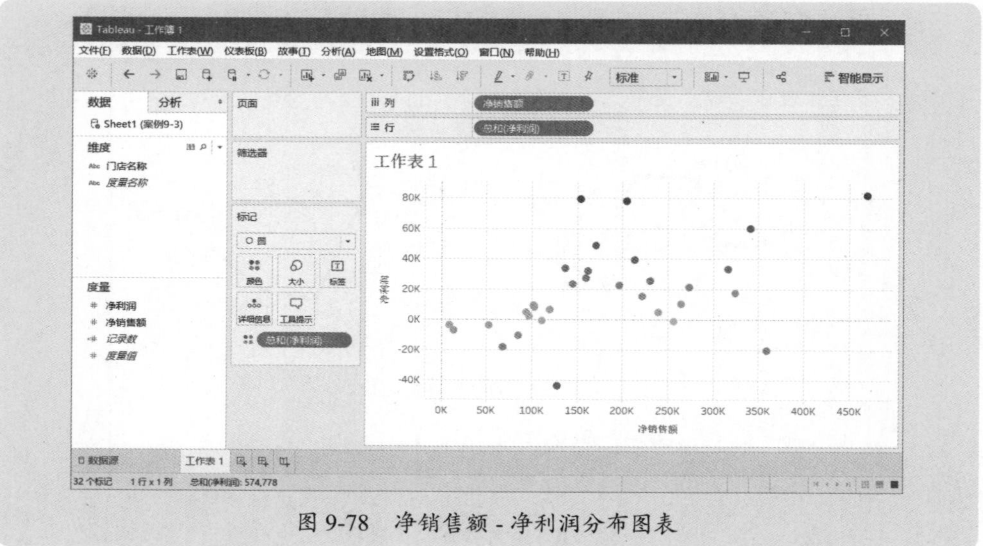

图 9-78　净销售额 - 净利润分布图表

为轴添加分布参考线，参考线类型选择“区间”，范围选中“每区”单选按钮，区间开始值设置为 20000，区间结束值设置为 50000，其他设置如图 9-79 所示。

图 9-79　设置区间参考线

最后再设置参考线标签格式，得到如图 9-80 所示的图表。

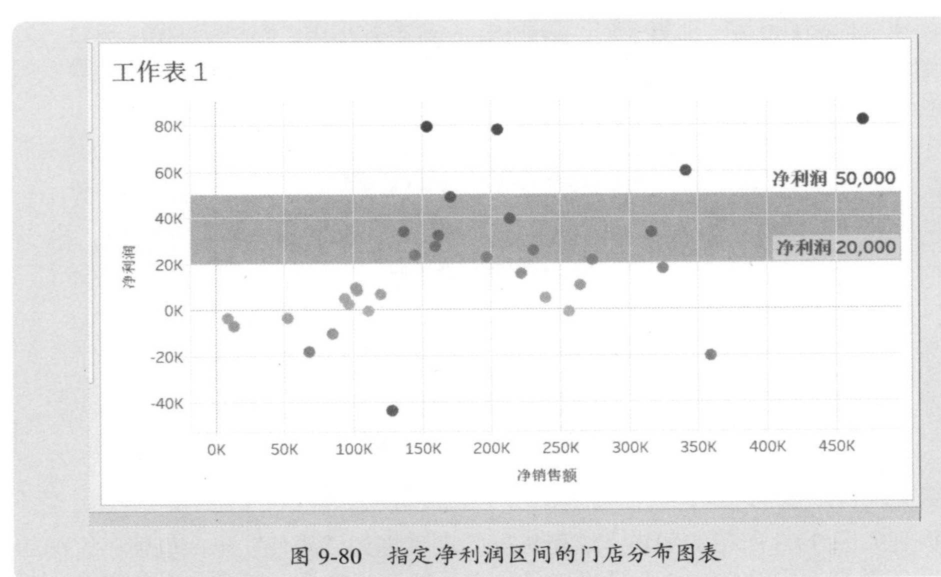

图 9-80　指定净利润区间的门店分布图表

9.5.4 添加分布参考线

数据分布分析是会经常遇到的，例如，分析工资的分布，分析销售量的分布，等等。此时可以添加分布参考线。

图 9-81 所示是工资数据表，现在要对各部门的工资做四分位分析。

此案例的数据源是“案例 9-4.xlsx”文件。

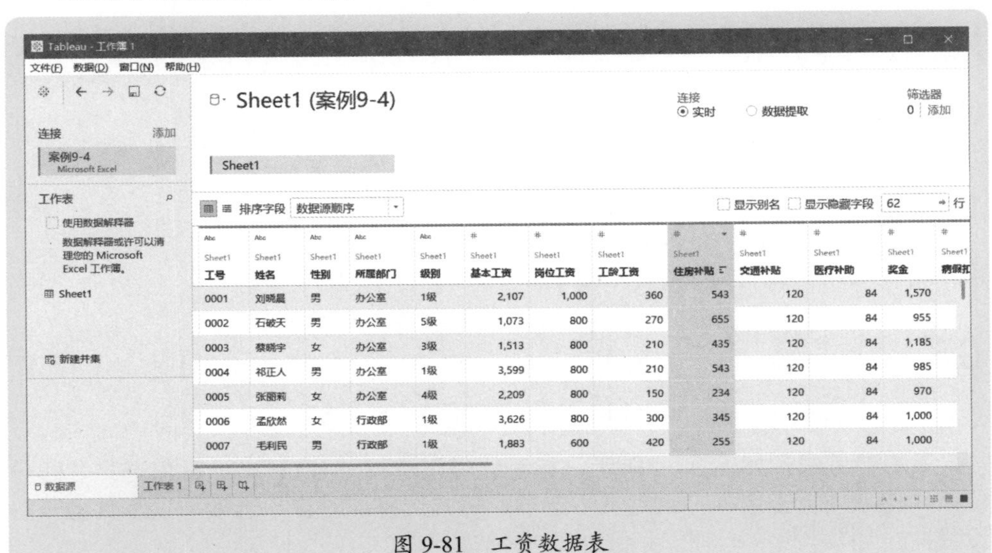

工号	姓名	性别	所属部门	级别	基本工资	岗位工资	工龄工资	住房补贴	交通补贴	医疗补助	奖金	病假扣
0001	刘晓晨	男	办公室	1级	2,107	1,000	360	543	120	84	1,570	
0002	石破天	男	办公室	5级	1,073	800	270	655	120	84	955	
0003	蔡晓宇	女	办公室	3级	1,513	800	210	435	120	84	1,185	
0004	祁正人	男	办公室	1级	3,599	800	210	543	120	84	985	
0005	张丽莉	女	办公室	4级	2,209	800	150	234	120	84	970	
0006	孟欣然	女	行政部	1级	3,626	800	300	345	120	84	1,000	
0007	毛利民	男	行政部	1级	1,883	600	420	255	120	84	1,000	

图 9-81　工资数据表

创建圆点图，将部门拖至“列”功能区，应发合计拖至“行”功能区，执行“分析”→“聚合度量”命令，取消度量的聚合计算，也就是度量不进行聚合计算，如图 9-82 所示。

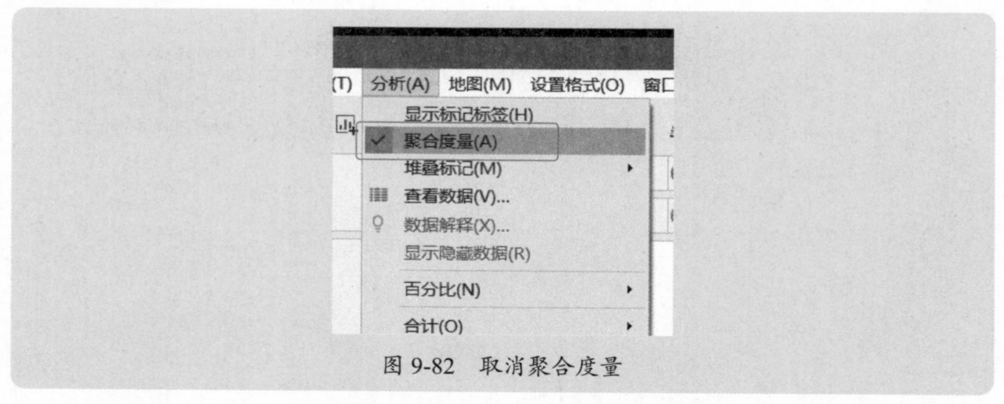

图 9-82　取消聚合度量

得到如图 9-83 所示的图表，这里将部门名称拖到“颜色”卡，以便于区分每个部门的数据。图表中，每个圆点就是一个人的工资数据，有多少人就有多少个圆点。

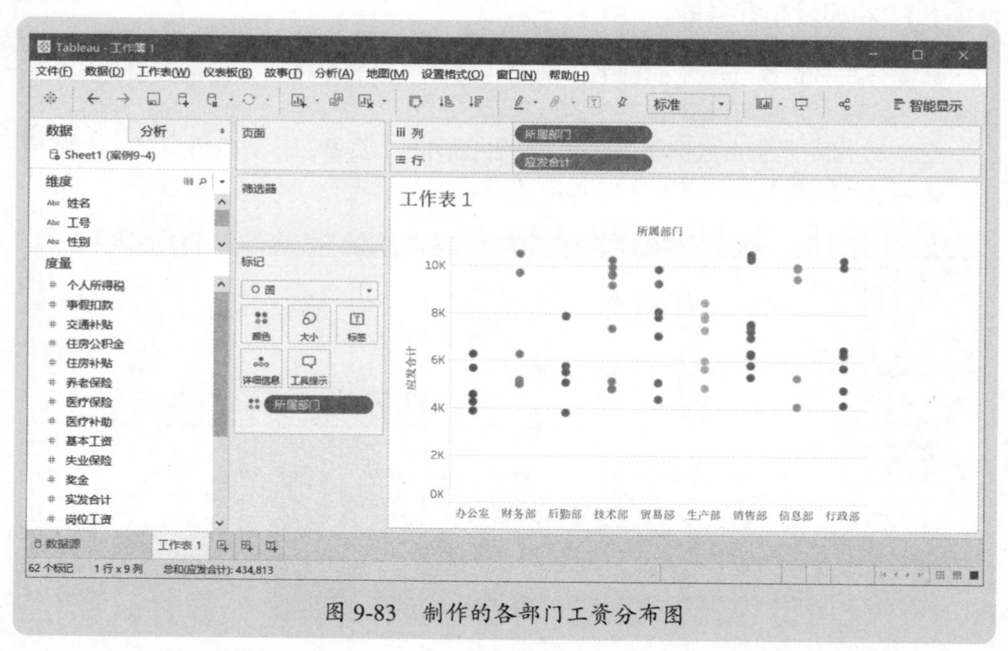

图 9-83　制作的各部门工资分布图

添加参考线，如图 9-84 所示，参考线类型选择“分布”，计算值选择“四分位点”选项，标签选择“自定义”选项，格式选择“对称”选项，以及其他一些设置。

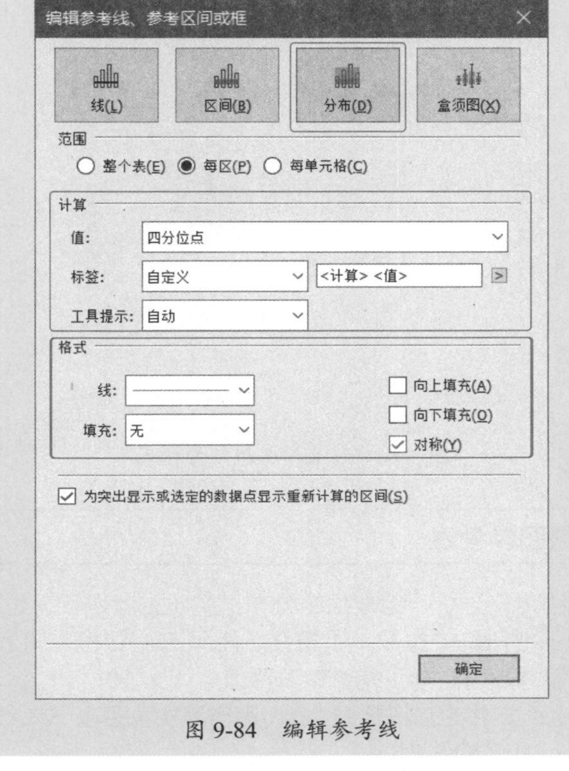

图 9-84　编辑参考线

得到如图 9-85 所示的图表。

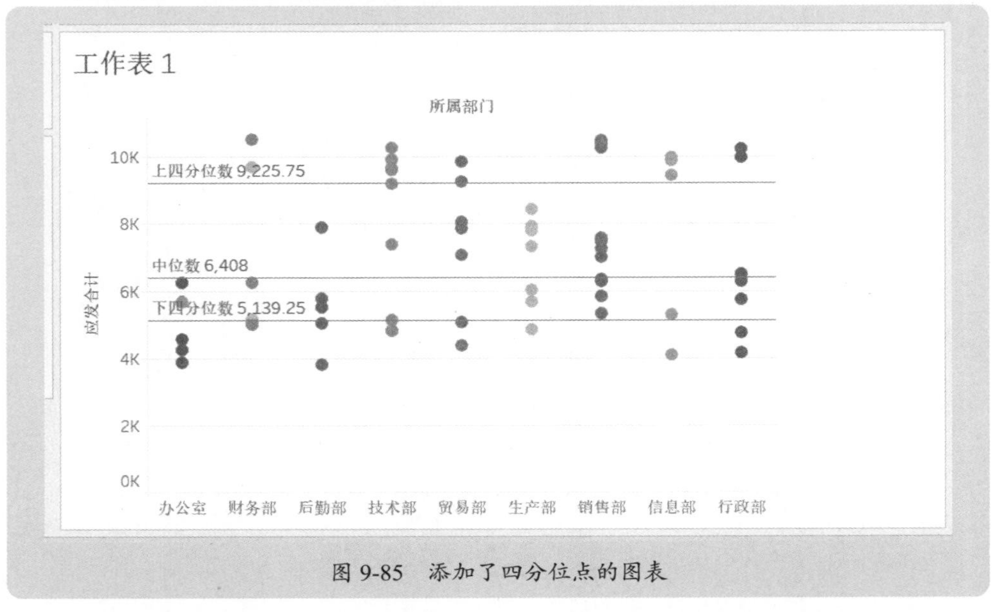

图 9-85　添加了四分位点的图表

最后，根据需要，可以对参考线的标签格式进行适当设置，如图 9-86 所示。

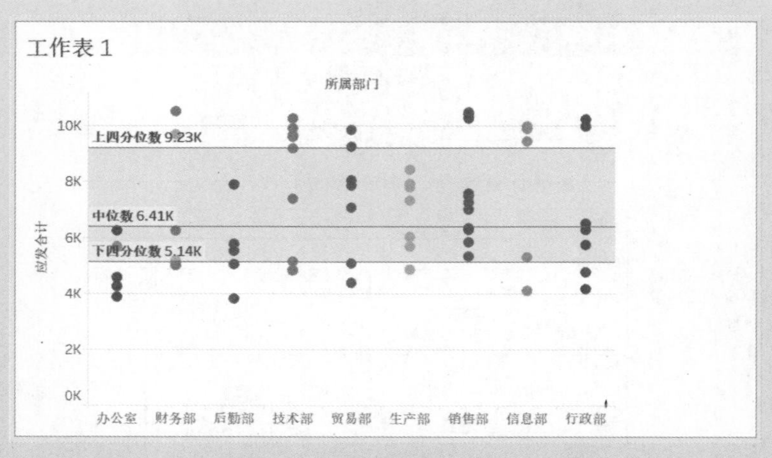

图 9-86　设置参考线标签格式

9.5.5 添加盒须图参考线

盒须图用来分析一组数据的分布，实质上就是四分位图，默认情况下，用下须、下枢纽、中位数、上枢纽、上须 5 个数据点来表示，通过盒须图可以观察整体是否正常，是否有异常值。

以“案例 9-4.xlsx”文件的工资数据为例，图表添加盒须图参考线的方法如图 9-87 所示，得到如图 9-88 所示的图表。

图 9-87　添加盒须图参考线

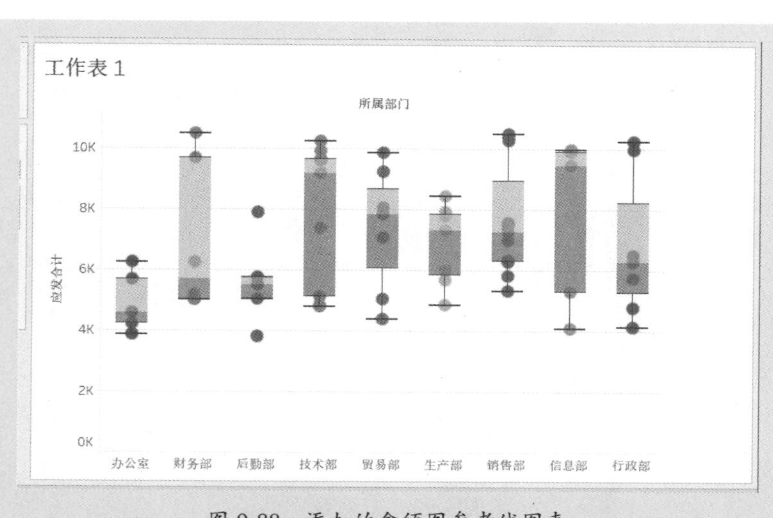

图 9-88 添加的盒须图参考线图表

9.6 图例格式的设置

图例是显示在图表右上角的用来解释图表中各部分含义的功能卡。图例是图表一个重要的组件，很多情况下需要对图例进行设置。

9.6.1 图例的种类

图例有颜色图例、形状图例和大小图例三种，图 9-89 所示的是颜色图例，也就是用颜色来区分各项目。

从连续和离散角度来说，图例又分为分类图例（如图 9-89）和定量图例（如图 9-90）两种，前者如产品名称、季度名称，后者如销售额、毛利。

图例可以隐藏或显示，也可以编辑、设置格式、设置突出显示规则等。

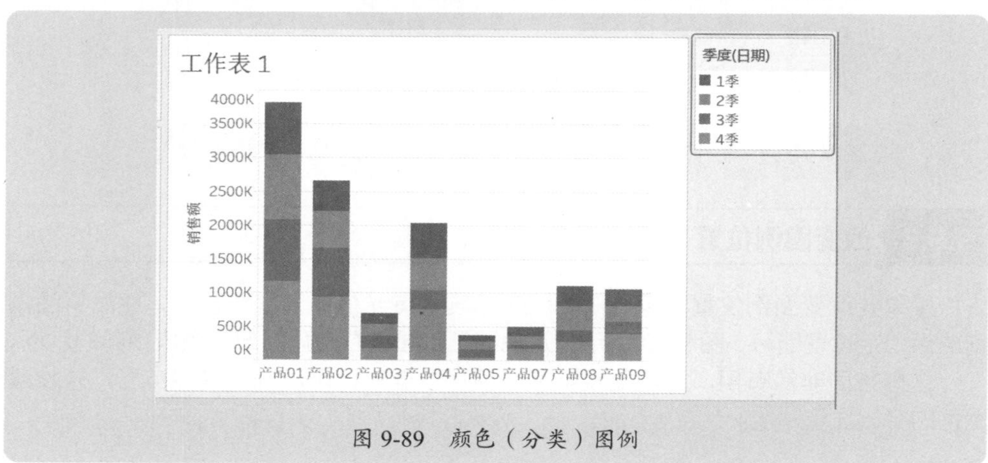

图 9-89 颜色（分类）图例

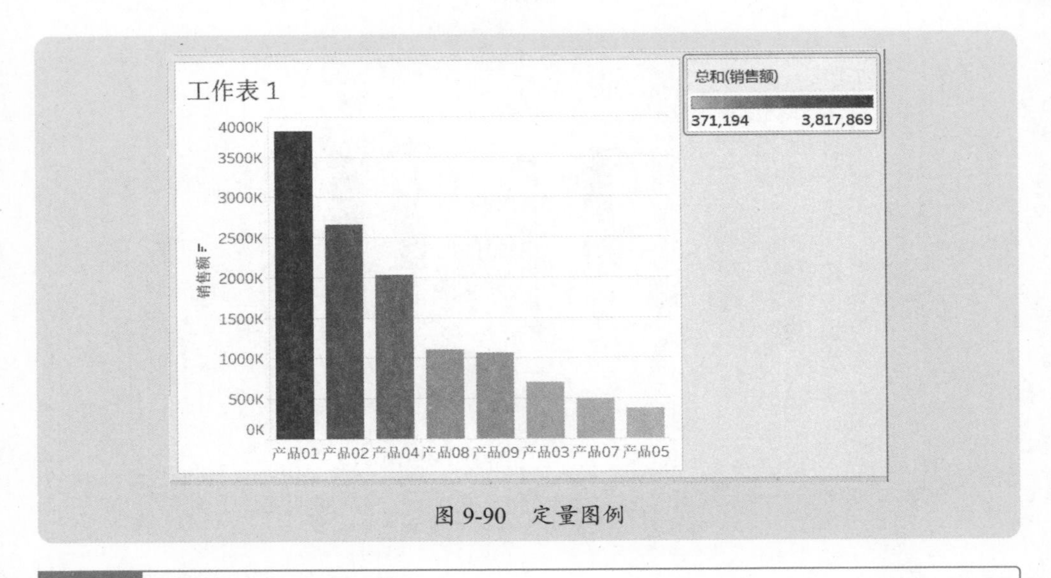

图 9-90　定量图例

9.6.2 隐藏和显示图例卡

如果要隐藏图例卡，单击图例卡右上角的下拉箭头，在展开的菜单中执行“隐藏卡”命令即可，如图 9-91 所示。

如果要显示出被隐藏的图例卡，单击工具栏上“显示 / 隐藏卡”按钮，展开菜单，执行“图例”菜单下的图例即可，如图 9-92 所示。

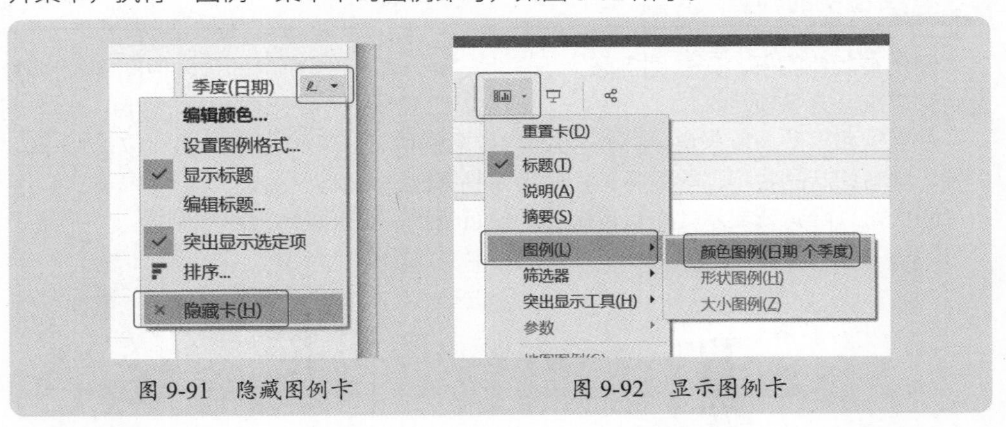

图 9-91　隐藏图例卡　　　　图 9-92　显示图例卡

9.6.3 改变图例位置

如果要改变图例位置，可以对准图例标题，待光标变为拖放箭头，然后将图例拖放到指定位置即可，图 9-93 所示就是把图例从图表右上角拖放到图表顶部的示例。

这种布局非常有用，当需要观察每个项目数据时，可以进行这种布局，并设置图例的突出显示功能。

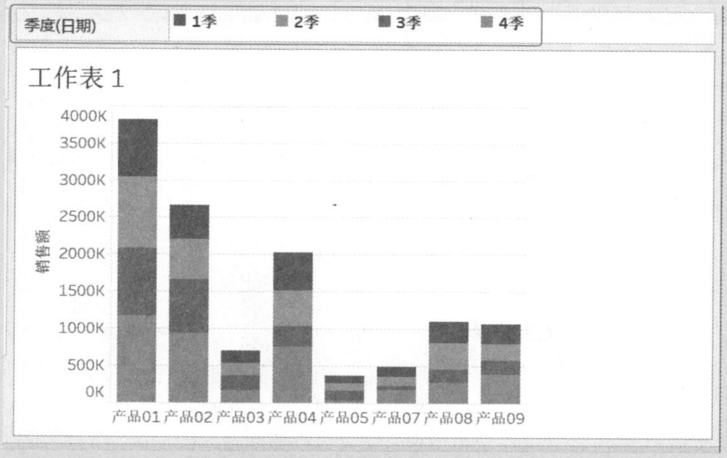

图 9-93　图例拖放到图表顶部

9.6.4 编辑图例标题

图例标题可以根据需要修改为更清晰的文本，执行图例菜单的“编辑标题”命令，打开“编辑图例标题”对话框，输入并编辑新文本格式，如图 9-94 所示。

图 9-94　编辑图例标题

9.6.5 设置图例格式

执行图例菜单的“设置图例格式”命令，会在工作表左侧打开“设置图例格式”对话框，如图 9-95 所示，然后对图例格式进行设置，例如字体、对齐方式、阴影、边界等。

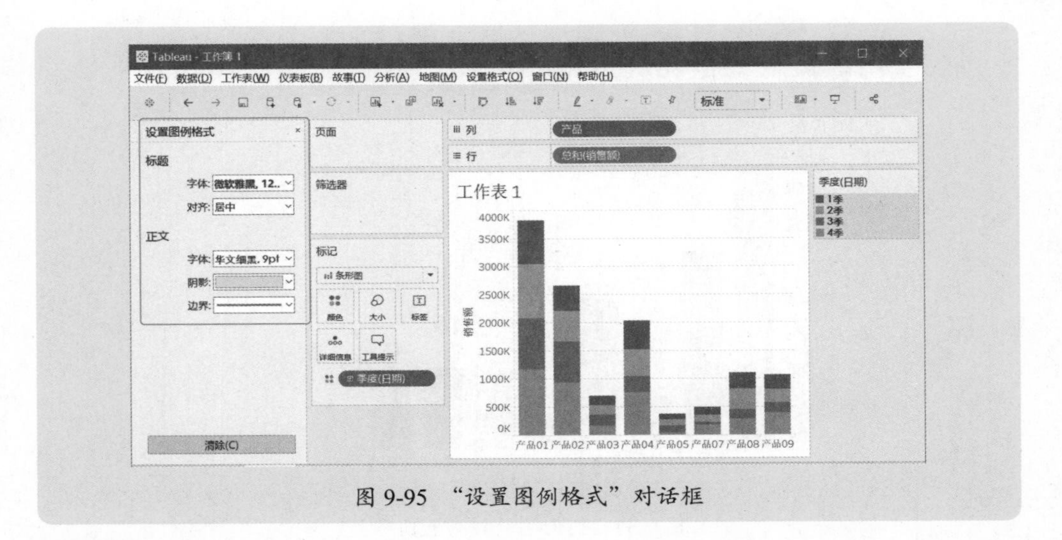

图 9-95 “设置图例格式”对话框

9.6.6 图例项目排序

默认情况下，图例的项目次序（实际上是维度中的各项目）是默认升序排序的，如果不满足用户要求，可以设置图例排序方式。

执行图例菜单的“排序”命令，打开“排序”对话框，将排序依据设置为“手动”，然后在项目列表中手动改变各项目的前后次序，如图 9-96 所示。

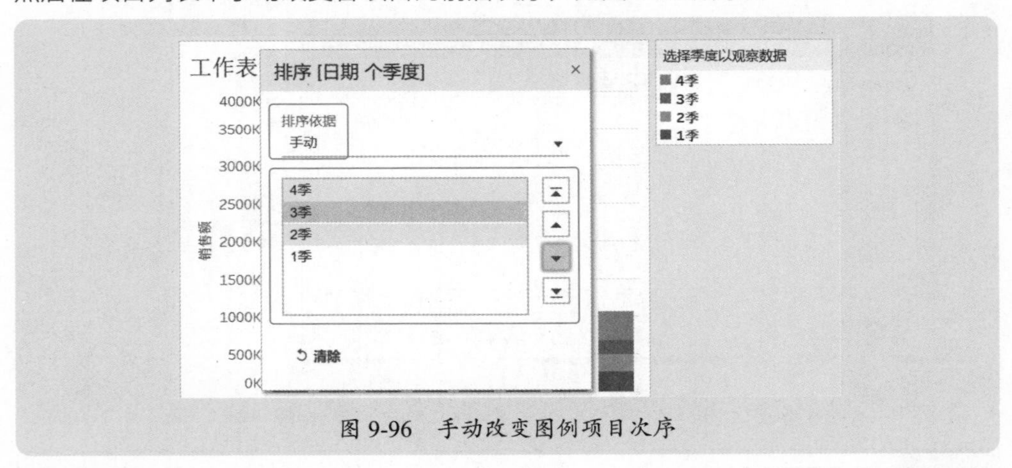

图 9-96 手动改变图例项目次序

9.6.7 设置突出显示选定项

单击图例标题右侧的“突出显示选定项”按钮，或者在图例菜单中勾选“突出显示选定项”的复选标记，就赋予了图例项目的突出显示功能，即在图例中单击某个项目时，图表上突出显示该项目，则其他项目变淡，如图 9-97 所示。

如果要取消这个功能，单击图例标题右侧的“突出显示选定项”按钮，或者在图例菜单中取消勾选“突出显示选定项”的复选标记。

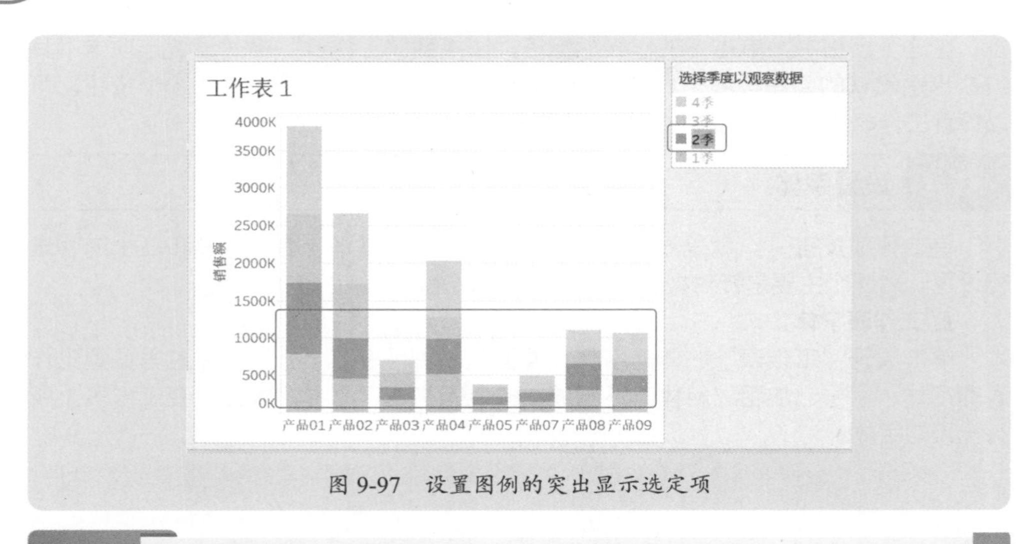

图 9-97　设置图例的突出显示选定项

9.7 工作表格式的设置

执行“设置格式”菜单下的“字体”命令，或者“对齐”命令，或者“阴影”命令，或者“边界”命令，或者“线”命令，如图 9-98 所示，或者在图表上右击“设置格式”命令，如图 9-99 所示，就会在工作表左侧出现设置格式窗格，如图 9-100 所示，在这里对工作表、行、列的格式进行设置。

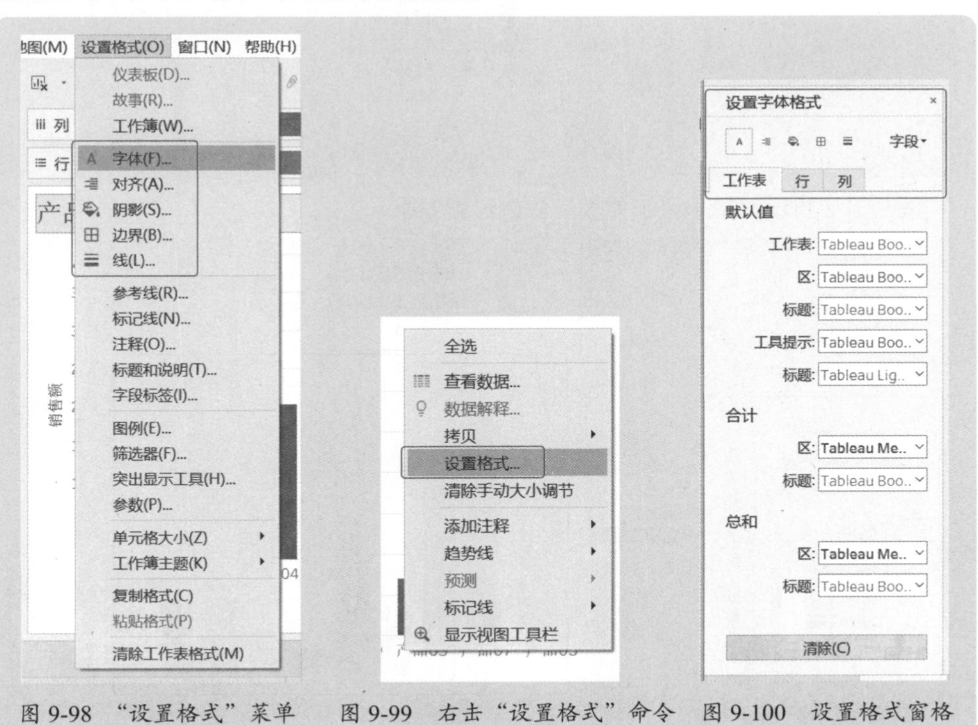

图 9-98　“设置格式”菜单　　图 9-99　右击“设置格式”命令　　图 9-100　设置格式窗格

在这个窗格中，单击“工作表”标签，切换到“工作表”格式设置选项卡（其实这也是默认的当前选项卡），然后通过单击顶部的 A ⫶ ◈ ⊞ ≡ 5 个按钮，可以设置工作表的字体、对齐、阴影、边界和线。

9.7.1 设置字体

单击顶部按钮 A ，就是设置工作表字体，分为默认值、合计、总和三个内容进行设置，后两个主要是针对报表里的合计字体、总和字体而言的。

1. 工作表字体

单击展开“工作表”右侧的字体设置面板，如图 9-101 所示，在这里设置工作表的字体、字号、加粗、斜体、下画线、颜色等格式，这种设置会改变工作表上所有元素的字体。

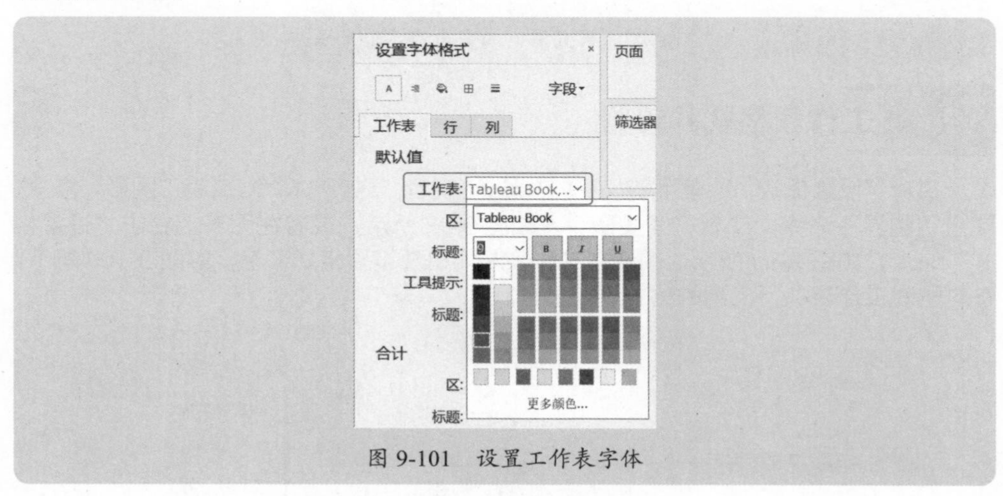

图 9-101　设置工作表字体

图 9-102 所示就是一个工作表字体的设置效果。

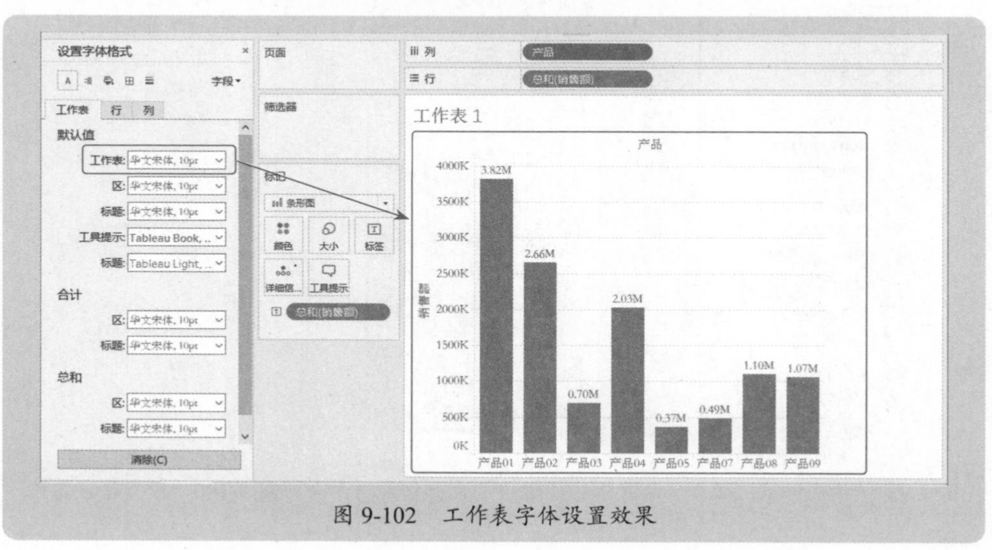

图 9-102　工作表字体设置效果

如果想重新设置，可以单击底部的“清除”按钮，恢复默认，然后再设置字体。

2. 区字体

区就是度量值数据。如果要单独设置区字体，单击展开“区”右侧的字体设置面板，进行设置即可，效果如图 9-103 所示。

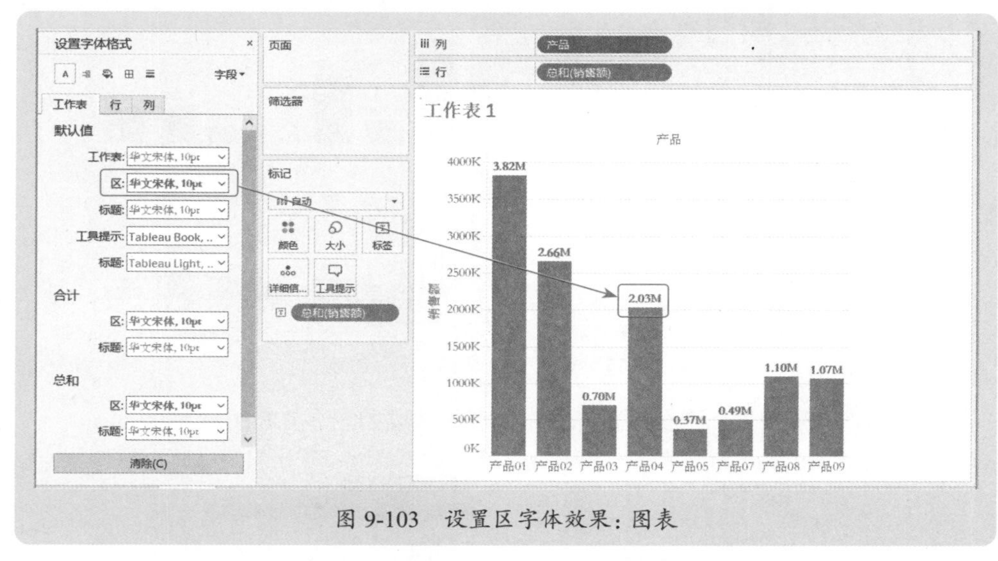

图 9-103　设置区字体效果：图表

如果制作的是报表，那么区字体的设置效果如图 9-104 所示。

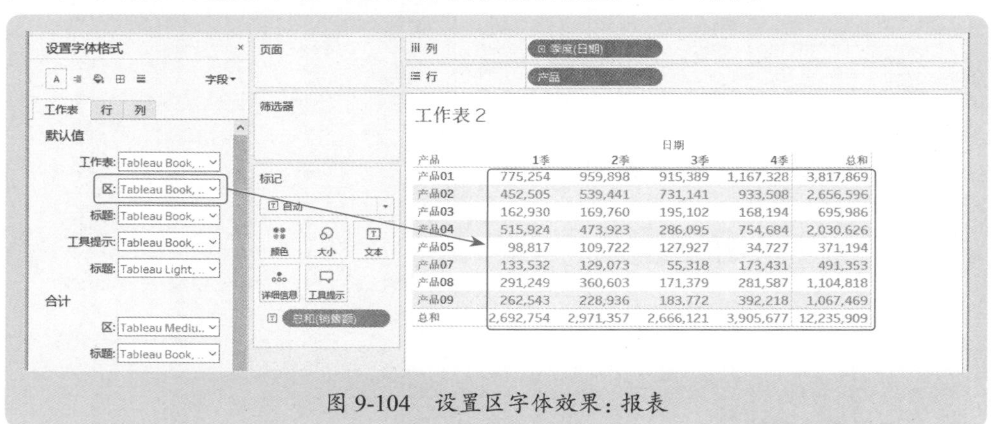

产品	1季	2季	3季	4季	总和
产品01	775,254	959,898	915,389	1,167,328	3,817,869
产品02	452,505	539,441	731,141	933,508	2,656,596
产品03	162,930	169,760	195,102	168,194	695,986
产品04	515,924	473,923	286,095	754,684	2,030,626
产品05	98,817	109,722	127,927	34,727	371,194
产品07	133,532	129,073	55,318	173,431	491,353
产品08	291,249	360,603	171,379	281,587	1,104,818
产品09	262,543	228,936	183,772	392,218	1,067,469
总和	2,692,754	2,971,357	2,666,121	3,905,677	12,235,909

图 9-104　设置区字体效果：报表

3. 标题字体（字段标签、轴标签和轴标题）

标题包括字段标签、轴标签和轴标题。

如果要单独设置标题字体，单击展开第一个“标题”右侧的字体设置面板，进行设置即可，示例效果如图 9-105 所示。

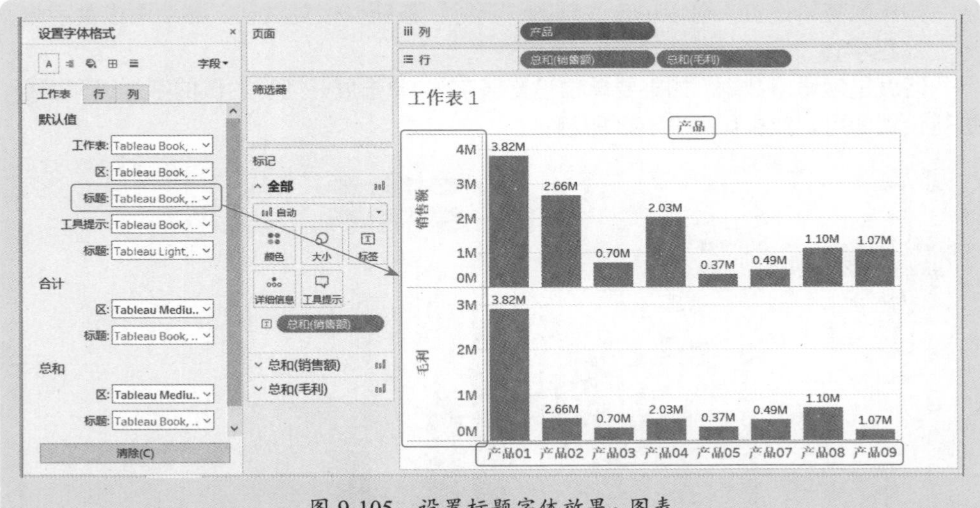

图 9-105　设置标题字体效果：图表

如果制作的是报表，那么设置标题字体后的效果如图 9-106 所示。

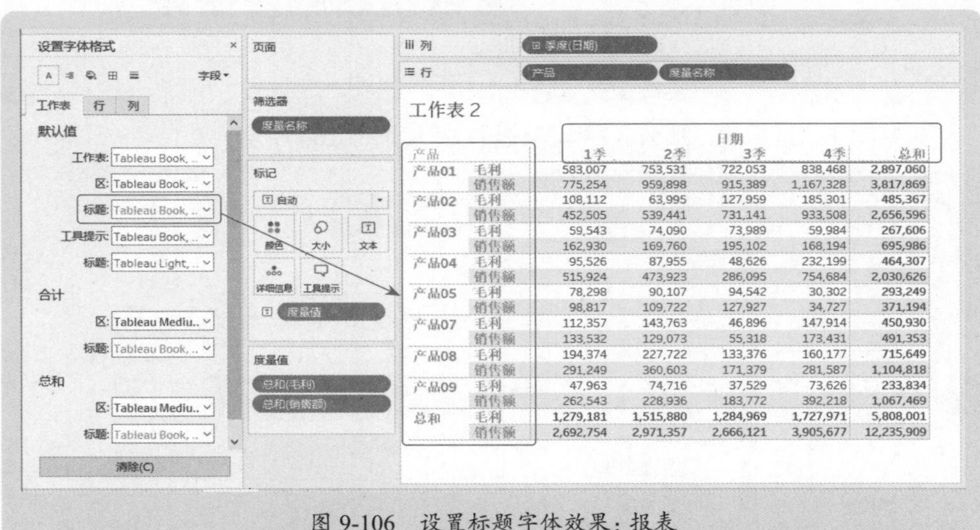

产品		日期 1季	2季	3季	4季	总和
产品01	毛利	583,007	753,531	722,053	838,468	2,897,060
	销售额	775,254	959,898	915,389	1,167,328	3,817,869
产品02	毛利	108,112	63,995	127,959	185,301	485,367
	销售额	452,505	539,441	731,141	933,508	2,656,596
产品03	毛利	59,543	74,090	73,989	59,984	267,606
	销售额	162,930	169,760	195,102	168,194	695,986
产品04	毛利	95,526	87,955	48,626	232,199	464,307
	销售额	515,924	473,923	286,095	754,684	2,030,626
产品05	毛利	78,298	90,107	94,542	30,302	293,249
	销售额	98,817	109,722	127,927	34,727	371,194
产品07	毛利	112,357	143,763	46,896	147,914	450,930
	销售额	133,532	129,073	55,318	173,431	491,353
产品08	毛利	194,374	227,722	133,376	160,177	715,649
	销售额	291,249	360,603	171,379	281,587	1,104,818
产品09	毛利	47,963	74,716	37,529	73,626	233,834
	销售额	262,543	228,936	183,772	392,218	1,067,469
总和	毛利	1,279,181	1,515,880	1,284,969	1,727,971	5,808,001
	销售额	2,692,754	2,971,357	2,666,121	3,905,677	12,235,909

图 9-106　设置标题字体效果：报表

4. 工具提示字体

工具提示就是当光标悬浮图表某个元素或报表某个单元格时出现的提示信息。

如果要单独设置工具提示字体，单击展开“工具提示”右侧的字体设置面板，进行设置即可，效果如图 9-107 所示。

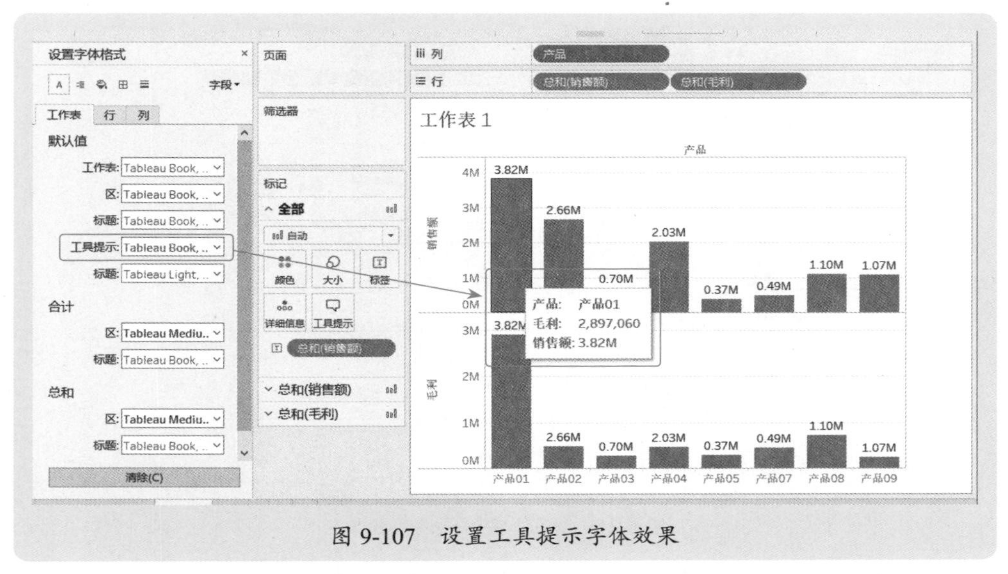

图 9-107 设置工具提示字体效果

5. 标题字体（图表标题）

标题是指图表标题。如果要单独设置工作表标题字体和图表标题字体，就单击展开第二个“标题”右侧的字体设置窗格，进行设置即可，效果如图 9-108 所示。

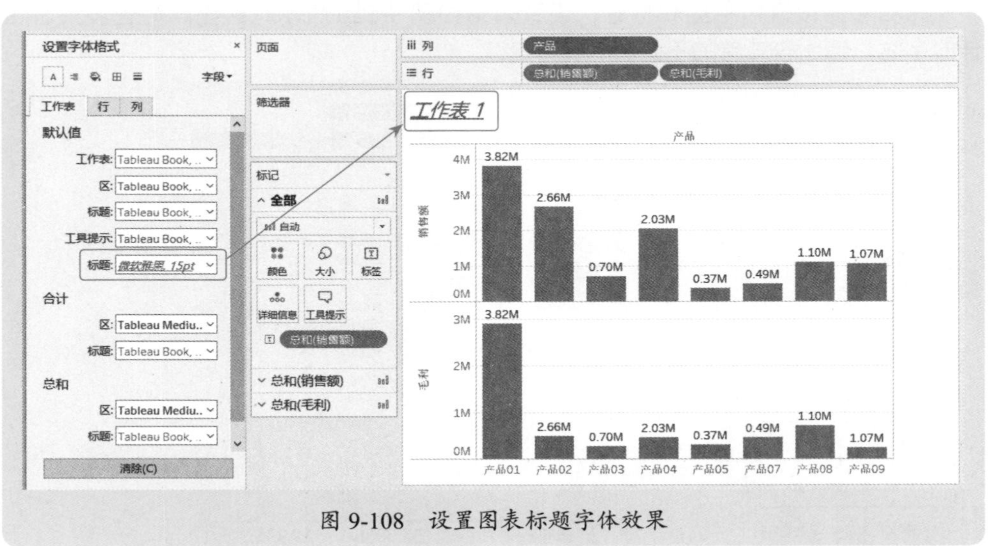

图 9-108 设置图表标题字体效果

6. 合计字体（分类汇总，也就是小计）

合计字体是指每个大类下各小类的合计数，这个设置常用在报表视图中。

合计字体设置包括区和标题，设置效果如图 9-109 所示。

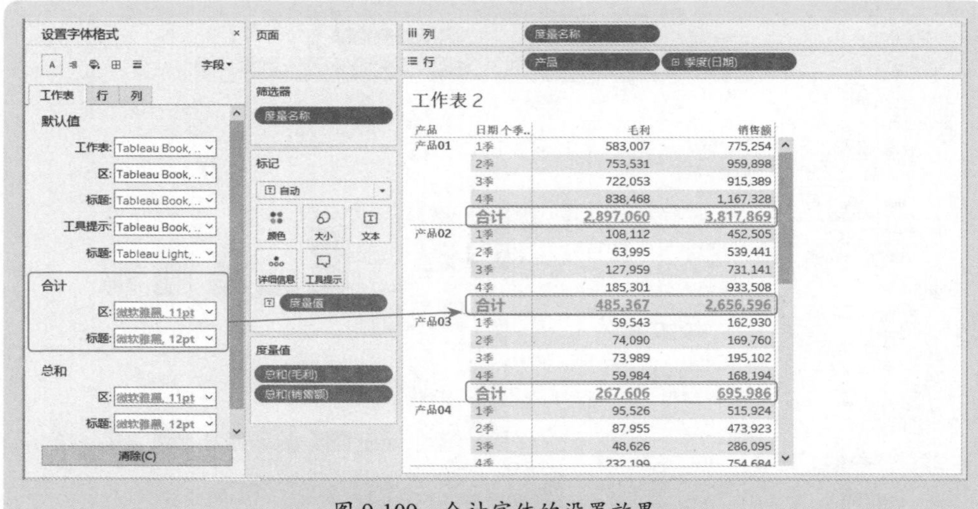

图 9-109 合计字体的设置效果

7. 总和字体（总计，也就是所有项目的总计数）

总和字体是指所有项目的合计数，也就是报表最下面和最右边的合计数，这个设置常用在报表视图中。

总和字体设置包括区和标题，设置效果如图 9-110 所示。这里同时也设置了合计的字体，请比较二者的不同。

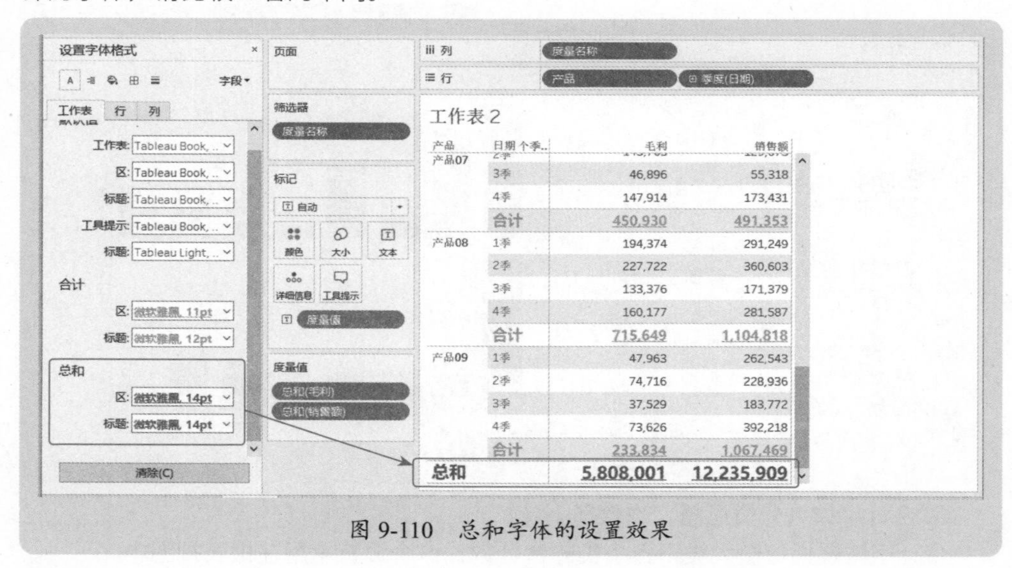

图 9-110 总和字体的设置效果

9.7.2 设置对齐方式

单击顶部按钮 ≡ ，就是设置工作表的对齐方式，如图 9-111 所示，分默认值、合计、总和三个内容进行设置。

单击并展开某个项目的对齐方式设置窗格，如图 9-112 所示，在这里，可以设置水平、方向、垂直和换行 4 种对齐方式。

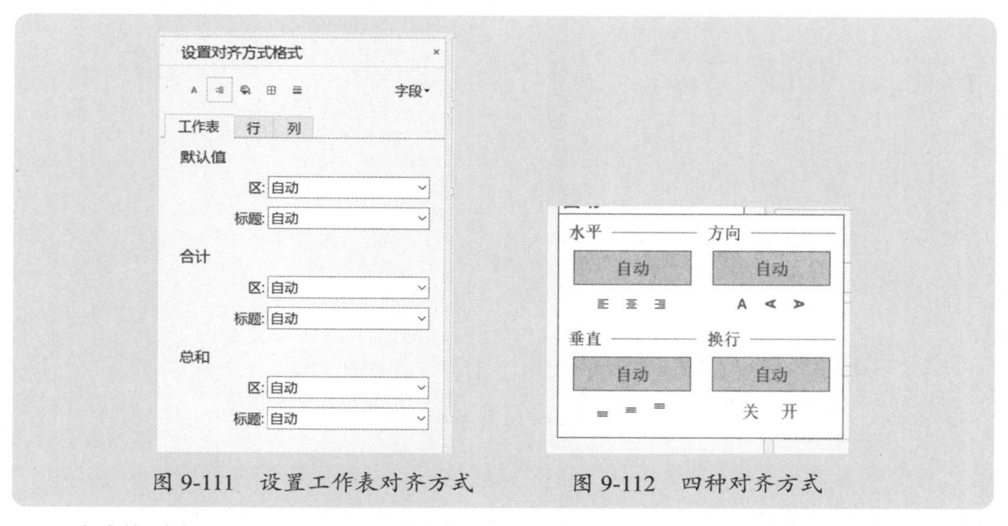

图 9-111　设置工作表对齐方式　　图 9-112　四种对齐方式

默认值对齐方式主要是设置区和标题，图 9-113 就是把区的对齐方式设置为居中。

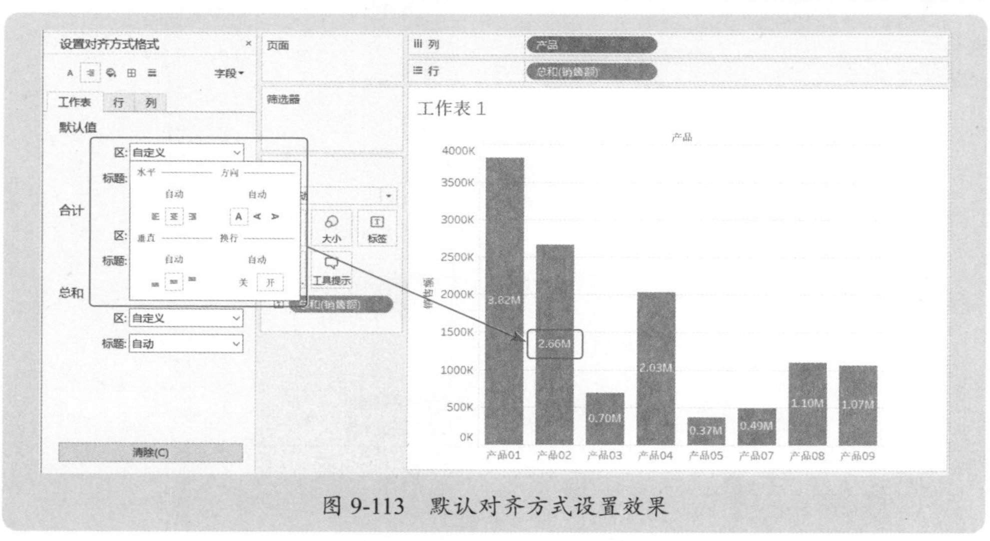

图 9-113　默认对齐方式设置效果

9.7.3 设置阴影

单击顶部按钮 ，就是设置工作表的阴影，也就是背景，如图 9-114 所示，分默认值、合计、总和、行分级、列分级五个内容进行设置。

单击并展开某个项目的阴影设置窗格，如图 9-115 所示，在这里，可以根据实际情况和个人喜好来设置背景颜色。设置阴影很简单，但要注意各部分的颜色搭配协调，又不能影响主题信息。

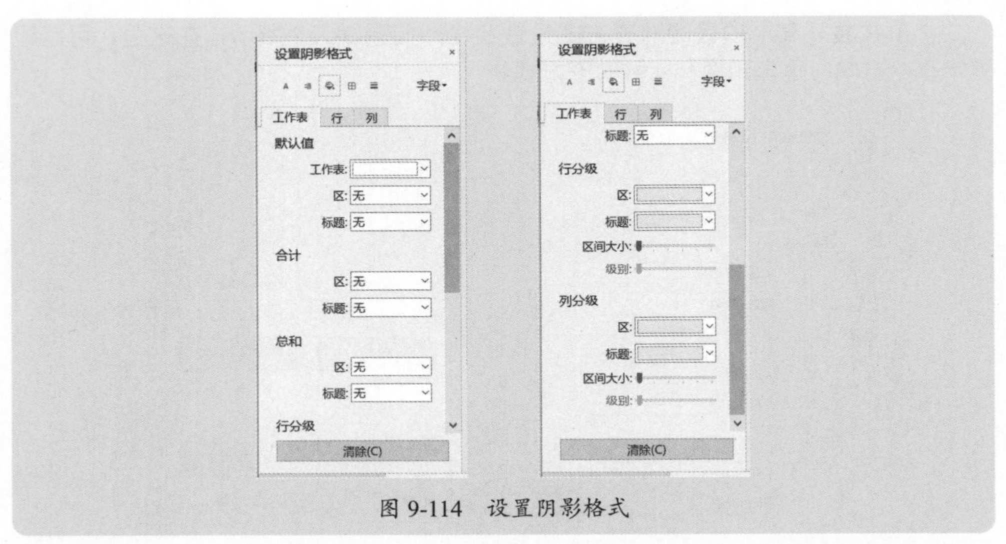

图 9-114　设置阴影格式

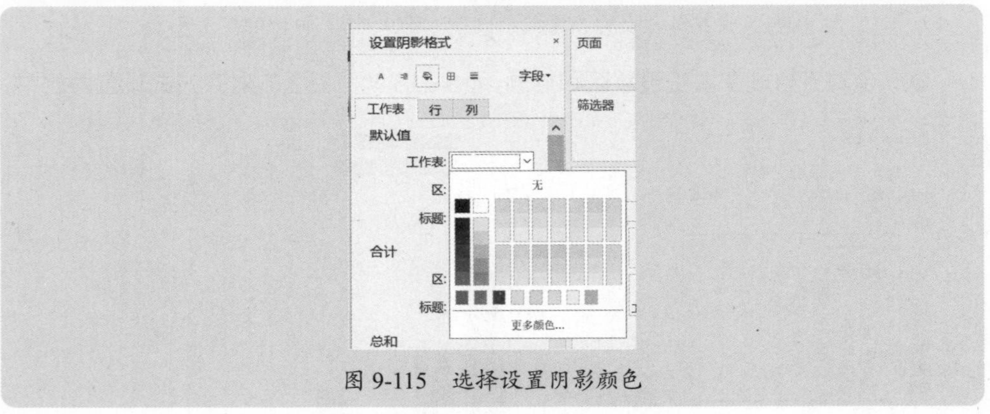

图 9-115　选择设置阴影颜色

图 9-116 所示是一个阴影设置效果示例。

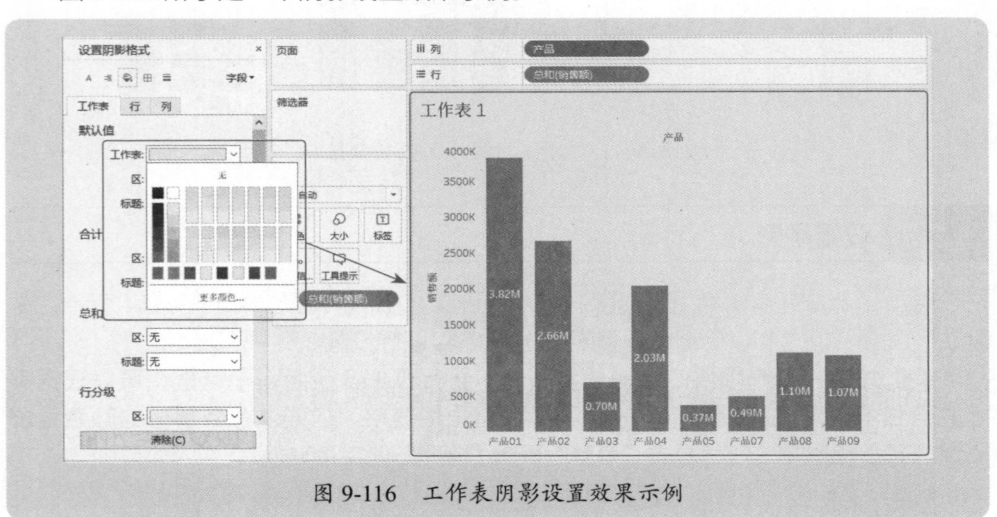

图 9-116　工作表阴影设置效果示例

工作表阴影设置是个技术活，需要多琢磨，多总结经验。图 9-117 所示是设置为黑背景、白颜色字体的效果。

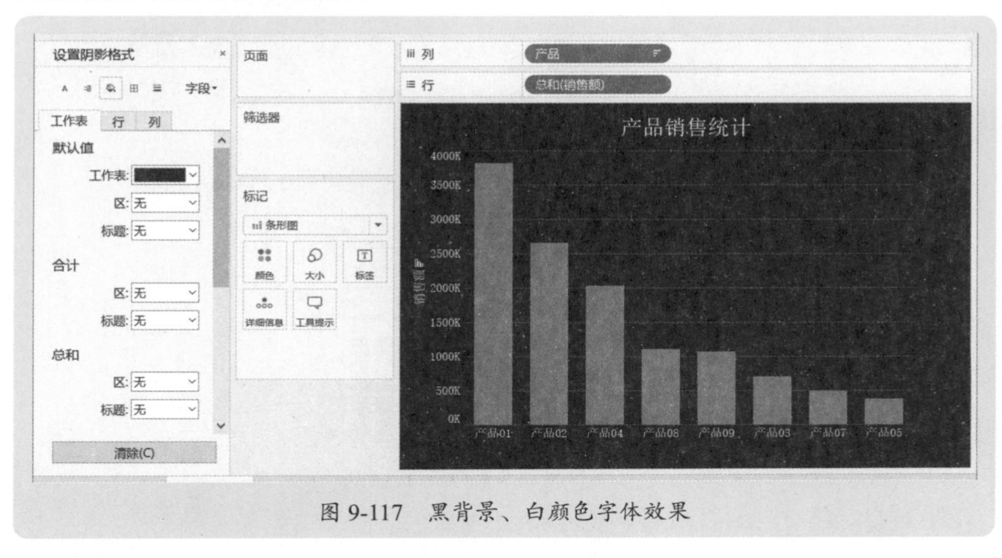

图 9-117 黑背景、白颜色字体效果

9.7.4 设置边界

单击顶部按钮⊞，就是设置工作表的边界，也就是上下左右的边框线，类似于 Excel 工作表的单元格边框，如图 9-118 所示，分默认值、合计、总和、行分隔符、列分隔符五个内容进行设置。

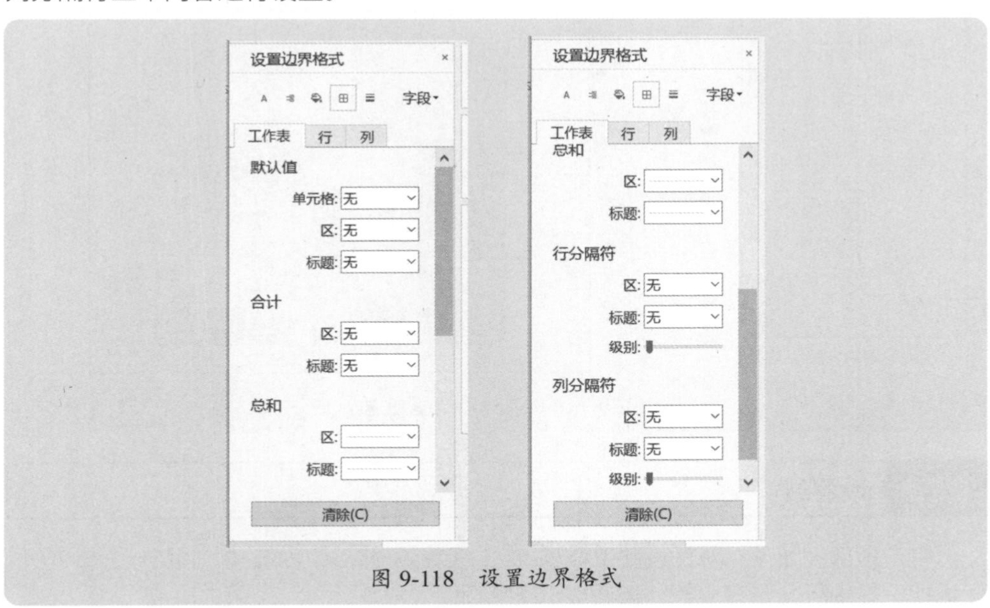

图 9-118 设置边界格式

单击并展开某个项目的边界设置窗格，如图 9-119 所示，在这里可以根据实际情况和个人喜好，设置边界的线条样式、粗细、颜色。

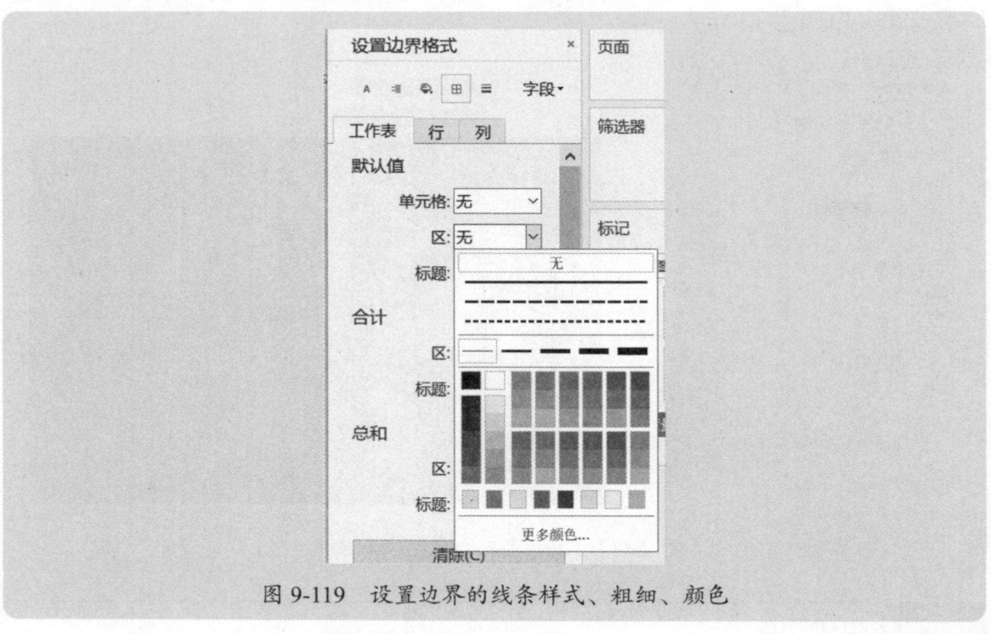

图 9-119　设置边界的线条样式、粗细、颜色

图 9-120 所示是一个边界设置示例效果。

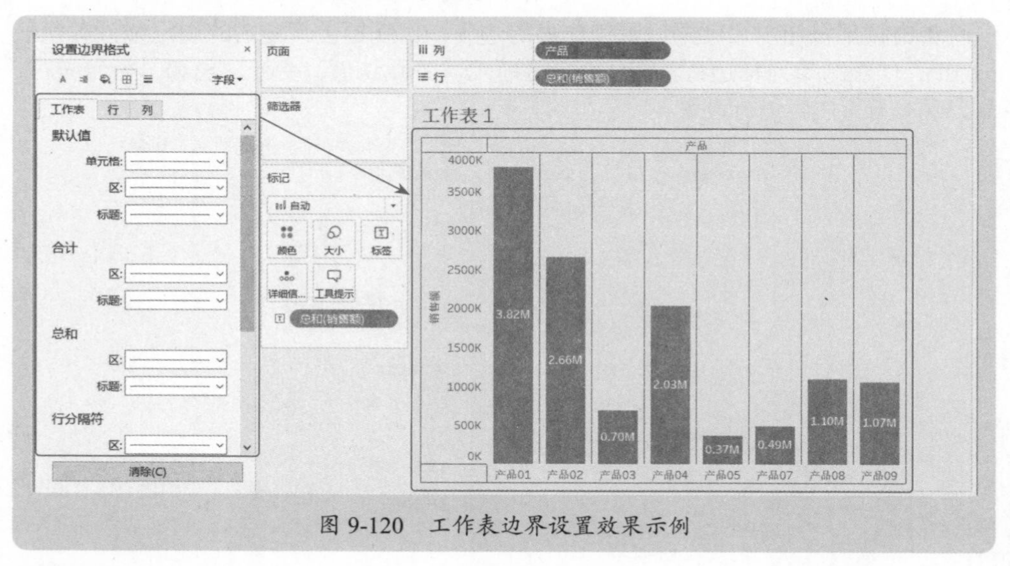

图 9-120　工作表边界设置效果示例

9.7.5 设置线

单击顶部按钮 ≡，就是设置工作表的线，包括网格线、零值线、趋势线、参考线、标记线、标轴尺、轴刻度等，如图 9-121 所示。

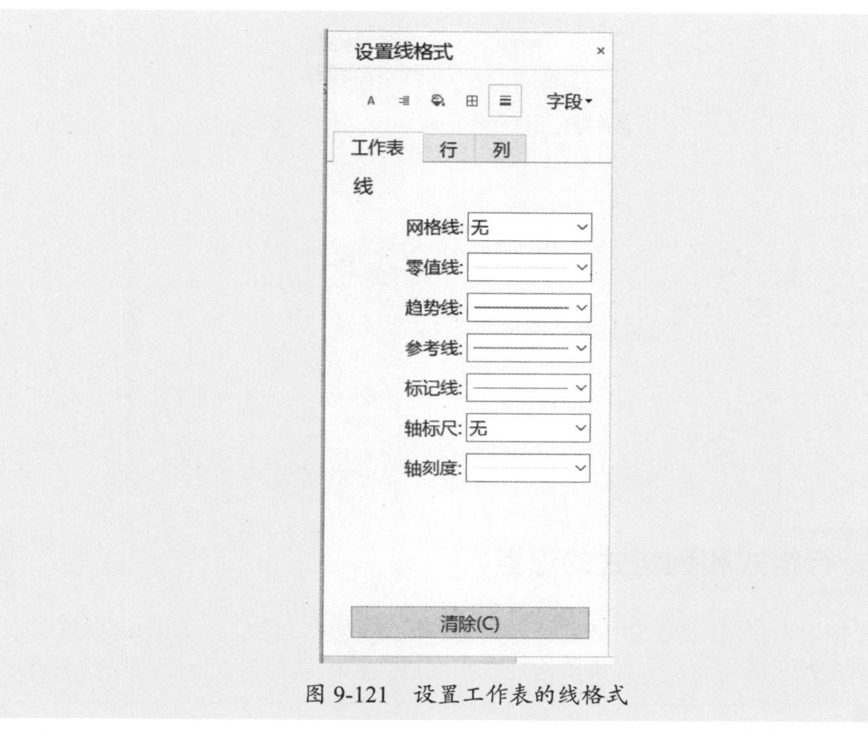

图 9-121　设置工作表的线格式

设置工作表的线与设置边界一样，包括线条样式、粗细、颜色。在设置时，要跟边界设置结合起来。图 9-122 所示是设置示例效果。

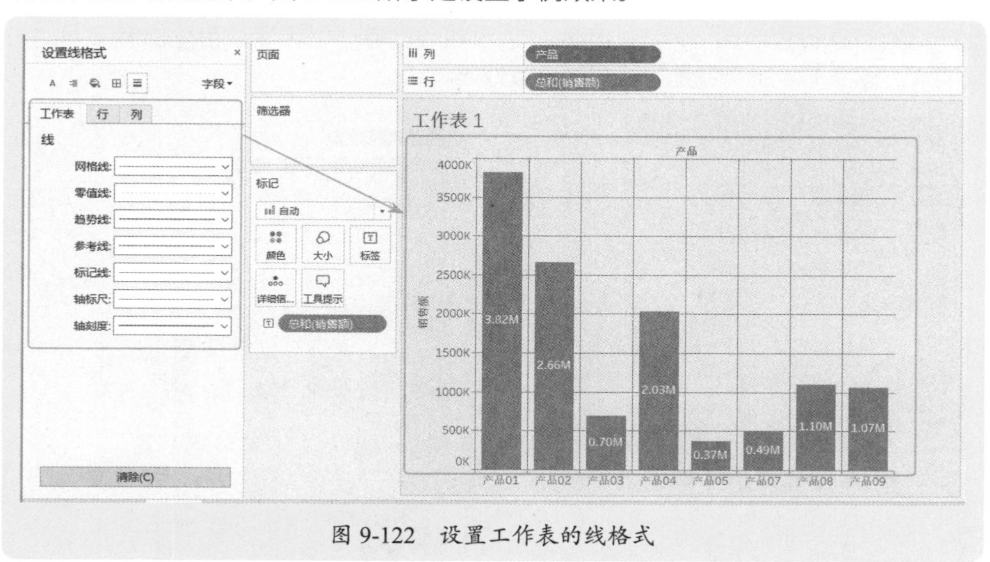

图 9-122　设置工作表的线格式

图 9-123 所示是设置零值线和网格线来醒目标识盈亏分布情况。

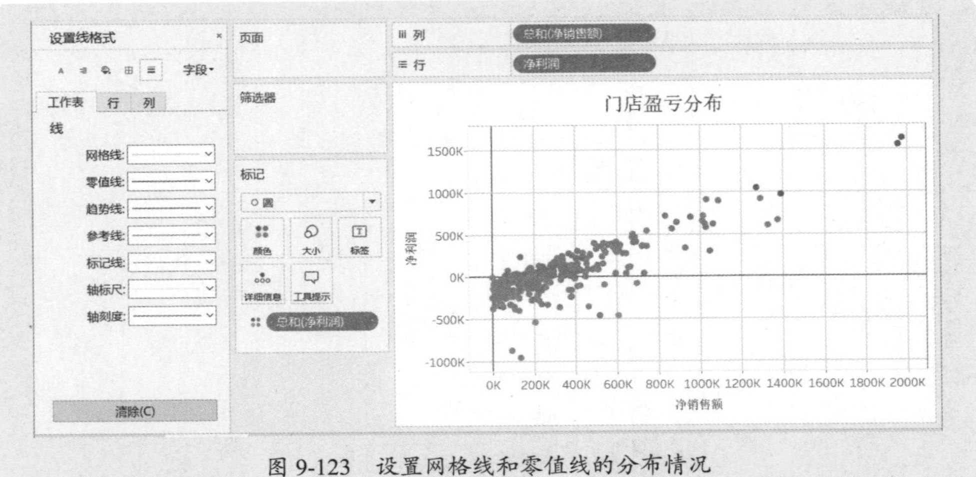

图 9-123 设置网格线和零值线的分布情况

9.8 行格式和列格式的设置

行是指报表中每行数据，或者图表中的行区域数据；列是指报表中每列数据，或者图表中的列区域数据。合理设置行格式和列格式，可以使图表显示得更加清晰。

9.8.1 设置行格式

单击“行”标签，切换到“行”格式设置选项卡。与设置工作表格式一样，设置行格式也是设置字体、对齐、阴影、边界和线，每一个设置项目里都有不同的设置内容。图 9-124 所示就是行格式的设置效果。

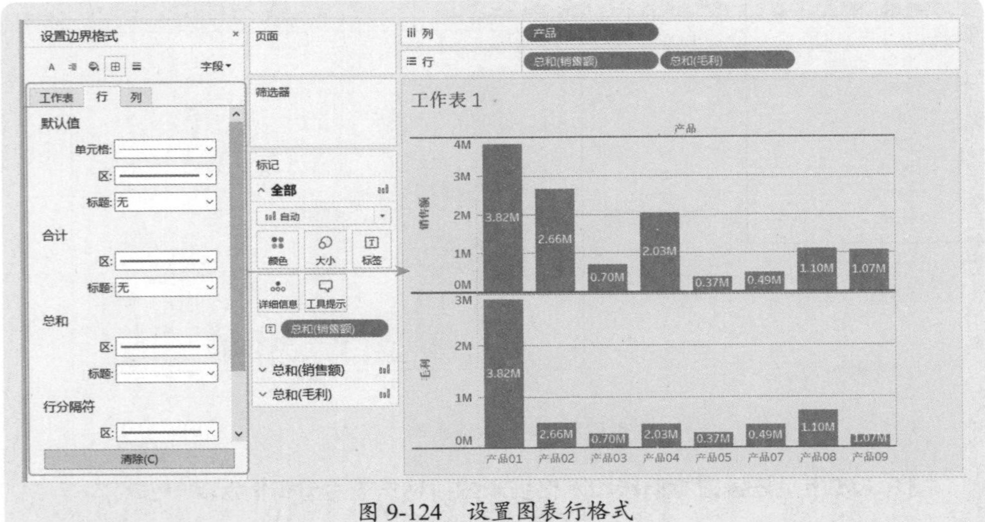

图 9-124 设置图表行格式

9.8.2 设置列格式

单击“列”标签，切换到“列”格式设置选项卡。与设置工作表格式和行格式一样，设置列格式也是设置字体、对齐、阴影、边界和线，每一个设置项目里都有不同的设置内容。图 9-125 所示就是列格式设置效果。

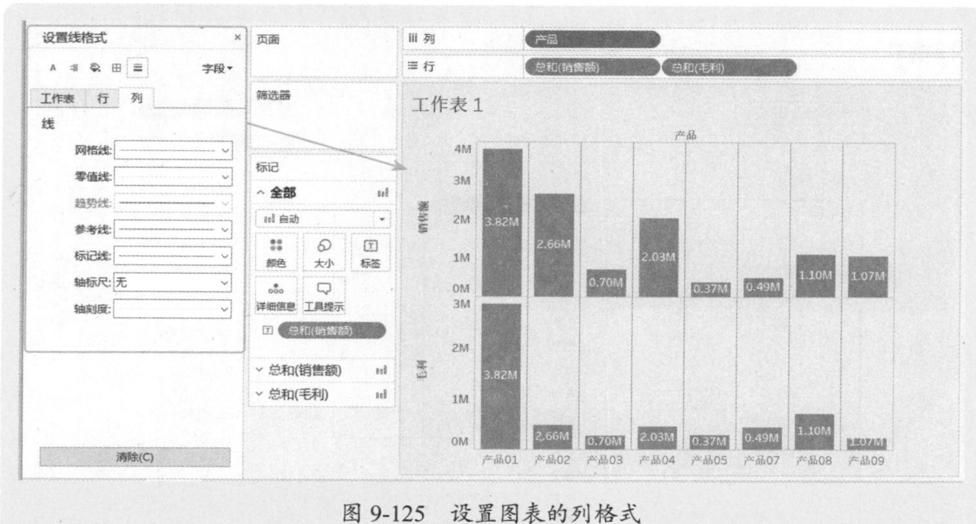

图 9-125 设置图表的列格式

9.9 某个字段格式的设置

在格式窗格顶部右侧有一个“字段”按钮，单击该按钮，就展开当前视图上所有的字段列表，如图 9-126 和图 9-127 所示，可以选择某个字段来设置其格式。

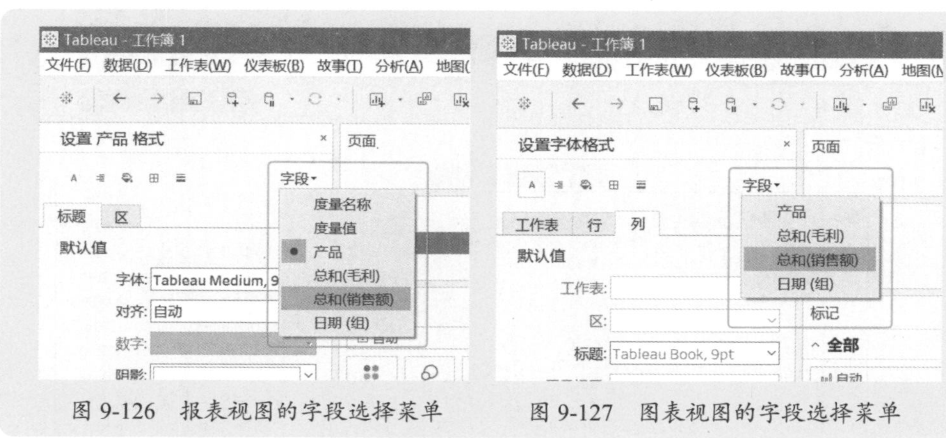

图 9-126 报表视图的字段选择菜单　　图 9-127 图表视图的字段选择菜单

9.9.1 报表视图字段格式

在报表视图中选择某个字段后，可以设置该字段的标题格式和区格式。

根据需要，可以对每个字段的格式进行单独设置，这样使得报表更加美观，增强报表阅读性。

图 9-128 所示是设置字段“产品”的标题格式效果，包括默认值格式、合计格式、总和格式。

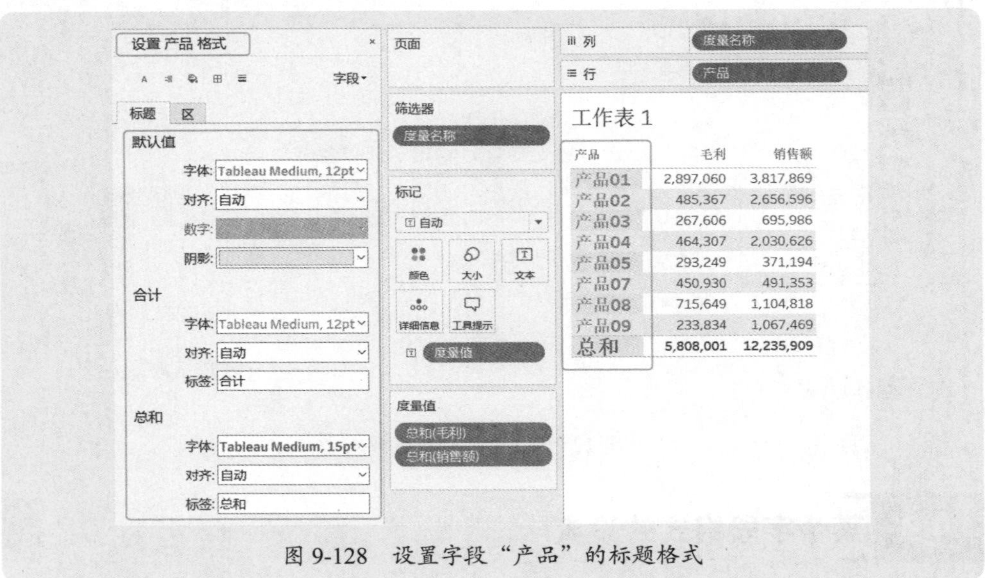

图 9-128 设置字段“产品”的标题格式

图 9-129 所示是设置字段“销售额”的区格式效果，也就是数字格式，显示为千元，前缀是￥，显示千分位符。

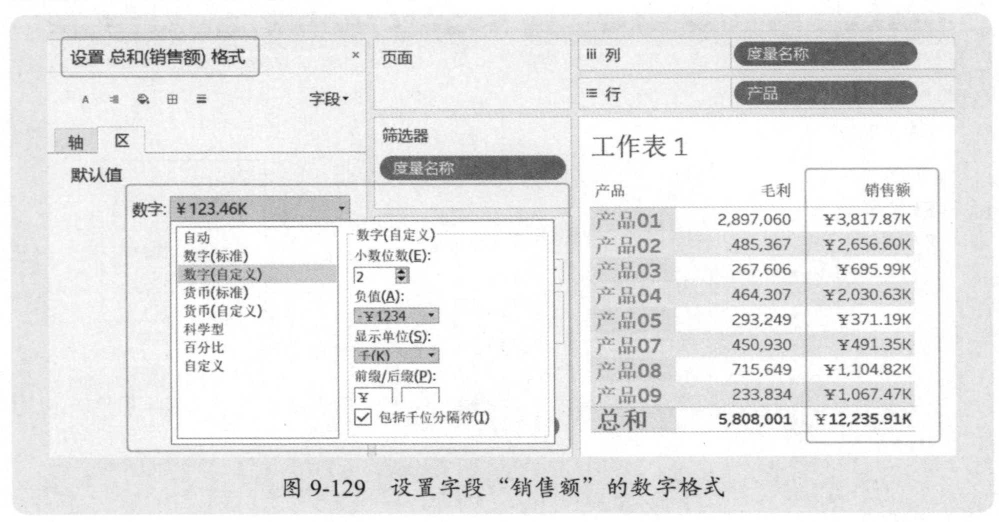

图 9-129 设置字段“销售额”的数字格式

9.9.2 图表视图字段格式

在图表视图中，也可以选择某个字段，对该字段的格式进行单独设置，使图表更加美观，阅读性更强，重点更突出。

对某个字段的格式设置，包括“轴”和“区”两个选项，如图 9-130 和图 9-131 所示，“轴”指的是坐标轴，“区”指的是图表区。

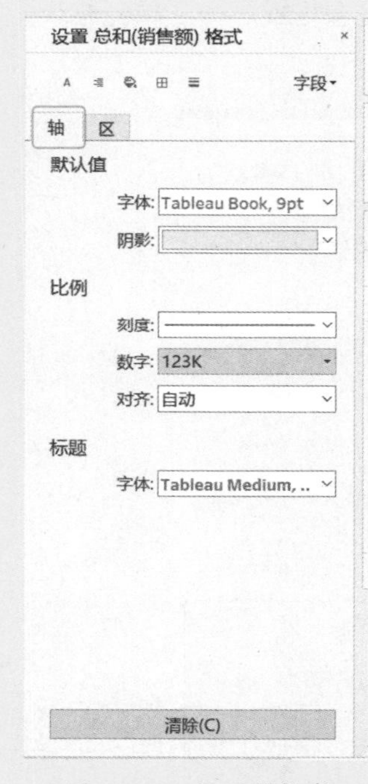

图 9-130　设置轴格式

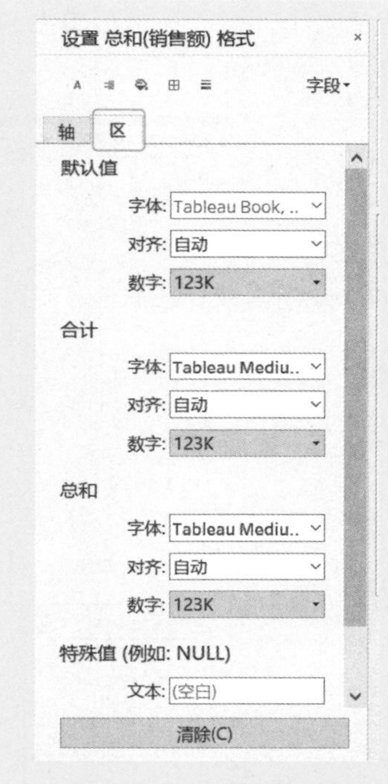

图 9-131　设置区格式

图 9-132 所示是分别对各字段（度量和维度）设置不同格式后的图表。

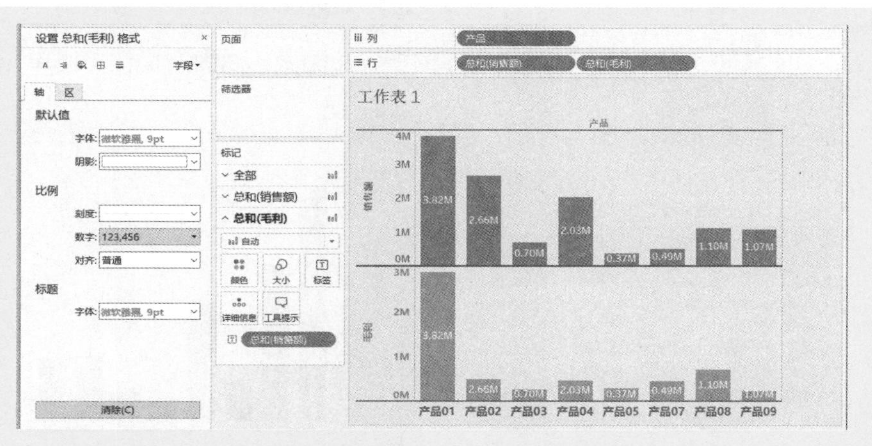

图 9-132　各字段设置不同格式的图表

9.10 单元格大小的设置

单元格是在 Tableau 中创建表的基本组件。对于报表，单元格就是行和列的交叉单元格，就像 Excel 表格的单元格一样，在单元格中显示数据。

从本质上来说，报表视图中是以行列生成的单元格来显示维度和度量数据的，图表视图同样也是，因此，可以通过设置单元格大小来改变视图大小，方便观察数据。

设置单元格大小，可以执行菜单中的“设置格式”→“单元格大小”命令，也可以使用快捷键，如图 9-133 所示。

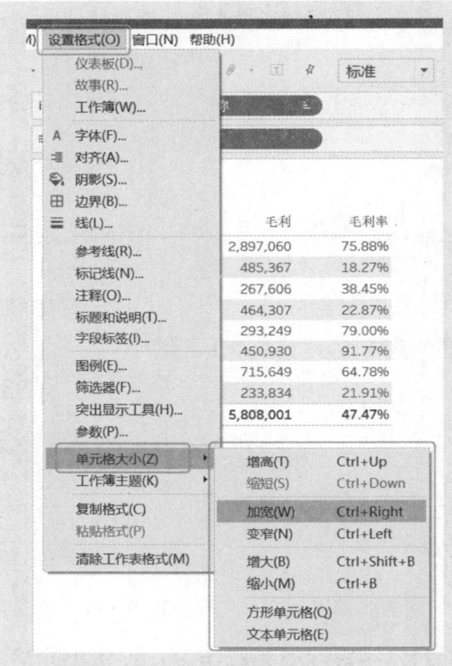

图 9-133 设置单元格大小菜单命令

图 9-134 和图 9-135 所示是原始状态的报表和图表，后面的操作将对单元格大小进行设置，以做比较。

工作表 1

产品	销售额	毛利	毛利率
产品01	3,817,869	2,897,060	75.88%
产品02	2,656,596	485,367	18.27%
产品03	695,986	267,606	38.45%
产品04	2,030,626	464,307	22.87%
产品05	371,194	293,249	79.00%
产品07	491,353	450,930	91.77%
产品08	1,104,818	715,649	64.78%
产品09	1,067,469	233,834	21.91%
总和	12,235,909	5,808,001	47.47%

图 9-134 原始报表大小

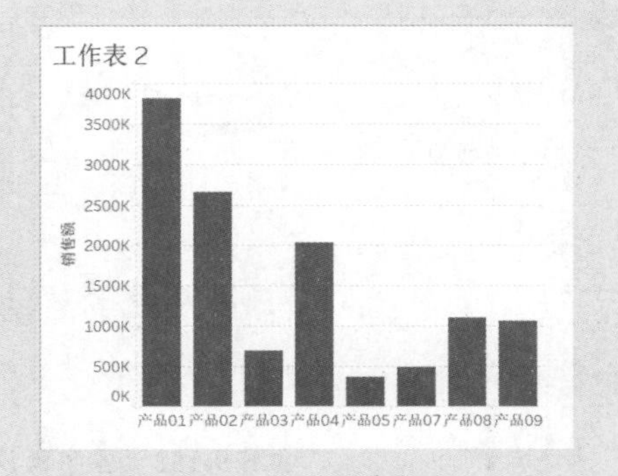

图 9-135 原始图表大小

9.10.1 增高单元格

增高单元格最简单的方法是使用快捷键 Ctrl+ 上箭头（↑），图 9-136 和图 9-137 所示就是增高单元格后的报表和图表。

工作表 1

产品	销售额	毛利	毛利率
产品01	3,817,869	2,897,060	75.88%
产品02	2,656,596	485,367	18.27%
产品03	695,986	267,606	38.45%
产品04	2,030,626	464,307	22.87%
产品05	371,194	293,249	79.00%
产品07	491,353	450,930	91.77%
产品08	1,104,818	715,649	64.78%
产品09	1,067,469	233,834	21.91%
总和	12,235,909	5,808,001	47.47%

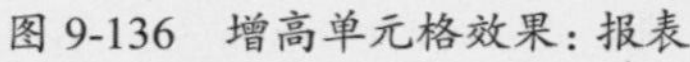

图 9-136　增高单元格效果：报表

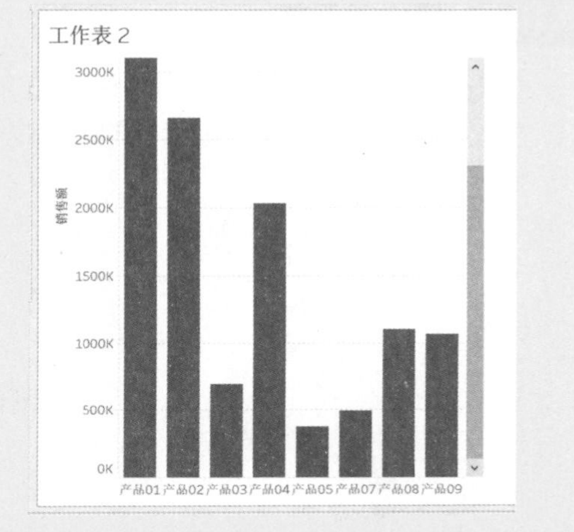

图 9-137　增高单元格效果：图表

9.10.2 缩短单元格

缩短单元格最简单的方法是使用快捷键 Ctrl+ 下箭头（↓），不过要注意，缩短到原始状态时（也就是最小高度）就不能再缩短。感兴趣的读者,可以实际操作练习。

9.10.3 加宽单元格

加宽单元格最简单的方法是使用快捷键 Ctrl+ 右箭头（→），图 9-138 和图 9-139 所示就是加宽单元格后的报表和图表。

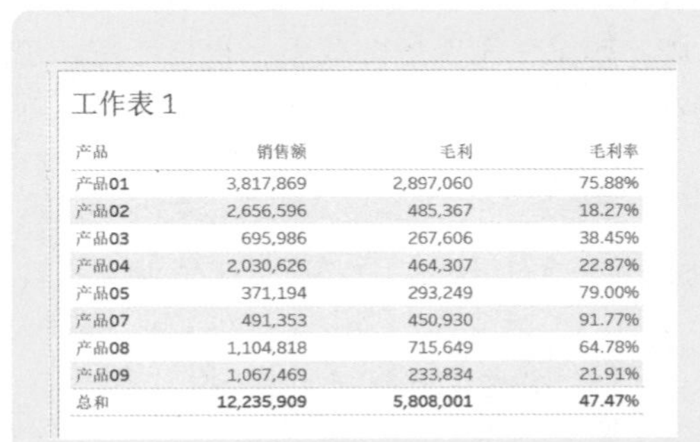

工作表 1

产品	销售额	毛利	毛利率
产品01	3,817,869	2,897,060	75.88%
产品02	2,656,596	485,367	18.27%
产品03	695,986	267,606	38.45%
产品04	2,030,626	464,307	22.87%
产品05	371,194	293,249	79.00%
产品07	491,353	450,930	91.77%
产品08	1,104,818	715,649	64.78%
产品09	1,067,469	233,834	21.91%
总和	12,235,909	5,808,001	47.47%

图 9-138　加宽单元格效果：报表

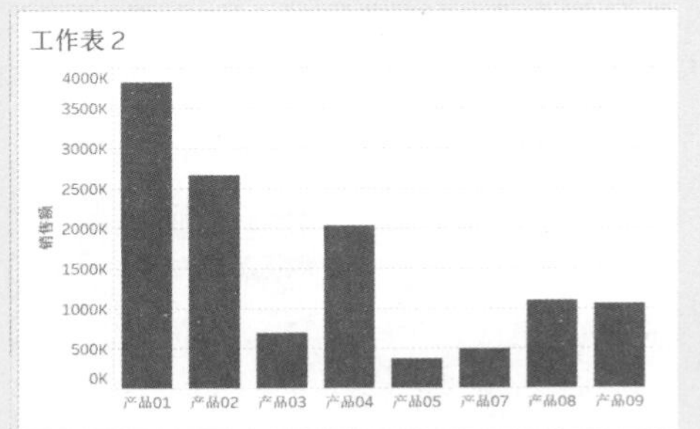

图 9-139　加宽单元格效果：图表

9.10.4 变窄单元格

变窄单元格最简单的方法是使用快捷键 Ctrl+ 左箭头（←），感兴趣的读者，可以实际操作练习。

9.10.5 增大单元格

如果画出的饼图很小，很不舒服，如图 9-140 所示，能不能放大点呢？可以通过增大单元格操作来实现，最简单的方法是使用快捷键 Ctrl+Shift+B，增大后的效果如图 9-141 所示。

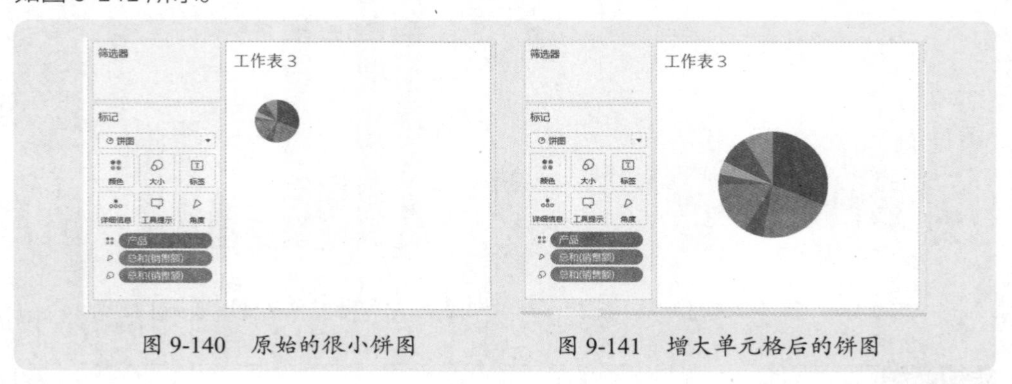

图 9-140　原始的很小饼图　　图 9-141　增大单元格后的饼图

9.10.6 缩小单元格

缩小单元格最简单的方法是使用快捷键 Ctrl+B，感兴趣的读者，可以实际操作练习。

9.10.7 方形单元格

方形单元格就是调整视图以使单元格的纵横比为 1:1。执行“设置格式”→“单元格大小”→“方形单元格”命令，把单元格设置为方形单元格。

在制作压力图时，方形单元格可以使表格数据大小更加直观。图 9-142 所示是各产品在各月的销售数据，看起来很不直观，如果绘制条形图或者堆积柱形图，也不清晰，不过可以绘制压力图，并调整单元格为方形单元格，如图 9-143 所示，颜色越深表示数据越大。

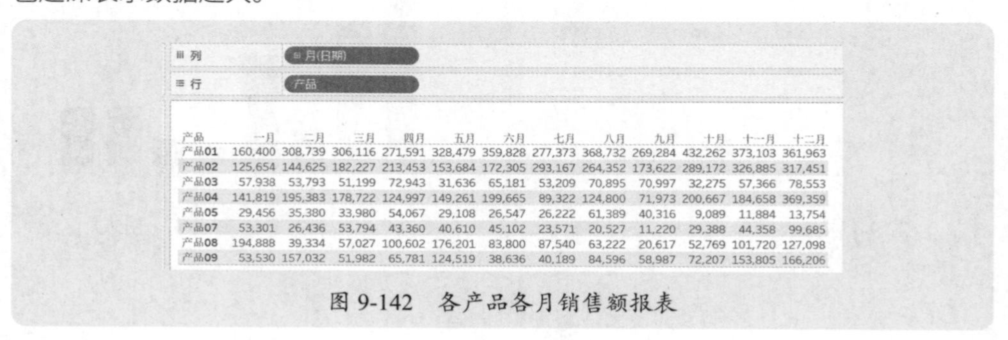

产品	一月	二月	三月	四月	五月	六月	七月	八月	九月	十月	十一月	十二月
产品01	160,400	308,739	306,116	271,591	328,479	359,828	277,373	368,732	269,284	432,262	373,103	361,963
产品02	125,654	144,625	182,227	213,453	153,684	172,305	293,167	264,352	173,622	289,172	326,885	317,451
产品03	57,938	53,793	51,199	72,943	31,636	65,181	53,209	70,895	70,997	32,275	57,366	78,553
产品04	141,819	195,383	178,722	124,997	149,261	199,665	89,322	124,800	71,973	200,667	184,658	369,359
产品05	29,456	35,380	33,980	54,067	29,108	26,547	26,222	61,389	40,316	9,089	11,884	13,754
产品07	53,301	26,436	53,794	43,360	40,610	45,102	23,571	20,527	11,220	29,388	44,358	99,685
产品08	194,888	39,334	57,027	100,602	176,201	83,800	87,540	63,222	20,617	52,769	101,720	127,098
产品09	53,530	157,032	51,982	65,781	124,519	38,636	40,189	84,596	58,987	72,207	153,805	166,206

图 9-142　各产品各月销售额报表

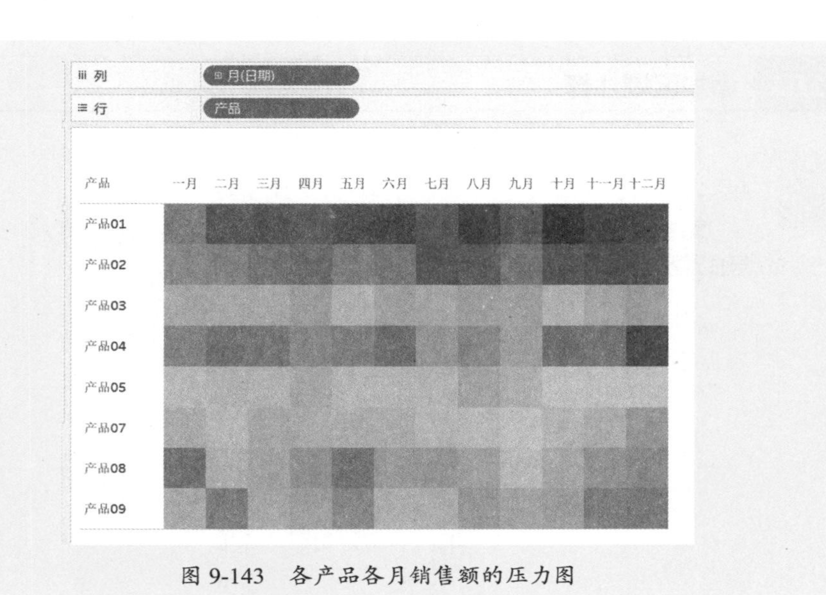

图 9-143　各产品各月销售额的压力图

9.10.8 文本单元格

文本单元格会强制使用 3:1 的单元格纵横比，并生成易于阅读的简洁表。执行"设置格式"→"单元格大小"→"文本单元格"命令，把单元格设置为文本单元格。

还可以在智能显示面板中单击左上角的"文本单元格"按钮，将图表转换为文本单元格，如图 9-144 所示。

图 9-145 所示是一个默认的简洁文本单元格形式的报表。

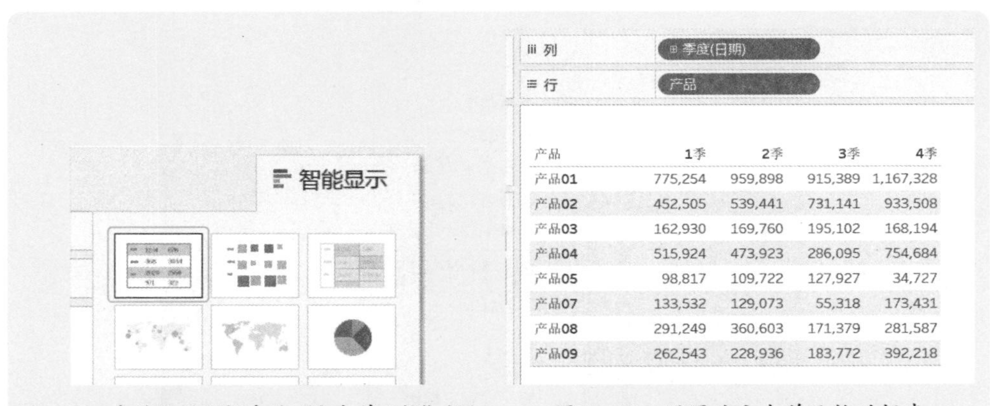

产品	1季	2季	3季	4季
产品01	775,254	959,898	915,389	1,167,328
产品02	452,505	539,441	731,141	933,508
产品03	162,930	169,760	195,102	168,194
产品04	515,924	473,923	286,095	754,684
产品05	98,817	109,722	127,927	34,727
产品07	133,532	129,073	55,318	173,431
产品08	291,249	360,603	171,379	281,587
产品09	262,543	228,936	183,772	392,218

图 9-144　智能显示面板中的"文本单元格"按钮　　图 9-145　设置为文本单元格的报表

9.11 注释的设置

注释是在图表上插图的说明文本，可以对某个点、某个数据进行重点标注说明，引导报告使用者重点关注这个数据。

9.11.1 添加区域注释

在有些情况下，需要对报表中的某些元素进行文字说明，此时可以添加区域注释。

如图 9-146 所示的双轴面积图，一个是销售额，一个是毛利，由于只有一个数值轴显示金额，没有标题，因此需要使用注释来予以说明。

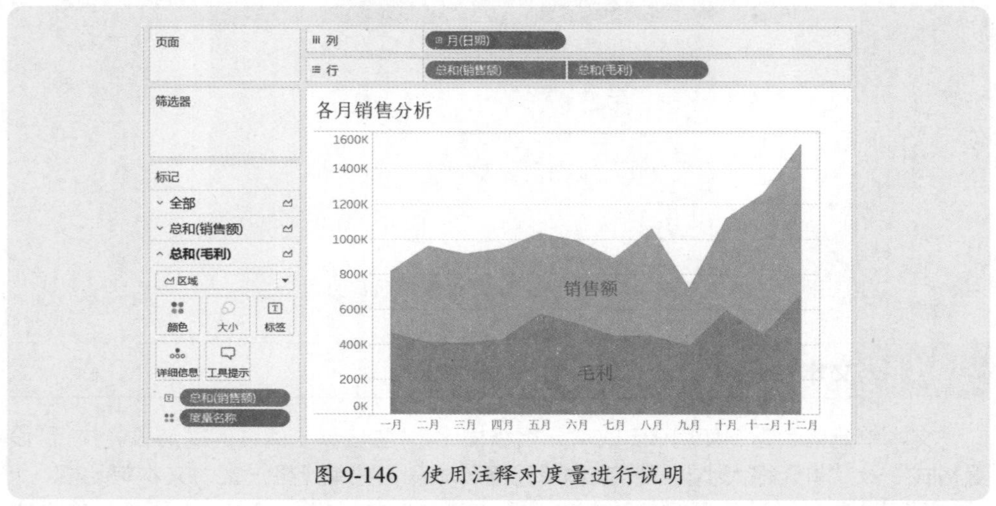

图 9-146 使用注释对度量进行说明

插入注释很简单，在图表的任意处右击，在弹出的快捷菜单中执行“添加注释”→“区域”命令，如图 9-147 所示。

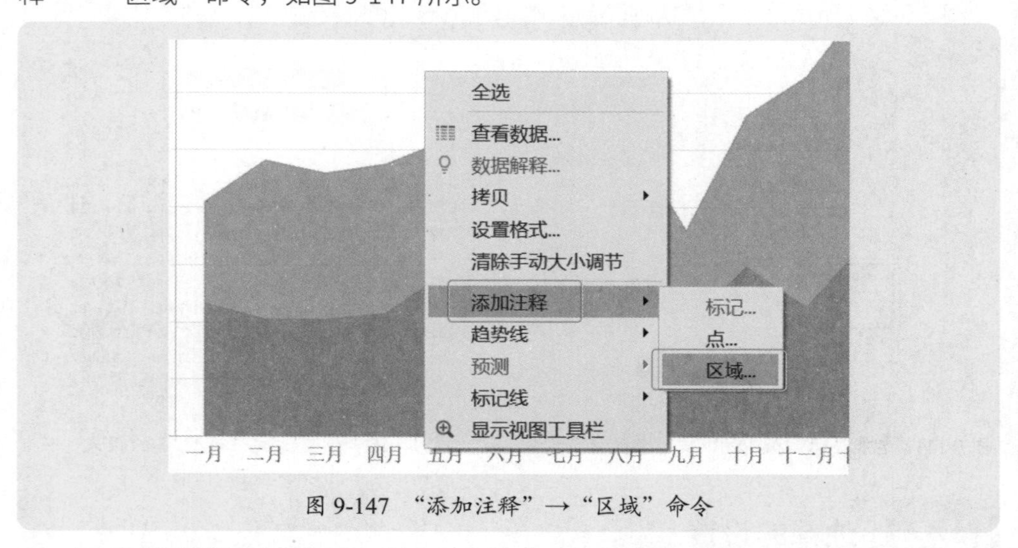

图 9-147 “添加注释”→“区域”命令

打开“编辑注释”对话框，输入注释文本，设置字体、字号、颜色等，如图 9-148 所示。

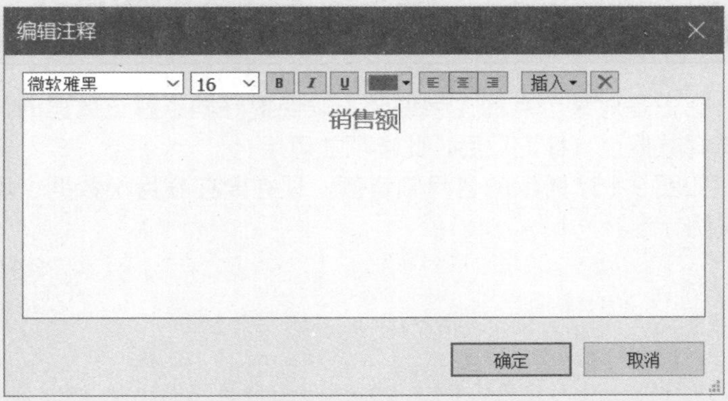

图 9-148 “编辑注释”对话框，输入编辑注释文本

单击“确定”按钮，就在图表上得到一个悬浮的注释文本框，如图 9-149 所示。

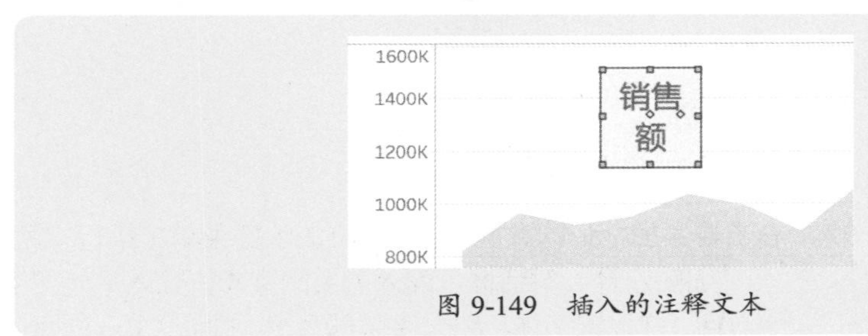

图 9-149 插入的注释文本

右击这个注释文本框，在弹出的快捷菜单中执行“设置格式”命令，如图 9-150 所示，打开“设置注释格式”窗格，然后将框、阴影、边界、线等设置为“无”，如图 9-151 所示。

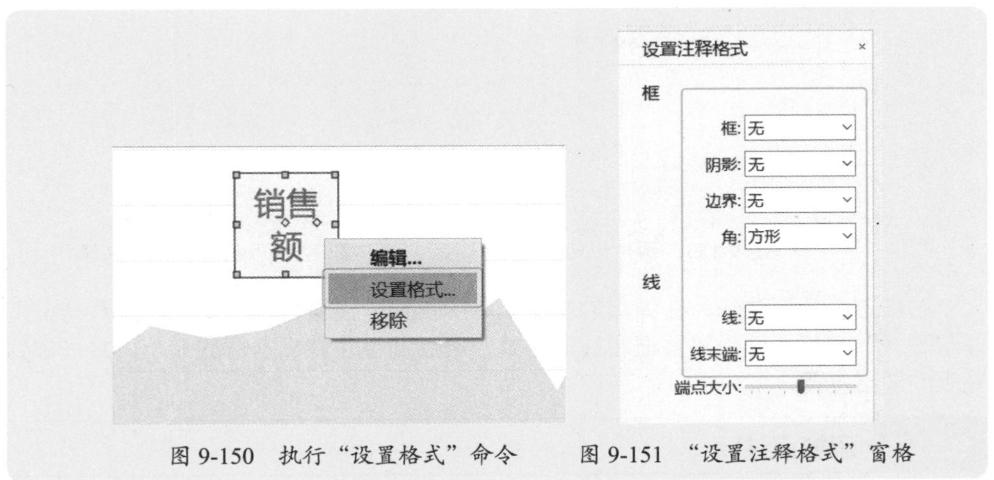

图 9-150 执行“设置格式”命令　　图 9-151 “设置注释格式”窗格

最后调整注释文本框的大小，并拖放到图表的适当位置即可。

9.11.2 添加标记注释

标记是对某个点的文字说明，以便更好地了解该数据的详细信息。只有选择数据点（标记）后，此选项才可用。

如图 9-152 所示的各月销售额，现在要在 9 月份数据点添加一个月份和销售额的说明标记。

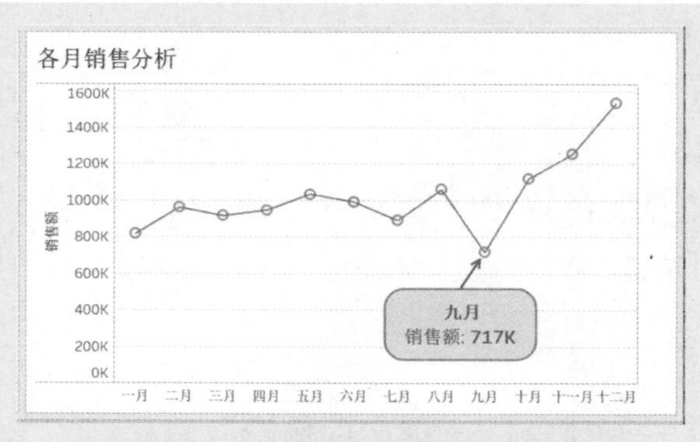

图 9-152 图表上的标记注释

添加标记注释的方法是，右击要添加标记的数据点，在弹出的快捷菜单中执行“添加注释”→“标记”命令，打开“编辑注释”对话框，输入需要的文本，插入字段“<月 (日期)>”和“< 总和 (销售额)>”，并设置字体、字号、字体颜色等，如图 9-153 所示。

单击“确定”按钮，在图表的指定数据点插入标记注释，如图 9-154 所示。

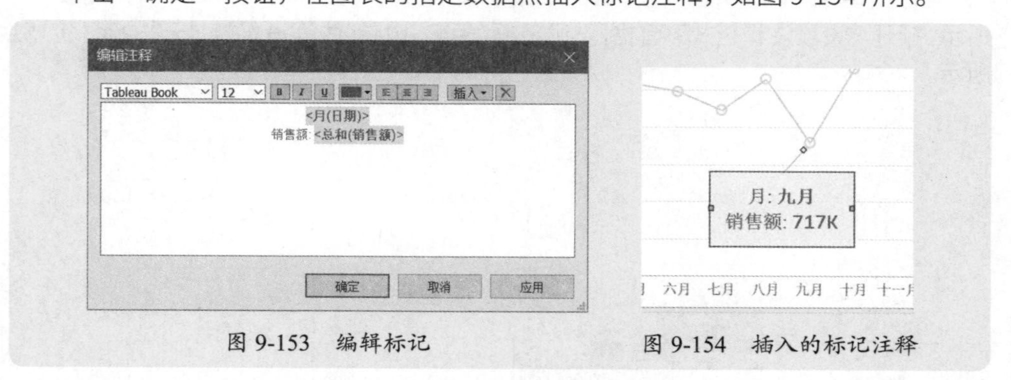

图 9-153 编辑标记　　图 9-154 插入的标记注释

右击这个标记注释，在弹出的快捷菜单中执行“设置格式”命令，打开“设置注释格式”窗格，然后设置框和线的格式，最后调整注释文本框的大小，并拖放到图表的适当位置。

9.11.3 添加点注释

点注释是为图表中的特定点来添加注释。添加方法和格式化方法与前面介绍的添加标记注释完全一样。图 9-155 所示是一个示例效果。

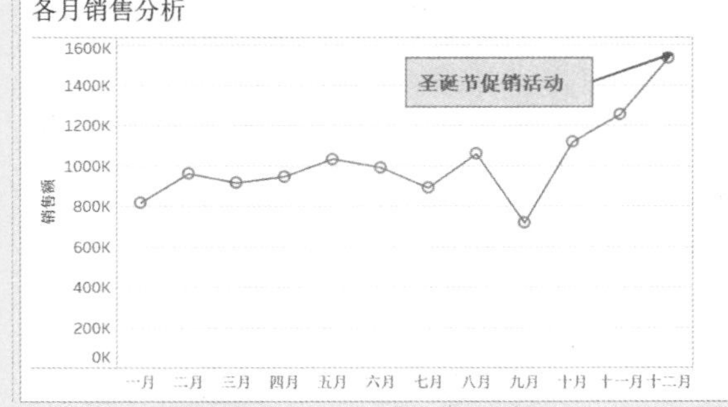

图 9-155 图表上的点注释

9.11.4 设置注释格式

插入注释后，可以设置注释的格式，主要是行、列和线格式，9.7.5 节、9.8.1 节和 9.8.2 节已经做过介绍，此处不再赘述。

9.11.5 移除注释

如果不再需要注释，可以将其移除，方法是，右击该注释，在弹出的快捷菜单中执行“移除”命令，如图 9-156 所示，即可移除该注释。

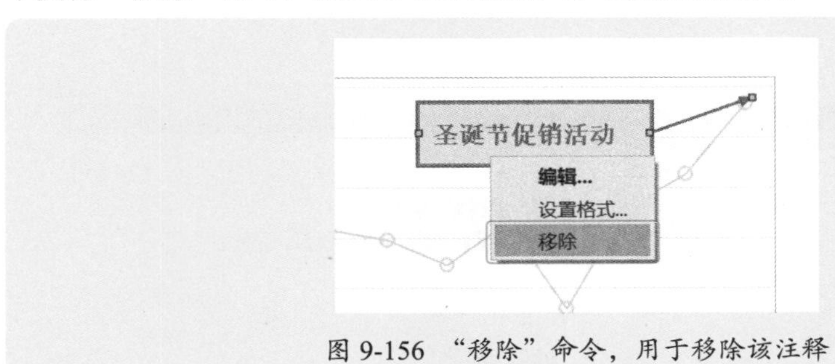

图 9-156 “移除”命令，用于移除该注释

9.12 工作簿级别的格式设置

9.11 节介绍的是针对某个工作表来设置格式。如果要对当前工作簿内所有的工作表设置同样的格式，例如字体、标题、颜色、线条，并且当新建工作表时也自动是设置好的格式，那么就可以在工作簿级别设置格式。

9.12.1 设置工作簿的主题

设置工作簿主题的方法是，选择“设置格式”→“工作簿主题”菜单下的主题，如图 9-157 所示，根据喜好选择某个主题即可。

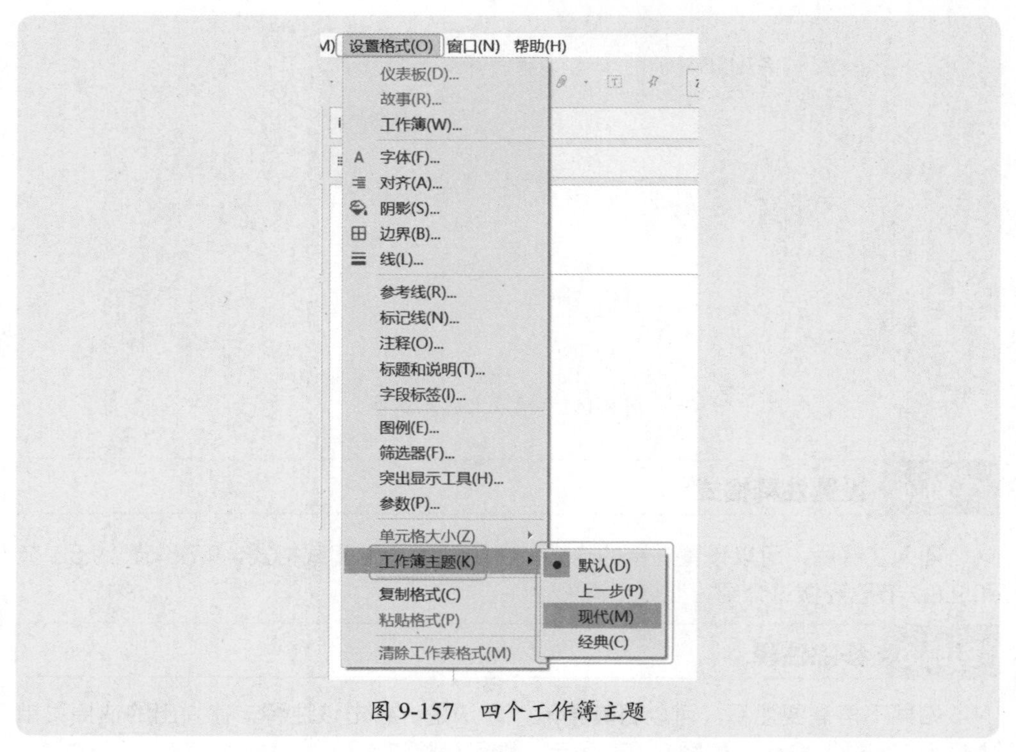

图 9-157　四个工作簿主题

图 9-158 所示是选择的“现代”主题后，每个工作表视图的格式都是相同的经典格式。

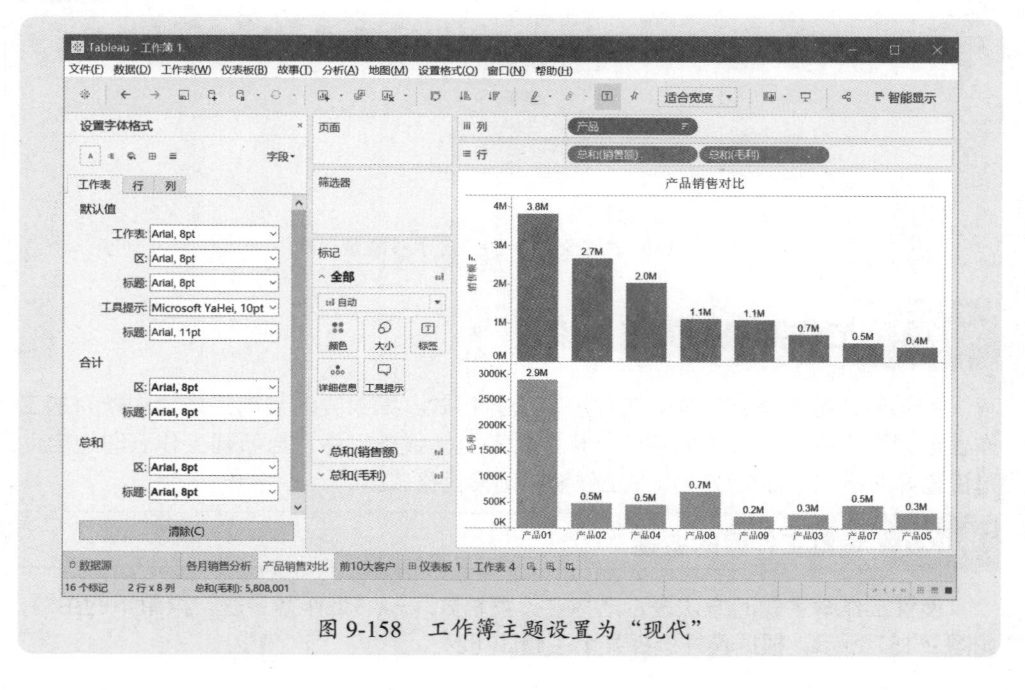

图 9-158　工作簿主题设置为“现代”

9.12.2 设置工作簿的格式

执行“设置格式”→“工作簿”命令，如图 9-159 所示，打开“设置工作簿格式”窗格，如图 9-160 所示，可以对整个工作簿的字体、线进行设置，这个设置会影响所有已经建立完成的工作表。

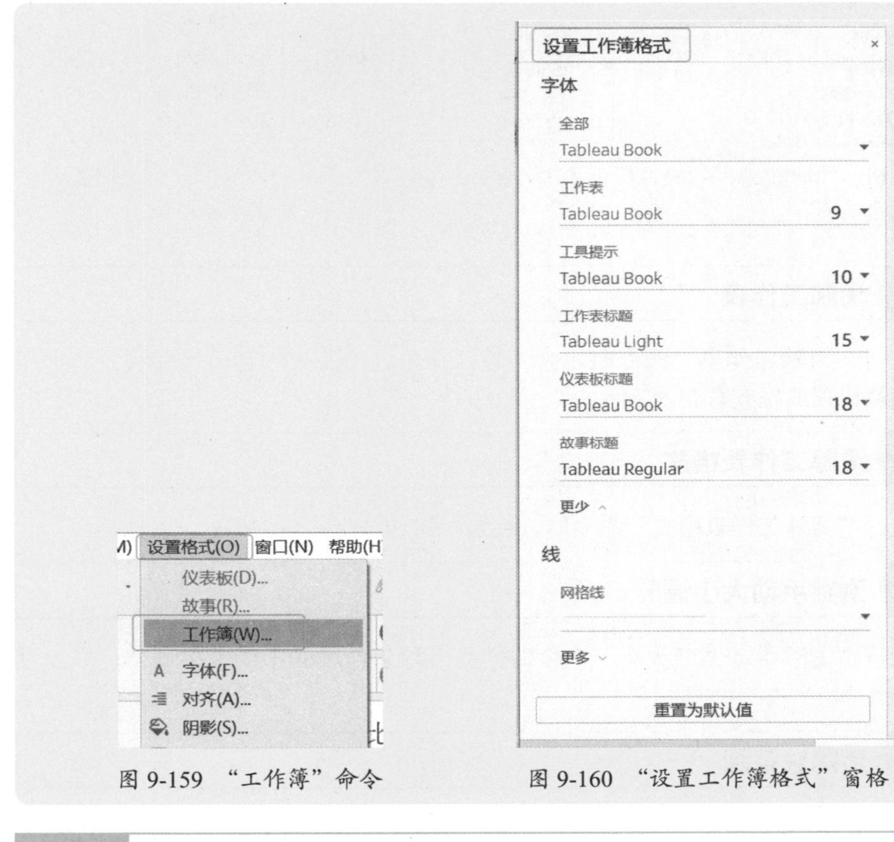

图 9-159 “工作簿”命令　　图 9-160 “设置工作簿格式”窗格

9.12.3 将工作簿重置为默认设置

如果不再使用自己设置的工作簿字体和线条格式，可以单击“设置工作簿格式”窗格底部的“设置为默认值”按钮，恢复默认的 Tableau 格式。

9.13 工作表的清除

如果要对工作表进行清除操作，可以根据需要，清除工作表全部内容或者格式设置，执行“工作表”→“清除”菜单下的相关命令，如图 9-161 所示，或者单击工具栏上的清除按钮下的相关菜单命令，如图 9-162 所示。

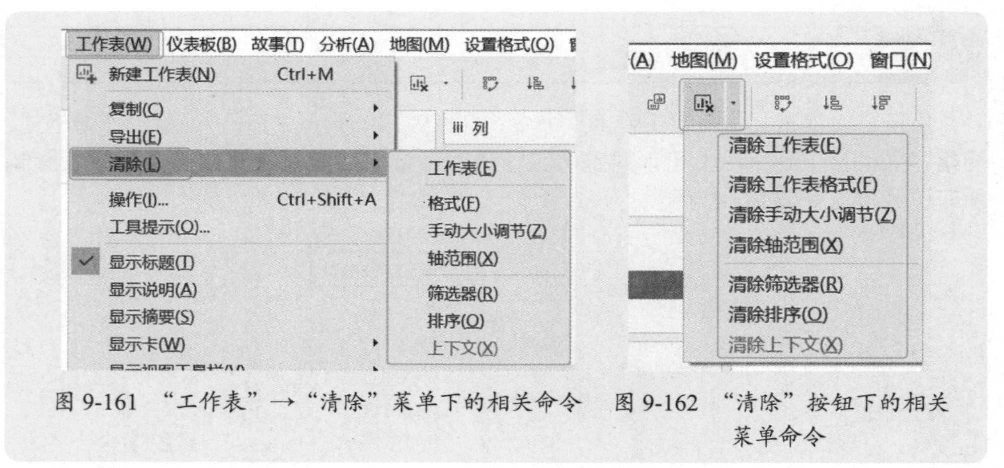

图 9-161 “工作表”→“清除”菜单下的相关命令　图 9-162 “清除”按钮下的相关菜单命令

9.13.1 清除工作表

当执行“清除工作表”命令时，会清除工作表上的所有内容，包括制作的报表和图表以及设置的格式等。

9.13.2 清除工作表格式

当执行“清除工作表格式”命令时，会清除工作表上设置的格式。

9.13.3 清除手动大小调节

当执行“清除手动调节大小”命令时，会清除工作表的手动大小调节，恢复默认的标准大小。

9.13.4 清除轴范围

当执行“清除轴范围”命令时，会清除工作表上设置的轴范围，变为自动范围。

9.13.5 清除筛选器

如果设置了筛选器，那么当执行“清除筛选器”命令时，会清除工作表上设置的所有筛选器。

9.13.6 清除排序

如果对报表做了排序（不论是自动排序还是手动排序），当执行“清除排序”命令时，会清除工作表上所有的排序，恢复默认的排序状态。

第10章

Tableau 数据分析实践

图 10-1 所示是一个保存每天销售数据的工作簿，是各门店的销售记录，现在要设计一个能够分析每天销售额的自动化数据分析可视化模板。本案例数据源是“案例 10-1.xlsx”文件。

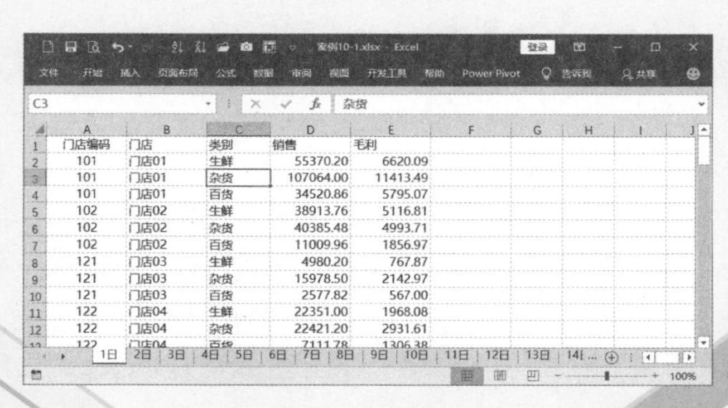

门店编码	门店	类别	销售	毛利
101	门店01	生鲜	55370.20	6620.09
101	门店01	杂货	107064.00	11413.49
101	门店01	百货	34520.86	5795.07
102	门店02	生鲜	38913.76	5116.81
102	门店02	杂货	40385.48	4993.71
102	门店02	百货	11009.96	1856.97
121	门店03	生鲜	4980.20	767.87
121	门店03	杂货	15978.50	2142.97
121	门店03	百货	2577.82	567.00
122	门店04	生鲜	22351.00	1968.08
122	门店04	杂货	22421.20	2931.61
122	门店04	百货	7111.78	1306.38

图 10-1 数据源

10.1 建立数据连接，合并整理数据

由于数据是保存在每天的工作表，并且工作表个数也在一天天增加，在进行数据连接和合并时，要考虑到这种情况。

10.1.1 建立连接，合并数据

建立数据连接，如图 10-2 所示。

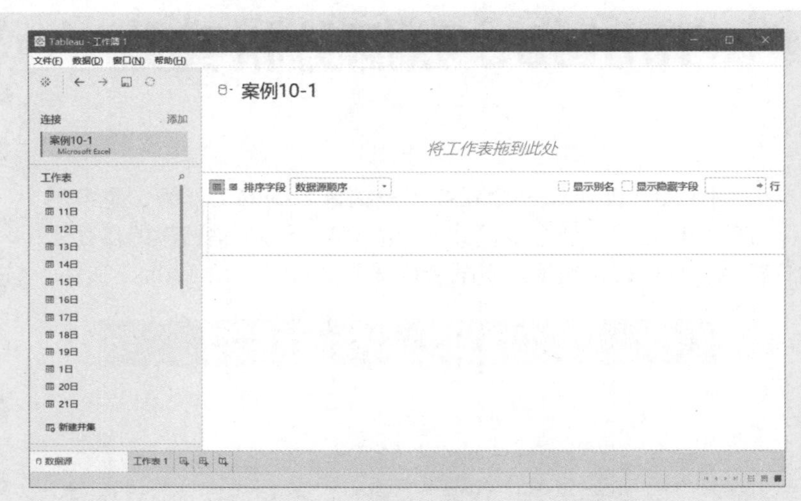

图 10-2 建立数据连接

由于是要合并当前工作簿内的所有工作表，因此双击连接边条底部的“新建并集”按钮，打开“并集”对话框，切换到“通配符(自动)”界面，然后保持默认设置，如图 10-3 所示。

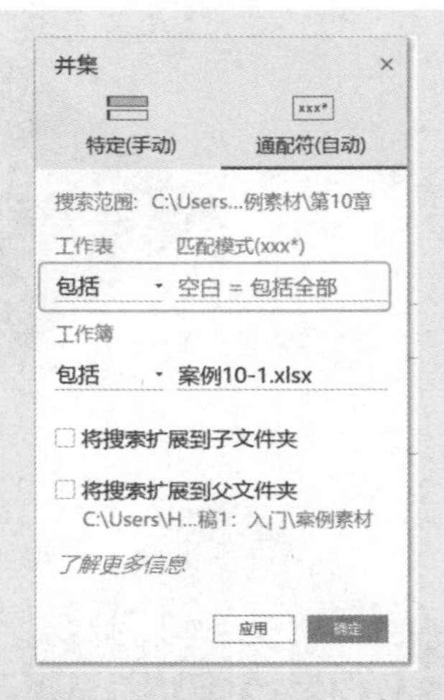

图 10-3 建立并集，合并所有工作表

这样，就得到了所有工作表的合并数据，如图 10-4 所示。

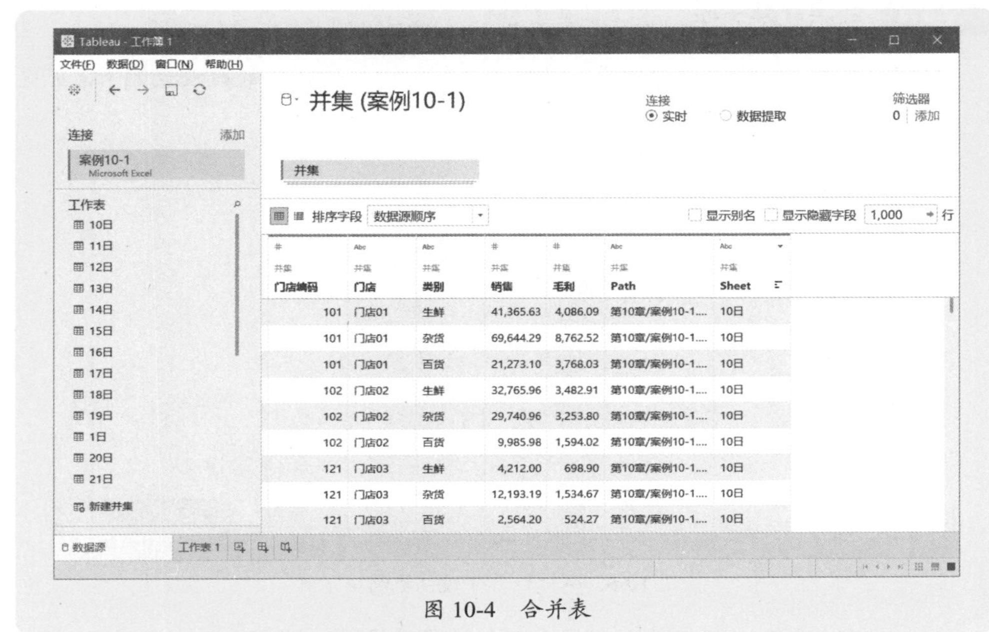

门店编码	门店	类别	销售	毛利	Path	Sheet
101	门店01	生鲜	41,365.63	4,086.09	第10章/案例10-1....	10日
101	门店01	杂货	69,644.29	8,762.52	第10章/案例10-1....	10日
101	门店01	百货	21,273.10	3,768.03	第10章/案例10-1....	10日
102	门店02	生鲜	32,765.96	3,482.91	第10章/案例10-1....	10日
102	门店02	杂货	29,740.96	3,253.80	第10章/案例10-1....	10日
102	门店02	百货	9,985.98	1,594.02	第10章/案例10-1....	10日
121	门店03	生鲜	4,212.00	698.90	第10章/案例10-1....	10日
121	门店03	杂货	12,193.19	1,534.67	第10章/案例10-1....	10日
121	门店03	百货	2,564.20	524.27	第10章/案例10-1....	10日

图 10-4　合并表

隐藏不必要的列，根据需要修改字段名称，设置字段数据类型，得到规范的数据分析底稿，如图 10-5 所示。

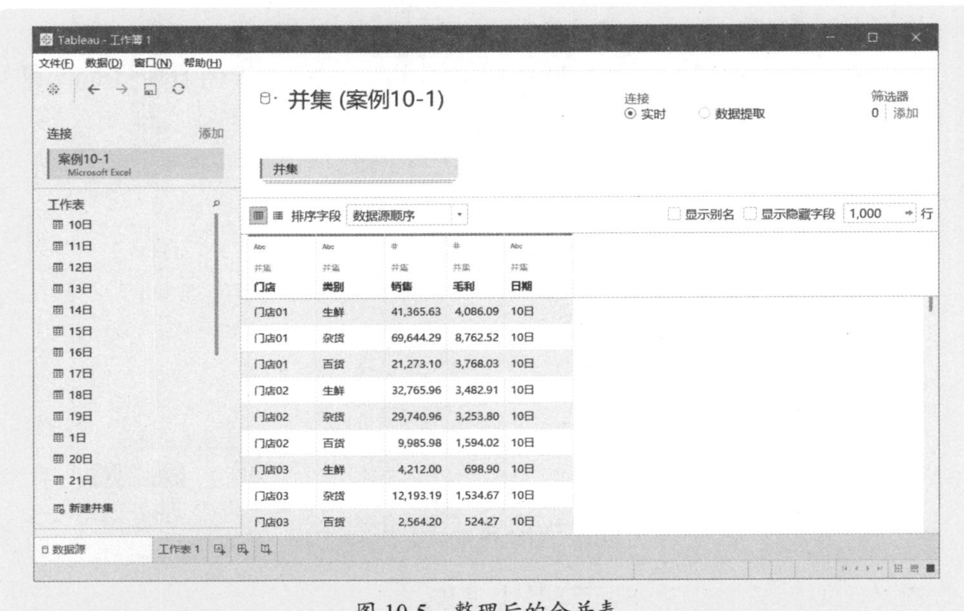

门店	类别	销售	毛利	日期
门店01	生鲜	41,365.63	4,086.09	10日
门店01	杂货	69,644.29	8,762.52	10日
门店01	百货	21,273.10	3,768.03	10日
门店02	生鲜	32,765.96	3,482.91	10日
门店02	杂货	29,740.96	3,253.80	10日
门店02	百货	9,985.98	1,594.02	10日
门店03	生鲜	4,212.00	698.90	10日
门店03	杂货	12,193.19	1,534.67	10日
门店03	百货	2,564.20	524.27	10日

图 10-5　整理后的合并表

10.1.2 创建计算字段

创建一个计算字段“毛利率”，以便对毛利率进行分析，计算公式如下，如图 10-6 所示。

```
SUM([ 毛利 ])/SUM([ 销售 ])
```

毛利率

SUM([毛利])/SUM([销售])

计算有效。 应用 确定

图 10-6 创建计算字段“毛利率”

如果要分析星期一至星期日每天的销售，那么需要对数据中的日期进行处理，并使用函数进行计算。

假如数据是 2022 年 3 月份的，则创建计算字段“星期”，计算公式如下，如图 10-7 所示。

```
" 星期 "+STR(ISOWEEKDAY(MAKEDATE(2022,3,INT(LEFT([ 日期 ],len([ 日期 ])-1)))))
```

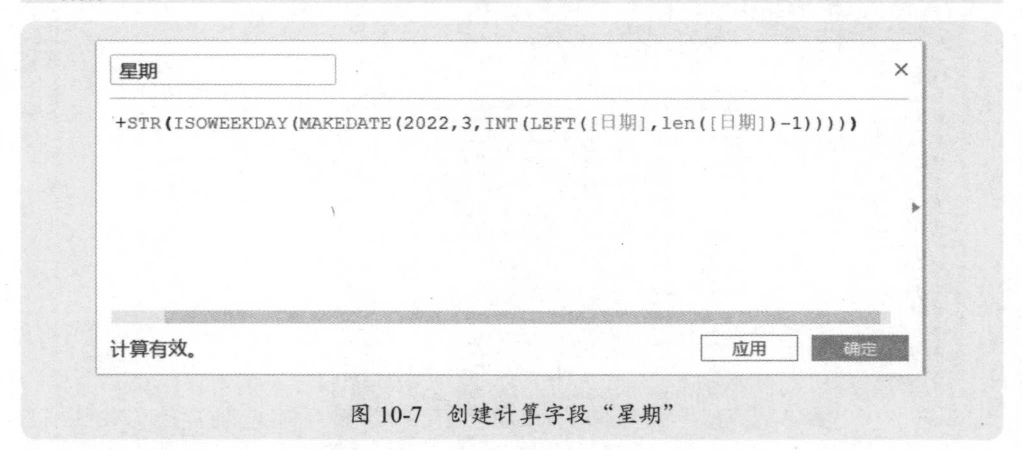

图 10-7 创建计算字段“星期”

这样，就得到了如图 10-8 所示的分析底稿。

门店	类别	销售	毛利	毛利率	日期	星期
门店01	生鲜	41,365.63	4,086.09	0.098780	10日	星期4
门店01	杂货	69,644.29	8,762.52	0.125818	10日	星期4
门店01	百货	21,273.10	3,768.03	0.177126	10日	星期4
门店02	生鲜	32,765.96	3,482.91	0.106296	10日	星期4
门店02	杂货	29,740.96	3,253.80	0.109405	10日	星期4
门店02	百货	9,985.98	1,594.02	0.159626	10日	星期4
门店03	生鲜	4,212.00	698.90	0.165930	10日	星期4
门店03	杂货	12,193.19	1,534.67	0.125863	10日	星期4
门店03	百货	2,564.20	524.27	0.204456	10日	星期4

图 10-8　整理加工完成的分析底稿

10.2 整体分析

首先看截至目前日期，整体销售情况怎样，例如，当期日期是哪天，实现了多少收入，获得了多少毛利，每个类别商品的销售情况如何，毛利率如何，等等。

10.2.1 制作截止日期累计销售说明

在仪表板的顶部有一行文字，来说明截至当前日期，累计收入和累计毛利的具体数字说明。

新建一个工作表，重命名为“总体说明”。

然后创建一个计算字段“最大日期”，计算公式如下，如图 10-9 所示。

```
MAX(MAKEDATE(2022,3,INT(LEFT([ 日期 ],len([ 日期 ])-1))))
```

图 10-9　计算字段“最大日期”

然后保持默认的自动标记类型，将字段“最大日期”“销售”和“毛利”拖至“文本”卡，并将最大日期设置为“连续”，得到如图 10-10 所示的结果。

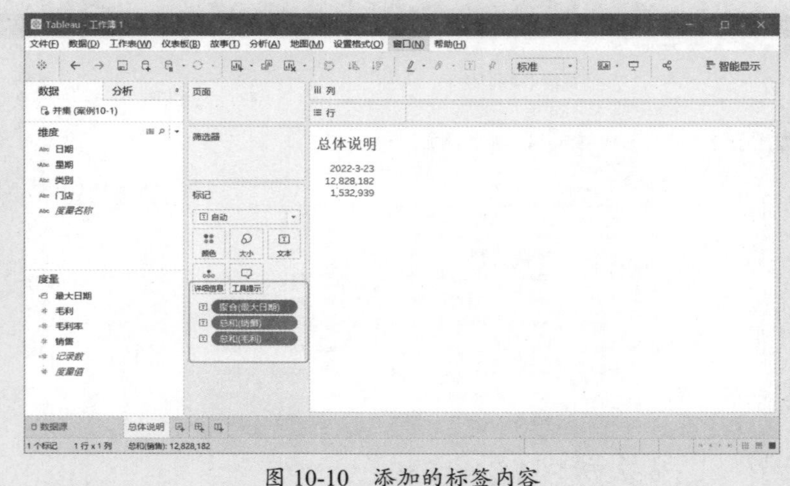

图 10-10　添加的标签内容

单击“文本”卡，打开“编辑标签”对话框，然后将标签文本内容调整为一行，并设置字体格式，如图 10-11 所示。

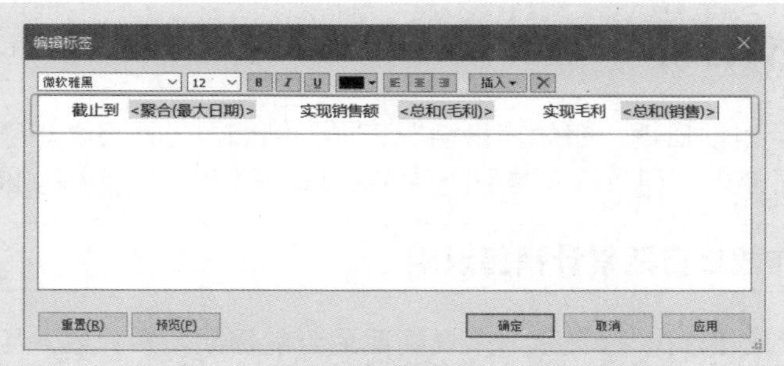

图 10-11　修改标签文本内容，并设置格式

这样就得到如图 10-12 所示的结果。

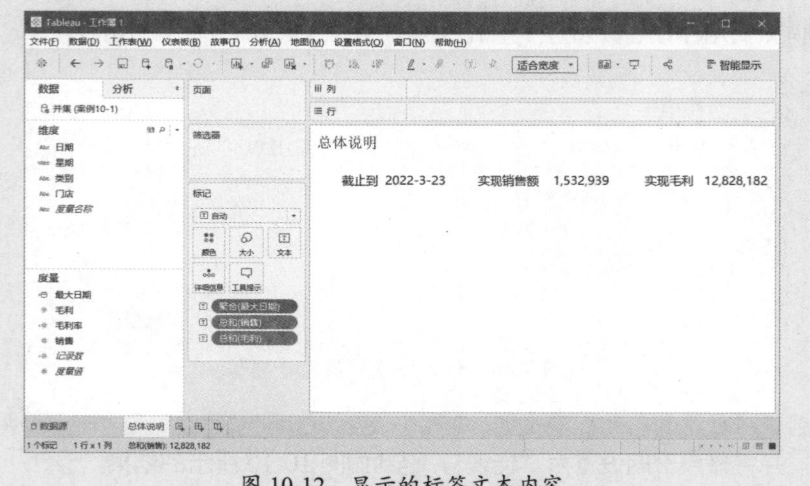

图 10-12　显示的标签文本内容

在标记卡中，单击“聚合 (最大日期)”下拉按钮，执行“设置格式”命令，如图 10-13 所示，打开设置格式窗格，设置区的日期格式，如图 10-14 所示。

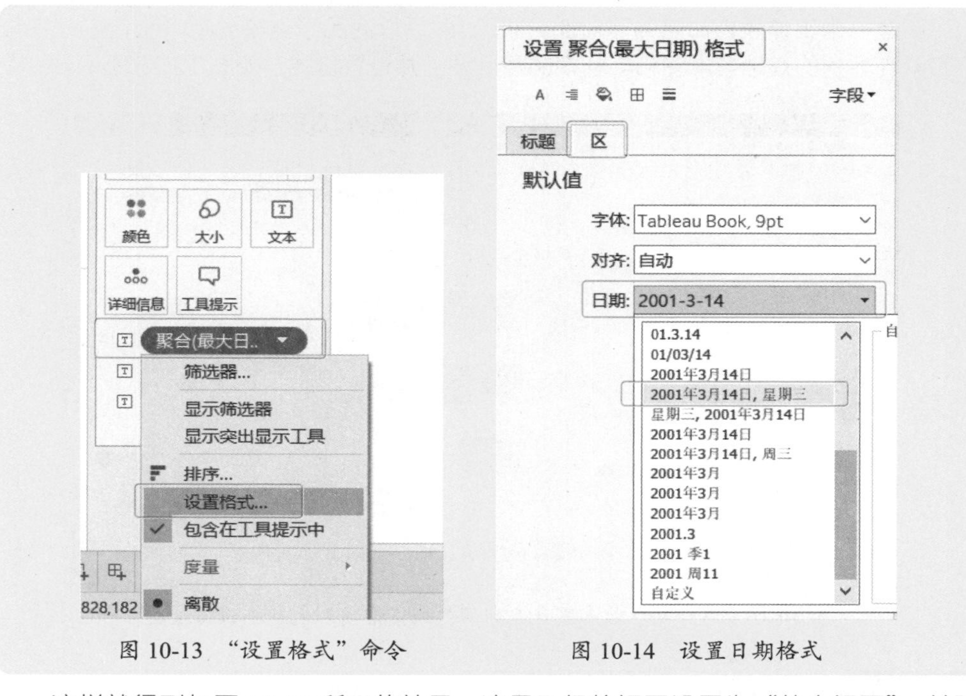

图 10-13 “设置格式”命令　　图 10-14 设置日期格式

这样就得到如图 10-15 所示的效果，这里已经将视图设置为“整个视图”，并隐藏标题。

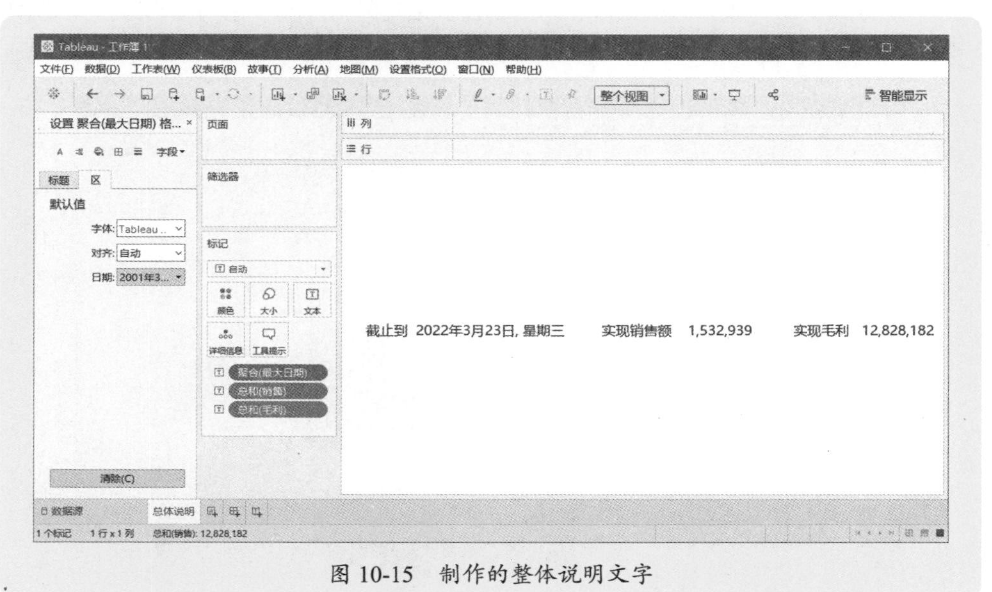

图 10-15 制作的整体说明文字

10.2.2 制作各类别商品的累计销售对比分析报表

新建一个工作表，命名为“对比分析”，然后以商品分类来分析，制作累计销售额和累计毛利的双轴条形图和毛利率的圆点图，并设置格式，如图 10-16 所示。

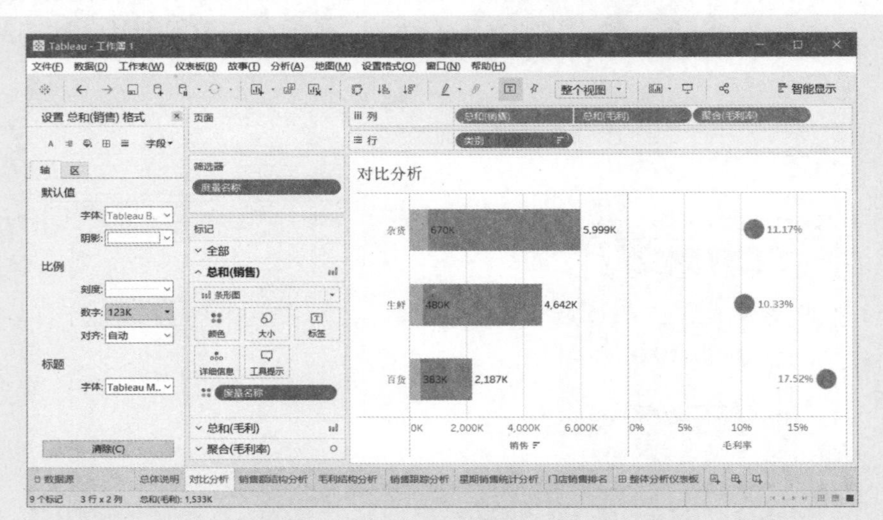

图 10-16 累计销售额和累计毛利的双轴条形图和毛利率的圆点图

10.2.3 制作各类别商品的累计销售结构分析报表

再新建两个工作表，分别重命名为“销售额结构分析”和“毛利结构分析”，制作饼图，分析每个类别商品的销售额和毛利的占比情况，效果如图 10-17 和图 10-18 所示。

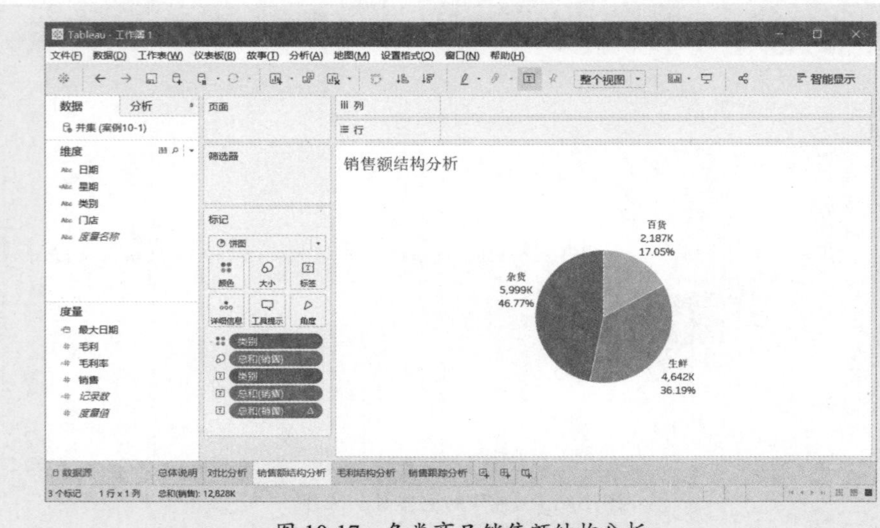

图 10-17 各类商品销售额结构分析

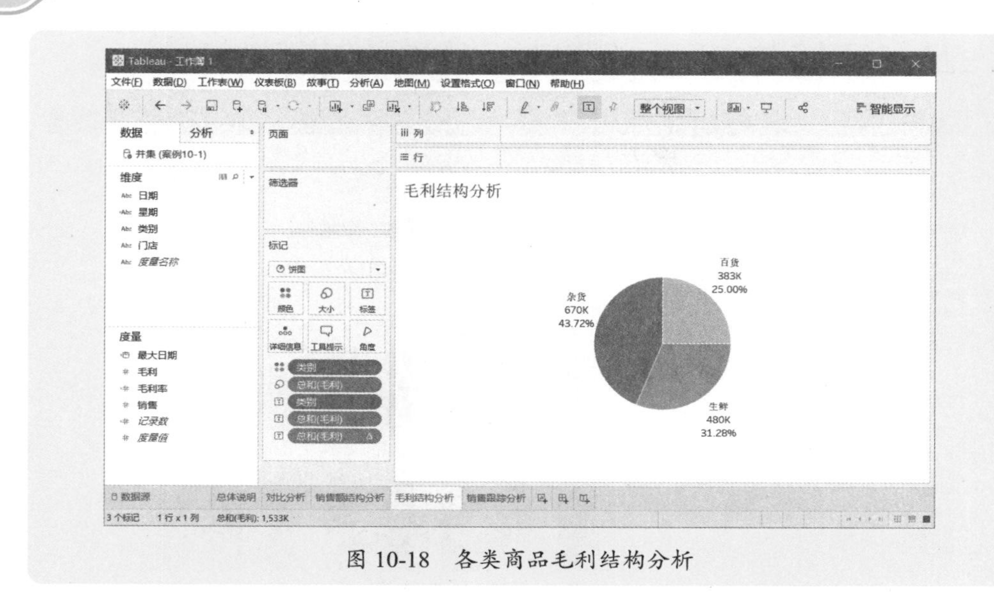

图 10-18　各类商品毛利结构分析

10.2.4 制作每天销售跟踪报告

10.2.1 ～ 10.2.3 节主要分析每天销售总额和毛利的情况，至于每个类别商品的日销售跟踪，可以通过控制筛选来查看。

跟踪分析报告，绘制普通的折线图即可，如图 10-19 所示。

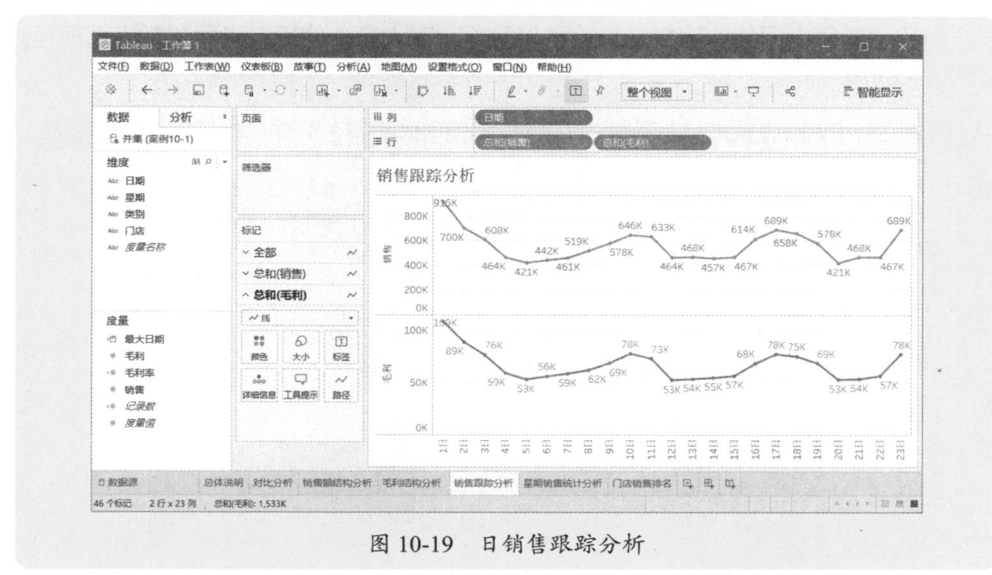

图 10-19　日销售跟踪分析

10.2.5 制作周一至周日的销售分析报告

由于创建了“星期”计算字段，因此也可以制作星期一至星期日每天的销售分

析报告，制作柱形图，分析星期一至星期日的销售情况，如图 10-20 所示。

图 10-20　星期一至星期日的销售情况统计

10.2.6 制作门店销售排名分析报告

对比分析每个门店的销售额和毛利以及毛利率大小，使用条形图和圆点图即可，如图 10-21 所示。

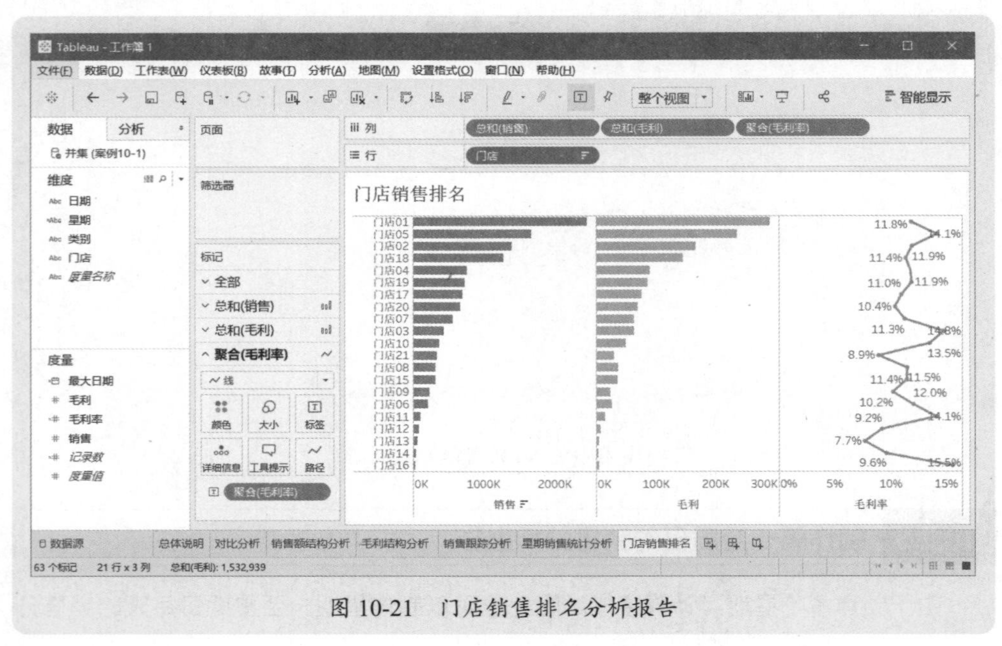

图 10-21　门店销售排名分析报告

10.3 根据分析内容制作仪表板

得到了基本的分析工作表，就可以制作仪表板。

（1）整体分析。

（2）趋势分析。

（3）对比分析。

本章仅展示了仪表板的展示结果，关于如何创建仪表板，以及如何创建故事，将在另外一本专著中进行详细介绍。

10.3.1 整体分析仪表板

新建一个仪表板，重命名为“整体分析仪表板”，然后进行布局，并进行格式化，得到如图 10-22 所示的效果。

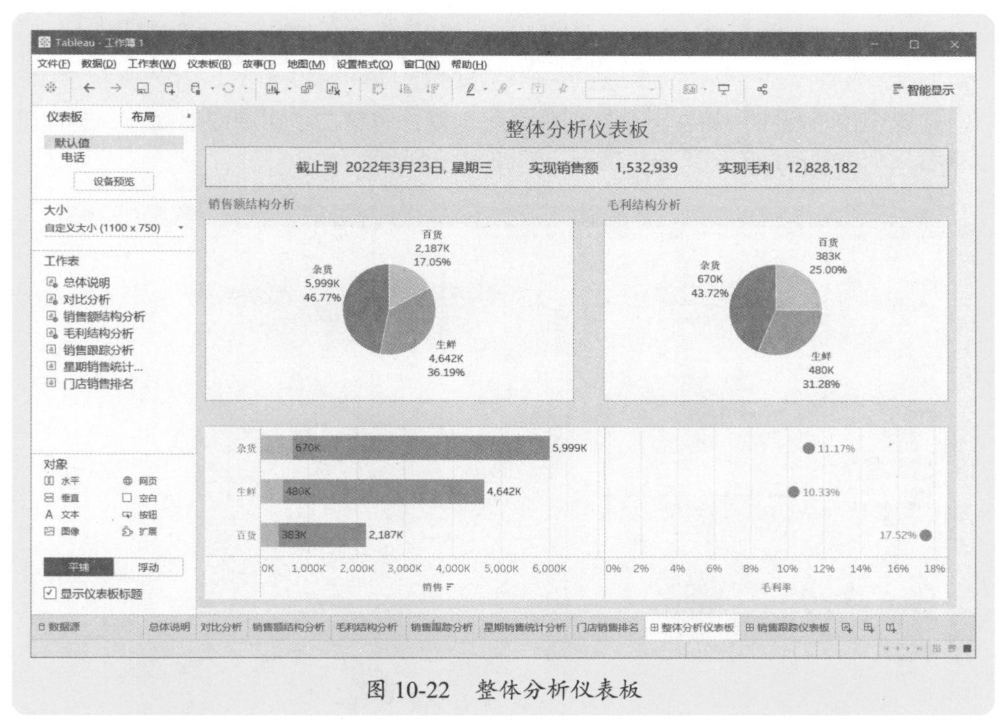

图 10-22　整体分析仪表板

10.3.2 跟踪分析仪表板

新建一个仪表板，重命名为“销售跟踪仪表板”，然后进行布局，并进行格式化，得到如图 10-23 所示的效果。

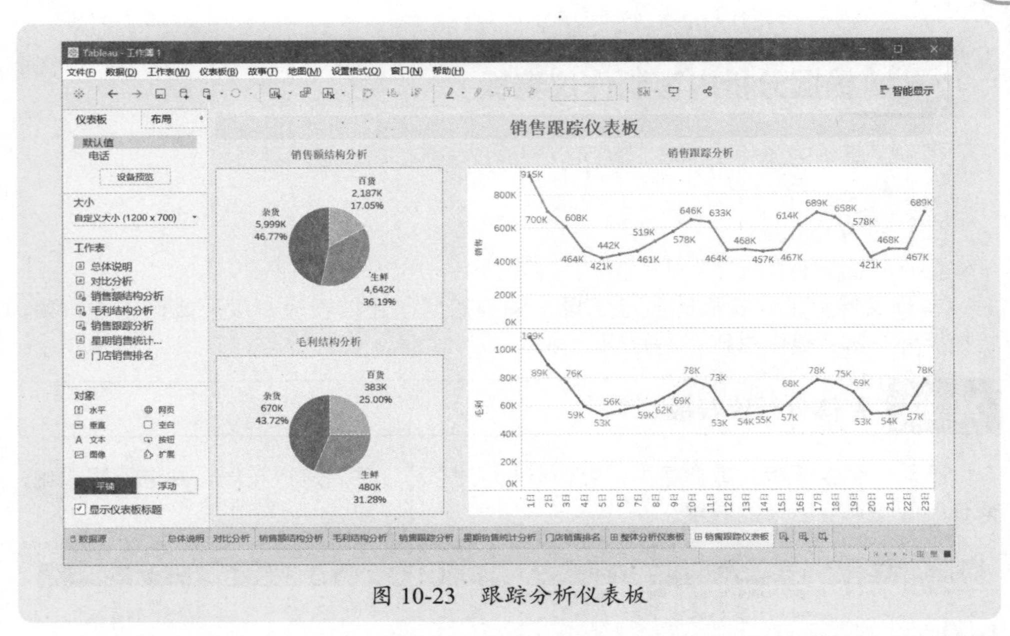

图 10-23 跟踪分析仪表板

在这个仪表板中，将左上角饼图作为筛选器，对第二个饼图取消操作，这样可以查看某个类别商品的每天销售情况，如图 10-24 所示。

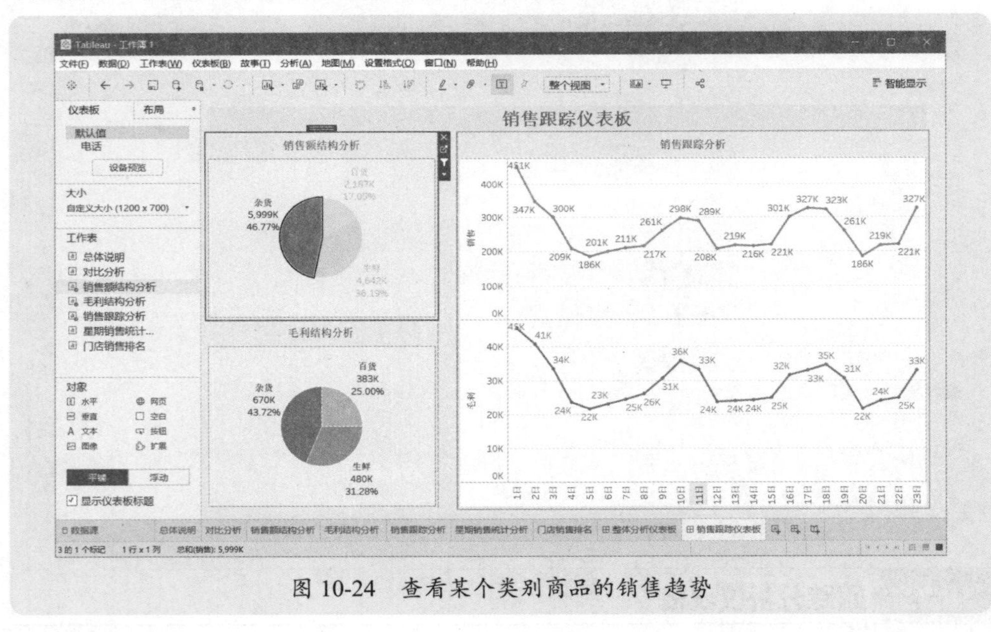

图 10-24 查看某个类别商品的销售趋势

10.3.3 门店排名分析仪表板

新建一个仪表板，重命名为“门店排名仪表板”，然后进行布局，并进行格式化，得到如图 10-25 所示的效果。

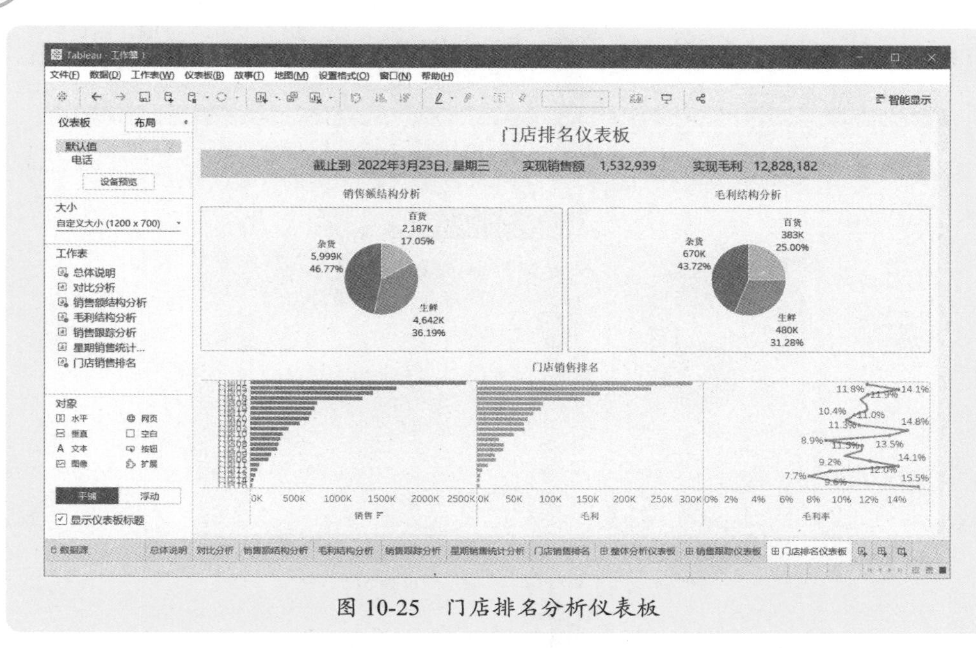

图 10-25　门店排名分析仪表板

在这个仪表板中，也将左上角饼图作为筛选器，对第二个饼图取消操作，这样可以查看某个类别商品的每个门店销售排名情况，如图 10-26 所示。

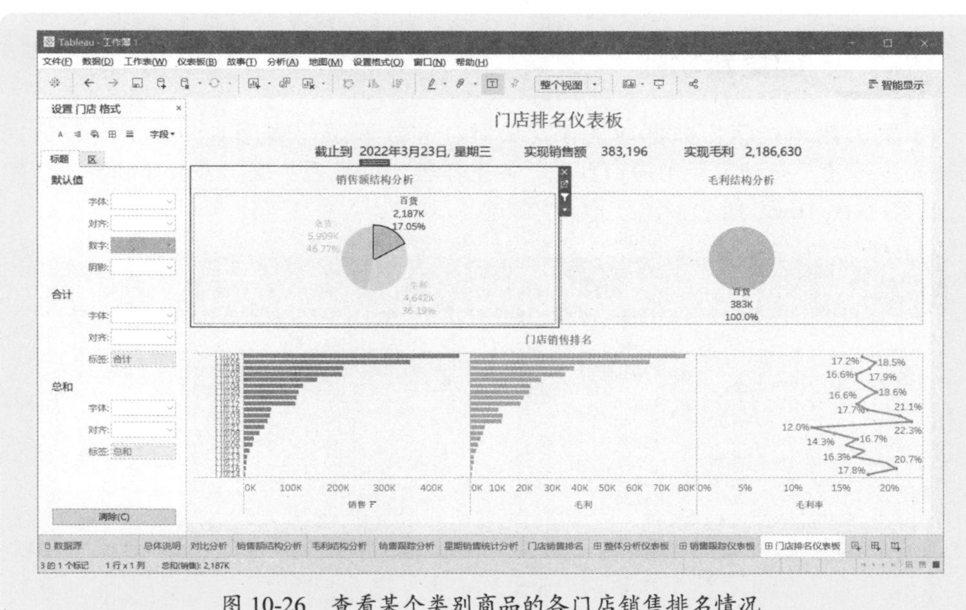

图 10-26　查看某个类别商品的各门店销售排名情况

10.4 创建故事

有了各种工作表和仪表板，就可以创建故事了。图 10-27 所示是创建的故事，用来分别展示三个仪表板的分析结果。

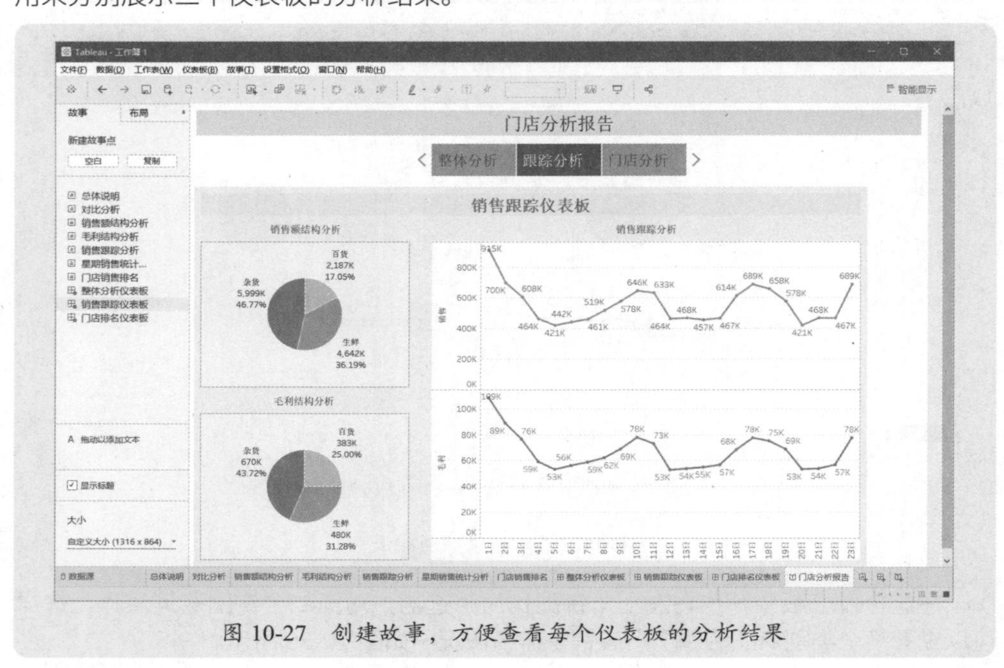

图 10-27　创建故事，方便查看每个仪表板的分析结果

10.5　一键更新功能

如果天数增加了，数据增加了，只需在“数据源”界面中单击“刷新数据源”命令按钮，自动更新为最新数据，各工作表、仪表板数据图表会自动更新，如图 10-28 ～图 10-30 所示。

案例10-1.xlsx - Excel

	A	B	C	D	E
1	门店编码	门店	类别	销售	毛利
2	101	门店01	生鲜	26829.50	2850.24
3	101	门店01	杂货	55407.06	5546.80
4	101	门店01	百货	24733.49	3868.49
5	102	门店02	生鲜	21207.85	1892.35
6	102	门店02	杂货	20193.16	2259.76
7	102	门店02	百货	7375.65	1177.68
8	121	门店03	生鲜	3590.40	451.13
9	121	门店03	杂货	9848.20	1255.01
10	121	门店03	百货	1770.90	345.17
11	122	门店04	生鲜	12649.10	953.11
12	122	门店04	杂货	12403.38	1537.30
13	122	门店04	百货	4623.55	787.54
14	161	门店05	生鲜	14251.55	1568.21
15	161	门店05	杂货	28279.55	3706.23
16	161	门店05	百货	11580.35	2200.29

13日 | 14日 | 15日 | 16日 | 17日 | 18日 | 19日 | 20日 | 21日 | 22日 | 23日 | 24日 | 25日 | 26日

图 10-28　增加了 24 ～ 26 日三天的数据

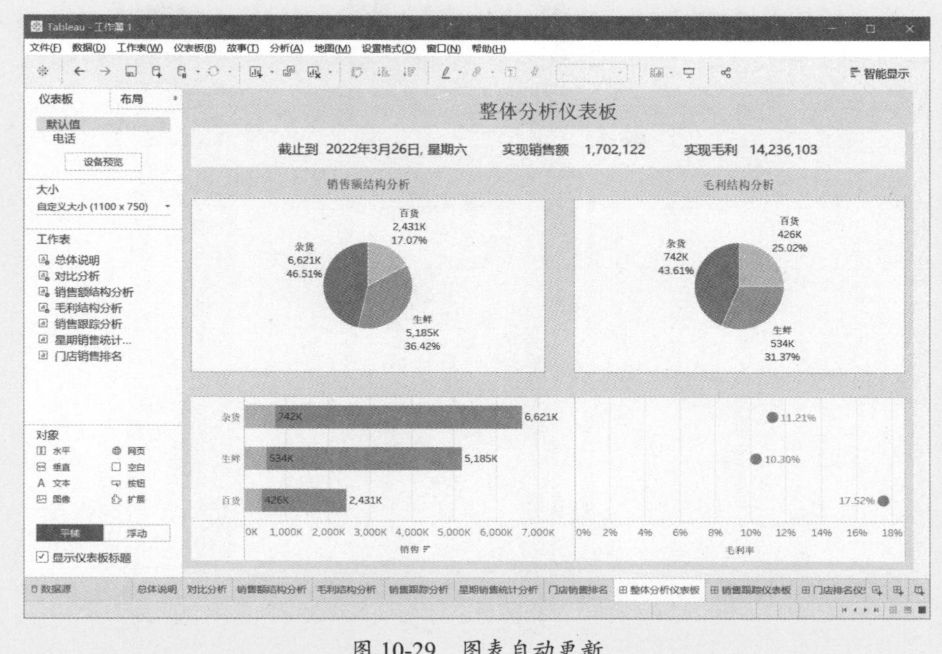

图 10-29　图表自动更新

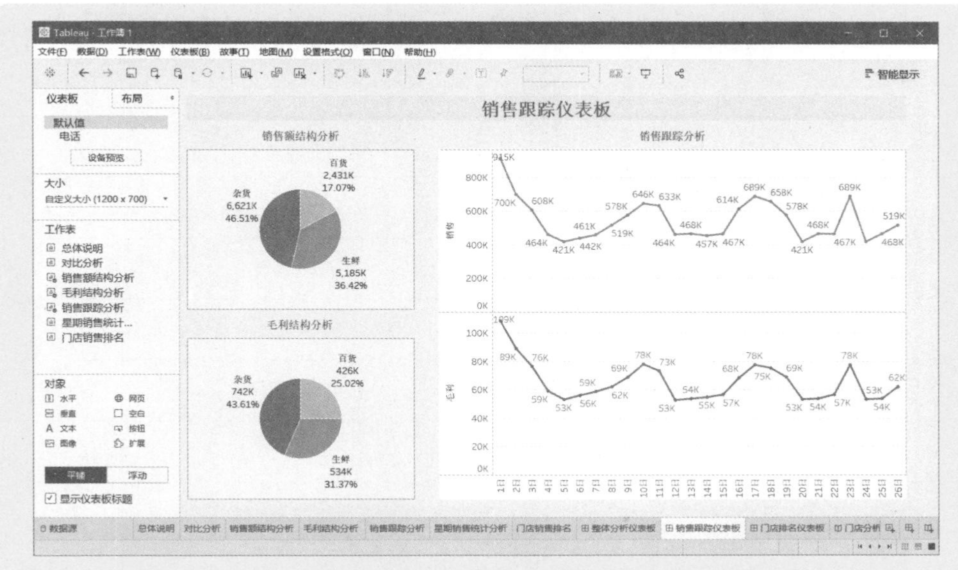

图 10-30　图表自动更新

读书笔记